원생생물학
Protistology 3rd

원생생물학
Protistology 3rd

Klaus Hausmann
Norbert Hülsmann
Renate Radek

대표역자 **최중기**

공동역자 **김영옥**
신만균
용태순
이원제

월드사이언스
WORLD SCIENCE
worldscience.co.kr

Protistology by Klaus Hausmann, Norbert Hülsmann, Renate Radek

원생생물학 제3판

인쇄	2011년 9월 20일
발행	2011년 9월 30일
대표역자	최중기
공동역자	김영옥 신만균 용태순 이원제
편집	이은경
표지	박지혜

발행인	박선진
발행처	(주) 월드사이언스
등록	1988년 2월 12일 제16-1601호
주소	서울특별시 서초구 방배동 864-31 월드빌딩 1층
TEL	02) 581-5811~3
FAX	02) 521-6418
E-mail	worldscience@hanmail.net
URL	http://www.worldscience.co.kr

정가 35,000원
ISBN 978-89-5881-186-2

이 도서의 국립중앙도서관 출판시 도서목록 (CIP)은 e-CIP 홈페이지
(http://www.nl.go.kr/cip.php)에서 이용하실 수 있습니다.
(CIP 제어번호: CIP2011004008)

차 례

원생생물의 계통분류

Taxon	국명
Phylum Tetramastigota	**4편모문**
Class Retortamonadea	후진편모충강
Class Diplomonadea	중복편모충강
Order Enteromonadia	장편모충목
Order Diplomonadida	중복편모충목
Class Oxymonadea	첨예편모충강
Class Parabasalea	부기체충강
Order Trichomonadida	털편모충목
Order Hypermastigida	초편모충목
Phylum Discicristata	**원반형크리스타문**
Subphylum Euglenozoa	유글레나아문
Superclass Euglenida	유글레나상강
Superclass Kinetoplasta	운동핵편모충상강
Class Bodonea	보도충강
Class Trypanosomatidea	파동편모충강
Superclass Diplonemida	쌍형편모충상강
Subphylum Heterolobosa	이형엽상 근족충아문
Class Schizopyrenidea	분열균강
Class Acrasea	무유주자균강
Phylum Hemimastigophora	**반편모충문**
Phylum Pseudociliata	**위섬모충문**
Phylum Chromista	**색소문**
Subphylum Prymnesiomonada	후각편모아문
Subphylum Cryptomonada	은편모아문
Subphylum Heterokonta	이형편모아문
Class Proteromonadea	원편모강
Class Opalinea	오팔충강
Class Chrysomonadea	황갈색편모강
Order Chrysomonadida	황갈색편모목
Order Pedinellida	페디넬라목
Order Silicoflagellida	규질편모목
Class Bacillariophyceae	규조강
Class Heteromonadea	이형편모강
Class Eustigmatophyceae	진안점조강
Class Labyrinthulea	그물균강
Class Raphidomonadea	침편모조강
Class Bicosoecidea	잔편모충강
Class Hyphochytriomycetes	이편모주머니균강
Class Oomycetes	난균강

Taxon	국명
Phylum Alveolata	**피막포문**
Subphylum Dinoflagellata	와편모아문
Class Diniferea	와편모강
Class Syndinea	공와편모강
Subphylum Perkinsozoa	퍼킨슨충아문
Family Colpodellidae	콜포다식충과
Subphylum Apicomplexa	첨복포자충아문
Class Gregarinea	족포자충강
Class Coccidea	구포자충강
Order Agamococcida	무성구포자충목
Order Protococcida	원구포자충목
Order Adeleida	아델구포자충목
Order Eimeriida	구포자충목
Class Haematozoea	혈포자충강
Order Haemosporida	혈구포자충목
Order Piroplasmida	이형열원충목
Subphylum Ciliophora	섬모충아문
Superclass Postciliodesmatophora	후향미세소관 섬모상강
Class Karyorelictea	핵잔모강 (원시핵섬모충강)
Order Protostomatida	원구목
Order Loxodida	부리섬모충목
Order Protoheterotrichida	원이모목
Class Heterotrichea	이모섬모충강
Order Licnophorida	리크노섬모목
Order Heterotrichida	이모섬모목
Superclass Intramacronucleata	내대핵상강
Class Spirotrichea	나선섬모충강
Subclass Protocruziidia	프로토크루지아아강
Subclass Phacodiniidia	파코아강
Subclass Hypotrichia	하모아강
Subclass Oligotrichia	빈모섬모충아강
Subclass Choreotrichia	영모아강
Subclass Stichotrichia	열하모충아강
Class Litostomatea	열구섬모충강
Subclass Haptoria	독포섬모충아강
Subclass Trichostomatia	모구섬모충아강
Class Phyllopharyngea	엽상인두섬모충강
Subclass Phyllopharyngia	엽상인두섬모충아강
Subclass Rhynchodia	코섬모충아강
Subclass Chonotrichia	깔때기섬모충아강
Subclass Suctoria	흡관충아강
Class Nassophorea	바구니섬모충강
Order Synhymeniida	합막목

원생생물의 계통분류

Order Nassulida	람구섬모충목
Order Microthoracida	소흉섬모충목
Class Colpodea	콜포다섬모충강
Class Prostomatea	전구섬모충강
Class Plagiopylea	사모섬모충강
Class Oligohymenophorea	소막섬모충강
Subclass Peniculia	좌막섬모충아강
Subclass Scuticociliatia	채찍섬모충아강
Subclass Hymenostomatia	막구섬모충아강
Subclass Apostomatia	퇴구섬모충아강
Subclass Peritrichia	둘레섬모충아강
Order Sessilida	고착섬모충목
Order Mobilida	이동섬모충목
Subclass Astomatia	무구섬모충아강
Order Clevelandellida	클레벨란드목
Order Odontostomatida	치구섬모충목
Subphylum Haplospora	단포자충아문
Phylum Cercozoa	**아메바성편모충문**
Subphylum Phytomyxa	식물점균아문
Subphylum Reticulofilosa	망상사상충아문
Subphylum Monadofilosa	편모사상충아문
Phylum Foraminifera	**유공충문**
Phylum Biliphyta	**색소단백식물문**
Subphylum Rhodophyta	홍조아문
Subphylum Glaucocystophyta	회조아문
Phylum Viridiplantae	**녹색식물문**
Subphylum Chlorophyta	녹조아문
Prasinomonads	담녹조편모류
Class Ulvophyceae	파래강
Class Trebouxiophyceae	공구조강
Class Chlorophyceae	녹조강
Order Volvocida	좁쌀공말목
Order Chlorococcales	녹색소구체말목
Subphylum Streptophyta	윤조아문
Class Mesostigmatophyceae	중형안점조강
Class Chlorokybophyceae	클로로키보강
Class Klebsormidiophyceae	클렙소미디오강
Class Conjugatophyceae	접합조강
Phylum Amoebozoa	**아메바문**
Subphylum Lobosa	엽상근족충아문
Class Gymnamoebea	무각아메바강
Class Acarpomyxea	무과점충강
Class Testacealobosea	유각엽상근족충강
Subphylum Conosa	미세소관충아문
Infraphylum Archamoeba	고아메바하문
Infraphylum Mycetozoa	동균아문
Superclass Eumyxa	진점균상강
Class Protostelea	원점균강
Class Myxogastrea	큰점균강
Superclass Dictyostela	망상점균상강
Superclass Aconchulina	무각사상근족충상강
Phylum Opisthokonta	**후방편모문**
Subphylum Fungi	진균아문
Infraphylum Chytridiomycota	항아리균하문
Infraphylum Zygomycota	접합균하문
Infraphylum Eumycota	진균하문
Superclass Microspora	미포자충상강
Class Microsporea	미포자충강
Subclass Rudimicrosporia	흔적미포자충아강
Subclass Microsporia	미포자충아강
Superclass Ascomycota	자낭균상강
Class Archaeascomycota	고자낭균강
Class Hemiascomycota	반자낭균강
Class Euascomycota	진자낭균강
Family Nephridiophagidae	신관포식균과
Superclass Basidiomycota	담자균상강
Deuteromycetes	불완전균류
Subphylum Choanozoa	동정충아문
Superclass Mesomycetozoa	중형동균상강
Superclass Choanoflagellata	동정편모충상강
Infraphylum Metazoa	후생동물하문
Superclass Myxozoa	점액포자충상강
지위모호 진핵생물계	
Actinopoda	방사족충문
Acantharea	방사극충강
Polycystinea	다포방산충강
Phaeodarea	갈색방산충강
Heliozoea	태양충강
Actinophryida	방사태양충목
Desmothoracida	유각태양충목
Ciliophryida	실리오태양충목
Taxopodida	탁소태양충목
Centrohelida	중심태양충목
Paramyxea	부점균문

저자서문

제 3판에 대한 서문

1985년 발간된 독일어판 원생동물학(Protozoologie)의 제 3판에 계통분류와 계통배경에 대한 폭넓은 최신의 내용을 넣고자 전세계의 동료와 학생들로부터 의견을 듣는 기회를 자주 가졌다. 진핵생물 사이의 계통관계에 대한 지난 몇 년 사이에 모아진 방대한 자료를 근거로 모든 단세포생물을 여기에 포함시켰다. 이들은 모든 단세포 조류와 하등의 균류를 포함하였다. 전에는 우점하는 종속영양 원생동물과 관계가 언급되지 않았던 종류들이다. 따라서 우리는 이 책의 먼저 판의 영어 제목인 Protozoology를 Ptotistology로 바꿔야했다. 우리는 Ernst Haeckel에 의해 제안되었던 의미의 원생생물(Protist)이란 의미로 이 용어를 사용하지 않는다. 그에게 그 용어는 박테리아란 의미를 포함하였다. 박테리아는 그때까지 원핵생물로 인정되지 않았다. 우리는 종속영양(원생동물)이든 광합성영양(원생식물) 또는 부식식물(균류)이든 관계없이 단세포 생활로 유형화된 개별생물로 살아가는 모든 진핵 단세포 생물을 포함하는 의미로 원생생물이란 용어를 사용한다.

이 책에 이러한 근본적인 계통발생에 근거를 둔 원생생물 범위의 확장은 피할 수 없이 내용의 확장과 설명의 증가를 가져왔다. 또한 원생동물학을 1956년에 Karl Gottfried Grell이 그의 유명한 원생동물학 교과서 첫판 서문에 썼던 "원생동물학은 특별한 과학이 아니고, 우리가 알고 있는 동물의 한 그룹, 원생동물에 대한 지식을 편집한 것"이라고 언급했던 동물학의 한 부분으로만 보는 관점이 이론적으로 타당하지 않다는 결론을 이끌어 냈다. 이에대한 증거는 시간이 지남에 따라 더 많이 나왔다. 앞으로 원생동물학자들을 포함한 원생생물학자들은 생물학의 여러 다양한 분야에서 더욱더 전문가가 될것이고, 그들이 연구하고 취급하는 단세포생물 즉 원생생물에 의해 서로 소통할 것이다.

이 참에 우리는 이 책에 쓸 수 있는 광학 현미경과 전자현미경 사진, 다이어그램 등을 제공한 많은 동료연구자들에게 다시 한번 감사를 드린다. 우리는 해당 그림 설명에 그림의 출처를 밝혔다. 이 책의 발간에 관계된 많은 사람 중에서 두세 사람에 대하여 개별적으로 언급하고 싶다. 그 첫 번째는 우리의 전 동료였던 보쿰대학의 Hans Machemer와 킬대학의 Maria Mulisch, 튜빙겐 대학의 Günther Steinbrück의 협조에 따뜻한 감사를 드린다. 그들은 핵과 유성생식에 관한 장과 형태형성과 생식에 관한 장, 분자생물에 관한 장, 원생생물의 행동에 관한 장들이 그들의 전문지식으로 이 책에서 생생하게 보여질 수 있도록 크게 도움을 주었다.

그리고 이 책을 영어로 읽고 이해할 수 있게 우리에게 많은 도움을 준 Frederic Bartlett에게 특별히 감사를 드린다. 또한 이 삼판을 새롭게 디자인하고, 채택 된 무수한 그림과 도표를 정리하는데 애쓴 우리 연구소의 과학 삽화가인 Peter Adam의 노력과 인내에 감사드린다. 베를린의 Hülya Tosun은 그림재료들을 디지털 스캐닝하고 그것을 컴퓨터 기술로 수정하고, 마지막 편집을 하는 작업의 많은 부분을 맡아서 이것을 그녀의 특별한 터키 매력으로 해냈다. 베를린의 Stefanie Kortfleisch는 Markus Schober와 함께 그림작업의 마무리를 컴퓨터로 해냈다.

초판과 2 판은 Georg Thieme Verlag Stuttgart에서 출판되었다. 우리는 이책의 3판을 출판하는 위험을 감수한 Stuttgart의 Schweizerbart'sche Verlagsbuchandlung 출판사의 Erhard Nägele박사에게 또한 감사드린다. 그리고 통상적으로, 마지막으로, 그러나 최소는 아닌, 이 신판을 준비하는 동안 우리의 사랑하는 원생생물을 위하여 오랫동안 가족들을 잊고 있었음을 밝힌다.

베를린에서, 2003년 8월
Klaus Hausmann Novert Hülsmann
Renate Radek

역자서문

원생동물은 단세포로 된 모든 진핵생물들을 지칭하며, 원생동물, 단세포 조류, 하등균류를 구성한다. 이들은 생물계의 하나인 원생생물계(Protista)를 이루며 거의 모든 생물권에 분포하며, 생태계내에서 생산자, 소비자, 분해자, 기생자, 공생자로서 중요한 역할을 한다.

원생생물학(Protistology)은 이들 원생생물에 대한 모든 생물학적 연구를 수행하는 분야로 생태학, 조류학, 의학, 기생충학, 균학, 환경학, 고생물학, 어병학, 해양학 등의 기초가 된다. 원생생물에 대한 연구는 400년 이상의 오랜 역사를 가지고 있으며, 원생생물 연구를 통하여 분자생물학, 세포학, 유전학, 생리학, 기생충학에 오늘날의 발전을 이끌어 왔으며, 최근에도 유전체학, 의학, 생물공학, 수산양식, 기후변화, 자원탐사 등의 많은 연구분야에서 이를 활용하고 있다.

이런 중요성에도 불구하고 우리나라에서의 원생생물학 교육은 생물학, 기생충학, 어병학, 해양학, 고생물학 등에서 부분적으로 다루어 졌을뿐 종합적이고 체계적으로 이루어져 오지 못하였다. 이러한 원인은 원생생물학 분야가 광범위한 점도 있지만, 연구자의 극소수와 대학에서의 강의 미개설, 교재의 부족등에 그 요인이 있다 하겠다. 최근에 원생생물과 관련된 연구자들이 많이 증가하고 있고 대학에서의 강의 개설도 활발하나, 안타깝게도 적절한 교재가 없는 것이 늘 문제였다.

그동안 원생생물학 교재로는 M.A.Sleigh(1973)와 K.G.Grell(1973)의 '원생동물학'이 있었으나 너무 오래되어 최근의 내용을 소개하지 못하였고, L.Margulis 등(1993)의 '원생생물학 안내서'나 국제 원생동물학회(1985, 2000)의 '원생생물 도감'은 특정 부분을 중심으로 소개되어 교과서로 다소 부족한 면이 있었다.

K.Hausmann과 N.Hülsmann의 '원생동물학'은 독일어판(1985), 러시아어판(1988), 일본어판(1989)으로 나왔고, 제 2판이 많은 부분이 수정 추가되어 영어판(1996)으로 출판되어 각국에서 원생동물학 교재로 많이 활용되었다. 그 후 원생생물에 관한 분자생물학 자료가 많이 추가되고, 원생생물의 영양방법에 대한 많은 새로운 사실이 밝혀지면서, 이들 두 사람 외에 R.Radek가 참여하면서 제 3판에 제명을 '원생동물학'에서 '원생생물학'으로 바꾸고 단세포 조류와 하등균류에 관한 내용을 추가하여 명실상부한 원생생물 전반에 대하여 이해를 할 수 있게 하였다. 이들은 이 책에서 단세포의 다양한 점을 알리기 위하여 기존의 분류체계 외에 새로운 분류체계를 제시하였고 원생생물의 형태, 운동성, 영양, 생식, 분자생물학, 행동, 생태학 등을 소개하였다.

역자들은 오랫동안 국내에 원생동물학 교재의 부재에 어려움을 느껴오던 차에 저자인 Klaus Hausmann의 적극적인 권유와 ㈜월드사이언스 박선진 대표의 적극적인 출판의지로 이 책의 번역에 나서게 되었다. 국내에 원생생물학에 관한 교과서가 없었고 분야마다 사용하는 용어가 다소 차이가 있어, 용어의 선택과 국명화 작업이 극히 어려웠음을 밝히고, 가능하면 기존의 용어를 채택하기 위하여 생물학용어집 제2판(2005년)과 과학기술대사전(2005년)을 기준으로 하였고, 새로운 용어는 어원을 참고하여 이해하기 쉬운 용어를 만들도록 노력하였다.

강의와 연구로 바쁜 중에도 이 책의 번역에 참여해주신 4분의 역자에게 특별히 감사를 드리고, 이 책의 번역에 관심과 격려를 보내주신 한국원생생물학회 회원 여러분께 감사를 드리면서 이 책의 부족한 부분을 많이 지적하여 주시길 바라면서 많이 활용해 주시길 부탁드린다. 끝으로 이 책의 출판을 책임진 ㈜월드사이언스의 박선진 대표와, 출판을 적극추천한 ㈜아카데믹서적의 주성필 사장께 감사드리고, 원고정리에 참여한 오진아, 주성은 학생에게도 고마움을 전한다.

대표역자 최 중기

역자소개

최중기 인하대학교 해양학과 교수
jkchoi@inha.ac.kr
(1-54, 61-86, 99-144,
296-329, 용어해설, 인덱스)

김영옥 한국해양연구원 남해연구소 책임연구원
yokim@kordi.re.kr
(180-205, 222-241)

신만균 울산대학교 생물학과 교수
mkshin@ulsan.ac.kr
(256-271, 272-241)

용태순 연세대학교 의과대학 기생충학교실 교수
tsyong212@yuhs.ac
(55-60, 86-99, 124-127,
151-162, 241-255)

이원제 경남대학교 환경공학과 교수
wonje@kuungnam.ac.kr
(144-151, 162-179,
205-222, 284-295)

제1부 서론

제1장 정의, 명칭의 약사

이 책은 우리가 보통 원생동물 또는 원생생물이라고 부르는 생물을 다룬다. 우리는 "그것들이 무엇인가?"라는 어려운 질문으로 이 책을 시작하려고 한다. 책의 나머지 부분이 원생생물에 관한 실제 구체적인 정보를 제시하지만 원생생물을 어떻게 정의해야 하는가 하는 근본적인 문제는 어렵고, 논란의 여지가 있다. 이것은 부분적으로 이들 생물에 대한 지식의 빠른 축적에 기인되지만, 특별히 원생생물 (또는 원생동물)이 단일계통 분류 단위로 표시되는 것이 적절하지 않다는 비교적 최근의 연구에 기인된다. 이와 같이 원생생물에 대한 계통발생학적-계통분류학적 정의를 내리기가 어렵다. 학계는 원생생물을 단 하나의 자연 그룹이 아닌 대부분 현미경적 크기의 작은 생물들의 다계통성군으로 고려하고 있다.

원생생물의 정의에 대한 논쟁은 300년 연구 역사에 계속 있어왔다. 1818년 독일 동물학자이자 고생물학자 Georg August Goldfuss(1782-1848)는 원생동물(Protozoa)이란 용어를 처음으로 소개하였다. 그 당시 원생동물에 관한 정의를 한 단 한가지 근거는 단어 자체의 어원이었다; 즉 그리스어 접두사 Proto-(첫)에 접미사 -zoa(생물, 동물)를 붙인 것이다. 그러나 우리는 원생생물들이 지구상 최초의 생물이 아니라는 것을 안다. 그런 역할은 원핵의 단세포 발효 세균에 해당 된다.

현대적 이해를 위해 용어 zoon(동물의 개체)에 대한 설명이 필요하다. 동물학, 동물지리학, 동물생리학에서 zoon의 사용은 원생동물이 예외 없이 동물 같은 생물, 즉 녹색식물 또는 원생식물로부터 분리된 동물이라는 가정으로부터 나온다(Ernst Haeckel, 1866). 이런 구분은 전통적으로 세워져 왔고, 때때로 광적인 믿음으로 지켜져 왔다. 그러나 극미동물(animalcules)을 식물형(광합성형)과 동물형(종속영양형) 생물로 분리하는 근대적 구분은 문제가 있다. 이러한 문제는 유글레나와 와편모류 같은 단일계통 분류군들이 색소체의 출현 유무에 따라 즉 동물분류체계에서는 동물로, 식물분류체계에서는 식물로 나누어 질 때 확실해진다. 지난 세기 중반에, 이런 만족스럽지 못한 상황이 하등의 진핵생물을 보다 정확하고 합리적인 특별한 위치에 근접한 독립적인 분류체계를 세울 수 있게 이끌었다.

단세포 진핵생물 또는 단세포로서의 원생생물에 흔히 사용되는 범위는 그러한 문제를 피하였으나 아직 충분하지 못하다. 물론 대부분의 원생생물은 세포로서 표현되나 모든 것이 단세포의 상태로 그들의 조직 구성이 한정된 것은 아니다. 예를 들면 많은 유사한 동종의 개체들이 일시적으로 포식 군체를 만들기 위하여 함께 모이거나(예: 태양충) 보다 오래가는 다핵체를 형성(예: 식균성변형충류 Vampyrellids)하기 위하여 함께 모이는 경우가 있다. 다른 경우에 딸세포들이 유사 분열 후 분리되지 않고 불완전 분리하여 좁쌀공말(Volvocida)처럼 군체를 형성하거나 또는 성장하여 다핵체적 비세포성 점균류 변형체(예: 큰점균강Myxogastrea)를 형성한다. 또한 소위 복잡한 구조를 갖고 분화하여 특별한 세포형으로 된 다세포성 원생생물(예: 점액포자동물문 Myxozoa)이 존재 한다. 그러나 대다수 원생생물 학자들은 이들을 후생동물을 인정하지 않고 있다.

간결하게 원생생물을 특징 짓는 문제는 어원적인 제한의 결과가 아니라 이 용어에 포함되어야 하는 많은 생물들의 놀라운 다양성의 결과이다. 종, 속, 과에 대한 과학적 명칭과 대조적으로, 이러한 범주들(원생동물 또는 원생생물 포함)은 한정적인 명명 법칙에 따르지 않는다. 그들은 대부분 생물조성이 잘 안 알려진 큰 분류군을 위한 용어로 흔히 쓰여지고, 명명자의 이름이나 명명한 년도도 기록하지 않는다. 다른 분야에서 그것은 개별적 윤곽에 대한 역사적 관점을 세우는데 쓰여진다.

다음에 그동안 사용된 가장 중요한 용어들을 연대순으로 소개한다. 그들은 원생생물을 다른 생물 그룹과 구분하는데 사용된 기준 정보를 준다.

Animalcula (Leeuwenhook, 1676) : 극미동물. 이 용어는 동물계의 아주 작은 동물이나 수서 곤충의 의미로 사용한다. 고인 빗물, 샘, 호수, 강 등과 고등동물의 체액에서 채집 할 수 있는 모든 현미경적 생물체를 포함하는 포괄적인 용어이다. 심지어 정충도 포함된다.

Monads (Leibniz, 1714) : 단포체. 이 용어는 그리스 로마 고전기의 수학과 철학 이론에서 채택되었고 현미경 관찰이 처음으로 이루어진 후에 다시 부각되었다. 일차적으로 형이상학적 의미로 사용되었고, 모든 생물의 기본원소와 근원이 될 것으로 생각되는, 나눌 수 없고 영원한, 가장 작은 단위를 가리키는 단어로 쓰였다(Leibniz에 의하면 정신과 물질의 통합의 근본으로). 단포체는 후에 정충이나 단세포 편모류처럼 볼 수 없는 실체로서 보여줄 수 있으므로, 이 용어는 명명의 목적을 위하여 박물학자들에 의해 채택되었다. 즉 O.F.Müller(1786)는 Monas, Ehrenberg(1838)는 Cryptomonada, Engler(1898)는 Chrysomanadida, Wenyon(1962)은 Diplomonadida, Kirby(1947)는 Trichomonadida, Grasse(1952)는 Proteromonadida, Christensen (1962)는 Prasinomonadea를 명명하였다. 현재 어떤 조류 그룹의 생활사에 나타나는 편모단계나 편모층 구조를 가진 것들은 단포체(monadal, monadoid)로 명명되고 있다.

Infusoria/Animalcula infusoria (Ledermüller, 1760–1763 사이): 섬모충, 극미동물 섬모충, 적충류(滴蟲類), 즙동물. 이 용어는 건조에 견딜 수 있는 포낭시기를 만들 수 있고, 그러한 포낭기에 건초나 후추에 물을 적시는 것에 의해 재 활성화 되는 모든 생물을 일차적으로 의미한다. 라마르크(Lamarck, 1744–1829)는 다른 무척추동물 곁에 동물 분류군으로 Infusoria를 놓았다. 19세기에 세포 이론이 받아진 이래, 20세기 중반까지(러시아 문헌에는 그 후까지) 이 용어가 Ciliates(섬모충류)의 다른 이름으로 사용되어 왔다.

Urthiere (Oken, 1805): 원생동물. 이 독일 용어는 Infusoria의 다른 이름으로 사용되었을 뿐만 아니라 고등식물과 후생동물로부터 단세포 생물을 분리해서 사용되기도 하였다. 원생동물 용어(Protozoa)에 대한 언어학적 기초가 되기도 하였다. 그러나 이 이름은 분류학적 의미로는 사용하지 않았다.

Protozoa (Goldfuss, 1818): 원생동물. 이 용어는 Ledermüller의 Infusoria외에 자포동물, 해면동물, 태형동물까지 포함하였다. 1845년, C.T. von Siebald가 그들을 단세포 상태의 생물로 정의 할 때까지 이 원생동물 용어는 자주 사용되지 않았었다. 이후 세포이론에 계통분류 생물학의 한 가지로 도입되었다.

Animalia Microscopia (Saint-Vincent, 1826): 현미경적 동물이라는 의미로 Infusoria의 다른 이름으로도 사용되었다. 그러나 종모양 섬모충류 종벌레(*Vorticella*)와 그 연관 동물들을 새로운 계로 독립시켰다.

Eithiere 또는 Oozoa (Carus, 1832): Ledermüller의 Infusoria와 Goldfuss의 원생동물의 다른 이름으로 사용되었다. 그러나 이 용어는 발생초기에 원생동물 같은 특징을 갖는 생물들을 포함 시키지 않았다.

Archaezoa (Perty, 1852): 원시 원생동물. 어원적으로 아름다운 표현의 근원생물을 표현하는 이 용어는 처음에는 원생동물의 이명으로 사용되었었다. 그러나 이러한 의미는 오래가지 못하고, 미토콘드리아가 없는 원시 종속영양 진핵생물을 가리키는 용어(Archezoa)로 현재 사용하고 있다.

Microzoaires (Fromentel, 1874): 이 용어는 다양한 현미경적 크기의 단세포 생물들에 예외 없이 사용되었으나 현재는 사용하지 않는다. Pallas (1741–1881)와 Dujardin(1801–1860)에 의해 수정된 동, 식물성 원생동물이라는 용어에도 불구하고 19세기 중반에 만들어진 다소 동물학적인 이 용어는 발생이론에 기반한 다계통 개념을 준다. 첫 단계로 Leuckart(1848)는 동물계에서 종속영양 단세포 생물들을 제외시켰다.

Acrita (Owen, 1861): 저등생물계. 소위 분화되지 않은 세포계로, 원생생물뿐만 아니라 형태적으로 평범한 구조의 작은 후생동물까지 포함한다. 이 계는 고전적인 동물계(Animalia)와 식물계(Vegetabilia)곁에 세워졌으나 오늘날 사용되지 않는다.

Protoctista (Hogg, 1861): 원생생물계. 그리스어로 첫 생물이란 의미로 동물계, 식물계, 진균계에서 분리된 계. 오늘날 이 용어는 Whittaker(1959)가 세운 5계(界) 개념의 한 계로서 사용된다. 식물계, 동물계, 진균계, 원생생물계의 4개의 진핵계는 원핵생물계와는 크게 분리된다. 이 용어는 정확하지만 다소 불확실한 개념을 준다. 원생생물계는 포배(blastula)로부터 발생한 모든 동물(1)과 배아발생단계에서 발생한 모든 식물(2), 그들의 생활주기에서 편모기가 없는 모든 고등균류(3)를 제외하고 남은 진핵 생물을 포함한다(Margulis 등, 1990). 이와 같이 원생생물계는 원생동물뿐만 아니라 갈조류, 항아리균류(Chytridiomycota), 난균류(Oomycetes), 홍조류 등과 다른 분류군을 포함한다.

Protista (Haeckel, 1866): 원생생물. Haeckel에 의해 처음 제안 된 여러 가지 정의에 따르면, 원생생물 분류군은 많은 단세포 생물들을 포함하지만 진핵 생물에 한정하지 않았다. 그러므로 그것은 원생식물+원생동물=원생생물 공식에 따른 *Closterium* 같은 뚜렷한 단세포 녹조류를 포함하는 광영양식물과 후생동물과 섬모충류를 포함하는 명백한 동물과는 명확히 구분된다. 현재 관점에서 원생생물은 단세포 구조의 진핵생물이다. 그러므로 이 용어는 고전적인 원생동물과 규조류 같은 단세포 광영양생물 및 하등의 단세포 진균류를 포함한다.

짧은 정의의 이 용어들 목록에서 보는 바와 같이, 생물학적 개념과 설명이 명명규약에 포함된다. 이 목록 중에서 단지 원생동물, 원시원생동물, 원생생물계, 원생생물 4가지 명칭만이 살아 남았다.

우리는 원생생물과 원생동물 용어를 동시에 사용하길 좋아한다. 전자는 계통분류나 분류 문제가 중심 관심일 때, 후자는 특별히 종속영양생물이 관심일 때 사용된다. 이것은 부분적으로 우선권의 문제이다. 그 주요 이유는 다른 용어들이 적절하지 않기 때문이다. 이들 용어의 어떤 것도 단일계통발생이나 총계통적 그룹을 표시하지 못한다. 원생생물이나 원생동물도 계통발생의 의미로 진화 관계를 표시하지 못하므로 미래에는 마찬가지 일 것 같다. 그러나 우리는 그들의 진핵세포 기구의 원시 공통 형질 특징과 그들 몸체구조에 기초한 생물의 명명을 위하여 이들 용어 중 두 용어를 사용한다.

제2장 원생생물학 연구 역사 개략

원생생물은 보통 현미경적 크기를 가진 생물이므로, 적절한 확대기구가 만들어질 때까지 발견되지 않았다. 그럼에도 대물렌즈와 접안렌즈로 구성된 복합 현미경은 단세포 생물이 발견되기 오래 전에 발명되었었다. 1590년경 네덜란드의 안경상인 한스(Hans)와 얀센(Janssen)은 그러한 현미경을 처음으로 만들었다. 처음에 그것들은 진정한 과학 장비로 인정 받지 못하고 상류 어른들의 장남감으로 취급 받았다. 과학적인 원생동물학의 출발점은 그 후 약 80년 늦게 시작되었다.

단세포 생물의 첫 발견자는 원생동물학의 아버지인 네덜란드 사람 안토니오 반 레벤후크(Leeuwenhoek, 1632-1723)였다(그림 **1**과 **2a**). 그는 현미경 애호가로서 그 자신이 고안하여 만든 단식 현미경을 이용하였다. 그는 렌즈를 짤라 갈아서 조립하여 특별한 구조의 단식 현미경을 만들었다(그림 **2b**). 그것들은 모두 단식이었지만 고배율 렌즈였다. 그는 수년간 약 400개의 현미경을 만들었고 오로지 자신만 사용했다는 소문이 있다.

암스테르담에서 상인으로 경험을 쌓은 후 레벤후크는 그의 고향인 델프트(Delft)로 이사하여 거기서 포목상과 시의원 활동을 하였다. 직업 때문에 연구를 할 수 있는 직업적 생물학자는 아니었지만, 그는 지칠 줄 모르는 호기심으로 그의 취미를 열심히 추구하는 특별한 개성을 가진 사람이었다. 그는 그의 새로운 발견을 정리하여 런던의 영국왕립학회에 100통이 넘는 편지를 보냈다. 1676년에 처음으로 원생동물(주로 섬모충류)을 관찰하고, 기술하였다. 그는 그의 작은 생물들을 극미동물(animalcula)이라 불렀다. 2년 후인 1678년에 유명한 네덜란드의 내과의사 크리스티안 후이겐스(Huygens, 1629-1695)가 레벤후크의 발견들을 확인하였다. 이 확인을 통하여 이들은 연구에 더욱 박차를 가하게 되었다.

레벤후크와 후이겐스는 고인물의 건초즙에서 그들이 발견한 원생생물들이 소위 공기 균에서 유래한 것으로 믿었다. 이들 원생생물들의 기원에 관한 의문은 19세기 중반까지 활발한 논쟁과 토론의 대상이었다.

원생생물학과 현미경연구에서 그 다음으로 중대한 연대는 1718년으로, 불란서 과학자 루이스 죠블로(Joblot)는 현미경의 응용에 관한 책을 출판하였다. 다른 형태의 현미경을 이용하여 죠블로는 다양한 원생생물들을 그렸다. 그는 또한 처음으로 세포 내 구조를 기술하였다. 섬모충의 핵, 수축포, 섬모구조 등을 자세히 기술하였다. 당연히 그때 죠블로가 원생생물의 기원에 대한 의문을 가졌지만, 이들 구조의 의미를 설명하는 것은 불가능하였다. 그는 원생생물들이 알을 가지고 배아와 태아시기를 거쳐 모체와 동일한 형상으로 발생한다고 결론지었다. 원생생물의 개체 발생에 대한 그러한 믿음은 세포의 존재와 재 복제에 관한 알려진 것이 아무것도 없는 그 당시로서는 당연한 것일 것이다. 그럼에도 그는 원생생물의 기원에 대한 실험을 끓인 건초즙과 안 끓인 건초즙을 가지고 수행하였다. 끓인 건초즙에서 원생생물이 안 나타나고, 자연 즙이나 공기 중에 노출 된 즙에서 원생생물이 나타났으므로, 그는 공기중에 알이 있고, 물에 떨어지면 섬모충이나 극미동물이 발생한다고 결론지었다. 이와 같이 레벤후크와 후이겐스의 공기균 발생 이론은 재생되었다.

1727년에 한 익명의 불란서 내과의사가 이들 생각에 풍자를 하였다. 그는 공기가 다른 질병을 일으키는 극미동물들과 정자 속의 난쟁이들로 가득 차 있다고 하였다. 그는 생물들에게 복통병원, 설사병원, 혹사병원, 졸도병원, 과민병원 같은 다른 이름을 붙여 주었다. 두 번째 출판에서는 이들 생물을 반 복통병원, 반 과민병원 등등으로 부르며, 이들 생물에 반대의 명칭을 붙여주었다. 그는 또한 어떻게 그들이 질병과 싸우는데 사용될 수 있는지를 설명하였다. 만약 우리가 그런 극미동물이나 정충을 병원충으로 여긴다면, 그가 다소 우스꽝스러운 생각을 하였지만 어떤 관점에서는 옳다고 봐야 할 것이다.

과학계에 보다 중요한 것은 1749년 불란서 동물학자 뷰퐁(Buffon, 1707-1788)과 영국 박물학자 니담(Needham, 1713-1781)에 의해 독립적으로 소개

그림 1 과학적 현미경의 창시자 안토니오 반 레벤후크

된 자연발생설이다. 뷰퐁의 이론에 의하면 식물과 동물은 음식으로 소화된 유기물과 살아있는 분자로 구성된다. 발정기에 여분의 분자들이 정충에 축적된다. 섬모충은 식물과 동물이 죽어 분해될 때 유리되는 이들 살아

그림 2 1670년의 레벤후크(**a**), 레벤후크의 현미경은 250배까지 확대할 수 있는 단 하나의 렌즈를 갖춤(**b**) (Dobell로부터).

있는 분자의 증거이다. 이 이론은 독일 자연철학자 오켄(Oken, 1779–1851)이 1805년 정충의 생성은 정소 내에서 실제 부패의 결과이고, 여성에서는 임신 후에 일어나는 과정으로 피의 분해 산물로부터 태아가 형성된다는 글을 쓸 때까지 유지 되었다.

니담의 자연발생설 이론은 소위 팽창 이론으로 유기물이 양호한 조건하에서 생명이 창조된다는 점에서 뷰퐁의 이론과 달랐다. 그러나 이 과정은 다른 과정보다 더 이해하기 어려웠다. 어려운 이유는 모든 물질에 고유한 저항이 있다는 이론에 기인하였다. 유기물의 부패는 물질의 저항이 깨질 때 일어나는 과정으로 보았다. 유기물 부패의 마지막 산물은 그가 Zoogloea라 부른 점액질 물질로, 거기에서 새로운 생명체가 나온다고 하였다.

그들의 가정을 지지하기 위하여 뷰퐁과 니담은 끓인 즙과 안 끓인즙, 뚜껑을 덮은 즙과 안 덮은 즙을 가지고 실험을 하였다. 그들의 보고서에 따르면 모든 경우에 예외 없이 섬모충이 생겼다. 자연발생설 이론이 과학자들에게 절대적으로 받아들여졌다.

그러나 2–3년 후, 이탈리아 과학자 스팔란자니(Spallanzani, 1729–1799)는 이 주장에 맹렬하게 반박하였다. 그는 실험 증거 위에 논거를 만들고 다소 열에 강한 생물들 사이에 차별화 시켰다. 그의 현대 과학적인 접근 방법에도 불구하고, 그는 자연발생설을 반증 할 수 있게 인정 받지 못하였다. 뷰퐁, 니담, 오켄, 라마르크는 죽을 때까지 그들 동료의 이론을 믿지 않았다. 루이스 파스퇴르(Pasteur, 1822–1895)와 로버트 코흐(Koch, 1843–1910)의 실험이 있을 때까지 그 가설은 논박되었다. 생명의 기원과 죽음의 끝에 대한 철학적인 일반 질문에 대한 답을 얻기 위하여 현미경 아래에서 보이는 생명의 체계를 채집하려는 많은 실용적인 시도들이 있어왔다. 죠블로에 의하면, 원생생물을 취급하는 수 많은 논문들이 발표되었다.

예로써, 우리는 헨리 베이커(Baker)와 그의 1754년 책 '*Beiträge zu nützlichem und vergnügendem*

Gebrauch und Verbesserung des Microscopii (현미경의 유용하고 즐거운 이용과 개선에 대한 노력)' 과 아메바의 발견자(1755) 로젠호프(Rosenhof)가 있었음을 알 수있다. 1769년 소쇄르(Saussure)는 처음으로 섬모충의 횡분열을 관찰하고, 클론 배양을 처음으로 하였다. 그것이 한 개체 배양의 시작이다. 1775년 무렵 포낭 형성과정(encystment)이 처음으로 관찰되었고 이때가 실험적 연구가 시작되는 시기이다. 새롭게 발견 된 생물에 대한 기술을 포함한 새로운 관찰이 이때부터 지금까지 지속되고 있다.

1768년 섬모충에 대한 계통분류학적 체계가 네덜랜드의 박물학자 오토 뮬러(O.F.Müller, 1730-1784, 그림 3)에 의해 세워진다. 그의 계통분류체계는 부유성 후생동물과 현재 원생생물로 고려하는 생물들 외에 윤충류까지 포함하고 있다. 그의 책이 Linne의 Systemae naturae의 10판(1758)후에 나왔고, 오늘날 사용되는 과학적 생물학적 명명의 시작된 후이므로 많은 유효한 속과 종의 명명자로서 그는 기여하였다. : 즉 *Monas*, *Ceratium hirundinella*, *Bursaria truncatella*, *Euplotes patella*, *Lacrymaria olor*, *Stylonychia mytilus* 등의 이름을 붙였다.

19세기 초반은 원생동물학에 매우 흥미롭고 재미있는 시기였다. 용어에 관한 매우 중요한 진전이 있었고, 자세한 분류 연구가 열심히 시작되었다. 불란서의 미고생물학자 도비그니(d'Orbigny, 1802-1857)의 과학적인 활동이 이 시기의 출발점으로 보고 있다. 그는 유공충 분류군의 명명에 책임을 다했다.

무생물 껍질에 관심을 쏟은 그와는 대조적으로, 그의 동료인 듀자르딘(Dujardin, 1801-1860)은 살아 있는 유공충을 연구하였다. 그는 껍질 안의 생체가 위족을 만들어 낼 수 있는 능력과 이동할 수 있는 능력을 알아냈다. 그가 다른 단세포 생물로부터도 출현하고, 상동 특성을 갖는 이 살아있는 물질을 sarcode(그리스어로 육질 같은)라고 이름을 지었다. 그는 1835년 논문의 소위 육질이론에서, '살아있는 물질은 액포와 알맹이와 함께 움직이는 유체' 라고 하였다. 그러나 원형질의 다른 이름인 육질은 사용되지 않게 되고, 단지 분류군 육질충류(Sarcodina) 또는 육질 편모충류(Sarcomastigophora)

ANIMALCULA INFUSORIA
FLUVIATILIA ET MARINA,
QUÆ DETEXIT, SYSTEMATICE DESCRIPSIT ET AD VIVUM
DELINEARI CURAVIT
OTHO FRIDERICUS MÜLLER,
REGI DANIÆ QUONDAM A CONSILIIS CONFERENTIÆ, PLURIUMQUE
ACADEMIARUM ET SOCIETATUM SCIENTIARUM SODALIS,
SISTIT
OPUS HOC POSTHUMUM
QUOD CUM TABULIS ÆNEIS L. IN LUCEM TRADIT
VIDUA EJUS NOBILISSIMA,
CURA
OTHONIS FABRICII.
PASTORIS ORPHANOTROPHII REGII HAUN. ET SODALIS SOCC. REG. SCIENT. HAUN.
NATURÆQUE CURIOSOR. BEROLIN.
HAUNIÆ,
TYPIS NICOLAI MÖLLERI, AULÆ REGIÆ TYPOGRAPHI.
1786.

그림 3 O.F.Müller의 책 표지(**a**)와 책 속의 그림의 하나(**b**).

등의 명칭에서만 사용되게 되었다. 그러나 현재는 이 용어들도 더 이상 사용하지 않는다.

19세기 중반에 체코의 퍼킨제(Purkinje, 1787-1869)와 독일의 슈라이던(Schleiden, 1804-1881), 슈반(Schwann, 1810-1882)에 의해 원형질 이론과 세포이론이 나온 후 원생동물학자들에게 새로운 지평선이 열렸다. 고등동물과 고등식물의 세포에 대한 연구 결과를 원생생물에 적용할 수 있을까? 처음에는 섬모충류의 복잡한 구조가 세포개념에 맞을 것 같지 않았다.

섬모충류에 대한 특별한 상태가 두 독일인에 의해 연구되었다. 헤켈(Haeckel, 1830-1919)과 에렌베르그(Ehrenberg, 1795-1876)는 섬모충류의 단세포 성질을 무시하였다. 헤켈은 1873년까지 섬모충류를 원생생물에 포함시키는 것을 주저하였다. 에렌베르그는 단세포 생물을 육안으로 보는 동물상을 반영하는 완전한 축소판 동물이라고 주장하였다. 이것은 소위 다위이론(polygastric theory)에 요약되었다. 그의 믿기 어려운 1838년 책 *Die Infusionsthierchen als Vollkommene Organismen*(완전한 생물로서 즙동물)에서 그가 원생생물의 위와 장(식포), 관다발계, 침샘(특별한 액포나 녹색공생조류), 고환(소핵), 정액주머니(수축포), 난소(대핵)라고 기술한 것은 그의 관점에서는 놀라운 일이 아니다(그림 **4**). 그러나 이런 대단히 잘못된 해석을 하였을지라도, 에렌베르그는 원생생물학의 주역 중의 한 사람이다. 중요한 것은 계통분류동물학과 미고생물학 분야에서 그의 장점들이다. 그는 백악 절벽이 현미경적 생물(대부분 규조류)로 구성된 것을 보여주었고, 많은 자유생활 원생생물들을 기술하였다. 무수히 잘 알려진 속들의 이름이 그의 노작의 결과이다: *Actinophrys, Amoeba, Arcella, Bodo, Carchesium, Chlamydomonas, Cryptomonas, Dinobryon, Euglena, Euplotes, Loxodes, Nassula, Peridinium,*

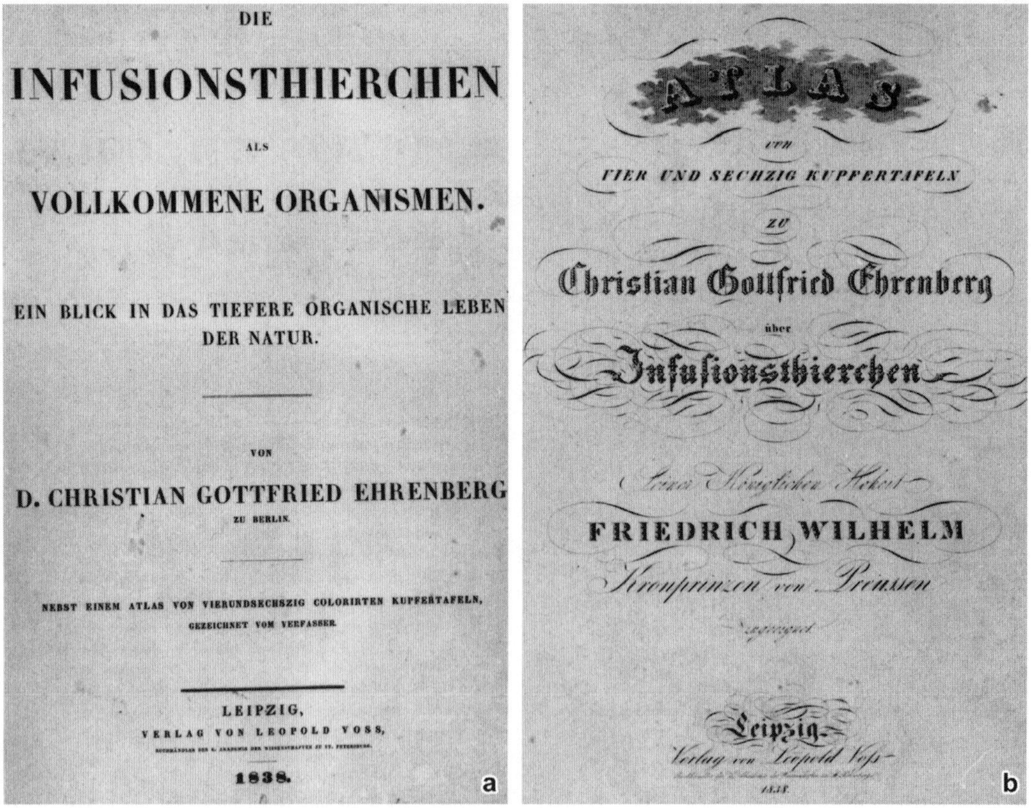

그림 **4** C. G.Ehrenberg의 가장 유명한 책의 표지(**a**)와 그림표면(**b**).

Prorodon, Spirostomum, Synura 등등이 그렇다.

1840년경 에렌베르그의 관점이 듀자르딘과 독일 동물학자 지볼트(Siebold, 1804-1805)에 의해 격렬하게 공격 받는다. 두 사람은 한 동물은 단지 한세포로 구성되었다고 믿었다. 지볼트는 다른 기관계는 정의하지 않고 원생동물을 단세포로 구성된 동물로 재정의 하는 것으로 논박을 시도한다. 그의 개념이 받아들여지는 시점에 그는 원생동물을 다세포 생물로부터 분리한 첫 사람이 된다. 세포의 처음 정의가 살아있는 유공충으로부터 나왔다는 것이 흥미롭다. 1861년 독일의 해부학자 슐츠(Schulze, 1825-1874)가 중앙에 핵이 위치한 작은 원형질 덩어리로 세포에 대한 고전적인 기술을 하였다. 그는 고정 목적으로 오스미윰테트로사이드의 사용을 소개한바 있다.

원생동물학자 모두를 소개 하려고 하는 것이 우리의 의도는 아니지만 역사적 관점을 완결 짓기 위해서는 다음 과학자들을 언급하여야겠다; 독일의 식물학자 드바리(deBary, 1831-1888)는 점균류를 연구하였다. 불란서 내과의사 라버란(Laveran, 1845-1922)은 이탈리아에서 말라리아 기생충을 발견하고, 질병을 일으키는데 원생동물에 의한 역할을 연구한 공을 인정받아 1907년 노벨상 수상자가 되었다. 스위스 동물학자 클라파레드(Claparède, 1832-1871)는 그의 공동 연구자 라흐만(Lachmann)과 함께 섬모충과 근족충류에 대한 인상적인 모노그래프를 내었다. 영국의 동물학자 켄트(Kent, 1845-1908)는 유명한 섬모충류 매뉴얼을 냈고, 독일의 동물학자 허트비그(Hertwig, 1850-1937)는 섬모충류의 접합 동안에 일어나는 핵 동태를 밝혔다. 러시아 동물학자 쉬비아코프(Schewiakoff, 1859-1930)는 방사극충성 육질충류를 연구하였다. 독일의 식물학자 클레브스(Klebs, 1857-1918)는 편모충류의 생활주기를 연구하였다. 독일 동물학자이자 기생충학자인 루카르트(Leuckart, 1822-1898)는 분류군 포자충문을 만들었다. 태양충류와 구포자충류(Coccidian) 전문가인 독일의 쇼딘(Schaudinn, 1871-1906), 육질충류를 연구한 독일의 동물학자 슐츠(Schulze, 1840-1917)등이 있다. 방산충류 전문가인 헤켈(Haeckel)은 4,000여종을 기술하고 그들을 우아하게 도감으로 그려냈다. 불란서 동물학자 발비아니(Balbiani, 1823-1899)는 첫 번째 원생생물 유전학자였다. 독일 동물학자 부첼리(Bütschli, 1848-1920)는 원생동물학의 설계자로(Dobell, 1951에 의하면), 원생동물에 관한 이해력이 풍부한 교과서(3권으로 구성)를 처음으로 썼다. 대부분의 초기 원생동물학 연구는 유럽에서 이루어졌지만, 19세기 말에는 전세계에서 이루어졌다. 1879년 라이디(Leidy)와 1888년 스토크스(Stokes)는 북아메리카의 원생동물에 관한 모노그라프를 발간하였다. 유럽에서 기록된 많은 원생생물들이 이들 선구자들에 의해 다시 기술되고, 많은 신종들이 기술되었다. 19세기의 말까지, 단단한 지식기반이 쌓여지고, 많은 기생충과 병원충이 알려지기 시작하였다. 어떤 경우에는 이들 중의 일부 종의 복잡한 생활주기에 관한 의미 있는 정보가 모아졌다.

1900년까지 새 교과서가 출판되는데 필요한 새로운 지식이 충분히 쌓여져, 콜킨스(Calkins, 1901년과 1933년)와 도플레인(Doflein, 1901, 1909, 1911, 1916년), 그리고 라이헨노프(Reichenow)에 의해 이어져 1929년과 1953년 새로운 교과서들을 편찬해 원생생물에 관한 필요한 정보와 일반 생물학적 지식을 제공하였다. 원생동물학이 다른 생물에서 유래 된 생물학적 이론을 결합할 수 있는 충분한 평가를 얻은 것도 바로 이 때이다(표 **1**).

신종에 대한 기술이 계속되었지만, 원생생물은 또한 생물학의 일반 이론을 연구하는데 이상적인 모형으로 알려지게 되었다. 특히 세포 생물학의 이론은 단세포 생물의 특별한 특징으로부터 도움을 받았다. 뚜렷한 특징은 이들 생물이 배양이 쉽고, 대부분 성장이 빠르고, 따라서 짧은 세대기간을 갖는다는 점이다. 원생생물의 대량 배양을 어떻게 하는지 배웠으므로, 이들 단세포 생물은 분자생물학과 생화학 연구의 단골 실험 대상이 되었다. 그러나 이들 생물은 아직 적절하게 탐구되지 않고, 개발되지 않은 어떤 독특한 속성이 있으므로, 기회가 생길 수 있는 어떤 가능성이 있다.

우리는 이 분야의 발전을 이끈 가장 중요한 장비인 현미경의 짧은 역사로 이 역사적 개관에 관한 장을 마무리 하고자한다. 레벤후크의 현미경은 상당히 단순했다.

표 1. 원생생물학의 중요 연표

시기 1 : 눈에 보이지 않는 작은 생물이나 세포를 찾을 수 있는 현미경 사용

레벤후크(A.van Leeuwenhoek, 1675)

시기 2 : 초기 계통학적 연구

G.A.Goldfuss(1818): 원생동물학
A.D'Orbigny(1826): 유공충
Chr.G.Ehrenberg(1838): 자유생활 및 화석 원생동물

시기 3 : 단세포생물로 인정된 원생생물

C.T.von Siebold(1845): 기관의 분화가 명료하지 않고 불규칙한 형태와 단순한 구조가 단 한세포에서 나온 동물—즉 원생동물이 근족충류와 섬모충류로 나뉠 수 있음.

F.Dujardin(1835), H.von Mohl(1846): 육질이론과 원형질이론

M.Schultze(1861, 1863): 세포이론 세움-세포는 중앙에 핵이 있는 원형질의 작은 덩어리

원생동물에 대한 연구가 세포생물학과 발생학의 결합에 의해 이루어짐

시기 4 : 원생동물학이 새로운 미생물학 및 기생충학과 결합

병원충으로 원생동물 연구
E.Gruby(1843): *Trypanosoma*(개구리에서)
C.W.von Naegeli(1857): (누에의) 미립자병 (*Nosema bombycis*)
F.Lösch(1875): 아메바성 이질(*Entamoeba histolytica*)
R.Leuckart(1879): 포자충류
A.Laveran(1879): 말라리아와 그것의 매개체 (*Plasmodium*)
O.Bütschli(1881): 점균포자충 (점액포자충문)
G.Balbiani(1882): 미포자충류 (미포자충문), 육질포자충
J.E.Dutton(1902): *Trypanosoma gambiense* – 수면병의 원인 병원충

시기 5 : 원생생물학 이론의 제도화

독일에서 원생 동물학자에 의한 동물학 연구소의 설립
O.Bütschli, 하이델베르그 대학(1878)
F.E.Schulze, 베를린 대학(1884)
R.Hertwig, 뮤니히 대학(1885)

F.Schaudinn(1902): 첫번째 원생동물학 잡지인 Archiv Für Protistenkunde(1998년 Protist로 명칭 변경) 창간자 및 편집자

F.Schaudinn(1904): 베를린 제국 보건원 내 원생동물학 연구실 설립
(1906): 함브르그 열대질병 연구소에 원생동물 연구과 설립(현재 Bernhard-Nocht 연구소)
F.Dogiel(1908): 성피터스버그에 원생동물학 학교 건립

M.Hartmann(1914): 베를린 대학 카이저 빌헤름 생물연구소에 원생생물학과 설립

국제적인 수준의 원생생물학의 제도화
1947: 미국에 원생동물학회 설립. 현재는 여러 분과의 국제학회로 발전
1954년 Journal of Protozoology 발간, 1993년부터 Journal of Eukaryotic Microbiology로 제호 변경 발행
1966: 폴란드에서 Acta Protozoologica 발간
1968: 불란서에서 Protistologica 발간 (1987년부터 독일에서 European Journal of Protistology로 속간)
1972: 진화원생생물학회 (International society for Evolutionary Protistolagy: ISEP) 설립
1999: 러시아에서 Protistology 발간

1961: 프라하에서 제1회 원생동물학 국제 대회 개최. 이후 4년에 한번씩 열림 (1965년 런던, 1969년 레닌그라드, 1973년 클레몽-페란드, 1997년 뉴욕, 1981년 바르샤바, 1989년 쯔꾸바, 1993년 베를린, 1997년 시드니, 2001년 짤즈버그)

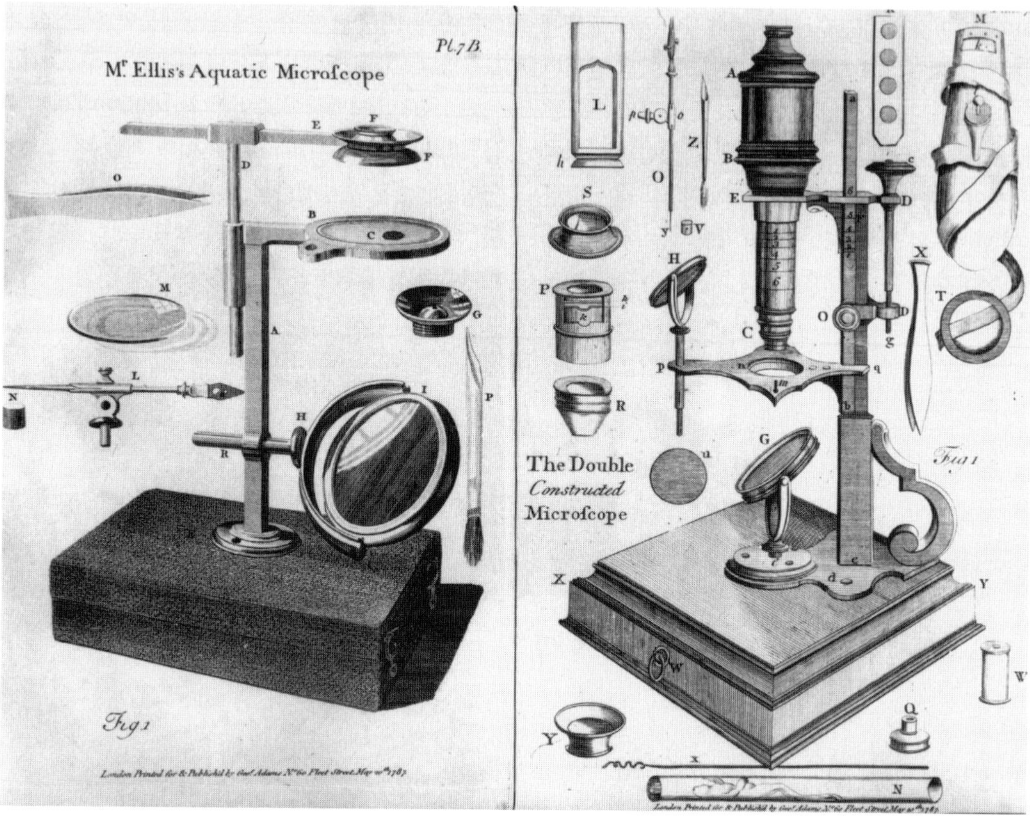

그림 5 A. Domini(187) 영국 현미경 제작자의 카탈로그의 두 쪽 사진.

그것은 확대경(그림 **2b**)과 유사하였다. 그 시대의 현미경의 어떤 것은 오늘날 현미경과 비교했을 때 색다른 형태도 있었다(그림 **5**). 19세기 말까지, 현미경은 오늘날 사용하는 형태와 유사하게 발전하였다. 그것은 외모만이 아니라 그것이 만들어내는 선명하고 유익한 상을 만드는데 중요한 광학적 구조까지도 발전하였다. 큰 진전이 그 사이에 이루어졌다. 약 1830년까지 광학현미경은 장인들에 의해 거의 1μm의 상까지 해상할 수 있게 개선되었다. 더 이상 레벤후크 같이 숙달된 눈을 갖을 필요가 없었다. 사실 렌즈디자인의 발전은 세포핵의 관찰을 가능하게 하였고, 1830년대의 유럽에서 세포와 세포 내 구조는 이들 개선된 장비를 이용한 관찰을 통하여 알려졌다. 약 1880년까지 일반화 된 침윤대물렌즈(immersion objectives)는 개선된 명시야와 고해상도에서 고배율 관찰이 가능하게 하였다. 해상도는 1885년경까지 거의 오늘날의 수준에까지 개선되었다. 그 결과 색체이상(Chromatic aberration)이, 적당하게 보정 된 접안렌즈와 색수차를 수정(apochromatic)한 대물렌즈의 개발을 통하여, 고쳐졌다. 그 후 1932년경, 첫 위상차 현미경이 만들어져 살아있는 세포의 희미한 미세구조를 관찰할 수 있게 하였다. 이것은 원생생물학자들에게나 세포생물학자들에게 획기적인 약진의 기회가 되었고, 이를 발명한 네덜란드의 체르니커(Zernike)에게 노벨상의 영광이 주어졌다. 오늘날 우리가 이용할 수 있는 다양한 현미경이 있다. 명시야, 암시야, 위상차, 형광, 미분간섭 대조차 현미경들이 단세포의 통상적인 연구에 사용되는 장비이다.

전자현미경은 특별히 중요하다. 투과 전자 현미경(TEM)은 1950년대 중반에 원생생물학자들에게 유용한 도구였고, 이를 개발한 독일의 물리학자 루스카(Ruska)에게 1986년 노벨상이 주어졌다. 1960년대 중반 독일의 물리학자 아르덴(Ardenne)에 의해 개발 된 주사전자현미경(SEM)은 원생생물의 표면 일반적인 형상과 전반적인 형태에 관한 그래픽 정보를 제공하였다. 이들 전자현미경은 원생생물의 연구에 새로운 지평을 열어주었다.

제3장 원생 생물의 세포 구조

단세포 원생생물은 일반적으로 다른 진핵생물의 세포구조와 같은 세포 구조를 가진다. 전자 현미경을 이용하여 다른 원생생물들과 구조의 차이나 세포 소기관의 수의 차이를 찾아 낼 수 있다. 때때로 다세포 진핵 생물의 세포에서도 그러한 차이를 찾아낼 수 있다. 어떤 세포 소기관은 원생생물에 예외 없이 출현 하는 것으로 알려져 있다.

그러나 많은 증거가 원생생물들은 2차 퇴화나 세포 소기관의 소실이 뚜렷이 나타나는 생물그룹이라는 생각을 갖게 한다. 세포 진화과정 동안에, 미토콘드리아와 색소체 (광합성 진핵생물에 전형적 구조)가 핵에 전이된 몇몇의 유전체 특성의 예외와 함께 퇴화되어 완전히 사라졌을지도 모른다. 일부 중요한 기생자들이 이러한 원생생물에 속하는 것이 놀랍다. 미토콘드리아가 2차로 소실된 기생자의 예로는 *Entamoeba*와 *Giardia*가 있다. 파동편모충류(Trypanosomatidea)와 난균류(Oomycetes)는 그들의 조상때 있었던 색소체를 소실하였고, 첨복포자충류(Apicomplexa)에서는 과거에 있었던 색소체의 잔유물로 전정색소체 (apicoplast)가 발견된다.

3.1 막과 간막이 구조

진핵세포의 기본특성은 막에 의해서 원형질이 간막이화(Compartmentalization) 되었다는 점이다 (그림 **6, 7**). 모든 살아 있는 세포로서, 원생생물은 주위환경과 세포막으로 분리되어 있다(그림 **8**). 전자 현미경에서 보이는 바와 같이 이 막은 다른 생물학적 막과 같이 전형적인 3겹 구조를 하고 있다. 예를 들면 규칙적으로 배열된 내막 입자들의 집합체가 어떤 섬모충의 원형질막에서 발견 된다(그림 **8f**). 이들 집합체의 기능은 아직 안 알려져 있다.

점액질층, 다당 단백질 복합체(glycocalyx)가 흔히 원형질막의 외부를 덮고 있다(그림 **8**). 이 표면 덮개는 종간 특이성을 가진 당사(glycostyles)로 불리는 긴 사상체를 포함하고 있다(그림 **8c–e**). 이 층은 막 당단백질(막간입자:IMP)과 당지질의 과당 연쇄로 구성되고, 거기에 당단백질과 프로테오글리칸이 글리코사민글리칸(glycosaminoglycan)을 구성하여 단백질 핵심에 부착되어 구성된다. 다당 단백질 복합체는 규칙적 구조이나 그러한 구조가 나타날 때, IMP의 패턴을 항상 따르는 것은 아니다. 다당 단백질복합체는 세포의 정보시스템에 포함된다. 이 층에 분자수용체가 있다. 또한 다당 단백질 복합체는 세포가 주위 매체로부터 용존물을 선택적으로 흡수하게 한다. 흡수된 분자들은 현재 연구 중에 있는 다양한 기작에 의해 세포체로 수송된다.

상피막(perilemma)은 하모류와 유종섬모충류에서 알려진(그림 **24f**) 막 유사구조이다. 이 구조가 원형질막에 나타날 때, 기능이 알려지지 않은 외각, 세포 밖 덮개 같은 실제 구조로 나타난다. 껍질을 둘러싸는 막 흔적이 규조류에 알려져 있다(그림 **71**).

다당 단백질 복합체 외에도, 다양한 원생생물들이 세포밖에 비늘(그림 **9**), 섬유질체, 또는 세포벽 같은 구조들을 가지고 있다. 세포 밖 피각이 만들어지고 때로 정교한 구조를 이룬다.

소포체(endoplasmic reticulum), 리소좀(lysosomes), 페르옥시솜(peroxisomes, 미소체, 그림 **10**), 골지체 (그림 **11**), 미토콘드리아(그림 **12**), 색소체(그림 **13,14**)와 같은 세포 내 막을 가진 세포 소기관 구조가 후생 동식물 세포에서와 유사하게 나타난다. 그러나 원생생물들은 골지자루(Golgi cisternae)로 알려진 구조를 여러 개 갖고 있다(*Tetrahymena*의 영양세포에서는 하나나 둘, *Trichonympha*에서는 30개, 또는 그 이상 나타나고 있다).

이외에 세포 소기관으로 세가지 특별한 형태가 글리코솜(Glycosome), 수소발생체(Hydrogenosome), 미토좀(Mitosome)으로 나타난다. 글리코솜은 파동편모충류에서 0.2–0.3μm 크기의 구형이나 난형의 알맹이로 예외 없이 나타난다(그림 **15**). 이들 세포 소기관 30개가 특별한 형상 없이 *Trypanosoma brucei*의 단세포에서 나타난다. 기생성 파동편모충류 혈류형은 포도당을 끊임없

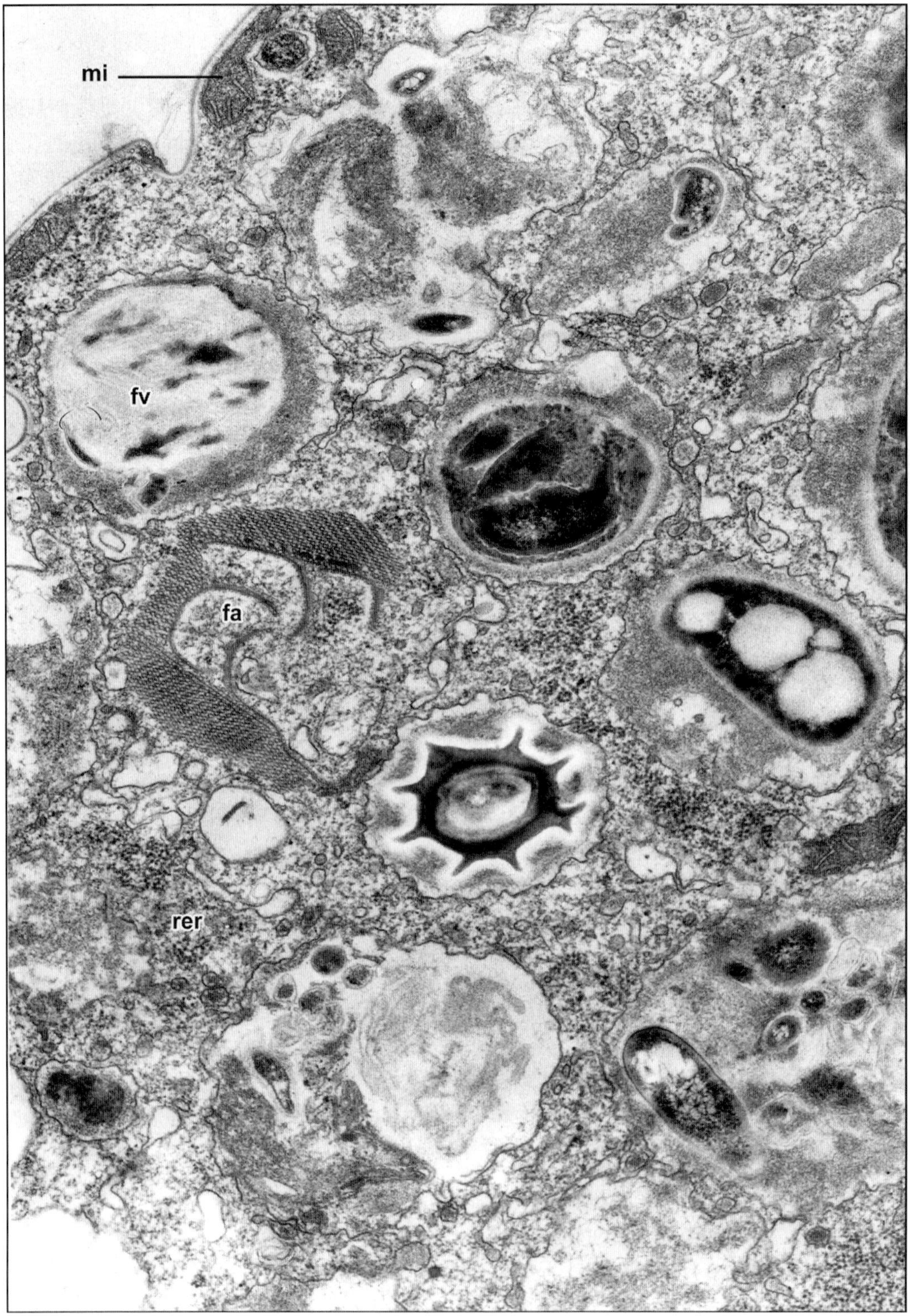

그림 6 유글레나 *Entosiphon sulcatum*의 미세구조: fa = 섭식구조, fv = 식포, mi = 미토콘드리아, rer = 조면소포체. 배율: 25000x.

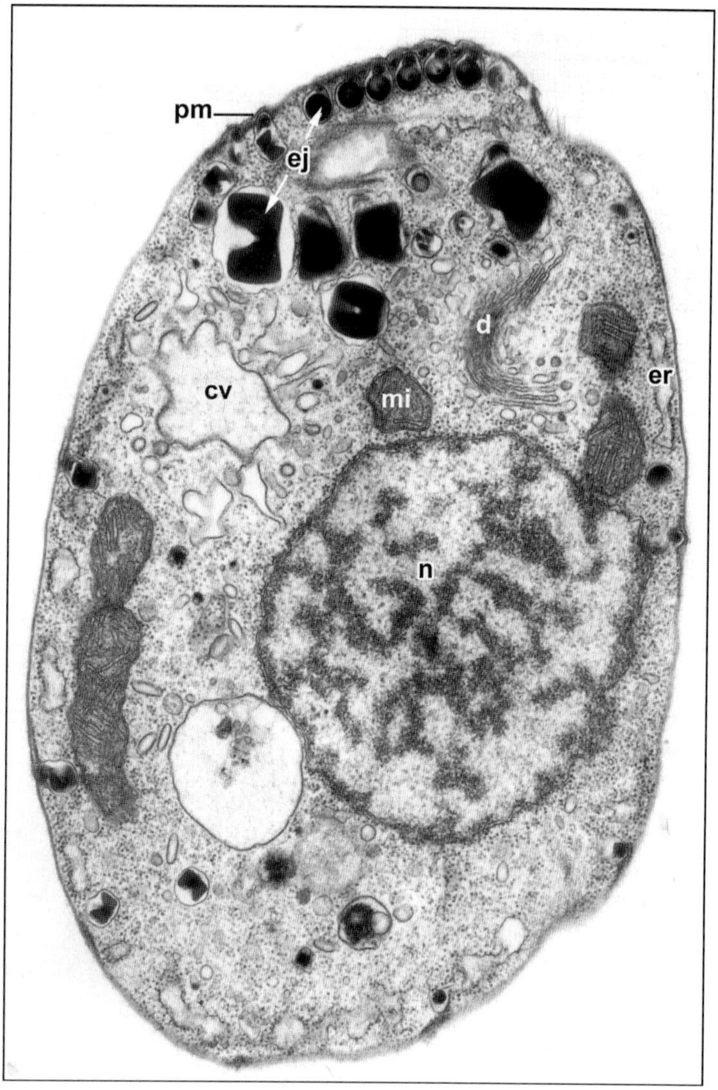

그림 7 은편모류 *Cyathomonas*의 절단면. 원생생물 세포의 필수 요소들이(편모를 제외하고) 나와 있다: cv = 수축포, d = 딕티오솜, ej = 사출체(ejectisomes), er = 소포체, mi = 미토콘드리아, n = 핵, pm = 원형질막. 배율: 10,000x.

이 섭취하여 글리코솜 안에 포함된 7개의 해당 효소를 이용하여 피루브산으로 분해한다. 해당과정은 다른 진핵생물에서 일어날지도 모르는 세포기질에서 보다 글리코솜에서 일어날 때 더 효과적이다. 글리코솜은 진화적으로 파동편모충류에는 없는 페르옥시솜과 연관이 있는 것 같다. 최초의 발견에 의하면 글리코솜은 고대의 내생 공생 조류에서 숙주 유전체로 옮겨진 유전자에 의해 암호화된 단백질을 가지고 있다. 수소발생체 (그림 15)는 탄수화물 대사과정에 관계하고, 계통발생학적으로 먼거리에 있는 파동편모충류, 초편모충류, 변형편모충류, 반추위 서식 섬모충류, 자유생활 섬모충류, 항아리균 등을 포함한 넓은 범위의 미호기성 원생생물에서 나타난다. 이들은 해당과정에서 유래된 피루비산을 분해하여 아세트산, CO_2, H_2를 만든다. 이들은 페로독신(ferredoxin), 산화환원효소, 수소화 효소 같은 피루비산 효소를 이용하여 피르비산 대사 작용에 필요한 발효경로를 이용한다. 그러나 그들의 ATP생성에 있어서는 미토콘드리아 보다 작은 것으로 나타났다. 다른 기능이 있을 수도 있다. 수소 발생체는 이중막에 의해 둘러싸여 있고 원형 배열 분자 구조를 포함하며 이 분열에 의해 증식한다. DNA는 일반적으로 포함하지 않는다. 수소 발생체와 미토콘드리아는 공통기원인 것으로 보인다.

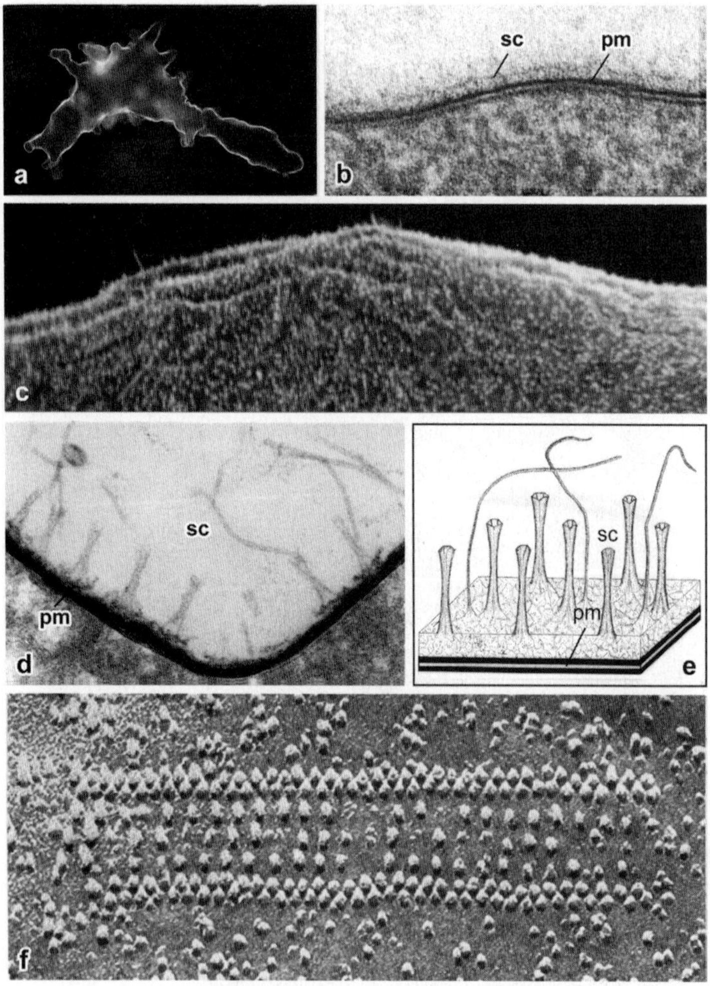

그림 8 여러종류 원생생물의 원형질막(pm). FITC-Con A로 염색한 *Amoeba proteus*의 당질피질(glycocalyx) (**a**); 아메바 *Vampyrella lateritia*의 표피(sc) (**b**); *Vannella simplex*의 표피(sc); 주사현미경 사진(**c**)과 투과전자 현미경사진(**d**), 당사를 가진 고도로 조직화 된 당질 피질의 모형도(**e**): 채찍섬모충류 *Cyclidium* 막내 입자들의 규칙적인 배열(**f**). (d와 E는 Hausmann에 의해, f는 Tübingen의 Bardele의 호의에 의해). 배율: a 150x, b 185,000x, d 7,500x, d 150,000x, f 100,000x.

미토좀(=cryptosome, 은포체)은 미토콘드리아와 관련된 세포 소기관으로 기생성 아메바인 이질아메바(*Entamoeba histolytica*)에서 발견된다. *Entamoeba*가 미토콘드리아나 미토콘드리아의 선조에 해당되는 내생 공생자를 갖게 되었고, 그 소포체는 무산소 생활에 적응하는 동안 많은 기능을 잃어버린 것 같다. 핵의 DNA 출현에 관한 증거는 없지만, 퇴화 과정 동안 그것의 전체 유전체를 소실한 것 같다. 미토콘드리아에서 유래된 구조가 원래 존재한다는 생각은 미토콘드리아성 단백질에 각인된 핵 유전자 발견과, 소포체형 재조합 단백질(미토콘드리아 보호단백질)에 대한 항체에 의해 생기게 되었다. 미토좀의 생리적 기능은 안 알려졌으나 여기에서 에너지 대사가 일어나는 것 같지는 않다.

색소체에서 유래한 특수한 세포 소기관인 전정색소체 (첨복포자충의 색소체)는 최근에 몇 종류의 첨복포자충류에서 발견되었다. 전정색소체는 홍조류와 같은 조류와의 2차 내생공생과정의 결과로 나타난 것 같다(그림 **16**). 주위를 둘러싸는 4겹의 막 때문에 색소체 성질 보다는 겹벽 소포체로 불리거나 겹막 알맹이로 불리는 것이 명확하다. 그것은 보통 핵 앞쪽에 위치하고 골지체에 가까이 위치한다. 오로지 색소체로부터 유래된 증거가 있다. 각 전정색소체는 35Kb의 둥근 형태로 외 염색체 DNA를 갖는 비교적 많은 양의 DNA를 가진 핵양체를 포함하고 있다. 전정색소체는 이분열에 의해 나뉘어

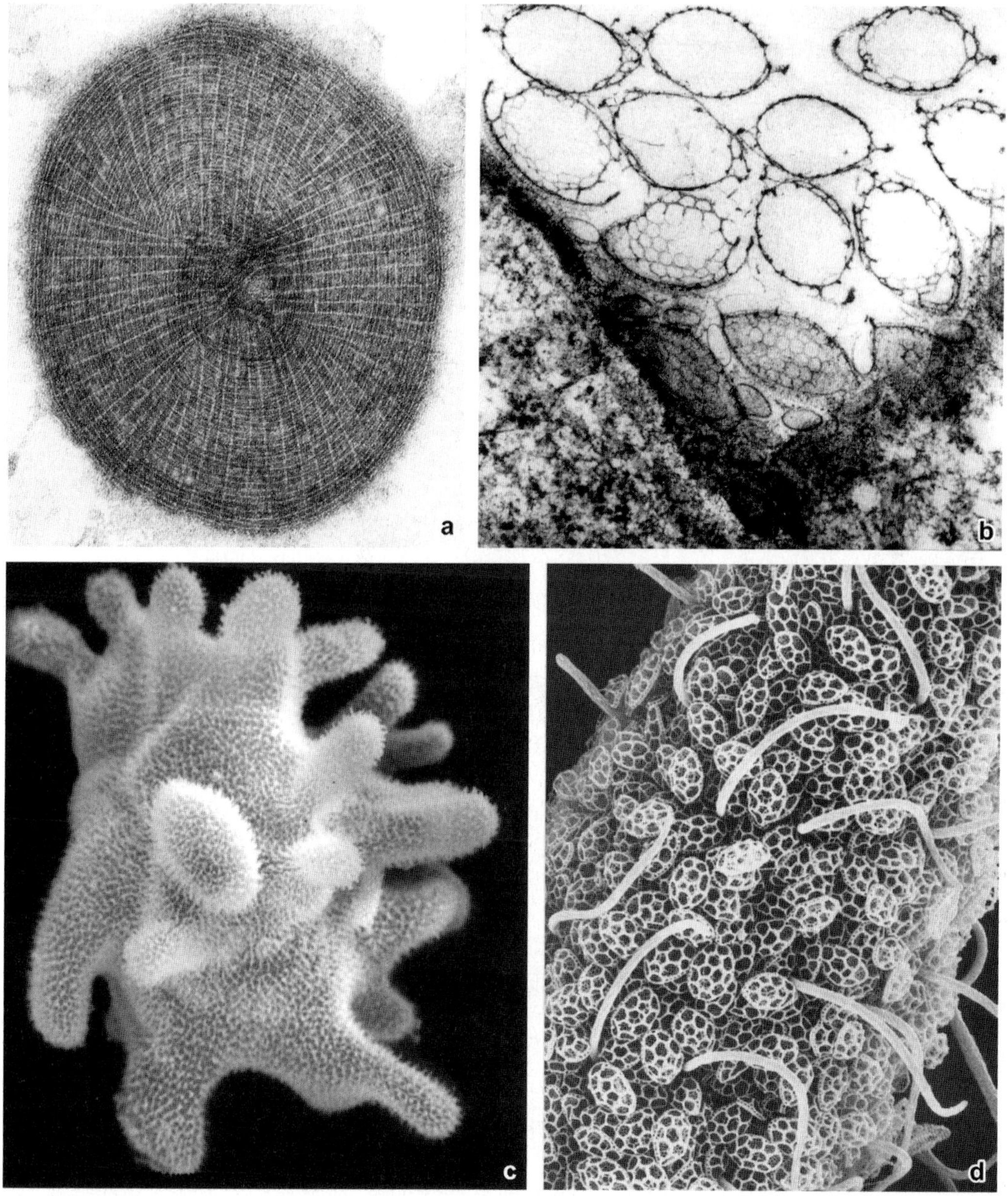

그림 9 단세포 생물들의 비늘(인편). 후각편모류 *Pleurochrysis*의 비늘(**a**), 아메바 *Cochliopodium* 비늘(**b**); 비늘로 완전히 덮힌 *Dactylamoeba*(**c**); 섬모충류 *Lepidotrachelophyllum*의 비늘(**d**)(a Heidelberg의 W. Herth의 호의; c Salzburg의 W. Foissner의 호의, d Tübingen의 C. F. Bardele의 호의에 의해). 배율: a 77,000x, b 28,000x, c 1,800x, d 4,200x.

져 복제 초기에 딸세포로 들어간다. 전정색소체의 분열 말기에 둥근 미세알맹이 같은 구조가 전정색소체에 포함된다. 전정색소체는 광합성을 못하는 것 같으나, 기생 생활에는 필수적 인 것 같다. 그것의 역할은 아직 확실하지 않지만 실험결과 지방산 합성을 책임지는 것으로 나타났다. 많은 첨복포자충류는 인간과 가축 병원체에 매우 중요하므로, 기생충을 줄일 수 있는 투약의 목표물로서 새롭게 찾아낸 세포 소기관을 이용할 수 있을지도 모른다.

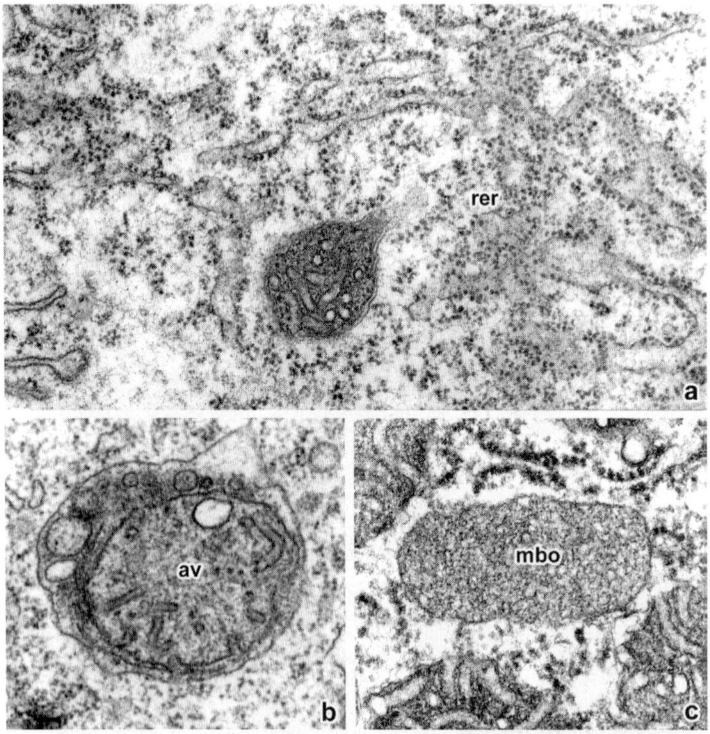

그림 10 섬모충류 짚신벌레 *Paramecium*의 막 시스템. 조면소포체(rer)(**a**): 분해과정 중의 미토콘드리아와 자가소화액포(av)(**b**): 미소체(mbo)(**c**). 배율: a 25,000x, b 35,000x, c 50,000x.

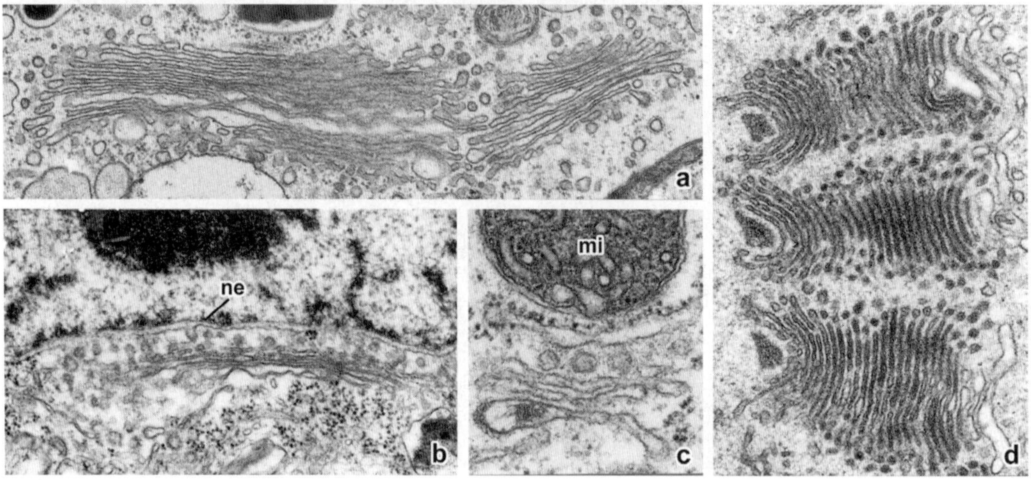

그림 11 딕티오솜의 구조형 은편모류 *Rhodomonas* (**a**); 미동정 아메바(**b**); 섬모충류 *Pseudomicrothorax*(**c**); 초편모충류 *Joenia*(**d**). mi = 미토콘드리아, ne = 핵막. 배율: a 25,000x, b 25,000x, c 50,000x, d 30,000x.

예를 들면 전정색소체는 *Toxoplasma*에서 마크로리미드계 항생물질의 목표가 될 수가 있고 말라리라 열원충 *Plasmodium*에서 리파마이신의 목표물이 될 가능성이 있다.

방출체(Extrusomes)는 세포의 배출 소기관이다. 하등 후생동물에서 관련구조가 지렁이의 봉상체(rhabdites) 같은 구조로 존재하지만, 그들의 복잡한 방출 세포 소기관 구조는 원생생물에서는 크게 특이성이 있다. 방출체는 미성숙 형태로 세포질에서 나오지만, 보통 이들 세포의 피층 세포질에 위치하는 막 결합 세포 소기관이다. 그들의 형태에 따라 다양한 기능을 하는 것으로 알려져 있지만, 한 가지 일반적인 특성을 보인다

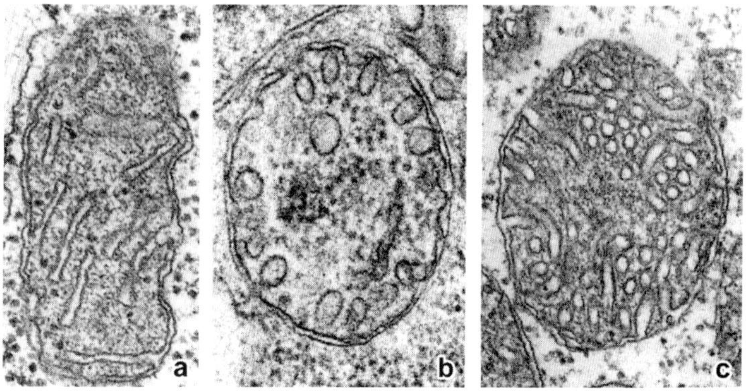

그림 12 미토콘드리아 구조형. (**a**) 은편모류 *Cyathomonas*, (**b**) 사상근족충류 *Vampyrella lateritia*, (**c**) 섬모충류 *Paramecium caudatum*. 배율: a 55,000x, b 40,000x, c 60,000x

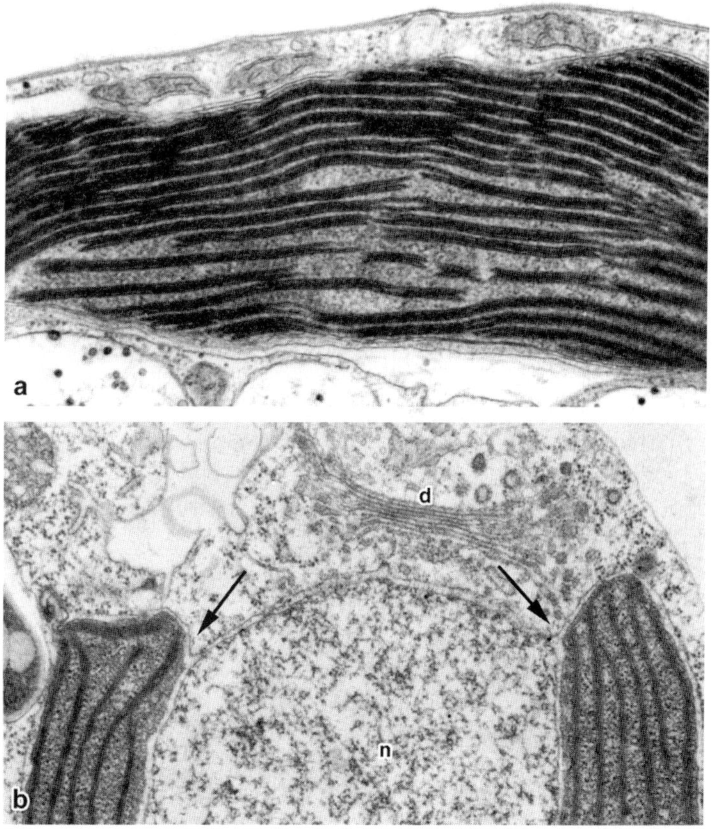

그림 13 은편모류 *Rhodomonas*의 엽록체 부분. 틸라코이드의 두 겹 구조(**a**). 황갈색 편모류 *Ochromonas*의 핵막과 엽록체 외막(화살표)의 연결 구조(**b**). d = 딕티오솜, n = 핵. 배율: a 20,000x, b 18,000x.

: 즉 기계적, 전기적, 화학적으로 폭넓은 자극을 받았을 때 쉽게 사출하는 점이다. 휴지 상태에서 방출상태까지 전이 동안 이 소기관은 특징적인 형태로 변화된다. 가장 잘 알려진 방출체는 짚신벌레 *Paramecium*의 자포(trichocyst)이다(그림 17). 현재 약 15개의 서로 다른 방출체 형태가 알려져 있다.

수축포는 세포벽이 없는 원생생물에서 발견되는 특징적인 막 구조이다. 광학현미경에서 보이는 이 소기관은 전자현미경을 사용해야만 보이는 다른 구조 요소와 연결되어 있다. 그러므로 수축포 복합체는 현재 삼투조절을 맡은 구조와 구분하는데 사용된다.

미토콘드리아와 색소체 같은 소기관들은 그들의 진

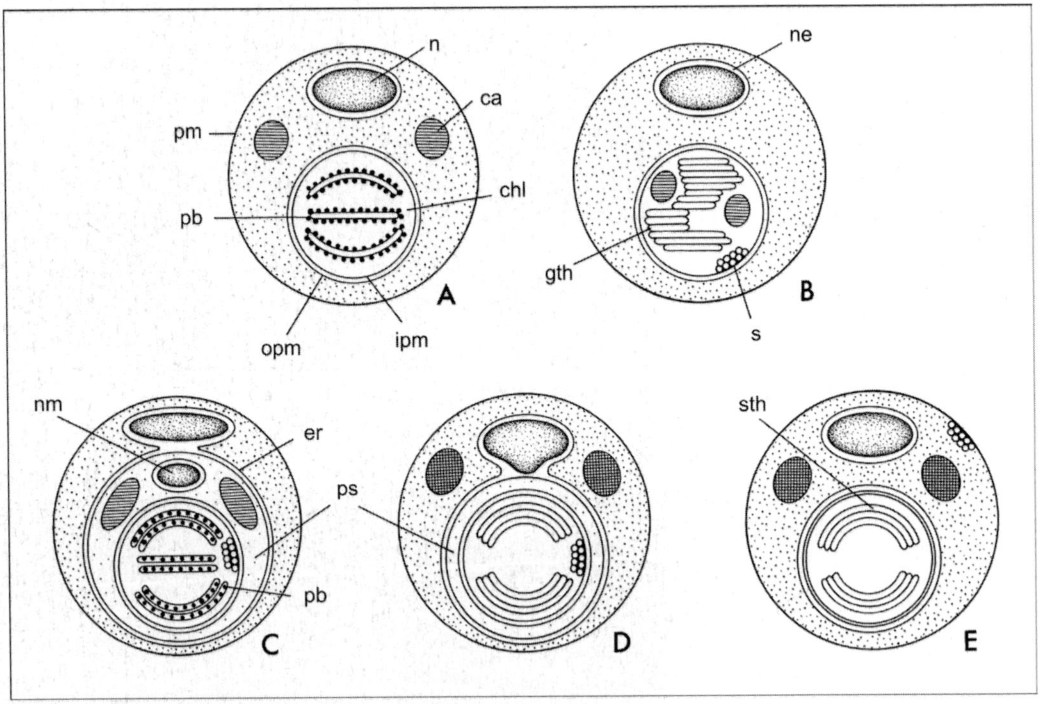

그림 14 다섯 조류 그룹에서 발견되는 엽록체(chl)와 관련된 막의 배열, 저장탄수화물(ca)의 타입과 위치, 안점(s)의 위치: 색소단백문(**A**), 녹조식물문(**B**), 은편모류(**C**), 황갈색편모류(**D**), 유글레나류(**E**). 녹말저장물질은 가로선으로 음영을 하였고, 루코신이나 파라마일론 저장물질은 그물눈으로 음영처리하였다. 색소체 내막(ipm)은 색소체로 된 섭취한 박테리아의 원핵세포막에서 유래하였고, 색소체 외막(opm)은 진핵생물의 식융소포(Phagosome)막에 해당한다. 4개의 엽록체막 중에서 가장 바깥쪽 막은 핵막(ne)의 가장 바깥쪽 막(즉 소포체에 해당하는)과 연결되어 있고, 은편모류에서는 색소체 주변공간(ps)에 핵소체(nm)와 먹이저장물질을 내포하고 있다. 색소체 내부막은 그라나 틸라코이드(gth) 또는 스트로마 틸라코이드(sth)로 나타난다. 색소단백질 알맹이(pb)는 색소체 틸라코이드의 바깥쪽에 부착하거나 그들의 내강에 위치한다. n = 핵, Pm = 원형질막 (Sleigh로부터).

화사를 이해하는데 의미 있는 형태적 변동을 보여 준다. 높은 수준의 계통분류학을 연구하는 연구자들은 이러한 변동에 관심이 많다. 특히 다양한 그룹의 광합성 편모충류의 색소체 내에서 틸라코이드 막의 배열과 색소체와 소포체 주머니 (er−cisternae)의 연결에 관한 비교자료는 상당히 흥미롭다(그림 **14**).

모든 원생생물은 적어도 하나의 핵을 가지고 있다(그림 **18**). 흔히 같은 모양의 다수의 핵이 특히 대형 원생생물의 한 세포 내에서 발견된다. 어떤 유공충류와 섬모충류는 두 가지 형태의 핵을 가진다: 생식 소핵과 체세포 대핵을 갖는다(그림 **112, 306**) 이러한 현상을 핵의 2형성(dimorphism) 또는 핵의 이중성(dualism)이라 한다. 진균류와 미포자충류의 세포와 균사체에서 두 핵의 출현은 2핵성(dikaryotism)으로 알려졌다. 핵은 개별 분류 그룹에 따라 배수체 또는 단수체 일 수 있다. 핵분열 양식은 유사분열이다. 핵분열에 이어 보통 세포분열이 일어난다. 핵분열에 있어 방추체의 내부 또는 외부에 위치, 또는 핵막의 존치 또는 붕괴와 같은 몇 가지 형태적 유형이 있다(그림 **300**). 핵의 감수분열에 따른 두 배우자가 결합하는 유성생식 과정이 다양한 원생생물에 존재한다. 자세한 과정은 상당한 변화가 있으나, 이들 생물들은 고등생물에 알려진 일반적인 법칙을 따른다. 아마 어떤 원생생물은 단지 무성생식에 의해서만 번식할지 모른다. 이점이 우리가 원생생물의 성별에 관한 일반적인 언급을

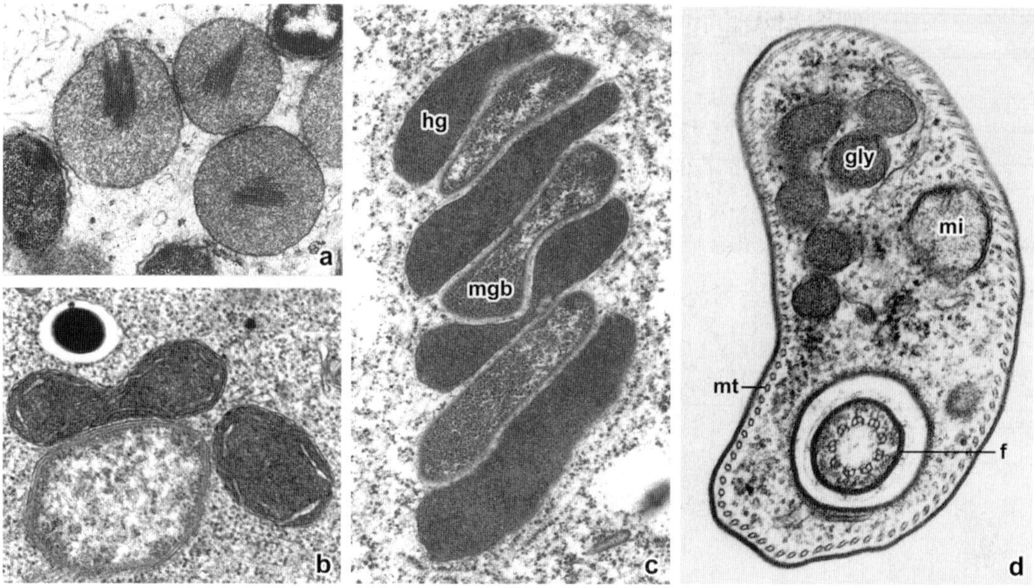

그림 15 초편모충 *Joenia annectens*(**a**)와 섬모충 *Metopus contortus*(**b**), *Plagiopyla frontata*(**c**)의 수소발생체(hg)들. 파동편모충류 *Trypanosoma brucei*(**d**)의 글리코솜(gly). f = 편모낭 안의 편모, mgb = 메탄생성 박테리아, mi = 미토콘드리아, mt = 피막하 미세소관 (b와 c Fenchel과 Finlay로부터: European J. Protistol. 26 [1991] 201). 배율: a 25,000x, b 35,000x, c 20,000x, d 35,000x.

할 수 없게 하는 점이다.

핵소체(nucleomorph)는 은편모류와 녹사족류(chlorachnids)에서 발견되는 DNA를 포함하고 있는 세포 소기구이다(그림 19). 그것은 핵막과 닮은, 구멍이 띄엄띄엄 있는 이중막에 둘러싸여 있다. 이 소기구는 진핵 내생 세포 공생체의 흔적핵이다.

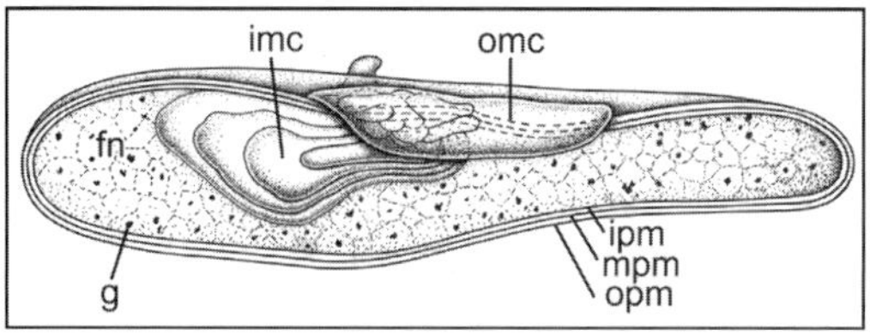

그림 16 *Plasmodium falciparum*의 분열소체에서 나온 전정색소체의 재구성. 색소체는 세 겹의 막으로 둘러싸였고(외, 중, 내 원형질막= opm, mpm, ipm), 바깥과 내부막 복합체(omc, imc)를 가지고 있다. 내부는 알맹이 구조(g)와 사상망 연결조직(fn)을 보인다 (Hopkins등으로부터).

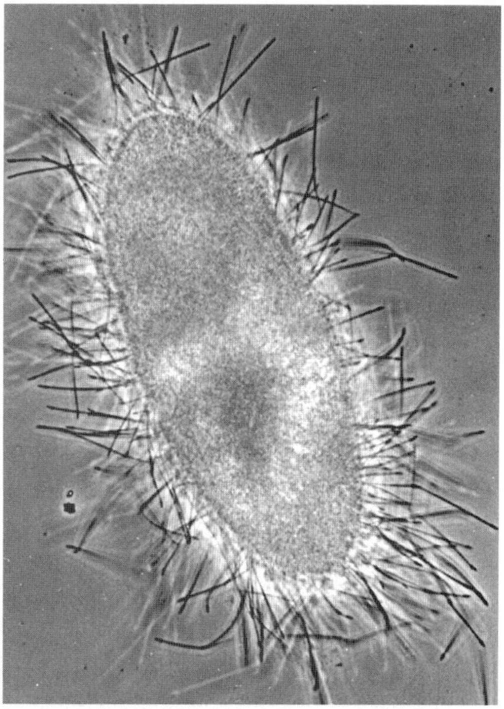

그림 17 짚신벌레에 의해 사출된 자포(trichocysts). 배율: 500x.

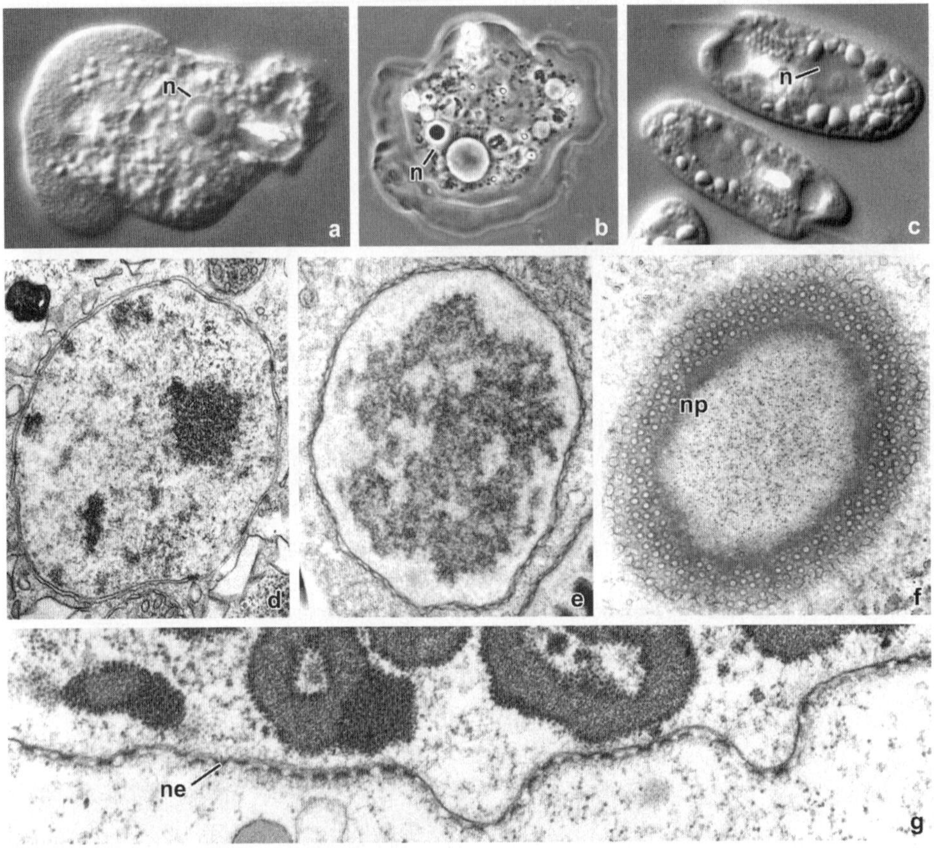

그림 18 광현미경하의 아메바 *Vahlkampfia* (**a**)와 *Thecamoeba* (**b**) 은편모류 *Chilomonas*(**c**)의 핵(n). 아메바 *Vampyrella*의 핵(**d**), 섬모충류 *Pseudomicrotrhorax*의 소핵(**e**), 흰개미 편모충류 *Staurojoenina*의 무수한 핵막공(np)을 가진 핵 막의 섭식단면(**f**)과 섬모충류 *Pseudomicrothorax*의 대핵의 핵막(ne)의 고배율(**g**) 전자현미경 사진. (f는 Berlin의 A.Maaβ의 호의에 의해). 배율: a 1,800x, b 360x, c 1,800x, d 18,000x, e 14,400x, f 10,800x, g 22,500x).

3.2 미세섬유(microfilaments)와 미세소관(microtubules)

직경 4-10nm의 미세한 실이 원생 생물에 많이 나타나고, 이들은 흔히 결합되어 보다 두꺼운 다발과 미세섬유를 만든다. 어떤 아메바에서 이들 섬유는 세포의 운동을 담당하는 액토미오신(actomyosin)복합체를 만든다. 이러한 미세한 실들은 또한 세포 분열에도 관계된 것으로 보인다. 섬모충에서 이들은 세포 분열판에 수축링을 만들고, 수축하여 딸세포들을 분리하게 만든다.

중간 미세섬유들이 원생생물에서 또한 발견된다. 그들의 생물학적 기능은 아직 구체적으로 안 알려졌으나 세포의 형태를 유지하는 세포 골격의 역할을 하는 것 같다.

미세섬유들의 다른 형태는 다른 화학적 성질을 가지고 있으나 수축 활동에 관계된 것 같다. 예를 들면 둘레섬모충류(Peritrich)의 자루에서 발견되는 단백질 자루미사근(spasmin)은 자루의 극도의 빠른 수축에 관련되어 있다. *Stentor*와 다른 이형섬모충류에서 보이는 다른 형태의 미세섬유는 세포 몸체의 수축에 관계되어 있다. 현재 이들 미세섬유 시스템은 충분히 밝혀지지 않았으나 그들의 운동은 액토미오신 시스템과 다른 것이 명확한 것 같다.

미세소관은 원생생물 세포에서 중요한 역할을 한다. 그들은 액틴필라멘트와 공동으로(그림 **22b,e**) 어떤 위족

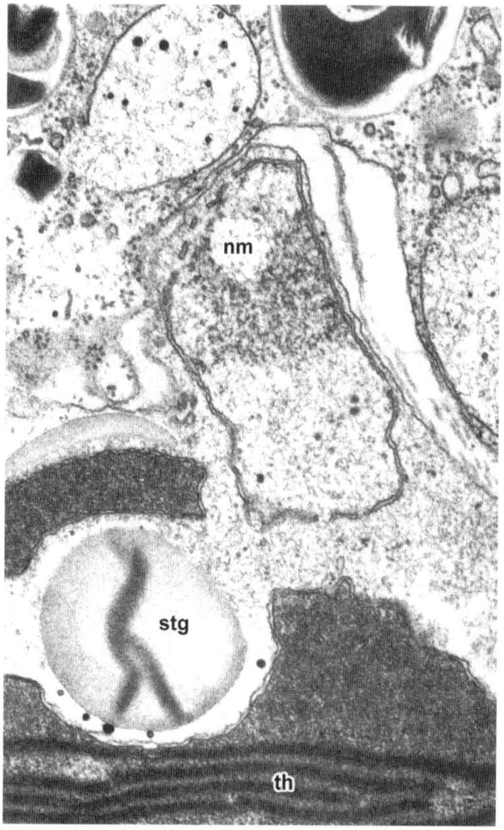

그림 19 은편모류 *Cryptomonas ovata*의 핵소체(nm). Stg = 녹말알갱이, th = 틸라코이드. 배율: 35,000x.

의 안정화를 통하여 세포피층을 단단하게 하여 세포골격 요소를 지지하는 역할을 하며(그림 **21**), 편모류와 섬모충의 입기구의 형상을 유지하게 한다. 다른 기능은 짚신벌레의 수축포의 경우와 같이 세포 소기관들을 특별한 위치에 놓이게 한다.

또한 미세소관은 많은 동적과정에 관계한다. 소포들이 필요한 세포의 어떤 곳에 미세소관 리본이나 다발을 따라 소포들이 운반되는 것을 보여주고 있다 (그림 **154d**). 미토콘드리아 같은 큰 세포소기관들이 때로 미세소관 망을 따라 운반되기도 한다. 미세소관은 또한 유사분열동안 염색체를 딸세포에 운반하는 것에 관여하는 것 같다. 그러나 아직 미세소관이 스스로 빠른 이동을 하는 것인지는 명확하지 않다. 현재의 지식은 미세소관, 미세소관 관련 단백질, 미세섬유등이 기능적으로 이동에 총체적으로 관련되는 것을 보여 준다. 특별히 흥미로운 것은 운동을 만들어 내는 미세소관과 소기구와 상호작용하는 디네인(dynein), 키네신(Kinesin)같은 운동 단백질이다. 가장 잘 알려진 예는 섬모충과 편모류에서 발견되는 축사 배열, 즉 9×2+2 패턴이다.

보다 느린 운동이 유사분열 동안 미세소관의 집결과 해체에 의해 일어날 가능성이 있다. 위족(그림 **22,23**)은 거의 모든 진핵 세포형에 나타나는 일반적인 세포 구조이다. 특히 많은 비아메바성 원생생물에서, 그들은 뚜렷한 형태적, 기능적 이질성을 보인다. 가장 중요한 타입은

- 원형질 내부 유동 현상이 있는 관형 위족(엽상위족: lobopodia): 엽상근족충(Lobosa), 이형엽상근족충(Heterolobosa), 미세소관충(Conosa), 중형동균충(Mesomycetozoa)
- 내부미세소관이 없는 실 모양의 위족 (사상위족: filopodia): 무각사상충(Aconchulina), 원점균충(Protostelea), 아메바성편모충(Cercozoa), 이형편모충(Heterokonta), 그물균충(Labyrinthulea), 황갈색편모류(Chrysomonadea), 일부 항아리균류(Chrtridiomycota)
- 내부 미세소관이 있는 간상 또는 침상 위족(유축위족: axopodia): 방사극충류(Acantharea), 다포방산충류(Polycystinea), 갈색방산충류(Phaeodarea), 태양충류(heliozoans)
- 내부 미세소관이 그물모양으로 있는 위족(망상위족: reticulopodia): 유공충(Foraminifera)
- 얇은 박편상 위족(박막위족: lamellipodia): 무각사상충, 엽상근족충류, 와편모류의 섭식막, 미포자충류의 포자원형질

어떤 분류군은 동시에 또는 연속적으로 다른 형태의 위족을 가진다: 박막위족+사상위족(*Hyalodiscus*), 망상위족+사상위족 (유공충), 유축위족+박막위족(태양충류) 또는 유축위족+사상위족(방사극충류, 다포방산충류, 일부 태양충류).

원생생물은 섬모와 편모의 운동성이 좋은 예를 보여준다. 그들이 미세구조는 동일하나, 운동의 형태는 다르

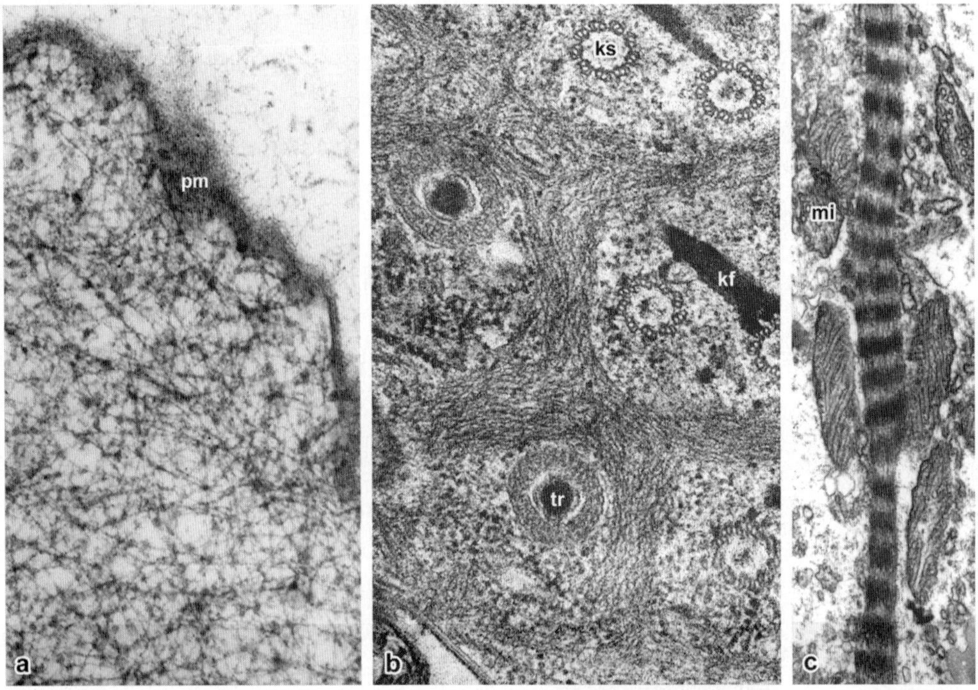

그림 20 근섬유(filament) 시스템. (**a**) *Amoeba proteus*, (**b**) 섬모충류 *Paramecium caudatum*과 *Loxophyllum meleagris* (**c**). kf = 운동근섬유, ks = 모근체, mi = 미토콘드리아, pm = 원형질막, tr = 자포 (a Bochum의 M. Hauser의 호의에 의해). 배율: a 115,000x b 57,000x, c 19,000x

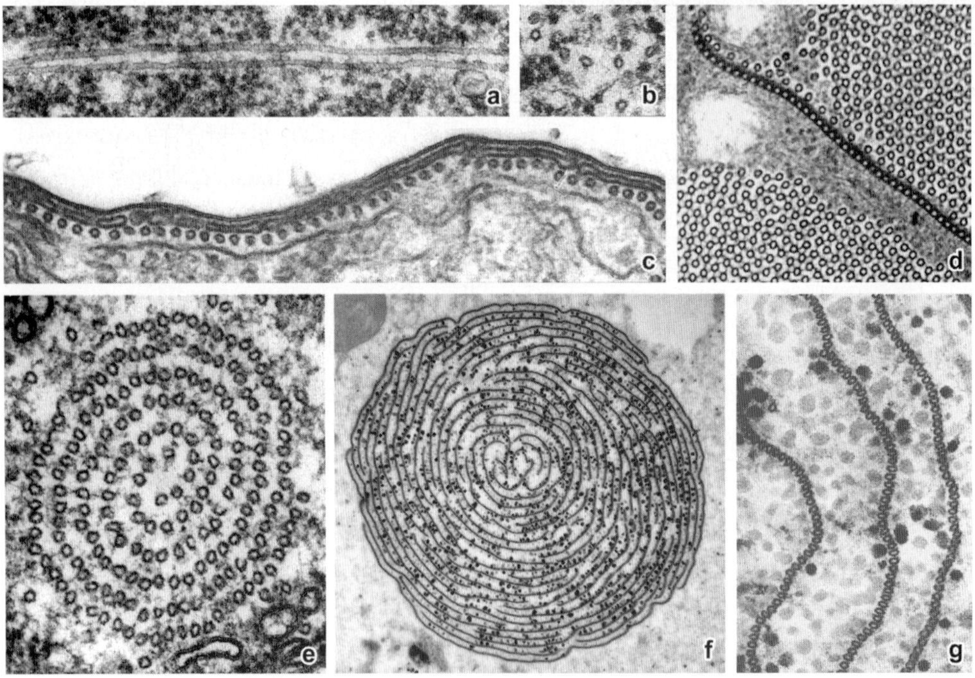

그림 21 미세소관. 섬모충류 짚신벌레의 세포원형질 미세소관의 종단면(**a**)과 횡단면(**b**). 섬모충류 *Euplotes*의 피막하 미세소관(**c**). 섬모충류 *Nassula*의 인두미세소관(**d**). 태양충류 *Actinophrys*의 유축위족 미세소관(**e**). 편모충류 *Joenia*의 축간 미세소관(**f, g**). 배율: a와 b 38,000x, c 43,000x, d 33,000x, e 76,000x, f 7,500, g 30,000x.

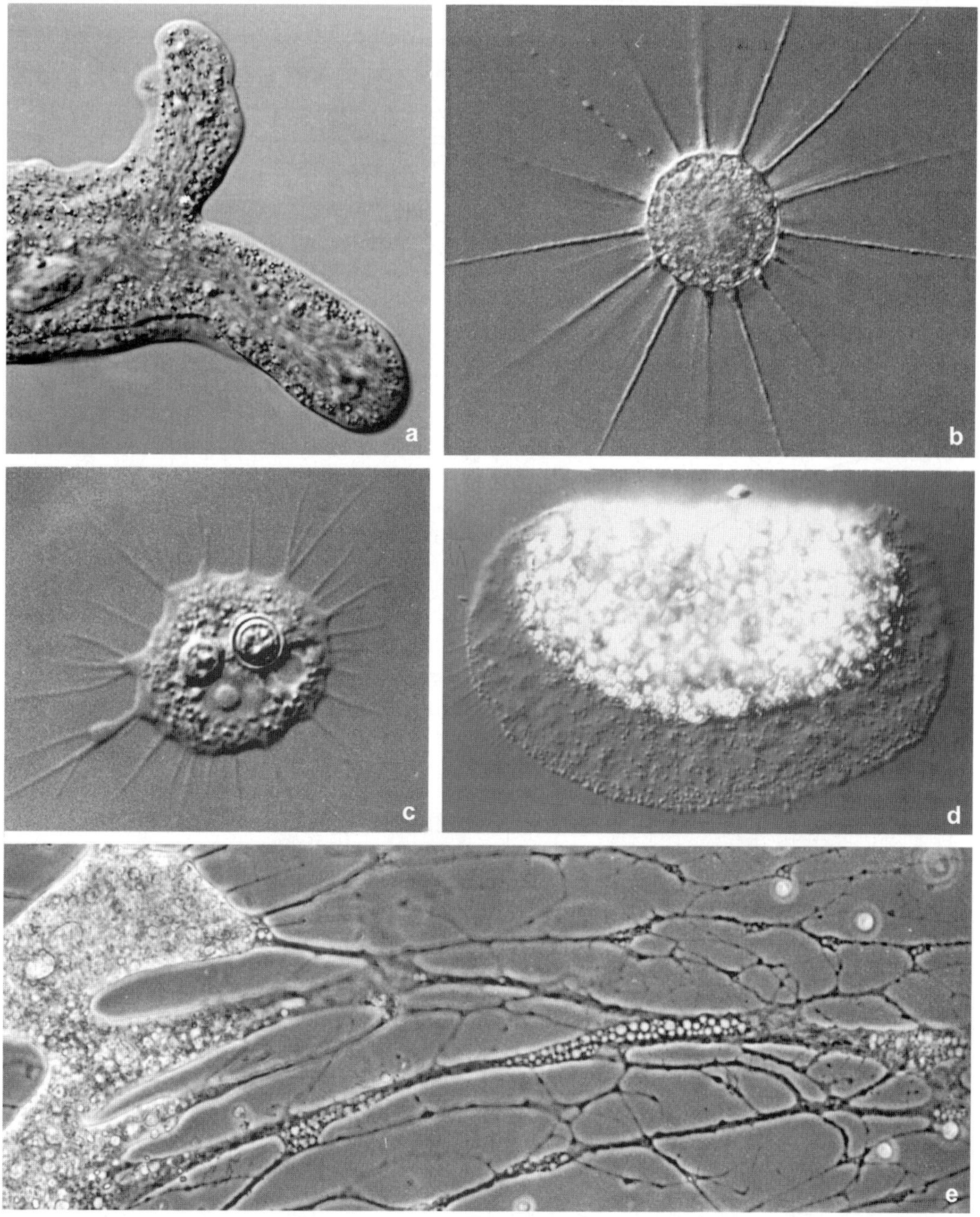

그림 22 위족의 종류: *Amoeba proteus*의 엽상위족(**a**), *Actinophrys sol*의 유축위족(**b**), *Nuclearia*의 사상위족(**c**), *Hyalodiscus pedatus*의 박막위족(**d**), *Reticulomyxa filosa*의 망상위족 (**e**) (c 시드니의 D. J. Patterson의 호의에 의해}. 배율: a 580x, b 325x, c 580x, d 875x, e 175x.

다. 어떤 것은 먹이를 취하는데, 다른 것은 운동하는데, 어떤 다른 것들은 양쪽 운동을 다 할 수 있다. 이들 운동 소기관은 그룹 특이성이 있으며, 편모와 섬모의 수 또한 그룹 특이성이 있다(그림 36). 어떤 원생생물에서, 이들

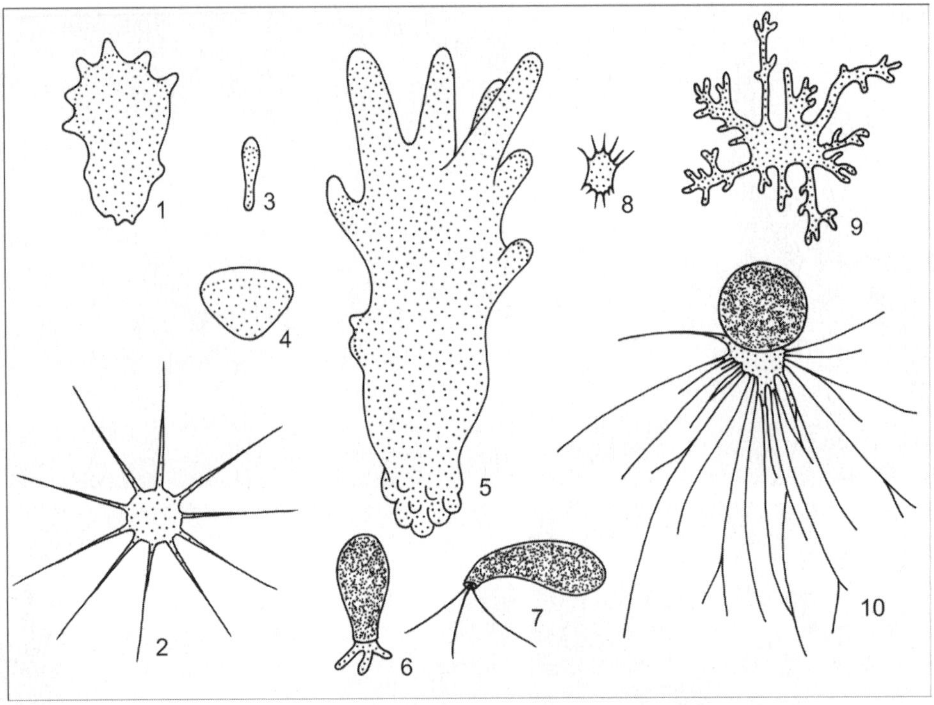

그림 23 무각아메바와 유각(어둡게 칠한 부분) 아메바의 위족 종류. 1. 원추형(*Mayorella*), 2. 방사형 (*Actinophrys*), 3. 엽상형, 단상형 위족(*Saccamoeba*), 4. 박막형 (*Vannella*), 5. 손바닥형 다상위족 (*Amoeba*), 6. 엽상형 (*Nebela*), 7. 사상형 (*Cyphoderia*), 8. 사상형(*Nuclearia*), 9. 가지치기형 (*Stereomyxa*), 10. 그물형 (*Allogromia*).

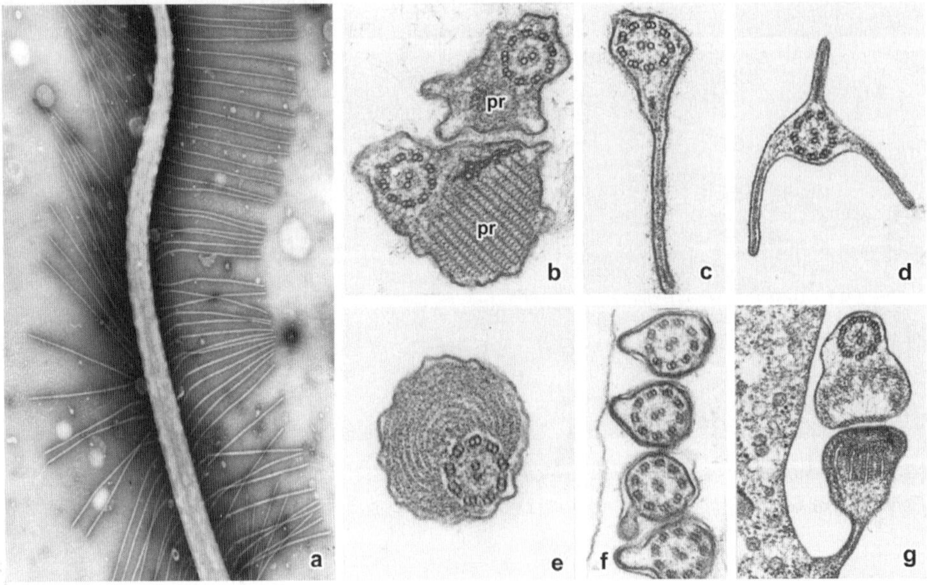

그림 24 편모와 섬모의 추가구조들. 황갈색 편모류의 편모털(**a**), 유글레나 *Entosiphon*의 축주간상체(pr) (**b**), 보도충류 *Colponema loxodes*(**c**)와 편모류 *Retortamonas*(**d**)의 측편모의 지느러미형 돌기, 털편모류 *Foaina*의 편모부축(paraxonemal) 동심층(**e**), 섬모충류 *Stylonychia*의 섬모둘레 상피막(**f**), 편모류 *Tritrichomonas angusta*의 파동막 (**g**) (b, 시드니의 D. J. Patterson의 호의에 의해; c, J. P. Mignot의 호의에 의해; d와 g, G. Brugerolle의 호의에 의해). 배율: a 16,000x, a 36,000x, c,d 32,000 x, e 40,000x, f 32,400x, g 28,000x.

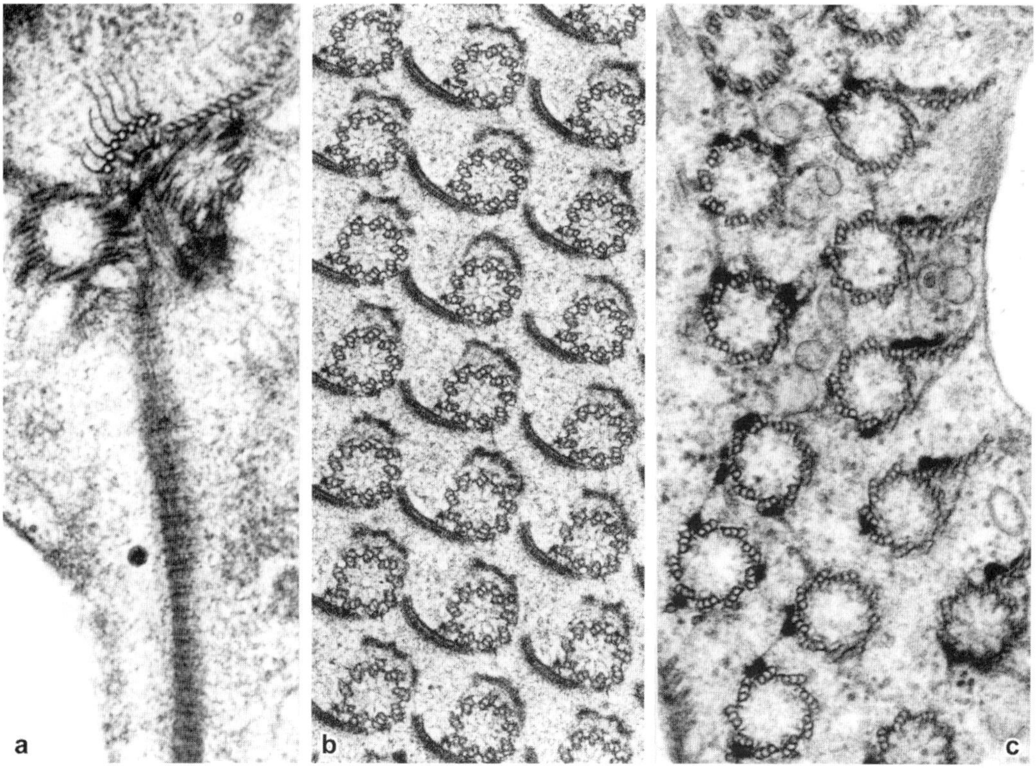

그림 25 편모뿌리와 모근체 관련 구조. 은편모류 *Chilomonas*(**a**), 초편모류 *Joenia*(**b**), 섬모충류 *Eufolliculina*(**c**). 배율: a 65,000x, b 48,000x, c 65,000x.

운동소기관의 출현이 생활주기의 특별한 시기에 제한될 수 있다. 특히 조류, 유공충, 또는 균조직등에서 그렇다.

9×2+2패턴은 진핵세포의 보존적 특징이지만, 단세포의 모든 편모와 섬모에서 동일한 것은 아니다. 섬모충류 *Tetrahymena*는 극미세 구조로 4개의 뚜렷한 섬모형을 갖는다. 많은 편모류들이 다른 특징적인 길이의 편모를 가지고 있다. 털을 가진 편모는 털편모(mastigonemes)라 부른다(그림 **24a**), 또는 비늘(그림 **168**)이 어떤 편모류의 편모를 덮고 있기도 한다.

섬모와 편모 모두 원형질막으로 싸여 있다. 세포질에서 축사는 기저체인 모근체에 의해 박혀 있다. 편모류와 섬모충류에는 기저체에서 유래한 뿌리 구조가 더 있고, 이들 구조는 매우 특징적이어서 그들의 배열은 분류학적 가치가 높다(그림 **25**).

3.3 원생생물의 형태와 크기

원생생물의 다양한 그룹이 때로 이상한 형태가 관찰되더라도 전통적으로 그들의 형태에 의해 동정되어 왔다(그림 **26**). 특징적인 세포 모습이 세포내외의 골격 요소에 의해 생긴다. 원생생물 세포의 차원이 넓게 변한다(그림 **27**). 가장 작은 단핵 형태는 때로 2–3μm길이인데 반하여 다른 것들은 수백 μm에 이른다. 다핵체형은 수cm에 이르고, 심한 경우에는 1m이상(그림 **28**)으로 자라기도 한다. 많은 균류의 지하 균사체는 넓은 면적으로 퍼져나간다.

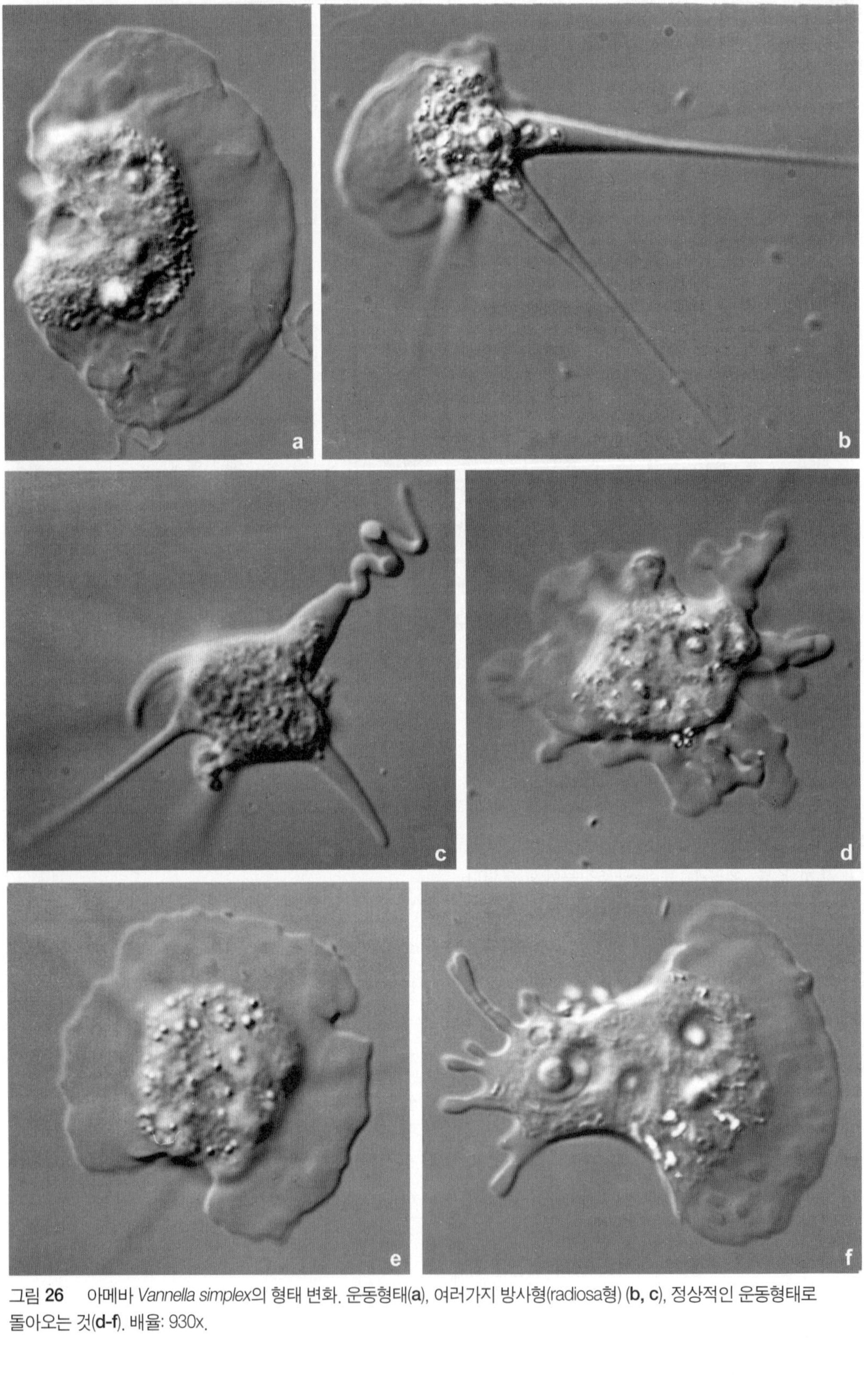

그림 **26** 아메바 *Vannella simplex*의 형태 변화. 운동형태(**a**), 여러가지 방사형(radiosa형) (**b, c**), 정상적인 운동형태로 돌아오는 것(**d-f**). 배율: 930x.

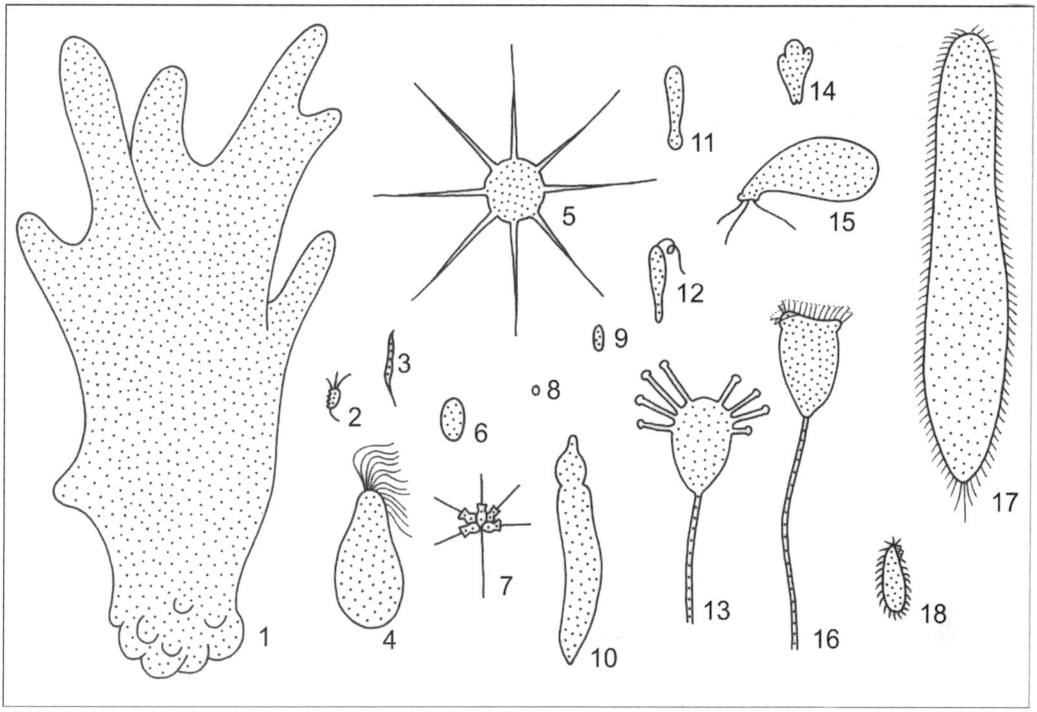

그림 27 종속영양 원생생물의 다양한 크기(모든 생물을 같은 척도로 그렸음). 1. 아메바, 2. *Trichomonas*, 3. *Trypanosoma*, 4. *Joenia*, 5. *Actinophrys*, 6. *Eimeria*, 7. *Codonosiga*, 8. 미포자충류, 9. 점액포자충류, 10. *Gregarina*, 11. *Saccamoeba*, 12. *Euglena*, 13. *Discophrya*, 14. *Entamoeba*, 15. *Trinema*, 16. *Vorticella*, 17. *Paramecium*, 18. *Tetrahymena*.

그림 28 점균류 *Physarum polycephalum*의 대형 표본. 최대 깊이 1mm, 면적 5.54m^2에 달함 (Bonn의 F. Achenbach의 호의에 의해)

제2부 진화와 분류학

제4장 단세포 진핵 생물의 진화

일반적인 이론에 의하면, 현생 원생생물들의 선조의 출현 역사는 다른 현생 원핵생물과 진핵 생물의 진화와 거의 유사한 경로를 따라 왔다. 약 25-15억년전, 경로가 나뉘어져 한쪽은 진핵식물, 균류, 동물로 진화되고, 다른 한쪽은 현생 원핵생물로 이어졌다. 생물진화의 초기 단계를 여기서 간략하게 기술한다.

지구가 약 45억5천만년의 연령을 가졌다면, 첫 번째 미생물 생태계는 40억년전쯤 시작되었을 것이다. 그들의 퇴적된 생물체는 소위 남세균 화석인 스트로마트라이트(stromatolith)석회층처럼 화석화 되었다. 이들 생물기원퇴적물의 $^{13}C/^{12}C$비는 무기 탄산염과 유기탄산염의 관계를 반영하고 독립영양 탄소 고정과정의 출현의 지표로 이용된다. 이 같은 초기 단계에도 물이 환원제로 쓰였고 상당한 양의 산소가 유기물의 광합성 일차생산동안에 만들어 진 것이 뚜렷하다. 그러나 해양에서 실제 산소의 농도와 대기에서 산소 분압은 광범위한 산소소모과정(2가 철이온과 3가 철이온의 산화와 대륙지각의 풍화 등) 때문에 매우 낮았다.

그때 다음과 같은 무생물적 요인들이 수권의 뚜렷한 특징이었을 것으로 보이고, 이러한 요인들이 수권을 생물의 존재와 진화를 가능하게 만들었다.

- 광합성이 활발한 세포 (대부분 현생 남세균의 조상)에서만 일어나는 부분 산소 포화 현상
- 무기(화산성)기원 CO_2와 칼륨(K)이 풍부하게 출현(고대 해양의 소다모형)
- 해수의 칼슘(Ca^{2+})농도가 극히 낮았다 (현재 10^{-2}M에 비해 당시 10^{-7}M), 그러나 생물기원 석회의 퇴적이 일어났다.
- 해양의 pH가 약 10에 달하였다 (현재 7-8사이)
- 대기에 산소가 풍부해지면서 2가 용존 철화학물이 천천히 불용성 3가 철화합물(철광석)로 변화했다.
- 고대 대기의 CO_2증가로 인한 온실효과로 태양광의 낮은 광도를 보완하면서 온도가 거의 현재와 같이 되었다.

많은 현존하는 현생 원핵생물이 그러한 극도의 조건에서 사는 것으로 알려지고 있다. 이 사실에 기초하여 그들 조상의 어떤 것들은 보다 진화된 고대 세포의 기원과 연관된 것으로 검토되어 왔다. 그러나 그들의 구조 조성과 체형은 이들 고대 생물의 어떤 종류 보다 복잡한 생명체로 진화하는데 성공적이지 못하였다. 이러한 진화가 간단한 단세포가 진세포성 두 세포 또는 세 세포로 결합될 때까지 일어나지 않았다: 이는 소위 일련의 내생 공생적 이론에 포함되는 과정으로 설명 된다 (그림 **29**).

모든 동물과 식물의 계통발생을 재구성하는데, 모든 진핵생물이 하나의 고대 종에서 나오고, 그들이 진핵생물문 이라는 단일 문을 형성하였다는 가설로부터 진행시켜야 한다. 이 가설의 결과는 단세포 진핵생물들이 단일 계통의 분류군에서 나오지 않고 원시공통형질에 의해 나온 것임을 보여준다.

미고생물학적 자료에 의하면, 모든 현생 진핵 단세포와 다세포 생물의 기본 형태는 약 20억년 전 이미 존재했던 단세포 생물로부터 본질적으로 변하지 않았다. 원생대와 후생동물과 고등식물이 처음 출현한 고생대 (5억5천만년전)사이에 현생 단세포와 다세포 생물의 전형적인 형태 구조가 진화된 시기가 있었다. 원생대의 대부분의 화석은 모호하여 해석하기 어렵기 때문에, 계통발생의 재구성은 최초생물의 모든 이용할 수 있는 형태적, 생화학적, 분자 생물학적 자료를 비교하고 상동성을 찾아

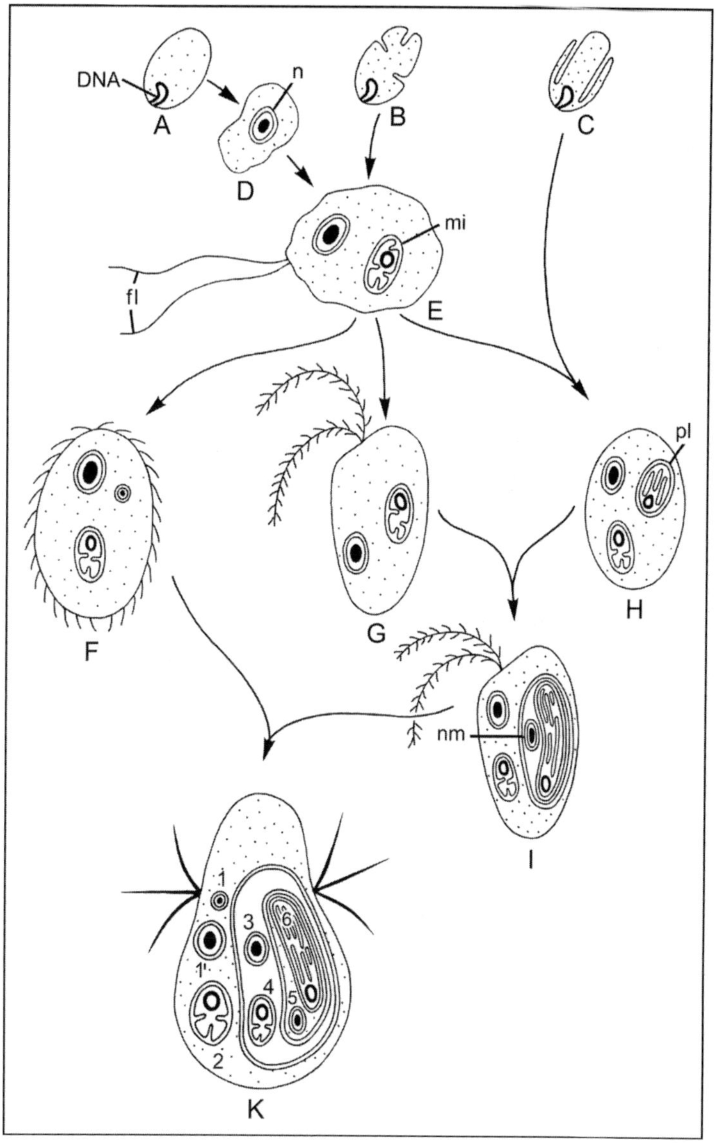

그림 29 원핵생물로부터 진핵세포의 진화(A-C)와 단순한 구조의 다양한 진핵생물로부터 보다 복잡한 진핵생물(D-K)로 진화 발전한 이론. (A) 원핵생물 I (후에 핵과 편모를 갖는 숙주가 됨); (B) 원핵생물 II(후에 미토콘드리아로 됨); (C) 원핵생물III(후에 엽록체로 변환), (D) 핵(n)을 가진 첫 진핵세포; (E) 쌍편모(fl)와 미토콘드리아(mi)를 갖는 진핵세포(=eucyte); (F) 대핵, 소핵, 미토콘드리아를 갖는 섬모충류; (G) 털편모를 갖는 종속영양편모류(예: 은편모류); (H) 편모의 2차 소실후 미토콘드리아와 엽록체(pl)를 갖는 단세포생물(예: 홍조류); (I) 종속영양 편모류에 의한 광합성이 활발한 홍조류의 유입(많은 은편모류, 황갈색 편모류 또는 와편모류에서와 같이 2차 광합성 편모류의 진화), nm = 핵소체; (K) 은편모류의 내화후 6개의 이질성 DNA를 포함한 격체를 갖는 섬모충류 *Myrionecta rubrum*(= *Mesodinium*); 1 = 섬모충의 소핵, 1′ = 대핵, 2 = 섬모충 미토콘드리아, 3 = 은편모류 핵, 4 = 은편모류 미토콘드리아, 5 = 홍조류의 핵 흔적(= 핵소체), 6 = 홍조류 엽록체: 7번째 격체인 홍조류의 미토콘드리아는 완전히 퇴화되었다 (다수의 저자들로부터).

내는 것에 의해 이루어져야 한다. 생지화학적 자료를 아는 것은 이 목적에 매우 중요하다. 그것들은 고생대 동안 생태적 조건의 재구성을 가능하게 한다.

모든 현생 종과 소멸된 종의 진화는 대기권, 수권, 지권에서 급격한 변화에 의해 동반 되었다. 이들 변동은 대부분 원핵생물, 특히 자유생활 또는 내생공생하는 남세균에 의해 일어났다. 광합성 장치의 작용과 물 분자의 광분해 경로에 의해, 대기 중의 산소의 농도는 거의 0%에서 현재의 21%까지 증가되었다. 산소의 농도는 약 4억년 전에 안정화 되었다. 같은 광합성 경로에 의해 물속의 이산화탄소의 함량은 감소되고, 막대한 양의 규산질과 칼슘 침전물을 만들게 하였다.

이 시기의 진화의 경로를 재구성하는데 중요한 고려사항은 유리산소가 독으로 작용하였다는 점이다. 현생

세포들은 이 독을 산소 소모 비독화 과정에 의해 해결하는 것으로 알려져 있다. 이러한 능력은 페르옥시솜(또는 글리코솜), 수소발생체, 미토콘드리아 같은 뚜렷한 소막체의 출현과 연관이 있으며, 액포 내 또는 세포질 내 자유로이 있는 내생공생 세균의 호흡과 관련이 있다.

미토콘드리아의 진화는 뚜렷하게 진핵세포와 원핵세포 사이의 공생의 결과이다. 이 과정에 대한 전반적인 설명은 이미 언급된 일련의 내생공생이론(그러한 내생공생 연합에서 미토콘드리아의 진화가 단지 한번 일어났다는)에 의해 이루어졌다. 미토콘드리아가 없는 세포에만 나타나는 수소 발생체(hydrogenosomes)가 전에 형성된 미토콘드리아의 전환으로부터 생긴 것인지 또는 후에 양쪽에 생긴 내생공생체에 의해 생긴 것인지는 확실하게 답할 수 없다. 수소 발생체를 가진 혐기성 섬모충이 자주 미토콘드리아를 가진 종류와 밀접한 관계를 가졌다는 것은 주목할 만한 것이다. 이들 혐기성 원생생물이 호기성 전구체의 계통발생에 포함되는 것이 현재는 명백하다. 이와 같이 혐기성 자유생활 섬모충과 그들의 수소발생체는 호기성 섬모충과 미토콘드리아에서 각각 유래된 것 같다. 그러나 반추위 섬모충의 수소발생체는 부기체충(흰개미 편모류)의 수소발생체와는 독립적으로 진화되어 왔다는 것이 믿을 만 하다. 모든 경우에, 수소발생체의 소지는 단일계통 평가에 유용한 파생형질로 볼 수 있다. 그 외에, 미토콘드리아나 수소발생체의 소실과 조합된 원핵내생공생자의 출현은 부기체충류와 고아메바 사이를 구분하는 유용한 형질이다.

내생공생이론은 색소체의 획득을 설명하는데 또한 사용된다. 그러한 고려는 거의 모든 원생생물 그룹에서 발견되듯이, 기 형성된 호흡용 미토콘드리아가 있는 세포에 국한된다. 색소체는 유전적으로 현생 남세균과 관계되어 있다. 확실하게 남세균의 한 형태가 녹조류, 홍조류, 회조류에서 발견되는 2중막을 가진 진정한 색소체로 독립적으로 진화되었다(그림 **30**). 이들은 주색소와 보조색소가 다르다. 녹조류와 그 후손들은 엽록소a와 b를 가진 색소체를 가지며, 홍조류는 엽록소 a와 c를 가진 색소체를 갖고 있다. 한편 단세포 형태의 이들 두 그룹은 많은 다른 진핵생물 숙주에서 색소체형 내생공생자로 진화할 수 있다. 예를들면 녹사족류와 유글레나류에서의 녹조류, 또 첨복포자충류, 은편모류, 와편모류, 황갈색편모류, 후각편모류에서의 홍조류가 색소체로 변화된 것과 같다. 어느 경우에 이들 관계는 색깔 없는 (종속영양)유글레나와 그물균충류에서의 경우와 같이 불안정하여 단지 안점만 남아 과거에 내생공생 하였던 것을 보여준다. 다른 숙주와 다른 내생자 사이의 내생공생 관계에 대한 (일차 내생공생서부터 2차, 3차 내생공생까지) 불완전한 요약 모형을 그림 **31**에서 보여주고 있다.

그림 30 광합성 진핵생물 내의 진화적 계통의 모형(분자생물학과 형태학적 자료에 기초한)은 관계의 3차원 네트워크를 닮았다. 숙주세포와 내생공생자의 개별 유전체는 선으로 표시하였다: 독립영양 계통의 경로는 작은 점선으로 그렸고, 종속영양 계통의 경로는 절선(원핵생물) 또는 연속선(진핵생물)으로 그렸다. HE=한 원시 진핵생물(PE)과 한 미토콘드리아 전구체(종속영양 원핵생물, HP)사이에 내생생활의 시작점부터 두 유전체를 가진 종속영양 진핵생물의 단계(2). PE=독립영양 원핵생물(AP)인 내생공생자와 결합 후에 세 유전체가 나타나는 광합성 진핵생물의 단계(3). HE+PE=HE단계의 종속영양 진핵생물과 PE단계 사이의 일차 내생공생 단계로 와편모류(D), 색소체문(chr), 공생자가 없는 유글레나류(EU)와 공생자가 있는 유글레나류(EUs), 그리고 다른 분류군 같은 광합성 생물의 진화를 보여준다; 일차적으로 유전체의 숫자는 4(+1 퇴화된 미토콘드리아와 유전체). HE+HE+PE=가장 복잡한 관계의 단계: 공생자가 있는 또는 없는 섬모충류(Cis와 Ci), 유공충류(FOs와 FO)와 방산충류(Rs와 R), 또는 후생동물(Co=산호충)처럼 HE+PE 단계의 단세포 생물이 종속영양생물의 내생공생자로 산다. 그러한 경우에 유전체의 숫자는 7에 이르나, 보통 5 유전체가 나타난다. 아래 3단계 내에서, 단세포체 구조는 왼쪽 또는 오른쪽 화살표에서 보이는 바와 같이 독립적으로 다세포체로 진화 하였다: 다세포 생물은 색소단백식물문(Bi), 녹색생물(Ch), 갈조식물문(Ph), 고등균류(A/B=자낭균류/담자균류), 고등의 후생동물(hMZ)로 기원하였다 (Hülsmann과 Hausmann으로부터).

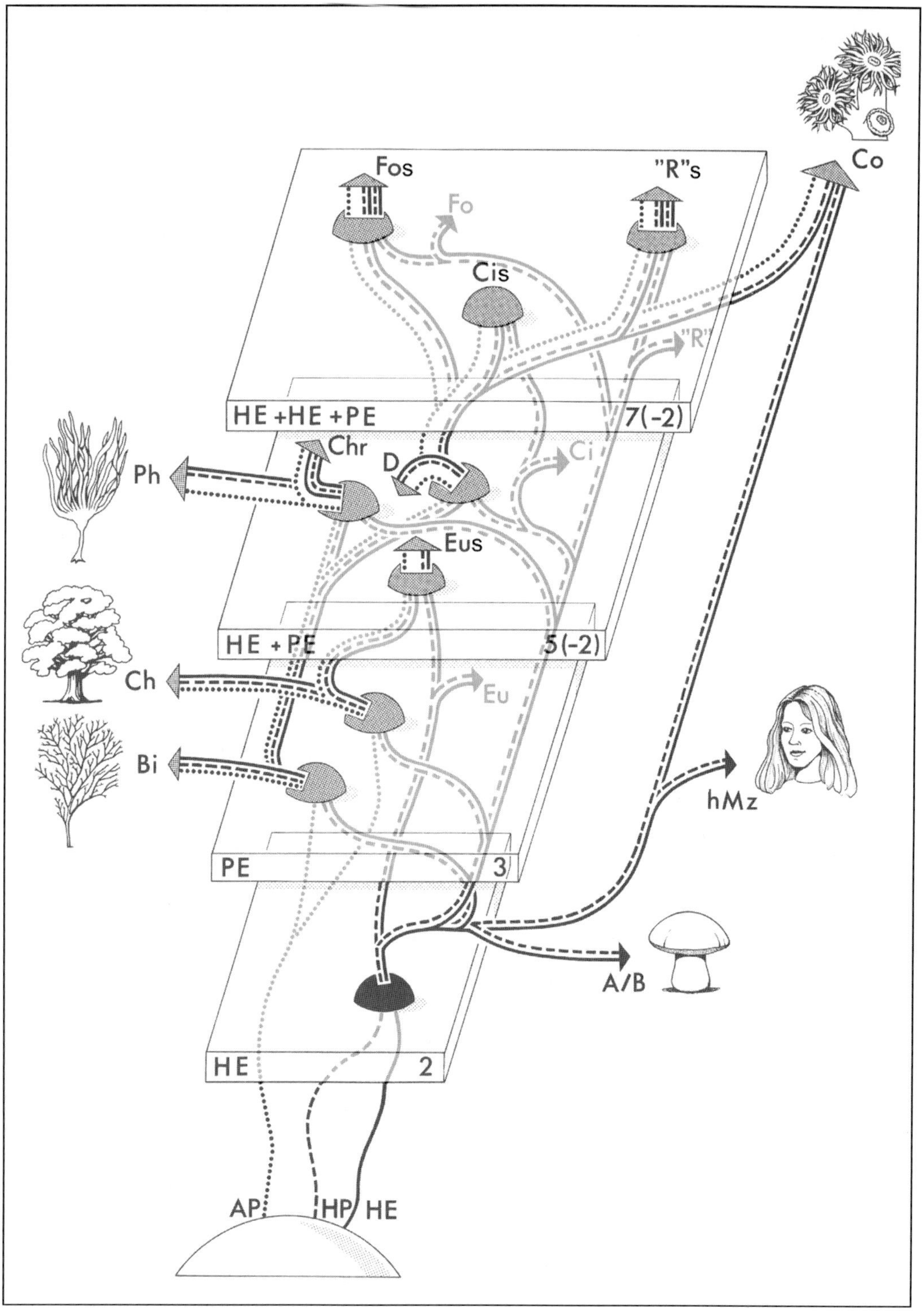
Co
Fos
"R"s
Fo
Cis
"R"
HE +HE +PE
7(-2)
Chr
D
Ci
Ph
Eus
HE +PE
5(-2)
Ch
Eu
Bi
hMz
PE
3
A/B
HE
2
AP
HP
HE

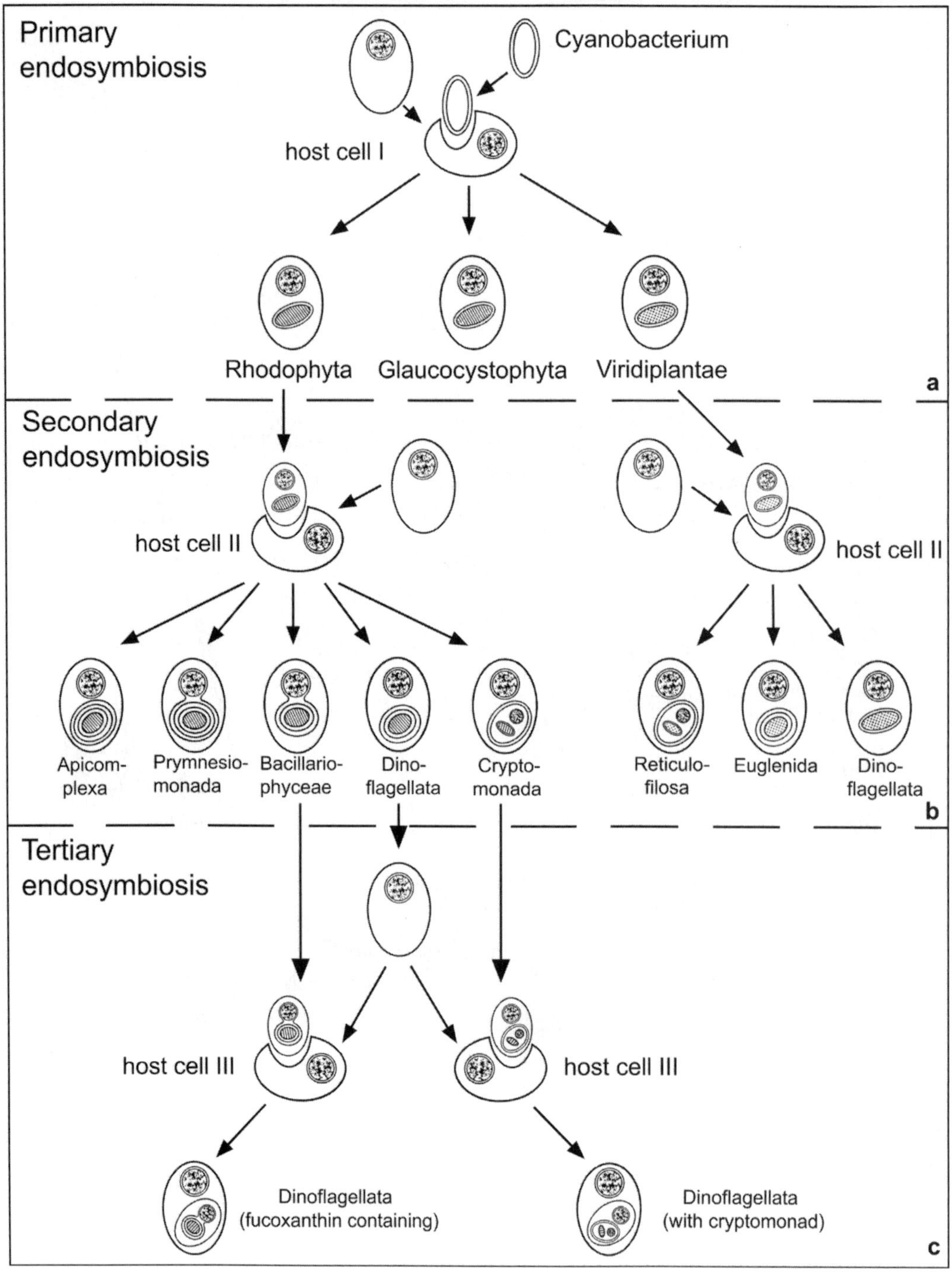

그림 31 1차, 2차, 3차 내부공생을 통하여 광합성 원생생물의 다양한 진화를 설명하는 모식도. 일차내부공생: 전에 자유생활을 하던 남세균을 섭취하고 이어진 퇴화는(내부공생자로부터 숙주핵으로 유전자의 전달 후) 녹색식물문, 홍조류, 회조류에서 발견되는 두 개의 막형태 색소체로 진화되었다. 녹조류 또는 홍조류와 종속영양 원생생물 사이의 다양한 2차 내부공생 과정은 세 겹 또는 네 겹의 막으로 둘러싸인 색소체를 갖는 광합성 세포를 근본적으로 만들었다. 3차 내부공생과정은 색소체의 퇴화와 광합성 진핵생물의 새로운 섭취 후에 가능하게 되었다 (Stoeba와 Maier로부터).

전형적인 편모와 그들의 부착 구조는 세포 진화를 논할 때 중요한 사항이다. 이 운동장치의 기원이 논쟁중일지라도 (즉 핵분열에 사용되는 것 같은 기존의 단순한 미세소관으로부터 향상 진화한 것인지, 그와 다르게 스피로헤타세균으로부터 내생공생과정을 통해 생긴 것인지), 편모 구조자체 또는 그것의 다른 삽입 타입이 파생형질로 볼 수 있으며 단일 계통분류군을 세우는데 사용될 수 있다. 그 결과로 편모 또는 섬모가 본래 없는 것은 다른 원시적 표기 (딕티오솜이나 미토콘드리아가 없는)와 결합된다면 파생형질을 의미할 수 있다. 그러나 현재 우리는 이 배열이 현존 분류군에서 출현하는지 확실하게 알 수 없다. 편모의 2차 손실도 파생형질로 볼 수 있다. 특히 다른 파생속성(예: 색소체)을 가질 때 그렇게 볼 수 있다. 하나의 예로서, 편모의 진화 중 소실은 아메바운동이나 세포벽을 가진 무수한 그룹의 특징이고, 저서성 또는 후에 육상생활 적응으로 볼 수 있다.

유사한 방법이 딕티오솜의 유무를 평가하는데 사용된다. 시스터나(Cisternae)와 내생막 시스템이 결합한 복합체가 미토콘드리아나 수소발생체가 있는 세포에서만 발견된다는 것은 놀라운 사실이다. 골지체의 진화동안에 기능적 변화가 영양 방법의 변화에 의해 조절되었다는 것은 합리적인 것 같다. 즉 단세포 진핵생물 사이에 삼투 영양방식에서 박테리아를 포식하는 육식행동으로 변화되었다. 같은 시스템내에서 포낭 또는 껍질요소 또는 방출체의 골지 매개 합성은 세포소기관에서 생산된 보호장치가 있는 세포들이 보다 좋은 생존전략을 발달시킬 수 있다는 설을 지지해준다. 그러나 많은 진핵생물에서 딕티오솜의 형태적 단순성과 부기체충류(Parabasalea)에 있어서 딕티오솜의 놀라운 복잡성은 그러한 세포소기관은 원시 기존 구조로부터 독립적으로 발달되어 왔다는 가정을 하게 한다.

이용할 수 있는 생화학적 분자생물학적 자료를 조합하여, 원시 파생형질의 비교와 평가는 아직 몇 가지 점에서 가설이지만 계통수를 구성할 수 있게 한다 (그림 **33**). 종분화의 출발점은 다음의 기본 기능적, 형태적 항목에 따라 세포 별로 특성화된 생물이다: 이 항목은 두 편모, 핵막을 가진 내생막 시스템, 소포체, 리소좀, 염색체, 미세소관으로 만들어진 유사분열장치, 감수분열장치, 운동목적과 세포분열용 미세 섬유 시스템 그리고 70S 리보좀 등이다.

제5장 분류시스템의 발전

계통동물학의 주요 목표는 분류군 사이의 관계를 정립하고, 생물진화의 역사적 단계를 모형화(계통발생학)하며, 계통발생의 기본과정과 원인을 이론적으로 설명(진화생물학)하는 것이다.

반 레벤후크 시대부터 21세기까지, 원생생물에 대한 계통학적 연구가 대부분 계보 없이 진행되어 왔다. 고등 분류군을 추정하는 유일한 표준은 생물의 형태에 기반한 유사성이었다. 예로써, 박테리아, 진핵단세포, 식물, 후생동물의 크기로 Animalcula 또는 Infusoria란 이름이 명명되었다. 현미경적 분석과 역사적 면을 고려한 연구가 Ehrenberg와 Dujardin에 의해 시작되었다. 챨스 다윈(1842년 이래)의 '종의 기원' 이론에 의해 시작된 계통수 개념이 Haeckel에 의해 원생생물 수준에서 처음으로 개발되었다. 오늘날에도 부분적으로 사용되고 있는 여러 분류 명칭들이 그 당시에 만들어졌다: Polycystinea(다포방산충아강) Ehrenberg, 1838; Rhizopoda(근족충강) von Siebold, 1845; Ciliata(섬모충강) Perty, 1852; Flagellata(편모충강) Cohn 1853; Radiolaria(방산충강) J.Müller, 1858; Suctoria(흡관충강) Claparède and Lackmann, 1858/59; Mycetozoa(점균충문) de Bary, 1859; Heliozoa(태양충강) Haeckel, 1866; Mastigophora(편모충강) Diesing, 1866; Sarcodina(육질충강) Schmarda, 1871; Filosea(사상근족충강) Leidy, 1879; Sporozoa(포자충강) Leuckart, 1879; Acantharea(방사극충강) Haeckel, 1881; Myxosporidia(점포자충강) Bütschli, 1881. Bütschli는 원생동물 분류시스템에 대한 일반적인 체계를 처음으로 제안 하였다(표 **2**).

표 2. Bütschli의 분류체계, 1889

문	강	아강
원생동물문 Protozoa	육질충강 Sarcodina	근족충아강 Rhizopoda
		태양충아강 Heliozoa
		방산충아강 Radiolaria
	포자충강 Sporozoa	족포자충아강 Gregarinida
		점액포자충아강 Myxosporidia
		육질포자충아강 Sarcosporidia
	편모충강 Mastigophora	
	섬모충강 Infusoria	섬모충아강 Ciliata
		흡관충아강 Suctoria

표 3. Honigberg 등의 분류체계, 1964

문	아문	강
원생동물문 Protozoa	육질편모충아문 Sarcomastigophora	육질충강 Sarcodina
		편모충강 Mastigophora
		오팔충강 Opalinata
	포자충아문 Sporozoa	텔로포자충강 Telosporea
		톡소플라스마강 Toxoplasmea
	사상포자충아문 Cnidospora	점액포자충강 Myxosporidia
		미포자충강 Microporidia
	섬모충아문 Ciliophora	섬모충강 Ciliatea

이 체계의 교훈적이고 단순한 장점으로 이 체계가 대부분의 일반동물학 교과서에서 아직도 사용되고 있다. 그러나 Honiberg와 그의 10명의 동료들이 원생동물 특징에 대한 새로운 평가를 통하여 보다 현대적인 분류체계를 1964년에 만들었다. 그들이 제안한 체계는 표 3에 보여준다.

이 체계와 Bütschli의 체계와의 차이점은 구 분류체계의 포자충강을 사상포자충아문(Cnidospora: 사상체가 있는 포자)과 소위 신 포자충아문(Sporozoa: 사상체가 없는 포자)으로 나누고, 편모충강과 육질충강을 결합하여 새로운 육질편모충아문을 만든 것에 있다.

다음 20년간 미세구조에 대한 새로운 연구가 새로운

통찰을 이끌었다. 결과적으로 단세포 내의 큰 다양성을 알게 되면서 독립적인 계통을 가정하게 되었다. 1980년, 분류위원회(Levine과 15명의 공저자)는 오랫동안 써온 원생동물 한 문 대신에 7개의 문을 도입하여 그 동안 가정되어 왔던 이질성을 인정하는 분류체계를 제안하였다(표 **4**).

표 4. Levine 등의 분류체계, 1980

아계: Protozoa 원생동물아계
1. 육질편모충문 Sarcomastigophora Honigberg & Balamuth, 1963
2. 그물균충문 Labyrinthomorpha Page, 1980
3. 첨복포자충문 Apicomplexa Levine, 1980
4. 미포자충문 Microspora Sprague, 1977
5. 낭포자충문 Ascetospora Sprague, 1978
6. 점액포자충문 Myxozoa Grassé, 1970
7. 섬모충문 Ciliophora Doflein, 1901

1985년 국제원생동물학회에서 발간한 원생동물도감(The Illustrated Guide to the Protozoa)은 원생동물아계 아래 28개 강으로된 6문을 포함시켰다(표 5). Levine 등(1980)의 체계와 비교하여, 추가 분류군은 ( )로 표시하였고, 새로운 과학적 이름으로 명명한 강(Class)들은 [ ]로 표시하여 나타냈다.

1990년 Margulis, Corliss, Melkonian, Chapman이 간행한 'The Handbook of Protoctista'에서 원생생물계(Protoctista)안에 두개의 의문스런 문과 35개의 문을 소개하였다(표 **6**). 이 책의 1부에서 정한 정의에 따라, 그들은 조각난 원생동물문과 고전적인 조류 아계나 강(홍조식물문, 갈조식물문, 녹조식물문)과 일부 균류(이편모주머니균문, 기생점균문, 항아리균문, 난균문)로부터 추가로 문들을 이끌어 냈다. 이 (비공식적

표 5. 원생동물도감 1판의 분류체계, 1985

원생동물아계 Subkingdom Protozoa (Goldfuβ, 1818) von Siebold, 1846
육질편모충문 Sarcomastigophora Honigberg & Balamuth, 1963
편모충아문 Mastigophora Diesing, 1866
식물성편모충강 Phytomastigophorea Calkins, 1909
동물성편모충강 Zoomastigophorea Calkins, 1909
오팔충아문 Opalinata Corliss & Balamuth, 1963
오팔충강 Opalinatea Wenyon, 1926
육질충아문 Sarcodina Schmarda, 1871
근족충상강 Rhizopodea von Siebold, 1845
엽상근족충강 Lobosea Carpenter, 1861
무과점충강 Acarpomyxea Page, 1976
(무자루균강 Acrasea Schröter, 1886)
동균강 Mycetozoea de Bary, 1859
(다핵성병원충강 Plasmodiophorea Cook, 1928)
사상근족충강 Filosea Leidy, 1879
과립망상위족충강 Granuloreticulosea de Saedeler, 1935
(이질충강 Xenophyophorea Schulze, 1904)
방사족충상강 Actinopodea Calkins, 1902
방사극충강 Acantharea Haeckel, 1881
다포방산충강 Polycystina (Ehrenberg, 1838) Riedel, 1967
갈색방산충강 Phaeodarea Haeckel, 1866
태양충강 Heliozoea Haeckel, 1866
그물균충문 Labyrinthomorpha Page, 1980
(그물균충강 Labyrinthulea Levine & Corliss, 1963)
첨복포자충문 Apicomplexa Levine, 1970
퍼킨스충강 Perkinsida Levine, 1978
포자충강 Sporozoasida Leuckart, 1879
미포자충문 Microspora Sprague, 1969
진미포자충강 Metchnikovellidea Weiser, 1977
[원미포자충강 Rudimicrosporea Sprague, 1977]
미포자충강 Microsporididea Corliss & Levine, 1977
[미포자충강 Microsporea Delphy, 1963]
점액포자충문 Myxozoa Grasse, 1970
점액포자충강 Myxosporea Bütschli, 1881
방선포자충강 Actinosporea Noble, 1980
섬모충문 Ciliophora Doflein, 1901
후향미세소관섬모충아문 Postciliodesmatophora Gerassimova & Seravin, 1976
핵잔모강 Karyorelictea Corliss, 1974
나선섬모충강 Spirotrichea Bütchli, 1889
직관인두섬모충아문 Rhabdophora Small, 1976
전구섬모충강 Prostomatea Schewiakoff, 1896
열구섬모충강 Litostomatea Small & Lynn, 1981
곡관인두섬모충아문 Cyrtophora Small, 1976
엽상인두섬모충강 Phyllopharyngea de Puytorac et al., 1974
바구니섬모충강 Nassophorea Small & Lynn, 1981
소막강 Oligohymenophorea de Puytorac et al., 1974
콜포다강 Colpodea de Puytorac et al., 1974

표 6. Margulis등의 분류체계, 1990

원생생물계 Kingdom Protoctista
(Hogg, 1861) Margulis & Schwartz, 1988

문 강

제 1부
편모기와 복잡한 유성생식 생활주기가 없는 문들

1. 근족충문 Rhizopoda
    엽상근족충강 Lobosea
    사상근족충강 Filosea
2. 단포자충문 Haplosporidia
    단포자충강 Haplosporea
3. 부점충문 Paramyxea
    부점충강 Paramyxidea
    마텔리강 Marteiliidea
4. 점액포자충문 Myxozoa
    점액포자충강 Myxosporea
    방산포자충강 Actinosporea
5. 미포자충문 Microspora
    원미포자충강 Rudimicrosporea
    미포자충강 Microsporea

제 2부
편모기는 없으나 복잡한 유성생식 생활주기를 가진 문들

6. 무자루균문 Acrasea
    무자루균강 Acrasida
7. 망상점균문 Dictyostelida
    망상점균강 Dictyostelida
8. 홍조문 Rhodophyta
    홍조강 Rhodophyceae
9. 접합조문 Conjugatophyta
    접합조강 Conjugatophyceae

제 3부
편모기는 있으나 복잡한 유성생식 생활주기가 없는 문들

10. 이질충문 Xenophyophora
    돌이질충문 Psamminida
    실이질충문 Stanomida
11. 은편모문 Cryptophyta
    은편모강 Cryptophyceae
12. 회조문 Glaucocystophyta
    회조강 Glaucocystophycea
13. 핵배문 Karyoblastea
    핵배강 Karyoblastea
14. 동물편모충문 Zoomastigina
    변형편모충강 Amoebomastigota
    잔편모충강 Bicoecids
    동정편모충강 Choanomastigota
    중복편모충강 Diplomonadida
    위섬모충강 Pseudociliata
    운동핵편모충강 Kinetoplastida
    오팔충강 Opalinata
    원편모강 Proteromonadida
    부기체충강 Parabasalia
    후진편모충강 Retortamonadida
    소첨편모충강 Pyrsonymphida
15. 유글레나문 Euglenida
    유글레나강 Euglenophyceae
16. 녹사상족문 Chlorarachnida
    녹사상족강 Chlorarachniophyceae
17. 후각편모조문 Prymnesiophyta
    후각편모조강 Prymnesiophyceae
18. 침편모조문 Raphidophyta
    침편모조강 Raphidophyceae
19. 진안점조문 Eustigmatophyta
    진안점조강 Eustigmatophyceae
20. 방사족충문 Actinopoda
    다포방산충강 Polycystina
    갈색방산충강 Phaeodaria
    태양충강 Heliozoa
    방사극충강 Acantharia
21. 이편모주머니균문 Hyphochytriomycota
    이편모주머니균강 Hyphochytrida
22. 그물균충문 Labyrinthulomycota
    그물균충강 Labyrinthulida
    Thraustochytrida
23. 기생점균문 Plasmodiophoromycota
    기생점균강 Plasmodiophorida

제 4부
편모기와 복합 유성생식 생활기가 있는 문들

24. 와편모문 Dinoflagellata
    와편모강 Dinophyceae
    공와편모강 Syndiniophyceae
25. 황갈조문 Chrysophyta
    황갈조강 Chrysophyceae
    페디넬라강 Pedinellophyceae
    규질편모강 Dictyochophyceae
    (= Silicoflagellata)
26. 항아리균문 Chytridiomycota
    항아리균강 Chytridiomycetes
27. 변형성점균강 Plasmodial slime molds
    원점균강 Protostelida
    점균강 Myxomycotina
28. 섬모충문 Ciliphora
    핵잔모강 Karyorelictea
    나선섬모충강 Spirotrichea
    전구섬모충강 Prostomatea
    열구섬모충강 Litostomatea
    엽상인두섬모충강 Phyllopharyngea
    바구니섬모충강 Nassophorea
    소막강 Oligohymenophorea
    콜포다강 Colpodea
29. 과립망상위족충문 Granuloreticulosa
    무각유공충강 Athalamea
    유공충강 Foraminifera
30. 첨복포자충문 Apicomplexa
    족포자충강 Gregarinia
    구포자충강 Coccidia
    혈포자충강 Hematozoa
31. 규조문 Bacillariophyta
    원판규조강 Coscinodiscophyceae
    후라질규조강 Fragilariophyceae
    우상규조강 Bacillariophyceae
32. 녹조문 Chlorophyta
    담녹조강 Prasinophyceae

표 6. Margulis등의 분류체계, 1990 (계속)

녹조강 Chlorophyceae 파래강 Ulvophyceae 윤조강 Charophyceae 목 계급의 다른 4개 그룹 33. 난균문 Oomycota Saprolegniomycetidae Peronosporomycetidae	34. 황록조문 Xanthophyta 황록조강 Xanthophyceae 35. 갈조문 Phaeophyta 갈조강 Phaeophyceae 36. 지위 미정 Ellobiopsida Ebridians

인) 분류체계는 이미 계통발생쪽으로 방향을 정한 분류체계 부분들을 포함하고 있었으나, 단순하게 편모의 소유, 복잡한 유성생식 주기의 유무에 주로 기초를 두었다.

이 분류체계에서, 단세포 생물들의 이질성이 많은 수의 분류군에서 뚜렷하게 나타났다. 또한 잘 알려진 분류군내에서도 재조합이 필요하게 되었다. 특히 구 분류체계의 근족충아강이 아홉개의 서로 다른 문으로 나뉘어지는 양상을 보였다. 이와 반대로 섬모충아문이나 포자충아문의 후속 강들을 포함한 일부 분류군은 비교적 안정된 양상을 보였다.

이 교과서의 제 2판(1996)에서, 우리는 그 당시에 이용할 수 있는 형태적 특성, 분자생물자료, 진화적 통찰 등을 이용하여, 주로 계통발생에 근거한 원생동물 분류체계를 제안하였다(표 7). Cavalier-Smith(1998)의 분류체계와 "The Illustrated Guide to the Protozoa" 2판(2000)에서 제시된 체계는 당시의 지식을 각각 반영하였고, 표 8과 표 9에 요약하였다. 이 책의 저자들은 지난 십년간의 연구의 결과들을 검토하고, 이 책에서 폭넓게 수정된 분류체계 윤곽을 제안하려고 한다. 원생생물학 분야에서 이루어진 거대한 양의 지식은 2-3년 사이에 일어난 무수한, 빠른 연구의 결과이다

현재 원생생물학 계통분류학에서 단지 임시 분류체

초계 (Empire)	계	아계	상문	문	
진핵생물초계 Eukaryota	미포자계 Microspora				
	편모계 Mastigota	고아메바아계 Archamoebaea			
		쌍편모아계 Dimastigota	4편모상문 Tetramastigota	후진편모충문 Retortamonada 축간문 Axostylata	
			후생진핵생물상문 Metakaryota	유글레나문 Euglenozoa	
				이형엽상근족충문 Heterolobosa	
				망상점균문 Dictyostela	
				원점균문 Protostela	
				큰점균문 Myxogastra	
				색소문 Chromista	
				피막포문 Alveolata	
				동정편모충문 Choanoflagellata	
				녹조문 Chlorophyta	
				지위 미정	아메바문 Amoebozoa
					과립망상위족문 Granuloreticulosa
					방사족충문 Actinopoda
					낭포자충문 Ascetospora
					점액포자충문 Myxozoa

표 7. Hausmann과 Hülsmann에 의해 1996년 발표된 분류체계

표 8. Cavlier-Smith의 분류체계

- 원생동물계 Kingdom Protozoa
  - 고원생동물아계 Subkingdom Archezoa Cavalier-Smith, 1983
    - Phylum Metamonada (Grassé, 1952) Cavalier-Smith, 1981
      - Subphylum Eopharyngia Cavalier-Smith, 1993
      - Subphylum Axostylaria (Grassé, 1952) Cavalier-Smith, 1997
    - Phylum Trichozoa Cavalier-Smith, 1997
      - Subphylum Anaeromonada Cavalier-Smith, 1997
      - Subphylum Parabasala (Honigberg, 1973), Cavalier-Smith, 1997
  - 신원생동물아계 Subkingdom Neozoa Cavalier-Smith, (1993), 1997
    - 육질편모충하계 Infrakingdom Sarcomastigota Cavalier-Smith, 1983
      - Phylum Neomonada Cavalier-Smith, 1997
        - Subphylum Apusozoa Cavalier-Smith, 1997
        - Subphylum Isomita Cavalier-Smith, 1997
        - Subphylum Choanozoa Cavalier-Smith, (1981), 1983
      - Phylum Cercozoa Cavalier-Smith, (1995, 1997), 1998
        - Subphylum Phytomyxa Cavalier-Smith, 1997
        - Subphylum Reticulofilosa Cavalier-Smith, 1997
        - Subphylum Monadofilosa Cavalier-Smith, 1997
      - Phylum Foraminifera (d'Orbigny, 1826) (Eichwald, 1830) Margulis 1974
      - Phylum Amoebozoa Lühe, 1913
        - Subphylum Lobosa (Carpenter, 1861) Cavalier-Smith, 1997
        - Subphylum Conosa Cavalier-Smith, 1998
          - Infraphylum Archamoeba Cavalier-Simith, 1983
          - Infraphylum Mycetozoa de Bary, 1859
            - Superclass Eumyxa Cavalier-Smith, 1993
            - Superclass Dictyostelia Lister 1909
    - 원반형 크리스타하계 Infrakingdom Discicristata Cavalier-Smith, 1998
      - Phylum Percolozoa Cavalier-Smith, 1991
        - Subphylum Tetramitia Cavalier-Smith, 1993
        - Subphylum Pseudociliata Cavalier-Smith, 1993
      - Phylum Euglenozoa Cavalier-Smith, 1981
        - Subphylum Plicostoma Cavalier-Smith, 1998
        - Subphylum Saccostoma Cavalier-Smith, 1998
    - 피막포하계 Infrakingdom Alveolata Cavalier-Smith, 1991
      - Superphylum Miozoa Cavalier-Smith, 1987
        - Phylum Dinozoa Cavalier-Smith, 1981
          - Subphylum Protalveolata Cavalier-Smith, 1991
          - Subphylum Dinoflagellata (Bütschli, 1885) Cavalier-Smith, 1991
        - Phylum Sporozoa (Leuckart, 1879) Cavalier-Smith, 1981
          - Subphylum Gregarinae (Heackel, 1866) Cavalier-Smith, 1998
          - Subphylum Coccidiomorpha (Doflein, 1901) Cavalier-Smith, 1993
          - Subphylum Manubrispora Cavalier-Smith, 1998
      - Superphylum Heterokaryota (Hickson 1903) Cavalier-Smith, 1993
        - Phylum Ciliophora (Doflein 1901, Copeland 1956) Cavalier-Smith, 1998
          - Subphylum Tubulicorticata de Puytorac et al., 1992
          - Sybphylum Epiplasmata de Puytorac et al., 1992
          - Subphylum Filocorticata de Puytorac et al., 1992
    - 방사족충하계 Infrakingdom Actinopoda (Calkins 1902) Cavalier-Smith, 1997
      - Phylum Heliozoa (Haeckel, 1886) Margulis, 1974
      - Phylum Radiozoa Cavalier-Smith, 1987
        - Subphylum Spasmaria Cavalier-Smith, 1993
        - Sybphylum Radiolaria (Müller, 1858) Cavalier-Smith, 1993

계가 그려지고 있음을 인정해야만 한다. 분류체계는, 파생형질(apomorphic characters)이 인정되고, 수렴현상이 나타나고(그림 32), 분자 정밀시계가 자리잡을 때, 정리 될 것이다. 이 전후 관계에서 1994년 Corliss에 의해 제안된 원생생물의 공리적이고, 사용자 친화적인 계층적 분류와 특징 짓기가 일시적인 것으로 간주될 수 있다;

표 9. 국제원생동물학회 '원생동물도감, 2판, 2000'의 계통분류군

분류군	관계 분류군	분류계급
다세포성군	동정편모충강 Choanoflagellata	강
	미포자충문 Microsporida	문
	점액포자충문 Myxozoa	문
	좁쌀공말목 Volvocida	목
피막포군	첨복포자충문 Apicomplexa	문
	콜포다식충문 Colpodellidae	문
	섬모충문 Ciliophora	문
	와편모문 Dinozoa	문
삼분지편모털군 Stramenopiles	잔편모목 Bicoecids	목
	황갈색편모강 Chrysomonada	강
	원양조강 Pelagiophyceae	강
	침편모조목 Raphidomonadida	목
	종속영양 잔류 삼분지 편모털 분류군 Residual heterotrophic Stramenopiles	그룹
	슬로팔린목 Slopalinida	목
	시누라비늘조강 Synurophyceae	강
	규질편모강 Silicoflagellata	강
아메바형 원생생물	방사극충강 Acantharia	강
	불확실한 연관성을 가진 아메바군	그룹
	아르셀유각아메바목 Arcellinida	목
	태양충문 Heliozoa	문
	과립망상위족충문 Granuloreticulosea	문
	동균문 Mycetozoa	문
	갈색방산충강 Phaeodaria	강
	다포방산충문 Polycystina	문
	ramicristate amoebae	그룹
	분열계통과 Schzocladidae	과
	사상위족을 가진 유각아메바군	그룹
	모편충과 Trichosidae	과
	이질충강 Xenophyophorea	강
아메바형과 편모형을 갖는 원생생물군	점토충목 Pelobiontida	목
	이형엽상근족충강 Heterolobosea	강
편모를 갖는 원생생물군	은편모목 Cryptomonadida	목
	중복편모목 Diplomonadida	목
	유글레나문 Euglenozoa	문
	반편모충문 Hemimastigophora	문
	첨예편모충목 Oxymonada	목
	부기체충문 Parabasalia	문
	페디노조강 Pedinophyceae	강
	담녹조강 Prasinophyceae	강
	후각편모목 Prymnesiida	목
	종속영양 잔류편모충군	그룹
	후진편모목 Retortamonadida	목
다른 분류군	단포자충문 Haplospora	문
	다핵성병원충문 plasmodiophora	문

그 이유는, 작은 소단위 rRNA(SSU rRNA) 염기서열 자료로부터 얻은 많은 지식이, 그것을 인정하지 않기 때문이다. 원생생물의 관련 분자들의 서열 다양성이 원핵생물이나 다세포성 분류군의 서열다양성을 훨씬 초과하기 때문에, 이러한 접근이 특히 유망하다. 기호장소의 추정과 분석 같은 추가적인 계산과 거리매트릭스법(distance matrix methods), 최대절약법(maximum parsimony method), 최우법(maximum likelihood method) 등을 응용한 컴퓨터 계산으로부터 객관적 원생생물 계통수를 세울 수 있다.

원생생물계(Protoctista)와 원생동물문(Protozoa) 같은 오래된 명칭을 다시 세우고 그들을 단일계통분류군을 위한 이름으로 사용하는 것은 타당하지 않다. 보다 근본적인 목표는 식물학자, 미생물학자, 동물학자들의 독립적인 명명법을, 잘 알려진 속과 종을 개명할 수 있는 단일법으로 해결하는데 있다. 그러나 주요 문제는 용어 자체에 있지 않고, 이들 용어가 역사적 계통적 연관관계 설명이 부적절한 생물들의 측계통성(심지어 다계통성) 그룹들을 대표하는 점이다. 이 책에서 원생동물, 원생생물 용어는 계통학적 목적이 아닌 단지 비공식적 용어로 사용한다.

심지어 종속 분류군 일지라도 개정되어야 한다. 분류군 Flagellata Cohn, 1853와 Mastigophora

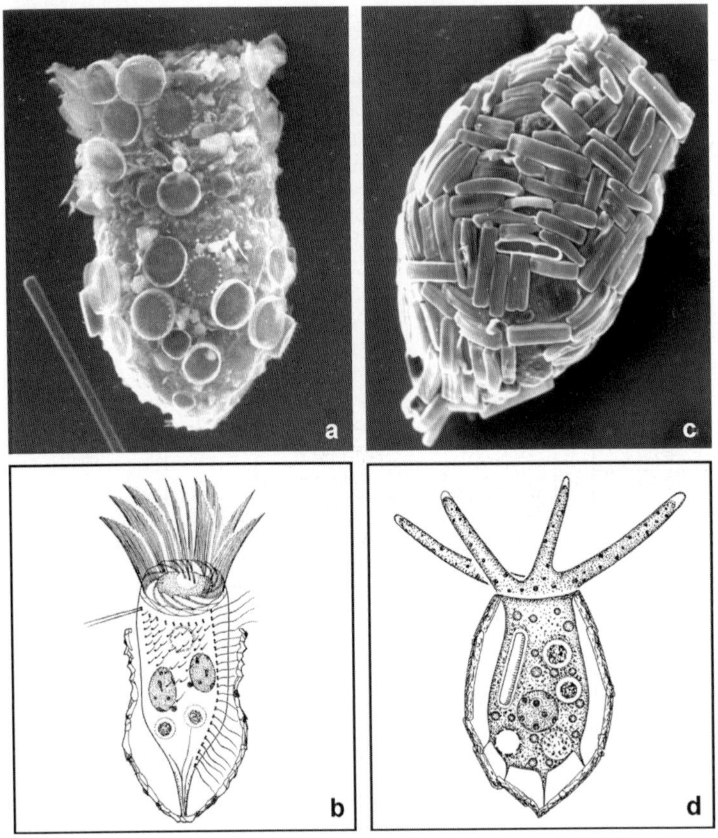

그림 **32** 관련이 없는 분류군사이의 수렴현상으로 진화된 껍질. **a, b** 섬모충류 *Codonella cratera*; **c, d** 유각아메바 *Difflugia* (Foissner와 Hausmann: Mikrokosmos 76 [1987] 258). 배율: a 1,400x, b 700x, c 400x, d 200x.

Diesing, 1866를 만들때 사용하였던 주요 기준은 영구 편모를 가지고 있는 단세포 여부에 있었다. Bütschli 체계에 근거한 고전 계통분류체계에서, 정확한 분류에 추가적으로 요구되는 사항은 그러한 편모가 적어도 먹이를 먹고 성장하는 생활사의 주요시기에 출현해야 하는 점이었다. 이러한 제한에 의해, 소위 진짜 편모류와 배우자나 동포자 같은 편모기(유주자기)에만 나타나는 편모류로 구분이 가능하게 되었다. 그러나, Bütschli 일지라도 그러한 특징이 단세포 진핵생물사이에 단지 실용적인 지식의 모호한 경계만 표시하는 것을 알았다. 그는 죽을때까지 근족충류와 편모류사이의 계통관계의 존재를 증명하고자 노력하였고, 편모와 아메바의 천천히 움직이는 위족과의 상동관계를 강조하였다. 1910년 그는 공동조상구조에서 편모와 위족의 진화를 강조하기 위하여 Undulipodia라는 새로운 용어를 만들었다. 후에 이 용어는 원핵생물의 편모에도 활용되었다. 이들 두 형태의 편모사이에 형태적 차이는 미세구조 연구로부터 얻은 새로운 정보로 명확해졌고, 이 용어는 유럽에서 사용하지 않게 되었다. 모든 문의 편모와 섬모내 9X2+2 축사 구조의 근본적인 균일성은 파생형질의 하나로 볼 수 있고, 편모문(Mastigota)분류군의 정당성을 위한 논거로 볼 수 있다. 그러나 근본적(조상적) 특징을 이용한 편모충아문(Mastigophora와 Flagellata)의 단일계통상을 정립하려는 시도는, Bütschli 시대에도, 보다 문제가 큰 것으로 인식되고 있다. 그 제안은 하나의 공통 편모류 조상으로부터 후생동물, 곰팡이, 다세포식물류, 편모류의 공통기원을 가정함으로 문제시되고 있다. 광합성적으로 활성화된 내생공생자의 수렴적 획득 가능성을 고려하면, 식물성 편모아문 분류군 일지라도 단일계통으로 볼 수 없다. 동물성 편모아문 분류군은 측계통성 그룹이다: 그러므로 이 용어는 보다 기술적인 명칭인 종속영양편모류(heterotrophic flagellates)로 대치 되어야 한다. 다음

장에서, 전통적인 이름인 육질충류, 근족충류는 더 이상 사용하지 않는다. 이것은 위족(엽상위족, 사상위족, 망상위족, 유축위족) 구조의 다른 양상에 대해 수수께끼 같은 상동현상으로 설명될 수 없고 무시되어야 하기 때문이다. 특징적인 구조 이론은 세포골격의 단지 두 요소, 즉 모든 진핵생물에 나타나는 운동 단백질 액토미오신과 튜불린에 기초하고 있다. 이와 같이 근족구조 양상이 거의 모든 원생생물 분류군에서 나올 수 있다는 것은 놀라운 일이 아니다. 그러나 교훈적이고 덜 형식적인 이유로, 편모류, 아메바류, 근족충류, 종속영양편모류, 광합성편모류 같은 용어들이 뚜렷한 구조형의 실용적인 명칭으로 사용 될 수 있다. 그러나, 이들 용어를 일부 분류군을 가리키는 명칭으로 사용하지는 않는다.

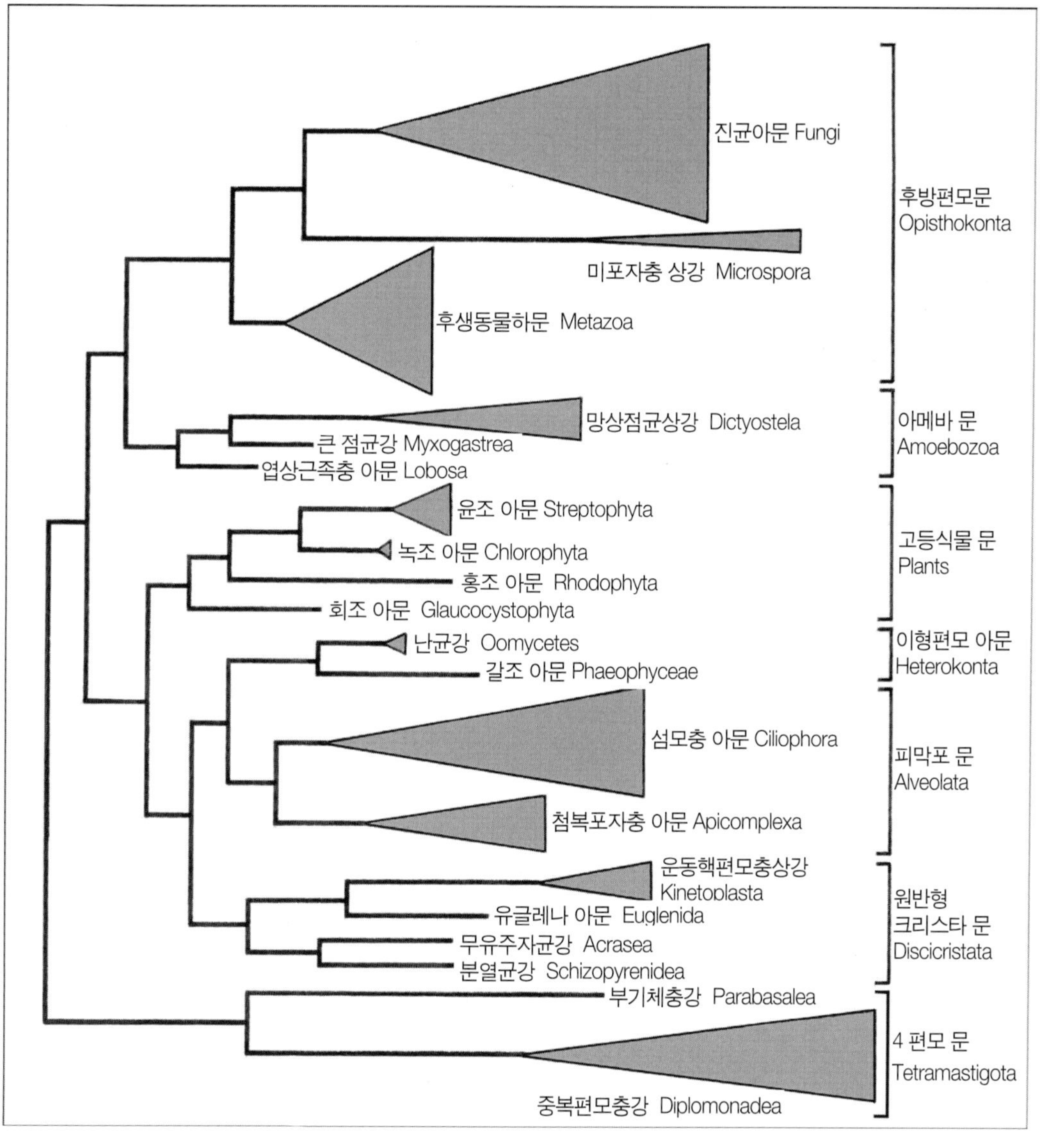

그림 33 단백질서열(EF-1α, actin, α-tubulin과 β-tubulin 아미노산 서열) 조합에 근거한 진핵생물의 계통진화. 큰 그룹은 오른쪽에 표시하였다. 군(cluster)을 형성하는 다분류군은 삼각형으로 그려 해당 분류군의 수에 비례하여 높이를 표시하였고, 빠진 자료를 보완 할 수 있게 전체 평균 가지 길이에 비례하여 폭을 표시하였다 (Baldauf 등으로부터).

제6장 원생생물의 분류체계

진핵생물계 EUKARYOTA Chatton, 1925(Eucarya)

모든 진핵생물의 조직 구조는 가장 적절한 세포학적 특성으로서 뚜렷한 반응 공간으로 구획화 되어 있다. 형태적 관점에서 가장 중요한 구획은 핵질로부터 세포질을 분리하는 소포체(Endoplasmic reticulum)에 의해 형성된다. 그것의 특징적인 구조는 섬유근(actin 등)과 미세소관(microtubules)으로 된 세포골격을 가지고 있다. 미세소관은 형태 유지와 운동을 맡을 뿐만 아니라 체세포분열 동안 염색단체의 분리와 같은 세포내 운반 현상에 관여한다. 현대 진핵생물분류군이 폭 넓은 변동으로, 감수분열 같은 유성생식 과정과 핵 접합이 세포 진화의 초기에 나타난 것으로 예상하는 것도 가능하다. 적어도 형태적으로나 기능적으로 핵과 관계되고, 근본적으로 염색체의 분포기구에 속하는 미세소관으로부터 편모가 진화하는 동안에 진핵생물의 대부분에 특징적인 과정이 일어났다. 이 이동기구가 있는 세포는 보다 큰 활동의 다양성을 갖게 되고, 멀리 떨어진 곳으로부터 먹이 입자를 채집하거나 헤엄칠 수 있게 되었다. 유동매체와 수력학적 상호작용 때문에 편모의 수와 세포의 크기는 적정효율을 위하여 상호관련을 갖게 되었다. 그러므로 하나 또는 2-3개의 편모를 가진, 처음으로 출현한 자유생활 편모충은 2-10 μm 크기의 오늘날 미소플랑크톤에 해당되는 극도로 작은 크기에 속하는 것으로 추정된다.

초기와 대조적으로, 모든 현존하는 진핵생물의 조상들은 다소 수직적으로 배열된 두 모근체(kinetosome)와 두 편모가 구비되어 있었다. 최근의 분류군에서 볼 수 있는 4편모, 8편모, 다편모군에서 단편모군, 3편모군, 무편모군으로의 일탈(deviation)은 기본적인 배열의 2차적 일탈로 고려되어야 한다. 편모 구조의 배가로 이런 과정이 후생동물과 육상식물에까지 이르렀다. 만약 고등점균류나 윤조류에서 처럼 2차적으로 퇴화가 일어나지 않았다면, 모근체(kinetosome) 또는 중심립(centrioles)는 단지 쌍으로만 나타났을 것이다. 진핵생물내에서 단 하나의 모근체로 2차 퇴화된 경우는 단지 2-3의 예만 있다. 아메바성편모충류(Cercozoa)에 속하는 근족성으로 구성된 생물인 녹사족류(*Chlorarachnion*)의 배우자체나 고아메바류(Conosa)의 어떤 종류에 나타난다. 편모류에서 보다 복잡한 편모 구조로 되는 경향이 편모수 증가(4편모, 4모근체) 경향처럼 뚜렷하다(그림 **35**). 이와 반대로 모근체와 편모의 수에 있어 두편모 4모근체 또는 한편모, 두 모근체처럼 감소도 일어난다(그림 **36**). 이와 같이 편모가 여러 형으로 진화되어 왔다. 편모배수의 법칙은 형태적 분화에 의해 운동형과 영양형 편모로 된 것처럼 이형편모(heterokont)의 발전을 촉진하였다. 쌍편모의 근본형은 동형편모(isokont)와 털편모(mastigonemata)가 없었던 것으로 보는 것이 합리적이다.

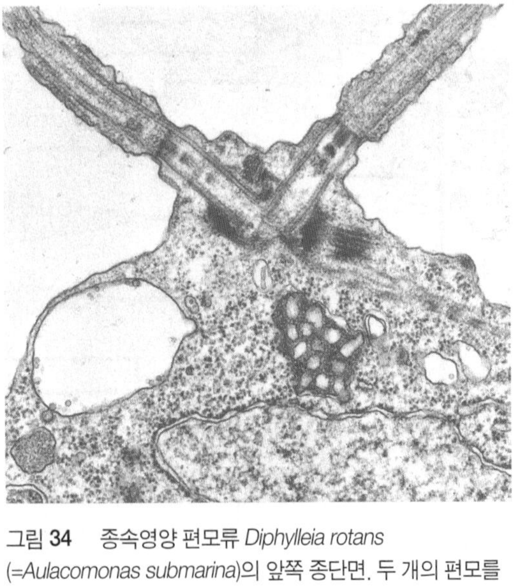

그림 34 종속영양 편모류 *Diphylleia rotans* (=*Aulacomonas submarina*)의 앞쪽 종단면. 두 개의 편모를 가진 생물의 편모구조의 전형적인 배열을 보임 (Brugerolle과 Patterson으로부터: Europ. J. protistol. 25 [1990] 191). 배율: 20,000x.

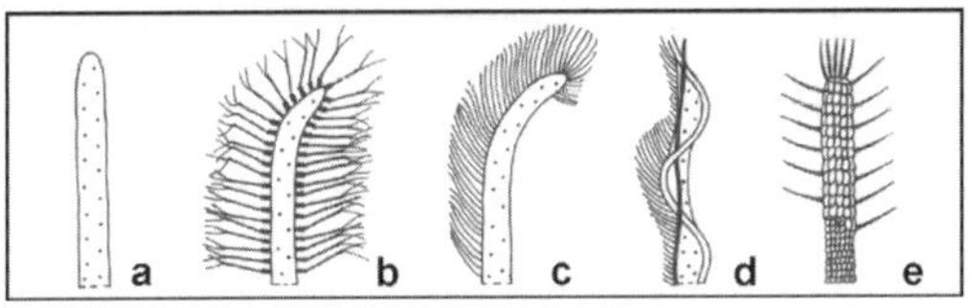

그림 35 편모특징. (a) 녹조류, (b) 황갈색 편모류, (c) 유글레나류, (d) 담녹조편모류.

진핵세포의 또 다른 기본 특징은 미토콘드리아로, 전자와 연결된 산화적인 인산화 반응을 촉진하는 역할을 한다. 2차적 미호기성 생활사인 경우, 즉 미토콘드리아가 수소발생체로 진화되고 시토크롬(Cytochrome)이 감지될 수 없는 곳에서, 미토콘드리아 보호 단백질 인자가 출현하여 미토콘드리아의 전구물질로 나타났음을 보여준다. 추가하여 진핵생물의 유전적 구조는 특이하다. 고박테리아나 진핵박테리아에 전형적인 상황과 대조적으로, 진핵계열의 초기 조상은 유전자 이어맞추기의 정교한 시스템을 진화시켰다.

6.1 4편모상문 Superphylum **Tetramastigota** Hülsmann&Hausmann, 1994

4편모상문에 속하는 편모충류는 두 쌍 단위로 배열 된 4편모를 갖는 특징(그림 37)이 있다. 하나의 후향편모와 함께 그것의 관련 미소관 뿌리 구조는 가장 중요한 유사특징으로 보인다. 그러나 아래 기록된 분류군은 또한 발산특성을 보여 단일계통기원이 다소 의심스럽다. 이들 생물의 많은 종류가 뒤쪽 편모에 의해 일어나는 흐름에 의해 부유된 먹이 입자를 잡아먹는 복부 섭식홈을 가지고 있다(그림 37). 복부홈의 주변부는 몸 기저부에서 나오는 두 주요 미소관 뿌리에 의해 지지되고, 많은 모근계(Kinetid) 구조가 상동임을 보인다. 비공식적 그룹으로 굴식류(Excavates, 堀食類)가 소개되었고, 후진편모충류(Retortamonads), 중복편모충류(Diplomonads), 이형엽상근족충류(Heterolobosa)의 몇 작은 그룹들이 이 그룹에 포함 된다. 이들은 기생충류를 포함하고, 단순 또는 복잡한 생활사를 갖는 종, 미토콘드리아나 수소발생체를 포함하거나 포함하지 않는 세포들을 포함한다. 이들은 매우 이른 시기에 발산된 그룹들로 진핵생물의 초기 진화를 이해하는데 도움이 될 것이다. 최근 SSUrDNA와 미소구조 자료는 첨예편모충류(Oxymonads), 부기체충류(Parabasalids), 유글레나류(Euglenozoa)등이 일부 굴식류와 밀접한 관계가 있음을 보이고, 그들은 현존하는 계통으로부터 발산한 후 섭식홈을 잃어버린 것 같다. 첨예편모충류에서 미토콘드리아와 수소발생체의 소실은 2차적인 것 같다. 4편모상문 분류군은 주로 굴식류 같은 그룹을 포함하고 이형엽상근족충류는 제외되고 있다.

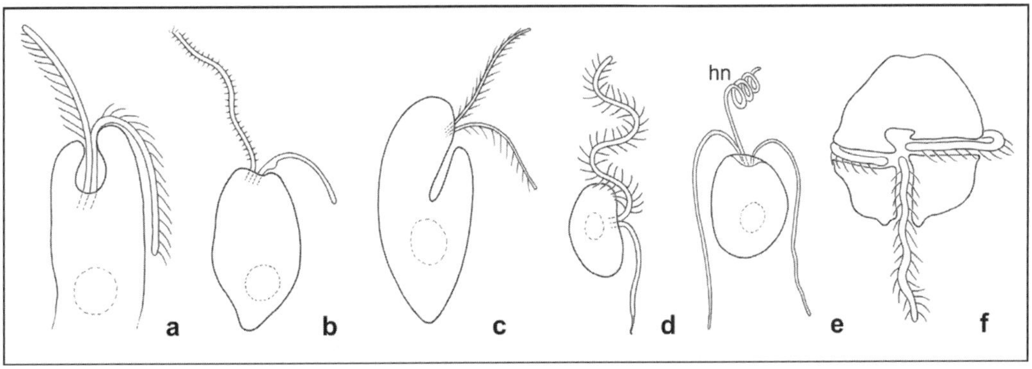

그림 36 편모의 모양. a 유글레나류, 정부함입부에서 나오는 편모털이 있는 두 개의 편모로 된 쌍편모류; b 황갈색편모류. 한 편모는 털이 있고 다른 한 편모는 털이 없는 이형 쌍편모류; c 은편모류, 하나의 편모털 열과 두 개의 편모털 열을 갖는 부등 쌍편모류; d 그물균충류, 이형편모 유주자; e 후각편모류(부착편모류), 쌍편모, 동형편모, 부착편모(hn); f 와편모류, 하나의 횡편모와 하나의 후향편모로 된 쌍편모류 (Margulis 등으로부터).

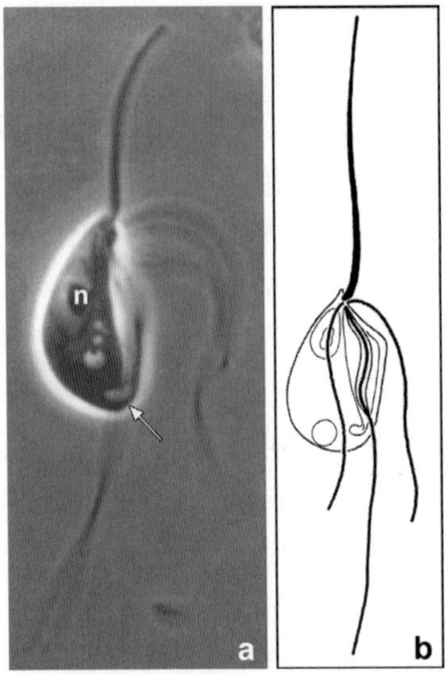

그림 37 4편모 상문: **a** *Trimastix marina*의 측면 사진, 세포 인두, 혀(화살표), 핵(n)을 보여줌. **b** 십자형으로 배열 된 4개의 편모와 배쪽홈을 묘사한 *T.marina*의 개요도 (Bernard 등으로부터: Ophelia 52 [2000] 113). 배율: a 1,600x.

후진편모충강 Class **Retortamonadea** Grassé, 1952

5–20 μm 크기의 작은 세포가 큰 세포입(cytostome)과 핵 인근 앞쪽에 십자형이거나 분리한 쌍으로 배열된 4개의 모근체를 가지고 있다(그림 **38**). 적어도 한 개의 편모는 각 쌍에서 나오고(*Retortamonads*), *Chilomasitix*에서는 4편모이다. 한 편모는 항상 세포입의 기저부에서 나와, 앞으로 뻗고 뒤로 휘두른다. 편모의 축에서, 그것은 스토르크의 효율을 적합하게 할 수 있는 봉합선 모양의 돌기를 갖는다(그리고 먹이 입자를 선회할 수 있게 한다). 세포입은 세로로 찢어진 홈으로 구성되고, 세포 입술 같은 두 개의 막으로 중앙을 덮어 터널을 형성 한다. 그것은 세포표면의 다른 부분 같이 얇은 막의 미세소관에 의해 빳빳하다. 다른 편모는 뒤쪽으로 향하였고 헤엄치는 기능을 갖고 있다. 복잡한 근형질이 보이나 미토콘드리아와 딕티오솜은 안 보인다.

기생성 후진 편모충류는 새 숙주로 이동하는데 휴면포자를 이용한다. 활동적인 포식을 하는 탈포자시기(영양체)에 장에 살면서 박테리아를 포식한다. 많은 종류가 무해한 공생자이지만, 설사를 일으키는 병원충으로도 발견되기도 한다(인간에서 *Chilomastix mesnili*, 가금류에서 *C.gallinarum*).

예: *Chilomastix, Retortamonas*

중복편모충강 Class **Diplomonadea** Wenyon, 1926

중복편모충류는 미토콘드리아와 딕티오솜이 없는 내기성 혐기형 생물이다. 대부분의 종들이 쌍형(diplozoic form) 생물로 중복편모충류의 계통 발생의 위치는 불확실하다. 대부분의 저자들이 이 종류를 초기에 계통수에서 분리시키고 있다. 부기체충류의 자매 그룹일 수 있다 장편모충목과 중복편모충목에 속하는 9개의 종속영양속이 있다.

장편모충목(腸鞭毛蟲目) Order **Entertomonadida** Brugerolle, 1975

장편모충목은 4개의 편모까지 가진 단형 구조가 특징이다. 편모 중 3개는 자유롭게 휘두르고, 넷째는 복부를 좇아 뒤쪽으로 향해 홈에서 세포입처럼 활동한다. 이 패턴은 후진편모충 구조와 유사하다. 전체 미세소관 섬유 시스템과 마찬가지로 단형 중복편모충류의 모근체는 형태적으로 핵과 함께 뚜렷한 핵편모 시스템(Karyomastigont system)을 형성한다. 이 시스템의 특징은 후향편모의 모근체로부터 나온 미세소관 리본처럼 모근체가 포함된 핵이 바구니형 걸림 모양을 한다. 이 그룹에 15종이 보고되었다. 이들은 사람과 척추동물의 장에서 비 병원성 기생충으로 출현한다. 포낭(cysts)이 분변과 함께 배출되어 다른 숙주로 이동한다. 편모의 감소가 일어나기도 한다.

예: *Caviomonas, Enteromonas, Trimitus*

중복편모충목 Order **Diplomonadida** Wenyon, 1926

두 개의 핵 편모 시스템이 중복편모충목의 중복형구조를 특징 짓는다(그림 **39**). 세포들은 두 개의 입뿐만 아니라 두개의 핵, 8개의 편모를 갖는다. 시스템은 좌우 대칭형

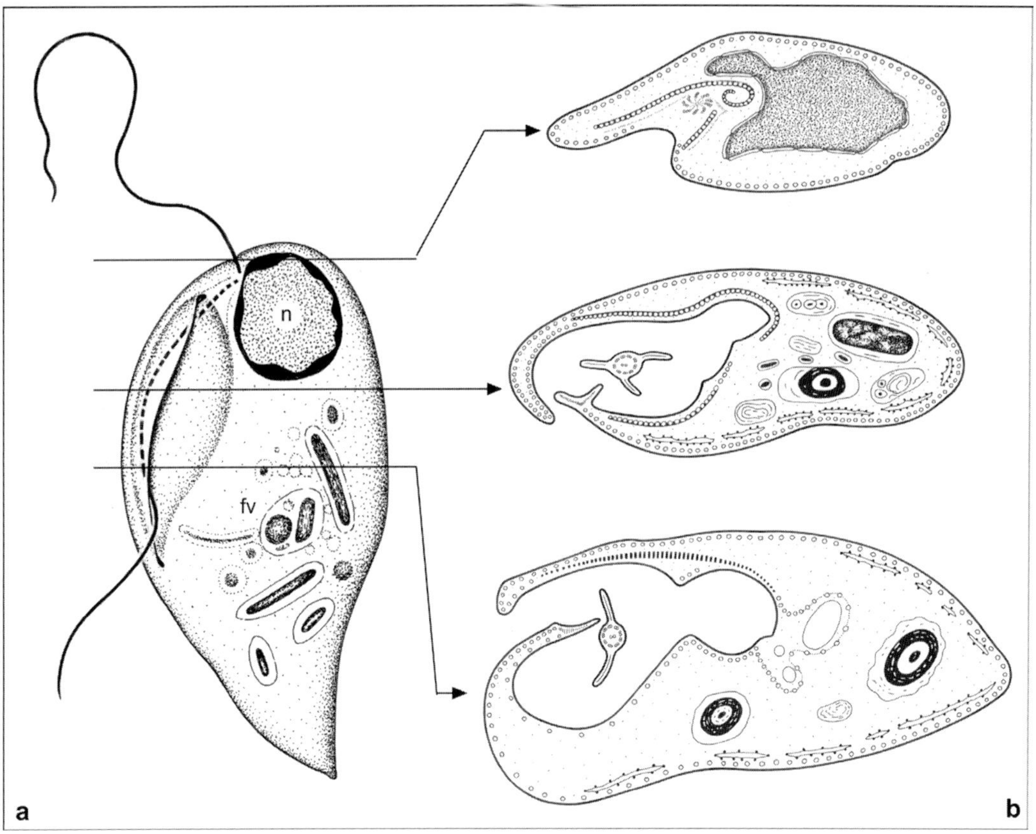

그림 38 4편모 상문, 후진편모충강: (a) *Retromonas* 개념도, (b) 부위별 단면도. 지느러미 모양의 돌기를 가진 후향편모는 세포입술로 덮힌 홈을 통과한다. fv = 식포, n = 핵 (Brugerolle로 부터). 배율: a 7,00x, b 15,000x.

이고, 형태는 두 단 형체의 등쪽접합형,쌍둥이형과 유사하다. 중복형의 특징은 세포입이 깔때기형 구조로 세포의 뒤쪽 끝까지 이른다.

이 그룹에 100여종이 있다. 무산소 담수에서 자유이동생활과 공생자로 동물체내에 서식, 또는 척추, 무척추 동물에서 기생자로 나타난다. 병원충 종류는 장의 특별한 부위의 표피에 박는 특별한 기작을 갖고 있다. 그들은 숙주의 영양섭취를 방해하고, 대량으로 나타나 면역결핍(AIDS 등)동안 혈설사를 일으킨다. 가장 중요한 그룹인 *Giardia*에서 축줄기(axonemata)가 편모축으로 들어가기 전 상당한 거리를 세포내로 연장한다. *Giardia*는 음작용(pinocytosis)에 의해 장액을 섭취한다. 대장에서 분변의 탈수동안 영양체는 포낭을 형성하고, 이러한 포낭의 섭취로 감염된다. 이 속의 50여 종은 복부 부착 디스크를 가지고 있다. 대부분은 형태로 구분할 수 없다. 분화가 숙주 특성에 기초하여 일어나고, 분자 분석에 기초하여 알 수 있다. 잠재 숙주로의 이동은 포낭기에 일어난다.

예: 자유생활 또는 동물에 내생: *Hexamita*(6편모충), *Trepomonas*, *Trigonomonas*.

기생성: *Giardia*, *Octomitus*(8편모충), *Spironucleus*

첨예편모충강 Class **Oxymonadea** Grassé, 1952

첨예편모충류는 형태적으로 다양한 그룹을 포함: 이 그룹은 작은부리(rostellum)로 불리는 앞쪽 돌기를 위벽에 부착하는데 사용한다. 그러나 소첨편모충과

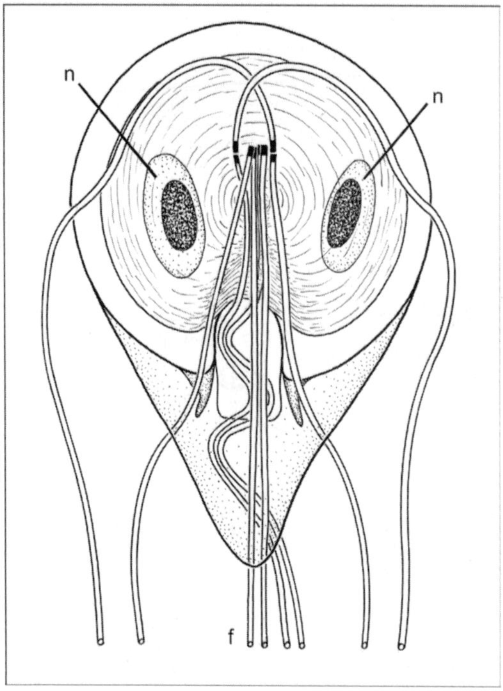

그림 39 중복편모충강: *Giardia*(= *Lamblia*)의 두 핵(n)과 8편모(f) (여러 저자들로부터). 배율: 6,000x.

(Pyrsonymphidae)의 작은 부착기는 임시적이다. 모든 편모는 몸 표면에 나선으로 부착하여, 세포가 비틀린 모양을 한다. 다편모충과(Polymastigidae)는 작은 자유생활 편모충들이다. 네편모의 하나만이 세포표면에 근접하여 부착되어 있다. 이들 편모충들은 세포의 앞쪽 끝이나 작은 부리의 기저부에서 돌출한 4개의 편모를 갖는다. 미세소관 및 섬유층으로 구성된 선형 배열 분자의 전 축간(pre-axostyle)은 쌍 기저체와 연접되었다. 첨예편모충강의 다핵체 종류들은 핵의 수에 따라 몇 개의 편모시스템(mastigont system)을 갖는다. 편모와 관련된 세포입은 없다. 하나 또는 그 이상의 간상의 소포, 축간들이 특징이다. 그들은 세포몸을 세로로 종단하고, 모근체에서 나온 교차하는 미세소관들로 방패형구조(pelta)를 한다(그림 **40**). 어떤 속에서 축간은 미세소관 사이의 팔모양단백질 구조(dynein형) 연결에 의해 운동성을 보인다. 축간의 운동성은 세포의 사행(뱀)운동을 일으키고 앞뒤로 파도의 형태로 축간을 드러낸다. 축간, 모근체와 핵은 기능적 형태 단위이다. 분열 방추체는 핵내에 있고, 핵막은 분열 동안 남아있다. 유성생식과정이 보고되어 왔다.

많은 곤충의 후장에서 첨예편모충이 무산소생물로 산다. 또 파충류, 양서류, 포유류의 장에서도 발견된다. 이들은 부기체충류, 균류, 박테리아가 속하는 내장군집에서 수적으로 많이 나타나고 중요한 그룹이다. 딕티오솜, 미토콘드리아, 수소발생체가 없다. 나무 입자의 섭취가 세포의 후면 끝에서 일어나나 이들이 섬유질을 소화시킬 수 있는 지는 모른다. 또는 세포 표면에 세포내 박테리아와 세포 표면에 붙은 나선균이 분해를 하는지는 불명확하다. 첨예편모충의 분자 자료는 드물다. 초기에 계통수에서 분리되어 중복편모충에서 가지를 친 한 가지에 속하는 것 같다. 부기체충(Parabasalids)과 밀접한

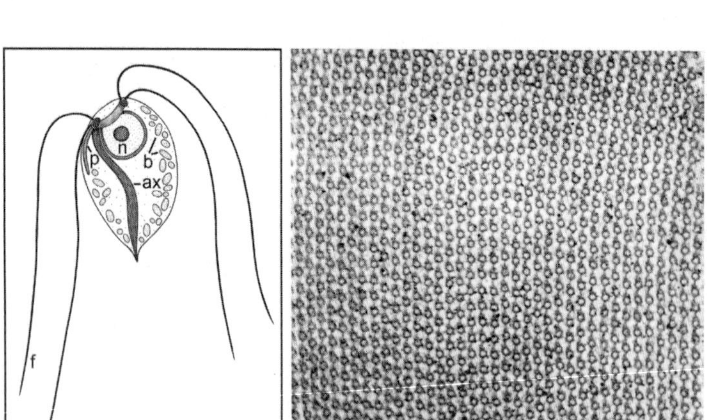

그림 40 첨예편모충강: **a** *Monocercomonoides hausmanni*의 4편모(f), 핵(n), 세포내 박테리아(b), 방패형구조(Pelta, P)와 축간(ax). **b** 무수한 미세소관으로 된 축간 횡단면 (a Radek으로 부터: Arch. Protistenkd. 144 [1994] 373; b R. A. Bloodgood의 호의에 의해). 배율: a 2,000x., b 32,000x.

공동의 조상을 가진 것 같지 않다.

예: *Monocercomonoides, Oxymonas, Pyrsonympha, Saccinobaculus*

부기체충강 Class **Parabasalea** Honigberg, 1973

대부분 단핵의 부기체충강은 세포당 편모의 수(0에서부터 수천)를 셀 때 단일 분류군이 아닌 것으로 나타난다(그림 **41,44**). 4개의 편모형이 대부분이고 기본형으로 여겨진다. 이들 중 셋은 앞쪽을 향하고 그리고 하나는 후향 편모로 행동(*Monocercomonas* 형)한다. 진화 동안 편모의 수는 부분적으로 증가하거나 감소하였다. 모든 대표종들의 공통의 파생형질은 부기체(Parabasal body)로, 이들은 매우 큰 딕티오솜들의 집합체로 모근체와 연관된 근섬유시스템 부기체 사상체(parabasal filament)와 함께 이룬다. 딕티오솜의 형태적 특징은 시스터나(cisternae)의 많은 수(20−30개)가 수렴 과정의 결과로 이루어진 것으로 본다. 다른 특징은 미세소관들이 나선으로 감긴 판으로 구성 된 비운동성 축간(nonmotile axostyle)이다. 보다 고도로 진화 된 그룹에서 축간은 증가, 감소, 퇴화 되었다. 미토콘드리아는 퇴화되었지만,

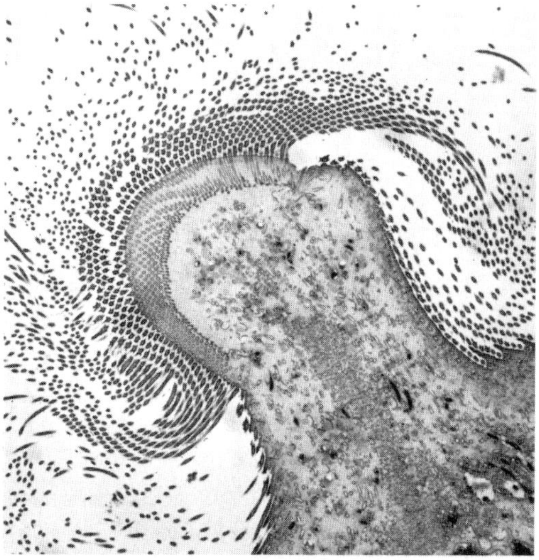

그림 **41** 부기체충강: *Koruga bonita*의 정단부위. 배율: 1,800x.

수소발생체는 대부분 그룹에서 존재한다. 세포 핵분열(유사분열)시 방추체는 핵외에 있다. 핵막은 변화없이 남고, 양쪽의 반방추체는 특별한 각도로 위치하고, 유사분열의 형태는 밀폐 된 측향 유사분열(pleura mitosis)이다. 뚜렷한 세포입이 안보이고, 섭식작용은 세포 몸체의 대부분에서 일어난다. 부기체충강은 거의 예외 없이 내생 생물로 주로 입자물질과 박테리아를 내장에서 섭취한다. 일부는 중요한 기생자이나 숙주에 병원성 피해는 아직 잘 알려지지 않았다.

분자 연구는 부기체충강이 진핵생물의 가장 이른시기에 파생된 그룹의 하나로 본다.

털편모충목 Order **Trichomonadida** Kirby, 1947

5−25μm 크기로 비교적 작고, 4~6개의 편모가 일반적이나 어떤 속은 편모가 많거나 단지 두 개인 것도 있다. 어떤 것은 편모가 전혀 없고 아메바 같이 움직이는 것도 있다(새에서 간염의 원인 생물인 *Histomonas*, 사람의 결장에 나타나는 *Dientamoeba*). 축간은 흔히 길고 꼬리 부분에서 끝난다. 털편모충과의 종류들은 세포표면과 후향 편모류에 의해 형성되는 파상막을 지지하는 횡문의 간상주륵(costa)을 가졌다(그림 **24g,42**). 어떤 종류에서 주륵이 움직인다. 다른 종류에서 작은 삼각형 구조의 융기부분(cresta)이 후향 편모류의 기저부 가까이에서 발견되거나 없거나 한다.

털편모충류는 단일 계통 분류군이다. *Trichomonas* 속은 몇종의 병원충 종을 포함한다. *Trichomonas vaginalis*는 인간의 비뇨기계 내에서 미생물 병원균 *Mycoplasma hominis*와 강하게 체외 공생하면서 살고, 때로 끈적한 배출물로 결합되어 염증을 일으키기도 한다. *T. hominis*는 인간의 장에서 사는 기생체로, 흔히 만성 설사의 병원 생물이다. *T. foetus*는 암소에서 페스트를 일으킨다.

흰개미에 사는 *Mixotricha paradoxa*는 세포표면에 규칙적으로 배열한 나선균과 간상 박테리아를 갖는 특이성이 있다. 나선균들은 동조 방법으로 휘둘러 움직이고 숙주세포를 추진시킨다: 4개의 짧은 편모들은 소포체들

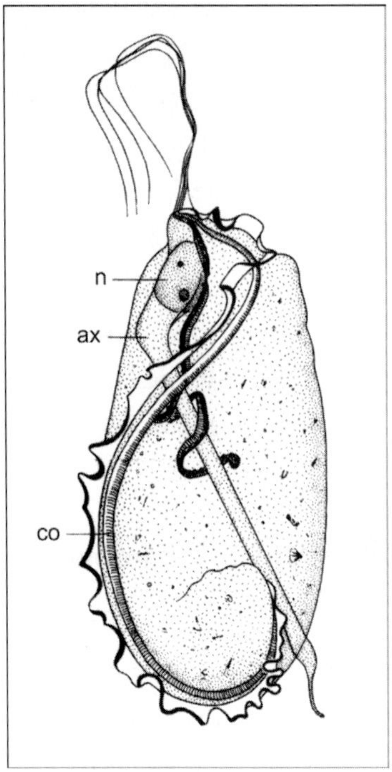

그림 42 털편모충목: *Trichomitopsis termopsidis*(= *Trichomonas*). ax = 축간, co = 주륵, n = 핵(Grell로 부터). 배율: 3,500x.

을 조정하는데 쓰인다.

다모털편모과(Calonymphidae)과는 무수히 많은 편모시스템을 갖는 다편모 구조로 된 털 편모류이다. 각 시스템은 뿌리 구조가 있는 기저체 그룹으로 구성되고 하나의 관련 축간으로 구성되었다. 편모시스템은 핵(핵편모계통)을 갖거나 안 갖거나(무핵편모계통)한다. 다모털편모류(Calonymphids)는 예외 없이 흰개미와 나무먹는 바퀴벌레의 장에 산다.

최근 Cochlosomatidae과의 어떤 종류는 분류학적으로 털 편모충목에 넣는다. *Cochlosoma*는 새, 박쥐, 쥐의 장에서 발견된다. 전형적인 부기체 구조에 추가하여 그들은 부착판과 측면 홈이 있다.

예: *Dientamoeba*(편모가 없다), *Monocercomonas*(3+1 편모), *Pentatrichomonas* (5+1 편모), *Tritrichomonas*(3+1 편모), *Calonympha*와 *Coronympha*(무수한 편모)(그림 **42**)

초편모충목 Order **Hypermastigida** Grassi Foa, 1991

초편모충목의 대표적인 것들은 세포의 앞 주변부나 앞끝 들어간 곳에 많은 수의 편모를 갖는 것으로 특징된다(그림 **43,44**). 편모들은 판에서 나오거나 세로로, 수평으로 또는 나선형 열로 배열된다. 그들은 보통 파상 운동으로 나아간다. 부기체는 현미경에서 보일지라도 복합 또는 덤불모양 단위로 나타난다. 그러나 핵과 축간체는 일반적으로 단일 세포 소기관으로 나타난다. 세포분열 동

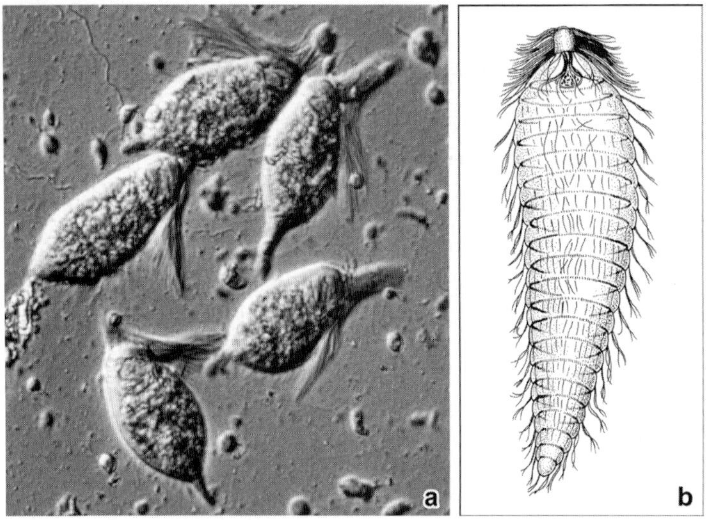

그림 43 초편모충목: **a** *Joenia annectens*, 흰개미 *Kalotermes flavicollis*의 장관에서 나온 대형 초편모충류. **b** *Teratonympha mirabilis* (Grell로부터). 배율: a 200x, b 280x.

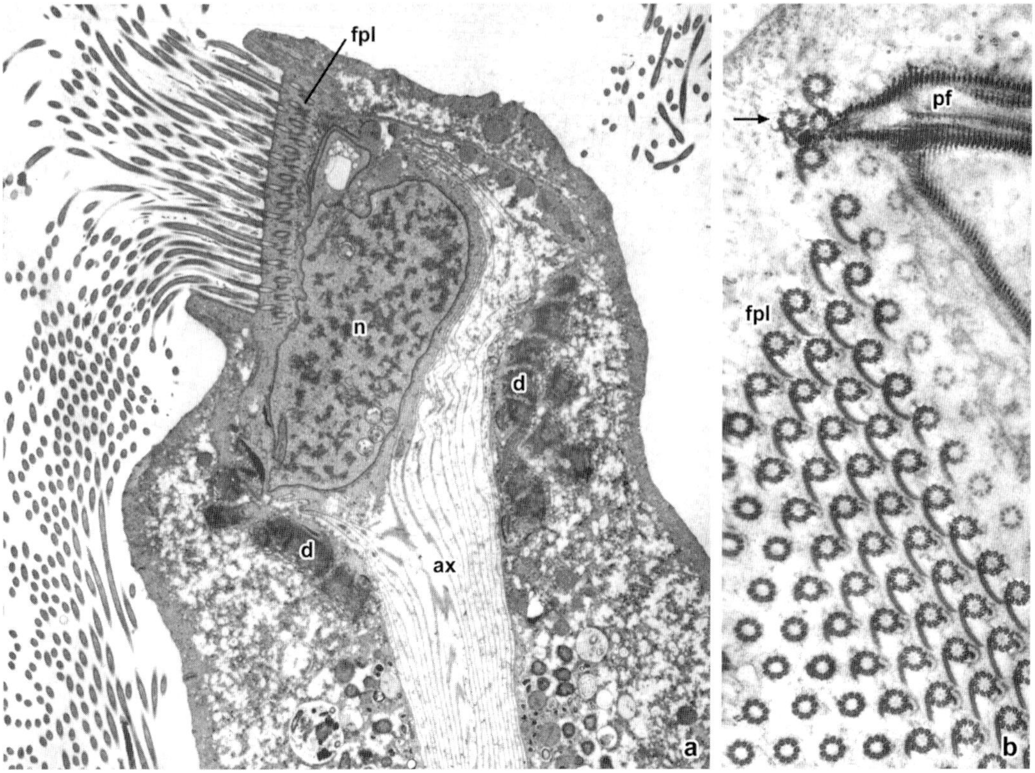

그림 44 초편모충목: **a** *Joenia annectens*의 정단부, 축간(ax), 편모판(fpl), 핵(n), 딕티오솜(=부기체)(**d**). **b** 편모판(fpl)에 인접한 *J.annectens*의 4개의 특별한 모근체(화살표). Pf = 부기체사상체 (a Radek과 Hausmann으로부터: BLUZ 21 [1991] 160). 배율: a 3,000x, b 13,300x.

안 편모시스템의 구성은 감소되고 후에 4개의 기저체에 의해 재형성 되거나 딸세포 사이에 분포되거나 한다. 유성생식 과정은 일부종에서 나타나는 것 같다.

초편모충들은 예외없이 나무먹는 곤충의 장에 나타나거나(하등 흰개미, *Cryptocercus*속의 바퀴벌레), 후장의 특별한 발효 방에서 나타난다. 그들은 무수히 많은 세포내외의 박테리아와 나선균의 숙주로서 이들을 이용하여 섬유질과 나무입자들을 소화시킨다.

초편모충류는 devescovinid 털편모충류에서 그들의 편모가 증가하는 동안에 진화된 것으로 제시되고 있다. 이것은 적어도 어떤 초편모충류에서 사실이다. 최근의 연구에 의하면 초편모충류는 적어도 세 측계통 발생 그룹에 해당되는 것 같다(Eucomonymphidae, Trichonymphidae, Spirotrichonymphidae/Holomastigotidae). 이는 전통적인 형태에 근거한 분류를 반영한 사실에 근거한다. 처음 두 그룹은 털편모충류보다 부기체충류의 조상으로부터 일찍이 나온 것 같다. Spirotrichonymphidae와 Holomastigotidae는 털편모류를 포함한 복잡한 그룹내에서 늦게 진화한 것을 보여준다.

예: *Barbulanympha, Joenia, Lophomonas*

6.2 원반형크리스타문 Phylum **Discicristata** Cavalier-Smith, 1998

이 문은 유글레나아문(Euglenozoa)과 이형엽상근족충아문(Heterolobosa) 두 개의 아문을 포함한다. 이들 두 분류군을 결합시키는 주된 이유는 원반모양의 함입 된 형태의 미토콘드리아 크리스타(mitochondrial cristae)의 형태적 특징 때문이다. 현재의 분자생물학적 자료(rDNA와 미세소관단백질인 tubulin 유전자)는 그 관계를 보여주고, 그러한 구분이 맞는 것을 보여주고 있다.

유글레나아문 Subphylum **Euglenozoa** Cavalier-Smith, 1981

유글레나아문의 미토콘드리아는 원반형에서 유래하거나 원반형에 속하는 크리스타(cristae)로 표현된다. 여기에 속하는 생물들은 세포주변을 강화시키고 비교적 일정한 세포형태를 유지하게 하는 미세소관 리본을 가지고 있다. 편모의 축사 미세소관(axonemal microtubules)은 정상적으로 단백질 복합체(paraxial rod 축주간상체, 그림 **24b, 45**)를 동반한다. 따라서 편모축은 흔히 비정상적으로 크다. 핵의 인은 유사분열 동안 존속한다. 십자형의 방출체(extrusome)는 모든 부속 분류군의 일부 종들에서 나타난다. 단핵세포들은 일차적으로 종속영양성(섭식영양성과 삼투식성)이다. 그러나 현존 분류군들은 조류 내생공생자들을 정착시킨 조상들의 후손들 인 것 같다. 이 내생공생자들의 잔존체는 광합성 유글레나의 색소체와 종속영양 운동핵편모충상강의 핵내에 유전체 흔적으로 나타난다.

주 분류군, 유글레나상강과 운동핵편모충상강 외에, 두 소수 그룹인 쌍형편모충류(diplonemids)와 *Postgaardi*는 유글레나아문에 포함시켰다. 한편 반 편모충류인 *Stephanopogon*과 *Bordnamonas*는 최근에 제외되었다.

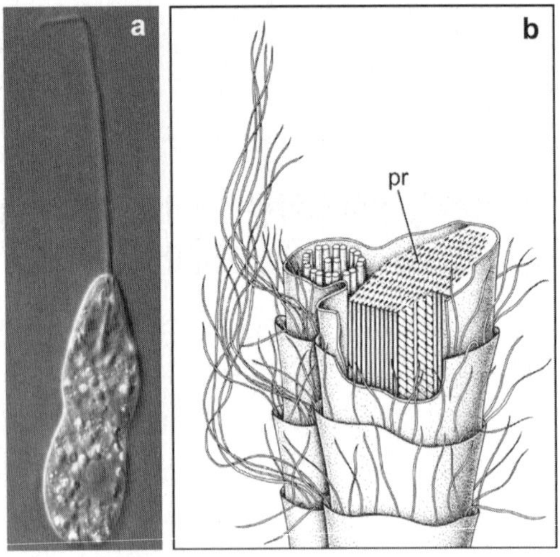

그림 45 원반형 크리스타문, 유글레나 상강: **a** 두꺼운 편모를 가진 *Peranema*; **b** 연약한 털들이 나있는 *Anisonema*의 편모. pr = 축주간상체 (b Mignot로부터). 배율: a 500x, b 40,000x.

유글레나상강 Superclass **Euglenida** Bütchli, 1884

약 1000종에 이르는 유글레나 종류의 원래 기본형은 두 개의 이형 편모를 가졌다. 그들 중 하나는 매우 짧아 두 편모의 존재를 단지 전자현미경으로 알 수 있다. 소수의 기생성 종들은 많은 수의 편모를 가졌다. 편모는 소위 편모포 또는 편모낭(그림 **46**)이라 불리우는 정상홈에서 나온다. 긴 돌출편모는 보통 축주체에 의해 약 0.2 μm의 정상적인 직경의 5배까지 두꺼워진다. 이 특성에 의해 유글레나류는 광현미경 아래에서 쉽게 구분된다. 이 편모는 한 열의 털선모(fimbria)나 편모털(mastigoneme, 그림 **45**)을 가지고, 광합성 종류에서 기저부 팽장(부편모체: paraflagellar body)을 보인다. 이 소기관은 색소체 바깥 안점(eyespot)과 상호작용하며 세포의 광반응 기작에 있어 중요한 역할을 한다. 편모낭의 내강(lumen)으로부터 돌출 할 때, 2번째 편모는 보통 뻗치는 편모로 먹이를 잡거나 미끄러지고 기저부에 부착하는데 사용한다.

대부분의 광합성 종류는 헤엄이동하고, 종속영양종은 일반적으로 미끄럼운동을 한다. 세포막은 보통 나선형으로 겹쳐진 줄로 정렬된 내부 단백질 복합체에 의해 측면이 접한다(그림 **262**). 뚜렷하게 미세소관의 관여에 의해 그들은 서로 미끄러지고, 소위 유글레나 운동이나 변형 운동을 한다. 이와 같이 포복운동은 그들의 편모를 다시 흡수할 수 있는 세포나 부착 기저부로 들어갈 수 있거나 또는 부착기저부 위에서 섭식자나 기생자로 사는 세포들에서 특별하게 발견된다. 그러나 어떤 속들은 단단한 껍질이나(*Phacus*), 세포 밖 세포 벽(*Trachelomonas*)을 짓고, 다른 것들은 고착성 자루를 갖는 생물체(*Colacium*)로 산다. 피막아래 점액소체는 피막을 얇은 층으로 덮는 점액질을 분비하거나 포낭 또는 교질기체(palmella stages)를 형성하는데 사용된다. 담수성 무막종에서 편모낭(ampulla)의 내강으로 내용물을 내보내는 수축포가 보인다.

분열간기 동안일지라도 핵은 살아있는 세포에서 농축된 염색체를 보인다. 핵막은 유사분열 동안 변하지 않고 남아있고 분열 중기 동안 염색단체들을 핵내 방추체와 평행하게 배열된다. 번식은 종분열에 의해 일어나고,

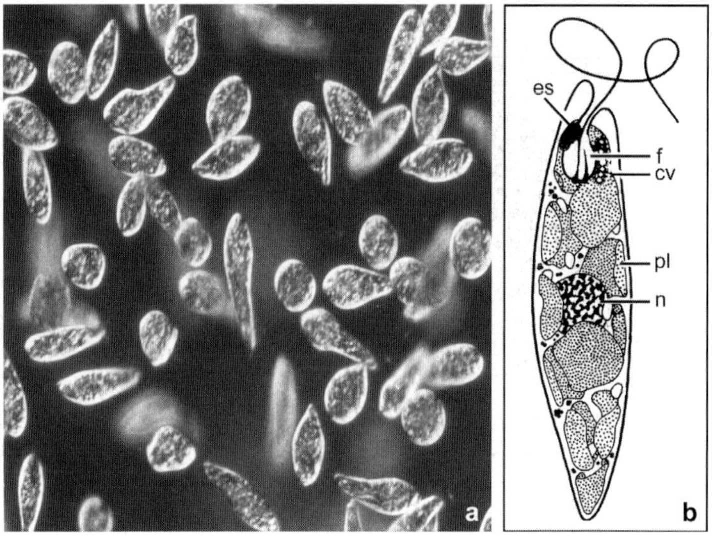

그림 46 유글레나 상강: **a** *Euglena gracilis*의 형태적 변이(변형현상). **b** *E. gracilis*의 구조. cv = 수축포, es = 안점(stigma), f = 편모, n = 핵, pl = 색소체 (b Leedale로부터). 배율: a 300x, b 1,200x.

유성생식 과정은 드물다.

유글레나류 종류의 단지 3분의 1이 색소체를 가지고 있고, 대부분의 광합성 종류는 담수 서식처에 산다. 색소체는 세 겹의 막에 둘러싸이고 소포체나 핵막과 어떤 특별한 관계를 보이지 않는다. 이들은 형태(판형, 리본형), 수(하나에서 수 백개), 크기(2–20 μm)에 있어 다양하다. 다른 색소에 추가하여 엽록소 a와 b를 가지고 있어 녹조류의 엽록체에 비교된다. 이들 색소체는 원시적 환경의 진핵생물체(아마 녹조류)의 잔류물인 것이 확실하다. 지방 외에, 주요 저장 산물은 글루칸(파라마일론, paramylon) 물질로 얇은 막이나 알맹이로 저장되어 원형질 내에 보관된다. 계통 발생 관점으로 보면 유글레나의 두 진핵 생물 사이의 가정된 2차 내생공생은 단지 녹조류의 진화 후에 가능하였을 것으로 본다.

유글레나류의 다른 3분의 2는 예외 없이 부식자 또는 박테리아나 다른 진핵단세포 섭식자로 산다. 어떤 섭식 종은 복잡한 섭취기구를 가지고 있고, 한편 다른 것들은 삼투식에 의해 살아간다. *Peranema*에서처럼 생물의 종속영양방법(1차섭식)은 원시적인 것으로 보인다. 그러나 그들의 진화동안 어떤 점에서 엽록체를 채택한 일부 종들이 (그러므로 광합성을 할 수 있는 능력이 생긴), 색소체의 상실을 통해 동물적인 방법으로 수렴되어(2차 삼투식) 돌아온 지표가 있다. 해당 분류군은 *Astasia*의 일부 종을 포함한다. 녹색 유글레나의 출현은 담수 소생활권과 기수 지역에 한정된다. 유럽에서 상당한 수의 종들이 Neusiedl호수 (오스트리아의 소다 호수)로부터 기록되었다. 광합성 형의 대량 발생이 유기물로 오염된 연못에서 자주 일어난다. 섭식영양 유글레나류는 또한 천해 해양 저서 생활권의 중요한 구성자이다.

예: 광합성 종류 – *Euglena, Eutreptia, Phacus* ; 종속영양식자 – *Anisonema, Astasia, Entosiphon, Peranema*

운동핵편모충상강 Superclass **Kinetoplasta** Honiberg, 1963

약 800종의 운동핵편모충류는 자유 생활을 하는 박테리아식자, 내생공생자 또는 유해 기생충으로 출현한다. 이들 분류군의 이름은 전형적인 특징인 동원질체(kinetoplast)로부터 기인한다(그림 **47**). 이 구조의 복합체는 뚜렷한 세포소기구가 아니라 특별하게 소위 kDNA의 높은 함량을 가진 독특한 미토콘드리아의 조각이다(그림 **48**). 이 부분은 양성 포일겐반응(feulgen)을 보이고, 그러므로 광현미경에 의해 보인다. 동원질체 용어는 전자현미경 전 시기부터 전해온다. 그것은 두 모근체의 가까운 곳에 위치한다. 세포주기동안, 동원질체와 핵 DNA 합성은 동시에 일어난다. kDNA는 미토콘드리아 막과 편모기저부에 물리적으로 연결되는 둥근 DNA 분자 네트워크이다(그림 **49,50**). 하나의 미토콘드리아에

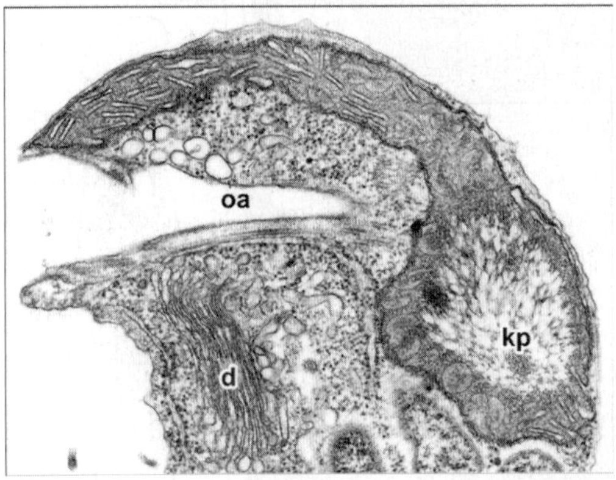

그림 47 운동핵편모충상강, 보도충강: 미토콘드리아 내 동원질체(kp)를 갖는 *Bodo*. d = 딕티오솜, oa = 입기구. 배율: 7,200x.

두 타입의 kDNA환이 있다: 2-3개의 큰 환(동원질체당 25-50개, 각 20-38 kb)과 무수한 작은 환(500-27000개, 각 0.46-2.5 kb). 큰 환은 다른 진핵생물의 미토콘드리아 DNA와 유사한 호흡효소처럼 미토콘드리아 활성화에 필수적인 유전자들을 갖고 있다. 그러나 작은 환은 RNA편집으로 불리는 과정인, 큰 환의 유전자의 결점을 고치는 작은 RNA분자(가이드 RNAs)로 전사된다. RNA 편집은 기생성 트리파노소마 뿐만 아니라 자유생활자에서도 일어난다. 그것은 미토콘드리아 DNA에 해로운 돌연변이의 축적을 허용하는 무산소 해당과정을 연장한, 우연히 무산소에 서식한 보도 편모충에서 진화한 것으로 논의 되어 왔다. RAN 편집은 이들 생물이 산소환경으로 돌아오는데 이점이 있는 것 같다. RNA 편집은 동원질체 같은 다기인 유전체 세포소기구에서 촉진되어 왔다.

단핵체 세포는 두편모를 가지고, 그 중 하나는 흔히 퇴화 되었다. 편모들은 정부홈(편모포, 또는 편모낭)에서 나온다. 보통 양편모는 축주다발에 의해 단단히 유지되고 흔히 점질매체(혈액, 유액)에서 헤엄칠 때 유용한 파동막을 형성한다. 이 일치에도 불구하고, 양편모는 이형편모로 서로 다른 운동을 한다. 자유생활 보도편모충류의 앞 편모는 한 쪽에 편모털(mastigoneme)을 갖고, 후방향 편모는 털이 없고 때로 세포몸에 부착되어 있다(그림 49). 세포내외의 배출과 새로운 막물질의 몸표면으로 흡입은 편모낭에 국한되어 일어난다. 대부분 타원형의 세포 몸체의 외막은 입기구 주변처럼 미세소관 세포골격에 의해 안정되어 있다. 18s RNA subunit의 뉴클레오티드

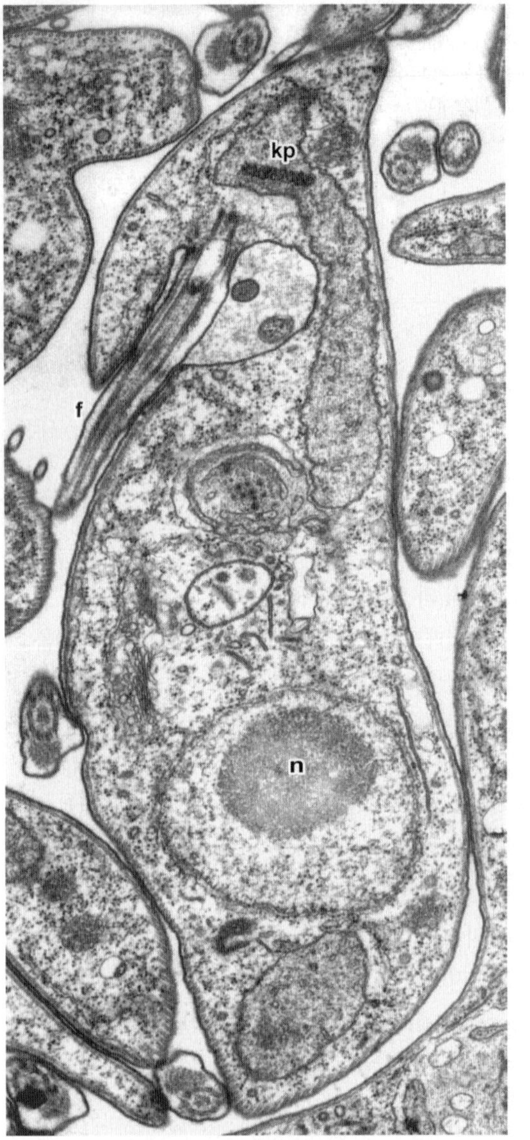

그림 48 운동핵 편모충상강, 파동편모충강: *Trypanosoma brucei*의 혈류 서식기. f = 편모, kp = 동원질체, n = 핵 (글라스고우의 K. Vickerman의 호의에 의해). 배율: 2,000x.

서열과 마찬가지로 시토크롬 b와 c의 아미노산 서열자료는 운동핵편모충류가 그들의 자매 그룹인 유글레나류로부터 10억년 이상 전에 분리되었다는 것을 보여준다.

많은 보도편모충류와 단일 계통의 파동편모충류(*Trypanosoma*)는 헤민(haemin) 같은 필수 영양소를 제공하는 내생공생 박테리아를 가지고 있다. 유성생식과정은 시냅시스 복합체(synaptonemal complexes, 감수분열이 일어남)가 뚜렷하게 드물게 일어나는 것처럼 운

그림 **49** 보도충강: (**a**) 살아있는 *Bodo*와 (**b**) 모식도. Kp = 동원질체 (b Vickerman으로부터). 배율: a 1,000x b 2,200x.

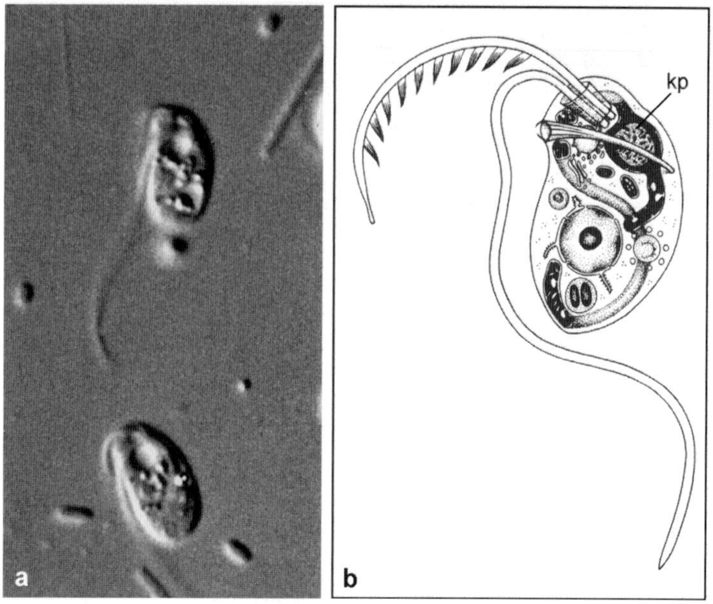

동핵편모충류에서 때때로 일어난다. 그러나 교배는 생활사를 완결시키는데 절대적인 것은 아니다. 핵은 많은 수의 염색체를 가지고 있고, 이들 염색체는 유사분열 후 해체되지 않는다.

보도충강 Class **Bodonea** Hollande, 1952

원시적 이형 편모형은 보도편모충을 특징짓는다(그림 **49**). 보도편모충은 폭 넓게 분포하고, 영양이 풍부한 서식처에서 박테리아 섭식자로서 자주 출현한다. 세포입은 잘 발달되고 섭식영양종류의 부리처럼 발달된 뚜렷한 입 앞 융기 구조로 장착되어 있다. 포낭들은 일부 속들에서 만들어 지기도 한다. 보도편모충류의 동원질체 DNA(kDNA)는 여러 방식으로 분포되어 있다: 기저체에 밀착한 물체(eukinetoplasty: 진정 동원질체)로 또는 몇 개의 동일한 몸체로 분산(polykinetoplasty: 다동원질체)하거나, 또는 분산 물체로 균일하지 않게 분산분포(pankinetoplasty: 판동원질체)를 한다. kDNA의 분포는 특별한 속을 정의하는데 사용된다.

작은 크기에 기인하여, 보도편모충류는 쉽게 간과된다. 그러나 유기물로 오염된 물에 출현하는 일부 종들은 그들의 행동과 형태 특성에 기반하여 쉽게 동정된다. 예로 *Bodo saltans*(춤추고, 튀어오르는 운동)와 *Rhynchomonas nasata*(주둥이 같이 세포확장)을 들 수 있다. 어떤 보도 편모충류는 담수어류의 외부와 내부 기생충으로 조직세포를 먹는다.

예: *Bodo*(자유생활), *Cryptobia*(기생성), *Ichthyobodo* (어류의 체외 기생)

파동편모충강 Class **Trypanosomatidea** Kent, 1880

절대적으로 기생생활을 하는 파동편모충류(trypanosomatids)는 독특한 글리코솜(glycosomes)을 가지고 있는 것이 특징이다(그림 **15d** 보기). 이들은 한 개의 매끈한 편모를 가지고 있으며, 이것은 보도편모충의 편모털(flimmer)을 가진 전편모(anterior flagellum)와 상동기관이라고 할 수 있다. 이것은 자유롭게 흔들어 움직일 수 있거나 혹은 세포표면에 여러 군데 부착점으로 연결되어 파동막(undulating membrane)을 형성하고 있다(그림 **50**). 세포의 모양과 동원질체-모근체-편모홈-복합체(kinetoplast-kinetosomes-flagellar groove-complex)의 상대적인 위치와 형태적인 구성에 따라 여러 가지 변형이 구별될 수 있다(그림 **51**).

이들은 독특한 속(genera)과 함께 생활사에도 독특

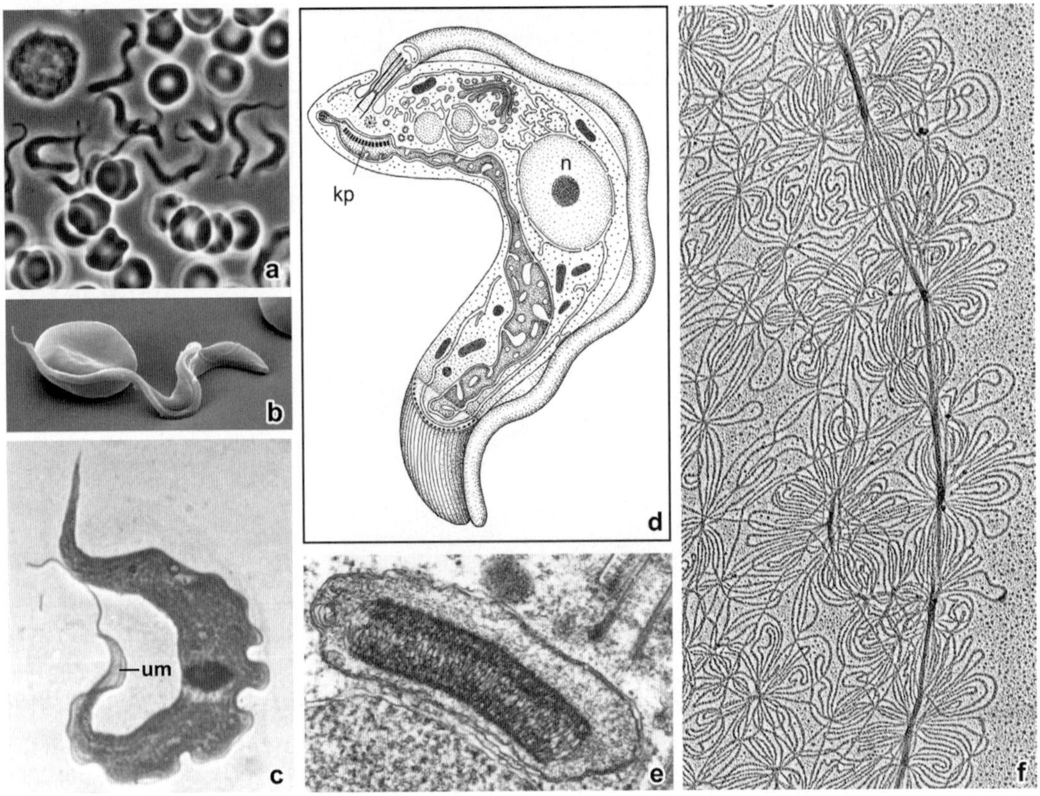

그림 50 파동편모충강(Trypanosomatidea): **a, b** 적혈구 사이에 있는 혈류 브루스파동편모충(*Trypanosoma brucei*) (a 광학현미경; b 주사전자현미경); **c** *T. fallisi*의 전체 모양(whole mount); **d** *T. congolense*의 미세구조 모식도; **e** *Blastocrithidia triatomae*의 동원질체(kinetoplast); **f** *Crithidia fasciculata*의 펼쳐진 동원질체 DNA, kp = 동원질체(kinetoplast), n = 핵, um = 파동막(undulating membrane) (c Martin과 Desser로부터: J. Protozool. 37 [1990]199); b O. Meckes와 N. Ottawa, Reutlingen의 호의에 의해; d Vickerman에 의해; e H. Mehlhorn, Düsseldorf의 호의에 의해; f Pérez-Morga와 Englund에 의해: J. Cell Biol. 123 [1993]1069). 배율: a 800x, b 2,000x, c 3,200x, d 7,200x, e 36,000x, f 85,000x.

한 시기가 있는 것이 특징적이다. 다음과 같은 학술용어 정의가 사용된다:

- kyptomastigote 혹은 amastigote (= *Leishmania* 형): 편모가 세포의 정점에서 자라고 둥근 세포의 편모홈에서 밖으로 돌출되지 않았기 때문에 광학현미경으로 보이지 않는다.
- promastigote (= *Leptomonas* 형): 편모가 날씬한 세포의 전방 끝에서 나온다.
- epimastigote (= *Crithidia* 형): 편모가 날씬한 세포의 중간에서 나온다.
- trypomastigote (= *Trypanosoma* 형): 편모가 날씬한 세포의 후방극에서 나온다.
- opisthomastigote: 편모가 후방 끝에서 나오지만 날씬한 세포의 전방 끝에 있는 긴 편모홈에서 밖으로 돌출된다(emerge).
- choanomastigote: 편모홈의 가장자리가 마치 깃처럼 밖으로 뻗었다.
- sphaeromastigote: 압착된 구형(compressed spherical outline) 모양의 세포로부터 편모가 나온다.

파동편모충류(trypanosomatids)는 구세계(Old World)와 신세계의 열대, 아열대 지방에 널리 분포하고 있다. 이들은 성공적인 기생충들이며 온혈, 냉혈 척추동물, 무척추동물, 원생생물과 식물에 기생하며, 이 중 몇 종은 위험한 기생충이다(표 10). 오직 한 숙주에만 기생하는 단숙주기생형(monogenetic, monoxenic) 외에 여러 숙주에 기생하는 다숙주기생형(heterogenetic, heteroxenic) 종 역시 존재한다 (그림 51, 52). 다숙주기생형 생활사는 계통수(phylogenetic tree)의 다른 가

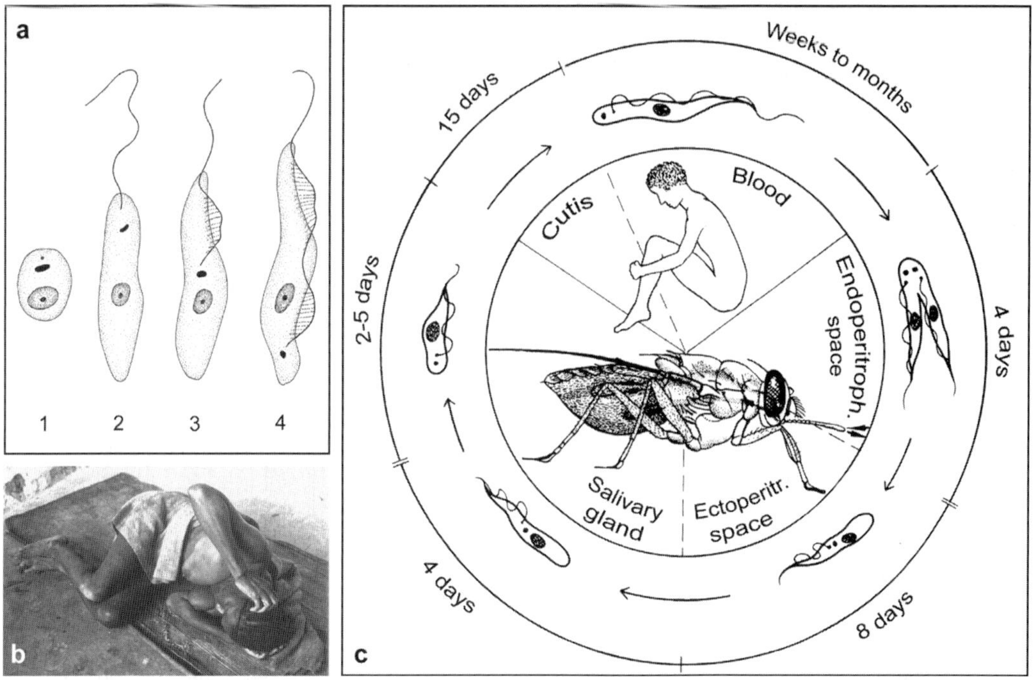

그림 **51** 파동편모충강(Trypanosomatidea): **a** 파동편모충류의 형태의 변화: 1 amastigote (= cryptomastigote, *Leishmania* 형), 2 promastigote (*Leptomonas* 형), 3 epimastigote (*Crithidia* 형), 4 trypomastigote (*Trypanosoma* 형); **b** 아프리카파동편모충증(수면병)으로 고통받는 여성; **c** 아프리카수면병의 병원체인 감비아파동편모충의 생활사 (b Geneva에 위치한 WHO-TDR 형상도서관(Image Library)의 호의에 의해; c Dönges에 의해).

지에 있는 단숙주생활사에서 수차례 더 진화한 것으로 보인다. 몇 가지 흡혈 곤충은 의학과 수의학에서 중요한 종인 파동편모충(*Trypanosoma*)과 리슈만편모충(*Leishmania*)의 전파자와 중간숙주(매개체)로 *Tabanus* [Tabanidae = 말파리], *Glossina* = 체체파리(tsetse fly) [Muscidae = true flies], *Phlebotomus* [Psychodidae = 나비-각다귀], *Triatoma*와 *Rhodnius* [Reduviidae = 반시류])등을 들 수 있으며, 이와 더불어 피를 핥아먹는 흡혈곤충(Desmodontidae)도 포함된다. 이들 매개체 내에서 몇 종(예. 브루스파동편모충, *Trypanosoma brucei*, 그림 **51**)은 특별한 시기를 거치게 된다. 특징적으로 편모삽입형태와 같은 중요한 형태변화라든지 미토콘드리아 크리스타형태(cristae)가 관형태에서 원판형으로 바뀌는 것만이 아니라 대사의 생화학적 통로가 근본적으로 바뀌게 된다. 예를 들어, 포유동물 내에서 길고 날씬한 브루스파동편모충의 증식시기형은 글리코솜이라는 특별한 소기관에서 일어나는 당분해로 에너지를 얻는데 미토콘드리아는 위축되어있고, 크리스타가 없다. 비증식 시기의 짧고 뭉툭한 형태는 길고 날씬한 형태에서 유래하는데, 미토콘드리아는 활성화되어 관형의 크리스타를 보이고 프롤린(proline) 아미노산과 숙신산(succinate)을 에너지원으로 사용한다. 이것은 에너지원으로 오직 프롤린을 사용할 수밖에 없는 체체파리의 중장에서의 생활에 대한 예비적응 단계이다. 여기서 미토콘드리아는 원판형 크리스타를 가지고 있다. 체체파리의 침샘에서 미토콘드리아는 다시 위축된다; 이 후주기(metacyclic) 형은 포유동물의 혈류에 예비적응을 한 것이다.

기생충의 전파와 새 숙주의 감염은 흡혈을 할 때 나온 오염된 타액이나 토해나온 장 내용물에 의하여 이루어진다. 즉, 곤충의 분변과 함께 배출된 부분적으로 피낭화한 형태를 구강으로 섭취하거나, 분변이 피부의 상처에 접촉하거나, 성적 접촉이나, 혹은 의학적인 수혈에 의해 이뤄진다.

전형적인 글리코솜을 제외하고 다른 소기관이 파동편모충이나 리슈만편모충에서 근래 확인된 바 있는데 액시도칼시좀(acidocalcisome)이라고 한다. 이

표 10. 사람과 가축에 중요한 파동편모충(*Trypanosoma*)과 리슈만편모충(*Leishmania*) 종들 (Mehlhorn에 따라)

종	숙주	질병	증상	매개체	지리적 분포
브루스파동편모충 (*T. brucei brucei*)	말, 돼지, 소, 설치류	나가나가축병(Nagana)	비틀거림, 발열, 림프선염, 수막뇌염	*Glossina* (체체파리)	열대 아프리카
감비아파동편모충 (*T. brucei gambiense*)	사람, 원숭이, 개, 돼지, 영양	수면병(경증)	발열, 림프구증식, 수막뇌염, 혼수	*Glossina* (체체파리)	서부와 중앙 아프리카
로데시아파동편모충 (*T. brucei rhodesiense*)	사람, 야생동물, 돼지, 쥐(실험용)	수면병(중증)	기생충혈증, 심근염, 수막뇌염, 혼수	*Glossina* (체체파리)	동부와 중앙 아프리카
T. congolense	소, 가축	소 파동편모충증	발열, 빈혈	*Glossina* (체체파리)	Zaire, Kwazulu
크루스파동편모충 (*T. cruzi*)	사람, 가축, 야생동물	샤가스병(Chagas' disease)	심장비대, 거대식도, 거대결장, 심근염, 뇌염	*Triatoma*와 *Rhodnius*	중남미
T. equinum	말, 소, 물돼지	Mal de Caderas	발열, 빈혈	*Tabanus* (말파리)	중남미
T. equiperdum	말	Dourine	생식기 부종, 빈혈, 신경장애	성적 전파	지중해 연안국가, 인도, 자바, 아프리카
에반스파동편모충 (*T. evansi*)	반추동물, 말, 개	Surra	발열, 부종, 빈혈	*Tabanus*와 *Stomoxys*	인도, 아프리카, 시베리아, 호주, 중미
피하리슈만편모충 (*L. braziliensis*)	사람	Espundia, 피부점막리슈만편모충증	피부궤양, 피부, 상피와 연골의 병변	*Lutzomyia*	브라질, 멕시코, 페루
내장리슈만편모충 (*L. donovani*)	사람, 햄스터(실험용)	Kala Azar, 내장리슈만편모충증	간비대, 비장비대, 백혈구감소증	*Phlebotomus*	아프리카, 아시아, 중동, 남미, 인도
피부리슈만편모충 (*L. tropica*)	사람	oriental sore, 피부리슈만편모충증	피부 궤양, 병변	*Phlebotomus*	중동

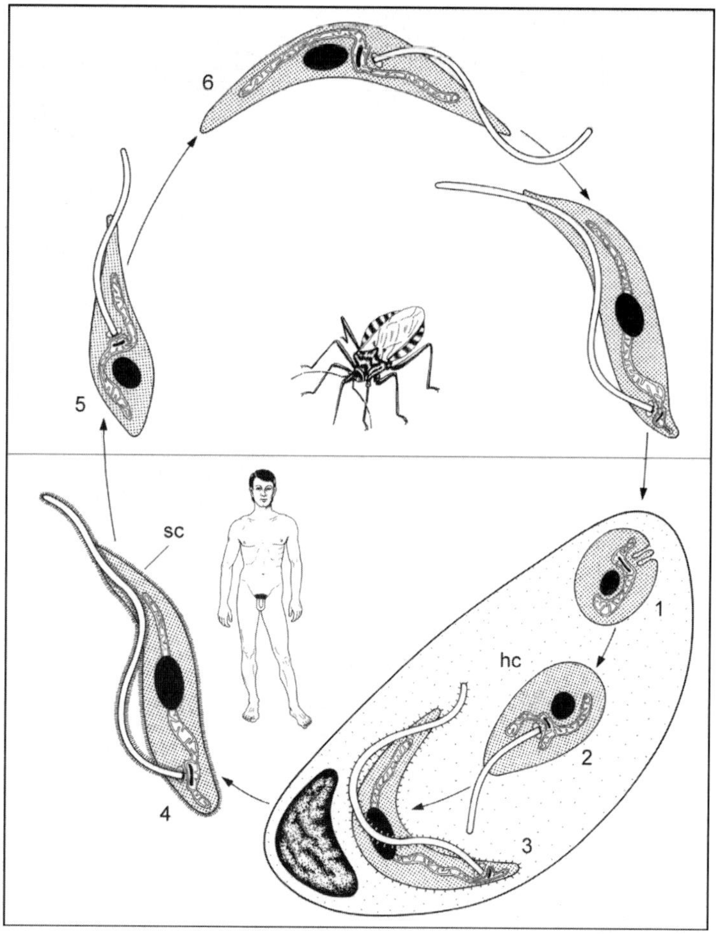

그림 52
파동편모충강(Trypanosomatidea): 남미의 샤가스병의 병원체 크루스파동편모충(*Trypanosoma cruzi*)의 생활사: 1 숙주세포(hc) 내의 amastigote 혹은 cryptomastigote, 2, 3 epimastigote(2)로의 변형과 trypomastigote (3), 4 표면외피(sc)로 둘러싸인 자유로운 혈류시기, 5 침노린재(reduviids)의 장관 내에 epimastigote형으로 변형, 6 직장 내에서 epimastigote의 분열형성, 7 곤충의 직장이나 분변 내에 있는 감염형 trypomastigote 시기 (Mehlhorn에 따라).

소기관은 Ca^{2+}제어와 pH 항상성, 그리고 삼투조절(osmoregulation)에 역시 관여하고 있다. 이는 피로인산(pyrophosphate)을 포함하고 있으며 이것은 에너지원으로 쓰인다. 비슷한 액시도칼시좀이 이들과 무관한 톡소포자충(*Toxoplasma*)이나 폐포자충(*Pneumocystis*)에서도 발견된다.

대부분의 파동편모충의 세포막은 두꺼운(약 15 nm) 당단백질 표면외피에 의하여 둘러싸여 있다. 이 당질피질(glycocalyx)의 화학적 성분과 항원성은 공간만이 아니라 시간적으로도 변하는데 변종(variant) 당단백질의 덮개(cover)는 잘 발달된 면역반응을 가지고 있는 포유류 숙주 내에서만 존재한다 (그림 **52**). 변이는 전체 유전체의 40%까지도 이르는 수백 개(천 개까지도 가능한)의 유전자에 의해서 조절되는데, 이는 성적인 과정을 통해 재조합된다. 이들 유전자 중 몇 가지는 생활사 중 특정한 시점에서 발현이 된다. 그래서 감염된 후 기생충의 첫 번째 세포분열과 같은 시초 단계에서는 상대적으로 동일한 항원형(antigen-homotype)이 존재한다. 이 동일형은 숙주의 면역체계에 의하여 공격을 받게 되는데 이 중 일부는 성공적으로 살아남아 점차 새로운 항원변이형(항원이형, antigen heterotypes)이 생성되게 되고 결과적으로 기생충의 새로운 감염형 집단으로 이끌어져 간다(만성 파동편모충증). 숙주의 항체는 이 집단전체를 제어할 수 없으며, 기생충집단 중 일부에 대하여 부분적인 선택효과를 가지는 정도에 한정된다. 만성 감염은 체체파리가 기생충을 섭식하여 이들을 새로운 숙주에 전달하게 할 가능성을 높인다.

파동편모충의 병원성은 영양물질의 손실에 의한 것이 아니라 독성 대사산물(혈류내 혈액 기생충)에 의하거나 세포와 조직의 손상(세포내 기생충)에 의한다 (그림 **53**). 내장리슈만편모충증(Kala Azar 또는 Black Disease)의 경우 내장리슈만편모충(*Leishmania*

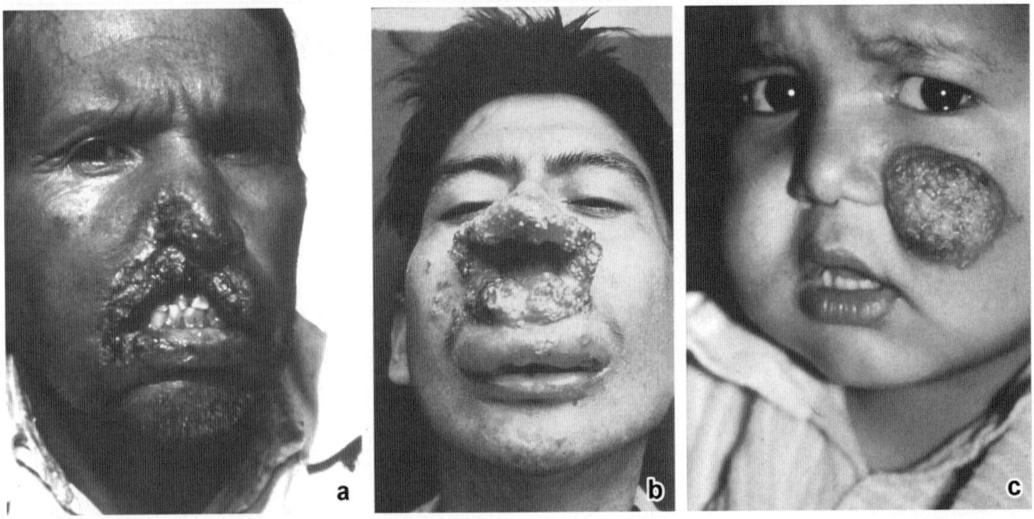

그림 **53** 파동편모충강(Trypanosomatidea): 피부리슈만편모충증의 임상소견: 심각한 얼굴의 병변을 보이는 성인 남자(**a, b**)와 어린이(**c**) (Geneva에 위치한 WHO-TDR 형상도서관의 호의에 의해).

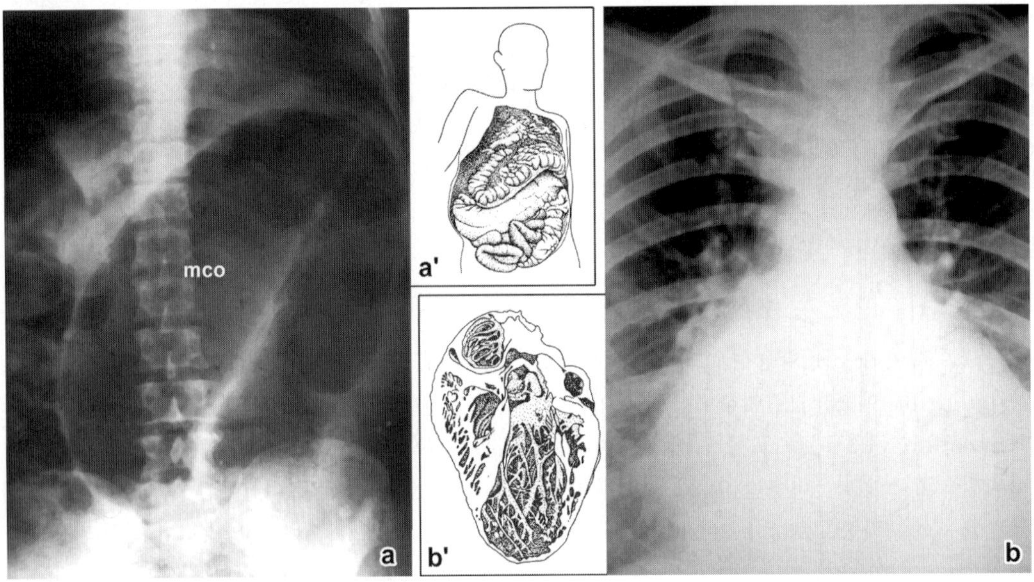

그림 **54** 파동편모충강(Trypanosomatidea): 크루스파동편모충(*Trypanosoma cruzi*)이 유발한 만성 샤가스병의 임상례. **a, a′** 장관의 이상소견(거대결장, megacolon, mco); **b, b′** 심근염 (심근섬유의 섬유증(fibrosis)) (a, b Geneva에 위치한 WHO-TDR 형상도서관의 호의에 의해, 1990, a′, b′ Storch와 Welsch에 의해).

donovani)이 특별히 간, 뇌, 골수의 대식세포를 목표물로 하여 치명적인 빈혈을 일으킨다. 어린이의 내장리슈만편모충증은 소아리슈만편모충(*L. infantum*)에 의하여 일어나며 지중해 연안에서 발생한다. 어떤 병은 만성으로 진행하여 내장기관이 손상된다(샤가스병, Chagas′ disease) (그림 54). *Phytomonas* 속의 몇 종은 식물에 병을 일으킬 수 있는데 식물을 먹는 노린재(Hemiptera)도 공격한다. 이들은 코코낫야자와 커피나무에 피해를 주는 경제적으로 중요한 기생충이다. 파동편모충류(trypanosomatids)에는 약 700 종이 있는데 이 중 500 종은 파동편모충속(genus *Trypanosoma*)에 속한다.

예: 리슈만편모충(*Leishmania*), *Phytomonas*, 파동편모충(*Trypanosoma*)

쌍형편모충상강 Superclass **Diplonemida** Cavalier-Smith, 1993

단지 두 속 *Diplonema*(이명동종 *Isonema*)와 *Rhynchopus*가 이 쌍형편모충류에 속한다. 이들은 담수와 해양환경에서 (플랑크톤, 저서동물, 기타 관련 생물) 발견되고, 섭식, 삼투식으로 생존한다. 그들은 영양기에 미끄럼이나 파행 운동으로 이동한다. 편모는 편모낭에서 나오고, 휘돌지 않는다. 일부 종은 산포시기에만 완전한 편모를 갖는 것도 있다. 두 편모는 같은 길이이고, 축주체는 없다. 가지런한 미토콘드리아는 동원질체가 없다.

예: *Diplonema*, *Rhynchopus*

이형엽상근족충아문 Subphylum **Heterolobosa** Page&Blanton, 1985

과거 육질충류의 일부 종류들이 이 분류군에 속한다. 편모털이 없는 편모가 특징이다. 몇 종류의 아메바와 세포성 점균류가 이 그룹에 포함된다.

분열균강 Class **Schizopyrenidea** Singh, 1952

이 분류군에 약 100종이 포함된다. 이들은 일시적으로 편모가 있고, 그렇지 않으면 아메바형이다. 분열과 먹이 섭취 같은 생활사의 중요한 활동이 편모시기와 아메바시기에 나타나므로, 계통분류학적 그룹을 구분짓는 것이 과거에는 쉽지 않았다. 이 그룹은 현재 진화적으로 무유자균강(Acrasea)에 관계 된 것으로 보인다. 양 그룹에 공통인 부정형적 자가 특성은 위족 팽창의 분출하는 형태와 편모와 포낭을 만드는 것이다. *Tetramitus* 같은 일부 속에서 편모기 동안 특별한 입 구멍이 뚜렷한 편모류 특성과 함께 독립적인 그룹을 판정하는 근거를 제공한다.

분열균류는 보통 토양에서 출현하고, 해양과 담수퇴적층에서도 나온다. 그들은 단족상이고 단지 하나의 핵을 가지고 있다(그림 **55**). 둘 또는 4개의 매끄러운 편모의 형성은 온도가 낮아지거나 전해질이 없어지는 등의 주위 매체에 갑작스런 변화 후 2-3분 내 일어난다. 건조조건과 먹이 결핍하에서 보호 포낭이 형성된다.

박테리아 포식자와 *Vahlkampfia*나 *Tetrarmitus* 같은 무해한 내생체 외에, 임의적인 병원성 형체가, 특히 *Naegleria* (자유아메바속)에 존재한다. 잠재적 유해종(*Naegleria fowleri*, *N. australiensis*)이 호온성이고, 인공적이거나 자연적이거나 따뜻한 담수를 좋아한다. 그들의 적정온도는 약 40도(표 **19**), 오염된 물에서 수영하는 동안 사람의 코상피 조직과 후각 시스템을 통하여 감염되어 뇌로 간다. 대량 발생은 2-3일 내에 치명적일 수 있다(원발성아메바수막뇌염: PAME).

분자생물학적 자료에 의하면 *Naegleria* 속에 속하는 종들은 후생동물 대표종 차이보다 큰 종간 유전자 차이를 보인다. 종들 사이에 형태적인 차이가 없는 불확실한 경우가 자주 있다. 종들은 면역 세포화학적 변수들에 의해 특히 분화될 수 있다.

예: *Naegleria*(두편모), *Tetramitus*(4편모), *Vahlkampfia*(편모관찰이 안됨), *Willaertia*

무유주자균강 Class **Acrasea** Blanton, 1990

이 강의 대표적인 종들은 위 변형체(pseudo-plasmodia)로부터 발생한 자실체(sorocarps)를 갖는다(그림 **56**). 무유주자균강의 점액아메바(myxamoebae)는 분열균류의 특성과 같은 특성을 보인다: 엽상위족의 폭발적인 형태와 생활사의 유사한시기(예: 편모기의 형성)를 갖는다.

예: *Acrasis*, *Pocheina*

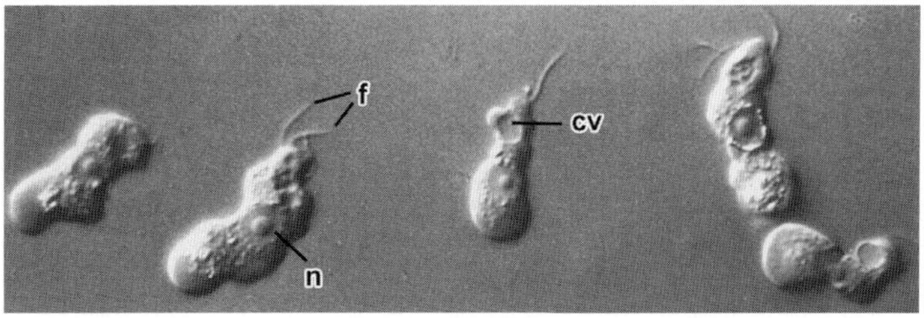

그림 **55** 이형엽상근족충아문, 분열균강: *Naegleria*의 편모기. cv = 수축포, f = 편모, n = 핵. 배율: 1,000x

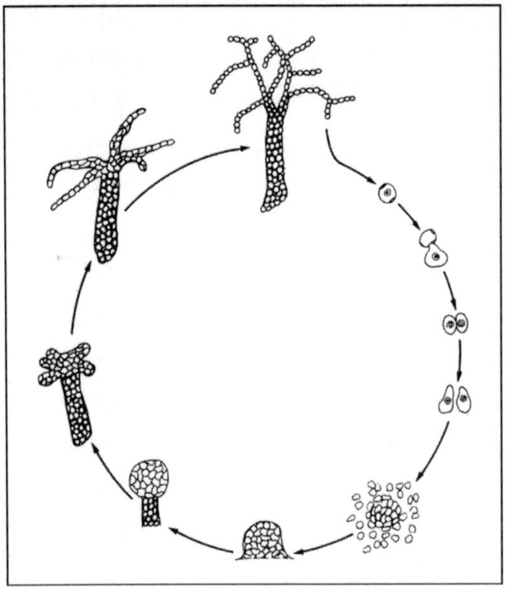

그림 56 무자루균강: *Acrasis rosea*의 생활주기 (Olive등으로부터: J. Protozool. 8 [1961] 467)

6.3 반편모충문 Phylum **Hemimastigophora** Foissner et al., 1988

이 분류군에는 단지 20종만 알려져 있다. 길이는 10–60 µm이며 연충형부터 난형의 무색생물로 다소 뚜렷한 홈에 약간 나선형의 두 편모열이 있다(그림 **57a**). 각 기저체는 막낭, 두 미세소관 리본, 바구니모양을 형성하는 9개의 사상체 팔 등과 연관되어 있다(그림 **57b**). 병 모양의 복합 방출체가 출현한다. 표피 요소의 배열은 유글레나에서 발견되는 상황과 유사하다. 세포 구조에 대각선 대칭이 횡단면에서 뚜렷하다(그림 **57c**). 일부 유글레나에서 전형적인 대사이동이 한 종류의 반 편모충 종류에서 보고되었다. 이와 반대로 모근체의 뿌리구조는 오팔충류의 흔적을 보여주고, 어떤 다른 특징들은 그들이 진화 과정동안 원반크리스타문에서 일찍이 갈라져 나왔음을 보여준다.

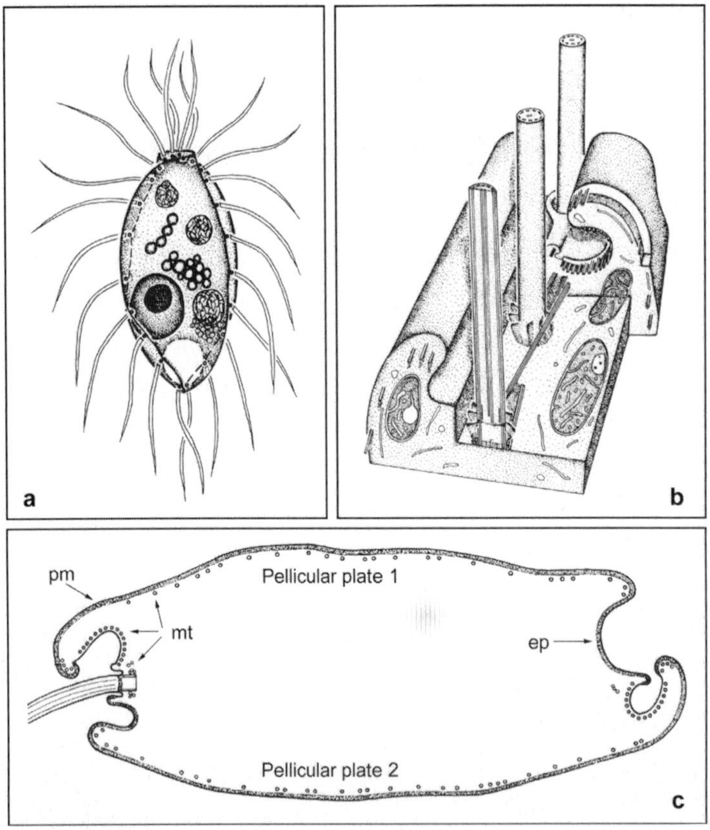

그림 **57** 반편모충문: **a** *Hemimastix amphikineta*; **b** *H. amphikineta*의 가운데 부분의 피막과 피막화 세포소기관의 3차원 구조; **c** 유글레나류의 전체 피층 구조를 닮은 *H. amphikineta*의 횡단면 모식도. ep = 표층세포질, mt = 미세소관, pm = 피막 (Foissner등으로 부터: Europ. J. Protistol. 23 [1998] 361). 배율: a 2,200x

예: *Hemimastix, Paramastix, Spironeme, Stereonema*

6.4 위섬모충문 Phylum **Pseudociliata** Corliss & Lipscomp, 1985

이 분류군은 *Stephanopogon* 한 속에 속하는 단 4종에 해당한다. 피상적인 형태적 유사성 때문에, 오랫동안 섬모충으로 인식되어 왔고, 두 종의 핵이 없기 때문에 가장 원시적인 섬모충류(Primociliata, 원시섬모충류)로 고려되어왔다. 그러나 전자현미경적 자료에 의해, 새로운 계통분류학적 위치가 뚜렷하게 되었다. 섬모충의 가장 특징적인 표시인 피막포(alveoli)와 섬모내 구조가 *Stephanopogon apogon*에서는 발견되지 않았다. 단지 입기구의 위치와 편모형성 양상이 전모섬모충류(holotrich ciliates)의 것과 닮았다. 그러나 표피층 구조가 세로로 무수히 배열한 미세소관을 동반하는 점에서 운동핵편모충류와 유글레나류의 표피층과 매우 밀접한 모양을 보였다. 무편모털의 매끄러운 편모가 방사상으로 배열된 미세소관에 의해 지지되면서 세포표면의 깔때기형 홈에서 나온다 (그림 **58c**). 동일한(동형핵) 핵수가 2–16개이다. 세포 분열은 포낭안에서 일어난다. 유성생식은 안 알려져 있다.

위섬모충류는 작은 크기(20–50μm)로 해양 저서 환경 깊이 약 100m까지 산다. 그들은 규조류와 다른 편모충류들, 박테리아를 먹는다.

예: 단 하나 속 – *Stephanopogon*

6.5 색소문 Phylum **Chromista** Cavalier-Smith, 1987

이 문은 고도로 다양한 생물들을 포함한다. 모두 말단에 삼분된 편모털, 또는 다른 골지체 또는 소포체 유래 물질 등의 공유유래형질과 이형 편모충의 원시 형태가 결합된 형태이다. 근본적으로 그들의 대표 생물들은 종속영양 포식자 들이다. 그러나 현생형의 대부분은(추정적으로 공생홍조류나 다른 광합성 진핵생물의 섭식 후에) 광합성으로 활성화 된 생물 또는 유색성 색을 띄는 생물로 살아간다. 고도로 진화된 진핵체 내생공생자의 출현에 의해, 색소를 띤 종들이 계통 발생적으로 보다 최근에 진화되었다(그림 **31**). 세 아문 사이의 관계가 주로 관형 크리스타(tubular cristae의 출현에 기초되었으나 그들은 현재까지 아직 의문이 남아 있다.

후각편모아문 Subphylum **Prymnesiomonada** Hibberd, 1976 (Haptomonada, Haptophyta)

이 단일계통 분류군은 (전에 소위 착편모문 또는 착편모류로 불리었음) 계통분류나, 고생물학, 또는 생태학적 관점에서 매우 중요하다. 현재 약 500 여종이 알려져 왔다. 단핵체의 세포들이 정단극에 두 개의(때로 4) 부분적으로 이형편모 또는 부분적으로 동형편모를 가지고 있고, 대부분 (세포표면의 나머지에) 섬유질 또는 석회질 비늘(Coccolith)을 가지고 있다 (그림 **59**). 종 특이 비늘

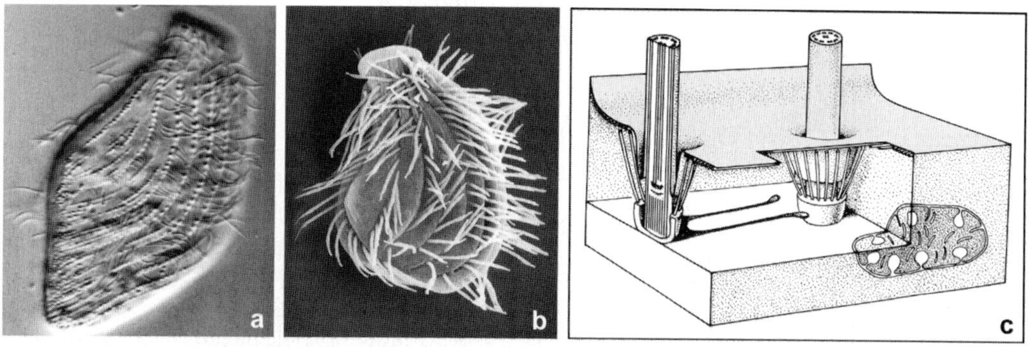

그림 58　위섬모문: *Stephanopogon*의 광현미경사진(**a**)과 주사전자현미경사진(**b**), 표피구조의 모식도(**c**) (a D. J. Patterson의 호의에 의해; b Tübingen의 C. F. Bardele의 호의에 의해, c Lipscomb과 Corliss로부터). 배율: a와 b 800x, c 8,000x

들은 소포체내에서 만들어진다. 편모털들은 보이지 않는다. 세번째 실모양의 편모구조, 착편모(haptonema)가 두 동형편모 사이에 삽입되어 있다 (그림 **60**). 그것은 부착, 이동, 먹이섭취를 위한 장치로 다른 편모와 미세구조가 완전히 다른 조성을 보인다. 그것은 절단면에서 소포체 막의 자루모양(cisternae)에 의해 둘러싸여진 6–8개의 미세소관으로 된 하나의 다발로 나타난다. 착편모는 천천히 이동하거나 빠른 스크류 모양의 사리를 튼다. 그것의 기능적 의미는 늘 명확하지는 않다. 어떤 종은 그것을 기저부에 세포를 고정하는데 사용하고, 또는 표면에서 미끄러지는데 쓰며, 먹이를 섭취하는데 사용한다(그림 **277**). 어떤 종에서 착편모가 편모들보다 길이가 약 100 μm까지 더 길다. 그러나 다른 종에서는 짤려진, 짧아진 다소 완전히 감소된 모양을 한다.

황갈색 편모류 같은 다른 편모류에서 발견되는 것처럼, 착편모류의 색소체는 소포체 자루에 의해 둘러싸여져 있다. 환상 라멜라(girdle lamella)가 없다. 색소체는 엽록소 a와 c, 황색과 갈색을 나타내는 갈조소(fucoxanthin)와 규조소(diatoxanthin)의 보조색소를 포함한다. 다당류 파라밀론(paramylon)과 크리솔라미나린(chrysolaminarin)을 저장 물질로 보관한다: 그들은 색소체의 바깥에 저장포로 모아진다. 두 세 종류들이 무색이고 섭식 영향을 한다. 어떤 종은 대량 발생 할 수 있다. 봄과 여름에 영불 해협과 북해에 *Phaeocystis*가 매

그림 **59** 색소문, 후각편모아문: *Coccolithus pelagicus*의 세포표면을 둘러싼 규산질 비늘(Melbourne의 K. Callaghan의 호의에 의해). 배율: 4,300x

우 흔하게 나타난다. 이들은 어류에 유해하거나 독성이 있는 끈적끈적한 거품 폐기물을만들어 낸다(그림 **353**). 추가하여, *Chrysochromulina*는 북해연안의 덴마크와 독일 해안에서 1988년 초여름 동안 일어났던 것처럼 어류와 이매패, 물개류에 치명적 질병을 일으킨다. 외독소와 끈적끈적한 물질이 병리적 영향을 일으킨다. 그러나 해양에서 미소플랑크톤으로 대량 출현하는 석회비늘편모류(Coccolithophorids)는 탄소의 고정과, 적어도 쥬

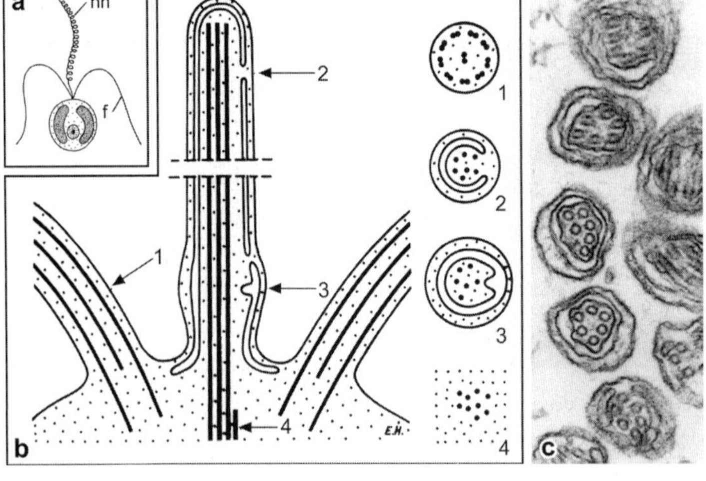

그림 **60** 후각편모아문: **a** 두편모(f)사이에 꼬인 착편모(hn)가 있는 세포의 윤곽. **b** 정단부 모식도: 9×2+2 배열로 된 편모 횡단면(1); 불규칙적으로 배열된 미세소관과 er-cisternae를 갖는 착편모의 횡단면(2-4). **c** 꼬인 착편모의 횡단면과 사선면 (a와 b 여러저자들로부터, c Copenhagen의 Ø. Moestrup의 호의에 의해). 배율: 65,300x

라기 이래 퇴적물 형성에 중요한 역할을 하여 왔다.

주요 분류 그룹은 착편모의 출현과 길이, 편모의 동형성, 이형성, 비늘의 조성 등에 기초하여 서로 구분할 수 있다. 그들이 자연적 집단을 대표하지 않을 가능성이 있다.

예: *Emiliana*, *Pleurochrysis*(동형편모, 착편모가 퇴화 또는 없음), *Coccolithus*, *Umbellosphaera*(석회비늘, 착편모가 부분적으로 출현), *Chrysochromulina*, *Prymnesium*(착편모가 있는 동형편모), *Diacronema*, *Pavlova*(이형편모, 퇴화 된 착편모)

은편모아문 Subphylum **Cryptomonada** Senn, 1900

은편모류는 길이와 구조 조성이 서로 다른 두 편모를 가지고 있다. 긴 편모는 두 열의 털을 가지고 있다. 각각의 털은 1.5 μm 길이로 끝이 한 가닥이다. 짧은 편모는 단 한 열의 털을 가지고 각 털은 끝이 두 가닥이다(그림 **61**). 양 편모는 세포 꼭대기 측면에 위치한 세포 몸체의 함입부(vestibulum)에서 나온다. 단핵체의 세포는 비교적 뚜렷한 형태를 갖고, 함입부의 개구 쪽으로 비스듬하게 납짝하여 다소 난형 또는 콩 모양을 하고 있다. 세포 몸체의 단단함은 유기 단백질이 포함된 판(periplast, 주변세포질)으로 된 거의 빽빽한 층으로부터 생긴다. 주변 세포질은 내외 세포질의 세포막을 동반하고, 세포 표면은 육각형 또는 정사각형 겉면을 이룬다. 두 종류의 유사한 사출체가 출현한다. 주변 세포질판의 모서리에 작은 종류

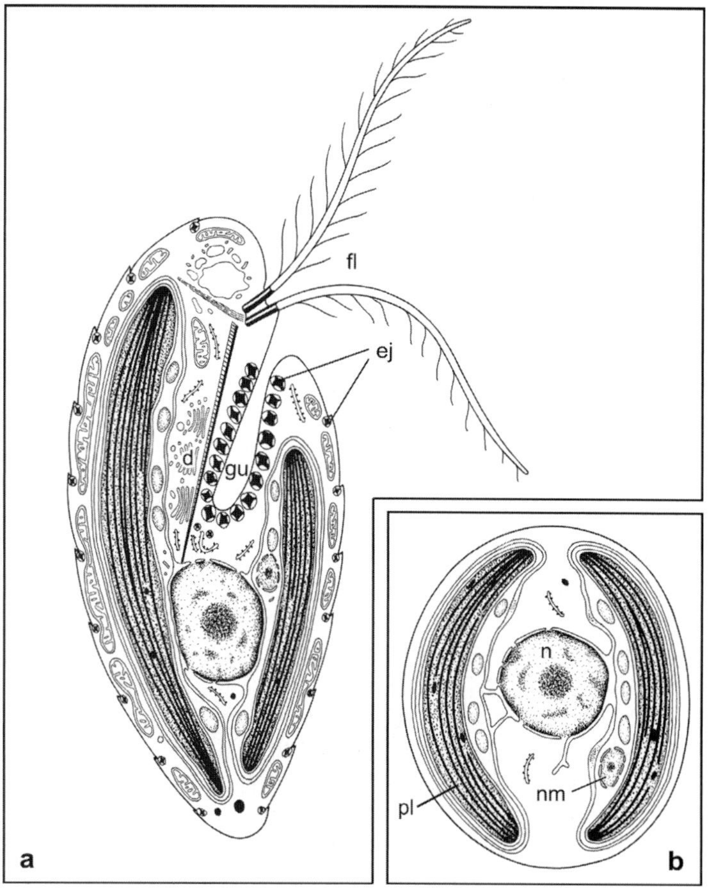

그림 **61** 색소문, 은편모아문: 핵소체(nm)와 색소체(pl)사이의 공간관계를 보여주는 *Cryptomonas ovata*의 종단면(**a**)과 횡단면(**b**). d = 딕티오솜, ej = 사출체, fl = 편모털이 있는 편모, n = 핵, gu = 세포식도 또는 함입부 (여러 저자들로부터 인용). 배율: 5,500x

가 보이고, 큰 종류는 함입부의 가장자리에 보인다. 담수종은 함입부의 내강으로 열리는 수축포(그림 **242**)를 갖는다.

은편모류의 색소체는 엽록소a와 c, 보조색소(carotenoids, alloxanthin, phycoerythrin, phycocyanin)를 포함한다. 이들의 상대적인 양은 종에 따라 다르다. 이것으로 세포의 색이 올리브-녹 색부터 황-적, 심지어는 청색까지 나타난다. 색소체의 분해로 무색소 형이 나타나고, 이것은 종속영향 형이다. 녹조류나 색소단백류(Biliphyta)의 엽록체와 대조적으로 색소

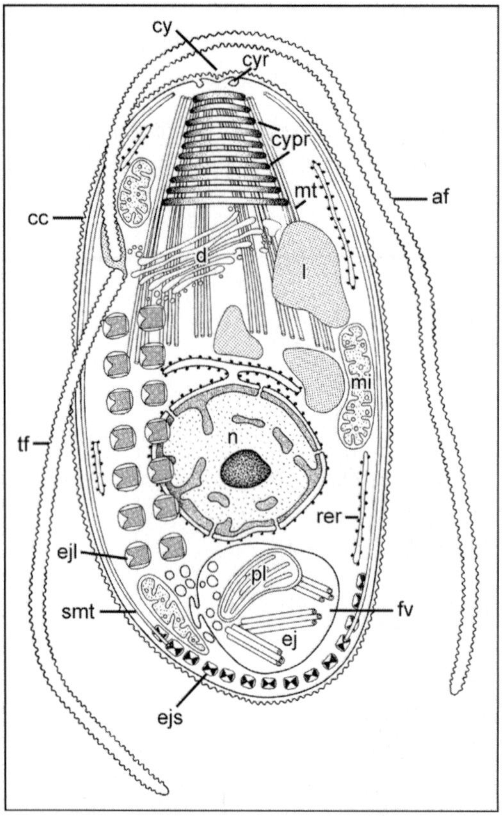

그림 **62** 은편모아문: 전자현미경적 미세구조를 포함한 *Katablepharis remigera*의 일반화된 세포 모식도. 앞편모(af)와 후향편모(ts)의 두편모를 가진 *Katablepharis*: 피막하 미세소관(smt)에 의해 지지되는 특별한 세포 덮개(cc)를 가진 원형질막. 내부미세소관 배열(mt)에 측면이 지지되는 세포인두환(cypr)과 세포입링(cyr)을 갖는 앞쪽세포입(cy). d = 딕티오좀, ej = 대형사출체, ejs = 소형사출체, fv = 소화된 색소체(pl)와 세출체(ej)를 갖는 식포, l = 지방알맹이, mi = 미토콘드리아, n = 핵, rer = 조면소포체 (Clay와 Kugrens로부터). 배율: 8,500x

체가 세포내에서 움직이지 않고, 피레노이드나 액포, 핵소체(nucleomorph) 같은 다른 세포소기구와 연관되어 있다. 이들 세포 소기구들은 소위 색소체 소포막에 의해 이중막으로 둘러싸여 4개의 막에 의해 함께 싸여있다(그림 **61**). 이 복합체는 두막으로 된 엽록체, 엽록체 바깥의 피레노이드, 액포, 핵소체 등으로 구성되었고, 바깥 제3막은 퇴화된 진핵 내생 공생자의 흔적이다. 핵소체(그림 **19**)는 전에 형성된 자가 이형핵으로 설명되고, 세번째 막은 전에 형성된 자가이형 홍조류의 세포막으로 여겨진다. 4번째 가장 바깥 막은 숙주세포의 소포체 막(vacuole membrane)으로 보인다. *Guillardia theta*의 4 유전체의 최근 분석 후에 세 개의 작은 염색체가 핵소체의 작은 유전체에 총 551,264 DNA bp 정도를 기여 했다는 것이 명확해졌다. 숙주의 핵 유전체는 350×109bp, 색소체의 유전체는 121,000bp, 숙주세포의 미토콘드리아 유전체는 48,000bp이다.

은편모류는 의미 있는 형태적, 생태적 색소체를 보여준다. 여러 종들이 일차적으로 종속영양적이고 매우 포식성인 종들로 출현한다. 그림 **62**에서 보여주는 복잡한 섭식기구는 섭식생활에 내재적으로 적응한 예이다.

예: *Chilomonas, Cryptomonas, Cyathomonas, Guillardia, Katablepharis, Pyrenomonas, Rhodomonas*

이형편모아문 Subphylum **Heterokonta** Luther, 1899

이 분류군에 포함되는 주요 그룹들은 극도로 분화된 진화 경향을 반영한다. 한편에서는 갈조류나 규조류 같은 전형적인 식물형이 있고, 다른 한편 에서는 하등의 균 같은 생물과 전통적인 동물행동과 영양방식을 보이는 근족충류 형태가 여기에서 발견된다. 편모로 구성된 단세포 생물과 혹은 고등하게 진화된 형태의 유주자나 배우자의 미세구조의 균일성을 고려하면 매우 다른 형태 사이의 유사성이 명확해 진다.

여기에 포함된 종류들의 비 색소성 중요한 특성은 다음과 같다.

- 운동 단세포나 발생기의 형태는 좌우 대칭 구조
- 전이 부분에서 때때로 나선체가 보이지 않고(그림 **249e**), 돌출된 편모에서 편모털이 세 부분으로 갈라진(그림 **254d**) 편모구조와 (만약 출현한다면) 편모의 해당 기저부가 팽창된 편모구조
- 골지체에서 편모털의 형성
- 소포체 경계의 색소체(er-bound plastids)
- 핵, 골지체, 편모뿌리 사이에 유사한 공간관계

개별 강들 중에서 단세포성 편모종들만 설명한다. 갈조류는 예외 없이 다세포성이기 때문에 독자들에게 관련 식물교과서를 참고하길 부탁드린다. 단세포성 이형편모류 안에서 세포막을 통하여 축주미세소관과 통하는 세포 밖의 세가닥 편모털(stramenopiles)이 있는 생물이 있다(그림 **254d**). 앞쪽 편모에서 편모털은 축사의 반대편 두 쌍 미세소관(microtuble-doublets)과 연결되고 두 열로 모인다. 편모털은 소포체나 골지체의 자루(cisternae)에서 형성되어 세포 외로 배출 후에 세포막을 따라 편모로 이동된다.

그들은 이형편모류의 부정형적 자가특성의 하나로 간주되며 Stramenopiles이란 이름은 이런 원생생물에 붙여진다. 다른 공통 특성은 소위 전이헬릭스(나선체)가 모근체와 편모축 사이의 전이지대에 단백질 복합체로 나타나는 것이다(그림 **249e**).

진화 방향의 출발점은 편모에 위치하지 않고 세포 몸의 뒷부분에 위치하는 Stramenopiles을 가진 편모류에 의해 뚜렷하게 나타난다. 그러한 부분은 체세포 털(somatonemes)로 표시되고 공유유래형질로 여긴다. 현존 원편모류에 유사한, 다른 종속영양 또는 광합성 분류군이 그러한 그룹에서 나올 수 있다.

원편모강 Class **Proteromonadea** Grassé, 1952

이 분류군은 단지 두 속을 포함한다. 하나 또는 두 쌍의 이형편모와 서로 다른 운동을 하는 편모들이 특징이다. 10–30 μm 길이의 단핵세포로 몸의 앞 끝에서 편모가 나온다. *Proteromonas*의 긴 앞 편모의 두툼한 기저부는 축사외에 느슨하게 연결된 미세섬유의 다발을 포함하고 특별한 간극연결 복합체에 의해 뒤쪽 편모의 해당 부위와 연결된다. 편모털은 없으나 모근체는 황갈색 편모류에서처럼 편모축의 전이 부분에 전이헬릭스(transitional helix)를 보인다. 그들은 사상체와 미세소관으로 만들어진 끈모양의 근형질(rhizoplast)을 통하여 하나의 미토콘드리아 표면과 연결된다. 세포의 앞 부분을 통하여 근형질은 원형의 딕티오솜과 핵을 통과한다. 세포골격의 다른 구성은 세포표면을 단순하게 또는 열을 지어 지지하는 미세소관으로 피막의 전형적인 종단 또는 사선 모양의 줄무늬를 만든다. *Proteromonas*의 세포 몸체의 뒷부분도 이미 체섬모에서 언급했던 털모양의 부속 부분을 갖는다(그림 **63**). 이들 구조들은 황갈색 편모류의 편모털과 상동이다; 그들은 또한 골지체에서 만들어지며, 황갈색 편모류의 편모와 같은 방법으로 아래 피막의 미세소관과 연결된다. 미세소관의 열 들로 만들어진 피막 세포골격의 뚜렷한 양상도 원시적인 특성으로 황갈색 편모류와 같은 보다 고등하게 진화된 분류군에서는 흔하지 않다.

원편모류들은 널리 분포하고 양서류, 파충류, 포유류 등의 내장에 내생자로 산다. 새로운 숙주로 이동은 배설물로 배출된 포낭으로 이루어진다. 병원충은 알려지지 않았다.

예: *Karotomorpha, Proteromonas*

오팔충강 Class **Opalinea** Wenyon, 1926

전자현미경이 개발되기 전 단지 4속에 속하는 약 400종의 이 분류군은 모두 섬모충으로 분류되었었다. 그러나 오팔충강에서 두 종류의 핵과 피막포(alveoli), 섬모내 구조가 없는 것이 섬모충과 구분된다. 표피층 구조의 어떤 유사성은 원편모충류에 밀접한 관계가 있음을 보여준다.

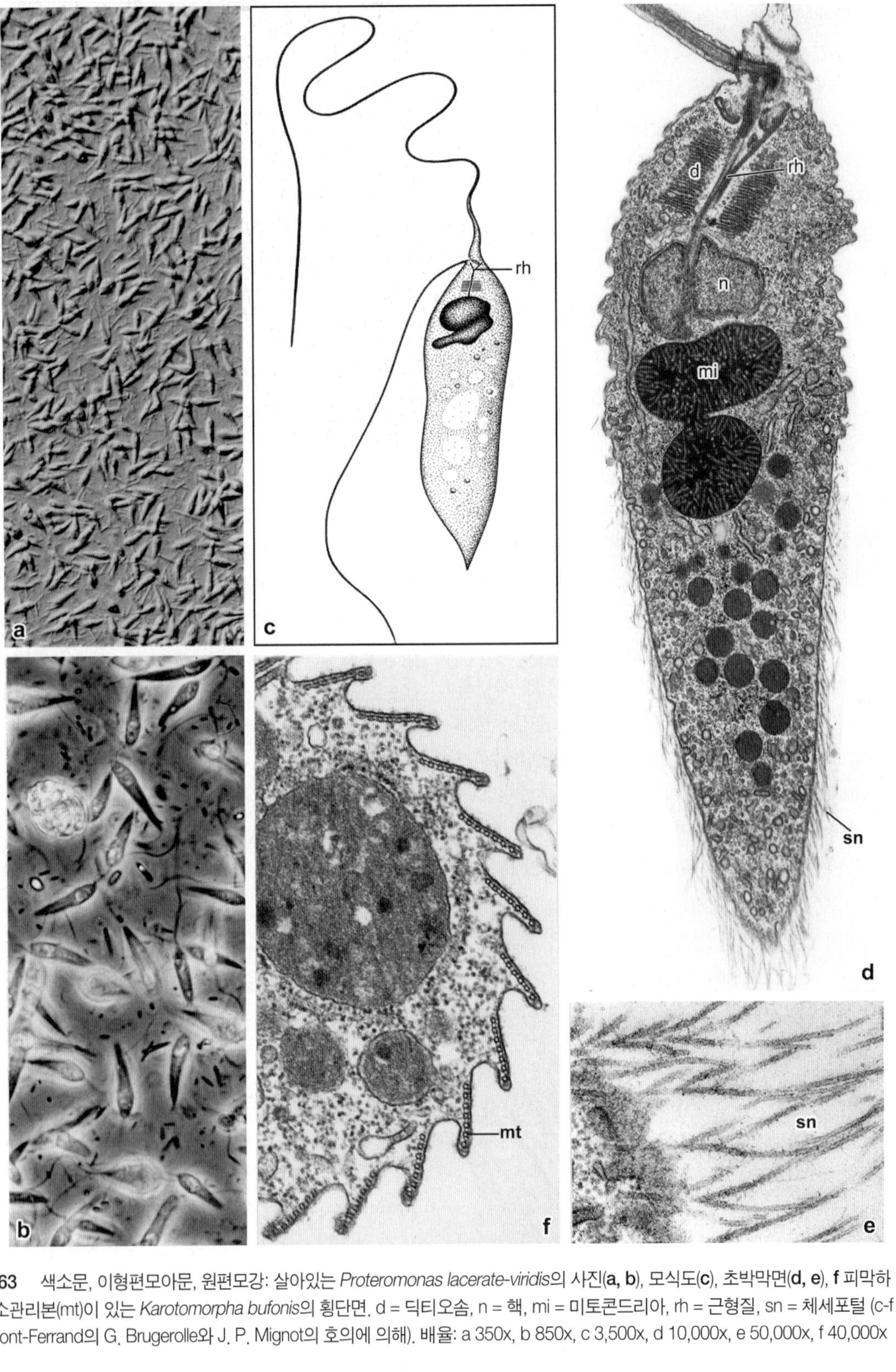

그림 63 색소문, 이형편모아문, 원편모강: 살아있는 *Proteromonas lacerate-viridis*의 사진(**a, b**), 모식도(**c**), 초박막면(**d, e**), **f** 피막하 미세소관리본(mt)이 있는 *Karotomorpha bufonis*의 횡단면. d = 딕티오솜, n = 핵, mi = 미토콘드리아, rh = 근형질, sn = 체세포털 (c-f Clemont-Ferrand의 G. Brugerolle와 J. P. Mignot의 호의에 의해). 배율: a 350x, b 850x, c 3,500x, d 10,000x, e 50,000x, f 40,000x

다핵체의 흔히 납작하고 큰(때로 3mm에 이름) 세포는 수천개의 비교적 짧은 섬모 같은 편모로 뒤덮여 있다. 그들은 밀집배열(kineties, 모근체열)되어 있고, 규칙적인 파형 운동을 한다: 편모들의 형태와 이동이 섬모충의 것과 다소 비슷하다(그림 **64**). 그러나 모근체열이 나선으로 배열되고 보통 앞쪽 끝에서 일군의 편모열(falx)로 부터 나온다. 개별 편모열 사이의 세포 표면에서 일종의 주름돌기가 생기고, 이들 주름돌기는 무수히 많은 미세소관에 의해 지지된다. 입자성 먹이 섭취를 위한 세포인두와 다른기구가 없다: 영양물[illegible]포표면 전체를 통하여 음작용에 의해 흡수된[illegible]은 편모열 사이(interkinetal)에서 일어나[illegible]편모열이 꼭 같이 양분된다. 기하학적 복잡함이 나타나지만, 세포분열은 좌우대칭으로 종단 분열한다. 이것은 모근체열에 수직으로 일어나는 섬모충문의 세포분열과는 다른 양상이다.

오팔충강의 다른 전형적인 특징은 그들이 예외 없이 냉혈성 척추동물, 대부분 개구리, 때로 도롱뇽과 어류, 드물게 파충류등에서 출현한다. 그들은 내장의 꼬리 부분에 내생공생자로 비기생충으로 산다. 포낭기에 숙주사이 이동을 한다.

오팔충류의 생활사는 비교적 복잡하다(그림 **64b**). 영양형은 거의 지속적으로 성체 숙주에서 발견된다. 개구리의 짝짓기 시기에 오팔충류는 세포성장 없이 빠르게 연속 종단 또 사선으로 세포분열에 의해 증식한다. 그 결과 작은 개체들이 단지 소수 핵과 잔여 모근체열을 갖는다. 이 빠른 증식은 숙주의 호르몬에 의해 유도되고 조절되는 것으로 언급되고 있다.

오팔충의 미세형(단지 3-6개 핵)은 포낭을 형성해 배변과 함께 배설된다. 포낭은 수주일간 담수에서 생존하고, 올챙이에 의해 섭취 되었을 때 유주자를 배출한다. 장에서 가늘고 긴 미세 배우자체와 큰 대형 배우자체가 감수분열후 결합하여 몇번의 분열동안 분화된다. 유성 결합 후, 배수체의 접합체는 포낭을 형성하고 배설동안 내장관을 나온다. 올챙이나 성체숙주의 뒤이은 내장통과시 배우자의 새로운 세대의 발생이나 큰 영양형으로의 형태적 성숙이 일어난다. 거기에서 포낭 세대의 무성

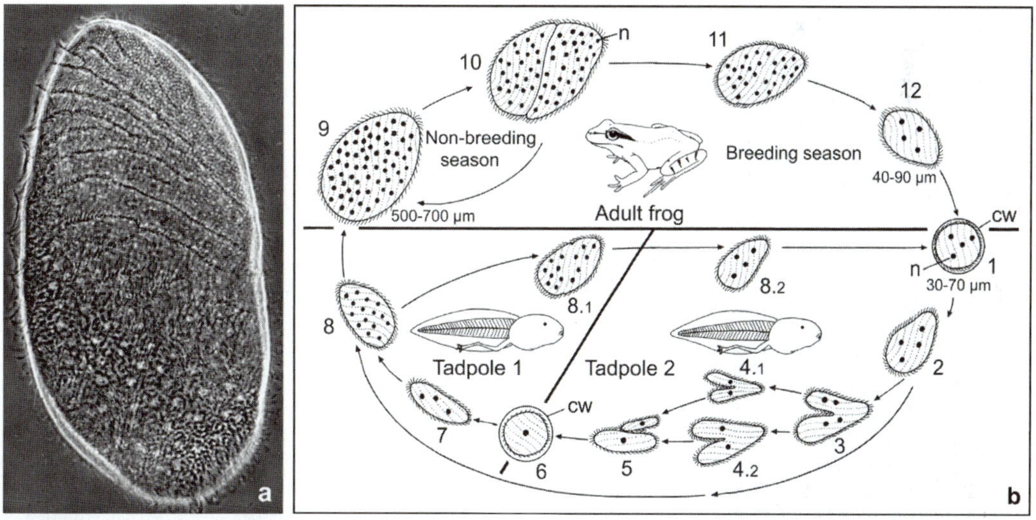

그림 **64** 이형편모아문, 오팔충강: **a** 개구리의 직장에서 나온 *Opalina ranarum*. **b** *O.ranarum*의 생활주기: 포낭이 개구리로부터 해설된다(1); 올챙이에 의해 섭취후에 어린 생식세포가 부화한다(2); 소형, 대형 배우자 형성(3, 4); 이형 배우자의 융합(5); 접합자의 포낭화와 분뇨를 통한 배설(6); 포낭의 다른 올챙이에 전이된 후, *Opalina* 세포들이 탈포낭하고 영양소체로 배설강 안에서 자란다(7, 8); 작은 영양소체들은 분열하고, 포낭화되어 새 올챙이에 감염하거나(8.1, 8.2) 또는 올챙이가 개구리로 변태할 때 큰 다핵성 영양체(무성어버이)로 된다(9); 이들은 이 분열에 의해 증식되나(10), 번식기동안 빠른 분열로 2-12개의 핵을 가진 작은 세포기로 된다(11, 12); 작은 세포기 포낭(1)은 분뇨로 배설되어 올챙이에 감염한다. cw = 포낭벽, n = 핵 (b Mehlhorn으로부터). 배율: a 300x.

생식이 일어나고, 생활사의 이 시기에 몇 개 의 발생형이 새로운 숙주로 효과적으로 퍼지게 된다.

예: *Cepedea, Opalina, Protoopalina, Zelleriella*

황갈색편모강 Class **Chrysomonadea** Engler, 1898

약 1000종의 광합성 또는 종속영양 황갈색편모류가 있다. 그들은 비교적 작아 5–20 μm 보다 큰 것이 드물다(그림 **65**). 담수에서 흔히 출현한다. 그들의 구조에서 황갈색편모류는 두 부등편모를 앞쪽에 가지고 있다. 긴 편모는 앞쪽으로 향하고 추진기구로서 기능을 한다: 그것은 두열의 빳빳한 세가닥 편모털을 가지고 있어 흔히 깃편모 (pleuronematic flagellum)라 부른다. 두번째 편모(출현시)는 뚜렷이 짧고 매끈하다: 그것은 세포 몸체를 따라 뒤로 향하고 세포 팽창부에 다소 오목하게 함입한 면에 대해 부풀은 기저부를 가지고 있다. 엽록체 안에 안점의 붉은 기름 방울이 발견된다.

단핵은 가로무늬 작은 뿌리(근형질, rhizoplast)에 의해 깃편모의 기저체에 연결된다. 하나 또는 두개의 수축포가 편모털을 합성하는 하나의 큰 또는 여러 개의 딕티오솜과 마찬가지로, 핵옆에 위치한다. 세포 몸체는 보통 무각 상태이나 일부 속(*Synura, Mallomonas, Paraphysomonas*)에서 세포 표면이 미세하게 장식 된 규산질 비늘로 덮여 있다(그림 **66**). 그들은 엽록체 옆에 있는 액포 안에서 만들어 진다. *Dinobryon* 같은 속은 피각(lorica)안에서 산다. 방출체의 흔하게 출현하는 형태는 반상체(discoborocysts)이다. 유성생식(동형접합)이 일부속(*Dinobryon*)에서 일어난다. 두 단세포가 배우자의 형성 없이 한 접합자를 만들기 위하여 서로 접합한다. 규질 캡슐의 내부 발달에 의해 2n의 원형질체가 포낭을 형성하고 휴지기로 생존한다. 또한 내부생성 휴지포낭은 무성생식으로도 형성된다.

광합성적으로 활성화 된 종들의 하나 또는 두 개의 엽록체는 황금 또는 황갈색(황금조류로 명칭)의 특색있는 색을 띤다. 이 색을 위한 보조색소는 갈조소(fucoxanthin)로 엽록소 a와 c에 추가된다. 엽록체 내부

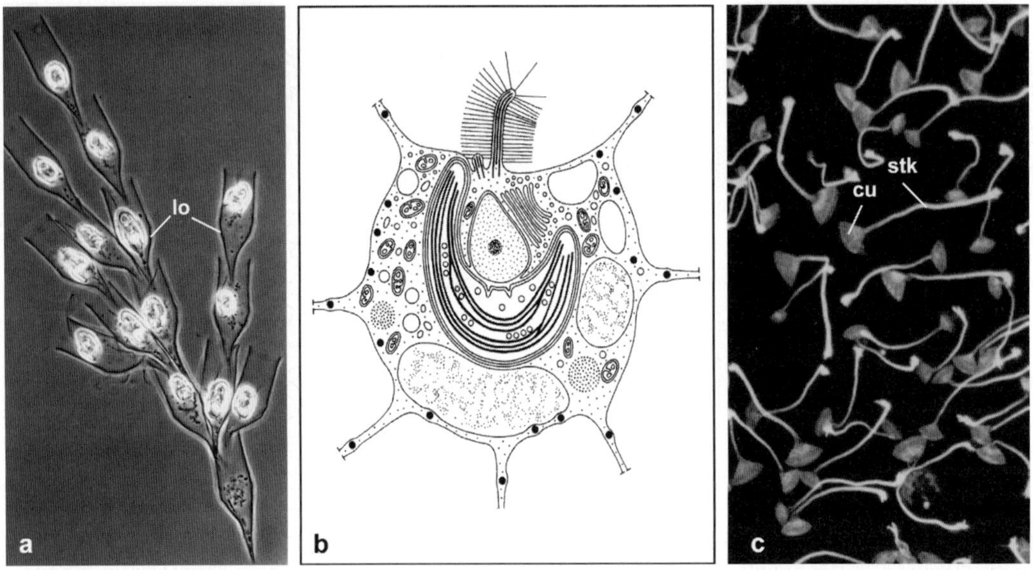

그림 **65** 이형편모아문, 황갈색편모강: **a** *Dinobryon*군체, 각 세포는 자신의 피각(lo)안에 산다; **b** 전형적인 황갈색편모류 구조와 사상위족 돌기를 가진 *Chrysamoeba radians*; **c** 자루(stk)와 컵(cu)으로 된 *Poterioochromonas malhamensis*의 피각 (a 하이델베르그의 w. Herth의 호의에 의해; b Hibberd로부터). 배율: a 450x, b 6,000x, c 750x.

그림 66 황갈색편모강: *Synura petersenii*의 규산질 판. **a** 군체; **b** 단세포 (a Tübingen의 C. F. Bardele의 호의에 의해; b Birmingham의 B. S. C. Leadbeatear의 호의에 의해). 배율: a 500x, b 3,000x.

는 세 겹의 틸라코이드로 된 덩이가 있고, 세 겹의 틸라코이드로 된 환상박막층(girdle lamella)이 주변에 나타난다. 다당류 크리솔라미나린과 몇 가지 지방이 저장물질로 액포에 축적되어 나타난다. 엽록체는 핵을 둘러싸고, 소포체막에 의해 그것에 연결된다 .그래서 엽록체는 추가 막 시스템에 의해 감싸인다: 내부 핵막에 의해 핵과 연결되거나 그렇지 않으면 외부 핵막에 의해 연결된다. 이 형태적인 양상은 앞서 독립한 진핵 세포의 가공물로 해석된다.

편모로 된 단세포들이나 군체군으로 된 편모형 외에 몇가지 구조형들이 보다 고도로 진화된 형태로 전환기를 보이며 존재한다. 특히 중요한 것은 색소체와 편모의 퇴화와 다른 위족 형태의 발달을 이끌면서, 2차 섭식 영양형으로 근족형 구조 경향을 띄는 점이다.

Chrysamoeba 같은 단세포 형태 외에도, 대표 종류에는 *Chrysarachnion* 같은 큰 변형체성 그룹을 포함한다. 생태적으로 황갈색편모류는 미소 플랑크톤의 중요한 부분이다. 광합성 종류들은 일차생산량에 대하여 많은 기여를 한다. 그들이 자주 대량 발생하는 사실에 기인하여, 특히 추운 계절에 그들은 케톤(ketones)과 알데히드 물질 분비에 의해 상업적 어류 양식장에서 큰 문제를 일으킬 수 있다. 대량 발생은 흔히 담수 저수지를 오염시킨다. 계통 분류학적으로 세 그룹이 인정되었다.

황갈색편모목 Order **Chrysomonadida** Pascher, 1912

이 목에 포함 된 편모 속들은 근족 구조를 가진 다른 속과 마찬가지로 자유 유형 또는 고착생활을 한다.

예: 편모류 – *Anthophysa*, *Dinobryon*, *Ochromonas*, *Synura*, 근족류 – *Chrysoamoeba*, *Chrysarachnion*, *Chrysostephanosphera*

페디넬라목 Order **Pedinellida** Pascher, 1910

이 목의 고착형, 엽록체를 가진 종류들은 퇴화된 후향편모 가까이, 앞부분에 동정 모양의 빳빳한 세포 돌기에 의해 둘러싸인 긴 편모를 가지고 있다. 이 구조는 동정편모충류에서 발견되는 것과 유사한 구조지만, 계통발생학적 관계는 없다: 그 유사성은 수렴 발생의 결과이다.

예: *Oikomonas*, *Pedinella*, *Pteridomonas*

그림 **67** 황갈색편모강: *Anthophysa* 군체 (Zölffel과 Hausmann으로부터: Mikrokosmos 76 [1987] 353). 배율: 230x.

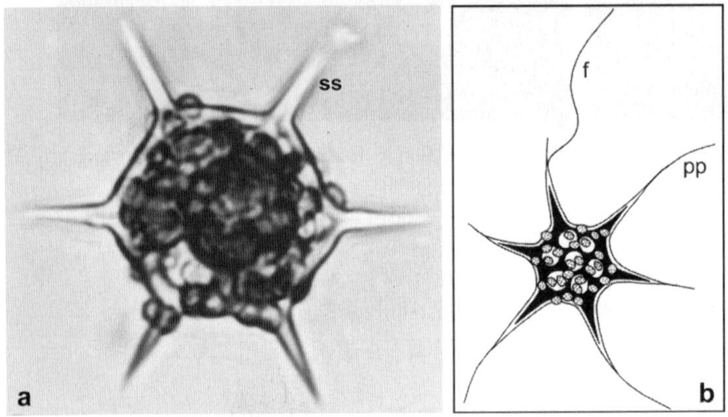

그림 **68** 황갈색편모강, 규질편모목: 규산질 골편(ss)을 가진 *Distephanus speculum*(**a**), 편모(f)와 위족의 확장(pp)(**b**) (a List/Sylt의 G. Drebes의 호의에 의해). 배율: a 400x.

규질편모목 Order **Silicoflagellida** Borgert, 1891(Dictyochales)

오늘날 단지 소수종으로 구성된 이 목의 대표종들은 그들이 만들어온 규질 골격의 퇴적물 때문에 지질학적으로 매우 중요하다. 가장 이른 시기에 알려진 화석 기록은 백악기이고, 그들이 가장 많았던 시기는 제3기이다. 두 세 종의 현생종은 단 하나의 편모를 가지고 있다: 그러나 많은 가느다란 위족을 가지고 있다(그림 **68**). 세포내의 골격 요소는 별모양이다: 이 종류가 규질 물질을 대사 할 수 있는 능력과는 별개로, 황갈색편모류에 올릴 수 있는 것은 엽록체 형태의 유사성에 기초하여 그들의 내생적인 성질에 기인한다.

예: *Dictyocha*, *Distephanus*

규조강 Class **Bacillariophyceae** Haeckel, 1878(Diatomeae)

규조류에 속한 종수는 10만 종 이상으로 단세포 규산염 세포벽을 가진 원생생물로 매우 흔하다(그림 **69**). 유성생식을 하는 분류군은 배우자 감수분열을 하는 복상 생활사를 갖는다. 규조류와 다른 이형 편모류 사이의 관계도 중심 규조류의 일부 종들의 배우자들이 정자 형성 동안 발생하는 편모털 출현에 근거를 둔다(그림 **70**). 대부분의 규조류들은 광합성을 하고 보조색소 갈조소에 의해 황금-갈색을 보인다: 매우 드물게 소수종이 종속 영양을 하고 분해 물질 위에서 산다. 담수와 해양 양 서식처에 생존하고, 토양입자나 식물체 위의 습한 표면막에도 출현한다. 연안에서 추운 시기에 매우 풍부하고, (특히 해양의 용승 지역에서) 적어도 규소와 영양염이 풍부한 조

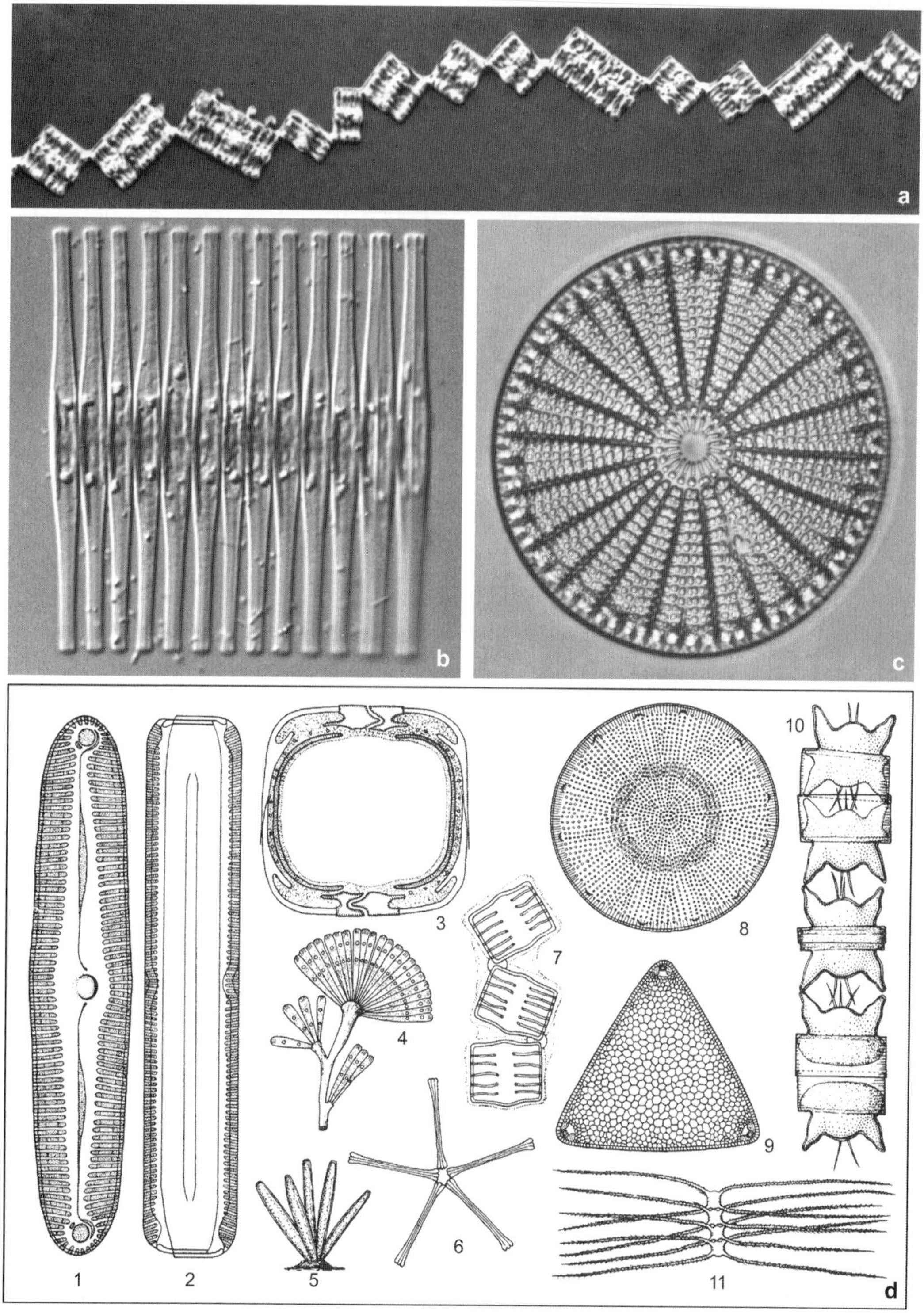

그림 69 이형편모아문, 규조강: **a** *Tabellaria* 세포의 사슬, **b** *Fragilaria* 군체, **c** *Arachnoidiscus*, **d** 다양한 형태: 1-7 우상규조목, 8-11 중심규조목; 1-3 *Pinnularia viridis*, 4 *Licmophora flabellata*, 5 *Synedra gracilis*, 6 *Asterionella formosa*, 7 *Tabellaria flocculosa*, 8 *Coscinodiscus pantocseki*, 9 *Triceratium distinctum*, 10 *Odontella*(= *Biddulphia*) *aurita*, 11 *Chaetoceros castracanei* (d Sitte등으로부터). 배율: a 200x, b 600x, c 800x, d 1+2 500x, 3 1,00x, 4-6 165x, 7 335x, 8+9 165x, 10 335x, 11 210x.

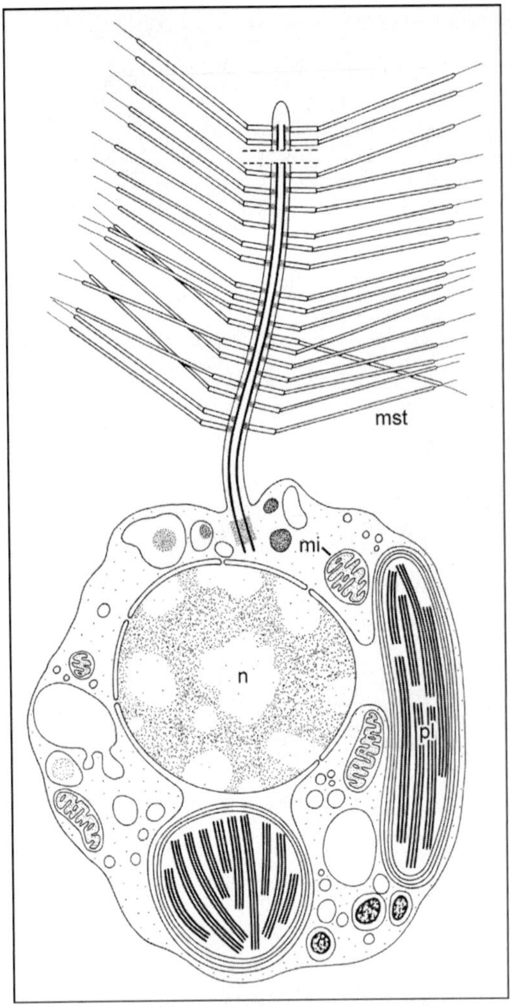

그림 70 규조강: 이형편모류의 전형적인 편모특징을 갖고 있는 중심 규조류 *Lithodesmium undulatum*의 숫 배우자. mi = 미토콘드리아, mst = 3분으로 나뉘어진 편모털, n = 핵. Pl = 색소체 (Manton과 von Stosch로부터). 배율: 7,000x.

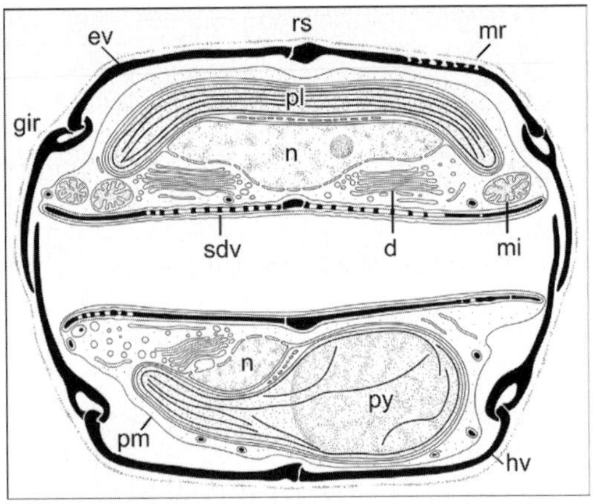

그림 71 규조강: 규각발달이 상세한, 우상규조류 *Amphipleura pellucida*의 분열세포의 도해. d = 딕티오솜, ev = 상각, gir = 환대, hv = 하각, mi = 미토콘드리아, n = 핵, mr = 규각을 둘러싸는 막 잔여물, pl = 색소체, py = 피레노이드, rs = 배선홈, sdv = 규산질 축적포 (Stoermer등으로부터). 배율: 1,000x.

건에서 식물플랑크톤중 가장 우점하는 종류이다. 질소 고갈에 반응하며, 많은 규조류는 바닥에서 생존할 수 있는 휴면기(포자)를 만든다.

규질벽은 규각이라 불리는 특징적인 세포 밖 껍질을 형성한다. 단백석(opaline) 규각의 두 주요 구성은 뚜렷하다: 상각(뚜껑)과 하각으로(상자형 용기모양) 구성된다. 각각의 피각은 개각(상각면 또는 하각면)과 한쪽 끝에서 개각의 주변에 부착하고 다른 한쪽 끝에 서로 겹치는 하나 이상의 테(둘레띠, 막)의 셋트(cingulum: 환대, 뚜껑띠)로 구성된다(그림 71). 가장 단순한 경우에, 4개의 구성요소가 있다: 상각면(epivalve), 상환대(epipleura, epicingulum), 하환대(hypopleura, hypocingulum) 그리고 하각면(hypovalve). 때때로 내부막과 함께, 상환대와 하환대 사이에 배열되는 추가테(각환대, copulae)가 그 구조를 복잡하게 할지도 모른다. 체세포 분열동안 두 딸세포는 새 하각면과 새 둘레띠를 만들어, 모세포의 하각면은 딸세포의 상각면이 된다. 이와 같이 규조류의 영양세포의 양 개각과 연결 둘레띠는 서로 나이가 다르다. 흔히, 이런 종류의 분열로, 보통 유연성 없는 둘레띠를 가진 하각이 상각면 보다 작은 길이를 가지므로, 개각면 직경의 감소로 이어진다. 그런 경우에 매 2차 자손의 크기의 감소는 세포벽 없는 소위 증대포자(Auxospore, 영양체의 난세포)의 발달로, 포자안에서 접합자의 팽창이 최대 크기까지 이르게 되어 원래 크기로 보상된다. 많은 분류군의 규각은 개각의 바깥 표면위에 혹과 침과 종특이 소구멍, 두꺼워짐, 홈 등으로 무늬가 장식된다. 소공(pores)의 기능적 역할은 영양염, 기체, 대사 잔유물질들의 용이한 이동과 연관된 것 같고, 침과 소공은 수층에서 부유력을 증가시키는 것 같다.

무정형의 규산(SiO_2)과 별도로 단백질, 지방, 다당류 등이 규각의 구조에 참여한다. 체세포 분열 후 새 규각의 형성은 매우 미궁의 과정이고, 새롭게 발견된 단백질 종류(frustulins, pleuralins, silaffins)의 첨가를 포함한다. 모세포의 규각 안에서 체세포 분열 후, 두 하각면의 새로운 성분들이 규산축적액포(SDV: silica deposition vesicles)로 딕티오솜으로부터 분리되어 평평한 하부 세포질막 에서 생성된다. 액포의 말단막(즉, 바깥 규산질막)과 규산 축적부의 세포막의 변화가 시작되고, 심지어 분해되기도 한다. 새로운 국지 세포막은 인접한 규산질막에 의해 형성된다. 바깥쪽 규산질막, 주변 원형질의 일부분, 앞선 세포막 부분 등의 잔류물이 장기간 동일하고 일시적인 외장을 형성한다. 딸 원형질체가 쪼개진 후, 둘레띠(규산형성포)에서 새로운 연결 둘레띠의 생성이 유사한 과정을 통하여 일어난다.

규조류의 대량 출현은 유해조류 증식 현상(Harmful Algal Blooms)과 관계 있다. 도모익산(domoic acid)은 강한 해양 생물 독성으로 기억상실 패독(ASP)의 원인이 된다. *Pseudo-nitzschia*종들(*P. multiseries, P. australis, P. pseudodelicatissima, P. pungens, P. serata*)에 의해 생긴다. 먹이 연쇄를 통한 독의 축적은 인간과 동물의 건강에 심각한 결과를 초래할 수 있다. 북아메리카와 호주 연안을 따라 몇 개의 대량 증식이 지난 20년 동안 관찰되었다. *Thalassiosira*와 *Chaetoceros convolutus* 같은 다른 규조류들은 아가미를 막히게 하고 기계적인 장벽에 의해 심각하게 어류와 패류에 해를 줄지도 모른다.

뚜렷하게 규각이 소실된 어떤 규조류 등이 해양원생동물(예: 유공충)과 후생동물의 조직 등에서 절대적 내생공생자로 공생한다. *Symbiodinium*이라는 와편모류와 함께 규조류는 황록공생조류(zooxanthellae)로, 패각과 골격요소의 석회화 과정에 중요한 역할을 한다.

규조류는 전통적으로 두 계통분류 목으로 나눈다: 중심규조목, 우상규조목. 적어도 중심규조목은 단일 계통 발생 집단을 형성하지 않는다. 따라서 다소 비정규적인 용어로 사용된다.

중심규조류

중심규조류들은 방사대칭인 개각면을 보여준다. 대부분 플랑크톤에 속하는 단세포거나 군체들이다. 난접합으로 유성생식이 일어난다. 특히 남성 배우자(정자)는 단하나의(중앙 미세소관 쌍과 전이 나선대가 없고, 세 개의 구멍으로 된 미세소관 대신에 9개의 쌍 미세소관으로 만들어진 모근체에서 나온) 깃편모축이 있다(그림 **70**).

예: *Biddulphia, Coscinodiscus, Odontella, Rhizosolenia*

우상규조류

소위 우상규조류의 종류들은 개각면이 길고 좌우대칭인 규각을 가졌다. 그들 대부분은 저서규조류이나 어떤 군체형은 수층에서 발견된다. 편모기는 안 알려졌다: 동형접합 동안에 색소체를 띄고 있는 아메바형 배우자가 단지 나타난다. 상각면과 하각면은 흔히 긴 종단홈(배선, raphe)을 가지고 있다. 배선은 기저부위를 빠르게 미끄러져 운동을 할 수 있는 역할을 한다. 운동의 생기계적 기작이 명확하지 않다. 그러나 배선을 통한 섬유질 다당류의 분출이 핵심 역할을 하는 것 같다.

예: *Bacillaria, Navicula, Nitzschia, Pleurosigma, Pseudo-nitzschia*

이형편모강 Class **Heteromonadea** Leedale, 1983(Xanthophyceae:황녹조강)

이형편모류의 좌우대칭형 대표 종들은 황갈색 편모류와 이형편모를 갖고 보통 동일한 미세구조를 보인다는 점에서 많이 닮았다. 그러나 잘리고 남은 것 같은 짧은 후향 편모는 긴 추진 편모 가까이에서 돌출하여 털 없이 매끈하고 말단 사상체로 끝을 맺는다. 따라서 그것은 무모형 편모(akronematic flagellum)로 분류되고 그것은 색소체 안점 가까이에 부풀은 기저부를 보인다. 황갈색 편모류와 진화적으로 다른 점은 갈조소(fucoxanthin)가 완전히 없는 점이다. 베타카로틴(β-carotene)과 엽황소(Xanthophylls)의 출현으로 황녹색의 세포 색을 보인다. 그외에 내생성 포낭의 형태적 형성이 다르다.

*Tribonema*와 *Vaucheria* 외에 두세 종의 편모종류가 존재한다. 현재 잘 알려진 형태는 근족형 종류들이다. 대체로 적은 현종량과 분포로 이들 단세포의 생태적 중요성은 제한되어 있다.

예: 편모형 – *Chloromeson*, 근족형 – *Chlomydomyxa*, *Rhizochloris*, *Reticulosphaera*

진안점조강 Class Eustigmatophyceae Hibberd & Leedale, 1971

진안점조 형태의 분류군은 6속 15종으로 정리되었다. 모두 광합성 단세포이고 공모양 구조이다: 어떤 종류는 하나 또는 두개의 부등 돌출 편모를 가진 특이한 편모 유주자(길이 10–15μm)를 형성한다(그림 **72**). 편모의 특이한 형상은 편모축을 따라 T형의 편모 팽창부를 구성하고, 매우 큰 비색소체성 안점(Stigma)을 가진 유주자의 앞 끝으로 긴밀한 부착부위를 형성한다. 하나의 색소체낭은 세겹의 막에 둘러 싸이고 그것은 3개의 덜 밀착된 틸라코이드로 된 긴 라멜라를 포함한다. 편모털들은 3분지하고, 전이 헬릭스(전형적인 이형편모류들과 밀접한관계가 있음을 보여줌)가 존재한다.

예: *Eustigmatos*, *Chlorobotrys*, *Monodopsis*

그물균강 Class Labyrinthulea Cienkowski, 1867(Labyrinthulomycota 그물균문)

이 분류군에는 단지 한 목 Labyrinthulida, 두 과 Labyrinthulidae와 Thraustochytriidae가 속하고, 약 40종이 기재되어 있다. 이 생물들은 주로 연안과 기수 환경에 출현하고, 드물게 담수와 짠 토양에 출현한다. 그들은 대부분 조류나 관속식물 조각이 있는 곳이나 유기쇄설물 퇴적층에서 발견 된다. *Labyrinthula zosterae*와 *L.macrocystis* 두 종은 몇 종의 거머리 말(zosteraceae, 잘피류)의 소모병(wasting disease)의 원인 생물로 여겨진다. 이 속의 다른 종류와 마찬가지로, 그들은 살아있는 생물(식물조직, 규조류, 효모, 진균균사 등)의 세포벽으로 파고 들 수 있다. 영양기 동안 이들 생물들은 부유하는 변형체로 이동한다(그림 **73**). 방추형 세포 부분이 고정되거나 같은 위치 내에서 변하고, 위족같은 튜브의 변화하는 네트워크 내에서 미끄럼 운동을 보인다. 외형질 망은 보통 세포막에 의해 경계된다: 각 세포 부분은 비늘을 가진 이중막 외피에 의해 덮히고 특별한 구멍을 통하여 튜브의 원형질 내용물이 통과된다(그림 **74**). 이들 구멍은 흡구체(吸溝體, bothrosome, sagenogenetosome 또는 Sagenogen)라는 특별한 명칭을 갖는다. 그들은 이중막과 겹합한 파생특성을 보인다. 세포 부분들은 진정한 세포 집단이 아니고 위족(사상위족) 형성으로 설명되는 보통 튜브형 간극에서 나온 개별적으로 핵을 가진 세포질 조각들의 집합체이다.

이동의 기작은 안 알려졌지만 튜브안에 있는 운동단백질–미세섬유(actin–microfilament)와 연관된 것으로 생각된다. 세포증식은 그물연결 내에서 이분열에 의해 일어나거나 변형체의 다핵분열에 의해 일어난다. 어떤 잘 알려진 종 들의 유성 생활주기 동안 다세포성 포낭, 포자낭(sori: 포자낭군), 3분지 털이 있는 양 편모 유주자(zoospores) 등이 나타난다(그림 **74**). 어떤 유주자의 분류를 위한 중요한 하나의 특성은, 이형편모 형태와 별도로 뒤 쪽 편모 아래 색채가 있는 안점의 출현 유무이다.

예: *Labyrinthula*, *Labyrinthuloides*, *Thraustochytrium*

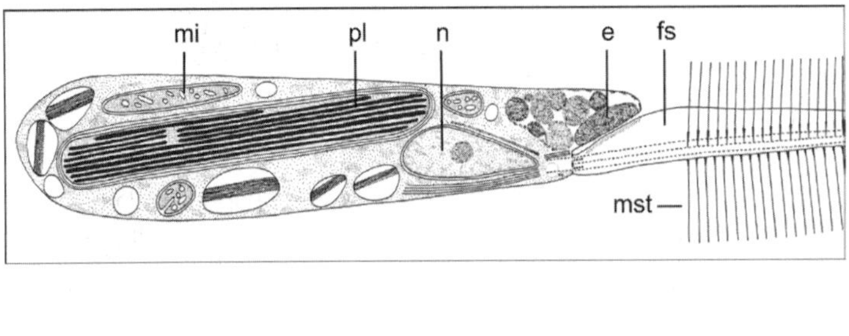

그림 **72** 이형편모아문, 진안점조강: 진안점조류 유주자의 종단면 모식도. e = 안점, fs = 편모팽대부, mi = 미토콘드리아, n = 핵, pl = 색소체 (Hibberd로부터). 배율: 4,400x.

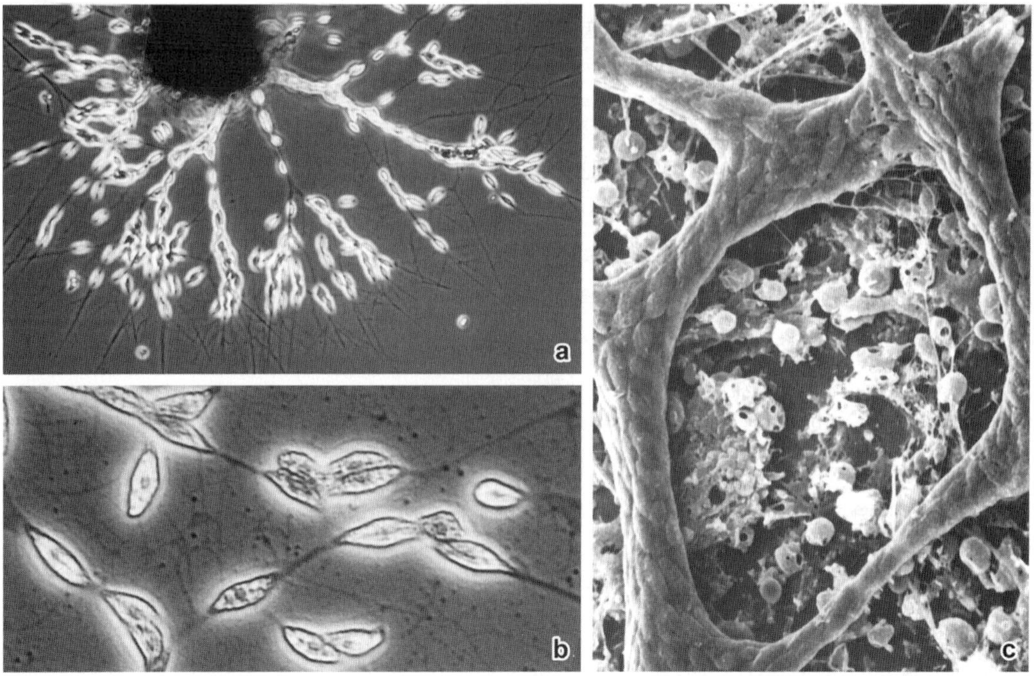

그림 73 이형편모아문, 그물균강: **a** *Labyrinthula coenocystis*의 변형체 네트워크; **b** 방추체형 세포단위체가 관형 사상위족 확장체 안으로 이동한다; **c** 관형 사상위족 안에서 농밀하게 뭉친 세포단위들 (a 와 b Steyr로부터: Z. Zellforsch, Microsk, Anat, 102 [1969] 387). 배율: a 190x, b 800x, c 330x.

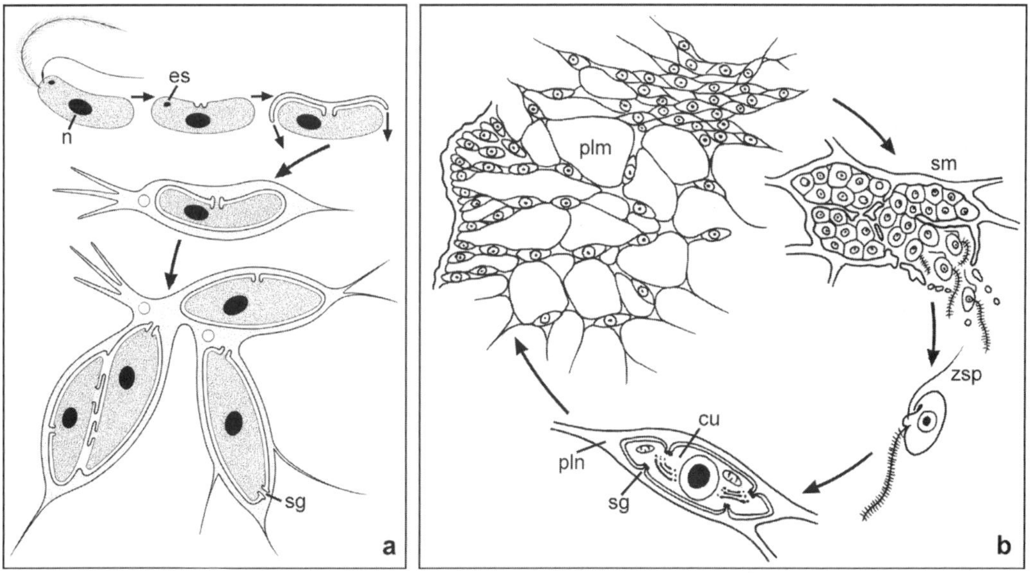

그림 74 그물균강: **a** 그물균류의 막시스템의 발달 모형. es = 안점, n = 핵, sg = 흡구체(sagenogenotosome, bothrosomes). **b** *Labyrinthula*의 생활주기: 안에서 세포들의 감수분열이 일어나는 포자덩어리(sm)를 형성하는 방추형 영양세포를 포함하는 변형체(plm); 유주자(zsp)는 유출되어 새로운 영양세포(cu)로 발달한다. Pln = 변형체 네트워크 (Porter로부터).

침편모조강 Class **Raphidomonadea** Heywood & Leedale, 1983

등배가 납작한 침편모조류(녹편모류)종류는 약 20종의 편모류가 알려져 있다(그림 **75**). 일반 식물성 편모류에 비해 비정형적인, 비늘과 세포벽 없는 이들 세포는 크기가 90 μm에 달한다. 세포형태는 단단한 피막에 의해 비교적 일정하다. 점액질낭과 기능이 안 알려진 방추체 모포낭의 변이체가 피막 아래 부분에 위치한다. 이형 편모는 세포 앞 끝의 복부 홈에서 나온다: 그들의 모근체는 덮개구조를 통하여 핵 표면과 연결된다. 뒤쪽을 향한, 그리고 대부분 활성이 없는 긴 편모는 매끈하고 기저부 팽창이 없다. 짧고 매우 빠르게 추진하는 앞 편모는 빳빳한 관형 털을 가지고 있다. 이 털들은 딕티오솜이나 소포체 막의 자루에서 만들어 졌다. 안점은 안 보인다. 한 층의 골지 요소들은 특징적으로 큰 핵의 앞 부분을 덮고 있다. 큰 골지체의 어떤 것들은 끊임없이 수축포로 전환한다. 적어도 담수속 *Vacuolaria*에서는 이런 현상이 나타난다.

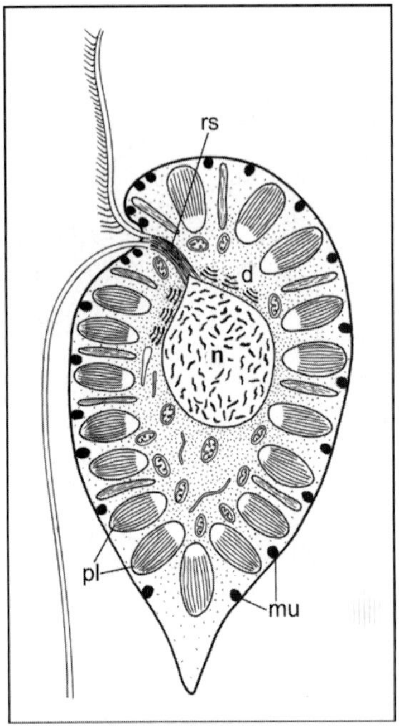

그림 75 이형편모아문, 침편모강: 핵(n)을 덮고 있는 전형적인 고리형의 딕티오솜(d)을 갖는. *Chattonella* sp. mu = 점액포, pl = 색소체, rs = 편모뿌리구조 (Heywood로부터). 배율: 3,700x.

침편모조류는 광합성 종류이나, 종속영양성 아메바성 편모충류 thaumatomastigids에 계통 발생관계가 있는 것으로 보인다. 무수한 색소체는 밝은 녹색이고 카로틴, 엽황소 또는 갈조소 같은 보조색소와 엽록소 a와 c를 가지고 있다. 색소체는 세겹의 틸라코이드 다발과 환상 라멜라를 포함하고 있다. 지방 방울이 저장물질로 보관된다.

양어장과 해양환경에서 *Heterosigma akashio*, *Chattonella antiqua*, *C.marina*, *Fibrocapsa japonica*의 대량출현은 브레브독(Pb Tx)으로 불리는 폴리에테르 독을 생성해 어류를 죽일 수 있다.

예: *Chattonella*, *Heterosigma*, *Gonyostomum*, *Fibrocapsa*, *Vacuolaria*

잔편모충강 Class **Bicosoecidea** Grassé & Deflandre, 1952

이 분류군은 약 40종의 대표종이 단세포 또는 군체로 나타나고, 키틴질의 잔모양 껍질이나 피각을 갖는 특성이 있다(동정편모충류나 황갈색편모류의 피각은 규산질이다). 단핵체의 세포는 이형의 두 편모를 가지고 있다. 매끈한 편모는 세포 몸의 홈에서 뒤로 향하고 세포를 피각 안에 부착시키고 수축시킬 수 있다. 두번째 긴 편모는 앞쪽으로 돌출한다. 그것은 한열 또는 두열의 빳빳한 편모 털을 가지고 있고 박테리아 같은 먹이를 모으는 기능을 한다(그림 **76, 273d**).

세포 길이는 약 5 μm로, 자유로이 이동하거나 여러 기질에 그들의 껍질로 고정하기도 한다. 잔편모충류는 해양과 담수 환경의 종속영양 미소플랑크톤에 속하고, 미세생물 먹이망에서 중요한 역할을 한다.

예: *Bicosoeca(=Bicoeca)*, *Cafeteria*, *Pseudobodo*

이편모주머니균강 Class **Hyphochytriomycetes** Paterson, 1982

이편모주머니균강은 작고 잘 안 알려진 25종의 분류군으로 5속 중 한 속의 이름으로부터 유래되었다. 그들은 많은 수의 해양생물, 담수생물, 육상생물(대하, 조류, 난균류, 부식되는 식물 조각, 작은 알들, 꽃가루 등)위에서 사

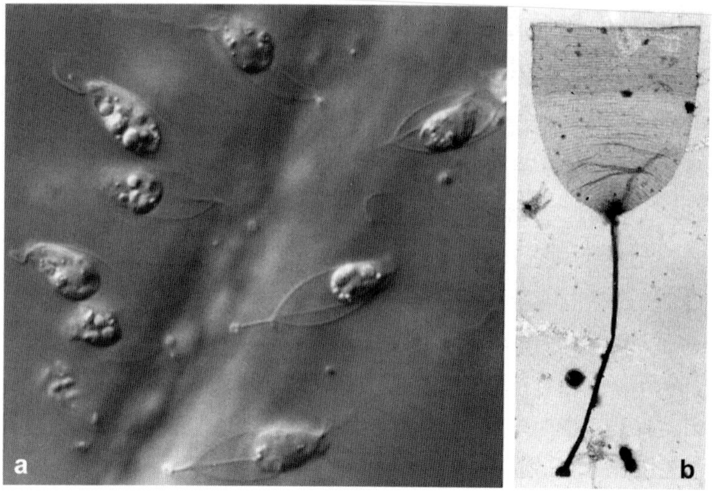

그림 76 이형편모아문, 산편모충강: *Bicosoeca(Bicoeca)*의 살아있는 표본(**a**)과 하나의 피각(**b**). (a Landau의 H. Schneider의 호의에 의해). 배율: a 800x, b 2,400x.

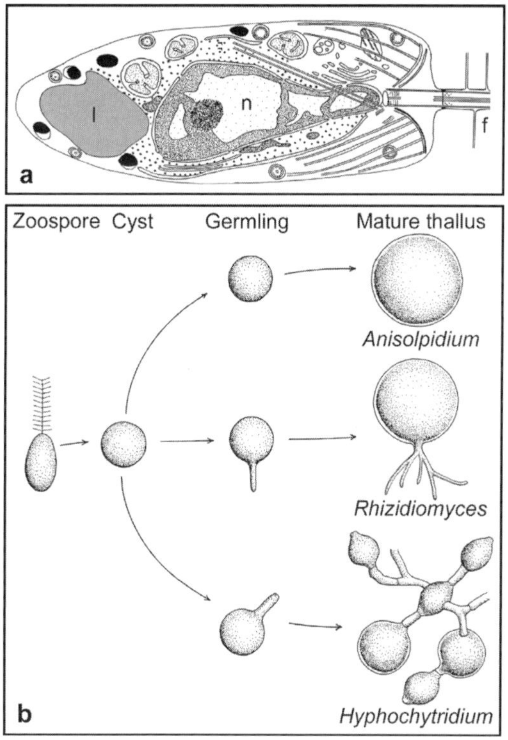

그림 77 이형편모아문, 이편모주머니균강: *Hyphochytrium* 유주자의 모식도(**a**)와 세가지 다른 엽상체 형태의 생활기를 보여주는 모식도(**b**). f = 편모, l = 지방액적, n = 핵. 핵주변의 점들은 리보소말 집합체 (a Wells로부터; b Fuller로부터). 배율: a 5,000x.

물기생균, 사식식물 또는 기생자로 성장하나, 해충으로서 숙주 개체군을 조절하는데 필수적인 생태 역할은 하지 않는다.

운동세포(유주자)와 정지기 다핵 엽상체가 생활사를 특징 짓는다. 4–6 μm 길이의 유주자는 단 하나의 정단 편모를 가지고 있다(그림 **77a**). 두번째 편모는 모근체를 제외하고는 완전히 퇴화되었다. 이형편모문의 다른 강처럼 편모축에 편모털이 측면에 임한다. 다른 전형적인 특징은 핵 주위에 리보솜이 불균등하게 둘러싸인 것이다.

숙주조직이나 죽은 유기물 위의 적절한 곳에 정착 후에 유주자는 포낭을 만든 후 배아로 변한다. *Rhizidiomyces*종에서 잘 연구된 것과 같이 그들은 섬유질과 키틴질로 구성된 세포벽에 의해 둘러싸인다. 그림 **77b**에서 보듯이, 이들 배아는 특이 튜브를 형성하고 후에 부풀은 난형 부분에 부분적으로 근족 시스템이 만들어지고 다형 중심 체형(*Hyphochytrium*)이 만들어진다. 자라난 튜브는 숙주세포 벽으로 침투해 들어가 영양분을 섭취한다. 배양 실험에서 새 유주자들의 형성은 18–48 시간 후에 일어난다. 유주자 형성 과정은 다핵성 원형질 방울의 균열에 의해 모세포 껍질을 떠나면서 이루어진다. 유성생식과 휴면 포낭의 형성이 알려졌다.

예: *Anisolpidium*, *Hyphochytrium*, *Rhizidiomyces*

난균강 Class **Oomycetes** Dick, 1970(watermolds **물곰팡이류**)

약 65속에 거의 800종 출현으로 난균강은 종속영양 이형편모류 내에서 핵심 그룹이다. 그들은 세계도처에 분포하고 실제 모든 수서 환경과 육상 환경에 출현한다. 앞에서 언급한 이편모주머니균강과 대조적으로, 물곰팡이류는 매우 중요한 기생충 한 그룹을 포함한다. 그 예는 감자말기 고저병의 원인이고, 1840년대 감자 대 기근을 일으켰던 감자 마름병의 병원체인 *Phytophthora infestans* ; 여러 종류의 곡식의 주요 병원체로서 *Pythium* 속; 포도나무의 기생자로서 *Plasmopara viticola* ; 양식 연어에 기생하는 *Saprolegnia* 속과 *Achlya* 속 등이다. 완전 기생충으로서의 외에도, 환경적 사물기생균으로서도 출현한다(그림 **238**).

(*Saprolegnia*) 생활주기는 이동성 유주자와 유주낭의 형성으로 정단부에 다핵체의 균사로 자라는 정지 시스템을 포함하는 무성생식기와 배우자낭(난원세포와 정원세포)을 형성하는 유성생식기에 의해 특징된다(그림 **78**). 각 유주자 낭과 배우자 낭은 격벽(septum)에 의해 그것의 다핵체 균사로 부터 분리된다. 감수분열은 배우자 형성동안 일어난다. 엽상체의 모든 다른기에는 배수체로 나타난다. 유주자낭의 한 떼로부터 누출 된 난형의 일차 유주자는 두 정단 편모를 갖고 그리고 포낭이 된다. 포낭에서 발아 후, 복부의 두 편모를 가진 콩팥 모양의 2차 유주자와 침이 있는 포낭을 포함하는 일련의 생식 과정이 진행된다. 배아관(Germ tube)은 포낭의 발아 동안에 형성되고 그 때 숙주의 피막이나 부식물로 침투하고, 소위 포자낭 병(sporangiophores: 가지를 친 비격벽성 균사로 된 균사체와 정단 유주자낭)으로 발생한다. 유주자 누출 후 빈 유주자 낭은 작아진 내부 유주자 낭을 반복적으로 형성하는 지지 균사에 의해 다시 채워진다. 유성생식기 시작동안, 난원 세포는 단수체의 난모세포를 형성한다. 정원세포에서 나온 수정관을 통하여 알들

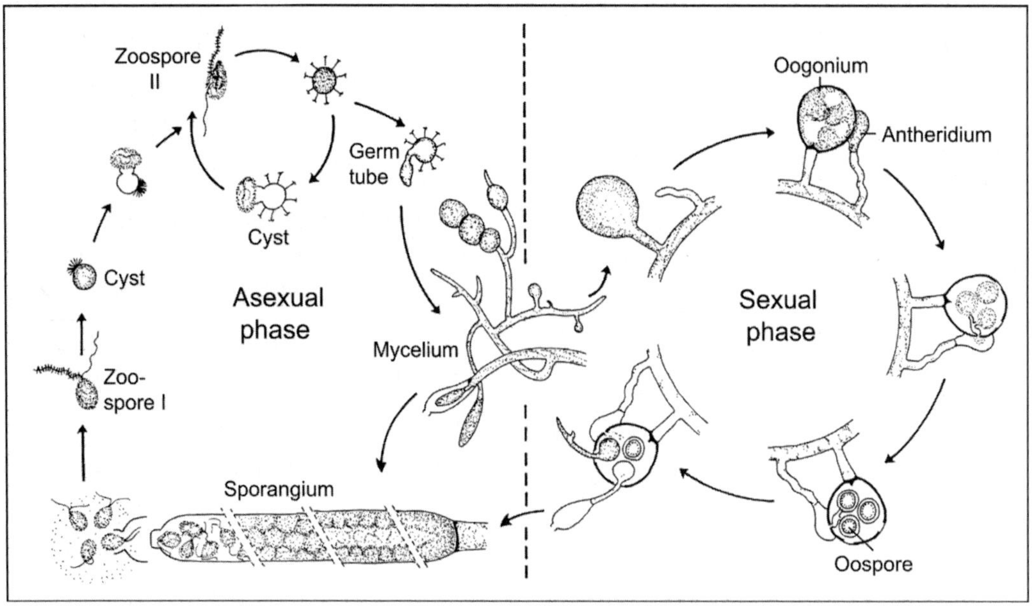

그림 **78** 이형편모아문, 난균강: *Saprolegnia*의 생활주기에 있어서 무성기와 유성기; 난균강의 다른 속들에서 미세부분이 많이 다르다. 무성생식기에, 포자낭내 원형질 난할의 결과 유주자가 생성된다. 처음 형성된 유주자(I)는 정부에서 나온 편모를 가지고 있고, 포낭으로 전환한 후 곧 측면에 편모를 가진 감염성 유주자(II)를 형성한다. 이들은 다시 포낭화되고 배아관을 형성하여 균사(균사체; mycelium)로 발생한다. 다핵체의 정원세포와 난원세포는 유성생식동안에 균사 위에서 생성되고 서로 접촉하고 동시 감수분열이 일어난다. 두꺼운 벽체의 난포자가 수정 후 형성된 균사체로 자란다 (Fuller로부터).

이 수정되고 난원세포 벽으로 침투한다. 두꺼운 벽으로 된 접합자(난포자: oospores)들은 건조와 부적절한 온도에 견디며 휴지기를 보낸다. 그들은 동물(새·곤충 등)이나 바람에 의하여 퍼진다. 좋은 조건에서 그들은 발아하여 새로운 발아관을 만들고 유주자 낭으로 3차원 균사 네트워크를 만든다.

이 강의 다른 종류의 생활사에서 1차, 2차 유주자의 생성이나 편모가 있는 유주자의 세대가 없을 수도 있다. 만약 유주자가 나타나면, 그들은 복부에 편모를 가질 것이다. 육상 생활에 적응한 것에 유주자 낭은 주로 바람에 의해 퍼진다.

균사의 벽은 적은 양의 섬유질과 베타-1,3- 와 1베타-1,6- 글루칸 물질로 형성한다. 2-3 종이 키틴질의 침적물을 가지고 있다. 숙주로부터 영양염의 재흡수는 삼투영양에 의한다. 특징적인 저장 물질은 글리코겐과 미코라미나린(갈조류와 규조류에서 발견되는 것과 유사한 물질)이다. 이들 화학적 특성과 최근의 분자 연구는 난균류가 색소체의 소실로 2차적으로 비 광합성으로 된 조류형의 조상으로부터 유래되었다는 생각의 근거가 된다.

예: *Achlya, Albugo, Haptoglossa, Plasmopara, Phytophthora, Pythium, Saprolegnia*

6.6 피막포문 Phylum **Alveolata** Cavalier-smith, 1992

분자생물학적 자료(특히 rRNA와 단백질 서열 분석으로 추출된 거리 매트릭스 트리)에 의하면, 섬모충문, 첨복포자충문, 와편모아문의 세 오랜 분류군과 낭포자충문 Ascetospora(단포자충아문 Haplospora)의 전(前)분류군의 일부 부분 및 소그룹인 퍼킨슨충류(Perkinsozoa)와 콜포다식충과(Colpodellidae) 등이 하나의 공통 단일계통 분류군을 구성한다(표 **11**). 이와 같이 전에는 독립적으로 진화되어 온 것으로 생각되었던 구조적 복합체가 지금은 한 공통조상으로 부터 유래된 상동 형태로 믿어진다. 두 편모를 가진 와편모류의 외각포(amphiesmal vesicles), 무편모의 첨복포자충류 내막 복합체와 섬모충류의 피막포는 12억년전에 존재했던 한 조상으로부터 전해 내려온 동일한 시스템 임을 보여준다. 그들은 (퍼킨스충 같은) 두 개의 편모를 가진 원생생물로 하나의 특별한 피막 관다발계를 가져었다. 그외에 섬모충류의 부체낭, 와편모류의 깃모양 구멍, 첨복포자충류 및 콜포다식충과와 퍼킨슨충류의 미포자들은 유사한 기능을 가진 상동구조로 설명된다 (그림 **79**).

가설적인 초기 종들의 편모는 이형 편모로, 부분적으로 털 편모를 가지고 있었으며, 그 근거는 와편모류,

표 11. 피막포문의 인정된 계통군 사이의 추정관계 (여러 저자들로부터)

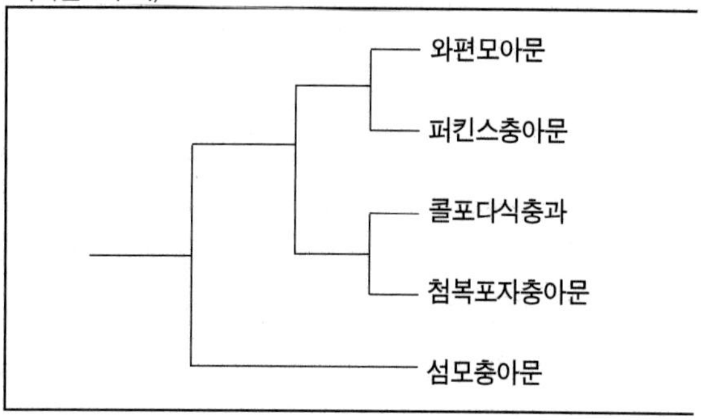

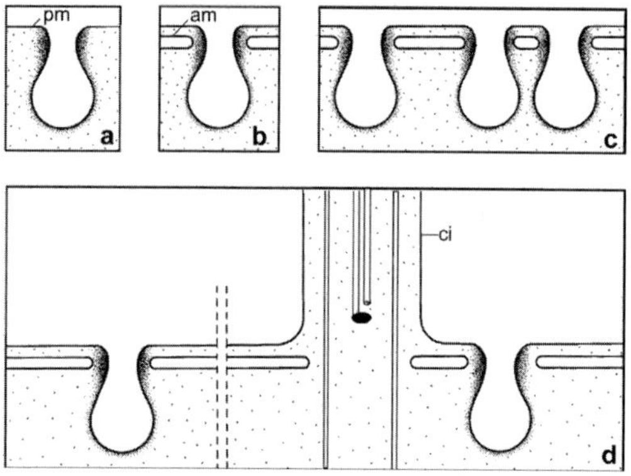

그림 **79** 피막포문의 다른 분류군 사이의 음작용세포(pinocytotic)구조: **a** *Perkinsus*의 미세공; **b** 첨복포자충아문의 미세공; **c** 와편모류의 깃모양의 구멍들; **d** 섬모충류의 피막구멍(왼쪽)과 부체낭(오른쪽), am = 피막포막, ci = 섬모, pm = 원형질막 (여러 저자들로부터).

퍼킨슨충류와 *Colpodella*에 유일하게 남아 있는 한 특징이다. 이들 5개 그룹 사이의 상호 관계는 현재 매우 논쟁거리다. 한 가설에 의하면 퍼킨슨충류는 와편모류의 자매 그룹이고 콜포다식충과(Colpodellidae)는 첨복포자충류의 자매 그룹이다.

와편모아문 Subphylum **Dinoflagellata** Bütschli, 1885 [dinozoans, dinophytes, pyrrhophytes (**황적조식물류**)]

와편모류는 전형적인 편모형 단세포 그룹으로, 구형, 점액질 군체형(Palmelloid), 아메바형, 사상체형, 심지어 다핵체 형까지 다형종의 생활주기처럼 출현한다. 운동기에는 보통 서로 다른 형태의 서로 다른 운동을 하는 두 편모를 갖는다. 두 편모는 원시형에서는 정단 부분에 들어가고, 보다 진화된 형태에서는 복부에서 나와 하나는 가로로 수축 된 환대(cingulum, girdle and furrow)를 돌아 움직이고, 다른 하나는 아래쪽 피각의 종구(sulcus)에서 움직인다. 이런 와편모 편모형(하나의 횡편모와 하나의 아래로 향한 종편모)은 또한 다핵의 다편모 생물에서 발견 되기도 한다. 가로의 파동형 편모는 세포 둘레를 시계 반대방향으로 감고, 가로 무늬의 축주 간상체와 한 열의 편모털을 가지고 있다. 뒤로 뻗는 종편모는 뒤끝 넘어 돌출하고, 매끈하거나 두 열의 빳빳한 털을 갖는다. 편모들의 함입 모양과 기능 형태적 특징으로 스크류 모양의 유영이동을 만든다. 현생종 2500종 이상, 약 4,000종의 화석종이 알려졌다. 그들의 대부분은 해양환경에서 유래되나 소수종이 담수에서 발견된다. 그들의 형태는 둥근 형태에서 간상형, 또는 별모양 단세포부터 원추형 다핵세포까지, 그리고 무각 세포에서 유각 세포까지 매우 다양하다. 보호 시스템(그림 **80c**)은 원형질막 바로 아래에 납작한 포(피막포, 외각포, 피각포)에 여러 개의 섬유질 각판으로 이루어 졌다. 밀접하게 일치하

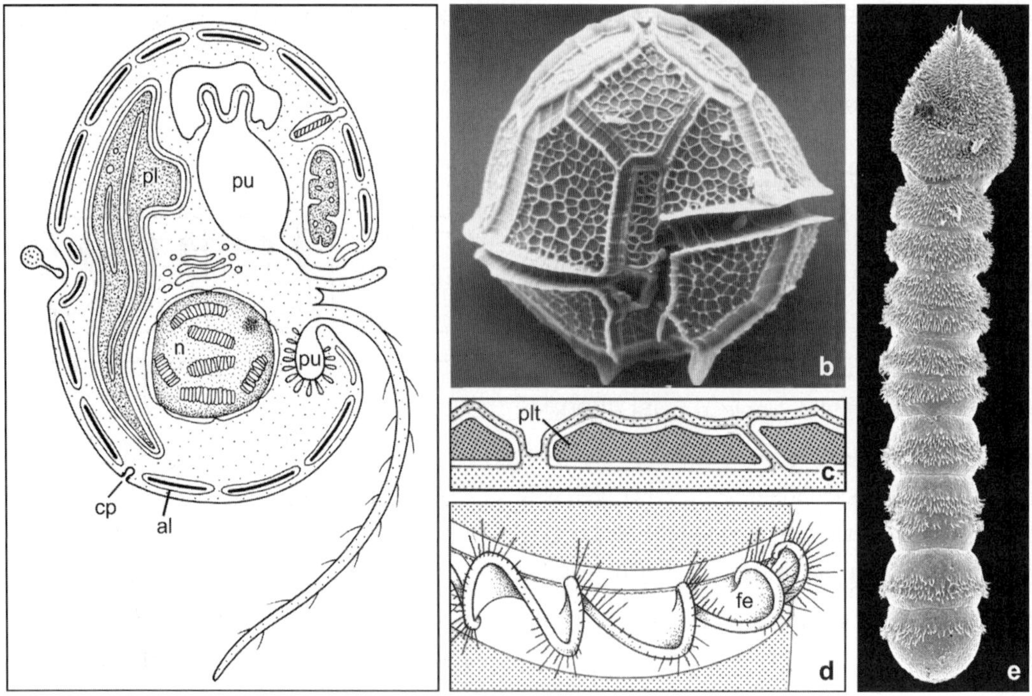

그림 80 피막포문, 와편모아문: **a** 내부구조 모식도; **b** *Peridinium bipes*의 각판들; **c** 섬유질판들(plt)로 이루어진 피각포; **d** 편모털과 편모 확장부를 갖는 환대 편모(fe = 축주가두리); **e** 기생성 *Haplozoon axiothellae*의 연쇄체. cp = 깃모양 구멍, n = 핵, pl = 색소체, plt = 피각판, pu = 수낭, tr = 자포 (a Taylor로부터; b Bristol의 R. M. Crawford의 호의에 의해; c와 d Gaines과 Taylor로부터; e Leander등으로부터: Europ. J. Protistol. 38 [2002] 287). 배율: b 1,000x, e 800x.

는 세포내 벽판은 흔히 세포내 두 개의 피각을 이루어 환대에서 서로 연결된다: 아래 반쪽은 하각(hypotheca)으로 위쪽은 상각(epitheca)으로 불린다. 피막포는 무각 세포에서도 발견된다. 많은 종류가 세포 표면적을 상당히 증가 시킬 수 있는 뿔, 날개, 비늘, 돌기 같은 유사한 갑옷 구조를 보여준다(그림 **81**).

영양세포의 핵은 소위 중핵성(dinokaryon)으로 보통 단수체이고, 과거 원시 특징으로, 현재는 파생형질 또는 부정형적 자가 특성으로 설명되는 어떤 특이성을 보인다: 염색체가 분열간기 일지라도 농축되어 있고, 광학현미경 아래에서도 뚜렷한 구조로서 보인다. 미세구조에서 그들은 섬유소 조성도 보인다. 절대 다수의 다른 진핵단세포와 대조적으로, 염색체는 소수 몇 개의 어떤 복잡한 기본 핵 단백질(histones)을 포함한다. 염색체는 체세포 분열동안 방추사 미세소관과 직접 접촉을 하지 않는다. 그들은 핵막에 접해 있다. 그러나 이러한 핵 특징은 모든 생활주기에 나타나는 모든 와편모류의 전형적인 특징은 아니다. 예를 들면 *Noctiluca*나 *Oodinium*에서는 발견되지 않는다.

색소체 형태는 매우 다양하다. 대체로 그들은 소포체막의 구성 성분(은편모처럼)이 아닌 세겹의 막에 의해 둘러 쌓여 있다. 틸라코이드는 세 개가 하나의 다발을 이룬다. 다른 경우에서 처럼, 색소체는 광합성을 하던 내생공생자의 극도로 퇴화된 흔적으로 보인다. 고대 또는 최근의 세포내 내생체는(그림 **31**):

- 남세균(Phaeosomes: 광체)–예: *Ornithocercus magnificus, Citharistes regius*
- 홍조류(색소체 Peridin을 포함하는 세개의 막을 가진 와편모류) – 예: 담수와 해양의 *Ceratium* 종
- 착편모류 – 예: *Gymnodinium mikimotoi, G. breve*와 *G. galatheanum*
- 은편모류 – 예: *Gymnodinium eucyaneum: G. acidorum*의 절취 색소체
- 담녹조편모류 – 예: *Lepidonium viride, Gymnodinium chlorophorum*
- 규조류 – 예: *Peridinium balticum, P. foliaceum*
- 추정상의 규질편모류(dictyochales) – 예: *Podolompas bipes*

세포 내생자를 유치하는 능력은 종속영양의 태평양산 *Noctiluca scintillans*의 소포내에서 자유롭게 유영하는 담녹조류의 출현에 의해 검증될 수도 있다. 새로운 계통발생학적 분석에 의하면, 특별하게 페르디닌 색소(peridinin)가 없는 몇 분류군이 내생 공생자를 갖는데 오랜 과정이 걸렸다: 첫번째 홍조류, 후에 편모류(또는 규조류, 은편모류, 담녹조류 또는 규질 편모류)의 획득과 소실, 재획득과정은 다단계 세포내 공생자 획득과정을 선호 했음을 반영한다(그림 **31**). 결과적으로 다른 분류군에서 색소와 그들의 분포는 매우 다양하였다: 그외에 엽록소 a와 c_2외에, 전형적인 와편모류 색소들은 베타카로틴 (β–carotene)과 편모 엽황소(dinoxanthin), 엽황소 페리디닌(Xanthophyll peridinin)이 해당된다. 이들 색소들은 와편모류의 전형적인 황–갈색 또는 갈–적색을 만든다. 저장 산물은 녹말, 지방으로 색소체의 바깥에 만들어진다.

어떤 광합성 종류는 많은 종류의 숙주 세포내 공생자, 소위 황록공생조류(*zooxanthellae*)로서 살아간다(예: *zooxanthella, Symbiodinium*). 그들은 갈색을 띄고, 방산충류·유공충류·해면동물·연체동물·해파리·말미잘 등과 특히 산호초 형성 산호충에서 광합성 산물을 만든다. 1998년 엘니뇨 이래, 지구 기후 변화에 의해 이들 공생자들은 주로 돌산호충의 결정적인 훼손과 폐사를 일으키는 산호 백화현상을 통하여 크게 위협 받고 있다. 광합성 속 외에, 많은 종속영양 종들이 *Noctiluca*와 *Protoperidinium* 같은 섭식 영양자로 존재한다(그림 **285**). 다른 것들은 원생생물, 조류, 요각류, 어류의 기생자로 산다 (예: *Blastodinium, Oodinium*). 그들 대부분은 광합성을 하는 페르디닌 색소를 갖는 조상들의 후손으로 여겨진다.

수축포는 안보이나 편모 기저부 옆에 위치 하면서 바깥과 통하는 적당한 크기의 함입부(pusules: 수낭)가 있다(그림 **244**). 그들은 삼투조절 기능을 하는 것으로 보인다. 방추형 자사포(trichocyst)는 강장동물의 자낭의 흔적인 자포(*Polykrikos의* nematocyst)처럼 방출체로 보통 출현한다(그림 **237**). 안점은 몇 분류군에 출현한다: 그들은 형태(하나의 구형, 구의 열이나 층모양)와 위치(색소체의 안 또는 밖)가 다르다. Warnowiidae 한 과에

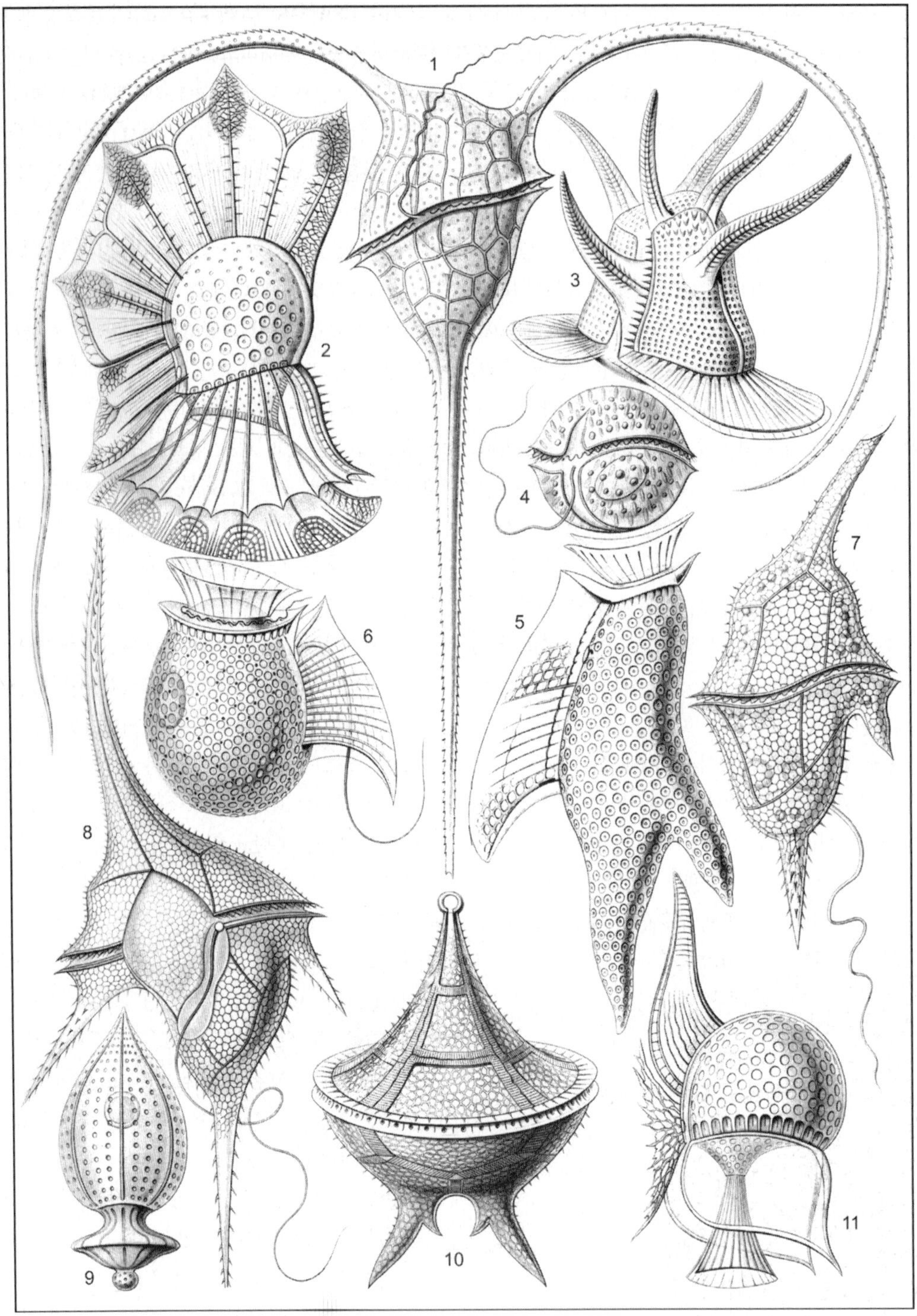

그림 **81** 와편모아문: 유각와편모류(Peridinea)의 형태적 다양성 예. 1 *Ceratium tripos*, 2 *Ornithocercus magnificus*, 3 *Ceratocorys horrida*, 4 *Goniodoma acuminatum*, 5 *Dinophysis homunculus*, 6 *Dinophysis sphaerica*, 7 *Ceratium cornutum*, 8 *Ceratium macroceros*, 9 *Pyrgidium pyriforme*, 10 *Peridinium divergens*, 11 *Histioneis remora* (Haeckel로부터: Kunstformen der Natur. Verlag des Bibliographischen Instituts, Leipzig 1889-1904).

색소체 잔여물이 안점과 유사한 모양으로 나타난다. 그러나 이 구조가 눈 기능을 하는지는 실험적으로 증명된 바가 없다.

와편모류의 생태적 중요성은 긍정적인 면과 부정적인 면에서 매우 크다. 열대 산호초 환경에서 황록공생 조류는 가장 중요한 생산자이다. 연안과 해양에서 적어도 여름동안 이들은 식물 플랑크톤의 기본 구성자로 해양 먹이망에서 중심 역할을 한다. 그러나 이 종류는 소위 적조(또는 갈조)와 같은 수 키로 미터 길이의 띠를 형성한다. 그러한 해양 대증식이 여름동안 대서양의 아프리카 연안, 미국과 일본의 태평양 연안, 유럽의 해안을 따라 용승 지역에서 정규적으로 일어난다. 약 30종(*Alexandrium tamarense, A. catenella, Gambierdiscus toxicus, Gonyaulax tamarense* 그리고 *Gymnodinium catenatum*)이 이온-통로 신경독(예: saxitoxin, brevetoxin 복합체, ciguatera 독)을 만든다. 이들 독은 어류, 패류, 갑각류에 축적되어 때로 해를 준다. 사람들이 이들을 섭취했을 때 심한 마비를 일으킬 수 있다. 와편모류에 의해 일어나는 독은 마비성 패독(PSP)과 시구아 어독이다. 다른 것은 설사독(DSP) 같은 위-장 병을 일으킨다. 특히 종속영양성 *Pfiesteria piscicida*와 관계된 종들에 의해 재해가 일어나기도 한다. 이들은 미국의 대서양 연안을 따라 여러곳에서 국지적으로 출현하였고 조류를 먹고, 수용성 독으로 어류를 죽이는 경골어류의 조직괴사자로 산다. 분비 된 독에 사람들이 에어로졸 상태로 접촉했을 때 기억상실증을 일으킬 수 있다. 그러나 모든 적조가 유해한 것은 아니다: 어떤 대발생은 밤에 바다에서 빛을 내는 인산화 과정으로 자연적 경이로움을 보여주기도 한다. 이러한 종류의 발광은 세포내 구체(발광포)에 위치한 발광효소 시스템(luciferin-luciferase system)에 의해 일어난다. 전형적인 생물 발광 종류는 특히 북해에서 발견되는 종속영양성 야광충(*Noctiluca scintillans*)과 *Gonyaulax*이다.

무수한 와편모류가 휴면포낭(hypnozygotes: 휴면접합자) 형성에 의해 좋지 않은 환경에서 생존한다. 그러한 포낭들은 해저에 싸여, 시생기부터, 더 확실하게는 4억 4천만년 전 실루리아기부터 화석으로 발견된다.

와편모아문은 와편모강(Diniferea)과 공와편모강(Syndinea)의 두 강으로 나뉘어 진다. 와편모강은 전술한 파생 특징(자유생활)을 갖는 반면 공와편모강은 예외없이 피각판 없이 세포내 기생자로 나타난다. 염색체는 히스톤 단백질을 갖고, 유사분열 동안 핵 밖에 중심립과 함께 유사분열 방추사가 형성된다.

예: *Alexandrium, Amoebophyra, Blastodinium, Ceratium, Dinophysis, Gambierdiscus, Gymnodinium, Lepidodinium, Noctiluca, Oodinium, Ornithocercus, Pfiesteria, Podolampus, Prorocentrum, Protoperidinium, Symbiodinium, Syndinium, zooxanthella*

퍼킨슨충아문 Subphylum **Perkinsonzoa** Noreen et al., 1999

퍼킨슨충류는 와편모류와 첨복포자충류의 특성을 결합시킨 것 같다. 그들의 중간 특성을 비교하기 위하여 그들을 같은 아문수준으로 올려야만 된다. 그들의 계통 발생학적 위치는 주로 SSU rRNA 서열과 어느정도 미세구조에 기초하여 세워 졌다. 예를 들면 퍼킨슨충류의 앞 편모는 와편모류의 횡편모와 아주 유사하다: 양자는 한쪽 면에 특별한 갈고리를 가지고 있다. 편모 뿌리의 세밀한 부분이 유사하고, 와편모류의 특별한 폐쇄 유사분열이 퍼킨슨충류에도 일어난다. 첨복포자충류와 유사한 점은 정단복합체(그림 **82**)와 기저체 사이의 특징적인 섬유의 존재이다.

퍼킨슨충류는 콜포드식충류(Colpodellids)와 공통된 많은 특징을 갖는다. 양자의 운동기에는 한 쌍의 앞쪽에 직교하는 편모, 소포형 미토콘드리아 크리스타, 피막포, 미공 등을 가지고 있다. 게다가 양자는 절개형 원추체(Conoid)와 낭상의 방출체 또는 세포의 길이만큼 차지하는 봉상체(rhoptry)등을 가진다. 포식기가 지나면 *Perkinsus*와 *Colpodella*는 편모를 소실하고, 구형으로 되고 큰 중앙 액포가 출현하면서 포낭이 되고 분열한다.

Perkinsus 속 종류는 흔히 연체류에 감염하여 숙주의 아가미, 다리, 위, 간체장, 신장, 생식소 또는 외투막에 눈에 보이는 유백색의 포낭 혹은 결절을 형성한다. 때때로 *PerKinsus*와 혈구가 대량 응집하여 숙주의 호흡, 성장, 심지어 생존을 저해하는 환부를 만든다. 그 결과 어

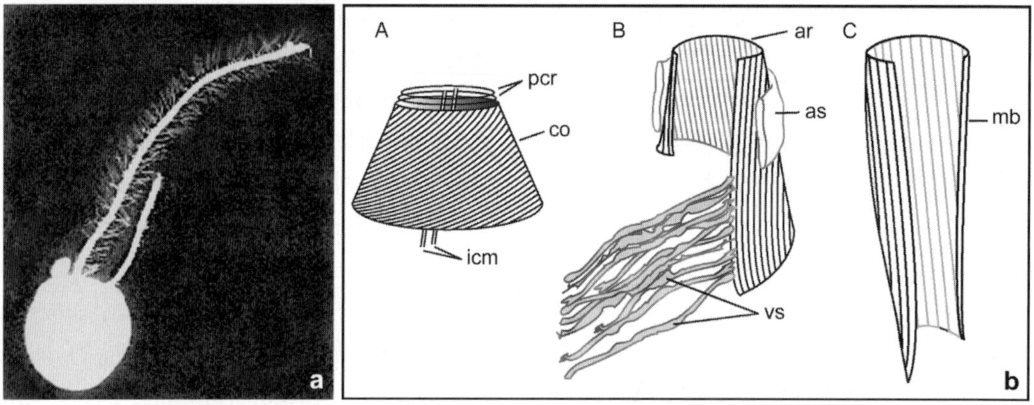

그림 82 피막포문 퍼킨슨충아문: **a** *Perkinsus marinus* 유주자의 전체 마운트 모양; **b** 첨복 포자충류(A), 퍼킨슨충류(B), 와편모류(C)의 정단부 미세소관 구조의 극미세구조 특성. 첨복포자충류의 원추체(A, co)는 지지되는, 완전하게 절두된 원추체를 형성하는 횡으로 꼬인 미세소관들로 만들어졌다. 노출된 정단부 피막포초(as)와 관련 소포구조(vs)에 둘러싸여 있다. *Amphidinium poecilochroum*의 섭식돌기의 미세소관 바구니(mb)(c) (a Gloucester Point의 F. O. Perkins의 호의에 의해, b Siddall등으로부터). 배율: a 4,500x.

패류의 생산(굴의 폐사)에 큰 영향을 준다. 영양체는 굴의 조직내에서 영양적으로 증식하여 몇 번의 내부 세포 분열 후 딸세포를 방출한다. 이들이 자라 분열하여 생활주기를 반복한다. 체외 실험 중, 감염된 연체 동물 조직에서 나온 *Perkinsus* 세포는 증대하여 두꺼운 벽을 가진 전유주자낭(prezoosporangia)을 형성하고, 거기에서 무수한 두 편모 유주자가 분화 형성된다. 자연 생활에서 유주자의 기능은 아직 모른다. 퍼킨슨충류의 *Parvilucifera*속의 한종인 *P. infectans*는 와편모류, 특히 마비성 패독을 일으키는 *Alexandrium*를 감염시킨다.

예: *Parvilucifera, Perkinsus, Rastrimonas*

골포다식충과 Family **Colpodellidae** Simpson & Patterson, 1996

자유 생활을 하는 5종의 *Colpodella* 종(전에 Spiromonas)들은 자유 생활을 하는 다른 원생생물의 탐욕 포식자 이다(그림 **83**). 주둥이를 이용하여 그들은 세포막으로 침투하여 먹이의 원형질 내용물을 천천히 완전하게 먹어 치운다. 앞에 언급했듯이, 모든 *Colpodella*종들은 퍼킨슨충류와 형태적인 특징이 상당히 같다. 그러나 SSU rDNA 분석은 그들을 다른 그룹으로 분리한다. *Perkinsus* 종류는 와편모류의 자매 분류군으로 구분되고, 콜포다식충과는 첨복포자충류의 자매 분류군인 것 같다(표 **11**).

예: 단 한 속 – *Colpodella*

첨복포자충아문 Subphylum **Apicomplexa** Levine, 1970

이전에 소개된 포자충류의 모든 대표종과 같이 첨복포자충 역시 모두 기생충이다. 첨복포자충은 이들이 무성적이고, 운동성이 있고, 퍼져 나가는 시기에 있어서 미세구조의 유사성을 근거로 분류군이 성립되었다. 현재 적어도 4,800종을 포함한다. 대부분은 병원성이 있으며, 많은 종류가 사람과 동물의 건강에 큰 위협이 된다. 많은 경우에 있어 이들은 이중 혹은 삼중의 세대교번을 거치는 시기를 가지고 있으며 (분열생식, 배우자생식, 포자생식, merogony, gamogony, sporogony), 이 세 시기가 전형적으로 감염, 성장, 증식 또는 유성 시기에 각각 해당 된다(그림 **84**). 감염은 포자낭(sporocyst)이나 난포낭(oocyst) 안에 들어있는 포자충이 새로운 숙주에 전달되거나 혹은 매개체(vector)에 의해 이루어진다(그림 **85**). 다른 속에 속하는 종류는 아주 다른 생활주기를 가진다. 이 분류군의 이름을 첨복포자충이라고 붙인 이유는 포자소체(sporozoites)나 분열소체(merozoites)

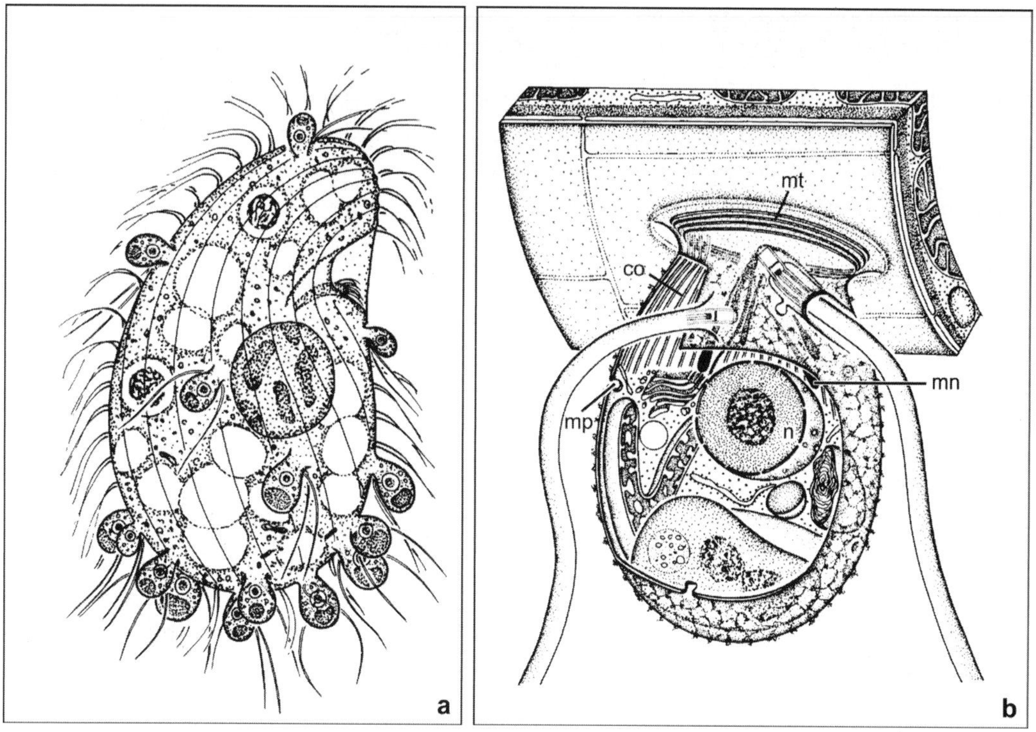

그림 83 피막포문, 콜포다식충과: **a** 자유생활섬모충(*Colpoda*)을 공격할때의 *Colpodella gonderi*(= *Spiromonas*)의 여러 개체들; **b** 원형으로 배열된 정단부 미세소관(mt), 원추체 구조(co), 미세구멍(mp), 미사근(mn)과 핵(n)등의 형태구조의 3차원 모식도 (Foissner와 Foissner로부터: Protistologica 20 [1984] 635). 배율: a 750x, b 7,000x.

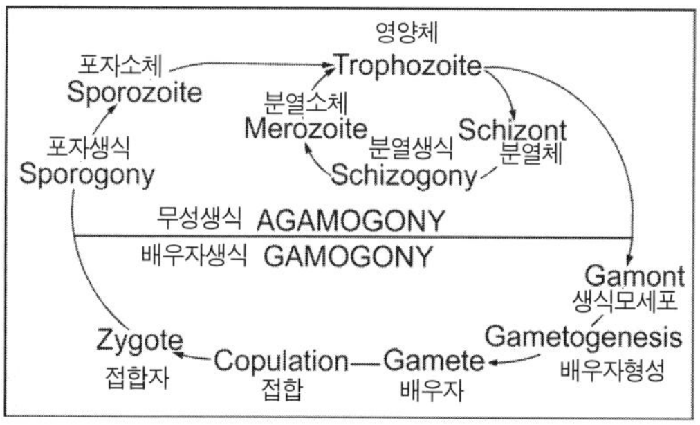

그림 84 피막포문, 첨복포자충아문(Apicomlexa): 세 시기(분열생식기, 배우자생식기, 포자생식기)를 포함하고 있는 첨복포자충 생활사의 예.

의 세포 전단부에 소기관들이 모여 있기 때문이다. 보통 2–20 μm길이의 방추 모양의 포자소체나 분열소체의 첨단구조물은 매우 독특한 형태의 구성요소로 이루어져 있다(그림 **86, 87**):

- 원뿔 모양의 원추체(conoid)는 나선형으로 배열된 미세소관(microtubules)과 흔히 한 쌍의 내미세소관(internal microtubules)으로 구성되어 있다. 보통 하나 (또는) 두 개의 미리 배치된 원추형 고리(conoidal rings)와 함께 길게 연장되어 있다.
- 극단고리복합체(pole ring complex)는 보통 미세소관 형성중심(MTOC)으로 해석되는데 지방막 아래에서 돌출하여 뒤편으로 돌아가는 미세소관으로 구성되어 있다.
- 2개 혹은 8개 병 모양의 분비 소기관은 보통 곤봉체(rhoptry)라고 불리는데, 이것은 극단 고리와 원추체를 통과하며, 그 내용물을 전단부로 분비한다.
- 실 모양의 미세간상체(microneme)는 그물체 체계(dictyosomal system)로 효소가 차 있는 유도체를 대신한다.

더불어 숙주세포를 침입하는 시기에는 세포질 내에 농축 입자를 가지고 있어서 이를 기생충공포(parasitophorous vacuole)로 배출한다. 이러한 정교한 체계 전체는 기생충이 숙주세포를 침입하는데 필요한 침투기관이라고 해석할 수 있다(그림 **87, 88, 98**). 침입에

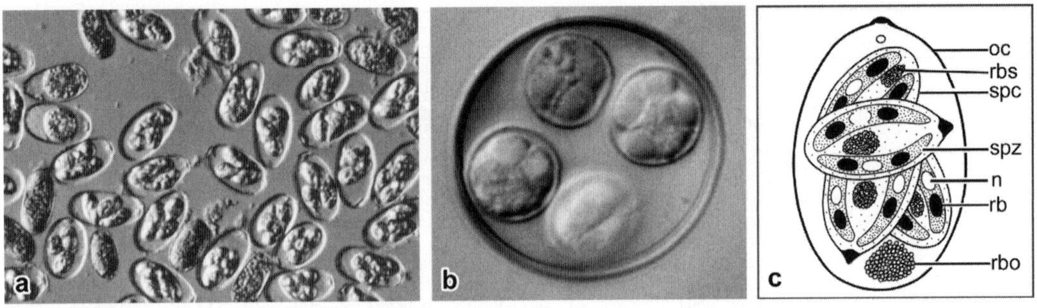

그림 85 첨복포자충: **a** 토끼담도 구포자충(*Eimeria stiedai*)의 난포낭; **b** 도마뱀붙이의 직장으로부터 분리한 구포자충(*Eimeria*) 한 종의 난포낭; **c** 난포낭의 모식도 n= 핵, oc= 난포낭의 외피, rb= 굴절반사소체, rbo= 난포낭의 잔존체(residual body), rbs= 포자낭의 잔존체, spc= 포자낭, spz= 포자소체 (b B. Bannert, Berlin의 승낙). 배율: a 300x, b 1,600x.

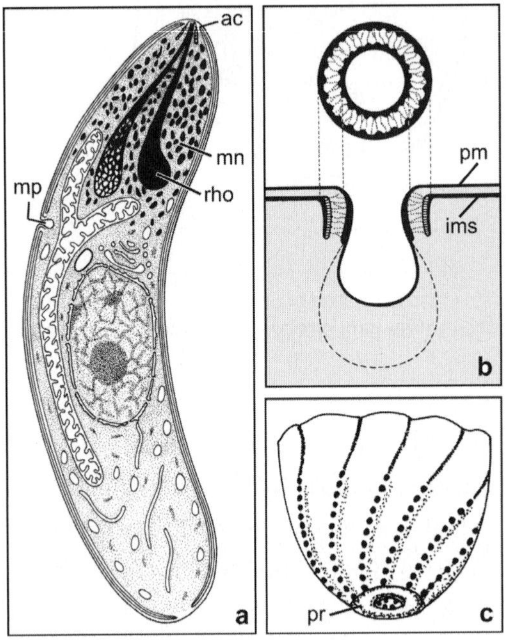

그림 86 첨복포자충: **a** 포자소체, ac= 첨단복합체, mn= 미세간상체, rho=곤봉체, **b** 미세공 횡단면(위)과 종단면(아래). ims= 내막계 (=피막계(alveoli), pm= 원형질막. **c** 극고리(= pr) 를 가진 후단 (a Scholtyseck과 Mehlhorn; b, c Mehlhorn과 Piekarski).

앞서, 숙주세포의 표면에 달라붙는 기생충은 표면항원에 의하여 적당한 숙주세포를 인식한다. 이어 감염성 기생충의 전단이 숙주세포의 세포막을 마주하게 되고, 원추체를 내밀고, 두 세포 사이에 환상의 밀착결합(tight junction)이 형성된다. 이 밀착결합은 침투하는 기생충의 후방으로 움직여 가는 반면 곤봉체(지방과 단백질)와 미세간상체(micronemes)에서 배출된 내용물(단백질)은 침투과정을 손쉽게 한다. 미세소관과 미세잔섬유(microfilaments)는 침입에 필요한 운동에 관여하는 것으로 보인다. 약 10초 후에 기생충은 기생충공포 내에 완전히 둘러싸이게 되고 숙주세포막은 다시 봉합된다. 기생충공포의 세포막은 막내 입자와 숙주세포막의 표지물질이 없기 때문에 다른 세포막과 융합되지 못하는데 따라서 용해소체(lysosome)와 융합되지 못한다. 치밀과립(dense granule)에서 배출된 단백질성 물질은 기생충공포의 막에 합쳐져 소관 막의 돌출부를 형성하는데 참여하고, 이는 공포와 기생충의 세포막을 연결하게 된다.

그렇지만 앞에서 언급한 구성요소들이 모든 현존하는 첨복포자충류에서 (예를 들면 원추체의 이차적인 상실 후) 모두 다 반드시 일어나지 않는다는 점을 기억해야 한다. 또한 세포외 기생충으로 살아가는 몇 종의 원시적인 첨복포자충류들은 첨단복합체(apical complex)를 오직 부착하는 목적으로만 사용한다. 최근 새로운 소기관이 몇몇 첨복포자충 종에서 발견되었는데 이것은 전정색소체(apicoplast)라고 불리는 첨복포자충의 색소체이다(그림 **16**). 이것은 광합성에 이용되지 않으나 기생충의 생존에 필수적이며, DNA를 가지고 있고, 세포분열을 할 때 정교하게 나누어진다. 파동편모충(trypanosomatid)에서도 역시 발견된 또 다른 새로운 소기관으로서 액시도칼시좀(acidocalcisome)이라는 것이 있는데 이것은 산성이면서 고농도의 칼슘, 마그네슘, 나트륨, 아연과 인을 함유하고 있다. 이것은 공포 막에 여러 펌프와 교환기를 가지고 있는데, 이중에 식물과 같이 양자 전류 피로포스파타제(proton translocating pyrophosphatase)도 포함되어 있다.

모든 첨복포자충에서 흔히 피층 구조물의 동일

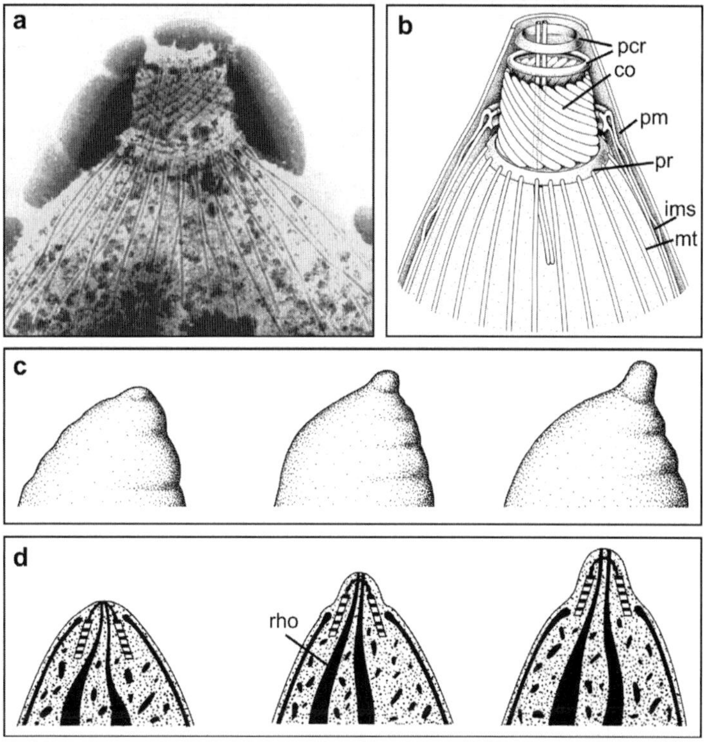

그림 87 첨복포자충: 포자소체의 원추체(conoid) 부분: **a** 원추체 복합체의 총 펼친 모양; **b** 모식도; **c, d** 위에서 본 첨단복합체의 침투 활동과 단면도 co= 원추체, ims= 내막계 (=소포), mt= 미세관, pcr= 전원추체 고리, pm= 원형질막, pr= 극고리와 돌출하는 미세관, rho= 곤봉체 (a Nichols 등: J Protozool, 34[1987] 217; b-d Scholtyseck, Mehlhorn), 배율: a 35,000x.

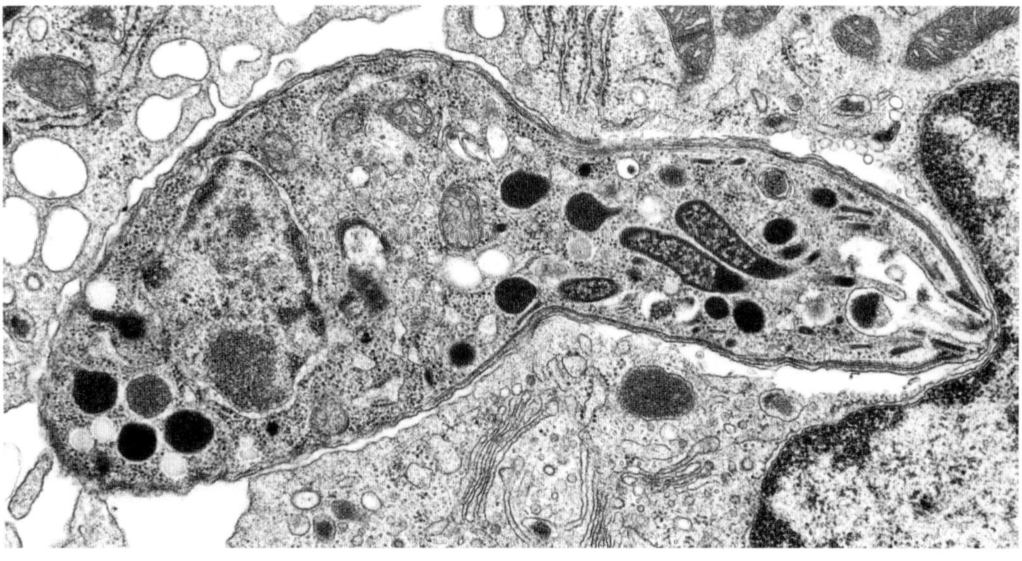

그림 88 첨복포자충: 숙주세포를 침입하는 도중의 톡소포자충의 포자소체 (Nichols와 O'Connor: Lab. Invest. 44[1981] 324). 배율: 20,000x.

한 구성으로 되어 있다. 극단고리복합체에서 생겨난 종주형 미세소관 체계 외에 세 층의 막이 이에 속한다. 즉, 주변세포막과 내막 복합체라고 정의되는 두 개의 아래-원형질막(sub-plasmalemmal membrane)이 그것이다. 이들은 편평한 소수포(vesicular) 혹은 피막포(alveolar) 체계를 이룬다. 이 체계는 와편모류(dinoflagellate)의 소수포나 섬모충의 피막포와 구조적인 상동 기관으로 해석된다. 이것은 전단이나 후단에서 세포외배출(exocytosis)이나 혹은 측면에서 세포내섭취(endocytosis)를 위해 필요한 틈새를 빼고는 세포질을 거의 완전히 둘러싼다. 하나 혹은 그 이상 측면 세포막의 함입을 세공(micropore)라고 부른다. 전자밀도가 높은 물질들로 되어 있는 한두 개의 깃이 측면 함입의 목을 둘러싸고 있다. 세공의 기능은 액체를 수용체매개 세포내섭취(endocytosis) 기작에 의하여 먹이를 취하는 것이다. 안으로 들어온 소포들은 클라스린 단백질이 피복하게 된다.

첨복포자충의 생활사는 상대적으로 복잡하다. 일반적이고 단순화한 변태의 양식은 아래와 같다(그림 **89**): 하나의 핵을 가진 포자소체(sporozoite)는 감염 과정을 시작하는데 이는 감수분열에 의해 분체되는 증식과정(포자생식; sporogony)의 결과로 생긴다. 새 숙주의 장관 내에서 포자소체가 나와서 상피세포를 침입하고 성장한다. 가장 간단한 예에서는 이들이 바로 생식모세포(gamont)로 발육한다. 이들은 생식세포(gamete)가 되기 전까지 반복하여 분열하며, 세포융합에 의해 접합체(zygotes)가 생성된다(배우자생식; gamogony). 이러한 두 시기의 세대교번(metagenesis)을 거쳐서 다시 접합체로부터 반수의 염색체를 가진 포자소체의 새로운 세대가 생겨난다.

더 고도로 진화한 속에서는 포자생식과 배우자생식 사이에 중간기를 추가로 무성분열시기(분열생식; schizogony)가 채우고 있는데 무수히 많은 분열소체를 생성하게 된다(그림 **90**). 이 시기는 포자소체가 분열체(meront)로 분화하는 것으로부터 시작된다. 이들은 숙주세포 내에서 커다란 다핵세포나 혹은 다염색체를 지닌 세포로 자라는데, 보통 그들의 첨단복합체가 작아지는 특징이 있다. 그 이유는 부가적으로 세공이 생기고 또는 후에 먹이를 취하기 위한 세포입 구조물(oral apparatus)이 생기기도 하기 때문이다. 이 성장기의 끝에는 세포질이 다수로 나누어진 분열체(schizont 또는 meront)가 생겨난다. 이 분열체는 다시 첨단복합체를 가지고 있어 숙주세포를 공격하고 영양형으로 자라나 결과적으로 숙주에 심한 기생충혈증을 일으키게 된다. 분열체는 또한 배우자생식 시기의 시작 시점에서 역시 영향을 끼쳐서 숙주 바꿈과 흔히 연결되어 있다. 배우자생식은 대부분 이형수정(oogamy)의 형태로 일어난다. 이것은 암생식모세포(macrogamonts)로부터 유사분열이 중간에 일어나지 않은 상태로 직접적으로 암생식자(macrogametes)로 변형이 일어나는 것과 또한 숫생식자(microgametes)가 숫생식모세포(microgamonts)로

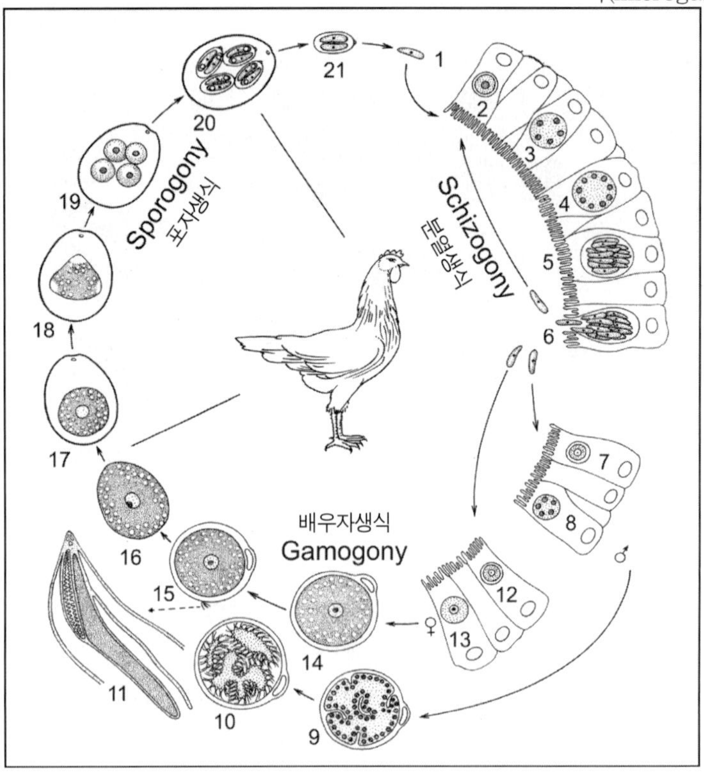

그림 **89** 첨복포자충: 막시마구포자충(*Eimeria maxima*)의 생활사. 1 포자소체에 의한 숙주의 감염, 2-6 닭의 장상피에서의 분열생식, 7-15 배우자생식, 12-14 암생식자의 발달, 8-11 숫생식자의 발달, 16 접합체(난포낭), 17-20 난포낭의 외피 내의 포자발생(sporogenesis), 21 두 개의 포자소체가 들어있는 포자낭 (Grell에 따라).

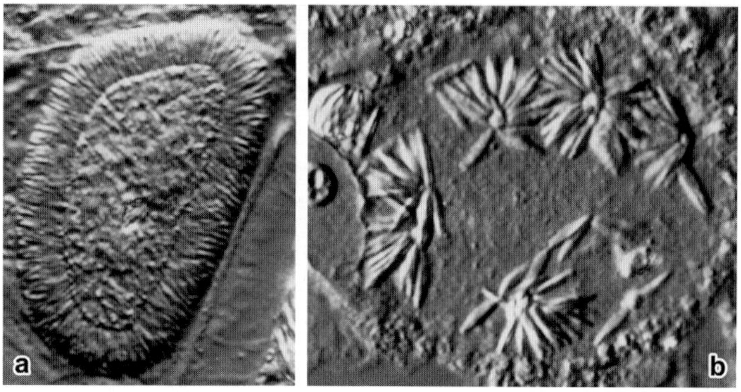

그림 90 첨복포자충: 카나다구포자충(*Eimeria canadensis*)의 초기(**a**)와 후기(**b**) 분열생식 (Muller 등: J. Protozool. 20 [1973]293). 배율: a 800x, b 1,000x.

부터 몇 차례의 부차적인 분열에 의해 생기는 예들에 의하여 설명된다. 분명한 세포학적인 특성이 생활사의 각 단계를 특징짓는다(그림 **303**).

첨단복합체는 꼭 포자생식이나 분열생식 중에 생성된다. 그래서 포자소체나 분열소체에서만 특징적인 모양으로 나타난다. 포자생식은 반수체(haploid) 상태를 복귀하는 역할을 하고, 또한 유사분열을 통하여 가능한 새로운 숙주 내에 보다 효과적으로 자리잡도록 한다. 분열생식과 배우자생식 중 분체하는 것은 생식세포나 접합체의 숫자, 결과적으로 난포낭에까지 영향을 미치게 되고 새로운 감염의 확률을 높이게 된다.

첨복포자충류의 계통분류는 현재 논의 중이다. 3개의 강(Gregarinea, Coccidea, Haematozoea)으로 나누는 것을 일반적으로 선호한다. 앞의 두 그룹은 원추체목(Conoidasida, 잘 발달된 원추체가 있음)으로 묶기도 하는 반면, 혈포자충강은 일반적으로 원추체가 없으므로 무원추체목(Aconoidasida)으로 부르기도 한다.

족포자충강(簇胞子蟲綱) Class Gregarinea Dufour, 1828

1,465 종을 포함하고 있는 이 분류군의 가장 중요하고 기본적인 특성은 암수 생식모세포가 공히 다수 분열을 하여 거의 같은 숫자의 생식세포를 형성한다는 점이다. 생식세포는 모양이 다를 수도 있고(이형접합, anisogamy), 비슷한 모양일 수도 있다(동형접합, isogamy). 원래 생식세포는 각자 상호 독립적으로 발육한다. 그러나 보다 고도로 진화된 분류군에 있어서는 각자의 성장하는 시기를 마치기 전에 융합하여 연접체(syzygy)를 생성하고, 공동의 피막을 분비하여(생식모세포 포낭, gamontocyst) 포낭형성을 후에 한다(그림 **91a**). 생식모세포생식(gamontogamy) 후에는 생식세포와 접합체가 형성된다. 접합체로부터 난포낭이 아니라 포자낭이 형성되는데 이는 흔히 4-16개의 반수체를 가진 포자소체를 포함하고 있다.

영양형 시기는 포자소체로부터 시작되는데 자라서 큰(가끔 10 mm 길이까지 되기도 하는) 생식모세포를 형성한다. 그들은 보통 전형적으로 미끄러지는 운동성을 보이는데, 미세잔섬유에 의해 강화된 무수히 많은 종주형 표면 주름에 의해 촉진된다(그림 **269**). 생식모세포는 보통 2개의 부분으로 이루어져 있다. 전방의 전절(protomerite)과 후방의 후절(deutomerite)이다. 후방의 것이 더 크고 핵이 있다. 이 두 부분은 고리모양의 고랑(furrow)에 의하여 서로 나뉘어져 있다. 전절의 전단부는 보통 특수한 부속물을 가지고 있는데 선절(epimerite) 또는 단절(mucron)이라고 하며 이는 원추체에 의하여 형성된다. 선절은 다양한 구조로 되어 있다(그림 **91b**). 이는 이 생물이 숙주의 상피세포에 꼭 부착하는데(anchor) 쓰인다. 이는 연접을 형성한 후 버려지는데, 뒷쪽 세포(satellite)의 전절이 앞쪽 세포(primite)의 후절에 부착할 때이다. 초기 발육시기를 제외하고는 족포자충은 거의 대부분 세포외 기생충이다. 이들은 예를 들어 체절동물(articulate), 패류, 극피동물, 강장동물 등의 장이나 체강 내에서 기거한다. 가장 중요한 숙주는 절지동물이다(그림 **92**). 그러나 병적인 영향은 단지 소수의 곤충에서만 알려졌다. 숙주를 바꾸는 일은 일어나지 않는다. 분류체계는 세 개의 집단 (Archi-, Eu-, Neogregarinida)을 포함하는데 이는 생식모세포 포낭의 유무와 간극(septation)과 선절의 형태에

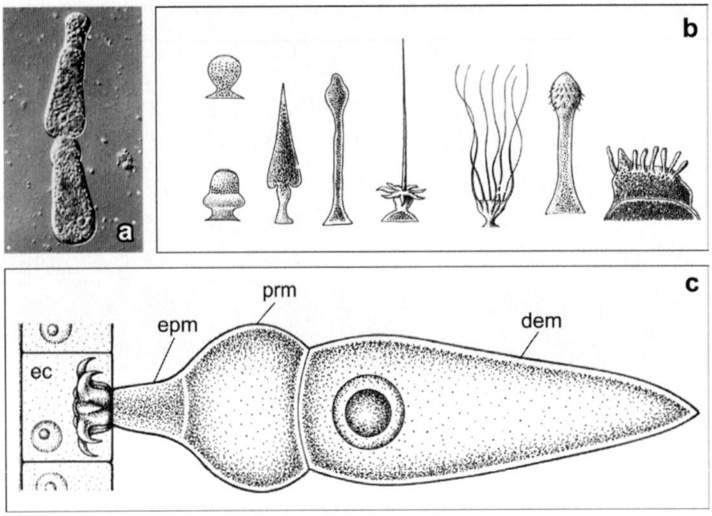

그림 **91** 첨복포자충:
족포자충강(Gregarinea): **a** 연접체(syzygy)를 형성하는 생식모세포의 쌍; **b** 선절(epimerite)의 여러 형태들; **c** 선절(epm), 전절(prm), 후절(dem)의 전형적인 모양과 선절에 의한 상피세포(ec) 세포내 부착 양상 (b, c는 Léger로부터), 배율: a 85x.

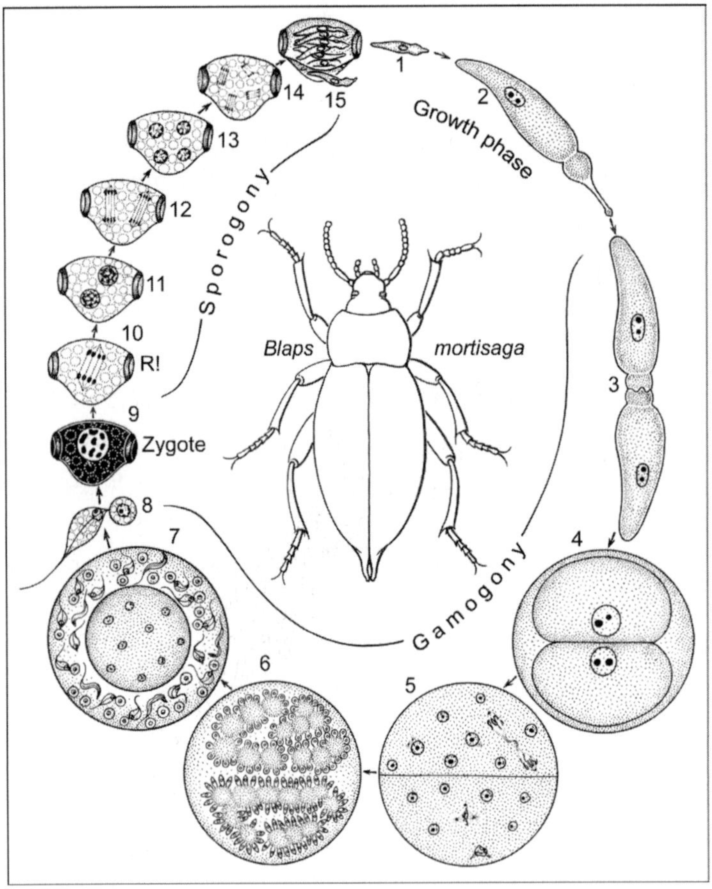

그림 **92** 족포자충강: *Stylocephalus longicolis*의 생활사. 딱정벌레(*Blaps mortisaga*)의 장(1-4)과 숙주 밖(5-14)에서의 발달. 구강으로 섭취한 포자, 포자소체(1)는 중장에서 나오는데 여기서 생식모세포(2)까지 자란다. 성숙한 생식모세포는 그들의 선절을 벗어버리고 서로 쌍을 이룬다(3). 생식모세포 쌍은 보통 낭외피(cyst envelope)로 그들을 둘러싼다(4). 생식모세포낭은 딱정벌레의 분변과 함께 체외로 나온다. 생식세포를 형성하기 전(6, 7)에 각 생식모세포에서 핵의 수가 증가한다(5). 나머지 세포질 덩어리는 막으로 한정된 잔존체를 형성한다(7). 생식세포는 서로 융합하여(7, 8) 접합체를 만드는데 이는 동전-지갑 형태의 포자로 발달한다(9). 첫 번 포자생식 분열(10)은 염색체 수의 감소를 가져온다. 결국 여덟 개의 포자소체가 형성된다(11-15). 발육 시기가 각기 다른 배율로 그려져 있다. 단지 접합체(진하게 그려진)만 이배체이다 (Grell에 따라).

관한 세포학적인 세밀한 구조 등에 의해 나누어진다. Eugregarines과 달리 Archi- 와 Neogregarinida(schizogregarine)은 분열생식에 의하여 기본적으로 세포내에서 발육한다. Archigregarines은 바다에 서식하는 벌레의 기생충이며, Neogregarines은 주로 곤충에 기생한다.

예: *Gregarina, Mattesia, Monocystis, Selinidioides, Stylocephalus, Theydleckia*

구포자충강 Class **Coccidea** Leuckart, 1879

구포자충류의 생활사는 여러 가지 면에서 족포자충류와 다르다. 이들의 암생식모세포는 숫생식모세포와 달리 분열 시기가 없으며 바로 난포낭으로 발육한다. 세 개의 편모(triflagellate)를 가진 숫생식자는 전형적으로 숫생식모세포로부터 생겨난다(그림 **89**). 접합체는 접합체포낭(zygotocyst)(난포낭)을 만들고 보통 포자생식을 하는 동안 분열하여 4–32개 혹은 그 이상의 포자모세포(sporoblast)가 된다. 포자모세포는 보통 개별 외포(포자낭, sporocyst)를 형성하며 유사분열을 통하여 2–8개의 포자소체를 생성한다.

원구포자충목(Protococcida)에 속하는 몇 가지를 제외하고는 구포자충류는 대부분 숙주세포 내 기생체로 발육한다. 목(order) 아래의 분류는 생활사의 차이로 나누어진다. 특별히 더 고도로 진화한 집단에 있어서 가장 중요한 분류학상의 특징은 포자낭 내 포자소체의 수와 더불어 난포낭 내 포자낭의 숫자이다.

무성구포자충목 Order **Agamococcida** Levine, 1979

분열생식과 배우자생식을 하지 않는다. 숙주에 감염이 된 후 포자소체는 쌍을 이루어 접합체로 융합된다. 이들은 바다거미류와 자포동물류(cnidarian)에서 발견된다.

예: *Rhytidocystis, Gemmocystis*

원구포자충목 Order **Protococcida** Kheisin, 1956 (Coelotrophiida)

이 분류군에 속하는 것들은 분열생식 시기를 거치지 않는다. 영양형(trophont)은 생식모세포와 같이 세포외 기생충으로 성장한다. 이들은 바다거미류의 장이나 체강에서 산다.

예: *Eleutheroschizon, Grellia*

아델구포자충목 Order **Adeleida** Léger, 1911

족포자충류와 같이 아델구포자충류의 생식모세포의 변태는 매우 밀접한 상호 관계(연접 형성)가 관여한다. 그러나 생식모세포는 크기가 다르고 따라서 분명히 암생식모세포 또는 숫생식모세포로 구분이 된다 (성적 이형성, dimorphism). 숫생식모세포는 암생식모세포와 측방으로 접합하여 2–4개의 숫생식자를 생성한다. 분열소체는 분화가 일어나기 전에 한 차례 혹은 여러 차례의 분열생식을 거친다. 분열모세포(meront)의 첫 번째 형태는 커다란 분열소체를 만들고, 두 번째 것은 작은 분열소체를 만드는데 이것은 생식모세포의 원조(progenitor)로 보인다.

단숙주 혹은 복숙주를 거치는 생활사가 있다. 많은 복숙주성 종에서 무척추동물 종숙주나 매개체가 아직까지 확인되지 않았다. 아델구포자충류는 특히 무척추동물(선형동물, 거미류, 절지동물, 패류, 별벌레(sipunculid))의 장상피, 샘조직 그리고 지방세포에 기생한다. *Haemogregarina* 속의 몇 종은 어류와 양서류의 혈구에 기생하여 가끔 상업적인 손실을 입힌다. 숙주를 바꾸는 중에 거머리나 진드기와 같은 흡혈동물에 의하여 전파된다. *Klossia*속의 종들은 포유동물의 콩팥에서 발견되기도 한다.

예: *Adelea, Haemogregarina, Karyolysus, Klossia*

구포자충목 Order **Eimeriida** Léger, 1911

구포자충목(Eimeriida)에서 발육의 특징은 암생식모세포와 숫생식모세포(연접이 없음)가 따로 분화하는 것이다. 숫생식모세포는 언제나 많은 수의 숫생식자를 형성한다. 접합체는 대부분의 경우 운동성이 없다. 포자생식은 두 시기를 거친다. 첫 번째는 난포낭을 형성하여 포자모세포를 생성하는 것이고, 포자소체를 포함한 포자낭을 생성하는 것이 뒤따른다. 아델구포자충류보다 난포낭 안에 포자낭/포자소체의 숫자가 적게 형성된다. 속(genera)은 숙주의 교환의 유무에 따라 서로 구분되는데 아직 많은 속들의 분류학적 근연관계가 확실하지 않다.

구포자충 속에 속하는 450여종 이상의 종 (난포낭 당 4개의 포자낭, 한 포자낭 당 2개의 포자소체, 그림 **89**)과 동포자충(*Isospora*) 속 (2개의 포자낭, 포자낭 당 4개의 포자소체)은 한 숙주 내에서 발육하고 (단숙주

생활사), 보통 숙주특이성이 매우 강하다. 이들은 분변을 통해 전파되고 다음 숙주로 입을 통해 들어간다. 난포낭이나 포자낭의 두 개의 외피는 숙주 밖에서 포자생식을 할 수 있게 할 뿐만 아니라 건조에 대하여 충분한 저항을 할 수 있게 보호한다. 이로서 난포낭이 수개월 동안 감염력을 유지할 수 있게 해 준다. 복숙주성 종에 있어서도 마찬가지인데, 이들은 임의로 혹은 필수적으로 숙주를 바꾼다 (톡소포자충 *Toxoplasma*, 근육포자충 *Sarcocystis*, *Frenkelia*).

톡소포자충의 경우 (2개 포자낭, 각 포자낭 당 4개 포자소체) 고양이가 종숙주이다. 모든 3개의 발육시기가 장상피에서 이루어질 수 있다(그림 **93**). 다른 고양이만 아니라 잡식 혹은 채식동물도 난포낭을 구강으로 섭취함으로 감염될 수 있다. 고양이의 먹이가 되는 생물 만 아니라 사람도 중간숙주가 될 수 있다. 포자소체는 장상피세포를 터트릴 수 있으며 특별히 림프계 세포로 침입한다. 이후 이분열(내부출아법 endodyogeny)에 의해 수많은 기생원충이 생겨나 기생충공포 혹은 세포내낭포(pseudocyst) 내에서 발견된다. 감염이 진행된 후에는 뇌나 근육에 숙주와 기생충 사이에 강화된 벽이 생긴 조직낭(tissue cyst)이 생긴다. 이 안에 수많은 바나나 모양의 낭분열소체(cystomerozoite)를 포함하고 있는데 이 역시 내부출아법에 의해 생성되며 휴면기에 해당한다. 조직낭에 감염되어 있는 근육을 다른 중간숙주가 먹게 되면 이 내부출아법이 다시 시작된다. 그러나 분열생식을 계속한다고 하더라도(그림 **94**) 생활사는 완결되지 않으며, 반드시 이 세포내낭포나 조직낭이 종숙주(고양이를 말함)의 장에 이르러야 배우자생식이 일어난다.

보통 고양이의 변이나 날고기에 의하여 사람이 감염되더라도 성인에 있어서는 림프선염 정도 이상 거의 별

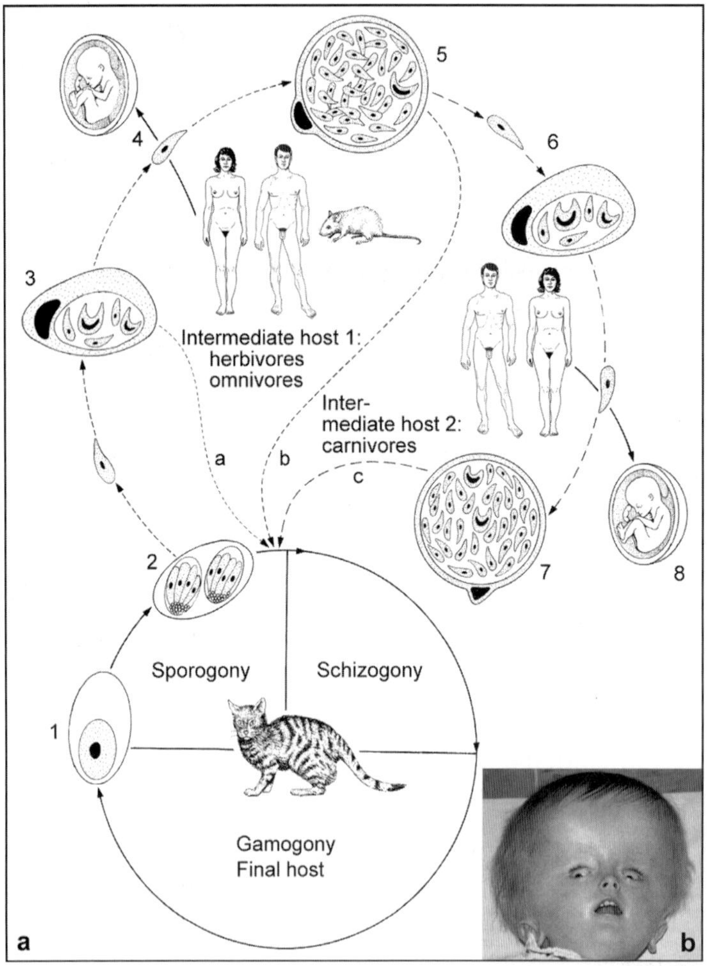

그림 **93** 첨복포자충, 구포자충(Coccidea): **a** 톡소포자충의 생활사. 1 고양이의 분변으로 나온 포자 형성이 되어 있지 않은 난포낭; 2 두 개의 포자낭의 발육, 각 포자낭 안에 4개의 포자소체가 형성되어 있는데 이들은 중간숙주의 장에서 나온다.; 3 분열소체로 차 있는 세포내 세포내낭포의 형성; 4 세포내낭포에서 터져 나온 분열소체(빠른분열소체, tachyzoite)는 태아 감염을 일으키거나 근육이나 뇌조직 안에서 낭내소체(cystozoite, 느린분열소체(bradyzoite))가 들어 있는 저항성이 있는 조직낭(tissue cyst)을 형성한다(5); 6 시기(3-5)의 반복, 그러나 육식 숙주 안에서는 조직낭을 형성하거나(7) 태아에 선천성 톡소포자충증을 일으킨다 (8); 고양이에서 난포낭 변환의 기간(배우자생식)은 감염 경로에 좌우된다. (a) 세포내낭포를 섭취한 후 9-11일 (b) 조직낭(제1형)을 섭취한 21-24일 (c) 조직낭(제2형)을 섭취한 3-5일; **b** 선천성 톡소포자충증에 의해 뇌수종증이 일어난 생후 14개월 된 여아 (a Mehlhorn; b Simon과 Jänner에 따라).

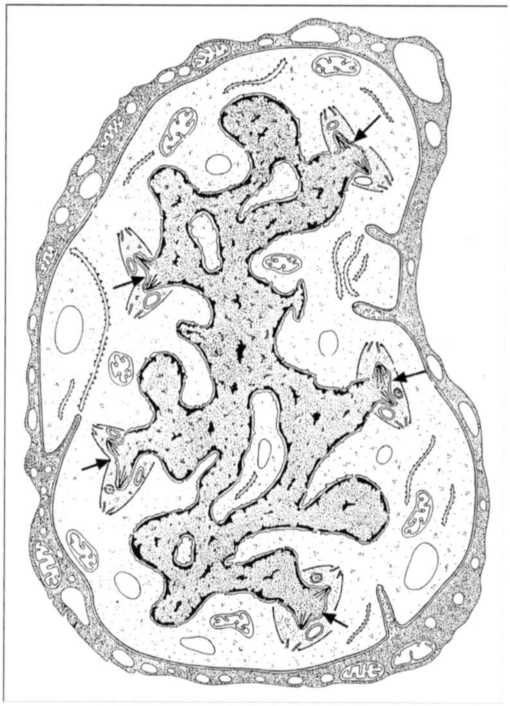

그림 94 구포자충: 돼지근육포자충(*Sarcocystis suihominis*)의 분열생식. 화살표는 첨단복합체의 복제를 보여준다 (Heydorn과 Mehlhorn: Zentralbl. bakt. Mikrobiol. Hyg. 1. Abtl., Orig. A, 240[1978]123).

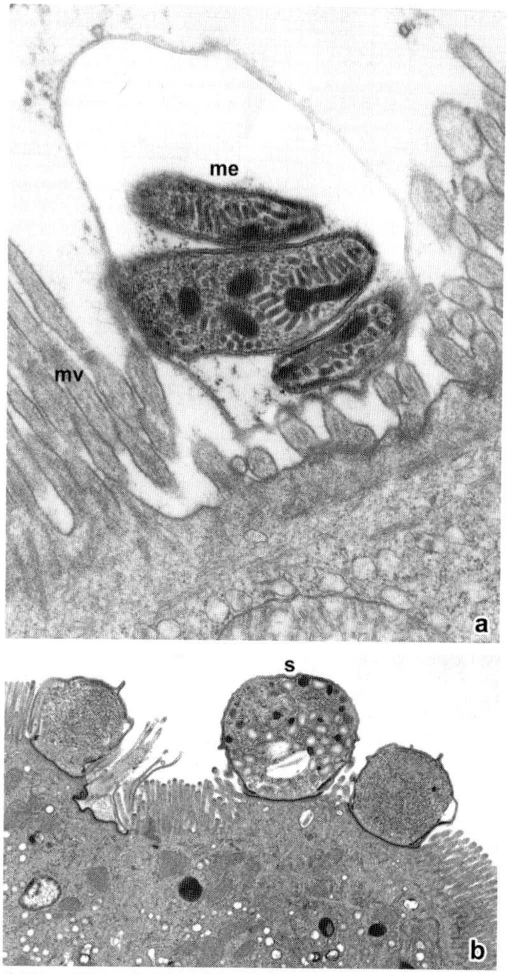

그림 95 구포자충: 작은와포자충(*Cryptosporidium parvum*)의 미세구조: **a** 쥐의 장 상피의 융모(mv)에 부착된 공통된 덮개 안에 있는 3개의 분열소체(me); **b** 부착된 분열소체(s)가 있는 장 상피세포 (H. Mehlhorn, Düsseldorf의 승낙; b C. Pearson과 S. Tzipori, North Grafton의 승낙) 배율: a 20,000x, b 4,500x.

다른 병적 증상이 나타나지 않는다(성인 톡소포자충증). 그러나 태반 감염이든지 혹은 가능한 제3의 경로로 태아에 감염이 되면 심각하거나 치명적인 감염(선천성 톡소포자충증 혹은 유아톡소포자충증)이 일어난다. 이러한 종류의 톡소포자충증은 임신 중 최초로 감염이 되어야만 일어난다. 임신 첫 3개월 이내에 감염이 되었을 때는 유산이 될 수 있지만 임신이 진행되면 차차 태아에게 덜 위험해 진다. 그러나 어린아이 때에 뇌수종, 뇌석회화, 맥락망막염 등이 발생할 수 있다.

필수적으로 숙주를 바꾸어 감염되는 종류가 있는데 근육포자충, *Aggregata*, *Frenkelia* 종을 들 수 있다. 이런 경우 먹이동물(혹은 도살되는 초식동물)이 중간숙주 역할을 할 수 있다. 배우자생식과 포자생식은 오직 육식동물이나 잡식동물(사람, 육식짐승, 육식조류, 뱀, 두족류)에서 일어날 수 있으며 병적인 증상은 보통 잘 나타나지 않는다. 먹이와 육식동물(predator) 혹은 중간숙주와 종숙주 간의 생태학적인 관계가 보통 이들 종의 과학적인 이름을 짓는데 역할을 한다(예: *Sarcocystis suihominis* (돼지-사람), *S. equicanis* (말-개), 혹은 *S. ovifelis* (소-고양이). 분열생식 동안에 보통 단일 혹은 다염색체의 거대핵을 가진 영양형이 증식하여 분열소체가 생겨나고, 또 다른 단계의 분열생식이 시작한다. 두 번째 세대의 분열소체를 근육포자소체(metrocyte)라고 부르는데, 이것이 근육을 침입한다. 숙주세포에서 이들은 내부출아법에 의해 다세포의 크고 육안으로 관찰이 가능한 조직낭을 형성한다.

작은와포자충(*Cryptosporidium parvum*)은 (신생) 동물이나 사람에서 설사병을 일으키는 중요한 원인으로 인식되고 있다(그림 95). 완전한 생활사는 포유류의 장에서 일어난다. 생활사와 분열소체와 포자소체의 자가 감염이 매우 빠르기 때문에 수일 내 엄청나게 많은 원인체가 장내에서 불어날 수 있다. 와포자충은 세계적으로 강과 호수를 오염시키는 흔한 원인체이고 두터운 세포벽을 가진 난포낭은 음용수를 처리하는 공정에서 염소소독에 저항성을 보인다. 와포자충증은 심한 면역결핍이 있는 사람에게 치명적임이 증명되었다.

예: *Cryptosporidium, Eimeria, Frenkelia, Isospora, Sarcocystis, Toxoplasma*

혈포자충강 Class **HAEMATOZOEA** Vivier, 1982

혈포자충류의 포자소체와 분열소체의 첨단복합체는 간소화되어 있다. 때로는 원추체나 원추체고리체계가 없는 경우도 있다. 어떤 종의 경우 단지 운동접합체(ookinete)가 원추체를 가지고 있을 뿐이다. 그래서 어떤 학자는 이 집단을 Aconoidina 또는 무원추체목(Aconoidasida)으로 부른다. 포자낭은 운동성이 있는 접합체 (= 돌아다니는 접합체, kinete, 운동접합체)로부터 생겨나지 않으며 포자소체가 직접 생긴다. 따라서 포낭 시기는 억제되어 있으며, 감염형은 침과 같은 액체 환경에서 중간숙주로 옮겨진다. 혈포자충강은 혈액기생충으로 척추동물(중간숙주)과 절지동물(종숙주)과 같이 반드시 숙주를 바꾸어 가며 살아간다. 혈구포자충목(Haemosporida)과 이형열원충목(Piroplasmida)은 종숙주와 중간숙주의 차이에 근거하여 나누어진다.

혈구포자충목 Oder **Haemosporida** Danilewsky, 1885

혈구포자충(haemosporidian)의 포자소체는 흡혈 쌍시류곤충(dipteran)에 의하여 옮겨지는데 그들의 타액과 함께 중간숙주로 주입된다. 파충류, 조류, 포유류 (대부분 설치류와 영장류)가 의학적으로 매우 중요한 말라리아를 일으키는 기생충인 열원충(*Plasmodium*)의 중간숙주 역할을 한다. 얼룩날개모기(*Anopheles*), 숲모기(*Aedes*), 집모기(*Culex*) 등의 모기가 종숙주의 역할을 하는데 이들 안에서 배우자생식과 포자생식이 일어난

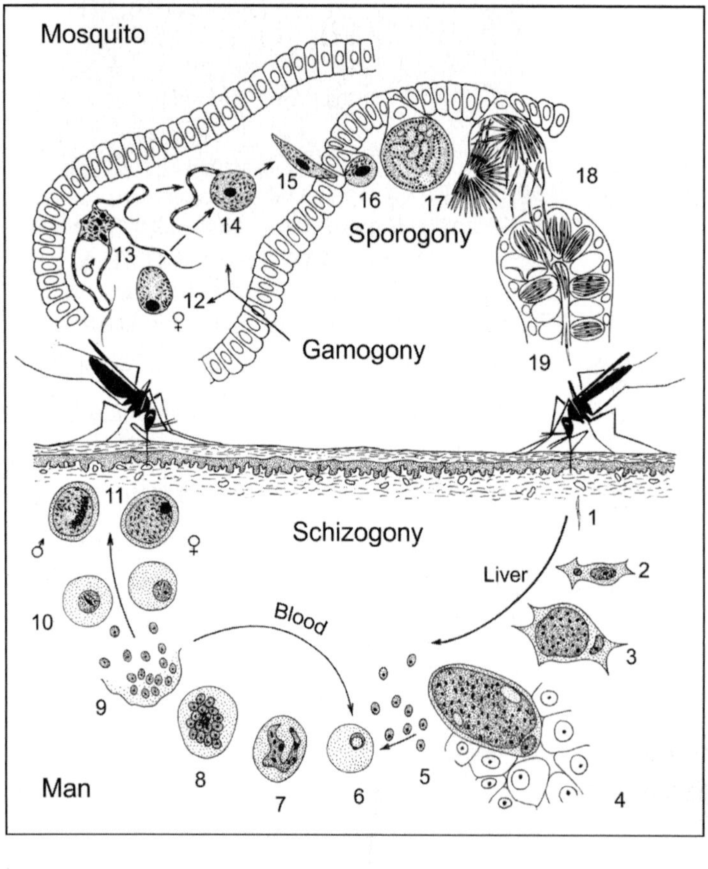

그림 96 첨복포자충, 혈구포자충(Haematozoea): 삼일열원충(*Plasmodium vivax*)의 생활사. 사람에서의 시기: 1-5 간유조직에서의 분열생식, 6-9 적혈구 내 분열생식, 10-11 생식세포의 형성; 얼룩날개모기 안의 시기: 12 암생식자 변환, 13 숫생식자의 형성, 14 수정, 15 운동접합체(ookinete) 16-18 포자생식, 19 포자소체의 침샘으로의 이동 (Grell에 따라).

다. 열원충의 포자소체가 감염의 첫 단계로 간 유조직세포를 공격한다(그림 **96**). 간세포에서 커다란 (1 mm까지) 분열체(schizonts)로 발육한다. 이들은 수천 개의 분열소체(일차적으로 혹은 적혈구외 분열생식을 통하여)를 생성할 수 있다. 일부 포자소체는 간세포에서 휴면소체(hypnozoite)가 되어 휴지 상태로 남아 있다가 수년이 지난 후 다시 활성화되어 재발을 일으킨다. 감염의 두 번째 단계로 분열소체가 적혈구를 침입한다 (그림 **97**, **98**). 적혈구 내에서 분열생식에 의하여 수가 불어나는데 이 단계는 작은 수의 딸분열소체(daughter merozoite)를 생성하는 점에서 (이차 혹은 적혈구내 분열생식) 앞에 기술한 것과 다르다. 수일 후에는 적혈구내 분열이 동시성을 지니게 되어(synchronized) 중간숙주는 주기적인 기생충의 공격으로부터 고통을 받게 된다. 기생충공포 내에 위치한 분열소체는 혈색소를 취함으로서 단백질을 충분히 얻게 되는데, 이는 미세공(micropore)을 통한 식작용(phagocytosis)으로 이루어진다. 공격한 적혈구를 용해시키게 되면 세포 조각과 소화가 덜된 잔여 물질(소위 색소 또는 hemozoin)들이 나타난다. 이것들이 특징적으로 간헐적인 열발작의 원인이 된다 (말라리아, paludism). 중간숙주 내에서 약 10일 정도가 지난 후에는 첫 번째 암수 생식모세포가 분열소체로부터 발육한다. 그러나 모기의 장으로 전달되기 전에는 배우자생식이 일어나지 않으며, 생식세포(gamete)를 생성하지 않는다. 암생식자는 편모를 가진 숫생식자에 의하여 수정이 되고, 생성된 운동접합체는 모기의 장조직을 침투하는데 이곳에서 장세포에서 생성된 층에 의하여 둘러싸이게 된다. 이렇게 얇은 벽을 가진 난포낭은 포자소체가 발육하는 곳이며 외피를 뚫고 나온 후에는 감염형이 되어 혈림프를 따라 모기의 침샘으로 이동한다. 이러한 발육은 최저 섭씨 16도 이상은 되어야 완전하게 이루어지기 때문에 말라리아는 대부분 지구상의 따뜻한 지역에서 발생한다. 현재 대략 160 가지의 알려진 열원충의 종 중 사람이나 동물(epizootic)의 건강에 있어 중요한 것은 겨우 11종 정도이다. 표 **12**에 사람에 있어 중요한 4가지 종의 몇 가지 특징을 설명하였다.

말라리아 (구 이탈리아어로 mala aria = 나쁜 공기)는 대부분의 사하라사막 이남의 아프리카, 중동, 남아시아, 동남아시아, 오세아니아, 아이티, 중남미와 멕시코 일부, 북아프리카, 그리고 도미니카 공화국에 유행하고 있다. 전부 합쳐서 이 병은 100개국 이상에서 발생하고

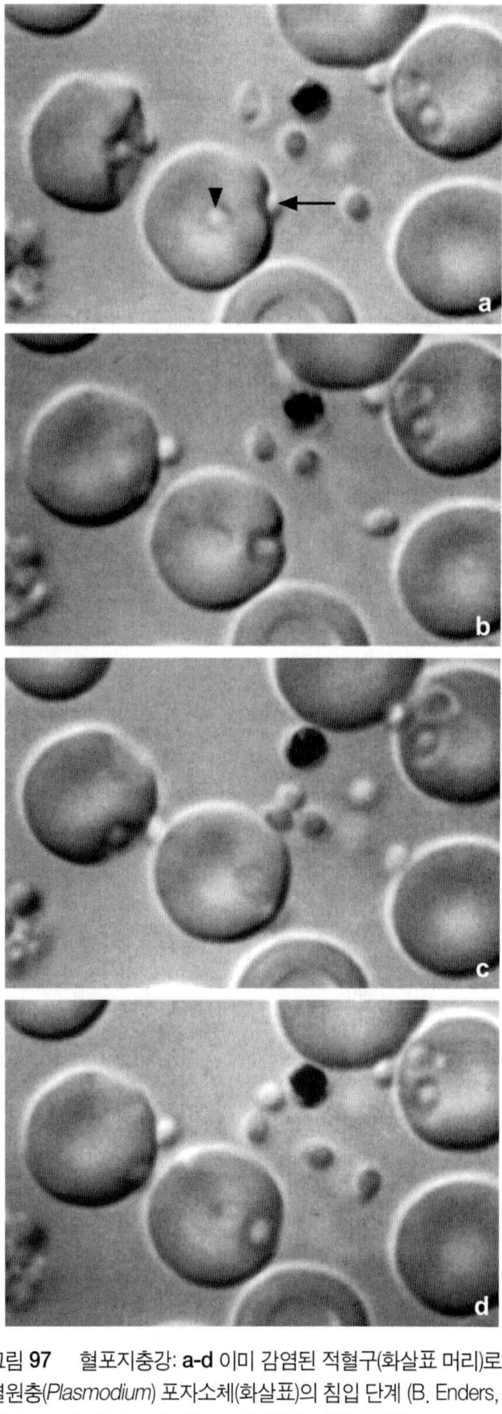

그림 **97** 혈포자충강: **a-d** 이미 감염된 적혈구(화살표 머리)로의 열원충(*Plasmodium*) 포자소체(화살표)의 침입 단계 (B. Enders, Marburg, G. Kerlen, Göttingen의 승낙). 배율: 4,000x.

종	말라리아 종류	잠복기간	발열 주기	사망률
삼일열원충(*P. vivax*)	삼일열 말라리아	8-16일	48 시간	-
난형열원충(*P. ovale*)	삼일열 말라리아	약 15일	48 시간	-
사일열원충(*P. malariae*)	사일열 말라리아	20-35일	72 시간	+/-
열대열원충(*P. falciparum*)	열대열 말라리아	7-12일	불규칙	+

표 12. 사람에 병원성이 있는 열원충(*Plasmodium*) 종들의 특성.

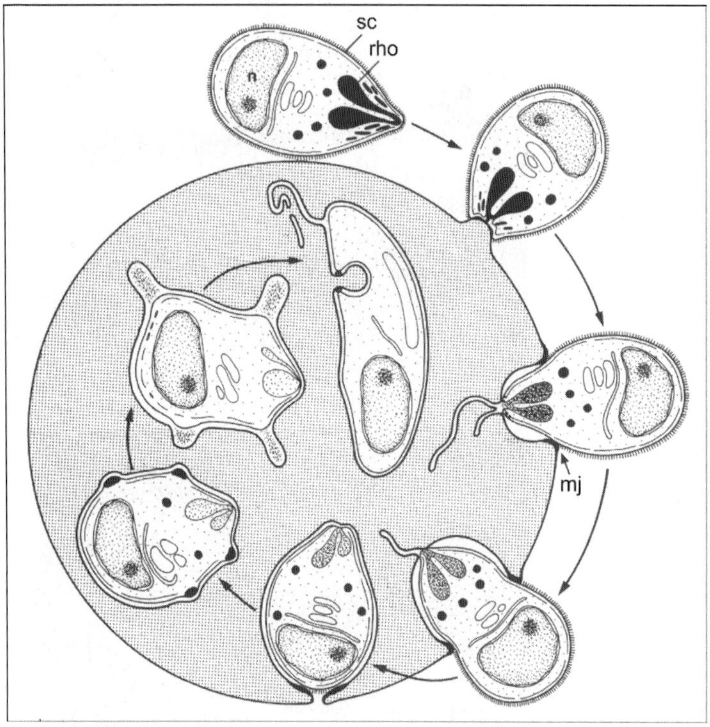

그림 98 혈포자충강: *Plasmodium knowlesi*의 분열소체가 침입하고 있는 적혈구 내에서 변환의 모식도. mj= 침입하는 기생충에 대해 뒤로 밀려나 움직이는 접합부. n=핵, rho= 소실의 여러 단계에 있는 곤봉체, sc=표면 껍질 (Bannister에 따라).

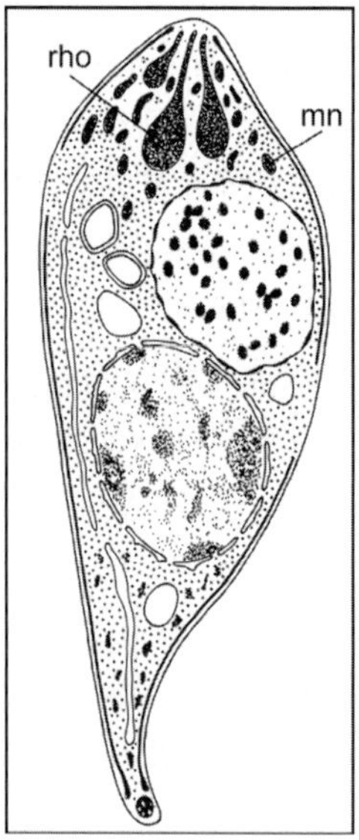

그림 99 혈포자충강: 텍사스바베스열원충(*Babesia bigemina*), 원추체가 없는 적혈구 내의 분열소체; mn=미세간상체, rho=곤봉체 (Scholtyseck에 따라). 배율: 14,000x.

있다. 가끔 온대지역에서도 발발하는데 300년 전에는 큰 유행이 북극지역까지 확대된 바 있었다. 오한을 동반한 열(cold fever), 간헐적인 발열, 늪지열(말라리아), 혹은 Butjadinger Seuche등이 이를 지칭한다. 중부 유럽에서도, 즉 네덜란드나 독일 사람도 연안과 늪지대 근처에서 감염되었다. 이 질병은 아마도 삼일열원충(*P. vivax*)에 의한 것이었으며 유행병(epidemic) 양상을 보였다. 1858년에서 1869년 독일의 빌헤름스하벤 항구를 건설하는 동안 약 18,000명이 감염되었다. 20세기에 이르기 전까지 말라리아는 온대지역과 지중해 지역 등에서는 늪지대의 물을 뺀다든지 기피제를 사용한다든지 혹은 모기에 대한 살충제를 사용함으로서 관리되었다. 그러나 말라리아 유행 중심지는 전형적인 말라리아 만연지역을 다녀온 감염자들에 의하여 다시 생겨나곤 하였다. 독일에서 1996, 1997년 사이에 유입 말라리아 환자의 수는 약 2,000명에 달했다.

말라리아는 아직도 열대의 연안지역에 흔하며, 증가하는 경향을 보이기도 하는 중요한 감염병이다. 말라리아는 치료에 저항성을 보이는 열대열원충(*P. falciparum*)으로 진화하고, 또한 불충분한 저항력을 가진 주민이 존재함으로서 계속 유지되고 있다. 현재 3억에서 5억 명의 사람들이 악성말라리아의 증상으로 고통받고 있다. 세계보건기구에 따르면 아프리카에서 매년 5세 미만의 아이들 중 약 백만 명이 말라리아로 사망한다고 하며, 세계적으로는 2백만 명에 달한다고 한다. 자연적으로 얻어지는 획득면역은 서서히 불완전한 정도로 생겨나는데, 이는 단지 감염이 흔히 일어나는 유행지에서만 나타날 뿐이다. 백신 개발에 큰 노력이 경주되고 있는 중이다.

예: *Haemoproteus, Leucocytozoon, Plasmodium*

이형열원충목 Order **Piroplasmida** Wenyon, 1926

이형열원충(Piroplasmida)은 전세계적으로 분포하고 있는데, 이들의 포자소체와 분열소체에 있어서 원추체와 부분적으로 극고리(pole ring), 또 피층아래 미세소관, 미세간상체 혹은 곤봉체가 아주 퇴화된 형태로 존재하든지 아니면 완전히 잃어 버렸다. 난포낭, 포자, 혹은 세포내낭포(pseudocyst)와 편모를 가지고 있는 단계도 역시 없다. 이들은 냉혈이나 온혈 척추동물의 림프구, 적혈구, 혹은 다른 혈액 또는 조혈세포에 기생충으로 살아간다. 그러나 어떤 색소도 내보내지 않는다. 다분법으로 분열(분열생식)하는 외에 이분법으로 분열하기도 한다. 배우자생식을 할 때, 무편모의 숫생식자가 나타난다. *Entopolypoides macaci* 종의 영양형의 경우 세포막에서부터 유래한 유축위족(axopodia) 모양의 돌출물이 편모의 역할을 하기도 한다.

생활사는 혈구포자충과 유사하다. 알려진 바에 의하면 참진드기(Ixodidae)의 타액을 통하여 중간숙주로 옮겨진다. 진드기의 장상피 또는 침샘의 소포(alveoli)에서 배우자생식과 포자생식이 완성된다. 어떤 *Babesia* 종의 접합체는 진드기의 침샘만 아니라 다른 기관도 침입한다. 난소와 알이 침범된 경우에는 새끼에게 새로운 경란형 전파의 길이 열린다. 이런 방법으로 전혀 흡혈을 한 적이 없는 아주 어린 약충(nymph)도 매개체의 역할을 할 수 있다. 참진드기는 결과적으로 이러한 위험한 능력을 가지고 있으므로 수의학과 의학에서 중요한 해충으로 간주될 수 있다. 예를 들어 텍사스열(Texas fever)은 소에서 텍사스바베스열원충(*Babesia bigemina*)에 의해 일어나는데 사망률이 50%에 이르기도 한다(그림 **99**). 세 종의 바베스열원충 – 쇠바베스열원충(*B. bovis*), 분기바베스열원충(*B. divergens*), 쥐바베스열원충(*B. microti*)

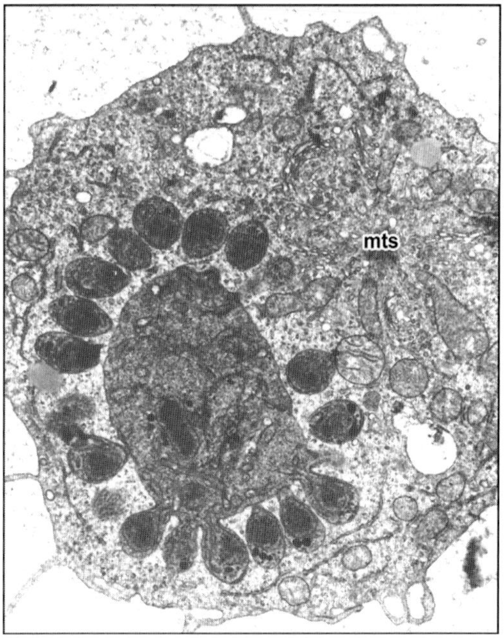

그림 100 이형열원충목: 소 림프구 안에 있는 *Theileria annulata* 분열체 내의 분열소체. 기생충의 존재에 의해 자극받아 분열하는 조직 세포. mts= 유사분열 방추체 (H. Mehlhorn, Düsseldorf의 허락), 배율: 5,700x.

– 은 사람에 감염되어 후천성면역결핍증이 아니더라도 심각하거나 치명적인 병을 일으킨다.

반추동물은 말라리아를 일으키는 열원충에 대하여는 면역성이 있는데, 적어도 몇 종의 이형열원충(*Babesia*)은 반추동물에서 열원충(*Plasmodium*)에 해당하는 생태적 지위(niche)를 차지하고 있다고 일반적으로 추측하고 있다. 이것은 사실로 범안열원충(*Theileria*)(그림 **100**) 속은 소, 양, 염소에 위험하거나 치명적인 감염인 범안열원충증(theileriosis)을 일으킨다고 알려져 있다 (동아프리카연안열 혹은 지중해연안열).

예: *Babesia, Dactylosoma, Piroplasma, Theileria*

섬모충아문 Subphylum **Ciliophora** Doflein, 1901(ciliates)

이 분류군은 전에는 Ciliata(perty, 1852) 또는 Infusoria(Bütschli, 1887)라 불리었다. 이 분류군에는 현재 형태구조나 생활주기에 있어 공통의 특성을 보이는 8,000종 이상이 속한다. 전형적인 무수한 섬모(그림 **101**)외에 세가지 일반적인 특성이 있다: (1)표피층의 구

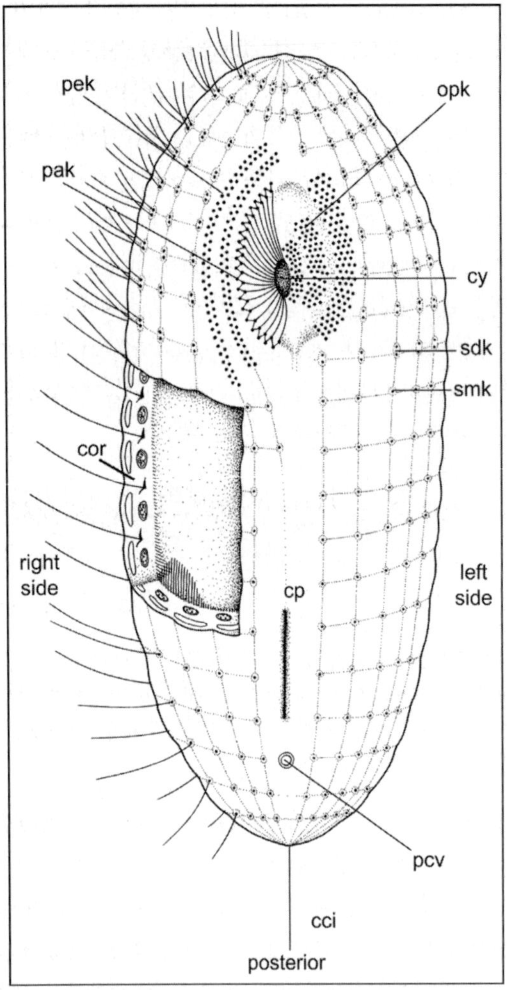

그림 101 피막포문, 섬모충아문: 이상적으로 그린 섬모충류의 복부 특징. cci = 꼬리섬모, cor = 피막포, 미토콘드리아, 근섬유 네트워크를 가진 피층부. cp = 세포항문 또는 배출구, cy = 세포입, op = 구부 겹 섬모근계, pak = 입측면 섬모열, pcv = 수축포 구멍, pek = 입주변 섬모열, sdk = 체 쌍모근계, smk = 체 단모근계 (Lynn과 Small로부터).

조 (2)두가지 형태의 핵의 출현 (3)생활주기의 유성생시기 동안 독특한 접합(conjugation) 현상. 단지 이들 특성의 결합으로 섬모충류는 단일 계통 발생 분류군으로 정의 된다고 강조할 수 있다.

표피층(표피질 또는 피층으로 칭하기도 함, 그림 **102, 103**)은 개별 종들의 형상을 비교적 안정적으로 유지하게 한다. 약 1–4 μm의 총 두께에, 그것은 두가지 성분 또는 층으로 구성한다: (1)피막(pellicle)과 (2)소위 섬모하구조(infraciliature)를 함께 형성하는 섬모의 뿌리구조(Kinetid, 모근계), 그 외 추가적인 구조 특성이 있을 수 있다.

피막(pellicle)에 세포막(원형질막)과, 또한 일부에 세포의 성분으로 주변질막(perilemma)이 속한다. 섬모 가까이에 음작용 활동 장소로 보이는 함입부(부체낭, parasomal sac)가 규칙적으로 배열되어 있다. 피막포 시스템은 원형질막 바로 아래에 있다. 이들 편평한 주머니는 모자익 모양으로 배열되어 있다. 이들은 거의 항상 종 특이적 배열을 보인다. 몇 경우에 단백질 판(*Euplotes*, 그림 **104**)이나 석회성 다당판(*Coleps*, 그림 **134**)이 피막포의 내부 성분으로 나타나고 피층질을 견고하게 한다. 또한 이들은 이온 조절에 중요한 역할을 한다. 넓은 의미의 피막은 피막포 아래에 단백질 층인 표층세포질(epiplasm)을 포함하고, 또한 표층 세포질에 평행하게 배열된(표층 세포질의 위와 아래) 미세소관의 세로띠를 포함한다(그림 **105**). 이들 두 구성 성분은 피층의 형태 형성 과정에 역할을 하고 안정화 기능을 한다.

섬모하구조의 기본구조는 모근계(Kinetids)이다. 거기에는 기저체인 모근체(Kinetosome)와 몇 개의 소뿌리 구조와 관련된 하나, 둘, 또는 다중 구성으로 결합되어 고급구조 복합체에 연결되어 있다(Somatic monokinetids: 체섬모 단일모근계, somatic dikinetids: 체섬모 쌍모근계, Oral polykinetids: 입 겹모근계). 각 모근체가 그 자신의 섬모를 가질 필요는 없다. 관련된 뿌리 구조는 대부분 앞쪽으로 향한 섬유사 소단위로 구성된 운동근섬유(Kinetodesmal fibril), 측면에 위치한 횡미세소관다발(transverse microtubules), 세포의 뒤쪽 끝 사선으로 향한 후향섬모미세소관다발(postciliary microtubules)로 구성된다(그림 **106**). 체섬모 모근계의 개별 구조의 크기, 형성, 기원은 계통 분류에서 중요하다. 해당 강(class)들은 고유의 전형적인 구조를 가지고 있다(그림 **115**).

모근체는 흔히 기저미세소관다발, 후향섬모미세소관다발, 운동근섬유 등에 의해 서로 연결되고 모근체 또는 섬모(출현 시)는 정확하게 세로 배열로 형성한다. 따라서 운동에 쓰이는 체섬모는 세로 섬모열(kineties)로 배열한다. 이 규칙적인 분포는 단지 입주변에서 입

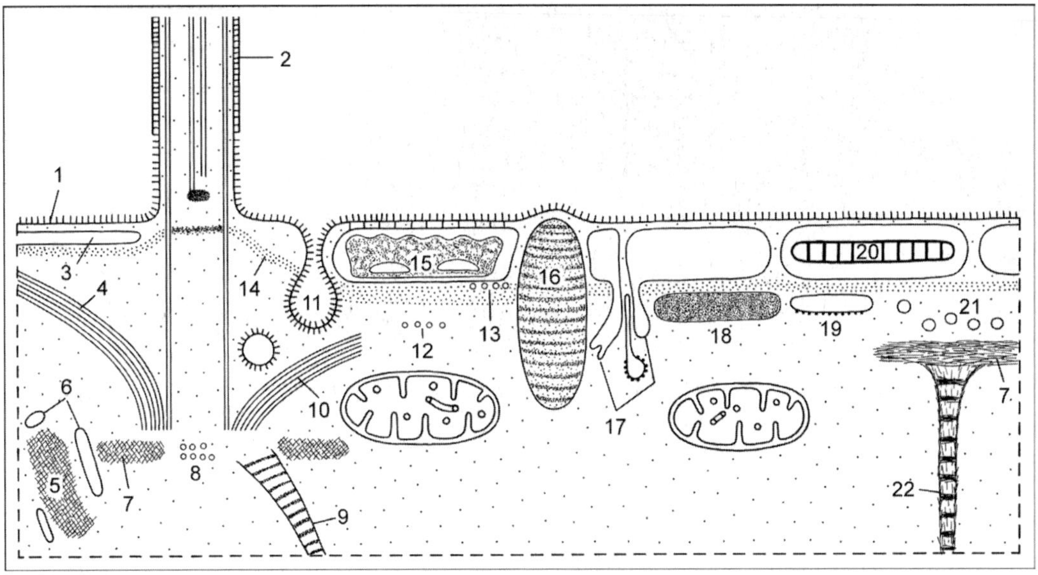

그림 **102** 섬모충아문: 섬모충류의 표피층 구조의 일반 모식도: 1 원형질막, 2 상피막, 3 피막포, 4 후향미세소관다발, 5 미사근, 6 소포체의 시스터나, 7 근섬유층, 8 모근아래 미세소관, 9 운동근섬유다발, 10 횡미세소관다발, 11 부체낭, 12와 13 세로 미세소관, 14 표층세포질, 15 피막포 석회판, 16 방출체, 17 포상포낭, 18 다당류판, 19 조면소포체의 시스터나, 20 피막포 당단백판, 21 과립들, 22 횡무늬 근섬유다발 (Bardele로부터).

주변섬모열(perioral kineties)에 의해 변형된다(그림 **107**). 어떤 특별한 경우에 섬모 그룹들은 서로 매우 밀집하나 결합의 표시는 없다(그림 **108**): 단 하나의 예외는 *Glaucoma ferox*에서 막형 섬모의 끝이 형태적으로 특별한 구조로 겹쳐 연결된다. 섬모들은 모여서 극섬모(cirri; 棘纖毛), 또는 평평하게 퍼져 막구조를 하는 섬모막(membranelles)을 형성한다. 극섬모는 걷는 운동을 위한 수족 같은 소기구로 쓰이고, 섬모막은 먹이 입자의 와류를 일으켜 먹이를 모아 먹는데 쓰인다.

피층은 다른 세포 소기관도 둘러싼다. 방출체(extrusomes), 수축 미사근(myonemes), 미토콘드리아, 시스터나(cisternae), 여러 종류의 액포 등이 여기에 포함된다. 피층과 세포 내질 사이에 경계가 생기면 십자형 섬유다발의 평평한 층이나 망상층이 생긴다. 피층질의 고도로 조직화 되고 세밀한 망 구조는 그것의 수축성에 영향을 안주나 보통 외부 환경과 물질 교환을 저지한다. 많은 섬모충류의 복부 표피에 보다 긴 봉합선(sutur)이 존재하며 물질 유출입에 쓰인다. 이 부분에 보통 섬모충류는 흔히 길게 함입된 입구멍이 있고, 그 바닥에서 섭식과 식포를 형성한다. 유사한 방법으로, 원형질막과 액포막의 결합을 포함하는 뚜렷한 구조적 복합체가 세포의 배출을 위하여 존재한다: 입자 먹이 잔류물 배출을 위한 하나의 세포항문(cytoproct, cytopyge)과 액상 내용물 제거를 위한 하나 또는 그 이상의 수축포(contractile vacuole) 구멍이 존재한다. 피층의 특별한 구조는 세포 분열면이 정상적으로 섬모열 방향에 직각적으로 일어나는데 영향을 준다. 이 과정 동안 분열세포후반부(opisthe)가 새로이 입부분을 만들고, 분열세포전반부(proter)는 새 세포 항문 부분을 만든다.

피층의 복잡한 구조가 광 현미경에서도 은침투 염색법의 도움으로 알 수 있다(그림 **109**). 이런 방법에 의해 피막이나 모근계 구조의 요소들이 실제 보여지는게 항상 뚜렷한 것은 아니지만, 그 결과가 재생될 수 있고 종 특이적으로 나타난다. 아직도 계통분류학과 형태형성 연구는 은선계(silver line system)분석 방법에 의존하고 있다(그림 **110**). 그러나 피층의 완전한 복잡성은 초박편의

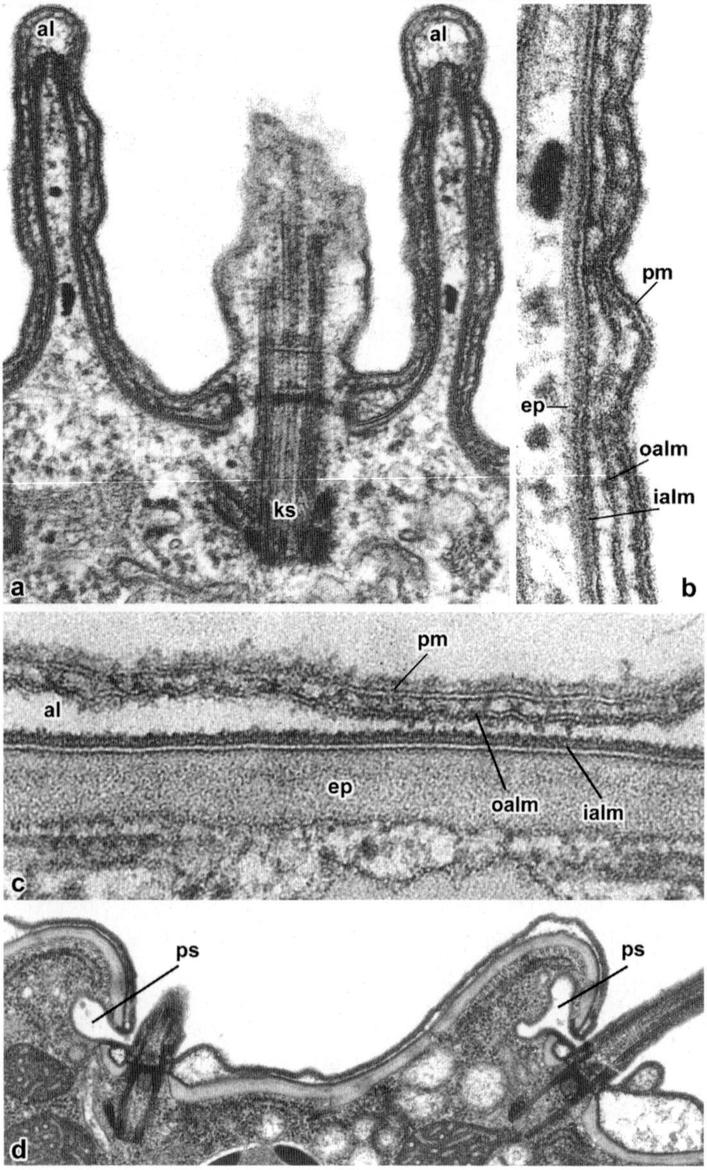

그림 103 섬모충아문: 짚신벌레(**a, b**)와 *Pseudomicrothorax*(**c, d**)의 표피. al = 피막포, ep = 표층세포질, ialm = 피막포 내막, ks = 모근체, oalm = 피막포 외막, pm = 원형질막, ps = 부체낭. 배율: a 50,000x, b 150,000x, c 160,000x, d 25,000x.

전자 현미경적 연구에 의해 밝혀 질 수 있다: 피층 구조의 매우 정확한 3차원 재현이 몇 종에서 이루어지고 있다(그림 **106, 111, 215**).

섬모구조 또는 섬모하구조와 별개로, 섬모충류의 뚜렷한 특징은 이형핵의 출현이다. 하나 또는 그 이상의 체세포 핵(macronuclei; 대핵)이 존재하고, 하나부터 여러 개의 생식핵(micronuclei; 소핵)이 존재한다(그림 **112**). 소핵은 2배체성이고 비교적 작다(약 2-5㎛). 반면에 대핵은 그들의 고도로 증폭된 유전 인자로 훨씬 크고 다형체적이다(그림 **113**). 대핵은 RNA 합성 장소이고, 정상적 세포 생리 대사기능을 맡고 있다. 그러나 소핵은 유전자 재조합 장소이다. 대핵의 형상은 매우 다양: 둥근형, 가지형, 진주끈형, 심지어 파편 조각형도 존재한다. 단지 소핵만이 정규 유사분열이나 감수분열을 한

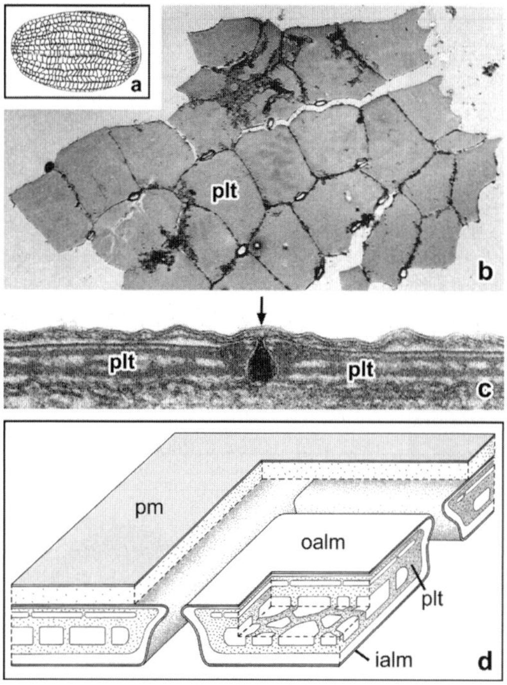

그림 **104** 섬모충아문: euplotid 섬모충류의 피막포 판. **a** 은선계; **b** 원형모양의 분리된 피막포 판; **c** 두 피막포 경계(화살표)에 위치한 피막포 판(plt) 단면; **d** 표피부 모식도. ialm = 피막포 내막, oalm = 피막포 외막, pm = 원형질막 (Hausmann과 Kaiser로부터: J. Ultrastruct. Res. 67 [1979] 15). 배율: a 250x, b 2,220x, c 85,000x.

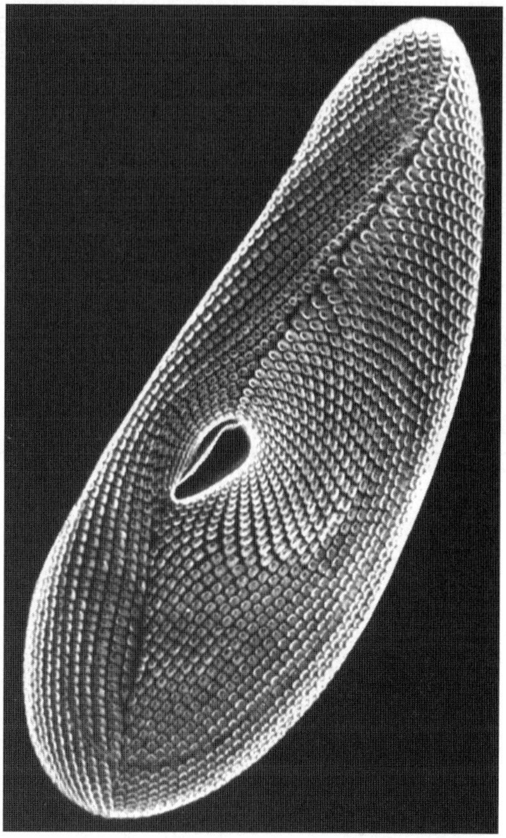

그림 **105** 섬모충아문: 면역형광 공초점 현미경을 통해 본 짚신벌레의 표층 세포질성 단백질 판(Jeanmaire등으로부터: Europ. J. Protistol. 29 [1993] 311). 배율: 600x.

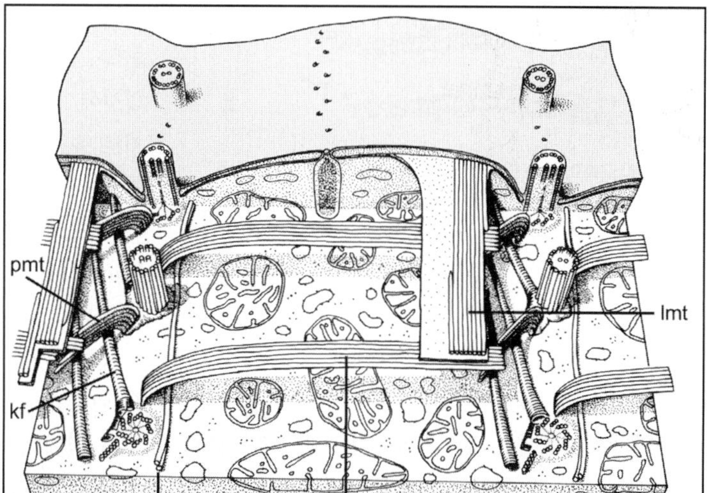

그림 **106** 섬모충아문: *Tetrahymena*의 모근체의 뿌리구조. bmt = 기저부 미세소관, kf = 운동근섬유다발, lmt = 종미세소관 다발, tmt = 횡미세소관 다발 (Allen으로부터).

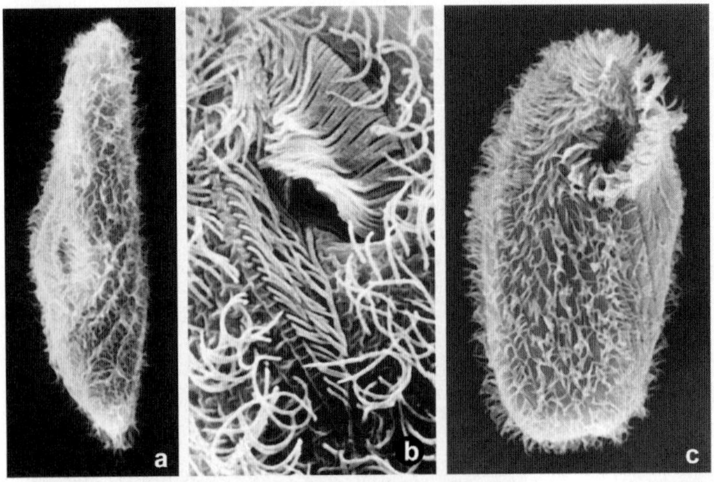

그림 107 섬모충아문: 짚신벌레(**a**), *Frontonia*(**b**), *Climacostomum*(**c**)의 섬모 배열. 배율: a 270x, b 1,400x, c 200x.

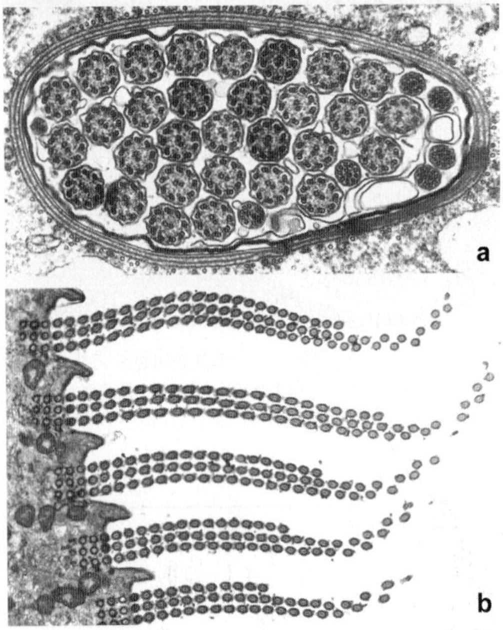

그림 108 섬모충아문: **a** *Euplotes vannus*의 극모의 기저부; **b** *Euplotes vannus*의 겹섬모막 (a Hausmann과 Kaiser로부터: J. Ultrastruct. Res. 67 [1979] 15). 배율: a 24,000x, b 17,000x.

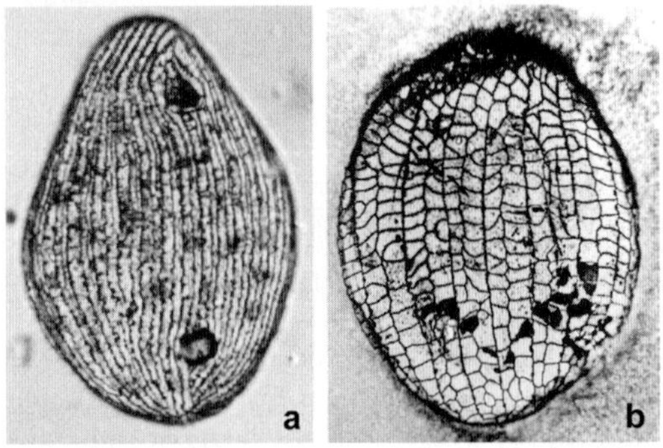

그림 109 섬모충아문: *Colpidium*(**a**), *Euplotes*(**b**)의 은선계 (a Salzburg의 W. Foissner의 호의에 의해). 배율: a와 b 450x.

다(그림 **114**). 이 과정중 핵막내 방추체가 형성 된다. 그러나 대핵의 핵분열에서, 분리기작에 방추체가 참여하지 않고 그 기작이 아직 완전히 이해되지 않고 있다. 유성생식과정동안(핵잔모류의 경우, 정상적인 이분열 동안), 대핵은 보통 퇴화되고 후에 특정 소핵으로 부터 재합성 된다. 섬모충아문에서, 유성생식은 접합(conjugation) 형상에 의해 일어난다. 두 개의 동종 세포가 부분적으로 서로 융합하여 일어난다(그림 **114b**). 이 융합기간 마지막 몇 시간동안, 소핵에서 유래된 단수체 핵상교환이 일어난다. 핵 이동후 세포는 분리한다. 소위 접합완료체(exconjugant)는 새로운 영양생식체로서 잠재적 출발점이 된다.

섬모충아문의 계통 분류는 Bütschli와 Kahl 이후 여러 차례 변경 되었다. 최초의 주요 범주는 섬모구조의 형태였다. 전모류(Holotricha), 깔때기섬모충류(Chonotricha), 둘레섬모충류(Peritricha), 나선섬모충류(Spirotricha), 흡관충류(Suctoria) 같은 큰 그룹들

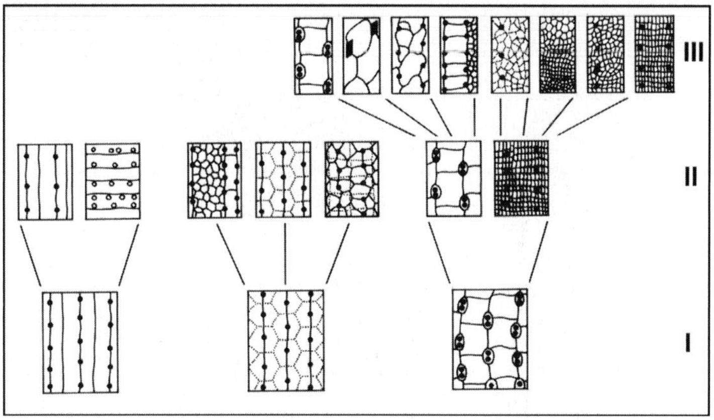

그림 **110** 섬모충아문: 은선계(Ⅰ-Ⅲ)의 체계가 계통 발생 관계를 풀 수 있게 기본형으로 단순화 될 수 있다 (Salzburg의 W. Foissner의 호의에 의해).

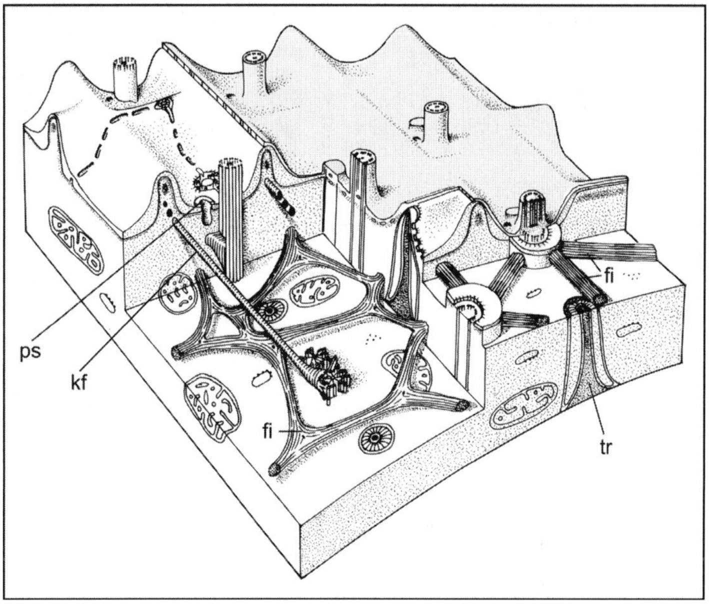

그림 **111** 섬모충아문: *Paramecium caudatum*의 피층 구조. fi = 근섬유 다발, kf = 운동근섬유 다발, ps = 부체낭, tr = 자포 (Allen으로부터).

은 보다 쉽게 구분 될 수 있었다. 1970년 이후, 형태발생 요소들, 특히 입기구의 형성과 형태발생적 요소들이 채택되기 시작하였다. 1980년에 발표된 레빈(Levine)등의 시스템은 세강(三綱)을 다음과 같이 구분하였다: 모근편섬모충강(Kinetofragminophorea: 체섬모 구조에서 유래한 입섬모 구조), 소막강 (Oligohymenophorea: 단지 2-3개의 섬모막으로 된 입구조), 다막구강 (Polyhymenophorea:무수한 섬모막으로 된 입 구조). 현재는 체섬모와 입부분의 섬모하구조(Infraciliature)의 특징을 따르는 분류가 선호되고 있다(그림 **115**). 이 체계는 피층의 미세구조 특징에 기초하고, 입기구의 형성과 다른 구체적 형태 발생, 생활사 및 관련 분자 생물학적 자료 등을 포함하고 있다. 초미세구조와 분자 유전적 연구는 시간이 많이 걸리기 때문에, 이 체계에 새로운 변화가 기대된다. 그러나 현재의 지식으로는 체섬모 쌍모근계와 덜 뚜렷한 이형핵 형상을 가진 생물군들은 분화의 싯점에 있는 것이 확실한 것 같다. 여러 분류군들이 그런 생물들로부터 진화되어 최근에 두개 아문 10개 강으로 정리 되었다(표 **13**).

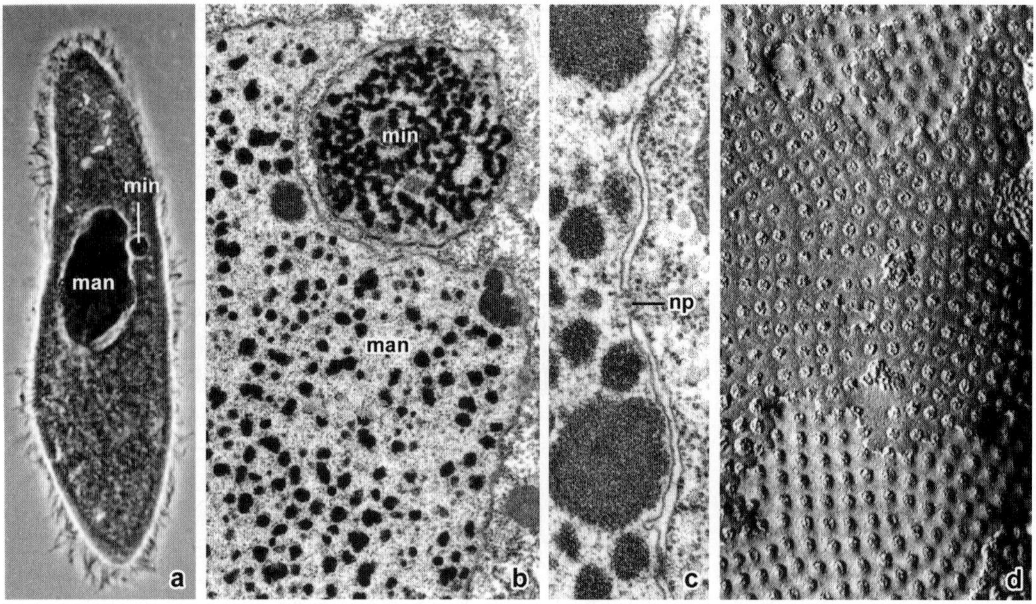

그림 **112** 섬모충아문: 짚신벌레(**a**)와 *Colpidium*(**b, c**)의 두 종류의 핵; **d** 짚신벌레의 대핵 구멍의 배열과 빈도. man = 대핵, min = 소핵, np = 핵구멍 (d Honolulu의 R. D. Allen의 호의에 의해). 배율: a 400x, b 15,000x, c 60,000x, d 40,000x.

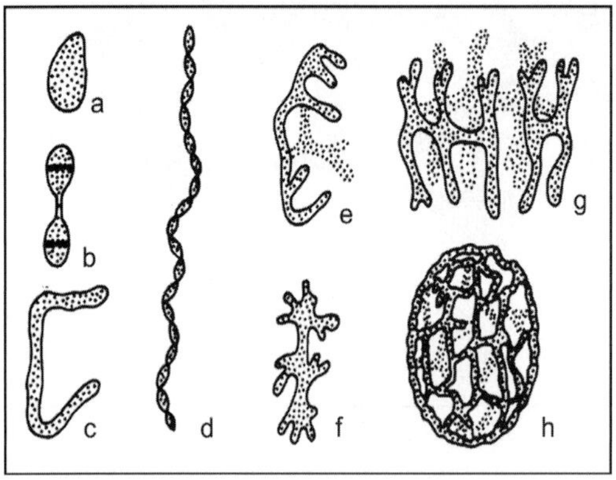

그림 **113** 섬모충아문: 대핵의 형태 다양성: **a** 짚신벌레, **b** *Stylonychia*, **c** *Vorticella*, **d** *Spirostomum*, **e** *Ophryodendron*, **f** *Conchophthirius*, **g** *Ephelota*, **h** *Metaphrya* (Grell로부터).

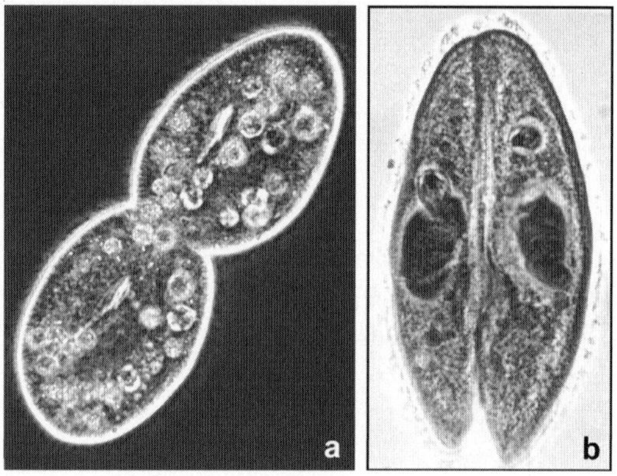

그림 **114** 섬모충아문: 짚신벌레의 분열(**a**)과 접합(**b**). 배율: a 250x, b 290x.

후향미세소관섬모상강 Superclass **Postciliodesmatophora** Gerassimova & Seravin, 1976

이 분류군의 두 강은 같은 모양의 체섬모 쌍모근계를 갖었다. 뒤쪽 모근체에서 올라온 운동근섬유는 대부분 뚜렷하고 보통 세포들의 앞쪽 끝을 향하여 한 가닥으로 뻗는다(그러나 때때로 빈모섬모충류와 열하모섬모충류와 같이, 뒤쪽을 향한다). 후향섬모미세소관다발은 뒤쪽으로 뻗고, 같은 섬모열의 보다 앞쪽에 위치한 모근체에서 나온 다발과 겹쳐진다. 현미경아래에서 근섬유로 보이는, 이와 같이 결합된 미세소관다발은 가장 중

그림 **115** 섬모충아문: 섬모충류 여러 강들의 체 모근계의 모근체 관련 구조 요소들. 모근체 관련 구조는 앞쪽으로 향한 운동근섬유(kf), 뒤쪽을 향한 후향미세소관 다발(pmt)과 횡미세소관 리본(tmt), 부체낭(ps)등이 있다. 핵잔모강: *Geleia*(1)와 *Protocruzia*(2); 나선섬모강: *Stylonychia*(3)와 *Climacostomum*(4); 콜포다 섬모충강: Sorogena(5)와 *Pseudoplatyophrya*(6); 엽상인두섬모충강: *Hypocoma*(7)와 *Trichophrya*(8); 바구니 섬모충강: *Nassula*의 단모근계(9)와 쌍모근계(10); 소막강: *Colpidium*(11)과 *Ichthyophthirius*(12); 전구섬모충강: *Coleps*의 단모근계(13)와 쌍모근계(14); 열구섬모충강: *Lepidotrachelophyllum*(15)와 *Isotricha*(16) (Lynn으로부터).

표 13. Lynn과 Small, 2000에 의한 섬모충문 분류체계

섬모충문 Phylum CILIOPHORA Doflein, 1901
후향미세소관섬모상강 Subphylym **POSTCILIODESMATOPHORA** Gerassimova & Seravin, 1976
핵잔모강(원시핵섬모충강) Class Karyorelictea Corliss, 1974
이모섬모충강 Class Heterotrichea Stein, 1859
내대핵아문 Subphylum **INTRAMACRONUCLEATA** Lynn, 1996
나선섬모충강 Class Spirotrichea Bütschli, 1889
프로토크로지아아강 Subclass Protocruziidia de Puytorac et al., 1984
파코아강 Subclass Phacodiniidia Small & Lynn, 1985
하모아강 Subclass Hypotrichia Stein, 1859
영모아강 Subclass Choreotrichia Small & Lynn, 1985
열하모충아강 Subclass Stichotrichia Small & Lynn, 1985
빈모아강 Subclass Oligotrichia Bütschli, 1887
열구섬모충강 Class Litostomatea Small & Lynn, 1981
독포섬모충아강 Subclass Haptoria Corliss, 1974
모구섬모충아강 Subclass Trichostomatia Bütschli, 1889
엽상인두섬모충강 Class Phyllpharyngea de puytorac et al., 1974
엽상인두섬모충아강 Subclass Phyllophyryngia de Puytorac et al., 1974
코섬모충아강 Subclass Rhynchodia Chatton & Lwoff, 1939
깔때기섬모충아강 Subclass Chonotrichia Wallengren, 1985
흡관충아강 Subclass Suctoria Claparède & Lachmann, 1858
바구니섬모충강 Class Nassophorea Small & Lynn, 1981
콜포다섬모충강 Class Colpodea Small & Lynn, 1981
전구섬모충강 Class Prostomatea Schewiakoff, 1896
사모섬모충강 Class Plagiopylea Small & Lynn, 1985
소막섬모충강 Class Oligohymenophorea de Puytorac et al., 1974
좌막섬모충아강 Subclass Peniculia Fauré-Fremiet in Corliss, 1956
채찍섬모충아강 Subclass Scuticociliatia Small, 1967
막구섬모충아강 Subclass Hymenostomatia Delage & Hérouard, 1896
퇴구섬모충아강 Subclass Apostomatia Chatton & Lwoff, 1928
둘레섬모충아강 Subclass Peritrichia Stein, 1859
무구섬모충아강 Subclass Astomatia Schewiakoff, 1896

요한 형태 특성이다. 쌍모근계로 된 섬모열 외에도, 단열섬모열들로 된 부분이 또한 나타난다. 부체낭과 피막포가 때로 덜 발달 되었다. 점액포(mucocysts), 색소포(pigmentocysts), 간상포(Rhabdocysts)가 방출체 형태로 나타난다. 대핵이 핵분열에 의해 나눠지지 않거나(Karyorelictea: 핵잔모강), 핵막의 바깥에 있는 미세소관에 의해 나눠진다(Heterotrichea 이모섬모충강).

핵잔모강 (원시핵섬모충강) Class **Karyorelictea** Corliss, 1974

이 강의 현생종들(그림 **116**)은 원시적 핵을 가지고 있다. 소핵과 대핵은 거의 같은 배수체 DNA 내용물을 가지고 있다(나선섬모충류의 *Protocruzia*처럼). 게다가 보통 세포당 두개가 출현하는 유사 배수체 대핵이 핵분열을 할 수 없다. 대신에 퇴화 후 딸 소핵의 추가 분열에 의한 유사분열 후 대핵이 새롭게 형성된다. 대핵 생식이 방추체의 힘으로 진정한 유사 핵분열에 의해 일어나는 경우는 뚜렷한 예외이다. 다모근계가 입 주변에 없다. 이 분류군에 원구목(Protostomatida), 부리섬모충목(Loxodida), 원이모목(Protoheterotrichida)의 세 목이 있다.

핵 잔모강(전모류에 속해 왔음)은 보통 규칙적인 섬모 배열과 긴 세포체형을 가졌다. 그들 대부분은 바다의 간극생물로 산다. 담수 관련종은 부리섬모충류에만 있다: 이들은 소위 뮬러체(Müller's body)로 불리는 특별한 세포 소기관을 가지고 있다(그림 **117**). 이것은 다세포동물의 평형포에 해당되는 중력 감지 기구인 것 같다.

예: 원구목(Protostomatida) – *Trachelocerca, Trachelonema, Tracheloraphis*, 부리섬모충목(Loxodida) – *Loxodes, Remanella*, 원이모목(Protoheterotrichida)– *Avelia, Geleia*

이모섬모충강 Class **Heterotrichea** Stein, 1859

이모섬모충강(전에는 나선 섬모충강의 아강으로 분류되었음)은 체섬모 쌍모근계 또는 다모근계와 세포입 오른쪽으로 감긴 섬모막으로 특징된다(그림 **118**). 이 형태적 원리는 다른 섬모의 원형을 반영한다. 입의 다모근계는 대부분 세포의 앞 왼쪽에 형성된다. 이모섬모충류군은 요람섬모충목(Licnophorida)과 이모섬모충목(Heterotrichida)의 목으로 나뉜다.

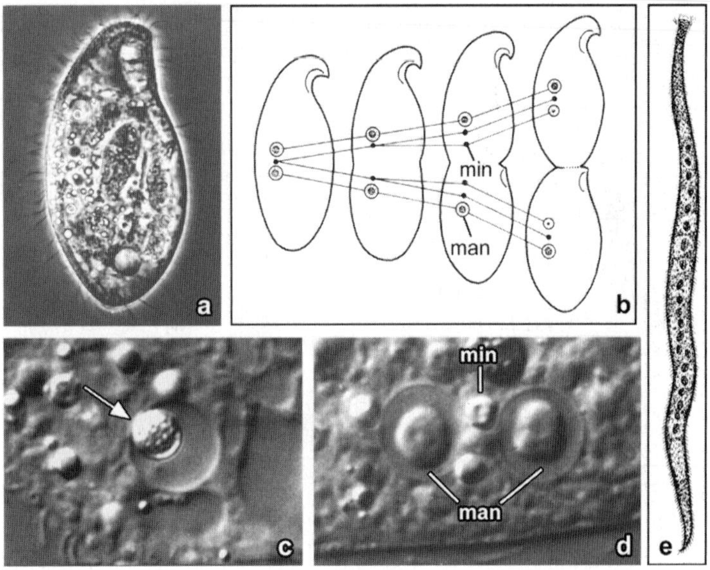

그림 116 섬모충아문, 후향미세소관 섬모상강, 핵잔모강: **a** *Loxodes*, **b** 비분열성 대핵(man)은 소핵(min)에서 유래; **c** *Loxodes*의 뮬러체(화살표); **d** *Loxodes*의 대핵(man)과 소핵(min); **e** *Trachelocerca* (b Raikov로부터; c Fenchel과 Finlay로부터; e Dragesco로부터: Trav. Biol. Roscoff 12 [1960] 1). 배율: a 200x, c와 d 2,000x, e 170x.

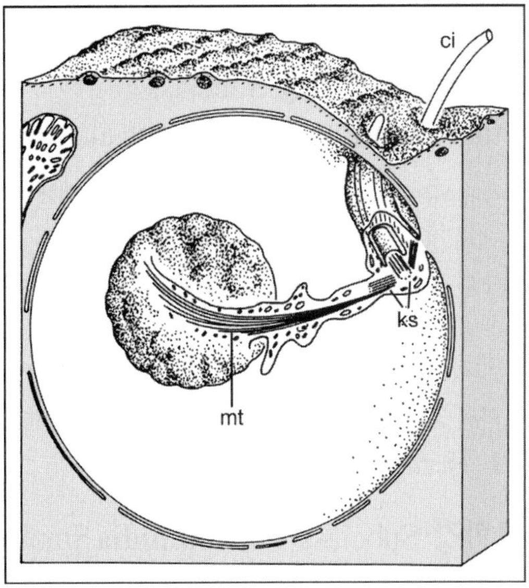

그림 117 후향미세소관 섬모상강, 핵잔모강: *Loxodes*의 뮬러체의 모식도. 이 세포 소기관은(바리움 또는 황화스트론티움) 광물질 응결체 알맹이를 여러 겹의 막으로 둘러싸 만든 구형체를 포함하는 큰 소포체이다. 세포질성 견고한 자루가 응결체와 소포체의 벽을 연결시킨다. 이웃한 두 모근체(ks)의 하나로부터 나온 미세소관 다발(mt)에 의해 안정되어 있다. ci = 섬모 (Fenchel과 Finlay로부터).

이모섬모충목 Order **Heterotrichida** Stein, 1859

이모섬모충류에는 길이가 2mm 이상에 달하는 보다 큰 종들이 있다: 그 경우에 원형질은 고도로 액포화 되어 있다. *Stentor*(나팔벌레), *Spirostomum* 같은 속은 매우 수축적이다. 이 수축성은 액토미오신과 다른 시스템의 활성에 기초를 두고 있고, 고착성 둘레섬모충류의 자루에서(그림 **264**)도 발견된다. 세포들은 흔히 색소알맹이에 의해 밝은 색을 띤다. 어떤 *Blepharisma* 종은 장미색이나 붉은색을 띠고 *Stentor coeruleus*는 푸른색을 띤다. *Stentor igneus*의 색은 붉은 자색이다. 이모섬모충류는 해양과 담수 환경에 널리 분포한다.

Folliculinidae 같은 이모섬모충류는 고착성이고 자가형성 피각(lorica)안에 산다. 흔히 군체로 정착하는 이 과의 종류들에서 입주변이 확장되어 섬모막과 접촉하는 마치 두개의 날개 같은 구조를 한다(그림 **118**).

예: *Blepharisma*, *Condylostoma*, *Folliculina*, *Peritromus*, *Spirostomum*, *Stentor*

내대핵상강 Superclass **Intramacronucleata** Lynn, 1996

이 큰 분류군은 남아 있는 모든 다양한 섬모충류를 포함하여 8개의 강으로 나누어진다(표 **13**). 통합된 파생형질은 핵막안에 있는 미세소관에 의해 중개되는 대핵의 특별한 분열 방식(무사분열)이다(후향섬모상강에서 발견되는 것 같은 바깥쪽이 아님).

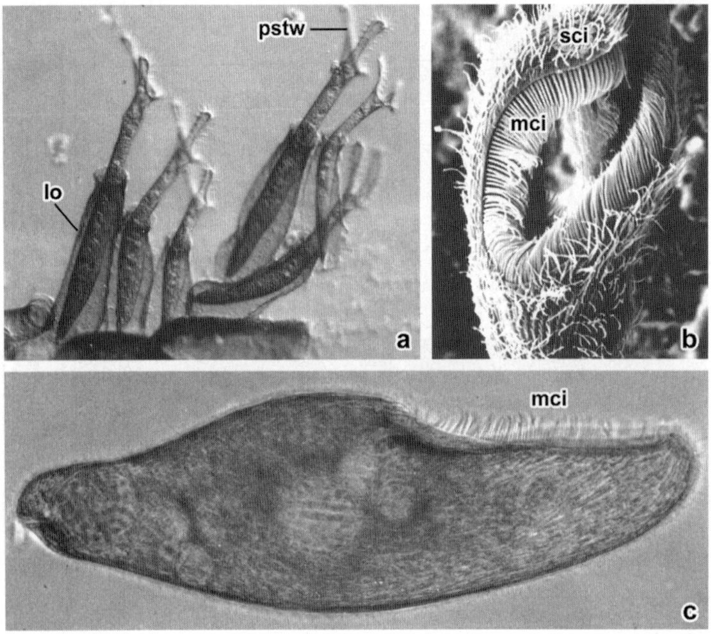

그림 **118** 후향미세소관 섬모상강, 이모섬모충강: **a** 세포입둘레 날개(pstw)에 위치한 섬모막으로 먹이입자를 휘젓고, 피각안에 사는 *Eufolliculina*; **b** *Eufolliculina*의 체섬모(sci)는 입주위 섬모막의 섬모(mci)보다 짧다; **c** *Blepharisma*. 배율: a 75x, b 2,500x, c 300x.

나선섬모충강 Class **Spirotrichea** Bütschli, 1889

나선섬모충류의 체섬모 구조는 섬모열과 극모의 두 가지로 변화 되어 나타난다. 섬모열은 앞쪽 하나의 모근체만 축사(axonemes)를 가지거나 양쪽에 섬모를 가지는 모근체로 된 선형 쌍모근계 또는 다모근계에 의해 특징된다. 극모는 보통 복부쪽에 위치한다. 후향섬모미세소관다발이 잘 발달되어 있다. 세포의 입부분에 줄지어 있는 다모근계가 세포입에 시계방향으로 배열되어 있다(adoral zone of membranelles=AZM: 입둘레섬모막구역). 이 특징은 나선섬모충류를 광학현미경 아래에서도 동정하기 용이하게 한다. 6개의 아강이 일반적으로 받아들여지고 있다. 그러나 강내에서 지위가 다소 불명확한 분류군(Armophorida, Odontostomadida, Clevelandellida)이 있다. 프로토크루지아아강(Protocruziidia)에서는 대핵이 통상 2배체인 반면, 다른 아강의 대핵은 다배수체이고 크다. 세포분열 동안 대핵을 횡단하는 복제밴드 또는 밴드가 하모아강(Hypotrichia), 영모아강(choreotrichia), 열하모충아강(Stichotrichia), 빈모섬모충아강(Oligotrichia)에서 나타난다(그림 **299**). 그러나 프로토크루지아강과 파코아강(Phacodiniidia) 두 아강에서는 발견이 안된다.

프로토크로지아아강 Subclass **Protocruziidia** de Puytorac et al., 1987

이 분류군에는 *Protocruzia* 한 속만 있다. 이 속에는 세포 둘레에 불균질하게 분포한 섬모열을 갖는 작은 난형의 섬모충 몇 종류가 속한다. 통상적으로 6개의 입 다모근계 Oral polykinetid(undulating membranes; 파동막)가 구강으로 들어간다. 핵체는 유사 2배체의 대핵 집단에 의해 둘러싸인 하나 또는 많은 소핵으로 구성된다.

예: *Protocruzia*

파코아강 Subclass **Phacodinidia** Small & Lynn, 1985

파코섬모충류의 측편으로 압축 된 세포체는 밀집된 다모근계 열에 의해 특징되는 체섬모를 가지고 있다(그림 **119**).

예: *Phacodinium*

하모아강 Subclass **Hypotrichia** Stein, 1859 (Euplotida)

나선섬모충강의 분류군으로 유일하게 하모섬모충류는 명확하게 인대형성(desmos formation)의 흔적이 있는 후향섬모미세소관다발을 가지고 있다. 그들의 모근

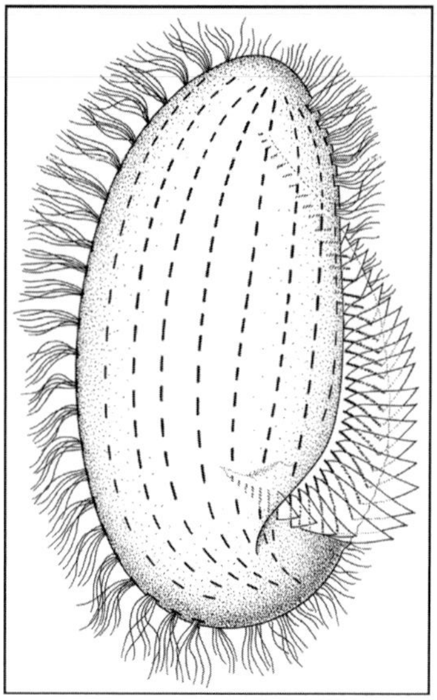

그림 **119** 섬모충아문, 내대핵상강, 나선섬모충강; *Phacodinium metchnikoffi* (Dragesco로부터). 배율: 540x.

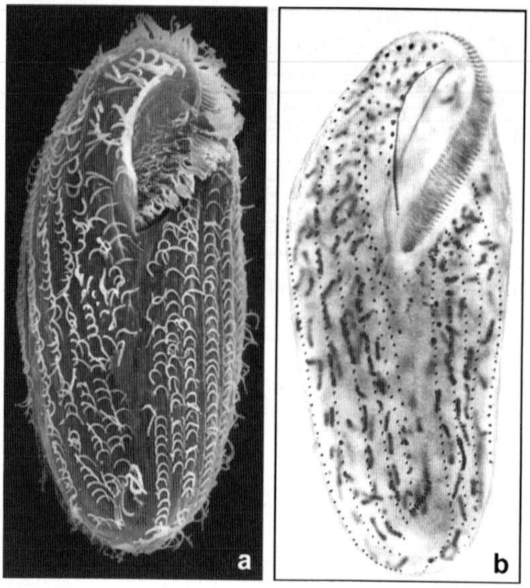

그림 **120** 나선섬모충강: *Urostyla grandis*의 복부 사진(**a**)과 프로타골 염색후 사진(**b**) (Salzburg의 W. Foissner의 호의에 의해). 배율: a와 b 190x.

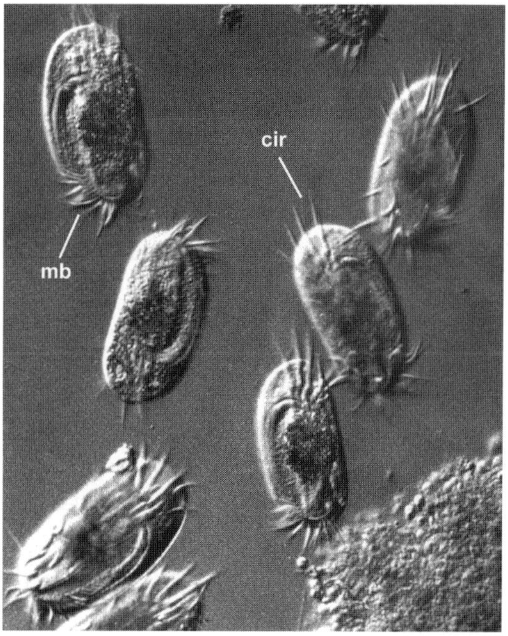

그림 **121** 나선섬모충강: 극모(cir)와 입섬모막(mb)을 가진 *Euplotes*. 배율: 260x.

계는 바구니섬모충강(Nassophorea) 모근계와 매우 유사하다: 다른 형태적 특징은 열하모충류과 비교될 수 있다. 복부에 위치한 극모와 등쪽의 쌍모근계가 있다(그림 **120, 121**). 입기구는 형성이 유사하고 뚜렷한 입 주변섬모막이 있다. 하모섬모충류, 열하모섬모충류, 빈모섬모충류 사이에 자매 관계가 있다. 과거 분류체계에서는 열하모충류와 하모섬모충류가 하모아강에 함께 결합되어 있었다. 하모섬모충류는 박테리아 포식자로 우점하고, 폐수 슬럿지에서 많이 나타난다.

예: *Aspidisca, Euplotes, Uronychia, Urostyla*

빈모섬모충아강 Subclass **Oligotrichia** Bütschli, 1887

빈모섬모충류에서 세포의 위끝 입구멍을 둘러싼 길이 약 40 μm의 잘 발달된 입둘레섬모막구역은 먹이 입자를 모으고 헤엄을 치는데 사용된다. 체섬모는 거의 전부 퇴화되었다. 이들 섬모충의 대부분이 전에 섭취한 조류로부터 남겨진 엽록체를 배양하여 부분적으로 광합성을 하거나 혼합영양을 하기때문에 세포항문(cytoptoct)이 거의 없다.

일반적으로 피각이 없는 빈모섬모충류는 운동과 영양기능을 하는 둘로 나누어진 섬모막 다발을 가지고 있다(그림 **122**). 섬모의 극모형 성분이 체섬모 구조의 흔적으로 발견 될 수있다. 우점하는 작은 세포들이 그들의

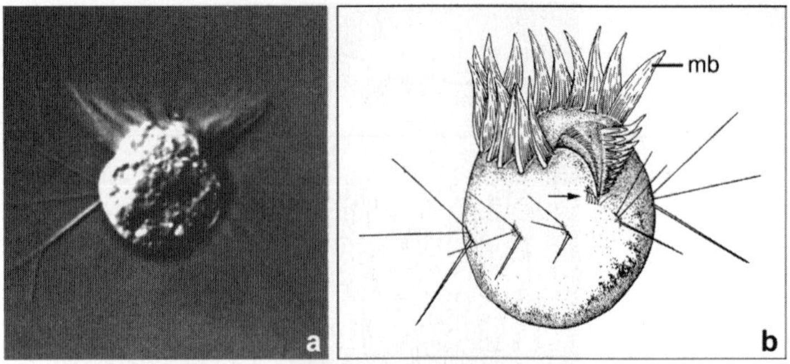

그림 122 빈모섬모충아강: 살아있는 *Halteria*(**a**)와 모식도(**b**). 큰 입주위 섬모막(mb)은 헤엄을 치는데 사용하고, 작은 섬모막은 먹이를 입(화살표)으로 넣는데 사용한다 (b Mackinnon과 Hawes로부터). 배율: a 500x, b 700x.

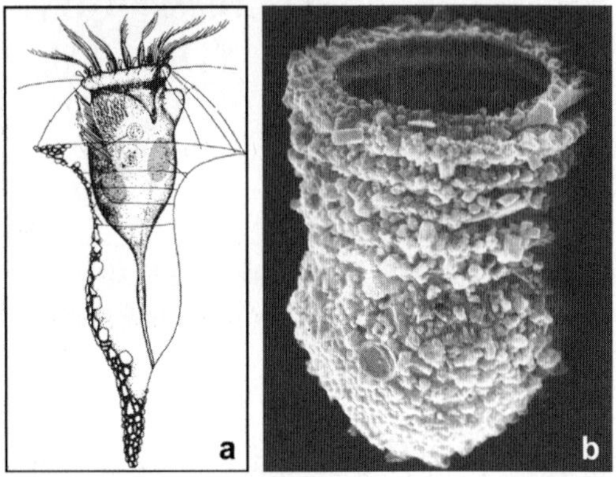

그림 123 나선섬모충강: **a** 투명하게 그려진 피각을 갖는 *Tintinnopsis*; **b** *Codonella*의 피각 (a Mackinnon and Hawes로부터, b Barnatzky등으로부터: Zool. Scripta 10 [1981] 81). 배율: a 650x, b 720x.

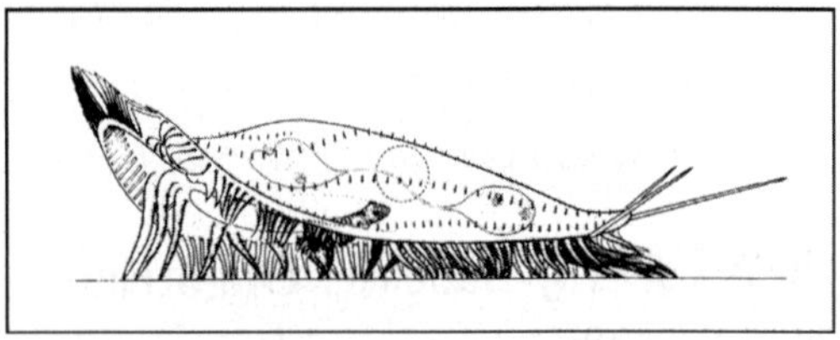

그림 124 나선섬모충강: 측면에서 본 *Stylonychia* (Bochum의 H. Machemer의 호의에 의해). 배율: 200x.

특별한, 탄력있는 운동 동작에 의해 흔히 쉽게 구분된다. 해양에서 플랑크톤으로 많이 출현한다.

예: *Halteria, Strombidium, Tontonia*

영모아강 Subclass **Choreotrichia** Small & Lynn, 1985

영모섬모충류의 다모근계 섬모막들이 화환모양으로 입부분을 둘러싸고 있다. 그들의 흔들거리는 행동이 입구멍 둘레에서 마치 춤을 추는 것 같다. 소수의 담수종이 있지만 이 분류군의 대부분은 주로 해양에서 플랑크톤으로 출현한다. 유종섬모충류(Tintinnina)에 속하는 종들은 외부 유래 입자가 포함된 유기물로 만들어진 피각(lorica)을 가지고 있다(그림 **123**). 오르도비시안기와 같은 이른시기에 화석화된 피각이 발견된다. 유종섬모충류 외에, 피각이 없는 종류도 존재한다(*Strombidinopsis, Strobilidium*).

예: *Codonella, Favella, Tintinnidium*

열하모충(列下毛蟲)아강 Subclass **Stichotrichia** Small & Lynn, 1985

대부분 등배가 납작한 열하모충류의 형태적 특징은 무수한 극모(Cirri)들을 세포의 복부에 세로줄 또는 지그재그 배열로 가지고 있는 점이다(그림 **124**). 후향미세소관다발을 가진 쌍모근계가 등쪽에 위치하고 있다. 때때로 빈모섬모충류에서 발견되는 것과 같이, 그들의 운동근섬유(kinetodesmal fibrils)가 다른 나선섬모충류에서 발견되는 것과 다르게 앞쪽으로 뻗지 않고 뒤쪽 끝을 향하여 회전하며 돌려 뻗었다. 입기구는 세포 앞쪽 끝의 왼편에서 발견된다.

열하모충류는 해양, 담수, 육상 환경에서 무수한 속과 종이 출현한다.

예: *Keronopsis, Stichotrichia, Stylonychia, Urostyla*

열구섬모충강(裂口纖毛蟲綱) Class **Litostomatea** Small & Lynn, 1981

열구섬모충류는 모근체에서 접선으로 발달한 횡미세소관다발과 측향하는 운동근섬유 및 수렴하는 후향미세소관다발에 의해 특징된다. 두 아강이 존재: 완전 자유생활을 하고 독포(toxicysts)가 있는 육식성 독포섬모충(Haptoria)아강과 근본적으로 내생생활을 하는 독포가 없는 모구섬모충아강 (Trichostomatia)이 속한다.

독포섬모충아강 Subclass **Haptoria** Corliss, 1974

세포입은 측면, 복면 또는 후면에 위치 할 수 있다. 세포입 지역은 뚜렷한 추가 구조가 없으며 세포 표면하에 바로 위치한다. 이 분류군에는 주로 포식성 섬모충류가 속한다 (그림 **125**). 그러나 때로 적조를 일으키는 *Myrionecta rubrum*(=*Mesodinium*)은 내부공생 은편모류의 색소체 잔류물에 의해 일시적인 광합성 생활을 한다.

예: Pleurostome(측구섬모충류): *Amphileptus*, *Litonotus*, *Loxophyllum*; Hypostome(하구섬모충류): *Dileptus*, *Trachelius*; Prostome(전구섬모충류): *Didinium*, *Homalozoon*, *Lacrymaria*, *Lepidotrachelophyllum*, *Myrionecta*(=*Mesodinium*)

모구섬모충아강 Subclass **Trichostomatia** Bütschli, 1889

입 주변에 섬모가 밀집한 것이 이 종류의 특징 이다. 체섬모는 대부분 개별 띠로 국한되고 흔히 다발이나 묶음으로 배열되어 있다(그림 **126**). 미세사상체로 이루어진 뚜렷한 표층이 특별한 형상의 몸체를 안정시킨다.

모구섬모충류의 대표적인 종들은 다양한 동물의 내장에서 내생자로 산다; 그들은 반추동물의 혹위에서 보통 발견된다. 여기서 그들은 박테리아, 섬유질입자, 그리고 다른 섬모충들을 먹는다. 섬유질의 분해는 내생박테리아를 통해 일어난다. 이 섬모충군은 어린 숙주가 부모 혹위의 토해낸 내용물을 섭취 했을 때 다음 반추동물 세대로 옮겨진다. 모구섬모충류는 미토콘드리아가 없다; 대신에 그들은 미토콘드리아에서 유래한 수소발생체(hydrogenosome)를 갖는다.

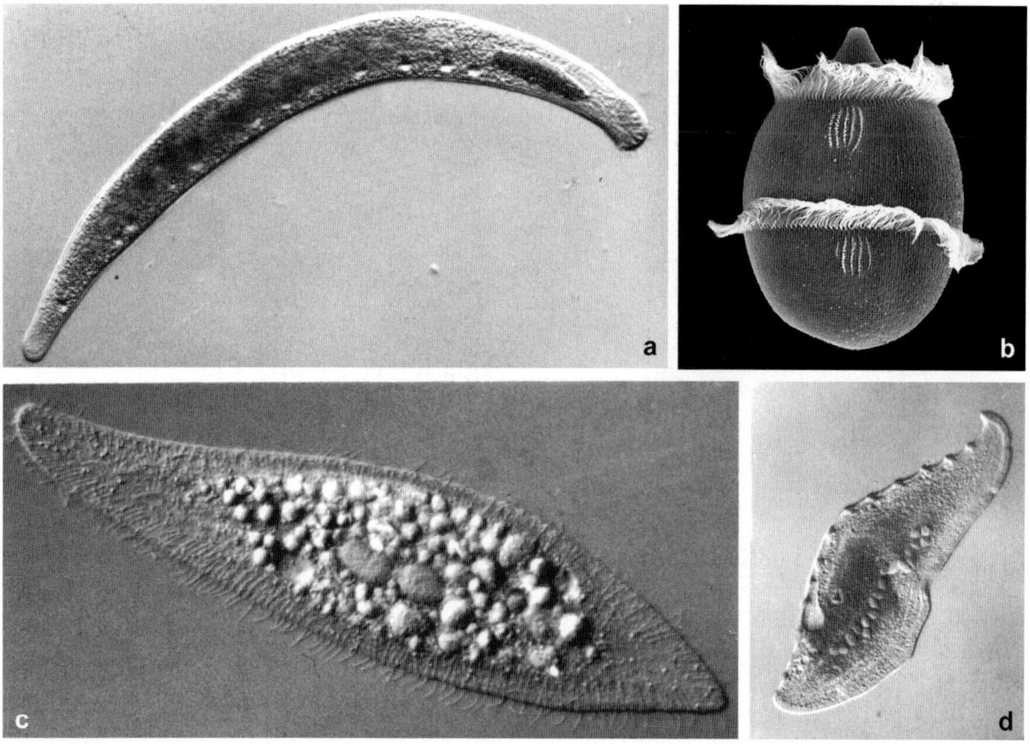

그림 **125** 내대핵상강, 열구섬모충강: **a** *Homalozoon*; **b** *Didinium*; **c** *Litonotus*; **d** *Loxophyllum* (b Berlin의 J. Tröger의 호의에 의해). 배율: a 190x, b 290x, c 590x, d 150x.

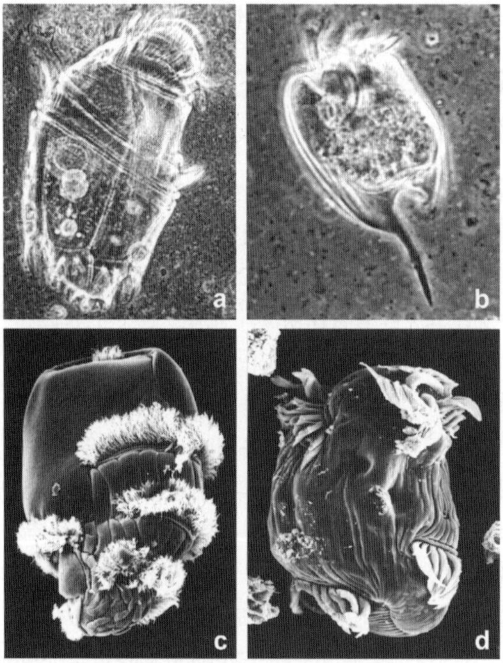

그림 126 열구섬모충강: **a** *Ophryoscolex*; **b** *Entodinium*; **c** *Troglodytella gorillae*; **d** *Tetratoxum parvum* (c와 d Tokyo의 S. Imai의 호의에 의해). 배율: a 190x, b 360x, c 220x, d 440x.

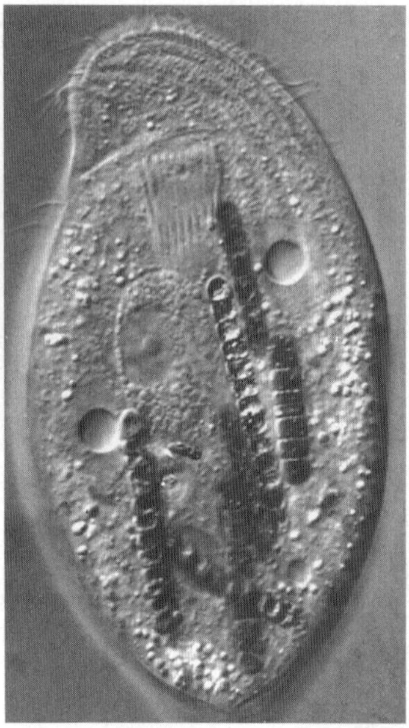

그림 127 내대핵상강, 엽상인두섬모충강: 섭취한 남세균을 세포내에 갖고 있는 *Chilodonella* (Sydney의 D. J. Patterson의 호의에 의해). 배율: 680x.

예: *Balantidium, Entodinium, Ophryoscolex, Troglodytella*

엽상인두섬모충강 Class **Phyllopharyngea** de Puytorac, 1974

이 분류군에 속한 섬모충류는 보통 단일모근계 체섬모를 갖는다. 이들의 횡미세소관다발은 미발달 되었다. 뚜렷하게 배열 된 운동근섬유는 측면으로 돌출 되었다. 모근체 아래 미세소관은 세포의 앞뒤 끝까지 뻗으며 이웃 모근체와 서로 연결하여 세로줄의 모근계열을 형성한다. 엽상의 돌출 된 인두미세소관다발(nematodesmata)로 둘러싸일 수 있고 바구니 형태의 섭식기(cyrtos) 구조를 만든다. 이 형태적 복잡성은 바구니섬모충강(Nassophorea)의 해당 구조와 유사하다.4개의 아강이 속한다.

엽상인두섬모충아강 Subclass **Phyllopharyngia** de Puytorac et al., 1974

이 분류군에는 자유유영 종류와 고착성(또는 내생 생활) 종류가 속한다. 섬모구조는 주로 배쪽에 나타난다. 세포들은 엽상의 미세소관 다발과 간상형의 인두미세소관 다발로 된 입기구를 가지고 있고, 흔히 등배가 편평하다. *Chilodonella* (그림 **127**)는 주로 유기쇄설 퇴적물 내에 산다.

예: *Chlamydodon, Chilodonella, Chitonella, Dysteria*

코섬모충아강 Subclass **Rhynchodia** Chatton & Lwoff, 1937

이 분류군의 섬모충들은 다른 섬모충의 포식자로 산다. 또한 해산과 담수산 이매패류나 다른 해산 무척추 동물의 내생자로도 출현한다. 이들은 섬모와 엽상미세소관으로 지지되는 흡입관으로 구성된 입기구를 이용하여 먹이를 먹는다.

예: *Hypocoma, Crebricoma*

깔때기섬모충아강 Subclass **Chonotrichia** Wallengren, 1895

이 분류군의 성체와 고착성 대표종들에서 체섬모가 없

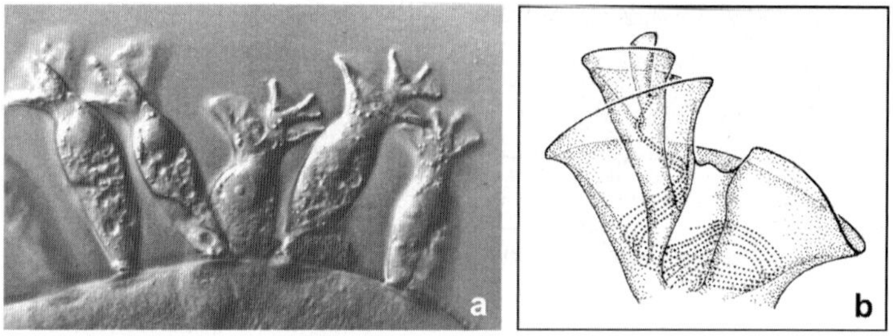

그림 128 깔때기섬모충아강: a *Gammarus*의 아가미판 위의 *Spirochona gemmipara*; b 복잡한 입부분 (a Geneva의 J. Fahrni의 호의와; b Grell로부터). 배율: a 200x.

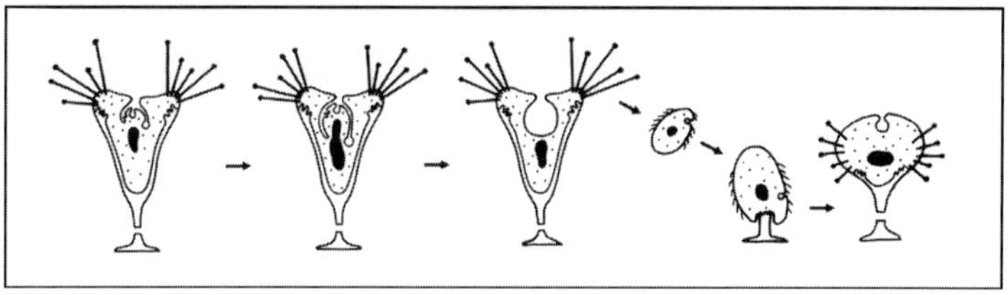

그림 129 엽상인두섬모충강: 흡관섬모충류 *Acineta*의 내생눈내기와 변태 (Bardele로부터).

다. 단지 모세포의 눈내기에서 유래된 어린 유주세포(유주자)가 일시적으로 새로운 서식처를 찾아 이동하기 위하여 몸 전체에 섬모를 갖는다. 거의 예외 없이 성체는 단각류 감마리다의 아가미 판 같은 갑각류 위에 서식한다. 그들은 나선형으로 형성된 깔때기형 깃을 가지고 있고, 안쪽에 몇 줄의 섬모열이 있다. 섬모는 먹이가 입구멍으로 운반 될 수 있도록 수류를 일으킨다.

예: *Heliochona*, *Spirochona*, *Stylochona*

흡관충아강 Subclass **Suctoria** Claparède & Lachmann, 1858

흡관충류는 상궤를 벗어난 꽤 수정된 분류군이나 그들의 생활사 특징을 통해 섬모충류와 합병 시켰다(그림 129). 깔때기섬모충아강 처럼, 흡관충류들은 고착성 모세포로부터(내생기인 또는 외생기인 눈내기에 의해) 분리된 후에만 섬모가 있다. 이 짧은 동안에, 그들은 어린 대부분 종이 특이 기저부 둘레에 헤엄치다 정착한다. 그러나 섬모하구조(모근체, 뿌리조직), 피막포, 또는 핵 2중성 같은 내부특징은 변하지 않고 남아있다. 그러므로 흡관충의 계통 분류학적 연관성에 관한 의문점은 없다.

성체의 생활사 단계는 섬모충류의 포식자로서 특별화 되어 있다. 그들의 먹이를 먹기 위하여 사용하는 촉수가 특수하다(그림 130). 먹이 섭취를 위하여 사용하는 촉수는 꼭대기에 혹모양의 두터워진 끝을 가지고 있고, 거기에 독포가 자리잡고 있어 먹이를 접촉하여 잡고 움직이지 못하게 한다. 촉수는 입 섭식기의 인두미세소관 다발과 유사한 미세소관의 튜브형 구조를 갖고 있다(그림 131). 먹이 운반은, 흡관충, 즉 흡입 섬모충류의 통칭 이름이 의미하듯 피상적으로 흡입현상과 같은, 미세소관의 운동에 의해 이루어진다. 그러나 먹이와 포식자 사이의 압력 경사가 운반현상의 기초인 것 같지는 않다. 왜냐하면 관의 직경이 워낙 작기 때문이다. 운동력은 미세소관과 새롭게 형성된 식포 사이의 경계면에서 일어나는 것 같다.

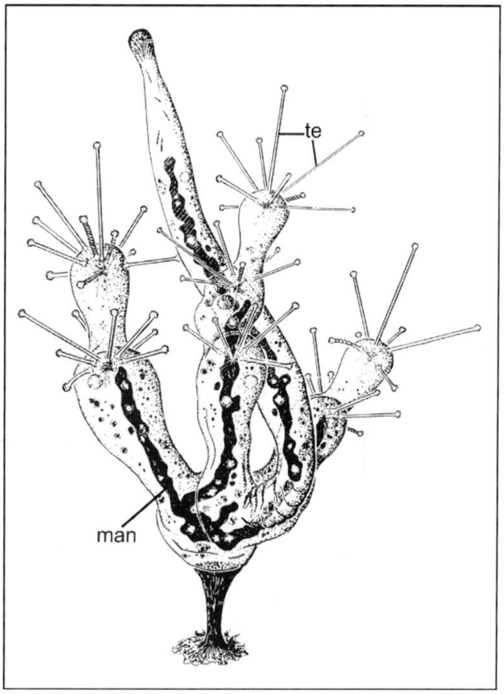

그림 130 엽상인두섬모충강: 게의 말단부에 사는 *Dendrosomides grassei*의 가지친 영양소체. man = 대핵, te = 촉수 (Batisse로부터: Protistologica 22 [1986] 11). 배율: 550x.

그림 131 엽상인두섬모충강: **a** 가지형촉수(te)를 가진 *Dendrocometes*, **b** 촉수다발(teb)을 가진 *Tokophrya*; **c** *Acinetopsis*의 잡는 촉수의 내부구조 (a Tübingen의 C. F. Bardele의 호의로; b Geneva의 J. Fahrni의 호의로; c Grell과 Meister로부터: Protistologica 18 [1982] 67). 배율: a 450x, b 320x, c 22,000x.

종의 대부분은 담수에서 출현한다. 두 종이 온혈 척추동물의 장에서 군체로 발견된다.

대표 종: *Dendrocometes, Discophrya, Ephelota, Tokophrya*

바구니섬모충강 Class **Nassophorea** Small & Lynn, 1981

바구니섬모충류의 대표적인 특징은 단일모근계 또는 쌍모근계로 된 체섬모 구조를 하는 것이다. 전형적인 특징은 모근체에 비끼어 횡미세소관다발의 출현이다. 그러나 쌍모근계에서 그들은 단지 앞모근체와 연결하여 출현한다. 운동근섬유는 정상적으로 모근계열의 방향과 평형하게 겹치면서 잘 발달되었다. 입 구조 주변에서, 목구멍을 둘러싸고, 입 부근의 모근체로부터 나온 몇 개의 인두미세소관다발들이 발견된다. 때때로 인두미세소관다발은 바구니형의 미세소관 섭식기를 형성한다. 나선섬모충강 아래로 배치된 하모섬모충류를 제외한후, 현재는 바구니섬모충강은 바구니섬모충 아강에 단지 세 목만 포함한다.

합막목 Order **Synhymeniida** de Puytorac et al., 1974

합막목에는 뚜렷한 바구니형 미세소관 섭식기를 가진 총 7속이 있다. 쌍모근계 또는 작은 다모근계들이 오른쪽 입뒤 표면에서 왼쪽 등까지 뻗은 하나의 합막(synhymenium)을 형성한다.

예: *Synhymenia*

람구섬모충목(籃口纖毛蟲目) Order **Nassulida** Jankowski, 1967

10속의 대부분 종들이 크기가 비교적 크고(〉100 µm), 섬모가 밀집되어 있다. 바구니형 섭식기는 울타리 모양으로 배열 된 미세섬유다발로 만들어져 형태적으로 뚜렷하고 광현미경 아래에서 쉽게 알아 볼 수 있다(그림 **132**).

예: *Furgasonia, Nassula*

소흉섬모충목 Order **Microthoracida** Jankowski, 1967

람구섬모충과 대조적으로, 다소 작은 소흉섬모충목은 단지 2–3개의 섬모열을 가진다. 이들은 서로간에 넓은 모근계열 간격을 갖고 떨어져 있다. 뒤쪽에 위치한 바구니형 섭식기가 잘 발달되어 있다(그림 **279, 281**).

예: *Microthorax, Pseudomicrothorax*

콜포다섬모충강 Class **Colpodea** Small & Lynn, 1981

골포다섬모충강은 대표적 표본 속인 *Colpoda* O.F. Müller, 1773에서 유래되었다. 약 150종이 그들의 미세구조 특성(그림 **115**)에 기초하여 이 분류군에 속한다. 체섬모열의 전형적인 특성은 쌍모근계로 구성된 나선형 모근계열과, 쌍모근계의 뒤 모근체에서 몸체의 후면으로 뻗고 횡운동근섬유(소위LKm근섬유)에서 서로 겹치는 횡미세소관다발이 특징이다. 입 형성동안 입기구의 섬모는 모세포의 체섬모에서 유래한다. 분열은 포낭(cysts)안

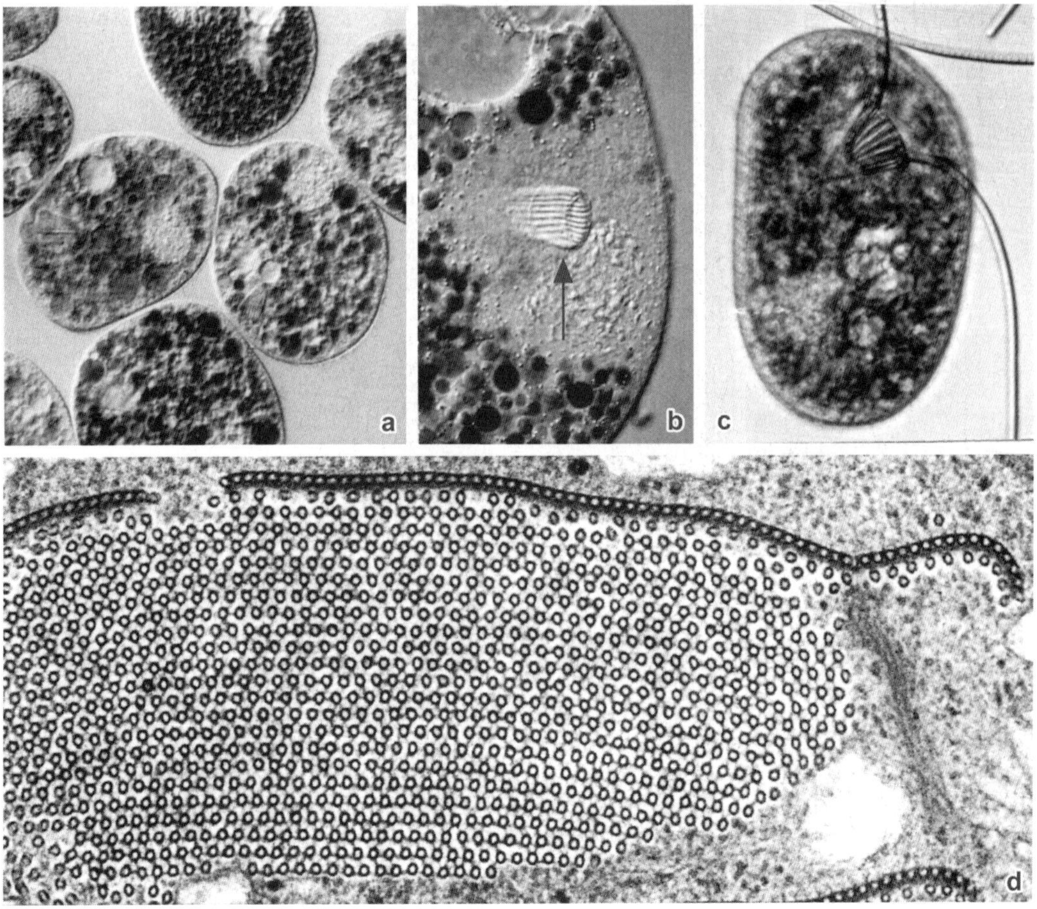

그림 132 내대핵상강, 바구니섬모충강: *Nassula ornata*(**a**)의 바구니형 인두 또는 곡관인두(cyrtos)(**b**, 화살표)와 사상체형 남세균 먹이 섭취 모습(**c**). d 인두관(nematodesmos)의 미세소관 집합체. 배율: a 120x, b 350x, c 240x, d 47,000x.

에서 우세하게 일어난다.

콩팥모양의 콜포다섬모충류는 비교적 균일한 형태이나, 입기구는 극도로 변화가 심하고 많은 수의 속이 다른 형의 섬모충류를 닮아 구별하기 어렵다. 큰 (2mm) *Bursaria truncatella*는 오랫동안 나선섬모충류의 하나로 믿어왔다.

콜포다섬모충류는 보통 육상 또는 담수 환경에 서식한다. 크기에 따라 그들은 박테리아, 포자, 원생생물 그리고 심지어는 윤충류까지 먹는다.

예: *Bresslaua, Bursaria, Colpoda, Hausmanniella, Sorogena*

전구섬모충강 Class **Prostomatea** Schewiakoff, 1896

이름에서 암시 되듯이, 전구섬모충류의 입 구멍은 세포의 앞쪽 끝 또는 가까이에 위치한다(그림 134). 체섬모 구조의 단일모근계는 모근계에서 방사상으로 뻗은 기저부와 횡미세소관다발로 이루어졌다

예: *Coleps, Holophrya, Prorodon*

사모(斜毛)섬모충강 Class **Plagiopylea** Small & Lynn, 1985

이 강의 종들은 발산형 후향섬모미세소관다발로 된 단일모근계 체섬모 (그림 115)를 갖는다. 구강은 좁게 함입되거나 홈 모양 또는 깊게 열려있는 구멍 모양이다. 세포입은 거의 하나 또는 두 열의 쌍모근계로 둘러싸여 있다(그림 135).

예: *Plagiopyla, Sonderia*

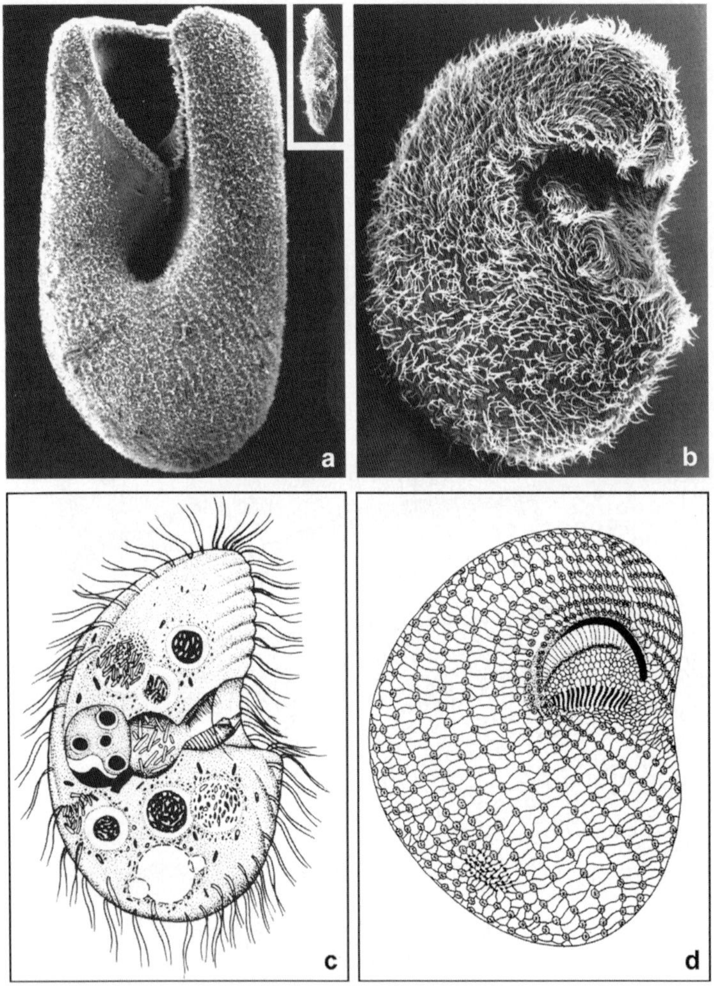

그림 **133** 내대핵상강, 콜포다강: **a** *Bursaria truncatella*와 *Paramecium* 비교; **b** *Bresslauides australis*; **c** *Colpoda*(단지 주변 섬모만 그림); **d** *Hausmanniella*(프로타골 염색 표본) (a W. Foissner의 호의에 의해; b Platt와 Hausmann으로부터: Arch. Protistenkd. 143 [1993] 297, c와 d Foissner로부터). 배율: a 90x, b 480x, c 550x, d 500x.

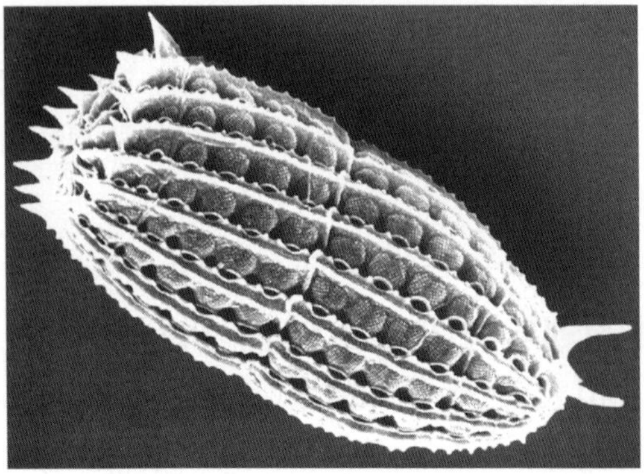

그림 **134** 내대핵상강, 전구섬모충강: *Coleps hitrus* (Bremen의 I. Huttenlauch의 호의에 의해). 배율: 1,000x.

소막섬모충강 Class **Oligohymenophorea** de Puytorac et al., 1974

이 분류군은 대부분 널리 분포하며, 매우 잘 알려진 종들을 포함한다. 학명은 2–3개의 입 다모근계의 섬모막의 출현에 근거한다. 입 다모근계는 파동막에 면하여 소막(hymeniod velum)을 형성하여 입기구의 왼쪽에 위치한다 (그림 **137b**). 보통 세포입은 세포의 복부에 다소 깊게 들어간 바닥에 위치한다. 체섬모는 대부분 세로열로 배열되고 단일모근계나 쌍모근계 기원이다. 바구니섬모충류와 대조적으로 횡미세소관다발은 비스듬하게 뻗지 않고, 모근체에서 보다 방사형으로 뻗었다. 운동근섬유는 앞쪽으로 향하였고, 발산형 후향섬모 미세소관다발은 뒤

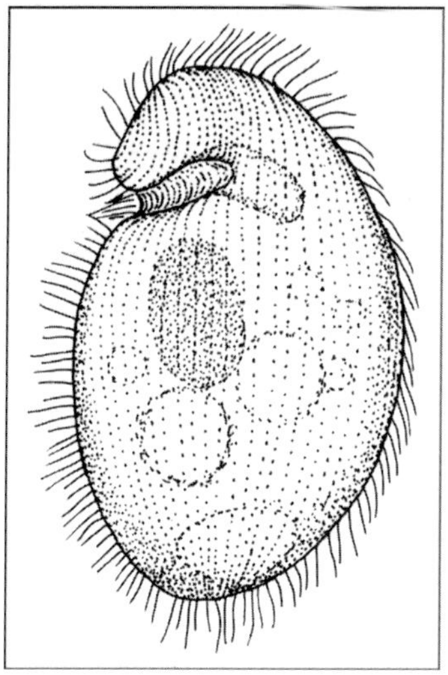

그림 135 내대핵상강, 사모섬모충강: *Plagiopyla frontata* (Fenchel과 Finlay로부터). 배율: 900x.

쪽으로 뻗었다.

생활사는 흔히 다형체기에 의해 특징된다. 예로서, 다음 생활사 단계가 연속하여 나타날 수 있다: 영양체(포식세포), 토몬트기(Tomont: 포낭형성 분열기), 유영기(tomites: 분열 후 먹지 않는 세포기), 미영양체기(theronts: 포낭을 벗고 이동기 후에 영양체로 전환). 이 강은 6개의 아강으로 나뉜다.

좌막섬모충아강 Subclass **Peniculia** Fauré-Fremiet, 1956

좌막 섬모충류의 입기구는 작으나 매우 탄력 있는 틈으로, 왼쪽에 3개의 입 다모근계 좌막(peniculus)으로 둘러싸이고, 오른쪽에 때로 퇴화 된 입측면 쌍모근계(paroral dikinetid)에 의해 둘러싸여 나타난다. 이 입복합체는 다른 소막섬모충강과 닮았다. 과거에 이 동일한 특징이 *Paramecium*(그림 **136**)과 *Tetrahymena*(그림 **137**) 사이에서 직접 진화 관계를 표시하는데 언급되었다. 뚜렷한 바구니형 미세소관 섭식기가 없다: 그러나 약간의 인두 미세소관다발이 입부분을 지지한다. 큰 포식동물이 이 목에 속하고, 몇 종의 박테리아 섭식자들이 있다.

이 목의 가장 잘 알려진 종류는 짚신벌레 *Paramecium caudatum*으로 폭넓은 분포와 쉬운 배양으로 많이 알려졌다.

예: *Frontonia*, *Paramecium*

채찍섬모충아강 Subclass **Scuticociliatia** Small, 1967

막구섬모충류와 대조적으로, 채찍섬모충류의 체섬모열은 쌍모근계로 구성되고, 파동막은 세 절로 이루어졌다. 그러나 광학현미경하에서 단지 2–3가지 차이만 보일 뿐이다. 입 형성 동안 갈구리 모양 또는 채찍구조가 나타나, 위(proter) 아래(opisthe)분열 세포 양쪽에 입측면 섬모열의 아래 섬모하 기저부 뒤끝 가까이에 위치한다.

예: *Cyclidium*, *Orchitophrya*, *Philasteria*, *Pleuronema*, *Uronema*

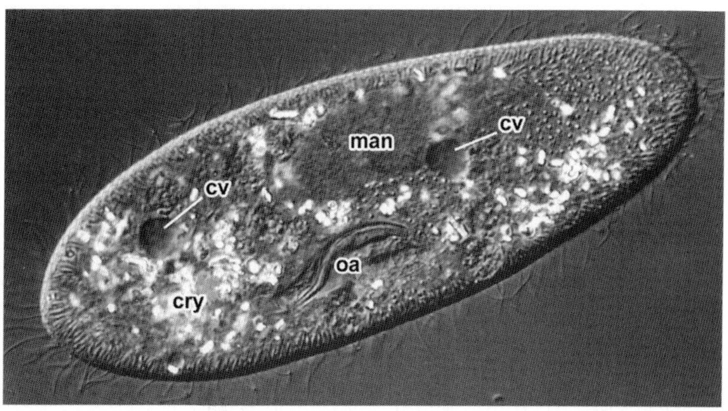

그림 136 내대핵상강, 소막강: *Paramecium caudatum*. cry = 결정구조, cv = 수축포, man = 대핵, oa = 입기구. 배율: 450x.

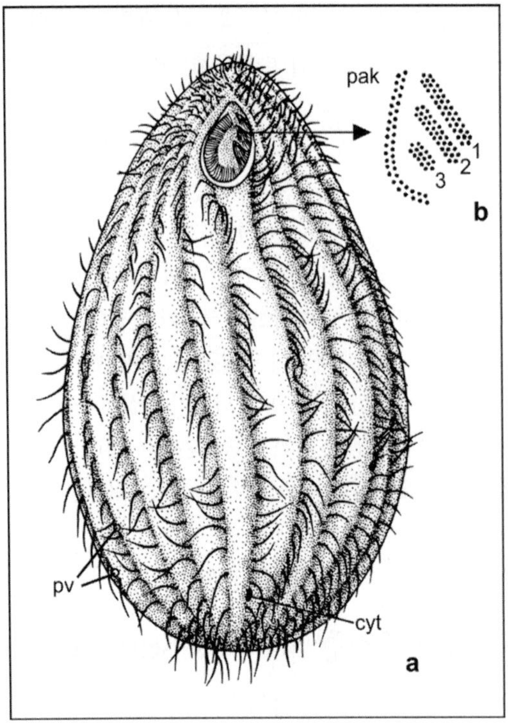

그림 137 소막강: *Tetrahymena*. **a** 체섬모구조; b 입섬모구조, 세 개의 겹섬모열(1-3)과 한 개의 파동섬모막 (= 입측면 섬모열: pak). Cyt = 세포항문, pv = 박동포의 구멍 (Grell로부터). 배율: a 1,200x.

막구섬모충아강 Subclass **Hymenostomatia** Delage & Hėrouard, 1896

막구섬모충류의 입기구의 섬모구조는 전형적인 배열 형식을 갖는다: 보통 다모근계로 형성된 세 개의 사선 섬모막(membranelles)이 있고, 한쪽에 하나에서부터 세쪽의 입 쌍모근계 (파동막=입내부막=입측면섬모열)가 있다. 섬모막과 파동막은 주위 매체에 와류를 일으키고 먹이 입자를 세포입 부분으로 이동시킨다 (그림 **137**). 섬모가 몸전체를 감싼다. 이 아강에 두개의 목이 있다. 막구류의 특징은 한편의 입 쌍모근계와 대부분 단일모근계 체섬모를 가진 점이다. 생활사는 보통 다형체기를 갖는다. *Ophryoglena*에서 영양체기, 전토몬토기, 토몬토기, 유영기, 미영양체기가 모두 발견된다.

막구섬모충류는 넓은 생태적 분포를 하고, 내생 또는 외생 자유생활을 하는 종들과, 생태적으로 중요한 박테리아 섭식자들 외에 조직기생충(*Ichtyophthirius*)

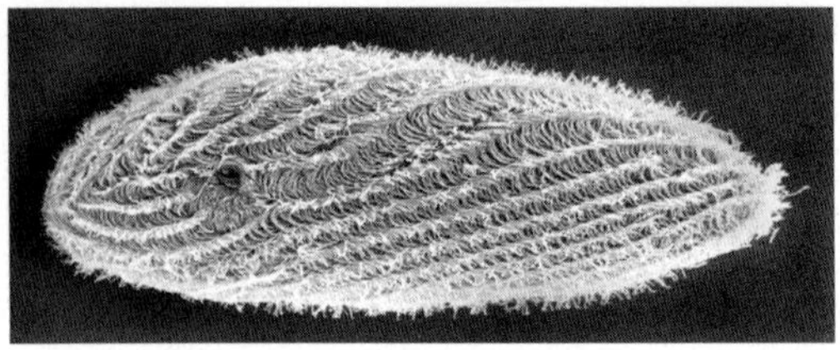

그림 **138** 소막강: *Ophryoglena atra* (Tübingen의 C. F. Bardele의 호의에 의해). 배율: 320x.

으로 또는 포식성 조직용원체(*Ophryoglena*)로 출현한다(그림 **138**). 자유 생활형의 중요 대포종은 *Tetrahymena pyriformis*(그림 **137**)와 *T. thermophila*이다; 빠른 생식과 쉬운 배양으로 두 종은 생리, 생화학, 분자 생물학 연구에 선호하는 재료이다. 담수 어류의 백점병의 원인 생물인 *Ichthyophthirius*는 숙주의 표피상피 조직에 들어가 다중 포낭을 형성한다(그림 **139**). 수족관 내 어류는 때때로 이 병에 걸린다.

예: *Colpidium, Ichthyophthirius, Ophryoglena, Tetrahymena*

퇴구섬모충아강 Subclass **Apostomatia** Chatton & Lwoff, 1928

퇴구섬모충류는 갑각류, 환형동물, 강장동물의 내생자 또는 표피생활자로 출현한다. 세포입-인두 기구가 크게 퇴화 되었다. 세개의 다모근계가 단지 유영기에서만 발견된다. 다른 특별한 특징은 소위 로제트가 보이나, 이것은 미세구조가 매우 복잡한 세포 소기구로 나타나나 그 기능을 모른다. 체섬모는 나선형 열로 배열되었다(그림 **140**).

복잡한 생활사 동안, 내생생활기(영양체기, 토몬토기, 유영기)와 외부 생활기(phoronts)로 교차 출현한다. 숙주의 변경은 가능하나 필수적이지는 않다.

예: *Foettingeria, Hyalophysa, Spirophrya*

둘레섬모충아강 Subclass Peritrichia Stein, 1859

둘레섬모충류는 약 1000종이 나타난다. 이들은 다모근계로 만들어진 입둘레 섬모환에 의해 특징된다. 그것은

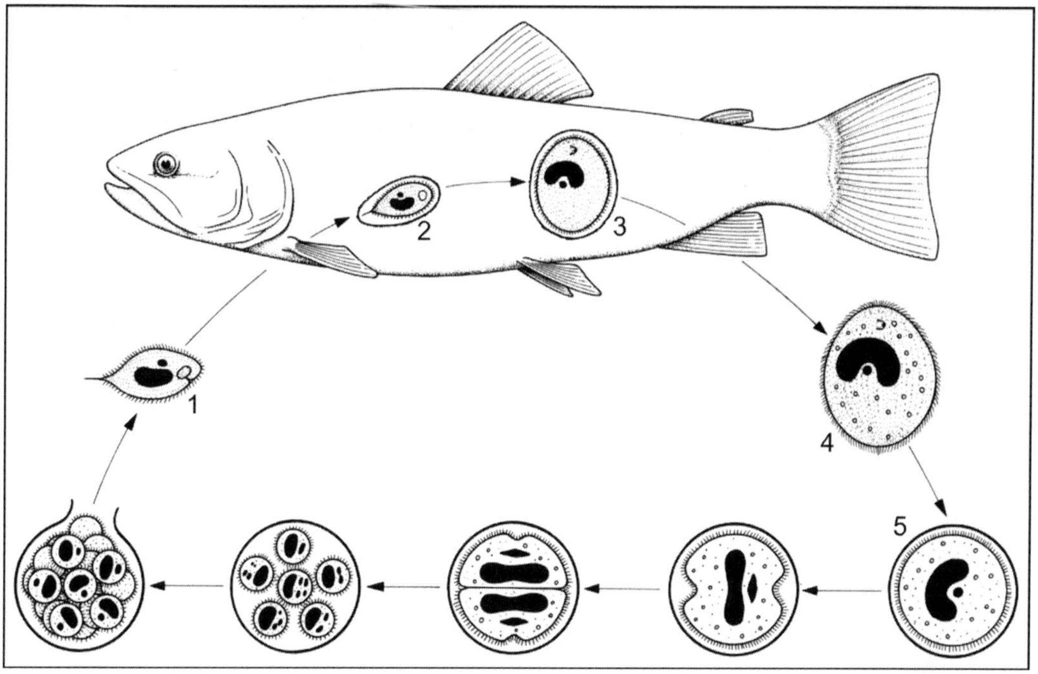

그림 139 소막강: *Ichthyophthirius multifiliis*의 생활주기: 1 유주자 (미영양체기: Theronts), 2 숙주조직내 포낭, 3 영양체 포낭, 4 숙주 밖 배출, 5 퇴적물내 포낭상태와 연속분열 (Mehlhorn으로부터).

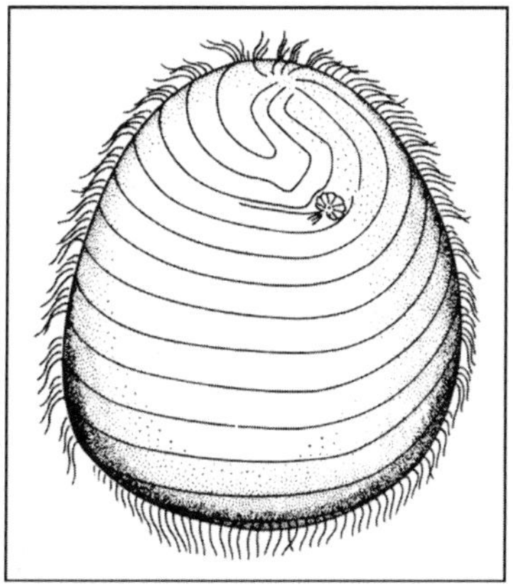

그림 140 소막강, 퇴구섬모충아강: *Foettingeria* (Corliss로부터: Trans. Amer. Microsc. Soc. 97 [1978] 419). 배율: 480x.

입 주변부(peristome)의 가장자리로부터 세포입까지 시계반대 방향의 나선형 회전을 하며 구강 안쪽에서 세 개의 섬모막으로 갈라진다(그림 **141**). 체섬모는 다소 퇴화되고 단지 입반대쪽 환대(telotroch: 단부섬모환)의 특별한 구조로 출현한다(그림 **142**). 수축포의 내용물은 세포입 깔때기로 배출되고, 섬모의 작용으로 세포로부터 배출된다.

고착섬모충목 Order **Sessilida** Kahl, 1933

먹이 섭취기(영양체)에 해당하는 생활기에 보통 여러가지 기저부에 고착 생활을 하거나 기저부 위에 산다. 때때로 요각류, 달팽이류, 수서 투구벌레 같은 후생동물의 체표기생충(symphorionts)으로 출현한다. 많은 경우에 *Vorticella*(그림 **142a**)와 *Carchesium*(그림 **142b**)은 좋지 않은 상황에서 갑자기 몸을 움추리는데 사용하는 자루미사근(spasmoneme)으로된 수축자루를 만든다.(단지 세포몸만 수축하는)견실한 자루를 가진 많은 속이존재한다(예: *Epistylis*). 자루는 특별한 세포 소기구 바닥털(scopula)에서 유래한다.

일부 고착 둘레섬모충은 피각(loricae)안에 살거나 (*Vaginicola*, *Cothurnia*) 점액질 물질안에 산다 (*Ophrydium*, 그림 **143**). 군체가 널리분포하고(그림 **144**), 단부섬모환대(telotroch)는 좋지 않은 환경과 분열 또는 접합시기에 발달한다. 단부섬모환대는 세포가 이동할 수있게하고 자루로부터 분리후에 새로운 서식처에 정착할 수있게 한다. 증식은 수정된 세포분열 또는 눈

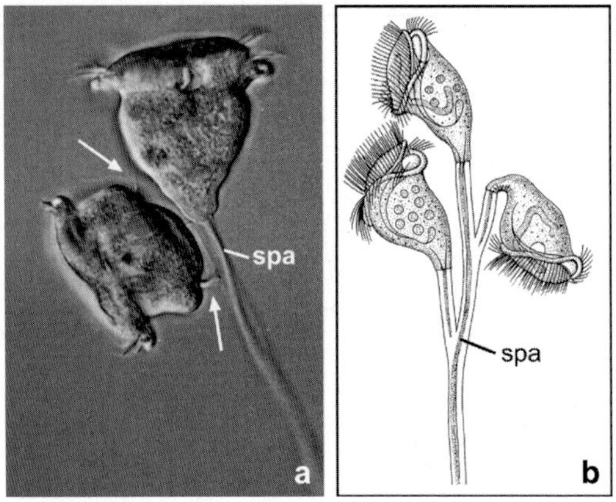

그림 **142** 소막강: 분열후 **a** *Vorticella*(종벌레), 딸세포(왼쪽)는 작은 줄기로 모세포에 연결되었으나, 유영용으로 작은 일시적인 섬모고리 또는 단부섬모환대(화살표)를 이미 형성하였다. **b** *Carchesium*의 군체. spa = 자루미사근 (b Grell로부터). 배율: a 140x.

그림 **141** 소막강, 둘레섬모충아강: 입섬모구조가 노출된 *Epistylis*의 군체 (H. Schneider의 호의에 의해). 배율: 180x.

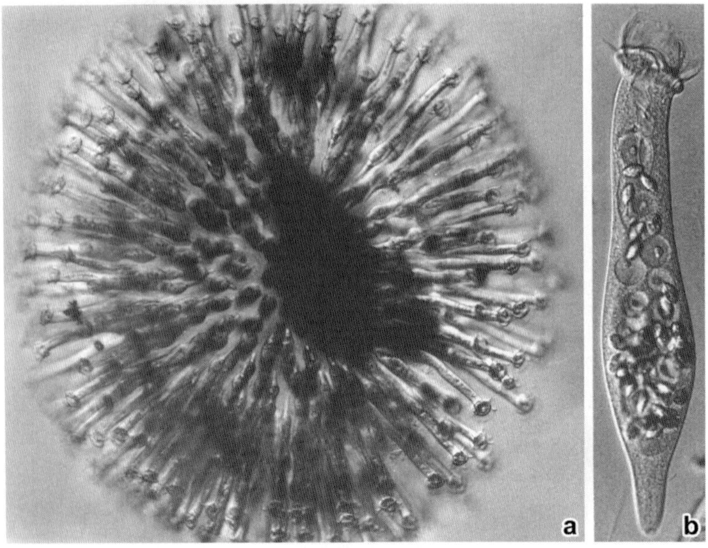

그림 **143** 소막강: *Ophrydium* 군체(**a**)와 단세포(**b**) (Hausmann과 Ostwald로부터: Mikrokosmos 76[1987] 129). 배율: a 35x, b 160x.

내기에 의해 일어난다.

대량 발생하는 능력과 효과적인 여과기의 보유로 둘레섬모충류는 폐수의 생물학적 처리에서 중요한 역할을 한다.

예: *Carchesium, Cothurnia, Epistylis, Ophrydium, Vaginicola, Vorticella*

이동섬모충목 Order **Mobilida** Kahl, 1933

둘레섬모충류중 움직일 수있으나 자유 유영생활을 못하는 종류들은 세포내 부착기에 연결된 영구적 기저섬모환에 의해 특징된다(그림 **145**). 이 기구는 세포가 일시적으로 상피 표면에 고정할 수있도록 한다. *Trichodina*

그림 144 소막강: **a** *Zoothamnium arbuscula* 군체; **b** 카리브 해저의 망그로브 토탄위 *Z.niveum*의 깃털모양 군체. 흰색은 화학합성 독립영양을 하는 황화물산화 공생세균들의 표면층에서 유래되었다 (a Bergisch Gladbach의 M. Müller의 호의에 의해; b Wien의 J. Ott의 호의에 의해). 배율: a 80x, b 4x.

*pediculus*의 세포는 자포동물, 태형동물, 양서류 유생, 어류 같은 담수 후생동물 표피에 산다.

그들은 보통 박테리아 식자이나, 때로 그들의 흡착판의 동작에 의해 상피세포에 해를 준다. *T. pediculus*와 *T. cyprinis* 같은 종은 때로 숙주의 상피, 특히 아가미 부근에 궤양을 일으킨다. 이 기생으로 곰팡이나 박테리아에 의한 2차 감염이 일어나고 양식어류의 전형적인 질병인 소위 차륜충병(trichodiniasis)을 일으킨다.

예: *Trichodina, Urceolaria*

무구섬모충아강 Subclass **Astomatia** Schewiakoff, 1896

무구섬모충류는 입 없는 내생생활자(그림 **146**)로 수서동물과 육상동물의 내장에서 해를 주지 않는 공생자로 산다. 좋아하는 숙주는 환형동물이나 때로 와충류, 복족류, 양서류도 좋아한다. 소막류에 계통발생적으로 포함시키는 것은 체섬모의 배열이 상동인 것에 기인한다.

용존 영양염을 몸표면 전체에서 흡수한다. 어떤 속은 복잡한 부착기를 진화시켰다. 세포분열은 대부분 눈내기에 의해 일어나 때로 몇 개의 접속된 세포의 사슬로 나타난다.

예: *Anoplophrya, Haptophrya, Radiophrya*

다음의 두 목들은 내대핵 상강에 속하는 것으로 하였으나 위치는 불확실하다.

클레벨란드목 Order **Clevelandellida** de Puytorac & Grain, 1976

이 목의 종류들은 예외 없이 절지동물과 일부 척추동물의 내생생활자로 나타난다. 모근계는 미세소관과 근섬유가 없다. 보통 두 봉합선이 형성되었다.

예: *Clevelandella, Nyctotherus*

치구섬모충목 Order **Odontostomatida** Sawaya, 1940

치구 섬모충류의 쐐기형 세포 몸체는 측편으로 납작하고

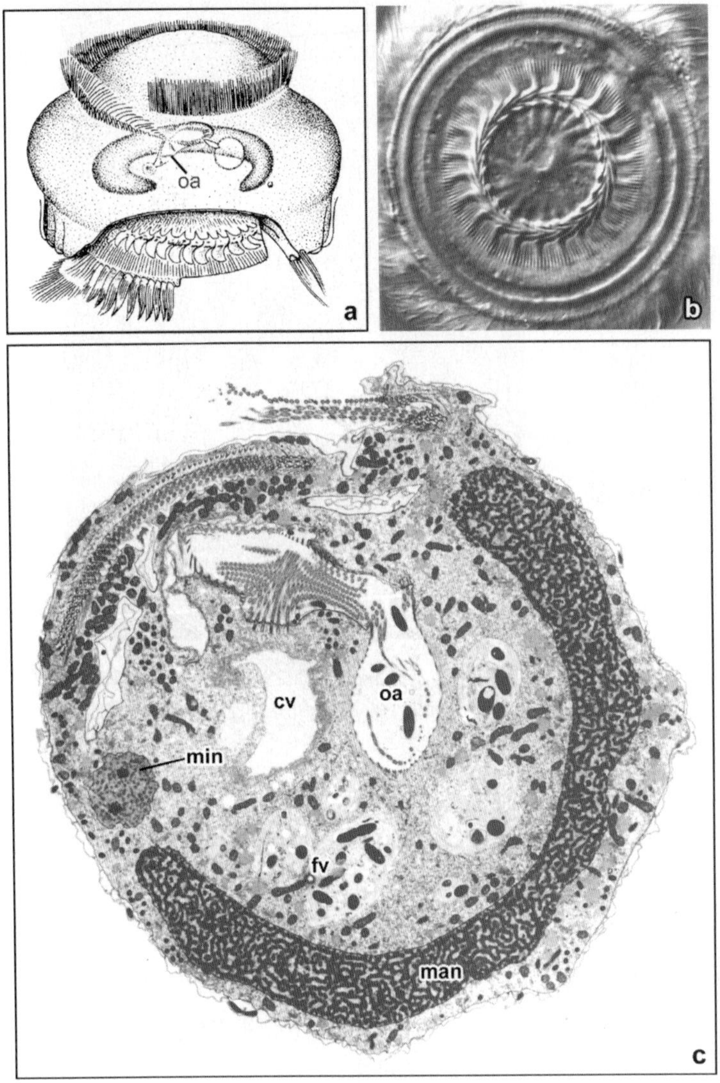

그림 **145** 소막강, 이동섬모충목: *Trichodina*. **a** 일반구조; **b** 부착기구(흡착판) **c** 수축포(cv), 식포(fv), 대핵(man), 소핵(min), 입기구(oa)를 보여주는 횡단면 (a Mackinnon과 Hawes로부터; c Hausmann과 Hausmann으로부터: J. Ultrastruct. Res. 74 [1981] 131). 배율: a 800x, b 1,000x, c 2,600x.

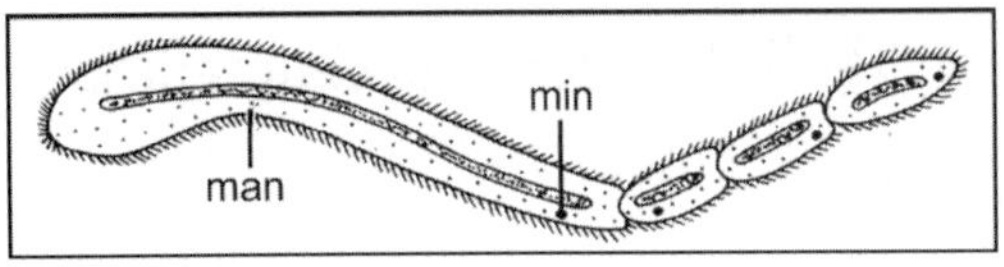

그림 **146** 소막강, 무구섬모충아강: *Radiophrya*의 연쇄형성. man = 대핵, min = 소핵 (Kudo로부터). 배율: 75x.

흔히 가시 또는 콜셋형 돌기로 장식되었다(그림 **147**). 몸체의 섬모는 2차적으로 두 세 부분에 국한되고 입둘레섬모막은 단지 8–10개의 다모근계로 되어있다. 치구섬모충류는 모두 혐기성이며 보통 담수 퇴적물 안에서 발견된다.

예: *Discomorphella*, *Epalxella*, *Myelostoma*, *Saprodinium*

단포자충아문 Subphylum **HAPLOSPORA** Caullery & Mesnil, 1889

이 아문은 표준속(type-genus) *Haplosporidium*(그림 148)의 이름을 따른 것인데, 대표종들은 단세포이고 구멍이 있고 장식을 가진(ornamented) 포자를 가지고 있다. 이 구멍은 바깥면에 경첩덮개(hinged operculum)

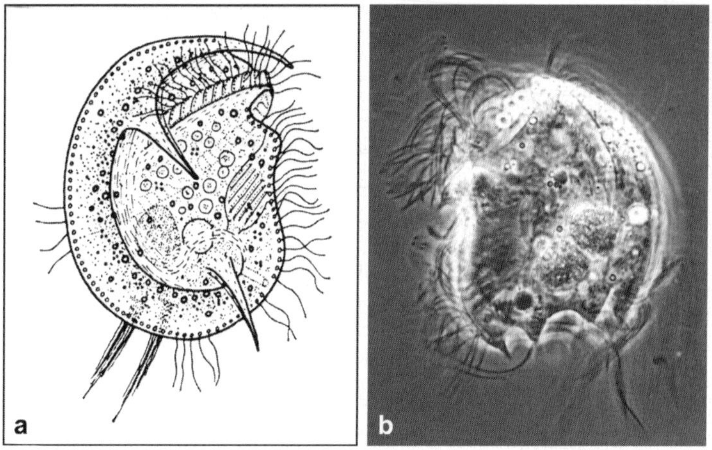

그림 **147** 소막강, 치구섬모충목: 뚜렷한 체세포돌기를 갖는 *Discomorpha pectinata*(**a**)와 *Saprodinium putrinium* (a Streble과 Krauter로부터; b Tübingen의 G. Schrenk의 호의에 의해). 배율: a 500x, b 450x.ㅊ

로 덮혀 있거나 구멍의 내부경계를 덮는 혀(tongue)에 의해 막혀있다.

어떤 종이듣지 생활사가 완전히 밝혀지지 않았다. 아마 포자가 감염된 숙주로부터 분변과 함께 배출되면 가능한 무척추동물숙주에 의하여 먹이와 함께 섭취된다. 이들은 결합조직이나 상피를 침입하여 다핵변형체(plasmodia)로 자란다. 이어 이 커다란 변형체는 불규칙적인 다분법(multiple fission)을 거쳐 다양한 숫자의 핵을 가진 작은 변형체를 생성한다. 핵은 흔히 나란한 쌍처럼 발견된다. 분열주기는 반복되어 세포들이 결합조직이나 상피세포 사이에 세포외(extracellularly)로 퍼져나간다. 포자형성의 시초에 있어서 세포벽은 큰 다핵 변형체의 주위에 예입되어 접합포자(sporont)가 된다. 핵융합(karyogamy)은 초기 접합포자에서 발견되

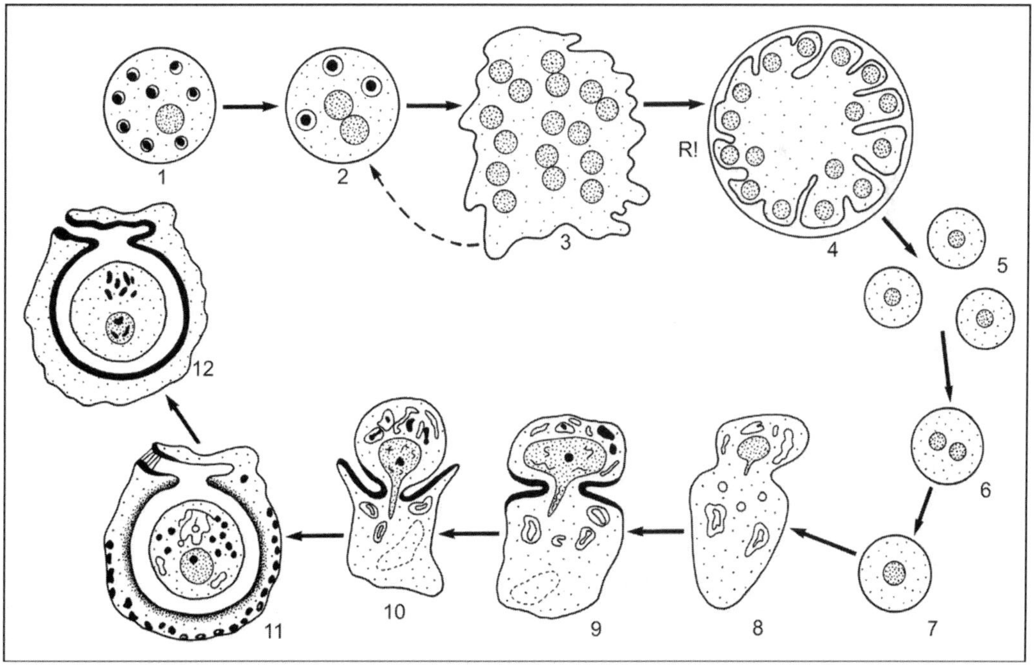

그림 **148** 피막포문, 단포자충아문(Haplospora): *Haplosporidium*의 생활사. 1 단포자체(haplosporosomes)를 가진 감염시기, 2 이핵시기, 3 복핵(diplokarya)을 가진 다핵 변형체(plasmodium), 4 변형체의 분열, 5 단핵 세포, 6 이핵 세포, 7-12 포자 분화 (Puytorac 등에 따라).

는 각 복핵(diplokaryon)의 핵 사이에 일어난다. 이 이배체 핵은 접합사복합체(synaptonemal complexes)에 의해 증명되는 바와 같이 감수분열을 한다. 생활사의 나머지 시기는 반수체로 된다. 접합포자는 이후에 더 분열하여 단핵을 가진 포자모세포(sporoblast)가 된다. 몇몇 연구자에 의하면 두 개의 포자모세포가 융합하여 접합체(zygote)를 형성하는데 이는 장구(hour-glass) 모양의 이배체 시기를 만들고 이는 생활사의 나머지 시기 동안 지속된다. 아직 제시된 생활사 중 두 가지가 다 맞는지 오직 한 가지만 바른지 확인되지 않았다. 핵이 없는 반쪽(episporoplasm)이 핵이 있는 반쪽(포자원형질, sporoplasm)을 안고 있는 포자모세포에서 형성되어 분열에 의하여 나누어지는 듯하다. 이러한 자가식작용(autophagocytosis)이나 자가흡입(self-engulfment)이라는 현상은 핵을 가진 세포가 핵이 없는 세포의 액포 내에 존재하는 세포둥지(cell nest) 상황을 만든다. 퇴화하기 전에 핵 없는 포자 부분이 포자벽의 재료를 분비한다. 이 과정 중에 특별한 장식물들 (재료의 관형, 섬유형, 리본모양의 가닥)과 뚜껑모양의 주름이 장래의 포자 구멍(aperture)에 형성된다(그림 **149**). 보다 상세한 생활사는 분명하게 알려지지 않았다. 중간숙주가 관여한다고 제시되었다. 배양은 아직 가능하지 않다.

단포자체(haplosporosome)는 접합포자와 포자모세포의 세포질에서 발견할 수 있다. 이들은 구형이며, 전자밀도가 높고, 막에 붙은 소포로 직경이 70-250 nm 정도 된다. 이들은 내막 하부구조물과 형체가 갖추어지지 않은 구성물, 당단백질을 포함하고 있다. 이들의 기능적인 역할은 알려지지 않았다. 포자의 전단에 위치하고 포자의 탈낭 중 부풀어 오를 수 있는 골지유도체(Golgi derivatives)라고 추정되는 한 소기관 집단(= spherule, spherulosome)을 제외하고, 다른 소기관들은 별다른 특이점을 가지고 있지 않다. 미토콘드리아는 관-소포(tubulo-vesicular)형이다. 유사분열 방추체(mitotic spindle)는 핵 내에 있으며 핵막은 온전하다.

단포자충류는 다모류(polychaetes), 갑각류, 극피동물, 해초류(ascidians), 특별히 패류와 같은 무척추동물

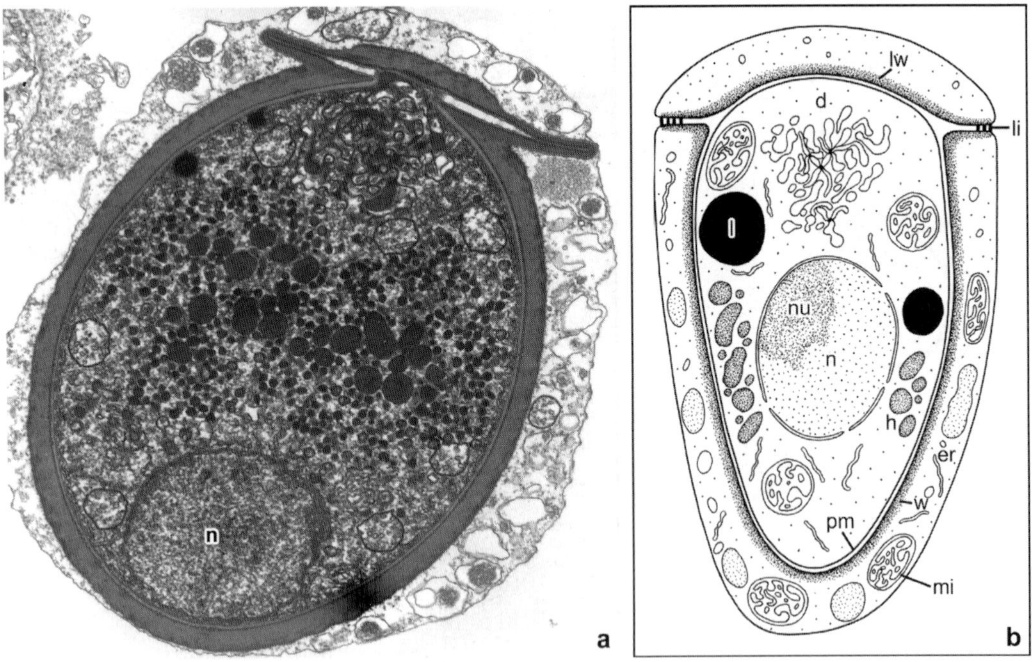

그림 **149** 단포자충아문(Haplospora): **a** *Minchinia louisiana*의 덮개(operculum)를 가진 포자(우상부 모서리); **b** *Minchinia nelsoni* 미성숙 포자의 모식도. d=딕티오솜(dictyosome), er=소포체(endoplasmic reticulum), h=haplosporosome, l= 지방, li= 상호연결 인대(ligament), lw= 뚜껑 벽(lid wall), mi= 미토콘드리아, n= 핵, nu= 인, pm= 원형질막, w= 벽 (F.O. Perkins, Gloucester Point의 호의에 의해; b Perkins에 따라). 배율: a, b 11,000x.

의 조직(histozoic) 기생충이며, 전세계적으로 분포한다. *Haplosporidium* 종은 굴 양식에 큰 손실을 가져올 수 있다.

단포자충류는 부점충강(Paramyxea)과 같이 이전에는 낭포자충아문(Ascetospora)에 속하는 것으로 취급했는데 이 문(phylum)은 없어졌다. SSU rRNA 유전자 서열에 근거한 최근 분류학적인 분석은 단포자충류가 피막포 계통군에 속하는 단일계통군(monophyletic group)이라는 가설을 뒷받침한다. 더욱이 형태적인 접합모양(synapomorhies)은 관형 미토콘드리아크리스테(cristae), 이중 내막복합체, 원형질막 아래에 위치한 미세소관(microtubules)의 열(rows)을 포함하고 있다.

예: *Haplosporidium, Minchinia, Urosporidium*

6.7 아메바성편모충문 Phylum **Cercozoa** Cavalier-Smith, 1998

이 분류군은 새롭게 형성된 단일계통 발생군으로 편모류와 von Siebod(1845)에 의해 전에 근족충류에 넣었던 근족류와 삼분지편모털군(이형편모류, Heterokonta) 또는 불확실한 분류군으로 남은 것들을 모은 것이다. 일반적인 구조는 단세포 섭식생물로 자유생활을 하는 호기성 생물로 미토콘드리아, 딕티오솜을 가지고 있고, 부등편모를 가지고 있다. 위족이 있다면 실모양으로 돌출해 있다(그림 **181a**). 이 문에는 Phytomyxa, Reticulofilosa, Monadofilosa 세 아문이 속한다.

식물점균아문 Subphylum **Phytomyxa** Cavalier-Smith, 1988 (Plasmodiophorea, 다핵성병원충강)

식물점균류는 아메바성편모충충문의 기초단계에서 분화된 망상사상충(Reticulofilosa)및 편모사상충(Monadofilosa)과 자매 그룹으로 보인다. 이 분류군은 전에 이형편모충류나 동포자 균류에 속한 것으로 취급되었었다. 이들은 관속식물의 뿌리나 기관 세포 내 기생충으로 존재하고, 거기에서 다핵성 변형체(plasmodia)나 포자낭군(sori)을 만든다. 과실체는 그들의 숙주가 분해된 후 토양으로 방출되는 포자를 갖고있다. 다음 세대의 2n의 변형체는 자유생활을 하는 동포자가 유성 융합후 증식한 것이다. 동포자는 서로 다른 두 편모를 가지고 있으나 편모털을 가지고 있지 않다. 숙주세포 벽으로 공격하는 동안, 특수한 세포소기구가 나온다: 가시형 세포기구(stachel)와 관형 구조의 세포기구 로르관(Rohr)이 있다. 이들은 소포체막의 형태적 분화로 해석된다(그림 **150**).

예: *Plasmodiophora, Sorosphaera, Spongo-spora, Tetramyxa*

망상사상충아문 Subphylum **Reticulofilosa** Cavalier-Smith, 1988(Chlorarachnida, 녹사상족아문)

현재, 이 작은 분류군이 편모사상충류의 자매 분류군으로 취급된다. 여기에는 온대나 열대 해양에서 발견된 단지 5종 만이 보고되었다. 그러나 이들은 은편모류와 일부 이형편모류(*Reticulosphaera*)의 구조와 유사한 독특한 세포 구조를 하고 있어 중요하다: 이들은 진핵숙주 성분과 녹조류의 내생공생체로 구성된 구조를 가지고 있다. 숙주 세포의 기본형태는 위족으로 사상위족을 갖고 변형체성 망상구조(filarplasmodium, 사상변형체)를 가진 일부 사상아메바에서 발견되는 것과 유사하다 (그림 **151**). 기본 생활사 중에서 구형(포낭이 되거나, 세포벽이 있는) 편모 세포들이 또한 발견되나 *Chlorarachinion reptans*와 *Lotharella amoeboformis* 에서는 모두 세 생활기가 출현한다. 무성생식이 아메바의 유사 분열에 의해 일어나거나 동포자(4분포자) 형성동안 증식에 의해 일어난다. 동형접합(아메바형 세포사이)과 이형접합(아메바형과 세포벽형 세포사이)이 보고 되었다. 아메바-편모 세대의 편모축은 헤엄세포의 뒷부분 둘레를 감싼다. 그것은 어떤 고아메바처럼 하나의 2차형성 모근체로부터 유래된 미세한 측사를 가지고 있다.

내생을 하는 짝은 소위 핵소체로 불리는 핵 흔적을 가지고 있는 특징이 있다. 그안에 홍조류가 융합된 은편모류의 상황과는 대조적으로 녹조류가 통합되어 반 자가기원 색소기구로 남아있다. 부분적으로 4개의 막이 색소체를 둘러싸고 핵소체는 2차, 3차 막사이 원형질 공간에 위치한다.

은편모류와 녹사상족류에 있어서 둘다 소위 가사관

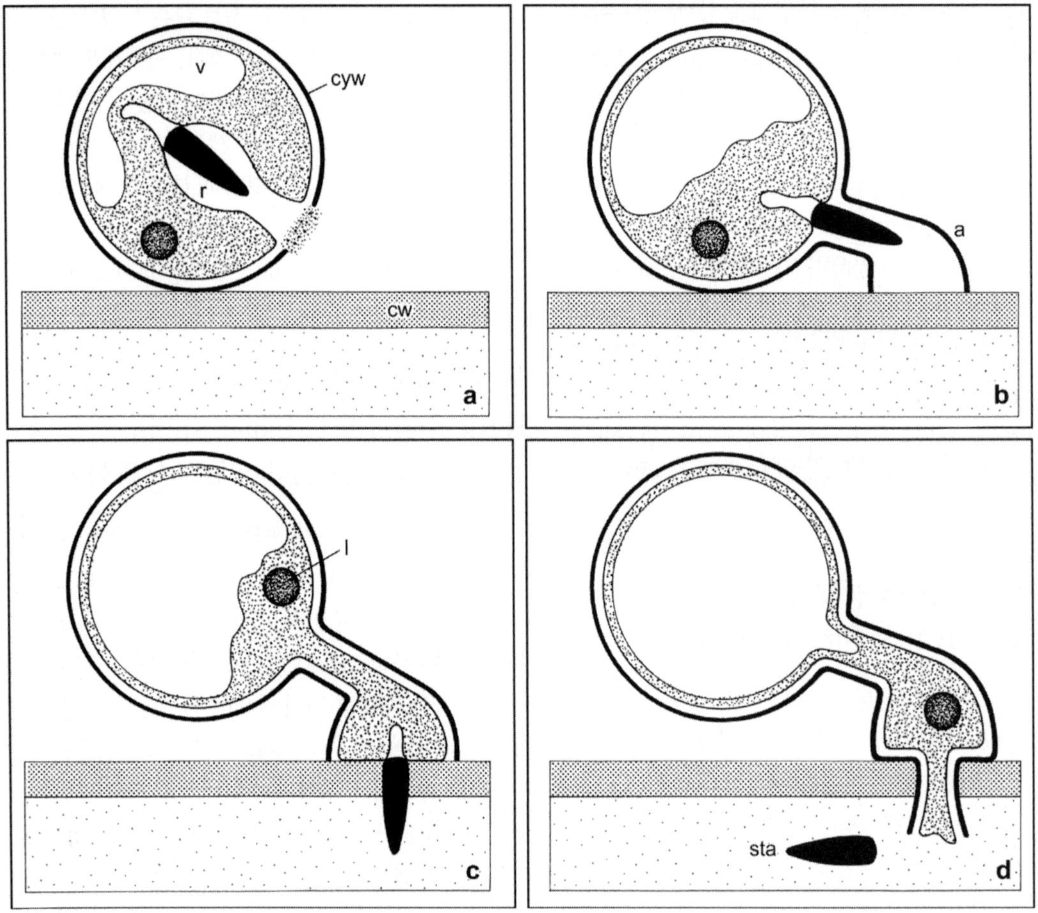

그림 150 아메바성 편모충문, 식물점균아문: 식물뿌리세포를 공격할 때 *Plasmodiophora*의 침투 기구. a = 부착체, cw = 숙주세포의 세포벽, cyw = 포낭벽, l = 지방 방울, r = 로르관, sta = 가시체, v = 액포 (Keskin과 Fuchs로부터).

리 유전자수의 큰 감소를 일으킨 핵소체의 평형된 진화는 엽록체의 취득과 엽록체로부터 숙주 유전체로 유전인자의 측면 전달을 이해하는데 매우 중요하다. 그러나 내생공생자 조상의 계통 분류학적 위치는 아직도 명확하지 않다. 엽록체의 획득에도 불구하고, 녹사상족류 아메바는 그들의 먹이섭식 생활을 계속하여 다양한 원생생물을 섭취할 수 있다.

예: *Chlorarachnion*, *Lotharella*, *Gymnochlora*

그림 151 아메바성 편모충문, 망상사상충아문: 녹사상족류 *Chlorarachnion*, 한 개의 핵(n)과 몇 개의 내생공생자(e)를 가진 세포영역을 상호연결하는 사상위족 가닥의 자세한 연결망 (Hibberd로부터). 배율: 1,500x.

그림 152 아메바성편모충문, 편모사상충아문: *Euglypha*의 껍질 (K. Rauenbusch의 호의에 의해). 배율: 980x.

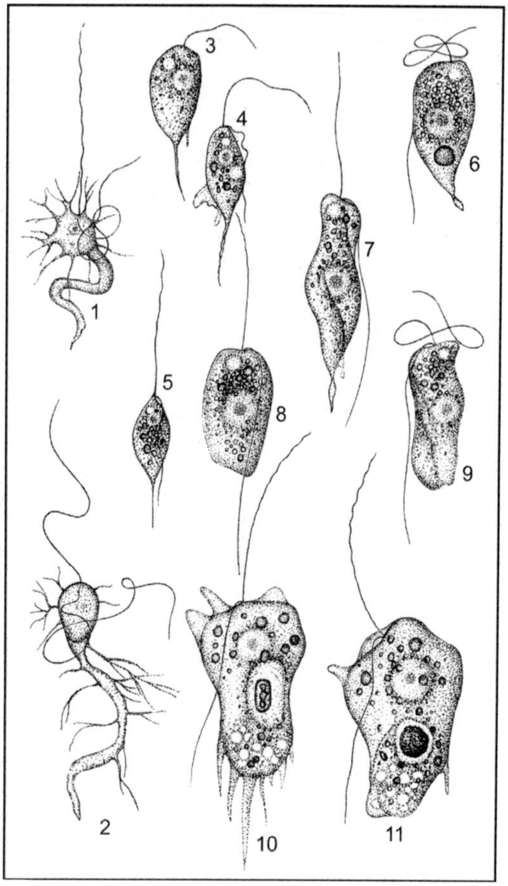

그림 153 편모사상충아문: 1과 2 무수한 위족을 가진 *Cercobodo draco*의 포복형; 3-5 *C. varians*; 6-9 *C. norrvicensis*; 10과 11 *C. pyriformis* (Skuja로부터). 배율: 1-11 1,000x.

편모사상충아문 Subphylum **Monadofilosa** Cavalier-Smith, 1988

이 분류계통은 전의 사상근족충강의 유각사상근족 아메바류 또는 유각사상근족충류(Gromiida 목)와 육질편모충으로 명명하였던 편모충 분류군을 결합한 것이다. 전에 가정하였듯이, 이것은 사상위족의 출현이 더 이상 공통의 계통발생 기원을 의미하는 것이 아님을 뜻한다. 편모사상충류는 해양과 담수환경에 출현하고, 육상환경(특히 이끼류)의 중요한 성분이다. 껍질은 단백질(*Lecythium*), 교착물질(*Pseudodifflugia*), 규산질(*Euglypha*, 그림 152) 등으로 되어있다. 이 분류군내 가장 원시적인 속은 회조식물(glaucophytes)의 남색공생조류(cyanelles)를 닮은 일차 내생공생자를 갖는 종류를 포함한다(*Paulinella chromatophora*).

편모형(Sarcomonadea)은 *Cryothecomonas*, *Thaumatomonas*(규산질 비늘로 덮힘), *Cercomonas*(노출형)로 대표된다. 후자 분류군은 아메바 운동이 현저한 몇 종을 포함한다(그림 153).

예: 유각아메바류: *Cyphoderia*, *Euglypha*, *Lecythium*, *Paulinella*, *Pseudodifflugia*, *Trinema*;

편모류: *Cercomonas*, *Cryothecomonas*, *Thaumatomonas*

6.8 유공충문 Phylum **Foraminifera** d'Orbigny, 1828 (Granuloreticulosa, 과립망상근족충류)

최근의 액틴유전자 계통발생에 관한 분자 유전학적 자료에 의하면, 유공충류는 아메바성편모충류 다음에 위치시켜야 되고 자매 그룹으로 봐야한다. 이 뚜렷한 단일계통발생 그룹의 대표 종들은 중앙에서 가상자리까지 점차로 직경이 감소되어 1μm 미만까지 되는 망상위족을 만든다(그림 154). 빳빳한 구조와 운동 매개 요소로서, 미세소관은 단 하나 또는 다소 엉성한 집체로 출현한다

이 과립망상위족 구조(그림 **22e**, **23**의 10)와 관련된

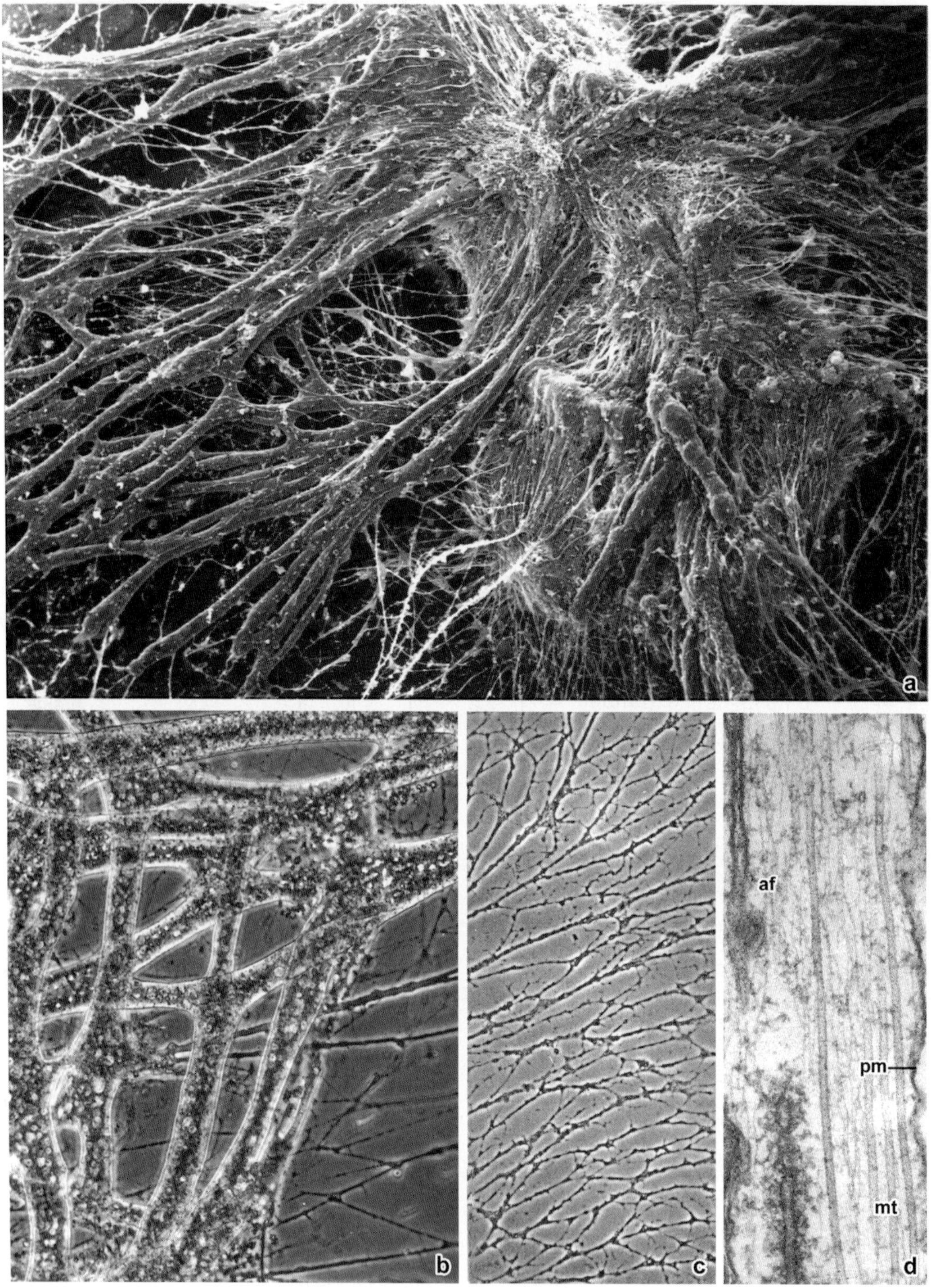

그림 **154** 유공충문: *Reticulomyxa filosa*의 변형체. **a** 망상위족의 공간 분포; **b** 중앙부근의 핵맥; **c** 핵이 없는 주변부 위족; **d** 한 위족내 미세소관(mt)과 액틴사상체(af). pm = 원형질막. 배율: a 100x, b 200x, c 330x, d 7,000x.

파생형질은 위족내에 형성된 특수운동 형식이다: 핵을 제외한 모든 세포 소기구를 정상적으로 포함하여 동시에 양방향으로 흐르는 흐름이다. 세포 또는 변형체는 하나부터 수천개의 핵이 중앙 원형질 사이 두껍게 결합되는 부분을 포함하고 그것은 껍데기에 덮히는 부분에서 발견된다.

De Saedeleer에 의한 오래된 과립망상근족충류에서, 껍데기의 출현이나 그들의 하부구조는 분류목적에 사용된다. 이것은 세 가지 아래 그룹의 확립으로 증거된다: Athalamea(껍데기가 없음), Monothalamea(유기질 껍데기로 된 단방, 그림 **155**), Foraminifera(주로 여러 개의 방으로 된 껍데기).

현대적 관점에서 많은 현생의 무각의 과립망상근족충류(*Biomyxa*, *Pontomyxa*, *Reticulomyxa*)에서 인정 될만한 무각 조건이 원시 특징인지 확실하게 알려지지 않았으므로, 그러한 구분은 더 이상 지지하지 않는다. 거대 담수 근족충류 *Reticulomyxa*(그림 **154**)의 경우에 분자유전학적 기술에 의해 이종이 유공충 계통군 Allogromiida에 속하는 것으로 증명되었다. Allogromiida의 주요 종들은 단방형으로 대부분 해양 기원이다. 또한 유각 단방형 속들(*Lieberkühnia*, *Micrngromia*)은 Allogromiida의 구성원들이다. 이 목은 유공충내에서 가장 생태적 다양성이 높은 분류군으로 알려졌다: 그것의 구성원은 해양뿐만 아니라 담수, 육상 습지 서식처에서도 출현한다. 유공충의 남은 그룹은 예외 없이 해양 기원이다.

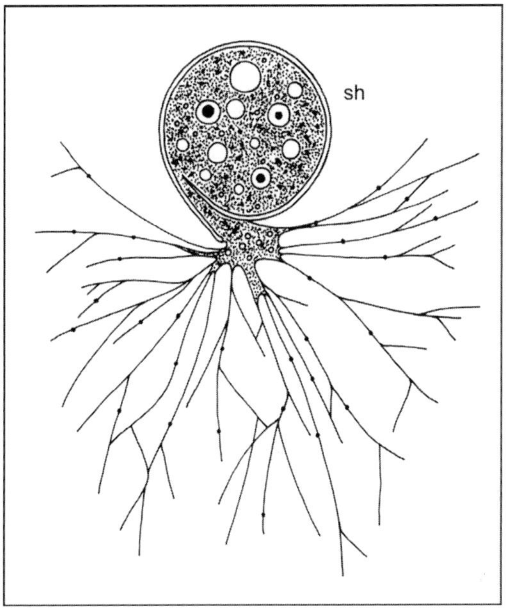

그림 **155** 유공충문: *Lieberkühnia*, sh = 껍질 (Verworn으로부터). 배율 220x.

유공충 또는 과립망상근족충류는 큰 분류군이다. 그들의 석회질 껍데기는 지질학적 작용으로 암석화되어 층화되어 발견된다. 그래서 현재 36,000종 이상의 멸종 종이 알려지고 있다. 현생 해양종수는 약 4,000종이고, 담수종은 약 50종 정도이다. 대부분의 해양군은 저서성이고, 일부가 부유성종이다. 개체들은 6~7개월, 심지어 1년까지 살고 직경이 거의 20cm까지 자란다.

유공충은 작은 구멍과 무늬가 많은 껍데기를 갖는 단방(unilocular) 또는 많은 방(multi-or plurilocular)을 만들고 각 방에는 하나 또는 많은 구멍이 있어 위족들이 그것을 통해 나온다. 다수의 방을 가진 껍데기는 새로운 방이 일련의 오래된 방 앞 또는 옆에 추가되면서 형성된다. 서로 연결 된 방들의 세포내강(lumina)은 구멍을 통해 소통한다. 앞 구멍이라는 의미의 Foramina이란 용어가 이로 인해 생겼다. 껍데기 세포벽은 가장 어린 개체들은 예외지만, 원형질로 채워진 통로의 내재적 미로(labyrinth)형태를 보인다(그림 **156**). 위족은 먹이섭취와 이동, 껍데기 형성과 세포벽 장식에 필요한 퇴적물 알맹이를 모으거나, 또는 번식체의 수송에 사용된다. 그들은 전체 껍데기를 덮고 기저부 수 백 cm^2 위로 펼쳐 나갈 수 있다.

유공충의 화석은 석유탐사와 같은 층서학 연구에 있어 매우 믿을 만한 지시자로서 쓰인다. 이것은 분류학적 구체성에 기반한 풍부한 사실을 설명할 수 있다. 껍데기 벽의 미세구조와 조성에 대한 다음 기본 특징은 뚜렷하다.

- 단백질 껍데기(때로 외래 물질)를 단순히 포함,
- 여러가지 단단한 외래 입자(모래, 실트 알맹이, 골파편, 해면골편 등)가 유기물질에 박혀 만들어진 교착물질(agglutinated)껍질로 철과 규산이 포함된 단단한 고결물질(cement)을 포함,
- 석회질 껍데기는 기저 유기막에서 분비 된 탄산칼슘으로 구성.

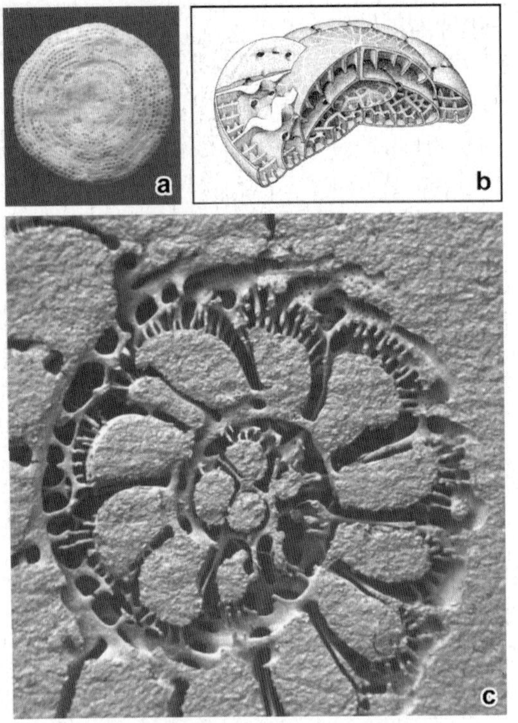

그림 156 유공충문: **a** *Sorites*의 가볍게 문지른 껍질; **b** *Orbitolina*의 껍질 형태; **c** *Parrellina hispidula*껍질의 빈 공간형을 뜬 아랄다이트(접착수지) 주형 (b Basle의 L. Hottinger의 호의에 의해; c Hottinger로부터: Schweizerische Paläont. Abh. 101 [1980] 115). 배율: a 20x, b 3x, c 140x.

고전 시스템에서 이들 특성은 흔히 멸종된종과 현생 유공충을 5개 그룹으로 나누는데 흔히 사용된다(비 석회성 두 개 그룹과 석회성 껍데기를 가진 세 개 그룹).

- Allogrmiida(단방, 대부분 막 또는 단백질 물질로 만들어진 관형 또는 원형 껍데기, 때로 2차적으로 껍데기가 없음): 캠브리아시기부터 현재까지 출현함.
- Textulariida(agglutinated shell, 교착물질껍데기): 이 타입에 속하는 종은 크기가 수 cm까지 됨. 또한 이질충류(xenophylophorea: 주먹 크기의 심해생물로 조금 알려진 분류군)가 여기에 포함 될 수 있다. 캠브리아기에서부터 현재까지 출현.
- Fusulida(대부분 방추형 미세 알맹이 석회 껍데기): 석탄기에서 페르미안기까지의 화석으로만 출현.
- Miliolida 또는 사기질 유공충(반짝이는 사기질 석회 물질로 된 구멍이 없는 껍데기): 석탄기, 주로 쥬라기부터 현재까지 출현.
- Rotaliida(여러 개의 방으로 된 나선형 껍데기로 된 저서성 그룹 및 팽창된 나선형으로 배열된 거품모양의 방으로 된 부유성 그룹, 둘 다 투명한 석회로 만들어 졌다): 페르미아기부터 현재까지 출현.

유공충의 고생물학적 천이는 SSU rDNA의 염기서열 분석에 의해 추론 된 계통발생을 반영한다. 단지 Allogromiida와 Miliolida가 단일계통 발생분류군(Textularia와 Rotaliida는 파생분류군)으로 나타날지라도, 단백질부터 교착물질을 거쳐 석회질 투명껍데기까지 껍데기 벽의 진화는 타당한 것 같다. 그러나 껍데기 체형의 진화는 수렴하여 일어난 것 같다. 그것은 또한 분리된 진화 라인이 단순한 것부터 정교한 껍데기까지 뿐만 아니라 반대 방향으로 껍데기의 완전한 소실에 까지 이르는 것으로 언급할 수있다(그림 **157**).

껍데기의 구조면(방배열과 미세구조의 다양성, 내벽과의 구멍 특성, 방의 형태 무늬면에서) 서식처, 원형질과 유전체의 특성 등이 이들의 계통 분류단계에서 분류를 위하여 사용된다.

방배열의 다음 형체가 교착물질 또는 석회질 껍데기 계통에서 흔하다(그림 **158**): 단일방(unilocular), 관형단일방(tubular), 한줄방(uniserial 한 라인으로 배열된 방), 두열방/세열방(biserial/triserial: 둘 또는 세 줄로 배열된 방), 나선방(planispiral: 중심 umbilicus이 있는 단면 나선에 배열된 방, 양면이 동일), 나선유일방(planispiral-involute:나선의 마지막 방만 보임), 나선노출방(planispiral-evolute:나선의 모든 방들이 보임), 삼면나선방(trochospiral:방들이 중앙 방쪽으로 안 보이고 나선면 쪽은 방들이 보이게 삼면 나선으로 배열), milionine(각 연속적인 방들이 144° 각도로 위치하거나 또는 앞방과 밀접하게 배열 된 일면의 껍데기 긴방), 불규칙방(irregular:방들이 무질서하게 배열 된 방), 오방방(quinqueloculine:다섯방이 보임).

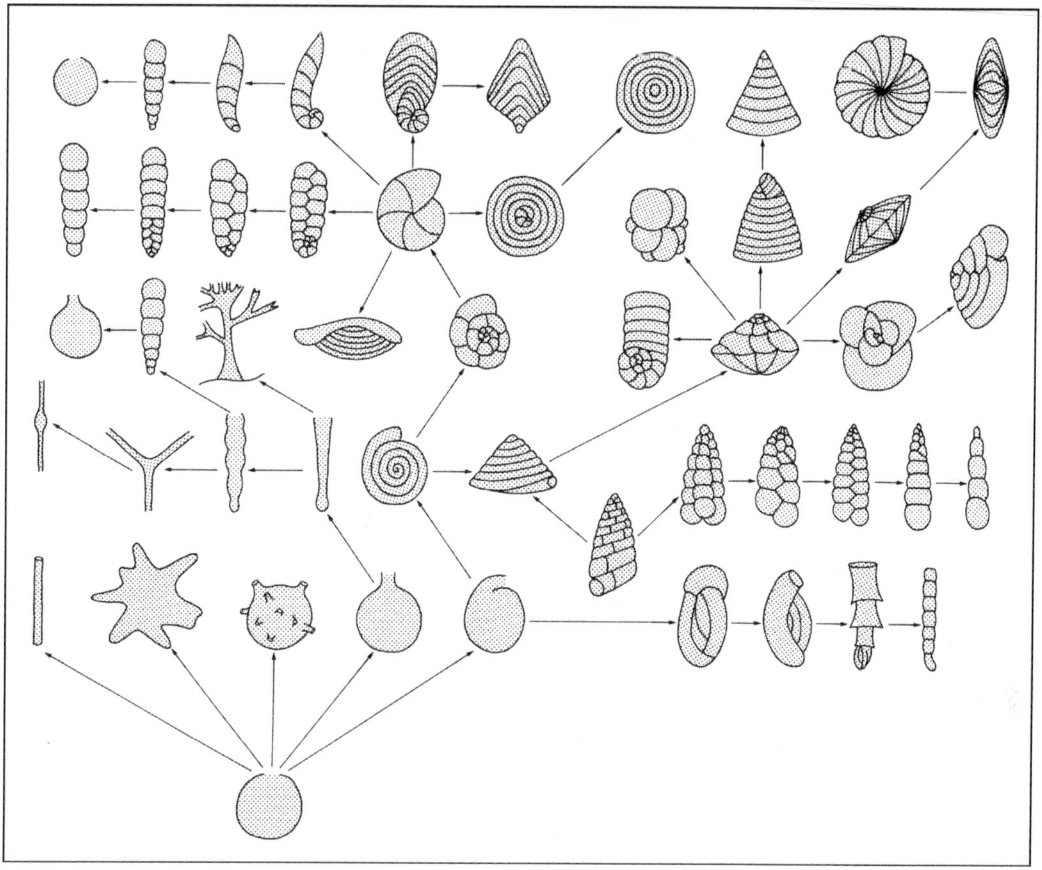

그림 157 유공충문: 다양한 유공충류 껍질의 방 구조의 변화 (Pokorny로부터).

내부공생녹조류(zoochlorellae)나 황록공생조류(zooxanthellae)가 흔히 열대 천해역 저서성 유공충(그림 **159**)과 원양의 부유성 유공충(그림 **160**)의 위족과 핵심 원형질 내에서 보인다. 무성생식에서 각 자손들은 모세포에서 공생자들을 전달 받는다. 대조적으로 유성생식에서는 접합자가 주위 환경으로부터 새 공생자를 취해야만 한다. 그러므로 황록공생조류는 숙주로부터 독립되고 세포소기구 형태를 갖지 않는다. 숙주 세포당 3000개 또는 그 이상 출현하는 내생공생자는 관련 유공충 과에 따라 다르고, 홍조류, 녹조류, 와편모류, 또는 규조류 등에 속한다. 부유성 유공충 (그림 160)은 *Gymnodinium beii*와 몇 종류의 *symbiodinium* 같은 와편모류 뿐만아니라 황갈색 편모류도 공생 시킨다. 이 모든 경우에, 패각은 일반적으로 투명하여 공생자들이 강하게 빛을 받을 수 있는 표면에 가까이 살 수 있게 한다. 그들은 해저면과 해빈에 상당한 퇴적물이 쌓일수 있도록 한다. 새로운 연구에 따르면 빈영양 저서 환경에서 $CaCO_3$의 년간 생산량은 5kg/m^2까지 이른다. 해저면의 넓은 면적이 주로 유공충 껍데기(글로비저리나 뻘)로 구성된 퇴적물로 싸인다. 그 외에 보다 특별한 내생 공생자, 와편모류 색소체 보유체가 4~14℃의 심층 지역에 사는 유공충에서 보고되었다.

공생자가 없는 유공충은 유기쇄설물, 원생생물, 작은 후생동물 등을 먹고 뛰어난 영양섭식의 유연성을 보

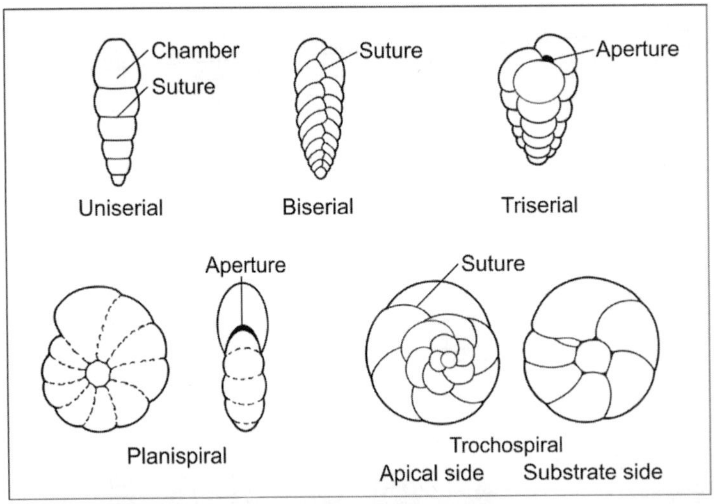

그림 158 유공충문: 유공충류 껍질의 다양한 구조 (Boardman등으로부터).

그림 159 유공충문: 나선형 껍질과 서로 연결된 방을 가진 *Heterostegina depressa* (Kiel의 R. Röttger의 호의에 의해). 배율: 5x.

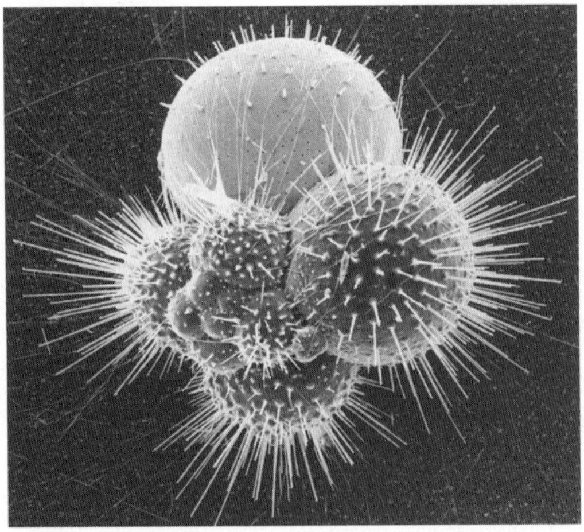

그림 160 유공충문: 해양 표영성 *Globigerina bulloides* (Tübingen의 C. Hemleben의 호의에 의해). 배율: 170x.

인다. 그들의 특이성과 밀도가 많아지면, 그들은 그들의 서식처, 특히 산호초, 염습지, 심층퇴적물 그리고 남극 해안 환경 같은 먹이연쇄에서 중요한 역할을 한다 (그림 161).

유성생식과 무성생식 세대들은 조사 된 종의 생활사에서 일반적으로 나타난다. 모든 경우에 증명할 수 없지만 이형세대교번이 유공충의 일반적인 특징이다(그림 162). 배우자체와 무배우자시기에 모양이서로 다르거나 같을 수 있다. 배우자는 보통 쌍편모체이나 아메바 형태로도 나타난다. 핵의 2중성은 생활사의 어떤 시기에 출현한다.

예: *Allogromia, Globigerina, Hastigerina, Heterostegina, Lieberkühnia, Orbitulina, Reticulomyxa, Rotaliella, Schwagerina, Textularia, Triloculina*

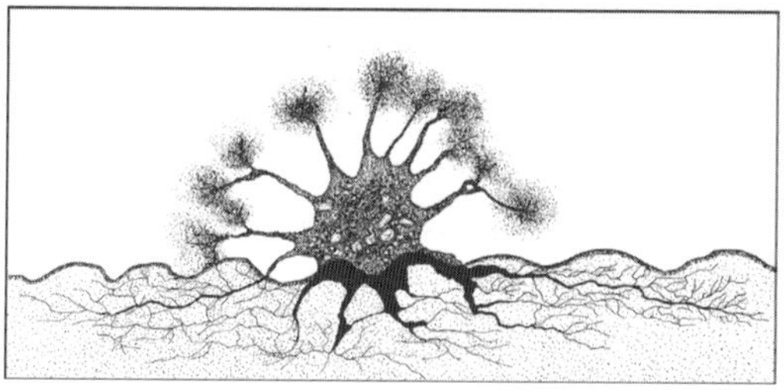

그림 161 유공충문: 북해 퇴적물에서 나온 *Astrorhiza limicola* (Aarhus의 T. Cedhagen의 호의에 의해). 배율: 5x.

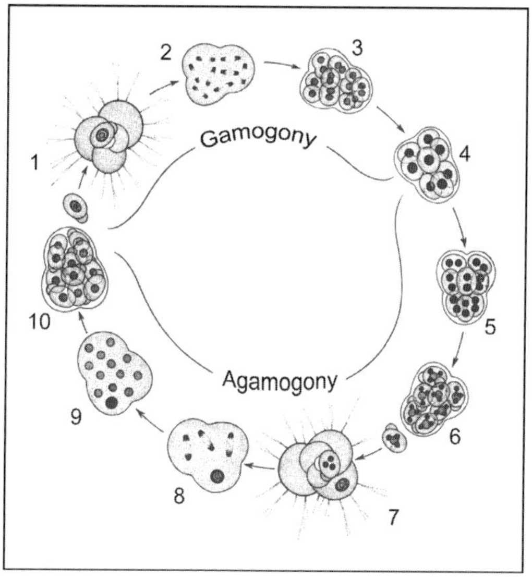

그림 162 유공충문: *Rotaliella heterokaryotica*를 통해 본 유공충 생활주기의 예. 1 성체 생식세포, 2 유성생식의 마지막 체세포 분열, 3 생식세포의 껍질 내에 있는 무편모 배우자들의 자가접합, 4 접합자, 5 2핵성 무성어버이, 6 3개의 생식핵과 하나의 체세포핵을 가진 무성어버이, 7 성체 무성어버이, 8 첫 감수분열, 9 두 번째 감수분열의 끝, 10 비 배우자체(어린생식세포) (Grell로부터).

6.9 색소단백식물문 Phylum **Biliphyta** Cavalier-Smith, 1981

이 분류군은 홍조류와 회조식물아문 두 광합성 계통군을 포함한다. 이들은 단일계통 발생 그룹으로 보인다. 그들의 관계는 엽록소 a와 색소단백을 가진 색소체의 출현에 기초한다.

홍조아문 Subphylum **Rhodophyta** Wettstein, 1901(red algae)

홍조류는 약 6,000종이 속한 큰 단일계통 집단이다. 그들은 해안가 해양 환경에서 주로 출현한다. 매우 소수종이 담수와 육상환경에서 살아 남는다. 거의 모두 광합성 생활을 하나 어떤 종은 색소가 퇴화되거나 없이 다른 홍조류내 또는 표면에서 기생자로 산다.

홍조류는 세포 소기관의 세트를 보여준다. 많은 종류에서 발견되는 전형적인 특징은 미토콘드리아–딕티오솜 복합체와 이웃 세포들 사이 세포벽 구멍을 둘러싼 단백질 물질로 싸인 벽공마개(pit plug)이다. 세포벽의 편재(omnipresence)때문에 편모기구와 중심체의 완전한 소실이 주요 특징으로 나타난다. 한쌍의 미세소관형성중심(MTOC : 반폐쇄·유사분열의 형태로 출현하는 것이 단지 보임)으로 부터 발달 된 방추체가 핵 분열을 일으킨다. 번식기에 세포벽 덮개를 벗어버리고 아메바의 형태와 유사하게 긴다.

홍조류의 보다 전형적인 특징은 (1) 원형질에 자유로이 위치하는 저장산물로 홍조(floridean) 녹말을 가지고 있고, (2) 보조색소로 홍조소(phycoerythrin), 남조소(phycocyanin), 이질남조소(allophycocyanin)로 된 색소단백질체(phycobilisomes)를 가짐, (3) 밀착하지 않은 틸라코이드, (4) 엽록소 a를 가진 2중막의 엽록체를 가지고 있다.

2–3 종을 제외하고 홍조류는 다세포성 생물로 이 책에서는 자세히 다루지 않는다. 2–3 종의 예외는 구형 구조를 가진 종들이다(그림 **163**).

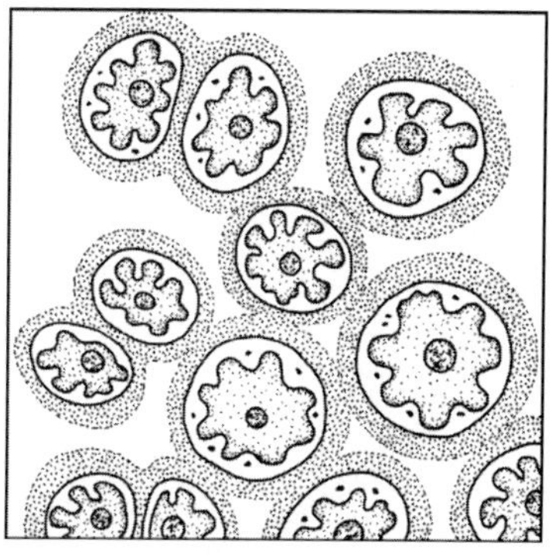

그림 163 색소단백식물문, 홍조아문: *Porphyridium cruentum*. 세포들이 점액질 외투 속에 들어있다 (van den Hoek등으로부터). 배율: 550x.

전 세계적 분포에 따르면, 어떤 홍조류는 생태적으로나 상업적으로 매우 중요하다. 가장 가치 있는 것은 다른 진핵생물(주로 은편모류, 착편모류, 황갈색편모류, 일부 와편모류 등)에서 내생 공생자로서, 과거와 현재 다양한 출현으로 조류와 원생생물의 생물 다양성에 큰 기여를 한 점이다. 그들의 색소체형 잔유물은 첨복포자충류에서도 볼 수 있고 전정색소체(apicoplast)를 가진 다른 피막포문에서도 볼 수 있다.

예: *Porphyridium* (자유생활)

회조아문 Subphylum **Glaucocystophyta** Kies & Kremer, 1986

회조아문은 편모를 갖고, 구형 또는 팔멜라기를 가진 분류군으로 약간의 원시 특성을 보여준다. SSU rDNA 분석은 그들이 은편모류에 관계된 단일계통 발생군 임을 보여 준다. 2차 색소체를 가진 은편모류와 대조적으로, 회조아문은 (숙주세포로) 단지 두 개의 색소체막으로 된 일차 색소체를 가지고 있다.

색소체 둘래의 내강(lumen)에 위치한 잔류 펩티드글리칸(peptidoglycan) 세포벽은 앞선 환경의 남세균 취득이 다소 최근의 활동 결과 인 것으로 추정 된다. 이들 세포소기구 같은 격방(compartment)의 원시형태는 특별한 용어에 믿음을 준다. 즉, 공생남세균(Cyanelles, 세포벽 기능이 퇴화되어 진짜 색소체로 진화되어 내생자로 나타나는 남세균)이다. 염록소 a는 유일한 일차 색소로 관련 색소는 phycocyanin, zeaxanthin, B-carotene 이다. 저장 산물로 녹말은 원형질 내에서 형성되어 저장된다. 단 한종의 공생남세균이 적어도 두 남세균 조상으로부터 왔다.

미세소관에 의해 때로 내부판이나 근섬유와 함께 세포막 아래 내재된 평평한 주머니는 피막포문의 피층 피막포 흔적이나, 상동은 아니다. 운동세포에서 두 개의 부동편모는 두 열의 미세한 털을 가지고 있다. 편모 뿌리는 십자형으로 녹색식물문(chlorobionta)에서 보고 된 것과 유사하다.

거의 13종의 담수종이 4속에 속한다. 자세하게 조사 된 종들 중에서, 껍질이 없는 세포인 *Cyanophora paradoxa*는 등배가 납작하고 꼭대기 부분 홈에서 나온 하나의 짧은 돌출 편모와 뒤로 돌리는 한 편모를 가지고 있다. *Glaucocystis nostochinearum*(그림 **164**)은 가

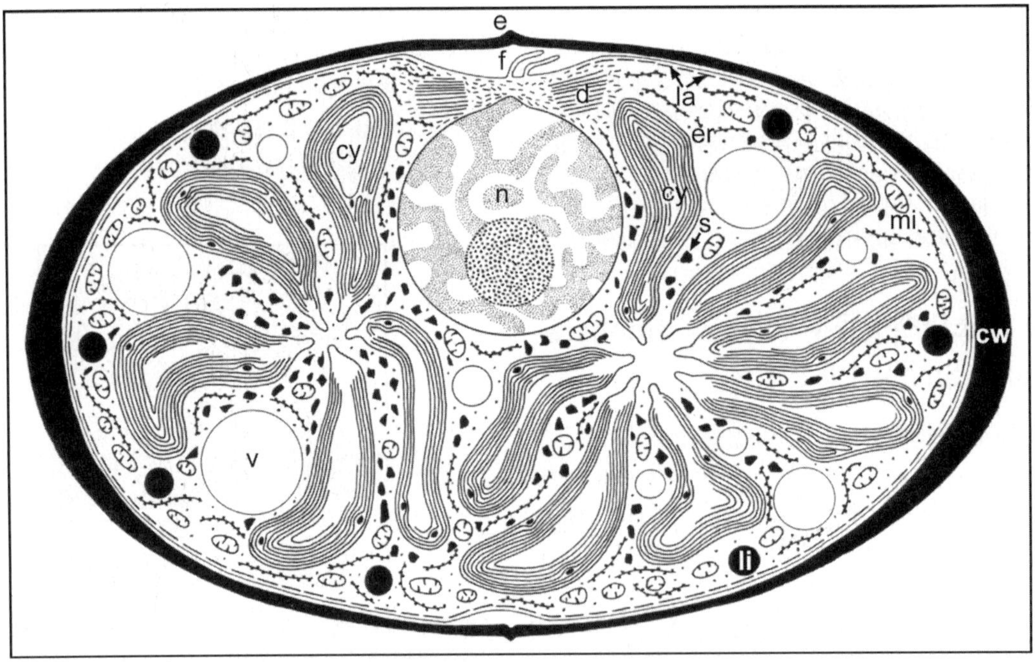

그림 **164** 색소단백식물문, 회조아문: *Glaucocystis nostochinearum*. 미세구조 형상의 모식도; 별모양 송이를 이룬 뚜렷한 공생남세균. cw = 세포벽, d = 딕티오솜, e = 적도점, er = 소포체, f = 편모, la = 피막포 형태의 시스터나(lacunae), li = 지방알맹이, mi = 미토콘드리아, n = 핵, v = 액포, s = 녹말알맹이 (Schnepf로부터). 배율: 5,000x.

장 뚜렷한 종으로 섬유질의 세포벽으로 들어가지 않은 두 개의 퇴화 된 편모를 가졌다. 그러한 세포벽 넓개, 퇴화, 다소 기능 없는 편모 같은 동시적 유연성 관계는 편모형에서 구형(벽형) 구조로 변하는 계통발생학적으로 흥미로운 전이기를 보여준다.

회조아문은 그들자체(그러나 아마 그들의 공생 남세균의 전구체로)가 다른 분류군의 내생 공생체로 되어왔을 가능성이 있다. 사상근족 껍질아메바인 *Paulinella*, *Chromatophora*와 *Gymnodinium* 속의 와편모류, 은편모류와 황갈색편모류 같은 것이 여러 개의 원형질성 공생남세균을 가지고 있고, 그러한 내생 집합체의 보기가 될지도 모른다.

예: *Cyanophora*, *Cyanoptyche*, *Gloeochaete*, *Glaucocystis*

6.10 녹색식물문 Phylum *Viridiplantae* Cavaier-Smith, 1981(Green plants, Chlorobionta)

녹색식물류는 모든 녹조류뿐만 아니라 육상 유배식물문(태류, 뿔이끼류, 이끼류, 관다발식물문)까지 단일계통발생 선상에 있음을 보인다. 여기에는 거의 8,000 종의 조류와 25만종 이상의 고등식물이 알려져 있다.

전통적인 분류 체계에서, 녹조류는 세포의 수준과 다세포 구조에 의해 구분할 수 있다: 단세포 편모류(편모형구조), 군체형 편모류, 점액질 내에 있는 팔멜라형 군체, 구형 단독 단세포, 팔첩구균상구조, 다세포성 사상체, 엽상체형, 관상성(다핵체적)구조등 다양한 형태가 나타난다. 이러한 형태의 출현은 모든 알려진 종들에 해당하는 분류군을 만들 수 있다. 그러나 표준화 된 미세구조와 DNA 서열화 기술로 진화 역사에 다른 관점을 만들어 준다. 편모구조는 원시형으로 나타나는 것으로 아직 믿지만, 더 진화 된 비편모형이 다른 편모 계통 내에서 독립적으로 생겼을 수 있다.

최근의 분석에 의하면 현생 녹조류와 육상식물의 전구체는 아정부에서 돌출 된 두 개의 편모를 갖는 좌우대칭 편모류로, 하나 또는 두개의 이중막으로 된 엽록체와 세포몸체와 편모를 덮는 유기비늘 층을 갖는 편모류이다. 이들 원시 공통형질의 일부가 담녹조편모류(Prasimonads)와 *Mesostigma*(구형 또는 사상체 관련 종의 유주자에서와 마찬가지로)의 보존적 편모계통에 남아 있다: 다른 가계에서, 이들 특징은 바뀌거나 수정되었다. 해당 계통발생적 새로운 양상은:

- 비늘이 소실되어 노출형 세포로 되고,
- 유기물 껍질이나 결정구조 섬유질사로 만들어진 세포벽으로 비늘이 바뀌는 것,
- 측면의 아정부에 나온 편모 축이 정부 부분으로 이동하는 것,
- 편모 구조의 완전한 소실과 마찬가지로 편모의 복제와 증식이 일어나는 것,
- 편모 뿌리 기구내에 특별한 고착 시스템이 만들어 지는 것 등.

일반적 특징은: (1) 전형적인 편모털이 없는 (그러나 미세 털이 있는) 다소 유사한 동형편모, (2)편모축과 모근체 사이 별모양의 전이대(그림 **249**), (3) 특별한 엽록체(이중막 이외에, 엽록소 a와 b, 틸라코이드 또는 틸라

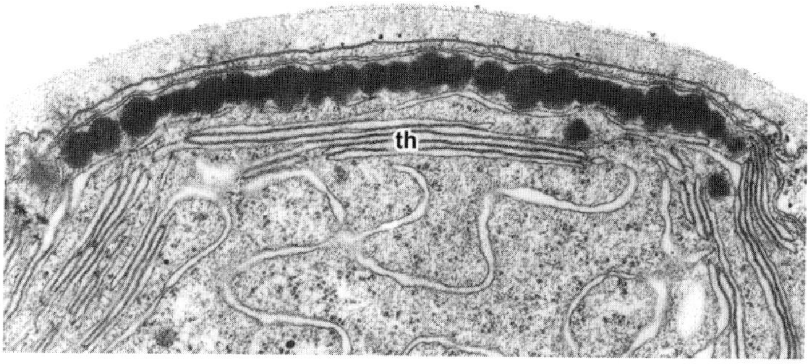

그림 165 녹색식물문: *Chlorogonium*의 엽록체 안에 위치한 안점(eyespot 또는 stigma). th = 틸라코이드 (Wiesbaden의 D. Fischer-Defoy의 호의에 의해). 배율: 35,000x.

코이드 다발 (즉, 그라나 또는 슈도그라나, 저장다당류로 녹말) 등을 포함한다. 세포벽이 생길 때, 그들은 다당류 물질(pectin)에 스며들어간 섬유질사로 대부분 구성된다. 전형적인 세포벽이 없는 담수종이나 비편모성 부동포자(aplanospores: 자생포자 또는 원시편모 특성을 갖는 생식세포)는 수축포를 가지고 있다. 안점(stigma)이 출현한다면 엽록체 안쪽에 위치한다(그림 **165**). 유성 생식이 보통이나 종종 나타나지 않는다.

현대 계통 분류에 사용되는 형태적 특징은: (1) 편모 삽입 부위(측면-아정부-정부 부분), (2) 편모의 수, (3) 편모 뿌리 부분의 구조, (4) 세포 덮개, (5) 세포 운동 특성 등을 포함한다. 현재 분류체계는 녹색식물문내에 두 주요 계통을 든다. 즉, 녹조아문(Chlorophyta)과 윤조아문(Streptophyta)으로 양 그룹은 일차적으로 쌍편모 단세포이다. 윤조류는 편모가 아정부에 삽입 된 원시형태 분류군이고, 녹조 아문은 다소 진화된 정부에 삽입 된 편모 형태로 정밀한 편모 뿌리 구조가 나타난다(그림 **166**). 단세포로 대표되는 주요 분류군이 표 **14**에 나와 있다.

녹조아문 Subphylum **Chlorophyta** Pascher, 1914

편모의 돌출 모양과 편모 뿌리 시스템에 관하여, 녹조류는 원시특성(Prasinomonads 담녹조편모류)을 가진 분류군과 다소 진화 된 분류군(Ulvophyceae: 파래강, Trebouxiophyceae: 공구조강, Chlorophyceae: 녹조강 = UTC계통)으로 구분된다. 해당 파생형 특징은 편모 기구가 아정부에서 정부로 삽입 위치를 변경하고, 새로운 편모 뿌리 시스템이 정교해진다(그림 **166**).

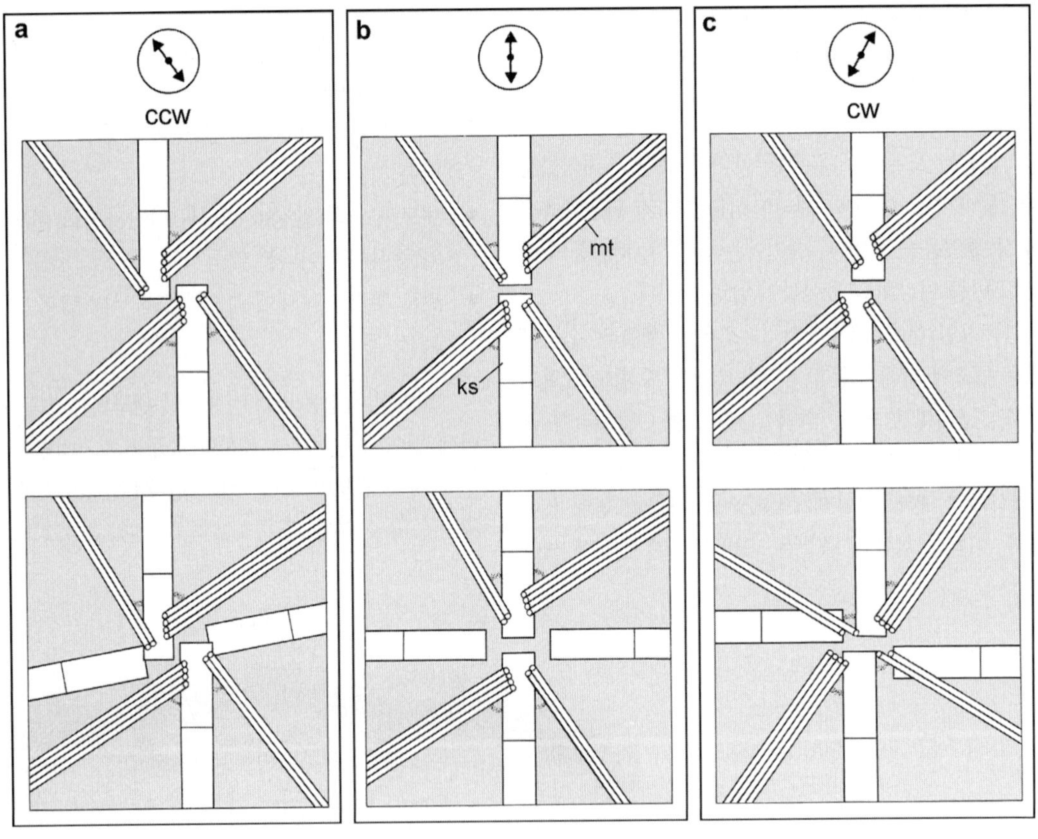

그림 **166** 녹색식물문: 서로 다른 편모형 엽록생물체에서 구분되는 십자형 편모뿌리체계. 가운데: 관련 미세소관(mt)과 두 모근체(ks)(윗그림) 또는 직각으로 만나는 4개의 모근체(아래그림)를 갖는 원시형으로 추정된 상태. 왼쪽: 반 시계 방향으로 위치한(ccw), 오른쪽: 시계 방향으로 위치한 상태(cw) (Mattox로부터).

표 14. 녹색식물문의 주요 계통사이의 추정관계. 이 책에서 고려된 분류군은 별표로 표시하였다 (여러 저자들로부터).

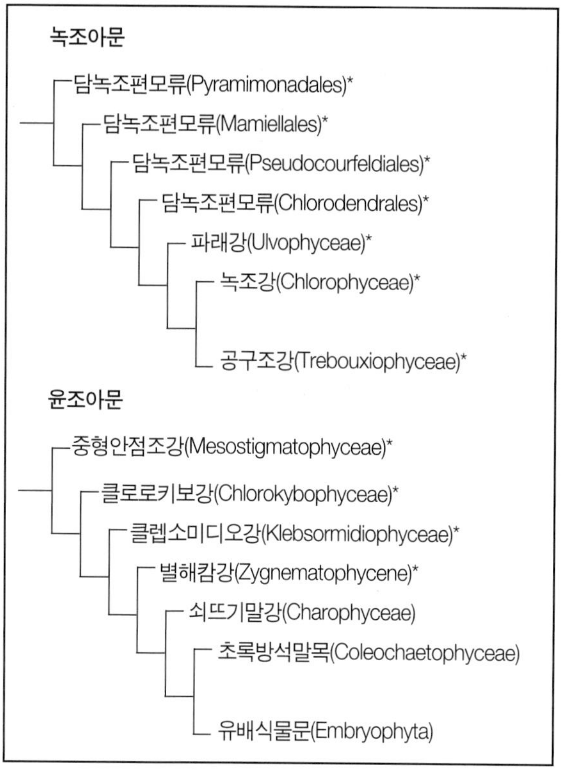

담녹조편모류(Prasinomonads)

표 14에서 모사했듯이, 담녹조편모류 또는 담녹조류는 편모류의 측계통성 군을 형성한다. 분류군 담녹조편모강(Prasinomonadea)은 단지 원시공통형질에 기초한, 대부분 종의 사방형 비늘(세포 표면을 덮은 40–50nm 크기)과 편모에 기초하여 분류되었다. 유사한 비늘이 윤조류의 유주자와 배우자에 출현하듯이, 그러한 껍질은 소위 녹조류의 원시 공통 형질과 조상 특성으로 고려되어야만 한다.

좁쌀공말류(Volvocida)와 대조적으로 담녹조편모류는 하나에서 16개까지, 대부분 4개의 동형편모가 세포 몸체의 정부 함입부에서 돌출한다(그림 **167**). 편모들은 전술한 작고 미세하게 조각된 비늘 또는 편모털과 비교할 수 없는 유기물질로 된 털에 의해 덮여있다(그림 **168**). 게다가 체세포 표면은 또한 딕티오솜의 자루에서 생성된 하나 또는 여러층의 현미경적 크기의 비늘로 덮여있다. 어떤 경우에 *Tetraselmis*처럼, 분비된 비늘이 밀집한 덮개(theca)를 만든다. 가장 원시적인 Pyramimonadales목의 어떤 종은 *Katablepharis* 같은 은편모류의 사출체에 비교되는 방출체를 갖는다(그림 **62**). 담녹조편모류는 주로 해양환경에서 발견되고, 단지 2–3 종이 담수에서 발견된다. 한 종(*Tetraselmis convolutae* = *Platymonas convolutae*)이 해양 편형동물 *Convoluta roscoffensis*의 조직안에 공생자로 산다. 숙주는 숙주발생 단계 초기에 공생자를 들여오고 후에 생리적으로 완전하게 공생자에게 의존하게끔 발전한다.

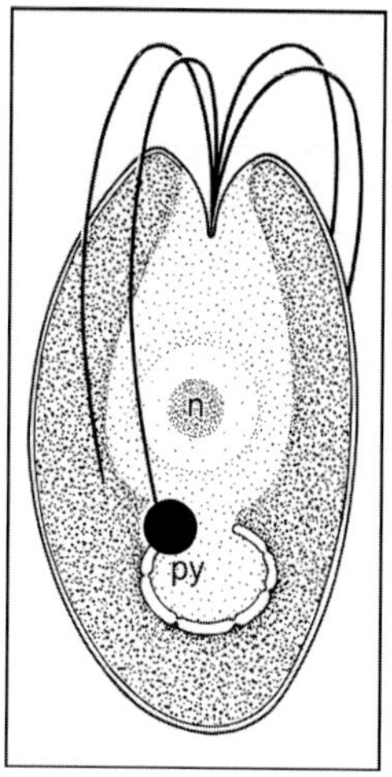

그림 **167** 녹색식물문, 녹조아문, 담녹조편모류: *Tetraselmis bichlora*, n = 핵, py = 피레노이드 (Ettl로부터). 배율: 1,600x.

예: *Pyramimonas*, *Cymbomonas*(Pyramimonadales), *Mamiella*, *Mantoniella*(Mamiellales), *Nephroselmis*, *Pseudocourfeldia*(Pseudocourfeldiales), *Tetraselmis*(Chlorodendrales), *Prasinomanas*

파래강 Class **Ulvophyceae** Mattox & Stewart, 1984

이 강은 주로 사상체형과 때로 가지형(*Acrosiphonia*, *Cladophora*, *Derbesia*, *Ulothrix*), 심지어 조직형 엽상구조(*Ulva*, *Caulerpa*, *Halimeda*)로 잘 알려진 다세포성 그룹뿐만 아니라, 단세포 다핵체 그룹(바다삿갓말목 Dasycladales)을 포함한다. 배우자는 두 편모를 가지고 있고, 감수포자들은 4개의 편모로 되어 있다. 계통은

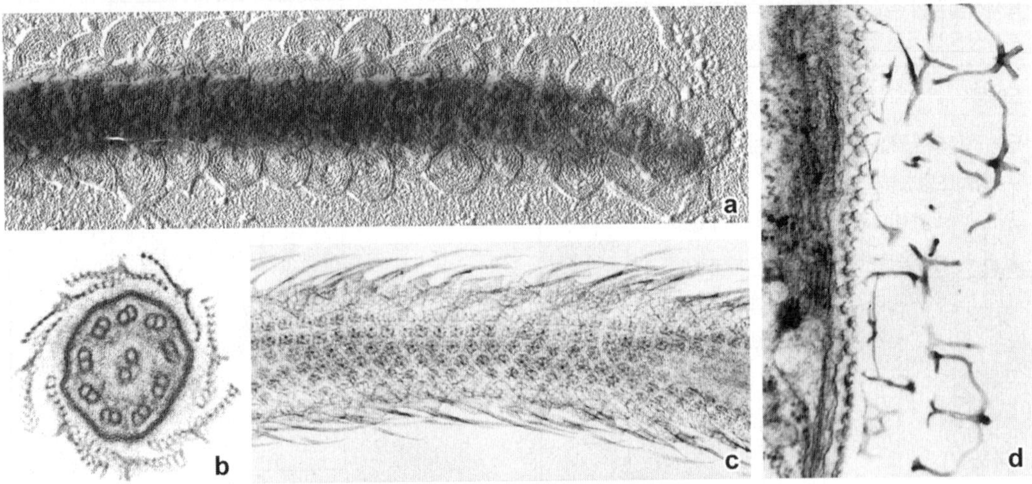

그림 **168** 녹조아문, 담녹조편모류: 편모위 비늘(**a-c**)과 체표면(**d**). **a** *Mantoniella squamata*; **b** *Mamiella gilva*; **c, d** *Pyramimonas tetrarhynchus* (Copenhagen의 ø. Moestrup의 호의에 의해). 배율: a 47,000x, b와 c 68,000x, d 63,000x.

CCW배치에서 십자형 뿌리 구조에 의해 특징된다(그림 **166**).

바다삿갓말목은 수 cm에 이르는 긴 중앙축과 꼭대기 윤생체로 된 거대세포로 구성된 관형(다핵의)엽상체로 된 속에 의해 특징된다(그림 **169**). 세포벽은 만난(manan)과 섬유질로 만들어 지고, 흔히 석회질의 하얀 외피층으로 싸여 발견된다. 세포질 흐름 현상 모델로 잘 알려진 종은 지중해 연안의 암반이나 연체류 껍질에서 출현하는 *Acetabularia acetobulum*이다. 모든 종이 해양종이다.

예: *Acetabularia*, *Dasycladus*

공구조강 Class **Trebouxiophyceae** Friedl, 1995

이 계통에 속하는 종류들의 편모기(유주자, 배우자) 구조는 파래 연관구조와 같은 십자형 뿌리구조의 CCW 배치를 보이나, 그들의 세포는 유사분열 및 세포운동 특성과 담수에 주로 출현하는 점에서 파래강과 틀리다. 공구조류는 가지를 치는 사상체나 다세포엽상 또는 편모기가 없는, 구형 단세포만 갖는 분류군에 해당한다(그림 **170**).구형 *Chlorella* 속의 4종류(위치가 불확실한 몇 개의 *Chlorella*와)가 생태적,진화적 배경에서 중요한 역할을 한다:어느곳에나 출현하는 담수 조류와 비에 노출된 나무의 세포벽을 덮는 육상 조류로서,또한 다양한 후생동물과 원생동물(즉 담수 해면동물,자포동물,섬모충류, 유각이나 무각아메바류,태양충류,유공충류 등)의 2차 내생자로 유사한 속 *Trebouxia*는 이끼와의 공생에서 주요 짝으로 발견된다. 많은 원생생물에서 그러한 공생은 영양목적(영양이 부족한 *Sphagnum* 처럼)에 제한 되지 않으면서, 산소 결핍이 일어난 상황, 특히 식물체가 썩고 얼음으로 덮힌 연못에서 발견된다. 공생은 일시적이거나 지속적(*Paramecium bursaria* 경우처럼)이다.

최근의 rDNA유전자, 튜불린과 운동단백질의 DNA 분석에 의하면, 1912년에 이미 기술된 *Helicosporidium parasiticum*은 확실히 공구체 강에 속한다. 전에 사상포자충아문(Cnidospora: 점액포자충류와 미포자충이 결합되었던 폐기된 분류군) 또는 자낭균류(Ascomycetes)에 속하였던, 이 종은 파리목(dipteran)에서 발견된 병원성 생물이다. 숙주 특이성은 낮다; 나비목, 톡토기목, 딱정벌레류, 진드기류, 지각류, 흡충류에 감염된다. *Helicosporidium*은 한세포 이상의 많은 세포에서 유래된 포낭들(포자)을 가진다. 반상형포자들은 긴

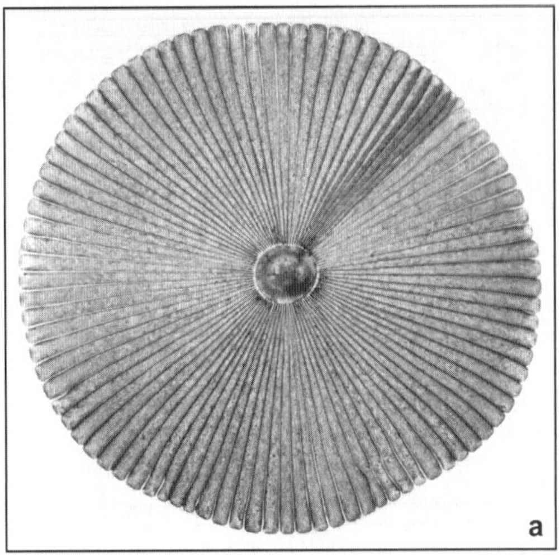

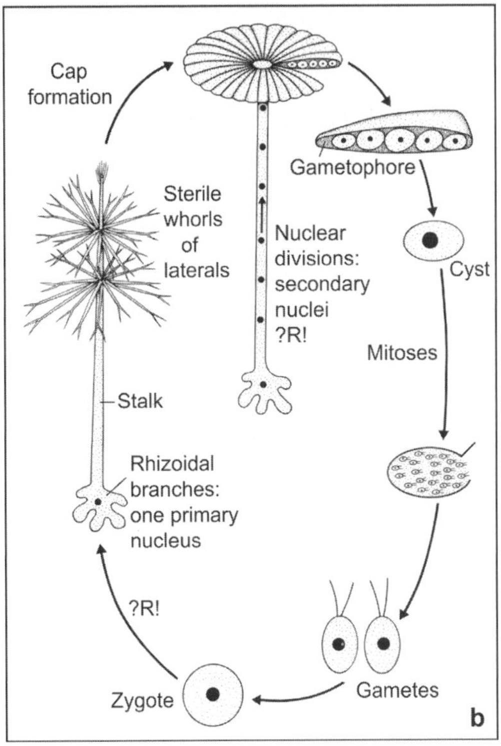

그림 **169** 녹조아문, 파래강: *Acetabularia*. **a** 모자부위, **b** 생활주기 (Lüttge로부터). 배율: a 8x.

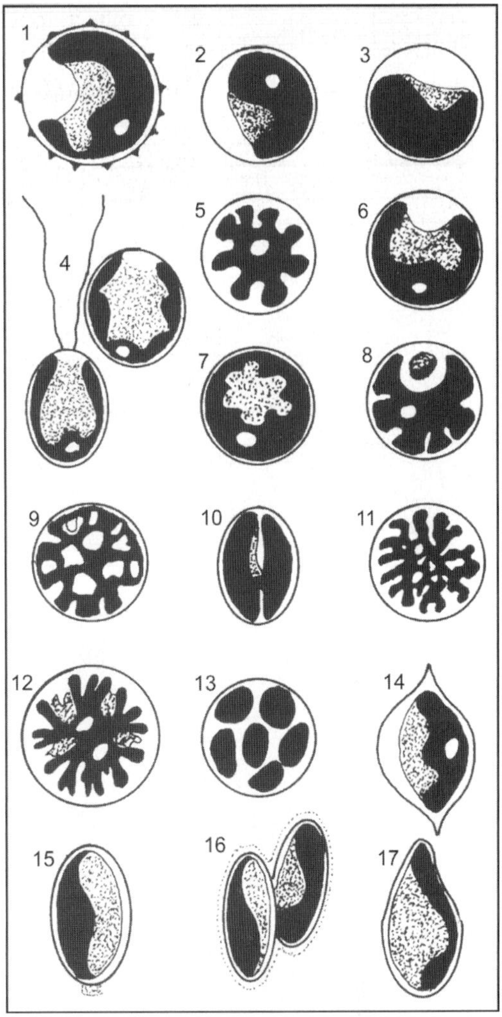

그림 **170** 녹조아문, 공구조강: 나무껍질 위에 사는 기중식물성 녹조류의 속들: 1 *Trochiscia*, 2 *Chlorella*, 3 *Palmellococcus*, 4 *Chlamydomonas*(편모형과 휴면기), 5 *Radiosphaera*, 6 *Chlorococcum*, 7 *Neochloris*, 8 *Trebouxia*, 9 *Spongiochloris*, 10 *Myrmecia*, 11 *Dictyochloropsis*, 12 *Macrochloris*, 13 *Bracteacoccus*, 14 *Scotiellopsis*, 15 *Pseudococcomyxa*, 16 *Coccomyxa*, 17 *Choriocystis* (Kremer로부터: Mikrokosmos 87 [1998] 25). 배율: 1-11과 15-17 1,000x. 12 350x, 13과 14 550x.

사상체 형태로 다른세포로된 3-4개의 고리(coil)에 둘러싸인, 세포3개의 중앙에 밀집한 단핵세포들(포자원형질)로 구성된다(그림 **171**). 모두 4개 세포가 매끈하고 약간 투명한 껍질안에 뭉쳐있다. 포자의 직경은 5-9μm, 두께는 직경의 1/2- 3/4 정도이다. 부화되자 마자 고리세포는 펴지면서 바깥 껍질을 깨고 나타난다. 감염실험에서, 다음생활사가 보고되었다. 섭취된 포낭(포자)은 그들의 내용물이 위 내강으로 들어간다. 사상체의 침투에 의

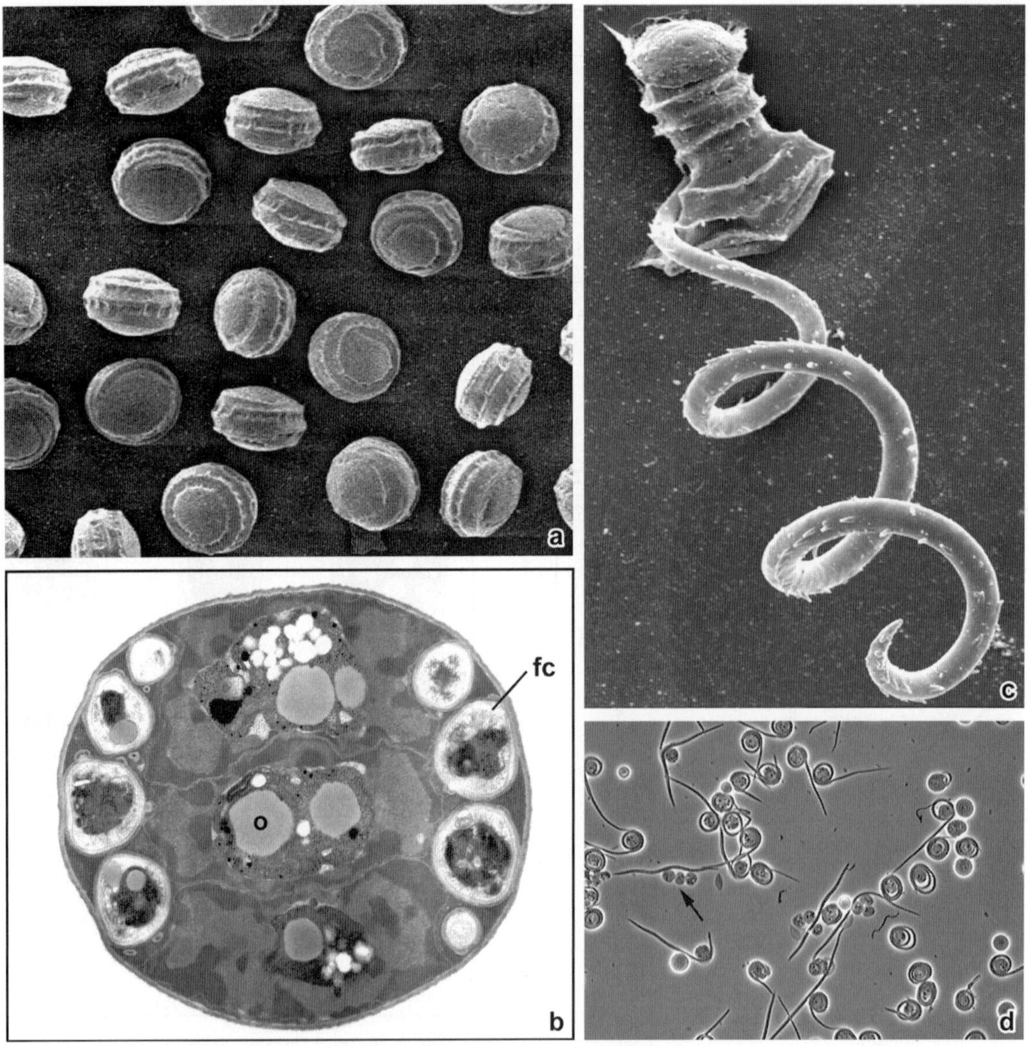

그림 171 공구조강: *Helicosporidium*: **a** 성숙포낭, **b** 여러겹의 포낭벽 내에 포함된 중앙에 위치한 세 개의 난형세포(o)와 주변부에 위치한 사상체형 세포(fc)로 구성된 성숙포낭의 횡단면; **c** 부화된 *Helicosporidium* 포자낭: 난형세포 복합체에서 뻗어나간 풀린 사상체형 세포; **d** 정체된 포낭; 압력에 의해 피층이 부셔지거나 중앙 난형세포가 부풀고 사상체형 세포가 풀려있음; 때때로 세 개의 난형세포와 사상체가 근접해 있음(화살표) (Boucias등으로부터: J. Eukaryot. Microbiol. 48 [2001] 460). 배율: a 2,800x, b 3,200x, c 5,100, d 600x.

해 숙주로 들어가 감염된 난형세포는 곤충의 위에서 짧게 산다. 감염후 24시간에 혈강에서 발견된다. 이들 세포는 외피내에서 4개의 딸 세포를 형성한다. 72시간 후 구형 세포(3.5μm)가 나타나고 추가로 구형 세포로 더 나뉘어 진다. 이 후에 딸세포들은 조포체(sporogony)로 되고, 두꺼운 포자벽을 분비하고 하나의 사상체와 세개의 포자 원형질을 분화시킨다. *Helicosporidium*은 성장과 발생에 필요한 영양물질을 최소로 취한다. 이것은 포낭이 숙주에 섭취될 때까지 수서환경에서 주로 자유생활을 할 수 있음을 의미한다. 연못시료에서 *Helicosporidium* 기를 볼 수있다.

예: 자유생활 광영양자:*Chlorella*, *Nanochlorum*, *Trebouxia*

2차무색 기생자: *Helicosporidium*

그리고 현재는 유글레나나 녹사상족류에서 내생자로 출현하는 소멸된 종의 흔적이 있다.

녹조강 Class **Chlorophyceae** Christensen, 1994(Phytomonadea)

이 단일계통의 분류군은 단세포로 구성된 좁쌀공말목(Volvocida)과 녹색소구체말목(Chlorococcales), 부분적으로 가지를 갖는 사상체형 녹색반점말목(Chaetophorales)과 붓뚜껑말목(Oedogoniales)을 포함한다. 유주자 또는 편모류로 출현할 때 세포들은 껍질이 없고, CW형으로 배치된 십자형 뿌리 구조에서 유래된 무모형 편모를 가지고있다. 2편모, 4편모, 8편모 세포가 일반적이다. 유주자들은 붓뚜껑말목에서 관편모성(stephanokont)이다; 그들은 뒤쪽 끝에 왕관 모양의 무수한 편모를 가진다.

좁쌀공말목 Order Volvocida Francė, 1884(Volvocales)

좁쌀공말목은 녹조강 내에서 영구적으로 편모를 가진 단 하나의 목이다. 털이 없는 둘, 넷, 드물게 8개의 편모가 세포의 앞쪽 끝에서 나온다. 대부분 컵 형태의 엽록체는 전형적인 벽측에 위치하고, 녹색 색갈을 보인다. 이목은 단세포형(*Chlamydomonas*, *Chlorogonium*)과 뚜렷한 다세포성으로 된 종들을 포함한다. 무수한 세포들로 이루어진 군체 종류에는 *Gonium*, *Eudorina*, *Pleodorina*와 *Volvox*(그림 **172**)가 포함된다. 개별 세포들은 보통 점액질 물질안에 위치하고, 세포돌기(plasmodesmata: 세포질 연결사와 유사한 구조)에 의해 연결된다. 대부분 종은 담수에서 출현하고 대량 발생하는경향이 있다. *Polytoma*와 *Hyalogonium* 같은 일부 종류는 2차적 무색자로서 종속영양 포식자로 살아 간다.

예: *Chlamydomonas*, *Chlorogonium*, *Dunaliella*, *Pandorina*, *Volvox*

녹색소구체말목 Order **Chlorococcales** Marchand, 1895

녹색소구체말목은 거의 1000개의 단세포와 다세포 종을 포함한다. 대부분 담수와 육상에서 발견된다. 편모는 생식세포에서만 발견되고, 구형, 군체형, 팔첩구형, 사상체형, 관형 구조가 일반적으로 나타난다. 세포벽은 비결정 섬유질로 만들어 졌다: 일부는 포분소(sporopollenin) 같은 물질로 덮여 있다. 비편모성 세포들은 흔히 모근체와 관련 뿌리 구조가 남아 있는 퇴화된 편모구조를 아직 가지고 있다. 녹색소구체말목은 *Chlamydomonas*와 같은 조상에서 유래된 것으로 추정 된다.

예: *Chlorococcum*, *Pediastrum*, *Scenedesmus*

윤조(輪藻)아문 Subphylum **Streptophyta** Jeffrey, 1982

이 책에서는 진짜 조직이나 조직 같은 구조가 없는 단세포로된 분류군 만을 자세히 다루고 있다. 보다 고도로 분화된 계통(Charales: 쇠뜨기말목, Coleochaetales: 초록방석말목, Embryophyta: 유배식물문)의 자세한 기술에 관하여는 식물학 교과서를 참고할 수있다. 일찍 분화된 분류군(Mesostigmatales: 중형안점조목, Chlorokybophyceae: 클로로키보강, Klebsormidiophyceae: 클렙소미디강, Conjugatophyceae: 접합조강)의 진화에서, 일부 특성은 육상식물의 원시적 특성을 보이나, 그들의 보다 진화

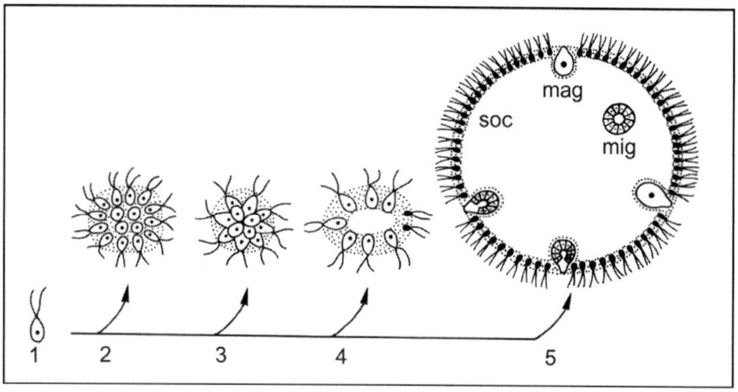

그림 172 녹조아문, 녹조강: *Chlamydomonas*형(1) 편모류로부터 *Gonium*(2), *Pandorina*(3) 또는 *Eudorina*(4)를 거쳐 *Volvox*(5) 같은 대형 군체까지의 가능한 진화 경로. *Eudorina*와 *Volvox*의 검은색 세포들은 체세포(soc)를 표시한다. mag = 대형배우자, mig = 소형배우자 (Picket-Heaps로부터).

된 체형을 이해하는데 중요한 역할을 한다. 그들은 로제트형의 다효소 복합체를 통하여 섬유사의 합성 과 격막 형성체(세포벽 형성면에 직각으로 배열되고, 펙틴질의 세포벽 성분으로된 알맹이들의 결합과 성장에 관련된 2가닥의 미세소관체)라 불리는 세포운동시스템 같은 새로운 세포학적 특성을 가진다.

중형안점조강 Class **Mesostigmatophyceae** Marin & Melkonian, 1999

담수에 서식하는 소수의 현생종으로 구성된 이 분류군은 일반적으로 원시계통군으로 보인다. 각각 한 편모를 가진 세포들로 된 사상체와 두 편모를 가진 단세포로 출현한다(그림 **173**). 둘로 갈라지거나 유주자에 의해 번식한다. 담녹조류와 마찬가지로, 편모 표면은 비늘로 덮여 있다. 이들 비늘은 형태적으로 비대칭이고, 세 개의 돌기(단풍잎 배열처럼)를 가지고 있다. 그러나 담녹조류에서 발견되는 비늘은 좌우대칭형이다. 단세포군의 두 편모는 아정부 또는 측면으로 삽입된다. 편모는 십자형 뿌리 구조에서 두개의 다층구조로부터 나온다. 편모의 세포체는 두가지 형태의 서로 다른 비늘 층으로 덮혀 있다. 유주자의 경우는 단지 한층으로 덮혀 있다.

예: *Mesostigma*(편모구조), *Chaetosphaeridium*(사상체형)

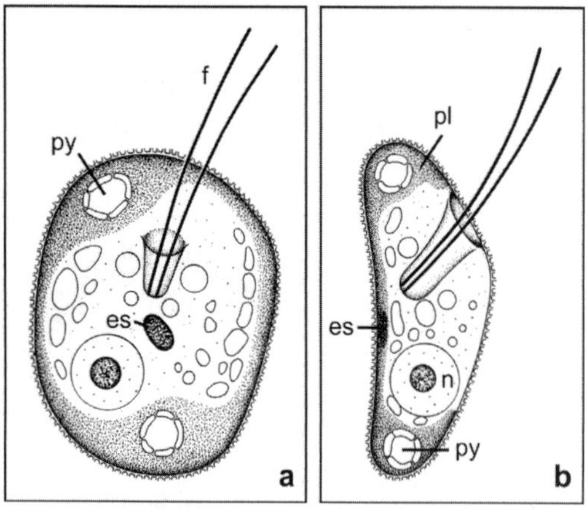

그림 **173** 녹색식물문, 윤조아문, 중형안점조강: 위(**a**)와 옆에서(**b**) 본 *Mesostigma viride*. es = 안점, f = 편모, n = 핵, pl = 색소체, py = 피레노이드 (Manton과 Ettl로부터). 배율: 2,200x.

클로로키보강 Class **Chlorokybophyceae** Bremer, 1985

클로로키보강은 자연에서 발견되는 단지 한 종에 의해 대표된다. 군체기에, 보통 점액질 물질 속에서 구형 또는 타원형(팔첩구형 구조) 세포들의 입방체 덩어리로 출현한다. 그들은 붕괴된 모세포 벽에서에서 나온 세포로부터 하나의 유주자를 만든다. 유주자는 홈에서 측면으로 나온 두편모를 가지고 있다. 이종은 고산지대의 암반 기저부위 습지에서 출현한다.

단한종: *Chlorokybus atmosphiticus*

클렙소미디오강 Class **Klebsormidiophyceae** van den Hoek et al., 1995

클렙소미디오강에는 주로 습지와 음지의 암반 기저부위에서 출현하는 약 15개종의 육상 또는 담수 조류가 포함된다. 그들은 연쇄체(hormogonia)라 불리는 작은 조각으로 붕괴되는 비 분지성 사상체로 이루어 졌다. 매 세포는 안점이 없는 하나 또는 두개의 작은 측막 색소체를 가지고 있고, *Klebsormidium*에서 처럼 두 개의 측면에서 나오는 한쌍의 편모를 가진 한개의 유주자로 변할 수있다. 유주자는 분화된 둥근 주머니구멍(opercula)을 통하여 세포벽을 떠난다. 세포질 분열 동안 내부 방추체가 지속된다.

예: *Klebsormidium*(유주자가 있음), *Raphidonema*, *Stichococcus*

접합조강 Class **Conjugatophyceae** Engler, 1892 (Zygnematophyceae, 별해캄강)

이 강의 모든 종류는 편모기가 없다. 단수체의 영양세포는 세포분열에 의해 무성생식으로 번식하거나, 접합과정(Conjugation)에 의해 접합자를 형성하는 아메바성 배우자를 만드는 유성생식에 의해 번식한다. 단세포, 군체, 사상체가 조체(엽상)의 기본 구조이다. 일부 대표적인 단세포 종류를 그림 **174**에서 볼 수있다.

예: *Closterium*, *Micrasterias*

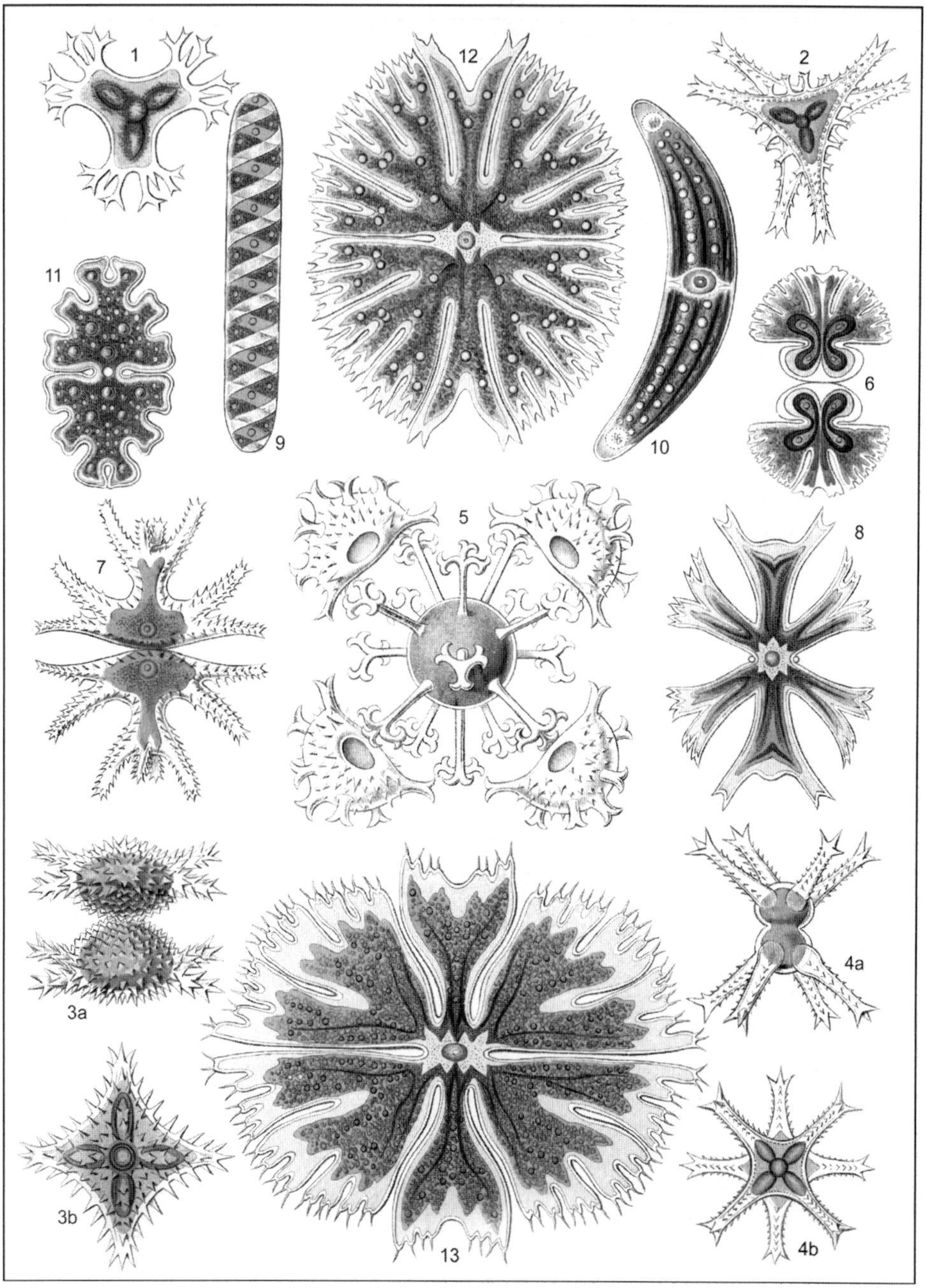

그림 **174** 윤조아문, 접합조강: 먼지말류의 전형적인 장식형과 대칭형 형태. 1 *Staurastrum furcatum*, 2 *S. vestitum*, 3 *S. aculeatum*, 4 *S. paradoxum*, 5 *S. spinosum*, 6 *Micrasterias denticulata*, 7 *M. trigemina*, 8 *M. melitensis*, 9 *Spirotaenia condensata*, 10 *Closterium costatum*, 11 *Euastrum pecten*, 12 *E. agalma*, 13 *E. apiculatum* (Haeckel로부터: Kunstformen der Natur. Verlag des Bibliographischen Instituts, Leipzig 1899-1904).

6.11 아메바문 Phylum **Amoebozoa** Lühe, 1913

이 그룹에 포함된 원생생물은 위족을 가지고 있으나, 뻣뻣해 지는 현상과 운동성을 조절하는 미세소관이 위족에서 관찰되지 않았다. 게다가 세포질 미세소관은 유사 분열의 방추체와 관련해서만 나타나는 것으로 보인다. 무과점충강(Acarpomyxea)의 위족을 제외하고, 다른 그룹의 위족은 비교적 빠르게 형성된다(수초에서 수분 사이). 아메바성 이동은 아메바성편모충문(Cercozoa)과 분열균강(Schizopyrenidea) 구성원에서도 일반적으로 나타나는, 위족의 형성과 수축의 반복에 의해서 일어나고 단일 위족(singular pseudopodium)이 연속적으로 연장됨에 의해서 일어난다. 흔히 편모와 중심소체(centriole)가 없는 경우가 많고 이러한 기관은 *Multicilia*와 일부 미세소관충아문(Conosa)에서만 나타난다. 유성생식은 일부의 경우에서만 하는 것으로 알려졌다. 증식은 유사분열의 이분법과, 다분열(분열생식) 또는 다핵분열(plasmotomy)에 의해서 일어난다. 모양이 상당히 돌연변이형으로 나타남에도 불구하고, 형태학적으로 구분이 가능하다. 아메바문은 엽상근족충아문(Lobosa)과 미세소관충아문으로 구성된다.

엽상근족충아문 Subphylum **Lobosa** Carpenter, 1861

이 그룹의 구성원은 둥근 돌출부(lobate) 또는 원통형이면서 종종 뾰족한 모양의 엽상위족(lobopodia)을 가지고 있다. 이 위족은 단일 또는 다수의 위족으로 나타난다. 일부 종은 껍질(tests, thecae)을 가지고 있고 일부는 가지고 있지 않다. 이끼나 흙 위에서 살아가는 다수의 유각(testate) 형태를 제외하면, 포낭형성 단계(encysted stage)는 자주 일어나지 않는다. 이 분류군은 세 개의 하위 그룹으로 나뉘어 지며 구분이 가능하다: 무각 속(무각아메바강, 무과점충강)과 유각 속(유각엽상근족충강)으로 구분된다.

무각아메바강 Class **Gymnamoebea** Haeckel, 1862

무각아메바는 껍질 등 눈에 띄는 세포 표면 구조가 없는 세포이다(그림 **175**). 그렇지만, 작은 비늘, 외피(cuticle)(그림 **176a**) 또는 글리코스타일(glycostyles)(*Vannella*, 그림 **8** 참조)이 있을 수도 있다. 이들은 수중, 육상 및 많은 숙주 생물 내에서 살아가며, 박테리아 섭식자 또는 다른 원생생물, 작은 후생동물(예, 윤충류)과 남세균의 포식자로써 살아간다.

세포의 이동은 앞으로 전진하는 세포질 유동(그림 259)과 구르는 동작에 의해서 이루어 진다. 일반적으로, 운동은 기질에 붙은 뒤 이루어지고 후미쪽이 외형질-내

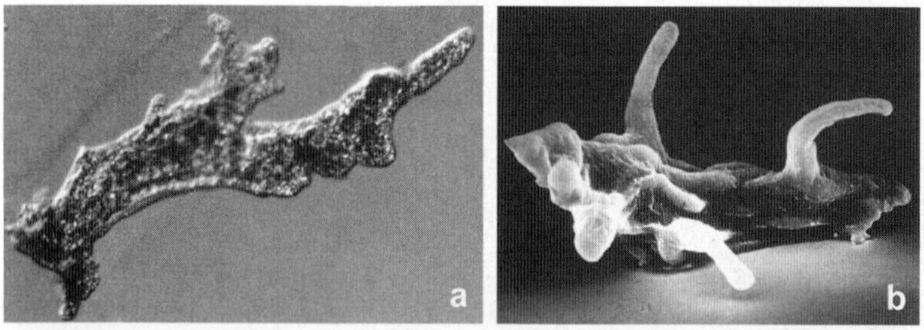

그림 **175** 아메바문, 엽상근족충아문, 무각아메바강: *Amoeba proteus*의 광학 현미경 사진(**a**), 주사전자현미경 사진(**b**). 배율: a와 b 180x.

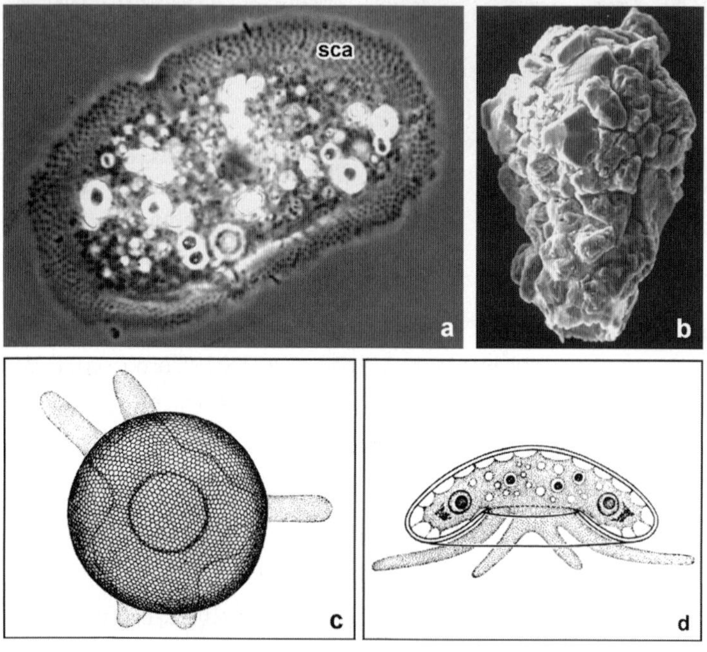

그림 **176** 무각아메바강(**a**)과 유각엽상근족충강 (**b-d**): **a** 비늘(sca) 층을 가진 *Cochiliopodium*; **b** *Difflugia*의 껍질; **c, d** *Arcella vulgaris*의 배면 (**c**)과 옆면(**d**) (D.J Patterson의 허가로 사용. c와 d는 Grell로부터). 배율: a 800x, b 450x, c와 d 220x.

형질로, 머리쪽이 내형질-외형질로 전환되는 내형질 유동의 결과로 이루어진다. 단핵 또는 다핵 세포의 크기는 수 마이크로미터(*Vannella*나 *Hartmannella*와 같은 작은 종의 경우)에서 5 mm(*Chaos carolinense* 경우)까지 다양하게 나타난다. 부유성인 경우, 그 크기와 모양이 다르게 나타날 수 있다(그림 **26** 참조). 위족은 주로 손가락 모양의 원통형이거나 둥근 돌출부(lobote) 모양이지만, 짧은 가시가 있고 (가시아메바, *Acanthamoeba*) 얇고 길며 매우 활동적인 편모를 가지고 있을 수도 있다(*Multicilia*). 가장 많이 알려지고 많이 연구된 종은 *Amoeba proteus*이다.

일부 종은 비 위생적인 경우에 있어서 인간에게 위험할 수도 있다. 담수 또는 습한 흙에서 박테리아 섭식자로서 살아가는 종류만이 아니라, 또한 인간면역체계의 취약점을 이용하여 기회 감염성 기생충으로 살아가는 여러 종류의 가시아메바(*Acanthamoeba*)에서 특히 그렇다. 이들은 동물 내부에서 잠재적(즉, 비절대적) 기생충으로 나타나기도 하고, 수생-육상생물로도 나타나기도 한다. *Acanthamoeba castellanii, A. culbertsoni*와 *A.polyphaga*는 심각한 뇌염(육아종성 아메바뇌염), 가시아메바 각막염, 또는 가시아메바 포도막염을 유발시킬 수 있다. 가시아메바(*Acanthamoeba*) 세포는 다양한 병원성 박테리아의 일시적인 숙주가 될 수도 있다는 점 역시 주목해야 하며 이들의 포낭은 극한 상황에서도 잘 견딜 수 있다(그림 **221a**).

예: *Acanthamoeba, Amoeba, Chaos, Cochilio-podium, Dactylamoeba, Hartmannella, Mayorella, Multicilia, Saccamoeba, Thecamoeba, Vannella*

무과점충강 Class **Acarpomyxea** Page, 1976

이 분류군은 단핵성이고, 변형체로서 구성되어 있다. 일부 생물의 외형은 점균류(slime mold)와 유사하며, 이들은 항상 가지를 많이 뻗기 때문에 상당히 다양한 모양을 가지고 있다(그림 **23** 9 참조). 위족이 형성되기 위해서는 많은 시간이 소요되며 몇 시간이 지나서야 비로소 세포의 형태가 변하기 시작한다는 것을 알 수 있다. 껍질이나 자실체(fruiting body)는 발견되지 않았다. 무과점충강에 대한 생물학적 지식은 아직 단편적인 수준에 머무르고 있다.

예: *Corallomyxa, Leptomyxa, Stereomyxa*

유각엽상근족충강 Class **Testacealobosea** de Saedeleer, 1934 (testate 또는 thecamoebae)

이 그룹은 담수, 육상 및 해양에서 서식하는 엽상근족(lobose) 아메바로, 세포체가 부분적으로 껍질로 덮여있다. 무각 아메바인 *Cochliopodium*에서 볼 수 있는 비늘덮개(tectum)는 (그림 **176 a**) 무각 아메바가 진화 과정에서 유각 아메바로 넘어가는 과도기가 있었을 가능성을 시사한다. 유사한, 비상동(non-homologous) 껍질이 유공충에서도 나타난다.

유각이나 껍질은 주로 종종 무기 물질과 모래 입자(그림 **176 b**, 그림 **32 c,d** 참조) 또는 규조류의 껍질과 같은 이물질과 섞여있는 유기물질로 구성되어있다. 이들은 하나 이상의 엽상위족이 나올 수 있는 한 개의 구멍(위구, pseudostome)을 가지고 있다(그림 **176 c,d**). 많은 종들이 축축한 흙 또는 이끼 위에서 서식하며, 이런 서식지에서 껍질은 건조 및 물리적인 스트레스로부터 보호해주는 방어 장치의 역할을 한다. 껍질 내에서 포자 형성은 매우 흔하게 관찰된다.

예: *Arcella, Difflugia, Hyalosphenia, Nebela.*

미세소관충아문 Subphylum **Conosa** Cavalier-Smith, 1998

이 분류군은 편모가 있거나 또는 편모가 없는 아메바로 구성되며, 단세포 또는 다핵 변형체로써 살아간다. 자유생활과 기생하는 형태로 나타난다. 이 분류군은 고아메바류(archamoebae)와 동균류(mycetozoan)로 구성된다.

고아메바하문 Infraphylum **Archamoeba** Cavalier-Smith, 1983

고아메바는 단일의 그리고 항상 짝이 없는 모근체(kinetosomes)의 존재와 미토콘드리아, 골지체와 정교한 조면 소포체(endoplasmic reticulum)의 2차 손실을 근거로 두번째로 간단한 형태의 세포이다. 만약 편모의

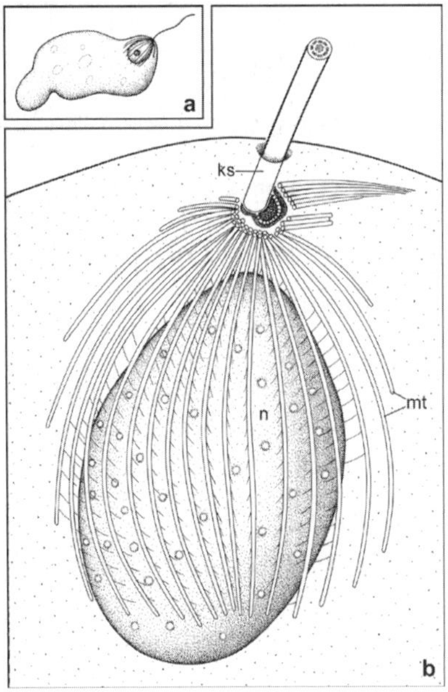

그림 177 아메바문, 미세소관충아문, 고아메바 하문 *Mastigina* (**a**)의 핵편모 체계, 모근체(ks)와 핵(n) 간의 기능 및 형태학적 관계(**b**). mt=미세소관 (Brugerolle 이후). 배율: a 250x, b 12,000.

축사가 존재한다면, 이는 축소된 상태로 존재하고 세포들은 아메바성 이동을 할 수 있다.

일반적인 특징은 편모의 모근체를 포함하는, 핵과 미세소관형성중심(MTOC)에서 유래된 미세소관으로 구성된 편모-세포골격 복합체(핵편모체, karyomastigont)를 가지고 있다는 점이다. 대개 핵들은 이런 조직에 의해서 원뿔 모양으로 둘러싸여 있다(그림 **177**). 세포 하나 당 하나 또는 여러 개의 편모조직(편모체, mastigont)이 있다. 이들은 단일 편모와 단일 기저체(basal body)로 이루어져 있다.

이 그룹에는 이전에 근족충강(Rhizopoda) 내에 만들어졌던 펠로바이온트목(Pelobiontida Page, 1976)에 속해있던 *Pelomyxa palustris*가 포함되어 있다(그림 **178**). 이 종은 지난 세기의 중반부터 알려져 왔음에도 불구하고, 이 1~5mm의 주머니 모양 세포의 꼬리 부분(uroid)에 여러 개의 노출 편모가 있다는 것에 대한 명백한 증거가 최근 몇 해 전에야 발견되었다. 이 편모는 진핵생물 편모에서 나타나는 전형적인 구조적 특징중 일부를 가지고 있으나, 운동성은 전혀 없다. *Pelomyxa*는 전통적인 아메바에서처럼, 기질에 붙은 뒤, 세포의 후미쪽이 외형질-내형질로, 머리쪽이 내형질-외형질로 전환되는 내형질 유동에 의해서 이동을 한다(그림 **259**).

이 거대세포는 수백 개의 핵과 여러 개의 간단한 핵편모체들을 가지고 있으나, 미토콘드리아와 전형적인 딕티오솜은 결여되어 있고 수소발생체(hydrogenosome) 역시 관찰되지 않았다. 큰 글리코겐 물체들 외에, 세포질은 많은 내생 박테리아를 포함하고 있다. 이 박테리아들은 세 개의 다른 그룹(그람양성, 그람음성 또는 그람가변성)에 속해 있으며, 이 중에 적어도 하나는 메탄생성박테리아이다. 이들은 종종 핵을 둘러싼 액포 내에 존재하기도 한다. 이 그룹은 매우 복잡한 일년에 걸친 생활 주기를 가지고 있으며, 특징은 4개의 핵을 가진 포자의 출현과 큰 세포의 다핵분열(plasmotomy)에 의해 파생된 네 개의 핵을 가진 작은 개체들의 출현이다. 동시에 핵의 지름과, 박테리아 개체군들 간의 상대적인 비율 및 용존산소에 대한 내성(tolerance)이 모두 바뀐다. 성숙한 종들은 여름과 가을에 산소가 없고 유기물이 풍부한 담수 퇴적물에서 발견되기도 한다.

불규칙한 미세소관 배열을 가진 비정상적인 축사 구

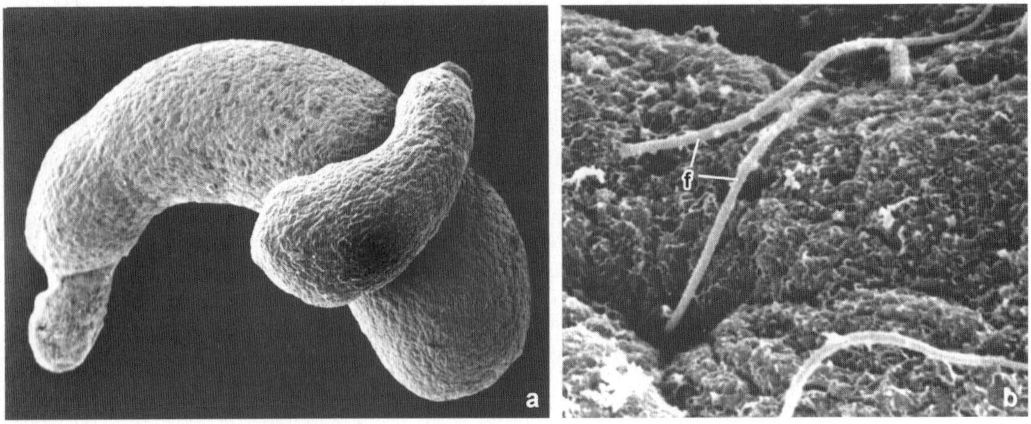

그림 **178** 고아메바 하문: *Pelomyxa palustris* 의 두 개체 (**a**)와 후미부분의 편모(f) (**b**). 배율: a 100x, b 8,000x.

조기 *Mastigina* 속에서 나타난다. 그러나 *Mastigella*와 *Mastigamoeba* 속의 단핵 종들은 외관상 성상처럼 보이지만, 기능적으로 일반적이지 않은 편모 조직을 가지고 있다.

아메바이질(amoebic dysentery)을 일으키는 병원체인 이질아메바(*Entamoeba histolytica*)는 열대지역에 위치한 국가에서 흔히 발견된다. 편모가 없는 이종은 창자 조직에 침입할 수 있으며, 심각한 궤양을 일으킨다. 가장 눈에 띄는 증상은 설사로, 고열과 탈수 증상과 함께 나타난다. 감염은 배설물에 감염된 음식을 먹었을 때 섭취한 포낭에 의해서 일어난다. *Entamoeba*는 미토좀(mitosome)이라 불리는 미토콘드리아 잔여물을 가지고 있는데, 이는 간단한 세포 구조가 이차적 특성이될 수 있다는 생각을 뒷받침해준다.

예: *Entamoeba, Mastigella, Mastigina, Pelomyxa, Mastigamoeba (=Phreatmoeba)*

동균하문 Infraphylum **Mycetozoa** de Bary, 1859

이 전통적인 분류군은 최근에 다시 확립되었으며, 이형엽상근족류인 무유주자균류(Acrasea)를 제외하고, 전형적인 점균류(Protostelea, Myxogastrea와 Dictyostela)와 사상위족을 가진 단핵 또는 다핵의 무각아메바 그룹인 무각사상근족충(Aconchulina)으로 구성된다. 이들의 관계는 최근에 수집된 분자 데이터 기초를 둔다.

진점균상강 Superclass **Eumyxa** Cavalier-Smith, 1998

진점균상강은 두 개의 강으로 이루어진다: 원점균강(Protostelea)과 큰점균강(Myxogastrea). 이들은 위족의 구조 체제에서 차이를 보인다(사상위족 대 관모양 위족 또는 엽맥).

원점균강 Class **Protostelea** Olive, 1970

세포성 점균류(dictyostelid)에서와 같이, 원점균강 생활주기의 영양 단계는 사상위족점액아메바(myxamoebae)의 출현이 특징이다. 그러나, 이와는 대조적으로, 이러한 아메비들은 전형적인 (비세포 및 다핵의) 변형체로 융합될 수 있다. 자실체는 비교적 크기가 작으며, 단일 아메바 또는 변형체-조각들로부터 성숙된 것으로, 한 개 또는 몇 개의 포자만을 가지고 있다. 흙, 식물 표면과 담수 이끼류에 서식한다. 이 분류군에 해양성 무과점균강의 일부 구성원이 속할수도 있다.

예: *Cavostelium, Ceratiomyxa, Protostelium*

큰점균강 Class **Myxogastrea** Olive, 1970

이 분류군에 포함된 종의 전형적인 (비세포) 변형체는 축축한 부엽토 또는 낙엽더미나 죽은 나무에 서식하며, 이들은 육안으로 볼 수 있고(그림 **28** 참조) 종종 노란색 또는 불그스름한 색을 띈다. 가장 좋은 상황(즉, 인간에 의해서 만들어진 환경)에서, 이들은 그 크기가 수십 cm 또는 수 m까지 이를 수 있다. 이 변형체는 최대 1~2mm의 두께를 가진 원형질 엽맥의 망상조직으로 구성되어 있으며(그림 **179**), 왕복 유동이라 불리는 특수한 유형의 원형질 유동을 보여준다. 이들은 세포 운동성 및 아메바 운동 연구의 모델로 사용되었다.

이배성 원형질체는 두 개의 편모를 가지거나 아메바성을 띄는 두 개의 반수체 세포가 융합된 뒤에 발생한다. 그 다음 핵분열에 이어서, 이들은 망상의 변형체로 자라난다. 좋지 않은 환경(건조, 먹이 부족)에서는 줄기가 있는 포자낭(sporangia)이 감수 분열 중에 발달되고, 포자

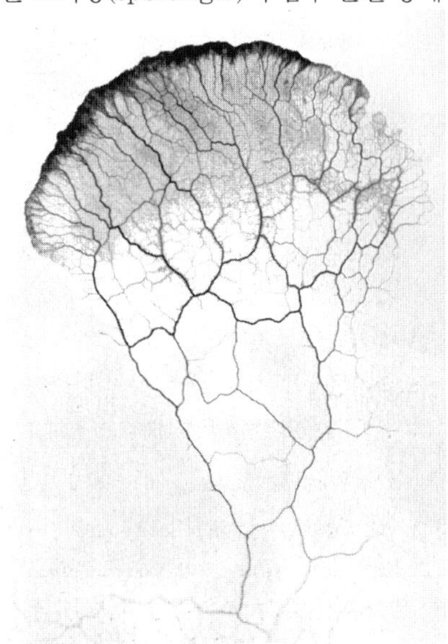

그림 179 미세소관충아문, 동균 하문, 큰점균강 (Myxogastrea): *Physarum confetum*의 변형체 단계 (Stiemerling: Cytobiologie **1** [1970] 399). **배율: 2x.**

가 형성된다. 반수체 단일 아메바와 이배체성 변형체가 유사 분열 또는 다핵분열을 통해 딸세포로 분열될 수 있기 때문에, 이상(異相)세대교번이 일어난다.

예: *Echinostelium, Physarum, Trichia*

망상점균상강 Superclass **Dictyostela** Olive, 1970

이 분류군의 구성원은 전형적인 편모의 특성이 완전히 쇠퇴한 그룹이며 복잡한 생활 주기를 가진다(그림 **180, 316**). 이들은 발달 시점에서 사상위족을 지닌 무각 세포이며, 흔히 점액아메바(myxamoebae)로 불리기도 했다. 이들은 부식토 또는 낙엽더미에서 서식하며, 짧은 세대기간을 가진다. 그 다음 대규모 발달 과정에서, 세포 집적체가 주목할만한 정도로 분화되어 나타난다. 세포 자체적으로 생성하는 아크라신(cAMP와 같은 유기화합물)이라 불리는 물질의 영향으로 위변형체(pseudoplasmodium)가 단일 세포들의 집적과 축적에 의해서 형성된다(그림 **180a**). 이는 육안으로 볼 수 있으며, 수천 개의 점액아메바로 구성되어 있다. 이 단계의 끝부분에서 점액아메바는 다소 가지를 치는, 셀룰로스를 함유하는 다세포 자실체(누적자실체, 포자낭)를 만든다. 자실체로 응집된 다음에, 기저와 줄기를 형성한 세포들은 괴사성으로 죽기도하는 반면, 살아남은 세포들은 포자낭에 싸여져 나중에 포자가 된다. 특별한 조건 일때, 편모가 없는 배우자가 나타나 접합체를 생성하기 위해 융합한다. 배수체 단계에서 흔히 동종포식(cannibalism, 파괴된 세포에 대한 식균작용)에 의해서 거대 세포로 성장하고 포낭에 싸이게 된다. 이 거대포낭(macrocyst)에서 감수분열이 일어나 반수체 세포가 만들어진다.

예: *Acytostelium, Dictyostelium, Polysphondylium*

무각사상근족충상강 Superclass **Aconchulina** de Saedeleer, 1934

이 그룹은 사상위족을 가진 무각아메바에 속하며, 이전에는 무각사상근족충목(Aconchulinida)으로써 형성되었고, 지금은 아메바성편모충문의 하위 그룹으로 여겨지는 유각사상근족충목(Gromiida)의 자매 그룹이었다. 이 유각사상근족충과 양쪽 그룹에서 뚜렷한 공통 특징이 있는데, 이는 실 모양의 위족인 사상위족이 존재한다는 점이다(그림 **181**, 그림 **22c** 참조). 이 위족은 지름이 매우 작고 6nm 두께의 미세섬유로 만들어진 실모양 사상축(액틴으로 구성되어 있을 것이라 생각됨)이 있다는 점에서 엽상근족충아문(무각아메바강, 무과점충강과 유각엽상근족충강)의 위족과 다르다. 정상적인 경우, 사상위족이 형성되고 나서 때때로 수 초 내의 빠른 속도로 다시 움츠러든다. 이런 운동방법으로 몸체를 앞으로 끌어당긴다. 사상위족과 상동일 가능성이 있는 다른 형태학적 현상으로는, 세포의 앞부분에서 뚜렷하고 섬세한 막과 같은 위족을 형성할 수 있는 능력이다(그림 **22d** 참조). 또한 접착위족(lamellipodia)이라 불리는 이 위족

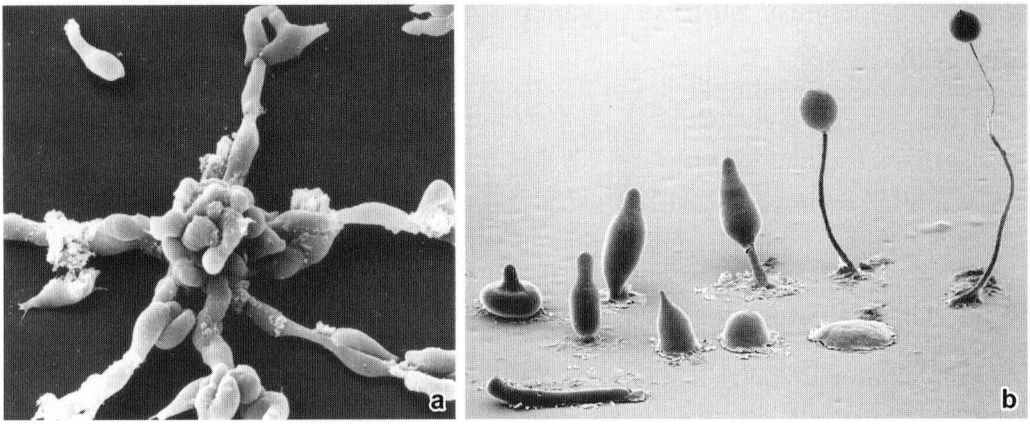

그림 **180** 동균 하문, 망상점균상강(Dictyostela): **a** 단일 아메바들의 집적; **b** *Dictyostelium*의 생활 주기 단계들 (a H. Claviez, Martinsried의 허가 하에 사용 b Grimson과 Blanton, Lubbock의 허가로 사용). 배율: a 620x, b 40x.

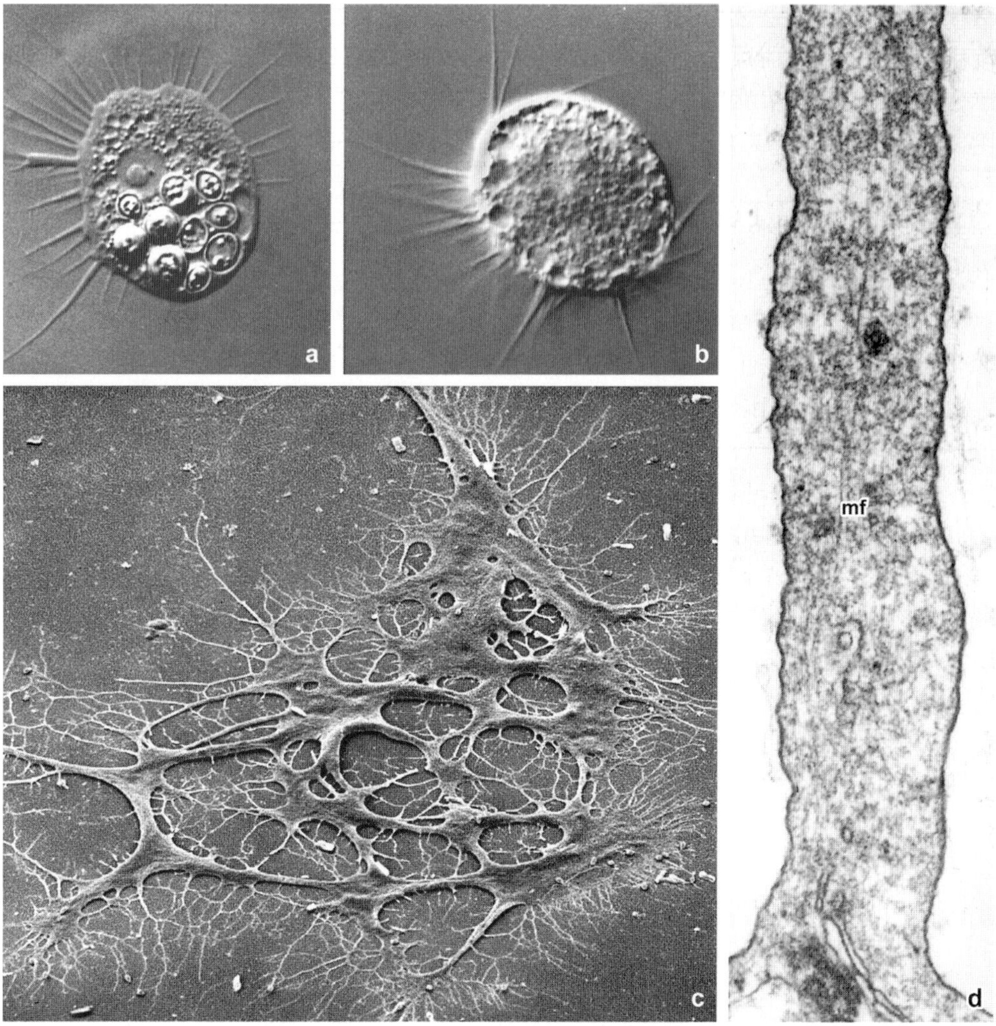

그림 **181** 동균 하문, 무각사상근족충 상강: **a** *Nuclearia*; **b** *Lateromyxa gallica*의 단핵성 세포; **c** *Thalassomyxa australis*의 원형질체 망상조직; **d** *Vampyrella lateritia*의 종단면에 있는 사상위족. mf=미세섬유 (a D.J. Patterson의 허가 하에 사용; b N. Huisman: J. Eukaryot. Microbiol. 40 [1993] 141; c Grell: Protistologica 21 [1985] 215). 배율: a 500x, b 800x, c 160x, d 37,000x.

은 먹이 섭취를 위해 종 모양의 돌출부를 형성하거나(그림 283), 느린 움직임을 위해서 앞부분이 주름지고 편평한 돌출부를 형성한다. 후자의 경우, 이들은 후생동물 섬유아세포(fibroblast) 위족의 확장과 비슷하게 나타난다. 식균성변형충류(Vampyrellidae)와 같은 일부 집단에서는 규칙적으로 포자형성이 이루어진다. 무각사상근족충류는 해양, 담수 및 육상에서 서식하며, 균류의 균사(hyphae)와 분생자(conidia) 또는 조류의 사상체를 공격하는 데에 있어서도 중요한 역할을 한다.

예: *Arachnula, Gobiella, Hyalodiscus, Lateromyxa, Nuclearia, Thalassomyxa, Vampyrella*

6.12 후방편모문 Phylum **Opisthokonta** Cavalier-Smith & Chao, 1995 (진균-후생동물 집단)

후방편모문은 진핵생물의 가장 중요한 두 가지 집단, 즉 동물과 고등진균을 포함한다. 이 이름은 항아리균류에서 유영하는 세포의 편모발생 특성에서 기인하는데, 의미하는 바는 후단에 편모가 있다는 것이다. 이 분류군은 일차, 이차 단세포생물뿐만 아니라 다세포 생물의 둥지(home)

이다. 여기에는 단일계통 분류군인 동물과 진균 그리고 몇 개의 불분명한 자매그룹(sister group) 관계 (중형동균상강, 신관포식균강)로 되어 있는 그룹들을 포함한다. 추정되는 분류군 간의 관계는 표 **15**에 있는 바와 같다.

진균아문 Subphylum **Fungi** Nees, 1817 (true fungi)

진균은 매우 넓게 퍼져 있고 부식자 또는 기생충이기 때문에 생태계에 깊은 영향을 준다. 대략 100,000종의 진균이 알려졌다. 약 100종의 진균이 사람이나 동물에 병원성이며, 약 10,000종은 식물에 병을 일으킨다. 진균아문에는 항아리균류(chytrids), 접합균류(zygomycetes), 진균류(eumycetes)를 포함하며, 진균하문에는 미포자충상강(Microspora), 자낭균상강, 담자균상강을 포함한다. 진균의 특성은 키틴질의 세포벽과 글리코겐을 가지고 있으며, 영양분을 취하는데 있어서 부식성 혹은 기생성인 점 등이다. 진균은 광합성을 하지 않는다. 이들은 무성, 유성생식을 다 한다. 어떤 종류는 2개의 핵을 가지고 있는 이핵세포이다. 진균의 몸체는 균사(hyphae)라고 부르는 실과 같이 생긴 균사체(mycelium)로 구성되어 있는데 자실체(fruiting body)를 형성하기도 한다. 어떤 진균은 균사체나 단세포 효모 모양으로도 다 존재한다. 균사는 사이막(septate)이 없이 연속적이거나 혹은 사이막이 있는 세포들로 나뉘어 있다. 진균은 포자로 증식한다. 증식하지 않는 부분을 엽상체(thallus)라고 부른다. 분자생물학적인 증거에 의하면 자낭균류와 담자균류는 자매그룹이라고 하며, 진균은 동물(가장 가까운 친척)로부터 10억년 전에 분화되어 나왔다고 한다. 난균류는 이형편모문에 속한다 (위를 참조). 우리는 단세포의 대표격인 진균에 대하여 초점을 맞출 것이다.

항아리균하문 Infraphylum **Chytridiomycota** de Bary, 1863

항아리균하문 무리에 속하는 약 900종은 단세포로부터 균사체의 엽상체(mycelial thalli) 형태까지 있으며 습한 육지, 담수와 염수 환경까지 살 수 있다. 이들은 원생생물, 식물, 동물(주로 곤충과 양서류)에서 임의적(facultative) 혹은 절대적(obligate) 기생충이 된다.

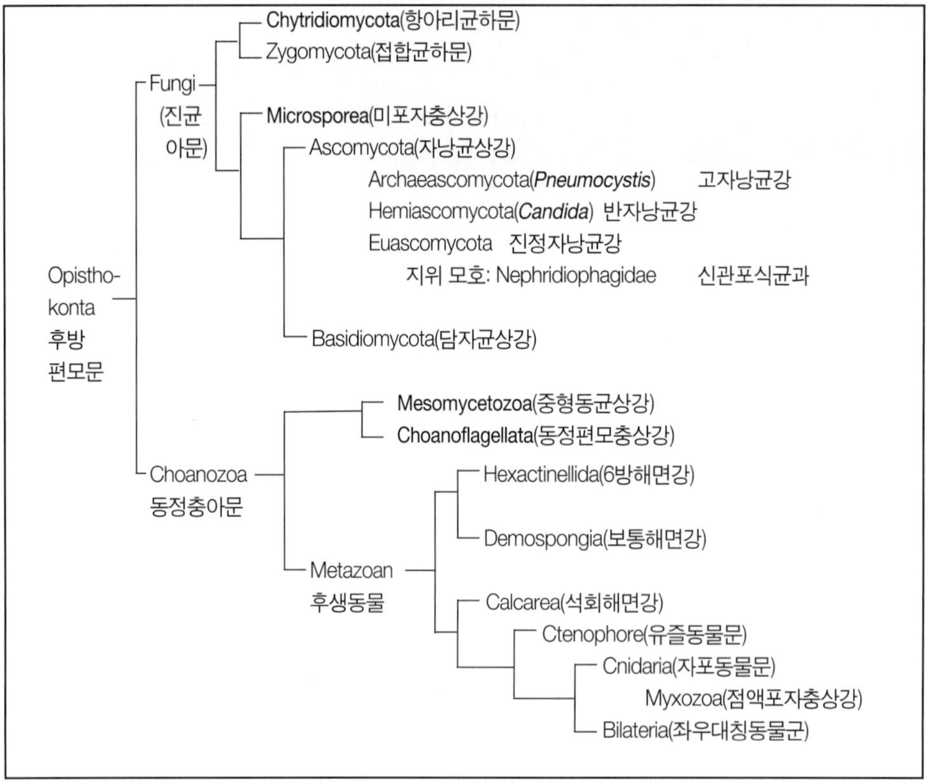

표 15. 기본적인 후방 편모문의 편모 선행형(Antecedent)과 전형적인 또는 새로 세워진 원생생물(굵은 글씨)과 다세포생물군 간의 잠정적인 분류관계 (여러저자로부터)

보통 가장 중요한 세포벽 성분은 키틴으로 셀룰로오스는 발견되지 않았다. 생식세포와 운동포자(zoospore)는 후방에 한 개의 채찍 같은 편모를 가지고 있다. 이 특징이 후방편모문 분류군 존립에 정당성을 제공한다. 항아리균하문은 편모를 가지고 있는 세포로서 참된 진균으로 유일하다. 유성생식은 다양하여 동형접합형(isogamous), 이형접합형(anisogamous) 혹은 난접합형(oogamous)을 할 수 있다. 이 아문은 하나의 강, 즉 항아리균강(Chytridiomycetes)으로 되어 있으며 5개의 목으로 구성되어 있다. 대표적인 속은 *Neocallimastix*, *Piromyces* 와 *Sphaeromonas* 등인데, 이들은 모두 초식동물의 혹위나 맹장에 산다.

항아리균목은 보통 chytrids라고 부른다. 엽상체는 보통 단세포형인데 한정된 균사 성장을 하여 균사체로 간주되지는 않는다 (그림 182). 균사 세포는 생식 구조가 생성되는 경우를 제외하고는 다핵체(coenocytic, 다핵을 가진)이다. 사상위족의 무각아메바류와 매우 비슷한 맨 세포(naked cell)가 역시 알려졌다 (*Polyphagus*). 항아리균은 항아리균아문 중 가장 원시적인 구성원이다. 리보솜이 핵 주위에 엉성하게 모여 있다. 이 목에 속하는 종중 가장 단순한, 단세포 생물의 예는 *Rhyzophydium sphaerotheca* 인데, 이 종은 꽃가루와 식물 부스러기에서 자라는 것이 흔히 발견된다.

항아리균류 중 특수한 한 그룹은 초식동물의 혹위 내에 사는 것인데, 이들은 셀룰로오스를 분해하여 혹위 내의 복잡한 미생물 생태에서 가장 중요한 역할을 담당하고 있다. *Neocallimastix frontalis*와 같은 진균은 통상적이지 않은데 왜냐하면 이들은 절대적 혐기성이기 때문이다. 이들은 당분을 발효하여 개미산, 아세트산, 젖산, 알코홀, 이산화탄소, 수소 등을 생성한다.

Olpidium (Spizellomycetales 목의 한 종류)의 운동포자와 휴지기 상태의 포자는 가끔 식물에 병원성을 가진 바이러스를 옮기는 매개체가 된다.

예: *Neocallimastix*, *Olpidium*, *Piromyces*, *Polyphagus*, *Sphaeromonas*

접합균하문 Infraphylum **Zygomycota** Barr, 1982

접합균류는 참된 진균(약 1,000종)의 한 집단이며, 움직이는 세포를 가지고 있지 않다. 자신의 균사체를 포함하고 있는 반수체의 긴 균사는 격막이 없으며, 다핵이고 또 키틴/키토산 세포벽을 가지고 있다. 유성생식은 다른 교잡형의 배우자낭(gametangia)에서 서로의 핵이 접합될 때 일어난다 (여기서 이름이 유래되었다. 그리스말로 zygos는 접합한다는 뜻). 두터운 벽을 가진 휴지기의 접합포자(zygospore)가 결과로 생긴다. 접합포자는 감수분열을 하며 포자주머니를 생성한다. 포자는 균사를 만들고, 생활사를 유지한다. 무성생식은 반수체, 얇은 벽을 가진 포자를 통해 일어난다. 두 분류군, 즉 접합균류(Zygomycetes)와 털균류(Trichomycetes)는 접합균하문에 속한다.

진균하문 Infraphylum **Eumycota** Cavalier-Smith, 1998 (Dikaryomycota)

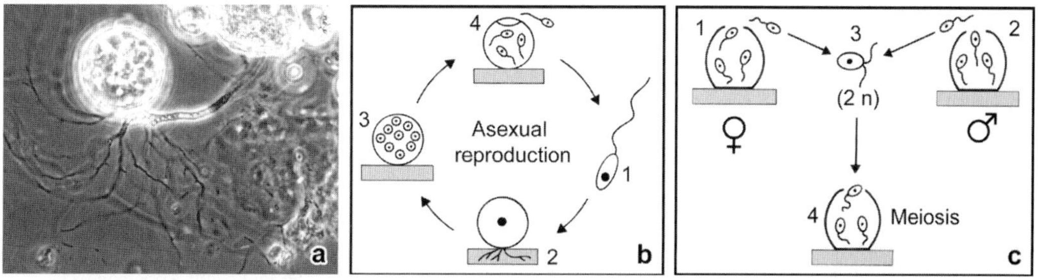

그림 **182** 후방편모문, 진균, 항아리균하문: **a** 균사를 가지고 있는 항아리균류의 단세포, 식물형 세포, **b** 단세포 항아리균류에서의 무성포자형성; 모든 시기가 반수체임; 1 운동포자, 2 영양 세포, 3 다핵세포, 4 운동포자를 방출하는 운동포자낭(zoosporangium), **c** 단세포 항아리균류에서의 유성 포자형성: 암컷(1)과 수컷(2) 접합포자낭(gametangia)이 융합하여 이배체 접합체를 만든 것에서 생긴 후방편모문 생식세포(3); 감수분열 후 반수체 운동포자를 가진 휴지기의 운동포자낭으로 변환하는 접합체(4) (D. J. Patterson, Sydney의 호의에 의하여). 배율: a 2,000 x.

진균하문은 전형적인 진균(자낭균류와 담자균류)과 미포자충상강을 포함하는데, 미포자충강은 이전에 오래도록 원생동물로 분류되어 왔던 원생생물의 단일계통군(clade)이다. 이전 체계에 의하면 미포자충강은 다계통(polyphyletic) 포자충으로, 혹은 원시적이고 미토콘드리아가 없는 원시원생동물(archezoan)로 분류되었었다.

미포자충상강 Superclass **Microspora** Sprague, 1982

이 분류군은 오직 한 강, 미포자충강(Microsporea)을 포함한다.

미포자충강 Class **Microsporea** Sprague, 1982

보통 무편모 세포로 대체로 매우 작다. 이들의 포자는 직경이 1 μm에서 20 μm보다 조금 큰 크기 정도이다. 이들은 예외 없이 세포내 기생충인데, 경우에 따라서는 기생충공포 내에서 살기도 하지만 보통은 세포질 내에 자유로이 산다. 알려진 숙주의 범위는 144속에 속하는 1,200종으로 단세포생물(첨복포자충류, 섬모충류)로부터 후생동물(점액포자충류, 강장동물, 편형동물, 선형동물, 태형동물, 환형동물, 연체동물, 절지동물과 척추동물)까지 걸쳐있다. 가장 흔히 분포하는 종류는 절지동물과 경골어류이다. 포유류 중 가장 흔하게 발견되는 종류는 설치류와 육식동물인데, 혹은 영장류도 될 수 있다. 놀랍게도 식물은 감염되지 않는다.

상당한 시간동안 미포자충은 가장 원시적인 진핵생물로 여겨져 왔다. 원시적인(다양하게 분화할 수 있는 모양의)특성으로서, 미포자충은 70s 리보솜(16s 와 23s 소단위)을 가지고 있으며, 원핵생물과 비슷한 다른 몇 가지의 특징을 가지고 있다. 편모, 중심립(centrioles)과 참된 딕티오솜(3개 이상의 시스터나(cisternae)를 가진)이 없다. 모든 호흡계 소기관들도 마찬가지인데, 최근 연구에 의하면 이차적으로 잃어버리게 되었다고 한다. 미포자충은 이제까지 보고된 진핵생물 중 가장 작은 크기의 유전물질을 가지고 있지만 유전자의 밀도는 높다. 다양한 미포자충의 단백질과 유전자에 관한 분류학적인 분석 결과는 이들의 위치가 진균에 속하는 것을 뒷받침한다. 그래서 현재 이들은 원시적인 진핵생물이라기보다 가장 진화하고 특화된 진균으로 간주하게 되었다.

아주 작은 포자는 일반적으로 난형이며, 무척추동물에 기생하는 종에 있어서 장식기관(ornament)이 포자벽의 가장 바깥부분에 부착되기도 한다. 포자벽은 전자 저밀도의 키틴질을 가진 내생포자(endospore) (각기 150−200 nm 두께)와 전자 고밀도의 단백질성 외생포자(exospore)로 (15−100 nm 두께) 구성되어있다. 쌍으로 된 핵과 매우 뚜렷한 세포외 밀어내기 구조 (그림 **183**)는 일반적으로 진화형(apomorphic)의 두가지 특성

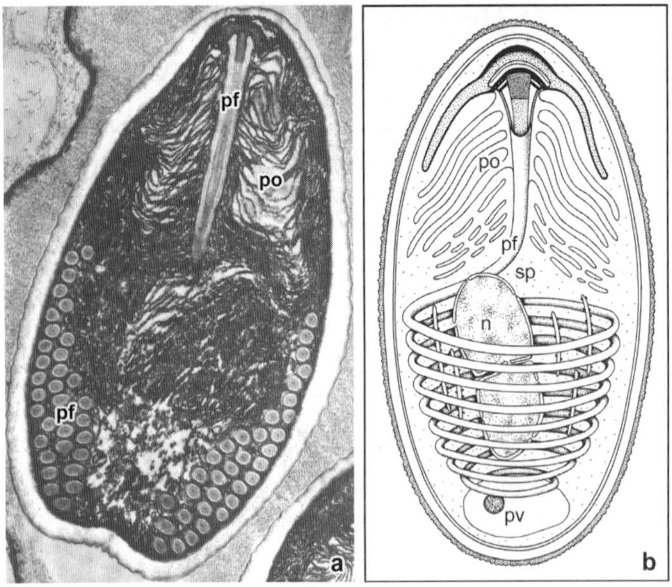

그림 **183** 진균(Eumycota), 미포자충(Microspora): **a** 돌돌 감긴 극사를 가진 *Pleistophora hyphessobryconis*의 포자(pf)와 얇은 판 모양으로 된 극성체 (po). **b** 포자의 모식구조. n=핵, pf= 극사, po= 극성체, pv= 후공포, sp= 포자질(sporoplasm) (a는 Lom과 Corliss에서: J. Protozool. 14[1967]141). 배율: 16,000 x.

이다.

휴지기의 포자에 있어서 이 기구는 앞으로 쭉 뻗은 자루부위(manubrium)를 가진 단백질성 극사(극관)와 다소 돌돌 감긴 모양으로 (일반적으로 11개의 고리)된 부분을 포함한다. 극관의 돌돌 감긴 부분은 같은 직경을 가진 것(isofilar)과 뒤로 갈수록 가늘어지는(anisofilar) 것이 있다. 앞부분에 극관은 고착판(anchoring disc) 속으로 삽입되어 있는데 이것이 버섯 머리 모양을 하고 있는 막성 극낭(polar sac)에 의해 둘러싸여 있다. 자루는 단단히 혹은 헐렁하게 꾸려진 막 성분으로 구성된 극성체(polaroplast)에 의해 싸여 있다. 전체 체계는 안쪽으로부터 포자벽을 지탱하고 있는 세포막의 함입으로부터 생겨났다. 최근의 연구결과는 극사가 원형질막의 일련의 주름 부분에 위치하고 있으며 그러므로 포자질(sporoplasm)과의 관계에 있어서 세포질외라고 제시된다. 이것으로 극사가 극심하게 밖으로 밀어내는데도 불구하고 어떻게 포자질이 온전할 수 있는지 설명할 수 있다. 소포형 부위(후포체, posterosome)는 포자의 후단에서 발견되며, 이는 흔히 봉입체(inclusion body)를 포함한다. 극낭, 극성체와 극사의 막이 죽 이어져 있으므로 이 연합체는 돌출기구(extrusion apparatus) 라는 하나의 소기관이라고 할 수 있다. 대부분의 연구자들은 후포체막이 이 구조물과 연결되어 있지 않다고 믿고 있다. 하나 혹은 두 개의 핵 (어떤 경우에는 아메바형 배; germ, 아메바형 배아; amoebula, 혹은 포자질이라 칭함)을 가진 세포는 또한 조면 소포체(rough er), 자유 리보솜, 그리고 딕티오솜을 닮은 막의 납작한 요소들을 포함하고 있다.

불완전하게 이해된 감염 과정은 배양한 세포를 숙주세포로 이용하여 보여지거나 이해될 수 있다. 경란형 전파가 가능하지만 생체감염은 보통 음식물로부터 포자를 섭취함으로서 시작한다. 극성체 소포와 후포체가 확장함으로서 포자의 내압이 숙주의 장내에서 증가한다. 부푸는 것을 자극하는 조건은 알칼리 pH와 다중글루타메이트(polyglutamate)나 뮤신과 같은 다중음이온의 존재인데, 이것은 숙주의 장내 점막에 가까운 조건이라고 생각할 수 있다. 또한 칼슘이 관계하는 듯하다. 활성화된 포자로 신속한 물의 유입은 아쿠아포린(aquaporin) 물질에 의하여 매개된다. 이 압력으로 극사가 활성화되게 한다 (그림 184). 이것으로 세포막, 온전한 세포 또는 포낭벽을 뚫을 수 있다. 수백 μm에 이르는 긴 단백질성 극사의 내강을 통하여 5–30초 내에 아메바형 배아(포자질)가 주입된다. 포자질이 밖으로 나오면 포자질의 원형질막으로 되는 극성체 막에 의해 둘러싸이는 듯하다. 세포내에서 기생충은 단순한 구조를 가진 분열모세포(meront)가 되며 보통 몇 차례의 무성 분열시기 (schizogony 혹은 merogony라고 불리는)를 거친다. 분열모세포는 작고 둥근 세포, 리본모양 혹은 매우 크기도 한다. 이들은 이분법, 다핵분열 혹은 다분법에 의해 분열한다 (그림 185). 어떤 속에 있어서는 분열모세포의 형태, 또는 분열하는 양상이 분류학적인 중요성을 가진다. 어떤 감염된 숙주세포가 분열모세포의 단백질 요구를 충족하기 위하여 그들의 대사속도를 조절할 수 있는 것과 인(nucleoli)의 숫자를 늘리는 것은 흥미로운 현상이다. 다른 경우에 있어서 이들은 주위에 있는 감염되지 않은 조직세포를 섭취하여 직경이 수 밀리미터에 달하는 종양과 같은 덩어리를 만들기도 한다.

분열모세포에서 핵분열은 대부분의 하등 진핵생물에서 일어나는 것과 같이 핵 내의 유사분열로 일어난다. 포자 형성에 기여하는 분열소체의 원형질막은 포자생식하는 동안 포자를 함유, 소포를 형성하는 추가적인 막이나 세포벽물질을 합성함으로서 두터워진다. 이 구조, 모양,

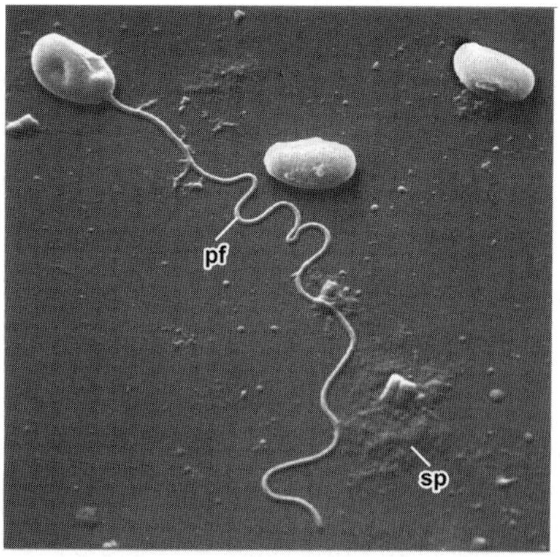

그림 **184** 미포자충: *Nosema tractabile*의 극사가 돌출된 (pf) 모양과 자유로운 아메바 모양의 포자질 (sp). (Larsson으로부터: Protistologica 17[1981]511). 배율: 2,900 x.

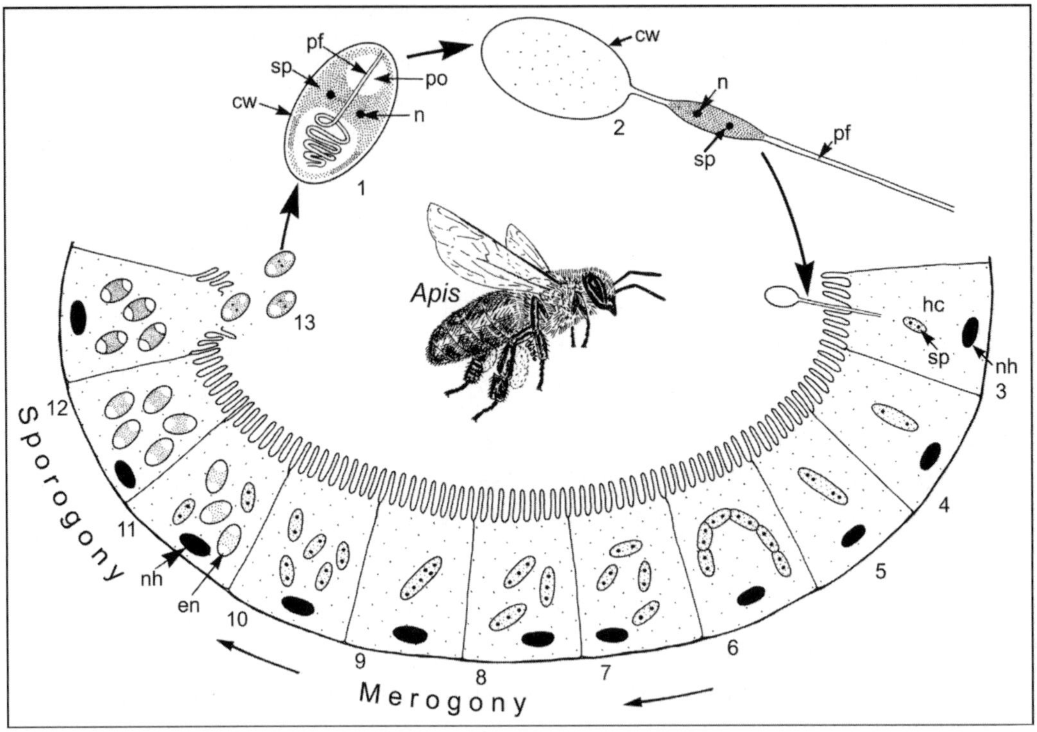

그림 185 미포자충: 벌 이질(nosematosis)의 원인체인 *Nosema apis*의 생활사, 1 이핵을 가진 감염형 포자. 2, 3 포자를 섭취한 후 극사가 장내에서 돌출되어 나오며 peritrophic membrane과 장관세포의 원형질막을 관통한다. 극사의 관 내부를 통하여 포자질(sporoplasm)이 숙주세포로 주입된다. 4-10 분열생식: 포자질이 자라서 4핵 시기로 분열한다. 11-12 포자생식: 마지막 분열을 하여 이핵 시기가 된다(10), 포자형성은 피낭에 의해 시작된다. 13 성숙 포자. 파괴된 숙주세포는 장관 내로 감염형 포자를 내놓는다. 몇 번의 이런 생활주기를 거치게 되면 벌의 기관은 기생충이 가득하게 된다. cyw= 포낭벽, en= 피낭, hc= 숙주세포, n=핵, nh=숙주세포의 핵, pf= 극사, po= 극성체, sp= 포자질 (Mehlhorn에 따라)

지속성은 진단적인 가치를 가진다. 어떤 종에서는 감수분열 현상 (접합사복합체, synaptonemal complex 형성)이 어떤 접합포자(sporont)에서 찾아진다. 다핵을 가진 접합포자가 분열하여 포자세포가 될 때, 그 세포막과 세포벽 층이 각 포자세포를 명확히 만들기 위하여 함몰한다. 접합포자에 의하여 발육한 포자세포의 수는 각 속의 특징이 된다(그림 186). 포자세포는 종국에는 감염형 포자가 되는데 숙주의 배변이나 숙주자체의 부패에 의해 배출된다. 더 복잡한 생활사에서는 한 개 혹은 그 이상의 숙주를 바꾸면서 모양도 다른 시기가 존재한다(복숙주기생, heteroxeny). 한 편, 포자생식을 할 때 같은 순번(sequence)에서 유래한 포자라도 형태와 기능 면에서 서로 다르기도 하다. 어떤 속에서는 초기에 형성된 포자는 불어나면서 같은 숙주에 감염을 퍼뜨리지만, 나중에 생긴 포자는 오직 새로운 숙주에서만 불어나서 전파에 기여하기도 한다. 감염된 한 숙주 내에서 퍼지는 방법은 알려지지 않았다.

미포자충의 진단에 있어서 가장 중요한 특성은 이들의 핵의 정렬 상태이다. 각기 분리된 핵이 포자를 포함하여 생활사 전체에 걸쳐 존재하기도 하고, 다른 종류에서는 한 쌍으로서 모든 시기에 있어서 가까이 접근해 존재하는 핵(이핵)을 가지기도 하고, 세번째 집단은 분열생식기에는 두 개를 가졌다가 포자생식시기에서는 한 개를 가진다.

미포자충의 현실적인 중요성은 이들이 기생생활을 한다는 것이다. 미립자병의 원인체(*Nosema bombycis*), 벌의 이질(*Nosema apis*), 어류 감염증(*Glugea* 몇 종) 등을 들 수 있는데 이는 경제적으로 중요하다. 한 편, 미포자충을 중복기생체(hyperparasites) 또는 해충에 대한 기생충으로 사용하여 생물학적 해충방제에 이용하려는 몇몇 시도가 역시 있었다. 예를 들어 *Vairimorpha necatrix*는 쐐기벌레에, *Nosema locustae*는 미국에서

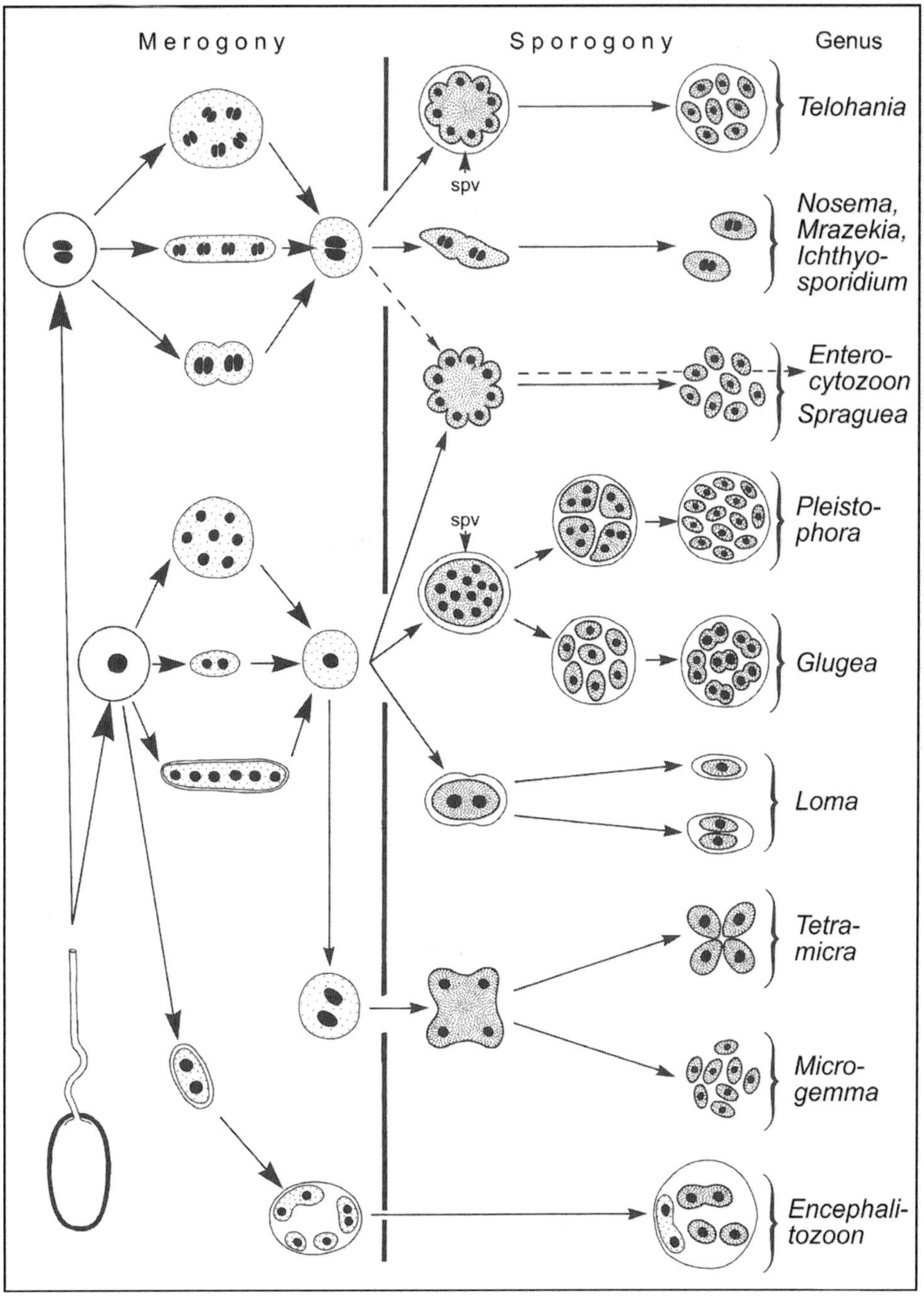

그림 **186** 미포자충: 분열생식과 포자생식을 하는 몇 종류의 미포자충 속의 발생단계. 포자질은 반점이 없고, 분열생식 시기는 약간 있으며, 포자생식 시기는 짙은 반점과 표면껍질이 있다. *Encephalitozoon*의 모든 시기가 숙주세포의 공포 내에서 일어나는데 반하여 다른 종류들의 분열생식은 세포질에서 자유롭게 일어나거나 포자함유 소포(spv)에서 일어난다 (Mehlhorn에 따라).

잔디에 메뚜기를 방제하는데 사용되었다. 이들은 사람에 있어서 정상적인 면역을 가진 사람과 면역기능이 저하된 사람에게 모두 감염을 일으킬 수 있는 것으로 알려졌다. 후천성면역결핍증(AIDS) 환자에게 *Encephalitozoon*이나 *Enterocytozoon*의 대량감염은 기회감염의 성격을 가졌다. 대부분의 보고된 경우는 설사를 보였으나 다양한 증상이 야기될 수 있다. 예를 들어 각결막염, 간염, 근육염, 부비동염, 콩팥과 비뇨생식기 감염 등이다. 미포자충의 분류는 돌출기구의 구조에 기초한다.

흔적미포자충아강 Subclass Rudimicrosporia Sprague, 1977

대표적인 것(예: Metchmikovellidae)은 퇴화한(이차적으로 단순화된) 극성체와 후포체가 없는 돌출기구를 가지고 있다. 이들의 분포는 환형동물에 기생하는 족포자충류(첨복포자충류)에 국한되어 있다.

예: *Amphiacantha, Desportesia, Metchnikovella*

미포자충아강 Subclass **Microsporia** Delphy, 1963

진정한 미포자충(Microsporea)은 정상적으로 복잡한 돌출기관(극성체를 가진)을 가지고 있다. 다층으로 된 포자의 벽은 키틴과 다른 복합물을 포함하고 있다.

예: *Amblyostoma, Encephalitozoon, Enterocytozoon, Glugea, Nosema, Pleistophora, Vairimorpha*

자낭균상강 Superclass **Ascomycota** Berkeley, 1857

자낭균류(sac fungi)는 이제까지 기술된 전체 진균 종의 약 75%에 해당하는 가장 큰 집단이다. 이들은 이끼를 형성하는 조류(algae)와 결합하는 대부분의 진균을 포함한다. 자낭균류는 균사체(균사, 실모양)이거나 단세포로 된 효모 모양이거나 둘 다이다. 효모는 출아법(출아 효모)이나 분체(분체 효모)에 의하여 성장하고, 균사는 꼭지점에서 자라고, 옆으로 가지를 친다. 균사는 규칙적인 격막(septa)과 함께 키틴/글루칸 벽을 가지고 있다. 움직이는 세포는 없다. 이 집단의 결정적인 구조는 주머니와 같은 자낭(ascus)인데 이 세포 안에서 핵융합과 감수분열이 일어나고 그 안에서 유성 자낭포자(ascospore:보통 8개)이 발육한다. 많은 자낭균류에서 자낭이 무균적인 물질의 덩어리 안에서 발육하는데 이를 자실체 혹은 자낭과(ascocarp)라고 부른다. 분생체(conidia)에 의하여 무성생식이 일어난다. 자낭균상강은 반수체인데 그러나 몇 종에서는, 예로 *Saccharomyces cerevisiae* 같은 경우는 이배체이다.

자낭균상강은 3개의 하부 분류군 즉, 고자낭균강, 반자낭균강, 진자낭균강으로 나눠진다. 진자낭균류(모든 자낭균류의 90%)가 진정한 자낭과를 가지고 있으며, 주로 다세포인데 반하여, 반자낭균류와 고자낭균류는 단지 그들의 자낭을 둘러싸는 조직과 같은 구조를 가지고 있을 뿐 대부분 단세포이다.

고자낭균강(Archaeascomycota): 고자낭균강의 가장 중요한 종은 폐포자충목(Pneumocystidales)의 폐포자충(*Pneumocystis carinii*)(그림 **187**)이다. 최근 폐포자충(*P. carinii*)은 자낭균류와 관련이 있는 비정형적인 단세포의 진균으로 분류가 되었다. 이것의 분류학적인 위치에 관해서는 1912년 발견된 이래 줄곧 논란이 되었다. 몇 개의 종이 폐포자충이라는 이름 아래에 감추어져 있다. 이 생명체는 넓은 유전적인 변이를 가지고 있으며 숙주특이성이 있다. 이 속의 이름은 포유동물의 폐(pneuma)에 발생하는 특징적인 포낭에서 유래했다. 이들은 사람에게서는 아주 가끔 보고되곤 했는데, HIV(사람면역 결핍 바이러스)가 퍼진 후 폐포자충증은 HIV 환자를 사망하게 하는 가장 흔한 감염체로서 알려지게 되었다. 감염은 성숙한 포낭을 흡입함으로서 일어난다. 산성이고 칼슘을 포함하고 있는 소기관, 액시도칼시좀(acidocalcisome)이 세포에서 생긴다.

포유동물(다른 숙주동물은 이제까지 알려지지 않았다.)의 폐에서 일어나는 생활사는 몇가지 형태적으로 다른 시기를 포함하고 있다 (그림 **188**). 작은, 반수체 영양형은 포자(세포내 진균체)에서 생기는데 분열에 의해 증식을 하는 것으로 믿어진다. 몇 개의 작은 영양형은 융합하여 접합체를 만드는데 반하여 큰 이배체 영양형은 접합체로부터 생겨나서 자라고 분열한다. 큰 영양형은 전포낭(구형 혹은 난형, 단단한 균막)이 되고 유사분열에 이어 감수분열을 한다. 이 포자생성기에 다핵 시기는 두터운 세포벽을 만들고 이는 즉 포낭으로 변형된다. 두꺼운 벽을 가진 포낭 안에는 8개의 단핵을 가진 바나나 모양이나 둥근 세포내 진균체가 세포의 한계설정에 의하여 형성된다. 얇은 벽을 가진 포낭 내에 여러 모양으로 분화할 수 있는 세포내 진균체를 가진 것도 발견된다. 휴지기형은 포유동물 밖에서 감염형으로 유지된다. 아직 실험실 내에서 배양이 불가능하기 때문에 생활사의 모든 시기가 다 충분히 밝혀지지 못 하였다. 고자낭균강의 다른 종류는 분열자낭균목인데, 이것은 분열 효모 (예를 들어

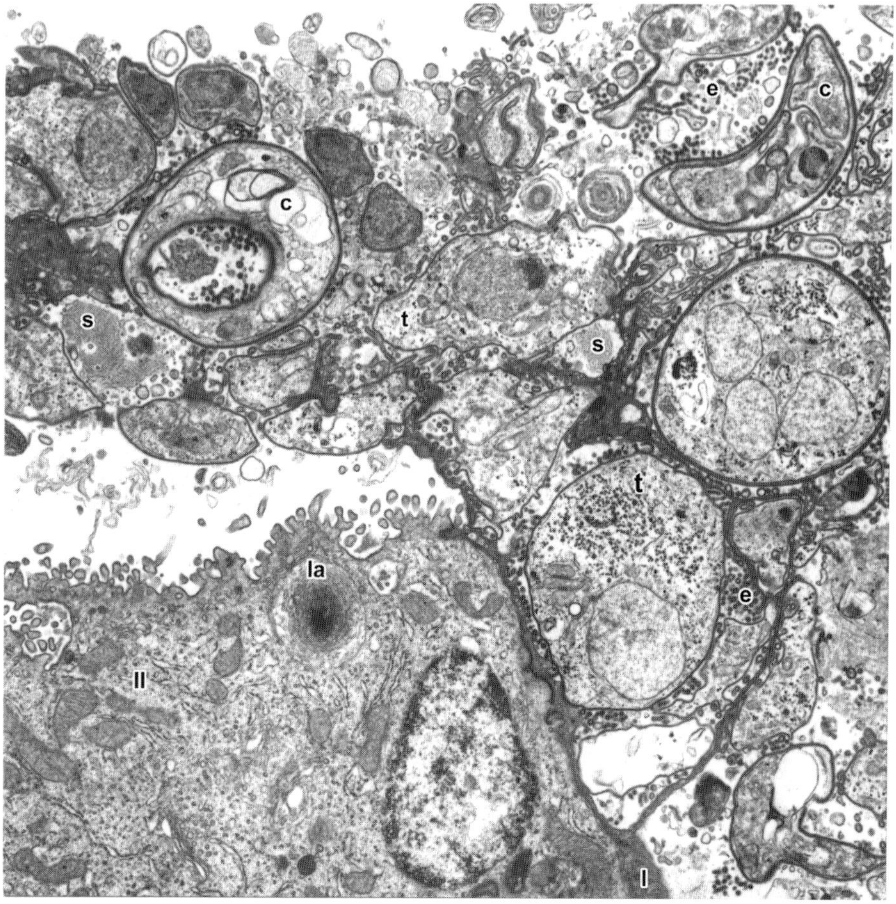

그림 **187** 진균아문, 자낭균상강: 쥐의 폐에 감염된 폐포자충(*Pneumocystis carinii*)의 전자현미경 소견. 이들은 제1형 폐포세포(I)에 붙어있거나 자기들끼리 붙어있지만 제2형 폐포세포(II)에는 붙어있지 않다. 부착성이 있는 병원체들이 몇 겹씩 폐포 내강까지 확장되어 제2형 폐포세포에 뚜껑(cap)을 만든다. 성기게 돌돌 감긴 몇 겹의 납작한 균체(la)가 이 뚜껑 아래에서 폐포 주머니(alveolar pouch)로 어떤 물질을 막 분비하려고 하는 모양이다. 여러 형태의 세포외 계면활성제(surfactant) (s)가 *Pneumocystis* 영양형(t)과 포낭(c)의 덩어리 가운데 분명하다. e= 영양형과 포낭의 관형 확장 (Kaneshiro 등으로부터: J. Eukaryot. Microbiol. 40[1993]805). 배율: 8,000 x.

Schizosaccharomyces pombe)를 포함한다.

*Candida albicans*는 섭씨 37도에서 자랄 수 있는 두 가지 모양의 진균이다. 이 진균의 정상적인 서식처는 사람이나 다른 온혈동물의 점막인데, 여기서 이들은 효모형태로 자라면서 아주 조금 혹은 전혀 손상을 주지 않는다. 사실 이들은 50%까지 사람 점막에서 분리가 되는데, 구강, 장, 질 혹은 좀 더 드물지만 피부에서도 분리가 된다. 그러나 경우에 따라 무해한 공생을 할 수 있는 *C. albicans*의 같은 균주가 병원성을 나타내 점막을 침입함으로서 뚜렷한 손상을 줄 수 있다. 이와 같은 경우 효모형태의 세포가 균사를 내어 이들이 점막을 뚫고 들어가서 조직을 자극하고 탈락을 일으킨다.

반자낭균강(Hemiascomycota)은 발아 효모를 포함하고 빵굽는 사람의 효모라고 더 잘 알려진 가장 유명한 진균인 *Saccharomyces cerevisiae*가 여기에 속한다 (그림 **189, 190**). 비록 이에 속하는 대부분은 기본적으로 단세포이지만, 풍부한 균사를 만들 수도 있다. 반자낭균류는 자낭과(ascomata)가 결핍되어 있다. 발아할 때 발아부분은 처음에는 작으나 차차 커지고, 결국은 격막(횡벽)을 형성하여 모세포로부터 떨어져 나온다. *Cryptococcus*는 또 다른 발아 효모이다. 이들은 단단한 다당류 껍질에 의해 싸여져 있는데, 이것은 *Cryptococcus* 속의 특징이다. *Cryptococcus* 종들은 잎의 표면에 흔하다. 사람의 관점에서 보면, *C. neoformans*가 가장 중요한 종이다. 이것은 폐로 감염되어 사람의 면역 능력에 따라서 경증 혹은 만성 지속성 폐렴을 일으킨다. 그래서 면역결핍된 사람에게 있어서 크립토코쿠스증(cryptococcosis)이라는 병을 일으키는 중요한 병원체가 된다. 이 병은 미국에서 후천성면역결핍증(AIDS) 환자의 약 7–8%에서 발생하며, 서유럽에서

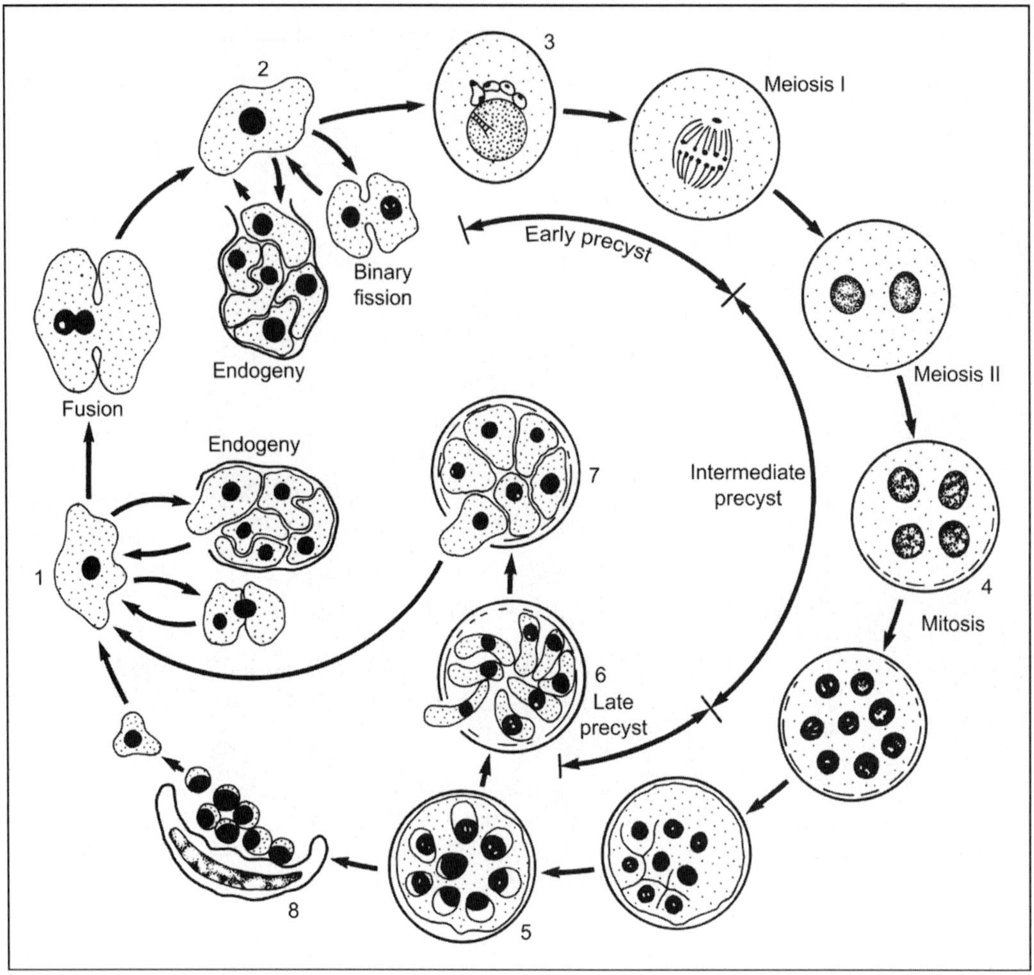

그림 **188** 자낭균상강: 폐포자충(*Pneumocystis carinii*)의 폐 내의 생활사. 1 반수체 영양형은 이분법이나 내발생(endogeny)에 의해 많은 수로 불어나는데 이 중 몇몇은 융합한다. 2 이배체 영향형도 역시 불어난다, 3 어떤 영양형은 딱딱한 전포낭이 되는데 이것은 감수분열을 하게 된다. 4 네 개의 핵을 가진 세포가 한 번의 유사분열을 하고 두꺼운 벽을 형성한다. 성숙한 포낭은 8개의 단핵을 가진 구형 (5)이나 바나나 형태 (6) 또는 아메바형 세포내 균체 (7) 를 포함한다. 8 터진 포낭은 포낭내 균체를 배출한다 (Yoshida에 인용).

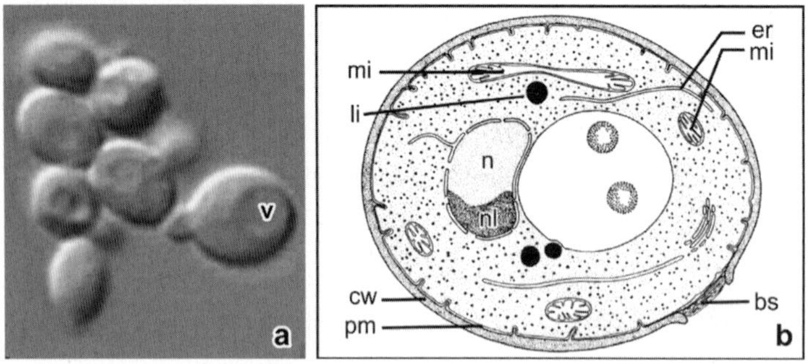

그림 **189** 자낭균상강: *Saccharomyces*. **a** 효모 출아; v= 공포. **b** 효모 세포의 미세 모식도. bs= 출아 상처, cw= 세포벽, er=세포질그물, li=지방, mi=미토콘드리아, n=핵, nl=인, pm=원형질막 (a D.J. Patterson, b Schlegel의 호의에 의해). 배율: a 2,000 x.

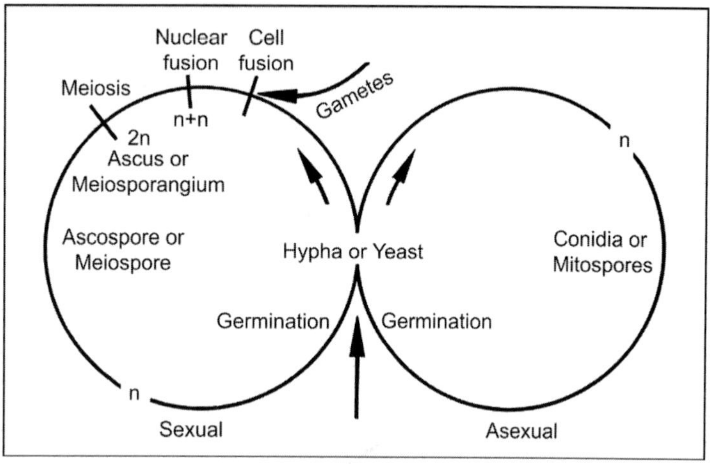

그림 **190** 자낭균상강의 유성, 무성생식 과정을 포함한 간략한 생활사. 단세포의 효모가 출아 혹은 분열에 의해 불어나며 실모양(균사) 자낭균류가 꼭지점의 연장과 측방의 가지치기에 의해 대부분의 경우 반수체 유사포자(mitospore)(n)를 생성한다. 이것은 무성생식의 단위가 되거나 또는 어떤 경우에 생식세포로 행동할 수 있다. Meiospore (또는 자낭포자, ascospore)는 감수분열과 연이은 유사분열에 의해 접합체(2n)로 발육한다 (Alexopoulos 등에 따름).

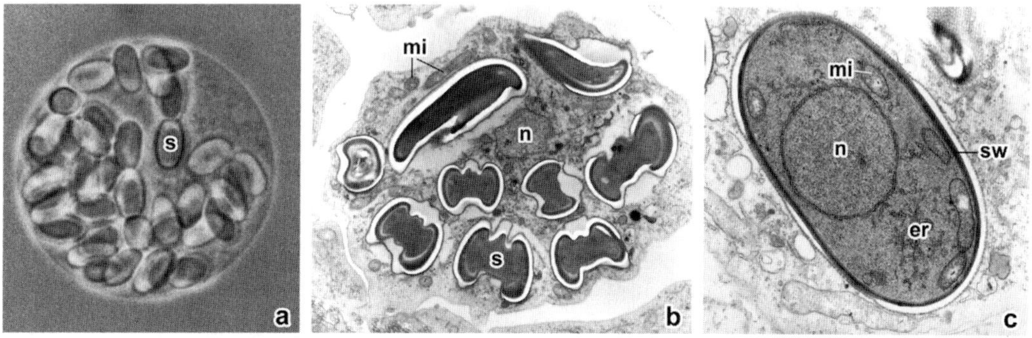

그림 **191** 자낭균상강, 신관 포식균과: *Nephridiophaga blattellae*의 포자: 성숙한 포자 (s)를 가진 포자형성 변형체(sporogenic plasmodium). (**a**) 광학현미경으로 본 성숙포자, (**b**) 전자현미경으로 본 성숙포자; 영양체 핵 (n)과 미토콘드리아 (mi)가 잔존한 변형체 세포질에 잔존한다. s=성숙포자, c 포자모세포 (어린 포자)가 얇은 포자벽(sw), 한 개의 핵(n), 미토콘드리아(m), 소포체(er)을 보인다. 배율: a 1,800 x, b 4,000 x, c 5,300 x.

는 약간 낮은 정도(3–6%)에서 발생한다.

신관포식균과 Famuly Nephridiophagidae Sprague, 1970

진자낭균강(Euascomycota)에 속하는 신관포식균류(Nephridiophagids)(그림 **191**)는 포자를 형성하는 원생생물인데 특별히 바퀴와 벌 등, 절지동물의 말피기관에 주로 기생한다. 첫 번째 발견된 *Nephridiophaga apis*는 감염된 말피기 세포를 파괴하고 먹어버리므로 Nephridiophagidae 라는 과명이 붙었다 (그리스어로 phagein은 먹는다는 의미고, nephros는 콩팥, 신이라는 의미). 어떤 저자는 동의어로 Coelosporidiidae라는 이름을 쓰는데, *Coelosporidium*속의 대표종(type species)이 전형적인 반수체 포자 기관을 가졌으므로 이 이름이 쓰여져서는 않된다.

신관포식균류는 말피기관의 강 내의 세포외에서 주로 사는데 절지동물의 상피세포에 감염되기도 한다 (그림 **192**). 어떤 종은 조기에 세포내 분열생식 시기를 가진다. 단핵이나 소수의 핵을 가진 모양으로 나누어지는 다핵의 변형체(plasmodial) 시기에 더하여 내인성 출아에 의하여 포자를 형성하는 포자형성형 변형체(sporogenic plasmodia)가 생겨난다. 후기 과정 중에 각 포자의 핵과 세포질의 부분이 소포체(endoplasmic reticulum)의 시스터나(cisternae)에 의해 구분된다. 소수의 체세포 핵이 포자 형성형 세포질 내에 남는다. 핵분열은 숨은 유사분열(cryptomitosis)에 의하여 일어난다. 감수분열이 증명되지는 않았지만 조기 이핵 시기는 포자가 성숙하는 동안에 관찰되는데 예로 *N. blattellae*를 들 수 있다. 반면에 대부분의 종에서 성숙한 포자는 단핵이다. 성숙한 포자는 정상적으로 난형, 납작한 형태를 가지고 있는데

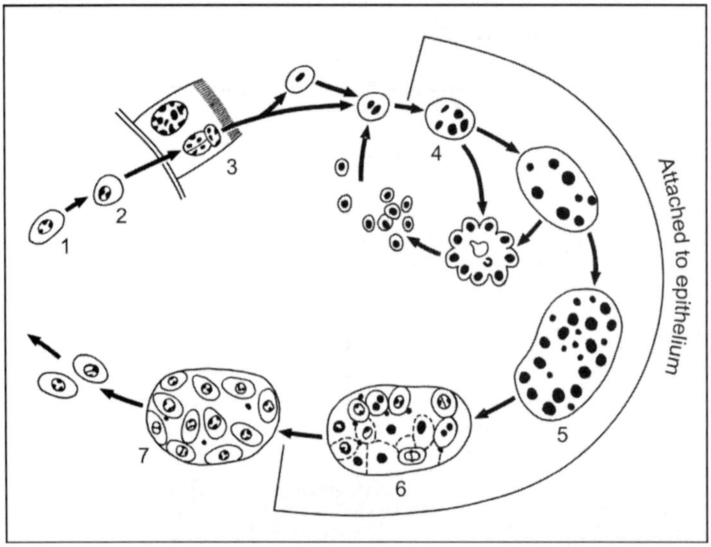

그림 **192** 신포식균강: *Nephridiophaga blattellae* (배율대로 아님)의 생활사. 바퀴가 포자를 섭취한 후 (1), 포자질이 나오고 (2), 말피기관 (3)의 상피세포로 들어간다. 여기서 영양형은 내강으로 빠져나오기 전에 불어난다. 상피세포의 먼 쪽에 부착한 세포외 영양형은 세포질의 분열이 일어나지 않은 채 핵 분열이 일어나 그 크기가 커지며, 분열생식에 의해 수가 불어난다 (4). 분열생식(5)을 수행하지 않는 변형체는 포자생식(6)을 시작한다. 두 개의 핵을 가진 포자모세포가 생기고 성숙한 포자는 한 개의 핵을 가진다. 성숙한 포자가 생겨나오고 이는 분변을 통해 숙주로부터 빠져 나온다 (7) (Woolever에 따름).

5–10×2–4 μm의 크기를 가지고 있으며, 포자공을 가지고 있는데 이를 통하여 감염형이 빠져 나온다. 포자의 껍질은 키틴을 포함하고 있는 듯하다. 모든 생활사의 시기를 통해 관형 미토콘드리아와 소포체를 가지고 있다. 신관포식균류는 아직 분류학적인 위치가 완전히 밝혀지지 않았다. 분자생물학적 자료와 키틴의 존재가 이들이 진균에 속하는 것으로 간주하게 한다.

예: *Nephridiophaga*, *Oryctospora*, *Coleospora*

담자균상강 Superclass **Basidiomycota** de Bary, 1866

이 진균 집단은 전형적인 버섯과 녹병(rust) 같은 식물의 중요한 병원체를 포함한다. 담자균류(Basidiomycetes)의 결정적인 구조는 담자기(basidium) 인데, 이로부터 핵융합과 감수분열이 일어나고, 유성포자와 담자포자(basidiospore)가 출아해 나온다. 이들에는 단세포 형태가 없기 때문에 이 책에서는 담자균류에 대하여 자세히 다루지 않는다.

불완전균류 **Deuteromycetes**

감수분열이나 유성생식이 알려지지 않은 일부 균류를 편의상 이 그룹에 넣는다. 이 그룹에 사용되는 분류체계는 대단히 인위적이다: 이 그룹은 단일계통발생이 아니다. 불완전균류의 대부분은 자낭균류와 연관성이 있다

동정충아문 Subphylum **CHOANOZOA** Cavalier-Smith, 1981

핵산 상동관계를 근거로, 다세포 후생동물과 단세포 동정편모충류(choanoflagellates)와 DRIPs(아래의 중형동균상강 참조)는 단일계통 분류군을 형성한다. 더불어, 파생형질(apomorphic character)의 존재–살아있는 해면동물의 먹이를 섭취하는 동정세포(choanocytes)와 동정편모충류에서 상동 기관으로서의 동정(collar: 깃)이 이러한 이론을 뒷받침한다. 동정충아문은 두개의 하위 분류군으로 구성되어 있다: 하나는 중형동균상강과 동정편모충상강을 포함하며 다른 분류군은 후생동물이다.

중형동균상강 Superclass **Mesomycetozoa** Herr et al., 1999 (DRIP 계통군)

SSUrRNA 유전자의 계통 발생 분석으로 어류와 갑각류의 기생충 그룹이 동물–균류 분기 가까이에서 새로운 계통군을 형성하는 것이 증명되었으며, 이는 통계적학적으로도 지지된다. 이 계통군은 임시적으로 DRIP 계통군으로 명명되었다. DRIP는 그 구성원인 *Dermocystidium*, 로제트 병원충(rosette agent), *Ichthyophonus*, *Psorospermium*(그림 **193**)의 머릿 글자를 딴 두문자로, 이후에는 어포자강(Ichthyosporea)으로 명명되었다. 그러나, *Rhinosporidium seeberi*가 여기에 추가

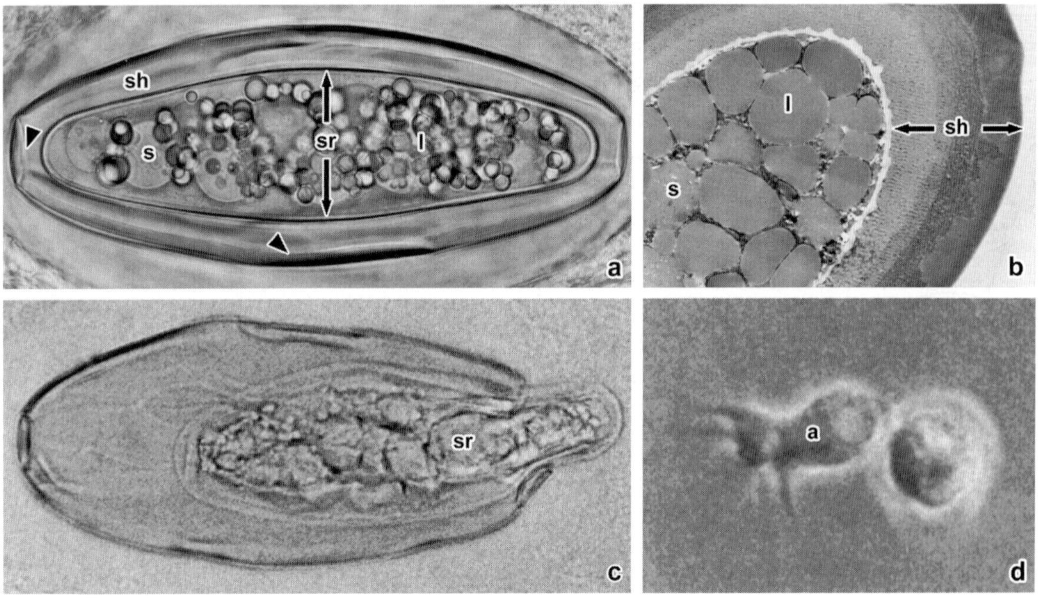

그림 **193** 후방편모생물문(Opisthokonta), 동정충아문(Choanozoa), 중형동균상강: *Psorospermium haeckeli* 생활 주기의 광학 현미경 사진(**a, c, d**)과 투과전자현미경(TEM) 사진 (**b**). **a** 세 층의 껍질(sh)과 지질구(l) 및 포자(s)를 가진 포자낭(sr)으로 구성된 성숙한 포자포낭의 자연 상태 세포; 화살표=껍질 판. **b** 분화한 껍질(sh), 지질구(l)와 포자(s)를 지닌 성숙한 포자포낭. **c**. 담수에서 포자포낭으로부터 포자낭(sr)의 부화. **d**. 파열된 포자낭으로부터 포자가 방출되고, 현저한 위족을 가진 이동성 아메바성 개체(a)로의 변형. (Vogt와 Rug: J. Exp. Zool. 283 [1999] 31). 배율: a 600x, b 1,600x, c 530x, d 1,600x

되면서, DRIP 두문자는 더 이상 적합하지 않게 되었다. 1999년에 이는 중형동균류(균류와 동물 사이)라는 이름으로 변경되었다. 이 기생충들은 동물-균류 분지(dichotomy)에 가까운 동물계의 가장 하위 계통군을 구성하는 것으로 생각된다. DRIP는 분류학적으로 지금까지 동물계 중 가장 원시적인 계통군으로 생각되는 동정충류와 관련이 있다. 이전에는 DRIP 구성원들은 다양한 분류군에 광범위하게 속해 있었으며, 특히 균류와의 유연성이 제기되어왔다. 여기에 포함된 거의 모든 종의 생활사는 알려지지 않았으며, 중간 숙주에 대한 어떠한 직접적인 증거도 없다. 숙주가 포자포낭(sporocyst)이 포함된 조직을 먹음으로써 *Psorospermium haeckeli*나 *Ichthyophonus hoferi*에 시험적으로 감염될 수 있다. 그러나 *Dermocystidium*이 아직까지 입을 통하여 전달된 적은 없었다. 또한 시험관 내 배양 실험, 예를 들어 포자포낭이 포함된 조직을 수돗물에서 몇 주간의 배양 실험으로 새로운 생활 주기 단계들을 찾아 내었다.

보다 충분히 연구된 속인 *Psorospermium*, *Ichthyophonus*와 *Dermocystidium*은 다음과 같은 몇 가지 대표적인 특징을 공유하는 것으로 알려졌다: 조직기생 포자포낭과 자유생활 시기가 있고, 포자의 원시초미세구조, 매우 현저한 인(nucleoli)과 넓게 확장된 염색질을 포함한 핵, 전체 생활 단계에서 분명한 삼투영양형(osmotrophy)등의 공통 특징이 있다(그림 **194**). 그러나 이들의 형태는 다양하다. 중형동균상강은 SSU rDNA 계통수를 기반으로 두 그룹으로 나누어지며, 이 중 하나는 아메바성 생활 단계를 가지는 종을 포함한다.

*Dermocystidium*속의 20종 이상이 어류, 영원류(newts)와 개구리의 피부 또는 아가미에서 포낭감염이나 전신 감염으로서 발생한다. 이들은 세포밖의 구형 단계를 가지며, 이 단계는 크고 굴절된 함유물(refractile-inclusion)을 지닌 액포를 가진다. 격막 균사, 단편모 유주자 및 편평한 미토콘드리아 크리스테가 몇몇 종에서 나타난다. 로제트병원충은 연어과 어류의 여러 기관에서 발견되는 세포 내 병원성 기생충이다. 이 기생충은 크기가 2~6 μm로, 세 겹의 세포벽으로 둘러싸여 있고, 소포성 미토콘드리아와 단일 핵을 가지고 있다. 이 병원충은 조혈, 상피, 간엽 세포 내에서 파종 형태로 발생하고 다

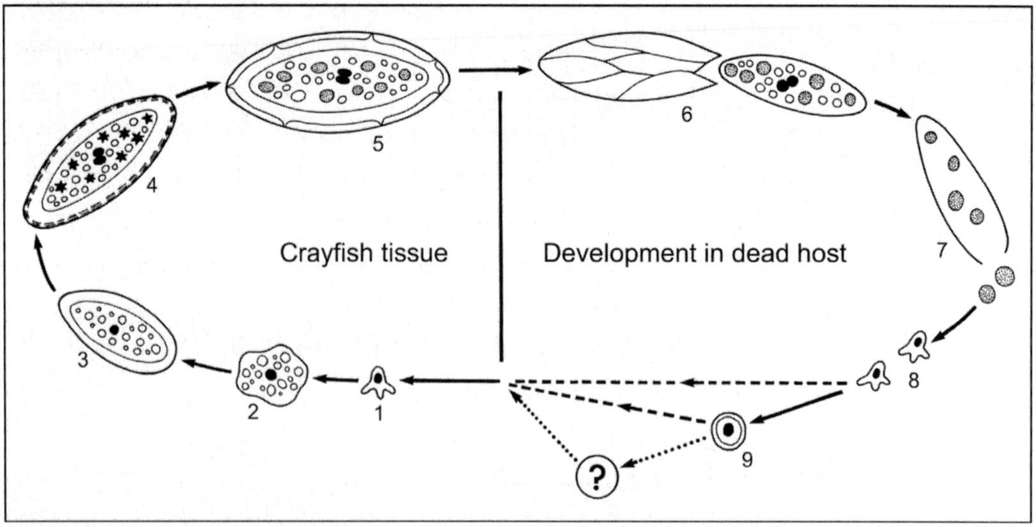

그림 194 입금충아문, 중형동균상강: *Psorospermium haeckeli* 생활 주기의 잠정적인 도해. 1 아메바성 단계, 2 얇은 벽 단계, 3 원시성 껍질을 가진 초기 분화 포자포낭, 4 껍질 분화 단계의 포자포낭, 5 성숙된 포자포낭, 6 포자포낭으로부터 포낭의 부화, 7 파열된 포자낭으로부터 포자의 방출, 8 운동성이 있는 아메바성 개체, 9 포낭화 된 아메바성 개체, ? 그 이후의 생활 주기 단계 ⟶ 증명됨, --→ 사실 가능성 있음, ·····→ 가능성 있음 (Vogt와 Rug: J. Exp. Zool. 283 [1999] 31). (그림 안에서 Crayfish tissue: 가재 조직, Development in dead host: 죽은 조직에서 발달)

초점 육아종(multifocal granulomas)을 가진 마디 형태로 발생한다. 이는 내성을 지닌 포자포낭으로 발달하지는 않는다.

*Ichthyophonus hoferi*는 80 종 이상의 해양 및 담수 어류에서 전신 감염(systemic infection)을 야기하여 사망과 심각한 경제적 손실을 야기시킨다. 이 종류는 포자포낭으로써 세포밖에서 발생한다. 이 종은 관소포상 미토콘드리아 크리스테와 진균문(Eumycota)에서와 같은 방추형 극체를 가지며 편모 단계를 가지지 않는다.

*Psorospermium haeckeli*는 민물 가재의 연결 조직에서 발생하는 기생충으로, 상업적으로 중요한 가재 자원의 손실과 연관되어 있다. 이는 비운동성이고 복잡한 껍질과 두 개의 핵, 내부 지방질 둥근 알맹이들을 가진 100~200 μm 크기의 가늘고 긴 또는 타원형의 포자포낭으로 나타난다. 이 종은 DRIP 구성원 중 유일하게 생활사가 자세히 알려졌다. *Psorospermium haeckeli*가 조직기생과 자유생활 단계로 구성된 두가지형(diphasic) 생활주기를 이끄는 것으로 추정된다(그림 **193, 194**). 포자낭(spore receptacles)은 민물에서 부패되고 있는 조직에서 발견된 포자포낭으로부터 부화되며, 최후에는 포자낭이 터져 포자를 배출한다는 사실이 최근에 알려졌다. 그리고 나서 이러한 포자들은 실 모양의 위족을 형성하고 운동성의 단핵 아메바 형태로 변형된다. 이 아메바 형태는 삼투영양을 하는 것으로 보이며 이러한 아메바들은 분열에 의해 나뉘어지고 포낭에 의해 싸여진다. 이들은 아마도 새로운 가재를 감염시킬 것으로 보인다. 포자포낭과 아메바 형태는 판상의 크리스태 미토콘드리아를 내포한다.

중형동균상강에 속해있는 속의 수는 꾸준히 증가하고 있다. 또한 이 분류군은 *Amoebidium parasiticum*, *Anurofeca richardsi*, *Sphaerosoma arcticum*와 *Rhinosporidium seeberi*를 포함하는 것으로 보인다. 후자는 사람과 동물의 피부 및 피하 감염을 일으킨다. 이는 주로 비강 점막 또는 안구 결막에서 천천히 자라는 종양성의 덩어리로 나타나지만, 여기에 효과적인 항균제는 없다. 감염은 담수 연못이나 호수 또는 강에서 수영하는 것과 관련이 있다. 성숙 단계는 작은 딸세포(내생포자)들을 포함한, 크고 벽이 두꺼운 구형 구조들로 이루어져 있다. 이는 자연 상태에서는 아직 발견되지 않았으며, 자연 숙주 역시 알려져 있지 않다.

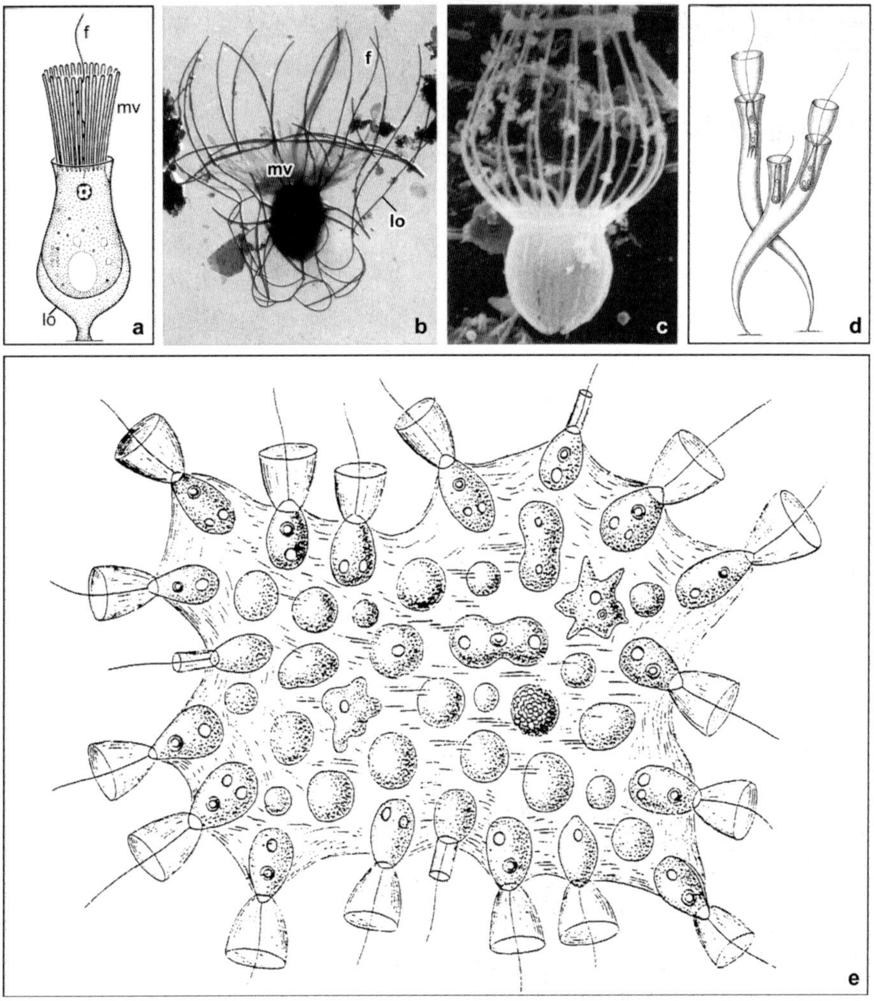

그림 **195** 동정충아문, 동정편모충: **a**. 피각(lo)이 있는 *Salpingoeca amphoroideum*; **b** 규산질 바늘로 구성된 피각(lo)이 있는 *Acanthoecopsis apoda*, f= 편모, mv= 깃형성 미세융모; **c** *Diplotheca costata*; **d** *Salpingoeca cornuta*, 위족성 후미 돌기로 긴 피각의 옆면에 붙어있는 세포들; **e** *Proterospongia haeckeli* 세포 약 40개의 군체 (a Grell로 부터, b와 c B.S.C. Leadbeater, Birmingham의 허가로 사용, d와 e Kent 이후). 배율: a 1,700x, b 2,100x, c 2,900x, d 380x, e 1,200x.

예: *Amoebidium*, *Anurofeca*, *Dermocystidium*, *Ichthyophonus*, *Rhinosporidium*, *Psorospermium*, *Sphaerosoma*.

동정편모충상강 Superclass Choanoflagellata Kent, 1880

동정편모충류는 단일 핵을 가지고 있으며, 작고 크기가 거의 10 μm를 넘지 않는다. 이들은 담수 또는 해양에서 고착성 세포들과 부유성 군집 형태로 출현한다. 이들의 가장 중요한 특징인 동정 (collar)은 앞쪽으로 돌출된 바구니 모양으로 수십 개의 가느다란 미세융모(microvilli)로 구성된다(그림 **195**, 그림 **273a**). 오직 한 개의 편모만이 존재하고, (분명히 이전에는 존재 했을) 두 번째 편모는 그에 상응하는 모근체(kinetosome)만 남기고 퇴화되었다. 편모는 동정의 언저리(brim)보다 위로 향하며, 먹이 입자가 미세융모의 바깥쪽으로 운반되도록 수류를 만들어낸다. 여과된 입자들은 아래로 이동하여 미세융모의 기저부분이나 세포의 꼭대기부분에서 섭취된다. 동정편모충류는 전 세계 해양에서 양적으로 중요한 부유성 박테리아의 여과식자이다.

많은 고착성 종들은 단독으로 살거나(*Monosiga*) 군체성 분지체계(*Codonocladium*)로 살아간다. 일부(*Salpingoeca*)는 자루가 있거나 또는 자루가 없는 피각 안에서 살아간다. 해양 종에서, 피각은 때때로 규산질 뼈대(costae)로 그물 형태를 만든다(그림 **195 b**). 동정편모충류의 깃(동정)과 해면동물의 깃세포(동정세포) 간의 구조와 기능의 유사성들은 공유파생형질이 존재한다는 가정을 유도한다. 이 공통 기원에 관한 이론을 뒷받침 해주는 다른 주장으로는, 이 두 동물 분류군 모두 이산화규소 대사작용이 가능하고 삼투적으로 침투하는 물을 수축포를 이용해서 방출시킬 수 있다는 것이다. 잃어버린 연결고리(missing link)는 *Sphaeroeca volvox*(지름 300–500 μm)와 *Proterospongia*에서 구형 군체의 발생일 수도 있다(그림 **195 e**). 만약 세포들의 상피 배열(epithelial arrangement)이 증명될 수 있다면, 이러한 군체들은 헤켈의 섬유아세포(Haekelian blsdteal)를 설명할 수 있고 따라서 단세포와 후생동물 사이의 다리를 연결하는 대표적 생물이 될 수 있다. 하지만 추정되는 계통발생 역사의 방향을 고려해보면, 진정 해면동물 중 오래 사는 부위(reductica라고 불림)는 과거에 종종 동정편모충류로 오인되었었고, 그래서 최근의 동정편모충류 진화는 후생 동물에서 시작된 퇴행적 발달의 결과였을 수 있다. 반면, 수렴 발달(상사, analogy)은 고착 생활 방식의 진화적인 압력과 유사한 여과 기술 방법에 의해 일어나고 발생되었을지도 모른다.

예: *Codonosiga, Parvicorbicula, Salpingoeca*

후생동물하문 Infraphylum **Metazoa** Haeckel, 1874

일반적으로 후생동물은 조직 또는 장기 안에 있는 분화된 세포들의 특징인 조직체(body plan)를 보이고, 생활주기에서 단세포 단계로만 존재하는 접합자(zygote)로부터 발달하는 이배체 생물로 정의된다. 그 결과로서, 이차적 단순화가 일어나지 않으면 단세포 표본들은 발생하지 않을 수도 있다. 접합자 수준으로 내려가는, 그러한 급진적 감수분열(reduction)에 대한 실례는 아직 발견되지 않았다. 그러나 단지 몇 개의 세포로만 구성된 단순한 형태는 존재한다: 점액포자충.

점액포자충이 지금 후생동물의 후손으로 고려되는 것은 지난 10여년 동안 이들의 계통발생에 대한 수많은 논의로 부터 추정되어 왔기 때문에 그리 놀랄일이 아니다.

점액포자충상강 Superclass Myxozoa Grassé, 1970 (점액포자충류, Myxosporidians)

점액포자충류는 현미경적 크기의 후생동물성 기생충이지만, 역사적인 이유와 후생동물을 대부분의 문헌에서 무시되어 왔기때문에 본 장에 포함 시켰다. 이 분류군은 약 52개의 속, 약 1,350 종으로 구성되어 있다. 그 구성원은 어류와 드물게는 편형동물, 파충류와 양서류의 조직 또는 세포 기생충이다. 최근에 점액포자충류성 기생충이 두더지에서도 발견되었다.

돌기형 섬유가 형성되기 때문에, 이들은 이전 분류군인 극낭포자충(Cnidospora) 안에서 미포자충류(Microsporea)과 결합되었었다. 그러나, 점액포자충류의 극사(그림 **196**)는 포자원형질(sporoplasm)의 전달에 관여하지 않고 포자를 숙주 조직에 고정시키는 데에 관여한다. 또한 특정 분류군 생성의 타당성을 보여주는 다른 몇몇 특징들도 있다: 극사의 특유한 형태 발

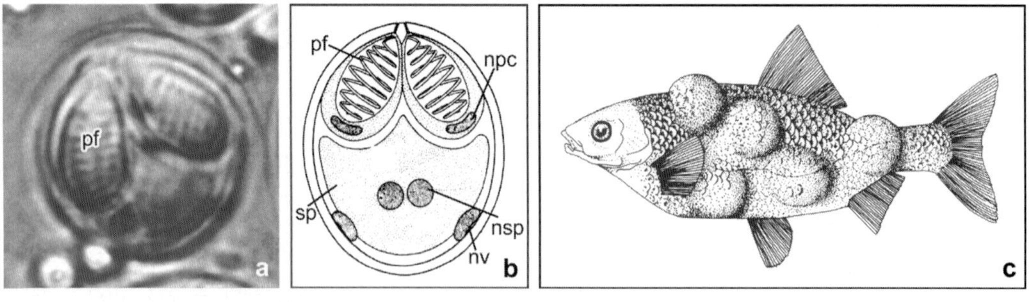

그림 **196** 동정충아문, 후생 동물 하문, 점액포자충: *Myxobolus*의 성숙 포자(**a**)와 포자 조직(**b**); **c** *Myxobolus* 감염에 의한 물집이 있는 잉어과 물고기(roach). npc= 극낭 핵, nsp= 포자원형질의 핵, nv= 판막형성 세포의 핵, pf= 극사, sp= 포자원형질. (a Schmahl 외: Europ. J. Protistol. 25 [1989] 26으로부터 b와 c Grell 이후). 배율: a 2,200x

생, 진정 미토콘드리아와 딕티오솜의 출현. 최근 분자 계통분류학의 발전으로 다른 분류군과의 연관성을 고려하여 이를 상당히 수정 하였다. 18S rDNA 유전자 서열을 이용한 계통발생 연구는 점액포자충이 나르코메두사(Narcomedusa)의 자매 분류군으로서 자포동물에 속하는 것을 보였다. 또한, 높은 수준의 세포분화(그림 **197**), 즉 하나의 생식세포와 세 개의 체세포, 유사결합세포(quasi-desmosomal cell) 접촉의 존재, 그리고 극낭과 자포동물의 자포(nematocysts) 구조 및 형태발생의 놀라운 유사성은 그러한 관계를 지지해 준다.

점액포자충의 생활 주기는 빈모류인 실지렁이(*Tubifex tubifex*)에서 방선균포자 단계의 발생을 필요로 한다는 것이 발견된 1980년대까지 완벽하게 밝혀지지 않았다(그림 **198**). 이러한 결과로 환형동물 내에서 방선균포자 형태를 갖는 다른 점액포자충류의 생활 주기도 밝혀졌다. 거기에 발생주기를 정확하게 점검 가능하게 해주는 실험실에서의 감염연구도 수행 할 수 있었다. 그 결과로, 점액포자충류의 하위 분류군인 점액포자충강(작고, 주로 척추동물에서 좌우 대칭인 포자)과 방선균포자충강(보다 크고, 환형동물에서 6에서 12겹의 기하 대칭을 이루는 포자)은 하나의 그리고 같은 생활주기 단계를 번갈아 나타냈기 때문에 퇴출되어야 했다. 그러나, 방선균포자충강의 형태형(morphotype)과 점액포자충류와 관련시키는 것은 어려운 일이다. 방선균포자충강(Actinosporea)은 삭제하고, 점액포자충단계에 근거하여 점액포자충(Myxozoa)이 새로운 분류군으로 기술되어야만 한다는 의견이 제시되었다. 다음은 주로 *Myxobolus cerebralis*의 자료를 토대로 한, 점액포자충 생활 주기의 일반적 특징들이다(그림 **196**, **198**).

어류 숙주에서 발달 (점액포자충 형태)

어류는 수인성 트리액티노믹손(triactinomyxon) 포자와의 접촉 또는 감염된 환형동물의 섭취를 통해 감염된다. 트리액티노믹손 포자는 극사를 내어서 상피 세포(표피, 구강, 아가미 상피)에 고정시키고, 포자 원형질이 뚫고 들어 갈 수 있도록 한다(그림 **198**, 1–2; **199**).

포자생식전(presporogonic) 단계(그림 **198**, 3–13): 포자원형질은 약 한 시간 정도 걸려서 세포 사이로 이동한다. 그리고 나서, 포자원형질의 내부세포들이 방출되고 각각의 세포는 숙주세포를 뚫고 들어간다. 이러한 일차세포들은 내생 분할(endogenous cleavage)을 통해 이차 내부세포들을 만들어 내고, 이차 세포들은 유사 분열에 의해 증식하게 된다. 이차 세포들은 내생 분열을 통해 봉합세포와 내부세포를 지닌 새로운 세포 쌍(doublet)을 생성하게 된다. 이러한 세포 쌍들은 진짜 초기 세포와 숙주 세포의 막들을 부수고 세포 밖으로 나간다. 이는 새로운 세포로의 이동과 감염을 가능하에 한다. 이러한 주기는 다시 반복되며, 수일안에 중추신경계를 포함한 다른 조직들이 감염될 수 있다.

포자생식(sprogonic) 단계(그림 **198**, 13–16): 세포 쌍이 포자 형성에 최적인 장소, 예를 들어 *M. cerebralis*의 경우에, 연골에 도달하면 원형질체가 발달

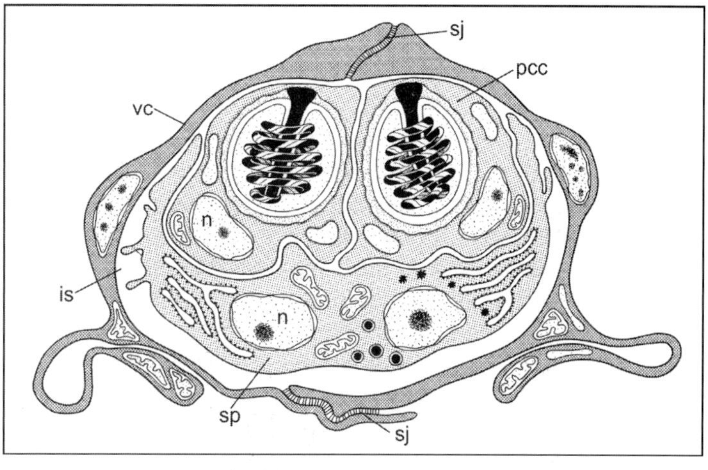

그림 197 점액포자충: *Leptotheca elongate* 포자 발달의 도해. is= 포자원형질(sp)과 판막형성세포(vc) 사이의 세포 내 공간, pcc= 극낭 세포, sj= 판막형성세포 간의 격막 접합지점(Desportes-Livage 와 Nicolas 이후). 배율: 3,200x

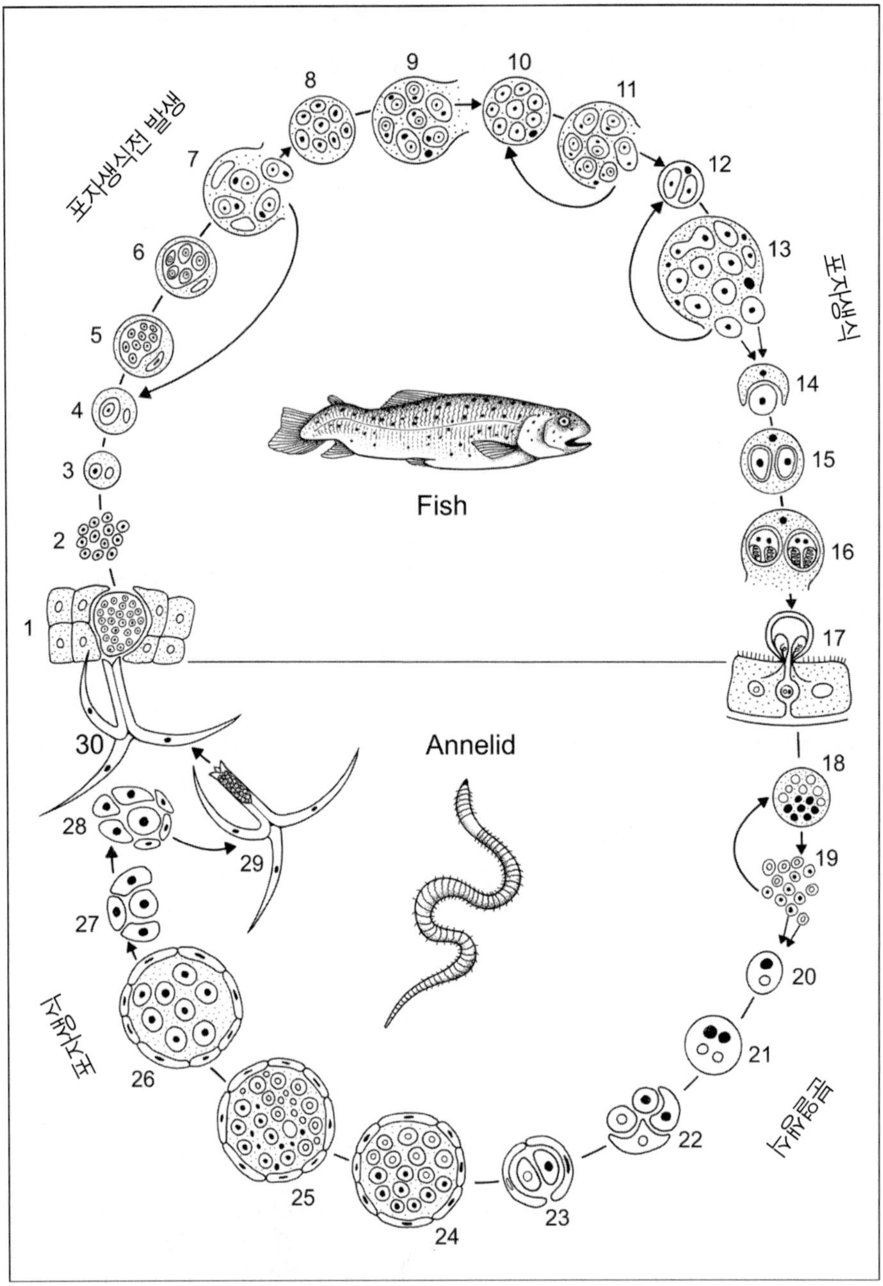

그림 **198** 점액포자충: *Myxobolus cerebralis* 생활 주기를 근거로 한 점액포자충의 생활 주기와 발달. 1-16 어류 숙주에서 점액포자충류의 발달; 17-30 환형동물 숙주에서 방선균포자의 발달. 1 어류 상피에 방선균포자의 부착 및 어류로 포자원형질 방출; 2 내부 발생(endogeny)에 의한 분열; 3-13 포자생식전 또는 포자생식 외 복제; 14-16 원형질체 안에서 다세포 포자의 형성으로 포자형성. 17 완전히 발달된 점액포자충이 어류 숙주로부터 방출되어 환형동물에 의해 섭취됨. 18-20 유충의 소화관 상피에서 분열생식. 그 결과로써 배우자 생식의 마지막에 상호보완적인 배우자세포가 되는 α- 및 β-핵을 가진 이핵세포가 생김. 21-26 배우자생식. 다포자포낭의 내부세포는 세 번의 유사 분열과 한 번의 감수 분열을 함. 24-25 결과로 나온 배우자세포는 융합되어 8개의 접합자를 가진 다포자포낭을 형성함. 27-29 포자 생식 세 개의 판막, 세 개의 극낭, 포자 원형질을 가진 다세포 포자가 형성. 팽창한 포자들(29)은 유충의 배설물과 함께 방출되어 수중에서 떠다니다가 어류 숙주(30)와 접촉하여 생활 주기를 완성함 (Kent 외: J. Eukaryot. Microbiol, 48 [2001] 399)

된다. 봉합세포가 생식세포로 변화되는 동안에 성장하고 있던 일차세포의 핵은 여러 개의 영양 핵으로 분열된다. 일차 변형세포의 분열 이후, 각각의 봉합세포는 많은 변형체(plasmodia)를 생성하는 이 단계를 반복하거나, 다른 세포와 접합한다. 결과로 나온 2세포 단계 또는 포자분화세포(pansporoblasts)에서, 봉합세포는 주변세포(pericyte), 내부세포는 포자생식세포로 불리운다; 이는 내부포자와 함께 포자분화세포를 생성한다. 주변세포는 그 다음 발생 과정 동안 봉합층으로 퇴화되고 포자생식세포는 여러 번의 추가적인 분열을 수행하여 하나의 이핵 포자모세포(sporoblast) 및 두개의 단핵 포자모세포를 생성하고 또한 두 판막형성(valvogenic)세포와 두 극낭 형성(capsulogenic)세포를 생성한다. 감수 분열 뒤, 이 포자모세포들은 반수체의 감염성 있는 아메바성 발아체(germlings)로 발달한다. 판막형성세포는 발아체 주위를 둘러싸고 발아체를 보호하는 두 갈래로 갈라진 비늘(인편, 조각)(bipartite scale)을 형성한다. 캡슐형성세포 안에서는, 한 극낭(pole capsule)이 분화되어 고리모양으로 휘감겨지거나 쭉 뻗고 돌출(extrudible)된 극사를 포함하게 된다. 점액포자충류는 어류로부터 방출되고 다시 다른 환형동물을 감염시킬 수 있다.

환형동물에서 발달 (방선균포자충 형태)

분열생식(schizogony)(그림 **198**, 17–20): 섭취된 점액포자충은 극사를 내밀어 환형동물 내강(lumen)의 소화관 상피에 달라붙는다. 그 다음 이핵 포자원형질(sporoplasm)은 부화하여 상피세포 사이의 공간으로 들어가게 된다. 포자원형질의 두 핵이 모두 증식하고, 결과로 나온 다핵세포는 여러 개의 단핵세포로 분열한다. 상피세포 사이에서 움직이는 동안, 일부 세포는 추가적인 핵분열과 세포분열을 수행하거나 이핵체(binucleated) 단계로 융합된다.

배우자생식(gametogony)(그림 **198**, 20–25): 이핵체가 분열되어 4핵 세포들을 형성한다. 그리고 나서 이 세포들은 네개의 세포들을 가진 한 개의 초기 다포자포낭(pansporocyst)을 생성한다. 이 중 두개의 세포는 체세포로서 각각 α와 β라 불리는 두 생식세포를 감싸고 있다. 두 생식세포가 세 번 유사 분열하여 16개의 이배체 배우자모세포(hametocyte)를 만들어 내고, 이는 한 번의 감수분열을 거쳐 16개의 반수체 배우자모세포와 16개의 극체(polar body)를 생성한다. α세포로부터 나온 배우자모세포들은 β세포로부터 나온 세포들과 함께 8개의 접합자(zygote)를 만들어낸다. 동시에 체세포들은 두 번 분열하여 8개의 봉합세포(enveloping cells)를 만든다.

포자생식(sporogony)(그림 **198**, 27–29): 다포자포낭 안에 있는 8개의 접합자들은 각각 두 번 분열하여 4–세포 단계를 만들어 낸다. 세 개의 말단에 위치한 세포가 분열하여 세 개의 낭형성세포 및 세 개의 판막형성세포를 생성하는 동안, 중앙에 위치한 네 번째 세포는 여

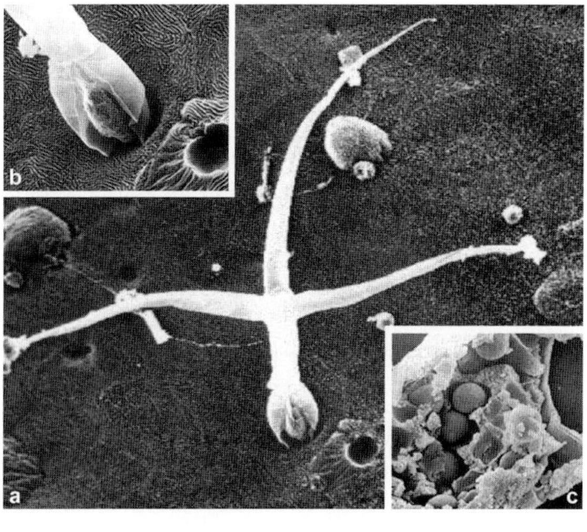

그림 **199** 점액포자충: *Myxobolus cerebralis*의 트리액티노믹손 포자와 무지개 송어 간의 상호작용. **a** 노출 된지 1분 후, 트리액티노믹손 포자가 등지느러미 점액 분비샘의 분비구에 부착; **b** 분비구에 침투한 것을 높은 배율로 확대함; **c** 포자원형질 부분의 부러진 봉상체; 포자원형질 세포는 포자원형질 체세포의 세포질에 박혀 있는 포자원형질 세포. 배율: a 700x, b 1,100x, c 3,200x.

러 번의 유사 분열을 거쳐서 방선균포자의 포자원형질을 형성하게 된다. 그 후, 낭형성 세포와 포자원형질은 세 개의 판막으로 구성된 껍질에 둘러 싸여진다. 일반적인 성숙 포자의 판막은 하나의 봉상체(style)와 세 개의 돌기들를 형성한다(그림 **200**). 감염 후 약 3개월 경에, 8개의 (또는 사분포자의 경우는 4개) 주름진 방선균포자를 담고 있는 다포자포낭이 보이는 마지막 단계가 나타난다. 방출된 포자는 최대 2주까지 살아 있을 수 있다.

점액포자충은 몇몇 상업적으로 중요한 어종에 심각한 손실을 끼치는 것으로 잘 알려져 있다. 예를 들어, *Myxobolus pfeifferi*는 돌잉어 무리(barbell; Cyprinoidae)에서 서혜선병(bubonic disease)을 일으키는 종이다(그림 **196** 참조). 이 종양은 7 cm까지 자란다. *Myxobolus cerebralis*는 선회병(旋回病, torsion disease)이라 불리는 병을 유발시킨다. 두 기생충에 의해 감염된 후 오랜시간 경과후에 어류가 사망하게 되지만, 감염된 어류는 성장 감소와 조직 궤양(ulceration)으로 판매가 어렵게 된다.

예: *Henneguya, Myxobolus, Sphaerosoma*

불명확한 위치의 진핵생물 (Eukaryota incertae sedis) (향후 다른 분류군에 포함되어야할 그룹)

다음 장에서 설명될 이 그룹은 일반적으로 다른 진핵 생물과 단 한가지의 공통 형질은 미토콘드리아와 정교한 골지체를 가지는 것이다. 그렇지만, 이 그룹은 비교할 만한 영구적인 편모나 편모 뿌리 구조가 아예 없거나, 일반적으로 없는 경우가 많기 때문에 이전에 보고된 어느 한 분류군에 명확하게 예속될 수 없다. 그러나 일부 그룹은 생활 주기에서 편모류 단계가 나타나기 때문에 편모류 분류군에 포함될 수도 있다. 이러한 시도는 이미 예전의 육질충강(Sarcodina)의 하위 그룹에서 이루어졌었고 태양충류(Heliozoan)와 방산충류(Radiolaria)에서도 이루어 졌었다.

이전 육질충류의 다른 하위 분류군에서 위족의 존재(그림 202 참조)는 수렴 진화(convergent evolution)의 결과로써 보여 진다. 또한 그것은 이제 일반적인 진핵생물의 특징으로 여겨지지만 단일계통 분류군을 인식하는 주요 특징으로는 사용할 수 없다. 아래 몇몇 그룹은 단일계통 분류 기원이 불확실하여 이러한 그룹은 별표(*)로 표시하였다.

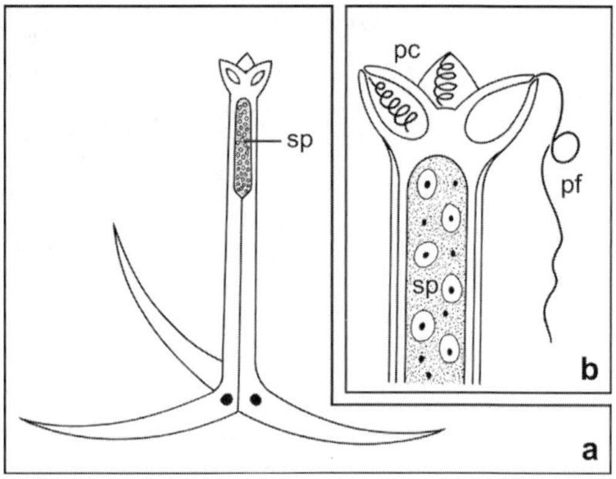

그림 200 점액포자충: **a** 핵과 내부세포를 내포한 포자원형질(sp)을 가진 *Myxobolus cerebralis*의 트리액티노믹손 포자; **b** 극낭(pc)과 뻗어 나온 한 개의 극사(pf)를 보여주는 포자 앞부분의 확대 그림(여러 저자로부터).

6.13 방사족충문 Phylum **Actinopoda*** Calkins, 1902

이 다계통 분류군에 있는 모든 속은 유축위족(axopodia)(그림 **201**)으로 불리는 상당히 잘 정렬된(highly ordered) 미세소관다발에 의해 축 방향으로 빳빳해지는 위족을 가지고 있다. 이 미세소관의 배열은 간단한 것부터 기하학적으로 복잡한 양상에 이르기까지 다양하며, 각 하위 집단에 따라 다르게 나타난다(그림 **202**). 유축위족은 방사상으로 대칭적으로 비교적 천천히 형성되고 방출체(예, 동원포, kinetocyst)를 가지기도 한다. 유축위족은 이동과 먹이 포착에 관여하며, 수면에 계속적으로 부유할 수 있도록 돕기도 한다.

담수와 이끼(*Sphagnum*) 위에서 서식하는 태양충을 제외하고, 방사족충은 전적으로 해양 부유생물로만 나타난다. 계통분류학과 분류에 중요한 특징으로는 무기질 비늘, 골격과 침골(needle)이 있다(그림 **203**).

과거에 방사족충은 태양충과 방산충으로 나뉘어져 있었으나, 미세 구조 조직과 골격 구성요소의 발달 및 화학적 조성에 관한 새로운 연구가 이러한 분류 체계를 수정하였다. 방산충이라는 이름은 광물 방산충암

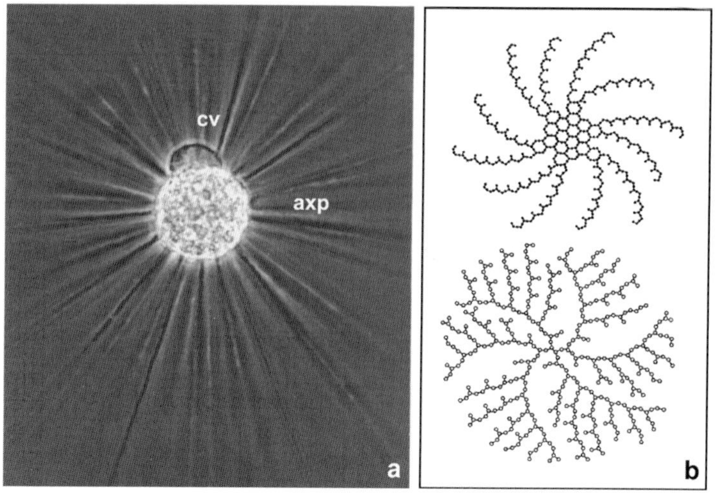

그림 **201** 방사족충*, 태양충류: 유축위족의 구조: **a** *Actinophrys sol*의 방사상 유축위족(axp), cv= 수축포; **b** 다포방산충류 유축위족, 분류군 특이적인 미세소관 패턴 (b Cachon과 Balamuth로 부터). 배율: 300x

(radiolarite)이라는 명칭에 의해서 사라지지 않고 유지되었다. 이 규소 합성물은 원생대(Proterozoic Era)에서부터 주로 다포방산충(Polycystinea)에 의해 생성되어 왔고(그림 **205, 206**), 그것은 수정과 같은 속성 변형된 형태로 나타난다.

방사족충류를 네 개의 하위그룹으로 세분화 하였지만 계통발생학적으로 중요성을 가지고 있지는 않다.

방사극충강 Class **Acantharea** Haeckel, 1881

방사극충류(50 μm~1 mm)는 스트론튬 황삼염(천청석, celestite)으로 만들어진 10개 또는 20개의 방사상으로 배열된 뾰족한 골침을 가지고 있다(그림 **204**). 이 광물은 해수에 녹기때문에, 방사극충의 화석은 존재하지 않는다. 중앙의 내형질은 보통 다수의 핵과 대부분의 다른 세포 소기관들을 포함하고 있다. 주로 섬유성 물질로 구성되고 구멍이 있는 세포외 낭(capsule)은 중앙의 내형질과 골침의 뿌리 부분을 감싼다. 유축위족과 다른 세포질 가닥들(strands)이 이 구멍을 통해서 바깥쪽으로 나오며, 이 가닥들은 많은 골소강(lacunae)으로 외형질 층과 연결된다. 이 골소강은 주변세포질 피층으로 덮여있고, 유축위족의 출입을 위한 구멍이 뚫려있다. 수축성 근섬유(myophrisks) 미사근(myonemes)을 통해, 이 세포외 피층은 세포질에 둘러싸인 골침 부분과 연결된다. 육각형 패턴의 미세소관 축은 유축위족의 특징이다. 내형질에는 종종 황록공생조류(zooxanthellal)가 들어 있다.

포자 및 편모성 유주자는 아직 완전히 밝혀지지 않은 생활 주기의 두 단계를 나타낸다. 가장 지지 받는 세분화 체계는 홀로칸티다(Holocanthida, 골침10개), 심피아칸티다(Symphyacanthida), 차우나칸티다(Chaunacanthida), 아트라칸티다(Arthracanthida)(각각 골침 20개)의 네 가지 목(order)으로 나누는 것으로, 이는 주로 골침의 뿌리 연결 부분 패턴의 차이에 의해 나누어진 것이다.

예: *Acanthocolla, Acantholithium, Acanthomera, Amphiacon*

다포방산충강 Class **Polycystinea** Ehrenberg, 1838

이 분류군은 미터 크기의 군체(colony)뿐만 아니라 단독 세포(30 μm–2 mm)까지, 골침이나 일정하게 구멍이 뚫린 구체로 이루어진 정교한 규산질 골격이 특징이다. 골격은 쉽게 화석화되기 쉬우며, 아주 많이 발생할 때, 이는 서로 뭉쳐서 덩어리가 될 수 있다(그림 **205**). 세포내에는 다음과 같은 두 세포질 영역이 존재한다: 하나는 핵이 있고 광학적으로 밀집되어있는 내형질과, 다른 하나는 말단이 갈라지고 종종 공생 와편모조류를 포함하고 있는 외형질이다. 이 영역들은 세포 안의 중앙의 점질 단백질 낭에 의해서 구분된다. 이 낭은 개개의 다각형 판으로 구성되어 있고 이러한 판들은 내형질과 외형질이 서로 소통할 수 있는 세포질 틈들에 의해 둘러싸여 있다. 이 중심낭의 판들은 축삭동원질체(axoplast)를 포함하거

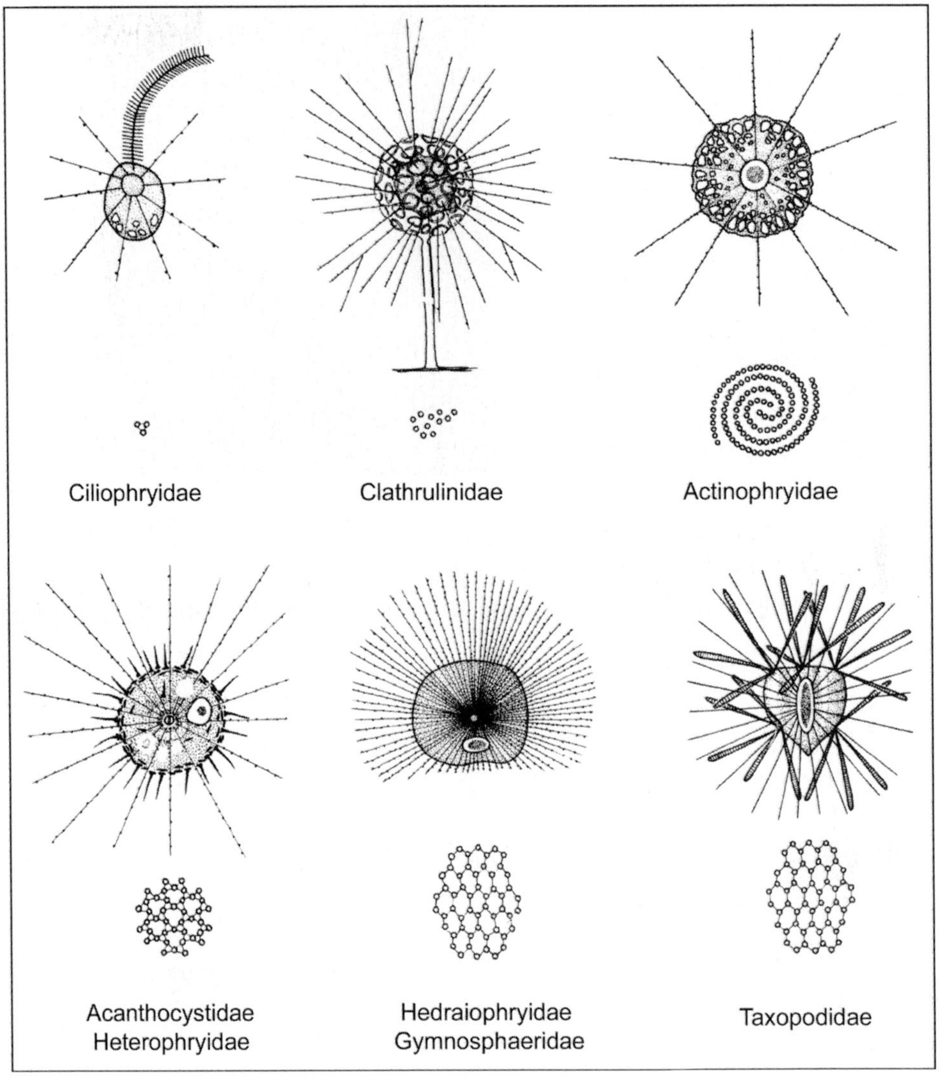

그림 **202** 과(科) 등급의 다양한 태양충 분류군의 미세소관 배열과 패턴 (C. F. Bardele, Tubingen의 허가에 의함)

나 유축위족 미세소관이 내형질로부터 외형질까지 통과할 수 있도록 하는 복잡한 구멍(fusule)을 가지고 있다. 이 미세소관 다발은 십자형으로 연결되어 있고, 날개깃(blade–wheel) 모양의 패턴으로 배열되어 있거나 또는 여섯쪽이나 열두쪽으로 나뉘어진 육각형 그룹들로 구성되어 있다. 이는 종종 내형질의 깊은 부분까지 이르며, 때때로 핵의 구멍(cavity)까지 닿기도 한다. 유축위족과 더불어, 사상위족도 나타난다.

포낭 및 쌍편모 유주자는 다포방산충류의 생활주기 동안에 나타나며, 유성생식 시기는 알려지지 않았다.

대부분의 대표적 다포방산충류는 상당히 정교한 골격을 가지고 있으나, 이 골격은 살아있는 생물에서는 밀집된 원형질에 의해 잘 보이지 않는다(그림 **206 a**).

분류는 축삭동원질체와 중심낭의 초미세 구조에 따라 이루어진다. 더불어, 특히 헤켈(Haeckel) 이후, 이 골격의 구성은 분류에 있어서 중요한 역할을 하였다. 스푸멜라리다목(Spumellarida)은 모든 방향에 균일하게 구멍들이 뚫려 있는 중심낭을 가지고 있으며, 이 분류군에는 점액질 기질에 수백 개의 개체가 결합된 군체들도 속해있다. 나셀라리다목(Nasselarida)의 속들은 한 개의 구멍을 지닌 원뿔 바구니 모양의 골격을 가지고 있다(그

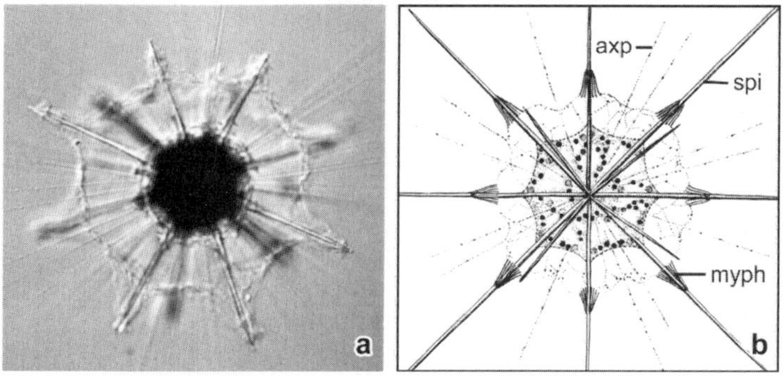

그림 203 다포방산충강: 바바도스 섬의 퇴적물 시료에서의 스퓨멜라리드와 나셀라리다의 골격. 배율: 200x

그림 204 방사극충: **a** 살아있는 세포; **b** 일반적인 구성체제; axp= 유축위족, myph= 근섬유. spi= 골편 (a M. Kage, Weibenstein의 허가에 의함; b Grell 이후). 배율: a와 b 40x

림 **206 b, c**). 스푸멜라리다목과 나셀라리다목의 형태는 그림 **207**에 나타나 있다.

예: *Collozoum, Eucoronis, Nasselaria, Spumellaria, Thallasicolla*

갈색방산충강 Class **Phaeodarea** Haeckel, 1881

갈색방산충류의 대부분 속이 빈 골침과 껍질은 주로 유기성분과 약간의 마그네슘, 칼슘, 구리가 첨가되어 있는 비정형의 이산화규소로 구성되어 있다. 이들 또한 중심낭을 가지고 있다. 중심낭이 없을 경우에는 외부기원 물질로 만들어진 덮개를 가지고 있다. 심해에서 발생하는 이러한 생물에 대해서는 거의 알려져 있지 않다.

중심낭은 세 개의 구멍을 가지고 있다: 하나는 구강 조직의 기능을 하는 별모양구멍(astropyle), 두 개는 유축위족이 통과하는 구멍으로 서로 반대쪽에 위치한 보조구멍(parapyle)이다. 갈색립(phaeodium)이라 불리우는 황갈색 색소 덩어리는 별모양 구멍의 앞쪽에 위치하고 있다(그림 **208**); 이는 규소대사 작용에 관여할 가능성이 있다. 7개의 목(order)은 페오칼피다(Pheocalpida), 페오콘치다(Phaeoconchida), 페오덴드리다(Pheodendrida), 페오그로미아(Phaeogromida),

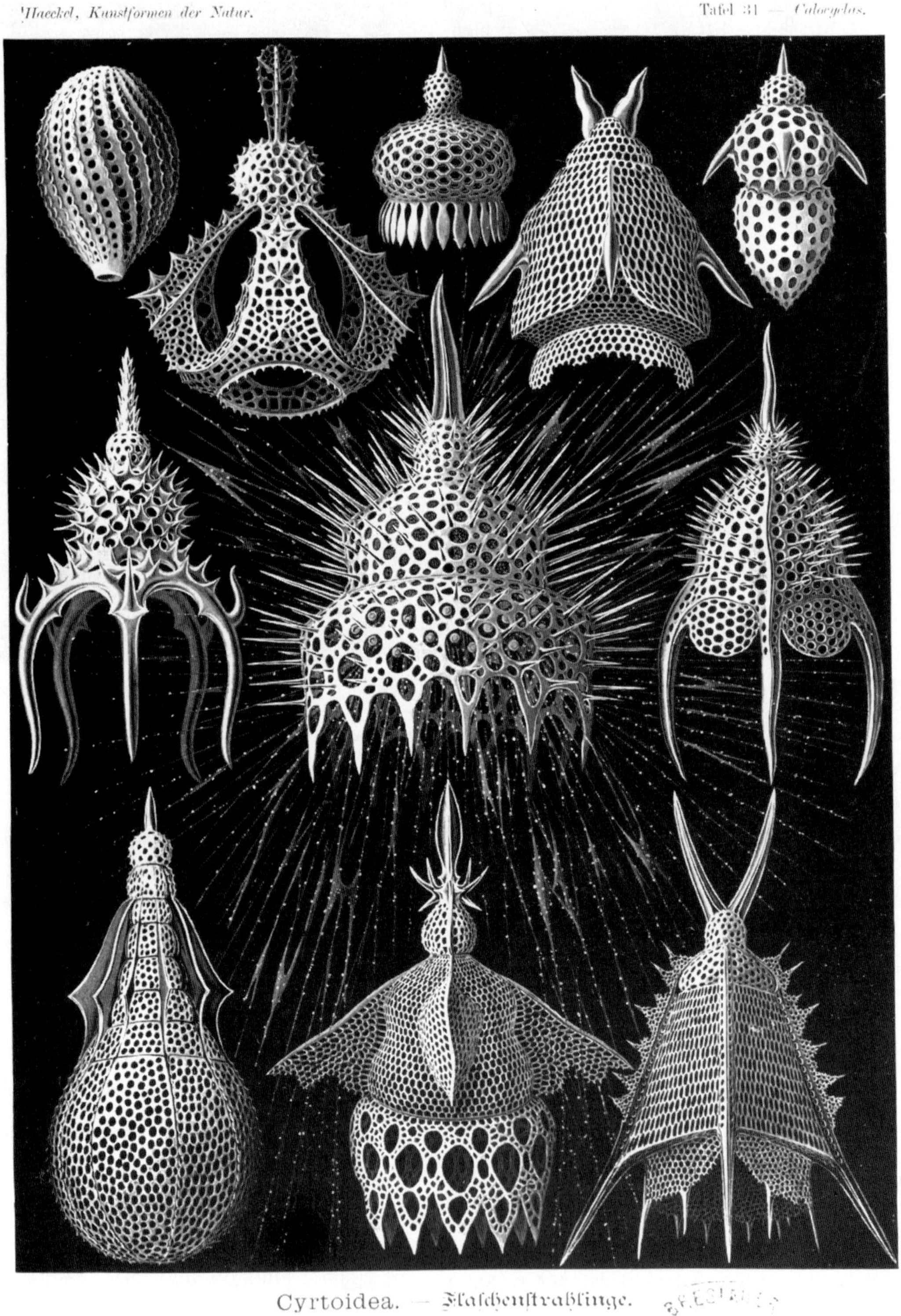

그림 **205** 다포방산충: 나셀라리다의 골격(Haeckel: Kunstformen der Natur. Verlag Bibliogr. Inst., Leipzig and Wien, 1899-1904).

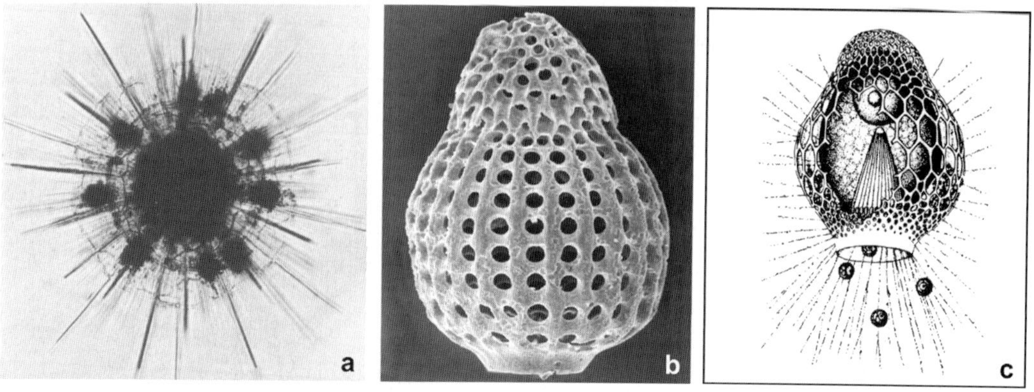

그림 206 다포방산충: **a** 살아있는 스퓨멜라리다; **b** 나셀라리다의 골격; **c** *Cyrtocalpis urceolus* (a M. P. Kage, Weibenstein의 허가 하에 사용 c K.G. Grell: Protozoology. Springer, Heidelberg 1973). 배율: a 200x, b 400x, c 260x

페오짐노셀리다(Phaeogymnocellida)와 페오스페리다(Phaeosphaerida)로 주로 골격 형태의 차이에 따라 분류되었다.

예: *Astracantha, Aulacantha, Coelodendrum, Phaeodina*

태양충강 Class **Heliozoea*** Haeckel, 1866

그 외형으로 인해 흔히 태양미소동물(sun animalcule)로도 불리는 이 다계통 분류군은 방사족충류(actinopods)에 속한다. 특유의 유축위족 미세소관 다발을 만드는 방식(그림 **202** 참조)과 미세소관형성중심(MTOC: microtubule organizing centers)의 개수와 위치로 최소 다섯 개의 하위집단으로 구분될 수 있다.

방사태양충목 Order **Actinophryida** Kühn, 1926

단면을 보았을 때 유축위족 미세소관은 두 개의 혼합된 나선으로 정렬되어있으며(그림 **202** 참조), 생성장소는 언제나 핵막이다(그림 **209**). 방사태양충류는 포낭을 형성 할 수 있으며, 포낭 내에서 모세포는 접합자를 만들기 위해 융합되는 두 개의 배우자로 나뉘어진다. 이런 종류의 자가수정을 자절생식(pedogamy)이라고 한다. 단핵 및 다핵 세포들은 주로 해양 또는 담수 서식지에서 발견되며 육상 종들은 토탄 물이끼(Pear moss, *Sphagnum*)에서 발견된다.

예: *Actinophrys, Actinosphaerium, Camptonema*

유각태양충목 Order Desmothoracida Hertwig & Lesser, 1874

이 고착 태양충류의 몸체는 구멍 뚫린 낭에 의해 감싸여져 있다. 이 낭은 유기 물질 또는 이산화규소로 구성되어 있으며, 대개 자루(stalk)가 있다. 유축위족 미세소관들은 불규칙적인 다발을 형성한다(그림 **202** 참조). 유축위족 외에도, 사상위족도 생성된다. 유성 생식 동안, 단편모 또는 쌍편모 유주자들은 아메바와 같은 방법으로 이동하며, 이 단계의 마지막에 새로운 껍질을 생성한다(그림 **210**). 속이 비거나 거대한 자루생성을 위한 물질의 분비는 특별히 구성된, 큰 위족을 따라 일어나며 이 위족은 수백개의 미세소관을 포함한다.

예: *Clathrulina, Hedriocystis, Orbulinella*

실리오태양충목 Order **Ciliophryida** Febvre-Chevalier, 1985

껍질이 없는 세포체는 사상태양충을 닮았다. 그러나 이 목을 대표하는 종류의 유축위족은 단지 몇 개의 미세소관만을 가지고 있을 뿐이다(그림 **202** 참조). 유주자 단계에서는 하나에서 4개의 편모가 존재한다: 태양유충 단계에서는 편모를 가진다.

예: *Actinomonas, Ciliophrys, Pteridomonas*

탁소태양충목 Order **Taxopodida** Fol,

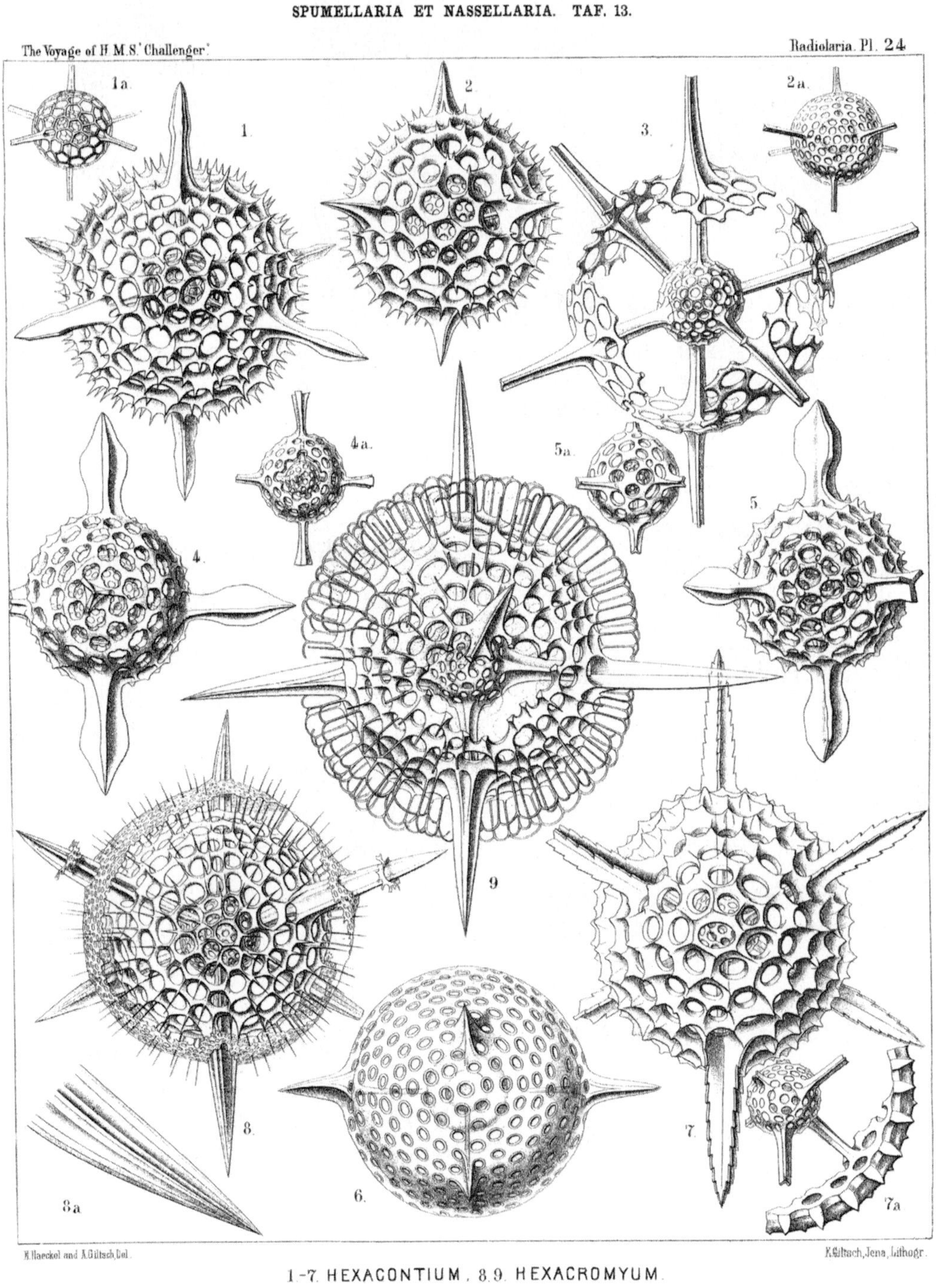

그림 207 다포방산충의 골격(Haeckel: Die Radiolarien (Rhizopoda, Radiolaria), 2. Theil, Berlin, 1887).

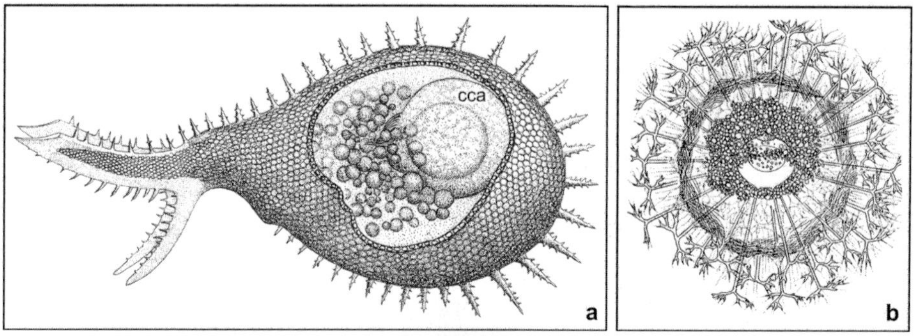

그림 **208** 갈색방산충: **a** 중심낭(cca)과 갈색체(phaeodium)라 불리는 소화된 음식물 덩어리를 지닌 *Challengeron wyvillei*; **b** *Auloceros elegans* (a Grell과 b Haeckel로 부터). 배율: 260x, b 20x.

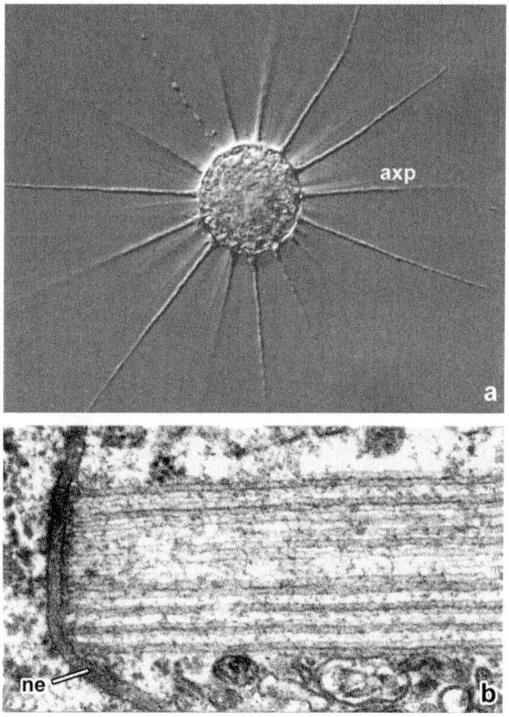

그림 **209** 태양충: **a** 유축위족(axp)이 있는 *Actinophrys sol*; **b** 핵막(ne)에서 시작되는 유축위족. 배율: a 330x, b 58,000x.

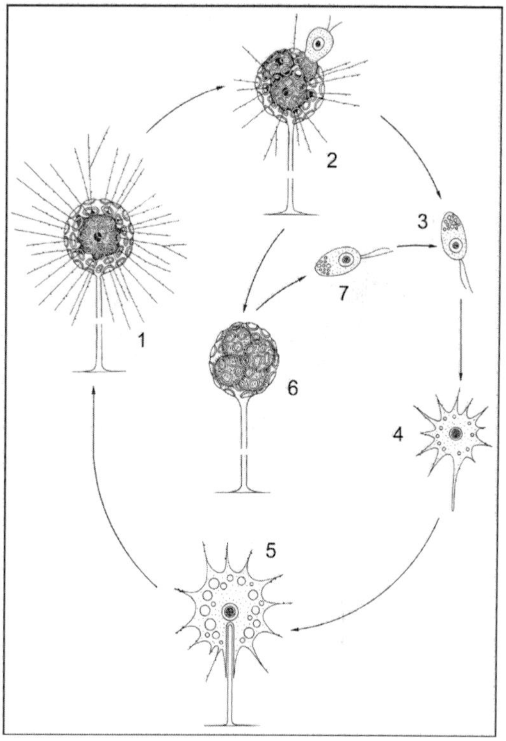

그림 **210** 태양충강, 유각태양충목: *Clathrulina elegans*의 생활주기. 성숙한 고착성 세포(1)는 자체의 낭 안에서 분열되고(2) 두개의 편모를 지닌 유주자를 형성함(3). 유주자는 아메바 단계로 변형됨(4). 이들은 줄기를 생성하는 위족생물과 구별되고(5) 나중에 자체의 낭을 분비한다(1). 좋지 않은 환경조건 하에서 세포는 분열하고 포낭을 형성한다(6). 적합한 환경조건 하에서 이 단계는 아메바 단계(4)로 변형되는 쌍편모 유주자로써 발아하고 생활주기를 완성한다(Bardele 이후).

1883

이 해양 태양충은 좌우 대칭 세포이고 전체 세포 표면에 걸쳐서 장미꼴로 배열된 규산질 스파이크(spikes)를 가지고 있다(그림 **202** 참조). 이 거대한 유축위족의 미세소관은 육각형 패턴으로 배열되어 있다. 위족은 노가 움직이는 것처럼 흔들거린다.

단 한가지 속: *Sticholonche*

중심태양충목 Order **Centrohelida** Hartmann, 1913

정교하고 긴 유축위족의 미세소관들이 하나의 미세소관 형성중심(MOTC), 중심질체(centroplast)(그림 **211**) 또는 축삭동원질체들로부터 발생한다. 일반적으로 핵은 중심에서 벗어나 위치해 있고 이런 배열에서는 형태적 특징이 보이지 않는다. 그러나 많은 경우에, 핵은 깊이 들

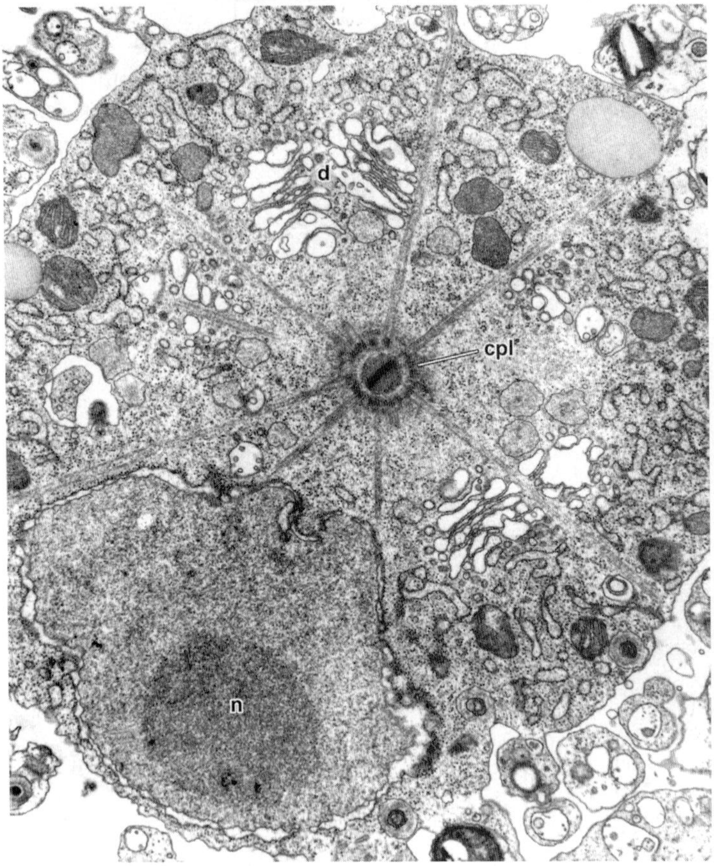

그림 **211** 중심태양충: *Heterophrys marina*, 중심질체(cpl)로부터 발생하는 축사의 미세소관. d= 딕티오솜. n= 핵 (Bardele: Cell Tiss. Res. 161 [1975] 85). 배율: 40,000x.

어가 있고 축삭동원질체를 감싸기도 한다. 동원포낭(kinetocysts)과 점액질체(mucocysts)는 방출체로써 존재하며, 먹이를 붙잡기 위해 이용된다. 유축위족 미소관은 주로 육각형 또는 삼각형 패턴을 형성한다(그림 202 참조). 세포 표면에 규산질의 스파이크(spikes)나 비늘이 흔히 나타난다.

예: *Acanthocystis, Gymnosphaera, Hedraiophrys, Heterophrys*

6.14 부점균문 Phylum **Paramyxea** Levine, 1979

이 분류군을 구성하는 4개의 속을 대표하는 개체들의 포자는 항상 다세포성이다. 이들은 아메바성 줄기세포(stem cell) 내에서 내재성 발아에 의해 발생한다. 그 결과로 개개 세포의 여러 세대가 한 둥지에 있게 된다(그림 212). 이 둥지를 트는 원리는 핵분열(karyokinesis) 이후 작은 딸핵을 포함한 세포질의 일부가 그 자신을 소포체의 시스터나(cisternae)로 감싸서 줄기세포의 세포질로부터 분리되는 현상에 근거하고 있다. 이 과정은 세포 안과 혈관 안에 딸세포가 생성되는 것으로 끝나며, 이를 내인성 분할(endogenous cleavage)이라고 한다. 이 방법으로, 딸 세포 또는 이차세포는 동일한 재복제 주기를 두 번 더 반복할 수 있으며, 따라서 각각의 액포 안에 최대 네 개의 이차 세포가 나타난다. 내부 분할 후 계속되는 분열과정과 그리고 줄기세포의 지속적인 성장으로, 삼차 세포가 이차 세포 내부에서 발달한다. 따라서 이차 세포는 배우자모체(sporont)로 생각될 수 있다. 이들은

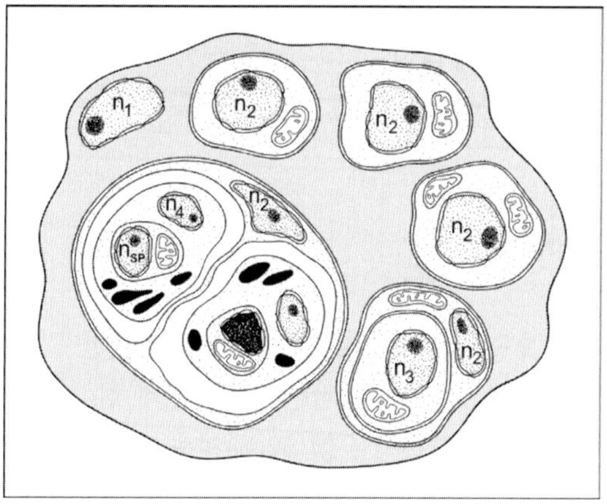

그림 212 부점균문(Paramyxea): *Paramarteilia orchestiae* 생활주기의 여러 단계. n_1= 줄기세포의 핵, n_2와 n_3= 2차 및 3차세포의 핵, n_4= 1차 포자세포의 핵, nsp= 포자원형질의 핵 (Desportes로 부터)

두 개의 동일한 일차 (외부) 포자 세포로 나누어진다. 이 외부 포자세포로부터, 다시 내부 분열에 의해, 최종적 생식 단위인 포자원형질(sporoplasm)이라 불리우는 내부 포자세포가 발생된다. *Paramarteilia* 속을 위해 그려진 이 배열은 가장 간단한 상황을 설명하고 있다. 다른 속에서는 보다 복잡한 원리에 의해 둥지를 만들며, 종종 감수분열이 일어나기도 한다. 포자낭들(sporangia)은 소화관의 내강으로 방출되고 배설물로 있는 환경에 배출 된다. 이들의 완전한 생활 주기는 알려지지 않았다. 실험적 관찰에 의하면, 중간 숙주 또는 대체 숙주, 또는 자유 생활 단계는 필수적인 것으로 보인다. 숙주 종 간의 직접적 수평 전달에 대한 증거는 없다. 뚜렷한 세포학적 특징으로는 9개의 단일 미세소관 (9×1+0)을 가진 중심립의 출현을 들 수 있다. 이 특징만을 근거로, 이 그룹은 틀림없이 편모가 있는 조상을 가졌을 것으로 추측된다. 다른 특별한 세포 소기관들은 단포자충류(Haplospora)의 반수포자원형질(haplosporosome)과 유사하다. 또한 미토콘드리아와 자유 리보솜도 존재한다.

현재까지 부점균류(Paramyxea)는 해양 다모류, 갑각류, 상업적으로 중요한 연체동물의 세포 내부 또는 조직에서 기생하는 기생충으로 알려졌다. 대부분의 종은 그들의 숙주인 무척추동물의 소화 기관, 특히 간췌장을 마비시킨다. 지난 30여년 간, *Marteilia* 종은 유럽과 호주에서 양식 연체동물의 다수를 파괴시키는 주요 병의 원인 종이었다. 예를 들어, 프랑스의 대서양 연안에서는, *Ostrea edulis*라는 굴의 개체군이 종종 심각한 피해를 입었다.

부점균류의 계통분류학적 위치는 주요 토론의 대상이었다. 부점균류 종은 균류 내에 항아리균하문(Chytridiomycota), 미포자충강(Microsporea), 하위 균류, 그물균류(*Labryrinthomyxa*), 점액포자충상강(단포자충아강과 함께) 이전 분류군인 낭포자충문(Ascetospora)에 배속되어 왔다. 최근 *Marteilia refringens*의 SSU rDNA 유전자 염기 서열의 계통 분류학적 분석은 이것이 다른 어떤 단일 진핵 생물문과도 관계가 없음을 보여주었다. 따라서 부점균류는 그 자체가 하나의 문으로써 존재해야 한다. 여기에 속하는 속들은 배우자 모체(sporont) 내의 포자세포와 포자의 수 및 숙주의 분류학적 위치에 따라서 구분이 가능하다.

예: *Marteilia, Marteilioides, Paramarteilia, Paramyxa*

제3부 원생생물의 일반생리학 특론

제7장 원생생물의 비교형태와 생리

본 장은 주로 원생생물에 관한 구조적, 기능적, 생리학적 현상을 다룬다. 이 현상들은 비록 원생생물에만 국한되어 있지 않지만 주로 원생생물체내에서 특별한 중요성을 가지고 있다.

7.1 세포 피층, 골격요소

원생생물 세포체의 일반적 모양은 무기물이나 유기물 성분으로 된 세포내외 골격에 의해 결정된다. 유기물 골격 요소(Skeletal elements)로는 세포막, 액포, 미세섬유 또는 미세소관 다발을 들 수 있다 (그림 213). 아직 명확하게 밝혀지지 않은 기타의 미세섬유도 세포골격의 한 부분으로 관찰되고 있다.

피질

대부분 섬모충류의 세포 피질은 세밀하고 복잡한 구조로 설명되고 있다. 이 같은 복잡한 구조는 광학 현미경으로 확인할 수 있으며, 특히 은염색법에 의해 명확하게 관찰할 수 있다 (그림 214). 은염색법은 정밀한 계통 분류를 위해 필수적인 세포염색기술로 알려져 있다. 막, 미세섬유, 미세소관도 중요한 골격요소로서의 역할을 하고 있다. 그러나 섬모충류 피질(Cortex)의 세밀한 부분은 오직 전자현미경을 통해 관찰할 수 있다 (그림 215).

섬모충류와 더불어, 유글레나류 (그림 262), 와편모류 (그림 80), 은편모류(그림 216)와 같은 일부 편모류도

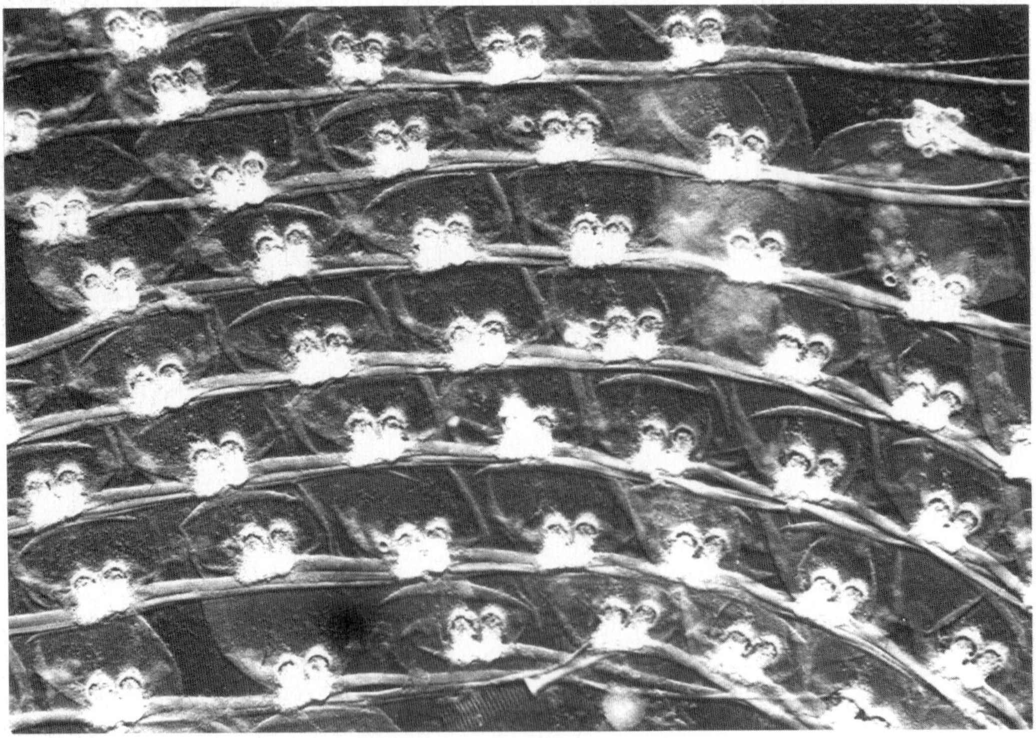

그림 213 짚신벌레의 특영법 (shadow-cast) 처리된 피막 분절의 내부 모습. 배율: 12,000 x.

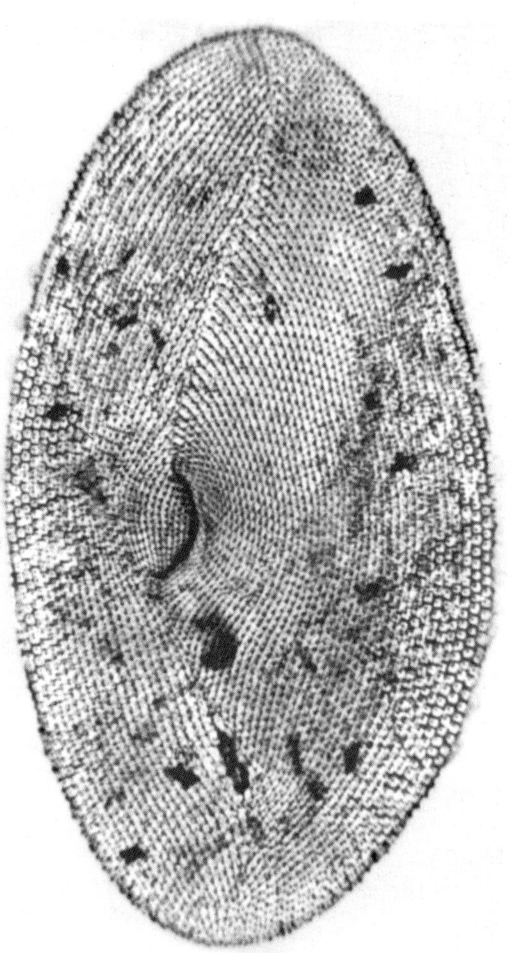

그림 214 짚신벌레의 은선계 모습 (Silverline system). 배율: 600 x [W. Foissner, Salzburg].

피질 형태의 뚜렷한 골격요소를 가지고 있다.

세포내외 골격

피질과 더불어 세포내외 골격(intra- and extracellular skeletons)도 세포의 골격을 이루는 요소로 알려져 있다. 이들 골격은 무기물이나 유기물로 구성되어 있으며, 경우에 따라 무기물과 유기물이 혼합되어 있기도 한다. 골격요소가 계통분류학적 중요함은 분류학에 관한 앞선 장에서 언급되어 있다. 방사극침류(acanthareans)와 다포방산충류(polycystineans)의 무기물 세포내 골격은 매우 복잡한 기하학적 특징을 보인다.

지지기능은 특정 원생생물의 유기골격에서 볼 수 있다. 예를 들면, 규칙적인 배열을 한 미세소관에 의해 견고하게 만들어진 태양충의 유축위족(axopodia)은 갑작스런 한냉자극에 의해 수축된다. 이 같은 현상은 튜불린 소단위(tubulin subunits)로 미세소관의 탈중합(depolymerization)에 의한다. 다시 실온으로 회복하면 미세소관이 중합되고 유축위족이 형성된다. 실온에서도 중합을 억제하는 약품(colchicine)이나 촉진하는 약품(taxol)을 처리하면 광학현미경으로 골격형성의 교란 모습을 볼 수 있다 (그림 217).

인편(비늘)과 피각

인편과 피각(Scale and lorica)은 외형을 이루는 동시에 보호 구조의 역할을 한다. 인편은 주로 편모조류에 있으나 (그림 168), 일부 육질충류에서도 관찰할 수 있다 (그림 9, 176). 인편은 딕티오솜(dictyosomes)에서 유래되며 (그림 218) 세포외배출작용에 의해 세포표면으로 방출된다. 인편은 종종 키틴과 셀룰로오즈와 같은 다당류로 조성되어 있으며 칼슘에 쌓여 외피화 된다. 세포의 특별한 운동에 의해 인편이 세포표면에 규칙적 배열을 하는 경우도 있다. 예를 들어 착편모류 (haptomonad) *Pleurochrysis*는 이 과정을 위해 세포 축을 중심으로 회전운동을 한다.

편모류, 아메바류, 섬모충류의 피각은 일반적으로 유기물 기질을 가지고 있으며 이는 세포질에서 형성된 유기물이 먼저 쌓이고 세포 주변 환경으로부터 취한 무기물질이 여기에 더해져 형성된다. 피각은 종 특이적 형태를 지닌다. 이분법 과정 중에 일어나는 피각의 형성 기작은 아직 알려져 있지 않다 (그림 219). 19세기말 Ludwig Rhumbler에 의한 실험으로 아메바 피각의 유사성은 밝혀냈지만 이에 관한 기작 설명은 자연계에서 발생하는 형질유전의 현상을 반영하지 못했다.

피각 형성의 다른 단계는 해산 섬모충류 *Eufolliculina uhligi*에서 확인되었다 (그림 220). 이 섬모충류는 주로 키틴질로 구성된 유기물 피각 속에서 부착생활을 한다. 이 밖에 색소뿐 아니라 단백질 성분 그리고 금속을 포함하는 무기물 원소까지 피각에 포함되어 있다.

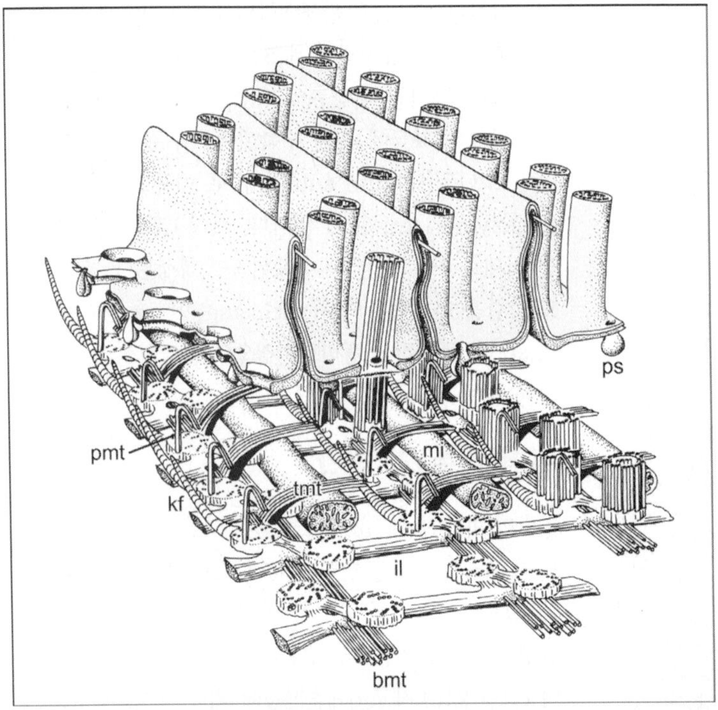

그림 **215** 채찍섬모충류 *Conchophthirus curtus*의 감촉 부위 피질의 삼차원 구조. bmt = 기부 미세소관, il = 섬모하부섬유망, kf = 운동근 섬유, mi = 미토콘드리아, pmt = 후향섬모 미세소관, ps = 부체 낭, tmt = 가로 미세소관 [after Antipa].

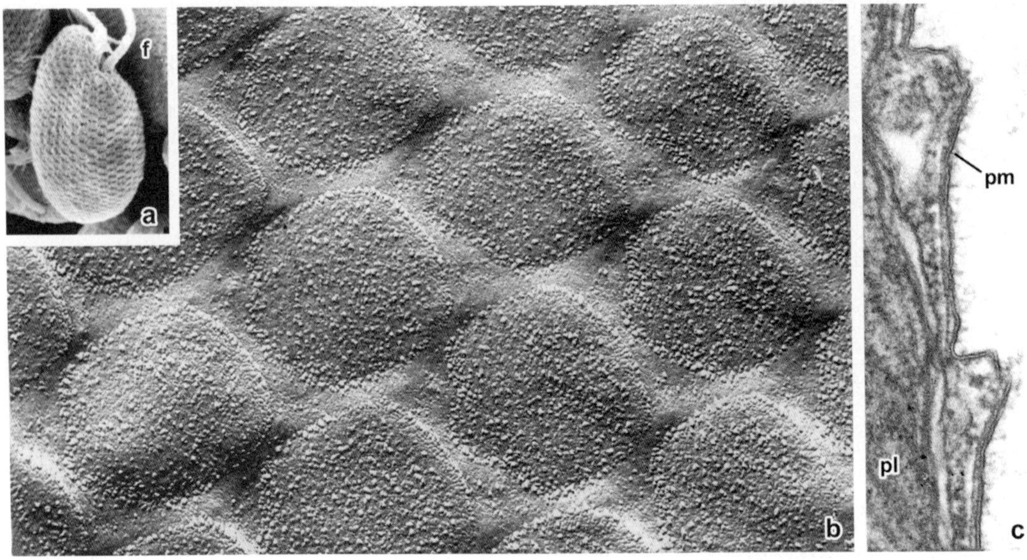

그림 **216** 은편모류 *Rhodomonas*의 피질 구조 (periplast). 등면 모습 (**a**), 동결열개 (freeze fracture) (**b**), 초미세박편 (**c**). f = flagellum (편모), pl = 색소체, pm = 원형질막. 배율: a 2,800 x, b 48,000 x, c 80,000 x. (Hausman & Walz: Protoplasma 101 [1979] 349)

포낭

많은 원생생물들이 포낭(Cyst)을 형성한다 (그림 **221**). 소화 그리고 생식 포낭과 같은 포낭의 형성은 생활사 중에 필수적인 과정이다. 포낭은 *Actinophrys*에서와 같이 유성생식의 결과물이다. 결과적으로 포낭은 악조건 환경 속에서 형성된다. 바람, 물보라 그리고 새와 같은 이동 가능한 생물은 영구적 휴면 포낭을 용이하게 분산시킬 수 있다. 포낭화 된 개체는 15년 이상 살아남기 때문

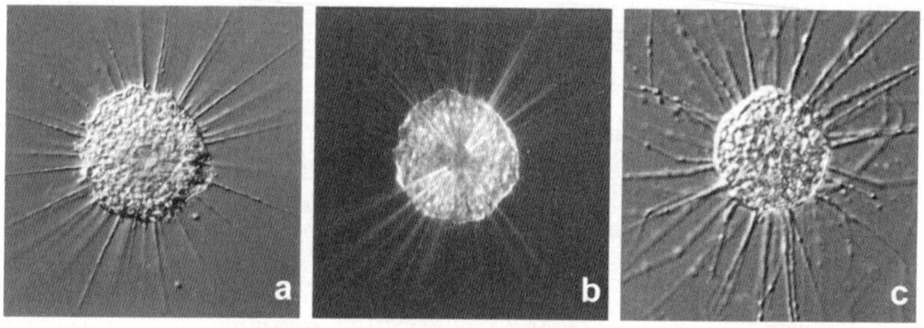

그림 217 *Actinophrys sol*의 유축위족 (**a**), 미세소관 다발에 의한 복굴절 모습 (**b**), taxol과 같은 미세소관 안정화 약품 처리 후 위족의 수가 증가함 (**c**). 배율: 300 x.

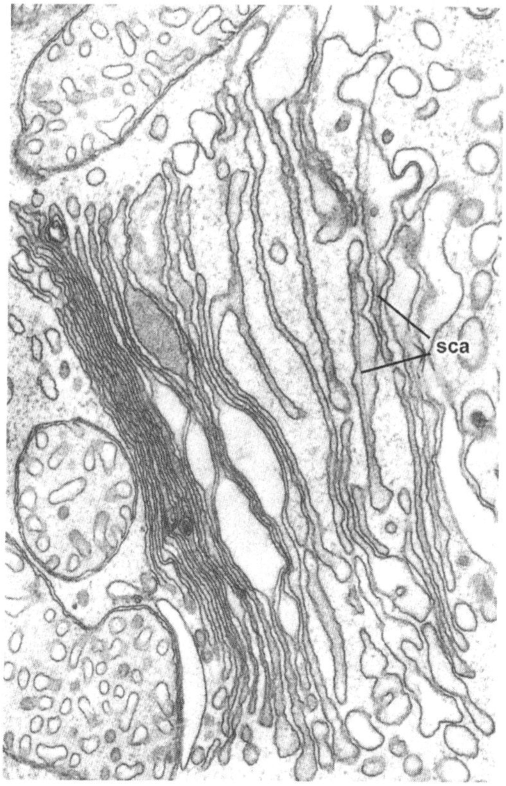

그림 218 후각편모류 *Pleurochrysis* 딕티오솜 시스터나 사이의 인편 (sca) (W. Herth, Heidelberg). 배율: 27,000 x.

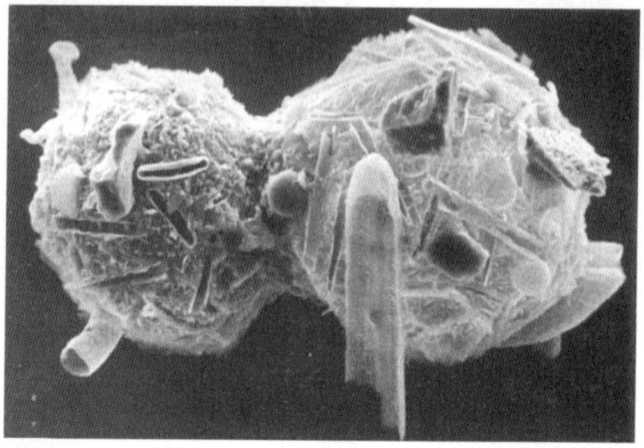

그림 219 유각 아메바 *Difflugia*의 이분법. 분열 중 새로운 각 (왼쪽)은 부정형 기질 속으로 퇴적물 입자의 분비에 의해 형성됨. 배율: 270 x.

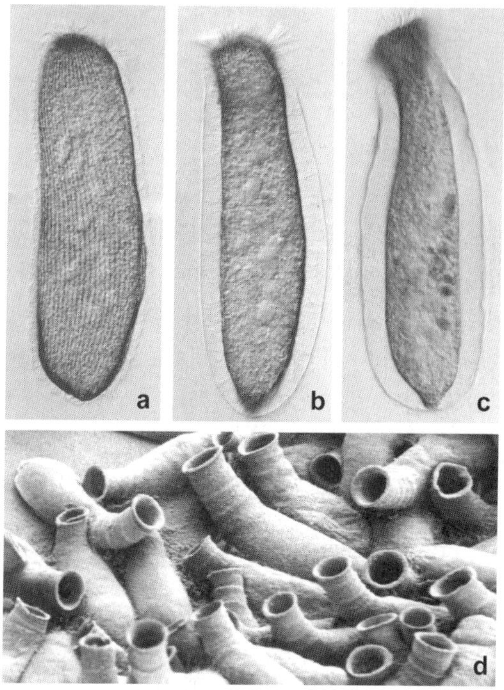

그림 220 *Eufolliculina*의 유주자 세포 (**a**), 새로운 피각을 위한 물질 분비 (**b, c**), 피각은 병낭 모양이며 굽은 경부를 지님 (Mulisch & Hausman: J. Protozool. 30 [1983] 97). 배율: a-c 140 x, d 80 x.

에 포낭은 이들 개체를 생존을 지속하게 하는 확산의 중요한 수단이다. 토양 원생생물과 일부 균류와 같은 생물체는 수분이 급격히 변하는 서식환경에 생존한다. 포낭을 만드는 이 들 생물은 일반적으로 빠르게 포낭을 형성하고 포낭에서 발아하기도 한다. 포낭의 외벽은 물질이 침투되지 않고 건조를 견디어 낸다. 기생성 원생생물의 포낭도 이와 유사한 적응력을 보인다. 반대로, 다른 원생

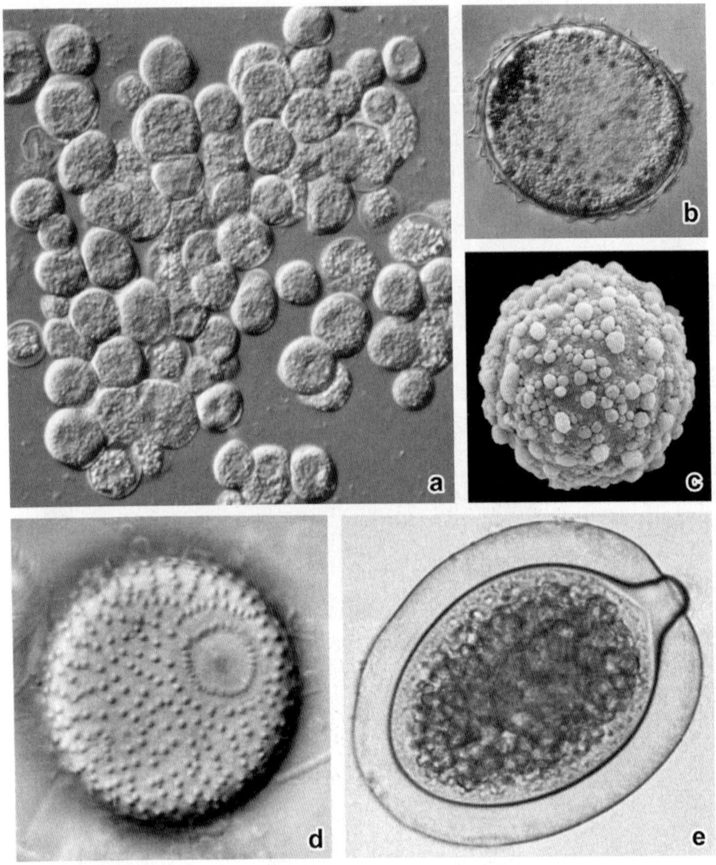

그림 221 *Acanthamoeba* (**a**), *Climacostomum* (**b**), *Actinosphaerium* (**c**), 부착성 둘레섬모충류 (peritrich ciliate) (**d**), *Frontonia* (**e**)의 포낭 형성 (a & c, D. J. Patterson, Sydney; b, Fischer-Defoy, Wiesbaden; d, Hausman & Foissner: Mikrokosmos 75 [1986] 193). 배율: a 500 x, b 250 x, c 700 x, d 600 x, e 400 x.

생물은 건조로부터 보호하기 위해 습한 환경이 필요하며 덜 안전한 구조의 포낭을 가지고 있다. 유글레나류와 다른 광합성 편모조류의 팔멜라 (palmella) 단계도 포낭으로 간주하고 있다. 이 경우, 세포벽이 그들의 편모를 흡수하고 두꺼운 점액층이 외부를 덮는다.

포낭벽의 화학적 조성은 대부분 키틴질이다. 드물게 셀룰로오즈가 주성분인 경우가 있으며 규산질의 판을 형성하기도 한다. 어떻게 포낭벽이 형성되는지 잘 알려져 있지 않으며 포낭화를 유도하는 기작도 잘 알려져 있지 않다. 일부 환경조건이 포낭을 유도함이 확인 되었으며 이 중에는 온도, pH, 증발, 산소, 신진대사 최종산물의 축적, 고밀도 분포, 먹이 과잉 또는 결핍과 같은 요인이 포함되어 있다. 포낭의 내부적 조절에 대한 이들 외부 요인의 영향은 아직 알려져 있지 않다.

탈포낭화(excystment) 역시 배지 교체, 고장액 혹은 저장액 배지, 특정한 유기물질 투입, 박테리아 투입과 같은 다양한 환경변화에 의해 유도된다. 탈포낭은 외부 요인에 의해 유도되기 때문에 포낭벽을 통한 환경정보의 전달이 있다는 것은 분명하다.

탈포낭의 과정 동안, 포낭벽은 분비된 효소에 의해 분해된다. 포낭벽에 이미 형성된 뚜껑(operculum) 있어 이를 통해 포낭 내부의 개체가 밖으로 빠져나오는 경우도 있다.

짚신벌레에서 포낭화와 탈포낭 과정은 오래된 일부 문헌에 나타나 있다. 건초 추출물에서 짚신벌레를 얻을 수 있음이 이와 같은 과정에 의한다고 보고되었다. 그러나 최근에 많은 실험들은 짚신벌레에서 이 과정을 확인하지 못하였으며 *Amoeba proteus*의 경우 사실임이 확인되었다.

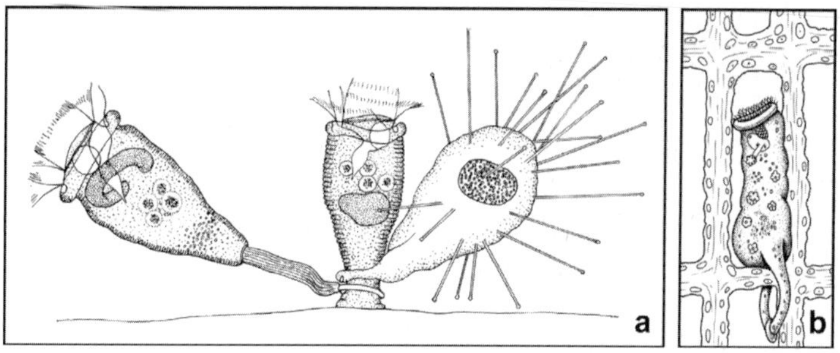

그림 222 부착장치: **a**, 둘레섬모충류 *Epistylis lwoffi* (좌측)와 둘레섬모충류 *Apiosoma amoeba*를 감싸고 있는 흡반충 *Erastophrya chattoni* (우측); **b**, 이매패류 *Donax vittatus*의 아가미판을 잡고 있는 둘레섬모충류 *Ellobiophrya donacis* (a, Matthes; b, Chatton & Lwoff). 배율: a 550 x, b 450 x.

7.2 부착장치

피각에 의해 기질에 부착할 수 있는 원생생물 이외에도 많은 단세포생물은 부착장치(Holdfast organelles)에 의해 영구적 또는 일시적으로 부착할 수 있다. 다양한 부착방법이 자유유영생활에서 발견된다. 나팔벌레 (*Stentor*)는 점액물질을 분비하여 자신의 몸을 부착한다. 일부 다른 섬모충 (*Vorticella*, *Carchesium*, *Tokophrya*)은 세포내외 자루(stalk) (그림 **141**, **142**, **144**) 팔과 같은 세포의 부속지 (그림 **222**) 또는 흡반과 같은 구조물 (*Trichodina*) (그림 **223**)을 이용하여 부착하기도 한다. 중복편모충류(Diplomonads)와 같은 내생생물(endobionts)의 일부 종류는 특수한 흡반이 발달되었으며 (그림 **39**), 혹은 족포자충류의 선절(epimerite), 일부 첨예편모충류(oxymonads)의 작은 부리 (rostellum)로도 부착한다.

자루

자루(Stalks)는 일반적으로 다형 단세포생물의 유주기에 형성된다. 일부 종은 생활사의 거의 모든 단계에서 형성하기도 한다. 자루 형성 기작은 개체마다 다르다. *Poterioochromonas*와 같은 일부 황갈색편모조류는 세포질 꼬리를 형성한다. 이 꼬리의 막은 키틴 섬유질로부터 기인한다. 결과적으로 자루는 꼭대기가 넓은 형태가 된다. 피각의 형성후 편모류는 세포질 꼬리를 흡수하고 와인잔 모양의 피각 속에 특수한 부착장치 없이 생존한다 (그림 **224**). 악조건의 환경 하에서 피각을 버린다. 이 편모류의 자루 형성 동태는 쉽게 관찰된다 (그림 **225**).

부착성 유각태양충류의 자유유영 유주자는 수백 개의 미세소관으로 구성된 하나의 큰 위족을 형성한다. 미세소관은 유기 섬유초의 분비를 위한 형판으로 작용하고 결과적으로 속이 빈 자루를 만든다. 개체는 자루의 꼭대기에 세포 바깥의 규산성 격자무늬 공(lattice ball) 내부에 서식한다 (그림 **210**).

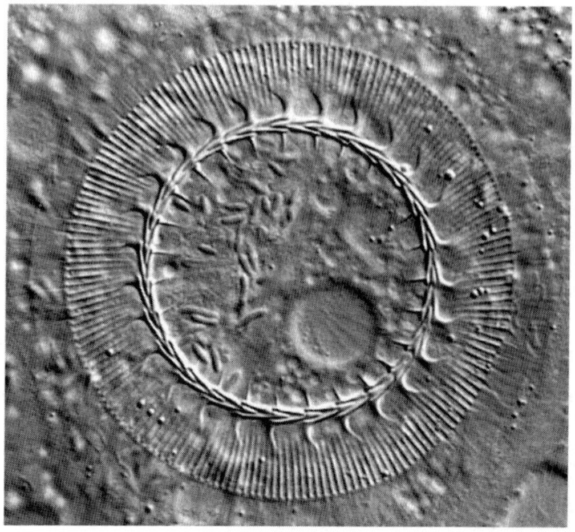

그림 223 *Trichodina*의 부착원판 (Hausmann & Hausmann: J. Ultrastruct. Res. 74 [1981] 144). 배율: 850 x.

섬모충류 가운데, 둘레섬모충류(peritrichs)와 흡관충류 (suctorians)는 특별히 부착생활 스타일과 자루형성에 주목을 받는다. 둘레섬모충류의 경우 자루는 최소한 부분적으로는 세포내에 있으나 흡관충류는 세포외에 있다. 둘레섬모충류의 자루는 매우 신축성이 뛰어나다.

둘레섬모충류는 스코풀라(scopula)라 불리는 기관을 통해 자루물질을 분비한다. 이 컵 모양의 부위는 짧은 부동의 섬모로 덮여 있다. 부체낭 (parasomal sacs)은 대부분 이 부위에 존재한다. 어떤 개체의 경우, 스코풀라는 직접적으로 부착기구로 기능을 갖기도 한다. 자루가 분비될 때 부체낭은 자루물질 분비의 중요한 역할을 한다. 둘레섬모충류 자루의 신장을 위해 미세소관이 모였

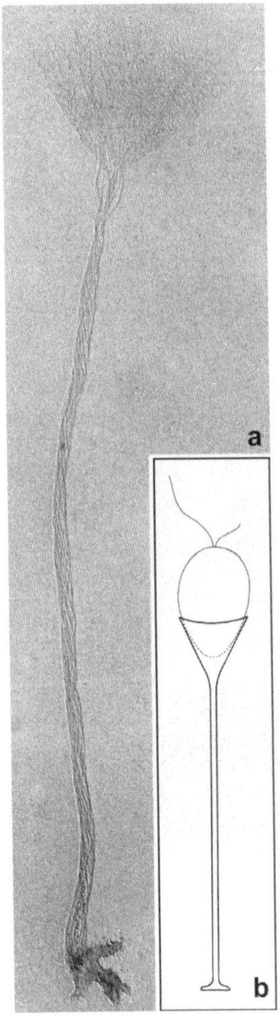

그림 **224** *Poterioochromonas malhamensis* (Crysomonadea)의 증영법으로 본 피각(**a**)과 모식 구조 (**b**) (Schnepf et al.: Planta 125 [1975] 45). 배율: a 4,000 x.

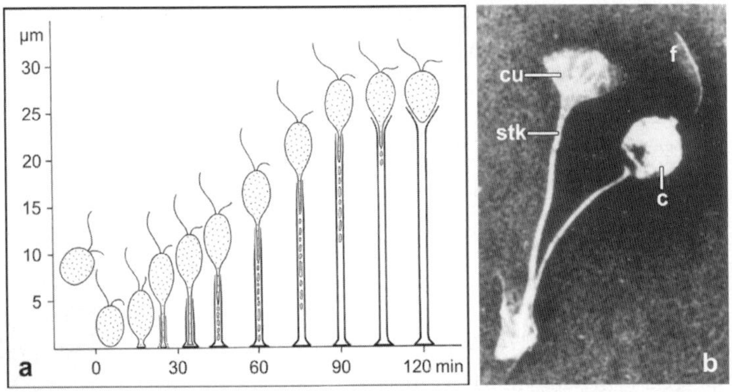

그림 **225** **a** *Poterioochromonas* 의 컵과 자루 발달; **b**, 인디안 잉크로 처리한 매질 염색 (negative staining). c=세포, cu=컵, f=편모, stk=자루 (a, Schnepf; b, G. Röderer, Stuttgart). 배율: b, 1,300 x.

다 흩어졌다 하며 미세소관은 스코풀라 부위 속으로 분비포를 전달하는 역할을 한다.

흡관충류의 자루분비 부위는 둘레섬모충류의 스코풀라와 유사하다. 그러나 다른 면은 세포외성 자루는 둘레섬모충류 자루와 동일하지 않은 것 같다. 따라서 이 부위는 혼돈을 피하기 위해 스코풀로이드(scopuloid)로 부르고 있다.

섬모충류에서 자루 형성의 특별한 경우는 콜포다섬모충류 *Sorogena* 속에서 볼 수 있다 (그림 **226**). 먹이가 적을 때, 세포는 작고 가늘어진다. 이른 아침의 적절한 광조건 하에서 세포들이 모인다. 모인 세포들은 먼저 납작한 층을 형성하고 세포들을 서로 가깝게 밀착하여 덩어리 판을 이룬다. 이 덩어리 판은 세포가 모이기 시작하여 약 3시간 만에 만들어 진다. 30분에서 1시간 더 경과하면, 이 판은 부풀어 자루를 형성하고 물위로 올라온다. 자루의 꼭대기에 포낭화 된 섬모충을 포함하는 공 모양의 구조가 만들어 진다. 이 전체 구조를 누적자실체(sorocarp)라 하며 하등 균류의 실체 (fruiting bodies)와 흡사하다. 포낭이 물속으로 방출되면 섬모충은 탈포낭화되고 생활사는 다시 시작하게 된다.

부착 기관

유영성 둘레섬모충류와 일부 내생성 원생생물의 부착기구는 흡반과 같은 형태이다. 이 경우 부착은 일시성이며 개체는 빠르게 기질에 접촉하거나 혹은 떨어지거나 할 수 있다.

미세소관은 중복편모충류 흡반의 구조적 주요 모습이다. Urceolariids (*Trichodina*와 같은 이동성 둘레섬모충류)의 복잡한 부착환은 단백질 덩어리 요소로 구성되어 있다. 이들 수백 개의 요소가 배열되어 원형의 방사대칭의 부착환을 만든다 (그림 **223**). 부착환의 일반적 구조뿐 아니라 기본 요소의 수와 모양은 urceolariids의 중요한 분류형질이다.

기생성 점액포자충류는 부착기구로 돌출된 극사가 발달되어 있다 (그림 **196**, **197**). 이것은 숙주의 조직에 포자를 안착시키는 역할을 한다. 물고기는 물속의 포자충류인 triactinomyxon 포자와 접촉을 통해서 혹은 감염된 환형동물의 섭식에 의해 감염된다.

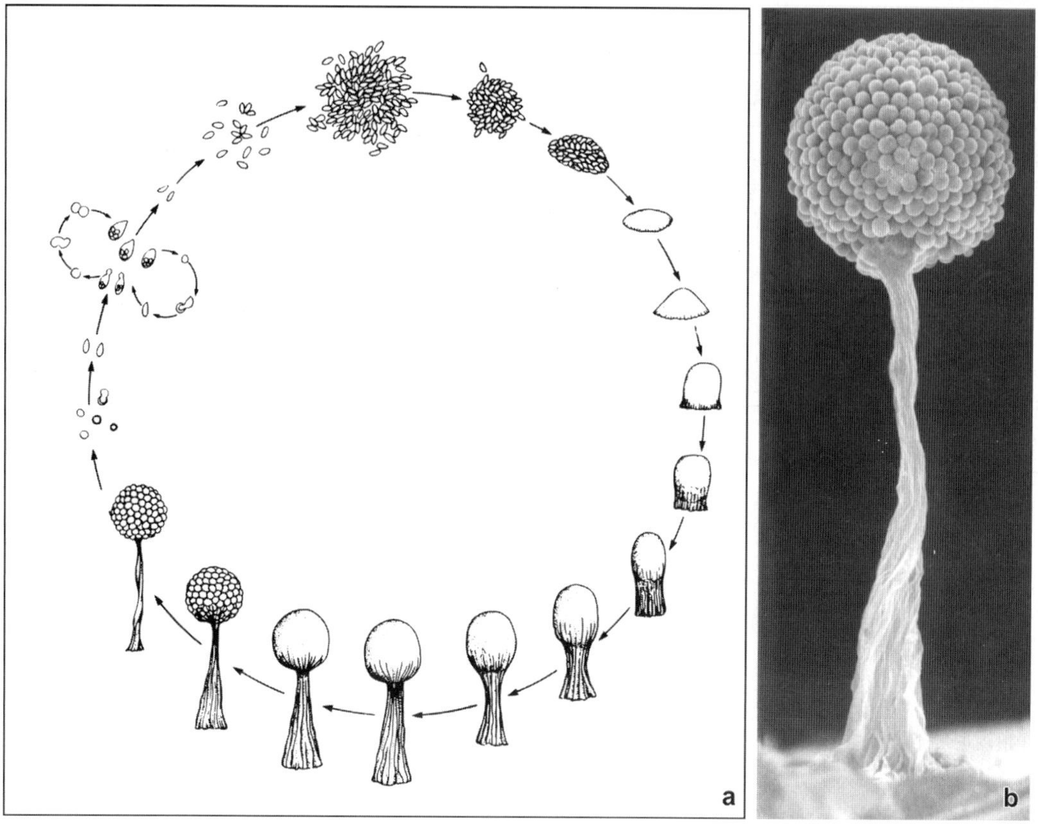

그림 226 **a**, 섬모충류 *Sorogena*의 생활사; **b**, *Sorogena*의 자실체(sorocarp)(Blanton & Olive; b, Olive & Blanton: J. Protozool. 27 [1980] 293). 배율: b 120 x.

Triactinomyxon 포자는 그들의 극사를 내밀어 상피세포(상피조직, 구강도관, 아가미 상피)에 안착하고 포자원형질을 내어 숙주 조직을 뚫는다 (그림 **198–200**).

7.3 방출체

초기 현미경 관찰자들은 일부 원생생물들이 형태의 변화 없이 그들의 몸에 내재된 구조를 방출하는 신기한 모습을 관찰했다. 이 같은 모습은 항상 나타나는 생물학적 행위는 아니었다. 이 같이 방출되는 모든 구조를 방출체(extrusosmes)라 현재 부르고 있다.

방출체는 유기물질을 내포하고 있는 소포를 가지고 있으며, 이 소포는 세포외배출작용을 통해 세포의 외부로 내부물질을 방출하면서 소포의 모양이 변한다. 방출체는 대부분 세포의 피질에 위치한다. 가장 잘 알려진 방출체는 짚신벌레의 방추상 섬모포 (spindle trichocysts)이다(그림 **17, 227**).

다른 형태의 방출체는 다른 모양를 나타내고 다른 기능을 가지리라 보인다. 그러나 이들 모두는 기계적, 화학적, 전기적 자극에 의해 대개 순식간에 방출되는 동일성을 보인다. 세포외 배출작용의 과정 동안 방출된 물체의 크기와 구조는 분명하고 특징적인 방법으로 변화한다.

15가지 형태의 방출체가 현재 알려져 있다. 편모류, 아메바류, 섬모류 등에서 발견되며 방출체의 분포 빈도는 이들 분류군에 따라 다양하다. 한 종에서 방출체는 항상 같은 종류이다. 표 **16**에 방출체의 종류를 비교하였으며 구조적 차이와 방출의 형태를 근거로 각 종류를 구분한다.

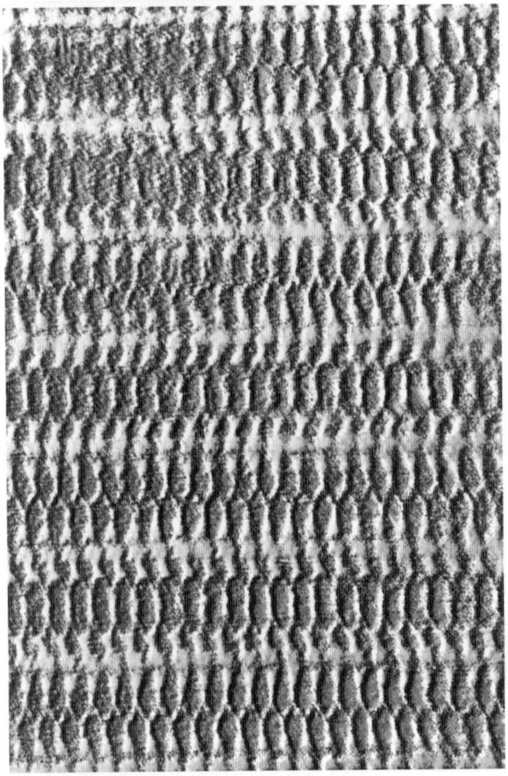

그림 **227** 짚신벌레 섬모포의 단백질 사상체의 거대분자 연결망 (Hausmann: Ann. Stat. Biol. Besse-en-Chandesse 7 [1973] 331). 배율: 260,000 x.

방추상 섬모포

방추상 섬모포(Spindle trichocysts)는 가장 잘 알려진 방출체이다. 광학현미경으로 쉽게 다수가 확인됨으로 짚신벌레의 방추상 섬모포는 종종 원생생물의 특별한 기관으로 소개되고 있다.

방추상 섬모포는 세포질에서 유래하며 휴지기에는 피질 내의 일정한 위치에 안착되어 있다(그림 **228**). 방출체의 말단은 원형질막 아래 조밀하게 분포하는 피막포(alveoli) 사이에 위치하고 있다. 이렇게 하여 섬모포 막은 세포외 배출작용이 용이하도록 원형질막과 쉽게 융합된다. 짚신벌레의 경우, 숙성한 섬모포의 내부는 7nm의 횡선주기를 가지고 있다. 섬모포막은 방출동안 원형질막과 융합되고 방출물질는 몇 천분의 일초의 속도로 세포 밖으로 전달된다.

이후 섬모포 막은 원형질막에서 분리되어 소포 상태로 떨어져 나간다. 이 같은 과정은 다른 방출체에서도 마찬가지로 나타나며 이는 방출체의 물질 방출의 일반적인 기작이라 할 수 있다.

발사 섬모포는 휴지기 때보다 8배 정도 길다. 방출된 상태에서도 횡선의 주기는 보이며 약 56nm의 주기성을 보인다 (그림 **229**). 이 주기성은 규칙적으로 연결되어 있는 얇은 섬유의 3차원적 배열의 산물이다. 방추상 섬모포의 3차원 모델은 거대분자 수준에서 나타나며 이 모델을 근간으로 섬모포의 자루는 섬유질 연결 배열의 변화에도 불구하고 같은 구조를 지니게 된다. 이 같은 과정과 연관된 분자역학 뿐만 아니라 섬모포 방출의 추진력은 아직 밝혀져 있지 않다. 방출과정 동안 섬모포의 관찰을 통해 이미 형성되었던 그물망 구조가 이 과정에서 신장됨을 볼 수 있다 (그림 **230**). 횡선 무늬 수는 휴지기와 발사기에 동일하고 횡선의 넓이는 길이에 비례하여 증가한다. 섬모포의 신장은 ATP와는 독립적인 과정이나 일정한 칼슘농도는 요구된다. 편모류의 방추상 섬모포도 기본적으로 짚신벌레의 것과 유사하다.

구조와 움직임에 따른 방추상 섬모포는 유일하게 단백질을 포함하는 소기관이다. 콜라겐은 횡선무늬의 겉모양이 유사하여 섬모포와 견줄 수 있으나 섬모포 단백질이 지니는 역동적인 특성은 없다. 또한 두 단백질은 아미노산 성분이 부수적으로 차이를 보이기도 한다.

짚신벌레 한 개체에 수천 개의 모든 섬모포를 실험적으로 제거시키면, 짚신벌레 세포는 다시 5–8 시간 내에 다시 섬모포를 만들어 낸다. 이것은 이들 기관이 중요한 기능, 즉 포식자를 물리치는 방어기능과 같은 역할을 담당하고 있다는 사실을 의미한다.

점액포

어떤 면에서 보면 점액포(Mucocysts)는 섬모포와 유사하다. 이들은 원형질막 바로 아래에 안착되어 있다. 휴지기에는 섬유질의 결정 조직화 상태를 보이며 이미 형성되었던 섬유질의 그물망 구조가 방출시 신장된다. 그러나 섬모포와 달리 신장은 3차원으로 일어나며 몇 초

표 16. 방출체들의 특징

명칭	휴지 상태	방출상태	방출방법	출현
반상포 discobolocyst	한쪽 끝에 반상형 고리를 가진 구체	긴꼬리를 가진, 휴지기와 같은 크기의 단단한 고리형	잘 안알려짐	편모류
사출체 ejectisome	나선형으로 감긴, 보통 둘로 갈라진 리본형	휴지기때 보다 직경이 작고 긴 관모양 소포체	리본이 갑자기 풀리며 옆으로 감기면서 관이 형성	편모류
에피제노좀 epixenosome	일부 섬모충류의 표면에 부착 밀착한 고리띠를 갖는 세포의 구조	사출체처럼, 긴 관모양 구조	갑자기 풀린 후연으로 감김	섬모충류
흡착포 haptocyst	몇 가지 요소로 구성된 내부 복합체를 가진 병모양 소포	부분적으로 뒤집혀져 독(?)물질의 배출	빠른 세포 밖 배출	섬모충류
동원포 kinetocyst	고리모양의 외투에 감싸인 중앙부가 있는 복합 소포	중앙부가 열려진 외투의 앞에 위치한다	세포외배출처럼 분비	태양충류
점액질체 muciferous body	비정형 물질로 채워진 주머니 모양의 소포	무정형 점액질	피막공을 통한 점액질의 분비	편모류
점액포 mucocyst	다면체의 부결정체	직경과 길이가 휴지기의 수배 큰 다면체 부결정 구조	기존의 사상체망을 펼치면서 수초간 지속적으로 분비	편모류, 섬모류
자포 nematocyst	고리형 관을 가진 방추형 캡슐	뒤집힌 관을 가진 캡슐	관이 뒤집힘	와편모류
색소포 pigmentocyst	무정형의 독성액으로 채워진 소포	액이 매개체로 들어감	전통적인 세포외배출로 액이 분비됨	섬모충류
간상포 rhabdocyst	막대기형 소포	휴지기와 같은 직경과 길이로 된 관형구조	망원경모양으로 추출	섬모충류
곤봉체 rhoptry	곤봉모양 소포	기생체-숙주사이에 무정형물질을 분비	전통적 세포외배출을 통해서 내용물 분비	첨복포자충류
방추상 섬모포 spinde trichocyst	방추형 또는 마름모형 부결정체, 때로 특별한 모양의 끝 구조가 있다	휴지기와 유사한 직경이나 몇배 더 긴 실모양 부결정형 사상체	기존의 3차원 단백질 사상체망이 갑자기 펼쳐짐(밀리초간 지속)	편모류, 섬모충류
독포 toxicyst	캡슐안쪽에 거꾸로 된 관	독성물질을 분비하는, 휴지기와 유사한 폭과 길이로 된 뒤집힌 관을 가진 캡슐	관을 갑자기 뒤집고, (또는) 망원경 모양으로 관을 추출	편모류, 섬모충류
사출관 trichit	복잡한 구조의 간상형 소포	휴지기보다 몇 배 더 긴 관모양 구조	관을 망원경 모양으로 빼냄	섬모충류

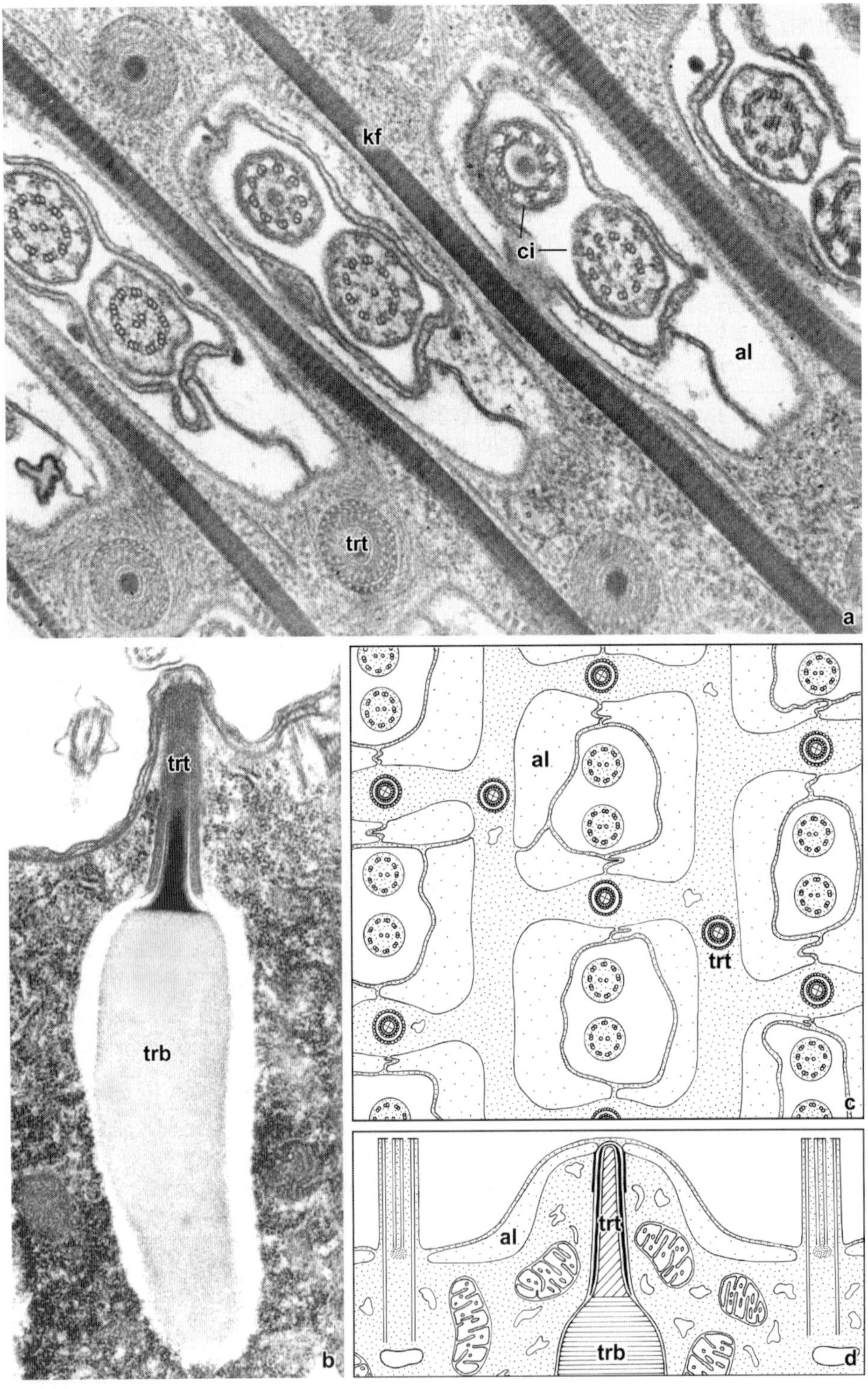

그림 228 짚신벌레 섬모포. 휴지기의 횡단면 (**a**), 종단면 (**b**), 모식도 (**c, d**). al=피막포 (alveolus), ci=섬모, kf=운동근 섬유, trb=섬모포체(trichocyst body), trt=섬모포 돌기(trichocyst tip) (Hausmann: Int. Rev. Cytol. 52 [1978] 197). 배율: a 52,000 x, b 24,000 x.

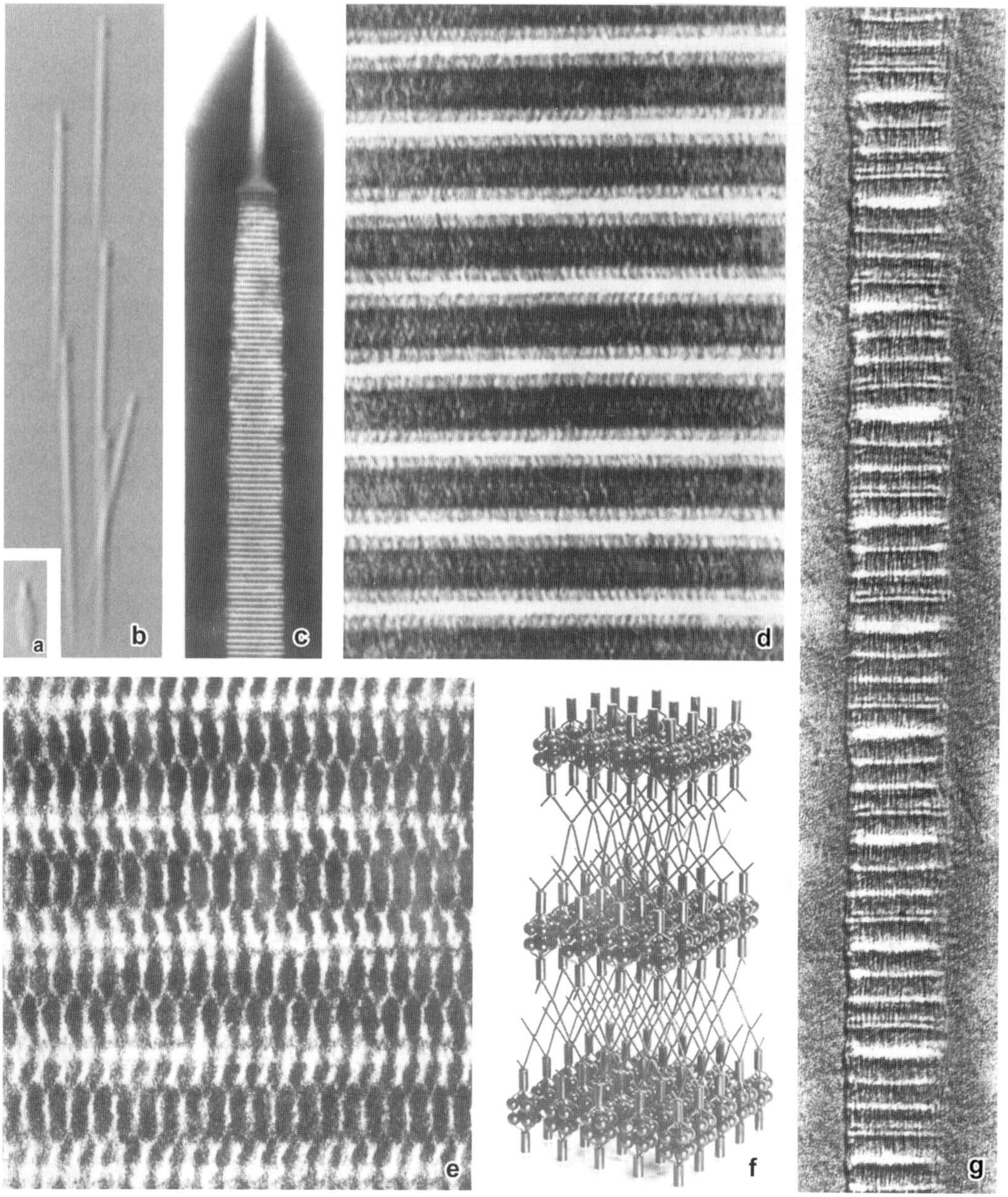

그림 **229** 짚신벌레(**a-f**)와 와편모류 *Oxyrrhis* 섬모포(**g**) : **a**, 휴지기; **b-e**, 배율을 확대한 돌출 모습; **f**, 사진 e에 보이는 단백질 사상체 망의 재구조 모습; **g**, 방출된 와편모류 섬모포 (Hausmann: Int. Rev. Cytol. 52 [1978] 197). 배율: a 900 x, b 900 x, c 11,000 x, d 220,000 x, e 330,000 x, g 200,000 x.

의 시간이 걸린다. 점액포는 섬모포와 다르게 탄수화물을 포함하는 화학적 성분을 가지고 있다. 점액포는 편모류, 섬모류 그리고 아메바류의 변형된 형태에서 발견된다. *Didinium*과 같은 섬모충류의 경우, 비록 점액포의 주요 기능으로는 의심이 생기지만 포낭화 과정에 나타난다. 태양충의 경우, 일부 점액포는 특징적인 움직임으로

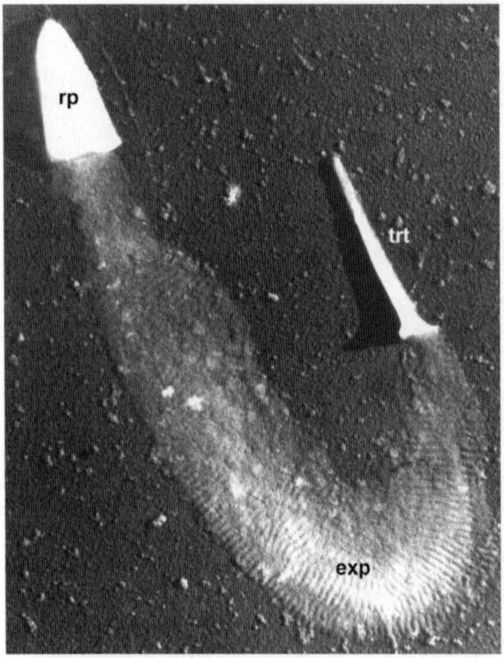

그림 **230** 방출되었으나 부분적으로 저해를 받은 질신벌레 섬모포. exp=신장된 부분, rp=휴지상태 부분, trt=섬모포 돌기 (Hausmann: Int. Rev. Cytol. 52 [1978] 197). 배율: 15,500 x.

동원포(kinetocysts)로 알려져 있다. 점액포는 세포 표면의 점성을 이용하여 먹이생물의 포획을 용이하게 한다고 할 수 있다.

점액포는 다세포 생물에도 발견되는 소기관과 유사한 유일한 방출체의 종류이다. 성게 알의 피층과립과 초기 포낭형성을 보이는 난균류(oomycetes)의 소기관과 닮아 있다. 피층과립은 수정을 유도하고 다정수정을 방지하는 수정막의 형성에 관여한다.

유글레나의 점액체는 지속적으로 외피공(pellicular pore)을 통해 점액물질을 분비한다. 이들 점액물질은 유글레나의 운동을 용이하게 한다고 알려져 있다.

몇 몇의 난균류의 유주자(zoospore)는 둥근 소위 모근체 라 불리는 소기관 (K소체)을 가지고 있다. 이 기질은 탄수화물과 단백질 기질의 과립을 함유하는 소관이 채워진 둥근 체강으로 되어 있다. 4개의 뚜렷한 구조로 기질은 나뉜다. K소체는 서로 융합되어 주변 세포질로 전달되는 소포체나 골지체로부터 유래한다. 숙성된 K소체는 편모의 기부가 발달되는 부위에 운반된다. 그들의 기능은 내부 물질을 방출하여 패드를 형성하여 포낭화된 유주자를 부착시키는 것이다.

많은 홍조류는 세포질에 저장된 점액질을 포함하는 소낭을 가지고 있으며 적절한 발생 또는 발아기에 방출시킨다. 예를 들어, 수 배우자 (부동정자)는 정자 배출기에 후방의 커다란 소낭으로부터 점액질을 방출한다. 이 같은 기능은 정자의 외부 보호막 생성, 정자 배출을 유도하는 물질의 수화작용 (hydration), 암 개체에 부착, 암 배우자의 수정모 (trichogyne)에 부착을 강화시킨다.

곤봉체

점액포와 유사한 첨복포자충류의 방출체로 컵모양이며 침입하는 포자소체의 앞부분에 위치하는 부전도소관이다 (그림 **86**, **87**). 종에 따라 2개에서 8개의 곤봉체 (rhoptries)가 있으며 기생충이 숙주의 표피에 접촉했을 때 원추체(conoid)를 통해 방출되며 (그림 **88**, **98**), 이렇게 하여 숙주 세포에 침투한다. 분비된 단백질이 숙주 세포막에 삽입되며 이렇게 하여 포식기생충 소체막 (parasitophorous vacuole membrane)의 성장을 지원한다. 시스테인과 이황화결합이 많은 단백질 복합체이며, 지방 또한 곤봉체의 성분이다. 곤봉체는 아마도 딕티오솜에 의해 형성되었으리라 보고 있다.

색소포

색소포(Pigmentocysts)는 일부 이모류 (heterotrich) (*Blepharisma*와 *Stentor*)와 거의 모든 원시핵섬모충류 (*Loxodes*와 *Trachelonema*)에 형성되는 돌출색소과립이다. *B. japonicum*의 붉은 색소포는 0.3–0.6 μm의 둥근 소포이며, 세포 표면 바로 아래의 피질에 수백에서 수천개가 있다. 이들은 hypericin 유도체의 하나인 blepharismin 독을 가지고 있다. 세포가 *Dileptis*와 같은 포식자에 의해 공격을 받으면 소낭이 방출되어 *Dileptis*를 퇴치한다. 정제된 blepharismin은 여러 섬모류에 강한 독성을 나타내지만 *Blepharisma* 자신에게

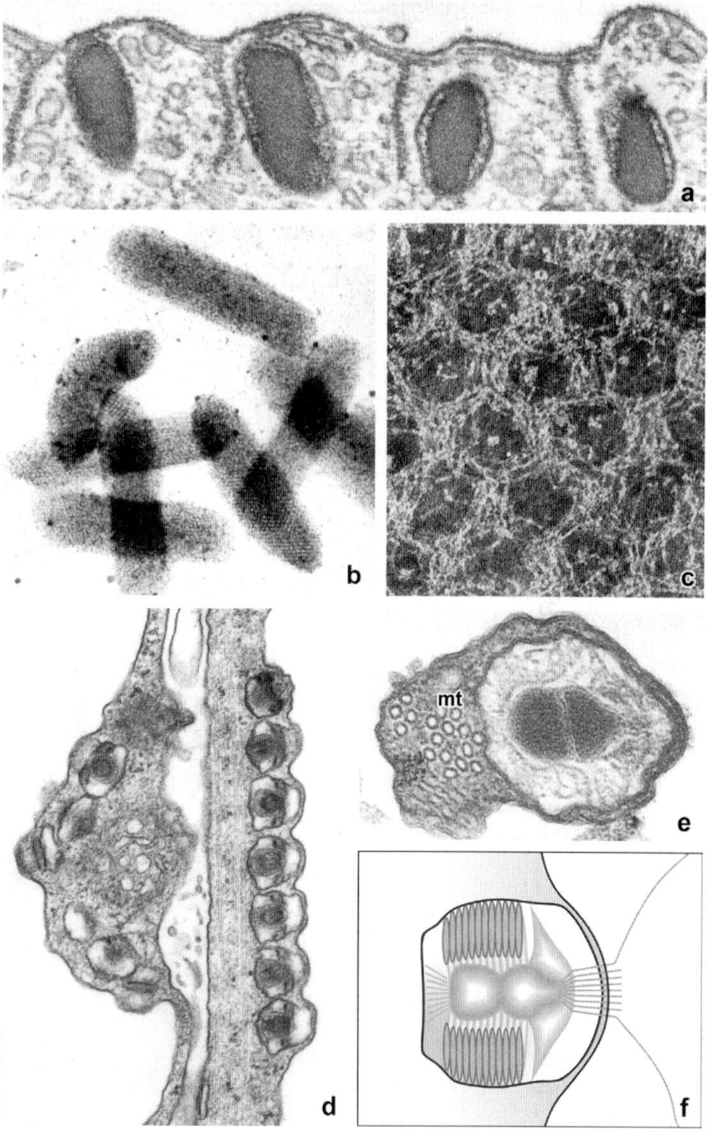

그림 **231** 섬모충류 *Loxophyllum*의 점액포 (**a**)와 돌출 모습 (**b, c**); 고배율에서 사상체 패턴 (**c**); **d** & **e**, 태양충 *Clathrulina*의 동원포(kinetocyst); **f**, 방출전 *Raphidiophrys contractilis*의 동원포의 초미세구조 모식도. mt=미세소관 (a-c, Hausmann: Int. Rev. Cytol. 52 [1978] 197; d & e, Bardele: Z. Zellforsch. Mikro나. Anat. 130 [1972] 219; f, Sakaguchi et al.: Europ. J. Protistol. 37 [2002] 453). 배율: a 57,000 x, b 7,200 x, c 132,000 x, d 38,000 x, e 73,000 x.

는 안전하다. *Stentor coeruleus*의 stentorin이라는 청색 색소포도 hypercin과 화학적으로 관련되어 있으며 포식자에 대한 유사한 효과를 가지고 있다. 이 같은 색소포는 화학적 방어의 기능을 갖는 것으로 보인다.

두 번째 기능은 광수용체다. Stentorin과 blepharismin은 *Stentor*와 *Blepharisma*에 각각 광기피 반응의 특이성을 보인다. 세포가 산소가 있는 강한 빛에 노출되면 복잡한 화학반응이 광감지기로 작용하는 색소내에서 발생한다. 광독성 반응은 세포를 죽이므로 광기피 반응은 이 같은 유해한 광으로부터 벗어나고 광을 통한 색소의 소실에 의해 유발된 방어능의 감퇴를 피하기 위한 최상의 수단으로 여겨진다. 자외선에 대한 보호는 색소포의 세 번째 기능이다.

일부 이모류는 색소포와 유사한 무색소의 피질과립을 가지고 있다. 예를 들어, *Climacostomum virens*의 피질 과립은 생화학적으로 stentorin과 연관이 있고 또한 포식자에 대한 화학적 방어 기능으로 독성 물질(climacostol)을 포함한다.

반상포

반상포(Discobolocysts)는 유일하게 일부 편모류, 특히 황갈색편모류에 발견된다. 휴지기에는 이들 소기관은 거의 구형이다. 그들의 구조는 극성을 보인다. 즉, 원형질막에 근접한 부분은 원판을 가지고 있다. 방출시에 이 원판은 변하지 않고 소기관의 나머지 부분이 섬모포나 점액포의 방출기작과 유사한 방식으로 긴 섬유물질로 변한다 (그림 232). 이 소포의 기능은 불분명하다.

독포

독포(Toxicysts)의 기능에 대해서는 의심의 여지가 없다. 독포는 포식자에 대한 방어와 특히 먹이의 포획 시에 도움을 준다. 이 형태의 방출포는 주로 육식성 개체 (주로 섬모충류)에서 발견되지만 일부 포식성 편모류에도 존재한다.

독포는 막으로 쌓인 캡슐을 포함하고 있다. 캡슐 내에 긴 관이 있어 독포의 종류에 따라 방출 시에 끼워 넣거나 밖으로 뒤집힌다 (그림 233). 후자의 경우, 독포는 비록 구조는 상당한 크기의 차이를 보이지만 해파리의 자포세포와 유사하다.

방출 시에 독포관은 하피의 침과 같이 먹이생물 속을 찌르게 된다. 대개의 단세포 먹이생물 (드물게 윤충류와 같은 다세포생물)은 이 같은 독포의 작용으로 마비되고 사멸하게 된다. 종종 먹이생물은 독포에 의해 기계적인 손상을 입기도 하지만 분면한 것은 독포가 독을 함유하고 방출과정을 통해 먹이 내로 주입한다는 것이다.

독포는 종종 세포의 특수 부위에 밀집되어 있다. 독포섬모충류의 경우, 구부에 밀집되어 있다. 세포 피질의 돌출부에도 밀집되어 있는 경우가 있다. 한 부위에 다수의 독포가 존재함은 아마도 동시에 방출할 수 있는 독포탄으로 활용하는 목적이라 할 수 있다.

흡관충류 촉수의 돌기 (knob)에 있는 독포는 독포낭(haptocysts)으로 알려져 있으며 매우 특수화된 방출체이다. 독포낭은 먹이생물이 닿으면 방출되며 먹이생물에 견고하게 부착된다. 이 과정은 두 생물의 원형질막의 융

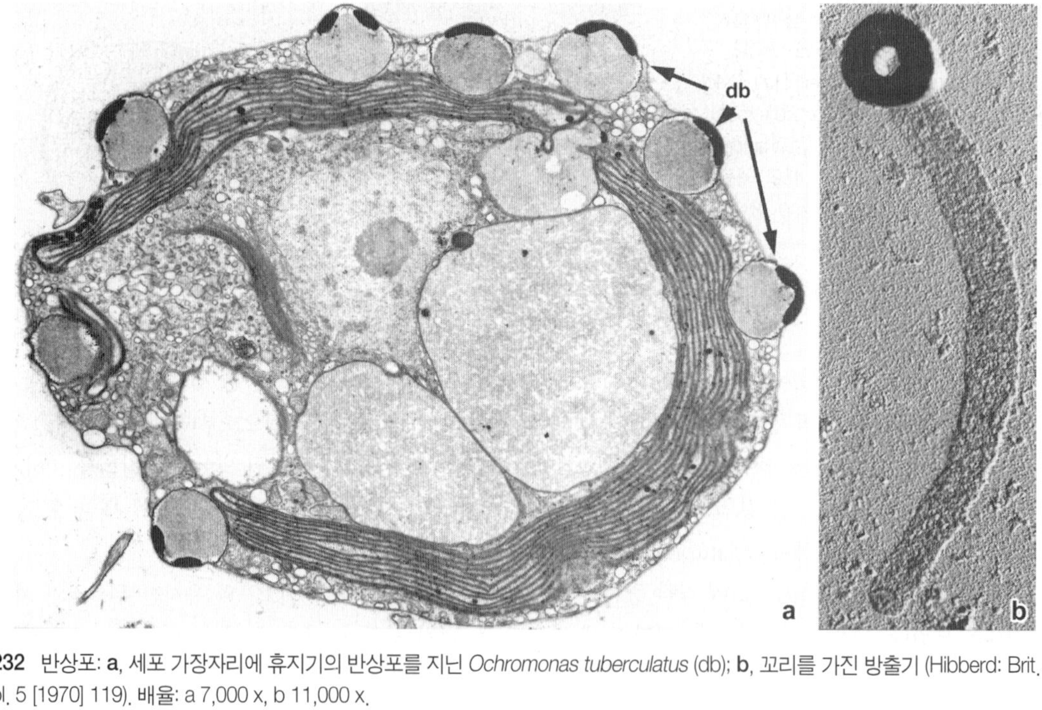

그림 232 반상포: **a**, 세포 가장자리에 휴지기의 반상포를 지닌 *Ochromonas tuberculatus* (db); **b**, 꼬리를 가진 방출기 (Hibberd: Brit. J. Phycol. 5 [1970] 119). 배율: a 7,000 x, b 11,000 x.

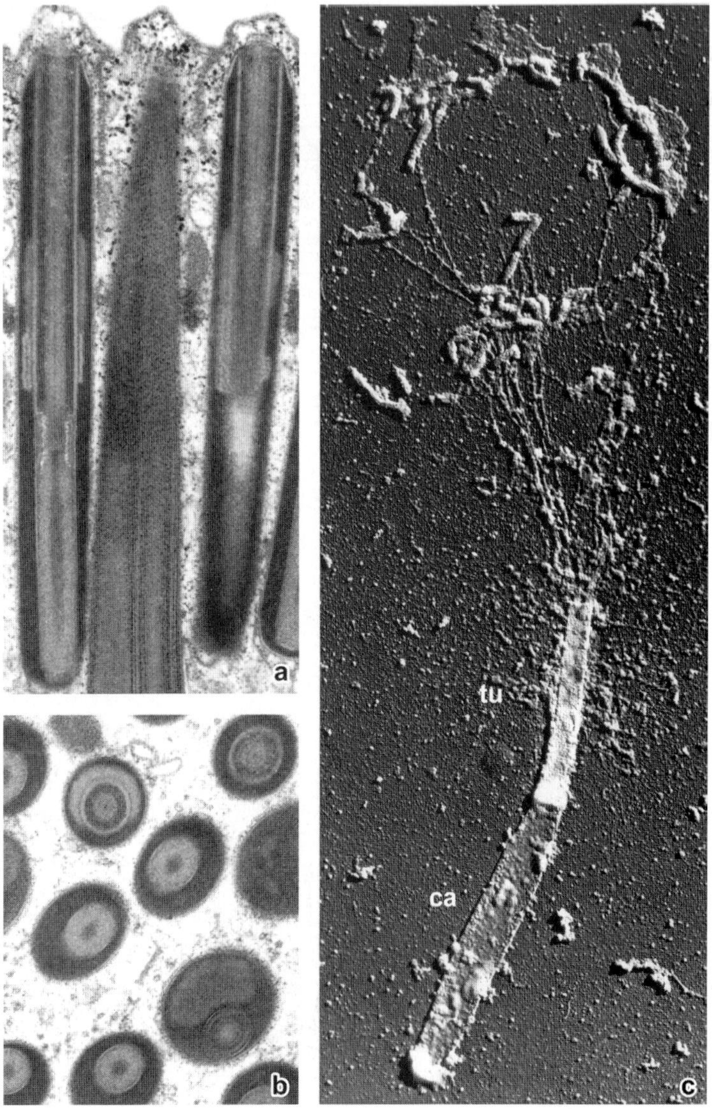

그림 233 섬모충류 *Homalozoon* (**a, b**)과 *Loxophyllum*의 독포 (**c**): 휴지기의 종단면 (**a**)과 횡단면 (**b**); **c**, 방출기. ca=캡슐, tu=관 (a & b, Kuhlmann & Hausmann: Protistologica 16 [1980] 125; c, Hausmann & Wohlfarth-Bottermann: Z. Zellforsch. Mikro나. Anat 140 [1973] 235). 배율: a 35,000 x, c 15,000 x.

합이 중요하게 작용한다고 할 수 있다 (그림 234).

간상포

간상체(rhabdocysts)는 막대 모양의 방출체이다. 알려지기는 *Trachelonema sulcata*와 *Tracheloraphis dogieli*와 같은 유일하게 원시핵섬모충류에 발견된다. 이들의 방출기작은 독포의 끼워넣기법과 유사하다. 간상체는 취관 (blowpipe)에서 화살을 발사하듯 방출한다.

사출체

사출체(Ejectisomes) (그림 235)는 오직 편모류에 있는 방출체이다. 이들은 은편모류와 담녹조편모류에 있으며 기능은 명확하지 않다. 휴지기에 빽빽하게 감긴 리본과 같은 압축된 소기관이다. 이들은 두 부분으로 구성되어 있다. 방출된 사출체는 말린 부분이 펴져서 매우 긴 관으로 된다. 사출체의 방출은 편모류의 도피반응의 결과로 나타난다. 사출체와 매우 유사한 구조는 짚신벌레

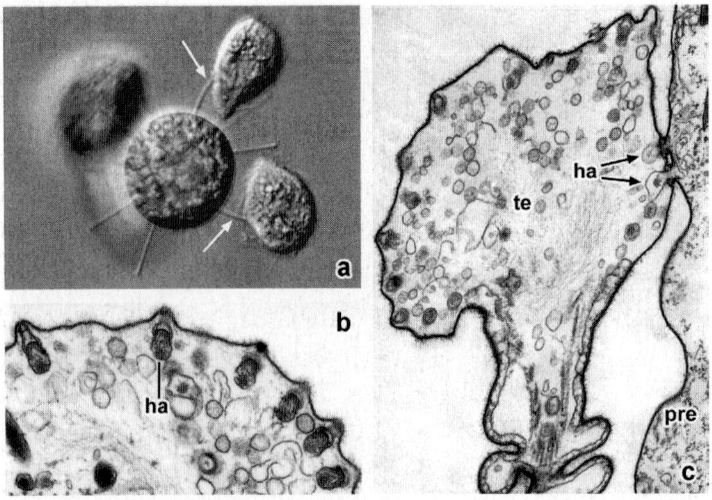

그림 234 흡관충류의 흡착포: **a**, 촉수 (화살표)의 부착 기능; **b**, 정단 촉수노브의 휴지기 흡착포 (ha); **c**, 잡힌 먹이 세포 (pre)와 흡관충 촉수 사이에 형성된 흡착포의 방출 모습 (화살표) (b & c, Bardele & Grell: Z. Zellforsch. Mikro나. Anat. 80 [1967] 219). 배율: a 250 x, b 22,000 x, c 22,000 x.

의 카파입자 (kappa particles)에서 볼 수 있다. 카파입자는 내재공생 박테리아로 알려져 있다. 이것들은 R소체 (R-bodies)를 포함하며 이는 사출체와는 구조적으로 구별된다. 어떤 실험조건하에서 R소체가 사출체와 같은 행위를 하는 것이 관찰된다. 즉, 풀린 후에 옆으로 포개져서 긴 관을 형성한다.

어떻게 수렴적인 진화가 널리 다른 생물체내에서 이 같은 특수하고 유사한 구조가 형성되었는지 추측하기 어렵다. 어떻게 R소체와 같은 박테리아 구조물이 편모류 소기관 즉 사출체와 계통유전학적으로 관련되어질 수 있는지를 유추하는 것은 더 심오한 문제로 보인다.

에피제노좀

미세구조와 기능적 측면에서, 일부 하모류의 에피제노좀 (Epixenosomes)은 편모류의 사출체와 유사하다 (그림 236). 에피제노좀은 빽빽한 꼬인띠가 방출되며 측면으로 펴져 관을 형성한다. 그러나 이 경우, 섬모류 내부 세포

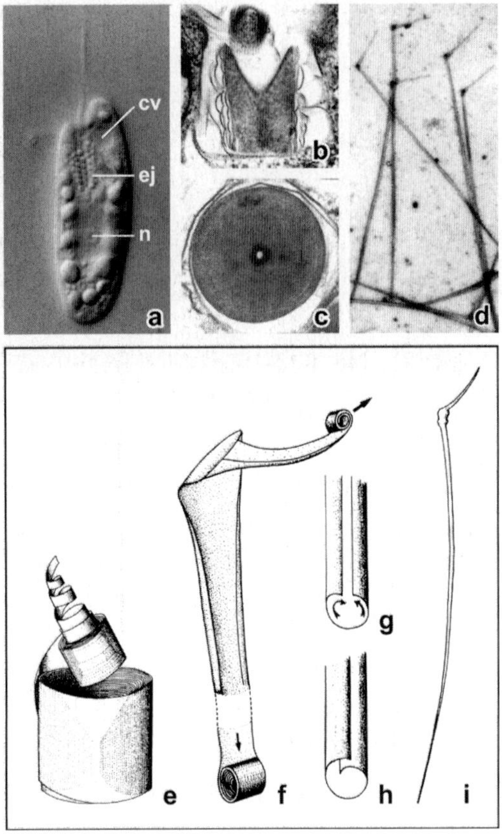

그림 235 *Chilomonas paramecium*의 사출체: **a**, 살아있는 개체의 식도 주변 사출체 (ej), 수축포 (cv)과 핵 (nu)의 공간 배치 관계; **b, c**, 휴지기 사출체의 종단과 횡단면; **d**, 방출된 사출체; **e-i**, 휴지기 사출체의 모식도 (**e**)와 방출과정 (**f-i**) (Hausmann: Int. Rev. Cytol. 52 [1978] 197). 배율: a 2,600 x, b 19,000 x, c 30,000 x, d 5,000 x.

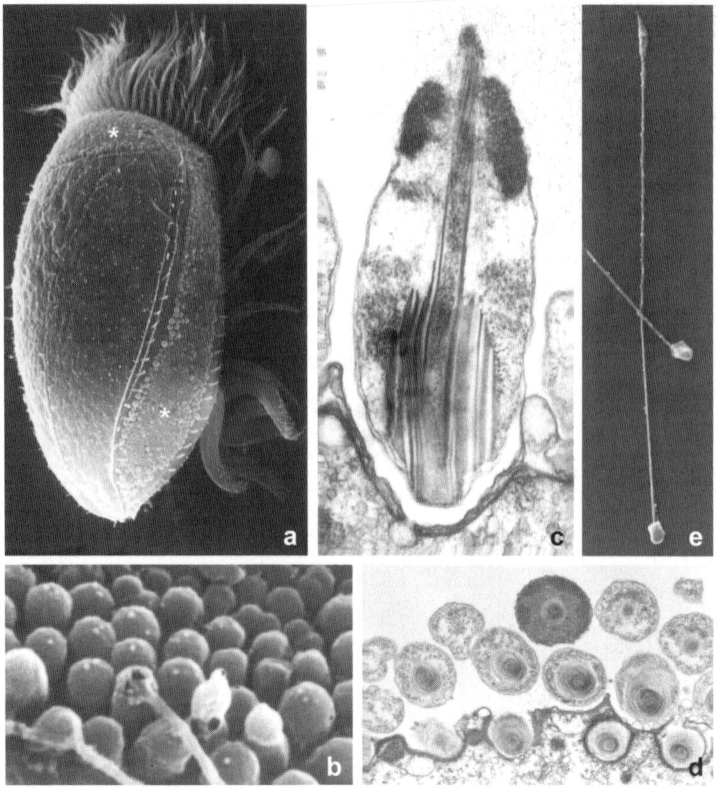

그림 **236** 에피제노좀: **a, b**, 에피제노좀을 지닌 *Euplotidium itoi* (*); 종단면 (**c**)과 횡단면 (**d**); **e**, 방출된 에피제노좀의 사상체 (Verni & Rosati: J. Protozool. 37 [1990] 337). 배율: a 580 x, b 6,000 x, c 20,000 x, d 7,000 x, e 2,000 x.

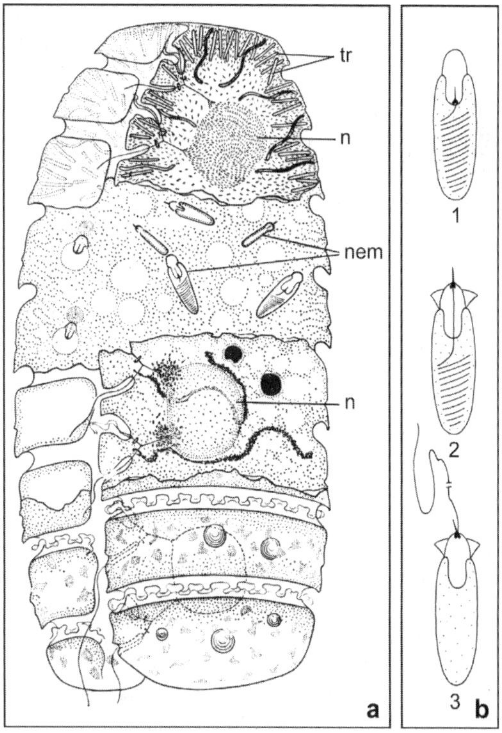

그림 **237** 자포: **a**, 와편모류 *Polykrikos*의 모식구조. n=핵, nem=자포, tr=섬모포. b, 자포에서 방출된 관 (1-3) (Chatton & Grassé: C. R. Soc. Biol. 100 [1929] 281). 배율: a 600 x.

질 소기관이 아니라 원형질막에 견고하게 붙어있는 외부 요소의 구조물이라는 점이 다르다. 에피제노좀은 자연계에서 원핵생물에 보고되어 있다.

자포

자포(Nematocysts)는 일부 와편모류에서 발견된다. 독포라는 점에서 해파리의 자포세포와 유사하다. 코일관으로 채워진 캡슐이며 방출시 뒤집힌다 (그림 237). 독포의 기능만큼 자포의 기능은 명확하지 않다. 일부의 발달 모습뿐 아니라 일부 구조적 특수성 때문에 방출체의 독특하게 분리된 하나의 유형으로 간주하고 있다. 자포는 진정한 소기관이 아니고 기원이 알려지지 않은 고도의 적응력을 지닌 내생생물이라는 가능성이 있다.

7.4 침투기구

보호막(원형질막, 세포벽, 큐티클 등)의 침투를 위한 몇 가지 기작이 병원성 원생생물의 몇몇 그룹, 예를 들어 식균성변형충류, 난균류(*Haptoglossa*), 열원충류, 미포자충류에서 발견된다. 식균성변형충류는 먹이생물과 숙주생물의 세포벽과 보호막에 구멍을 뚫기 위해 효소를 사용하는 것으로 보이는 반면 (그림 **238**), 다른 원생생물은 기계적 에너지를 이용한다. 비록 이들 기작과 구조적 요소는 서로 독립적으로 진화되었으나, 공통적으로 후방포를 가지며 이 구조물은 빠르게 커져 세포질 내용물이나 세포외 미소체를 밀어내는 원동력을 만든다.

두 기작은 부분적으로 각 계통학 장 (그림 **150, 183, 184**)에 언급하였다. 포함하는 구조물은 *Microspora*에 극사, 극질체 그리고 후방포, 열원충류의 관련 구조물로 로르관(rohr), 가시체(satchel), 소포가 있다.

난균류인 *Haptoglossa mirabilis*는 *Adineta* 속의 윤충류와 몇몇 선충류의 종을 감염시킨다. 이 종의 숙성한 엽상체는 감염된 거의 속이 빈 숙주내에 있으며 편모가 한쌍인 유주자를 방출한다. 자유 유영기 후에 이들 유주자는 기질에 부착하며 종종 뭉치를 형성한다. 각 유주자는 짧은 시간 내에 포낭을 형성하고 발아하는 소위 총세포 (gun cell)을 형성하며 기울어진 총신을 가진 작은 총과 같은 모양을 가진다 (그림 **238**). 숙성한 총세포는 약 15 μm 길이로 속이 빈 포낭에 부착되어 있으며 점액질의 부착물질에 의해 기질에 안착되어 있다. 포식자 윤충류나 선충류가 접촉하면 숙주 각피를 뚫는 발사체를 방출한다. 이 같은 관통은 감염의 확정을 위해 선행되어야 할 과정이다. 공격기구는 하나의 세포외 요소 (압축된 작살과 같은 발사체가 속이 빈 침투관 속에 존재한다)와 세포내 소포시스템(vacuolar system) 이다. 감염기작은 다음과 같은 과정이 수반된다. 세포의 삼투압의 빠른 변화는 관을 뒤집고 발사체의 방출을 유발하며, 더 나아가 소포시스템의 팽창은 숙주 조직 속으로 세포질을 밀어넣는다. 여기에서 세포벽으로 둘러싸인 감염 포자로 전환된후 큰 엽상체로 변한다. 접촉에서 침투까지의 전체 경과 시간은 약 100 밀리초에 불과하다.

이 과정은 열원충의 가시체의 방출과 매우 유사하고 표면적으로는 독포 및 자포와 같은 방출체의 사출과 흡사하다. 그러나 방출체와 근본적인 차이는 방출과정에 발생하는 세포외 행위가 없다는 점이다. 발사체와 가시체는 그들이 방출되기 오래 전에 세포외에 위치하고 있으며 주입관과 로르관은 세포표면에 사전에 존재한 함입을 나타낸다. 이들은 구조적 비유사성 외에도 원동력이 다르다 (삼투압에 대한 알려지지 않은 분자 전개 기작 등).

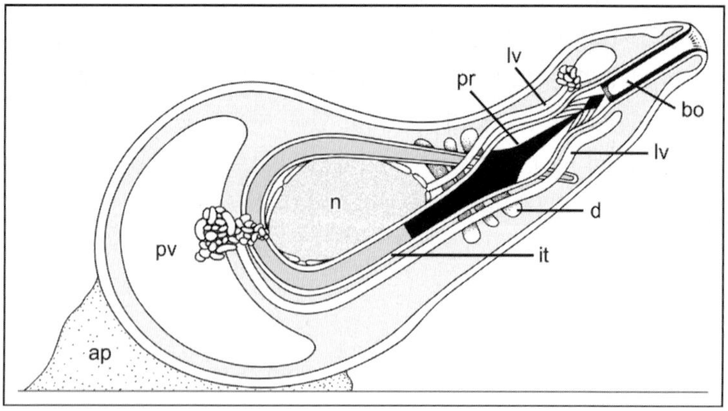

그림 **238** 난균류 *Haptoglossa mirabilis*.의 총세포 (gun cell). ap=부착패드, bo=내경, d=딕티오솜, it=삽입관, lv=측액포, n=핵, pr=발사체, pv=후방 액포 (Robb & Lee). 배율: 6,000 x.

7.5 수축포

수축포(contractile vacuoles)는 주로 세포벽이 없는 원생생물과 일부 담수산 해면동물에 있다 (그림 **239**). 전형적으로 수축포는 천천히 액체를 채우고 (이완기) 이를 주기적으로 수축에 의해 액체를 밖으로 배출한다 (수축기). 개체에 따라 박동의 빈도는 몇 초에서 몇 시간 사이로 다양하다.

대부분의 경우, 원생생물은 오직 한 개의 수축포를 지닌다. 그러나 짚신벌레와 같이 두 개 또는 그 이상으로 15–20개를 갖는 *Dileptus* 혹은 *Homalozoon*이 있다. *Loxophyllum*과 *Spirostomum*과 같은 일부 섬모충은 오직 한 개의 수축포를 갖지만, 세포의 전반부터 후반 끝까지 신장되어 있는 긴 수집관으로 연결되어 있다.

수축포 복합체

수축포는 투명하고 주기적으로 수축하여 현미경하에서 쉽게 확인된다. 전자현미경으로 보면, 수축포는 수축포 복합체라고 부르는 커다란 시스템의 오직 한 부분임이 명확하다. 이 복합체는 수축포, 분비관과 수축포공 (이 부분을 통해 액체를 밖으로 배출한다)을 포함한다. 섬모충에서 이 복합체가 가장 복잡한 구조를 가지고 있다. 여기에서 수축포는 길고 좁은 수집관을 형성하는 방사상으로 배열된 팽대부로 이어져 있다 (그림 **240**). 복합체는 수축포공의 벽에서 유래된 미세섬유관 다발에 의해 지지되고 고정되어 있다. 미세소관은 각 팽대부를 따라 신장되어 수집관 바로 끝까지 통과한다.

녹편모류의 수축포는 딕티오솜의 시스터나로부터 직

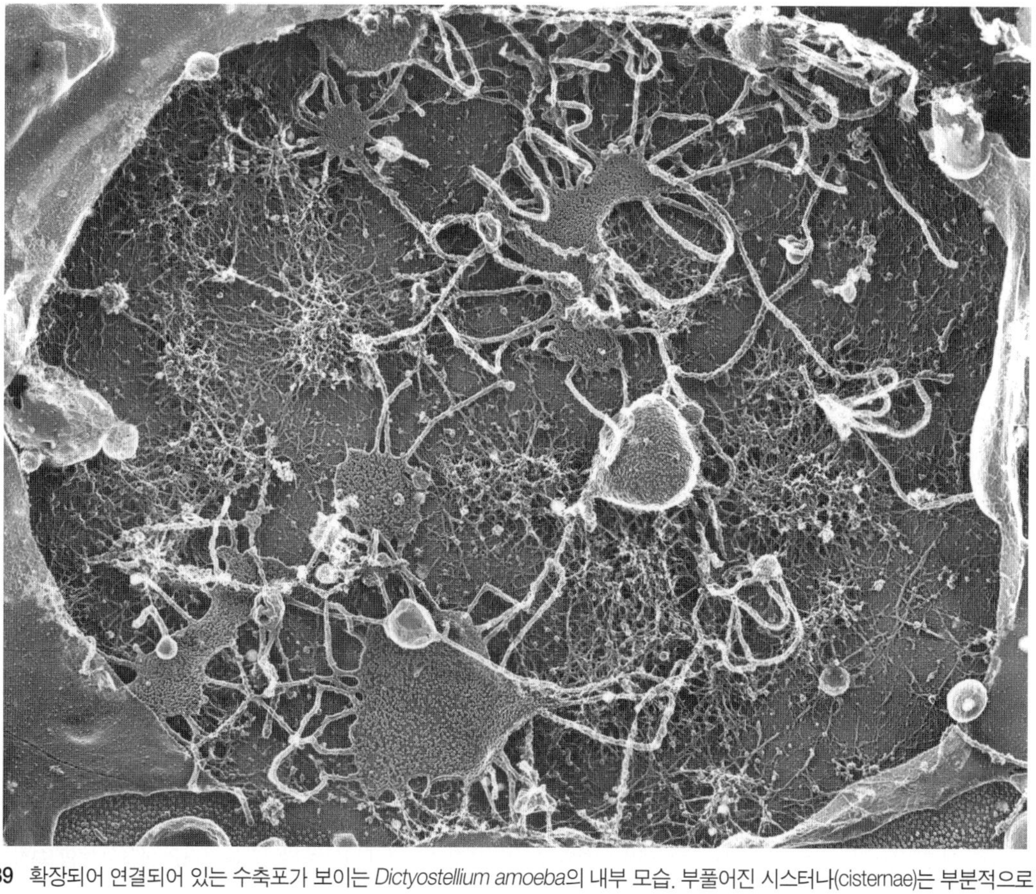

그림 **239** 확장되어 연결되어 있는 수축포가 보이는 *Dictyostellium amoeba*의 내부 모습. 부풀어진 시스터나(cisternae)는 부분적으로 차있음 (Heuser et al.: J. Cell Biol. 121 [1993] 1311). 배율: 19,000 x.

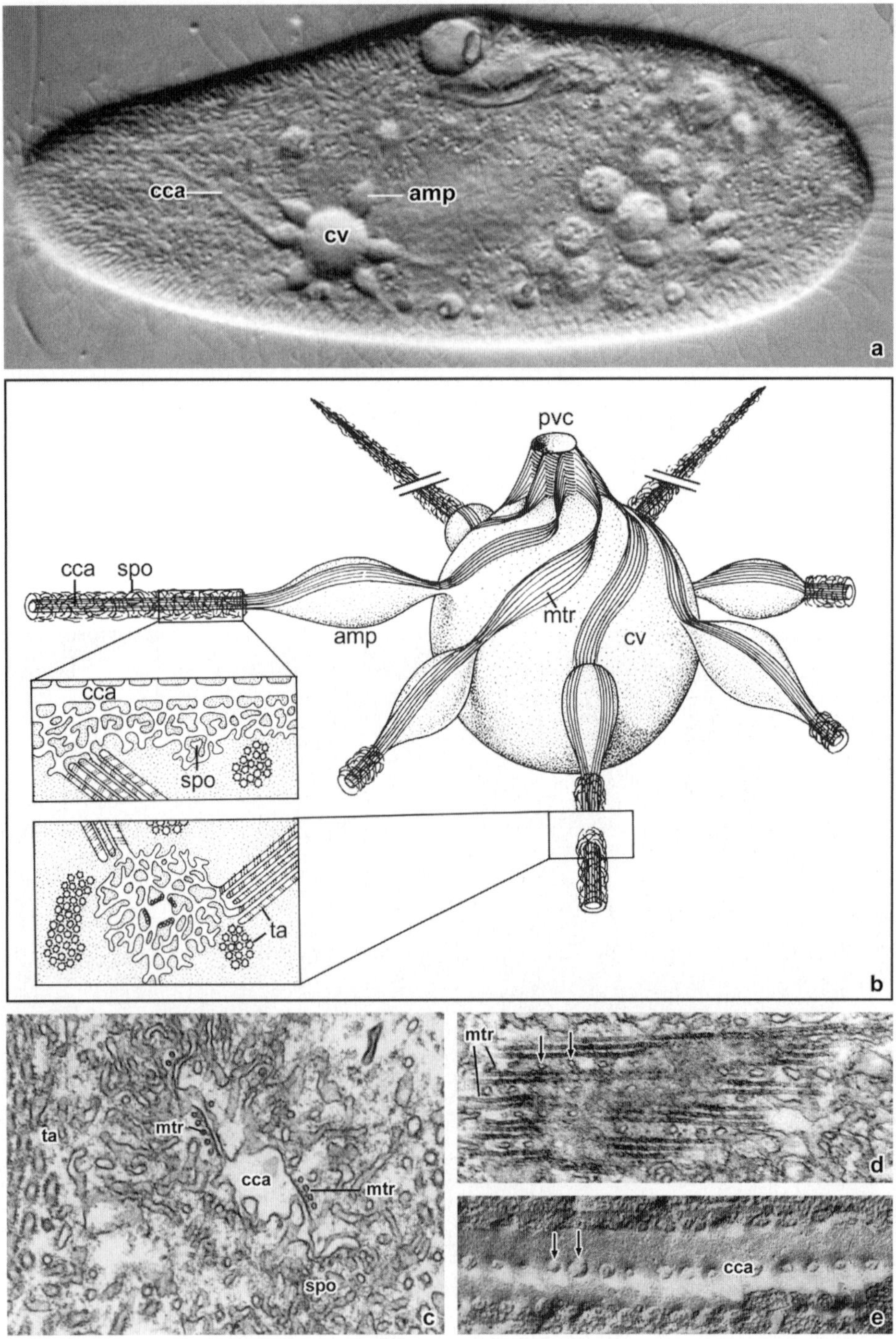

그림 **240** 짚신벌레의 수축포 복합체: **a**, 살아있는 시료; **b**, 모식도; **c-e**, 초미세구조. 복합체는 주로 팽대부 (amp), 수집관 (cca), 수축포 (cv), 수축포공 (pcv)으로 구성됨. 수집관은 불규칙적으로 배열되어진 분비관(spo)에 에워쌓여 연결되어 있음. 관의 다발 (ta)은 상당한 길이로 뻗음. 전체 복합체는 미세소관 리본 (mtr)에 의해 안착되어 있음. 수집관의 접선 부위는 분비관과 분명한 연결이 보임 (화살표) (a, c, d, e, Hausmann & Allen: Cytobiologie 15 [1977] 303). 배율: a 650 x, c-e 40,000 x.

접적으로 유래된다. 이와 같은 소수의 특별한 경우를 제외하고 수축포 복합체가 다른 막을 지닌 소기관과 구조적으로 연결되어 있다는 증거는 없다.

분비관

분비관(Spongiome)은 다수의 작은 막을 지닌 포 혹은 관으로 구성되어 있다. 이들은 대부분 수축포에 바로 근접하여 위치하며, 이들의 막은 배출되도록 정해진 액체의 격리에 관계한다. 분비관의 구조는 원생생물의 종류에 따라 다르다. 가장 간단한 분비관은 소포형 (vesicular type)으로 커다란 포 주변에 많은 소낭이 있다 (그림 **241 a**). 이 형태의 분비관은 일부 편모류와 대부분의 아메바 세포 내에 고정되어 있지 않은 수축포로 보통 발견된다. 이들 개체의 분비관 막은 주로 두

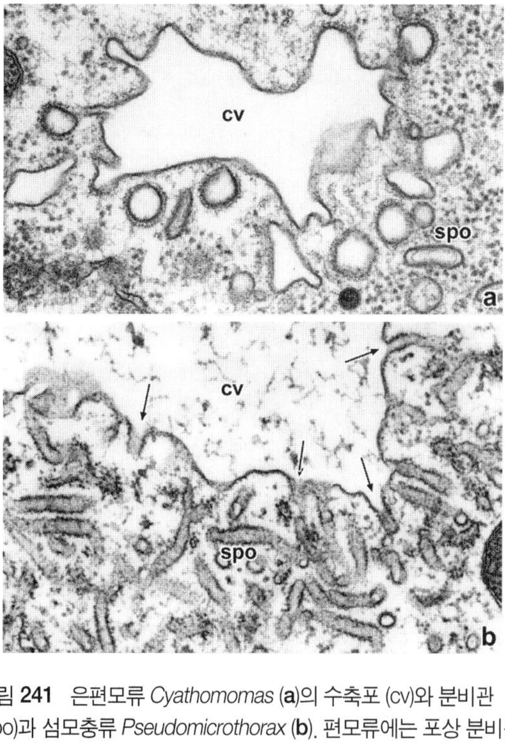

그림 **241** 은편모류 *Cyathomomas* (**a**)의 수축포 (cv)와 분비관 (spo)과 섬모충류 *Pseudomicrothorax* (**b**). 편모류에는 포상 분비관, 섬모충류에는 관상 분비관이 일반적으로 발견됨; 관은 수축포의 내강과 영구적으로 연결됨 (화살표) (a, Hausmann & Patterson: Exp. Cell Res. 135 [1981] 449; b, Hausmann: Arch. Protistenkd. 127 [1983] 3190. 배율: a 35,000 x, b 40,000 x.

가지 뚜렷한 타입의 소낭이 있으며 일부는 막이 매끄러운 반면에 다른 것은 피복소공(coated pits)과 피복소낭(coated vesicles)의 클라스린 단백질(clathrin) 피복과 유사한 피복으로 덮여 있는 막을 가지고 있다 (그림 **241 b**). 이들 피복소낭은 세포로부터 물을 분리하며, 매끄러운 소낭은 수축포의 막 표면을 확장하고 수축하는 기능을 한다.

이완기 동안 수축포는 매끄러운 소낭의 융합 혹은 소관의 확장에 의해 형성되며, 수축기에는 개별의 소낭으로 쪼개지거나 소관이 소멸 된다. 융합된 소낭이나 확장된 소관은 원래의 소낭보다 커다란 막의 면적을 가지므로 막의 재배열을 위한 기작과, 또는 선택적으로 소낭과 소관이 수축포의 매 주기에 모두 포함되는 것은 아니다.

관상분비관 (그림 **241b**)은 대부분 섬모류뿐아니라 일부 아메바와 편모류에서도 발견된다. 이 경우는 좀 더 복잡한 상황이 전개된다. 40−60 nm 직경의 분비관 관은 직접 또는 간접적으로 수축포에 연결되어 있는 영구적인 구조이다. 짚신벌레와 같이 방사상으로 수집관의 배열을 가진 섬모충류에 분비관은 각 방사관을 에워쌓으며 그들과 영구적으로 연결되어 있다 (그림 **240**).

1960년대 초기에 전자현미경에 의한 관찰은 분비관과 수집관 사이의 연결은 각 수축기에 차단된다고 제시하였다. 이 과정은 수축포의 수축동안 분비관 속으로 물이 거꾸로 흐르는 것을 방지한다고 생각되었다. 이 가설에 따르면, 분비관과 수집관 사이에 수천 개의 연결 구조가 수축기에 앞서 빠르게 재생되어야 한다.

이 가설은 설득력이 있었으며 바로 최근까지 많은 교과서에 실렸다. 그러나 좀 더 향상된 표본 기술에 의하면 이 가설은 지지되지 않는다. 거기에는 분비관이 수집관과 율동적으로 연결되어 있음에 대한 지적이 없으며 이 같은 기작이 존재해야 하는 필연성도 보이지 않았다. 분비관으로 물을 역행시키기 위해 필요한 압력은 매우 높다. 왜냐하면 분비관의 좁은 관은 상당히 내구성이 있기 때문이다. 오직 일초의 짧은 시간 유지되는 (수축포의 최대 만수기와 원형질막과 관막의 융합 동안) 이 압력은 아마도 높은 분비관의 유체 역학적 압력에 의해 충당된다. 그러나 액체를 배출하기 위해 수축포가 원형질막과 융합

되기 전, 팽대부 (짚신벌레)는 수축포와 연결되지 않는다. 배출 후에 다시 연결된다.

육각형으로 묶인 관의 딱딱한 다발은 때때로 분비관의 주변에서 관찰된다. 이들 관은 약 50 nm의 직경으로 버섯모양으로 나선으로 배열된 구조가 세포질 면 위에 덮여 있다. 이것들은 분비관의 매끄러운 요소와 직접적으로 연결되어 있다. 액체는 세포질로부터 이들 장식된 관으로 모인다. 여기서부터 액체는 분비관의 매끄러운 요소를 통과하고 그 후 팽대부를 지난다. 팽대부로부터 액체는 수축포로 전달된다.

액체분비

분비관은 액체의 집수과정을 포함하는 것으로 보인다. 세포질과 수축포액의 초기 질적 분석은 수축포액이 일부 이온을 함유하나 세포질보다 많이 낮은 상태를 보였다. 보다 최근의 결과는 실제로 수축포액은 세포액에 대해 고장액으로 나타났다. 액체 집수의 분자 기작은 아직 완전하게 이해되지 않는다. 가장 있을 법한 기작은 분비관막이 분비관 관속으로 양성자를 전달하는 펌프를 가지고 있다고 본다. 이들 이온은 다른 이온과 교환이 되며 고장액의 구배로 삼투압에 의해 수축포로 물을 들여보내게 된다. 또한 버섯모양의 부분이 양성자 펌프로 여겨진다. 이와 유사하게 장식된 막 시스템은 두꺼비 방광 상피세포의 정단막 (apical membrane)이나, 뼈를 녹이기 위해 양성자를 배출하는 부위에서 파골세포의 세포막, 오줌으로 양성자를 펌프하는 세포를 내재하는 척추동물 신장의 원위세뇨관의 정단막과 같은 다세포생물 세포 뿐아니라 거의 모든 수축포 복합체에서 분비관의 한 부분으로 발견된다. 수축포 그 자체는 이 같은 포상 양성자 펌프 (V−ATPases)를 포함하지 않는다. 이렇게 두 개의 분명히 다른 막 집단은 수축포 복합체에서 구분된다. 막을 포함하는 V−ATPase는 원형질막으로 융합되지 않는다.

막을 통해 물을 운반하는 다른 이론적 기작은 이온 혹은 단백질과 같은 아쿠아포린 (aquaporin)을 포함하는 수백개의 물 분자를 전달하는 물펌프의 한종류일 수 있다.

액체방출

대부분의 아메바와 같이, 수축포가 고정된 위치를 가지고 있지 않은 원생생물에서, 수축포는 미부(uroid)에서 일어나고, 전진하는 위족부위에서는 발생하지 않지만 어디서나 원형질막과 융합된다. 이것은 세포외배출 과정을 나타낸다. 그러나 이 경우는 항상 있는 것은 아니다. 녹조편모류인 *Chlamydomonas*의 경우, 액체의 방출은 막의 융합 없이 발생하며 막에 위치하는 친수성 관을 통해 대신한다. 어떤 파동편모충류의 수축포는 수축포의 오직 작은 부위만 원형질 막과 융합하며 액체를 배출시키기 위해 소관이 생긴다.

영구적인 특별히 조직된 배출공는 섬모충류에 특별히 존재하지만 (그림 **240**), 다른 원생생물에도 있다. 복잡한 피질요소가 원형질막과 융합을 방해하기 때문에 이들 먼저 형성된 배출공은 필수적이다. 배출하는 동안 수출포의 막전위가 급격히 떨어짐은 전기 발생기 (V−ATPase)가 구멍을 열기 전에 수축포와 연결되지 않기 때문이다.

삼투압 조절기능

수년 동안 수축포 복합체는 삼투조절을 한다고 생각해왔다. 원생동물 세포질의 삼투압 (45−117 mosmol/kg)은 주변 배지 (담수는 7 mosmo/kg 보다 낮은 몰랄농도) 보다 훨씬 높다. 결과적으로 물이 세포 안으로 들어온다. 물은 섭식 (식포)과 같은 다른 작용을 통해서도 들어온다. 세포벽 혹은 세포 부피와 내부 압력을 조절하는 다른 기작과 같은 반대작용이 없으면, 세포는 물이 유입되어 터져버릴 것이다. 이것은 주변 배지의 삼투압 (Osmoregulatory)을 증가 혹은 감소함에 의해 쉽게 연출되며 수축포의 활동을 증가 혹은 감소시키는 결과를 초래한다. 그러나 변화된 삼투압에 적응된 세포에서 침수성은 원형질막에서 일정하며 세포기질의 삼투압은 변한다. 세포기질은 항상 주변 배지에 대해 고장액이며 양의 내부 압력이 유지된다. 그러므로 수축포의 활동은 세포가 적응된 후 고장액 환경에서 다시 시작한다. 이렇게, 수축포의 기능은 물을 조절할 뿐아니라 잔여물을 제거하거나 세포 표면으로 생성물을 운반한다.

이 같은 수축포 복합체의 명백한 기능과 함께 다른 여러 기능도 제시되고 있다. 어떤 조건하에서 나트륨과 칼슘 같은 양이온이 수축포를 통해 활발하게 분비되어 진다고 본다. 원생 생물의 세포질은 비교적 고농도의 칼륨을 포함하고 있으나 나트륨은 낮은 편이다. 수축포에 의해 분비된 액체는 세포질보다 높은 칼륨과 염소 이온을 포함 한다. 그러나 나트륨과 칼슘의 운반을 위한 능동적 기작은 대부분의 원생생물에서 수축포와 관련하여 아직 보고되지 않고 있다.

체적 조절기능

수축포는 원생생물이 세포의 체적을 조절하여 주변 환경에 대응할 수 있는 독특한 기능을 수행한다. 수축포의 반응은 단주기 적응을 포함하는 것으로 보인다. 원생생물이 고정액의 배지에 놓이면 세포의 크기가 작아지고 수축포의 작용은 멈추게 된다. 이 같은 적응은 아미노산, 단가의 양이온과 세포질에 존재하는 당분의 농도의 증가에 의해 유발되며, 이 과정은 배지의 상승하는 이온의 세기를 상쇄하는 역할을 한다.

수축포의 수축성

일부 과학자는 수축포가 활발하게 수축하기 때문에 박동포 혹은 배수포로 부르고 있다. 그러나 수축포(contractile vacuoles)의 활발한 수축에 대한 최종적인 결론은 없으며 수축포가 세포내에 세포질 압력의 결과로 단순하게 비워진다는 견해에 대한 논란이 있어 왔다.

수축포 주변의 액틴, 알파 액틴, 미오신과 같은 다소 피상적인 수준 외에도 수축성에 관한 중요한 논란은 다른 원생생물의 수축포는 다소 직경이 작아지고 내용물이 배출되기 직전에 완전한 구형을 이룬다는 점이다. 더 나아가 섬모충의 배출공이 커버글라스에 의해 기계적으로 차단되면 수축포의 크기는 커지고 내용물을 배출할때 처럼 같은 리듬으로 잠정적으로 수축한다. 이 같은 관찰에 대한 가장 간단한 해석은 수축 운동 시 수축 요소들이 수축포의 모든 부위에서 작용하는 것으로 본다.

분리된 수축포의 최근 연구에 의하면 주변의 수축 그물의 도움 없이 수축포 막 자체가 둥글게 되거나 이완하는 주기를 가지고 있다. 수축포가 둥글게 되는 동안 막의 소관 형성은 수축포의 표면적을 효과적으로 감소시키고 실험관내 막의 강도는 35배 증가시킨다. 생체내에서 미세소관 리본과 수축포 막의 결합은 관형성을 자극하고 증진시키는 것으로 보여지며 그 결과 수축포 막의 장력을 증가시킴으로 ATP가 필요하다. 장력의 증가는 원형질막의 융합과 열린 구멍의 크기를 결정함으로 배출율을 조정하고, 방사상의 가지를 따라 미세소관과 결합된 팽대부로부터 수축포의 분리를 위해 중요하다.

박동주기

전형적인 박동주기는 그림 **242**에 보듯이 원시적인 구조의 수축포 복합체에서 형성된다. 수축이 진행되면서 수축포 주변에 소낭과 같은 구조물이 보이지 않는다. 이완기가 시작되면 소낭이 나타나며 서로 융합하여 크기가 커지고 마침내 수축포를 형성한다. 내용물이 배출되기 직전 수축포는 둥글게 되며 주변에 소낭으로 쌓이게 된다.

이러한 단순한 과정 외에 *Paramecium caudatum* 과 같이 복잡한 경우도 있다. 수축포는 수축기에 광학 현미경하에서 보이지 않으며 배출하는 동안 한 개 또는 몇 개의 연결관의 덩어리로 변화된다. 팽대부가 채워지면 (팽대부의 이완) 수축포는 나타나고 팽대부의 작용에 의해 채워진다 (팽대부의 수축). 다음으로 수축포는 둥글게 되고 구멍을 통해(수축포의 수축기) 내용물을 밖으로 배출한다. 동시에 팽대부는 다시 채워지게 된다. 액체는 수집관에서 팽태부로 지속적으로 흐른다. 그러므로 팽대부는 지속적인 물의 분리과정에도 불구하고 수축포의 내용물을 전달하는 완충기의 역할을 한다. 배출주기를 결정하는 세포의 세포기질 속에 보편적 시간 기작은 없으나, 막의 장력 증가는 수축포의 수축과 이완의 주기를 결정하는 것으로 보여진다.

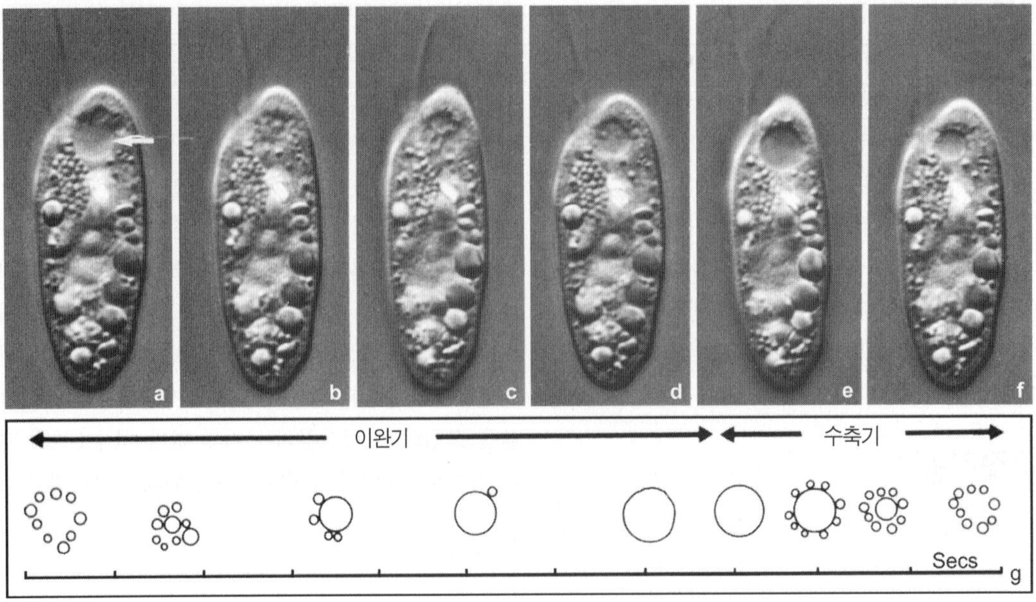

그림 **242** 은편모류 *Chilomonas* 수축포(화살표)의 박동주기 (a-f); 1회 주기는 10초 걸림 (g) (Patterson & Hausmann: Br. phycol. J. 16 [1981] 429). 배율: a-f 3,000 x.

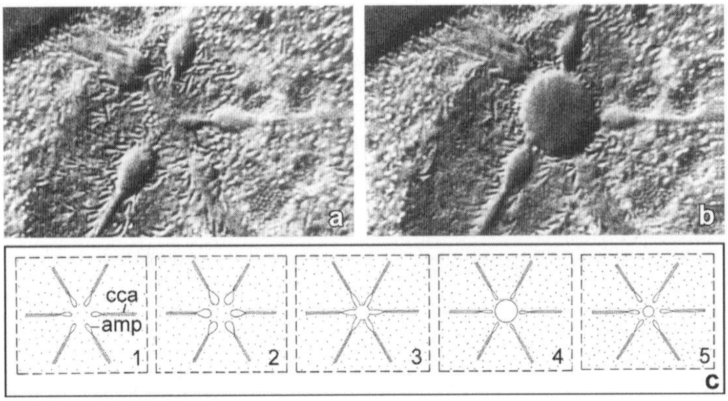

그림 **243** 짚신벌레 수축포의 박동주기: **a**, 수축기; **b**, 이완기; **c**, 정상적으로 8초 걸리는 *P. caudatum* 박동주기의 일부 중간 단계 (1-5)의 모식도. amp=팽대부, cca=수집관. 배율: a & b 750 x.

수낭

비록 와편모류는 수축포를 가지고 있지 않지만 유사한 기능을 가진 수낭이 편모의 기부에 있다. 수낭(Pusules)은 관모양으로 원형질막의 분지형태로 세포내 소낭 시스템과 밀접하게 연결되어 있다. 수축포와 다르게 수낭은 주변 매질에 영구적으로 열려있다 (그림 244).

일부 와편모류는 두 가지 형태의 수낭 즉, 집합 수낭과 주머니 수낭이 있다. 후자는 소낭으로 쌓여 밖으로 넓은 채널을 형성하는 팽대부가 있다. 대조적으로 집합 수낭은 한 개나 두 개의 큰 소낭과 밖으로 향하는 좁은 관으로 형성되어 있다. 주머니 수낭은 주로 해산 유각 와편모류에서 발견된다.

수낭은 삼투압조절 기능을 가지지만 수축하지 않고 단지 산발적으로 박동을 한다. 이들 구조가 전혀 삼투압 조절과 관련이 없다고 할 수는 없으나 확실한 증거가 제시되어야 할 것이다.

7.6 운동성

모든 원생생물은 운동성이 있거나, 운동성이 있는 시기를 가진다(그림 245). 운동성은 이동, 수류 생성 및 세포내 운동을 포함하며, 대부분의 운동성은 섬모 또는 편모 활동의 결과로 나타난다(유영, 유액의 흐름 등). 원생생물의 운동성에 대한 기작의 대략적인 윤곽은 알려져 있지만, 근본적인 기작에 대해서는 자세히 알려져 있지 않

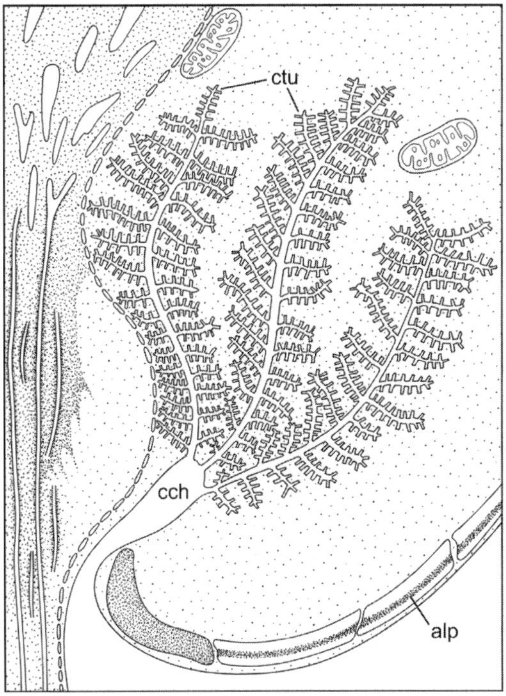

그림 244 와편모류 수낭의 관 시스템. alp=피막포판 (alveolar plates=amphiesmal plates), cch=수집실 (collecting chamber), ctu=수집관 (collecting tubules) (Cachon).

그림 245 자극이 없는 환경에서 *Paramecium* 유영세포의 이동자취와 속도(2.5초 간격의 비디오 분석). 자취는 왼쪽방향으로 감기는 나선형이며 최대거리는 약 4mm이다. *= 반대방향으로 헤엄침 (H. Macheer와 R. Braucker, Bochum의 허가 하에 사용)

거나, 많은 부분이 추측에 근거하고 있다. 예로, 미끄러짐 운동과 세포 모양의 변화와 같은 독특한 운동 기작을 들 수 있다.

섬모와 편모

섬모(cilia)와 편모(flagella)는 그 지름이 0.3 μm에서 수 μm에 이르는 실 모양의 조직이다. 이들은 주로 피층에 위치한 기저체로부터 뻗어 나오며 이들의 축사(axoneme)는 원형질막으로 덮여 있다(그림 **246**). 그런 까닭에 진핵생물의 섬모와 편모는 세포 내 소기관인 반면에, 원핵생물의 편모는 세포 밖에 존재한다. 축사의 구조와 기능에 대한 대부분의 지식은 편모와 섬모가 있는 원생생물의 연구를 통해 얻어졌다.

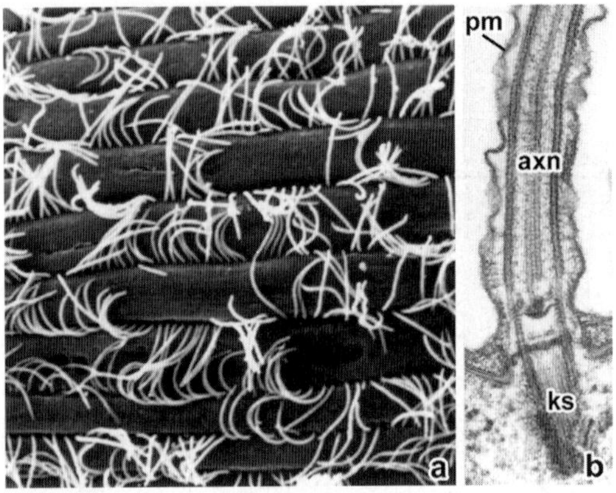

그림 **246** 섬모충류 섬모의 정면(**a**, *Homalozoon*)과 세로축 단면(**b**, *Paramecium*). axn= 축사, ks= 모근체(kinetosome), pm= 원형질 막. 배율: a 1,200 x, b 32,000 x.

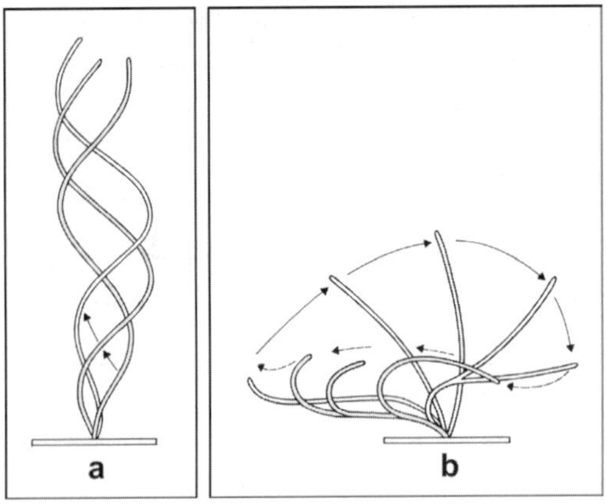

그림 **247** 파상의 편모(a) 및 섬모운동(b)을 설명하는 그림 (Satir 이후).

섬모와 편모의 젓기 운동(beating)은 섬모충류와 편모류 연구 초기에서부터 관찰되어 온 뚜렷한 현상이다. 먼저 눈에 띄는 점은 섬모의 운동이 편모의 것과는 다르게 보인다는 것이다. 편모는 삼차원 공간에서 파동 패턴으로 휘저으며 움직이는 반면, 섬모는 2차원 평면 내에서 젓는 것처럼 보인다(그림 **247**). 그러나 보다 상세한 연구들에 의해서 섬모 역시 나선형 또는 3차원적 방법으로 휘젓는다는 사실과, 일부 편모는 단일 평면 안에서만 움직인다는 사실이 밝혀졌다.

섬모와 편모의 절단면은 특유의 미세소관 배열을 가진 축사를 보여준다. 이 배열은 '9×2+2' 패턴이라 불리며, 축사는 원형질막에 의해 둘러싸여 있다(그림 **248**). 9개의 주변 이중미세소관(이중체, doublet)과 두 개의 독립적인 중앙미세소관(단일체, singlet)으로 구성되어 있다. 각 이중체는 13개의 원섬유(protofilament)로 이루어진 한 개의 미세소관(A-소관)과 한 개의 부착미세소관(B-소관)으로 구성된다. B-소관은 자체적으로 10개의 원섬유만을 가지고 있고 세 개의 원섬유를 A-소관과 공유하고 있다.

각 A-소관은 인접 이중체의 B-소관을 향하는 한 쌍의 팔 모양 단백질구조(디네인 팔, dynein arms)가 시작되는 지점이다. 이중체들은 넥신결합(nexin links)에 의해서 서로 연결되어있고 또한 각 이중체의 A-소관도 넥신결합에 의해서 인접 이중체의 B-소관에 연결되어 있다. 중앙 미세소관들은 방사상의 디딤대들(spokes)이 발생하는 중앙덮개요소(central sheath material)에 의해 둘러싸여져 있다. 이 디딤대들은 각 이중체의 A-소관과 연결되어 있다. 이러한 구조물들은 축사의 길이를 따라 지속적이지 않고 각각 고유의 분포 주기성(periodicity)을 가지고 있다.

기저체의 구성은 축사의 구성과는 다르다. 섬모의 중앙 소관은 축과립(axial granule)으로 끝나는 반면, 주변 이중체들은 C-소관이 합세하는 기저체로 이어진다. B-소관처럼, C-소관은 불완전한 미세소관으로 B-소관과 원섬유를 공유한다(그림 **249**). 섬모류는 종종 섬모가 없는 기저체를 가지고 있으며 이러한 기저체는 섬

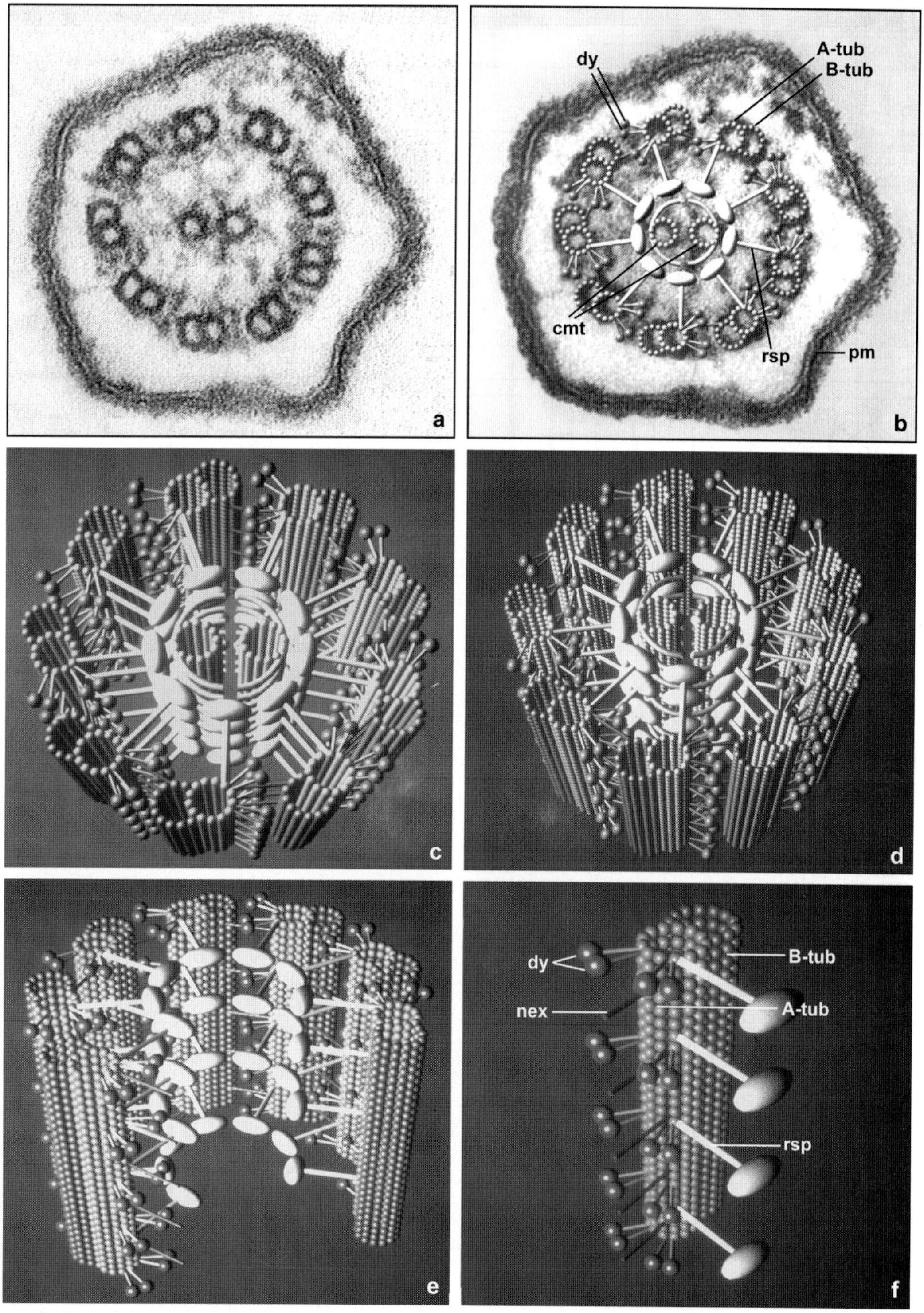

그림 **248** 섬모의 횡단면(**a**)과 9×2+2를 보여주는 도식적 횡단면(**b**); **c-f** 축사(**c-e**)와 미세소관 이중체(**f**)의 삼차원적 구조. A-tub: A-미세소관, B-tub= B-미세소관, cmt= 한 쌍의 중앙 미세소관, dy= 디네인 팔, nex= 넥신(이중체 간의 결합), pm= 원형질막, rsp= 방사상 디딤대(b-f Hausmann과 Gradias로 부터). 배율: a 200,000x.

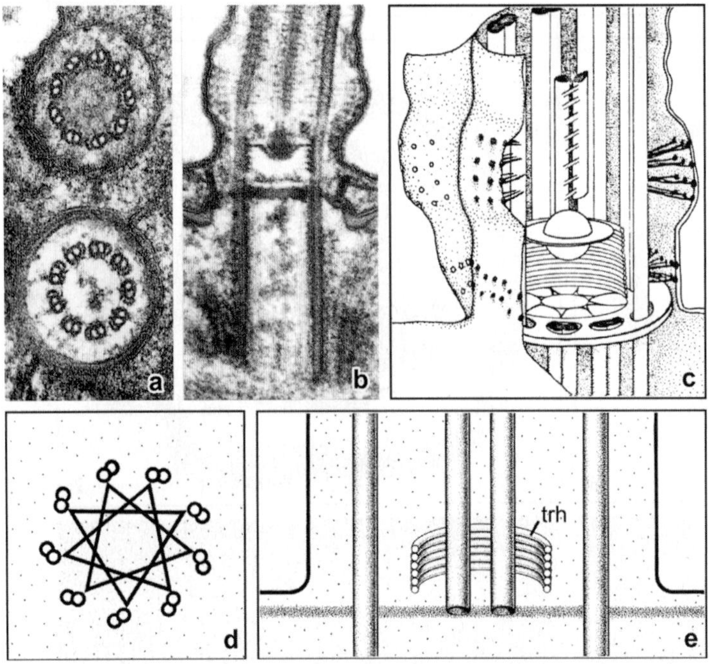

그림 249 섬모 기부: **a** 축사와 모근체 전이지역(transitional region)의 횡단면; 9개의 축사 이중체(위)와 9개의 모근체 삼중체(triplets)(아래); **b** 축사와 모근체의 세로축 단면; **c** 도해; **d** 축사와 모근체 전이 지역의 별모양 패턴(예, 녹조식물문); **e** 부등편모류(Heterokonta)의 전이나선(transitional helix, trh) (c는 Dentler: Int. Rev. Cytol. 72 [1982] 1). 배율: a와 b 60,000 x.

모가 있는 기저체와 짝을 이루기도 한다. 편모류와 섬모충류의 기저체는 종-특이적으로 배열되는 미세소관 및 섬유 구조들과 결합되어 있다. 이러한 요소들의 수, 삽입 위치와 구성은 섬모충류와 편모류의 여러 그룹 간의 계통발생학적 관계를 결정하는 데에 사용될 수 있다. 모든 섬모와 편모는 공통 기원을 가지기 때문에, 이와 관련된 근본 구조의 일부도 공통 기원을 가질 것으로 보인다. 이러한 특징은 원생생물의 다른 그룹 내에서 상동 편모를 확인하는 데 도움이 될 수 있다. 흔히 발생하는 편모변형(flagellar transformation)이 진행되는 동안에, 쌍 편모세포의 한 편모(성숙하지 않은 편모)가 다음 세대에 다른 상태(성숙한 편모)로 변하게 되며, 관련된 기저체의 근본구조 역시 변한다. 예를 들어, 부등편모류(heterokont)의 털이 많은 편모는 세포 분열 동안 매끈한 편모로 완전하게 변화된다.

섬모와 편모의 끝은 독특한 방식으로 구성되어 있다. B-소관은 A-소관보다 짧으며, 주변 이중체 미세소관은 중앙에 위치한 한 쌍의 미세소관보다 짧다. 따라서 편모나 섬모의 끝 부분 단면에서는 두 개의 중앙 미세소관 또는 두 개의 중앙 미세소관과 9개의 주변 A-소관을 관찰할 수 있다(그림 **250 a**). 중앙 미세소관들은 다양한 방법으로 원형질막에 부착할 수 있으며, 이것은 종-특이적 현상이다(그림 **250 b**).

9×2+2 패턴은 한 생물에서 다른 생물로 높은 비율로 보존된다. 축사의 지름은 항상 0.25 μm이며, 디네인 팔, 넥신 결합 및 방사형 디딤대와 같은 부가적인 요소들의 배열은 항상 축사에 따라 동일한 특정 위치에서 나타

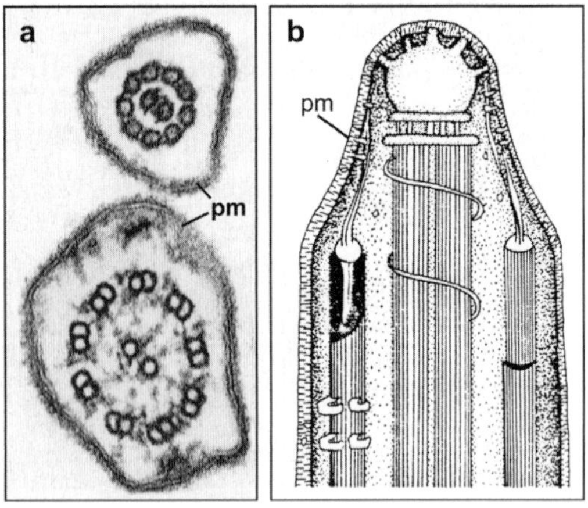

그림 250 섬모의 정점: **a** A-미세소관만이 보이는 섬모 끝의 단면; **b** 전단에서 중앙 미세소관 쌍이 고정됨. pm= 원형질막 (b는 Dentler: Int. Rev. Cytol. 72 [1982] 1). 배율: 85,000 x.

난다. 그러나 여러 다른 형태도 발견되었다. 어떤 족포자충류(gregarine)나 규조류 배우자의 편모는 9×2+5, 9×2+0, 6×2+0 또는 3×2+0 패턴을 가진다. 그럼에도 이들은 운동성을 보이지만, 정상적인 축사 패턴을 가진 다른 원생생물보다는 훨씬 덜 활동적이다.

섬모나 편모의 끝에서 발견되는 미세소관의 비대칭은, 한 주변 이중체가 다른 이중체에 맞대어서 미끄러지는 작용에 의해 섬모와 편모의 운동이 생겨났을 지도 모른다는 가설을 불러 온다(그림 **251**). 이에 대한 증거는 다른 방향으로 구부러진 섬모의 초미세구조 연구를 통해 제시되었다. 넥신결합과 방사상 디딤대에 의한 주변 이중체와 중앙 미세소관 쌍 간의 상호 연결은 주변 이중체의 미끄러짐 운동을 구부러지는 동작으로 전환시켜준다.

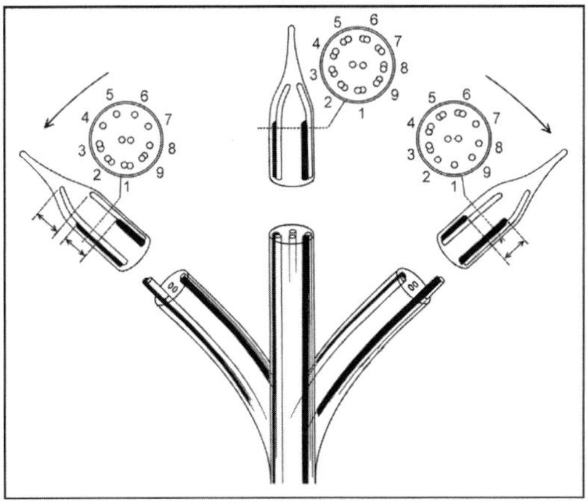

그림 **251** 바깥쪽 이중체 미세소관 간의 미끄러짐 기작 모형 (Saitr 이후).

현재 디네인 팔이 ATP 가수분해효소 활성을 가지고 있다는 것이 입증되었다; 디네인 팔은 섬모 또는 편모의 운동의 힘을 생성하는 요소이다(그림 **252**). 휴면기(생장정지)에, 디네인 팔은 양 이중체에 직각으로 놓여지고, 이중체의 양쪽 끝에 붙는다. ATP가 디네인과 결합하면, 이는 B-소관으로부터 빠르게 풀려난 후에 매우 조밀해진다. ATP가 가수분해 됨에 따라, 디네인 팔은 다시 확장되어 인접 이중체와 약 40°의 각도에 놓이게 되고 기저쪽을 향하게 된다. 이 확장된 팔은 가수분해 산물(ATP + Pi)이 방출됨에 따라서 새로운 장소에 다시 부착한다. 그리고 나서 이 팔은 형태를 바꾸어 이중체 중 하나를 아래쪽으로 미끄러뜨리며, 다시 수직한 연결 다리 형태로 돌아간다. 디네인 팔의 이러한 주기적인 부착, 이동, 분열 및 재충전은 초당 약 50번의 속도로 빠르게 반복될 수 있다. 섬모를 감싸고 있는 원형질막은 축사의 모든 부분에 ATP를 균일하게 분포될 수 있도록 해준다. 디네인 팔은 적어도 5개의 소단위(subunit)를 가지고 있는 것으로 알려져 있으며, ATP, ADP+Pi, Ca^{2+}의 유/무에 기인한 단백질 구조의 변형을 통해서 소단위들이 삼차원적으로 재배열됨으로써 디네인 팔의 젓는 운동이 발생하게 된다.

일정한 순서로 움직이는 여러 주변 이중체에 위치한 여러 디네인 팔의 활동으로 인해 섬모나 편모가 매우 매끈한 운동을 하게 된다. 예를 들어, 만약 섬모가 왼쪽 방향으로 젓게 되면, 상부 이중체들의 디네인 팔들은 (단면을 보았을 때) 반드시 움직여야만 하는 반면, 하부 절반의 이중체들은 움직이지 않는다. 회복을 위한 젓기 운동

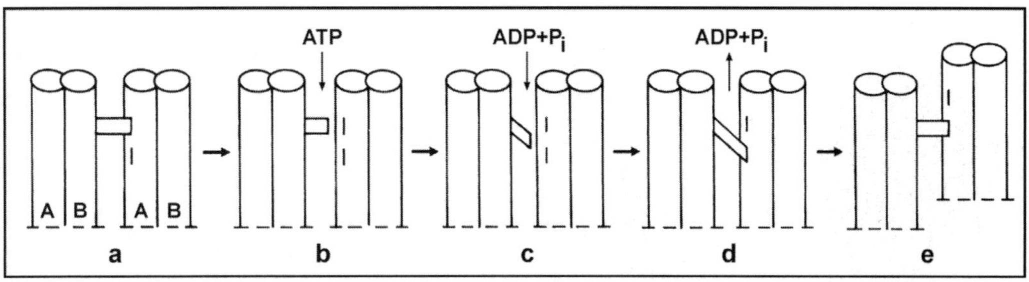

그림 **252** 디네인 교차결합 주기 및 ATP 가수분해의 가능성 있는 도식: **a** ATP가 없는 상태에서 A-소관의 디네인 팔이 인접한 B-소관에 결합; **b** ATP가 디네인에 결합하여 팔이 떨어지고 짧아지게 함; **c, d** ATP의 분리는 디네인 팔이 약 40°의 각도로 이동하고 B-소관이 가능한 위치에 다시 부착되는 과정과 함께 일어남; e 디네인 팔이 원래의 위치로 돌아감으로써 인접한 이중체의 미끄러짐을 야기시킴 (Saitr 이후)

인 반대 상황에서는 반대로 하부 이중체들이 반드시 움직여야만 한다. 중앙 미세소관들이 조절 기능을 가지고 있을 것이라고 제안되어 왔다. 적어도 3차원적 휘젓기 운동을 하는 일부 섬모(예, *Paramecium*)에서는 중앙 미세소관 쌍이 중앙 덮개 내에서 회전한다는 사실이 증명되었다. 다른 연구자들은 회전이 수동적인 반응일 수 있으며, 중앙 미세소관이 축사에 여분의 힘을 공급할 수 있다고 제안한다.

섬모의 젓기 운동은 두 단계로 나눌 수 있다: 유효 젓기(stroke)와 복귀 젓기(그림 **247 b**). 유효 젓기를 하는 동안, 섬모의 대부분은 직선 형태를 유지하며 주로 기저부 근처에서 휘어진다. 복귀 젓기를 하는 동안, 섬모는 기저부에서 끝부분으로 전달되는 파동의 형태로 전체가 휘어진다. 유효 젓기 동안에 섬모는 주변 수를 움직이게 하는 반면, 복귀 젓기 동안에는 물의 움직임이 아주 적게 나타난다. 이런 방법의 섬모 활동은 몸체를 유효 젓기의 반대 방향으로 이동시키거나 유효 젓기의 방향으로 물을 이동시킨다.

편모의 젓기 운동은 섬모의 젓기 방법과는 차이를 보인다. 극단적인 경우로, 평면 젓기 또는 나선 젓기를 들 수 있으며(그림 **253**), 이 두 경우에도 많은 차이점이 있다. 편모의 사인파(sinusoidal wave) 움직임은 몸체를 앞쪽으로 이동시키는 수류를 발생시킨다. 편모가 세포의 후미에서 발생한 경우에, 사인파는 기저체로부터 편모의 후미를 향하여 전달된다. 편모가 몸의 앞쪽에서 발생한다면, 사인파는 대개 편모의 끝에서부터 기저체를 향하여 전달된다. 두 경우 모두에서 생물체는 앞쪽으로 유영하게 된다. *Ochromonas*(그림 **254**)와 같이 편모털(mastigoneme)들로 덮인 편모를 가진 세포의 경우에는

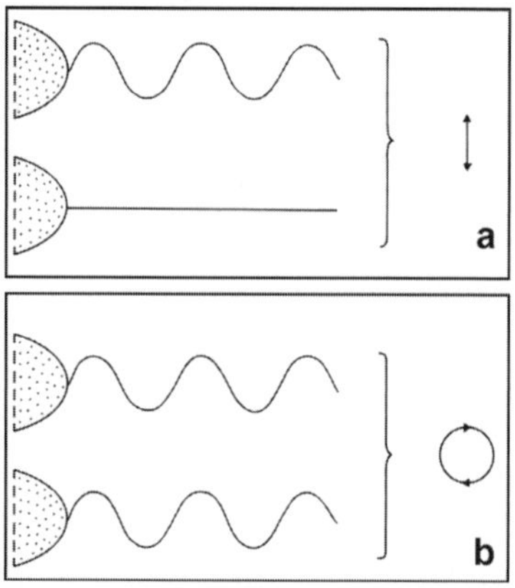

그림 253 정면과 측면에서의 편모 젓기 패턴과 파형. **a** 단일 평면에서 젓기; **b** 나선형 휘젓기

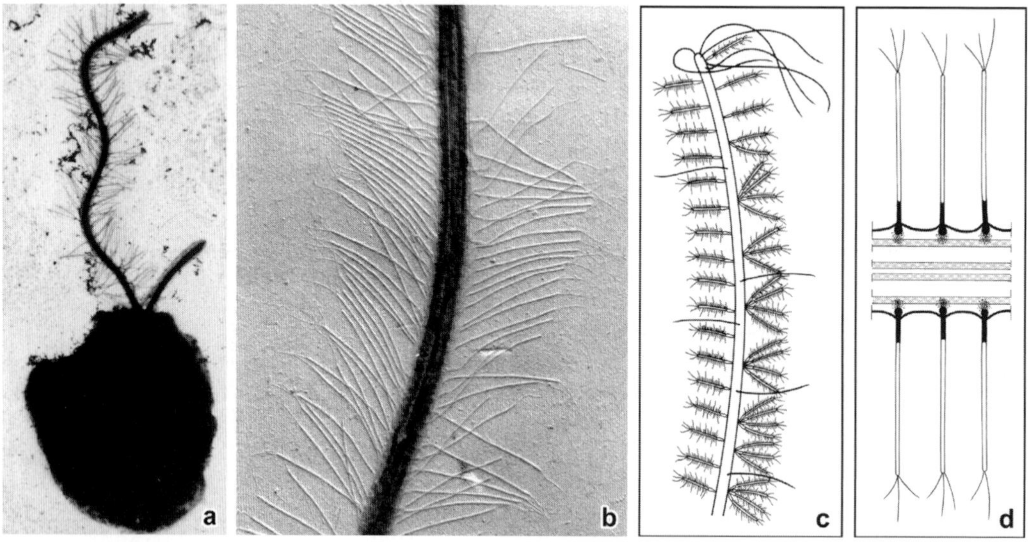

그림 254 황갈색편모류(chrysomonads)의 편모털들. **a** *Poterioochromonas*의 이형편모; **b** *Paraphysomonas cylicophora* 편모털들; **c** *Ochromonasdanica*의 편모에 있는 여러 종류의 편모털들의 방향; **d** 끝이 세 갈래로 나누어진 편모털 또는 세가닥편모털(stramenopili)의 도해 (b는 B.S.C. Leadbeater, Birmingham의 허가 하에; c Bouck 이후). 배율: a 4,500 x, b 15,000 x.

편모의 끝에서 기저부를 향한 사인파가 몸체를 편모의 끝 방향으로 이동시킬 수 있다. 이는 배의 노와 같이 편모털들이 유체 역학적 힘을 역이용함으로써 일어난다.

섬모와 편모의 운동은 다양한 방식으로 존재하고, 일부 섬모와 편모는 세포 활동에 따라 다른 종류의 젓기 운동을 수행할 수 있다. 예를 들어, 일부 섬모는 먹이 섭취뿐만 아니라 이동과 같은 다양한 기능을 가지고 있다. 이는 어떻게 편모와 섬모 운동이 조절되고 있는 지에 대한 의문을 제기시킨다. 섬모와 편모는 유효 젓기의 방향을 바꿀 수 있다. 이것은 대표적인 예로 *Paramecium*의 회피반응에서 가장 잘 나타난다(그림 **255**). *Paramecium*이 장애물과 충돌하게 되면, 세포는 갑자기 뒤쪽 방향으로 헤엄치고, 회전한 다음에 다시 새로운 방향으로 헤엄치기 시작한다. 이런 행동은 다음과 같이 설명될 수 있다. 장애물과의 접촉은 원형질막의 탈분극화를 야기시켜서, 섬모 막의 칼슘 투과도 변화와 칼슘의 갑작스런 유입을 일으킨다. 섬모의 칼슘 농도 증가는 유효 젓기의 방향을 재설정하고, 세포는 뒤쪽으로 헤엄치게 된다. 물리적 접촉 직후에, 칼슘은 세포질 밖으로 방출되어서, 뒤쪽 방향이나 앞쪽 방향으로 헤엄치지 않게 되는 수준에 도달할 때까지 점진적으로 새로운 방향을 설정한다(회전 단계). 마지막으로 세포질 내 칼슘 농도가 정상으로 돌아오면, 세포는 다시 앞쪽으로 헤엄치기 시작한다.

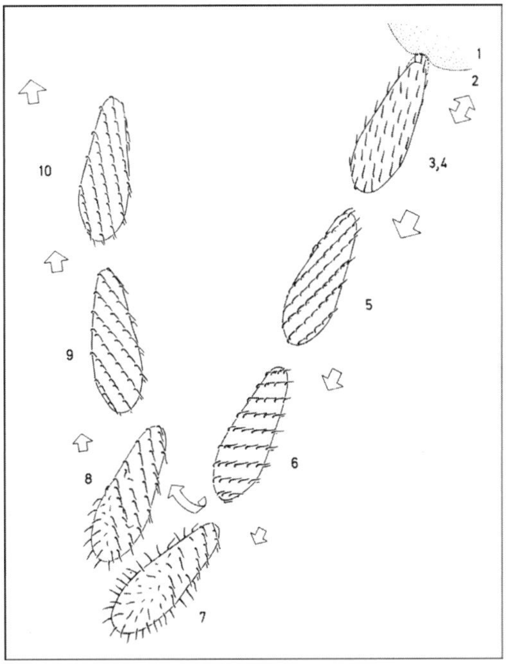

그림 **255** 국지적 자극에 의해 야기된 *Paramecium* 회피반응 동안의 운동. 유영 속도는 화살표의 크기로 표시하였다. 초기 동기화된 섬모 전환(4)과 비 활성화된 섬모(7, 8). 뒤쪽으로 유영하는 시기 끝부분에서, 회전하는 동안(4-7) 임의로 방향이 재설정되고 섬모는 일시적으로 비활성 상태가 된다(7, 8). (Machemer와 de Peyer: Verh. Dtsch. Zool. Ges. 70 [1977] 86).

섬모의 기저부에 위치한 막 내부의 입자 집합체가 칼슘 통로일 수도 있다고 추정되어 왔다. 이 추정된 통로는 주변 이중체들이 배열되는 것과 같은 방식으로 놓여 져 있다(그림 **249 c** 참조). 그러나 정밀한 관찰 결과들은 다른 섬모충류에서 발견되는 입자 집합체가 *Paramecium*과는 다른 방법으로 배열되어있고, 종종 9-미세소관이 대칭으로 나타나지 않는다는 것을 밝혔다. 섬모와 편모의 운동 조절에 있어서 칼슘의 역할을 설명하는 많은 연구들이 보고되었고, 이에 따라서 세포 내에 칼슘이 격리될 수있는 장소들이 있을 것으로 생각된다. 세포 표면하의 피막포(alveoli)가 그러한 장소를 제공할 것이라는 제안이 있다. 만약 그렇다면, 피막포는 칼슘 저장 장소로 나타내고 척추동물 골격근의 근형질세망(sarcoplasmatic reticulum)과 유사할 것이다.

단일 섬모나 편모의 젓기 운동은 개별 조절되기도 하지만, 밀접하게 붙어있는 모든 섬모와 편모의 활동은 공조(coordination)되어 움직인다. 이는 *Paramecium* 섬모와 *Opalina* 편모의 진행파(metachronal wave) 패턴에서 가장 잘 나타난다. *Paramecium*의 젓기 방향에 평행한 섬모는 모두 같은 젓기 상태에 있으며, 그들의 구부러진 상태는 인접한 섬모에 대해서 같은 위상으로 움직임으로써 특유의 파동 패턴이 만들어진다(그림 **256**). *Paramecium*에서 섬모의 젓기 방향은 생물의 세로축에 대해 기울어져 있고, 이로 인해 생물체가 나선형으로 헤엄치게 된다. 세포가 앞쪽으로 이동할 때에 진행파는 몸체 후미 왼쪽에서 앞쪽의 오른쪽으로 이동한다. 일반적으로 섬모 젓기의 공조는 섬모의 위치 선정에 의해 영향을 받는 유체 역학적 효과의 결과라고 생각한다. 소막섬모충강(Oligohymenophorea)의 측면(paroral membrane)(파상 막) 또는 하모섬모충류의 극모와 같

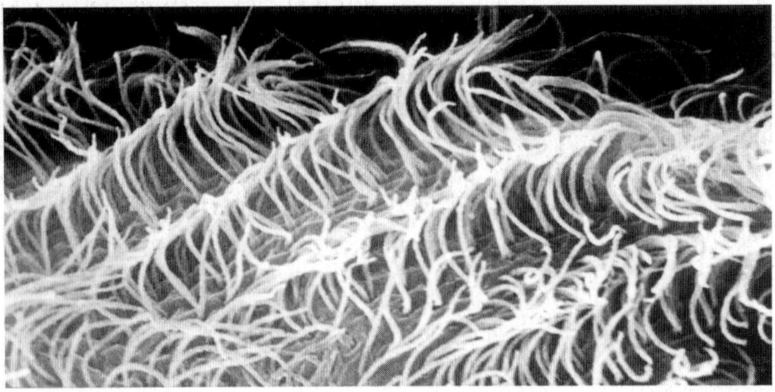

그림 **256** *Paramecium*에서의 진행파(Hausmann: Mikrokosmos 63 [1974] 165). 배율: 2,000 x.

이 서로 밀접하게 붙어있는 섬모는 고도로 조직화된 방법으로 움직이거나 아니면 서로 동시에 움직인다. 이 움직임은 섬모들이 외형상으로 단일체라는 인상을 준다. 이러한 복잡한 섬모 세포 소기관들이 이전에는 서로 기계적으로 연결되어있다고 생각되었지만, 이를 지지해주는 증거가 없다. 주의 깊게 관찰을 하면 극모와 섬모막(membranelle)은 개개의 섬모 다발들로 구성되어 있다는 것을 알 수 있다. 다소의 격리된 경우에서만 섬모들 간의 연결이 증명되었다.

또한 섬모 활동이 신경운동 또는 신경 섬유 요소(하위세포의 신경세포와 동등함)를 지닌 뇌에 의해 조절된다는 오래된 가설이 있다. 이 가설은 섬모하부구조의 일부 섬유 체계를 설명해 준 은 주입염색(silver impregnation)의 결과에 근거한 것이었다. 초기의 은 주입 절차가 원래 척추동물의 신경세포를 염색하기 위해 고안되었다는 사실이 이 생각에 무게를 더해주었지만, 이 가설은 전기생리학적 연구들에 의해서 반박되었다. 신경 섬유망에 의한 조절에 반대하는 다른 강한 논증은 *Mixotricha paradoxa*에서 관찰된 내용을 근거로 한다. 이 생물은 흰개미의 소화관에 서식하는 편모류이다. 세포 표면은 공생 스피로헤타류(spirochaetes)에 의해 덮여 있고 이러한 스피로헤타는 서로 다른 개체와 연결되어 있지 않음에도 불구하고 *Opalina*의 편모를 연상시키는 진행파 패턴으로 움직인다.

진행성(metachronism)에는 여러 종류가 있다(그림 257). 유효 젓기가 위상변화 방향으로 갈 때, 이를 심플렉틱 진행(simplectic metachrony)이라 부르며, *Opalina*와 *Isotricha* 같은 내부 공생자에서 흔히 발견된다. 유효 젓기가 위상 변이 오른쪽에 대하여 직각을 이루면, 이를 덱시오플렉틱 진행(dexioplectic metachrony)이라 부르며, *Paramecium* 같은 대부분의 자유생활 섬모충류에서 발견된다. 이런 생물체에서 진행파는 섬모의 시계반대방향 회전과 함께 일어나지만 주변 매질의 점도가 증가하면 바뀔 수 있다. 예를 들어, 점도가 높은 메틸셀룰로즈 용액 안에서, *Paramecium*은 덱시오플렉틱 진행을 심플렉틱 진행으로 전환시킬 수 있다.

위에서 설명된 축사 구조 외에도, 어떤 섬모와 편모는 다른 부속 구조물들을 가지고 있을 수 있다. 예로 유글레나와 운동핵편모충류의 편모와 와편모류의 횡편모는 축주간상체(paraxial rod)를 포함하고 있으며, 이 간상체는 축사에 평행하게 놓여져 있어 편모를 뻣뻣하게 한다(그림 **24 b** 참조). 와편모류의 종편모는 편모를 빠르게 세포질로 다시 끌어들이는 수축 섬유 다발을 가지고 있다. 많은 편모류들은 세포밖에 편모털들(그림 **24 a, 254**)이나 비늘(그림 **168**)같은 원형질막과 관련된 부속 구조물들을 가지고 있다. 예를 들어, 파동편모류

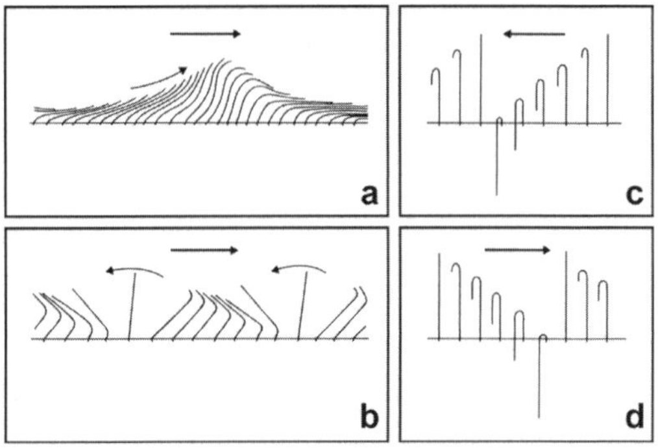

그림 **257** 섬모의 공조유형과 파형. **a** 심플렉시(simplexy); **b** 안티플렉시(antiplexy); **c** 래오플렉시(laeoplexy); **d** 덱시오플렉시(dexioplexy) (Sleigh로 부터).

(trypanosome)에서 볼 수 있는 파동막(그림 50 참조)은 비교적 점도가 높은 매질에서 추진 이동에 특히 효과적인 것으로 보여진다. 달팽이(*Triadopsis*와 *Helix*)의 정낭에서 공생자로 살아가는 운동핵편모충류인 *Cryptobia*에서 편모의 독특한 변형이 발견되었다. 이 편모의 기저 5–10 μm 부분의 막은 정낭상피(spermathecal epithelium)의 미세 융모를 감을 수 있도록 손가락 모양의 돌기들을 형성하여 편모류가 숙주에 부착할 수 있게 한다(그림 258).

축간과 늑조

축간(axostyle)은 미세소관이 촘촘하게 모인 얇은 판형의 거대한 다발이며(그림 21, 40 참조), 첨예편모류(oxymonads), 털편모류(trichomonads)와 초편모류(hypermastigids)와 같은 편모류에서 나타난다. 이러한 편모류 중 일부에서 축간은 운동성을 가지고 세포의 감는 움직임과 비트는 움직임에 관여한다. 또한 축간은 고유의 축을 중심으로 회전하고 편모류의 운동에 기여하기도 한다. 다른 단백질 중에서, ATP효소 활성을 지닌 디네인은 축간으로부터 분리되어 왔다. 따라서 축간의 운동은 섬모와 편모에 존재하는 것과 같은 기본 기작에 근거한다고 추측하는 것이 합리적인 것 같다. 축간의 미세소관들 간에 상호 연결이 관찰되었으며 아마도 이러한 연결은 디네인 분자를 의미한다.

또한 축간을 가진 편모류 중 다수는 늑조(coasta)라 불리는 막대 모양의 세포 소기관을 가지고 있다. 단백질로 구성된 늑조는 편모 기저체에서 발생하고 세포의 후미 쪽으로 연장되며, 전자 현미경하에서 줄무늬 섬유처럼 보인다. 늑조는 지지 기능 이외에도 생물의 굽힘 운동에도 일부 관여한다.

착편모

착편모(haptonema)는 착편모류 또는 후각편모류(prymmesiomonads)의 구성원에서만 발견되는 세포 소기관이다. 착편모는 두 개의 편모 사이에서 발생하며(그림 60 참조), 주변 편모와 거의 같은 두께이다. 착편모의 길이는 매우 다양하게 나타난다. 착편모의 단면을 보면 원형질막 내에 6–7개의 미세소관과 시스터나

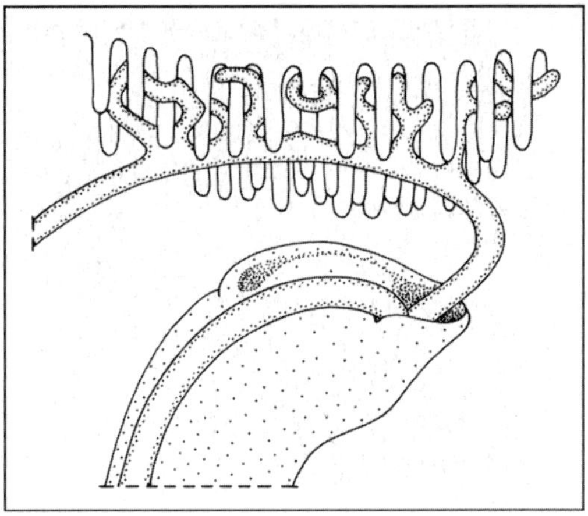

그림 258 파동편모충류 *Cryptobia*에서 부착기로써 편모의 분지(Current 이후).

(cisterna)들을 가지고 있는 것으로 보인다. 착편모는 글루틴으로 구성되어 있으며 생물이 기질에 부착할 수 있도록 부착기의 역할을 한다. 착편모는 뚜렷한 움직임을 보이고, 1초에 1/50에서 1/100배로 감겨질 수 있으며 풀리는 과정은 2–10초간 지속된다. 이러한 활동의 원동력은 아직 알려져 있지 않았다. 적어도 착편모의 중요한 기능 중 설득력 있는 것은 먹이 포획에 관련되어 있다는 것이다(그림 277).

아메바성 운동

대개 아메바성 운동(amoeboid movement)은 위족 확장에 의한 특정 원생생물의 이동과 관련이 있지만, 이러한 현상과 일반적인 기작은 다른 형태의 세포질 유동과도 관련이 있을 수 있다. 다른 진핵 세포에서와 같이, 세포질 유동(예, 세포질 환류)은 원생생물의 자연스러운 움직임이다. 하지만 세포질 운동이 항상 전체 세포의 위치 이동이나 세포 모양의 변화를 일으키는 것은 아니다.

아메바 *Dictyostelium*의 이동 외에도, 아메바형 운동은 엽상근족 아메바류 *Amoeba proteus*와 *Chaos chaos*에서도 상당히 뚜렷하게 나타난다(다른 종류의 위족을 가진, 많은 다른 종류의 아메바에서 이동 기작은 잘 알려지지 않았다). *Amoeba proteus*는 신장되는 엽상위족(lobopodium)의 끝 부분에 투명한 덮개 또는 투명한 부분을 가진다. 이 끝 부분 바로 뒤에서 덮개는 세포의 나머지 부분을 둘러싸고 있는 얇고 투명한 층으로 좁아

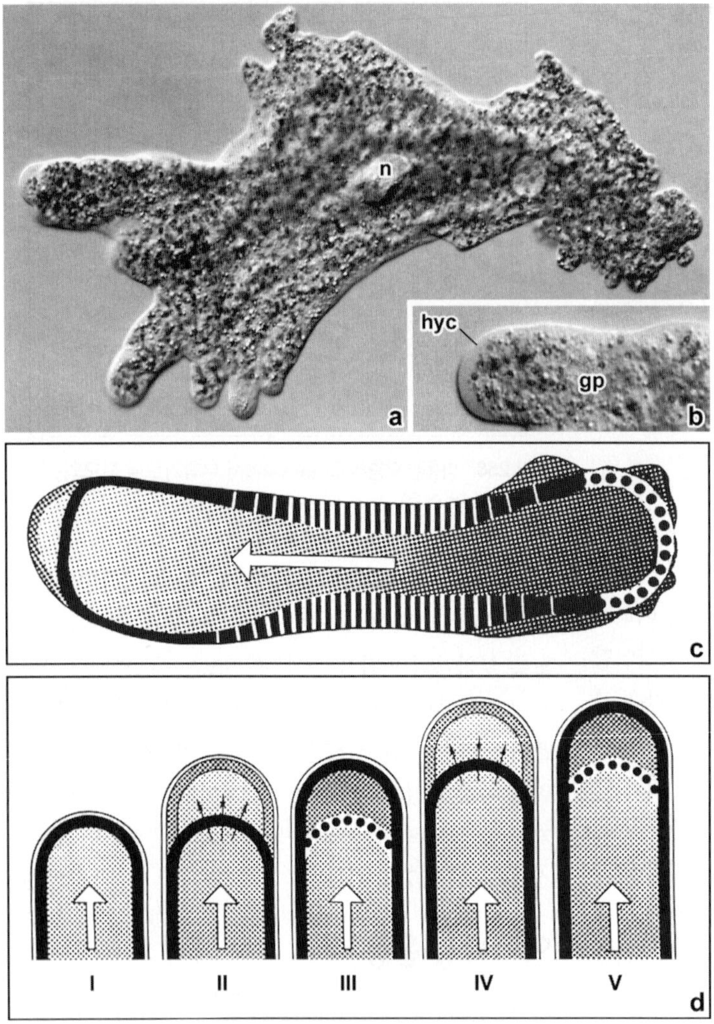

그림 **259** 아메바 운동: **a** *Amoeba proteus*의 이동 형태. n= 핵. **b** *Amoebaproteus*의 위족 앞부분에서 투명 세포질(hyc)과 과립질(gp)이 명확히 구별됨. **c** 세포질 유동(화살표)의 모형; 점들이 있는 밝은 부분= 졸 세포질, 점들이 있는 어두운 부분= 겔 세포질, 검정색 층= 새로 형성된 미세 섬유 체계, 흰색줄무늬가 있는 검정색 층= 수축된 미세섬유 체계, 검은 점이 찍힌 층=미세 섬유 체계의 해체. **d** 원형질막으로부터 피층 분리가 일어나고 이러한 분리에 의해 외형질의 국지적 이완이 주기적으로 이루어져 위족이 형성됨(II, IV), 위족 끝부분에서 새로운 층의 형성(III, V), 투명한 과립질 경계에서 오래된 피층 파괴(III, V) 및 그 층과 세포질 사이의 세포질의 졸화(점들이 있는 밝은 부분)와 겔화(점들이 있는 어두운 부분)가 번갈아 일어남. (Stockem과 Klopocka: Int. Rev. Cytol. 112 [1988] 137). 배율: a 350 x, b 400 x.

지게 된다(그림 **259**). 위족이 신장되는 동안, 위족 중심 부위의 세포질은 과립상 용액(내형질의 졸 상태)으로서 앞쪽을 향해 흐른다. 그러나 피층 부분에서는 세포질이 정지한 상태(외형질의 겔상태)로 존재한다. 졸상태의 내형질이 투명한 덮개에 닿으면, 이는 분수처럼 주변 피층 지역으로 흘러가서, 다시 겔 상태로 전환되고 외형질의 한 부분이 된다. 아메바의 미부(uroid)에서는 내형질이 외형질로 변하는 과정이 계속된다(그림 **259**). *Amoeba proteus*가 움직일 때, 미세위족(길이 8 μm, 넓이 0.5 μm에 이르는 독립된 미세돌기)의 밀집한 막이 복부 표면의 앞쪽 중앙부위에서 형성된다. 이들은 F-액틴을 포함하고 있으며, 아메바를 기질에 효과적으로 부착시킨다.

단백질 액틴과 미오신은 모두 아메바로부터 분리되어 왔다. 후생동물 세포에서는 이 단백질들이 근육 수축에 관여하는 힘을 발생 시키는 것으로 알려져 있다. 이 단백질들이 아메바에서 세포질 유동의 원동력을 제공한다는 점은 의심할 필요가 없는 사실이지만, 어떻게 이런 역할이 이루어지느냐에 대해서는 아직 논란이 많다. 일반적으로 두 가지 주요 가설(수압 가설과 정면 지역 수축 가설)이 있다. 두 가설 모두에서 외형질이 내형질로 전환되거나 내형질이 외형질로 전환되는 과정을 통해 운동이 발생한다고 추정하고 있다.

수압 가설에서는 액틴/미오신 망상조직이 전체 세포의 원형질막 아래에 위치하여 중앙 뒤쪽 지역에서 수축하고, 앞쪽을 향하는 압력을 생성한다고 주장한다. 이는 세포질이 앞서 나간 위족을 향하도록 만든다. 비세포성 점균류 *Physarum*에서 왕복 유동(shuttle streaming)이라 알려진 현상이 일어난다는 사실이 관찰됨으로써 이 가설이 지지 받았다. 이 경우에, 세포질 유동이 후미로부터 앞쪽으로의 압력 경사도에 의해 일어난다는 사실은 의심할 여지가 없다. 세포미부 부분에 다량의 액틴 섬유가 존재한다는 점이 관찰됨에 따라서 이 가설이 다른 엽상위족아메바에게도 확대되어 적용될 가능성이 입증되었다. 원형질막은 세포미부에서 넓게 접혀지는데, 이는 수축 과정이 일어나고 있음을 보여준다.

정면지역수축가설은 세포질 유동의 원동력이 확장하고 있는 위족의 앞쪽에서 생성된다는 의견을 지지한다. 위족의 끝부분에서 졸과 같은 세포질이 수축 과정에 의해서 겔 상태로 전환되고, 이 과정 동안 보다 많은 졸형의 세포질이 이동할 것이라 생각된다. 외형질은 아메바의 미부에 닿을 때까지 겔(수축된) 상태로 남아 있다가 다시 졸 상태로 변한다. 이 가설은 두 가지 관찰결과에 의해 지지되고 있다. 첫째, 세포질 유동은 종종 위족이 형성되는 동안에 앞쪽 모서리에서 시작되는 것처럼 보인다. 아메바의 미부 세포질 내에 낮은 압력이 발생되더라도, 세포질 유동에는 아무런 영향을 미치지 않는다. 둘째, 원형질막이 제거된 세포질이 특정 조건 아래에서 자연적인 위족에서 발견되는 것과 같은 유동 현상을 보인다.

이러한 현재의 가설들 중 어느 하나를 명확하게 지지해주는 실험적 관찰 결과는 아직 없다. 그러나 최근 연구결과는 세포의 미부에서뿐만 아니라 중간 부분에서도 높은 압력이 생성된다는 사실을 보여주었다. 액틴 중합반응과 미오신 활동(미오신 I 뿐만 아니라 미오신 II도 포함)에 의해 생성된 힘은 후생동물 내에서 접착용위족(lamellipodia)의 돌기를 포함한 다양한 액틴 기반의 세포 운동을 일으킨다. 이러한 기작은 작은 아메바의 이동 등에서 다소 중요할 것으로 보인다.

미세섬유의 구성과 수축활동(및 이에 의한 아메바성 운동의 생리학)에 관한 많은 자료들은 *Physarum*의 왕복유동에 관한 연구들로부터 얻어졌다. *Physarum*의 다양한 생활 주기 단계들과 실험적으로 유도된 단계들에 의해서, 미세섬유는 원형질막 아래의 다소 원시 액토미오신 섬유(편모성 아메바 단계)에서부터 전체 세포질을 통해서 뻗어가는 액토미오신 섬유의 상당히 복잡한 배열(영양 변형체 단계, vegetative plasmodium)에 이르기까지 다양한 발현들을 얻을 수 있다. 피층 미세섬유 체계는 두 가지의 주요한 기능을 하는 일반적이고 영구적 세포골격의 분화를 보여준다. 스펙트린(spectrin) 막 골격과 함께, 액토미오신 피층은 세포 표면을 안정화시키고 형태 발생에 관여한다. 또한 액토미오신 피층은 주기적인 수축 활동을 통해 원동력을 전달하고, 이 원동력은 수압 경사도로 전환되어 최종적으로 겔-졸 변환을 통해 세포질 유동을 발생시킨다. 액틴과 미오신 이외에도 다른 여러 액틴에 결합하는 단백질들은 *Physarum* 미세섬유 체계의 조립과 해체에 관여하고, 그와 관련된 다양한 기능을 조절하는 것으로 나타났다. 내부 Ca^{2+}는 미오신 ATP효소의 조절을 통해 미세섬유 조립과 수축활동 조절에서 중요한 역할을 한다. 게다가, Ca^{2+}/cAMP고리는 분 단위의 주기성을 가지는 일반적인 세포질 왕복 유동을 일으키는 발진기 역할을 하는 것으로 생각된다.

액틴과 미오신은 분열중인 섬모류의 격벽 골(division furrow)에 관여된 섬유성 수축 고리와 같은 다른 종류의 수축 활동에도 확실히 관여한다. 게다가 아직 확실한 자료가 없음에도 불구하고 식포와 다른 세포소기관의 원형질 환류가 액틴/미오신 복합체에 의해 발생된다는 것이 제안되어 왔다. 액틴은 섬모충류의 세포인두바구니(cytopharyngeal basket)의 중요한 요소라는 것이 증명되었고 액틴과 미오신이 방사족충류 유축위족 내의 동원포 위치 선정 및 위족 성장에 어떻게 관여하는 지에 대한 제안이 그림 **260**에 보여진다.

유글레나 운동

꾸물거리는 벌레와 유사한 유글레나의 움직임은 변형 현상(metaboly) 또는 변형운동(대사 운동)으로 부른다. 이 운동은 세포의 세로축을 따라서 파동과 비슷한 세포 형태의 연동 변화가 특징이다(그림 **261**). *Distigma* 에서 적어도 두 단계의 운동이 식별 된다: 생물의 후미로부터

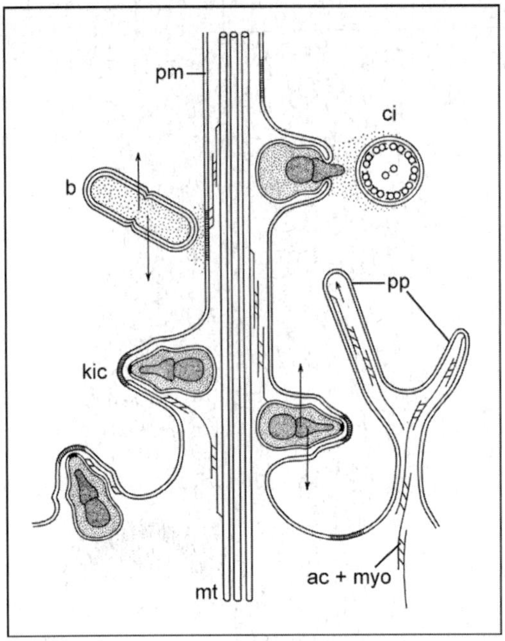

그림 **260** 태양충류에서 유촉위족 운동 현상과 위족 운동의 도해. ac+myo= 액틴미오신 섬유, b= 유촉위족 표면에 부착된 박테리아, ci= 먹이 생물의 섬모, kic= 동원포, mt= 미세소관, pp= 위족 돌출, 화살표= 수송방향 (Bardele 이후).

앞쪽을 향하여 파동형태로 나아가는 몸체의 확장 또는 팽창; 뒤이어서 후미를 향한 세포질 유동을 동반한 몸체 앞부분의 확장. 세포는 이 두 단계가 종결되는 시점에서 원래의 모양을 되찾게 된다. 유글레나 운동이 흔히 기질 경계 면에서의 이동으로 나타나지만, 표면과의 접촉 없이도 운동성을 가질 수 있다.

이런 움직임의 기작은 아직 명확하지 않다. 보통 나선형으로 배열되는 피막 줄무늬(pellicular strips)는 유글레나 피층의 특징이며(그림 **262**), 이 줄무늬는 피막의 단백질 판들의 위치와 일치한다. 미세소관은 이 피막 판 아래에서 발견되며, 미세소관의 배열과 수는 종에 따라 다양하게 나타난다. 어떤 종에서는 이 판들이 단단하게 상호연결 되어 있으며 이러한 종들은 유글레나 운동을 하지 않는다. *Distigma*의 경우에, 액틴/미오신의 졸-겔 변환 결과로서 하위 피막 미세소관의 활동과 후미로의 세포질 유동에 의한 세포의 신장이 나타난다.

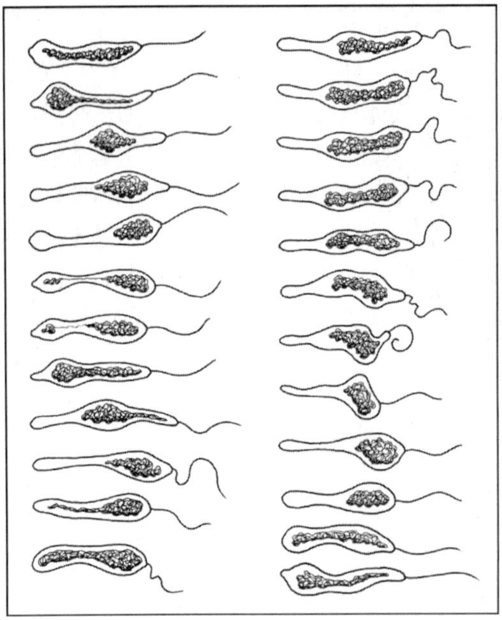

그림 **261** *Distigma*에서의 전형적인 유글레나 (또는 대사) 움직임. 2초 시간 간격의 그림들 (Hausmann과 Hulsmann: PhotoMed' 4 [1991] 253).

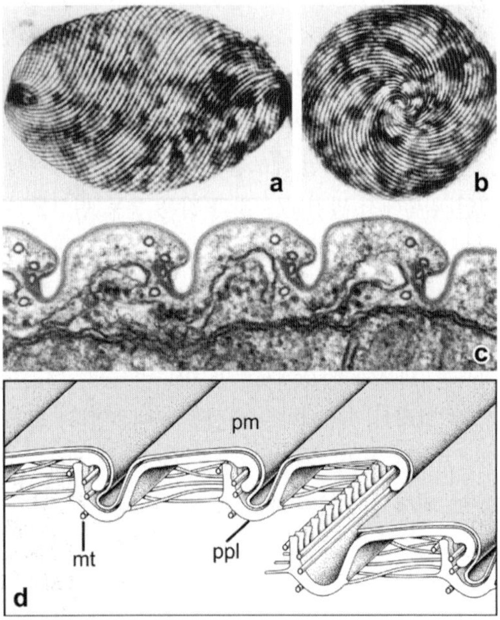

그림 **262** 유글레나류의 피막 구조. **a, b** 유글레나의 은 선 체계; **c** 하위피막 단백질 판으로부터 나온 나선형 구조; **d** *Astasia longa*피막의 도해; mt= 미세소관, pm= 원형질막, ppl= 단백질판(a와 b는 Foissner: Acta boil. Acad. Sci. Hung. 28 [1977] 157; c는 T. Suzaki, Kobe의 허가 하에; d는 Suzaki와 Williamson으로 부터). 배율: a와 b는 720 x, c는 65,000 x.

세포 수축

다수의 이모섬모충(heterotrich)은 빠르게 수축할 수 있다. 예를 들어, 나팔벌레(*Stentor*)는 1/1000 초에 원래 길이의 1/3로 수축할 수 있으며, 수축하고 나서 세포가 다시 늘어나는 데에는 5~10초가 걸린다.

세포 수축과 신장 또는 이완에 관계된 요소들은 피층에 존재한다. 이모 섬모충류의 섬모들은 세로로 나열된 모근열(kineties)들로 구성되어 있으며, 각 모근계(kinetid)는 한 쌍의 기저체들로 구성되어 있다. 그 중 하나, 보통 뒤쪽의 기저체는 한 개의 섬모를 가지고 있다. 후향미세소관들(postciliary microtubules)은 섬모가 있는 각 기저체와 연관되어 있으며,세포의 후미로 향하는 다발을 형성 한다 (후향미세소관 다발). 이들은 모근계들 간의 거리보다 길기 때문에, 부분적으로 서로 겹치게 되고 서로에게 영향을 줄 수 있다(그림 263). 따라서 각 모근계의 세로열은 서로 중첩된 후향미세소관들의 띠를 동반하게 되며, 이 띠는 세포의 앞쪽에서 후미 끝까지 이어진다.

각 미세소관 띠 아래에는 4nm 두께의 섬유 띠 (미사근, myoneme)가 있으며, 이 띠는 세포질 내에 존재하며, 항상 소포체의 시스터나(cisternae)에 의해 둘러싸여 있다.

빠른 수축이 미사근의 활동에 의해서 일어난다는 사실이 몇몇 관찰 및 실험 등을 통해 보고되었다. 세포가 수축하는 동안에 이러한 섬유들은 두꺼워지고 (10-12nm), 관 모양으로 되며 더 짧아진다. 이런 형태적 변화에 ATP가 필요하지는 않지만, 칼슘은 이 변화에 영향을 준다. 이는 미사근 부근의 소포체 시스터나가 칼슘 격리 장소로써의 기능을 하고, 척추 동물 골격근의 근소포체와 유사한 것을 시사한다. 아마도, 이 소포체 시스터나가 자극에 반응하여 칼슘을 방출하고 후에 능동적인 펌프 활동을 통해 다시 칼슘을 흡수하여, 미사근의 수축 상태를 조절하는 것으로 생각된다.

미세소관 리본은 세포 신장에 능동적인 역할을 하는 것으로 생각된다. 수축 시, 미세소관 리본은 수동적으로 다른 리본을 스쳐 미끄러져 지나간다. 세포 신장 또는 이완하는 동안에는, 이 리본은 능동적으로 다른 리본에 기대어 미끄러져 움직이는 것으로 보이는데, 아마도 이 과정에서 디네인 팔을 이용하는 것 같다. 이러한 방법으로 미세소관은 망원경을 늘이듯이 세포를 신장시킨다. 인접한 미세소관 리본들 간에 다리 역할을 하는 요소가 관찰되어 이러한 견해를 지지해주고 있다. 이러한 다리들은 수축 시에는 주변 미세소관과 접촉하지는 않지만, 신장 시에는 리본 사이를 연결해 주는 것으로 보인다.

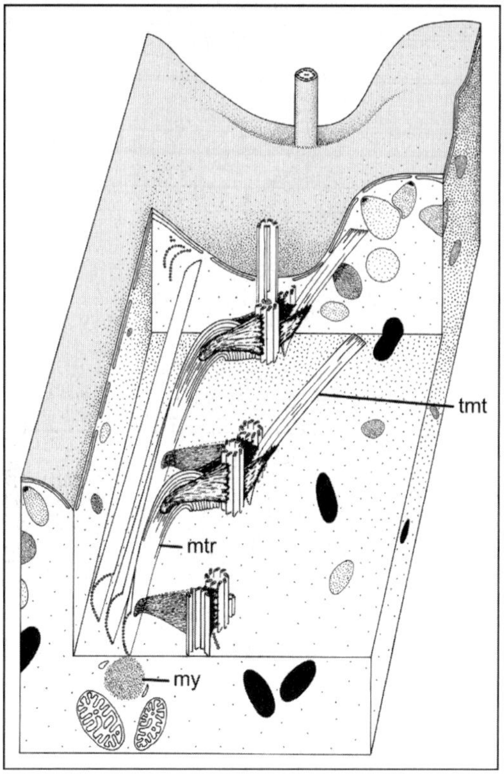

그림 263 이모 섬모충(heterotrich) *Eufolliculina*의 피층 조직. 미사근 (my)은 세포의 빠른 수축과 관련되며, 미세소관 리본 (mtr)은 세포가 다시 신장되는 것과 관련이 있다. tmt = 횡미세소관 (Mulisch et al.: Protistologica 17 [198] 285로부터).

이러한 수축 및 신장 시스템은 두 개의 상반되는 기작에 의해 이루어지며 이모 섬모충류 구성원 내에서 흔히 나타난다.

자루의 수축

다수의 둘레섬모충류(peritrich)는 자루(stalk)를 이용해서 기질에 부착한다. 일부 종의 자루는 수축 능력을 가지고 있으며, 이완된 상태의 자루는 상당히 길고 다소 직선에 가깝다. 물리적 자극이 주어졌을 때 이는 빠르게 수축하며, 이 때 자루는 코일 모양으로 감기고 길이가 짧

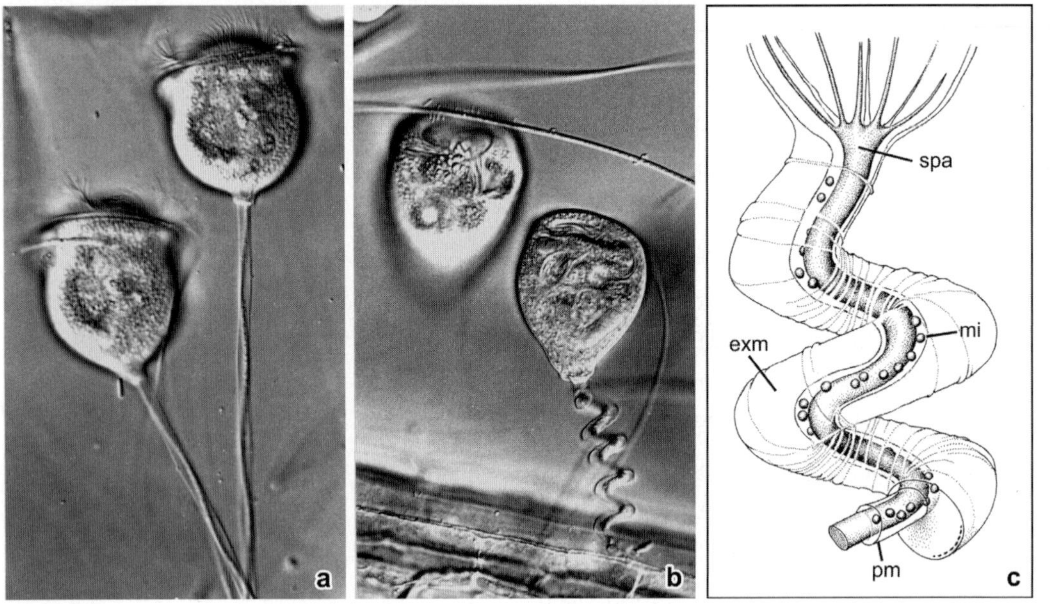

그림 264 종벌레(*Vorticella*) 자루의 느린 재 신장 (a) 및 빠른 수축 (b); 자루미사근 (spa)이 있는 자루, 자루미사근 측면의 많은 미토콘드리아 (mi) (c). exm = 자루의 세포외 기질 (자루 외피), pm = 원형질막 (a와 b는 Kleining and Sitte: Zellbiologie, Stuttgart 1992로부터; c는 Amos 이후). 배율: a와 b 220x.

아진다 (그림 264). 이 자루는 막 같은 물질에 부착되어 있고 막에 부착된 관 모양의 세포 돌출부를 가지고 있다. 이 돌출부는 2–3 nm 두께의 섬유 다발, 자루미사근 (spasmoneme) 그리고 세포체에서 기원한 얇은 관들을 포함하고 있으며, 미토콘드리아도 포함하고 있는 것 같다. 종벌레 (*Vorticella*) 자루미사근의 지름은 약 1 μm 정도인 반면에, 자루의 직경은 5–7 μm이다. 자루미사근의 반대 편에는 자루의 벽과 밀접히 관련된 많은 수의 뻣뻣한 간상체들이 있으며, 자루의 나머지 부분에는 느슨한 섬유 물질로 채워져 있다.

자루의 수축은 ATP에 의존적이지는 않지만, 칼슘에는 민감하게 반응한다는 사실이 알려져 있다. 이는 이모 섬모충류의 수축 기작과 유사하다는 것을 시사하고 있다. 자루미사근 내의 얇은 소포체 관들이 칼슘을 저장하고 있을 지도 모른다. 둘레 섬모충의 세포외 자루 물질은 매우 탄력적이고 자루미사근의 수축과는 길항적인 역할을 할 것이라 생각된다. 자루의 신장에는 입 섬모구조 (oral ciliature)의 활동이 필요하지 않다. 뻣뻣해지는 간상체는 수축 시 발생하는 코일 모양으로 감기는 현상과 관련 있는 것으로 보인다.

몸체 굽힘

많은 섬모충류는 몸체를 구부리거나, 접고 늘릴 수 있다 (그림 265). 이 때 세포 수축과 비슷한 기작이 작용되는 것으로 보인다. 이와 같이 몸체를 구부릴 수 있는 섬모충류는 피층과 내형질 사이에 섬유질 층을 가지고 있다. 이 층의 세포질 쪽 면은 미토콘드리아로 덮혀 있고 외피 측은 여러 개의 작은 소낭들이 붙어 있다 (그림 266).

이 섬유질 층 역시 작은 소낭에서 나온 칼슘에 반응하여 수축할 수 있지만, 몸체의 굽힘 현상을 설명하기 위해서는 이러한 섬유질 층이 특정 지점에서 활성화되어야만 한다. 아직 섬모충류 내에서는 길항 시스템이 발견되지 않았기에, 수축 활동 이후에 자연적인 팽압에 의해서 원래의 세포모양으로 돌아가는 것으로 생각되고 있다.

수축의 다른 현상들

위에서 열거한 수축 현상들 이외에도, 운동에 관여하는 다른 여러 가지의 수축현상들이 있다. 대부분의 경우, 그 기능 방식이 불확실하거나 잘 알려져 있지 않았다.

편모류 기저체에서 시작되어 세포의 후미까지 확

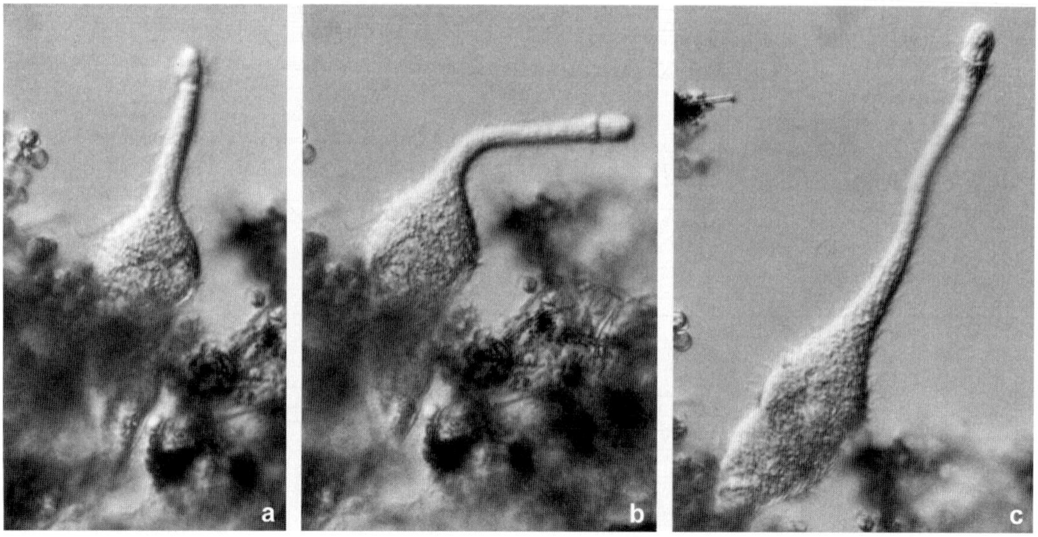

그림 **265** 독포섬모충 (haptorid) *Lacrymaria olor*의 말단에서 일어나는 수축 현상 (**a-c**) (Hausmann; Mikrokosmos 76 [1987] 176으로부터). 배율: a-c 200x.

장되어 있거나 기저체들을 서로 연결시켜주는 소근(rootlet) 시스템이 이 중 하나이며, 이들은 전자 현미경상에서 줄무늬 섬유형태로 관찰되고 섬유 다발로써 존재한다(그림 267). 이에 대응하는 단백질을 센트린(centrin)이라 부른다. 칼슘이 더해지면 이러한 섬유들은 수축하게 되며, 수축 정도는 줄무늬의 주기가 변하는 정도에 비례하게 된다. 이 섬유들은 기저체를 지지하는 역할 외에도, 세포 표면에 대해서 기저체의 방향을 바꿈으로써 편모의 유효 젓기 방향에도 영향을 미칠 수 있다는 견해가 제기되었다.

일부 섬모충류에서 유사한 형태의 섬유다발이 관찰되었으나, 이들의 섬유다발은 기저체에서 시작되는 것이 아니라, 외피와 내형질 사이의 섬유질 층에서 시작되는 것으로 관찰되었다(그림 267). 이들은 세포의 굽힘 현상에 관여할 지도 모른다. 운동근섬유다발 (kinetodesma)은 섬모충류의 기저체에서 시작한다. 이들도 전자 현미경을 통해서 관찰했을 때 줄무늬 형태로 보이지만, 수축된다는 증거는 발견되지 않았다. 이와 대조적으로, 방사극충류(Acantharea)의 줄무늬 미사근 (근섬유, myophrisk)이 두드러지게 수축되는 것으로 관찰되었다. 근섬유는 골편에서 시작되기 때문에, 이들의 수축 및 이완은 골편의 움직임으로 나타난다 (그림 268). 이러한 근섬유의 구조 및 기능은 와편모류인 야광충(*Noctiluca scintillans*)의 촉수에서 발견되는 미사근과 유사하다.

일부 원생생물에서 관찰된 다수의 섬유시스템의 기능들은 알려지지 않았다.그 예로는 짚신벌레(*Paramecium*)의 피층섬유를 들 수 있다(그림 111 참조). 이러한 시스템은 실험적 증거가 없음에도 불구하고 흔히 수축성이 있는 것으로 설명된다. *Trichodina*의 부착판에 관련된 섬유질대(cord)의 경우, 실제 역할이 아직 충분히 입증되지 않았다.

미끄러짐

미끄러짐으로 표현될 수 있는 또 다른 종류의 운동이 있다. 미끄러짐 운동(gliding)은 특히 족포자충류(gregarine)의 영양 단계와 구포자충류(coccidian)의 포자소체(sporozoite)에서 관찰되는 현상이다. 이러한 생물들은 동력을 제공하는 수축 활동이나 세포 소기관의 활동이 없이도 기저면의 표면을 따라 움직일 수 있다.

족포자충류의 운동은 일종의 제트 분출 시스템처럼 팽창되는 점액을 일정방향으로 분비함에 의해서 일어나는 것으로 제안되어 왔다. 초미세구조 관찰에 의해서 족

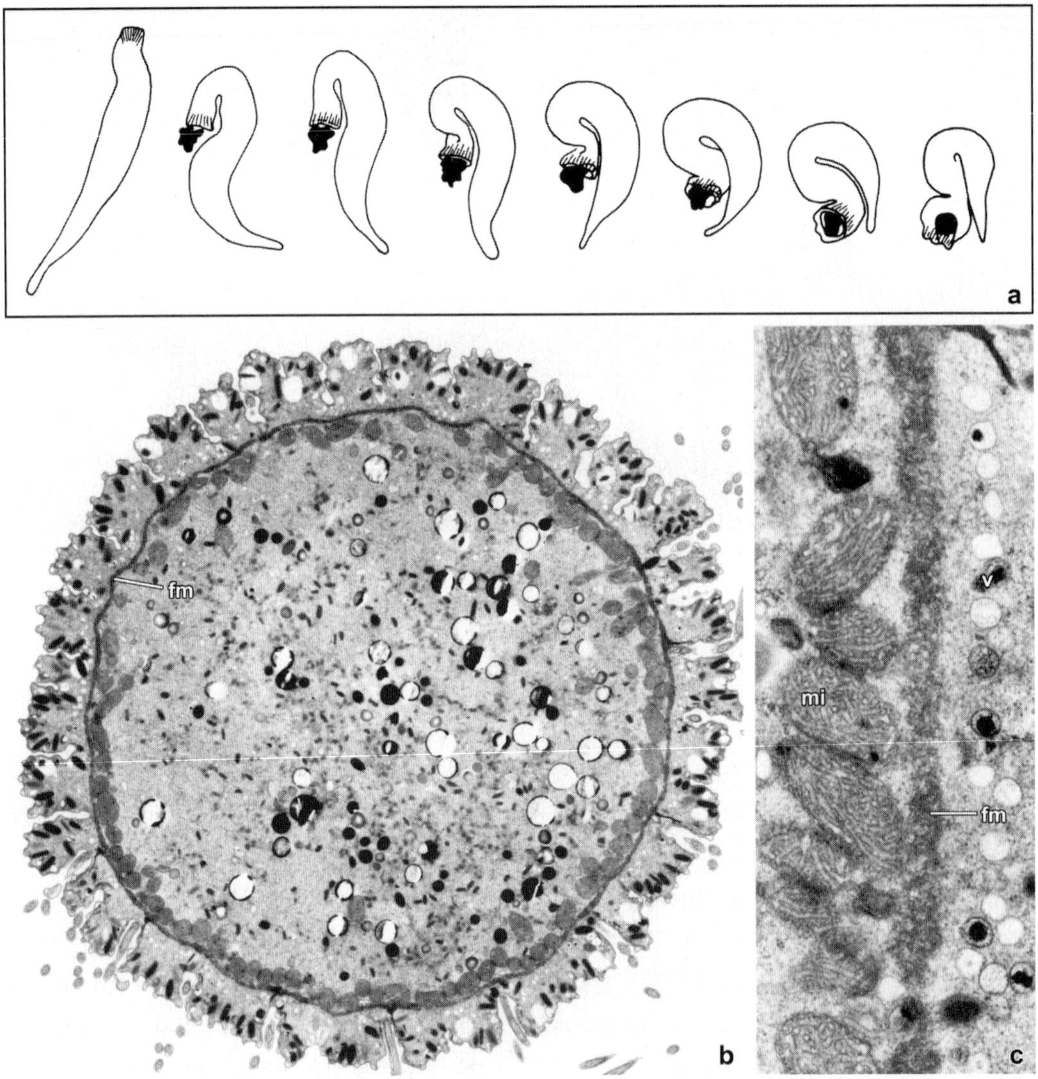

그림 266 독포섬모충 *Homalozoon*이 먹이를 섭취하는 동안에 일어나는 세포의 수축 (**a**); **b, c** 내부 미토콘드리아-포함하는 세포질과 피층 지역을 분리시키는 연속된 섬유성 외피 (fm)를 보여주는 *Homalozoon*의 단면. mi = 미토콘드리아, v = 소낭 (Kuhlmann et al.: Protistologica 16 [1980] 39로부터). 배율: b 5,500x, c 30,000x.

포자충류의 세포 표면에 세로방향의 많은 주름들이 나란히 그리고 빽빽하게 자리 잡고 있다는 사실이 밝혀졌다 (그림 **269**). 이 주름들은 미세소관 위에 위치한 미세 섬유를 포함하고 있다. 광학 현미경의 해상도 한계 이하에서, 이 주름들이 미세하게 진동 할 수 있고 이를 통해 운동에 필요한 힘을 생성할 수 있었을 것으로 생각되어 왔다. 그리고 전자 현미경을 통해 주름의 방향이 일정하지 않다는 것이 관찰됨에 따라 이 가설이 지지받았다. 하지만 최신 현미경 기술의 도움으로, 이제는 광학 현미경을 이용하여 생시료에서 이런 주름을 관찰할 수 있게 되었으나, 아직까지 주름의 움직임은 발견되지 않았다. 이러한 이유 때문에 아직도 일부 연구자들은 오래된 가설인 점액 분비설을 지지하고 있다.

보다 최근 연구에서 피층 막 근처에 액틴과 α-액틴, 미오신이 존재한다는 사실이 밝혀졌다. 이러한 단백질들은 액틴-미오신 상호작용을 기반으로 표면의 모터에 포함되어 족포자충류의 미끄러짐 운동이나, 다른 세포 운동 과정에서 중요한 역할을 할 수 있을지 모른다. 액틴과

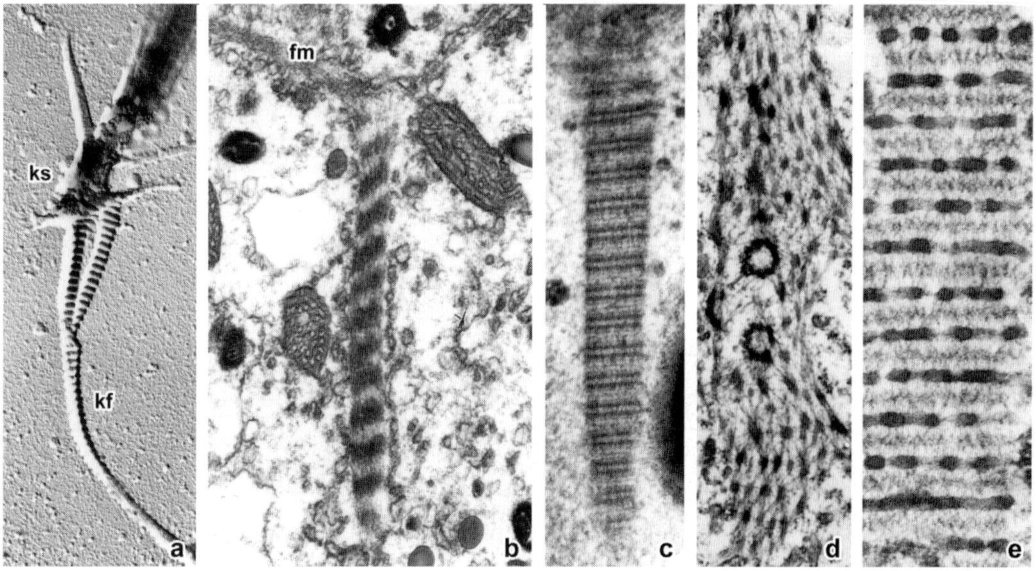

그림 **267** 굽힘 운동에 필요한 동력과 관련된 것 같은 구조물들: **a** 모근계의 모근체(ks)로부터 유래된 운동근섬유다발(kf); **b** 독포 섬모충 *Loxophyllum*의 섬유성 외피 (fm)에 붙어 있는 가로 줄무늬성 섬유 다발; **c** 주기적으로 나타나는 줄무늬 편모 소근을 지닌 *Chilomonas*; **d**, **e** 둘레 섬모충 *Trichodina*에서 규칙적인 패턴을 보이는 섬유 시스템. 배율: a 25,000x, b 20,000x, c 60.000x. d 30.000x. e 65,000x.

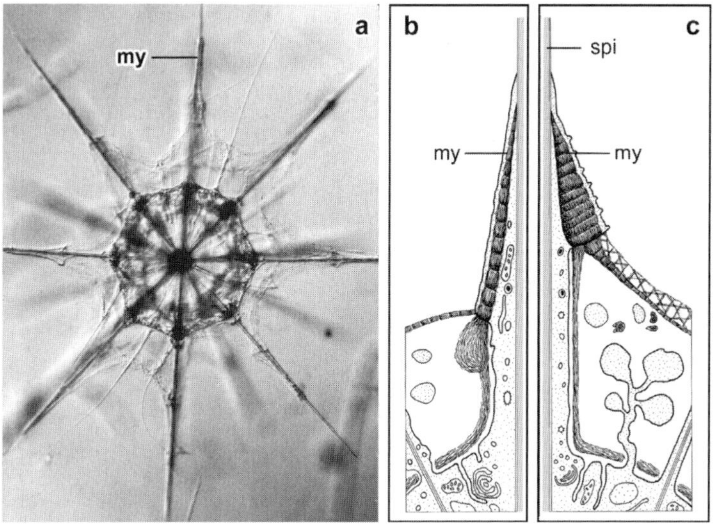

그림 **268** 방사극충류. 골편(spi)을 감싸고 있는 근섬유(my) (**a**), 이완 상태 (**b**), 수축된 상태 (**c**) (b와 c는 Febvre and Febvre-Chevalier로 부터). 배율: a 160 x.

결합하는 단백질들(α-액틴과 스펙트린)은 액틴 섬유를 안정화시켜서 움직이는 동안 세포 표면을 안정화시킬 수 있다.

구포자충류의 포자소체에서 미끄러짐과 유사한 운동이 나타난다. 이들이 전염 단계에서는 움직임을 유발할 수 있는 어떠한 세포 소기관을 가지고 있지 않은 것처럼 보이지만, 다른 종류의 운동이 나타날 수 있다.

관찰된 운동들은 반드시 기질과의 접촉을 필요로 하지는 않는다. 원형질 막에 기질과 접촉하게 하는 결합 부위들이 있다는 것이 제안되어 왔다. 섬유 시스템의 수축 활동을 통해서, 이 결합 부위는 앞쪽에서 후미 쪽으로 가도록 미리 정해진 나선형 경로를 따라서 움직이고, 이에 따라 세포가 움직이는 것으로 생각 된다.

결합 단백질의 일부는 특징이 밝혀졌다: 예를 들어,

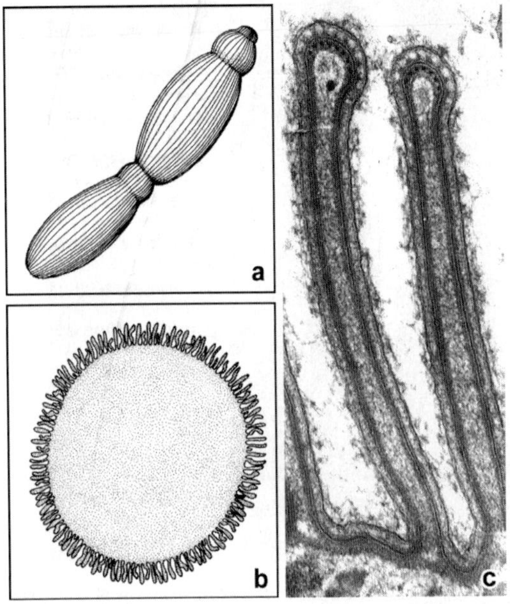

그림 269 족포자충류 연접체(syzygy)의 피막 주름의 정면 (a) 및 단면 (b); c 고배율에서 관찰된 *Gonospora beloneides* 영양체(trophozoite)의 피막 주름 (c I. Desportes, Paris의 허가 하에 사용). 배율: 48,000x.

열원충(*Plasmodium*)의 포자소체는 막을 통과 할 수 있는 표면단백질인 TRAP (thrombospondin-related anonymous protein)를 가지고 있으며, 이는 다른 첨복포자충문(Apicomplexa)에서도 나타난다. TRAP은 포자소체 표면의 미세간상체(micronemes)에서 배출되고, 숙주 세포 또는 기질 수용기와의 상호 작용에 필요한 후보 배위자 (candidate ligand)로써 기능을 한다. 이러한 단백질들의 세포질꼬리들은 피층 미세 섬유 시스템의 일부 요소(아마도 모터 단백질)와 상호작용할 가능성이 있다. 연구 결과는 미오신이 원주모양의 패턴으로 기생충 원형질 막 바로 아래에서 액틴과 함께 존재하며, 미오신이 운동과 세포 침입에 동력을 공급한다는 점을 보여준다. 따라서 TRAP은 세포 침투뿐만 아니라 기생충의 미끄러짐 운동에도 관련이 있다.

규조류와 녹조류도 미끄러짐을 통해서 움직이는 것으로 알려져 있다. 이들 세포들은 원형질 막이 기질과 닿지 않도록 규산질 껍질 또는 셀룰로오스 세포벽에 둘러쌓여져 있다. 이론적으로, 이는 미끄러짐 운동을 방해해야 하지만, 알려지지 않은 이유에 의해서 미끄러짐 운동을 방해하지는 못한다. 일부의 경우, 특히 몇몇 먼지말 조류의 경우(그림 174 참조)에 있어서, 미끄러짐은 일정 방향으로 점액질이 분비됨에 의해서 이루어진다고 알려져 있다. 그러나 대부분의 경우, 미끄러짐의 기작은 아직 알려지지 않았다.

7.7 섭식, 소화, 배설

원생생물은 생활에 필요한 물질을 다양한 방법으로 흡수한다. 종속영양과 독립영양생물이 포함되어 있다. 독립영양은 광 에너지원을 이용하여 이산화탄소와 이온을 흡수하여 유기물을 만들며, 이런 원생생물은 주로 광합성에 의해 살아간다. 한편, 종속영양 단세포생물은 미리 만들어진 유기물을 필요로 한다. 이들 유기물은 직접적으로 혹은 광합성 생물로부터 간접적으로 유래된다. 광합성 생물도 유기물과 유기입자를 흡수하거나 소화시키며 이를 혼합영양생물이라 칭하며 (그림 270), 이 들은 주변 조건에 따라 독립영양 혹은 종속영양을 할 수 있으며 이를 양성영양 (amphitrophic)이라 한다. 많은 기생성 원생생물과 일부 자유유영 종속영양 유글레나는 원형질막을 관통하는 필수적 물질의 확산 전달에 의존한다. 이 같은 개체는 삼투영양생물 (osmotrophs)이라 부른다.

음세포작용과 식세포작용

영양염 섭취는 두 가지의 일반적 범주로 나눌 수 있다. 음세포작용(Pinocytosis)은 액체상태의 영양염을 섭취한다. 이 과정은 일부 이온이나 다른 영양염의 선택적 흡수를 포함할 것이다. 두 형태의 섭식의 구분이 항상 단순하지 않다. 왜냐하면 용해된 영양염의 섭취와 미세 입자의 섭취 간의 구분이 항상 용이하지 않기 때문이다. 음세포작용을 개시해야 하는지 아니면 식세포작용(Phagocytosis)을 해야 하는지는 인식할 수 있는 원형질막내에 수용체가 존재한다는 증거가 있다. 심지어 적용된 광학 해상도의 정도는 입자성과 비입자성 먹이를 구분하기 어렵게 만들 수 있다. 구분은 주로 광학현미경 하에서 관찰에 의하며, 반면에 전자현미경은 광학현미경하에서 파악할 수 없는 입자가 종종 보이기도 한다. 분명하

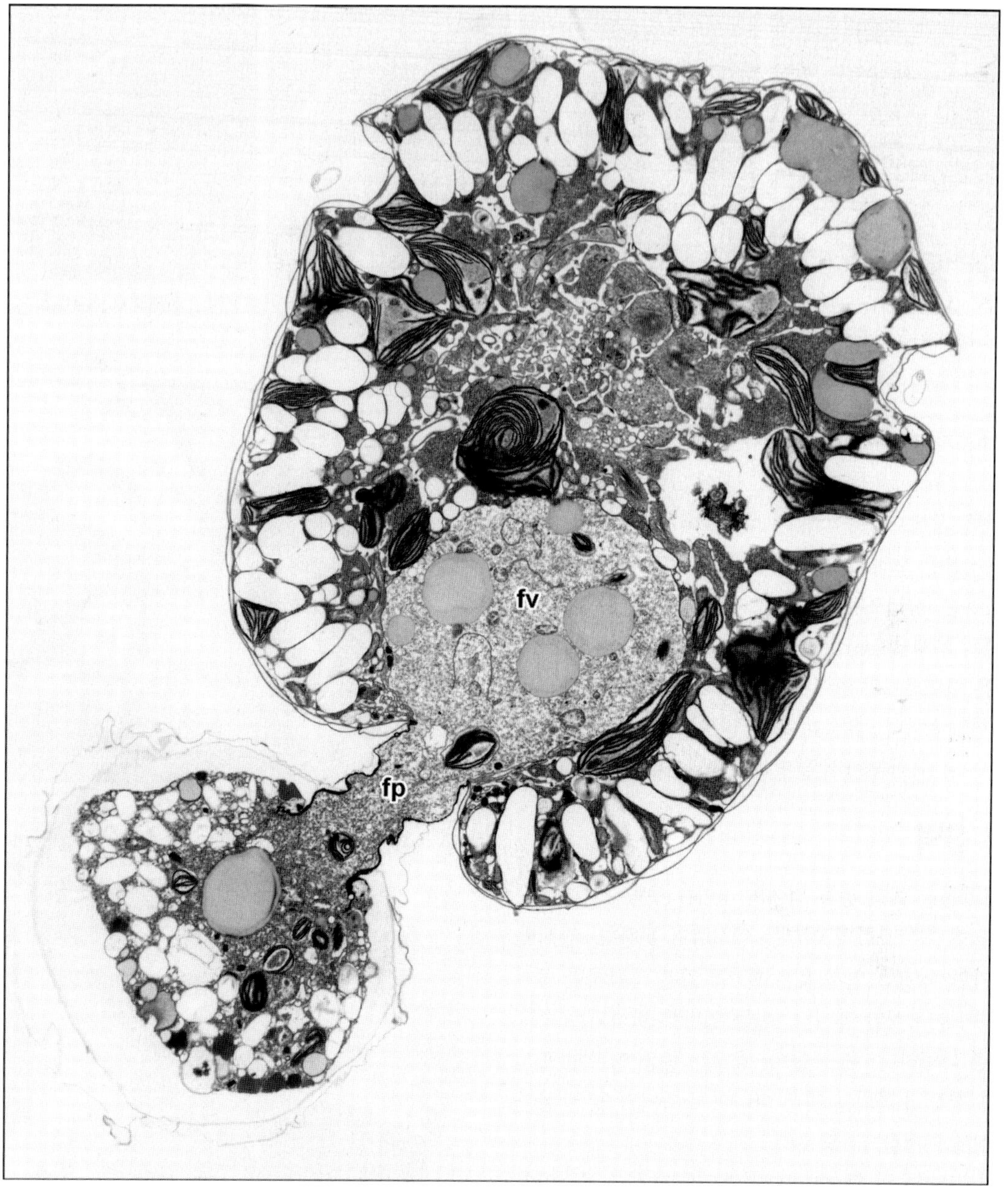

그림 **270** 다른 와편모류를 잡아 먹은 혼합영양성 와편모류 *Amphidinium cryophilum*. 먹이의 세포질을 특수한 위족에 의해 섭식함. fv=식포, fp=위족 (Wilcox & Wedemayer: J. Phycol. 27 [1991] 600). 배율: 4,000 x.

게 구분되는 경우도 있다. *Amoeba proteus*에서 음세포관 (pinocytic channels)과 음소포(pinosomes)의 형성은 식세포작용과는 분명히 구분된다(그림 **271**). 아메바의 음세포작용은 위족의 형성과 소멸을 포함하는 막연결섬유망의 수축을 통해 일어난다. 외부 자극은 칼슘이온의 부분적 유입을 유도하고 막연결섬유망의 수축을 차례로 일으킬 것이다. 동시에 위족은 뻗어나오고 음세포관의 형성과 신장이 유발된다. 피질 섬유가 더 수축하

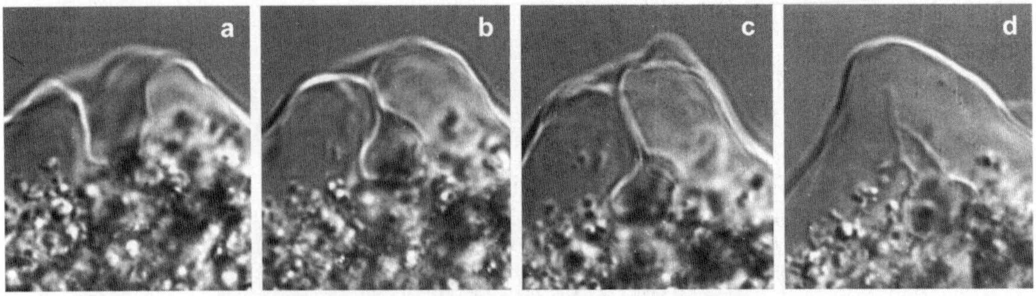

그림 271 *Amoeba proteus*의 세포내 섭취: 0.5% ovalbumin에 의해 유도된 음세포작용의 과정. 세포표면의 함몰에서 소포형성은 약 3분 걸림 (Stokem & Klein: Europ. J. Protistol. 23 [1988] 317). 배율: 1,500 x.

면 음소포가 떨어져 나가게 된다. 상세한 과정은 오로지 *Amoeba proteus*의 경우에 소개되어 있다.

비록 식세포작용이 많은 다세포개체에 존재하지만 음세포작용은 오직 소수의 원생생물에서만 관찰된다. 음세포작용은 첨복포자충류의 포자소체기의 소포자와 섬모충류의 부체낭 (parasomal sacs) (그림 **79, 86, 272**)과 많은 편모류에서 일어난다. 편모류에서 음세포작용은 특히 편모주머니 (유글레나)나 편모구(후진편모충강과 쌍형편모충강) 부위에서 분명히 나타난다.

먹이 선택

단세포생물은 여러 종류 먹이의 차이를 구별할 수 있다. 그러나 대부분 소화의 여부는 인식하지 못한다. 짚신벌레는 카민, 라텍스 입자 혹은 철가루 같은 입자처럼 쉽게 박테리아를 포식할 것이다. 이들 입자가 포식되는 속도는 종종 다양하다. 예를 들어, 효모는 종종 빠르게 포식되지만 항상 소화되는 것은 아니며 소화되지 않은 살아있는 상태로 배출되기도 한다.

식세포작용의 활성을 위해 필요한 요소가 무엇인지는 아직 분명하지 않다. 실험적으로 먹이의 표면 성질을 변화시키면 먹이의 물리적 화학적 표면 특성이 식세포작용에 중요함이 나타났다. 이 같은 특성은 원생생물에 알려져 있으며 대부분 원형질막에 당질 피질에 의한다고 인식된다. 결론적으로 식세포작용은 활성이 되어지기도 하고 아니기도 한다. 먹이의 포식 후, 내부 조절 기작은

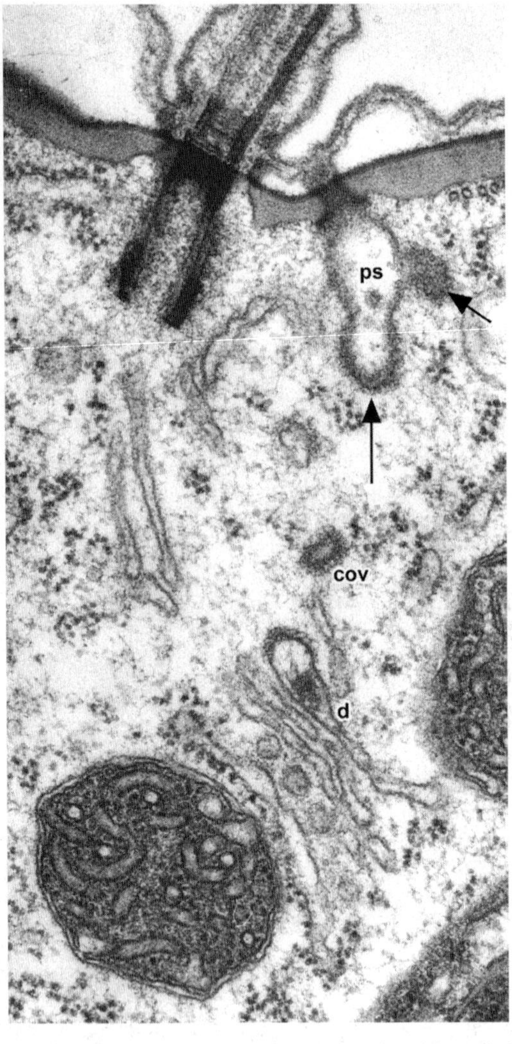

그림 272 섬모충류 *Pseudomicrothorax*의 음세포 작용: 부체낭 (parasomal sac, ps)의 클라스린 단백질 유사층 (화살표)을 지닌 피복 소낭 (coated vesicles, cov)의 분리 모습. d=딕티오솜. 배율: 40,000 x.

포식된 먹이의 소화기능을 결정한다. *Climacostomum*의 경우, 박테리아와 조류의 소화불량 잔존물 보다 훨씬 더 빠르게 라텍스 입자를 포식한다. 포식자 섬모충류는 서로 다른 먹이를 분명하게 구분할 수 있다. 동종포식이 쉽게 관찰되지 않으며, 먹이와 동종의 다른 개체를 구분할 수 있기 때문이다. 그러나 동종포식은 굶주림과 같은 일부 환경 하에서 발생하기도 한다.

먹이 획득

원생생물은 다양한 수단에 의해 주변 환경으로부터 입자성 먹이원을 섭취한다. 태양충 *Actinophrys* 또는 부유성 유공충과 같은 부유생물은 먹이를 우연히 접하게 된다. 유공충의 경우 먹이입자나 개체는 위족그물망에 수동적으로 잡히게 되며, 태양충의 경우, 먹이입자는 유축위족에 의해 분비된 점액이나 점성물질 속에 파묻히게 된다. 전자현미경은 이 같은 생물의 원형질막이 매우 복잡한 표면으로 되어 있는 것을 보여준다. 이것은 표면적과 접촉면 그리고 접촉 가능한 점액의 양을 증가시킴으로 유축위족과 먹이생물 간의 상호작용을 향상시킨다.

여과식자는 입주변으로 먹이입자를 운반하는 수류를 만들기 위해 섬모와 편모를 사용한다 (그림 **273–276**). 먹이입자의 선별은 구부에서 일어난다. 편모에 의한 먹이 입자의 획득과 처리의 예가 그림 **274**에 보여준다. 후각편모류(착편모류)의 부착성편모 (haptonema)는 최소

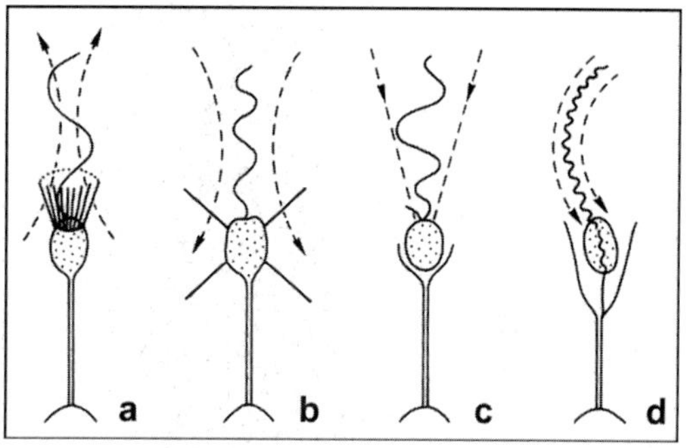

그림 **273** 특수한 편모 타입을 지닌 부착성 종속영양편모류의 모식도: **a**, *Codonosiga*; **b**, *Actinomonas*; **c**, *Ochromonas*; **d**, *Bicosoeca*. 민편모 (naked flagellum)는 편모털(mastigonemes)을 지닌 편모와 다른 움직임을 보임 (**b-d**) (Sleigh).

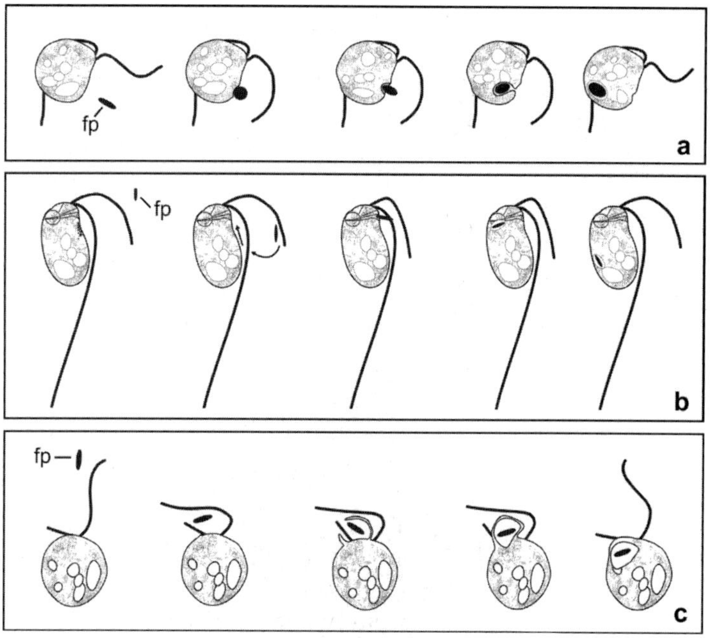

그림 **274** 비디오 현미경 분석에 의한 3가지 종속영양편모류의 먹이 섭식 과정. *Cafeteria roenbergensis* (**a**)와 *Bodo saltans* (**b**) 후방 편모를 사용하여 기질에 부착하며 전방 편모를 가지고 수류를 일으킴. 먹이 입자 (fp)는 세포체 (*Cafeteria*)의 함입에 의하거나 위족 없이 인두 (*Bodo*)로 포획됨. *Spumella* sp. (**c**)는 원형질사로 기질에 부착하며 긴 편모로 수류를 일으키며 두 편모를 사용하여 먹이 입자를 다룸. 먹이 입자는 위족에 의해 감싸짐 (Boenigk & Arndt: J. Eukaryot. Microbiol. 47 [2000] 350).

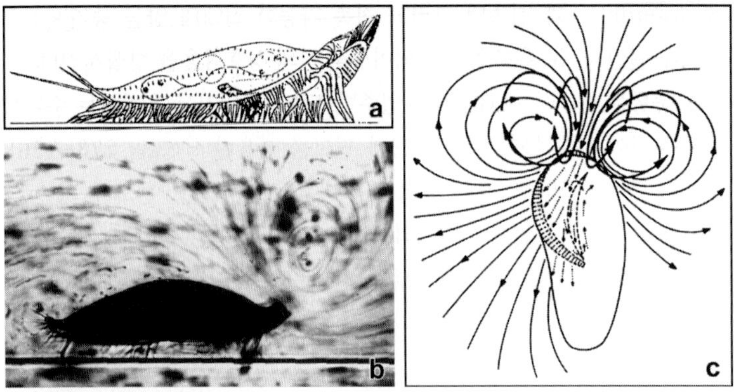

그림 275 *Stylonychia*의 측면에서 발생되는 수류 (**a, b**)와 모식도 (**c**). 장기적 석탄입자 노출에 의한 수류의 시각화 (H. Machemer, Bochum). 배율: b 85 x.

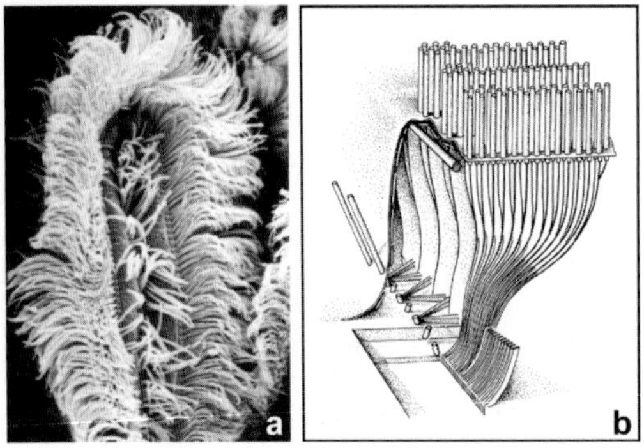

그림 276 *Eufolliculina*의 입언저리 날개 (peristomal wings)의 가장자리(**a**)와 내부(**b**)에 규칙적으로 배열된 섬모막은 먹이 입자가 구부로 전달되도록 수류를 일으킴 (Mulish & Hausmann: Protistologica 20 [1984] 415). 배율: a 70 x.

한 일부 종의 경우 먹이 입자를 수집하는 수단임이 확실하다(그림 **60**).

예외가 있지만, 일부섬모충류는 느려서 먹이를 능동적으로 사냥할 수 없다. 이들 개체는 유영하는 먹이생물을 마비시키고 죽이는 독포를 종종 가지고 있으며 이렇게 하여 움직일 수 없는 먹이를 어려움 없이 포식할 수 있다. 이런섬모충류의 구부는 대개 아주 넓게 확장할 수 있다 (그림 **278**).

포식에 관계된 가장 복잡한 소기관은 섬모충류와 편모류의 세포인두바구니(cytopharyngeal basket) (그림 **279**)와 흡관충의 촉수이다 (그림 **131**). 흡관충의 촉수는 형태와 기능학적으로 세포인두바구니의 전신으로 수백 개의 미세소관이 다발 형태로 규칙적으로 배열하고 한 개의 관과 같은 구조를 하는 라멜라 층을 이루고 있다. 관의 제한된 구조로 이 개체는 먹이의 형태에 따라 다소 특수화 되어 있다. 한편 포식은 매우 효율적이고 특수화 되어 있다. 예를 들어 섬모충류 *Pseudomicrothorax*는 5 μm 직경의 남세균 사상체를 포식하기 위해 특수화 되어 있다. 이들은 *Oscillatoria* 속의 남세균을 좋아하며 이들의 세포벽을 빨리 소화 할 수 있는 특별한 효소를 가지기 때문으로 본다 (그림 **280**, **281**). 식세포작용에 필요한 원동력은 세포인두바구니나 촉수내에서 생성된다. 이 과정의 중심역할은 미세소관의 라멜라의 일부에서 수행한다. *Pseudomicrothorax dubius*의 경우, ATP 가수분해 효소는 라멜라 내에 위치한다. 그러나 미세소관은 원동력과는 관련되어 있지 않으며 섬유상 시스템이 이와 관련이 있을 것으로 보인다. 최소한 이들 사상체의 일부는 액틴 운동단백질(actin)이다. 미세소관은 골격의 역할을 하는 것으로 보인다. 분자수준에서 원동력은 세포 속으로 식포를 능동적으로 이동시키는 활주기작일 것이다. 이런 관점에서 흡관충의 포식을 흡입과정으로 설명하는 것은 옳지 않다고 본다.

흡관충은 노브 (knob)라고 하는 촉수의 말단에 있는 부착성 독포로 접촉한 먹이 생물을 포획한다 (그림 **282**). 흡관충의 촉수는 보통의 섭식이 아니며 대개 미세소관을 포함하고 있다. 미세소관은 두 개의 중심관 형태의 배열과 액틴과 같은 미세섬유사가 나선으로 꼬인 배열을 하고 있다. 먹이 포획 시에 미세소관은 축 (shaft)의 주변으로 이동하며 촉수는 짧고 넓게 된다. 먹이의 막은 접촉 부위에서 터지게 된다. 먹이 막의 경계가 촉수막에 밀착

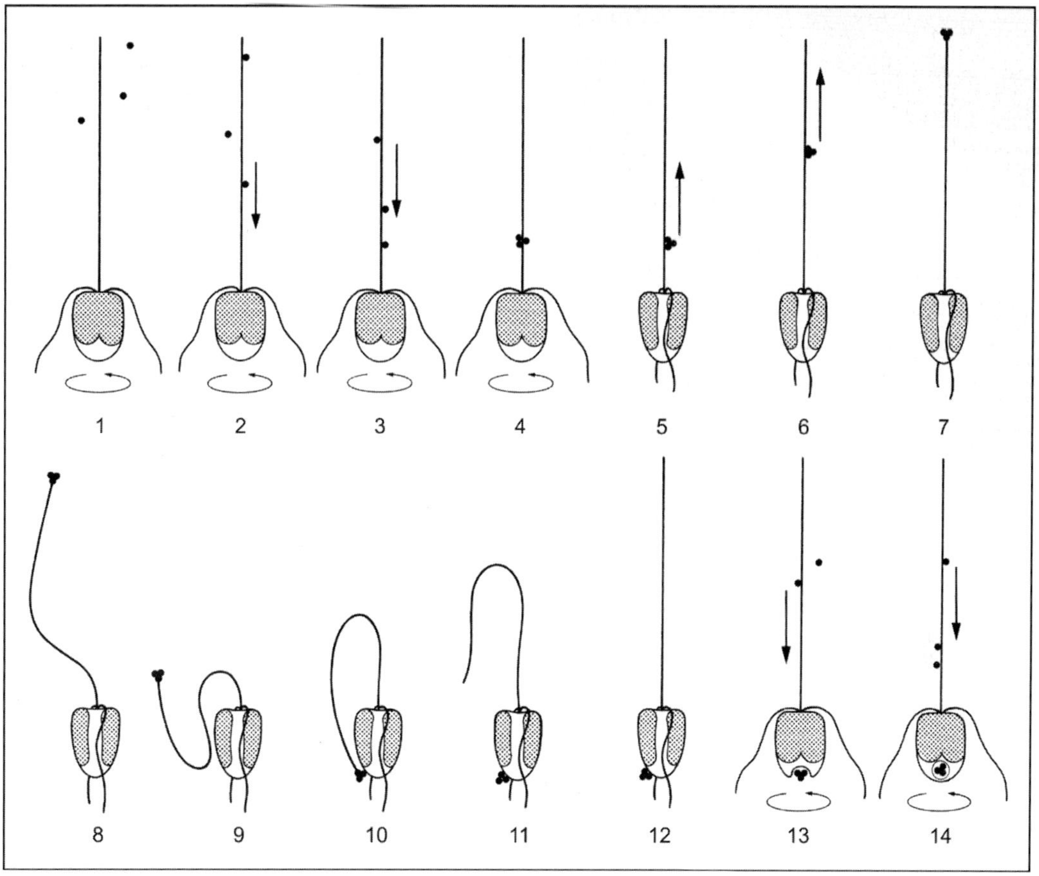

그림 **277** *Chrysochromulina*의 부착성편모 (haptonema)에 의한 먹이 입자의 포획 (1), 기부를 향한 운반 (3), 축적 (4), 전방을 향한 운반 (5-7); 환상의 화살표는 세포의 회전을 표시함 (Kawachi et al.).

되기 때문에 먹이의 세포질은 새지 않는다. 먹는 동안, 소포는 촉수의 가장자리 미세소관을 통해 위로 움직이며 포식을 위한 새로운 막을 공급하기 위해 노브의 막과 융합한다. 동시에, 노브의 막은 촉수의 튜브 속으로 함입되고 먹이 세포질은 빠르게 (초당 1−20 μm) 아래로 흐른다. 입자의 흐름은 먹이가 비워질 때까지 일정한 속도로 계속된다. 함입된 막이 내부 관의 끝에 도달하면 식포는 떨어져 나간다. 함입막을 가진 촉수의 미세소관을 연결하는 팔과 같은 연결부 (bridges)는 포식을 위한 원동력을 형성한다. 따라서 실제 흡입과는 다르다.

*Grossglockneria*와 *Pseudoplatyophrya*와 같은 균식성(Mycophagous) 섬모충류는 균류와 효모를 먹는다. 이들은 방사상으로 배열된 미세관 라멜라가 중요한 구조적 요소인 세포인두바구니와 다소 흡사한 섭식관 (feeding tube)을 가진다. 먹이 섭취동안 섬모충류는 먹이생물의 세포벽에 작은 구멍을 내고 먹이의 세포질이 세포내에서 섭취되도록 한다. 균류의 세포벽이 파괴되는 기작은 모르나, 구멍을 내는 일은 효소에 의한 작용으로 보인다.

흡입섭취(Myzocytosis)는 *Gymnodinium*, *Paulsenella*, *Peridiniopsis*와 같은 많은 외부기생 와편모조류에서 발견되는 먹이 섭취의 기작이다. 여기에서는, 먹이를 관과 같은 섭취관(peduncle)을 가지고 찌르며 먹이의 세포질 (용존성과 입자성 유기물을 포함함)을 섭취한다.

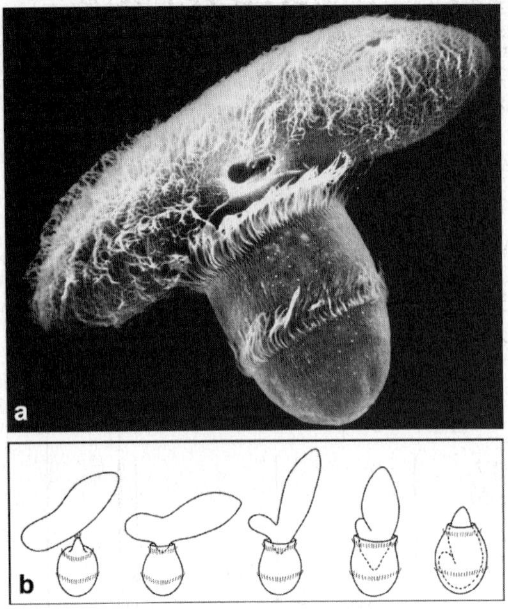

그림 278 *Didinium nasutum*에 의한 짚신벌레의 섭식 (G. Antia, San Francisco). 배율: a 290 x.

동균문의 무각사상근족충상강(Aconchulina)의 일부 종류는 다른 특수한 방법을 보인다. 먹이 포식을 위한 영구적인 섭식 기관은 알려지지 않았으나 일시적인 환상의 포식 부위가 섭식 중에 나타난다. 이것은 먹이인 미세조류 세포벽에 보이는 식균성변형충류 (*Gobiella*, *Hyalodiscus*, *Lateromyxa*, *Vampyrella*)에 의해 만들어진 원형의 구멍에 의해 알 수 있다. 이들 개체는 먹이생물 (*Oedogonium*, *Spirogyra*와 같은 녹조류, 홍조류, 윤충류 알, 균류의 균사 등)의 세포벽을 통과하는 둥근 구멍을 뚫을 수 있다. 이것은 효소의 부분적 분비에 의해 일어난다. 커다란 섭식 위족이 이 구멍을 통해 세포내로 침투하여 전체 원형질을 섭취한다 (그림 **283**). 더하여, 아메바 입(amoebostomes)이라 불리우는 둥근 섭식 구조 (그림 284)를 작은 박테리아를 섭식하는 일부 분열균 아메바 실험에서 최소한 유도할 수 있다. 이들 구조의 유래와 생물학적 중요성은 아직 불분명하다.

많은 유각와편모류는 세포의 바깥에 커다란 먹이세포를 가두기를 선호한다. 이는 종구구멍(sulcal opening)이 너무 좁아 커다란 먹이 입자를 내부로 들이기 어렵기 때문이다. 세포외 소화의 종류로 *Protoperidinium conicum*을 소개할 수 있다. 이 원생생물은 편모의 구멍을 통해 위족과 같은 섭식연막(feeding veil)을 배출한다 (그림 **285**). 이 연막은은 먹이(규조류를 선호)를 둘러싸고 점차적으로 20–30 분 내에 소화하며 껍질내로는 들이지 않는다. 이 연막을 소화가 끝난 후에 회수하고 와편모류는 유영을 하게 된다.

식포형성

단층의 원형질막으로 쌓인 원생생물의 식포형성은 대개 원형질막의 함입에 의해 생기며 먹이를 감싼다. 이 과정은 액토미오신 시스템에 의해 유도된다. 이 같은 식포형성(Food vacuole formation)은 아메바와 일부 편모류(*Trichonympha*)에서 일어난다.

식포 형성은 일정한 형태의 몸을 가지거나 잘 발달된 복잡한 구조의 피질을 가진 개체의 경우 더 복잡하다. 이는 특별히 섬모충류의 경우에 그러하다 (그림 **102, 103, 111, 215**). 이들 개체에는 정상적인 몸체의 피질 구조가 없는 특별한 부위가 있으며, 이와 같은 구부 기관은 식포형성이 가능하다. 이것은 이 부위에 섬유망과 미세소관과 같은 체 피질 섬유, 피막포, 표층세포질이 없어야 한다는 의미이다. 이렇게 원형질막은 세포입 부위의 세포질에 직접적으로 접촉한다.

식포의 형성을 위해 이용할 수 있는 여분의 원형질막이 없기 때문에 식포를 위해 필요한 막을 생산하는 기작이 요구된다. 수송 시스템은 세포내에서 식포형성 부위로 미리 형성된 막을 운반한다. 이 과정은 전자현미경으로만 관찰되는 작은 소낭에 의해 수반된다. 비록 실제 수송 기작은 아직 자세하게 알려져 있지 않지만, 일부 경우에는 이들 소낭은 세포입을 향해 미세소관 리본을 따라 수송된다고 알려져 있다. 세포질의 디네인팔(dynein)과 음방향의 미세소관 기반 모터가 이 운동에 참여하고 있다. 세포입에 식포 막의 성장에 따라 소낭이 융합된다 (그림 **286**). 모든 포식성 섬모충류의 식포막의 성장은 이와 같은 방법을 보인다.

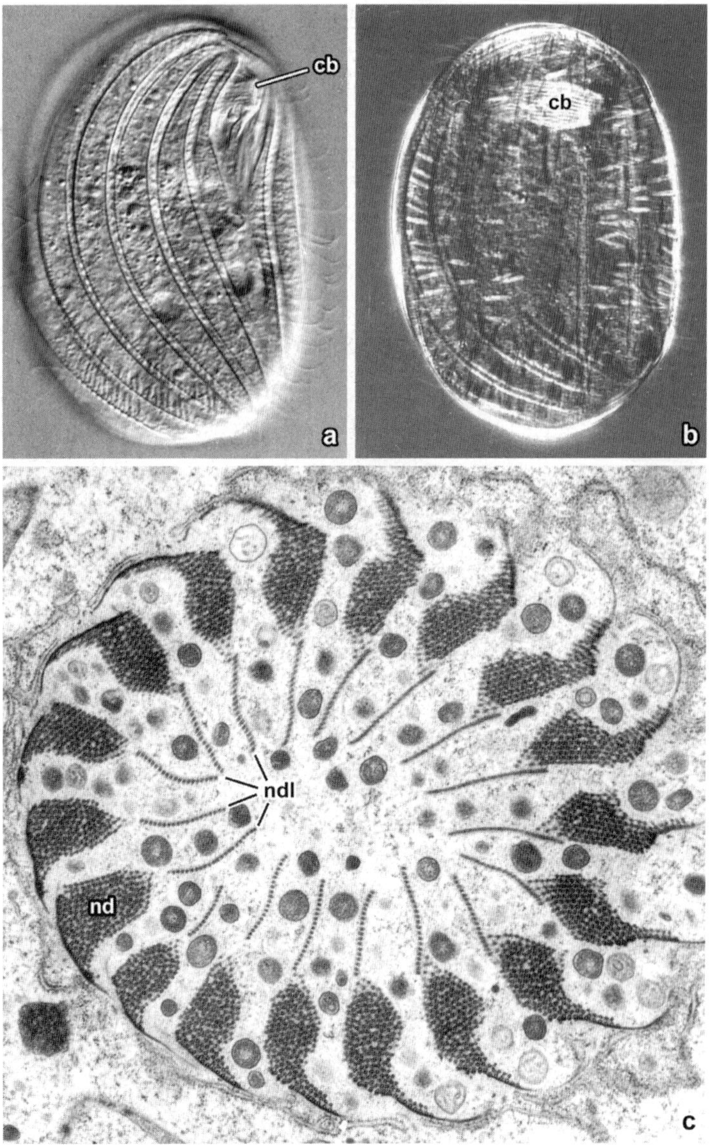

그림 **279** *Pseudomicrothorax* 세포인두바구니를 간섭현미경 (**a**)과 편광현미경으로 관찰한 모습 (**b**), 횡축 단면 모습 (**c**). 인두미세소관 다발 (nd)과 인두미세소관층 (ndl)을 형성하는 많은 미세소관 때문에 복굴절이 생김 (Hausmann & Peck: Differentiation 11 [1978] 157). 배율: a & b 800 x, c 15,000 x.

이와 같은 식포의 형성은 수백 혹은 수천개의 소낭을 필요로 한다. 이들 소낭은 섭식동안 생성되는 것이 아니라 이미 세포질 내에 존재하는 것으로 알려져 있다. 이것은 섬모충류의 모든 소낭이 소모될 때까지만 먹을 수 있다는 것을 의미한다. 이들 소낭의 막은 재생되며 소화포로부터 또는 배출공에 남겨진 소낭의 막으로부터 떨어져 나간 미세소관의 다발로부터 대부분 형성된다. 일부 경우에는 소낭은 골지체에 의해 형성되며 소화효소를 담고 있을 것이다. 어떻게 소낭들이 세포질 내에 모이며 세포입을 향해 상당한 거리를 이동하는지는 불분명하다.

어떤 섬모충류의 세포인두바구니내에서 이들 소낭의 운송은 광학현미경하에서 관찰할 수 있다. 이런 경우에 섭식된 남세균의 사상체로부터 반대방향으로 움직이는 미립자의 흐름이 관찰된다. 입자는 바구니의 바깥쪽으로 이동하여 입자가 바구니의 내강으로 접근할 수 있는 미세소관 다발 사이 부위로 모인다 (그림 **279c**). 입자가 미

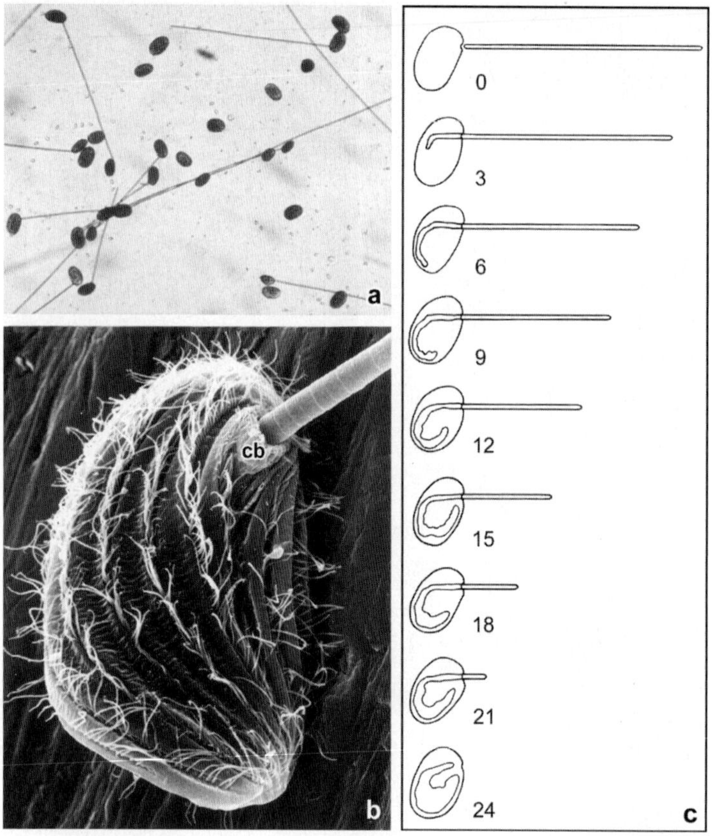

그림 280 **a** 섭식하고 있는 *Pseudomicrothorax* 세포; **b**, 세포인두바구니 (cb)로 *Oscillatoria* 사상체를 섭식; **c**, 섭식 속도의 모식도: 몇초에 상응하는 소요시간. 남세균의 길이는 5 μm (Hausmann & Peck: Differentiation 14 [1979] 147). 배율: a 40 x, b 1,000 x.

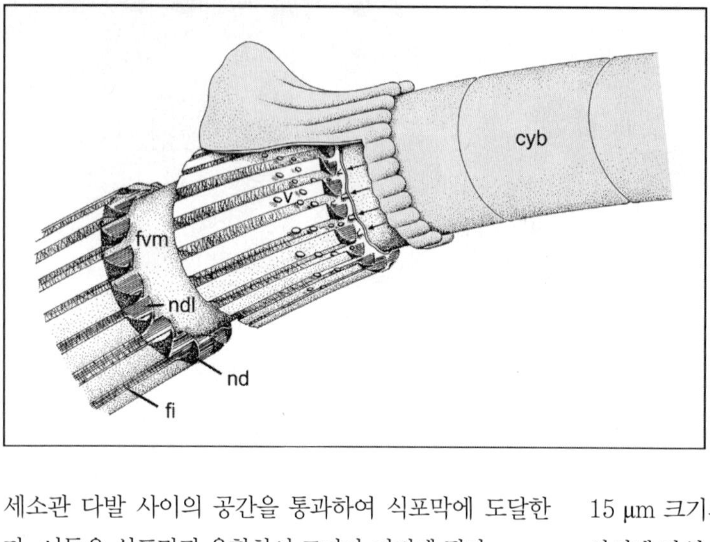

그림 281 먹이 섭식동안 *Pseudomicrothorax*의 세포인두바구니: 인두미세소관 다발 (nd)과 인두미세소관 (ndl)으로 구성되었고 사상체 (fi)에 의해 안착되어 있는 바구니. 바구니의 상부에서 소낭 (v)이 인두미세소관 다발을 통과하여 내강(lumen)으로 들어가 식포의 막과 융합함. cyb=남세균.

세소관 다발 사이의 공간을 통과하여 식포막에 도달한다. 이들은 식포막과 융합하여 크기가 커지게 된다.

소낭의 운반, 식포로 소낭의 융합 그리고 식포 자체의 내부로의 이동은 특별한 연속과정으로 일어난다. 각 과정은 다른 과정에 의존한다. 포식의 최대 속도 (초당 15 μm 크기의 남세균 시상체 하나 섭취)에서, 이들 과정 사이에 간섭은 없다.

이들 섬모충류에 커가는 식포와 함께 소낭의 융합은 소화를 개시하게 하며 작은 소낭은 필수적인 기수분해 효소를 포함한다. *Pseudomicrothorax dubius*

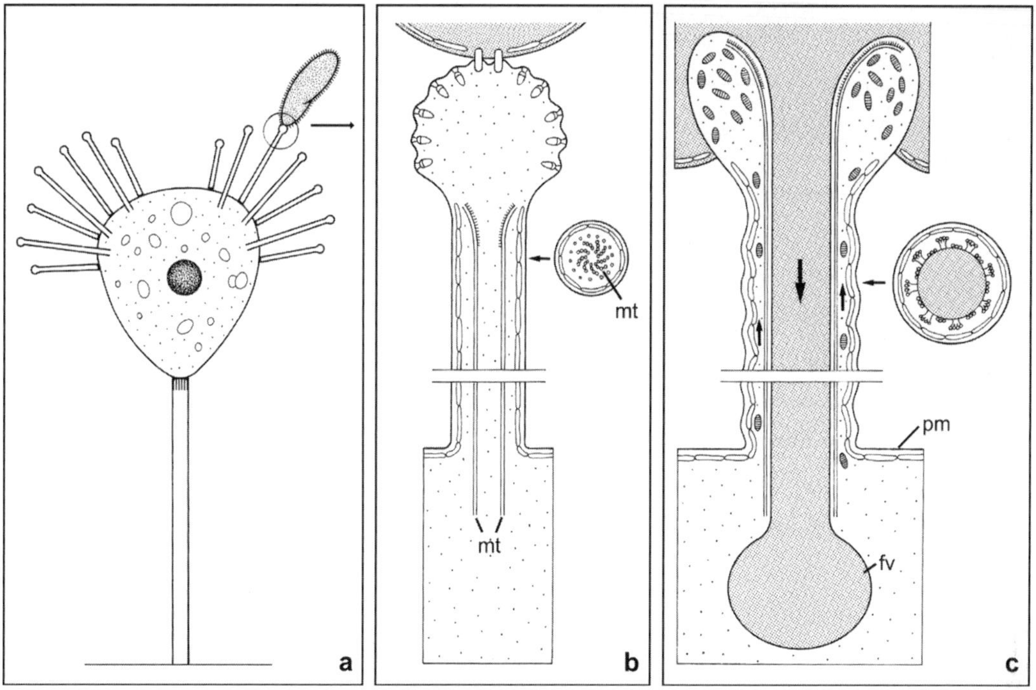

그림 282 흡관충류의 먹이섭식 기작: **a**, 흡관충의 촉수로 먹이생물 (섬모충류)을 포획; **b**, 촉수끝의 흡착포가 먹이의 원형질막에 접촉; **c**, 먹이의 세포질이 식포 (fv)로 둘러싸이고 흡관충 촉수 (화살표)의 긴 흡입을 통해서 섭식됨. pm=원형질막 (Bardele, Nisbet & Rudzinska).

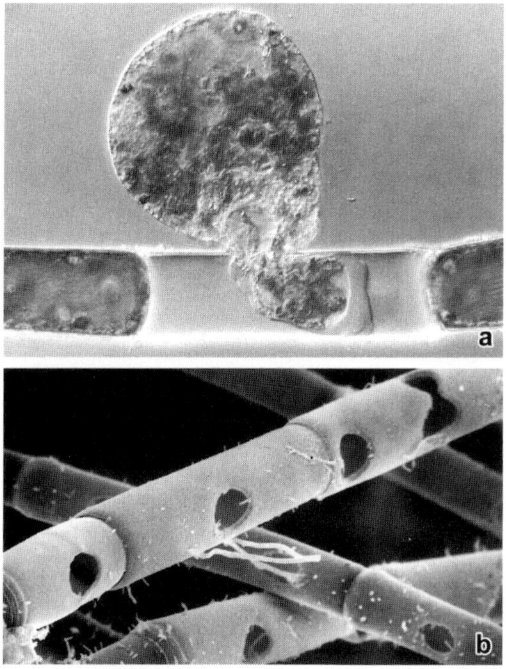

의 경우, 이들 효소는 몇 초만에 남세균 먹이의 세포벽을 소화한다. 이렇게 되면 남세균 사상체는 유연해지고 껍질이 벗겨진 내부 원형질은 그대로 있어 식포로 취해지게 된다. 이런 과정으로 사상체의 다수는 소화된다. *Pseudomicrothorax*에서 발견되는 이런 특수한 정도가 모든 유사한 섬모충류에서 발견되는 것은 아니다. 다른 남세균 포식 섬모충류는 덜 특수화되어 있으며 한 개의 사상체를 소화하는데 몇 시간이 종종 소모된다.

단순한 무각 아메바와 다르게, 유축위족을 가지고 부유하는 개체는 훨씬 더 복잡한 방법으로 식포를 형성한다. *Actinophrys sol*은 자유유영 섬모충류를 포식할 수 있다 (그림 **287**). 이 과정의 첫 단계는 유축위족에 먹

그림 283 식균성변형충류의 먹이 섭식: **a**, *Oedogonium* 세포의 세포질을 섭식하고 있는 *Hyalodiscus*; **b**, *Gobiella*에 의해 공격받은 *Oedogonium* 사상체의 세포벽에 뚫린 구멍. 배율: a & b 400 x.

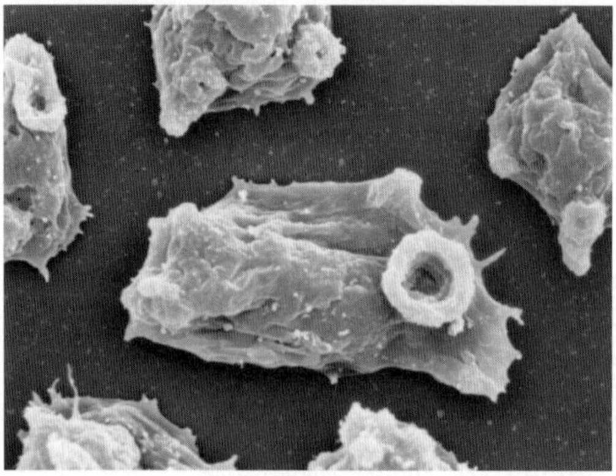

그림 **284** 종 모양의 섭식 위족 (아메바 입)을 지닌 *Naegleria fowleri* (John et al.; J. Protozool. 32 [1985] 12). 배율: 1,800 x.

이의 부착이다. 이는 동원포(kinetocysts)의 작용에 의해 수행된다. 두 번째 단계는 15분 정도 걸리며 매우 큰 식포가 형성된다. 이 식포막은 원형질막이나 단순한 소포막의 전구체로부터 유래된 것이 아니다. 오히려 이것은 원형질막 하부에 풍부한 특수하게 막과 결합된 전자 밀집 입자의 빠른 전환에 의해 유래된다. 자극에 따라 이들 입자들은 형성된 식포의 위치로 막을 따라 이동한다. 여기에서 이 입자들은 내용물이 풀어지게 확산하며 그 결과 소낭들이 식포막을 형성하기 위해서 융합한다.

일반적으로 원생생물에 식포형성을 시작하게 하는 요인에 관해 거의 알려져 있지 않다. 주위 환경의 입자성 물질이 일부 경우에 필요한 것같다. 입 기구를 가진 개체의 원형질막은 식포형성을 유도하기 위해 몇 번 이들 입자와 접촉해야만 한다. 더하여 먹이 입자는 어떤 (잘모르는) 표면 성질을 가지고 있어야만 한다.

식포형성에 소모되는 시간은 온도, pH와 이온 조성과 같은 물리, 화학적 조건에 의해 영향을 받는다. 이들 요소들은 역시 원형질막의 성질과 원형질막을 가지는 소낭의 융합에 영향을 미친다.

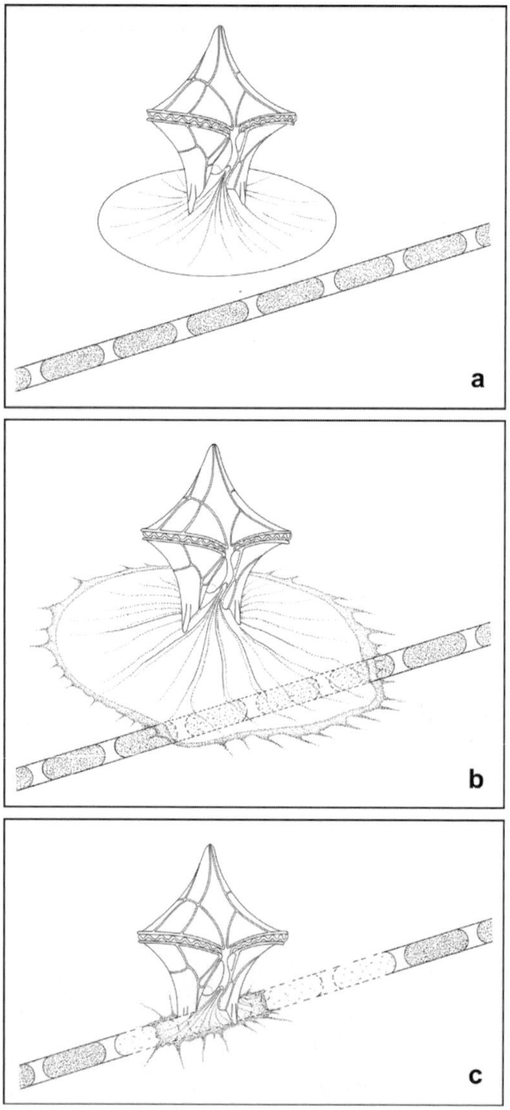

그림 **285** 종속영양 와편모류 *Protoperidium conicum*의 연막형 섭식위족에 의한 규조류 군체의 세포질에 접근 (**a**)과 소화 (**b, c**) (Jacobson & Tayor). 배율: 400 x.

소화

식포가 원형질막과 세포입으로부터 분리된 후, 그것을 소화식포라 부른다 (그림 288). 소화(Digestion)의 첫 번 과정의 하나는 식포의 내부 pH를 떨어뜨린다. 이것은 포함된 가수분해 효소가 산성의 pH가 적당하기 때문

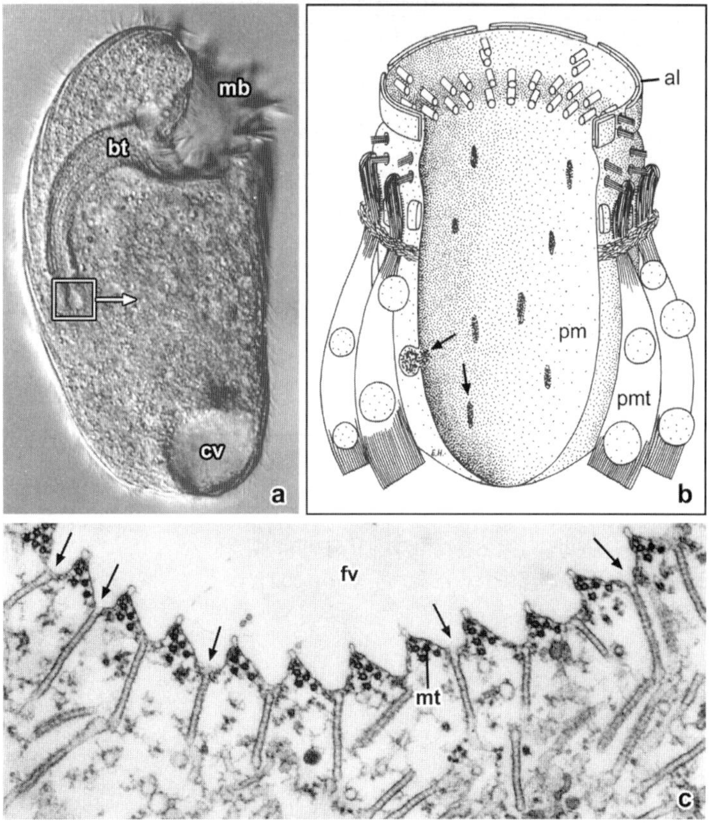

그림 **286** 섬모충류 식포의 성장: **a** & **b**, *Climacostomum*의 섬모막 (mb)에 의해 세포입으로 운반되어져 구강(bt)의 끝에서 섭취되는 먹이 입자. 커져가는 식포의 원형질은 납작한 소낭들 (화살표)이 합쳐져 커짐. al=피막포 (alveolus), cv=수축포, pmt=후향섬모미세소관; **c**, 납작한 소낭 (화살표)은 *Trichodina*의 세포입부분에서 식포와 융합함. mt=미세소관 (b, Fischer-Defoy & Hausmann: Differentiation 20 [1981] 141; c, Hausmann & hausmann: J. Ultrastruc. Res. 74 [1981] 131). 배율: a 500 x, c 55,000 x.

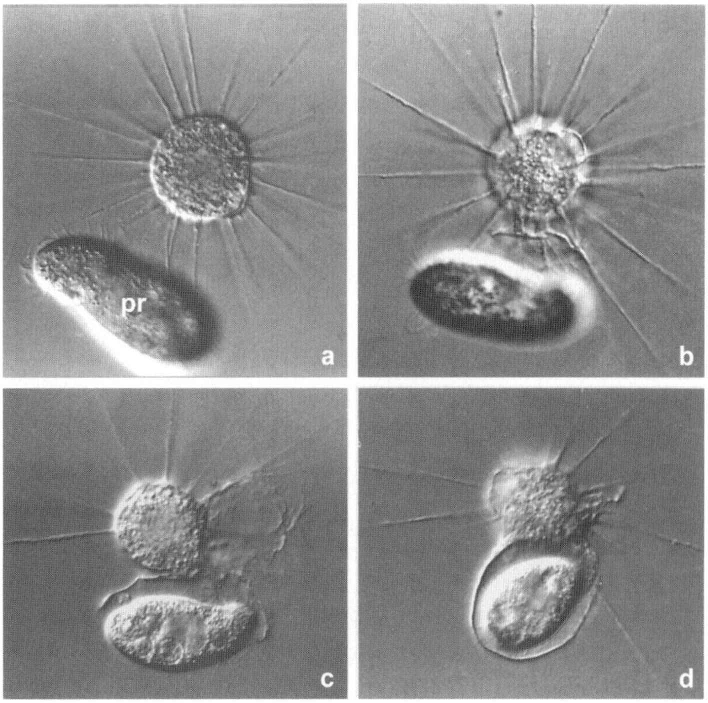

그림 **287** 태양충 *Actinophrys sol*에 의해 먹이 섬모충류 *Colpidium*의 포획 (**a**)과 섭식 (**b-d**). 15분 내에 먹이는 깔대기 같은 위족으로 감싸임 (Hausmann & Patterson: Cell Motil. 2 [1982] 9). 배율: 300 x.

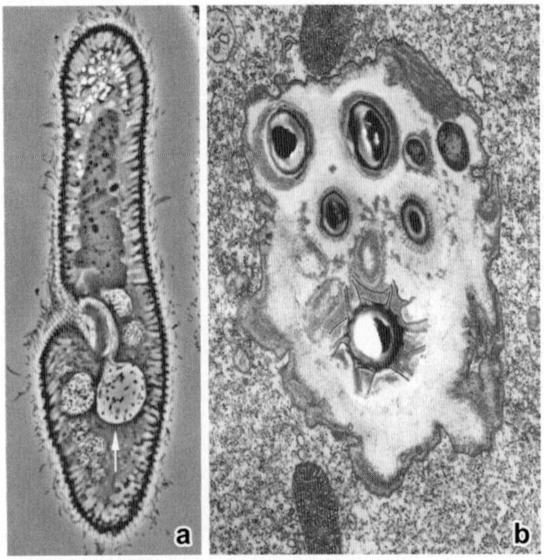

그림 **288** 짚신벌레의 식포 분리 (**a**, 화살표)와 박테리아를 포함하는 식포 (**b**) (R. Stiemerling, Bonn). 배율: a 360 x, b 13,000 x.

에 소화를 유도하는 환경이 된다. 먹이의 효소 소화에 이어서 사용되는 화합물은 세포 전체에 분포하며 소화되지 않은 찌꺼기는 배설된다. 전체 과정은 원생생물에 따라 20분에서 몇 시간정도 걸린다.

소화는 지속적인 과정이지만 몇 가지 단계로 나눌 수 있다 (그림 **289**). 짚신벌레의 경우 상세하게 잘 알려져 있다. 세포입으로부터 떨어져 나간 식포는 직경이 작아진다. 이 소낭을 소화식포 (DVI)로 부르며 약 6 μm까지 축소되어 평균 15 μm의 크기를 가진다. 소화식포의 가장자리는 불규칙적으로 많은 관이 신장되어 있다. 관은 0.1 μm의 직경과 0.4–0.8 μm의 길이를 가진다. 소포가 소화식포로부터 떨어져 식포의 표면적이 줄고 식포 직경의 감소하는 결과가 된다. 그러나, 이 같은 과정만으로 체적의 극적인 감소를 일으킬 수 없다. 작은 소포의 경우, 부피에 대한 표면적이 큰 소포보다 훨씬 크다. 따라서 떨어져 나간 작은크기의 소포로 인해 식포의 표면적의 상대적 감소는 체적의 상대적 감소보다 훨씬 크다. 이것은 대부분의 액체가 반투과성 식포막을 통과함을 제시한다. 이 과정의 자세한 내용은 아직 알려져 있지 않지만 막은 일반적으로 물을 통과시킴으로 삼투압에 의해 세포질 속으로 단순하게 통과할 수 있다.

관형의 식포가 떨어지기 직전 혹은 떨어지는 동안, 소화식포와 불규칙한 소포의 융합이 일어난다. 이들 소포는 1 μm 정도의 크기로 소화식포의 막 속으로 합쳐져 식포 내용물의 pH 하강과 관련하여 산성소포 (acidosomes)로 알려져 있다.

소화식포가 6 μm로 수축되면 2차식포 (DV–II)는 식산소포 (phagoacidosome)로 되어 식포 주변에 리소좀 (lysosomes)을 축적하고 그들의 막으로 가둔다. 식융소포(phagolysosome); DV–III은 직경이 갑자기 커지며 이 같은 확장은 소화식포의 원래 크기로 될 때까지 계속된다. 이 확장은 DV–II와 일차 리소좀의 융합결과이다. 난형의 리소좀은 약 0.2 × 0.4 μm 크기이다. DV–I 체적의 감소에서 보인 소포의 경우와 같이 일차 리소좀의 융합을 수반한 체적의 증가는 융합으로 더해진 막 때문에 증가한다고 간단히 설명할 수 없다. 거기에는 물과 확산 분자가 세포질로부터 DV–II로 들어오는 또 다른 (알려지지 않은) 기작이 있다.

거의 완전한 막의 교체가 소화식포의 다양한 융합과 분리과정 중에 발생한다. 이것은 항체 라벨링에 의해 확인된다. 전에 함께 융합되었던 (원판형 소포, 산성소포, 리소좀) 소포의 각 단계와 각 소포는 명확한 항체에 의해 라벨되어진다. 더하여 동결열개 (freeze–fracture) 연구는 막내의 입자 수와 두 막의 열개면 각각 위에 상대적 분포가 식포단계/소포에 따라 다름을 보였다. 소화주기 동안 막의 교체는 막의 재활용과 막의 인지와 연관되어 있다.

소화식포 체적의 감소와 이어지는 증가에 관한 이유를 이해하기 어렵다. 먹이 입자는 소화효소에 노출되기 전에 농축됨이 제시되었다. 이 과정은 더 효율적인 소화을 유도한다고 본다. 그러나 DV–III는 원래 식포와 거의 동일한 크기로 아마도 일부 다른 활성이 포함되리라 보인다. 더해지는 부피의 부분만큼 리소좀 내용물이 기여하는 것으로 보인다. 그러므로 그것은 아마도 필요에 의한 부피의 감소가 아니라 오히려 소화식포 막의 조성 변

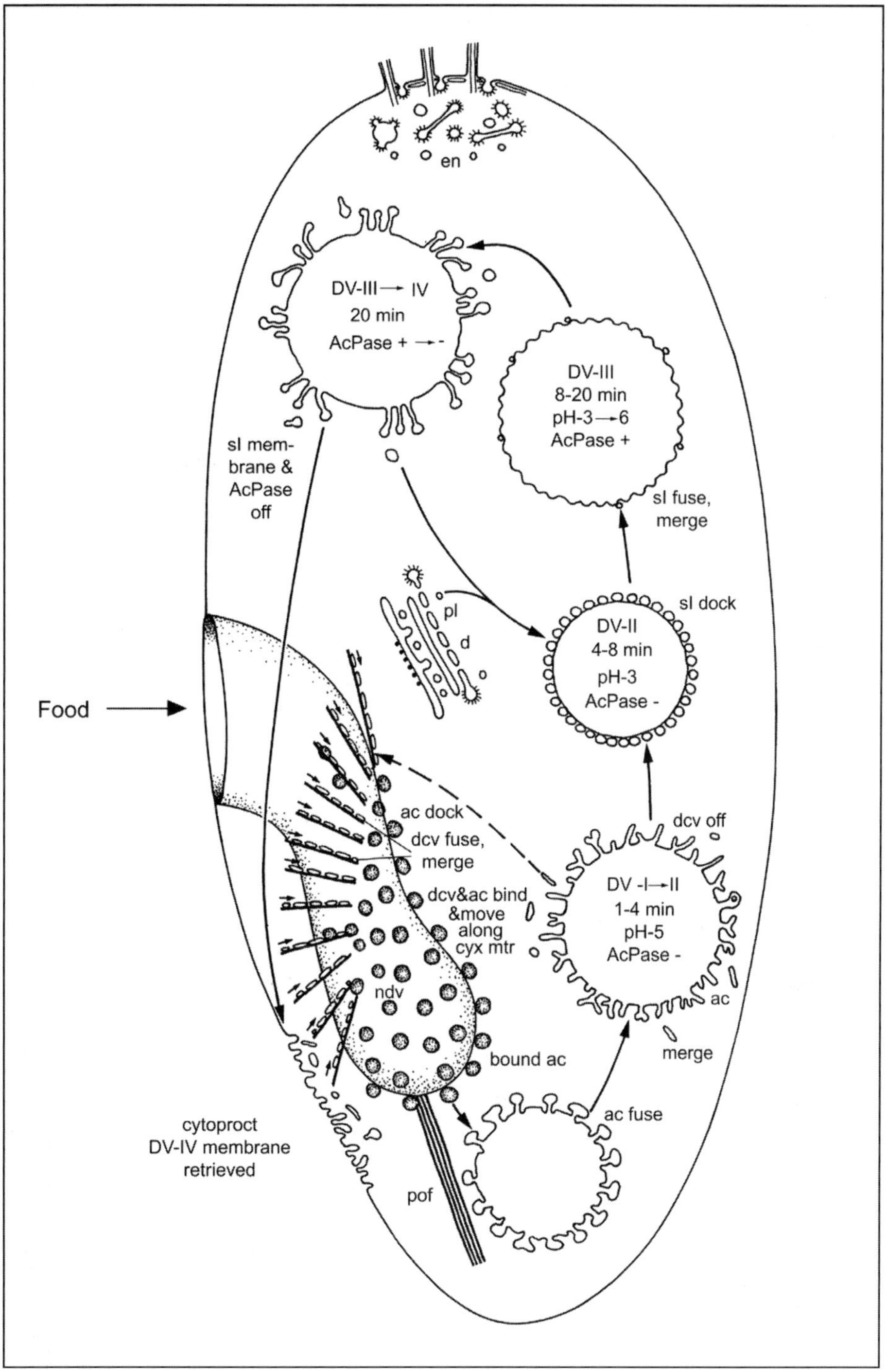

그림 **289** 짚신벌레의 식융소포 시스템을 통한 막 흐름도. ca=산성립 (acidosomes), AcPase=산성 인산효소 (acid phosphatase), cyt=배설구 (cytoproct), cyx=인두, dcv=원판 소포, DV-I to DV-IV=단계별 소화소포, en=부체낭으로부터 떨어져 나간 클라스린 단백질 피복을 가진 엔도솜, d=딕티오솜, mtr=미세소관 리본, ndv=발생기 소화소포, pl=일차 리소좀, pof=후구부 섬유, sl=이차 리소좀 (Fok & Allen).

화로 보인다. 관과 같은 소포의 일부 막은 식포로부터 제거될 것이고 다른 식포의 성장을 지원할 수있는 세포입쪽으로 되돌아 운반될 것이다.

DV-III 단계 식포는 먹이의 소화가 특징적이다. 이 과정 동안 소화식포의 주변에 지속적인 활동이 있다. 이것은 식포와 부수적인 리소좀의 융합 혹은 식포의 내강으로부터 물질의 제거 때문으로 보인다. 후자는 식포로부터 떨어져 나온 작은 소포에 갇힌다. 소화되지 않는 찌꺼기는 DV-III 내에 남아있고 현재에는 잔존 소포, DV-IV, 가 된다. 배설동안 찌꺼기가 세포외 배출에 의해 방출된다. 앞서 설명된 이 과정은 짚신벌레의 경우 잘 설명되어 있으나 다른 원생생물에게도 일반적으로 해당될 것으로 본다. 세포내 포식된 병원성 원핵생물은 일차리소좀과 식융소포의 융합을 막는것에 의해 소화과정을 견디어 낸다.

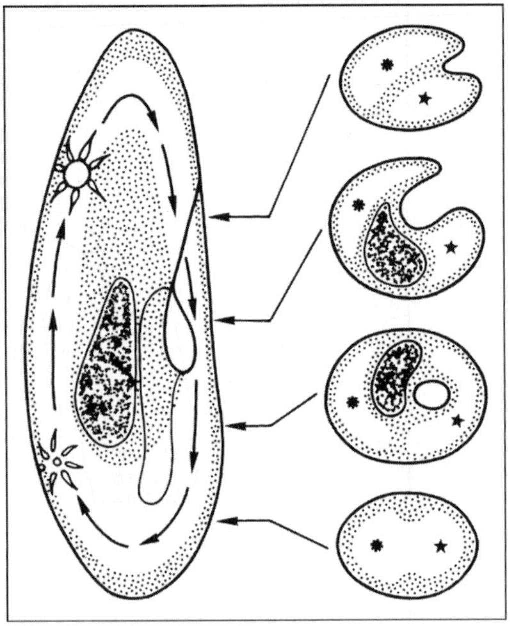

그림 290 분명한 관 모양의 길을 따르는 짚신벌레 소화식포의 환류; 세포의 정지부위는 점으로 표시 부분. 세포질의 흐르는 속도 (화살표와 별모양으로 표시)는 초당 약 2-3 μm (Sikora).

세포질 환류

어떤 시점에 있던 세포 내에는 소화주기의 여러 다른 단계의 많은 소화식포가 보통 존재한다. 소화와 관련된 대부분의 과정은 세포의 한 특별한 부위에서가 아닌 세포내에서 소화식포의 이동과정 중에 일어난다. 짚신벌레의 경우, 소화소포의 이동은 타원형의 경로를 따라 진행된다 (그림 **290**). 이 같은 움직임을 세포질 환류(Cyclosis)라 부르며, 초당 3 μm의 속도로 한 방향의 세포질 흐름을 보인다.

환류의 기작은 숙고할 문제가 있다. 이 흐름의 유동학적 특성 때문에 정지기와 유동기의 세포질 사이에 힘의 나눔에 의해 발생하지는 않는다. 그러므로 흐르는 세포질 내에서 작동하는 액토미오신 시스템 (actomyosin system)이 작용한다고 생각되고 있다. 이것은 환류의 전체 흐름 내에 무작위로 분포하는 많은 작은 소단위 (subunits)로 구성되어 있다고 추측된다. 이 소단위는 졸(sol)에서 겔(gel)로 또는 그 반대로 에너지 의존적 변형을 수행한다고 본다. 이 과정은 액토미오신 시스템의 수축과 이완에 의해 실행되리라 본다. 그렇다면, 그것들은 자유 칼슘이온에 의해 조절되어져야 할 것이다.

배설

배설소포는 소화되지 않은 잔여물을 포함하며 더 이상 효소활성을 보이지 않는다. pH는 정상으로 중성에 가깝게 회복된다. 이들 소포는 잔여소포로 알려져 있으며 내용물을 밖으로 배출한다 (그림 **291**).

근족충류에서 발견되는 가장 단순한 경우로, 배설(Defecation)은 식세포작용의 반대과정으로 일어난다. 잔여소포는 원형질막과 융합하며 내용물을 밖으로 배출한다. 이 소포의 막은 초기에는 원형질막으로 영입되지만 세포질로 되돌아 온다.

세포외 배출에 의한 배설과정은 피질구조를 지닌 섬모충류에는 감추어져 있다. 그러므로 세포외 배출은 세포내에 이 목적을 위해 특별하게 변형된 특수한 부위에서 일어나야만 한다. 이 부위를 세포항문 또는 세포배설구 (cytoproct, cytopyge)로 부르며 종종 피막 (pellicle)이 돌출하여 말린 모양을 한다 (그림 **292**). 피막포 (alveoli), 표피질 (epiplasm), 섬유질망 (filamentous networks)은 잔여소포가 원형질막과 직접 접촉할 수 있

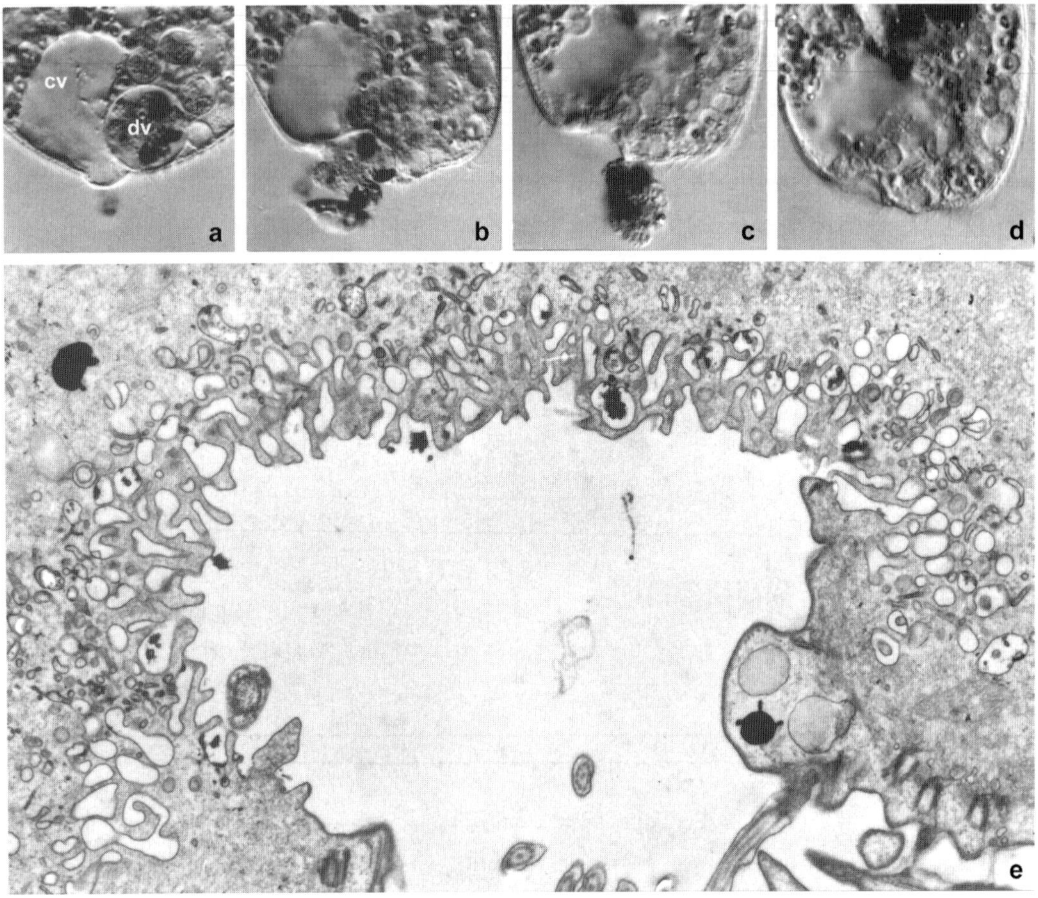

그림 **291** *Climacostomum*의 배설 (**a-d**)과 가장자리의 소포형성과정을 보이는 붕괴된 배설소포의 구조 (**e**). cv=수축포, dv=배설소포 (Fischer-Defoy & Hausmann: Zoomorph. 100 [1982] 121). 배율: a-d 470 x, e 13,000 x.

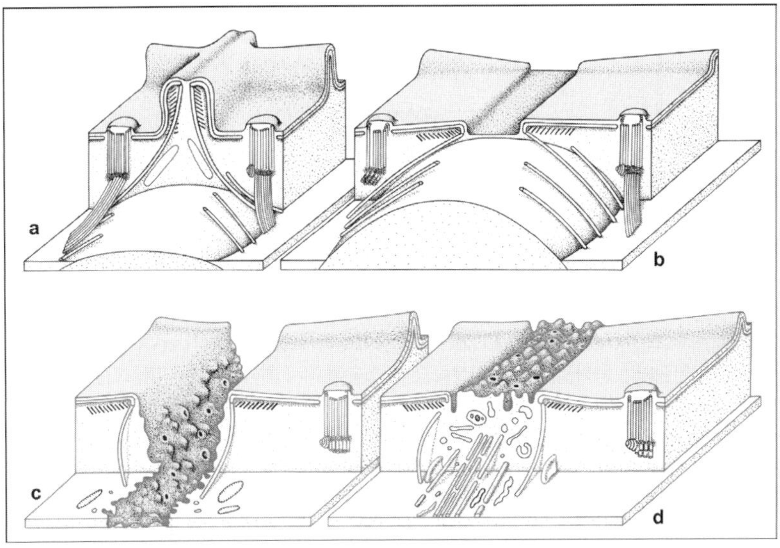

그림 **292** 짚신벌레의 세포 배설구의 기능: 배설구로 배설소포의 근접 (**a, b**)과 세포 표면과 융합 후, 배설 소포막의 소포화 (**c, d**) (Allen 7 Wolf).

도록 돌출부에 인접하여 끝나고 있다.

각각의 미세소관과 미세소관리본은 배설구 부위와 배설구 주위의 섬모가 없는 기저체 (basal bodies)로부터 세포질의 방향으로 배열되어 있다. 이들 미세소관은 배설구를 향하여 잔여소포를 유도하거나 심지어 능동적으로 운반할 것으로 본다. 배설구에서 잔여소포의 막은 원형질막과 융합한다. 소포내용물을 배출하는 동안 막은 작은 소포(vesicles)와 소포의 소단위로 분리된다 (그림 **291, 292**). 이 과정에서 막의 재질은 세포 내에 남겨진다. 일부 경우에 이들 소포는 식포를 크게 하기 위한 막의 소재로 공급되리라 본다. 다른 경우에 막의 재질은 먼저 변형되며 이 과정은 골지체를 통해 일어나며 이 전의 소화과정에 다시 이용될 것이다.

비미토콘드리아 기생성 원생생물의 에너지 대사

원생생물의 네 가지 그룹은 대사 과정이 대부분의 진핵생물과는 뚜렷이 다르다. 이들 원생생물은 중복편모충강, 첨예편모충강, 기생아메바, 부기체류와 미포자충류로 미토콘드리아가 없다. 미토콘드리아가 없는 원생생물은 해당과정 (glcolysis)과 기질 수준 인산화과정에 주로 의존하고 있으며 에너지 대사와 관련하여 전자전달은 없다. 전부는 아니지만 대부분의 비미토콘드리아 그룹은 현재 미토콘드리아를 가진 종류와 아마도 공통의 선조를 가진 수소발생체 (hydrogenosomes) 혹은 미토좀 (mitosomes)을 가지고 있다. 그들은 다소 혐기성이거나 미호기성이며, 이 의미는 그들이 대기의 산소농도에 의해 저해를 받으나 산소가 낮은 농도에서는 견딜 수 있다는 것이다. 막관통 양성자에 의해 자극된 미토콘드리아 타입 F1F0 ATP 가수분해효소에 의존적인 산화적 인산화 과정은 보이지 않는다. 그러나 대사 최종산물을 형성하는 대부분의 반응뿐 아니라 해당과정은 호기성 진핵생

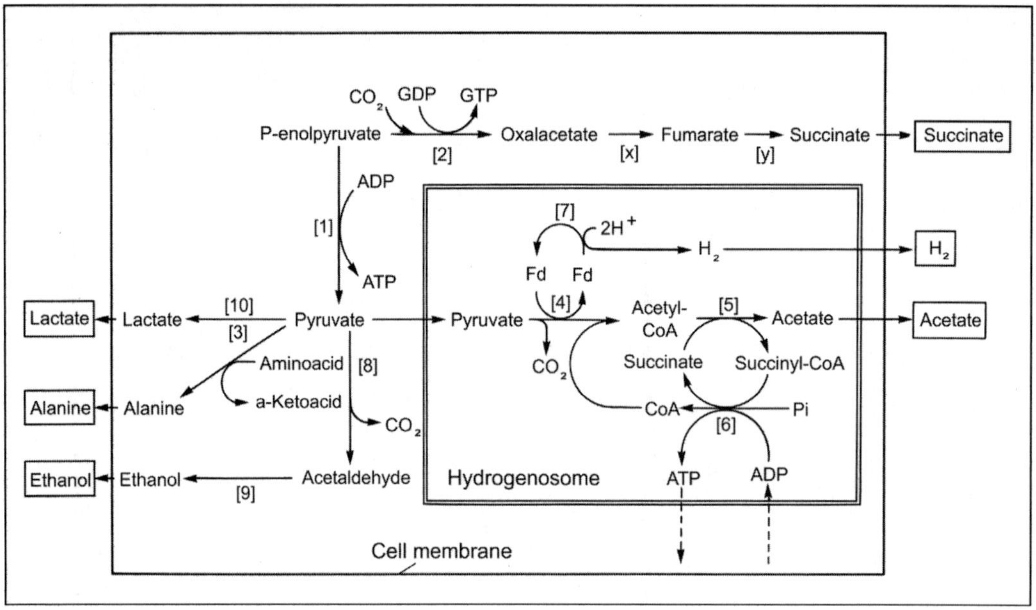

그림 **293** 비미토콘드라아 기생충, *Trichomonas vaginalis*와 *Trichomonas foetus*에서 포스포에놀피루브산 (phosphoenolpyruvate)를 거치는 해당과정의 확장 맵. 수소발생체 말린산 대사와 환원되는 등가물의 운명은 생략함. 박스속에 대사 최종산물. [1] 피루브산 카이나제 (pyruvate kinase), [2]포스포에놀피루브산 카복시키나제 (phosphoenolpyruvate carboxykinase)(GTP 의존), [3] 피루브산 아미노기 전이효소 (pyruvate aminotransferase), [4] 피루브산:페레독신 산화환원효소 (pyruvate:ferredoxin oxidoreductase), [5] 아세트산/숙신산 CoA 전이효소 (acetate/succinate CoA transferase), [6] 숙시닐 CoA 합성효소 (succinyl-CoA synthetase), [7] 수소화효소 (hydrogenase), [8] 피루브산 탈탄산효소 (pyruvate decarboxylase), [9] 알코올 탈수소효소 (alcohol dehydrogenase), [10] 젖산 탈수소효소 (lactate dehydrogenase) (*T. vaginalis* 만), [x] 푸마르산 수화효소 (fumarate hydratase) (*Tr. foetus* 만), [y] 푸마르산 환원효소 (fumarate reductase) (*Tr. foetus* 만), [Fd] 페레독신 (ferredoxin) (Müller 2002).

물에서 발견되는 과정과 매우 흡사하다.

비미토콘드리아 원생생물은 에너지 물질을 완전하게 이산화탄소와 물로 산화 할 수 없는 발효과정을 가지고 있다 (그림 **293**). 육탄당 한 분자당 오직 소량의 ATP 분자가 형성된다. 에너지의 주요원은 탄수화물로 주로 포도당과 그것의 이성질체이다. 유기산 (초산, 숙신산, 젖산), 에탄올과 이산화탄소는 탄수화물의 발효의 주요 최종산물이거나 알라닌이다.

비미토콘드리아 세포는 다른 진화 계통에서 독립적으로 몇 번 생겨난 두 가지 형태의 대사 과정에 필수적으로 해당된다. 타입 I 생물 (*Giardia intestinalis*, *Entamoeba histolytica*)에서 핵심 에너지 대사의 모든 과정은 세포기질에서 일어난다. 타입 II 생물 (부기체류)은 수소발생체를 가지고 있다 (그림 **15**). 타입 II 세포에서 피루브산 (pyruvate) 생산과 대부분의 최종산물의 생산을 통한 해당과정은 세포기질적이지만, 피루브산은 수소발생체로 들어가고 pyruvate:ferredoxin oxidoreductase에 의해 아세틸 CoA로 산화적으로 탈카르복실화된다. 아세틸 CoA가 초산으로 전환은 ADP가 ATP로 기질 수준 인산화과정에 의해 수행된다. 초산과 함께 이산화탄소와 수소는 최종산물로 방출된다. 후자는 수소발생체라 불리는 소기관에 제공된다.

비미토콘드리아 기생충의 특수한 과정과 효소의 존재는 pyruvate:ferredoxin oxidoreductase에 영향을 주는 5-nitroimidazole 유도체와 같은 의학적 처방에 선택적인 약을 사용할 수 있도록 한다.

결정체

많은 원생생물은 이중 반응의 특성으로 편광현미경에서 분명하게 보이는 결정체(Crystals)를 가지고 있다. 그것들의 모양은 다양하지만 (그림 **294**), 막이 둘러쌓고 있다. 종속영양 생물에서 이것들의 존재와 모양은 개체의 영양 상태와 상관이 있다. 박테리아를 섭식하는 짚신벌레는 결정체와 같은 작은 입자를 가지고 있으며 단백질이나 육즙을 먹은 후 많은 커다란 결정체를 내포한다. 유공충은 지각류나 섬모충류를 섭식한 후 결정체를 가지나 규조류를 섭식하면 결정체는 보이지 않는다. 그러나 먹이의 소화와 결정체 형성사이의 관계는 아직까지 분명하지 않다.

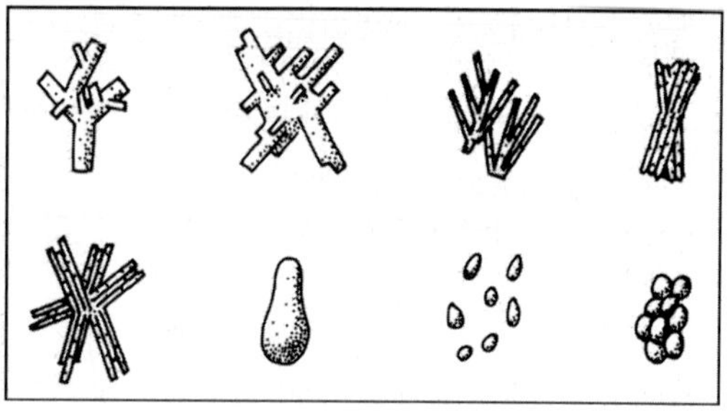

그림 **294** 짚신벌레의 결정체 모양 (Wichterman).

대부분 결정체의 화학적, 물리적 성질은 아직 밝혀지지 않았다. 일부 결정체는 칼슘과 인산염의 염으로 대부분 구성되어 있다고 보여진다. 더하여 마그네슘과 칼륨, 염소와 황이 소량으로 발견되었다. 이 물질들은 인산염체, 수산화인화석 혹은 다른 결정체를 형성한다. *Paramecium tetraurelia*의 세포내 결정체는 생물기원 calcian struvite [$(MgCa)NH_4PO4 \times 6H_2O$]를 포함하며 이 물질은 박쥐나 펭귄의 배설물에서 발견된다. 더하여 유기물 성분이 빈번하게 발견된다. 유기 결정체의 가장 좋은 예는 석질소체(lithesome)이며 유기물과 무기물의 중심층으로부터 형성된 둥근 잔여물이다 (그림 **295**). 해산 원생생물 (와편모조류 *Gonyaulax*, 섬모충류 *Parauronema*)의 결정의 굴절체는 고농도의 퓨린, 특히 구아닌을 포함한다. 퓨린의 구아닌과 하이포크산틴 (hypoxanthin), 약간의 크산틴 (xanthine)을 포함하는 결정체는 *Paramecium tetraurelia*에서 발견된다.

과거에 결정체는 세포로부터 방출되는 대산 산물 (배설립)로 알았다. 그러나 짚신벌레로부터 결정체 그 자체의 세포외배출은 전혀 보고된 바 없다. 오직 용해성인 퓨린이 물속으로 배출되는 것으로 보인다. 결정체는 포식자가 감지 할 수 있는 물속으로 배출되지 않도록 질소성 잔여물의 격리의 수단으로 활용된다고 본다. 스트루바이트 (struvite)와 퓨린은 이렇게 그것들의 숙주의 질소 대사의 역할을 하는 것으로 보여진다. 두 가지의 선택적 가

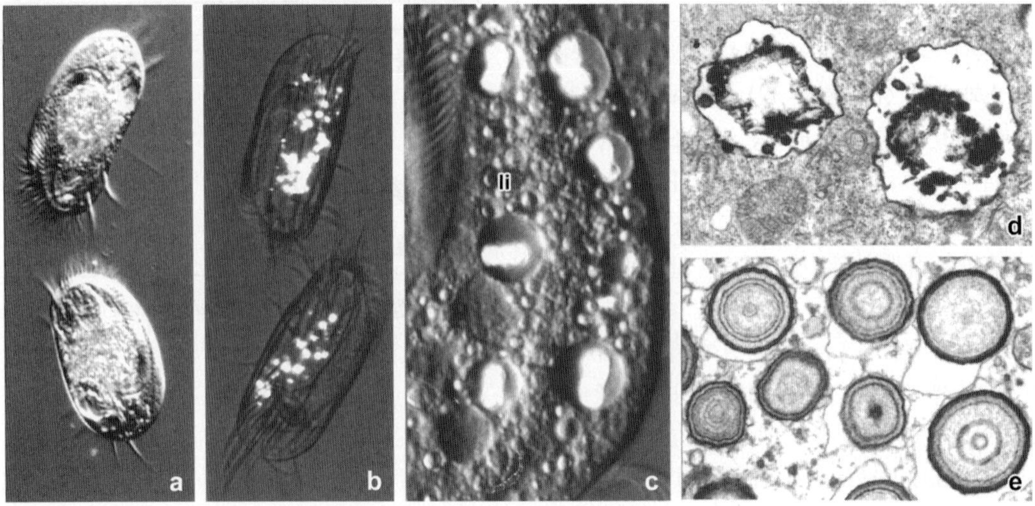

그림 **295** *Euplotes* (**a**), 복굴절 결정체 (**b**), 막에 붙어 있는 모양 (**c**); li=석질소체 (lithosomes). 짚신벌레 초박편에서 결정체 소포 (**d**). 유기물과 무기물의 집화층이 특징적인 석질체 (**e**) (**a-d**, Hausmann: Mikrosmos 71 [1982] 33; e, Hausmann & Walz: Protoplasma 99 [1979] 67). 배율: a & b 265 x, c 1,700 x, d 19,000 x, e 9,500 x.

설이 현재 논의 되고 있다. 첫째는, 결정체는 일부 대사 활성과 굶주림을 견디기 위해 절대적으로 필요한 이온, 퓨린과 유기질소의 축척 혹은 저장을 가능하게 한다. 둘째는, 결정체가 세포내에서 어떤 이온의 수준을 조절 하는데 포함된다. 이 두 가설은 관찰에 의해 지지되어 왔다. 결정체는 어떤 아메바의 경우 항상 존재하며 실험적으로 제거하면 그들은 빠르게 새로운 것을 대치시킨다. 더하여 많은 원생생물은 일반적으로 적정조건이 유지되면 결정체를 형성한다.

스트루바이트가 형성되는 짚신벌레의 소포는 지방을 내포한다. 이는 세포내 결정체 형성은 지방에 의해 용이해짐을 암시한다. 지방은 특히, 기름과 물의 사이 공간에서 용액으로부터 금속을 추출할 수 있으며 결정체의 핵화를 유도할 수 있다.

제8장 핵과 유성생식

(Maria Mulisch 저술)

8.1 핵의 구조와 기능

형태나 분열양상 등을 보면 원생생물(그림 **296**)의 핵은 후생생물이나 식물에 비하여 더욱 다양하다. 많은 속에 있어서 몇 개 혹은 다수의 동일 모양의 핵을 가진 종들이 있지만 대부분의 원생생물은 단핵을 가졌다. 이들은 동종핵체(homokaryotic)를 가진 생물로 취급되는데 이에는 *Chaos*, *Pelomyxa*, *Actinosphaerium*, *Opalina*등이 포함된다. 복잡한 유성시기를 가진 어떤 원생생물(첨복포자충)은 단핵과 다핵을 가진 시기가 다 존재한다. 이것은 구포자충류에서도 마찬가지로 포자소체와 분열소체 시기에는 오직 한 개의 핵을 가지고 있는데 반하여 분열체(schizont)와 암생식모세포(macrogamont) 시기에는 다수의 핵을 가지고 있다. 여러 유공충의 생활사 중에는 단핵의 생식모세포(gamont)와 다핵의 무성어버이(agamont) 시기가 있다.

만일 한 세포 내에 여러 형태의 핵이 동시에 존재할 때는 이형핵체(heterokaryote)라고 불린다. 다른 기능을 가진 두 가지 형태의 핵이 있을 경우(핵의 이중성)도 있다. 진정한 핵의 이중성인 경우는 보통 한 개 혹은 여러 개의 작은 소핵이 있고, 한 개 혹은 여러 개의 커다란 대핵이 역시 존재한다 (그림 **112**, **113**, **297**). 이 현상은 모든 섬모충의 경우와 어떤 유공충 (예: *Rotaliella heterokaryotica*, 그림 **162**)의 특징이다. 소핵은 생식과 관련된 핵이다. 이것은 유전자의 발현이 거의 없거나 전혀 없다. 대핵은 체세포 핵으로서 세포의 표현형을 결정한다. 이것은 세포의 유성적인 자손을 만드는데 기여하지 않는다. 대조적으로, 어떤 생물(예: 와편모류 *Peridinium balticum*)에서 서로 다른 핵은 둘다 동일한 유전물질(genome)을 가지고 있다는 의미에서 진정한 핵의 이중성을 대표하지 않는다. 여기서 한 핵은 내공생체(endosymbiont)에 속하는 것으로 외부에서 기원한 것이다.

대부분의 원생생물의 핵은 그 모양이 구형이거나 난형이다. 이들의 직경은 1 μm 미만으로부터 약 100 μm

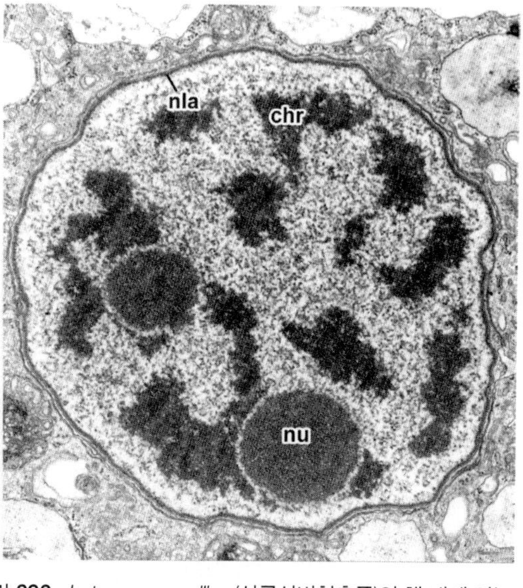

그림 296 *Lateromyxa gallica* (식균성변형충류)의 핵 내에 있는 응축된 염색체 (chr)과 인(nu). nla= 핵판(nuclear lamina). 배율: 15,000 x.

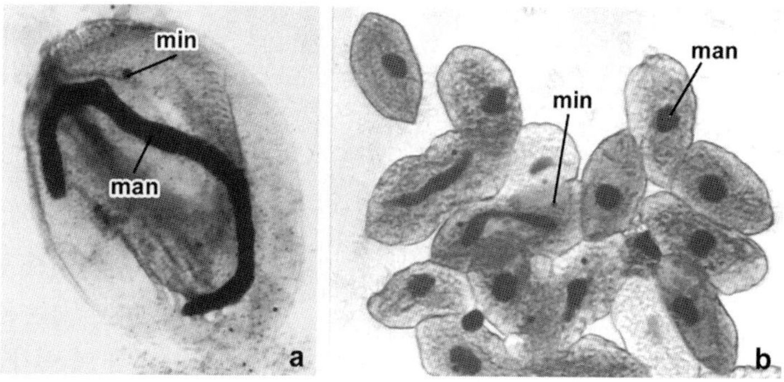

그림 297 *Euplotes* (**a**)와 *Tetrahymena* (**b**)의 염색된 핵. man= 대핵, min= 소핵. 배율: a 500 x, b 200 x.

까지 다양하다. 가장 복잡한 모양은 섬모충의 대핵에서 관찰할 수 있다. 이것은 큰 섬모충 종류의 대핵에서 사실인데 이들은 보통 엽상(lobed)이거나 또는 조각나 있다(segmented). 핵의 표면적을 늘이는 것은 핵과 세포질 사이의 보다 나은 교환을 제공한다. 대핵의 크기는 세포의 크기에 비례한다.

핵(그림 **7, 18, 296**)은 핵막에 의해 둘러싸여 있다. 이것은 시스터나(cisterna)로 되어 있는데 조면소포체(rer)에서 유래하였으며, 모든 진핵세포에서 구멍이 뚫려 있다. 미세섬유층(핵막하층, nuclear lamina)이 핵막(그림 **296**)의 내막을 지지하기도 한다. 예를 들어 *Amoeba proteus*의 내핵막은 두껍고, 특징적인 구조의 복합체(벌집 층) (그림 **298**)로 지지되어 있는데 아직 그 기능이 알려지지 않았다. 어떤 태양충류(예: *Actinophrys*)의 핵막 내의 핵막하층(nuclear lamina)은 유축위족 미세관(axopodial microtubule)을 지지한다.

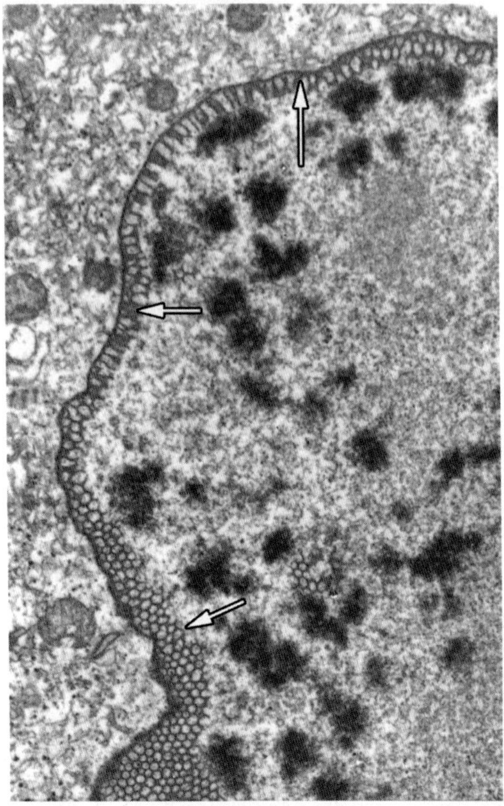

그림 **298** *Amoeba proteus*에서 핵막 아래의 벌집층 모양 핵막하층 (화살표) (W. Stockem, Bonn의 호의에 의해). 배율: 12,000 x.

핵질은 보통 염색질(chromatin)을 포함하는데 이것은 세밀한 미세섬유의 미세구조를 가지고 있고 한 개 혹은 여러 개의 전자밀도가 높은 집합체를 가지고 있는데 이를 인(nucleoli) (그림 **296**)이라고 한다. 인은 리보솜의 소단위(subunit)를 생성하는 장소이다. 이들은 섬모충의 소핵과 어떤 생식세포의 핵에는 존재하지 않는다.

염색질의 밀집도는 분열간기(interphase)에 따라 다르다. 전체 핵을 채우는 고밀도의 염색질은 대부분의 첨복포자충과 많은 섬모충의 소핵에 있어서의 특징이다. 많은 유글레나 편모류에 있어서 분열하지 않는 핵의 염색질은 유사분열하는 염색체와 미세구조가 닮은 고밀도의 막대형 구조물을 만든다. 많은 초편모충류 (예: *Barbulanympha, Trichonympha*)의 염색체는 영구적으로 보이고 또한 핵막의 내부 쪽에 이들의 동원체에 의하여 부착되어 있다. 와편모류의 소핵은 대부분 고밀도의 염색체를 항상 포함하고 있다. 이것들은 잘 정렬된 미세섬유 구조를 가지고 있어 다른 원생동물과 다르다. 길고, 환형인 DNA 물질을 꼬아서 2중 나선구조 모양으로 만들어진 것으로 각기 구성되어 있다고 생각되고 있다. 와편모류 핵의 구조적인 구성은 다른 진핵생물과 매우 다른데 그래서 이것은 특별히 중핵(dinokaryon)이라고 일컫는다.

후생생물과 마찬가지로 원생생물의 DNA는 보통 히스톤과 연계하여 염색질을 구성한다. 후생생물에서 발견되는 모두 5개의 히스톤(H1–H5)은 *Tetrahymena*의 대핵에서도 확인되었다. 섬모충의 히스톤은 후생생물의 히스톤과는 아미노산 서열의 일정 부분이 다르다. 대조적으로 섬모충의 전사에 있어서 비활성인 소핵의 히스톤 구성과 대핵의 그것은 크게 다르다. 대부분의 와편모류의 핵에 있어서 히스톤은 없지만 작은 다양한 양의 다른 기초단백질은 포함하고 있다. 여러 원생생물 (좁쌀공말류, 많은 와편모류, 몇몇 초편모충류와 첨예편모충류, 동균류, 첨복포자충)은 반수체 핵을 가지고 있으나 많은 다른 종류 (예: *Actinophrys, Noctiluca*)는 대부분의 그들의 생활사 중 이배체 핵을 가지고 있다. 반수체 핵을 가진 생물은 접합체일 때 감수분열이 일어나는데, 보통 오직 이 시기만이 이배체 시기이다. 이중(double) 염색체는 이배체와 마찬가지인데 *Chlamydomonas*와 같이 어떤 편모를 가진 원생생물에서 간혹 발견된다. 일반적으로 이배체 생물에 있어서는 오직 생식세포만이 반수체이다. 어떤 원생생물(예: 유공충)에 있어서는 이배체와 반수체 시기가 교번된다. 대핵은 가끔 다배체(polyploid)이다. 이제까지 연구된 섬모충의 소핵은 이배체인데 반하여 대핵은 유전물질의 많은 복사본(copy)을 가지고 있다. *Tetrahymena thermophila*에 있어서 대핵의 DNA량은 소핵의 10–20배 많은 양이다. 하모섬모충에서 대핵의 유전물질의 양은 소핵이 가지고 있는 전체 양의 겨우 약 5%를 포함하고 있다. 그러나 대핵 DNA 양은 대핵에 있는 적은 수의 유전자의 많은 복사본 수로 인하여 훨씬 많다. 하모류의 대핵 DNA는 수백만 개의 짧고, 선상인 유전자 크기의 작은 조각들로 되어있다. 각 조각의 복사본의 숫자는 세포의 크기에 직접적으로 비례한다. 핵잔모(원시핵)섬모충의 대핵은 작은 배체 수(이들은 거의 이배체)와 분열할 수 없는 점에서 다른 고등 섬모충과 다르다. 이들은 모든 세포주기에 있어서 이배체 소핵과 구분되어야 한다 (아래 보기).

8.2 섬모충의 생활사에 있어서 소핵과 대핵의 역할

실험적인 분석에 의하여 소핵의 역할은 단 한 가지로 유전물질을 저장하고 재조합하는 것이며 소핵은 세포기능의 유지와 관리를 위한 일에는 관여하지 않는다는 생각이 널리 퍼지게 되었다. 이는 소핵을 가지지 않는 종이 존재한다는 사실에 의해 지지를 받는다. 그렇지만 특별히 짚신벌레(*Paramecium*)와 하모섬모충에 관한 이식 실험은 소핵이 세포 내에서 이 한 가지 역할 이상을 담당한다는 것을 보여준다. 소핵이 실험적으로 제거된 짚신벌레 세포는 다음 세대에서 비정상인 입구조(oral apparatus)가 발육한다. 이 관찰은 소핵이 입구조발달(stomatogenesis)에 관여한다는 것을 제시한다. 무성생식 중에 대핵은 잃어버린 소핵의 역할을 대신할 수도 있다고 생각되는데 왜냐하면 비정상적인 입구조가 몇 세대 후에는 정상으로 회복되기 때문이다.

대핵은 유성생식(접합) 중에는 붕괴된다. 비록 늙은(붕괴된) 대핵의 유전물질이, 접합 후 10 세대에 이르기까지, 입구조의 발생에 영향을 줄 수 있지만, 소핵은 이 과정 후에 정상적인 입구조 발생에 필수적이다.

세포주기 동안의 핵

진핵세포의 세포주기(cell cycle)는 전통적으로 여러 분명한 단계로 나누어진다 (비교. 그림 **321**). 분열간기(interphase) 중에 세포는 지속적으로 자란다; M시기(유사분열) 중에는 핵이 분열한다. 간기는 DNA 복제기(S기)와 보통 G_1, G_2 라고 불리는 2개의 사이를 포함한다. M시기는 복제된 염색체가 두 딸핵(유사분열에 의한)으로 나누어지는 것과 세포가 분열하는 것을 포함한다(세포질분열, cytokinesis).

유전물질의 복제

DNA 합성은 세포의 생활주기 중 다른 시기, 즉 세포의 영양생장(vegetative growth) 동안 혹은 핵분열 전후에 직접적으로 일어난다. 많은 다핵의 동종핵체 원생생물에 있어서 유전물질의 복제와 유사분열은 각 핵에서 독자적으로 일어날 수 있어서 세포분열 주기와 직접적으로 연관을 지을 수 없을 수도 있다. 다수의 소핵을 가진 많은 섬모충의 소핵은 소핵끼리 서로 상관하지 않고 S시기에 역시 독자적으로 들어가며 대핵과 상관하지 않는다.

하모섬모충의 대핵에서 DNA와 히스톤의 합성은 동시에 일어나며 한두개의 소위 복제띠(replication bands)에 국지적으로 제한되어 있다 (그림 **299**). 염색질 구조의 모양은 핵막 근처의 어떤 특정한 위치에서 극적으로 변화한다. 이 변화된 지역은 복제 띠로 발달하며 대핵 전체로 이동해 들어간다 (한 곳이나 여러 곳에서). DNA와 히스톤의 양은 복제 띠에서 복제된다. 복제 띠는 핵과 세포질의 분열이 일어남과 동시에 사라진다. 대부분의 다른 섬모충에서 대핵에서의 DNA 합성은 미세구조상 발견할 수 없다.

유사분열

핵분열 동안에 복제된 유전물질은 2개의 딸핵 사이에 고르게 분포된다. 이는 유사분열이라고 부르는 과정에 의해 성취된다. 유사분열은 일반적으로 다섯 시기(전기, 전중기, 중기, 후기, 말기; prophase, prometaphase, metaphase, anaphase, telophase)로 나누어지는데

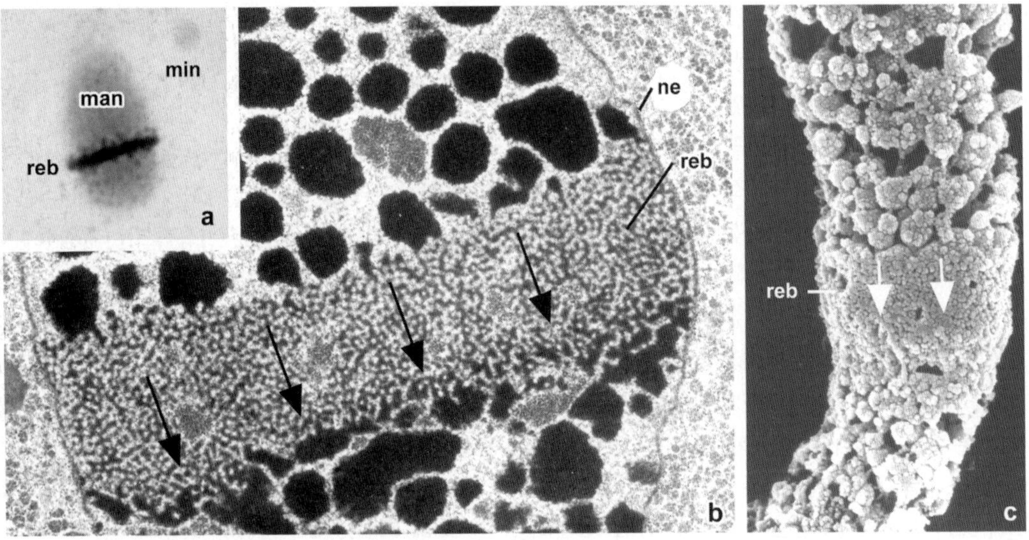

그림 **299** 광학현미경으로 관찰한 *Stylonychia*의 대핵(man) 내에 있는 복제 띠 (reb) (**a**)와 *Euplotes*의 전자현미경 소견 (**b, c**). ne= 핵막, min= 소핵, 화살표는 복제 띠의 이동방향을 가리킨다. (a Steinbrück: Europ. J. Protistol. 26[1991]2; b K. Elsier, Tübingen; c Arikawa 등: Europ. J. Protistol. 36[2000]40). 배율: a 650 x, b 13,500 x, c 7,000 x.

일반적으로 염색질의 고밀도화와 양극성 미세관 방추체에 의한 자매 염색분체(chromatid)의 분리를 포함한다. 방추체미세관은 미세소관형성중심(MTOCs)에서부터 시작하는데(nucleate), 이것은 종종 중심소체(centriole) 혹은 기저체(basal bodies)와 각각 연관된다.

핵분열 방식에서 거의 차이가 없는 고등 진핵생물과 달리 원생생물은 매우 다양한 유사분열의 방식을 보인다 (그림 **300**). 핵막의 운명과 아울러 방추체의 위치, 대칭성, 형태와 그들의 형성중심에서도 다르다.

후생생물에서 핵막은 완전히 해체될 수 있다(개방유사분열, open mitosis). 대조적으로 폐쇄유사분열(closed mitosis)에 있어서 핵막은 온전하게 남는다. 반개방유사분열(semi-open mitosis)에 있어서는 핵막의 어떤 위치에 구멍이 뚫어지게 된다. 방추체는 정향유사분열(orthomitosis)에 있어서 축의 대칭성이 있는 반면, 측유사분열(pleuromitosis)에 있어서 방추장치(spindle apparatus)는 중앙에서 어긋난 위치를 가지고 있다.

많은 원생생물이 후생동물과 같은 방식으로 유사분열을 수행한다 (즉, 정향유사분열): 이것은 황갈색편모류, 은편모류, 착편모류, 담녹조편모류, 황갈색편모류 페디넬라류, 가시아메바류, 그물균충류, 몇몇 족포자충류 (예: *Monocystis*)와 몇 가지 진점균상강을 포함한다. 반개방유사분열에서는 전기(prophase)에서 온전한 핵막 바깥의 한쪽 극단에서 미세소관 형성 중심이 발달하여 반대 쪽 극단으로 이동한다. 그런 후, 핵막은 한 쪽 극단에서 뚫어지며, 미세소관형성중심에서 유래한 미세관이 핵으로 들어가며, 방추장치를 형성한다. 이런 형태의 유사분열은 녹조편모류 (특히 좁살공말목과 침편모조류), 몇몇 큰 아메바(*Amoeba proteus*), 동정편모충류(*Monosiga ovata*), 족포자충류 (예: *Deplauxis*)와 태양충류 (예: *Actinophrys*)에서 기술되었다. 폐쇄유사분열에 있어서, 축의 대칭성 방추체는 핵막 안에서 발육한다. 이런 형태의 유사분열은 파동편모충류, 유각아메바류(*Euglypha, Arcella*), 식균성 병원충 (예: *Arachnula, Lateromyxa, Vampyrella*), 섬모충의 소핵에서 발견된다. 두 개의 반-방추체(half-spindle)가 파동편모충류에서 발육한다. 이들은 어떤 종(예: *Trypanosoma cruzi*)에서는 축에 대칭성이고 다른 종(예: *T. raiae*)에서는 측유사분열에서 발견되는 바와 같이 한 쪽으로 치우쳐 있다. 그러므로 파동편모충류 형태의 유사분열은 폐쇄정향유사분열과 폐쇄측유사분열의 중간 형태로 간주될 수 있다.

측유사분열은 한 쪽 극단에 나란히 생겨나 다른 쪽 극단으로 이동하여 가는 2개의 반-방추체에 의해 특

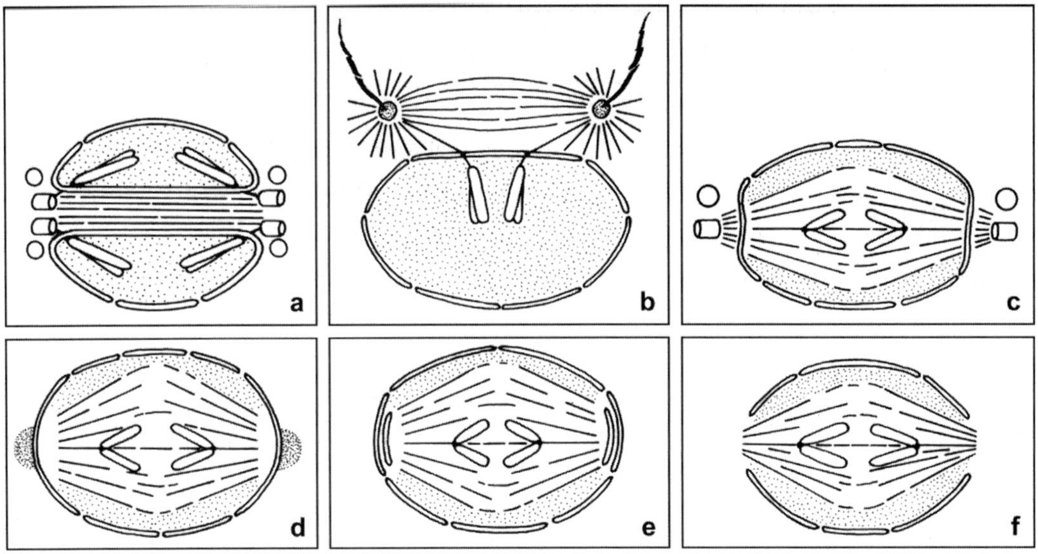

그림 300 다른 생물군에서 핵분열 후기(anaphase)에서의 유사분열의 유형: **a** 도랑(channel)모양으로 미세관이 핵을 관통함(와편모류); **b** 세포질 내 극사 미세관이 염색체와 서로 작용을 미침(hypermstigids); **c, d** 핵내 극사와 핵외 방추체형성중심(spindle-organizing centers)(유공충류); **e** 폐쇄된 핵막 안에 있는 방추장치; **f** 핵의 극단에 구멍이 뚫린 핵막 (녹조류의 몇 종) (Grell에 따름).

징 지워진다. 반-개방측유사분열에서 미세소관형성 중심은 반-방추체가 발달하면 뚫리게 되는 핵막 바깥쪽에 위치한다. 이러한 양식의 유사분열은 첨복포자충(Apicomplexa)에서 전형적이다. 다분열기 (예: 분열생식)에 방추체는 연속적인 유사분열 동안 해체되지 않는다. 염색체는 유사분열이 완성되고 많은 소핵이 출아법에 의하여 형성될 때까지 미세소관에 오래 지속적으로 부착되어 남는다. 이 기작은 일시적으로 다배체 핵에 있어서 염색체가 아무렇게나 분포되는 것을 방지한다. 폐쇄측유사분열은 유공충, 방산충, 첨예편모충, 몇몇 담녹조편모류, 몇몇 운동핵편모충류, 미포자충, 단포자충류와 많은 진균에서 일어난다. 방추체 미세관의 MTOCS는 핵막의 내막에 부착되어 있고 핵막의 미끄러짐이나 분화적인 성장에 의하여 각기 분리된다.

털편모류, 초편모류와 와편모류에 있어서 방추체 형성중심은 닫혀진 핵막의 바깥쪽에 위치한다. 방추체는 핵의 외측(lateral)이나 (털편모류, 초편모류) 혹은 핵으로 통하는 채널의 안쪽(와편모류)에서 발달한다. 초편모류와 몇몇 와편모류에서 핵외 방추체의 미세소관은 핵막을 통하여 핵내의 염색체와 관계한다 (그림 **300 b**). 다른 와편모류에서, 염색체의 동원체(centromere) 부분은 핵막과 연결되어 있으나 핵외 방추체와 직접 연결되어 있지는 않다 (그림 **300 a**).

딸핵의 새 핵막은 오래된 핵막의 부분이나 조각으로부터 만들어진다. 어떤 경우 (예: *Actinophrys*와 여러 속의 섬모충의 소핵)에는 새핵막이 핵막이 붕괴되기 전에 낡은 핵막의 안쪽에 보이기도 한다.

각 염색체는 많은 원생생물에서 유사분열 동안에 보인다 (예: *Tetrahymena*는 5개, *Stylonychia*에서는 100개 이상, *Amoeba proteus*에서는 약 500개). 첨복포자충류와 같은 다른 원생생물에서는 염색체가 밀집하지(condense) 않는다. 많은 원생생물 (예: *Homalozoon*과 *Nyctotherus* 같은 섬모충의 소핵)은 염색체가 덩어리로 모였다가 후에 작은 소단위로 쪼개진다.

핵분열 형태의 큰 다양성은 유사분열이 원생생물의 진화를 거치는 동안 다양해 졌음을 보인다. 조상 때의 특징이 원시적이거나 이로부터 기원한 특성의 양상으로 많은 현존하는 분류군에서 보존될 수 있었다. 원핵생물에서 분열 중 염색체는 원형질막에 부착되었다가 부착부위에 막이 추가됨으로서 따로 분리된다. 이 점은 와편모류에 있어서 유사분열(dinomitosis)의 형태와 피상적으로 닮아 있어서, 어떤 저자들은 와편모류 유사분열을 원시적인 것으로 간주한다. 그러나 분자적인 연구는 와편모류가 고도로 분화된 집단이란 것을 보여준다. 와편모류 유사분열은 미세소관이 관여한다는 점에서 원핵생물의 분열과는 근본적으로 다르다. 원생생물에 있어서 다양한 유사분열의 형태에서 진화적인 순서는 아직 다 밝혀지지 않았다.

섬모충 대핵의 분열

섬모충의 대핵 (핵잔모섬모충류 속은 예외)은 세포질분열(cytokinesis) 도중 분열한다. 대핵은 분할 고랑(division furrow)이 형성되기 전에 분할면(division plane)으로 보통 이동한다. 이것은 종으로 길게 딸세포 사이에 늘어나며 세포질분열 중 세포 분할면에서 잘록하게 된다. 절반씩 딸세포의 분리 전이나 도중에 분리된다. 대핵의 막은 이 과정 중에 온전하게 남아있다.

핵 내와 세포질의 미세섬유(filamentous) 및 미세관 체계는 운동, 잡아 늘임(stretching), 그리고 핵의 모양을 갖추는데 관여한다. *Stentor* 속을 이용한 실험에 의하면 대핵의 위치와 늘어남은 세포 피층(cortical) 요소에 의하여 통제된다는 것을 보여준다. 이것은 다른 섬모충 (예: *Bursaria*, *Paramecium*)의 대핵에 있어서도 마찬가지인데, 이것은 세포 피층에 부착되는 것이 관찰된다.

섬모충의 대핵의 분열하는 양상은 가끔 무사분열(amitosis)라고 불리는데 전형적인 방추장치나 염색체가 나타나지 않는다. 그렇다고 유전물질이 딸세포 간에 되는대로 분포하는 것이라고 볼 수도 없다. 가지를 치거나 조각난 핵은 농축되어 분열 전에 하나의 압축된 덩어리가 된다. 이것은 예를 들어 *Urostyla grandis*의 작은 대핵에서도 역시 일어난다. 유전물질은 *Homalozoon*에서 관찰되는 바와 같이 대핵 내용물의 회전에 의하여 혼합될 수 있다. 대핵 내 미세소관은 *Protocruzia*의 대핵에 있는 염색체를 닮은 요소들의 분리에 관여하는 것으로 보인다. 이들은 다른 섬모충에서도 역시 관찰된다. 딸핵들 사이에서 DNA 내용물의 차이점은 유전물질의 선별적인 합성과 제거에 의하여 조절될 수 있다.

감수분열

진핵생물에서 유성생식은 염색체 수의 감소와 연관이 있다. 이것은 핵의 감수분열에 의해 달성된다. 감수분열은 이배체 세포에서 일어나면 결과적으로 각 반수체는 한 벌이 완전히 갖추어진 염색체를 포함하게 된다. 유전물질의 재조합이 감수분열의 중요한 잠재적인 장점이다.

감수분열은 세포생활주기의 다른 시기에도 일어날 수 있다. 반수체인 개체에서 감수분열은 생식세포 핵이 접합한 후에 (예: 좁쌀공말 편모류, 대부분의 와편모류, 망상점균류, 몇 개의 초편모충류, 첨복포자충류의 경우) 일어난다. 대조적으로 이배체 원생생물에서 감수분열은 생식세포가 발달 (예: *Opalina*, *Noctiluca*, 몇몇 태양충류, 그물균충류와 몇몇 초편모충류)하는 도중 일어난다. 그러나, 감수분열은 생식세포를 만들지 않는 섬모충에서도 일어나는데, 즉 접합 동안 생식세포의 핵이 교환되는 것이다. 유공충에서 이배체 무성시기(무성어버이, agamont)의 감수분열은 반수체 세포(생식모세포, gamont)를 만드는데 이것은 유사분열 후에 다수의 생식세포가 된다. 유공충에서 감수분열은 중간형(intermediate)이라고 불린다. 중간형 감수분열은 변형체성점균류 (plasmodial slime molds), 몇몇 후각편모류 (예: *Pleurochrysis*)와 대부분의 미포자충(*Microspora*)과 점액포자충류에서 일어난다.

대부분의 진핵생물에서 감수분열은 세포 분열과 동반된 두 가지 후속 핵분열로 구성되어 있다. 만일 간기 염색체가 없다면 염색체는 첫 번째 감수분열의 길어진 전기-I 동안 응축될 것이다. 상동염색체, 즉 이전에 복제된 염색체는 쌍을 이루어 2가(bivalent)염색체를 만들고 접합사복합체(synaptonemal complex)에 의해 연결된다 (그림 **301**). 상동 DNA나선구조의 파괴와 상호 재연합은 비자매염색분체(non-sister chromatid) 사이의 교차(crossing-over)와 연관된다 (유전적 재조합). 중기-I 동안 2가 염색체는 방추체에 의해 적도판 안에 줄을 선다. 상동염색체는 분리되어 세포의 반대 극단으로 이동한다 (후기-I). 각각 모계와 부계에서 유래한 상동염색체는 딸핵 사이에 닥치는 대로 분포하는데, 유전자는 이 과정 중에 재분류되고 이들의 수는 절반이 된다. 두 번째 감수분열은 유사분열과 비슷하다. 이러한 두 번의 감수분열 과정을 통하여 각 이배체 핵으로부터 만들어진 네 개의 반수체 핵은 유전학적으로 서로 다르다.

이제까지 관찰된 바에 의하면 대부분의 원생생물의 감수분열은 이러한 대략적인 구도를 따르는 것

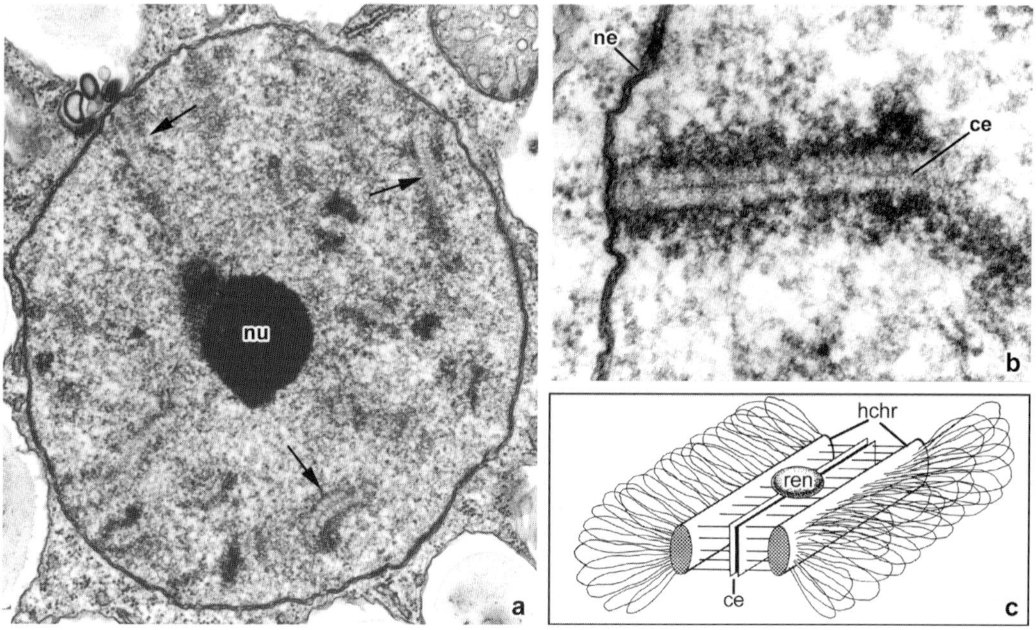

그림 **301** *Lateromyxa gallica* (식균성병원충)에서 접합사복합체(synaptonemal complex): **a** 인(nu)과 몇 개의 접합사복합체(화살표)를 보여주는 접합기(zygotene)의 핵; **b** 접합사복합체가 핵막에 부착됨; c 접합사복합체에 있는 상동염색체 쌍(배열)의 모식적인 재구성, hchr=상동염색체, ren=재조합 결절(nodulus) (a, b는 Röpstorf 등: Europ. J. Protistol. 29[1993]302; c Krstić에 따름). 배율: 1 32,000 x, b 75,000 x.

으로 보인다. 하지만 많은 원생생물에서 감수분열의 미세구조에 관한 아주 세밀한 내용은 별로 알려지지 않았다. 두 단계의 감수분열을 지칭하는 접합사복합체는 아메바성 원생생물(*Arcella*, *Lateromyxa gallica*), 미포자충류(*Amblyospora*), 점액포자충류(*Aurantoactinomyxon*), 와편모류(*Prorocentrum*), 섬모충, 유공충, *Chlamydomonas*, *Labyrinthula*와 *Actinophrys* 등 많은 종류에서 관찰되었다. 첨복포자충류 중에서 구포자충류, 혈포자충류, 이형열원충류 (이 외 다른 몇 종들)는, 비록 이들에서 염색체 교차는 결여되었지만, 두 단계의 감수분열을 하는 것으로 보인다.

소위 한 단계 (one-divisional) 감수분열은 바퀴벌레(*Cryptocercus*)의 장에서 분리한 한 편모충에서 기술되었다. 이러한 형태의 감수분열은 염색체의 쌍 이룸(pairing)이 예비적인 복제 없이 일어나는 것으로 보인다. 염색체 교차도 없고 교차점(chiasmata)도 없다. 따라서 재조합률은 한 단계 감수분열에서 두 단계 감수분열보다 감소되어 있다. 바퀴벌레 내에 살고 있는 다른 원생생물에서는 이러한 한 단계 감수분열이 일어나지 않는 것으로 보인다. 바퀴벌레 *Cryptocercus*의 탈피 호르몬(ecdysone)이 이러한 형태의 감수분열을 하는데 역할이 있는 것으로 보인다.

섬모충의 대핵 발달

대핵의 유전체(genome)는 소핵의 유전체에서 발달한다. 핵잔모섬모충류(원시핵 섬모충류)에서 대핵은 분열하지 않는다. 이들은 매번 분열주기 후 소핵에서 생긴다. 그래서 이들은 아주 원시적인 형태의 섬모충 집단으로 간주된다. 이러한 관점은 미세구조와 분자생물학적인 정보에 기초하여 섬모충을 분류한 근거에 의해 지지된다.

대부분의 섬모충에서 오직 유성생식(접합) 후라야 새로운 대핵이 발달한다. 대핵은 소핵의 새로이 재조합된 유전체로부터 생긴다. 이러한 분화 과정은 대단히 복잡하고 아직 잘 이해되지 않았다. 현재까지 분석된 대부분의 섬모충에서 DNA 재배열 과정 중에 적어도 3가지 형태가 있다는 것이 알려졌는데 그것은 염색체 붕괴, 내부 서열의 제거와 DNA 증폭이다. 짚신벌레에 있어서 소핵 염색체의 파편화는 약 300-600 kb 정도 크기의 아염색체(subchromosome) 조각을 만들게 된다. 하모섬모충류의 대핵 안에서 유전체의 크기는 0.4- 20 kb 사이이다. 이 유전자 크기의 물질은 자가 복제와 전사의 능력을 가졌다는 의미에서 염색체를 닮았다. 그러나 이들은 미세관에 부착하는 동원체를 가지고 있지 않다. 유전자 크기의 DNA 물질은 빈섬모충류(예: *Halteria*)와 엽상인두섬모충류 (예: *Chilodonella*)의 대핵에서도 존재한다. DNA 증폭의 마지막 정도는 한 종과 다른 종 사이에 다르다. 그러나 같은 종 사이에서는 매우 일정하다. 대핵의 배체정도(ploidy level)는 *Paramecium tetraurelia* 에서 약 1,000-2,000 가 되는 반면 *Tetrahymena pyriformis*에서는 겨우 45이다. 모든 섬모충에서 리보솜 RNA 유전자는 대핵 안에서 높은 복사 수를 가지고 있는 작은 자유로운 물질들로 나타난다.

광범위한 DNA 복제는 대부분의 열하모충류 (예: *Stylonychia*)와 하모섬모충류 (예: *Euplotes*)와 또한 다른 집단(예: *Chilodonella cucullus, Loxophyllum meleagris, Nyctotherus cordiformis*)의 대핵에서 거대염색체를 발달시킨다. *Stylonychia*에서 단지 몇 가지의 소핵 염색체만이 다사성화하는데(polytenize) 반하여 다른 것들은 퇴화한다(degenerate). 거대염색체는 곤충의 다사염색체(polytene chromosome)를 닮았다. 이들은 분해되어 소포화된다(vesiculate) (그림 **302**). 대부분의 반복되는 서열과 소핵 특이유전자를 포함한 대부분의 DNA는 이 과정 중에 부서진다. *Stylonychia lemnae*에서 소핵의 유전자의 겨우 2%만이 대핵의 원기(anlage)에 남는다. 이 DNA는 작은 유전자 크기의 조각으로 줄어드는데 이것은 소포가 해체된 후에 대핵 내로 흩어진다.

다른 섬모충에서는, 예를 들어 짚신벌레, *Tetrahymena*, 이모섬모충류, 열구섬모충류 등에서는, 거대 염색체가 형성되지 않는다. 그러나 대핵이 발달할 때는 DNA 양이 역시 일시적으로 떨어지는 수가 있다. *Tetrahymena*의 예에서와 같이 유전체의 많은 부위에 염기서열 결여가 생긴다. 짚신벌레에 있어서 DNA 재배열은 단순히 소핵 염색체 크기의 감소로만 나타나지 않는데, 이들은 소핵 염색체의 한 단위로부터 다양하게 다른, 그러나 염기서열과 관련된, 대핵의 아염색체(subchromosomes)를 만들기 때문이다. 다른 섬모충에서와 같이 짚신벌레에서 염색체의 파괴는 염기서열의 제거와 연관이 있다는 증거가 있다. 그러나 제거된 염기서열의 크기는 각 복사물마다 매우 다양하다. 하모류에 있어서 대핵 발달 동안 유전체 크기의 감소 정도는 소핵의 유전체 크기에 의존한다. 소핵의 유전체가 작을수록 대핵 유전체에서도 감소의 정도가 작다. *Paramecium*

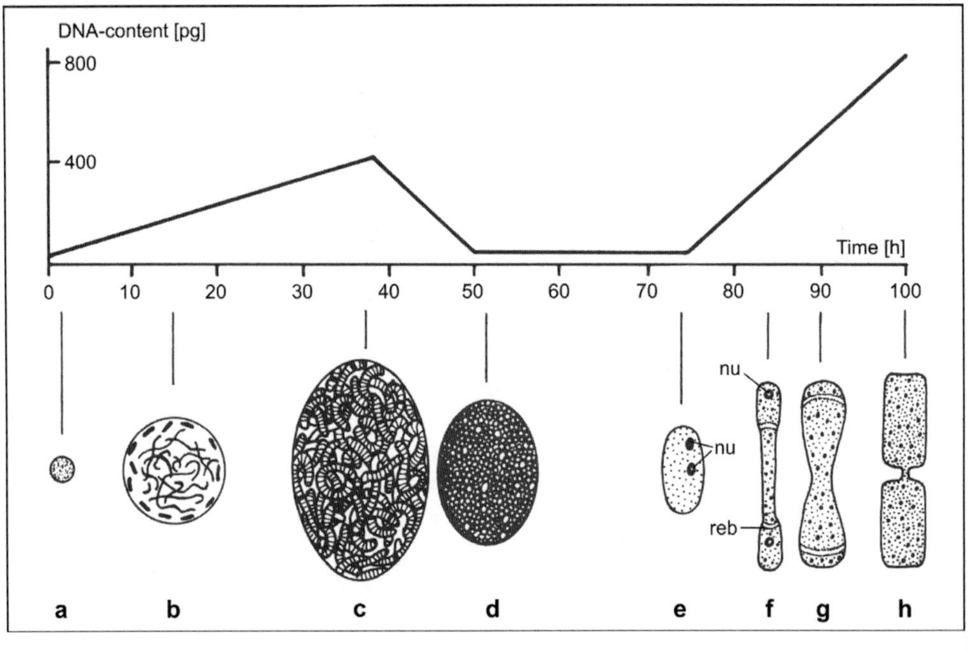

그림 **302** *Stylonychia lemnae*에서 대핵 원기(anlage)의 발달: **a** 접합완료체(exconjugant)에서 분리된 직후 대핵 원기의 크기와 DNA 내용물은 소핵의 그것에 상응한다 (t=0); **b** DNA 내용물의 증가와 거대염색체의 생성 (**c**); **d** 거대염색체의 조각남과 DNA 내용물의 감소; **e** 인(nu)의 형성; **f, g** 복제 띠 (reb)가 나타나고 DNA 내용물이 증가한다; h 100시간이 지난 후 대핵은 고유의 특징을 나타낸다 (Ammermann에 따름).

aurelia 예의 경우, 소핵의 유전체 270-320 Mbp이 대핵에서는 46-80 Mbp로 감소한다. *P. bursaria*의 경우 3,500 Mbp의 소핵 유전체의 크기가 대핵에서는 17 Mbp로 줄어든다.

8.3 원생생물의 생활사 중 유성생식

유성생식은(감수분열에서 생긴) 두 개의 반수체 생식세포 핵 (gametic nuclei)의 접합으로 이배체의 접합체를 형성하는 과정이다. 이 과정은 어떤 원생생물 (예: 유글레나, 동정편모충류, 털편모충류, 분열균류)에서는 관찰되지 않는다. 이 집단에서 성(sexuality)이 진화되지 않은 것인지 혹은 이차적으로 잃어버린 것인지, 혹은 유성시기가 단지 간과된 것인지 알려지지 않았다.

많은 원생생물에서 생식세포 핵은 특별히 성적으로 분화된 세포인 생식세포(gamete)에서 생기는데 이것은 아메바모양이나 혹은 편모를 가지고 있다. 보통 두 가지 형태의 생식세포 (각기 +/- 혹은 수컷/암컷)가 형성된다. 만일 모세포에서 성적 분화가 이미 발현되었다면 이들은 생식모세포(gamont)라고 불린다. 생식세포는 형태적으로 동일하거나 (동형생식배우자, isogamete), 혹은 다르게 생겼다 (이형생식배우자, anisogamete). 운동성이 없는 난세포가 운동성이 있는 수컷 생식세포에 의해 수정되는 것을 난접합(oogamy)이라고 한다. 생식세포의 접합(생식세포접합, gametogamy)은 생식모세포의 접합(생식모세포접합, gamontogamy)과 구분된다. 같은 모세포에 의해 생식세포 핵이 접합되는 것을 자가수정(autogamy)라고 일컫는다.

많은 원생생물의 생활사는 영양형(vegetative)과 유성생식 사이의 정기적인 교대(alternation)가 일어난다. 생식형태가 바뀔 때 염색체 수가 동일하게 유지되는 세대교번은 동상세대교번(homophasic alternation of generation)이라고 한다. 이것은 첨복포자충류(Apicomplexa)를 예로 들 수 있다 (그림 **84**). 첨복포자충류의 세대교번은 많은 경우 숙주의 교체와 연관되어 있다. 유공충는 이상세대교번(heterophasic alternation of generation)을 하는데 생활사 도중에 감수분열이 일어나기 때문이다.

영양형이나 생식세포는 어떤 군체형(colonial) 원생생물에서는 함께 존재할 수 있다. 이러한 종류의 세포 분화는 예를 들어 *Eudorina*와 *Volvox* (그림 **172**)와 어떤 섬모충(예: *Zoothamnium alternans*, 그림 **315a**에서 비교)에서 관찰된다.

반수체 원생생물(예: 좁쌀공말류, 황갈색편모류, 대부분의 와편모류, 몇몇 초편모류, 첨예편모충류, 첨복포자충류)의 생식세포는 직접 생기거나 (몇몇 *Chlamydomonas*, *Gonium* 종), 혹은 영양형 세포로부터 유사분열에 의해 생긴다. *Chlamydomonas*에서 편모의 표면에 종특이, 교배형 특이 당단백질을 지닌 쌍편모성 동형생식세포가 형성된다. 이 당단백질은 적합(compatible) (+/-) 세포의 편모를 응집하게 만든다. 이 세포는 쌍으로 응집하고 작은 돌기를 통하여 서로 접촉한다. 세포가 접합한 후에 접합체는 두터운 벽을 가진 휴지기로 발전한다. 감수분열은 접합체에서 일어나서 반수체 영양형 세포가 된다.

더 큰 군집형 좁쌀공말목 (*Eudorina*, *Volvox*)은 난접합형(oogamous)이다. *Volvox carteri*에서 유성생식은 주위환경의 온도 상승에 대한 반응으로 발현되는 소위 성유도단백질 (30 kDa의 당단백질)에 의하여 시작된다. 이것은 6×10^{-17} M 정도까지 낮은 농도에서도 효과가 있다. 그러므로 한 군체(colony)로부터 분비된 유도 단백질의 양은 주위의 모든 다른 군체의 성적 발달을 시작하게 하기에 충분할 수 있다. 성유도체의 존재 하에서 부동의 무성생식세포(gonidia)는 수정된 배아발생(embryogenesis)를 수행한다. 하나의 반수체 영양세포는 다수의 숫생식자 또는 하나의 비운동성 암생식자가 될 수 있다. *Volvox* 중 어떤 종 (예: *Volvox globator*)은 같은 군체에서 암수 생식세포가 모두 생겨난다. 다른 경우에는 같은 클론의 다른 군체 (예: *Volvox aureus*)이거나 다른 클론(예: *Volvox perglobator*)이 관여한다. 접합체의 첫 번째 분열은 감수분열에 의한다. 나아가 유사분열은 반수체 영양형 세포의 군체를 형성하게 한다.

첨복포자충류에서 영양형 증식은 포자소체(sporozoites)라고 불리는 접합체로부터 생겨난 반수체, 감염형 세포의 발달과 함께 시작한다 (그림 **303a**). 포자소체는 숙주세포를 침입하여 (세포외 기생충인 몇 가지 족포자충류를을 제외하고), 여기서 섭식 시기(feeding

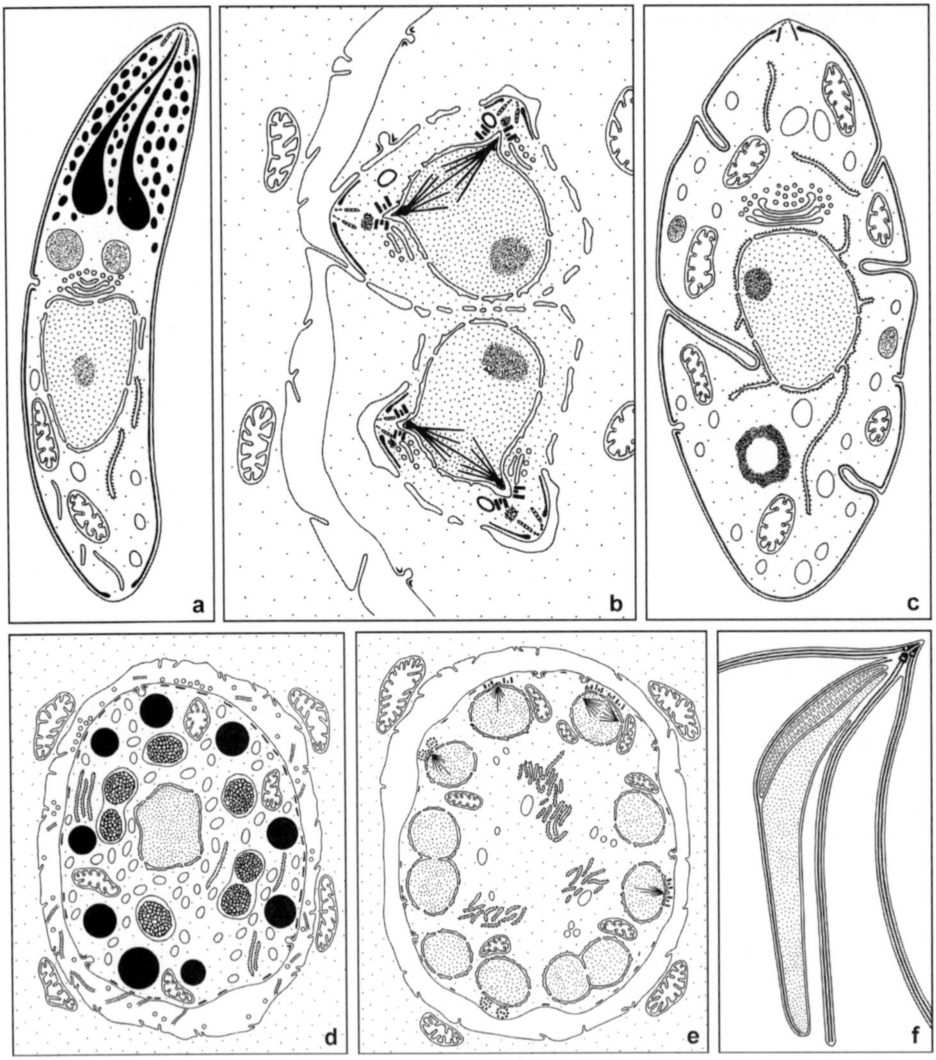

그림 **303** 첨복포자충(Apicomplexa)의 생활사 중 형태와 구조의 변화: **a** 포자소체 (sporozoite); **b** 분열체 (schizont)의 부분; **c** 분열소체 (merozoite); **d** 암생식모세포 (macrogamont); **e** 숫생식모세포 (microgamont); **f** 숫생식자 (microgamete) (여러 저자들에 의함.)

stage)가 된다 (영양체, trophozoites). 대부분의 족포자충류에서 영양체는 직접 변형이 되어 결국 생식세포로 발육하는 생식모세포(gamonts)가 된다. 다른 첨복포자충류에서 영양체는 큰 세포로 자란다 (그림 **303b**). 이들은 분열체 (schizont 혹은 meront) 라고 불리는데 왜냐하면 이들은 분열생식(schizogony)이라고 불리는 특별한 유형의 다중 세포분열을 수행하기 때문이다. 이는 여러 차례의 핵분열에 의해 선행될 수 있다. 숙주세포가 터지면서 분열소체(merozoites)라고 불리는 수많은 작은 감염형 세포가 방출된다 (그림 **303c**). 이들은 성장과 다중분열 주기를 반복하여 감염형 시기의 개체의 수가 엄청나게 증가한다. 어떤 세포는 분열체 대신에 생식모세포가 된다 (그림 **303d, e**). 이 시점에서 유성생식시기가 시작된다. 보통 작은 한 생식모세포 (microgamont)는 많은 작은 숫생식자를 분열생식에 의하여 생성하는데 반하여 (그림 **303f**), 다른 큰것(암생식모세포)들은 암생식자로 직접 변형된다. 숫생식자와 암생식자는 접합하여 이배체 접합체를 형성한다. 이것은 보통 외부환경에 견딜 수 있는 포자로 발달하고, 이후 다른 숙주에 감염할 수 있다. 한 시기에서 다른 시기로 이행하는 것은 특징적인 모양과 미세구조의 변화를 동반한다.

이배체 원생생물 (섬모충, 일부 와편모류, 오팔린충,

많은 초편모충류, 첨예편모충류, 방사태양충류, 몇 가지 아메바형 원생생물, 많은 녹조류, 규조류, 점액포자충류, 그물균류)의 감수분열은 생식세포나 생식세포 핵의 발달 전에 일어난다.

개구리의 소화기 기생충인 *Opalina ranarum* (그림 **64a**)은 많은 유사한, 이배체 핵을 가지고 있다. 생활사(그림 **64b**)는 분변으로 배출되는 다핵 포낭의 형성을 포함한다. 세포는 올챙이의 장에서 탈낭한다. 그들은 감수분열에 의하여 다른 크기의 단핵을 가진 생식세포를 형성한다. 숫생식자와 암생식자의 접합에 의하여 접합체를 형성한다. 접합체는 포낭화하여 다른 올챙이를 감염시킬 수 있다.

이배체인 방사태양충류는 보통 자가수정을 한다. *Actinophrys*는 굶주림에 대한 반응으로 포낭화한다 (그림 **304**). 포낭화한 세포는 2개의 이배체로 분열한다. 이들의 핵은 감수분열을 하여 각 세포에서 4개의 반수체 핵이 된다. 한 세포에서 오직 하나의 핵만이 살아남는다. 세포의 접합은 이배체 접합체를 형성한다. 이는 적정한 환경 조건 하에서 영양형 세포가 된다. 자가수정은 다른 원생생물 (예: 몇 섬모충, 유공충, 유각아메바류 *Arcella*)에서도 발견된다.

많은 유공충의 생활사는 이배체, 다핵 무성어버이(agamont), 그리고 반수체, 단핵 생식모세포(gamont) 시기를 교번하는 것을 포함한다. 이 두 시기는 매우 유사해 보인다. 유공충에서 유성생식 양상은 아주 근연한 종 들 중에도 매우 다양하다. 이들은 생식세포수정(gametogamy) (*Elphidium crispum*), 생식모세포수정(gamontogamy) (*Glabratella sulcata*)와 자가수정(*Rotaliella*의 몇 종)이 관여된다.

피각을 가진 유공충에서, 생식모세포(gamont)와 무성어버이(agamont)에 대한 시험은 종종 그 크기와 모양이, 특히 첫 번째 방(chamber)의 크기에 있어서, 다르다. 두 가지 모양을 가지는 종에 있어서 대부분 생식모세포의 첫 번째 방(거대구형세대, megalospheric generation)은 무성어버이(소구형세대, microspheric generation)에 비하여 크다 (그림 **305**). 세 번째 세대에서 거대구형분열체가 유공충의 많은 종에서 보고되었다. *Heterostegina depressa*에서 분열체는 소구형무

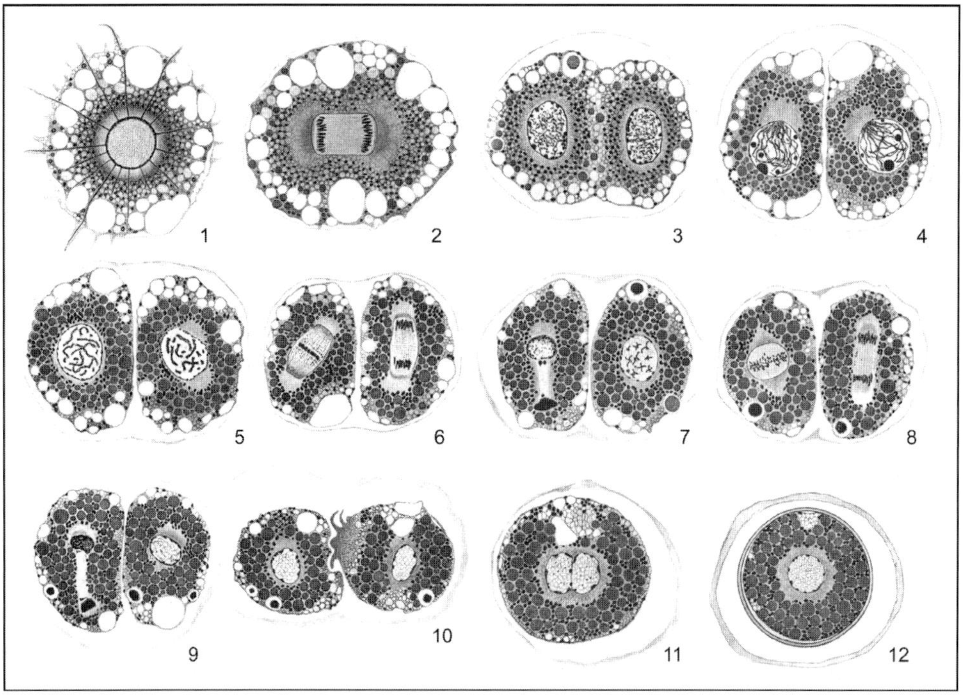

그림 **304** *Actinophrys sol*에서의 유성생식 (=자가수정(autogamy) = 자절생식(pedogammy)) (1); 피낭 후 핵은 감수분열에 의해 분열함 (2-9); 생식세포(gametes) (10)는 접합하고, 핵수정(karyogamy) (11) 후에 접합체(zygote)(12)가 생성된다. (Bělař에 의함). 배율 540 x.

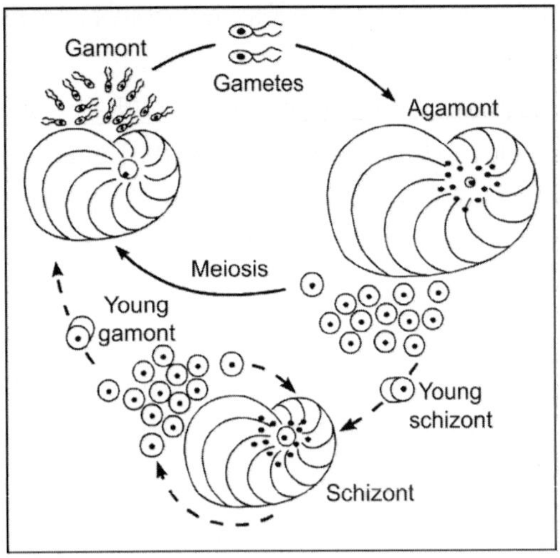

그림 **305** 유공충의 생활사: 두 가지 유형의 생활사 (실선 화살표)는 반수체 생식모세포(gamont)와 이배체 다핵 무성어버이(agamont) 사이의 세대교번을 포함하고 있음; 가상의 세 유형의 생활사 (점선 화살표)는 분열체(schizont)를 또한 포함한다 (Röttger에 의함).

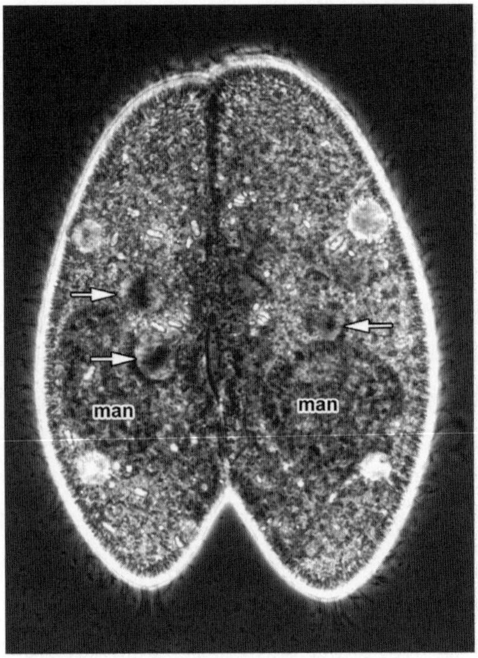

그림 **306** *Paramecium caudatum*의 짝짓기와 쌍 형성. 양측의 대핵(man)이 아직 보이는데 반하여, 살아있는 개체의 소핵(화살표)은 오히려 눈에 띄지 않게 남아있다 (H. -D. Görtz, Stuttgart의 호의에 의함). 배율: 350 x.

성어버이에 의해 형성된다. 그래서 유공충의 생활사는 세 가지 형태(trimorphic)라고 제시되고 있는데, 이는 세 가지 뚜렷한 모양 (소구형무성어버이, microspheric agamont; 거대구형분열체, megalospheric schizont; 거대구형생식모세포, megalospheric gamont)의 연속됨을 포함한다.

다른 생물들 중 반수체와 이배체 시기를 교번하는 것은 몇 가지 착편모류(예: *Hynemomonas carterae*)와 미세섬유형 녹조(예: *Cladophora*)가 있다. 이러한 양상이 있는 것의 배경은 잘 알려지지 않았지만, 하나의 전략으로서 이들이 유성상태와 무성상태의 장점을 모두 가지고 있다고 볼 수 있다.

섬모충의 접합

섬모충의 접합은 생식모세포접합(gamontogamy)의 특별한 형식으로 간주된다. 상호 교배형(complementary mating type)의 두 세포가 접합하는데, 보통 짧은 시간 동안이며 (그림 **306**), 세포는 반수체 생식세포 핵을 교환한다.

몇 개의 형태적으로 명확히 정의된 종들 내에서 모든 구성원들이 서로 교차생식(cross-breed)이 가능한 것은 아니다. 접합은 보통 같은 교배형 개체 간에는 일어나지 않고 상호 교배형 간에서만 일어난다. 동계(syngen)라는 용어는 상호간 생식을 할 수 있는 형태적으로 정의된 종의 모든 구성원을 일컫는 말이다. 그러므로 이들은 유전적으로 고립된 종이거나 생물종(biospecies)을 일컫는다. 그러나 표현형의 특징으로 이 종들을 동정하는 것은 매우 어렵다.

동계는 다른 교배형의 총수를 말한다. 예를 들어 형태적인 종 (혹은 형태종)인 *Paramecium caudatum*은 두 가지 교배형을 각각 가지고 있는 16개의 동계를 포함한다. *Paramecium bursaria*는 4–8개 교배형으로 구성되어 있다. 각 동계에서 한 가지 교배형은 다른 모든 교배형들과 접합할 수 있다. 그러므로 *P. caudatum*의 교배 체계는 양극성이라고 부르고 반면에 *P. bursaria*는 다극성이라고 부른다.

동계를 구분할 수 있고 관계성을 판정할 수 있는 분자생물학적인 분석 방법 (예: 동위효소 형태나 유전자 서열)의 사용이 가능해졌다. 미래에는 이것이 분류의 다른 유형으로 발전할 수 있다. *Paramecium aurelia* 집단의 동계는 이제 14개의 진정한 유전적 종으로 인지

되어 각각 고유한 이름을 가지고 있다. *Paramecium caudatum*의 경우는 보다 복잡한데, 유전적인 교환은 몇몇 동계 간에 일어날 수 있다.

어떤 섬모충의 교배형은 안정적이 아니다. *Blepharisma japonicum*은 유성생식 기간 중 교배 형태가 바뀔 수 있다. 세포분열은 결과적으로 다른 교배형의 딸세포를 만들 수 있다. *Paramecium multimicronucleatum* (cycler)의 한 주(strain)에서 교배 형태를 결정하는 유전자(mt+)의 활성은 체내 시계(circadian clock)에 의해 관리된다. *Paramecium aurelia*는 대핵에 의해 관리된다. 교배형은 접합후(postconjugant) 세포에 있어서 새 대핵이 발달하는 동안 결정되고, 세포질 내에 있는 다른 요소들에 의하여 영향을 받는다.

대부분의 섬모충 종류들은 접합을 위한 성숙 전에 여러 차례 세포분열주기를 거쳐야 한다. 더불어, 내적, 외적인 요소, 예를 들어 영양섭취상태, 빛, 온도, 배양액의 조성들이 접합을 위한 준비에 영향을 준다.

짝짓기는 섬모충이 배양액에 분비(수정물질, gamones)하거나 혹은 세포표면에 부착할 수 있는 물질에 의해 유도된다. 이 물질은 세포로 하여금 가능성 있는 짝을 찾거나 한 쌍으로 결합하는 것을 가능하게 한다. 짝짓기는 화학제재(예: *Paramecium caudatum*에 있어서 K^+, Mg^{2+}, Cs^+)에 의하여 실험적으로도 유도될 수 있다.

*Blepharisma intermedium*에서 교배형-I은 당단백질형 수정물질-I을 분비한다. 이것은 60 ng l^{-1} 정도의 낮은 농도에서도 효과가 있다. 수정물질-I은 교배형-II에 속하는 세포의 세포표면수용체에 붙는데, 여기서 교배형-II의 세포 표면의 성질과 유영하는 행동을 변화시키어 세포막 접합의 기초를 제공한다. 교배형-II 세포는 수정물질-II (blepharismin)을 분비하는데, 이것은 비펩타이드 수정물질이며 이의 구조는 신경전달물질인 세로토닌과 유사하다. 수정물질-II는 교배형-I (그림 **307**)의 세포표면을 변화시키며, 교배형-I 세포에 대한 유인체로 작용한다. 짝들은 접촉시 그들의 섬모에 의해 부착한다. 수 시간 후 세포는 접촉한 부위에서 접합이 일어난다.

*Euplotes octocarinatus*에서 수정물질은 피층 팽대부(cortical ampullae)로부터 유리된다. 이 종의 10개 교배형은 4개의 공동우성대립형질(codominant allele) (mt^1–mt^4)에 의하여 결정이 되며, 각각 4개의 수정물질 G_1–G_4 에 해당하는 것이다. 한 가지 교배형의 수정물질을 함유하고 있는 배지는 어떤 다른 교배형의 세포에서 접합을 유도할 수 있다. 이것은 심지어 서로 같은 교배형 간의 세포접합을 유도하여 동형짝(homotypic pairs)을 생성한다.

많은 섬모충(예: *Paramecium aurelia, Euplotes crassus, Tetrahymena thermophila*)에서 짝짓기는 세포 간 직접 접촉이 선행되어야만 한다. 이 경우에 있어서 유도 물질들이 분리되거나 생화학적인 특성이 밝혀지지 않았다. 이들은 어떤 섬모의 세포막에 위치해 있다. 상호적인 교배형을 가진 세포가 상대를 접촉하면 이들의 섬모가 응집한다 (응집기). 이 세포들은 쌍을 이루어 길게 정렬한다. 서로 상대 사이에, 특히 입부위(mouth area)가, 안정적으로 연결된다. 연결부위의 섬모는 쇠퇴한다. 결과적으로 세포막의 접합으로 쌍을 이룬 세포 사이에 세포질다리(bridge)가 생긴다. *Paramecium caudatum*은 교배형 사이에 접촉이 이루어진지 3시간 후면 이 단계에 도달한다 (그림 **306**).

여러 가지 가설들이 전접합체(preconjugant)와 수정물질 간의 상호작용에 대한 설명을 시도하고 있는데 여기서는 2가지만 언급하려고 한다.

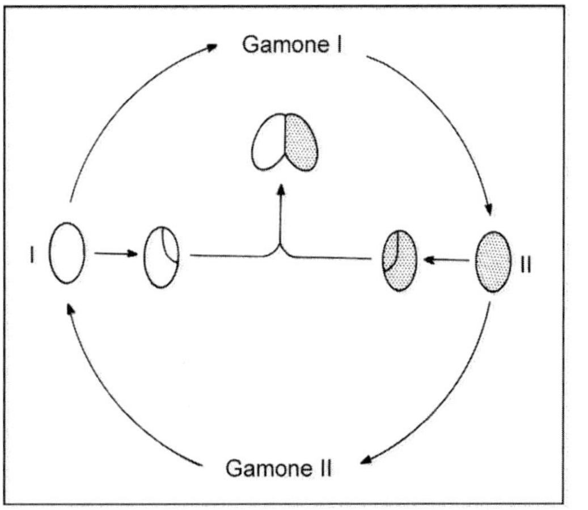

그림 **307** *Blepharisma*의 용해성 수정물질(gamone)의 기능: 교배형-I은 수정물질-I을 분비하는데, 이는 접합반응을 유도하고, 상호 교배형-II에서 수정물질-II의 생성을 유도한다. 이와 반대로 수정물질-II는 역시 세포형-I에서 접합반응을 일으킬 수 있다 (Miyake에 의함).

(1) 수정물질 수용체 가설은 *Blepharisma japonicum*을 위해 개발되어 후에 모든 섬모충으로 일반화되었다. 이것은 각기 교배 체계에서 많은 수정물질이 세포표면에 존재하는 특이한 수정물질 수용체에 대응한다는 가설이다. 수정물질이 수용체에 붙게 되면 짝짓기 반응을 유도한다. 교배형이 각 세포 가운데 수정물질과 수용체의 분화된 분포에 의하여 생성된다. *B. japonicum*에서 2개의 수정물질 (G_1, G_2)이 2개의 수용체(R_1, R_2)에 대응하는 것으로 제안되었다. 교배형-I은 수정물질-I을 배출하고 수정물질-II에 특이한 수용체를 표출한다. 이 형식은 G_1R_2라고 하는데 반하여 교배형-II는 G_2R_1을 가지고 있다. *Euplotes octocarinatus*는 10개의 교배형과 4개의 수정물질 (G_1, G_2, G_3, G_4)과 4개의 해당(postulated) 수용체 (R_1, R_2, R_3, R_4)를 가지고 있다. 교배형 행동에 관한 모든 관찰은 가능한 연합(combination)에 의하여 설명이 된다. 예를 들어, 수정물질-I과 II를 분비하는 그리고 수정물질 3와 4에 대하여 반응하는 교배형은 $G_1G_2R_3R_4$라는 술식으로 기술할 수 있으며 수정물질을 분비하지 않으나 모든 수정물질에 반응하는 다른 하나는 $R_1R_2R_3R_4$ 라는 술식으로 기술할 수 있다.

(2) 자가인식(self-recognition) 가설은 각 세포가 자신이 분비한 수정물질(자가수정물질, self gamone)에 대한 수용체를 가지고 있다고 제시한다. 자기수정물질이 수용체에 붙으면 접합을 억제하는데 반하여 타 수정물질 (상호 교배형의 수정물질)이 같은 수용체에 붙으면 억제하는 것을 감소시키는 것이다. *Euplotes raikovi*에서의 많은 관찰이 이 가설을 지지한다. 예를 들어 *Euplotes raikovi* 자신의 수정물질은 다른 수정물질에 의하여 유도되는 교배 반응을 경쟁적으로 억제하며, 자신의 수정물질이 세포에 붙는 것이 증명되었다. 그럼에도 불구하고 전접합(preconjugation) 과정에서 일어나는 여러 현상들은 아직 불분명한 채로 남아 있다.

세포가 짝짓는 것은 이들의 핵의 행동에 직접적으로

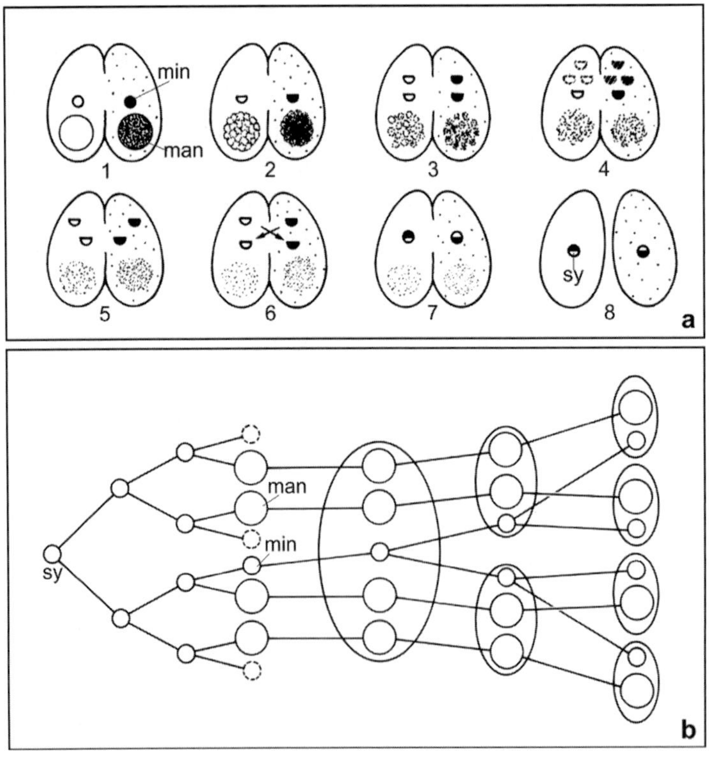

그림 **308** 섬모충 (**a**)의 접합 때 일어나는 일반적인 핵내 사건들과 *Paramecium caudatum*에 있어서 전략적인(metagame) 핵분열(**b**): 소핵(min)은 감수분열(2-4)에 의해 나눠지고: 남겨진 4개의 반수체 핵 중 3개는 소멸한다; 살아남은 소핵은 유사분열에 의해 2개의 생식세포 핵으로 분열하고 (1개의 정지형 핵과 1개의 이동형 핵)(5); 이동형 핵은 교환이 되고 (6), 정지형 핵과 접합하여 합핵(synkaryon)을 양쪽 짝에 형성한다(7); 대핵(man)은 소멸하기 때문에 양쪽 접합완료체(exconjugate) (8)는 오직 한 개의 이배체 합핵 (sy)를 가지게 된다. **b** 여러 번의 전략적인(metagame) 핵분열과 세포분열 후 정상 핵의 특징을 회복하게 된다 (Grell에 의함).

영향을 준다. 소핵의 감수분열과 몇 차례의 유사분열(종에 따라 정확한 수가 좌우되지만)로 반수체 핵이 만들어진다 (그림 **308a**). 이들 중 단 2개, 고정 핵 그리고 이동 핵만이 남고 다른 핵들은 소멸한다. 이동 핵은 세포질다리를 통해 상대방 세포로 이동한다. 이들은 정주고정핵(resident stationary nucleus)과 접합하여 이배체 합핵(synkaryon)을 형성한다. 이후 세포가 분리된다. 대핵은 이 접합과정을 통하여 소멸한다. 대핵과 소핵의 원래 세트는 접합후세포(postconjugant)의 합핵에서부터 복원된다(reconstitute)(그림 **308b**). 종에 따라 합핵이 소핵과 대핵의 원기(anlagen)로 직접 분화하기도 하고, 핵과 세포분열을 몇 번 거친 후에 되는 경우도 있다. 많은 종에서 접합후세포가 영양형 세포로 발달하는 것은 복잡한 형태적인 변화과정을 거친다. 이는 체세포와 입주변 섬모하구조 (예: 하모섬모충) 재구성의 후속 단계와 관련된다. 합핵의 유사분열은 분해되어 버릴 수많은 핵을 형성할 수도 있다. 짚신벌레를 사용한 실험에 의하면 핵이 분해되어 버릴 지, 소핵 혹은 대핵의 원기로 발달할 지는 접합후세포 내 위치에 좌우된다고 한다.

접합 상대는 대부분의 종에 있어서 형태로 구분이 불가능하다 (예: *Euplotes octocarinatus*와 *Paramecium caudatum*). 많은 섬모충(sessile ciliates)에 있어서 서로 크기가 다른 세포가 짝짓기를 할 수도 있다 (예: 둘레섬모충류와 깔때기섬모충류). 이들 중 어떤 것은 소위 전격접합(total conjugation)을 하는데, 이 동안 완전히 작고 운동성이 있는 숫생식모세포(mirogamont)의 핵과 세포질의 내용물이 크고 움직임이 없는 암생식모세포(sessile macrogamont)에 병합되어 들어간다.

제 9장 형태형성과 생식

(Maria Mulisch 저술)

많은 원생생물들은 내부 또는 외부 신호에 반응하여 구조를 변화시킬 수 있다. 이런 변화가 재흡수 및 생물체의 일부분 또는 소기관을 재생하는 것과 동반되면 이런 과정을 일반적으로 형태형성(morphogenesis)이라 한다(그림 **309**).

9.1 세포형태의 조건적 변화

세포형태의 변화는 일차적으로 외부 요인(예를 들면 염도, 온도, 매질의 산성도, 혹은 먹이공급)에 기인한다. 이러한 조건적 변화들은 포낭형성 혹은 세포의 크기변화, 혹은 하나의 세포유형(예. 아메바세포)에서 다른 유형으로 형질전환(예, 편모세포) 등을 포함할 것이다.

포낭형성과 탈포낭(Excystment)

많은 원생생물들은 부적합한 외부 환경(예. 건조 또는 굶주림)에 저항하여 포낭을 형성한다. 이 포낭들은 주로 두껍고 저항성이 강한 벽을 형성하여 휴면상태에 있다. 저항성 포낭은 토양에 사는 원생생물에 흔하게 존재한다. 포낭은 기생성 원생생물(예, 첨복포자충 Apicomplexa)에서는 포자라고 하는데 종종 감염 단계를 나타낸다. 점균류(무유주자균류 Acrasea, 큰점균류 Myxogastrea, 망상점균류 Dictyostela; 그림 **56, 179, 180** 참조)와 일부 섬모충류들(*Sorogena*; 그림 **226** 참조)은 특정한 환경(예. 굶주림)에서 많은 포낭세포로 구성된 자실체를 생산한다. 자실체가 터지면 건조한 상태의 공기가 포낭을 퍼뜨린다.

다른 원생생물들은 상대적으로 얇고 투과성 벽을 가진 포낭을 생산한다. 이것들은 생식포낭(속에서 세포가 분열하고), 소화포낭(속에서 세포가 소화시키고) 그리고 교미포낭(속에서 수정이 일어나고)을 포함한다. 일부 원생생물 가령 식균성변형충류(vampyrellid) 아메바인 *Lateromyxa gallica*는 생활사 동안에 소화포낭, 생식포낭과 휴지포낭을 형성할 수 있다.

포낭형성의 원인은 종에 따르다. 분열균류 *Naegleria gruberi*는 건조상태에서 포낭을 형성한다. *Acanthamoeba*는 산소의 과잉, 음식 결핍 또는 칼슘과 마그네슘 염을 포함한 미네랄 배지로 옮김에 반응하여 포낭을 형성한다. 이 모든 요인들이 DNA 합성을 방해함으로서 S 단계를 막는다. 포낭현상이 시작될 때 세포는 둥글게 된다. 많은 세포의 구성원(미트콘드리아, 저장과립)은 활동이 떨어지고 수축포의 박동활동이 증가되고 세포질이 탈수된다. 그 이후 이중막의 포낭벽이 형성되고 단계별로 특이한 RNA의 효소가 합성된다. 마침내 거의 모든 물질대사 활동이 정지되고 휴면 상태에서 포낭은 수년간 생존 할 수 있다.

이 포낭벽은 포낭벽 전구물질의 세포외 배출 작용이나 세포표면으로부터 셀룰로오스 또는 키틴질 원섬유의 합

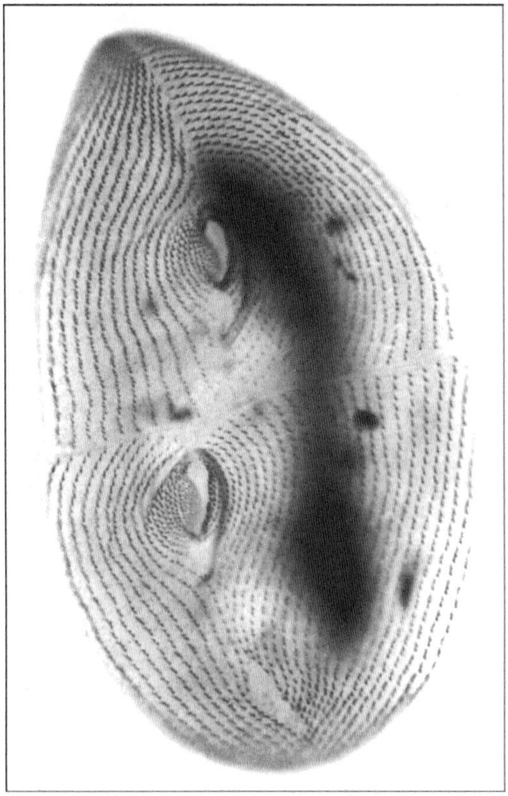

그림 **309** 두 개의 구기를 가진 *Paramecium*의 형태형성 단계; 섬모열이 연결되지 않고 중단된 것은 향후의 분열자국을 나타낸다(from Iftode et al. Development 105[1989]191). 배율 600x.

성에 의해 생성될 수 있다. 골지체에서 유래한 전구물질은 포낭벽 형성에 관여하는 것처럼 보인다. 예를 들어 기생성 편모충류인 *Giardia lamblia*, 방사상 태양충류(예. *Actinophrys sol*), 일부 이모섬모충류(예. *Stentor*, *Fabrea*, *Blepharisma*), 그리고 둘레섬모충(*Epistylis*)에서 찾아볼 수 있다. 그러나 골지체 유래 전구물질은 섬모충 *Hyalophysa chattoni*와 *Euplotes muscicola*의 포낭벽에는 관여하지 않는다.

섬모충의 포낭형성은 RNA와 단백질 합성에 의존한다. 포낭형성은 보통 세포 부피의 감소(80%까지)와, 자가 소화작용의 증가, 대핵의 변화와 같은 현저한 형태적이고 생리적인 변화를 동반한다. 대핵변화에는 핵공 수의 감소, 염색질 응축, DNA의 소실, DNA 메틸화 패턴의 변화, 핵의 일시변이와 염색질의 재배치 등이 일어난다. 종에 따라 피층구조에 다소 현저한 탈분화가 일어난다. *Frontonia*와 *Euplotes*에서는 피층이 변하지 않는다. *Pseudomicrothorax*의 경우 입측면 섬모구조가 흐트러진다. *Bursaria*에서는 입 섬모구조가 사라진다. *Colpoda*에서는 구강구조와 체섬모가 재흡수된다. 포낭형성 과정 동안에 피층 체제의 탈분화는 Oxytrichs의 구성원에서 가장 분명하다. 성숙한 포낭은 섬모, 모근체와 섬모하구조가 완전히 없어진다. 탈포낭에 이르는 신호전달 과정은 분명하지 않다. 섬모충 *Colpoda*에 대한 실험연구는 유기산과 당과 같은 용액에 용해되는 물질이 포낭벽을 침투하여 탈포낭을 촉진시킬 수도 있다고 한다. *Acanthamoeba castellanii*와 섬모충 *Histriculus cavicola*의 어린 포낭의 탈포낭 비율은 오래된 포낭의 것보다 현저히 낮다. 그러므로 내생적인 탈포낭 억제 요인들의 존재에 대해 논의되었다. 이 억제요인이 포낭형성이 진행되는 동안 축적될 수도 있고 포낭이 노화되어 가는 동안 분해 할 수도 있다. *Acanthamoeba*에서 탈포낭의 활성화는 RNA 합성과 단백질 합성에 의존한다. 세포내 활동의 증가로 삼투작용에 의한 수분흡수가 일어난다. 세포는 포낭벽의 구멍을 통해 돌출하거나 특정 효소를 사용해서 포낭 층에 구멍을 뚫을 수도 있다. 포낭상태의 섬모충은 탈포낭 형태형성을 겪는 탈분화된 피층구조를 갖는다. 첨모하모류(Oxytrichid)인 *Coniculostomum monilata*는 영양세포의 종 특이적인 섬모구조의 특징을 갖추기 위해서 적어도 3번의 형태형성 주기가 필요하다.

다형현상(Polymorphism)

동일 종들의 개체 또는 유전적으로 동일한 복제세포가 다른 형태(형태형)를 띠게 되면 다형적이라고 한다.

많은 섬모충 속들은(예. *Blepharisma*, *Stylonychia*, *Dileptus*) 다형성을 지닌다. 굶주릴 때 그들은 정상 형태보다 1/100배나 작은 난쟁이형이 된다. *Blepharisma*는 한가지 먹이(예. 박테리아) 대신 더 큰 먹이생물(예 섬모충)을 먹게 되면 거대하게 커진 형태로 변화될 수도 있다(그림 **310**). 난쟁이와 거대형 섬모충에서 개별적 소기관(예, 모근체)의 크기는 일정하지만 복합적 소기관(섬모열, 구강구조)의 크기는 세포 크기에 비례한다. 만약 구강구조가 동일 종의 개체크기로 커지면 동종포식 생물이 될 수 있다. 보다 작은 먹이를 먹을 수 있

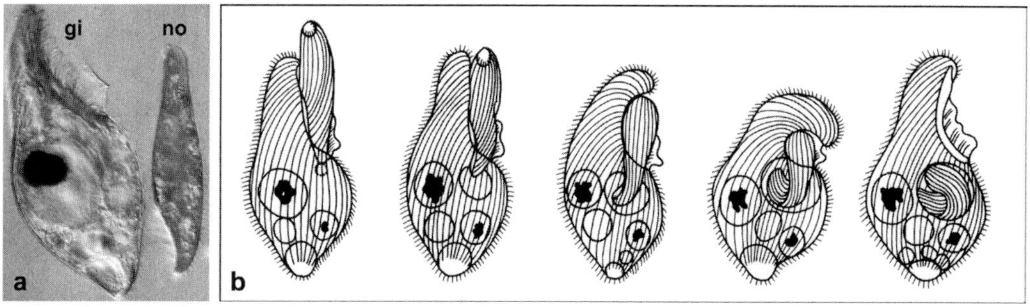

그림 **310** **a** 거대개체 *Blepharisma*(gi)와 정상개체 *Blepharisma*(no) 비교; **b** *Blepharisma*의 동종포식 (출처: D.J. Patterson, Sydney; b Nilsson). 배율: a 100x, b 70x

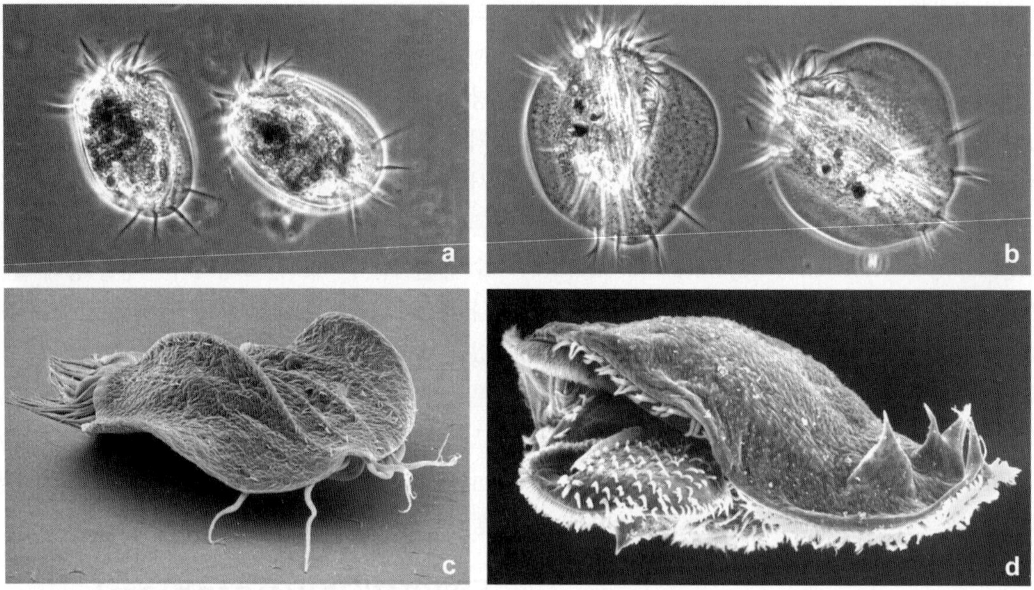

그림 **311** **a** 교란받지 않은 상태의 *Euplotes octocarinatus* 세포, *Lembadion*의 영향을 받은 세포; (**b, c**) **c** *Lembadion*이 있을 때 분명한 등쪽의 늑골형태와 양날개 형태. **d** *Onychodromus quadricornutus*의 동종포식 (a 와 b는 Kuhlmann & Heckmann: Science 227[1985]1347 에서; c는 C. F. Bardele, Tubingen 제공: d 는 Wicklow: J. Protozool. 35[1988] 137에서). 배율: a and b 270x, c 760x, d 280x

는 환경이 되면 거대한 세포는 정상 크기로 환원된다. 연속적인 세포분열 간의 시간을 단축해서 세포는 빠르게 축소된다.

박테리아를 먹이로 하면, *Tetrahymena vorax*의 작은 입구멍은 비대칭적으로 발달한다(작은 입 형). 대조적으로 섬모충류를 먹이로 하면 입구조는 커진다(큰 입 형). 배양 중 성장단계는 입구조의 크기 결정에 매우 중요하다. 배양 중 큰입 세포는 정체 단계에서 출현하여 길어진 기아 상태 이후에 동종포식 생물이 된다. 이런 형태의 변화로 일부 개체는 다른 개체를 먹이로 하여 생존 할 수 있게 한다.

Euplotes 섬모충은 포식자가 있을 때 형태를 바꾼다(그림 311). 예를 들어, 섬모충 *Lembadion*이 있을 때 *Euplotes octocarinatus*의 피층 세포는 포식자에게 먹히지 않도록 등에 양날개 형태와 늑골 형태를 형성한다(그림 311.b,c). *Euplotes*의 세포골격구조는 포식자가 분비한 물질로 유발되어 재구성된 것이다. *Lembadion*이 분비한 유발물질은 폴리펩타이드일 것이다.

분열균강의 자유아메바 *Naegleria*와 *Tetramitus*는 형태를 철저하게 변화 할 수 있다(그림 312). 우호적인 환경에서 그들은 먹고 아메바 세포처럼 생식한다. 그들은 건조 또는 굶주림에 반응하여 포낭을 형성할 수 있다. 매질의 이온 강도의 감소로 인해 세포가 편모충류로 분화되어 간다. 분화되어가는 과정에서 확실한 유전자가

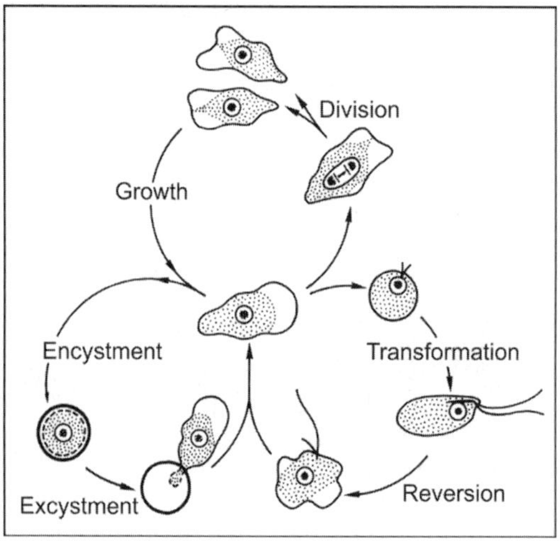

그림 **312** *Naegleria gruberi*의 생활사 (출처: Fulton).

표명되고 (예. 튜블린, 칼모두린) 합성과 조립과 같은 세포 골격 변화와 편모충류으로부터 성장한 것과 기본 몸체의 자리잡기가 일어난다. 자유아메바 *Naegleria*의 편모충 단계는 분열이 불가능하다. 일시적이고 생활사의 특권을 주는 적절한 환경에서 아메바 단계로 재분화할 수도 있다. 그러나 *Tetramitus*에서 두 단계는 먹기와 재생산은 가능하다.

9.2 형태의 주기적 변화

많은 원생생물에서 몸의 형태는 생활사의 절대 기생 단계와 정상 단계에 따라 달라질 수 있다. 상이한 몸의 형태는 보통 습관의 변화에 관련되어 있다. 기생충은 단계 의존적인 구조를 발생시켜, 예를 들어 숙주 외부에서 생존하게 하거나 숙주 세포를 공격하거나 숙주의 단백질분해효소나 면역반응에 저항한다. 각 단계는 보통 특이한 용어로 기술된다. 섭식 단계(영양체)는 비섭식 단계(예, 포낭)와 교대로 나타난다. 고착성 원생생물은 다른 곳에 분포하기 위해서 운동성이 있는 비섭식 단계(유주자)를 생성한다.

태양충인 *Clathrulina elegans*는 아메바 형태로 변형되는 편모를 가진 유주자를 생산한다. 정착 후에 각 개체는 자루와 캡슐을 분비하여 태양충의 형태로 분화한다 (그림 **210** 참조).

흡관충(그림 **130**, **131** 참조)의 성체는 보통 기질에 자루로 부착한다. 촉수는 피식자를 잡거나 먹이를 흡수하는데 사용된다. 분열 산물에는 운동성 유주자가 포함되는데 유주자는 고착성 세포와는 다르게 섬모를 가진다. 유주자는 기질에 정착해서 (종종 자루를 분비해서), 섬모를 재흡수하고, 촉수를 만든다. 이 형태형성 과정을 변태(metamorphosis)라 부른다.

낭피섬모충류 (Folliculinids)(그림 **118** 참조)는 키틴질 피각 내부에 사는 섬모충이다. 구기는 양날개 모양으로 긴 입둘레섬모막구역(AZM)이 가장자리에 있다. 고착 세포(영양체)는 나선상의 겹섬모와 하나의 영양체로 구성된 입이 없는 유주자(swarmer)로 분열된다 (그림 **313**). 유주자는 오래된 피각을 떠나고 나중에 다른 장소에서 새로운 피각을 분비하고(그림 **220** 참조), 나선상의 겹섬모를 다시 흡수하고 영양체로 변형된다(그림 313).

많은 기생충 원생동물은 숙주 조직 또는 새로운 숙주로 침입할 때 형태를 바꾼다 (그림 51, 52 참조). 예를 들어 운동핵편모충류(파동편모충류) *Trypanosoma*는 *Leishmania* 형태, *Leptomonas* 형태, *Crithidia* 형태 또는 *Trypanosoma* 형태로 나타날 수 있다(그림 **51** 참조). *Leptomonas* 형태와 *Crithidia* 형태는 무척추동물에서 우세하게 나타나고 *Trypanosoma* 형태는 척추동물에서 우세하게 나타난다. *Leishmania* 형태는 척추동물 세포내에서 나타나지만 무척추동물에서는 세포 밖에서 나타난다. *Trypanosoma mega*의 *Crithidia* 형태가 척추동물의 혈청으로 이동할 때 척추동물에서 나타나는 특징적 형태인 *Trypanosoma* 형태로 변형한다. 이와 같은 실험은 환경변화에 의해 유발되는 변화를 나타낸다. 다양한 무척추동물의 기생충인 퇴구섬모충(apostomate)은 복잡한 생활사 동안 다수의 다형적 형태로 발생한다(그림 **314**). 영양체는 숙주를 먹고 성장하나 생식하지는 않는다. 그리고 나서 이른바 분열전체로 변형되어 계속되는 분열(보통 포낭 내부에서)로 작은 세포인 유영기(tomite)를 생산한다. 유영기는 방출되어 운반 숙주에 고착하고 여기서 포낭을 형성한다. 이를 외부생활기(phoront)라고 일컫고 이것이 새로운 영양체가 된다. *Spirophya subparasitica*의 외부생활기는 예를 들어 요각류에 부착한다. 히드라가 요각류를 삼키고 후에

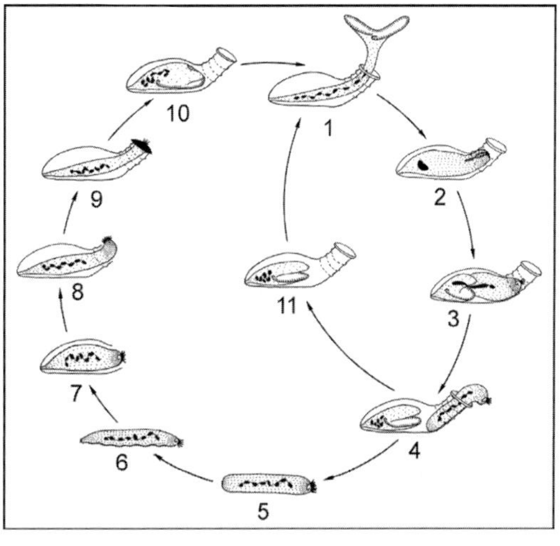

그림 **313** *Eufolliculina uhligi*의 생활사: 1 영양체, 2-4 분열, 5 유주자, 6-10 피각 형성과 변태, 11 재편성 (출처: Mulisch & Patterson: Protistologica 19 [1983] 235).

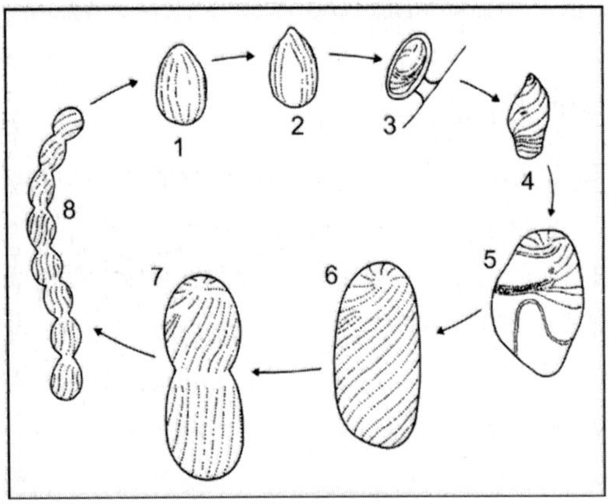

그림 314 퇴구섬모충 *Polyspira delagei*의 생활사: 1 전유영기, 2 유영기, 3 가재의 아가미에 포낭형의 외부생활기, 4 어린 외부생활기, 5 성체 외부생활기, 6 포낭형성체 분열기 7-8 반복교차분열(palintomy) (출처 Lwoff).

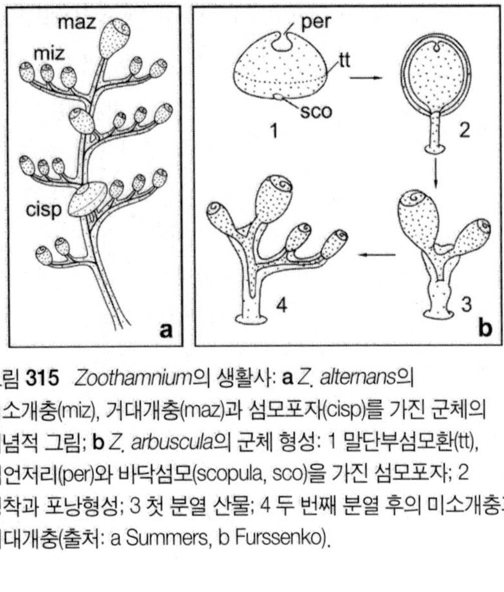

그림 315 *Zoothamnium*의 생활사: **a** *Z. alternans*의 미소개충(miz), 거대개충(maz)과 섬모포자(cisp)를 가진 군체의 개념적 그림; **b** *Z. arbuscula*의 군체 형성: 1 말단부섬모환(tt), 입언저리(per)와 바닥섬모(scopula, sco)을 가진 섬모포자; 2 정착과 포낭형성; 3 첫 분열 산물; 4 두 번째 분열 후의 미소개충과 거대개충(출처: a Summers, b Furssenko).

히드라 내부에서 영양체가 발생하여 성장한다.

일부의 원생생물에서 고립된 단세포 단계와 군체성 다세포 단계가 교차로 관찰될 수 있다. 섬모충류 *Zoothamnium alternans*(그림 **315**)와 *Z. arbuscula*(그림 **144** 참조)의 군체는 섬모포자(ciliospore)라는 유주자로 시작되어 자루를 분비하여 기질에 정착한다. 이 과정 동안 포낭을 형성할 수도 있다. 분열 산물을 완전히 분리하지 않은 특이한 연속적인 분열과정을 거쳐 나뭇가지 형태의 군체로 발생한다. 군체의 모든 세포는 공통된 자루로 연결되어 있다 (그림 **315**). 세포분열 결과 서로 다른 딸세포가 만들어 질 수도 있다: 군체의 측면 가지의 기부에서만 큰 세포(거대개충 macrozooids)가 발생하는 반면에 측면 가지에서는 작은 개체(미소개충, microzooids)가 발생한다. 오직 말단의 세포만 분열될 수 있으나, 거대개충은 발생과정에 있는 단부섬모환(telotroch)에 의해서 자유 유영성 유주자로 변형될 수도 있다. 이것이 새로운 군체를 형성할 섬모포자일 수도 있다. 미소개충은 일부 거대개충과 접합하여 운동성 생식세포로 변형할 수도 있다. 이 과정에서 또한 섬모포자가 만들어 질수 있다.

망상점균류(Dictyostela)는 작은 아메바로 먹고 번식한다. 굶주렸을 때 세포는 명확한 프로그램으로 다세포 발생을 개시한다 (그림 **316**). 먹이자원이 고갈된 몇 시간 후에, 일부 세포는 분자신호를 방출하기 시작한다. *Dictyostelium discoideum*(그림 **180** 참조)에서 신호분자는 cAMP(cyclic adenosine monophosphate)이다. 먹이를 둘러싼 세포는 먹이자원 쪽으로(화학 주성에 의해서) 움직임으로서 cAMP에 반응하고 cAMP를 분비하기 시작한다. 이후에 세포는 몇 분 동안 cAMP 신호에 반응하지 않는다. 세포는 서로 합쳐져서 흐름의 줄기를 형성한다. 마침내 모든 흐름은 집합체 중심에 모여 합쳐진다. 이 집합체는 수 만개의 아메바로 구성되어 있다. 이것들이 이동하는 위변형체(psudoplasmodium, 이동변형체 slug)를 생산할 수 있는 다세포성 점균류를 형성한다. 결국 이 슬러그는 자실체로 바뀐다(누적자실체 sorocarp). 자실체는 죽은 자루, 소강 자루세포, 포자의 앞쪽 덩어리로 이루어져 있다. 포낭형성 후에 각 포자는 하나의 아메바 세포로 성장할 수 있다.

Dictyostelium discoideum 세포는 발생의 초기단계에서 자루 또는 포자 세포로의 운명을 결정한다. 굶주림이 시작되는 시점에서 세포는 전단계의 자루 또는 포자로 분화되는 성향을 띠는 증거가 있다. 세포주기의 초기단계에서 굶주린 세포는 포자 전 단계 세포가 되어가는 반면에 세포주기의 후반에 굶주린 세포는 자루 전단계 세포가 되는 경향이 있다. 두 유형의 세포는 세포질의 칼슘성분, 접착성, cAMP에 대한 반응성에서 차이가 난다. 포자 전단계와 자루 전단계 세포는 초기 집합체를 형성하는 동안 무작위로 분열하지만 점균류로 성장하

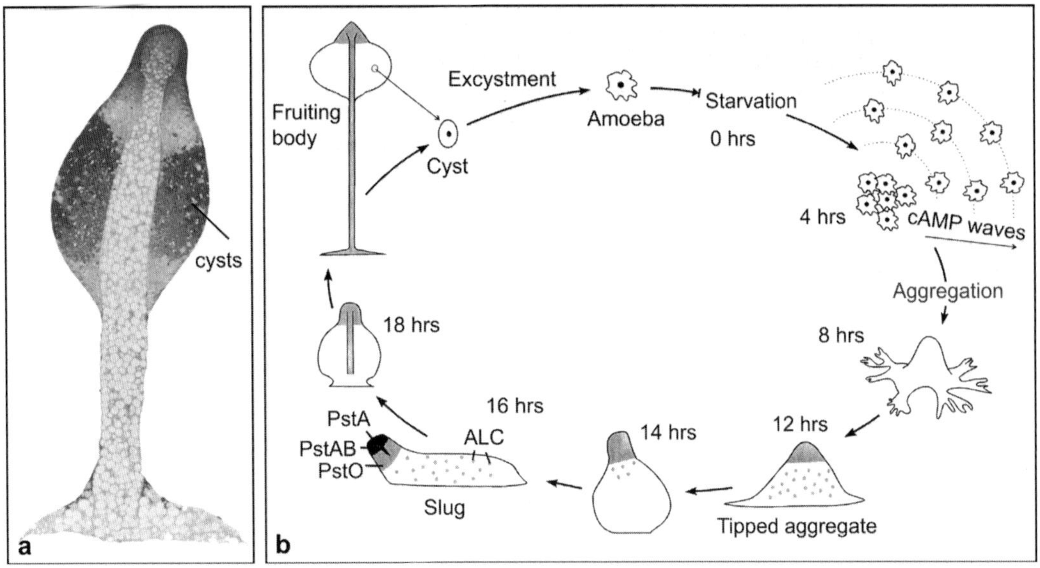

그림 316 자실체의 종 단면 (**a**)과 *Dictyostelium discoideum*의 생활사 (**b**): 굶주렸을 때 아메바 집합체는 cAMP 신호에 반응하여 자실체를 형성하는 연속적인 다세포 단계를 거친다. 어두운 부분은 자루 전 단계 또는 자루세포이다. ALC= 전반부 위치 세포, PstA= 자루 전단계 A 세포, PstAB= 자루 전단계 AB세포, PstO= 자루 전단계 O 세포 (출처: M.J. Grimson, Lubbock; b Powell-Coffman & Firtel). 배율: a 60x

는 동안 서로 분리된다. 자루 전단계 세포는 정단으로 이동하고 포자 전단계 세포는 기부에서 나타난다. 분자생물학적 연구로 세포의 전방부위세포(ALC)와 몇 개의 자루 전단계 세포를 밝혀냈다 (그림 **316**). 세포는 일부 특정 유전자(pstA과 pstB)의 순차적인 발현을 통하여 자루가 되는 것처럼 보인다. 자루 분화에서 가장 분화된 세포(pstAB)는 슬러그 정단의 중심에 위치한다. 슬러그의 이동이 중지될 때, 가장 분화된 세포는 속이 빈 세포외관을 합성한다. 더 많은 자루 전단계 세포들이 이 관의 바닥으로 이동하고 관을 빠져나올 때 자루로 분화되어 커지고 죽는다. 이 과정은 (어떤 측면에서 동물의 배형성에서 낭배형성과 유사) 기질 위에 있는 후반부 포자세포를 들어 올린다. 만약 자루 전 단계 부위가 슬러그로부터 분리하는 실험을 하게 되면 두 부분은 적절한 비율의 자실체로 발생한다. 그러므로 자루 전 단계와 포자 전 단계 세포는 조직학적으로, 생화학적으로, 분자적으로 서로 다르고 영양세포와 분명히 구분되지만 그들은 탈분화와 재분화를 통하여 세포의 운명을 변화시킬 수 있다.

배양세포에서 분화는 DIF(분화유도요소)라는 분자량이 작은 친유성 단백질군과 세포외 cAMP의 조합으로 유도될 수 있다. DIF-1은 아메바가 자루 전단계 세포가 되는 것을 자극하는 반면에 세포 밖 cAMP가 높은 농도로 유지되어야 포자 전단계의 특이 유전자가 발현한다. 추가적으로 슬러그에 존재하는 암모늄과 아데노신은 형태형성 물질로 작용한다. 활동하지 않는 집합체에서 이런 분자신호가 자루와 포자 세포들의 비율과 위치를 조절한다는 증거가 있다.

*Discoideum murocoides*는 배양 조건에 따라 유성생식과 무성생식의 발생을 한다. 대포낭(macrocyst)은 유성생식 생활사에서 형성된다. 대포낭 형성과 연속적인 분열은 유성적인 접합과 감수분열을 하는 것처럼 보인다. 이 과정은 강한 식물호르몬인 에탈린이 유도하고 에탈린은 다양한 세포형태의 점균류 종을 생산한다.

큰점균류 Myxogastrea(예. *Physarum*)의 생활사는 더 복잡하다. 포자는 편모 형태로 변형될 수 있는 반수체 아메바를 발생하게 한다. 아메바 형태와 편모 형태는 아메바 접합자를 형성하면서 짝으로 융합될 수 도 있다. 접합자는 대핵의 변형체로 성장해서 궁극적으로 과도하게 분지된 다핵의 네트워크로 성장한다 (그림 **179** 참조). 어떤 환경에서는 네트워크의 일부 가닥은 물 표면

위로 돌출되어 많은 포자가 내재한 자루가 있는 자실체로 발생하기도 한다.

9.3 세포분열

대부분 원생생물은 둘 또는 더 많은 동등한 딸세포 분열로 번식한다. 대조적으로 일부 원생생물(예. 섬모충 *Eufolliculina*와 같은 부착생물; 그림 **313** 참조)은 크기가 다르고 또는 형태상 동일하지 않은 딸세포를 생산한다. 딸세포는 모세포와 구조적으로 다를 수 있다(예. 첨복포자충류와 같은 복잡한 생활사를 하는 생물). 다양한 종들은 생식포낭 내에서 분열을 하기도 한다. 딸세포가 불완전하게 분리되어 군체로 발생되거나 (예; 많은 부착성 둘레섬모충류) 세포의 사슬을 이루기도 한다 (예, 일부 와편모류와 섬모충류)(그림 **80e**, **146** 참조).

이분법

두 개의 유사한 딸세포로 분열하는 것이 원생생물의 가장 보편적인 생식 방식이다. 성장기 없이 반복적인 이분법(palintomy)으로 분열하는 것은 일부 기생성 원생생물의 생활사에 찾아 볼 수 있다(예: *Toxoplasma*). 이 방법은 매우 작은 딸세포를 대량 생산한다.

두 개의 동일한 딸세포를 생산하기 위해서는 모든 소기관은 분열하기 전이나 분열하는 동안 복제되어서 분열산물에 균등하게 분배되어야한다. 때로는 종에 따라 특이하게 분배가 다를 수 있다. 수축성 요소(특히 액틴과 미오신)는 세포의 분리를 포함하는 분열홈 아래 고리모양의 부분에 배열된다(세포질분열). 핵분열은 세포질이 분열하는 동안 일어난다.

뚜렷한 극성이 없는 세포(가령, 태양충류)는 보통 핵분열 면에서 분리된다. *Actinophrys sol*에서 일부 유축위족의 미세소관은 세포분열 동안 사라진다. *Dimorpha mutans*의 유축위족은 축삭동원질체(axoplast)라는 미세소관형성중심(MTOCs)에서 만들어진다. 유사분열 동안 축삭동원질체는 두 개로 분열되어 떨어지고 대부분의 유축위족은 없어진다. 축삭동원질체와 유축위족 미세소관은 유사분열 말기 끝에 다시 나타난다.

유각아메바의 세포분열판은 외각에 있는 위족이 나오는 구멍에 의해 정의된다. 이 위족구멍(pseudostome)을 통해서 세포질이 돌출되어 이전 것과 똑 같은 모양의 새로운 외각이 만들어진다(그림 **317a**).

*Arcella vulgaris*에서 외각은 골지체로부터 유래된 피각형성 과립(thecagenous granule)과 같은 이미 형성된 요소로부터 만들어진다. 분열 전에 세포질 내의 피각형성 과립과 두개의 핵은 위족구멍 가까이로 응집한다. 이 부분은 위족구멍을 통하여 돌출되고 싹(bud)형태로 성장한다. 핵은 싹이 형성하는 동안 유사분열로 나누어진다. 피각형성 과립은 원형질막 아래로 정렬되고 난 이후에 동시에 밀려나온다. 밀려나온 요소는 부풀어서 케라틴과 유사한 단백질 성분의 연속된 층으로 뚜렷한 형태로 조립된다. 외각은 새로운 외각 주위에 임시적인 돔 모양의 형태를 만드는 위족과 싹에 의해 만들어 진다. 새로운 외각이 완성된 후 두 외각은 위족구멍으로 서로 붙어 있다. 세포질 분열이 일어나기 전까지 세포질은 외각 사이를 왕래한다.

편모 세포에서는 편모의 삽입 위치가 세포의 앞쪽 말단에 결정된다. 분열홈은 세포의 세로축을 따라 발생한

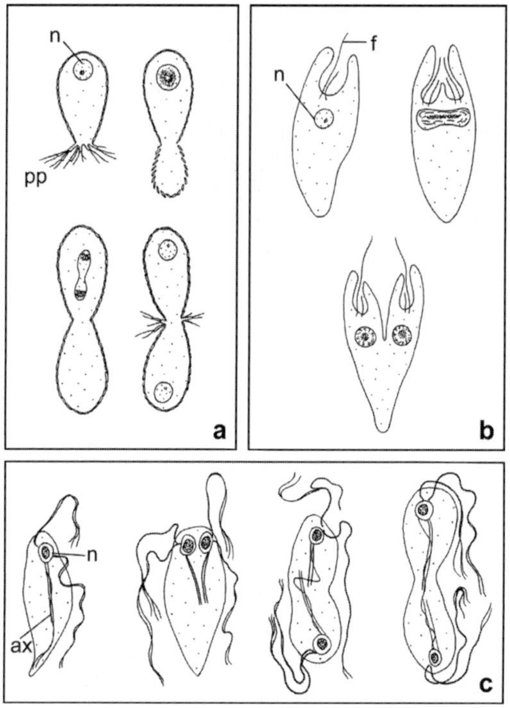

그림 **317** 유각아메바 (*Euglyha*, **a**), 편모류 (*Euglena*, **b**)와 털편모충 (*Devescovina*, **c**)의 이분법. ax=축간, f = 편모 n=핵, pp=위족 (출처: Grell).

다. *Euglena* 같은 이편모를 가진 종은 두 쌍의 편모를 발생시킨다. 세포의 세로축에 수직으로 핵분열이 일어나는 동안, 편모 쌍은 떨어져 마침내 종분열 홈에 의해서 분리된다(그림 **317b**). 기저체는 세포 분열 전에 복제되어 세포골격 요소가 새로운 편모로 되도록 한다. 새로운 세포골격과 새로운 기저체의 위치와 방향은 오래된 기저체의 극성과 위치에 따라 결정된다. 그러므로 이것들은 세포 형태형성에 중요한 역할을 한다.

대부분 편모류는 편모의 구조와 기능이 다양하다. 이런 차이는 편모 기저체에 부착된 뿌리구조의 이질성을 동반한다. 이질적인 편모기관은 하나 이상의 세포주기를 통한 편모구조의 발생결과라는 증거가 있다. 예를 들어 *Nephroselmis olivacea*(그림 **318**)의 편모 중에 하나는 짧고 다른 하나는 길다. 두 개의 새로운 기저체는 세포분열 전에 만들어진다. 이 새로운 기저체는 딸세포의 짧은 편모가 된다. 모세포의 짧은 편모는 길어져서 딸세포의 긴 편모로 변형된다. 그 결과 *Nephroselmis olivacea*의 기저체는 첫 세대에서는 짧은 편모를 형성하는 반면에 두 번째 세대에서는 긴 편모가 만들어진다. *Nephroselmis*와 다른 편모조류의 광학현미경 관찰과 초미세구조의 관찰을 통하여 이 기저체가 성숙하기 위해서 한 세대 이상의 세포가 필요하다는 것이 제시되었다. 편모기구의 체제는 기저체의 발생 상태에 의존하는 것처럼 보인다.

다편모성 초편모류(Hypermastigida)에는 특정한 위치에 이른바 특권을 가진 편모 또는 기저체가 있다(예. *Joenia*에 세 개에서 네 개; 그림 **44** 참조). 이것들만 세포질분열 전에 중복된다. 다른 모든 것들은 다시 흡수된

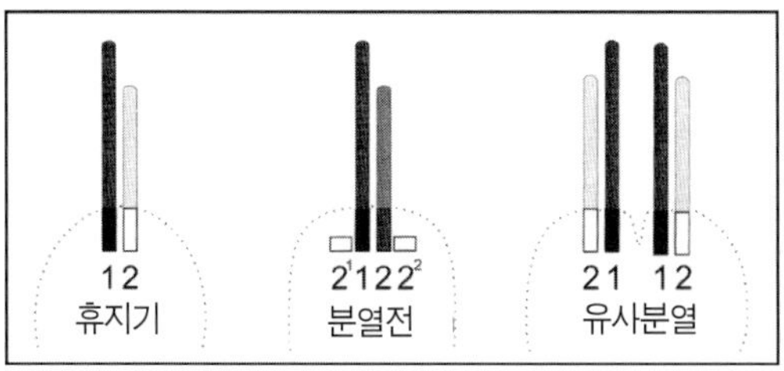

그림 318 담녹조편모류 *Nephroselmis olivacea*의 편모 발생주기 그래프: 휴지기의 긴 편모(1)와 짧은 편모(2). 두 개의 새로운 기저체는 세포분열 전에 나타난다(2^1,2^2). 그들은 유사분열동안 짧은 편모가 된다. 부모세포의 짧은 편모는 길어져 딸세포의 긴 편모가 된다 (출처: Melkonian)

다. 털편모류와 일부의 초편모류에는 편모와 복제된 축간을 포함한 편모와 관련된 뿌리구조가 세포의 반대편 극으로 이끌고 간다. 그러므로 딸세포는 후반부 끝에서 분리된다 (그림 **317c** 참조).

비대칭 세포분열은 *Volvox*의 세포분화에 기원이 있는 것처럼 여겨진다. *Volvox carteri*의 군체는 다량의 작은 편모세포와 소량의 움직이지 않는 큰 세포로 구성 되어있다. 큰 세포(생식세포, 무성생식체 gonidia)만이 분열하여 새로운 군체성 생물을 만드는데 비해 작은 세포는(체세포) 결국 죽는다. 이 두 유형의 세포는 배발생 동안 비대칭 세포분열로 만들어진다. 두 세포는 분명한 세포계통을 나타낸다. 일반적으로 돌연변이 또는 미세 수술실험으로 큰 세포 (직경이 8 미크론 이상)에서 작은 체세포를 배 구역에서 만들면 이 세포들은 항상 생식세포가 된다. 그러므로 *Volvox carteri* 세포의 운명은 크기에 의해 결정된다고 여겨진다.

섬모충에서 세포분열은 복잡한 패턴형성 과정과 관련된다. 섬모충은 주로 세로축에 수직으로 분열한다 (그림 **114a** 참조). Ca^{2+}과 칼슘결합단백질(calmodulin)이 분열 단면 결정에 관련된 것 같다. 분열세포전반부(proter)로부터 유래한 딸세포는 주로 오래된 소기관 복합체(주로 입구조, 때로는 수축포와 세포항문)를 유지하는 반면에 분열세포후반부(opisthe)를 위해 새로운 복합체가 만들어지고 조립되어야 한다(그림 **319**). 대부분 섬모충의 딸세포는 동일한 방위를 가진다. 대조적으로 일부 섬모충의 분열은 분열세포전반부와 분열세포후반부의 축이 크게 바뀌는 단계가 포함되어 있다(예, *Halteria*, *Tintinnidium*). *Opercularia*와 *Tintinnopsis subacuta*에서 분열은 세로로 되는 것 같다.

출아법

하나의 큰 모세포로부터 한 개 이상의 작은 딸세포가 분리되는 것을 출아라고 한다. 이 과정은 많은 고착성 원생생물에 일어나고 분리된 출아(싹)는 운동성 유주자로 분화한다. 많은 흡관섬모충, 둘레섬모충, 깔때기섬모충에서의 외생적 출아는 모세포의 외부돌출과 그 이후 자손으로 분리되는 과정을 포함한다. *Ephelota gemmipara*는 다출아법으로 생식한다. 세포의 전반부에서 출아(싹)

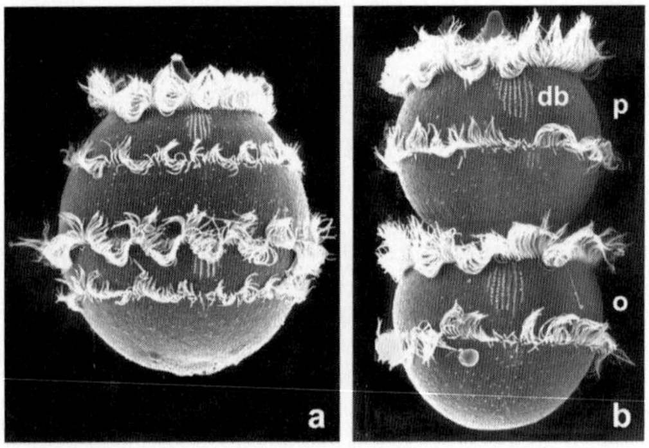

그림 319 *Didinium nasutum*에 세포분열: 초기 단계(**a**)와 이후 성장(**b**) 분열세포전반부(p)와 분열세포후반부(o)의 분화. db=등쪽강모 (C.F Bardeme, Tubingen 제공). 배율: a 250x, b 300x

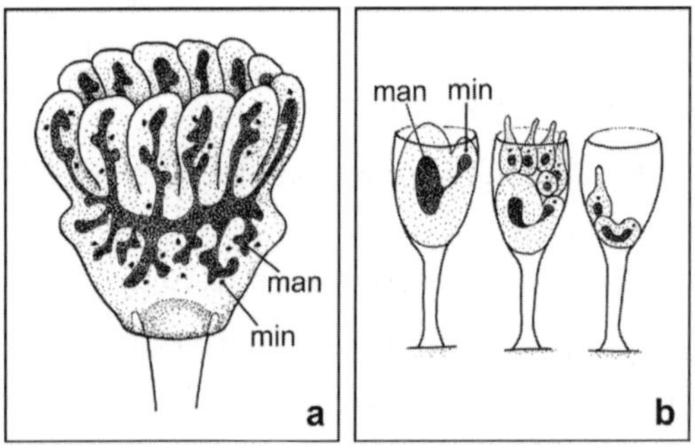

그림 320 흡관충 *Ephelota*(**a**)과 *Tachyblaston*(**b**)의 아구형성 (gemmation=budding 출아). man=대핵, min=소핵 (출처: Grell)

관(crown of buds)이 만들어진다. 각각은 잘 분리된 대핵과 소핵을 가지며 소핵은 여러 번의 유사분열로 만들어진 것이다. 출아는 움직이는 섬모를 가진 유주자로 동시에 분리된다. *Tachyblaston ephelotensis*에는 다량의 발아가 순차적으로 발생한다(그림 **320b**).

내생적 출아는 일부 흡관섬모충에서 일어난다. *Acineta tuberosa*에서, 하나 또는 몇 개의 작은 자손세포들이 모세포의 육아낭 내부에서 발생한다. 정점에 있는 원형질막은 대핵 부분을 포함한 내부 세포질을 분리하기 위해서 함입한다(그림 **129** 참조). 분리된 부분에 위치한 기저체구역(field of basal bodies)이 증식하여 운동성 유주자의 섬모구조로 된다.

다분법

다분법은 많은 세포가 급속히 생산된 결과이다. 다분법은 감염기에 다수의 개체가 숙주에 몰려들어 숙주의 면역반응을 제압할 수 있는 기생충에서 자주 발생한다.

구포자충(예. *Eimeria*, 그림 **89** 참조)과 첨복포자충에 속하는 다른 구성원에서 영양생식과 배우자(생식세포)의 형성은 분열생식(schizogony)으로 이루어진다. 몇 번의 유사핵분열 후에 세포는 딸세포 수에 해당하는 수로 분열한다. 딸세포의 발생양식은 속에 따라 다르다. *Eimeria*의 핵은 세포 주변으로 이동한다(그림 **303b, e** 참조). 포자소체(또는 분열소체)는 출아와 유사한 과정에 의해 세포주변으로부터 분리된 것이다(그림 **90** 참조). 중간에 잔류체(residual body)만 남게 된다. 다른 속(예. *Sarcocystis*)의 경우 포자소체는 모세포의 세포질 내부에서 발생한다.

*Pelomyxa*와 같은 큰 다핵의 원생생물은 핵분열 후 작은 개체로 분리되는 것 없이 분화될 수 있다. 핵의 수는 세포가 자라면서 후에 증가한다. 유공충류에서 감수분열과 관련된 생식모세포는 무성어버이의 분열생식으로 형성된다(그림 **162** 참조).

무구섬모충(astomate)과 퇴구섬모충(apostomate)의 생활사(그림 **314** 참조)에는 반복교차분열(palintomy)로 알려진 생식방식이 포함된다. 성장단계 없이 연속된 반복(교차-)분열의 과정을 겪는다. 세포의 사슬은 딸세포의 불완전한 분리로 형성될 수 있다. 일부 속(예. *Radiophrya*)은 작은 세포의 일부가 말단으로부터 떨어져 나온다(그림 **146** 참조). 다른 속은 동일한 크기의 하위단위로 분리된다 (예 *Haptophrya*). *Foettingeria*에서 반복교차분열은 생식포낭 내부에서 일어난다.

세포분열 주기의 통제

원생생물에서 형태형성은 세포주기와 밀접하게 관련되어 있다. 진핵생물의 세포주기에 필수적인 과정 (DNA 복제, 유사분열, 세포질분열)은 세포주기 중앙통제시스템에 의해 촉발된다는 것이 발견되었다(그림 **321**). 세포주기 통제시스템은 수행되고 있는 과정으로부터 피드백을 통해 주기를 확인하는 것으로 조절하는 역할을 한다. 예를 들어 세포는 핵 DNA가 복제되기 전에는 유사분열이 일어나지 않는다.

통제시스템은 두 종류의 단백질군에 기반을 두고 있다. 첫 번째 단백질군은 사이클린(cyclins)으로 세포주기 동안 합성되고 변성되는 주기를 겪는 때문에 그렇게 부

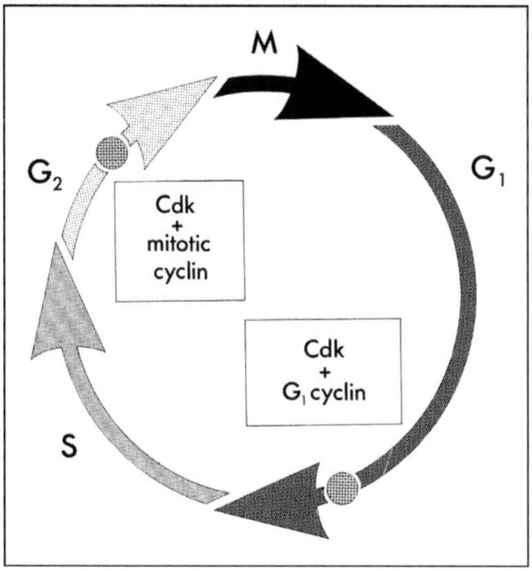

그림 321 표준이 되는 진핵생물의 세포주기: 주요한 두 점검시점(음영된 색으로 표시한 원)에서 DNA-합성기(S) 또는 유사분열기(M)에 진입되는 것을 조절한다. 사이클린의존성 단백질인산화효소(Cdk)와 사이클린의 복합체가 세포주기의 하부단계 과정을 촉발한다. G_1, G_2=간기(DNA합성 없음).

른다. 두 번째 단백질군은 사이클린에 의존하는 인산화효소(Cdk)이다. 사이클린은 Cdk와 복합체를 형성해서 Cdk를 활성화시켜 특정한 표적 단백질을 인산화시킨다. 적어도 두 개의 복합체가 정상적인 세포주기를 조절한다. 하나는 S기 바로 직전의 G_1기 후기의 검열지점이고 다른 하나는 G_2기의 후기로 M기 바로 직전이다(그림 **321**).

일반적 원리는 다음과 같다. G_2기에서 유사분열 사이클린은 서서히 합성되고 축적된다. 이 과정에서 사이클린은 Cdk와 결합하여 세포가 유사분열하도록 유도하는 여러 과정을 촉진하는 M기촉진요인(MPF)이 형성된다. 유사분열을 하는 사이클린이 변성되면 MPF가 불활성되어 세포가 유사분열을 마치도록 한다. Cdk 단백질과 관련된 복합체와 G_1 사이클린의 조합이 DNA 복제에 이르게 하는 사건을 유발한다고 생각된다.

세포주기 통제시스템은 특히 효모세포에서 잘 검사되었다. 동물과 식물세포의 연구에서 기본적 기작이 보편적임을 나타내었다. 그러나 효모의 세포주기는, 세포주기의 다양한 시점에서 상이한 사이클린과 관련된, 단 하나의 Cdk로 작동되는 것처럼 보인다. 이에 비해 동물과 식물에서는 몇 개의 상이한 Cdk 사이클린 쌍이 작용하는 것처럼 보인다. 섬모충도 후자의 경우라는 증거가 있다. 그럼에도 불구하고 원생생물에 세포주기 조절에 관여된 분자와 기작은 매우 다양하고 더 많은 연구가 필요하다.

*Tetrahymena*에 열충격을 가하여 분열이 동시에 일어나도록 할 수 있다. 열충격은 M기 이전에 축적되어 세포가 유사분열하는 데 필요할 것으로 여겨지는 열에 불안정한 단백질을 파괴한다. 그 단백질은 유사분열 이후 사라지고 그래서 사이클린일 가능성이 높다.

Tetrahymena pyriformis, *T. thermophila*, *Paramecium caudatum* 섬모충의 세포질 추출물을 양서류 난모세포에 주입하면 감수분열이 재개될 수 있다. 감수분열재개요인(MRIF)은 M기촉진요인(MRF)과 다르다. 후자는 *Tetrahymena* 또는 *Paramecium*에서 발견되지 않는다. *Tetrahymena*의 감수분열 재개 요인은 열에 불안정하고 Ca^{2+}에 민감한 가용성 단백질이다. 이 단백질은 감수분열과 유사분열 단계뿐만 아니라 정상상태 성장기의 세포에 있다. Cdk단백질군에 속하는 많은 유전자가 섬모충(*Tetrahymena thermophila*, *Paramecium tetraurelia*), 편모조류(*Dunaliella tertiolecta*), *Dictyostelium discoideum*, *Plasmodium falciparum* 등의 원생생물에서 밝혀졌다. 세포주기 내에 3개의 다른 기간에 활동하는 3개의 다른 Cdks가 *Paramecium*에서 발견되었다.

원생생물에서 사이클린이 존재한다는 증거도 있다. (주로 cDNA로부터) 사이클린을 암호화하는 많은 서열이 발표되었고 Trypanosomatids (*Leishmania mexicana Trypanosoma brucei*), 섬모충 (*Paramecium tetraurelia*, *Stylonychia lemnae*, *Tetrahymena thermophila* 등), 와편모류 (*Prorocentrum minimum*, *Alexandrium tamarense*), *Dunaliella tertiolecta*, *Physarum polycephalum*과 *Dictyostelium discoideum* 등에서 발견되었다. 섬모충 *Eufolliculina uhligi*에서 Cdk와 사이클린과 같은 분자를 암호화하는 것처럼 보이는 영양체 특이적 전사물이 밝혀졌다. 와편모류 *Cryptothecodinium cohnii*에서 사이클린B 동족체는 결코 핵에서 발견되지 않았지만 세포질에서 발견되었다. 그것은 유사분열 동안에 유사분열 방추체의 베타 튜블린과 결합한다.

9.4 섬모충의 패턴형성

섬모충은 입구조, 수축포, 배설구가 정밀하게 배치된 피층 하위단위의 복합체 패턴을 가진다. 각 세포는 앞뒤의 극성이 있으며 좌우 비대칭이다. 세포의 일반적 체제와 각 피층 단위의 구조에서 모두 대칭성이 보인다. 피층단위는 뿌리구조와 관련된 한 두 개의 기저체인 모근계(kinetid)를 포함한다 (그림 **102** 참조). 모근계나 세포골격 요소는 은침투(silver impregnation)나 면역형광(immunofluorescence) 기술로 특별히 염색할 수 있기 때문에 (그림 **105** 참조) 그들의 발생과 배열은 광학현미경으로 쉽게 관찰될 수 있다. 섬모충 (특히 *Stentor*, *Paramecium*, *Tetrahymena*와 일부 하모섬모충)은 패턴형성의 원리와 기작을 연구하는 데 사용되는 좋은 본보기이다. 또한 섬모충의 일부 발생과정, 예를 들어 입구조 발생(stomatogenesis 구부형성, 입형성)은 계통유연관계(phylogenetic relationship)를 결정하는 유용한 기준을 제공한다. 구부형성 이후의 단계는 적응선택에 반응하기 때문에 패턴형성에 관한 비교연구는 섬모충의 자연(계통분류)시스템을 구축하는 데 유용할 수 있다. 여기서는 섬모충의 패턴형성에 몇 가지 예를 든다.

재생, 재편성과 분열

섬모충은 보통 실험적으로 제거된 세포의 일부를 대치하고 재활할 수 있다. 그러나 적어도 대핵의 일부를 포함하고 있는 부분만이 성장하고 생식할 수 있는 완전한 세포로 발생한다. 후생동물과 같이 이전의 해부학적 구조를 복원하는 능력은 섬모충마다 큰 차이가 있다. 예를 들어 *Stenor*는 한 세대에서 작은 조각으로 정상적인 형태를 재창조를 할 수 있다(작음에도 불구하고). 그러나 *Paramecium*에서 제거된 구조를 전부 복원하기 위해서는 몇 주기의 세포분열이 필요하다. *Stentor* (와 *Tetrahymena*)의 발생은 전체 세포를 통하여 조절되는 반면에 *Paramecium*에서 패턴은 좀 더 지엽적인 것 같다.

구강구조는 실험을 하지 않아도 재생됨을 알 수 있다. 구강구조는 붕괴되고 나중에 구부형성에 의해 다시 조립된다. 이런 과정을 생리학적 재생 또는 재생이라고 한다. 재생(regeneration)은 *Stentor*과 같은 이모섬모충에 특히 잘 일어난다. 재생은 세포분열의 전형적 현상(대핵 사슬의 응축과 재결절, 소핵의 유사분열)인 핵 관련 현상과 연관되어 있을 수 있다. 구강 재편성(reorganization)은 교란된 구강부분을 대치하거나 변환된 세포크기(예를 들어 굶주림 이후 작아진 세포크기)에 구강 기관의 크기를 적응시키기 위한 목적으로 일어날 수 있다.

많은 형태형성 현상은 세포분열과 연관되어 있다. 형태형성 현상에는 교란과정(예. 구부의 재흡수), 새로운 소기관과 소기관복합체를 조립하고 위치를 잡는 것이 포함된다. 구강기관과 같은 새롭거나 오래된 어버이 구조는 극적인 형태발생적 변화를 겪을 수 있다. 체 모근계는 반드시 복제되고, 세포골격은 재편성 된다.

면역형광 현미경법으로 생성된 세포골격 요소(예. 운동근원섬유 kinetodesmal fibrils)에 대한 상세한 관찰로 *Paramecium*의 피층의 운명지도(원기분포도 fate map)가 만들어졌다. 이 지도는 모세포의 어떤 부분이 딸세포의 피층단위로 유래되었는가를 밝힘으로써 알려졌다(그림 **322**). *Paramecium*의 형태형성 과정(예. 기저체의 증식)은 모세포의 입구조와 향후 분열선으로부터 시작되어 전체 피층주변으로 퍼져나간다. 이러한 발생패턴은 피층에서 형성되는 형태발생적 신호의 파동으로 조절된다고 믿는다. 분열하는 *Paramecium* 세포에서 떨어져 나가기 이전에 섬모뿌리의 인산화가 세포를 가로질러 이동되는 파장이 관찰되었다. 이 파장은 추정되는 형태발생적 신호와 조정이 되는 것 같다. 그 신호는 세포에서 차지하는 피층 단위의 위치에 따라 피층단위의 운명과 체제가 다르기 때문에 다른 피층에서는 다르게 해석되어야 한다.

하모섬모충에서 섬모하구조는 각 형태형성(분열, 재생, 재편성과 탈포낭) 과정에서 새롭게 구성된다. 그럼에도 불구하고 모세포의 피층패턴은 새로운 섬모하부구조가 조립되기 전에 모세포의 섬모하부구조가 완전하게 재흡수되어 다음 단계로 전송된다. 예를 들어 닮은꼴 배치를 보이는 *Oxytricha*의 형태형은 포낭형성과 탈포낭을 거쳐 감에도 불구하고 유지된다. 세포의 패턴이 어떤 구조적인 경계표지 없이 어떻게 스스로 확립되는 지는 불분명하다. *Paraurostyla weissei*에 대한 최근 면역세포

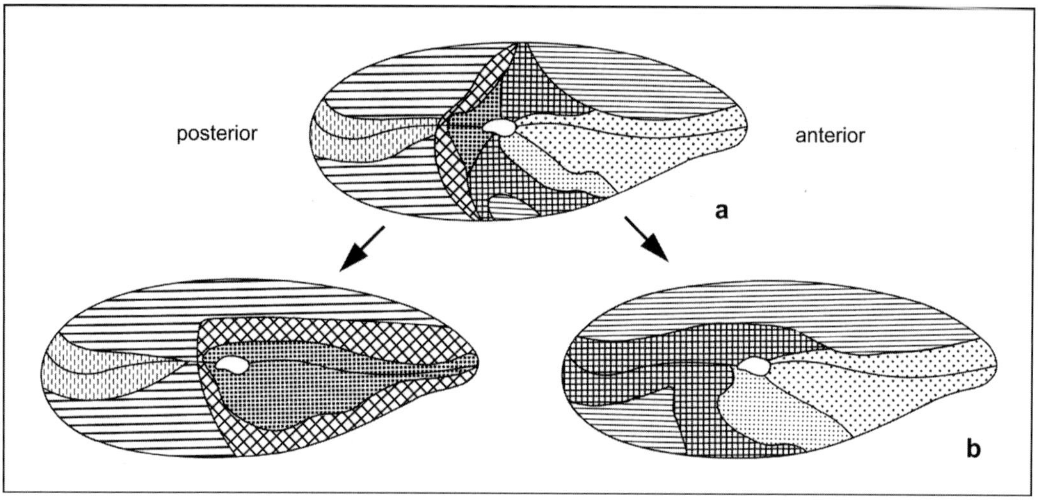

그림 322 *Paramecium*의 체피층에서 구분되는 부위 (선과 점으로 다르게 묘사) (**a**) 분열 중의 변화와 구분되는 부위는 딸세포 간에 다르게 분배됨 (**b**):세포 자오선상의 전반부는 분열세포전반부(proter)에서, 후반부에 위치한 부위는 분열세포후반부(opisthe)에서 다시 나타난다. 분열동안에 전반부(점으로 표시)와 후반부(수평선으로 표시)에서 피층은 변화를 보이지 않는다(출처: Iftode).

화학적 연구결과 기저체와 관련된 물질이 형태발생 동안 노정을 형성하기 위해서 간기 동안에 정열된다는 것을 보여주었다. 이런 노정은 조립과정에서 세포의 구성원을 안내하고 소기관이 패턴화하는 발판을 제공한다고 생각된다.

재생, 재편성, 세포분열은 형태형성의 특징을 공유하고 있으며 이들 간의 경계는 명확하게 정의되어 있지 않다. *Stentor*(그리고 다른 이모섬모충)에서 입구조의 재생은 세포분열을 유발할 수 있고 초기 분열자는 결국 재편성으로 끝낼 것이다. 대부분 섬모충의 형태발생 과정에서 기저체의 증식은 핵 변화(소핵의 유사분열, 대핵사슬의 응축과 탈응축)를 동반한다. 이것은 재생, 재편성, 세포분열에 공통적인 신호가 작동하고 있을 수 있다는 것을 제시한다. 사이클린의존성 단백질인산화효소(Cdk)의 활성화가 섬모충의 형태발생에서 세포골격과 핵변화를 촉발한다는 것이 최근에 논의되고 있는 기작 중 하나이다.

구부형성 (입형성)

복잡한 구부 섬모구조를 가진 섬모충은 새로 만든 구조를 끼워 넣어 현존하는 입구조를 복구하지 않는다. 일반적으로 세포분열과 입구조의 훼손으로 새로운 입이 발생되는데 이 과정을 구부형성(stomatogenesis)이라 부른다.

구부형성에서 처음 단계는 피층의 특정 부위에 새로운 모근체가 생겨나는 것이다. 이 모근체 덩어리가 구강원기(oral primordium)를 형성한다. 이어서 모든 구부요소가 완성되고 특정한 섬모충에서 발견되는 정확한 패턴으로 정렬된다. 어떤 섬모충에 속하는지에 따라서 모근체의 유래와 구부형성 과정이 다르다. 체섬모와 비슷한 구부섬모를 가진 섬모충은 가장 원시적인 것으로 여겨진다. 이 원시적인 섬모충의 구강원기는 특정한 체섬모열(체모근열 somatic kineties)의 조각에서 생긴다. 이러한 양식으로 구강원기가 형성되는 것을 말단모근형(telokinetal)이라 부르고 이런 특징으로 묶여지는 모근편섬모충류(Kinetofragminophorea)에서 특히 분명하다. 섬모열 조각은 후반부 딸세포의 구부섬모 구조로 직접 형질전환 되거나(*Colpoda*), 형질전환 후 복잡한 회전과 이동을 한다(*Trithigmostoma*: 그림 **323a**). 형질전환은 모근계(kinetids)의 구조와 위치변화를 포함한다. 예를 들어, *Trithigmostoma*에서는 하나의 체섬모 단위들(단일모근계 monokinetids)이 짝으로 된다(쌍모근계 dikinetids)(그림 **324**). *Colpoda*는 완전한 구부 섬모구조가 체섬모열 조각으로부터 발생하지만, *Furgasonia*는 왼쪽 입둘레(adoral)섬모만 이 기원(섬모열 조각)에서 발생하고(그림 **325a**), 오른쪽 입주변섬모는 분열하는 구부형성 과정에서 쪼개지는 원래 입측면(paroral)섬모의

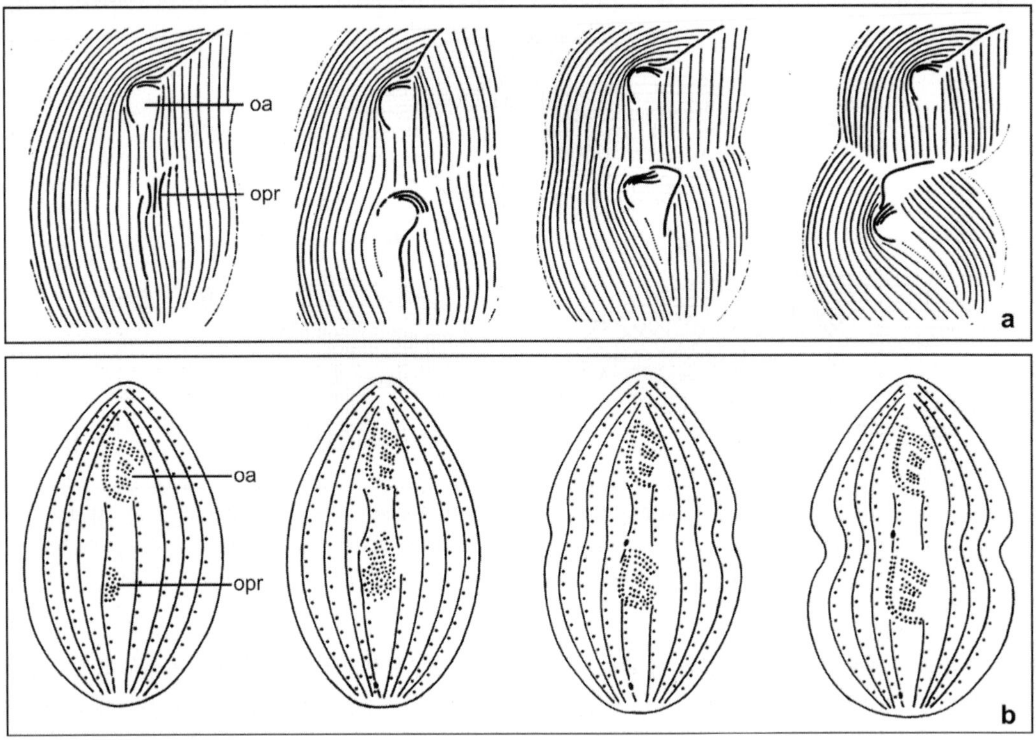

그림 **323** 세포분열 동안의 구부형성 양상: **a** *Trithigmostoma steinia*에서 원기의 말단모근형(telokinetal); **b** *Tetrahymena*에서 원기의 측모근형(parakinetal) oa=입, opr=구부원기 (a 출처: Hofmann & Bardele: Europ.J.Protistol. 23[1987]2).

모근체(kinetosome)에서 발생한다.

*Paramecium*은 부모세포의 입측면모근체(paroral kinetosome)에서 완전한 구부섬모가 발생한다. 따라서 새로운 구기의 성분은 오래된 구기 내부에서 발생한다. 이것을 구강모근형(buccokinetal)이라 한다. 딸세포에서 두 개의 구부가 분리하고 자리를 잡는 데는 복잡한 이동과 회전이 필요하다.

*Tetrahymena*의 한 체섬모열(k1)에서 기저체가 증식하여 기저체 장(field of basal bodies)을 형성한다. 기저체는 처음에 분명한 패턴이 없으나 (anarchic field, 원기전구부), 후에 방향을 잡고 정렬되어 섬모막(membranelles)을 형성한다(그림 **323b, 325b**). 유사한 발생패턴이 하모섬모충(예, *Paraurostyla*, 그림 **325c**)과 이모섬모충(예, *Stentor*)에서 관찰된다. 그러나 이런 섬모충에서는 몇 개의 (구부형성) 섬모열 (이모섬모충류의 경우) 혹은 극모(하모섬모충류의 경우)가 무질서하게 발생한다. 입측면섬모와 입주변섬모는 무질서한 기반에서 나타나며 몸체에서 유래한 것이다. 이러한 유형의 구부원기 형성을 측모근형(parakinetal)이라고 한다.

대부분의 경우 새로운 모근체는 기존에 존재하는 모근체를 기반으로 형성된다. 일부 섬모충의 구강 모근체는 가시적인 체섬모 혹은 구부섬모와 관련되지 않고 발생한다 (먼모근형 apokinetal 구부원기 형성). *Oxytricha fallax*의 포낭세포는 기저체가 없지만 포낭세포에 섬모가 있는 것은 모근체가 새로 형성된 것이다.

새로운 기저체는 처음에 소위 어버이 모근체에 직각 방향의 미완성된 미세소관삼중체(microtubular triplet)의 짧은 전기저체(probasal bodies)로 나타난다. 완성된 이후 원형질막에 부착하여 섬모가 발생할 수 있다(그림 **324**). 이어서 기저체와 관련된 실모양의 미세소관 요소가 형성된다. 구부섬모단위는 종과 세포의 부위에 따라 단일모근계(monokinetids), 쌍모근계(dikinetids), 다

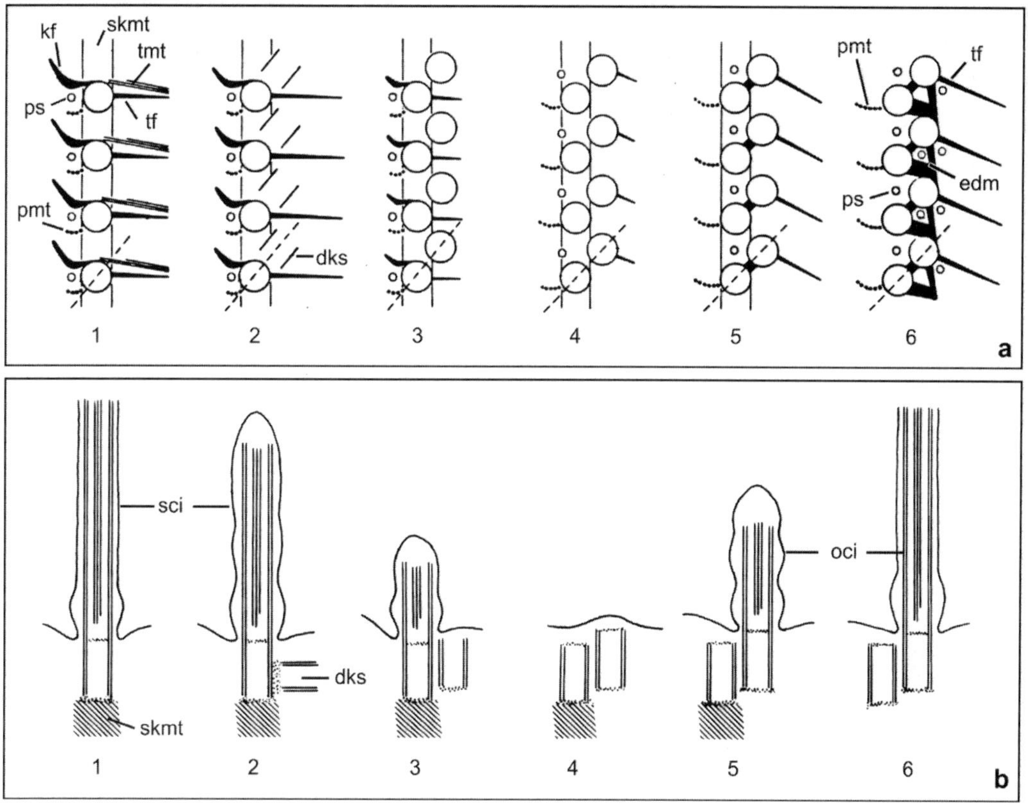

그림 324 *Trithigmostoma steini*의 입모근계와 체모근계의 분화 (**a** 횡단면 모근체, **b** 종단면 모근체): 1 몸체의 단일모근계; 2-4 딸 모근체(dks)의 분화와 체섬모(sci)의 탈분화: 5 구부섬모(oci)의 성장; 6 구부 이중모근계. 모근체와 관련된 구조는 각 단계 사이에 바뀐다. edm=전자고밀도 물질, kf= 모근접착섬유, pmt= 후향섬모미세소관, ps=부체낭, skmt= 기저미세소관다발, tf= 횡섬유, tmt=횡미세소관다발 (출처: Hofmann & Bardele: Europ.J.Protistol. 23[1987]2).

중모근계(polykinetids)를 형성한다(그림 **324, 325**). 예를 들어, *Tetrahymena*와 *Paraurostyla*의 입둘레섬모막(adoral membranelles)이 조립되는 동안 이중열 전섬모막(double-rowed promembranelles)이 먼저 출현한다. 기저체 증식(이모섬모충에서는 한 개, 하모섬모충에서는 두 개)이 연달아 일어나면서 각 섬모막에서는 최종 섬모열 수가 될 때까지 섬모열이 더 만들어진다 (그림 **325c**). 식포가 만들어지는 세포입(cytostome)는 입구조가 세포에서 최종 위치에 도달했을 때 구부형성을 종결하며 발생한다.

섬모충의 구부형성은 시간적으로 그리고 공간적으로 서로 조정되면서 연속해서 발생한다. 여러 가지 다른 범주의 요인들이 패턴형성을 통제하는데 관여한다. 이러한 요인들은 유전적 기작, 세포 전체의 형태발생적 기반과 인접한 구조와의 상호작용 등이 포함된다.

예를 들어, *Stentor*에서 형태발생의 구배(gradients)가 패턴형성의 통제에 관여하는 것 같다. *Stentor*에서 세로 섬모열은 세포 둘레에서 증가하는 간격으로 배열된다. 이 섬모열은 복면에서는 서로 가깝고 시계방향으로 돌아갈수록 간격이 더 촘촘해진다. 복부에서 가장 넓은 간격의 섬모열이 가장 좁은 간격의 열과 만난다 (그림 **326**). 이 만나는 구역을 대비구역(contrast zone)이라 한다. 이곳에서 구강원기가 나타나고 미세수술 또는 세포의 다른 지역에서 이식되어도 생길 수 있다. 대비구역을 실험적으로 뒤집으면 거울상의 뒤집어진 입구조가 생긴다(그림 **326c**). *Stentor*에는 원형구배(circular

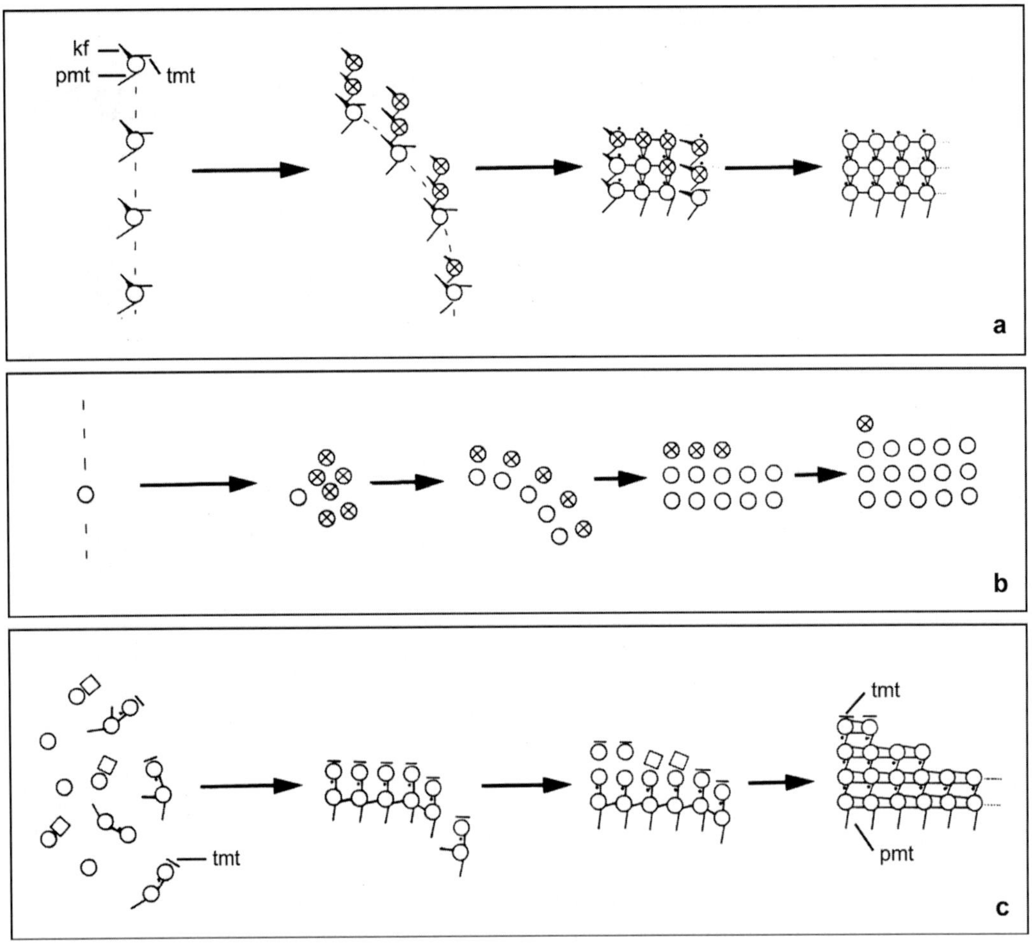

그림 **325** 입주변 섬모구조의 발생의 예: **a** *Furgasonia blochmanni*; **b** *Tetrahymena thermophila*; **c** *Paraurostyla weissei*. 십자표시가 있는 원과 정사각형은 섬모가 생기지 않는 모근체와 분화중인 모근체를 각각 나타낸다. kf= 모근접착섬유, pmt= 후향섬모미세소관, tmt= 횡미세소관다발 (출처: Eisler: Europ J.Protistol. 24 [1989]181).

gradient)외에도 또 기저부-정점 구배(basal-apical gradient)가 있다. *Stenor*의 발(기저부)이 섭취소기관(구강과 세포구)의 형성을 촉진하는 것으로 알려져 있고 세포의 앞쪽으로 갈수록 그 영향이 감소한다. 정단부의 입구조는 구부형성을 억제한다고 여겨진다. 이 억제효과는 세포가 커져서 구부가 몸체부보다 작을 때 감소한다. 구부형성은 구부에 대한 몸체부의 비율이 임계치에 도달했을 때 (재편성 또는 분열을 유도), 또는 입구조가 제거되었을 때(재생을 유도) 일어날 수 있다.

다양한 섬모충 종과 속의 패턴형성 분석으로 두 개의 가설이 제안되었다. 첫 번째 가설은 위치정보 개념에 기반을 두고 있다. 이는 섬모충의 세포표면은 등급화된 신호로 설정된 원통형의 좌표체계를 가지고 있다고 가정한다. 이 신호들은 구체적인 위치값에 상응하는 특정 위치에서 특정한 구조가 형성되도록 한다. 이 가설은 이모섬모충(예, *Stentor*), 하모섬모충, *Tetrahymena* 등에서 패턴형성을 관찰한 연구에서 확립되었다. 두 번째 가설은 주로 *Paramecium*의 분석에 기초한다. 세포표면

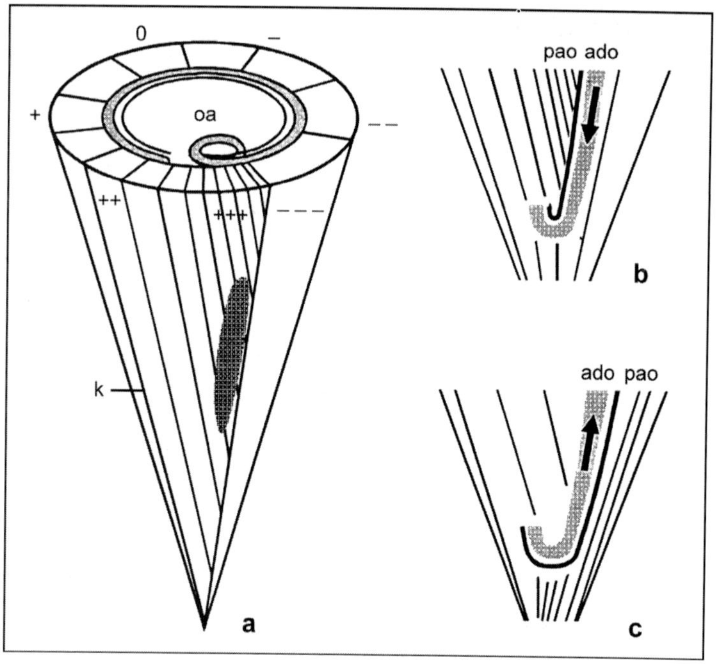

그림 326 *Stentor*에서 구부형성 구역(음영된 부분)의 결정. **a** 정단부로 투사된 섬모열(k)과 원형구배를 모식적으로 나타낸 *Stentor* (oa=입구조). 구부원기는 구배가 최대로 대비되는 곳에서 발생한다 (---/+++); **b,c** 구부 (섭취 구역)가 형성되는 동안에 보이는 구강원기의 후반부; **b** 입측면 소기관(pao)과 입주변소기관(ado)의 배치와 정상적인 대비구역에서 보이는 섬모의 휘젓기방향(화살표); **c** 반대편 대비구역에서 섬모의 휘젓기방향(출처: 여러 저자)

은 분자적, 구조적 특징이 다른 분명한 영역으로 구성되어 있다고 가정한다. 기저체와 세포골격 요소는 새로 형성된 구조의 위치설정과 체제를 통제하는 데 중요한 역할을 한다고 생각되고 있다. 향후 더 많은 분석으로 어느 한 가설이 섬모충에서 관찰된 패턴형성 현상을 궁극적으로 설명할 수 있을 것이다.

제10장 분자생물학

(Maria Mulisch 저술)

기술적인 한계 때문에 출현한 원생생물에 관한 많은 분자생물학적 연구가 수행되지 못했지만, 배양방법이 상당히 개선되어 이제는 심지어 파동편모충류(trypanosomes)나 열원충(*Plasmodium*)-종과 같이 배양이 어려웠던 것까지도 가능하게 되었다. 중합연쇄반응(PCR) 방법은 단지 하나의 원생생물 세포로 많은 분자적 연구를 수행할 수 있도록 하였다. 이 기술은 유전체(genome)의 선택된 부위의 DNA를 수십억배 증폭시키도록 해준다. 유전체의 원하는 부위(길이로 10,000 염기쌍 이상이 된다)의 시작과 끝부분의 단지 몇 개의 염기쌍은 알고 있어야 한다. 이 측면 서열정보는 짧은 합성 올리고뉴클레오티드(oligonucleotides)를 디자인하는데 필요한데 이 올리고뉴클레오티드는 시험관에서(*in vitro*) DNA합성 시 시발체(primer, 프라이머)로 작용한다. PCR 방법은 극도로 민감한데 하나의 DNA 분자가 샘플에서 감지될 수 있고 매우 특이한 증폭반응에 이용될 수 있다. 그리하여 진핵생물의 분자적 기작을 이해하는데 상당한 진전을 보증해 주는 많은 분자적 문제가 다루어지고 있다. 원생생물에 대한 분자적 연구는 분자생물학적 문제의 해결과 새로운 분자적 현상을 탐지하는데 더욱더 기여할 수 있을 것이다.

지난 수십년 동안, 원생생물(고등 생물에 비교해서)이 형태와 생태적 적응뿐 아니라 생화학적 경로와 분자적 기작에서 현저하게 다양성을 보인다는 것이 밝혀졌다. 원생생물에 대한 연구는 분자생물학의 특정한 분야에서 새로운 기술의 성장으로 두 가지 다른 방법으로 기여하게 되었다.

- 일부 원생생물 종은 진핵생물의 분자생물학의 기초적 측면을 연구하는 모델생물이 되었다.
- 일부 원생생물군에서 나타나는 이상하고 독특한 분자적 특징을 판독하여 분자진화에 대해서 새로운 측면을 근본적으로 이해하는데 기여했다.

이 장에서는, 원생생물의 분자생물학적 연구 중에서 가장 현저한 발견에 대해서 소개될 것이다.

10.1 파동편모충의 가변표면당단백질

아프리카 파동편모충(trypanosomes)은 인간의 수면병과 가축의 나가나(Nagana)질병과 같은 중요한 질병을 일으킨다. 가장 잘 연구된 종인 브루스파동편모충(*Trypanosoma brucei*)의 생활사에는 여러 가지 일련의 단계가 포함된다(그림 **51** 참조). 포유동물에서 기생충은 주로 혈류에 산다. 체체파리가 혈액과 함께 편모충을 빨아 삼킬 때 기생충은 곤충형인 전주기형(procyclic)으로 분화한다. 이 곤충형의 세포표면에는 한가지의 비변이형 당단백질인 프로사이클린(procyclin)이 덮여있다. 기생충이 체체파리의 후장(hindgut)에서 침샘으로 이동하여 비분열형인 후주기형(metacyclic)으로 전환한다.

체체파리는 침샘에 있는 후주기형의 파동편모충으로 포유동물을 감염시킨다. 이 기생충(metacyclic형)의 세포표면에는 가변표면당단백질(VSGs)이 덮여있다. 각각의 기생충에서 약 14개의 제한된 저장고로부터 하나의 가변표면당단백질(VSGs)이 발현된다. 이러한 VSGs는 높은 교환율(switch rate)을 보인다. 후주기형 VSG 외피(coat)는 기생충을 포유동물 숙주에서 생존하기 위한 사전 적응을 시킨다. 포유류 숙주의 혈류에서 기생충은 주어진 시간에 1,000개 이상의 다른 VSG유전자의 목록으로부터 1개의 VSG를 발현시킨다.

기생충이 포유류에 침입했을 때, 숙주의 면역체계가 기생충을 공격하기 시작한다. 숙주의 면역체계에 의한 공격을 피하기 위한 파동편모충의 전략은 항원표면 외피(coats)를 바꾸는 것이다. 새로운 VSG 외피(coats)가 분열시 10^{-2} ~ 10^{-6}의 빈도로 발현된다. 숙주의 면역체계는 새로운 항원결정부(epitopes)에 직면하게 되고 감염은 특징적인 기생충혈증 파동(parasitemic wave)을 보이게 된다. 대부분의 기생충은 면역체계에 의해서 성공적으로 공격당하지만 그들의 VSG 외피를 바꾸어 숙주면역의 공격을 피할 수 있게 하고 연이어 기생충혈증 발생(parasitemic burst)을 일으킨다.

가변표면당단백질(VSGs)의 변이에 관하여 기초적

분자적 특성에 관하여 집중적으로 연구하게 되었고 상대적으로 잘 알려지게 되었다. 몇 가지 다른 기작에 의하여 항원의 교환이 이루어 질 수 있다. 그림 **327**에 주어진 단순화된 도식은 가장 빈번히 발견되는 기작을 보여준다. *Trypanosoma brucei*의 게놈은 약 20개의 대형염색체와 약 100개의 꼬마염색체(mini-chromosome)로 구성되어 있다. 1,000개 이상의 다른 전사되지 않는 기본적인 VSG 복제유전자(BC-VSGs)가 염색체 안의 내부위치에서 직렬배열(tandem arrays)로 발견된다. 몇몇의 VSG 유전자의 발현부위는 텔로미어 가까이에 위치해 있고 그것의 구조는 나중에 설명될 것이다. VSG의 발현복제유전자(ELC-VSGs) 중의 오직 하나만이 언제라도 전사된다. 이 점에 관해서 흥미로운 측면은 보통이 아닌 DNA일시변이가 VSG유전자에서 검출되었다는 것이다. 베타-글루코실-수산화메틸우라실이 *T. brucei* DNA에서 발견되었다. 이 염기는 지금까지 다른 어떤 생물에서도 발견되지 않았다. 이 특이한 종류의 일시변이는 발현부위에서 VSG유전자의 활성을 조절하는 데 관여될 것이라고 추측된다.

텔로미어 발현부위의 차별적 전사조절이나 다른 유형의 DNA 재배치에 기초하여 다른 VSG유전자 발현 사이의 교환이 일어날 수 있다. 그림 **327**에 하나의 가능한 기작이 소개되어 있다. 대신에, 덜 빈번히 발견되는 활성 VSG유전자의 대체 기작은 상반교환(reciprocal exchange)이거나 텔로미어의 변환이다.

대부분의 다른 진핵생물 유전자와는 반대로 가변표

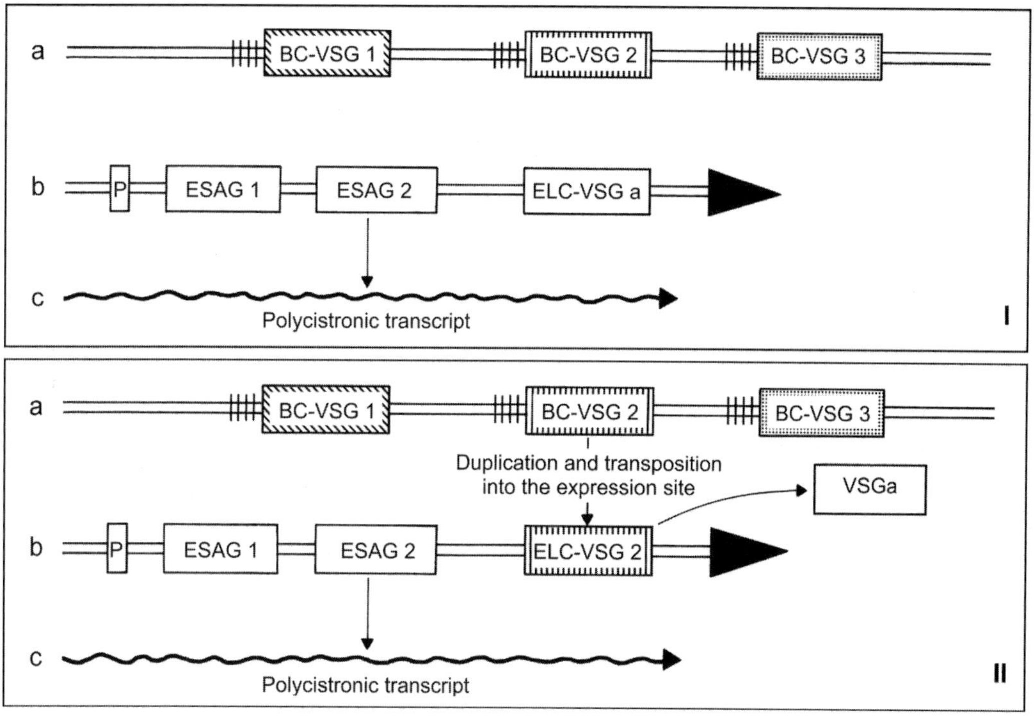

그림 **327** 파동편모충에서 가변표면당단백질(VSG)에 의한 항원변이에 관여된 기작을 단순하게 도해한 것. 몇몇 다른 기작이 항원교환을 만들 수 있다. 이 그림은 중복전이(duplicative transposition)의 가장 흔히 발견되는 예를 개략적으로 보여준다. I: 항원교환 이전의 상황. **a**: 전사적으로 불활성인 VSG유전자의 기본적인 복제유전자(BC-VSGs, 박스)의 직렬배열이 염색체 안의 내부위치에 자리를 정한다. 짧은 수직선들은 70 bp 반복서열을 나타내고 VSG유전자를 측면에 붙도록 한다. **b**: VSG의 발현복제유전자(ELC-VSGs)는 텔로미어 가까이 전사적으로 활성인 VSG유전자 발현부위에 자리를 정한다. 검정색의 큰 화살촉은 텔로미어를 나타낸다. **c**: ELC-VSGs가 폴리시스트론 전사물로 발현부위연합유전자인 ESAG1과 ESAG2가 한개의 촉진유전자(P) 통제 아래 함께 전사된다. II: 중복전이에 의해서 항원교환이 일어난 것. **a**: 이전에 전사되지 않은 기본적인 복제유전자 BC-VSG2가 중복되고 텔로미어유전자 발현부위로 전이되었다. **b**: 이전에 발현된 복제유전자 VSGa가 소실되고 VSG2로 대체되었다. **c**: 활성화된 복제유전자 VSGa가 이제 폴리시스트론 전사물로 전사된다 (몇몇 저자들의 결과).

면당단백질 발현복제유전자(ELC-VSGs)는 다른 발현부위연합유전자(ESAGs)가 대형 폴리시스트론(polycistronic) 전사물로 함께 전사된다. 이 구성단위의 촉진유전자는 VSG유전자의 약 50 kbp상부에 위치해 있다.

파동편모충의 또 하나의 독특한 특징은 VSG와 프로사이클린(procycline)유전인자가 RNA 종합효소(pol I)에 의해 전사된다는 것이다. 그 유형의 RNA 중합효소는 모든 다른 진핵생물 유전자에서 오직 리보좀 유전자만 전사한다. 이 중합효소 I의 전사결과로 보면, 이 유전자의 일차 전사물은 그들의 5′ 말단에서 캡 구조를 수용하지 않는다. 진핵생물 mRNA의 캡구조는 번역의 개시와 mRNA 분자의 수송과 안정성에 중요한 역할을 한다.

파동편모충의 mRNA는 엇갈린 이어맞추기(trans splicing)이라 불리는 독특한 성숙과정에 의해 캡구조를 얻는다. 짧은 미니엑손 공여자 RNA (mini-exon donor RNA, MED RNA)는 게놈 이외에서 발견되어진 반복되는 부위에서 전사되고 캡구조를 수용한다. 이 MED RNA는 폴리시스트론 전사물로부터 암호화 엑손으로 함께 이어맞춘다(그림 328).

또한 VSG단백질의 구조분석과 세포막에 VSG가 부착하는 기작에 있어서 상당한 진보가 이루어졌다. 완전한 아미노산 서열 데이터는 몇몇의 VSGs에서 찾아볼 수 있다. VSG사슬은 옥수수밭의 줄기처럼 파동편모충의 세포표면에 배열된다. 다른 올리고당은 파동편모충의 타입에 따라 VSG의 표면에 외부로 노출된 것과 표면외피 안에서 외부로 노출되지 않은 것들이 발견된다. 놀랍게도, 노출된 올리고당은 면역유전학의 항원결정부로서 작용하지 않는다. 오직 VSG의 노출된 단백질만이 면역결정인자이다. 가장 흥미로운 것은 파동편모충 표면외피의 표면단백질인, VSG가 에탄올아민과 글리코실포스파티딜이노시톨(GPI)을 통하여 공유결합으로 연결되는 것이 처음으로 자세하게 알려졌는데 이것은 막 고정장치 역할을 한다(GPI-고정장치)(그림 **329**). 다른 세포의 많은 막단백질도 당지질 고정장치에 공유결합으로 연결되어 막에 고정된 것으로 알려졌다.

10.2 동원질체 DNA 네트워크와 RNA 편집

항원의 변이에 의해서 제공되는 놀랄만한 생존전략 이외에, 파동편모충은 또 다른 분자적 특이성을 보여주는데

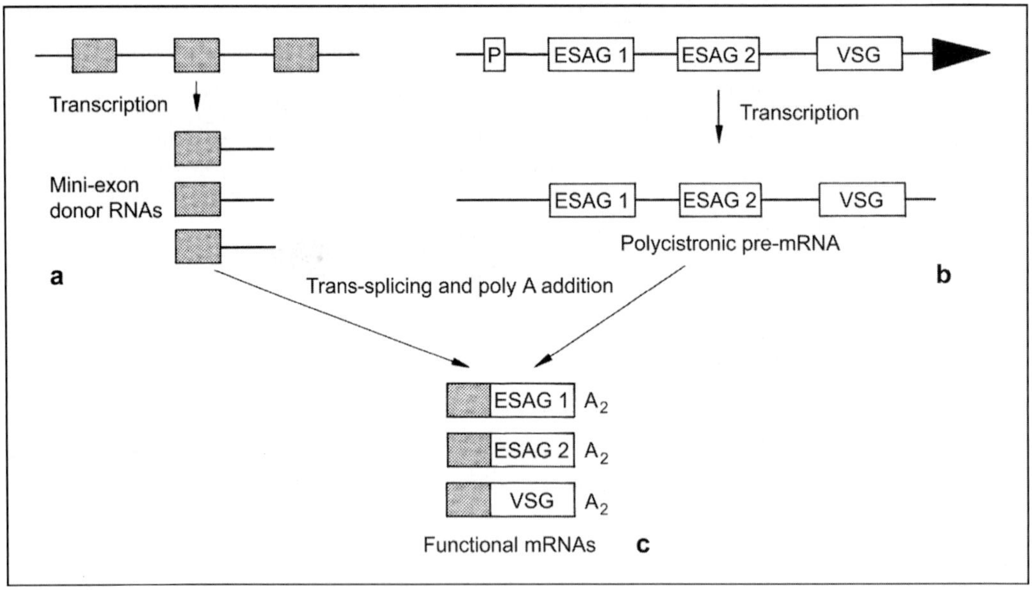

그림 **328** 파동편모충에서 보여지는 엇갈린 이어맞추기(trans splicing). 미니엑손 공여자 RNA (MED RNA)를 암호화하는 유전자는 상응하는 RNA로 전사된다(**a**). VSG유전자와 발현부위연합유전자(ESAGs)는 일반적인 촉진유전자(P)로부터 하나의 대형 폴리시스트론 mRNA 전구체로 전사된다(**b**). 미니엑손공여자 RNA는 큰 전구체로부터 개개의 유전자와 함께 이어맞춰진다(**c**). 그래서, 기능적 5′ 말단은 VSG전사물과 발현부위연합유전자(ESAGs)의 엑손에 추가되고, 다중A꼬리(poly A tail)는 3′ 말단에서 만들어진다 (여러 저자의 결과).

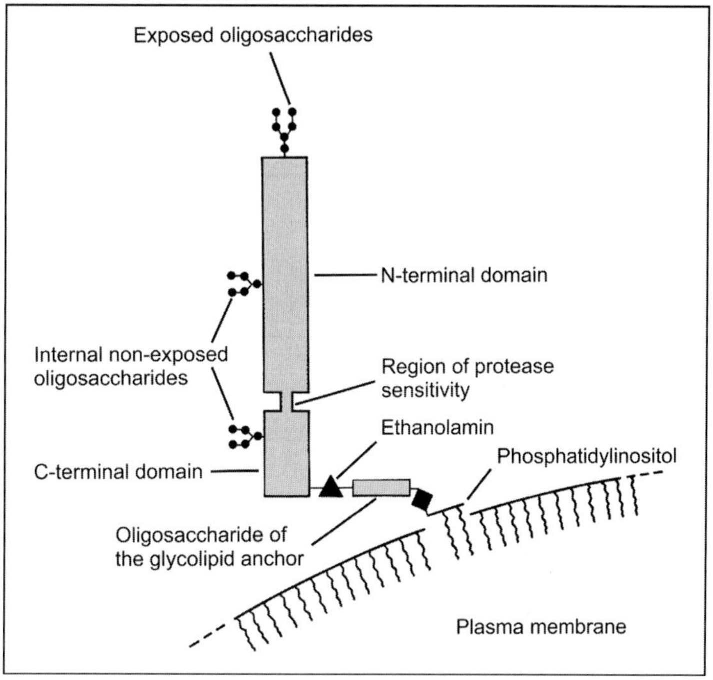

그림 **329** *Trypanosoma congolense*에서 VSG의 개념적 구조.

이는 처음엔 파동편모충의 미토코드리아에서 검출되었지만 나중엔 다른 생물에서도 발견되었는데 이는 RNA편집 현상이다.

파동편모충은 하나의 거대한 미토콘드리아를 가지고 있는데 그 안에는 동원질체라고 부르는 특별한 부분이 있다(그림 **47-50** 참조). 동원질체는 특별히 많은 양의 DNA를 가지고 있다. 이 미토콘드리아 DNA는 약 10,000개의 미니써클과 약 50개의 맥시써클의 큰 네트워크로 연쇄되어 있다(그림 **50 e, f** 참조). 멕시써클은 미토콘드리아 유전자의 정보를 운반한다. 미니써클 DNA의 기능은 오랫동안 미스테리로 남아있다. 맥시써클 DNA 안에서 발견된 많은 미토콘드리아 유전자는 기능이 없는 것으로 여겨지는데 왜냐하면 그들은 통상적인 번역 시작 코돈과 틀 이동이 없기 때문이다. 상응하는 mRNA의 서열분석으로, DNA안에 넌센스 메세지가 mRNA안의 센스(유전암호)로 바뀌는 것을 뜻하는, 기능성 암호화부위를 알게 되었다. 이 과정을 RNA 편집이라고 한다. 파동편모충에서, 우리딘-1-인산(UMP) 잔기는 pre-mRNA에 전사 이후에 삽입되었다. 일부 유전자에서 암호화부위의 50% 이상이 그 유전자에서 발견되지 않지만 편집에 의해 만들어진다. 또한 어떤 경우에는 U잔기가 삭제된다. 편집되는 양은 같은 유전자일지라도 종마다 다르다. 한 종에서 어떤 mRNA는 급격하게 편집될 수 있는 반면, 또 다른 종에서 같은 유전자일지라도 모두 편집되지 않을 수도 있다. U잔기의 정확한 삽입이나 삭제를 위해 필요한 정보가 미니써클 안에 암호화되어 있으나 그의 기능은 오랫동안 미스테리로 남아있다. 소위 가이드 RNA라는 짧은 RNA가 미니써클 DNA로부터 전사되고, 편집과정의 정보를 제공한다. pre-RNA와 가이드RNA 사이의 염기쌍형성은 편집이 시작되는 부위 가까이에 가야한다. 추정되는 편집체(putative editosome)는 이 복합체를 안정시키는 듯하며 UMP가 더해지고 제거되는 것에 관여한다(그림 **330**).

편집은 다른 생물에서도 발견되어 왔고 그것은 식물과 *Physarum*의 미토콘드리아에서, 바이러스에서 그리고 심지어 포유류의 핵에서도 일어난다. 그러나 이들 다른 생물에서의 기작과 일시변이는 파동편모충에서 발견되는 편집과는 다르다.

RNA편집 과정이 단지 생물출현 이전(prebiotic) RNA세계의 유물이거나 (다소 그렇지 않은 것 같다), 부가적인 진화적 유동성을 제공하거나, 또 하나의 알려지지 않은 기능적인 의미가 의문으로 남겨져있다.

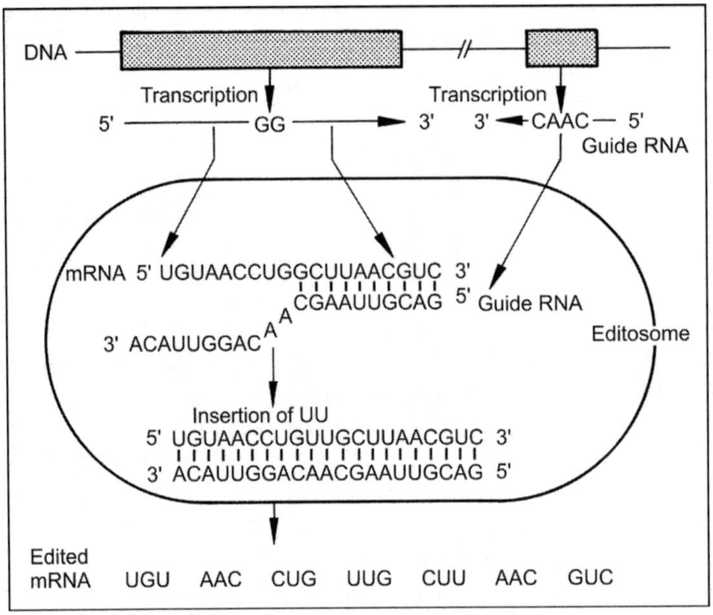

그림 **330** *Trypanosoma*의 미토콘드리아에서의 RNA 편집 (출처: Schuster & Brennicke)

10.3 섬모충의 분자적 특이성

섬모충 분자생물학에 관해서 집중적으로 연구해 온 결과, 섬모충은 몇 가지 점에서 특별히 흥미로운 점들이 나타났다.

게놈구조와 재편성

섬모충의 놀라운 특징은 핵의 이중성(dualism)이 존재한다는 것이다. 각 섬모충류 세포는 생식세포의 기능을 가지는 하나 혹은 여러 개의 소핵을 지니고 있으며, 하나 혹은 여러 개의 크고 DNA가 풍부한 대핵은 체세포나 영양기능을 책임지고 있다. 소핵은 정상적인 진핵생물의 염색체를 지니고 감수분열과 유사분열에 의해 분열될 수 있다. 반면에, 대핵은 정상적이고 눈에 보이는 염색체가 없으며 무사분열이라는 과정에 의하여 분열한다. 한 세포 안에서 생식계열과 체세포 핵이 존재하는 것 그리고 두 가지 핵의 믿기지 않는 차이점으로 인하여 비교적 일찍이 섬모충류에 대한 게놈편성과 유전자구조에 대한 분자적 연구를 하도록 자극하였다.

수천 종의 섬모충류에서, 막구섬모충아강(Hymenostomatia, 주로 *Tetrahymena*와 *Paramecium*속의 종)의 극소수와 열하모충아강(Stichotrichia)과 하모아강 (Hypotrichia)의 몇 종(주로 *Stylonychia*, *Oxytrichia*와 *Euplotes*속의 종)만이 자세하게 연구되어 왔다. 이 종들에서 소핵과 대핵 게놈의 비교는 생식계열과 체세포게놈의 체제에서 기대하지 않았던 놀라운 분자적 차이점을 발견하도록 이끌었다.

소핵과 대핵의 두 게놈은 발생상의 밀접한 관련이 되어있다. 왜냐하면 새로운 대핵은 접합의 유성생식과정이나 자가수정 후의 소핵으로부터 발생되기 때문이다. 발생되는 대핵은 대핵원기라 부른다. 발생과정 동안, 게놈조직에서 극적인 변화가 일어난다. *Tetrahymena*의 대핵원기가 발생하는 동안, 10–20%에 달하는 소핵의 서열은 복잡한 과정으로 제거된다. 추측컨대, 염색체 크기인 소핵 DNA는 약 200개의 다른 분자로 쪼개어지는데 그 크기의 범위는 약 20 kbp에서 1,500 kbp이상이다(그림 331).

가장 작은 DNA분자는 rRNA유전자의 2합체(dimers)이다. 소핵 게놈에서 rRNA유전자 한개는 절제되고 중복되어 이 두 개의 복제 유전자가 맞대면 배열로 된 이합체 회문구조로 된다. 쪼개어지는 과정에서, 특이한 텔로미어는 모든 DNA분자의 말단에 더해지고 그

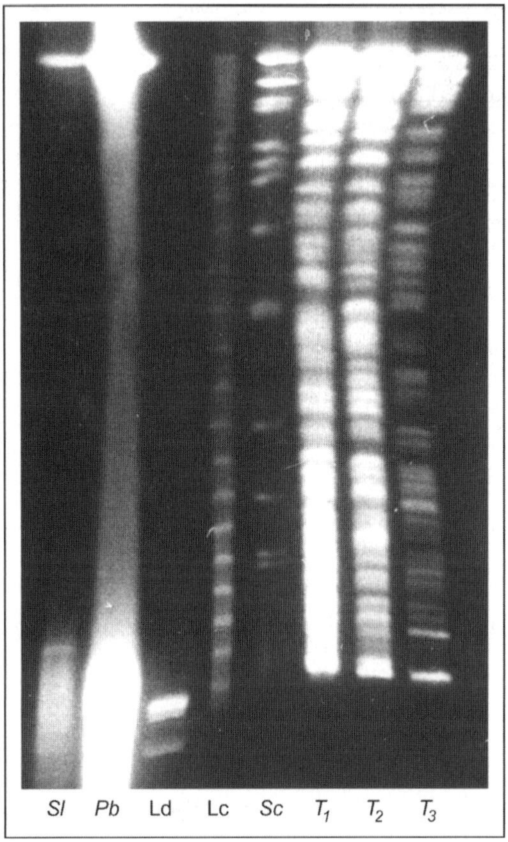

그림 **331** *Tetrahymena*의 조각난 대핵 DNA는 펄스장전기영동(pulsed field electrophoresis) 기술에 의해 분리될 수 있다. *T. thermohila* (T_1, T_2) 두 균주와 유연관계가 가까운 *T. pyriformis* (T_3)의 대핵 DNA는 아가로오스젤에서 이 기술로 분리된다. 비교하기 위하여 *Stylonychia lemnae* (*Sl*)와 *Paramecium bursaria* (*Pb*) 뿐만 아니라 효모 염색체 (*Saccharomyces cerevisiae, Sc*), 파아지 람다의 연쇄체(concatemer)(Lc)와 소화된 람다 (Ld)가 포함되었다. 연쇄체 람다는 49 kbp의 복합체이다. *Tetrahymena*의 조각난 대핵의 크기는 약 20 kbp에서 1,000 kbp이상이다. 다른 섬모충 종의 훨씬 작은 DNA는 이러한 조건에서 젤을 넘어간다.

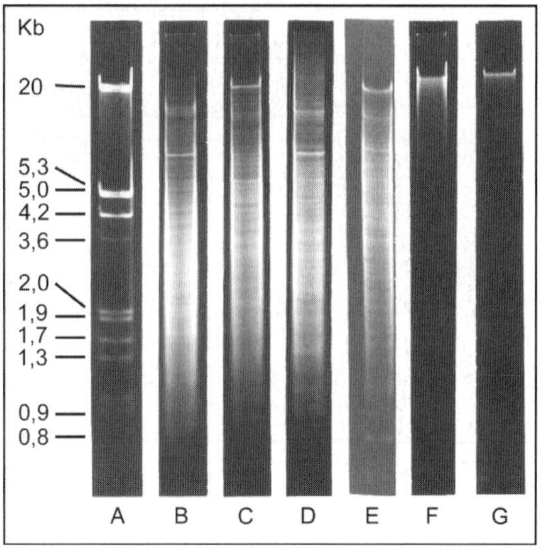

그림 **332** 다른 섬모충 종의 대핵과 소핵 DNA는 통상적인 아가로오스젤 전기영동으로 분리된다. 그리고, 젤은 브롬화 에티듐(Et-Br)으로 염색한다. A선은 마커이고 B-E선은 하모섬모충의 대핵 DNA를, F선은 *Paramecium*, G선은 하모섬모충의 소핵 DNA를 포함한다. 하모섬모충의 대핵 DNA의 크기는 0.5 kb 이하에서 10 kb 이상임을 보여준다. 종들은 그들의 희미한 밴드 패턴에서 다르다. 하모류 이외의 섬모충 종의 대핵 DNA와 소핵 DNA는 분자량의 훨씬 크다. 따라서 이 기술로는 불연속적 크기의 종류를 분리될 수 없다.

분자는 다른 복제수로 증폭된다. 심지어 더 극적인 것은 예를 들어 특정한 섬모충에서 대핵의 발생동안 일어나는 재편성 과정이다. 이 종의 대핵원기에서 다사염색체(polytene chromosome)는 소핵염색체가 여러 번의 복제를 거쳐 형성된다(그림 **302** 참조). 차별적인 복제로 다른 유전자 복제수가 만들어 질 수 있다. 소핵 DNA 서열의 98% 이상이 *Stylonychia*에서 제거되었고 다른 종에서는 더 작은 양이 제거되었다. 단일 복제서열 뿐 아니라 반복 복제서열도 제거된다. 전위인자(transposon) 같은 요소는 첫단계에서 제거된다. DNA는 최종적으로 작은, 약 100 bp에서 15kbp의 유전자 크기인 DNA분자로 쪼개어진다 (그림 **332**). *Tetrahymena*에서 볼 수 있듯이 각 조각은 고유한 텔로미어를 받아서 대핵마다 수백에서 수백만 이상의 유전자 특이적 복제수로 증폭된다. 일반적인 대핵의 체제인 유전자 크기의 DNA분자는 열하모충류와 하모류에서 발견되며 그림 **333**에서 보여준다.

지금까지 50가지 이상의 섬모충 유전자들이 복제되어(cloned) 전체길이 서열이 밝혀졌다. 하모류 유전자의 유전자 크기의 비암호화 부위에서 추정되는 복제의 기원과 전사 조절에 필요한 서열 요소의 특성을 밝힐 수 있었다. 일부의 경우에서, 동일한 유전자에 상응하는 소핵과 대핵의 복제본(서열)이 자세히 분석될 수 있었다. 이들

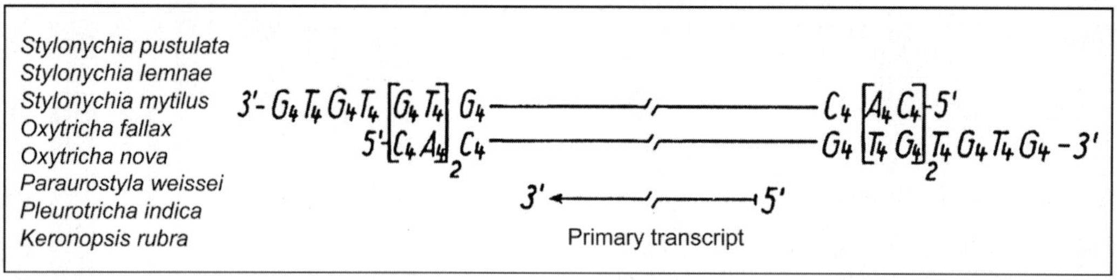

그림 **333** 하모섬모충류에서 보여지는 유전자 크기의 대핵 DNA 분자의 일반적 구조. 각 유전자 크기의 분자는 하나의 암호화된 유전자 부위를 가지며 시스조절요소(cis regulatory elements)를 포함하는 짧은 비암호화 서열로 측면에 붙어(flanking) 있다. 모든 DNA분자의 말단에는 3′-외가닥 연장부로 돌출된 동일한 텔로미어가 발견된다.

비교를 통하여 또 다른 의외의 특징이 제시되었는데 하모류 유전자의 소핵 복제본은 소위 내부제거서열(IESs)에 의해서 불연속적으로 중단된다는 것이다. 이 내부제거서열은 그 유전자의 대핵 복제본이 만들어지는 동안 제거된다. 더욱 놀랍게도, 최종적으로 그 유전자의 대핵 복제본을 만들게 될 대핵예정서열(MDSs)이 대핵 게놈에서 다른 방위와 순서로 발견된다. 이것은 *Oxytricha*속의 종의 액틴 유전자에서 처음으로 검출되었다. IESs의 원소를 제거하고 MDSs를 해독하기 위해 필요한 서열의 특성이 자세히 밝혀졌다. IESs를 정확하게 제거하고 이어맞추는 원인이 되는 짧은 반복서열이 MDS-IES의 접합부에서 발견된다.

막구류, 열하모충류와 하모류의 섬모충류에서 쪼개진 대핵 게놈이 검출된 이후에 다른 섬모충류 그룹에서도 쪼개진 대핵 게놈이 출현하는지 확인되었다. 하모류와 유연관계가 가깝지 않은 몇몇 다른 섬모충 군에서 유전자크기의 DNA분자로 된 매우 유사한 대핵 게놈이 발견되었다. 분자적 방법으로 연구된 모든 섬모충류에서 대핵 게놈은 작은 염색체 크기의 DNA 조각들을 가지고 있음이 발견되었다.

그래서, 대핵의 발생과정에서 DNA조각화는 대부분의 섬모충류에서 나타나는 일반적 특징이다. 이런 이상한 재편성과정의 기능적 중요성은 이해되지 않았다. 소수의 경우에 대안적인 과정이 발견될 수 있을 것이다. 이것은 유전자 크기의 다른 대핵 DNA분자가 동일한 소핵 전구체에서 유래됨을 의미한다. 이러한 재편성과정이 종에서 보다 큰 유전적변이에 이르러 환경변화에 더 잘 적응하는지는 밝혀져야 할 것으로 남아있다.

텔로미어(말단소립)와 텔로머라제(말단소립 복제효소)

수천 개의 독립적인 선형 DNA분자로 이루어진 섬모충류 대핵의 독특한 게놈 편성 때문에 이 DNA분자가 텔로미어의 형성과 구조를 연구하기에 적절한 재료가 되었다. 텔로미어(telomeres)는 단백질-DNA 구조로 진핵생물 염색체의 말단을 안정화시키고 염색체의 복제가 완성되도록 한다. 게다가 감수분열 전기 동안에 핵막과 염색체 말단이 연합하는데 필수적인 기능을 담당할 것이다. 텔로미어가 없이 고장난 말단을 갖는 염색체는 불안정하며 말단과 말단이 융합하여 불안정한 형태의 염색체가 유도된다.

텔로미어의 두 번째 기능인 염색체의 말단이 완전히 복제되도록 하는 것은 진핵생물에서 DNA복제의 특이한 문제를 해결해 준다. DNA 중합효소는 5′에서 3′ 방향으로만 중합을 진행시키며 합성을 시작하기 위해 프라이머를 필요로 한다. 이러한 기작으로부터 매회 복제 동안에 복제 포크의 지연가닥(lagging strand)의 5′ 말단이 짧아진다는 것을 예측할 수 있다. 연속되는 복제 과정에서 많은 양의 DNA가 염색체 말단에서부터 소실될 것이다. 텔로미어 구조는 이러한 소실을 막아준다.

고등한 진핵생물의 게놈에서는 텔로미어의 수가 적기 때문에 텔로미어의 합성과 기능을 연구하는 것은 극도로 어렵다. 비교해 보면, 조각나거나 고도로 증폭된 섬모충류의 대핵 게놈은, 연구된 종에 따라 다르지만 대핵당 수만에서 수백만 개의 텔로미어를 보유한다. 따라서, 그 구조와 합성 기작은 섬모충류에서 첫 번째로 밝혀졌다. 텔로미어의 구조가 모든 생물에서 매우 유사하기 때문에 섬모충류에서 텔로미어에 대한 연구는 대부분의 진핵생물의 것과 관련이 있다고 밝혀졌다.

분자수준에서 첫 번째로 서열이 알려지고 연구된 텔로미어는 섬모충류인 *Tetrahymena thermophila*의 rDNA분자의 말단 텔로미어였다. 이어서 몇 종의 하모섬모충류에서 대핵 유전자의 텔로미어가 자세히 분석되었다. 이런 모든 텔로미어는 하모류에서 짧은 직렬반복서열(short tandem repeats)인 $(3'-G4T4-5')_n$으로 구성되거나 *Tetrahymena*에서는 $(3'-G2T4-5')_{50-70}$으로 구성된다. 섬모충류와 다른 원생생물에서 텔로미어 서열의 말단은 한가닥의 3′ 돌출부로 되어있다 (그림 **333**). G가 많은 가닥은 역전사효소 활성이 있는 리보핵산단백질인 텔로머라제 효소(텔로미어 말단 전이효소)에 의해서 합성된다.

텔로머라제 활성은 *Tetrahymena* 세포의 추출물에서 처음으로 그 특성이 밝혀졌고 나중에 하모섬모충류에서도 동정되었다. 이제 이 효소의 활성은 인간을 포함한 많은 다른 생물에서 알려졌다. 앞에서 설명한 바와 같이 섬모충류에서 대핵이 발달하는 동안에 만들어진 DNA 일부분의 말단에서 텔로미어를 형성하기 위하여 텔로머라제의 활성은 필요하고 이것의 활성은 수많은 대핵 DNA 조각이 복제되는 동안에 염색체 말단이 짧아지는 것을 방해한다.

텔로머라제는 텔로미어 반복서열을 합성하기 위한 주형으로 쓰이는 필수적인 RNA 분자를 가지고 있다(표 **17**). 텔로머라제 RNA 구성요소는 *Tetrahymena*와 *Euplotes*에서 클론화되었다. *Tetrahymena*의 텔로머라제 RNA는 CAACCCCAA서열을 가지고 있으며 이것은 *Tetra-hymena* 텔로미어의 반복서열인 TTGGGG와 상보적이다. 비슷하게 *Euplotes*의 텔로머라제 RNA는 CAAAACCCCAAAACC서열을 가지고 있으며 이것은 *Euplotes* 텔로미어의 반복서열인 TTTTGGGG와 상보적이다.

텔로머라제 RNA가 반복 텔로미어를 신장하기 위한 주형을 제공한다는 증거가 명쾌한 돌연변이 실험에서 나왔다. 클론된 텔로머라제 RNA 유전자는 단일 염기교환에 의해서 돌연변이가 일어난다. 그때 *Tetrahymena*세포는 복제수가 많은 매개체에 존재하는 돌연변이된 유전자로 형질전환된다. 형질전환된 *Tetrahymena*세포에서

표 17. 원생생물에서 발견되는 텔로미어 반복서열

Group	Organism	Telomeric repeat
Ciliates	*Tetrahymena*	TTGGGG
	Glaucoma	TTGGGG
	Paramicium	TT(T/G)GGGG
	Stylonychia	TTTTGGGG
	Oxytricha	TTTTGGGG
	Paraurostyle	TTTTGGGG
	Onychodromus	TTTTGGGG
	Urostyla	TTTTGGGG
	Keronopsis	TTTTGGGG
	Pleurotricha	TTTTGGGG
	Euplotes	TTTTGGGG
Kinetoplastids	*Trypanosoma*	TTGGGA
	Crithidia	TTGGGA
Apicomplexa	*Plasmodium*	(C/T)TTGGGA
Myxogastrea	*Physarum*	TTGGGA
	Didymiun	TTGGGA
Dictyostelids	*Dictyostelium*	AG_{1-8}
Chlorophyta	*Chlamydomonas*	TTTTGGGA

보여지는 염기서열 결과, 텔로미어가 텔로머라제 RNA 유전자에 돌연변이가 일어난 것과 일치하는 서열로 바뀌어진 것을 포함하는 대핵 DNA분자의 말단에서 합성되었다는 것을 보여준다. 이 실험은 텔로머라제가 정상적인 텔로미어 합성에 관여한다는 것과 텔로머라제 RNA 구성요소가 이 합성과정에서 주형으로 사용됨을 설득력있게 보여준다. 돌연변이된 텔로머라제 RNA를 포함한 *Tetrahymena*세포는 형태적 표현형과 노화에서 현격한 변화를 나타내었다.

섬모충류 텔로미어에서 3′ 말단의 외가닥이 돌출된 것은 드물거나 의문의 여지가 있는 특징이다. 유사한 외가닥 꼬리가 *Didymium* 점균류와 효모에서 발견된 이후에 이런 꼬리는 텔로미어의 일반적 특성일 것으로 여겨진다. 이러한 G가 많은 외가닥 꼬리는 머리핀구조를 형성할 수 있고 두 개의 머리핀 구조는 상호작용하여 드문 네가닥 구조를 만들어 구아닌(G)염기 4중자로 된 비정통적 염기쌍을 형성하여 함께 유지한다. 이것은 시험관에서 분자간이나 분자내에서 DNA분자의 말단과 말단이 응집되는 결과를 유도한다. 그러한 구아닌(G) 4중자 구조가 생체내의 염색질 조직에 필수적인 역할을 하는지는 현재에도 논란 중이다. 생체내에서 텔로미어결합단백질(TBPs)이 텔로미어가 응집하는데 관여한다는 것이 알려졌다. 일부 하모섬모충류 종에서 그런 TBPs의 특성이

밝혀질 수 있을 것이다.

텔로머라제 활성이 섬모충류와 다른 하등 진핵생물에서는 항상 나타났지만 인간의 체세포에서는 분명히 보이지 않았고 단지 생식세포에서만 나타났다. 따라서 인간의 텔로미어의 길이는 세포의 나이에 따라 줄어든다. 그러나 일부 인간의 난소암 세포에서 텔로머라제가 재활성되는 것이 알려졌다. 이 세포들은 짧고 안정된 텔로미어를 유지하며 죽지 않는 세포주가 된다. 텔로머라제 억제제가 효과적인 항종양제가 될 수 있을 것으로 제안되었다. 텔로머라제가 항상 활성을 보이는 섬모충 세포가 적절한 억제제를 찾는 시험생물로 유용할 것이다. 유사하게 진핵생물 병원체나 기생성 원생생물에 대비하여 약물에 대한 표적으로 텔로머라제가 탐색되어야 한다고 제안되었다. 포유류 숙주의 체세포에서 텔로머라제 활성이 없기 때문에 텔로머라제에 선택적으로 결합하는 약물은 진핵성 원생생물 기생충에만 작용할 것이다. 그래서 섬모충류에서 시작된 텔로미어 구조와 텔로머라제 기능에 대한 연구는 뜻밖에 널리 응용될 수 있는 결과를 얻게 되었다. 이러한 이유로 텔로머라제 구성요소는 광범위하게 연구되어 그 재조합형이 만들어지기 시작했다.

스스로 이어맞추는 인트론

섬모충 대핵의 게놈 편성 때문에 섬모충은 유전자발현에 대한 연구의 훌륭한 실험재료가 되었다. *Tetrahymena*에서 리보좀 RNA 전구물질의 가공에 관한 연구과정 동안 전혀 예상치 못한 발견을 하게 되었다.

*Tetrahymena*의 rRNA 유전자는 선형회문 이량체(linear palindromic dimer)로 존재하고 대핵당 약 1만 복제수 가량 증폭되어 있다. 이량체 개개의 절반은 17S, 5.8S와 28S rRNA에 대한 암호화된 서열을 포함하고 있으며 35S 일차 전사체(35S pre-rRNA, 35S rRNA전구체)로 전사된다. *T. thermophilia*에서, 26S rRNA 암호화 부위는 길이가 약 414 염기쌍인 개재서열(intervening sequences)에 의하여 중단된다. 많은 진핵생물과 일부의 원핵생물 유전자는 개재서열 혹은 인트론이라 불리는 신장된 비암호화 서열에 의해서 중단된다. 그런 유전자의 전사체는 기능을 갖는 성숙한 형태를 만들기 위하여 RNA 이어맞추기(splicing), 즉 절단-이음 반응을 겪어야 한다. *Tetrahymena*의 rRNA전구체로부터 414bp 인트론을 제거하는 이어맞추기 기작을 규명하여 어떠한 단백질효소의 도움없이 전구체로부터 이 인트론이 절제되는 것이 알려졌다. 단단히 결합된 단백질 오염이 이러한 놀라운 결과를 도출할 수 없다는 것을 증명하기 위하여 주의깊은 대조실험이 수행되었다. 모든 실험은 동일한 결과에 이르게 되었는데 인트론은 자가촉매의 성질을 가져야한다는 것이었다. 이러한 인트론은 스스로 이어맞추는 인트론(Self splicing intron) 혹은 리보자임(ribozyme)이라 부른다.

이 반응은 보조인자로 구아노신 혹은 구아노신 뉴클레오티드가 필요하며 두가지 트란스 에스테르화반응으로 구성된다(그림 **334**). 인트론이 선형의 분자로 잘리

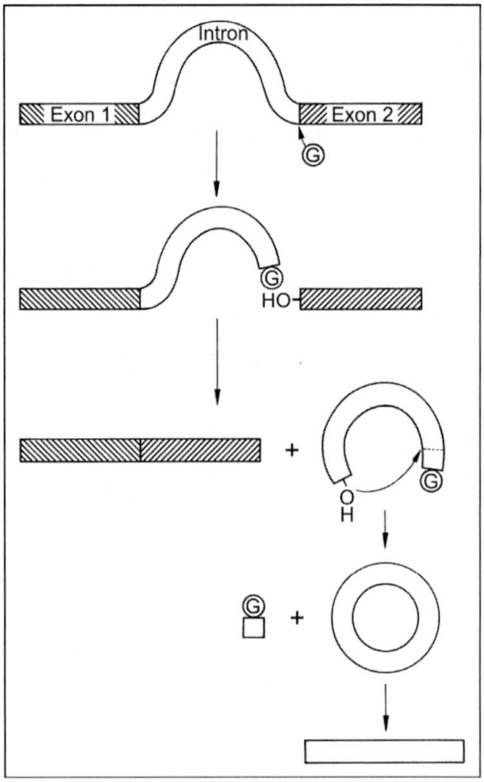

그림 334 *Tetrahymena thermophila*의 리보좀 DNA에서 발견되는 스스로 이어맞추는 인트론의 이어맞추기 반응. 일차 전사체는 인트론으로 분리된 두 개의 엑손으로 이루어진다. 구아노신 혹은 구아노신 뉴클레오티드 분자(G)가 인트론/엑손의 경계를 공격하여 엑손 2를 잘라낸다. 두 번째 트란스에스테르화반응에서 두 개의 엑손은 서로 연결되고 인트론은 잘려져 나간다. 이어서 인트론은 G잔기를 가진 짧은 RNA조각을 잘라내고 원형을 이룬다. 마지막으로 원형이 펼쳐저 선형분자로 된다. 모든 이러한 복잡한 반응이 어떠한 단백질효소의 관여없이 일어난다 (케크의 결과).

어 나오고 나중에 원형으로 변환되었다가 최후에는 다시 선형으로 된다. 이러한 유형의 인트론은 "그룹 I 인트론"으로 부르는데 균류의 미토콘드리아 유전자와 점균류 *Physarum*, 식물의 엽록체 유전자에서 발견된다. 게다가, 이와 같은 자가가공 반응 이외에, 인트론 RNA가 다른 폴리뉴클레오티드를 기질로 삼아 진정한 효소와 같이 작용할 수 있다. 그래서 "단백질만 효소로 작용할 수 있다"는 학설은 깨어지게 되었다. RNA가 자가촉매 반응이나 진정한 효소로 작용할 수 있는 촉매의 특성을 가질 수 있게 되었다. 이러한 발견으로 생물발생 이전의 진화(prebiotic evolution) 초기 단계에 대한 양상을 일변시키게 되었다. 즉 단백질과 핵산 중 어느 것이 먼저 생겼는지에 대한 의문을 해결해 주었다.

코돈 쓰임새

섬모충은 유전암호(genetic code)를 사용함에 있어서 그들의 또 다른 분자적 특이성을 보여준다. 유전암호가 보편적이라고 하는 것은 교과서적 지식이다. 즉, 모든 생물은 단백질합성에 있어서 아미노산을 지정하기 위하여 동일한 방법으로 64가지의 가능한 코돈(codon)을 사용한다. 그러나 다른 섬모충류 종에서 유전자의 서열분석 결과 섬모충류가 이 규칙에 예외를 만든다는 것이 알려졌다. 몇몇 연구그룹에서 거의 동시에 *Tetrahymena*, *Paramecium*, *Stylonychia* 및 *Oxytricha* 등 섬모충류 종에서 두 개의 코돈 TAA와 TAG를 발견했는데 이 코돈은 모든 다른 생물의 핵 유전자에서 보편적인 정지 코돈이지만, 전술한 섬모충류에서는 클루타민을 암호화한다(표 18). 이 종들의 유전자에서 발견되는 유일한 정지 코돈은 TGA이다. *Tetrahymena thermophila*는 글루타민에 대한 세 개의 tRNAs을 가지고 있는데 그 중에 둘은 코돈 TAA와 TAG를 인식하는 tRNAs임이 알려졌다. tRNA의 서열을 비교한 결과 정상적인 글루타민 tRNA가 안티코돈 돌연변이에 의해서 비정상적인 tRNAs로 진화했다는 결론에 이르게 되었다. 그러나 코돈의 쓰임에 있어 차이가 난다는 이야기는 더 복잡해진다. *Euplotes*와 *Blepharisma*의 종에서 코돈 TAA는 모든 다른 진핵생물과 원핵생물에서와 같이 정지 코돈으로 사용되지만 다른 섬모충류에서는 글루타민을 암호화한다. 더구나 코돈 TGA는, 다른 섬모충 종에서 유일한 정지 코돈이지만, *Euplotes*종의 다른 유전자에서는 시스테인을 암호화한다. *Euplotes*종은 하모류(Hypotrichia)에 속하고 계통적으로 열하모충류(stichotrichs)인 *Stylonychia*와 *Oxytricha*종에 가깝기 때문에 TAA 코돈 본래의 의미로 되돌아 가는 돌연변이전환(mutational switch)이 일어났고, TGA 코돈의 경우 두 번째 전환이 일어났음에 틀림없다. 섬모충류의 유전암호에서 이러한 변화를 야기한 원인에 대해서는 알려지지 않았다. 이런 특이한 코돈 쓰임새가 비섬모충 바이러스(non-ciliate viruses)에서 섬모충류로 적응하는 장벽일 것이라고 추론되었는데 왜냐하면 지금까지 섬모충류에서 진정한 바이러스가 발견된 적이 없기 때문이다.

표 18. 섬모충류에서 TGA, TAG와 TAA 코돈의 암호화 특성. 모든 다른 생물의 핵 유전자에서 이 코돈들은 암호 번역을 정지하는데 쓰인다

Organism	TGA	TAG	TAA
Tetrahymena	Stop	Gln	Gln
Paramecium	Stop	Gln	Gln
Stylonychia	Stop	Gln	Gln
Oxytricha	Stop	Gln	Gln
Paraurostyla	Stop	Gln	Gln
Euplotes	Cys	Stop	Stop
Blepharisma	?	?	Stop

10.4 말라리아 기생충의 분자면역 기피

말라리아는 전세계의 많은 열대와 아열대 지방에서 중병의 가장 흔한 원인 중의 하나이다. 첨복포자충(apicomplexa)에 속하는 *Plasmodium falciparum*, *P. vivax*, *P. ovale*와 *P. malariae* 등 4종의 원생생물은 인간에게 말라리아를 유발한다. 열원충(*Plasmodium*)이나 이와 유연관계가 가까운 종에 대하여 몇 가지 분자생물학적 측면에서, 예를 들면, 백신개발을 위해 추정되는 표적항원의 세포부위와 분자구조 등에 대해서 현재 집중적으로 연구되고 있다. 재조합 DNA와 단일클론항체(monoclonal antibody)기술로 해당되는 백신의 표적항원과 구조, 관련 유전자의 변이성 등에 대한 지식이 향상되었다.

일부 국가에서 말라리아 구제와 박멸을 위한 전략이 다년간 상당히 성공적이었다. 이러한 전략에는 항말라리아 약품과 숙주곤충을 겨냥한 잠재적 살충제의 사용이 포함되어있다. 그러나 대부분 열대지역에서 말라리아는 근절될 수 없고 그 수가 현재 전세계적으로 증가하고 있다. 약품 저항성인 기생충 균주가 많은 지역에서 발생했다. 두번째로, 살충제 저항성 모기의 출현과 대규모 살충제의 사용으로 인한 심각한 건강문제와 환경문제가 말라리아를 타개할 수 없도록 만들었다.

그러므로 효능있는 백신의 개발은 전세계 수백만 사람(환자)들에게 극도로 중요하다. 이 긴급한 필요성이 분자백신 개발에 필요한 유력한 항원에 대한 관심과 연구를 하도록 자극해 왔다.

말라리아 기생충은 유성생식과 무성생식 시기 둘로 구성된 복잡한 생활사를 가진다(그림 **96** 참조). 기생충은 그들의 생활사의 대부분 동안 인체 내부에서 살고, 적혈구 세포내에서 기생충을 지탱하는 액포에 의해 둘러싸여있다(그림 **97-98**). 그러므로 유력한 항원은 세포 밖의 단계에서 주로 기생충의 표면에 분포하기 쉽다. 최근에, 분자분석 방법을 이용하여 20개 이상의 표면항원(S-antigen)이 열원충(*Plasmodium*) 종에서 그 특성이 밝혀졌다. 대부분의 경우 관련된 단백질의 유전자가 복제되었고 복제된 유전자는 적절한 번역 시스템에서 발현된다. 이러한 많은 항원의 흥미로운 분자적 특징은 펩티드와 유전자 부위가 자주 반복적인 구조를 가진다는 것이다(그림 **335**).

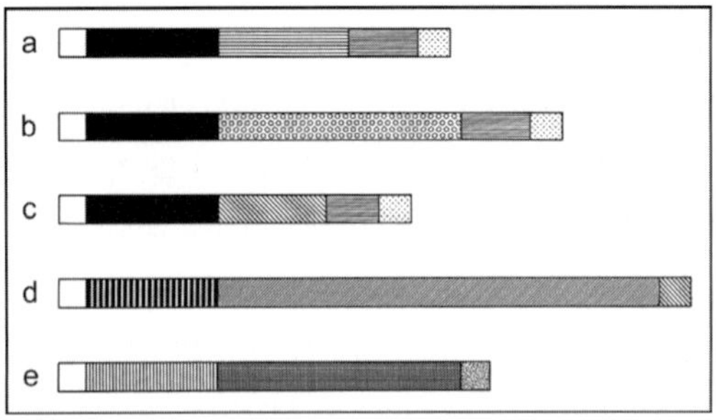

그림 **335** *Plasmodium falciparum*의 표면항원 유전자에서 보이는 서열의 변이. 막대에서 다른 음영표시는 서열이 다른 것을 표시한다(Kemp의 결과).

*Plasmodium falciparum*의 표면항원은 첫 번째 말라리아 항원으로 올리고펩티드의 서열이 직렬반복(tandem repeat) 구조를 가진다는 것이 발견되었다. 이 표면항원은 *P. falciparum* 개체군의 다른 균주 사이에서 상당한 변이를 보인다는 것이 알려졌다. 표면항원은 직렬반복의 중앙블록으로 된 하나의 엑손으로 구성된다. 다른 대립인자들은 이들 직렬반복의 서열, 크기, 수와 해독틀에서 다르다. 이 변이는 높은 혈청학적 다양성으로 귀결된다.

반복적인 아미노산 서열은 실크, 케라틴과 콜라겐과 같은 일부 진핵생물 단백질에서 알려졌다. 그러나 이들 기생충의 표면단백질에서 나타나는 많은 반복구조는 숙주의 면역체계를 겨냥한 기생충의 방어전략을 보여준다. 이 시스템은 앞에서 언급된 파동편모충의 VSG-전환시스템을 연상하게 하지만 다른 분자 기작을 사용한다.

10.5 원생생물의 게놈 프로젝트: 유전체학에서 단백질체학으로

지난 수년 동안, 동물과 식물의 게놈에서 얻은 DNA서열 정보량은 엄청나게 증가했다. 몇몇 진핵생물의 전체 게놈은 완전히 혹은 거의 완전히 그 서열이 밝혀졌다 (예를 들면, 인간, 초파리, 꼬마선충, 효모, *Neurospora*, *Arabidopsis*, 벼 등). 가장 두드러진 프로젝트는 잘 알려진 인간게놈프로젝트 (Human Genome Project, HUGO) 였다. 비록 원생생물 게놈프로젝트는 다소 나중까지 시작되지 않았지만 상당수의 원생생물 게놈프로젝트가 현재 진행중이고 몇몇 다른 것들도 가까운 미래에 계획되어 있다. 현재의 원생생물게놈프로젝트의 대부분은 당연히 기생충에 관한 것으로 의학적 관심사인 열원충(*Plasmodium*), *Toxoplasma*, *Cryptosporidium*, *Eimeria*, *Entamoeba*, 아프리카 트리파노소마(trypanosomes, 파동편모충), *T. cruzi*, *Leshimania*와 *Giardia lamblia*이다. 그러나 원생생물에 관한 소수의 게놈프로젝트는 특히 분자생물학 연구의 유용한 모델생물(예를 들면, *Dictyostelium*, *Tetrahymena*와 *Paramecium*)에 관한 프로젝트는 계획 단계이거나 이미 시작되었다.

원생생물 세포는 보통 핵의 게놈에 더하여 미토콘드리아 게놈과 종종 색소체 게놈 혹은 심지어 이전 내부공생자의 핵의 잔존물을 가지고 있다는 것을 잊어서는 안된다 (극단적인 예는 그림 **29** 참조). 이런 별난 게놈의 서열 비교로 원생생물의 계통에 있어서 뜻밖의 신나는 새로운 사실이 밝혀졌다. 몇가지 첨복포자충류 기생충에서(예, *Plasmodium falciparum*과 *Toxoplasma gondii*), 크기가 27–35 kbp인 염색체외 게놈이 발견되었다. 서열비교 결과 이 게놈은, 지금까지 기능이 알려지지 않은 다중막(multi-membrane) 세포소기관인, 전정색소체(apicoplast, 그림 **16** 참조)에 존재하는 색소체 게놈의 잔존물이라고 밝혀졌다. 핵에 암호화되어 있고 색소체를 대상으로 하는 글리세르알데히드-3-인산-탈수소효소(GAPDH) 유전자를 비교하여 첨복포자충류의 색소체가 와편모류에서 발견되는 색소체와 상동적이라는 설득력있는 증거를 제공했다.

이들의 색소체는 모두 홍조류의 기원이다. 더 놀라운 것은, 첨복포자충류와 와편모류의 색소체 대상 GAPDH 유전자 서열은 홍조류 기원 색소체를 가지고 있는 다른 두 생물군인 은편모류(cryptomonads)와 부등편모류(heterokonts)의 색소체 대상 상동유전자와 유연관계가 가깝게 보인다는 것이다. 이들 서열비교로 진핵생물의 진화에서 상대적으로 초기의 내부공생 사건에 대한 전적으로 새로운 식견을 유도했고 원생생물 중에서 계통 유연관계에 대한 지금까지 알려지지 않은 증거가 제공되었다.

아마도 다른 게놈프로젝트의 가장 중요한 결과는 게놈 이후의 단계(post-genome level)일 것이다. 예를 들어 식세포작용과 위족형성과 같은 중요한 세포과정에 있어 세포골격의 역할에 대한 새로운 이해는 최근에 발견된 새로운 튜불린(tubulin) 유전자군과 다른 운동단백질 유전자군에서 생기기 시작하고 있다. 최근까지, 튜불린 유전자군은 알파-튜불린군과 베타-튜불린군 두 개로만 구성되어 있었다. 알파-와 베타-튜불린은 미세소관의 주성분이다. 최근에 밝혀진 서열데이터로 최소한 4개의 추가적인 튜불린군이 발견되었다. 감마-튜불린은 현재 진핵생물에서 자주 발견되는데 핵주변에 미세소관을 모아 조립하는데 주요하게 작용한다. 델타-와 입실론-튜불린은 일부의 원생생물과 다른 진핵생물에서 발견되나 어디에나 있는 것은 아니다. 델타-튜불린은 *Chlamydomonas*의 편모 조립에 필수적인 기능을 하는 것 같다. 제타-튜불린은 현재까지 운동핵편모충류(kinetoplastids) 원생생물에서만 발견되었다. 델타- 및 입실론-튜불린의 기능에 대한 연구는 이제 시작단계이다.

여러 다른 운동단백질군 중에서도 튜불린과 비슷한 상황이 발견될 수 있다. 미오신과 키네신, 다이네인을 암호화하는 유전자의 수는 서열을 밝히는 프로젝트에서 늘어가고 있는 것이 발견된다. 세포골격의 기능과 막교통(membrane traffic)에 필요한 단백질 구성원에 대한 복잡한 범위의 기능과 협력을 자세히 분석하는 많은 경우가 특히 *Dictyostelium*과 *Entamoeba*뿐 아니라 몇몇 다른 원생생물에서 시작되었다.

그리하여 원생생물 중에서 많은 게놈서열프로젝트가 시작되거나 진행 중에도 불구하고 원생생물을 대상으로 한 분자생물학의 주된 관심사는 게놈(유전체)에서 프로테옴(단백질체)로의 변천이다.

제11장 원생생물의 행동

(Hans Machemer 저술)

내부나 외부의 신호에 반응하는 모든 생물은 행동을 보인다(그림 **336**). 고등 생물에서뿐만 아니라 원생생물에서도 두 종류의 행동이 나타난다. 하나는 내부적으로 조절되어 무의식적으로 일어나는 것이며 다른 하나는 외부 자극으로 인해 일어나는 것이다. 행동에 관한 연구보고서들은 세포의 운동이 쉽게 관찰되고 기록될 수 있기 때문에 대체로 운동 반응에 대해 다루고 있지만, 행동이 잘 보이지 않거나 이전에 알려지지 않았던 세포 반응도 포함하고 있다.

내부적으로 조절되는 행동의 예로는 자극이 없는 환경에서 열하모충류 (stichotrich) 및 하모 섬모충류 (예, *Stylonychia* 또는 *Euplotes*)의 방향전환 및 회전운동이 있다. 이러한 빠르게 전후로 움직이는 운동은 이 그룹 섬모충류에서 상당히 변동이 심한 세포막 전위에 의해서 조절된다. 이런 변동 때문에, 세포막을 가로지르는 전압은 때때로 Ca^{2+} 활동 변이를 유발하는 자극 한계를 넘어가게 되며, 그럴 때마다 섬모의 빠른 전환 반응이 일어난다.

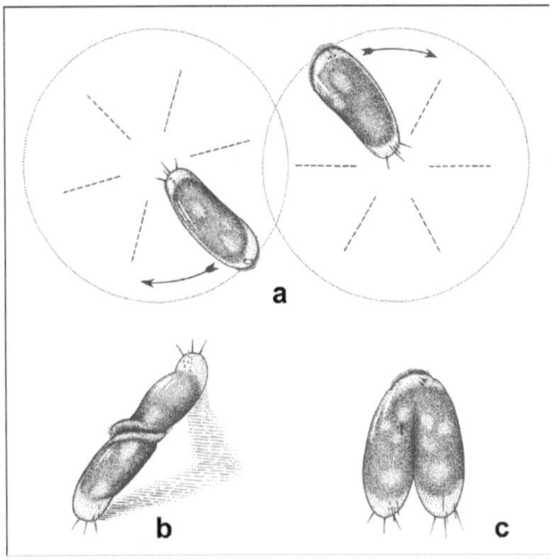

그림 **336** *Stylonychia mytilus*에서 접합 이전의 교미 활동: **a** 두 배우자의 갑작스런 회전; **b** 세포입둘레(peristomes)의 접촉; **c** 최종 융합 (Grell로부터). 배율: 95 x

외부로부터 자극이 없을 때 세포의 운동은 공간적인 구애를 받지 않는다. 즉, 선호하는 방향이 없다는 것을 의미한다. 박테리아뿐만 아니라 원생생물도 보통 직선에 가까운 나선 경로로 유영하는데, 이는 힘 발생이 공간적으로 비 대칭한 상태로 지속되기 때문에 발생한다. 앞쪽으로 유영하는 세포의 개체군은 물이 많은 지역에 분포하는 경향을 보이고, 세포의 균일한 분포는 유영을 시작하는 방향에 의해서 결정된다. 이와는 달리 빈번한 방향 전환은 새로운 이동방향을 제시해 주지만, 이동을 하지 않으면 세포들이 집적되는 경향이 있다. 나선형 유영과 방향전환의 조합에 의해 세포들이 수체 내에서 균일한 분포를 보인다. 자극이 없는 상황에서 방향전환과 앞쪽으로 유영하는 시간 비율은 특정 원생생물의 운동 행동의 기준선이 된다.

원생생물의 방향전환은 장애물에 부딪히는 것과 같은 외부 자극이나 화학적(열이나 광) 자극에 의해서도 일어날 수 있다. 이런 경우의 방향 전환을 거부반응 또는 충격반응이라 부른다(그림 **337 d**). 충격반응은 자극원에 대해 방향성을 가지지 않기 때문에, 싫어하는 자극을 피하기 위해서는 자극원으로부터 멀어질 때까지 계속적으로 충격반응과 유영을 반복하는 것(즉, 시행착오) 밖에 없다.

세포의 행동결과는 흔히 내부요인과 외부 요인 모두에 의해서 발생하며, 여러 종류의 자극이 주어지면 복잡한 형태로 행동이 발생하는 경향이 있다. 향후에는 원생생물의 행동을 조절하는 신호의 분리와 구분 및 자극에 대한 반응경로의 분석 등의 연구가 이루어 져야한다.

만약 외부 자극이 일반적인 온도나 조명의 세기만으로 특징된다면 자극은 일차원적일 수 있다(그림 **337 a, b, d**). 세기는 흔히 방향 정보와 함께 전해진다. 예를 들어, 중력이나 특정 파장대의 복사광은 자극-벡터로써 생물체에 영향을 준다(그림 **337 c**). 원생생물은 진화하는 동안에 단순하고 매개형 자극에 적절하게 행동 반응을

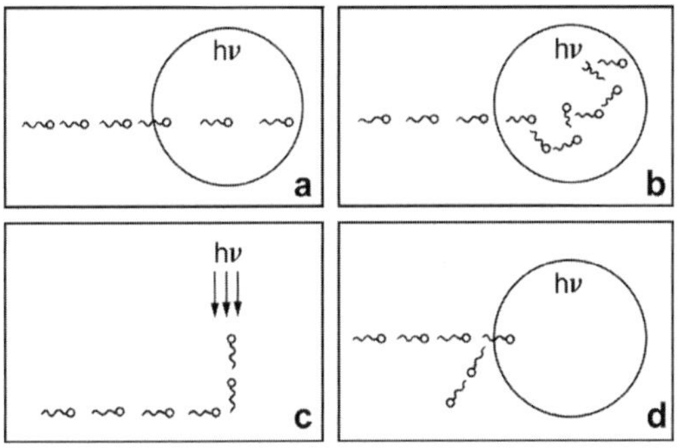

그림 337 자극에 의한 원생생물 운동 반응 유형. 광자극(hv)의 예: **a** (정-) 무방향 운동: 빛을 받는 영역에서 유영속도의 변화(시간 간격은 세포의 연속적인 위치 간의 거리로 나타냄); **b** 경사무방향운동(klinokinesis): 빛을 받은 영역에서 방향 전환이 증가됨; **c** 주성: 세포가 광원을 향해서(또는 멀리) 직각으로 방향을 돌림; **d** 충격 반응: 어두운 부분과 빛을 받은 영역의 경계를 지나면서, 세포가 광원과 상관없이 방향 변화를 일으킴(Song과 Poff로부터).

발달시켜 왔는데, 이러한 행동은 원생생물이 선호하거나 생존에 있어서 중요한 것으로 증명되었다. 자극에 의존하는 운동 반응은 흔히 무방향 운동(kinesis; 속도 조절과 전환에 의한 방향의 무작위화; 그림 337 a, b)과 주성(taxes:방향성이 있는 운동; 그림 337 c)으로 나누어진다. 반응의 세번째 종류인 굴성(tropism)은 고착성 생물에게만 적용되며, 주로 자극방향에 대한 성장반응으로 나타난다.

11.1 용어 정의

다양한 자극에 대한 행동반응의 예를 살펴보기 전에, 행동 연구에서 사용되는 용어를 정의하고자 한다.

무방향 운동

무방향 운동(Kinesis)은 일반적으로 경사도-형 또는 확산 자극(예, 빛, 온도, 화학적 자극)이 있을 때 관찰된다. 자극의 상대적인 강도는 세포가 운동량을 조절할 수 있도록 신호를 보낸다. 보통, 자극에 대한 반응으로 이동속도가 증가하면 양성 무방향 운동(또는 직접 무방향 운동)이라 부르고, 이동 속도가 줄어들면 음성 무방향 운동(역 무방향 운동)이라 부른다. 속도 조절은 대체로 오르토키네시스(orthokinesis)라고 부른다(그림 337 a). 이런 종류의 무방향 운동은 방향전환 빈도를 조절하는 경상무방향운동(klinokinesis)와는 다르다(그림 337 b). 방향성은 없으나 자극-벡터에 민감한 새로운 종류의 무방향 운동이 섬모충류의 중력반응에서 확인되기도 하였다.

무방향 운동은 시간에 따른 자극 강도의 비교와 반복된 측정으로부터 생긴다. 이것은 세포가 시간의 경과에 따라 계속적으로 변화하는 자극에 반응할 수 있게 한다(화학 무방향운동, 열 무방향운동 등). 화학 유인물질의 상류에 있는 원생생물의 충격반응 빈도는 감소하고 앞쪽으로 유영하는 시간은 증가하는 반면에, 유인물질의 하류에 위치하면, 충격 반응의 빈도는 증가하고 앞쪽으로 헤엄치는 시간은 감소한다. 원핵생물과는 달리 원생생물은 이동 속도를 조절할 수 있다. 이동 속도는 유인물질의 상류 방향으로 갈 때 증가하고 하류 방향으로 갈 때 감소한다. 이와 반대의 행동 반응은 화학 반발물질(repellent)의 농도 경사도에 따라서 일어난다. 자극에 대한 유인성 또는 반발성은 물질의 농도나 강도에 따라 달라질 수 있다. 예를 들어, 매우 낮고 매우 높은 강도의 자극(예, 열)은 개체군이 접근하지 못하도록 하여, 결국 개체군은 중간 강도의 최적 범위에 모이게 된다. 요약하면, 운동 행동의 효과는 간접적으로 방향성을 보인다. 무방향 운동에 의한 방향성과 자극 경사도 내에서의 집적은 자연 상태에서도 개연성을 가진다.

주성(Taxes)

주성은 매개형 자극원에 대해서 직접적인 방향성을 지닌 운동이다(자극원 쪽으로: 양주성; 자극원으로부터 멀리: 음주성). 원생생물에서 벡터는 공간적 차이에 의해서만 확인되기 때문에 주성은 몇 가지의 자극(중력, 복사광, 전기장)에만 한정된다. 다세포 생물은 방향성 광반응을 위한 눈이나, 어디가 위쪽인지를 확인할 수 있는 평형포를 이용할 수 있는 반면에, 단세포 생물은 제한된 작은 부피 때문에 감각기를 수용하기 위한 자리가 거의 없다.

그럼에도 불구하고 원생생물의 일부 구조 및 기능적 특성이 주성을 보이는 데에 적합하다는 점은 흥미롭다(전기 주성, 중력 주성, 주광성 참조).

주성은 신호 전달 경로가 밝혀져 있는지 없는지에 상관없이 행동에 관한 자료로부터 추정되어진다. 종종, 형태학적 및 생리학적 단서가 이런 경로를 밝혀주는 증거가 되기도 하지만 세포 신호 전달 체계가 자세하게 알려진 경우는 많지 않다(전기 주성, 주광성 참조).

중력 무방향운동

중력에 대한 원생생물의 반응 연구는 무방향 운동(taxokinesis)과 주성으로 상투적으로 분리하는 것이 모든 경우에 적용되지 않을 수 있다는 것을 보여준다. 우리가 일반적으로 알고 있듯이 중력은 지구나 달과 같은 큰 천체로부터 발생한다. 자극으로써의 중력은 경사도형 및 매개형의 특징을 모두 가지고 있지만 강도의 변화가 지구상에 살고 있는 생물체에 의해 감지되지 않는다. 다양한 섬모충류와 편모류 중 하나(*Euglena*)는 중력 방향에 반응해서 운동 속도를 조절할 수 있는 것으로 알려졌고, *Paramecium*은 중력 방향에 대해 전환 빈도까지 바꿀 수 있는 것으로 알려졌다. 정의된 바에 의하면(위의 내용 참조), 중력에 대한 이러한 반응들은 무방향 운동의 특징이며, 중력 무방향 운동(gravikinesis)이란 용어사용을 정당화 한다. 그러나 몇 mm 깊이에서는 중력 세기가 변하지 않기 때문에, 중력 무방향 운동은 자극 강도의 차이에 의해서 영향을 받지 않는다. 또한 중력 무방향 운동에 대한 적응에 대해서 알려져 있지 않다. 따라서 원생생물은 중력 무방향 운동을 하는 동안에, 아마도 공간에 존재하는 신호들을 이용하여 중력 매개 성질에 반응하는 것으로 보인다. 이는 일반적으로 주성 판단의 중요한 기준으로 여겨진다. 따라서 중력 무방향 운동은 무방향 운동과 주성의 중간 위치에 있으며, 원시적 무방향 운동방법에서 보다 진보된 방법으로 어떻게 진화되었는지를 설명해 줄 수 있을지도 모른다.

11.2 습관화와 관련된 시간 의존적 현상

즉각적으로 야기되는 운동 반응 외에도, 일부 자극에 의한 행동은 시간의 흐름에 따라 바뀔 수 있다. 자극이 멈춘 후, 몇 초, 몇 분 또는 몇 시간이 흐른 뒤에는 행동은 다시 환경에 적응된다(그림 **338**). 만약 수체의 증발이나 희석 등에 적응을 하지 못 할 경우에는, 수체의 이온 조성 변화는 세포의 전기생리학적 조절 체계를 붕괴시켜 자극 경사도에 따른 세포의 움직임과 추가적인 자극의 감지를 방해시킬 것이다. 이런 세포의 행동은 섬모운동의 생물전기적 조절(그림 **339**)과 세포질 수축에 의해 조절된다. 이러한 조절은 막 전위의 휴지가치(resting value)를 의미한다. 휴지전위는 항상성(homoeostasis)에 의하여 세포막 이온 통로와 효소연쇄증폭(enzyme cascade)을 조절한다. 이는 특정한 자극 양상의 강도를 알려주는 막관통 전압(transmembrane voltage)의 변화를 유도하는 자극의 시작 조건이 된다.

고등생물에서의 기능과 유사한 시간 의존적 행동 변화가 일부 원생생물에서 보고되었다. 예를 들어, 거친 표면을 피해가려는 강력한 물리적 동요가 *Stylonychia* 개체군에서 감지되었지만, 거칠거나 매끄러운 표면을 구분하는 능력은 한 시간 정도 지나자 줄어들었다(탈민감, desensitization). 게다가 *Spirostomum*이나 *Stentor* 같은 수축성 섬모류에 일정시간 간격으로 물리적 자극을 반복하여 주었을 때, 수분 후에 빠른 수축 반응이 점차적으로 사라졌다(그림 **340**). 이러한 행동에는 고등 생물의 습관화에 대해서 설명되었던 많은 특징들을 포함하고 있다. 한편 원생동물에서 조건적 자극과 무조건적 자극(학습과 관련됨)의 연관성에 대해서는 전혀 증명된 바 없다.

11.3 행동반응

자극에 대한 행동반응의 몇 가지 예는 아래와 같다. 이러한 예들은 자극의 유형(전압, 물리적 힘, 열, 화학 물질 및 빛)에 따라 정리되었다.

전기장에 대한 반응 (주전성)

전해질을 가로지르며 형성되는 직류 전기장은 용액 안에 있는 세포를 자극시킬 수 있다. 세포의 체강 직렬 저항

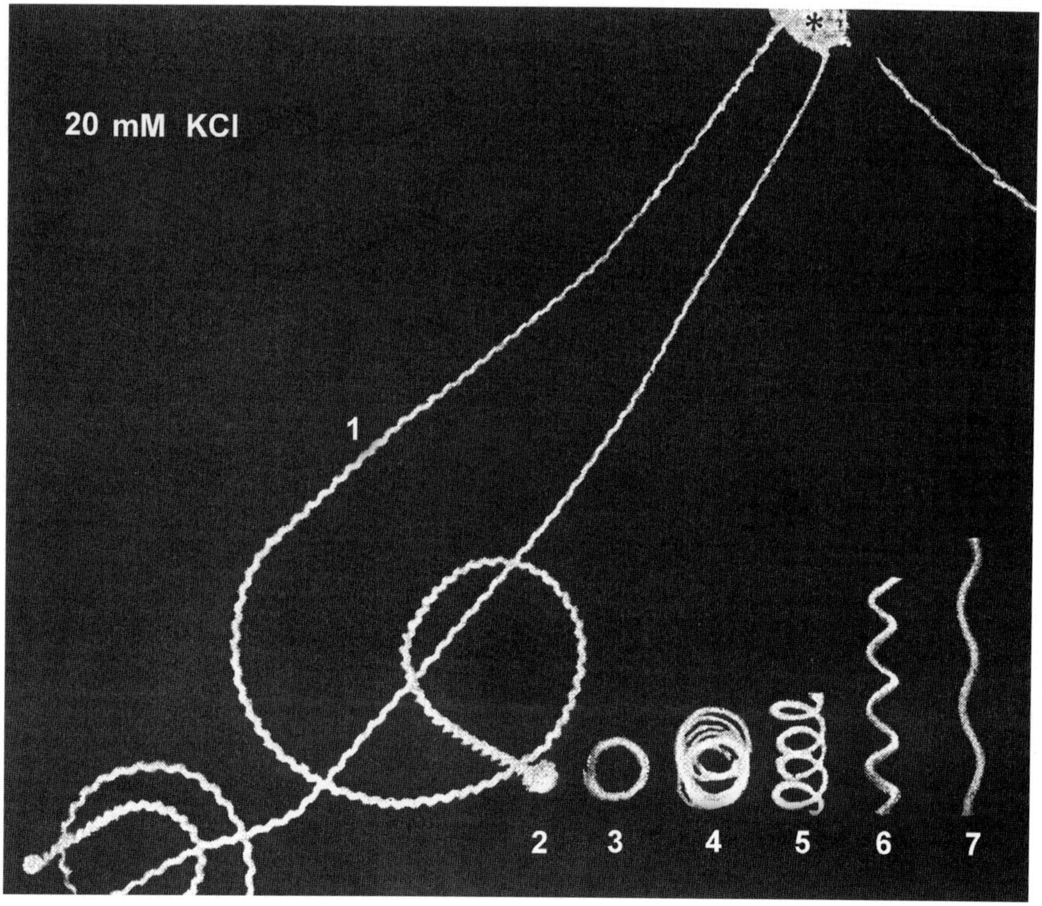

그림 338 암시야 조명 아래에서 기록된 *Paramecium*의 유영 자취는 화학적 자극에 대한 적응을 설명해 준다. 균질한 20mM KCL 용액에 접종된 세포(*)는 먼저 탈분극되어 뒤쪽으로 빠르게 유영하였다(1). 뒤쪽을 향한 유영속도가 느려지고, 40초 후에 정지한 상태로 회전하며 종료된다(2). 그 다음 수분 내에, 회전이 변환되어 느리게 원을 그리기 시작하고(3) 앞쪽을 향해 유영하는 경우가 점차적으로 증가한다(4-7). 7단계는 자극이 없는 상태에서 앞쪽으로 유영하는 세포의 일반적인 양상을 보여준다(Machemer: J. Protozool. 36 [1989] 463). *Paramecium* 막의 강한 탈분극화에서부터 휴지 상태에 이르는 점차적 변환을 확인하기 위해서 그림 339와 비교하라.

을 따라 생기는 저항 전압분배(ohmic voltage division) 때문에 음극을 마주하는 세포의 면은 항상 극성이 약해지고, 양극을 마주하는 면은 강한 극성을 갖게 된다. 이런 종류의 세포 밖 전기 자극은 신경이나 근육 같은 흥분 조직에서는 흔한 것이지만, 섬모 또는 편모를 가진 운동성 세포에서는 주전성(glavanotaxis)이라 불리는 특유의 행동 반응을 발생시킨다(그림 **341 a**). 예를 들어 *Paramecium*에서, 세포밖에 2V/cm의 직류 전압 변화는 무작위 방향성을 가진 세포가 세포 앞쪽부위를 앞으로 하여 음극을 향해 유영하도록 만든다(그림 **341 b**). 주전성은 섬모 활동의 전기적(전압 의존적) 조절을 이해하는 데 있어서 중요한 열쇠이다. 동시에, 섬모반응의 전압의존적, 단계적 조절(그림 **339** 참조)은 왜 섬모류가 직류 전기장 하에서 정확한 주성을 보일 수 있는 것을 설명해 준다.

주전성을 가진 *Paramecium*에서, 세포표면의 중심 및 양극부분에서 정상적인 젓기 운동을 하는 섬모의 수는 음극부분에서 반대 방향으로 젓고 있는 섬모의 수보다 많다. 이로 인해 세포가 앞으로 유영하게 된다. 전기장의 등전위선에 직각 방향이고 음극을 향하고 있는 (정방향) 세포는 대칭적으로 자극을 받게 되고 고유의 안정된 섬모 운동을 하게 된다(그림 **341 b, I**). 반면에 등전위

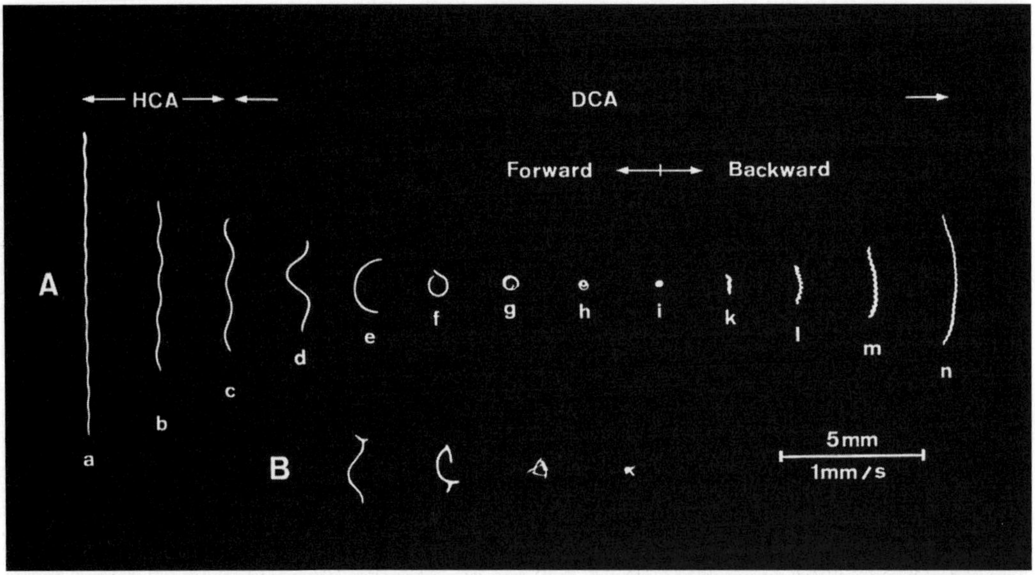

그림 **339** *Paramecium* 유영 패턴의 전압 의존성(HCA= 과분극에 의한 섬모 활성, DCA= 탈분극에 의한 섬모 활성). 모든 자취는 5초 간 암시야 조명 아래에서 기록한 관계로 자취의 길이는 유영 속도를 가리킨다. 과분극(왼쪽)에서 강한 탈분극(오른쪽)에 이르는 점차적인 막 전압의 변화에 따른 이동의 변환을 설명하기 위하여 자취를 배열하였다. **A** 연속적인 운동(**a-h** 앞쪽으로 유영; **i** 세포의 정지된 회전운동; **k-n** 뒤쪽으로 유영). **B** 약하게 탈분극된 상태에서, 앞쪽 방향으로의 유영은 방향 전환에 의해 방해 받을 수 있다(궤적의 뒤틀림 참조). 방향 전환율의 증가는 앞쪽으로 유영율이 감소하는 것과 일치한다는 사실에 주목할 필요가 있다(Machemer와 Sugino: Comp. Biochem. Physiol. 94A [1989] 365).

선에 비스듬하게 놓인 세포에서 섬모의 추진력은 측면에서 균형을 잃게 된다. 이 때 세포는 음성 피드백 기작에 의해 정방향 위치로 갈 때까지 회전하게 된다(그림 **341 b, II–I, III–I**). 전압–민감도에 대한 의존과 역방향으로 젓는 섬모(또는 편모)수의 비율에 따라 주전성 유영은 양극 방향에서 발생하기도 한다(*Opalina, Chilomonas*). 매우 다른 전기 민감도를 지닌 독특한 섬모를 가지고 있는 일부 섬모충류는 전위선과 비스듬한 주전성을 보이거나(*Spirostomum, Climacostomum*), 전위선과 평행한 방향으로 주전성을 보인다(*Loxodes*).

물리적 반응

물리적 반응(mechanoresponses)은 기본적으로 두 종류로 나누어진다: 접촉에 의해 발생하는 것(위상 자극, phasic stimulus)과 중력의 지속적인 당김과 함께 발생하는 것(지속 자극, tonic stimulus). 미세 바늘로 *Stentor*를 찌르거나 모세혈관으로 물의 흐름 방향을 *Stentor* 앞쪽 끝으로 돌리면, 탈분극(depolarization)과 급격한 수축 또는 여러 번 반복된 자극 후에 뒤쪽 방향으로 유영하는 반응이 일어난다. 다른 여러 섬모충류에서 탈분극하는 물리적수용기 통로(mechanoreceptor channel)는 주로 세포 앞쪽 끝의 세포막에 위치해 있다. 그러므로 예를 들어 세포 앞부분과 장애물과의 충돌에 의한 충격반응인 *Paramecium*의 회피반응은 물리적으로 야기된 탈분극에 의해서 시작된다(그림 **255** 참조). 섬모충류(*Paramecium, Stylonychia*)에서, 물리적 민감도의 국부적 분포에 대한 분석을 통해서 추가된 과분극 민감도는 주로 세포의 후단부 끝 부근의 막에 위치해 있다는 것이 입증되었다(그림 **342**). 섬모의 전기 민감도 원리에 따라서(주전성 참조), *Paracium*의 후미를 건드리면 섬모가 정상적인 젓기 방식(탈출 반응)을 증가시켜 세포가 앞 방향으로 헤엄쳐 달아난다.

후생동물의 감각 기관은 종종 섬모 또는 퇴화된 섬모를 포함한다. 추론에 의해서 원생생물의 섬모가 물리

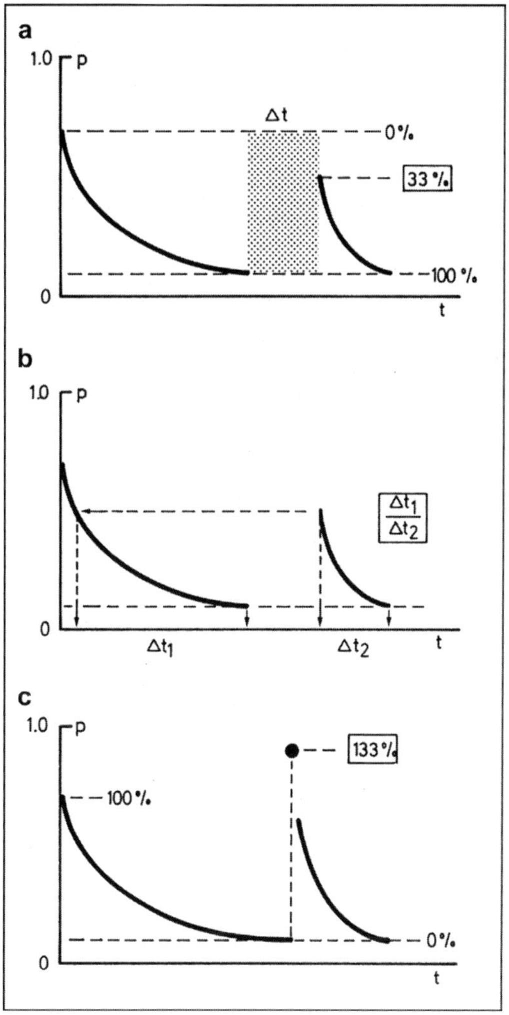

그림 340 *Spirostomum*에서의 습관화. 주기적인 물리적 충격에 따른 수축 확률(p)로써 나타냄 (t= 약 12분). **a** 수축 확률은 시간에 따라 감소하지만, 충격이 없는 기간(Δt) 동안에는 정체(retention)가 이전 습관화 상태의 일부까지 줄어든다; **b** 두번째 충격에서는 세포는 더 빠르게 습관화된다(강화); **c** 습관화는 매우 강한 충격이 적용되었을 때 와해된다(탈습관화); 습관화는 충격 패러다임이 속행 되면 다시 시작된다(Machemer: BIUZ 18 [1988] 122으로부터).

적 교란을 감지할 수 있을 것이라는 의견이 제시되었지만, 전기 생리학적 분석으로 사실이 아님이 증명되었다. 살아있는 *Paramecium*의 모든 섬모를 제거하였을 때 탈분극 또는 과분극 물리적수용기 전위는 아무런 문제없이 생성되었다(그림 **342**). 게다가 *Parmecium caudatum*의 후미 끝에 위치한 길고 운동성이 없는 섬모를 국부적으로 자극했을 때, 섬모는 수용기 반응을 일으키지는 않았지만 수동적으로 물리적 자극을 세포의 후미에 있는 매우 민감한 막으로 전달시킨다는 것이 확인되었다. 물리적 감각 변환(mechanosensory transduction)에 있어서 직접 또는 간접적으로 역할을 하는 섬모 세포소기관이 있다. 이러한 예로는 하모 섬모충류 등에 있는 강모 또는 특정 섬모충류에서 곤봉 모양의 섬모가 있다(그림 **343**).

잘 알려진 중력 반응은 음성 중력주성(이전에는 음성 주지성이라 부름)이다. 음성이라는 용어는 지구 중력 중심으로부터 벗어나려는 방향성, 즉 위쪽을 향하는 방향성을 가리킨다. 음성 중력주성은 *Paramecium*과 다른 섬모충류에서 쉽게 관찰할 수 있다. 일부 연구자들은 이 위쪽으로 향하는 방향성은 물리적 회전력으로부터 발생하는 것이라고 주장한다. 이런 회전력은 (세포의 회전에 대한) 중력 중심으로부터 추진력의 중심을 분리함으로써 발생될 수 있다. 회전력은 국부적인 세포의 밀도와 크기의 차이에 의해서도 발생될 수 있다. 중력 주성에 대한 물리적인 설명이 표면 위를 미끄러지듯이 기어 다니는 섬모류인 *Loxodes*에 적용하기는 어려울 것이다. *Loxodes* 개체군은 공간에서 자신들의 위치를 유지하기 위해서, 정밀하게 위쪽과 아래쪽으로 미끄러짐 운동을 번갈아 한다(중성 중력 주성).

중력이 세포에 미치는 물리적 및 생리학적 영향은 세포무게($m \times g$)에 의한 순하향력(net downward force), 낙하하는 동안의 저항력과 주변 액체의 부력과 관련된다. 세포 몸체와 주변 액체의 밀도 차이와 세포 모양은 모두 하향력에 영향을 준다. 이는 중력수용기(gravireceptor)의 요소라 생각되는 특수화된 세포소기관에도 적용된다(*Loxodes*와 관련 섬모충류의 물러체; 그림 **116**, **117** 참조).

다양한 섬모충류에서 중력에 의한 침강율을 다룬 실험들은 위쪽으로 유영하는 세포에서 능동적 추진 속도는 증가되지만, 아래쪽으로 유영하는 세포의 추진 속도는 수평으로 유영하는 세포(중력 무방향 운동)에 비교될 만큼 감소한다는 것을 보였다. 현재 이러한 행동은 중력에 의해 야기된 하부 체세포 막의 변형(그림 **344b**)을 추정함으로써 설명되어지는데, 체세포 막의 변형에 이어 물리적 자극수용기 전도도의 변환(그림 **342** 참조) 및 섬모

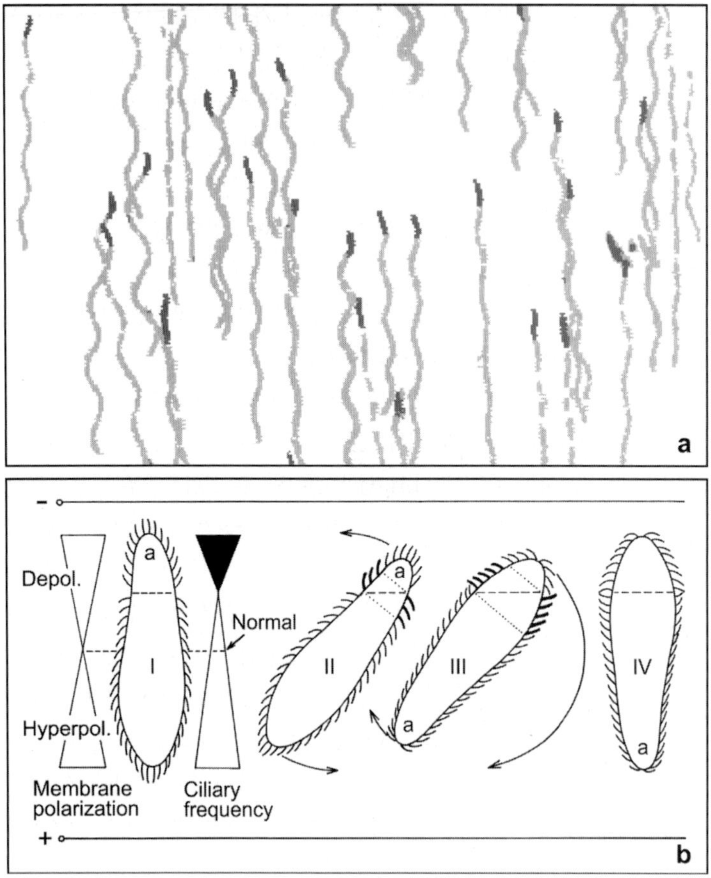

그림 **341** *Paramecium*의 주전성. **a** 선형 직류전압 경사도(음극: 위쪽)에 노출된 세포는 음극을 향하여 나아간다(자취의 끝부분이 강조됨-짙은 부분). **b** 주전성의 전기 물리적 기본원리. I: 앞쪽 끝(a)이 음극(-)을 마주하며 직류전압 경사도에 노출된 세포. 순방향성은 막 분극(membrane polarization)의 양극 경사도의 결과로서 생긴다(Depol.= 탈분극된, Hyperpo.= 과분극된). 막분극에 대한 섬모의 빈도수 반응(흰색 경사도: 섬모가 뒤쪽으로 젓기를 함, 검은 경사도: 섬모가 앞쪽으로 젓기를 함). 앞쪽으로 젓는 섬모보다 뒤쪽으로 젓는 섬모의 수가 많아지면 세포는 앞쪽을 향해 헤엄치게 된다. II, III: 등전위(점선)에 놓인 섬모가 같은 방법으로 젓는 운동을 하기 때문에, 비스듬한 방향의 세포는 옆쪽으로 갈라지는 힘을 생성한다(강조된 섬모 참조). 이 힘은 세포가 순방향으로 놓여지도록 세포를 회전시킨다. IV: 이론적으로, 역 방향은 양극(+) 쪽으로 헤엄쳐 나감으로써 생성될 수 있으나, 이 불안정한 상태의 작은 불균형이 *Paramesium*의 상태를 IV로부터 II로 신속하게 전환시키고, 궁극적으로 순방향 상태 I로 되도록 한다(Machemer:Galvanotaxis: Grundlagen der elektromechanischen Kopplung and Orientierung bei Paramecium. In: Praktische verhaltensbiologie, ed. By G. H. K. Zupanc, Parey, Berlin 1988).

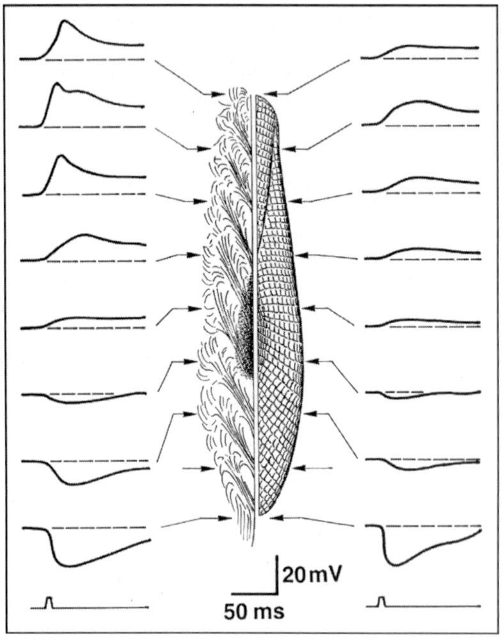

그림 **342** *Paramesium*에서 물리적 민감도에 대한 위상(왼쪽: 섬모가 있는 세포, 오른쪽: 섬모가 없는 세포; 앞쪽 끝이 위로 감). 미세 바늘(화살표)에 의한 막의 파동 변형(아래쪽 궤적)이 일어난 곳과 위상 반응을 보여주고 있다. 세포 앞쪽 자극은 세포막을 탈분극 시키고, 뒤쪽 자극은 세포막을 과분극화 시키는 것을 볼 수 있다. 물리적 수용기 통로가 분급되어 분포해 있기 때문에, 탈분극(Ca^{2+}의존적) 민감도는 뒤쪽 방향에서 감소하고, 과분극(K^{+} 의존적) 민감도는 앞쪽 방향에서 감소한다. 왼쪽과 오른쪽의 위상을 비교하면 체세포 막은 물리적으로 민감한 반면에, 다단계 활동 전위는 오직 섬모 막이 존재할 때만 생성된다는 것을 볼 수 있다(Ogura와 Machemer: J. Comp. Physiol. 135 [1980] 233).

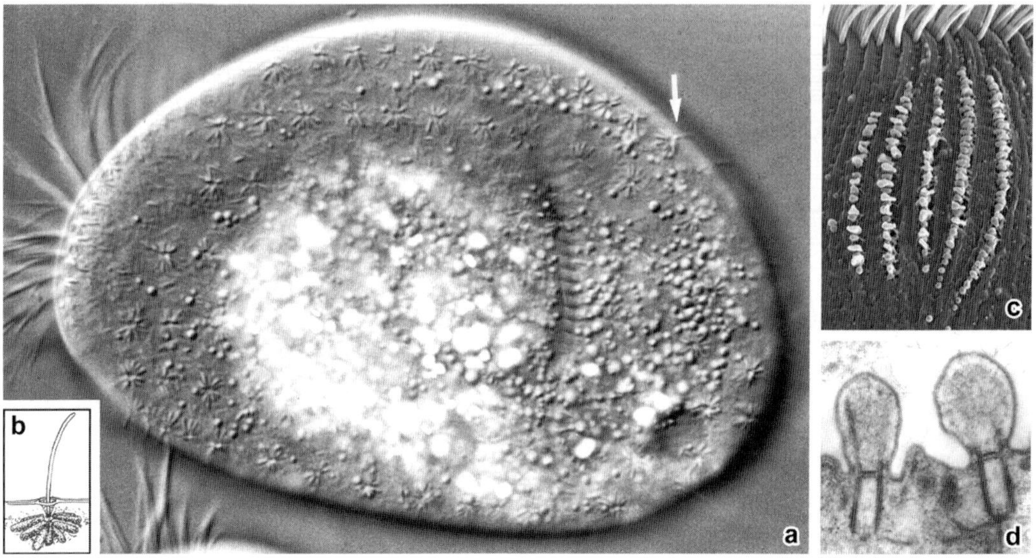

그림 343 *Euplotes vannus* 배면의 강모 복합체: 가늘고 긴 단지 모양의 것들이 섬모를 둥글게 감싸고 있다(**a**, 화살표, **b**); **c** 화학 감지 기능이 있는 것으로 추정되는 *Didinium*의 등쪽솔; **d** *Didinium* 등쪽 솔의 방망이 모양 섬모 (b는 Gelei 이후; c는 J. Troger, Berlin의 허가 하에). 배율: a: 1,000 x, c 500 x, d 17,500 x.

반응의 전압-의존적 변화가 일어난다. 중력 무방향 운동은 중력 자극의 매개 성질을 설명하고 세포에 미치는 침강 효과를 중화시키는 경향이 있다는 점에서 전통적인 무방향 운동의 정의와는 차이를 보인다.

두 개의 또 다른 반응인 주류성(rheotaxis)과 접촉주성(thigmotaxis)은 물리적인 입력과 밀접한 관련이 있다. 많은 섬모충은 물의 흐름을 거슬러서 헤엄칠 수 있다(양성 주류성). 주류성 행동은 모양 효과(shape effect)로부터 발생하는 물리적 회전력 또는 세포의 중력 중심으로부터 추진력의 기하학적 중심의 분리에 의한 것으로 추측된다(더 자세한 내용은 중력 주성 참조). 접촉주성은 생물체가 단단한 표면에 최대한 그리고 지속적으로 머물려고 하는 성향이다. 섬모류의 접촉 주성 행동은 특정 고형 물질을 다른 것보다 선호하는 능력을 포함하기 때문에, 감각 막의 기계적 변형보다는 오히려 분자간의 상호작용이 접촉 주성에서 중요한 작용일 수가 있다.

열 반응

Paramecium 개체군이 배양 온도범위의 한 최적 온도에 모이는 것이 수차례 입증되었다. 자극 경사도에 따라 편향되는 무작위 운동의 전기 생리학적 조절 개념은 세포가 최적온도 지역으로 유영할 때 유영속도는 증가하고 전환은 감소하는 반면에, 최적 온도로부터 멀어질 때는 빈번히 전환하는 것을 보여준다.

Paramecium 몸 전체에 열을 가하면 세포막이 복잡한 양극 전위반응을 보인다. 실험 온도가 배양 온도보다 낮을 때, 세포의 앞쪽 부위에 열선을 이용하여 국부적으로 자극을 주었을 때 탈분극이 일어나며, 후미 부위에 자극을 주면 과분극이 일어났다. *Paramecium*의 열 수용에 대한 전기생리학적 원리에 의한 분석은, 척추동물 및 무척추동물에서 발견된 것과 일치하며, 물리적 수용과 유사함을 밝혔다: Ca^{2+} 의존적인 탈분극 열수용기 통로는 세포의 앞쪽 부위에 모여 있고 K^{+} 의존 과분극 열수용기 통로는 후미 부분에 밀집되어 있다. 이는 물리적 감지 및 열감지 전도성이 동시에 일어남을 보여주는 것으로 여겨졌었다. 하지만 이 설명과는 반대로, 전도성은 온도 상승에 대한 역 세포막 전류반응(inverse membrane current response)을 야기시켰다: 열 수용기 전류는 감소했지만 물리적 수용기 전류는 증가했으며, 이는 열 변환과 물리적 변환을 위한 별개의 통로가 존재함을 시사한다.

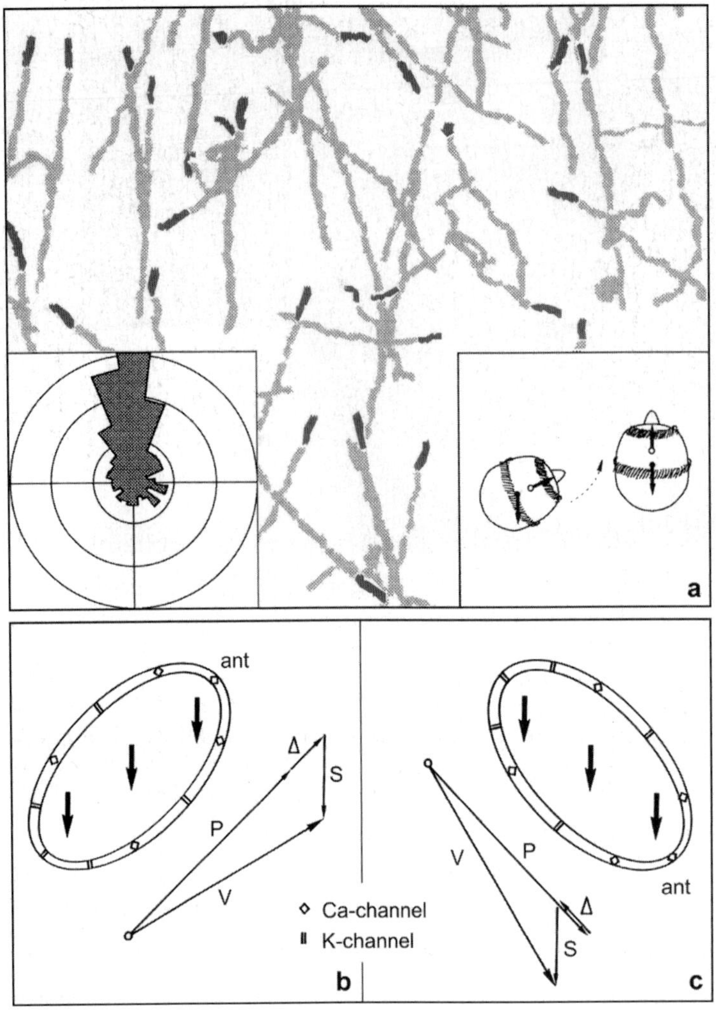

그림 **344** 섬모충류의 중력 반응: **a** *Didinium*에서의 음성 중력 주성. 자취의 강조된 끝부분은 대부분의 세포가 위쪽 방향으로 유영하고 있다는 것을 보여준다(왼쪽의 히스토그램 참조). 이러한 행동은(오른쪽의 삽입된 그림) *Didinium*의 중력 중심(●)이 이동의 기하학적 중심(○)보다 뒤에 있다고 가정함으로써 설명될 수 있다. **b, c** 섬모충류(ant= 세포의 앞쪽 끝)가 위쪽(**b**)과 아래쪽(**c**)으로 유영할 때 중력 수용과 무방향 운동은 주변 환경에 비하여 밀도가 높은 세포질에 의거하는 것으로 여겨진다. 물리적으로 민감한 탈분극(Ca^{2+}의존적)과 과분극(K^+의존적) 통로의 경사도는 막에서 발생한다(그림 **342** 참조). **b** 위쪽으로 유영하는 동안, 세포질에 의해서 아래쪽 막에 가해지는 압력은 주로 과분극 중력 수용기를 활성화시킨다. 이는 세포의 활성 추진률(P)를 Δ만큼 증가시키도록 해준다(그림 **339** 참조). 그리고 나서 관찰된 유영 속도(V)는 P, Δ와 침강 속도의 벡터 합으로 나타난다. c 세포가 아래쪽으로 유영할 때에는, 탈분극 중력 수용기의 활성화가 앞쪽을 향한 추진률을 감소시킨다(P-Δ). Δ(중력 무방향 운동)의 수치는 V, P, S를 측정함으로써 계산할 수 있다. 많은 섬모충류 종들의 행동 자료는 Δ가 중력의 침강효과를 상쇄시키는 경향을 가지고 있다는 것을 시사한다(음성 중력 무방향 운동) (Machemer와 Braucker: Acta Protozool. 31 [1992] 185).

화학 반응

능동적으로 이동하는 동안에 세포는 다양한 농도의 용존 화학 물질을 만나게 된다. 세포의 작은 크기를 고려했을 때, 순간적 공간 평가(instantaneous spatial assessment) 기법을 이용하여 화학 경사도를 감지하고 직접적 정위(주성)를 가지는 것은 어려울 것으로 보인다. 원생생물의 화학 반응은 편향된 무작위운동을 이용한 간접적 정위 기법에 제한되는 것으로 생각된다(자극의 빠른 평가; 무방향 운동의 서문 참조). 일부 실험에서 아세트산염, 젖산, 엽산, 이노신 단인산염과 사이클릭 AMP와 같은 유기 화합물이 *Paramecium*의 유인물질임이 증명되었다. 퀴니딘, 염화바륨, 수산화칼륨과 같은 기피물질(repellent)은 기준 용액(reference solution) 및 그 용액 내에서 세포의 평형형성(cellular equilibration) 정도에 따라 기피 작용이 변하기 때문에 분자 특성으로 구분될 것 같지는 않다.

원생생물의 화학 반응은 한 가지 또는 여러 종류의 세포 반응의 결과일 수 있다: (1) 무기 이온 농도의 변화가 직접적으로 세포막 전압을 바꾼다; (2) 유기 신호 분자 및 O_2는 세포막의 수용체 단백질과 결합하여, 세포 내 전달체가 통로의 전도성을 바꾸거나 이온운반(전기 발생) 펌프를 활성화하도록 만든다; (3) 세포는 농도 경사도를 따라 움직이는 동안에 이전에 경험한 신호 강도에 적응한다. *Paramecium*에서 염화칼륨의 농도변화에 대해 시간 의존적인 적응은 열려진 칼륨 통로의 수를 조절하여 탈분극 되었거나 과분극된 세포막 전위를 휴면 수준으로의 재조정함에 근거한다는 것이 관찰되었다.

예를 들어, 화학적 신호는 난모세포에서 방출된 *Plasmodium* 유주자의 신체혈액림프에서 수동수송을 유도하여, 유주자를 모기의 침샘에 모이도록 한다. 유주자가 화학운동에 의한 무작위 운동(chemo kinetic random movement)으로 신호 물질의 최적 농도 위치를 찾아낸다는 것이 여러 관찰을 통하여 입증되었다.

세포가 먹이원을 찾는 데 있어서 화학적 신호가 중요할 수 있지만, 섬모충류는 크기에 따라서 소형의 입자성 먹이를 확인하고 선택하는 것으로 보인다. *Paramecium*은 박테리아뿐만 아니라 소화가 되지 않는 카민, 탄소나 철 입자들을 섭취한다. *Didinium*은 *Paramesium*를 선택적으로 섭취하며 대다수의 다른 섬모충류는 섭취하지 않고 무시해버린다. *Didinium*은 접촉을 통하여 먹이를 확인한다. 이 포식자는 불규칙한 유영을 통해 잠재적 먹이와 우연하게 접촉한다. 접촉 후 *Didinium*의 주둥이로부터 나온 세포소기관(독포, toxicyst의 일종)이 먹이의 세포 표면 분자 조성을 파악하여 마음에 드는 맛인지 아닌지를 확인한다. 먹이로 확인 되었을 때 치명적인 독포가 분출되고 세포 내로 침투되면 즉각적으로 *Paramecium* 섬모 운동의 전기적 세포막 제어가 망가진다.

유성생식을 하는 세포들의 상호 식별은 신호분자에 의해 좌우될 수 있다(그림 **307** 참조). 이러한 신호분자는 섬모막에 결합되거나(*Paramecium*), 목표물(*Blepharisma*, *Euplotes*)의 화학 주성을 유도하기 위해 매질로 분비된다. 또는 위 두 방식 모두를 이용(*Chlamydomonas*)하기도 한다. 분비되는 유인 물질들(여기서는 수정 물질)은 곤충에서 오랫동안 알려져 온 성적 유인 물질에 속하며, 특이성을 가지고 극도의 낮은 농도($\geq 10^{-13}$M)에서 작용한다. 원생생물에서, 화학적 구분과 성적 친화의 결과로 편모/섬모의 응집과 비활성화가 일어나고, 이어서 세포 융합이 일어난다.

광반응

무색인 개체들을 포함한 많은 원생생물들은 가시광선에 반응한다. *Ameoba proteus*는 광도가 증가할수록 운동이 더 빨라지며(절대 광 무방향 운동, direct photokinesis), 약 10 분 후에 정상 속도로 돌아온다(적응). 클로렐라(*Chlorella*)를 체내에 지니거나 지니지 않은 모든 *Paramecium bursaria*가 빛이 있는 지역으로 모인다. 이 지역에서는 세포의 유영속도가 감소되고 심지어는 정지해 있기도 한다(음성 또는 역 광 무방향 운동). 휴지 막 전위와 연결된 광 축적이 24시간 주기의 변화가 있다는 것이 증명되었다. 높은 강도의 백색광이 비추어진 지역에서 *Paramecium bursaria*와 무색의 *Paramecium multimicronucleatum*은 유영속도를 증가시키고 반대 방향의 움직임을 감소시켜 그늘진 지역으로 모여든다(양성 또는 절대 광 무방향 운동). *Paramecium*에서, 탈분극성 및 과분극성 광형질도입에 대한 분광 민감도(spectral sensitivity)가 확인되었다. 이는 광 무방향 운동이 전기적으로 조절되는 무작위 운동의 일반적인 패턴을 따른다는 것을 암시한다. *Paramecium bursaria*의 탈분극성 광 민감도는 입주변(oral groove)의 체세포 막에서 최대였다. 과분극 반응은 섬모가 있는 세포에서 관찰되었으며(그러나 섬모 탈착 후에는 관찰되지 않았음), 이는 이런 종류의 광형질도입에서 섬모 막이 관여되었을 가능성을 시사한다. 로돕신과 같은 광수용기 분자들이 섬모와 체세포 막에서 나타난다는 것이 항체표지(antibody labeling)를 이용하여 밝혀졌다.

그늘과 빛 사이에서의 급격한 전향은 상당한 량의 빛의 강도 변화를 의미한다. 이러한 강도 변화는 광에 민감한 세포에 충격 반응을 일으키게 한다. 두 개의 편모를 지닌 *Chlamydomonas*에서 광충격(photoshock) 기작이 분석되었다(그림 **345**). 광 수용기 형질도입은 막을 탈분극시켜 Ca^{2+}활동 전위를 만들어낸다. *Chlamydomonas* 편모에서 10^{-6}M수준까지 급격히 증가한 Ca^{2+}는 앞쪽으로 추진력을 가진 섬모형 젓기 운동으로부터, 뒤쪽으로 추진력을 가진 편모형 휘젓기 운동으로 전환하도록 만든다. 편모 간 Ca^{2+}가 휴지 수준 (10^{-8}M)으로 돌아가면, 정상적인 휘젓기 활동이 다시 시작된다. 광충격반응은 무색의 섬모충류에서도 관찰된다. 감각-운동 결합(sensory-motor coupling) 기작은 *Paramecium*의 회피반응과 유사하며(그림 **255**참조), 사실상 모든 섬모충류와 편모류에 적용될 수도 있다.

원형질막 근처에 수용체 색소가 국부적으로 집적된 것이 광 무방향운동 또는 광충격 형성에 필수적인 것은

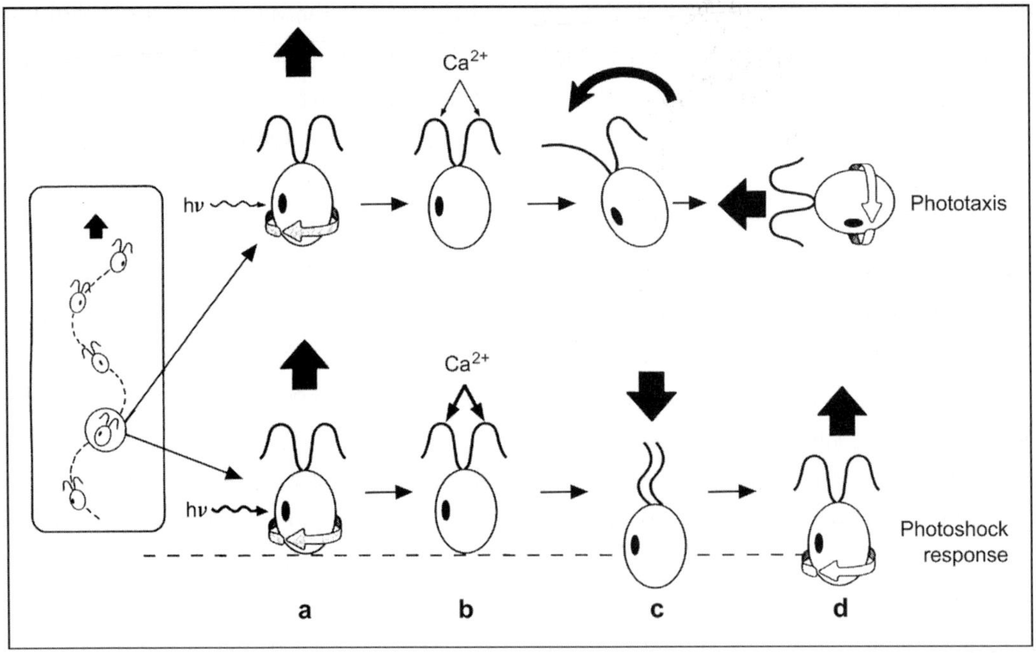

그림 **345** *Chlamydomonas*에서 광충격반응과 주광성의 비교. 쌍 편모 세포는 병진 운동 축에 대해 나선으로 회전하며 헤엄친다(삽입된 그림). 그 결과로 세포 중앙선 근처에 위치한 안점은 계속하여 주변 환경을 살피게 된다. 주광성: 안점이 빛을 마주할 때, 한 줄기의 빛은 한쪽 면이 그늘진 안점을 비추어 준다(**a**). 로돕신과 같은 광감각 수용기에서의 광신호 변화는 주기적으로 수용기 전위를 높이고(탈분극화), 이어서 일시적으로 편모에 Ca^{2+}가 유입되도록 활동 전위가 생성된다(**b**). Ca^{2+}에 대한 두 편모의 운동반응의 차이는 세포의 회전 운동으로 표현된다(**c**), 회전 운동은 광수용기가 빛 줄기의 방향과 평행하게 헤엄치는 동안에 같은 조명을 받게 될 때까지 지속된다(**d**). 광충격반응: 빛의 강도에 급작스러운 변화가 있을 경우(**a**), Ca^{2+} 활동 전위는 편모에서 Ca^{2+}가 포화 상태가 되기에 충분할 정도로 높아진다(**b**). 이는 두개의 편모 모두를 섬모형 평영운동부터 뒤쪽으로 유영을 일으키는 편모형 파동운동으로 전환되게 한다(**c**). 자극이 끝나거나 지속적인 광자극에 적응이 되면, 여분의 Ca^{2+}가 편모에서 제거되고 정상적인 활동이 다시 시작된다(**d**) (Witman: TICB 4 [1993] 403).

아니지만, 주광성에는 필요할 수 있다. 빛의 방향과 관련하여 발생하는 운동은 광영양 원생생물에서 연구되어왔다. 안점을 가진 *Chlamydomonas*는 광원을 향해 갈 때 세로축을 기준으로 회전한다(그림 **345**). 안점은 세포의 중앙 부위에 위치해 있고 한쪽 측면만 광흡수입자들에 의해 둘러싸인 로돕신과 같은 단백질을 가지고 있다. 따라서 유영하는 세포의 측면에 빛을 비추면, 세포가 축을 따라 회전하는 동안에 광감각 수용기는 주기적으로 그늘지거나 빛을 받게 된다. 광도의 변화는 광 수용기 통로의 전도성을 빠르게 조절하여 세포막 전압의 변화를 일으키는 것으로 추정된다.

광수용기 전위와 전압 의존 Ca^{2+} 유입에 따라 두개의 편모에서 약간 다르게 반응하기 때문에 세포가 광원을 향해 다시 방향을 잡을 수 있다. 완벽히 대칭된 편모의 휘젓기 운동(즉 회전 운동의 부재)은 세포가 광원을 향해 똑바로 헤엄칠 때(양성 주광성) 또는 광원으로부터 멀어질 때(음성 주광성) 발생한다.

주광성은 색소를 지닌 *Stentor*, *Fabrea*, *Chlamydodon*과 무색의 *Ophryoglena*와 같은 소수의 섬모충류에서 증명되었다. 조직식성(histophagous) 섬모충류(*Ophryoglena*)에서 일반 광선에 상당히 흥미로운 반응이 관찰되었다. 즉 번식 주기 동안에 주광성의 형태가 변한다(그림 **346**). 자유 유영성 비섭식 영양체들(theront)에서 양성 주광성이 관찰되고, 먹이를 섭취

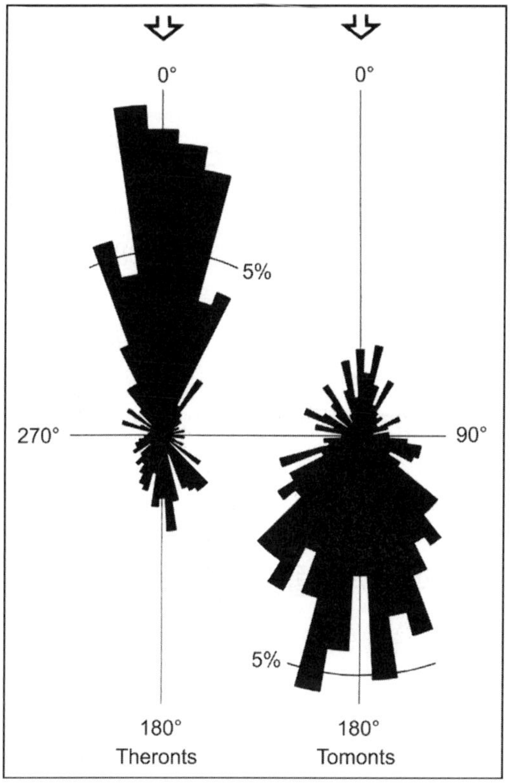

그림 **346** 섬모충 *Ophryoglena*에서 양성 주광성이 음성 주광성으로 바뀌는생활주기 의존적인 변화. 원형의 히스토그램은 백색광(위쪽의 화살표)이 있을 때, *Ophryoglena*의 비섭식 영양체와 분열전체에서 유영방향의 비율을 나타낸 것이다 (Kuhlmann: Europ. J. Protistol. 29 [1993] 344).

한 후, 비섭식 영양체는 큰 영양체(trophont)로 변환되고, 수 시간 후에 음성 주광성을 가진 분열전체(tomont)로 정착한다. *Ophryoglena*의 이동 단계에서는 거의 광에 민감성을 가지지 않는다. *Ophryoglena*의 구강(oral cavity)에는 콩팥 모양의 리버쿤[Lieberkühn; 시계접시(watchglass) 세포소기관]이 있으며, 리버쿤의 한쪽 면에는 광을 흡수하는 결정 또는 입자들이 있어서 빛의 방향을 감지하는 기능을 가지고 있는 것으로 제시되었다.

제12장 원생생물의 생태학

원생생물의 생태학을 공부하는 것은 쉽지 않고, 대상 생물들이 현미경적 크기이기 때문에 관련된 일이 복잡하다. 게다가 그들의 자연 서식처에서 생물들을 정확하게 동정하는 것이 매우 어렵다: 자유 생활을 하는 저서 군집은 대부분 미세한 규모의 서식처에 살고(그림 **347**), 종조성과 마찬가지로 개체수에 있어서도 빠르게 변한다. 이러한 조건들이 원생생물 생태학을 보다 더 잘 이해하는데 가장 어려운 장애요인들이다. 이러한 문제는 분류학 분야에 많은 실제적인 경험이 있어야 극복 될 수 있다. 이것은 원생생물의 생태학에 대한 지식이 다른 생물들에 비해 보다 느리게 축적되고 있는 한가지 사실로 설명할 수 있다. 그럼에도 불구하고 원생생물 군집, 특히 플랑크톤의 원생생물 군집은 자연 환경에서 매우 중요한 역할을 한다.

현생 자유 생활을 하는 원생생물은 그들 자신 뿐만 아니라 관련 원핵 생물과 진핵생물들에 의해 끈임없이 영향 받는 환경에 살고 있다. 그결과 그들이 자라고 번식하는 환경은 무생물뿐만 아니라 생물적 영향의 산물이다. 지구 표면의 형성에 기여한 원생생물의 활동의 예는 (골격과 피각으로) 석회암 알프스를 만든 규산질과 탄산칼슘 퇴적물 형성뿐만 아니라, 지구의 대기에 포함 된 산소와 오존을 만든 단세포 생물의 광합성 활동 등을 들 수 있다.

생물권에 대한 원생 생물의 영향을 단지 지나간 시대의 것으로만 돌리는 것은 바람직하지 못하다. 생물권의 탄소 균형의 동역학이 종속영양 및 광합성을 활발히 하는 부유성 미세 생물들의 구조와 기능에 의해 크게 좌우된다는 증거가 많이 보고 되고 있다.

지구 환경 관점의 중요성 외에, 원생생물 생태학에 대한 연구는 다른 생물의 진화에 영향을 준 요인들과 긴밀하게 관련되어 있는 분야로 점차 인식되고 있다.

12.1 분포에 영향을 주는 요인들

원생생물의 출현과 분포는 무생물학적 요인과 생물학적 요인들에 의해 결정된다. 무생물학적 요인은 물리 화학적 특성들이고, 생물학적 요인들은 먹이 자원, 경쟁, 포식자–먹이 관계 등이다. 무생물학적 요인들의 합은 특별한 원생생물이 주어진 서식처에 살 수 있는지 없는지를 결정하는데 결정적이다. 반면에 생물학적 요인들은 특별한 개체군의 상대적인 크기를 결정하는데 일차적으로 중요한 요인들이다.

무생물학적 요인들

대체적으로, 원생생물들은 물리, 화학적 환경 요인들의 넓은 범위에 내성을 갖는다. 결과적으로 그들은 다양한 소생활권과 서식처에서 발견된다(그림 **348**). 무생물 요인들의 영향에 대한 대부분의 정보들은 현장자료와 결합된 실험실 연구의 결과이다. 자연환경에서 얻은 무생물 자료는 보통 대규모 수서환경에서 얻고, 원생생물이 일반적으로 살고 있는 미세규모 서식처에 관련되지않았다.

섬모충 *Colpoda*의 포낭이 매우 낮은 온도에서 견딜 수있다는 것이 실험실 실험으로 알려 졌다. 그러나 이것이 이속의 종들이 북극지역에서 일반적이라는 것을 의미하는 것은 아니다. 반대로 어떤 종이 주어진 환경에서 출현 하지 않았을 때 그들의 적응에 대해 말하기 어렵다. 예를 들면, 많은 전형적인 담수 섬모충류가, 페트리 접시 배양실험에서 하듯이 고염분에 점진적으로 천천히 적응시키면 해수에서도 생존 할 수있다.

무생물적 요인들은 습도, pH, 이온과 용존가스 농도와 같은 화학적 요인들과 빛, 온도, 물의 유동과 같은 물리적 요인들을 포함한다. 개별 요인들의 영향은 서로 분리 시킬 수없고, 함께 (흔히 생물적 요인들과 결합하여) 작용하므로, 그들의 개별 중요성이나 효과를 평가하기가 쉽지 않다. 예를 들면, 광도의 증가는 통상 온도의 증가와 연관된다. 온도의 증가는 물에서 기체의 낮

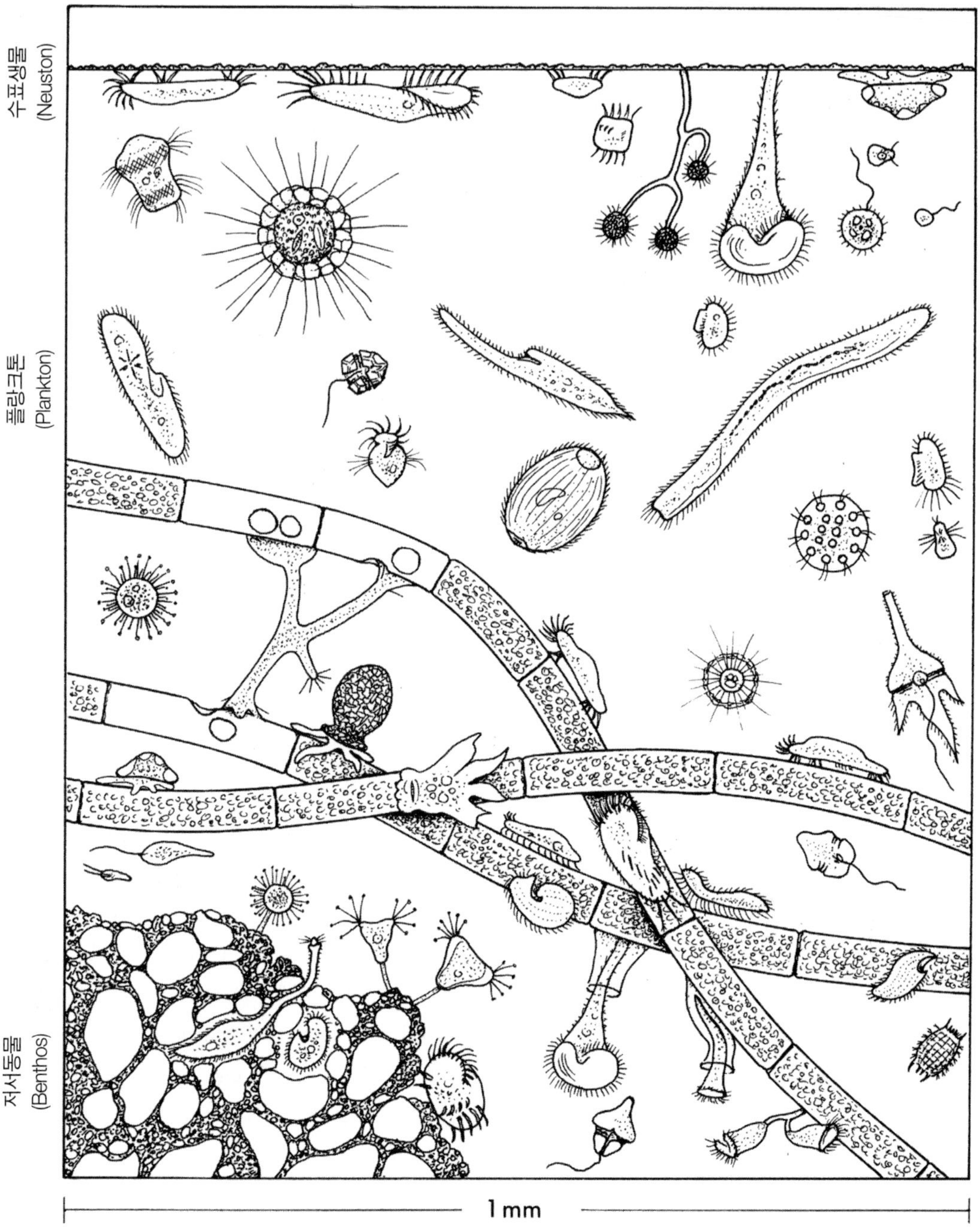

그림 **347** 수생 서식처에 사는 단세포 생물의 공간 분포. 서로 다른 기저부(공기-물 경계면, 저서동물, 유기쇄설물, 수서생물)위에 자유생활을 하는 원생생물 그룹과 플랑크톤 군집에 나타나는 원생생물 그룹의 대표종들 (여러 저자들로부터).

은 용존도를 일으키고, 용존산소에 대한 원생생물의 높은 수요와 높은 대사율을 일으 킨다. 어떤 생물이 일시적으로 이러한 조건에 견딜지라도, 그들의 생존율을 예측할 수없다. 상승하는 온도에 대한 *Paramecium*

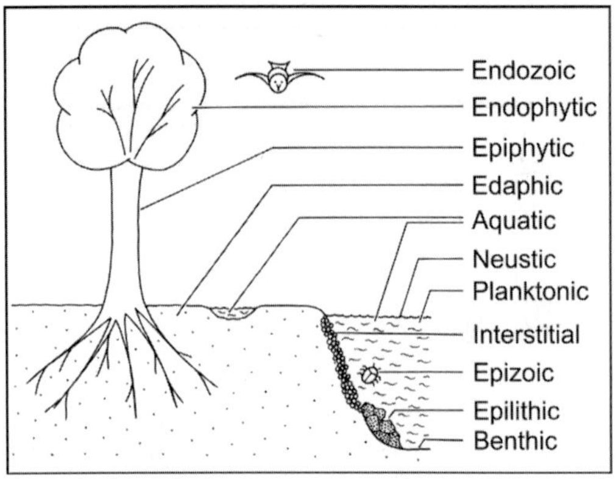

그림 **348** 원생생물의 가장 중요한 서식처 요약.

*multimicronucleatum*의 내성은 동시에 먹이(박테리아)에 대한 감소와 주위 pH의 증가시 증가한다. 그럼에도 불구하고, 원생생물의 출현을 조절하는 가장 중요한 제한요인에 관한 기본 지식은 원생생물의 생태를 이해하기 위한 필요 조건이다.

물

원생생물의 출현은 일차적으로 최저량의 수분에 좌우 되고, 다음으로 중요한 것은 담수, 해수, 또는 다른 생물의 체액이냐의 여부다. 유체는 토양입자를 얇은 막으로 단순히 덮을 수있거나 잎의 표면을 이슬 방울로 덮을 수있다. 완전히 건조한 생물 소생활권이 원생생물에 의해 군체로 덮힐 수 없다. 그러나 무수한 단세포들은 건조에도 오랫동안 생존 할 수있는 포낭을 만든다. 어떤 것들은 가사상태(cryptobiosis)로 알려진 동면상태에서 수년간 생존할 수있는 균핵(Sclerotia)을 형성한다. 이와 같이, 사막일지라도 원생생물의 유지를 위한 서식처가 될 수 있다. 그들은 비온 후 잠간 매우 한정된 기간에 활성적인 영양체가 된다. 원생생물은 2-3시간 동안에 탈포낭(excyst)을 하고 먹이를 먹고 성장, 번식 그리고 다시 포낭을 만든다; 이것은 사막뿐만 아니라 온대 기후에서도 관찰 된다. 그러한 원생생물은 때때로 물로 덮히는 나무 둥지, 잎, 이끼, 등에서 도 발견된다. 점균류나 *Colpoda* 같은 섬모충류는 이러한 극한 조건에 매우 뛰어나게 적응된 예들이다. 공기 중 정상적으로 건조 된 서식처는 원생생물에 의해 포낭이나 포자의 분포에 이용된다. 이들 경우에 누적자실체(Sorocarps)나 포자낭군(Sori)이 형성되고 바람에 의해 퍼진다(몇 종의 점균류: 그림 **56, 179, 180**, 섬모충 *Sorogena*: 그림 **226**).

빙점 이하 온도는 물이 고체화 되고, 대사 작용에 필요한 용매로 사용할 수 없으므로 물이 없는 조건으로 간주될 수있다. 게다가 둘레의 얼음은 원생 생물의 이동을 허용하지 않는다. 그러한 결과로, 건조에 견딘 포낭이 또한 결빙에 견딜 수있다. 결빙은 세포에 적어도 두 가지 위험한 영향을 준다: 첫번째, 세포내 얼음 결정은 세포막에 해를 줄 수 있고, 대사작용에 큰 혼란을 주어 심지어 세포의 죽음을 야기 시킬 수 있다; 두번째로 이온 조성의 변화는 효소의 변성을 일으킬 수 있다. 관계 된 원생생물은 건조나 동결기간 전에 능동적으로 물을 배출할 수있다. 그들의 포낭은 정상적으로 복합적인 벽을 가진다. 비세포성 점균류와 어떤 육상 아메바(*Thecamoeba terricola*)의 경화작용(sclerotization)의 과정은 급성물 스트레스에 반응한 것으로 설명된다. 그러나 일부 원생생물들은 주위의 매우 높은 염농도에 적응하여, 포낭기로 들어가지 않고 얼음결정 형성의 해로부터 벗어 날 수 있다. 이것은 단세포가 얼음 덩어리안에 사는 단세포의 경우이다. 물은 순수 물로서 결정을 만들기 때문에, 증가하는 얼음 덩어리 안에서 동결과정은 농축된 소금물로 채워진 100um 부터 수 mm까지의 직경을 가진 작은 수로의 형성을 이끈다(그림 **349**). 이것은 빙점의 온도를 낮추게 한다. 이 유체에서 NaCl의 농도는 144‰(−10℃에서)까지 증가 한다: 대양 해수의 염분은 약 38‰에 해당한다. 이 수로 시스템은 일부 원생생물들이 거기에 생존 할 수 있게 할 뿐만 아니라 적절한 좋은 조건을 찾아낼 수 있게 한다. 몇 종의 규조류외에, *Amphidinium*, *Gymnodinium*, *Glenodinium* 같은 와편모류가 거기에서 발견되고, 또한 일부 은편모류, 유공충, 섬모충도 발견된다.

이러한 조건에서 생존하기 위하여, 원생생물들은 당분(trehalose, mannitol, glucose), 글리세린, 아미노산과 그들의 유도체(proline, p-alanine, taurine), 메틸라민 또는 p-dimethylsulfonioproprionate을 축적하여 그들의 원형질의 조성을 수정한다. 이들 유기 복합물

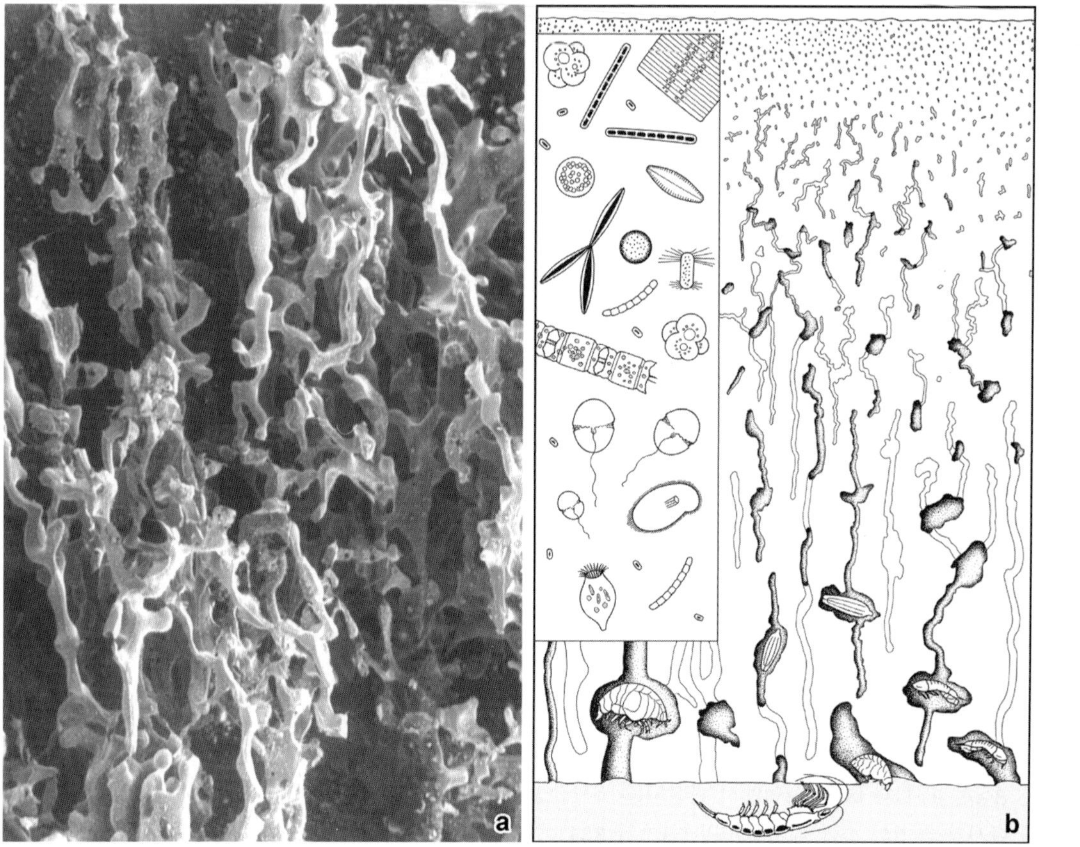

그림 **349** **a** 북극의 얼음덩어리 안에 생긴, 수지로 채워진 염수로; **b** 바다얼음 거주생물의 개념도. 후생동물: 단각류, 요각류, 난바다곤쟁이류, 와충류; 단세포 생활형(안쪽 네모칸 내): 박테리아, 섬모충류, 규조류, 와편모류, 유공충류 (Weissenberger등으로부터: Limnal. Oceanogr. 37 [1982] 179; b 여러 저자들로부터). 배율: a 15x.

은 원생동물 자체에 의해 합성되지 않고, 그것의 먹이로부터 생긴다. 최소한 실험조건 하에서, 극히 높은 염분에 내성이 있는 *Dunalliella*속(녹조류)의 편모류를 먹은 종속영양 원생생물이 보통 먹이를 먹인 대조생물들 보다 급속 냉동과 냉동보존(cryopreservation)에 더 잘 생존하였다.

빗물, 응축 온천수와 같은 매우 낮은 삼투압 조건의 서식처에서 세포내 액체는 고장액이어서 물이 지속적으로 세포안으로 들어간다. 이것은 결국 세포를 터지게 하나, 원생생물들은 삼투압적으로 활성이 있는 물질을 삼투압적으로 비활성 물질로 전환시켜 그들의 세포내 농도를 감소시킬 수 있다. 어떤 것은 세포벽이나 세포내 피층 구조를 단단하게 할 수 있게 하고, 대부분은 수축포를 통하여 물의 능동적인 배출을 할 수 있다.

온도

대부분 원생동물들은 물의 빙점에서부터 최대 약 40℃까지의 온도 범위에서 산다. 일부 원생생물은 극한의 온도에서 생존한다: 온천수에서 *Oxytricha fallax*는 41℃에서 56℃사이 온도에서 산다. 섬모충 *Euplotes*의 어떤 종은 −2℃의 해수에서 발견된다(그림 **350**).

35℃까지의 단기간 온도상승에도 많은 종들이 견딘다. 자연에서 그런 온도 변화는 얕은 늪지, 연못물이끼(*Sphagnum*)의 스탠드, 조간대 연못 같은 서식처에서 태양광에 의해 일어난다. 그러나 밤에 온도 하강이 일어나고(또는 조위증가에 의해), 하루의 평균 온도는 견딜만 하다. 이와 반대로 담수나 해양환경의 온천수에 사는 편모충, 아메바, 섬모충의 일부 종들은 비교적 높은 온도에서 적정성장을 한다. 예를 들면, 섬모충 *Trimyeama*

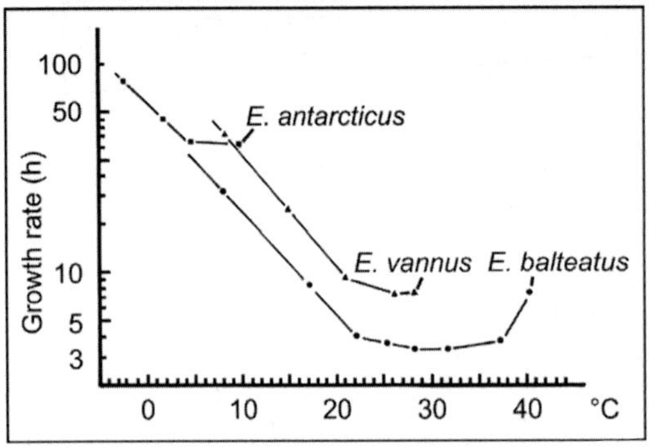

그림 **350** *Euplotes* 여러종의 성장곡선: *E. antarcticus*(남극시료), *E. vannus* (Denmark시료), *E. balteatus* (Florida시료)의 성장곡선. 성장곡선은 보다 큰 온도범위에 내성이 있음을 보이나, 적정성장을 위한 온도는 세포들이 원래 살던 서식처의 온도와 관계 있음을 보여준다 (Lee와 Fenchel로부터).

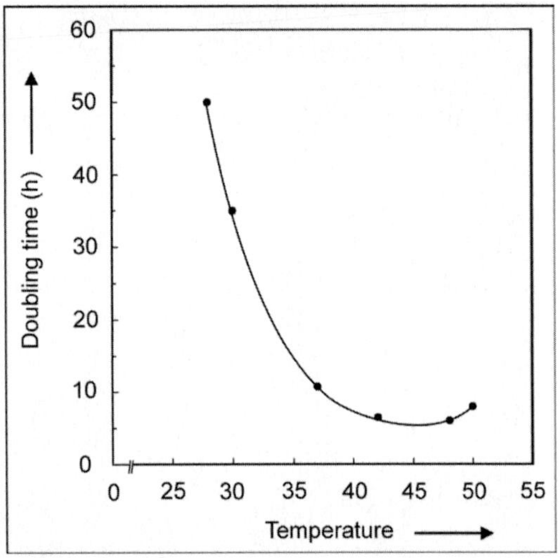

그림 **351** *Trimyema minutum*균주 EV10의 배가시간에 대한 온도의 효과. 28℃ 이하 또는 52℃ 이상에서는 성장을 보이지 않는다 (Baumgartner등으로부터: J. Eukaryot. Microbiol. 49 [2002] 227).

*minutum*은 해저 온천과 화산의 분기공(fumaroles)에 의해 가열 된 이탈리 화산섬의 모래 해저면에서 발견된다. 적정성장은 40℃와 50℃ 사이에서 관찰되고, 6시간의 가장 단시간 분열이 48℃에서 일어난다(그림 **351**). 자유아메바속(*Naegleria*; 분열균강)의 자유생활을 하는 일부 종에서, 최대 분열율이 40℃에서 일어난다(*N. fowleri, N.australensis*). 결과적으로, 적정조건 하에서 그들은, 온혈동물내 일지라도, 임의의 내생 기생자로 살아 갈 수 있다. 높은 온도에 대한 사전 적응은 원생동물이 새와 포유류의 몸안에서 생존하고 발생하기 위한 필요조건중의 하나이다(표 **19**).

어떤 단세포 생물의 대량발생은 해양에서 상당히 잔잔한 시기에 일어 날 수 있다. 야광충(*Noctiluca scintillans*)같은 종속영양 와편모류(그림 **352**)외에, 광합성 착편모류는 이러한 적조의 원인 생물이다. 1988년 초봄에 북해에서 소위 유해 적조의 원인종으로 알려진 *Chrysochromulina polylepis*의 적조도 그 중의 하나이다. 북해와 영불해협 해안가에서 봄에 때때로 유사한, 그러나 항상 독성이 있는 것은 아닌, 현상이 일어난다. 이 경우에 착편모류 속 *Phaeocystis*는 많은 개체수가 출현해 탄수화물 거품을 1m 높이까지 만든다(그림 **353**).

산소

대부분의 원생생물은 주변 환경의 용존산소에 의존한다. 그러나 원생생물은 현미경적 크기와 짧은 확산거리에 의해 후생 생물처럼 높은 산소 농도를 필요로 하지 않는다. 결과적으로 많은 종들이 극도로 낮은 산소 농도의 서식처에서 생존 할 수 있다. 어떤 것은 심지어 하수오니와 같은 환원조건의 산소가 없는 환경에서도 생존 할 수 있다. 이들 환경에서 발견되는 원생생물은 *Metopus, Caenomorpha* 같은 섬모충류와 *Trepomonas, Hexamita* 속의 자유생활 중복편모충류(diplomonads) 들이다. 그러한 환경에 사는 많은 원생생물들은 그들의 원형질내에 메탄 박테리아를 가지고 있다. 이들은 원생생물에 의해 폐기물로 생산 된 H_2를 대사하여 메탄으로 전환한다(그림 **354**). 동시에 많은 원생생물, 특히 미토콘드리아를 갖지 않거나 또는 다른 산화-환원 전위(redox) 소기구를 갖지 않은 편모류(중복편모충등)가 그러한 환경에서 발견된다.

특별히, 정체된 물이나 산소 농도가 극도로 낮은 서식처에 사는 많은 섬모충류는 녹색공생조류(zoo-

표 19. *Naegleria* 종들과 그들의 최대 성장 온도. 일부종들의 적정성장온도는 약 4℃정도 낮다 (de Jonckheere: Acta Protozool. 41 [2002] 309)

Naegleria 종	최대성장온도 (℃)
N. andersoni	40
N. australiensis	42
N. carteri	45
N. chilensis	30
N. claki	37
N. fowleri	45
N.frultoni	35
N. galeacystis	35
N. gruberi	39
N. indonesiensis	38
N. italica	42
N. jadini	35
N. jamiesoni	42
N. lovaniensis	45
N. minor	38
N. morganensis	44
N. niuginensis	45
N. pagei	37
N. pringsheimi	37
N. pussardi	41
N. robinsoni	38
N. sturti	44
N. tihangensis	42

chlorellae)로 불리는 *Chlorella*나 *Trebouxia* 속의 단세포 녹조를 원형질내에 가지고 있다. 이들은 *Climacostomum virens*나 *Paramecium bursaria*에 반드시 출현하고, *Vorticella*나 *Frontonia* 종들에 조건부로 나타난다. 섬모충들의 이점은 이들 공생조류가 광합성으로 생산한 당과 또한 광합성에 의해 유래한 산소를 제공 받는 점이다.

특히 낮은 산소 농도에 특별히 적응 된 섬모충들은 1회, 2회 순환호의 산소-무산소 경계면으로 이동한다. *Loxodes*와 *Spirostomum*속의 종들은 대부분 퇴적물 내에서 살고, 수층의 성층과 심층의 무산소층의 발달에 따라 그들은 수층으로 헤엄쳐 풍부한 산소층과 산소 고갈층 사이 경계면으로 올라온다. 이와 같이 개체군들은 여름철 성층 시기에 수직적으로 수 미터에 이르는 상당한 거리를 이동한다(그림 **355**). *Loxodes*의 효율적인 중력 방향 이동은 뮬러체(Muller's body) 같은 특별한 세포 소기구에 의해 조절 되는 것으로 보인다(그림 **116,117**).

기저부

기저부의 존재와 그들의 물리 화학적 성질은 고착성 생물에, 이동을 위해 표면이 필요한 것과 마찬가지로, 중요하다. 물리적인 관점에서 낮은 유속은 중요하고, 기저부 표면 가까이 흐르는 물에서 발견된다. 하천과 강에서 주변지역과 소위 정수구역은 원생생물의 중요한 서식처이다.

거의 모든 생물 소생활권에서, 군집의 한 부분은 고착성 원생 생물로 구성된다. 특히 많은 수의 종들이 미생물 먹이 입자와 영양염이 잠재적으로 풍부한 퇴적물 입자와 응집체 근처에서 발견된다.

고착성 여과식자들은 이동 대신에 먹이 입자를 모으기 위하여 섬모 운동이 가능한 기계식 고착기를 이용한다. 동시에 세포는 적절하게 물의 흐름을 일으킬 수 있게 기저부에서 상승할 필요가 있다. 이것은 동정편모충류나 섬모충류 *Vorticella*와 *Stentor*와 같이 자루나 몸의 형태를 길게하여 일어난다. 여과활동의 효과는 군체의 형성에 의하여 높아진다. 어떤 동정편모충류의 구형군체와 *Ophrydium versatile* 같은 섬모충의 작은 군체의 예와 같이 이들 군체들은 물에 뜬다.

바닥을 기는 아메바는 그들의 위족으로 기저부를 눌러 함정을 만들어 먹이를 잡아 먹는다(그림 **356**). *Reticulomyxa*(유공충)의 변형체는 그들의 망상 위족으로 큰 그물망을 만들어 *Volvox*군체나 윤충류 같은 큰 먹이 생물을 잡는다(그림 **357**).

어떤 고착성 섬모충류는 예외 없이 또는 적어도 선호하여 유기물 기저부나 살아있는 기저부에 고착한다(그림 **358**). 이것은 특히 섬모충 *Spirochona* 속의 멤버들이 옆새우(gammarida)의 아가미 판위에 발견되는 것과 같다; 갑각류의 표면에 부착하는 어떤 후구섬모충류(Apostomatia)에서도 실제 나타난다

많은 흡관충류들이 종 특이성을 갖고 어떤 동물과 식물위에 산다: *Tokophrya lemnae*는 좀개구리밥(*Lemna minor*)의 뿌리줄기 위에 부착하여 산다. 이 고도 분화의 진화적 의미는 경쟁을 피하기 위한 것이다. 그러나 기저부에 대한 인식기작은 잘 안 알려져 있다.

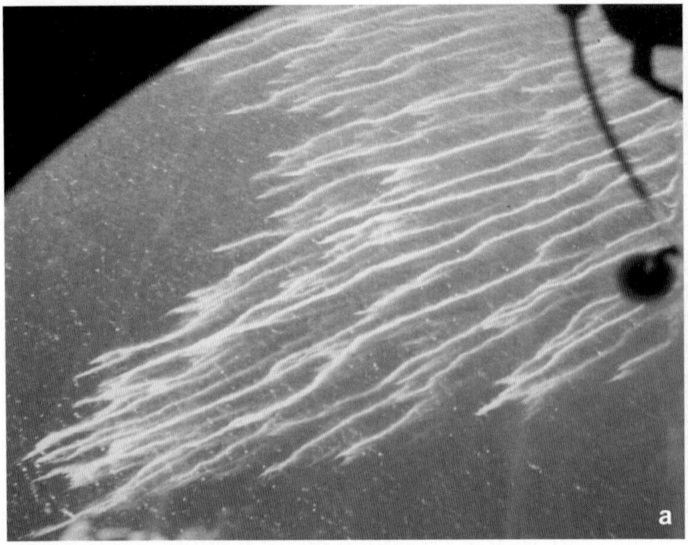
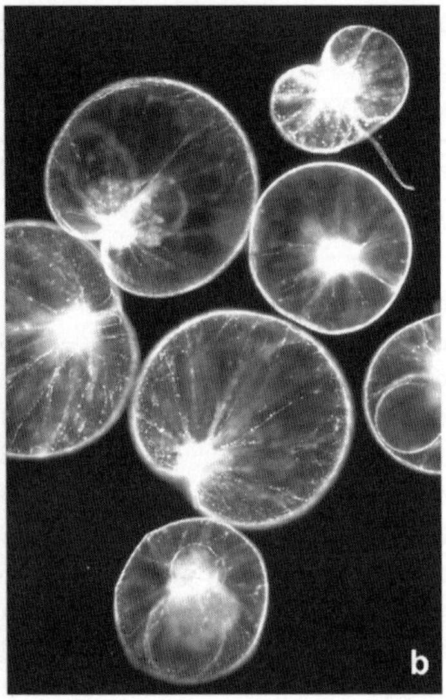

그림 **352** **a** 북해에서 *Noctiluca scintillans*의 대규모 증식(적조)에 대한 공중사진; **b** *Noctiluca*(야광충)의 살이있는 세포(a Kiel의 J. Voβ로 부터; b Rotterdam의 W. V. Egmond로 부터). 배율: b 25x.

그림 **353** 1981년 대규모 *Phaeocystis* 출현에 의해 생긴 Norderney섬(독일) 해안가 거품(Norderney의 H. Michaelis의 호의에 의해).

생물학적 요인들

위에서 언급 했듯이, 가장 중요한 생물학적 요인(Biotic factors)은 먹이-포식 관계와 마찬가지로 먹이자원 및 다른 생물과의 경쟁이다.

몇 주 또는 몇 달의 세대기간을 가진 종은 유공충과 마찬가지로, 매우 안정 된 환경에서만 생존한다. 정상적으로 그들은 주어진 환경의 한계에 의해 결정되는 보다 복잡한 생물군집(biocoenose)에 연결되어 있다. 대조적으로 대낮 2-3시간의 짧은 번식 시간을 갖는 원생생물은 자원의 빠른 이용을 보여준다. 아메바와 편모충 또는 섬모충으로 구성되는 그러한 개체군들은 그들의 발생이 빠른 만큼 빠르게 붕괴하려는 경향이 있는 것 같다.

새로운 생물군집을 세우는 첫단계는 새로운 서식처의 정착이다. 담수 연못의 인공기저부 실험에서, 약 60여 종의 다른 종이 3주내에 기저부에 정착했다. 이와 반대로, 새로운 정착이 불확실한 상황하에서, 예를 들면 만약 새로운 서식처가 접종원으로부터 멀리 떨어진다면, 매우 느리게 이루어 질 수 있다. 이것은 1963년 아이슬란드 남쪽에 화산활동의 결과 새롭게 형성된 Surtsey 섬에 의해 입증되었다: 담수로 채워진 콘테이너에 15종 이하가 2년의 기간내에 겨우 발견되었다.

선구종들은 보통 동정편모충과 보도충 종들 같은 작은 편모충류들이고, 이어서 작은 아메바와 섬모충들이 뒤따른다. 그들의 먹이 생물은 박테리아, 남세균, 규조류 같은 단세포 조류들이다. 먹이 생물 군집의 조성은 원생생물의 먹이 활동에 의해 점점 정성, 정량적으로 크게 영향을 받는다. 서식처는 포식자 원생생물에 특별한 새

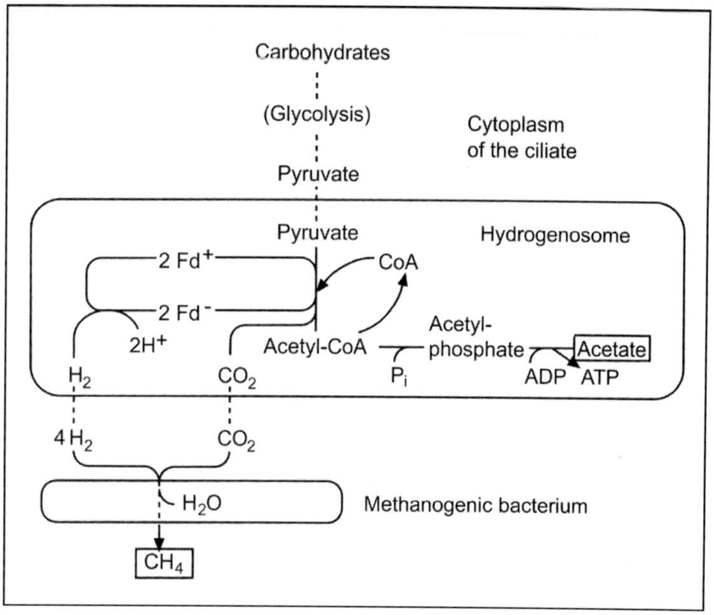

그림 354 혐기성 섬모충류 안의 수소발생체와 내생 메탄생성 박테리아 사이의 상호작용.

로운 생태적 적소를 형성하며 이들 생물군집이 자리잡는 동안에 재 형성된다.

다른 종들의 출현 서열을 천이라 부른다. 실험실 실험은 원생생물 군집들이 불안정하고 매우 빠르게 흔히 하루안에 역동적으로 변할 수 있음을 보여준다(그림 **359**). 천이는 새로운 포식자의 우점하는 현상과 마찬가지로 특별한 먹이 자원의 고갈을 반영할 수도 있다. 박테리아를 먹는 섬모충 개체군에 대한 포식자의 영향은 세 가지 생물들로 구성된 단순한 먹이연쇄에서 보여 줄 수 있다(그림 **360**). 만약에 육식성 섬모충 *Hemiophrys*를 *Vorticella*의 성장 배양기에 넣으면, *Vorticella*의 수는 급작스럽게 감소되고, 반면에 *Hemiophrys* 개체군은 최대에 달한다. 먹이가 모두 소모된 후에, 포식자의 수도 붕괴된다. 그러면 *Vorticella* 개체군은 풍부한 박테리아의 소모를 통하여 다시 성장한다. 순환이 다시 시작한다. 유사한 포식자–먹이 천이가 섬모충 *Didinium nasutum*/*Paramecium caudatum*, *Trachelius ovum*/*Ophrydium versatile* 관계에서 알려져 있다.

자연 소생활권에서, 그 상황은 여러 종류의 개체군 밀도에 영향을 주는 요인들의 증가로 보다 복잡하다. 이들 요인들의 하나는, 예를 들면, 원생생물 군집에서 후생동물 포식자의 출현이다. 이들 원생생물의 어떤 것은 어류 유생이나, 물달팽이, 편형동물 또는 빈모류에 먹힌다; 다른 것들은 윤충류와 먹이 경쟁에 의해 죽는다(그림. **361**).

원생생물 개체군은 후생생물이 아주 적거나, 없는 서식처에서 살 수 있다: 해양 간극에서 보여주는 것처럼, 미세 서식처는 후생동물이 들어가기에는 너무 적다. 무수한 원생생물이 있는 다른 서식처는, 어떤 후생생물이 아주 적은 수로 생존할 수있는 무산소 환경처럼, 극한의 물리 화학적 특징을 갖을 수도 있다. 마지막으로, 원생생물의 밀도가 매우 높은 개체군이, 생물학적 폐수처리시스템의 활성오니와 같은, 인공서식처에서 발견된다. 이들 시스템에서, 폐수가 박테리아 개체군에 의해 유기물로 분해되는 큰 탱크로 퍼올려지고, 박테리아는 매우 농밀한 개체군으로 발달한다. 이 먹이원은 원생생물, 특히 고착성 여과식자인 섬모충에 의해 이용된다. 그러한 폐수처리장에서 물의 흐름이 비교적 빠르면, 후생동물 포식자는 농밀한 개체군으로 발달하지 못한다

먹이자원이 고갈될 경우에, 원생생물은 특별한 생존 전략을 갖는다. 이미 언급했듯이, 그 하나는 휴면 포낭(resting eyst)을 형성하는 것이다. 고착성 종은 능동적으로 헤엄을 치거나 수동적으로 부유하여 다른 서식처로 일시적으로 이동 할 수 있다. 이들 전략의 보기

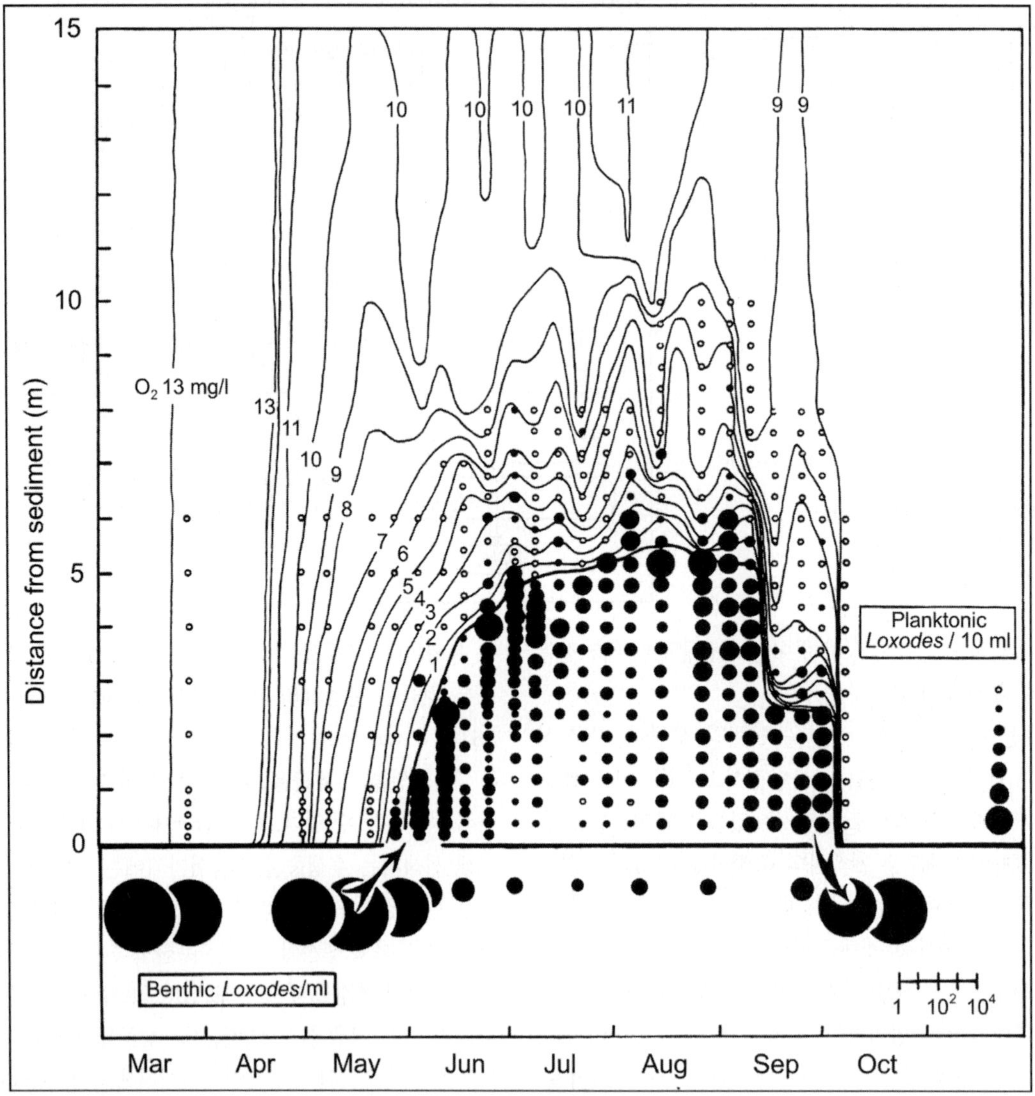

그림 **355** 부영양호수(영국 호수지방 Esthwaite Water) 퇴적물의 산소농도에 따른 *Loxodes*개체군의 수직분포. 여름철 성층기간(6월-9월)동안, 임계산소농도(0-2mg/l) 범위가 퇴적물 위 약 5-6m까지 확장된다. *Loxodes*는 무산소심수층에 사는 세포들이 있지만, 여름동안 산소의 공급원을 쫓아간다. 수층의 성층이 붕괴되면, 모든 *Loxodes*는 퇴적층으로 돌아온다(10월초) (Finlay와 Fenchel로부터: Freshwater Biological Assoc. Annual Rep. 54 [1986] 73).

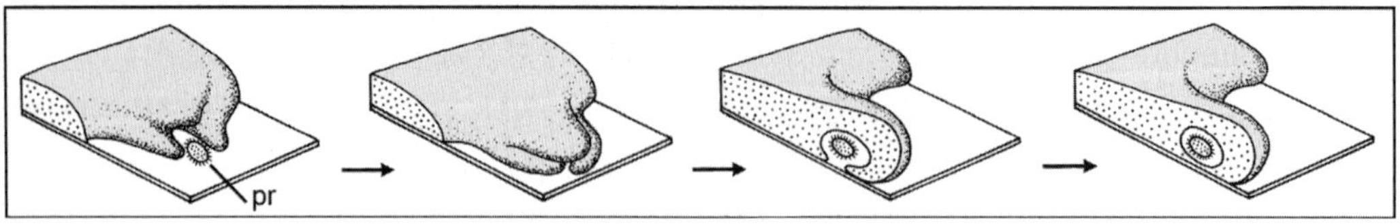

그림 **356** *Amoeba proteus*에 의한 먹이생물(pr)의 세포섭식 (Haberay와 Stockem으로부터).

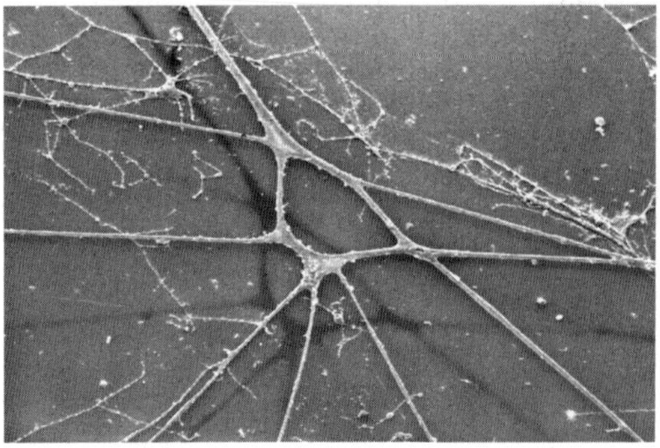

그림 **357** 기저부위 전자그림자에 의해 확산되는 *Reticulomyxa filosa*의 위족망의 일부분. 배율: 200x.

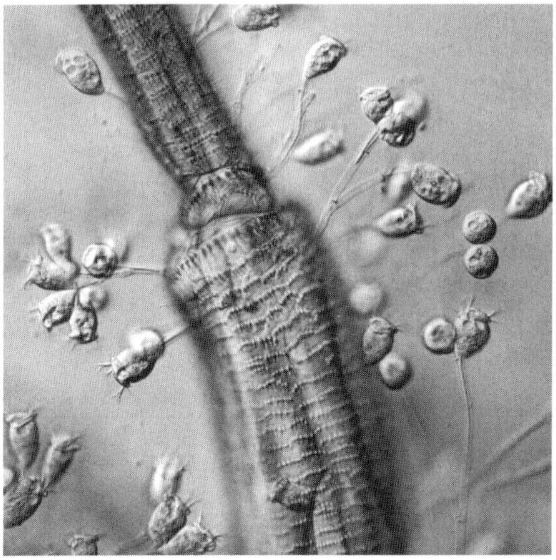

그림 **358** 엽각목(Phyllopod)의 안테나 위 둘레섬모충류 (Hausmann과 Rambow로부터: Mikrokosmos 74 [1985] 208). 배율: 110x.

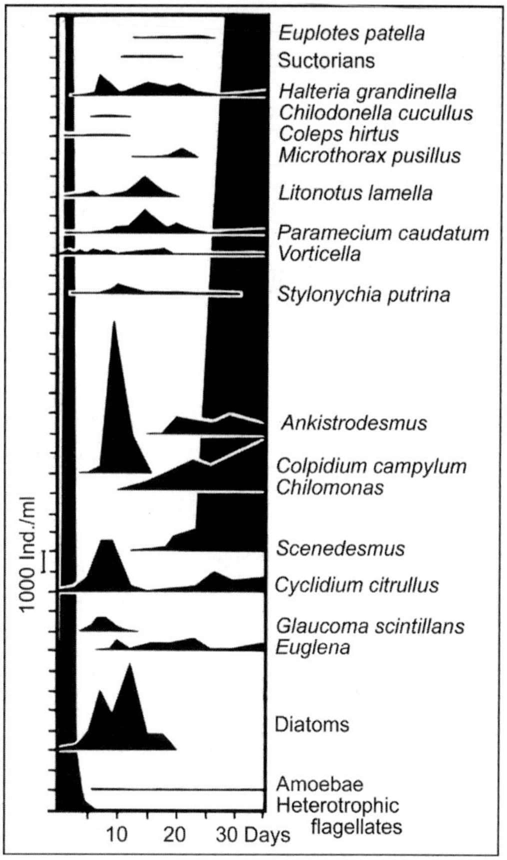

그림 **359** 유기물의 원천으로 섬유질이 공급된 실험실 배양액에서 자란 자연시료의 원생생물 천이 양상. 시료들을 35일간 모니터링하였다 (Bick로부터).

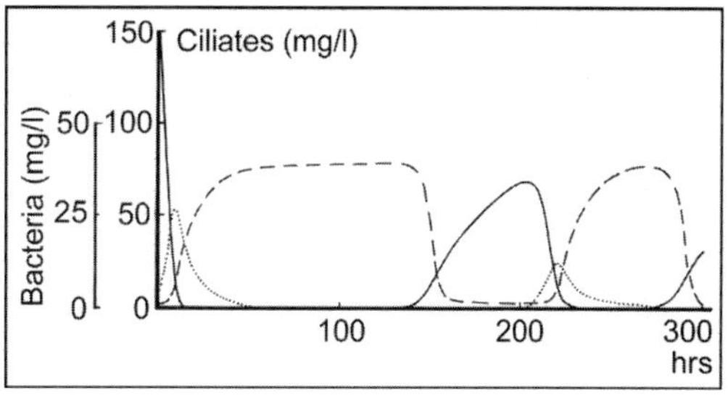

그림 **360** 박테리아(—), 섬모충류 *Vorticella*(----)와 *Hemiophrys*(····)의 개체군 변동 역학을 위한 모형 실험 (Curds로부터).

는 *Vorticella*에 의한 단부섬모환(telotroch)의 형성(그림 **142a**)과 분열균류의 편모기로의 전환이거나(그림 **55, 312**), 무각 아메바류의 부유기(방사형)로의 전환이다(그림 **26**).다른 것들은 완전히 움직이지 못하고, 그들의 대사율을 최소로 줄여 생존에 정상적으로 필요한 에너지의 2–4%만 공급한다(예: 유글레나 종류의 팔멜라기). 다른 가능성은 성장을 제한하는 대사물질을 주위환경에 배출하는 것이다. 이 현상은 세균 발육저지작용(bacteriostasis), 진균생장저지작용(fungistatis), 섬모충생장저지작용(ciliostatis)이라 불린다. 동일종에의한 섭취가 동일종 포식을 할 수 있는 큰 입의 발달을 통하여 알려지고 있다(그림 **310**).

*Chlorella*종과 원생생물 사이의 공생은 먹이 고갈에 대한 반응이 아니고, 적응의 결과이다. 이들 내생공생자 각각은 원생생물의 원형질의 액포내에 살며, 원

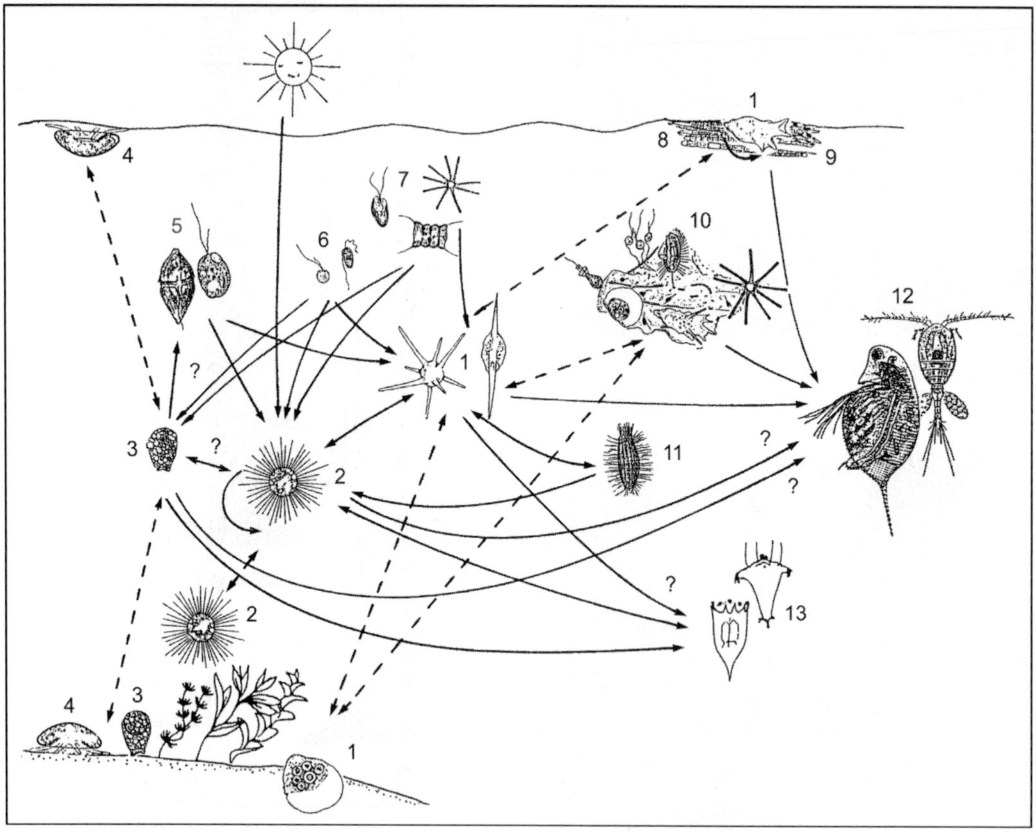

그림 **361** 호수 생물사이의 영양관계. 끊어진 선들은 서식처의 변화를 가리킨다. 1 = 무각아메바, 2 = 태양충류, 3과 4 = 유각아메바류, 5 = 소형 종속영양 편모류, 6 = 종속영양 미소편모류, 7 = 식물플랑크톤, 8 = 남세균 사상체, 9 = 부착박테리아, 10 = 유기쇄설물 덩어리, 11 = 섬모충류, 12 = 중형동물플랑크톤, 13 = 소형 후생동물플랑크톤 (Arndt로부터: Marine Microbial Food Webs. 7 [1993] 3).

생생물 소화체계에 의해 보통 공격받지 아니한다. 그러나 먹이가 제한되는 극도의 환경일때, 그들은 숙주에 의해 소화 된다. 정상적인 조건에서 숙주는 이 공생서식자로 부터 그 자신의 대사작용에 이용하는 광합성 산물을 받아들임으로써 이득을 얻는다. 황무지(비에 의해서만 물을 받아들이고, 결과적으로 유기 영양염이 극도로 적은)의 물이끼 스탠드에서, 주로 녹색 원생동물 즉, *Chlorella*를 가진 원생동물들이 발견된다: 유각 아메바 *Hyalosphenia papilio*, 무각 아메바 *Mayorella viridis*, 태양충류 *Acanthocystis turfacea* 또는 섬모충류 *Climacostomum virens* 등이 여기에 포함된다.

원생생물 서식처에서 종풍부도와 마찬가지로 한 종의 개체수는 주로 이용할 수 있는 먹이에 달려있다. 종사이의 생태적 지위의 겹침은 특별한 먹이의 분화에 의해 최소화 된다. *Amoeba proteus*와 *Chaos chaos* 같은 잡식성 대형 아메바는 *Pseudomicrothorax dubius* 같은 섬모충류와 흔히 공생한다. 이들은 한속에 속하는 남세균만 먹고 소화 할 수 있게 크게 특화되었다. 거의 30종에 이르는 *Vampyrella*가 겨우 2-3종의 조류에만 의존한다.

종속영양, 자유생활 원생생물은 거의 모든 형의 유기물을 섭식한다: 박테리아, 남세균, 다른 종속영양과 독립영양 단세포들, 균류와 그들의 포자, 작은 후생동물, 그리고 분해되는 고등식물과 동물 조직까지 먹는다. 이들 원생생물에, 먹이 섭취에 대한 가장 중요한 제한 요인은 입기구의 구조이다. 같은 섬모충속의 다른 종이라도

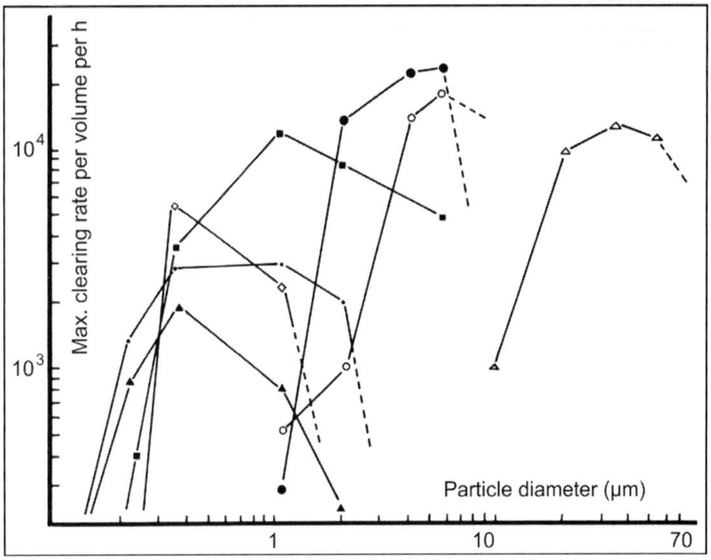

그림 **362** 7종류의 섬모충류에 의한 서로 다른 크기의 라텍스(latex)입자 여과에 대한 선택성(시간당 섬모충 자신의 용적의 배수로 최대 제거율 계산): • = *Glaucoma scintillans*, ■ = *Paramecium caudatum*, ○ = *Blepharisma americanum*, ▲ = *Colpidium campylum*, ◇ = *Cyclidium glaucoma*, ● = *Euplotes moebiusi*, △ = *Bursaria truncatella* (Fenchel로부터).

특별한 크기 범위의 먹이 입자만 여과 할 수 있어(그림 **362**), 그들이 같은 서식처에서 공존 할 수 있게 한다.

남세균과 함께, 색소가 있는 조류원생생물 전체가 지구 광합성의 40%(탄소고정과 산소생산)를 하는 것으로 추정되고, 해양생태계에서 일차생산의 거의 100%를 담당한다. 자유생활 원생생물은 또한 직접 경제적인 중요성이 있다: 조류의 500종 – 주로 해조류는 인간에 직접 이용되거나 한천질, 젤라틴, 캐로틴 같은 조류 산물로 식료품과 화장품 등에 이용된다.

12.2 수서생물 군집과 서식처

지구 규모로, 해양의 수서생물 군집은 대부분 생물 생산력의 원천이다. 단세포 생물의 역할은 주로 지난 30년 동안에 밝혀져 왔다.

무엇보다도, 플랑크톤, 유영동물, 저서동물의 종조성(그림 **347**, **348**)이 해양과 호수에서 매우 유사하다는 것은 매우 놀라운 일이다. 예외는 종속영양 와편모류, 방산충과 유공충등으로, 이들은 해양환경, 특히 외양에서 많이 발견된다. 주로 핵잔모섬모충으로 구성된 전형적인 간극생물은 해양환경에서만 알려졌다. 이러한 결과로, 해양과 담수 서식처 사이의 유사성 연구는 주로 광합성, 종속영양성 편모류와 섬모충류, 아메바류에 집중되어 왔다.

주요서식처는 환경인자들이 비교적 균일한 특징을 가지는 표영계의 수층이다. 여기서 우리는 부유형만이 아니라 부유입자에 부착하는 고착형도 발견한다. 이들 소생활권은 원핵생물, 진핵단세포, 또는 후생생물에의해 서식처로 이용된다. 표20에서 다양한 종속영양생물들을 그들의 크기에 따라 목록화 시켰다. 원생생물은 미소플랑크톤(2–20 μm)과 소형플랑크톤(20–200 μm)으로 출현하며 그 출현량은 5계(order)에 걸쳐 큰 폭으로 분포하는 것으로 평가된다. 후생동물과의 경쟁은 아주 적다. 그 이유는 요각류가 극미소플랑크톤을 여과하여 먹을 수 없는 것처럼, 작은 갑각류들의 여과기구의 기능과 형태가 원생생물과 차이가 있기 때문이다. 동물플랑크톤 그룹은 원생동물과 유사한 크기의 광합성 단세포에 의존한다: 이들은 규조류, 와편모류, 착편모류 등의 소형식물플랑크톤이다. 식물플랑크톤에 의해 제공되는 유기물의 많은 부분이, 이전에 생각했듯이, 작은 갑각류와 원생생물의 직접적인 먹이(고전적인 먹이 연쇄: classical food chain)로서 보다는 박테리아에 의해 분해되고, 박테리아는 종속영양 포식자와 미세생물먹이고리(microbial loop)의 먹이로서 기능을 하는 것으로 밝혀지고 있다. 소형식물플랑크톤의 순일차생산량의 50%까지 미세생물먹

크기 구분	크기	생물
1	0.2-2 μm	원핵생물
2	2-20 μm	미소형 원생동물 (대부분 편모충류, 아메바)
3	20-200 μm	소형의 원생동물 (대부분 섬모충류), 윤충류
4	200-2,000 μm	대형 원생동물 (대부분 섬모충류), 윤충류, 소형 갑각류
5	2-20 mm	거대 원생동물 (예: 유공충, 방산충), 자포동물, 편형동물, 선충류, 절지동물 (대부분 소형 갑각류, 곤충 유생), 척추동물유생
6	20-200 mm	거대형 원생동물 (예: 큰 점균류, 유공충류, 방산충군체), 요각류, 환형동물
7	200-2,000 mm	갑각류, 어류
8	2-20 m	포유류, 어류

표 20. 수서 종속영양 생물들 사이의 크기 관계

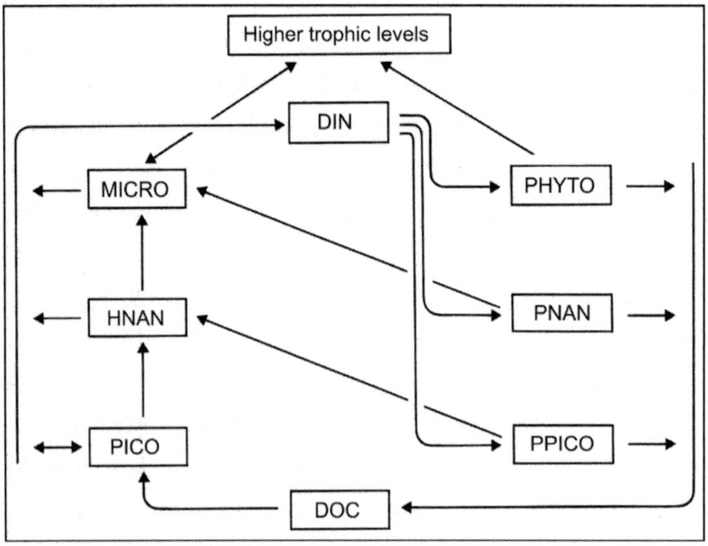

그림 **363** 미세생물먹이망 내 에너지 흐름의 단순한 개념도. HNAN = 종속영양 미소플랑크톤(2 - 20μm), PNAN = 광영양 미소플랑크톤(미소형조류), PICO = 종속영양 극미소 플랑크톤(0.2 - 2μm, 박테리아), PPICO = 광영양성 극미소 플랑크톤(남세균), MICRO = 종속영양 소형 플랑크톤(20 - 200μm), PHYTO = 광영양 플랑크톤, DIN = 용존 무기 영양염, DOC = 용존 유기성물 (여러 저자들로부터).

이고리로 들어간다. 그 기저부에 박테리아를 섭취하는 미소형플랑크톤과 소형플랑크톤이 있다. 종속영양 미소형플랑크톤–소형플랑크톤은 다세포 동물과 경쟁하지 않으므로, 박테리아 개체군의 생물학적 조절은 동정편모충류와 같은 미소형 그룹의 역할이다. 단순화된 플랑크톤의 에너지 흐름 모델은 미세생물먹이망(microbial food web)에 의해 주어진다(그림 **363**). 보다 실제적이고, 보다 복잡한 체계는 그림 **364**에서 볼 수 있다.

종속영양 생물의 출현 개체수는 정체수와 수온에 의한 성층구조를 한 수역에서 수직적인 구조를 하고 있다. 그러한 소생활권에서 소형동물상의 대부분이 약 300평 규모의 담수 연못에서의 분석에 의해 볼 수 있다(그림 **365**). 호수의 중앙과 연안에 근접한 저서동물의 상황은 수층에 깊이별로 분석되었다. 산소가 있는 표수층

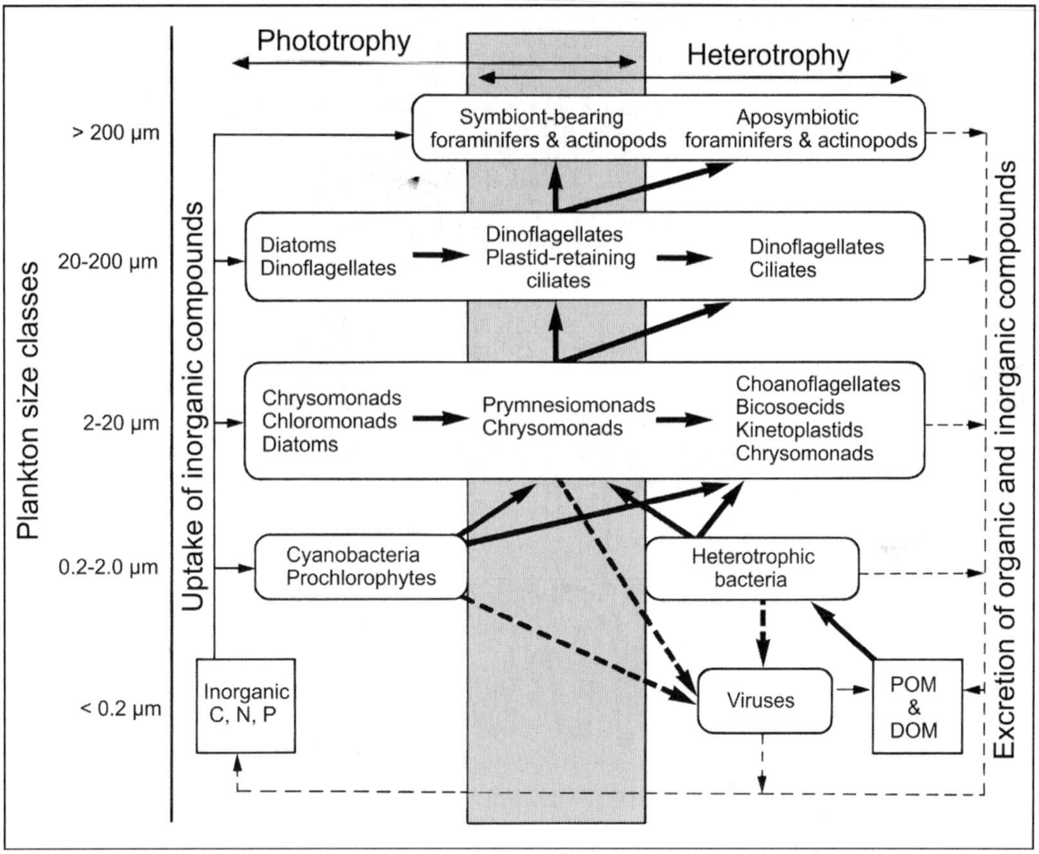

그림 **364** 해양 부유생태계에서 광합성 원생생물, 종속영양 원생생물, 원핵생물 사이의 크기 분류와 일반화된 영양관계를 보여주는 미세생물 먹이망 모식도. 대표적인 분류군은 각 크기 그룹과 영양형으로 표시하였다. 두꺼운 연속 화살표는 소모의 결과로서 에너지 흐름의 방향을 가리킨다. 가는 연속선은 일차생산자에 의한 무기 복합물의 섭취를 가리킨다; 배설과 분비의 결과 유기물질과 무기물질의 유출은 가는 점선으로 표시하였다. 굵은 점선은 바이러스의 용균작용에 의한 미세생물 생물량의 소실을 가리킨다. 중앙의 그림자 부분은 광합성과 섭식영양 양쪽을 모두 하는 생물을 표시한다. DOM과 POM은 용존유기물과 입자성 유기물의 풀을 표시한다 (Caron과 Finlay로부터).

(epilimnion)은 약 100cm의 깊이까지 연장된다. 산소가 없는 심수층(hypolimnium)은 약 180cm 깊이에서 시작하여 약 350cm 깊이에 있는 퇴적층에까지 달한다.

표영공간에 비하여, 저서 서식처는 다양하고 이질적인 구조를 보인다. 화학적인 요인들, 표면 속성, 먹이원 등의 지역적인 차이는 특별한 동물상을 가진 소형서식처를 이루게 한다. 어떤 소형서식처는 단지 그들의 작은 크기로 인하여 존재한다. 예를 들면, 입자 크기가 100-250µm로 된 해양간극(interstitial)이 있다. 보통 먹이 경쟁자나 포식자들은 그들의 큰 몸집 때문에 그러한 서식처로 침입 할 수 없다. 그러므로 그곳은 주로 길쭉하거나 연충형인 원생생물에 의해 점령된다.

이러한 유사한 저서성 소형서식처는 또한 수직적으로 나뉠 수 있다. 주로 박테리아 분해의 정도에 의해 생기는 산소의 농도와 퇴적층으로 유입되는 산소의 흐름등이 층상공간 범위의 기초가 될 수 있다. 어떤 깊이에서 산소농도가 호기성미생물에게 매우 낮을 수 있고, 산화환원전위가 부정적 일 수 있다. 이러한 환원 상태의 무산소 조건에서 분해가 예외없이 혐기적으로 일어난다. 그러한 서식처에 사는 많은 섬모충류는 어떤 범위의 산화

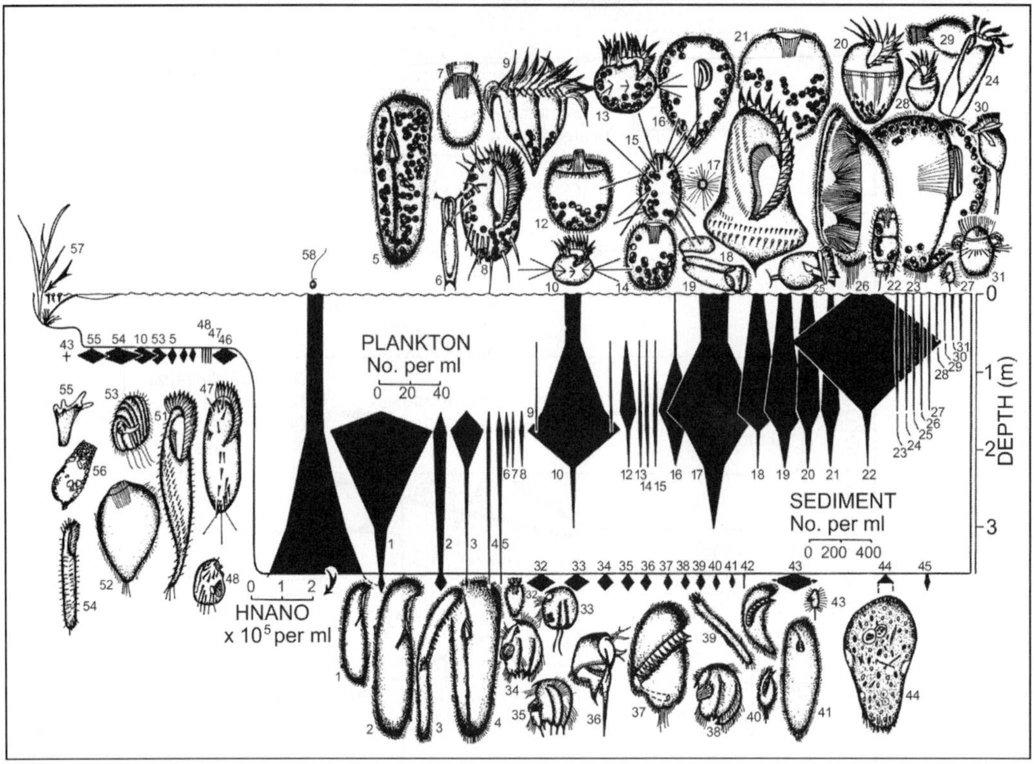

그림 **365** Priest Pot(영국의 호수지방)의 섬모충류와 다른 종속영양 원생생물의 수직분포와 출현양. 종이름 다음의 정보는 크기(㎛), 먹이종류, 먹이의 크기(μm) 등을 각각 포함한다. [z]은 공생녹조류의 출현을 표시하고, [s]는 소화되거나 소화되지 않은 색소체의 존재를 표시한다. 불균형적으로 큰 종(1-5와 44)을 제외하고, 모든 생물들은 크기 척도에 따라 그렸다 (Finlay등으로부터: Europ. J. Protistol. 23 ,1988, 205). 1 *Loxodes striatus* (200; 조류; 5-50); 2 *Loxodes magnus* (400; 조류; 5-50); 3 *Spirostomum teres* (300; 조류; 2-10); 4 *Frontonia leucas* (300; 조류; 3-50); 5 *Frontonia vernalis* (300; 조류[+z]; 3-50); 6 복모동물문(gastrotrichs); 7 *Enchylis* sp. (60; 조류; 〈5); 8 *Euplotes daidaleos* (80; 조류[+z], 박테리아; 〈5); 9 *Strobilidium velox* (50; 조류[+z]; 5-10); 10 *Halteria grandinella* (50; 조류[+z]; 5); 11 미동정 유각아메바; 12 *Monodinium balbianii* (75; 조류[+z]; 5-10); 13 *Halteria grandinella* var. *chlorigella* (50; 조류[+z]; 5); 14 *Prorodon* spec.1 (50; 조류[+z]; 2-5); 15 *Actinobolina radians* (60; 조류[+z]; 5); 16 *Disematostoma* (2개의 미기술 종) (75, 100; 조류[+z]; 3-20); 17 *Acanthocystis pantopodeoides* (18; ?; 〈5); 18 *Hypotrichidium conicum*과 *H.geleii* (120/100; 조류; 3-25/ 2-10); 19 윤충류; 20 *Strombidium viride* (70; 조류; 2-10); 21 *Prorodon* spec.2 (80-100; 조류[+z]; 2-15); 22 *Coleps hirtus* (45; 조류[+z]; 2-5); 23 *Stokesia vernalis* (150; 조류[+z]; 3-30); 24 *Tintinnidium* spec. (75; 조류; 2-5); 25 *Vorticella bosminae* (20; 박테리아; 〈2); 26 *Lembadion magnum* (120; 조류, HNAN; 5-25); 27 *Cyclidium* spec. (20; 박테리아; 〈2); 28 *Strombidium* spec. (30; 조류; 2-5); 29 *Enchelydium clepsiniforme* (60; 조류; 2-5); 30 *Vorticella* spec. (40; 박테리아; 〈2); 31 *Askenasia volvox* (40; 조류; 2-5); 32 *Enchelydium amphora* (35; 박테리아; 〈5); 33 *Mylestoma anatinum* (25; ?; ?); 34 *Epalxella* spec. (30; ?; ?); 35 *Saprodinium* Spec. (40; 박테리아; 〈2); 36 *Caenomorpha lauterborni* (70; 자색박테리아; 5); 37 *Brachonella spiralis* (120; 자색박테리아(-cluster); 5-20); 38 *Pelodinium reniforme* (50; ?; ?); 39 *Chaenea sapropelica* (100; ?; ?); 40 *Metopus undulans* (70; 박테리아; 〈2); 41 *Loxocephalus luridus* (150; ?; ?); 42 *Metopus curvatus* (60; 박테리아; 〈2); 43 여러 채찍 섬모충류; 44 *Pelomyxa palustris* (100-700; 다양한 입자; 〉200); 45 *Acanthoamoeba, Vahlkampfia* 같은 여러 종류의 무각 아메바; 46 여러 종류의 채찍 섬모충류; 47 *Stylonychia* (2종) (70/130; 조류; 2-10); 48 *Aspidisca cicada* (30; 박테리아; 〈2); 49 12와 동일; 50 30과 동일; 51 *Paruroleptus* spec. (130; 조류; 〈20); 52 *Rhagadostoma* spec. (100; 조류; 5-10); 53 *Cinetochilum margaritaceum* (30; 박테리아; 〈2); 54 *Holosticha* spec. (80; 조류; 2-10); 55 *Oscillosignum, Vahlkampfia* (25/7; 조류; 2-5) 같은 무각아메바; 56 *Centropyxis, Difflugia* 같은 여러 종류의 유각아메바; 57 대형식물에 정착한 *Vorticella*와 다른 둘레섬모충류와 동정편모충류; 58 단독 생활하는 황갈색편모류(1-5).

환원 전위를 선호하고 퇴적층의 특별한 공간에 서식한다 (그림 **366**).

원생생물은 서로 다른 퇴적공간 내에서 특별한 생태적 적소(ecological niches)에 산다; 이것은 특별한 먹

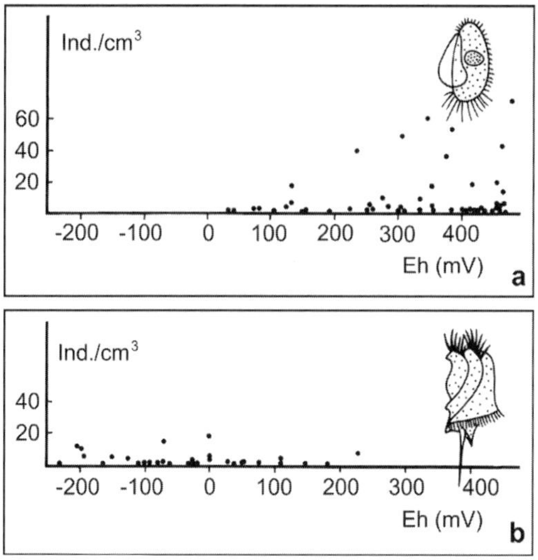

그림 **366** 두 해양섬모충류 *Pleuronema coronatum*(**a**)과 *Caenomorpha levanderi*(**b**)의 산화환원전위(eh)에 기초한 간극에서 분포 (Fenchel로부터).

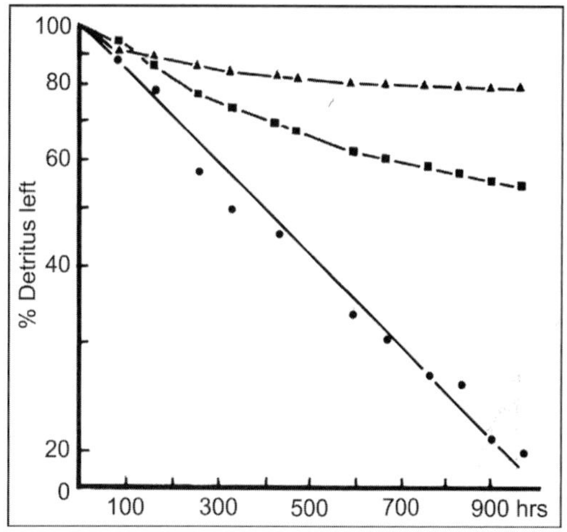

그림 **368** 박테리아(▲), 박테리아와 동정편모충류(■), 박테리아와 여러 종류의 원생생물(●)에 의한 유기물의 분해율 (Fenchel과 Harrison으로부터).

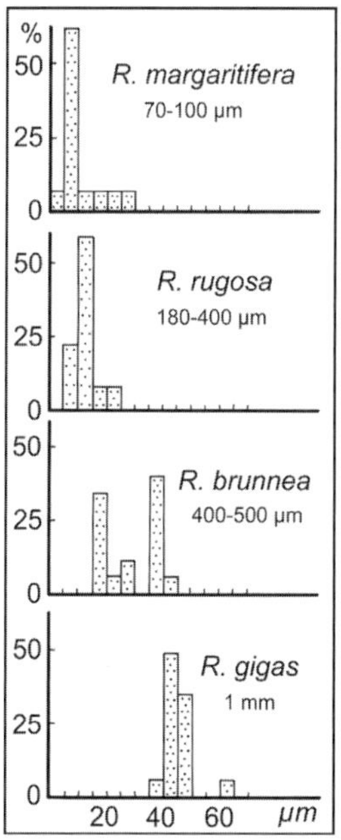

그림 **367** 간극생물 *Remanella* 종들에 의해 주로 섭취된 규조류의 크기. 세로좌표는 각 크기군의 개체밀도, 가로좌표는 규조류의 절대 길이 (Fenchel로부터).

이에 특수화된 것에 기인한다. 예를 들면, 어떤 종류는 혐기성 박테리아를 먹고, 다른 종류는 박테리아를 먹는다. 어떤 종류는 조류, 원생생물, 그리고 작은 후생동물을 먹고, 다른 종류는 유기쇄설물을 먹는다. 특수화는 같은 서식처에 살면서 다른 크기의 먹이입자를 먹는 섬모충 *Remanella* 속의 다른 종들에서 볼 수 있다(그림 **367**).

작은 생물들은 비교적 높은 대사율을 갖는 특징이 있다. 유기물의 순환에 원생생물의 기여도는 매우 높다. 실험에 의하면 원생생물은 퇴적된 식물체의 분해율을 가속시킨다(그림 368). 원생생물이 박테리아와 협력하여 가장 빠른 분해율을 가진다는 실험결과는 박테리아가 섬모충에 의해 섭취당하기 때문에 언뜻 보기에 모순되게 보인다. 그러나 이 뚜렷한 모순은 원생생물 주위의 환경이 박테리아 소화로 필수 영양염이 증가되면서, 남아있는 박테리아의 성장과 번식을 증진시킴으로 이해될 수 있다. 좀 더 섬모충류는 그들의 섬모운동을 통하여 액상미소환경에서 용존영양염과 기체의 순환을 촉진시킴으로서 박테리아 개체군 밀도 증가에 긍정적인 영향을 줄 수 있다. 그 외에 대형원생생물들은 육식성 또는 초식성 생물로서 동물과 식물체의 분해에 관여한다. 특히 중요한 것은 큰 입을 가진 *Tetrahymena*와 *Ophryoglena* 같은 섬모충류이다. 또한 식균성병형충류과 그물균충류의 사상위족의 시기가 이들 대형 원생생물 그룹에 포함된다.

12.3 육상생물 군집과 서식처

육상서식처는 수서생태계의 퇴적층과 유사함을 보인다. 뚜렷한 차이는 물의 이용도와 대기기체의 출현이다. 결과적으로 토양(부식하는 잎과 식물체의 위 포함)의 원생동물상은, 담수에서 비교적 특화가 덜 된 종처럼, 높은 적응능력을 가진 내생성 종들을 포함한다.

토양의 상층부는 강우와 지하수에 의해 물이 공급된다. 물은 광물질의 크기에 따라 모세관과 구멍에 축적된다. 풍부한 원생생물 군집이 30μm 두께의 수막에서 발견된다(그림 **369**). 작은 무각아메바가 살 수 있는 수막의 최소 두께는 약 5um이다. 원생동물상은 부식질이나 식물 뿌리의 성장점 가까이 밀집되어 있다. 양 경우에 유기물의 분해는 이들의 밀집의 결과이다.

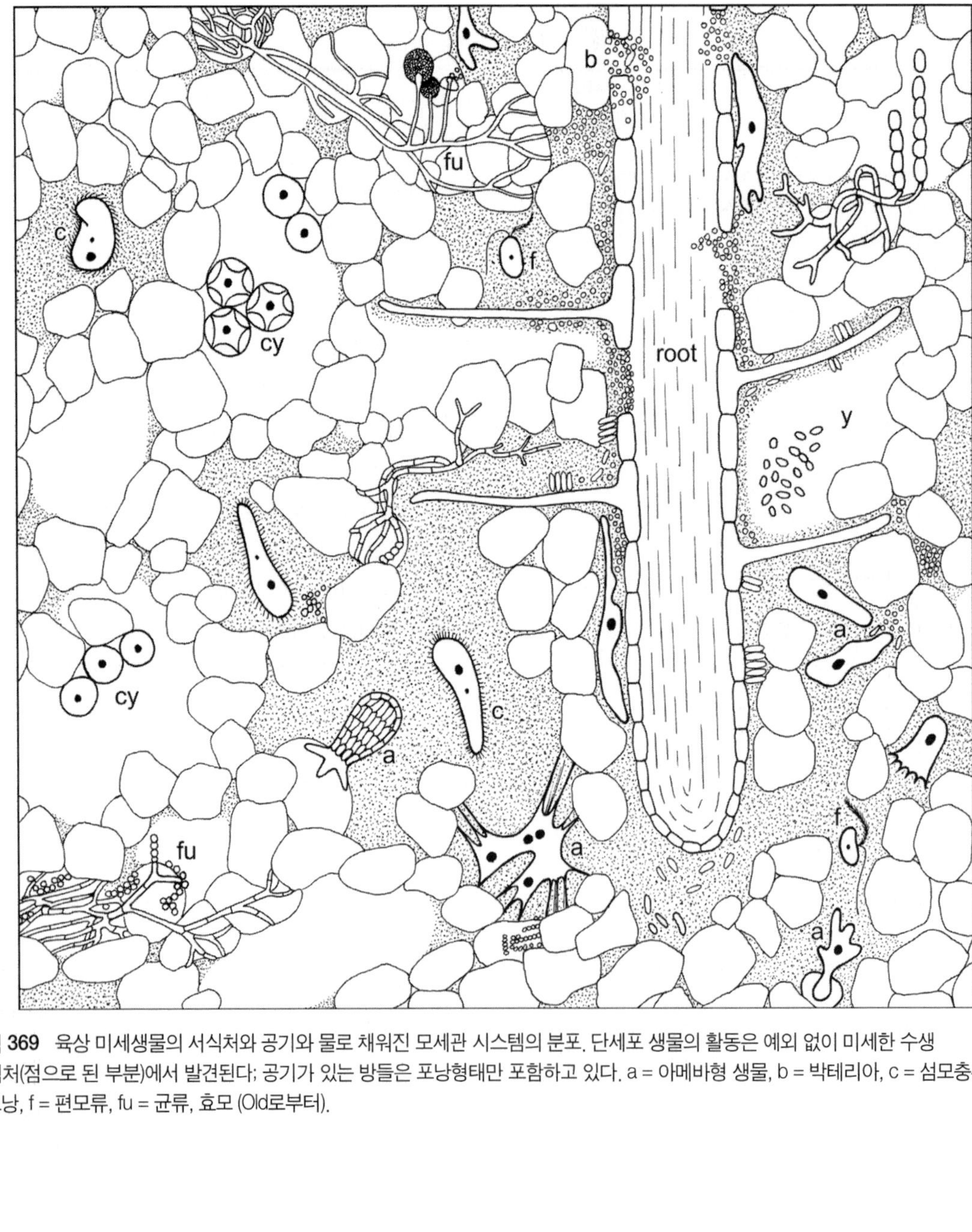

그림 **369** 육상 미세생물의 서식처와 공기와 물로 채워진 모세관 시스템의 분포. 단세포 생물의 활동은 예외 없이 미세한 수생 서식처(점으로 된 부분)에서 발견된다: 공기가 있는 방들은 포낭형태만 포함하고 있다. a = 아메바형 생물, b = 박테리아, c = 섬모충류, cy = 포낭, f = 편모류, fu = 균류, 효모 (Old로부터).

일차 분해자는(공기의 소통의 정도에 따라) 혐기성 또는 호기성 박테리아와 균류가 된다. 이들은 총 생물량의 80-90%를 차지한다. 나머지 10-20%는 설지동물, 다른 무척추동물, 원생생물에 의해 채워진다. 원생생물은 총 동물생물량의 10-30%를 차지한다. 그러나 측정된 호흡을 고려했을 때 전체 대사율에 대한 기여도는 35-70% 정도이다(그림 **370**). 그들의 생산력과 생태적 중요성을 따지면, 유각 아메바나 섬모충은 지렁이만큼 토양에 중요하다.

섬모충과 (유각, 무각)아메바는 토양 원생동물상의 대표적인 우점 그룹이다. 섬모충류에서 콜포다충류, 하모류, 전구류는 특히 중요하다. 그들은 자유유영 박테리아나 부유 효모세포, 곰팡이 포자등을 우선적으로 섭취한다. 아메바는 주로 기저부에 부착한 생물들을 섭취한다. 수서서식처에서와 같이 토양원생생물들은 그들의 먹이 크기에 크게 특화되었다. 어떤 포식자는 2-20μm 또는 20-200μm 크기의 생물을 먹는 것으로 알려져 있다. 일부 점균류에서 특별한 크기가 발견된다. 그들은 자연조건에서 직경 40cm이상의 매우 평평한 변형체를 만들 수 있다(그림 **28**).

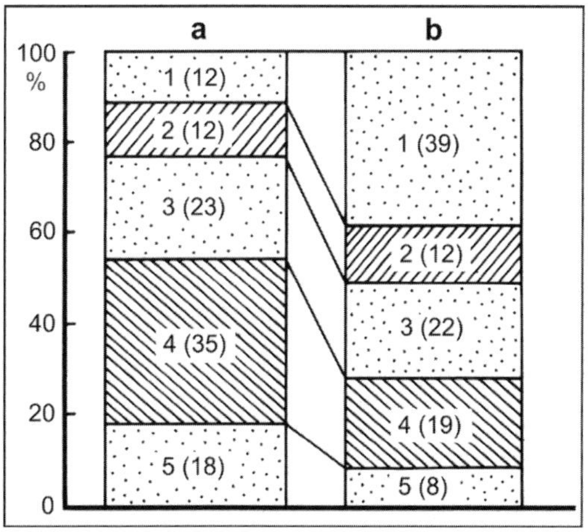

그림 **370** 토양생물의 여러 그룹의 상대생물량(건중량/m^2)(**a**)과 상대출현량 비교(**b**); 1 원생생물, 2 소형후생동물, 3 환형동물, 4 소형절지동물, 5 대형절지동물 (Person등으로부터).

12.4 공생과 기생

적어도 14,000 원생생물종이 숙주와 관련되어 있다. 생물들 사이의 상호작용의 성질에 따라서, 그 관계는 두 생물이 함께 살면서 서로 이득을 취하면 상리공생(mutualism) 또는 공생관계가 되고, 만약에 숙주는 해를 입고 기생자는 이익을 얻으면 기생관계가 된다. 만약 숙주에 해를 주지 않고, 공생자 한쪽만 이익을 얻으면, 그 관계를 편리공생(commensalism)이라 부른다. 흔히 그 관계들이 명확하지 않다. 공생은 보통 관계의 모든 형에 대한 집합적인 용어로 사용된다. 특별한 생물들 사이의 공간 관계를 반영하는 용어들이 있다: 다른 생물의 표면위에 사는 외부공생(ectobiotic), 다른 생물의 내부에 사는 생물내생성(endobiotic), 다른 생물의 세포내에 사는 세포내생성(endocytobiotic)등이 있다. 모든 관계들은 일시적이거나 영구적, 절대적(obligate) 또는 임의적(facultative)이거나, 또는 짝의 생활사의 어떤 시기에 제한되기도 한다. 이동은 포자나 포낭의 섭취, 매개체, 성관계, 경란 감염, 태반통과 등에 의해 일어난다.

편리공생자로서의 원생생물

원생생물들은 흔히 다른 생물의 표면에 부착한다. 만약 그 생물이 이동성이면, 그 상황은 동시 이동성(symphorism)으로 알려졌다. 잘 연구된 예는 자포동물, 물투구벌레, 요각류, 물고동, 갯지렁이 등에 의해 운반되는 고착성 둘레섬모충과 흡관충류이다(그림 **371**, **372**). 원생생물은 비교적 넓은 거리에 걸쳐 퍼질 수 있는 잇점이 있다. 숙주에 대한 영향은 없다. 아마 그러한 관계가 기생관계로 발전 될 수 있다(예. *Ichthyophthirius multifiliis*, 그림 **139**).

무수한 원생생물(후진편모충류, 원편모류, 오팔린충)들이 후생동물의 유로관안에 숙주에 해를 주지 않으면서 살고 있다. 반추동물의 혹 위에 살고 있는 섬모충류들이 섭취한 식물체에 분해에 관여하는 것은 확실하나 필수적인 것 같지는 않다(그림 **373**). 반추위에 원생동물상이 없는 반추동물이 어떤 심각한 문제 없이 정상적으로 살아간다. 그러나 독성아미노산 미모신(mimosin)을

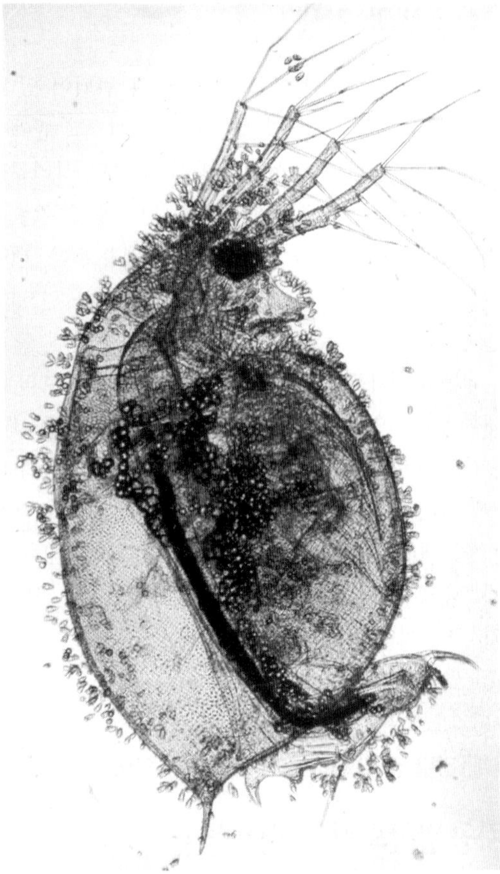

그림 **371** 물벼룩 체표면 위의 둘레섬모충류 (Hausmann과 Rambow로부터: Mikrokosmos 74 [1985] 208). 배율: 50x.

가지고 있는 열대관목 *Leucaena leucocephala* 같은, 독성분을 가진 식물을 먹었을 때 공생생물이 매우 중요할 수 있다. 예를 들면 오스트랄리아와 호주의 반추동물이 *Leucaena*를 먹었을 때, 유산, 소화기 확장, 성장지연 등으로 고통 받았다. 그러한 먹이에 문제가 없는 인도네시아와 하와이산 반추동물의 공생자를 공급한 후에 그들은 독성 아미노산을 해독할 수 있었다. 모구류(그림 **126**)의 내생섬모충 그룹(entodiniomorphid)은 매우 특화된 편리공생자다. 그들은 식물식자 숙주의 장과 변을 제외하고는 어떤 다른 서식처에서 알려진 곳이 없다. 그들은 변이나 거름에서 무산소 생활에 적응된 아메바처럼 육상 기원인 것 같다. 여기서 섬모충 *Metopus* 속의 해양종들이 해양환경 오니에서 성게의 내장으로 이동한 진화의 역사를 가졌기 때문에 상사발생의 예로서 언급되어야 한다.

공생자로서의 원생생물

원생생물과 후생동물의 공존의 공생관계는 흰개미와 바퀴벌레의 위에 예외없이 살고 있는 편모류의 경우에 증거가 된다. 완전히 이해는 못하지만 편모류(털편모류, 초편모충류, 첨예편모충류)가 섬유질의 소화에 중요한 역할을 한다는 것이 명확하다. 이것은 곤충에는 해를 안주고, 원생생물은 죽이는 흰개미를 미열처리하는 것에 의해 알 수 있다: 흰개미는 곧 굶어 죽는다. 흰개미 유생과 변태 흰개미는 성체가 뱉은 장액을 섭취하는 것에 의해(Proctodeal feeding), 편모류를 공급받는다.

생태적으로 중요한 공생은 종속영양 원생생물이나 후생동물(자포동물, 편형동물, 연체동물) 등의 내부에 사는 광합성 단세포에서 발견된다. 그들은 식포로부터 분리되어 액포내에 산다. 가장 중요한 예는 탄산칼슘을 만드는 원생생물(예:유공충)과 후생동물(예:산호초를 형성하는 산호충)이다. 이들에게서 내생공생자인 와편모류와 규조류(황록공생조류)는 광합성에 필요한 CO_2를 소모해 중탄산염(bicarbonate)과 탄산염(carbonate) 균형을 뒤집어 탄산칼슘의 침적을 용이하게 한다(그림 **374**). 더욱이 조류 공생자는 숙주의 노폐물에서 질소, 인복합물 그리고 CO_2를 섭취하고 다시 그것들을 숙주에 이용될 수 있는 형태로 만들어 이들 원소들을 순환시키다. 이와같이, 조류는 그들의 숙주에 저분자산물(당, 아미노산, 지방산)과 산소를 공급할 수 있다. 조류에 대한 이점은 숙주가 이동한다면 이동성이 증가하는 점이다. 광공생(photosymbiosis)은 전에 한쪽 또는 양쪽 공생자에 좋지 않았던 서식처(예를 들면 영양염이 적은 표면수)로 확장시키기 위한 생태적 전략이다. 숙주의 분류적 확산은 효신세paleocene)의 유공충에서와 같이, 공생의 진화양상과 함께 일어났다. 그 결과 광공생 유공충은 더욱 범세계적인 분포를 하게 되었다.

방사극충류와 다포방산충류에서 출현하는 와편모류는 숙주세포의 배우자가 공생자를 가지고 있지 않으나

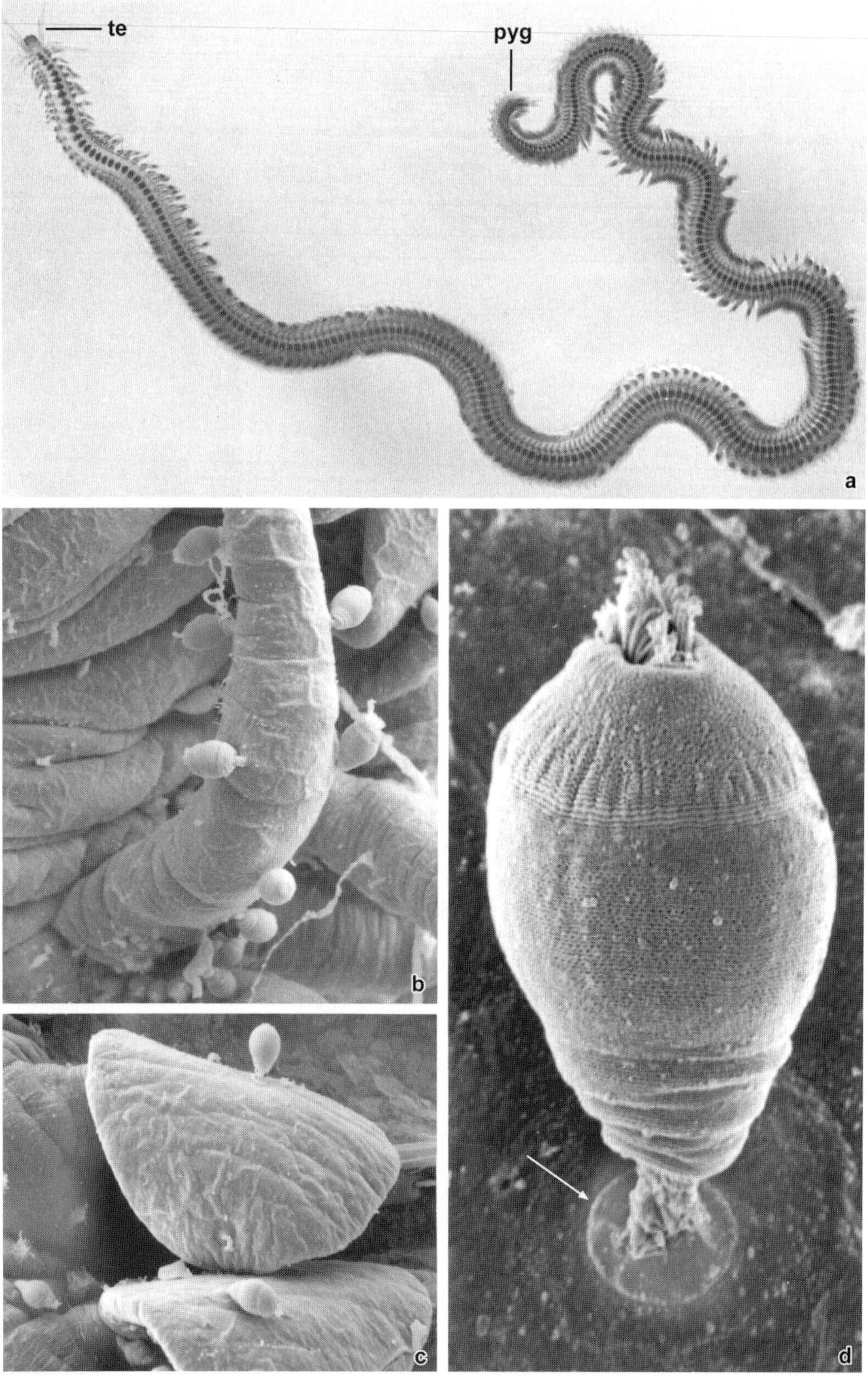

그림 372 바덴해 갯지렁이 *Anaitides mucosa*(**a**)의 촉각위(**b**)와 옆다리위(**c**)의 표생 둘레섬모충류. 섬모충류는 부착판(화살표)과 자루를 이용하여 숙주의 표면에 부착하였다(**d**). te = 머리촉수, pyg = 항문상판(Pygidium), (Hausmann으로부터: Mikrokosmos 69 [1980] 156). 배율: a 2.2x, b 180x, c 150x, d 1,800x.

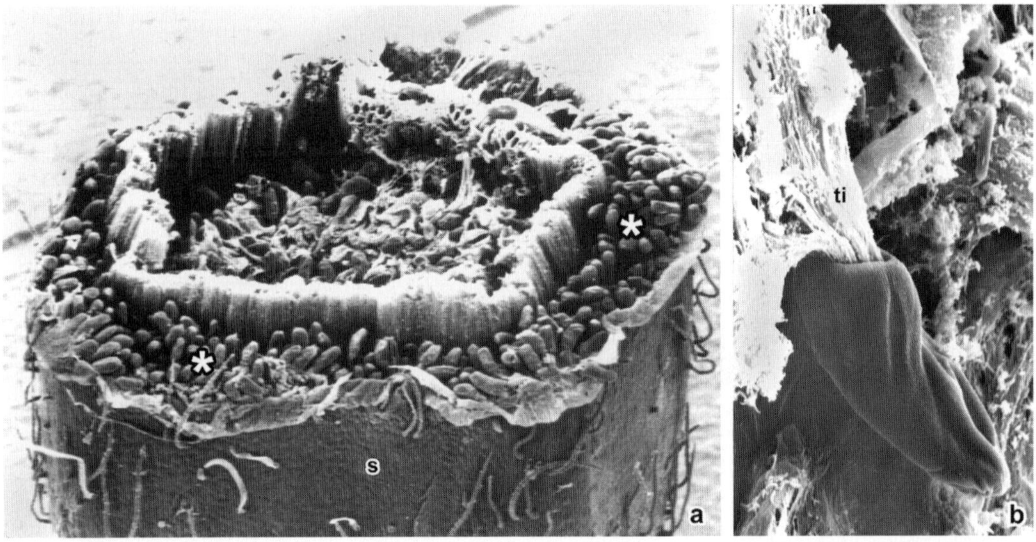

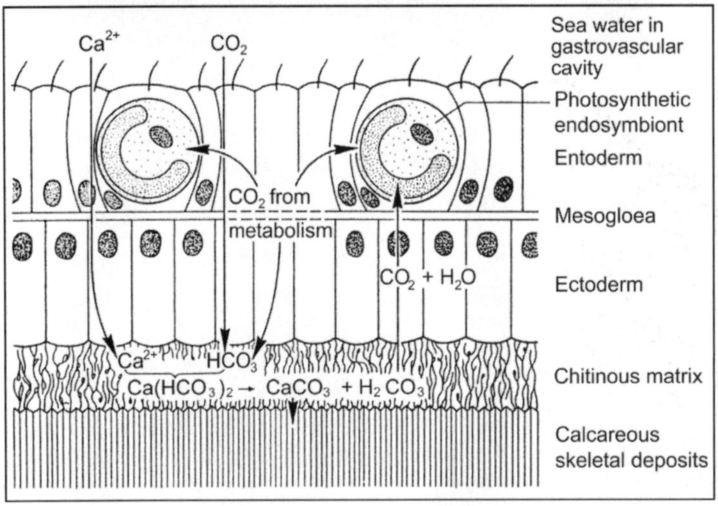

그림 **373** 내생섬모충류 *Epidinium*(**a**, *)의 무수한 개체들에 의해 분해되는 자주개자리 (Lucerne; *Medicago sativa*) 자루(s); 특히 얇은 세포벽으로 된 조직(ti)이 식세포 작용에 의해 섭취된다(**b**) (Bauchop: Appl. Environ. Microbiol. 37 [1979] 1217). 배율: a 40x, b 350x.

그림 **374** 산호충과 그들의 내생공생자 황록공생조류 사이의 생리적 상호관계 모식도 (Remane등으로부터).

접합자나 유생이 식세포 작용에 의해 새로운 공생조류를 내부에 안착시키는 것처럼 자율적으로 살 수 있다. 와편모류 외에 소수의 황갈색편모류, 녹조편모류, 담수조류, 착편모류, 유글레나류등이 세포 내부에 살 수 있다. 한 종류 이상의 조류가 단 한 종의 숙주에 포함될 수 있다. 대형저서유공충 한 세포내에 약 20종류의 조류가 출현하기도 한다. 이 세포내부의 조류는 자유생활형의 형태와 다른 형태(예를들면 편모와 세포벽이 없음)를 보인다. 그래서 알아보고 동정하기가 어렵다. 숙주들은 공생자의 증식을 여러 가지 방법(예를들면 과잉의 세포를 소화시키거나 방출시키는 방법으로, 또는 영양염 공급을 조절하는 방법)으로 조절할 수 있다.

기생자로서의 원생생물

단세포 기생자들은 생물 내생자 또는 세포 내생자로 다른 원생동물, 후생동물, 육상식물에 산다. 원생생물들에 의해 생기는 가장 중요한 질병, 즉 노균병(downy mildews) 수면병, 리슈만 편모충증(leishmaniasis), 아메바성 이질(amoebiasis), 구포자충증(Coccidiosis), 말라리아 등은 이미 분류계통의 해당 장에서 소개하였다. 현재의 지식에 의하면, 이들 병원 충들은 자유생활 생물로 진화를 시작하였다. 이것은 소위 자유생활-기생성

양생활종(amphizoic species), 즉 자유생활을 하는 박테리아 섭식 아메바가 뇌막염이나 각막염(keratitis) 같은 질병을 일으킬 수 있는 해로운 인체 기생자로 전환할 수 있는 양상이 분열균류인 자유아메바 *Naegleria*와 무각아메바 *Acanthamoeba*와 같은 종들에 의해 나타나고 있다. 그 뿐만 아니라, 형태적으로나 생태적으로 기생성으로 가고 있는 것으로 해석되는 전이기를 가진 자유생활 종들이 발견된다. 그 예는 최근에 계통적 위치가 피막포 그룹으로 밝혀진 원생동물 *Colpodella gonderi* (=*Spiromonas*)이다(그림 **83**). 이 생물은 어떤 첨복포자충문의 포자소체(sporozoites)의 형태와 매우 유사한 형태를 보였다. 미포자충류처럼 미토콘드리아가 없는 원생생물에 계통발생적으로 거리가 있는 편모충증(giazdosis)의 원인 병원충 *Lamblia intestinalis*는 매우 오래된 내생 기생자로 인정된다. 거의 완벽한 기생은 숙주의 난소와 자궁을 통하여 다음 숙주 세대로 옮겨 질 수 있는 형태(예: *Plasmodium*, *Toxoplasma*)에서 발견된다.

치료로 인한 잇점으로, 선천적 또는 후천적 면역 결핍 시스템을 가진 여러 원생동물의 기회적 기생자들이 지난 수십년간 알려져 왔으나, 현재 AIDS 증후군과 관련된 중요한 의학적 토론은 진행 중이다. 특히 구포자충류 *Cryptosporidium parvum*은 면역시스템이 손상된 사람에게 생명의 위협을 주는 지속적인 설사를 일으킨다. *Pneumocystis*는 어떤 종류의 폐렴을 일으킨다.

현대일지라도, 원생생물 기생자에 대한 효과적인 백신 시스템이 없다는 것이 놀라운 일 일수 있다. 주요한 문제는 이들 원생생물의 복잡한 생활사에 있다. 그들은 다른 숙주들을 가지며, 숙주생물(세포 내외)에서 그들의 위치를 바꿀 뿐만 아니라 숙주의 면역시스템이 그들을 침입자로 인식하지 못하게끔 그들의 표면을 빠르게 변화시킬 수 있는 특징들을 가지고 있다. 이러한 현상은 항원변동으로 알려졌다.

숙주생물의 출현양을 조절하는 단세포 기생자의 능력이 자주 거론되고 있다. 그 결과, 해충에 기생하는 미포자충류에서 보는 바와 같이 생물조절(biocontrol)이 시도 되고 있다. 오스트랄리아 대륙까지 퍼져나가 재앙이 되고 있는 북태평양산 아무르불가사리 *Asterias armurensis*는 채찍섬모충류 *Orchitophrya stellarum*에 감염될 수 있다. 이 섬모충은 산란기 동안 불가사리의 정충을 섭취하여 자연 환경에서 불가사리 개체군의 밀도를 조절할 수 있고, 난소제거충으로 작용한다.

숙주로서의 원생생물

위에서 이미 언급한 바와 같이, 광합성 능력이 활발한 세포 내생 생물의 출현은 종속영양 원생생물 숙주에 특히 이익이 된다(그림 **375**, **377**). 자유생활을 하는 거의 모든 종속영양 원생생물에서, 광합성 형태와 임의적이거

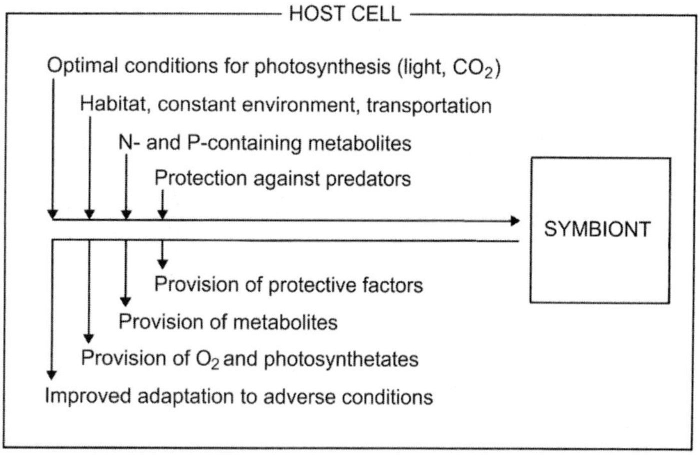

그림 **375** 종속영양 숙주와 광영양 공생자 사이의 상호관계(유입과 유출) 개념도.

나 절대적 관계를 갖는 예는 많이 알려졌다. 원래의 뚜렷한 남세균 형태 공생자(Phaeosomes)나 수정된 남세균 형태(Cyanelles)가 다양한 편모류(은편모류, 와편모류)와 유각아메바 *Paulinella chromatophora*에 산다. *Chlorella* 또는 *Trebouxia* 속의 녹조류가 섬모충류와 아메바성 원생생물에 흔히 출현한다(그림 **376**, **377**). 이들 관계는 비교적 느슨한 관계로 숙주가 어둠속에 있을 때 소화에 의해 없어진다. 이와 반대로, 한 쪽 짝이 없으면 살아 갈 수 없을 정도로 매우 밀접한 관계가 관찰된다. 예를 들면, 녹사상족류인 *Chlorarachnion*의 녹색 내생 공생자는 미토콘드리아가 없다. 일부 방사판족류(actinopods)와 섬모충류는 엽록체를 제외하고 광합성 영양자를 소화시킨다. 남아있는 엽록체는 광합성을 하여 포식자에게 이익을 준다. 이러한 행동은 때로 색소체 절취(kleptoplastidy) 또는 색소체 유지로 표현된다.

계통발생적으로 특히 흥미로운 것 중엔 자유생활 규조류의 잔여물을 가지고 있는 와편모류 *Peridinium balticum*이다. 더욱 흥미로운 생물은 해양섬모충류 *Myrionecta rubrum*(=*Mesodinium*)이다(그림 **29**). 은편모류에서 유래한 추정내생공생자의 조각부분이 독특하다. 핵분분을 가지고 있는 조각이 숙주의 다른 주머니 안에 위치한다. 이 섬모충이 입기구나 항문기구를 가지고 있지 않으므로, 그들이 어떻게 잠재적 내생공생자를 취하고 그들의 잔여물을 어떻게 제거하는지 의문이었다. 공생자가 없는 이 섬모충의 무색세포가 자연 환경에서 분리되어 실험실 조건에서 은편모류를 먹고 해체한후, 약 2주 동안 엽록소 형광을 보였다. 이 동안에 섬모충류는 절대적으로 공생자에게 의지하였다: 종속영양생물이 광합성 생물로 변한 양상이었다. 색소체 절취나 색소체 유지 외에, 한 섬모충 세대에서 다음 세대로 색소체 또는 색소체 잔유물의 수직적 전달로 진짜 내생 관계가 자연 상태에서 일어나는지 명확하지 않다. 매 경우에, 이런 발견들이 진핵생물의 진화를 이해하는데 중요하였으며, 내생공생이론의 큰 발전을 이루어 왔다(그림 **29–31**).

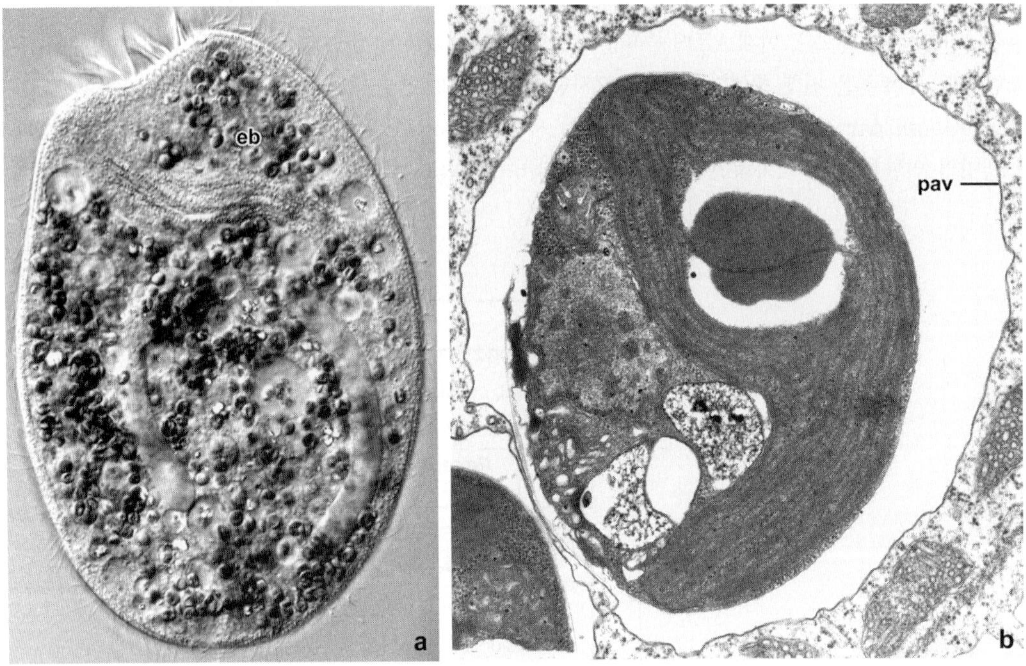

그림 **376** 섬모충 *Climacostomum virens*와 세포내생체 *Chlorella*의 광현미경사진(**a**)과 초박편면(**b**). 내생체(eb)는 조류둘레포(pav)에 둘러쌓인다 (Reisser등으로부터: Protoplasma 119 [1984] 93). 배율: a 500x, b 24,000x.

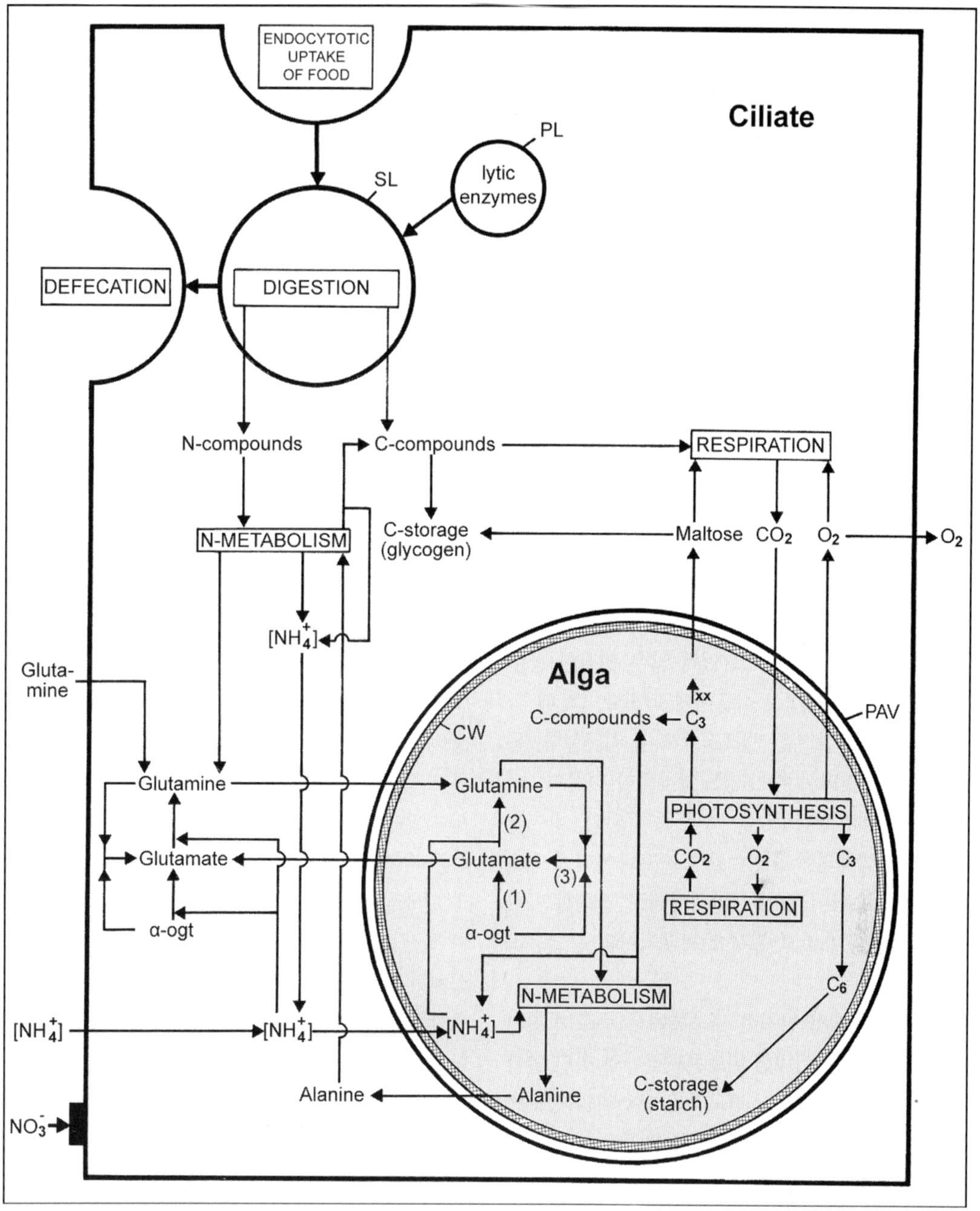

그림 377 광합성 보상점 위 광조건 하에서 성장을 하는 *Chlorella*종과 박테리아를 먹은 *Paramecium bursaria*의 세포 내생관계에서 C와 N 대사에 관한 모식도. 어둠속에서 맥아당(Maltose)은 녹말로부터 합성된다. cw = 공생 *Chlorella*의 세포벽, PAV = 조류둘레주머니, PL = 일차 리소좀, SL = 2차 리소좀, (1) = NADH = 의존 글루탐산 탈수소효소, (2) = 글루타민 합성효소, (3) = 글루탐산 합성효소, α-ogt = α-oxyglutarate (Reisser로부터).

많은 원생생물에서, 광합성을 하지 않고 그들의 숙주들이 존재하는데 필수적인 내생원핵생물들이 존재한다. 예를 들면 섬모충 *Euplotes aediculatus*는 이분열을 위하여 오미크론(omicron)이라 불리는 특수한 박테리아 *Polynucleobacter necessarius*를 필요로 한다. 이 내생 박테리아의 기능적 역할은 아직 불명확하다. 잠정적으로 카파(κ), 람다(λ), 시그마(Σ), 뮤(μ) 입자로 불리는 박테리아가 *Paramecium*에 산다. 원핵생물의 번식은 숙주의 핵 활동에 의해 조절된다. 그러나 숙주는 람다 입자가 숙주에게 필수 엽산(folic acid)을 공급하므로, 내생공생자가 없으면 생존 할 수 없다.

카파입자의 성질은 자세히 연구되었다. 이들 박테리아는 *Paramecium aurelia*의 소위 살생균주에 산다. 이들 균주는 그들의 카파 입자를 이용하여 *P. aurelia*의 다른 민감한 균주(이들 원핵생물을 가지고 있지 않은)를 죽인다. 카파 입자는 소위 밝은 입자와 무명입자의 두 양상으로 나타난다. 밝은 입자는 굴절체(R-body)를 가지고 더 이상 나누어지지 않는다. 무명입자는 굴절체가 없고, 쉽게 나누어 진다. 굴절체는 폭발적으로 펼쳐지는 꽉 꼬인 리본형이다. 그것은 사출체(ejectisomes)의 형태와 기능에 유사성이 있다.

밝은 입자는 살생균주에서 매체로 이동된다. 만약 밝은 입자가 카파입자를 가지고 있지 않은 민감한 균주에 의해 섭취되면, 굴절체는 식포내에 퍼진다. 그 때 식포막은 터지고, 소화 효소는 세포질에 직접 접근한다. 동시에 리본이 펼쳐지면서 바이러스 입자들이 나온다. 이러한 양과정에 의해 민감균주는 결국 죽게 된다. 바이러스 입자는 무명 박테리아에서 비활성 프로바이러스 형태로 출현한다. 프로바이러스는 (활성형태로 전화하면서) 굴절체의 합성을 일으키고 동시에 박테리아의 분열능력을 막는다

혐기성 서식처에서 발견된 편모류에서 주로 발견되는 다른 박테리아는 잃어버린 미토콘드리아의 어떤 열학을 인계받을 수 있다. 흰개미 편모충과 반추위의 섬모충류의 세포질에 사는 박테리아는 식물질의 소화에 필요한 섬유질 분해효소를 제공할 수 있다.

세포내 박테리아를 가진 자유생활 원생생물의 수가 생각보다 많다. 대부분의 경우 이들 원핵생물이 숙주에서 어떤 중요한 역할을 하는지 모른다. 그들의 기능이 무엇이든지 간에, 세포의 거의 모든 칸막이 공간이 박테리아의 잠재 서식처로 알려지고 있다(그림 **378**). 그들은 원형질, 핵질, 다른 형태의 액포, 소포체, 핵막, 피막포(섬모충의 경우), 심지어 미토콘드리아 내부막(드물지만) 등에서 발견된다. 그러나 엽록체와 닥티오솜의 내부에서는 발견되지 않았다.

예를 들면, *Holospara*종은 *Paramecium* 세포의 대핵과 소핵에 침입한다(그림 **378a**). *Holospora*의 감염형은 먹이 박테리아와 함께 섭취된다. 그들은 식포막을 터트리지 않고 식포를 나와 핵으로 이동하여 영양체기로 전환한다. 분열 후 새로운 감염기가 주위 환경으로 배출되어 나와 새로운 숙주 세포에 감염된다.

때로, 세포내생 박테리아를 가진 원생생물이 인체와 다른 생물에 질병을 일으키는 치명적인 역할을 한다. 그들이 병원충의 유지와 번식을 위한 저장고나 트로이 목마와 같은 역할을 한다. 예를 들면, 레기오넬라증과 폰티악 열병의 병원충이며 중년층의 면역결핍 사람에게 치명적인, 그람음성 박테리아 *Legionella pneumophila*의 몇 균주는 적어도 13종류의 원생생물 숙주 내에서 임의적인 내생자 또는 기생자로 산다. 그러한 숙주들은 아메바문(*Acanthoamoeba castellanii, A, palestinensis, Hartmanella vermiformis*), *Naegleria* spp.(분열균강)등과 일부 섬모충류(*Tetrahymena thermophila*)를 포함한다. 박테리아는 변형되고 비산성화된 식포안에서 세포내 증식을 하고, 자유생활 상태에서 하던 것보다 다른 유전자들을 활성화시키고, 그들 자신의 막의 지방과 단백질 성분을 변화시키면서 진핵의 단백질을 채택하여 항생물질에 저항을 증가시키고, 인체에 훨씬 강한 독성체로 되면서, 자유생활균주나 인공배양균주보다 더 심각한 호흡질병을 일으킨다. 결국 숙주의 용해 후나 호흡할 수 있는 박테리아가 포함된 소포를 형성 한 후, 유출된 병원체는 원생생물에서 새로운 감염경로를 시작하거나 에어로졸 바람에 퍼지어 2차 숙주의 폐에 들어간다. 인체에 감염하여, 성장하고, 번식하며, 원생생물 안에서와 같은 방법으로 상피세포와 폐포 대식세포를 죽인다. 자연 담수호와 강의 표층수 외에, 지구적으로 가장 흔하게 분포하는 박테리아-원생생물 공동 서식처는 인공온수 시스템(냉각수, 스파, 에어콘디션 장치)의 생물막(biofilm)이다.

유사한 방법으로 많은 다른 미생물들이 살아있는 서식처나 확산의 도구로 원생생물을 이용한다. 예를들면,

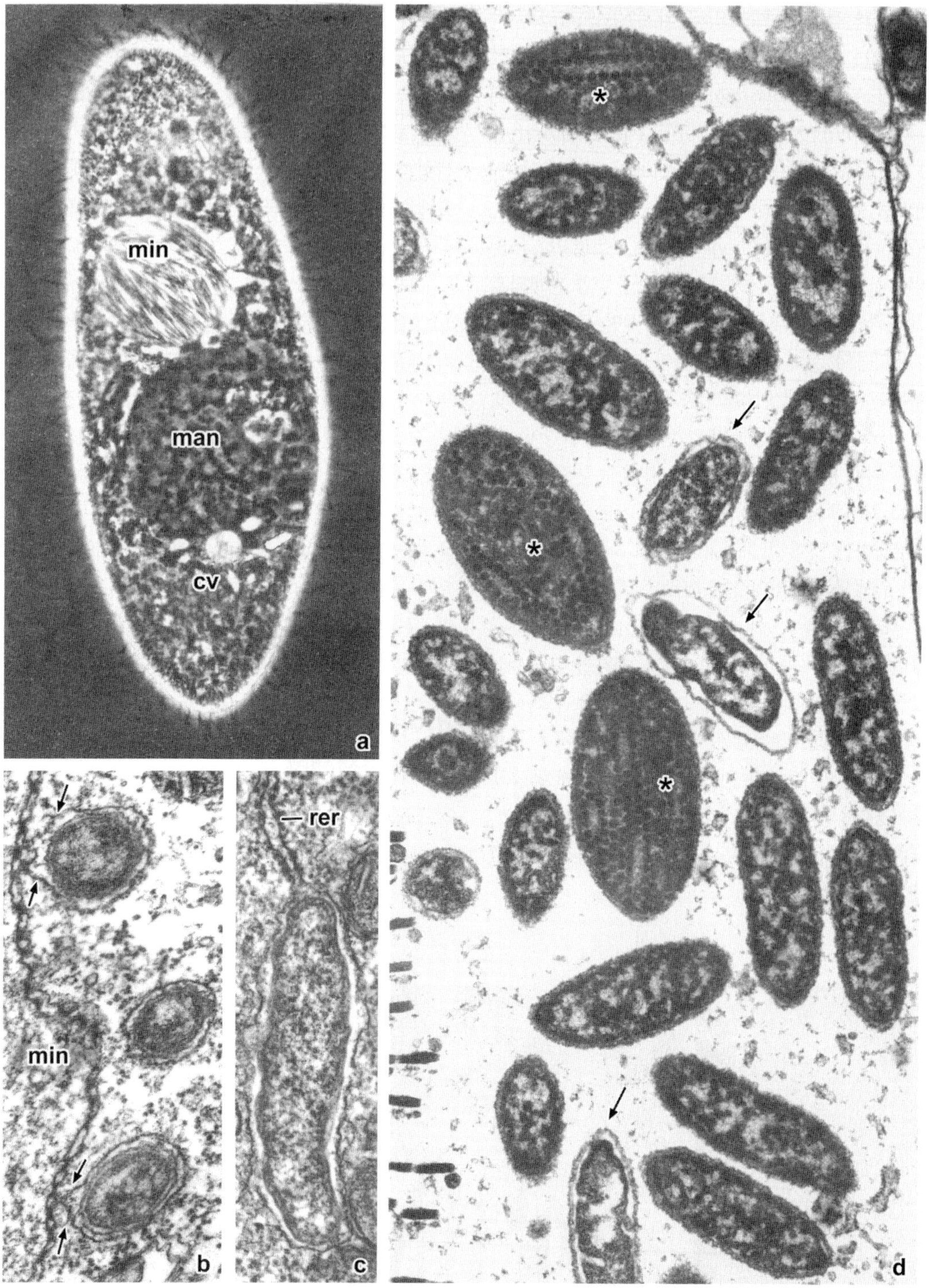

그림 378 세포내생 박테리아: *Paramecium caudatum*의 소핵(min) 내 *Holospora elegans*(**a**)와 *Paramecium caudatum*의 소핵의 핵막에 있는 미상의 박테리아(화살표)(**b**), *Entosiphon sulcatum*의 조면소포체(rer) 안의 미상의 박테리아(**c**), *Trichodina pediculus*의 세포질내 자유생활 또는 액포내(화살표) 박테리아(**d**). 어떤 박테리아는 바이러스에 감염되어 있다(별표)(**d**). cv = 수축포, man = 대핵 (a Stüttgart의 H. D. Görtz의 호의에 의해). 배율: a 520x, b 14,000x, c 15,000x, d 11,600x.

인체 병원충과 관련된 *Rickettsia*와 *Chlamydia*는 자유생활을 하는 아메바에서 잘 증식하는 것으로 알려졌다. 그 외에 *Aeromonas salmonicida*, *Edwardsiella tarda*, *Listeria monocytogenes*, *Mycoplasma*, *Vibrio cholerae* 같은 미생물 병원체가 종속영양 원생생물내로 감염되어 증식하는 것으로 보고되었다. *Pseudomonas* spp., *Salmonella* spp. *Shigella* spp. 등과 몇몇 다른 박테리아 종들도 원생생물들과 관계되고 있다. 생태적인 관점 외에도 어떤 진화적인 관점도 마찬가지로 흥미롭다. 많은 박테리아들이 그들 자신의 유지를 위하여 그러한 진핵생물을 이용하는 기작을 진화시켰을 뿐만 아니라, 식물과 동물의 많은 2차 감염질병이, 오래 지속된 일차 원생생물–박테리아 관계를 통하여 진화되어 왔고 원생생물내에 감염기작이 점차로 완성되었을 것으로 추정하는 것이 합리적이다. 상호 이익을 갖는 박테리아와 원생생물 사이의 상호작용이 수개월 또는 2–3년 안에 빠르게 진행되었을 수 있다. *Amoeba proteus*의 실험실 균주에서 보여주듯이, 일차 병원성 그람음성 박테리아 종(X–박테리아)이 자신의 병원성을 변화시키고, 미생물 공격에서 살아남는 이들 아메바 내에서 공생자로 되었을 수 있다. 공동 배양 5년 후에, 완전한 공생이 이루어졌다: 양쪽은 서로 의존하는 것으로 나타나고, 아메바와 박테리아 어느 쪽도 오랫동안 독립적으로 살 수 없었다.

박테리아와의 어떤 특별한 관계가 흰개미의 위에 사는 편모류에 알려지고 있다. 세포 내 서식하는 박테리아 외에도, *Joenia*와 같은 편모류의 원형질막에 밀접한 관계를 보이는 세포 외부형 박테리아도 있다(그림 **379**). 나선형과 마찬가지로 간상형 박테리아가 위 액내에서 자유롭게 떠다니다 편모류의 표면에 부착하였다. 숙주 곤충과 공생관계의 대사 경로(그림 **380**)는 통합되었다.

보다 독특한 상황은 털편모류 *Mixotricha paradoxa*에서 발견된다. 무수한 나선균과 간상형 박테리아가 세포표면의 규칙적인 돌기에 고정되어 있다. 나선균의 이동은 유체역학적 상호작용에 의해 조절된다. 고도로 점질인 주위의 액체에 의하여, 섬모충에서 보는 바와 같은 어느 정도 유사한 섬모파(metachroical) 파동이 일어난다. 표피 생활자의 이러한 조절된 이동은 4개의 짧은 편모만에 의해 추진 될 수 없는, 큰 숙주세포의 이동으로 가능하게 한다. 복잡한 위 내에서 주위 액체의 더 양호한 순환과 보다 효과적인 영양염의 이동은 이동하는 표피생활자의 다른 중요한 기능을 가능하게 한다.

바이러스의 표적생물과 병원균 매개체로서의 원생생물

원생생물에 의한 바이러스의 세포 내 수용은 일차적으로 병원성의 관점에서 검토 되어야 할 것으로 본다. 대체로 바이러스 기인 원생생물의 세포 병리학은 잘 모르는

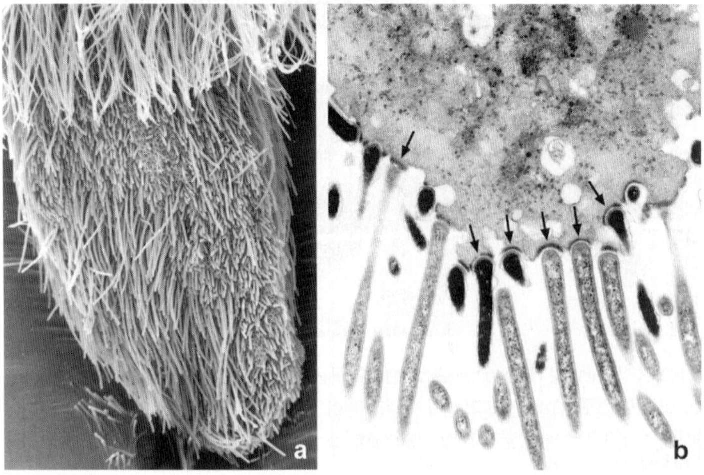

그림 **379** 편모류 *Joenia*의 표면에 표생하는 박테리아(**a**), 특별한 부착구조(화살표)에 의해 숙주 세포막에 고정하는 표생 박테리아(**b**) (Radek와 Hausmann으로부터: Acta Protozool. 31 [1992] 93). 배율: a 1,000x, b 8,000x.

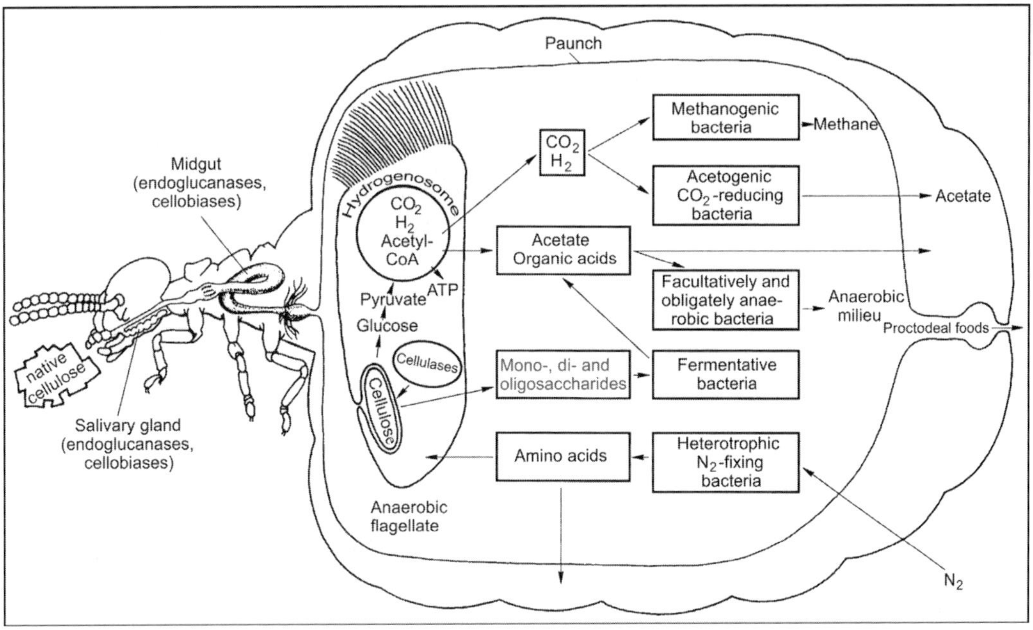

그림 **380** 흰개미 후장의 편모류 숙주와 그 내생자 사이 상호관계 모식도 (Radek로부터: Ecotropica 5 [1999] 183).

분야이다. 그러나 지난 십여 년간 일부 바이러스 병원체가 해양생태계에서 중요한 조절인자로 나타나는 것을 보여주고 있다. 용균성 바이러스에 의한 원생생물 숙주의 부분적인 박멸과 자연 개체군의 직접적인 조절은 대증식 종의 높은 세포밀도에 의해 쉽게 일어난다; 대증식의 종식이 침편모조류 *Heterosigma akashiwo*와 후각편모조류 *Phaeocystis*와 같은 일부 조류 원생생물의 자연 개체군에서 관찰되어 왔다. 유사한 살조효과(algicidal effect)가 다른 종의 실험실 배양에서 얻어졌다. 와편모류의 대증식 피해를 줄이는데 바이러스 병원체를 사용하는 연구가 현재 진행중이다.

매개체인 원생생물에 비병원성인 원생생물 바이러스(바이러스 같은 입자)의 출현이 또한 보고되었다. 가장 잘 기록된 경우는 식물점균류와 항아리 균류의 종들의 경우이다. 숙주세포 벽으로 뚫고 들어가는 능력으로, 뿌리 감염을 하는 많은 원생생물들이 바이러스의 잠재적 또는 절대적 매개자 일 수 있다. 이점에서, 일부원생 생물들은 식물을 공격하는 선형동물과 곤충처럼 유사한 재해를 일으킬 수 있다.

식물점균류 내에서, 다핵성 병원충문 *Plasmodiophora*의 몇 종과 관련 속(*Polymyxa*, *Spongospora*)들이 중요한 식물 병원균 바이러스(furoviruses = 진균류에 전염된 간상형 바이러스: 예, 땅콩덩이 바이러스, 감자자루 바이러스, 잠두괴저 바이러스)의 매개체로 알려졌다. 바이러스의 획득은 숙주 조직으로 침투할 때나 주위 환경에 노출시기에 일어난다. 다른 바이러스 형은 귀리모자이크 바이러스나 쌀 괴저모자이크 바이러스 등이 있다. 항아리 균주에서, *Olpidium brassicae*와 연관 종들이 담배 괴저바이러스와 참외 괴사성 반점 바이러스의 전염을 일으키는 주요 매개체이다.

12.5 원생생물의 생물다양성과 생물 지리 분포

단세포 진핵생물은 폭넓은 형태적인 다양성을 보인다(그림 **381**). 적어도 213,000종의 단세포 진핵생물이 오늘날까지 기록되었다. 이들 종 중 10만종 이상이 소멸되었으나, 생물다양성 면에서 무시되기 어렵다. 예를 들면, 유공충의 89%, 방산충의 65%, 착편모류의 70%, 규조류의 60%, 와편모류의 55%, 담녹조류의 25%, 황갈색편모류의 15%, 홍조류의 15%, 섬모충류의 2.5%가 단지 화

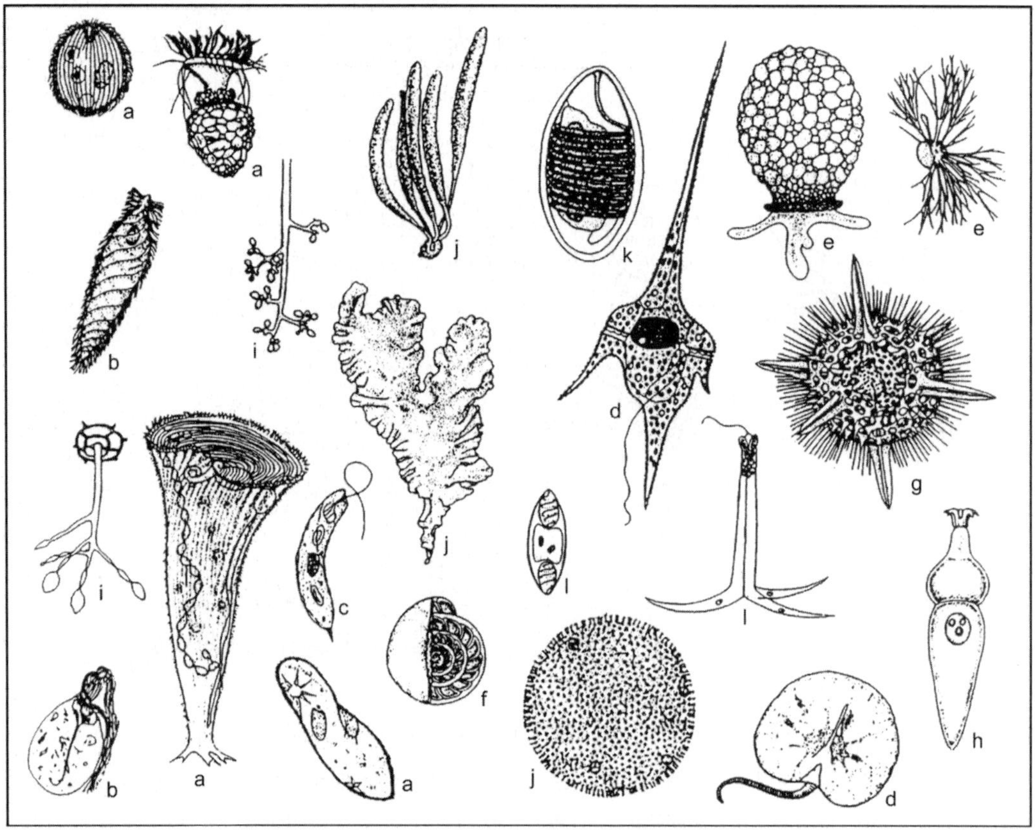

그림 **381** 선택된 대표종의 그림에서 보여주는 원생생물의 다양성. 원생동물성 원생생물: a 흔하게 출현하는 4종의 자유생활 섬모충류; b 두종의 공생성 무색 편모류; c 한 종의 광합성 유글레나류; d 두종의 자유생활 와편모류(위쪽것은 담수성, 아래쪽은 해양성); e 다른 위족을 가진 유각아메바와 유공충류; f 한 유공충(화폐석 껍질: nummulite shell); g 복잡한 골격을 가진 방산충; h 선절을 가진 유두족충류. 색소문 원생생물; i 두 사물기생 위균류. 식물성 원생생물; j 두 해양 조류와 한 담수성 좁쌀공말군체(가장 아래쪽 그림). 진균성 원생생물; k 한 미포자충류(크게 확대된 포자). 동물성 원생생물; l 두 점액포자충 세포(양극성 점액포자충 포자와 세 껍질로 된 3방사형 점액포자충 포자) (Corliss로부터: Acta Protozool. 41 [2002] 199).

석으로만 존재한다. 흔히 그들의 외부 덥개(껍질, 피갑, 피각)나 규산질화 또는 석회화 된 외부 또는 내부 비늘, 골편, 침 등이 남아있다. 넓은 의미의 자유생활종은 모든 비화석 원생생물의 최소 85%는 되는 것 같다.

원생생물은 작아서 흔히 간과되고 저평가된다. 단세포 생물의 생물다양성과 생물지리학에 관한 비교할 만한 소수의 연구가 있다. 비교적 적고 독특한 종들만 있는지 흔히 지역적으로 분포하는 많은 종이 있는지? 이 질문들에 대한 답이 쉽지 않다. 양쪽 이론에 대한 격렬한 토론이 있어왔다. 주로 섬모충에 관한 일을 하는 두 그룹의 과학자들의 의견이 본보기로 제시 될 수 있다.

한 그룹의 연구자들은 (1) 대부분 종들 (〈1mm)이 도처에 본포하고, (2) 미생물종들의 전 지구적인 종수는 비교적 적다. 섬모충류는 약 3,000종 정도이며 (3) 대부분의 미생물 종들은 희귀종이거나 어떤 주어진 서식처에만 사는 잠재종이고, 지역 미생물 종다양성은 지구 다양성에 해당된다(즉 모든 것은 모든 곳에 있음으로)고 주장하고 있다. 예를 들면, 전세계에서 채집된 1,650개의 토양시료에서 단지 95종의 섬모충만이 발견되고, 토양 원생생물의 전 지구적 다양성의 1/3은 스코틀랜드의 1헥타

초원에서 출현하고, 지리적으로 제한된 종들에 대한 증거가 없다고 한다.

대조적으로 두 번째 그룹은 원생생물의 다양성은 실제 알려진 것보다 훨씬 높고, 무수한 지역 군집들이 특별한 한 세트의 종들을 가지고 있다고 생각한다. 20년에 걸친 집중적인 연구로 새로운 종들이 일정한 비율로 발견되고 있다는 것을 통계적으로 보여주고 있다. 많은 새로운 종들이 발견되길 기다리고 있고, 한 장소에서 출현하여 지구 다양성의 백분율을 꾸준히 증가 시키는 것으로 알려진 종들과 함께 새로운 종들의 출현이 크게 다루어지고 있다. 모든 것이 모든 곳에 있다는 제안을 부인하기 위하여 오스트리아 숲의 같은 면적에서 육상 섬모충에 대한 주의 깊은 연구가 반복적으로 이루어지고 있다. 알려진 섬모충 종들의 단지 한 조각만이 발견되어, 지역 다양성이 전 지구적 다양성의 단지 약 15% 정도라는 제시를 한다. 토착성과 제한된 생물 지리적 분포의 증거가 적어도 일부 원생생물 종에서 발견된다. 원생생물 다양성 평가에 있어서 주요 약점은 보통의 흔한 종들은 대량으로 나타나고, 미기록종들은 적게 나오고 포낭으로 숨어 있기 때문에 비기록종들에 대한 상당한 과소평가가 이루어 진다는 점이다. 만약 같은 서식처에서 많은 수의 시료가 경험 많은 분류학자들에 의하여 분석된다면, 분리한 종들의 30-50%는 아마 신종으로 인정 받을 것이다. 게다가 잠재 원생생물 서식처의 일부분만이 조사되어 왔다. 이들 모든 점을 고려하면, 현생 섬모충류는 3만종 정도로 평가된다.

또한 다른 연구들은 한 속의 어떤 종들이 세계의 어느 곳에서만 출현하는지 알려준다. 예를들면, *Tetrahymena* 12종의 세계적인 분포가 그림 **382**에 묘사되고 있다. 흥미롭게도 *Tetrahymena australis*와 *T. capricornis*는 예외없이 오스트랄리아에서만 출현한다. 유사하게 아메바 *Chaos carolinense*와 *Ch. illinoisiense*는 북미대륙 밖에서는 발견되지 않았다. 그러나 대부분 경우에 원생생물 생태학의 이 관점이 아직 자세히 연구되지 않았기 때문에 이용할 만한 신뢰성 있는 자료가 별로 없다. 어떤 종은 매우 드물게 출현한다. 즉, 무각 아메바류 *Thecamoeba verrucosa*나 섬모충류 *Folliculina boltoni*는 매우 드물다. 이 섬모충류는 300

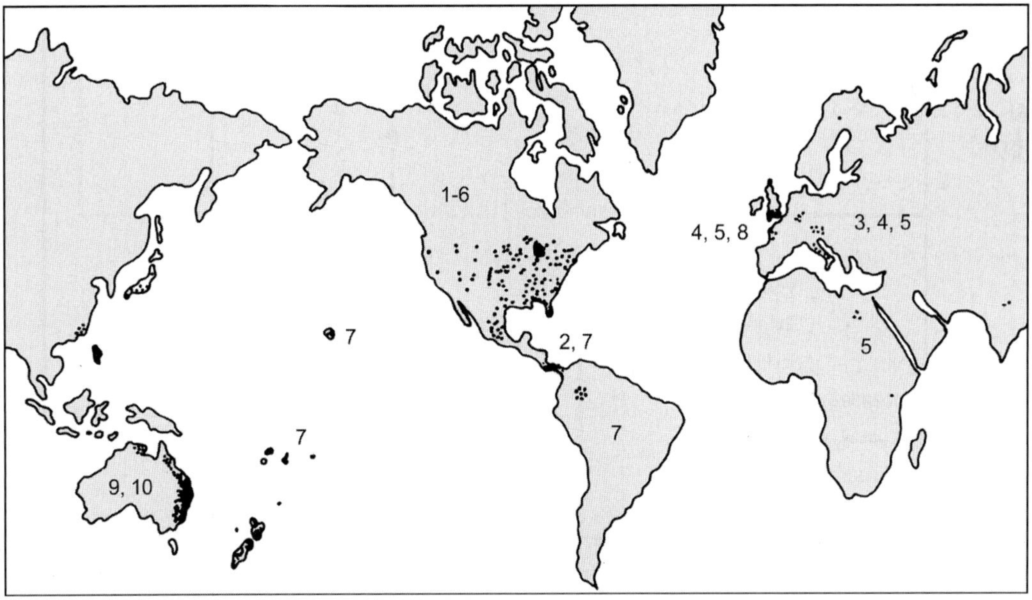

그림 **382** 형태적 복합종인 *Tetrahymena pyriformis*의 다양한 생물학적 종의 세계적 분포. 1 *T. thermophila*, 2 *T. americanis*, 3 *T. borealis*, 4 *T. cosmopolitanis*, 5 *T. pigmentosa*, 6 *T. canadensis*, 7 *T. tropicalis*, 8 *T. hyperangularis*, 9 *T. australis*, 10 *T. capricornis*. 여러 동료학자들은 이 지도가 일부 섬모충학자들의 세계적 분포와 일치한다고 믿고 있다 (Elliot로부터).

종의 folliculnids 중 유일한 담수종이다. 가장 큰 담수 원생생물 중 하나인 유공충 *Reticulomyxa filosa*는 지난 60년 동안 (북미와 유럽에서) 단지 다섯 번 만 분리 동정되었다.

일부 원생생물들은 예외없이 열대지역에 산다. 담수와 해양에서 모두 그렇다. 예를 들면, 큰 유공충은 열대

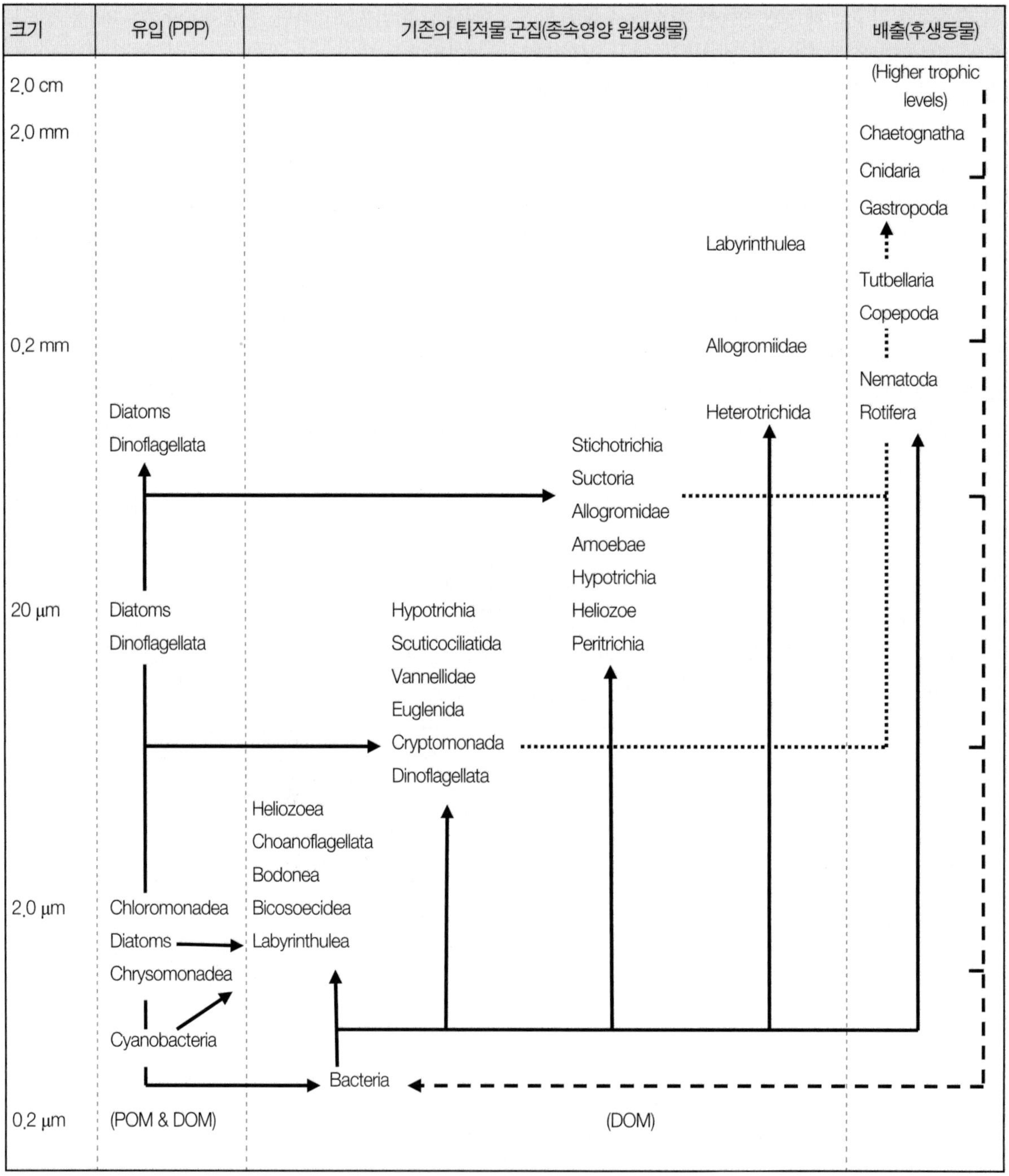

해안의 햇볕이 강하고 수심이 얕은 곳에서만 산다. 그러나 기생성 또는 표피생활성 원생생물의 분포 지역은 그들의 매개체와 숙주의 분포에 주로 좌우된다.

어떤 원생생물 종이 세계적 분포를 할 수 있는 이유는 유사한 소규모 서식처를 세계적으로 이용할 수 있기 때문이다. 또한 거기에 분포에 대한 폭넓은 기작과 가능성이 있기 때문이다. 작기 때문에, 많은 원생생물들이 다른 생물들에 의해 작은 물방울 안이나 또는 습기 물질 안에서 먼 거리로 이동한다. 포낭이나 포자낭은 바람에 의해 널리 분포한다.

상선의 국제적인 왕래가 비토착성 원생생물의 세계적인 이동에 큰 역할을 한다. 많은 원생생물종들이 배의 선체위와 밸러스트 탱크에 옮겨지고, 매우 짧은 시간에 성공적으로 운반된다. 약 1000톤 또는 그 이상의 용량을 가진 밸러스트 탱크에서 분리된 150종 이상이 수 ㎖에서 발견된다. 이와같은 방법으로 생긴 생물침입(bioinvasions)은 원생생물의 생물지리학에 놀라운 결과를 가져올 뿐만 아니라, 원래의 원생생물 군집을 포함한 지역 생태계의 구조와 기능에 큰 위협이 되고 있다. 두 규조류 종 *Odontella sinensis*(=*Biddulphia*)와 *Coscinodiscus wailesii*가 20세기에 극동에서 북해로 유입되어 지금은 이 수역 식물플랑크톤 군집에서 우점하고 있다. 밸러스트탱크에 의한 운반동안 먹이생물로서의 역할에 의해 미국에서의 얼룩무늬 홍합(*Dreissena polymorpha*)이나 흑해와 아조브해의 빗살해파리(*Mnemiopsis leidyi*)와 같은 생물학적으로나 경제적으로 중요한 생물침입 종들의 성공적인 확산에 밸러스트에 의해 운반된 원생생물들이 큰 역할을 하였다. 다른 경우에 호주 홍합 양식장으로 유독성 와편모류의 비 고의적인 유입은 심각한 경제적인 손실을 일으켰다.

또한 사람들의 전 지구적인 항공이동능력의 증가는 인체 원생생물 기생자들의 확산을 촉진시켰다. 병원충과 그들의 매개체들이 전에는 살지 않았던 나라들로 운반되었고, 그들이 근절되었던 지역에 다시 운반되었다. 예를 들면, 모기 *Anopheles gambiae*가 1930년경 브라질로 유입되어 심각한 말리리아 전염성을 일으켰다. 1964년과 1968년 사이 하와이에 도착한 비행기에 대한 무작위 시료채취를 한 결과 65종의 모기를 포함한 373종의 새로운 곤충이 하와이로 유입된 것으로 분석되었다. 이런 모든 개연성으로 이런 것들이 지난 이삼십년동안 미국과 북유럽에서 말라리아의 뚜렷한 증가에 대한 이유가 되고 있다.

인간에 의한 환경변화는 어떤 병원성 원생생물에 이익이 될 수 있다. 호열성 아메바 *Naegleria fowleri* 에 의해 발생하는 치명적인 뇌막염이 온대 기후 지역에서도 발견되고 있다: 이 생물은 흔히 인공적으로 가열된 수영장이나 냉각수의 순환 시스템에서 산다.

표 21. 밸러스트탱크에 의해 이동된 광영양 식물플랑크톤(PPP=유입), 밸러스트에 실린 종속영양 원생생물의 기존군집, 밸러스트 탱크에서 나온 고등 영양단계의 후생동물(배출)사이의 상호영양관계. 입자성 유기물(POM)또는 용존성유기물(DOM)은 새롭게 밸러스트 탱크에 들어온 해수의 유입과 탱크안에서의(→) 분해과정에 의해 생기고, 이들은 박테리아에 탄소원으로 작용한다. 이들과 광영양 원생생물은 소형, 중형 크기의 종속영양 원생생물과 일부 후생동물(소형)에 의해 소모된다. 점선 화살표는 큰 후생동물이나 그들의 유생에 먹이로서 공급되는 원생생물을 가리킨다. 모든 영양 그룹은 각각의 크기에 따라 배치하였다 (Hülsmann과 Galil로부터).

제13장 맺는 말

이 책은 독자들에게 단세포 생물의 많은 다양한 점을 알리게 하는데 목적이 있다. 기존의 분류 체계를 규정하는 것 외에, 형태, 운동성, 영양, 생식, 분자생물학, 행동, 생태학 같은 선택된 주제가 논의 되었다. 이미 서문에서 언급했듯이, 이것은 원생생물학이 특별한 과학이 아니고, 그들의 단세포적 구조에 의해 단지 합하여진 생물의 한 그룹에 대한 통찰을 하는 생물학적 이론들의 결합이라는 것을 반영한다.

원생생물들은 나날의 일상생활에 중요한 역할을 한다. 수백만의 사람들과 실제 모든 야생동물들과 많은 가축들이 기생 원생생물 종들에 의해 고통 받고 있다. 기생기작에 대한 예방과 연구 등등과 적절한 처리와 치료법의 개발이 과학자들에게 요구되고 있다. 원생생물로부터 효소와 필수 지방산의 분리, 영양물질 추출을 위한 조류의 대량배양 등과 같은 생물공학 기술의 이용이 점차 중요시 되고 있다. 수서생태계와 육상생태계를 유지하고,

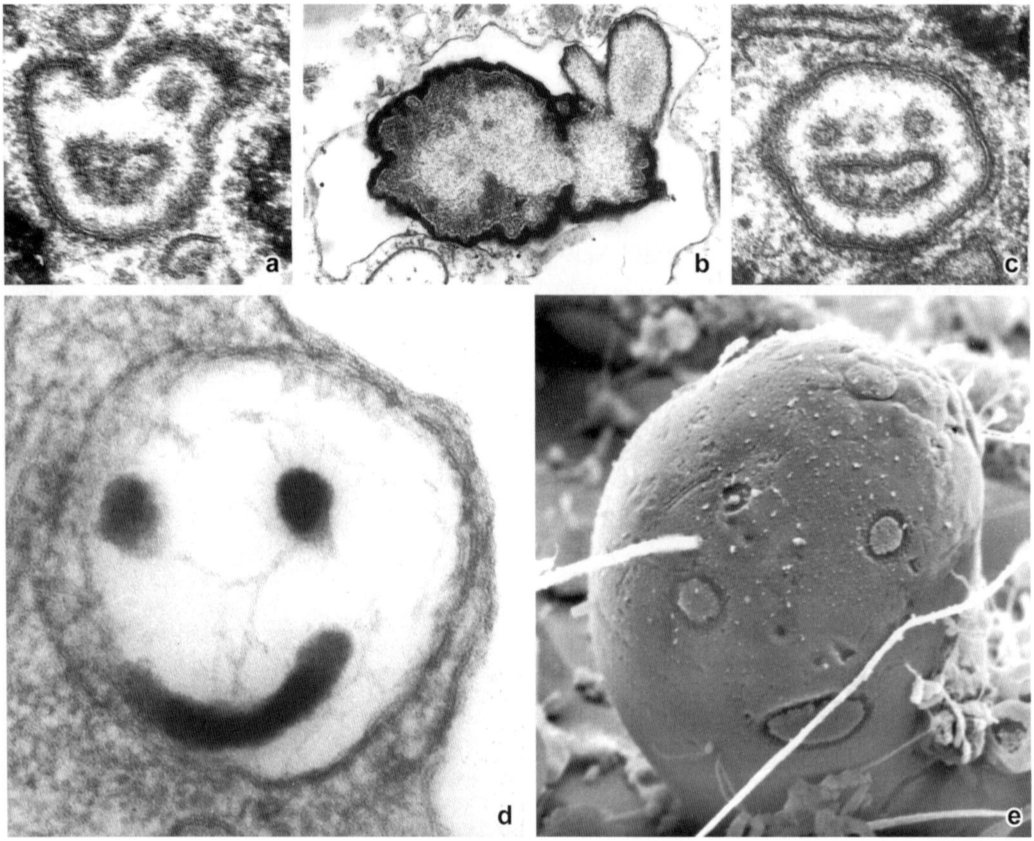

그림 **383** 어떤 환경하에서, 원생생물들은 후생동물 (**a, b**) 뿐만 아니라 사람 얼굴(**c, d**) 모양, 심지어는 유기물 위에 인간 특성까지 인쇄할 수 있는 것(**e**)같이 보인다: **a**와 **c**는 섬모충 *Pseudomicrothorax dubius*의 부체낭들; **b** 섬모충 *Climacostomum*의 석질소체, **d** 태양충류 *Actinophrys sol*의 방출체, **e** 식균성병원충 아메바에 공격당한 진균포자 (b Wiesbaden의 D. Fischer-Defoy의 호의에 의해). 배율: a 80,000x, b 20,000x, c 80,000x, d 55,000x, e 4,000x.

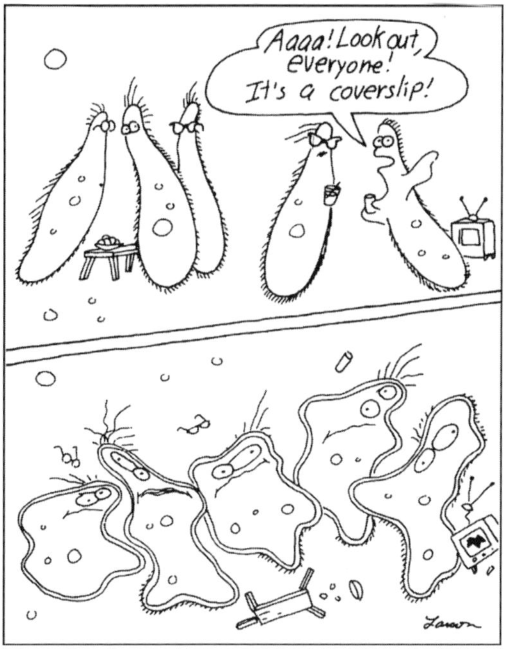

그림 **384** 만화, 커버슬립 아래 원생생물의 위급한 상황을 쾌활하게 묘사하였음 (Seattle의 G. Larson의 호의에 의해).

경세적인 생산력을 증가시키는데 도움이 될 수 있다. 더욱이 원생생물학은 현대 생물학 학제간 연구의 한 분야이다. 단세포 생물은 흔히 세포생물학, 발생학, 생화학 그리고 진화생물학의 복잡한 문제를 연구하는데 적합한 우수한 모델 생물이다. 신진 과학자들이 이들 매력적인 생물에 관심을 갖도록 격려해야 한다. 왜냐하면 이들 생물에 익숙한 생물학자들이 미래에 더 많이 필요하기 때문이다.

마지막으로, 어느 누구도 원생생물이 현미경 아래에서 관찰할 때 즐거움과 놀라움을 줄 수 있는 놀랍고, 사랑스럽고 굉장한 생물이라는 사실을 잊지 않도록 해야 하고(그림 383) 슬라이드 덮개 유리의 압력에 의해 그들이 죽게 되는 것을 볼 때 불가피하게 큰 안타까움을 느낄 수밖에 없다(그림 384).

부록1 용어풀이 Glossary

A

Aboral 반구(反口)의, 구부 반대쪽: 입의 반대쪽 또는 세포의 뒷부분.

Acanthopodium 가시형위족: 가시아베마(*Acanthameoba*)의 가늘게 되는 가시형 위족.

Acidocalcisome 액시도칼시좀: 트리파노소마와 첨복포자충류 같은 기생자에서 출현하는, 산성물질을 포함하는 세포 소기관. 높은 농도의 칼슘, 마그네슘, 나트륨, 아연, 다중 인산염을 포함하고 있다. 액포막에 많은 수의 pyrophospatase를 이동시키는 양성자 펌프와 교환기가 있음. 전에 volutine 과립이라 불렀음.

Acrasin 아크라신: 망상점균류 아메바에 의해 만들어진 cAMP 같은 화학적 유인물질의 총칭. 세포성점균류 단세포기의 유리세포가 하나의 중심을 향해 집합하여 다세포체를 형성할 때 세포운동을 유도하는 세포 자신이 분비하는 특정한 물질.

Actinopodium 방사위족: 태양충류, 방사극충류, 갈색방산충류, 다포방산충류 등의 얇은 위족으로 미세소관에 의해 유지됨

Actinospore 방선균포자: 분류군이 아니고 환형동물안에 점액포자충강의 생활사의 한단계.

Activated sludge 활성오니: 현대 폐수처리과정의 한 가지 방법으로 폐수에 공기 공급을 활발히 하여 큰 섬모충 개체군을 유지 시킴.

Adhesive disc 부착원반: 숙주의 표면에 부착하기 위하여 사용하는 둘레섬모충류(*Trichodina*)나 중복편모충류(diplomonads, *Giardia*)의 입의 반대쪽 뒤끝에 있는 컵모양의 세포 소기관. 동의어: 흡착판(sucking disc).

Adoral 구부의, 입주변: 세포입 가까이 있는 세포 부분.

Adoral zone of membranelles(AZM) 입둘레 겹섬모열구역, 입둘레 섬모막 구역: 일부섬모충에서 입의 왼쪽에 평행하게 배열된 무수한 겹섬모열로 된 입둘레 섬모막의 밴드. 주로 먹이를 잡는데 사용하고, 때로 이동에 이용.

Aflagellate 무편모성: 편모가 없는 원생생물 또는 생활사 중 편모가 없는 기. 동의어: akont, amastigont, amastigote (무편모기).

Agamogony 무배우자생식: 배우자가 없거나 또는 배우자형성 능력이 없이 일련의 핵분열이나 세포분열로 개체를 생성하는 것.

Agamont 무성어버이: 무성생식에 의해 특징되는 생활사의 영양 기. 첨복 포자충류의 분열생식(schizogony).

Agglutinated test 접착껍질: 형성 동안에 추가된 외래 입자들이 유기성 점착물에 의해 함께 접착되어 이루어진 껍질.

Aggregation 집합기: 망상점균류 아메바의 생활사에서 수천 수백의 개체 아메바들이 공통의 응집 중심으로 이동하는 시기.

Akaryomastigont 무핵성편모계통: 핵과 연관성이 결여된 일부 편모충의 편모체계(mastigont system). 일부 털편모충류, 초편모충류, 오팔린충류의 특성.

Akontobolocyst 방추사상포: 방출체의 한 형태.

Akrokont 전방편모: 세포의 앞쪽에 부착한 편모.

Akronematic flagellum 민편모, 무모형편모: 좌우에 편모 털이나 사상체가 없는 밋밋한 편모. 황갈색 편모류의 민편모.

Algivory 조류섭식: 예외없이 조류를 섭식하는 특별화된 원생생물의 영양 방식.

Aloricate 무피각: 피각(lorica)이 없는.

Alternation of generations 세대교번: 첨복포자충류나 유공충류처럼 생활사에서 유성기 영양체기의 교대가 일어나거나 단수체와 배수체의 교대가 있는 것.

Alternation of hosts 숙주의 교체: 기생성 원생생물이 마지막 숙주단계(유성생식기가 생기는)에서 중간숙주단계(양양체 생식이 일어나는)로 이동하는 것.

Alveolus 피막포: 첨복포자충류, 와편모류, 섬모충류에서 발견되는 원형질막 바로 아래의 막주머니; 때로 판을 포함.

Amastigote 무편모: 편모가 없거나, 파동편모충류에서 보듯이 편모의 퇴화가 일어나 광학현미경하에서 보이지 않게 흔적으로 남음.

Amphiesmal vesicle 피각포: 와편모류의 원형질막 아래 주머니(피막포). 흔히 각판(thecal plates)을 포함하고 있음.

Amphitrophy 양 영양성: 에너지와 영양물질을 광과 CO_2의 출현 정도에 따라 광합성 또는 종속영양 방식에 의해 얻을 수 있음.

Amphizoic 양쪽생활형: *Acanthamoeba*나 *Naegleria*에서 보는 바와 같이 기생자와 자유생활 박테리아 섭식자로 양쪽 생활형이 모두 나타나는 일부 임의적인 기생성 원생생물의 능력.

Ampulla 팽대부: 특별히 유글레노이드에서 보이는 세포의 앞쪽 함입부. 수축포의 팽대부.

Amylopectin 아밀로펙틴: 녹말을 구성하는 주성분으로, D-글루코오스가 α-1, 4결합으로 연결되어 약 24개당 1개의 비율로 α-1, 6결합으로 분지된 글루칸.

Anabiosis 회복상태: 휴면상태(cryptobiosis)에서 활성화된 대사와 성장이 회복되는 것.

Anarchic field 무서열부위, 구부원기부위: 특정 섬모충 형태 발생 초기에 입기구 발생 전기 섬모하 구조 기부에 나타나는 모근체가 섬모없이 나타나는 부위. 동의어: 입원기(oral primordium).

Anastomosis 망상형성: 그물균충강과 유공충등에서 위족들이 그물 연결망을 이룸.

Anisogamy 이형접합: 동일하게 보이지만 크기가 서로 다른 배우자

들의 결합.

Anisokont **이형편모체**: 형태적이나 기능면에서 서로 다른 두개 이상의 편모를 갖는 종류.

Anlage **원기**: 섬모충의 입기구나 대핵처럼, 뚜렷한 구조의 발생시 처음 보이는 근본부분. 동의어: primordium.

Antheridium **장정기, 정원세포**: 웅성생식기관. 정자형성, 배우자낭, 난균류 등.

Aperture **개공부**: 위족, 편모, 세포의 방출 구멍으로 껍질, 피각에 관련되어 사용되는 용어.

Apical complex **정단복합체, 첨단 복합체**: 숙주세포 표면에 침투하기 위하여 부착하는데 사용하는 극환, 원추인대(conoid), 원추체링으로 구성된 첨복포자충류의 복합소기관체계.

Apicoplast **전정색소체**: 첨복 포자충류(홍조류 조상에서 유래된)의 비광합성 색소체 유체. 기능은 지방산 생합성에 관계된 것 같음. 정부 색소체.

Apochlorotic **엽록소 소실**: 색소를 가졌었거나 조상들이 색소를 가졌던 생물체에서 광합성 색소가 소실되는 것.

Aposymbiotic **공생자 소실**: 공생자를 소실한, 전에 공생했던 생물.

Argyrome **호은계**: 섬모충 피막계통 또는 피층 호은성 구조나 무늬가 은염색법에 의해 나타나는 것. 동의어: 은선계(silver line system).

Armored dinoflagellates **유각 와편모류**: 피막포에 껍질이나 각판이 있는 와편모류.

Aseptate **무격막성**: 격막에 의해 방이 나뉘어지지 않는 몸체(일부 족포자충류).

Astropyle **별모양 구멍**: 갈색방산충의 중낭의 주요 구멍 구성.

Athecate **무각**: 패각이나 껍질이 없는.

Aufwuchs **표재성생물, 부착생물**: 생물이나 다른 기질의 표면에서 자라는 저서성 생물군집. 독일어.

Autogamy **자가수정**: 스스로 수정.

Autophagy **자가소화**: 세포성분 자체 소화.

Autospores **자생포자**: 모세포 내에서 생성되는 자손세포. 세포크기가 작은 것 외에는 부모세포를 그대로 닮음.

Autotrophy **독립영양성**: 무기물로부터 유기물 대형 분자를 만드는데 빛 에너지를 이용 CO_2를 합성하는 것

Auxospore **증대포자**: 수정하여 접합체를 형성하는 것. 규조류에서는 그것의 단단한 규산질 껍질로부터 벗어나 커지는 세포.

Auxotrophy **영양요구성, 유기영양성**: 하나 또는 그 이상의 유기성장 요인을 섭취하는 것. 비타민 섭취.

Axenic culture **무균배양**: 다른 종의 생물체가 없이 동종생물만 배양하는 것.

Axoneme **축사**: 편모와 섬모의 미세소관 축으로 9×2+2 배열을 하고 있음.

Axoplast **축식동원질체, 축체**: 방사족충류의 유축 위족 기저부에 있는 미세소관 형성중심체(MOTC).

Axopodium **유축위족**: 미세소관의 다발로 된 위족 돌기체

Axostyle **축간**: 일부 운동성 있는 첨예편모충류와 비운동성 부기체류에서 보이는 다발 상태로 정렬된 교차미세소관으로 만들어진 축체 세포소기구.

AZM: 입둘레 겹섬모열 구역, 입둘레 섬모막 구역.

B

Bacteriovory **박테리아섭식, 식균성**: 박테리아를 포식하는. 동의어: microphagy.

Barren (Kinetosome) **무섬모 모근체**: 섬모가 없는 모근체. 동의어: nonciliferous, aciliferous kinetosome.

Basal Body: 기저체, 모근체.

Basal swelling **기저 팽창부**: 일부 이형편모류나 유글레나류에서 내외 색소체의 반대쪽에 위치한 편모의 기저부의 팽창부→ 안점.

Biflagellate **두 편모**: 대부분 두 개의 이형편모로 된 편모.

Binary fission **이분열**: 두 개의 똑 같은 크기의 딸세포가 모세포분열로 형성되는 것.

Binucleate **이핵성**: 두 개의 핵을 가진 것.

Bioluminescence **생물발광, 생물형광**: 일부 와편모류에서 보는 바와 같이 살아있는 생물체로부터 눈에 보이는 빛(형광)이 나옴.

Birth pore **생식공**: 일부 흡관충류에서 눈내기 번식과정동안 유생형이 나오는 구멍.

Blepharoplast **생모체**: 모근체의 옛 용어

Bloom **대증식, 대번식**: 조류나 남세균생물의 농밀한 성장. 대부분 단기간(수일 내) 일어나며, 보통 한종이 일으킴.

Bothrosome **흡구체**: 그물균강에서 사상위족의 원형질 내용물 사이 통로, 간격. 동의어: sagenogenetosome, sagenogen.

Bradyzoite **완만분열소체**: *Toxoplasma*와 다른 구포자충류의 생활사에서 느리게 발생하는 특별한 분열 소체기.

Brosse **등 촉모**: 섬모충의 등쪽 솔 모양 털.

Buccal apparatus **입기구**: 섬모충의 입기구.

Buccal cavity **구강**: 섬모충에서 입을 포함하는 정단부 또는 복부의 함몰부 또는 주머니. 동의어: peristome.

Budding **출아**: 고착성 섬모충이나 또는 다른 원생생물에서 딸세포의 외부 발아로 주로 생성되는 이분열 또는 다분열 번식 방법. 또한 딸세포의 내부 형성에 의하기도 한다. 동의어: gemmation(발아).

C

Capsule **협막, 피낭**: 세포내 골격 또는 보호요소(다포방산충류의 중낭, 점액포자충류의 극낭).

Carnivory **육식성**: 종속영양 생물의 영양방식으로 흔히 진핵 종속

영양생물의 포식자의 영양방식.

Catenation 연쇄체: 섬모충과 와편모류에서 개체들이 반복된 불완전한 분열로 분리되지 않고 체인을 형성하는 것. 연쇄군체(catenoid Colony)가 형성됨. 예; 무구섬모충류.

Caudal 미부: 몸체의 뒤 끝부분.

Celestite 셀레스타이트: 방사극충류의 침을 만드는 스토론티움 황산염으로 만든 흰색 광물.

Central capsule 중앙낭, 중낭: 다포방산충류와 갈색방산충류에서 발견되는 내세포질과 외세포질 사이에 있는 구조.

Centric 중심형: 방사대칭형. 예; 중심규조류.

Centroplast 중심질체: 중심 태양충류에서, 모든 유축위족이 나오는 중앙에 위치한 단 하나의 미세소관 형성 중심체(MTOC).

Chaga's disease 샤가병: 크루스 파동편모충류 *Trypanosoma cruzi*에 의해 감염되는 남미의 전염병.

Chemoautotrophy 화학독립영양성: 에너지원으로 무기 화학물질을 이용한 독립영양. 예: 황화수소의 산화.

Chloroplast endoplasmic reticulum CER, 엽록체 외막 소포체: 진핵 공생생물에서 유래한 색소체 주변을 둘러싸는 제3막. 대부분 리보좀 집합에 의해 식별됨.

Chrysolaminarin 크리솔라미나린: 루코신 참조.

Ciliary girdle 섬모환: 둘레섬모충류에서 입 반대쪽 섬모의 둥근 띠. 동의어: telotroch(단부섬모환).

Ciliary necklace 섬모목걸이: 섬모의 기저부에서 형성된 링 모양 막대 입자들.

Ciliature 섬모구조: 섬모충의 체섬모와 입섬모의 전체 구조.

Cilium 섬모: 편모와 동의어로, 주로 섬모충에서 사용. 표준직경 0.25μm의 9×2+2의 축사 복합 구조로 된 채찍 모양의 돌기.

Cingulum 환대, 뚜껑띠: 유각 와편모류의 상각과 하각사이의 환상의 홈(내각에 해당).

Cirrus 극모, 총모: 다모근계에 의해 형성된 개별 섬모들의 복합다발로, 공통 막에 둘러싸이지 않으나 운동과 먹이 채집에 기능적한 단위로 작용한다. 하모섬모충류의 전형적인 특징이다. 복수; cirri.

Cisternae 시스터나, 자루: 편평한 막으로된 주머니. 액포, 세포내의 막이 3차원적으로 닫혀 자루모양이 된 것.

Clade 단일계통군: 계통발생수의 가지; 밀접한 분류군과 그것의 조상들과 한 세트를 구성하거나 한 분류군을 이룸.

Clathrin 클라스린 단백질: 어떤 종류의 피복소포에서 피복을 구성하는 단백질.

Clathrocyst: → 방출체의 일종.

Clavate cilia 곤봉형 섬모: 비정상 축사형으로 된 짧고 비운동성인 섬모로 감각기 기능을 하는 것으로 추정됨. 독포섬모충의 등촉모와 일부 둘레섬모충류의 바닥 털에 나타난다. 동의어: stereo cilia.

Clonal culture 클론배양: 하나의 세포에서 영양체 다중번식에 의해 생긴 동종생물의 배양.

Clone 클론: 하나의 공통 조상으로된 유전적으로 동일한 세포의 개체군. 자연조건에서 파동편모충류에서 규칙적으로 생김.

Cnidocyst 자포: 와편모류의 방출체의 일종. 동의어: nematocysts.

Coccoid 구형: 거의 구형의 모양.

Coccoliths 석회비늘, 인편: 착편모류에 속한 석회비늘 편모류의 소포체에서 형성된 판형 석회비늘.

Coelozoic 체강생활형: 후생동물의 내강이나 체강에 사는 형.

Coelopodium 공위족: 방산충에서 발견되는 먹이를 둘러싸는 속이 빈 위족.

Coenobium 정수군체, 연결생활체: 2개체 이상의 단세포 생물이 일정한 체제를 가지고 마치 1개의 개체와 같이 행동하여 무성생식에 의해 부모군체와 같은 딸 상수군체를 만드는 연결체.

Coenocyst 다핵체포낭: 건조에 견딜 수 있는 두꺼운 벽으로 된 다핵의 조류 포낭.

Coenocytic 다핵체: 2개 이상의 핵을 갖는 원형질 덩어리.

Collar 깃, 동정: 동정편모충류의 정부에 미세융모의 둥근 고리.

Conjugation 접합생식: 섬모충에서 생식세포의 부분적 또는 점이적 유성결합에 의해 짝 짓는 것(생식접합). 다른 경우; 접합조 식물강에서 배우자와 구조적 복합체 사이에 공간적 관계가 있는 것.

Conocyst: 방출체의 일종.

Conoid 원추인대: 첨복포자충류에서 세포 맨 앞에 있는 나선형 미세소관으로 구성된 원추형 구조 단위.

Contractile vacuole complex 수축포 복합체: 삼투작용에 의해 들어온 물의 제거를 위하여 작용하는 주변에 위치하는 배출포(미세섬유와 미세소관 다발이 부착되어 있음).

Cortex 피층: 세포의 외부 복합층. 섬모충에서 피막층(pellicle)과 섬모계가 여기에 포함된다.

Costa 늑맥: 일부 털편모류에서 파동막으로 들어가는, 때때로 운동성이 있는 평행한 편모 뿌리.

Costal strips 코스탈 조각: 일부 해양 동정편모충류의 피각(lorica)을 형성하는 규산질 조각.

Crenulate 톱니모양: 규칙적인 톱니모양 가장자리.

Cresta 깃관: 부기체강의 뒤로 향하는 편모의 기저부 아래 섬유사로 된 비수축성 구조.

Cruciform mitosis 십자형 유사분열: 변형체 강에서 수동적으로 길어진 핵과 염색소체를 가진 방추체의 십자형 배열.

Cryptobiosis 가사상태: 굶주림, 건조, 결빙 등에 의해 죽은 것 같은 상태에 이르는 것. 반대어: anaboisis.

Cyanelle 공생남세균, 남색공생체: 내생공생하는 남세균. 시아넬라

Cyclosis 세포질 환류: 섬모충에서 세포질의 회전운동.

Cytros 곡관형 인두, 바구니형 인두: 곡관섬모충류(Cyrtophorid)의 입구멍을 둘러싸는 바구니형 구부린 미세소관다발(nemato-desmal) 구조.

Cyst 포낭, 시스트: 생활사의 유성생식기나 무성생식기에 휴지, 증식, 소화 등의 용도로 세포밖 외벽을 둘러싸 보호하는 것. 대부분 기아나 건조 같은 좋지 않은 조건에 반응하여 형성. 많은 종류가 가사(동면)상태로 세계 각처에 분포한다.

Cytopharyngeal apparatus(basket) 세포인두구조, 목구멍구조: 편모충류와 섬모충류에서 세포목구멍과 관련 미세소관구조나 인두미세소관다발로 이루어진 구조(섬모충에서 곡관형인두와 직관형 인두를 형성).

Cytopharynx 세포인두, 세포목구멍: 섬모충에서 먹이섭취 구조의 말단부로, 입에서 세포로 들어가는 새롭게 형성된 식포를 끌어내는 미세소관 통로. 종속영양편모충은 변화가 있다.

Cytoproct, Cytopyge 세포항문: 섬모충류에서 세포의 뒷 부분에 위치하는 영구적 배출구.

Cytostome 세포구, 세포입: 식포를 형성하는 구강을 덮는 세포막의 입부분.

D

Defecation 배변, 배분: 소화되지 않은 물질을 배출(exocytosis).

Detri(to)vory 유기쇄설물식자: 유기쇄설물을 먹음.

Detritus 유기쇄설물: 분해체에 의해 분해되기 전후의 죽은 동·식물 사체 조각.

Deutomerite 후대: 격막형 족포자충류(gregarines)에서 핵을 포함하고 있는 세포 뒷부분.

Diastole 확장기, 이완기: 수축포의 이완 상태기.

Digestion 소화: 섭취한 유기물 분해.

Dikinetid 쌍모근계: 섬모충에서 발견되는 섬모와 뿌리가 포함되는 두 이웃(쌍)모근체의 형태적인 복합체.

Dimastigont 두 편모근체: 쌍모근체.

Dinokaryon, Dinonucleus 와편모류의 핵, 중핵체: 독특한 구조(꼬이지 않은 염색체, 히스톤과 핵포의 결핍, 핵막의 유지)를 가진 와편모류의 핵.

Dinokont 와편모류: 와편모류의 편모형. 하나는 횡편모, 다른 하나는 종편모.

Dinomitosis 와편모류 유사분열: 와편모류의 특징적인 유사분열.

Diplokaryon 2배체핵, 쌍핵기: 미포자충류에서 나타나는 쌍핵 형성.

Diplozoic 중복형: 중복편모충류에서 불완전 세포분열로 모든 세포소기관이 쌍으로 형성.

Discobolocyst 반상포: → 방출체의 한 형태.

Dorsal brush 등촉모: 특별히 짧은 섬모열에서 발생한 뚜렷한 솔모양의 촉모; 정확한 섬모하 미세구조나 기능은 모름.

DRIP Clade DRIP단일계통군: *Dermocystidium, rosette agent, Ichthyophonus, Psorospermium*의 첫글자에서 따온 어류와 갑각류 기생자의 한 그룹.

E

Ectoplasm 외질: 아메바세포나 점균류의 변형체에서 겔판으로 알려진 가장 안쪽 내질과 수축위족의 끝 겔-졸 전이대 보다 단단한, 원형질의 주변부를 지칭한다. 외질의 액토미오신은 운동력을 일으키는 역할을 하는 것으로 생각한다.

Ecto(sym)biont 외부공생자: 다른 생물의 표면에 사는 생물.

Egestion 배출: 배변. 배분.

Ejectisome 사출체: 방출체의 일종. 동의어: Ejectosome.

Endo(sym)biont 내생공생자: 숙주의 액포 안쪽에 사는 세포내 생물 또는 원형질 안에 사는 공생생물.

Endocytobiose 세포내 공생: 세포안에서 공생하는.

Endocytosis 세포내 섭취: 원형질막의 함입과정에 의해 유체나 입자성 물질을 섭취하는 것(음작용, 식세포작용).

Endodyogeny 세포내 생식: 첨복포자충류에서 두 딸세포의 형성(내생 눈내기에 의한 분열소체 형성).

Endogenous budding 내생눈내기: 모세포 내에서 하나 이상의 딸세포 형성. 딸세포는 항상 모세포 액포안에 위치하고 (출아공을) 통하여 밖으로 세포외 배출. 고착성 섬모충류와 점균류, 부점충강(Paramyxea)에 나타남.

Endomitosis 핵내유사분열: 염색체의 이동과 세포질의 분열을 동반하지 않는 세포핵내 염색체의 증식.

Endoplasm 내질: 세포질의 중앙에 위치한 부분. 액상 특징으로 원형질 유동이 현저한다(원형질 순환).

Endosome 내포, 엔도솜: 세포내 섭취과정에 의해 형성된 소포. 때로 핵의 동의어로도 쓰임.

Endospore 내생포자: 포자낭안에 형성되는 포자. 미포자충류 포자의 포자내벽층(키틴포함). 또는 모세포내에서 연속 세포분열에 의해 형성된 포자.

Epibiont 착생생물, 표생생물: 한세포가 다른 생물의 표면에 사는 것.

Epicone 상각, 상부원뿔: 와편모류의 상부 또는 상반구, 하부와 환대로 분리됨.

Episporoplasm 외포자질: 반포자충류에서 포자세포(외포자질)의 무핵체 반이 핵부분(포자질)을 감싸고 퇴화 되기전 포자벽 물질을 분비한다.

Epimerite 선절: 첨복포자충문의 족포자충성(簇胞子蟲性) 원생생물의 원절로부터 돌출된 가장 앞쪽부분으로 숙주의 상피세포에 부착하는 역할을 한다.

Epiplasm 표질: 원형질막 바로 아래 과립, 사상체층. 섬모충에서 피막의 구성 요소.

Euglenoid motion 유글레노이드 운동: 일부 유글레나에서 보이는 체형의 빠른 변화; 피막단백질판이 변화하는 종에서만 가능. 동의어: metaboly.

Evolute 나선형 방배열: 유공충에서 나선형으로 꼬인 방이 앞방을 측면으로 덮지 않는 배열.

Excystment 탈포낭화: 포낭벽의 부분적인 연약화나 기존의 환대(annulus)를 통해 포낭으로부터 세포가 나오는 것.

Exocytosis 세포외배출: 원형질막 운동에 의하여 세포내의 물질을 세포밖으로 방출 또는 분비하는 현상. 물질로 둘러싸인 소포의 막이 원형질막과 융합하여 소포의 안쪽에 외부로 열려져 소포내 물질이 방출되는 것.

Extrusome 방출체: 딕티오솜에서 유래된 소포내 배출물을 가지고 있는 세포소기관. 원생생물의 표층 바로 밑의 내질중에 있고, 각종 자극에 의해 물질이나 구조물을 세포밖으로 방출하는 성질을 가진 소포모양의 세포소기관의 총칭으로 Cnidocysts, discobolocysts, ejectisomes, kinetocysts, mucocysts, nematocysts, pigmentocysts, polar capsules, rhoptries, taeniobolocysts, toxicysts, trichocysts 등이 여기에 포함된다

Eyespot 안점: 많은 편모류의 색소체내 외에 위치한 색소가 있는 부분. 때로 은편모류 등에서 후향 편모의 기저 팽창부와 특별한 관련이 있다. 동의어: stigma.

F

Falx 편모열부위: 오팔린충류에서 편모열이 생기는 피층의 특별한 부위.

Feeding veil 섭식연막: 와편모류의 종구 밖으로 돌출하는 얇은 원형질층(위족)으로 먹이를 포획하는 기능을 가지고 있다. 동의어: pallium.

Filopodium 사상위족: 7nm 두께의 필라멘트(실모양의 액틴)들로 된 중앙축이 있는 사상체 형태의 위족. 아메바성으로 구성된 일부 세포에서 흔히 발견된다.

Filter feeding 여과식자: 수중에 흩어져 있는 입자를 섬모나 편모로 수류를 일으켜 모아서 먹이를 먹는 방식. 먹이를 모으는 여과장치가 있다.

Flagellar pocket 편모주머니: 편모함입부. 동의어: reservoir.

Flagellar hair 편모털: 편모에 난 털. 동의어: flimmer.

Flagellar rootlet 편모소근: 많은 편모류의 모근체에서 세포질로 나와 교차하는 띠로 된 섬유구조. 섬모소근과 대조적으로 이들은 미세소관에 해당되지 않는다.

Flagellar swelling 편모팽창부: 유글레나의 편모기저부 가까이 있는 두꺼운 부위로, 대부분 광감응기 기능을 한다.

Flagellar transition region 편모전이부위: 돌출편모의 축사의 가장 끝과 기저체(모근체)사이 부위로 전이 헬릭스 같은 뚜렷한 구조를 갖는다.

Flagellum 편모: 섬모와 대조적으로 편모는 길이가 10 μm이상이고 털이 있기도 한다.

Flimmer 편모털: 편모에 있는 털. 동의어: Mastigoneme.

Foramen 소공: 유공충에서 두방사이에 있는 격막의 구멍.

Fruiting body 자실체: 균류에서 각종 포자를 만드는 균사조직 집합체의 총칭. 동의어: sporangium(포자낭), plasmodiocarp(변형체과).

Frustule 규조껍질: 규조류의 바깥 규산질 껍질.

Fusule 중낭공: 다포방산충류의 중낭에 있는 유축위족의 미세소관 다발이 드나들 수 있는 구멍.

G

Gametangium 배우자낭: 배우자를 생산하는 주머니 모양의 세포 또는 기관.

Gamete 배우자: 성적으로 성숙한 접합자를 형성하기 위하여 적합한 세포와 결합할 수 있는 반수체 생식 세포.

Gametocysts 배우자포낭: 족포자충류의 두개의 결합된 생식세포 분비에 의해 형성된 포낭. 이 포낭안에 두 타입의 배우자가 형성된다. 동의어: gamontocyst.

Gametogamy 배우자접합: 배우자의 접합.

Gamogony 배우자생식: 첨복포자충류와 유공충류의 생활사에서 생식세포와 배우자를 형성하는 유성생식기.

Gamone 수정물질: 접합을 유도할 때 교접을 활성화시키는 용존물질.

Gamont 생식세포: 반수체의 생식단위(배우자 또는 핵)를 만드는 암,수 또는 자웅동주세포.

Gamontogamy 생식체접합: 생식세포의 짝짓기.

Gemmation 발아, 눈내기: 동의어: Budding.

Generative cell 생식세포: 성장과 분열을 할 수 있는 세포.

Girdle lamella 환상라멜라: 황갈색편모류의 내부 색소체막 아래 틸라코이드의 환상띠.

Glycosome 글리코솜: 해당 대사경로의 효소를 포함하고 있는 운동핵편모충류의 세포 소기관.

Glyoxysome 글리옥시솜: 글리옥살산 대사 효소를 갖는 미소체.

Granellae 그라넬라: 이질생강(xenophyophoreans)의 원형질에서 많은 수로 발견되는 바리움황산염 결정.

Granuloreticulopodium 과립망상위족: 작은 과립들의 양방향이동이 일어나는 내부 미세소관 다발로 된 위족. 위족의 네트워크를 형성하기 위하여 서로 유합되어 있다. 유공충과 다른 근족충류의 위족형태.

Gullet 굴렛, 세포식도: 두 편모가 나오는 은편모류의 정단부에 있는 구강. 조상형 입기구의 흔적.

H

Haplosporosome 단포체, 반수포지원형질체: 반포자충류에서 내부막 성분으로 된 막결합 소포체.

Haptocyst 흡착포: 방출체의 일종.

Haptonema 부착성편모, 착편모: 후각편모류(착편모류)의 비공유파생형(autapomorphic) 편모 형태의 소기관. 소포체의 내부 시스터나로 둘러싸는 미세소관으로 형성되는 부속지. 먹이의 섭취나 부착 또는 기는 기능.

Herbivory 초식성: 조류나 다른 식물성 물질을 섭취.

Heterodynamic flagella 이질운동편모: 서로 연관되어 있지 않고 운동 양상이 서로 독립적인 편모들.

Heterokaryotic 이형핵형의: 핵의 이형성.

Heterokont 이형편모성: 두편모중 하나는 털이 없는 민편모, 하나는 털이 있는 편모.

Heterotrich 이형섬모의: 다른 종류의 섬모로 이루어진, 즉 이형섬모충류에서 단일모근계 체섬모와 섬모막으로 된 입섬모로 구성된 것.

Heterotrophy 종속영양성: 에너지나 영양염원으로 다른 생물이 만든 유기물에 의존하는 소비자의 영양 방식.

Heteroxenous 이종 기생성, 이형 기생성: 첨복포자충류와 파동편모충류의 생활사에서 둘 이상의 숙주를 갖는 기생생활.

Histophagy 조직식성: 먹이의 조직이나 숙주의 조직을 섭취하는 종속영양의 한 형태.

Holdfast organelle 부착소기관: 세포가 표면에 고착할 수 있는 부착구조.

Holotrichous 전모성: 균일하게 또는 완전하게 섬모로 덮힘.

Homodynamic flagella 동형운동편모: 같은 양상으로 운동하는 동일세포의 편모들.

Homokaryotic 동형핵체: 동일한 핵이 단지 한 형태로 나타나는 것.

Homoxenous 동형 기생성: 생활사에서 단지 한 숙주만 갖는 것.

Hyaloplasm 투명질: 접착용위족(lamellipodia)이나 세포연막에서 나타나는 세포질에 세포소기관이 없는 부분.

Hydrogenosome 수소발생체: 부기체강과 반추위섬모충 등 혐기성 원생생물의 막결합 소포체로 수소의 생성장소. 미토콘드리아의 변형.

Hypha 균사: 길고 가는 실모양 세포. 난균류와 곰팡이류 세포의 일부분으로 다핵체(합포체) 조성. 진균류의 영양체를 구성하는 기본 구조.

Hypnocyst 휴면포낭: 와편모류의 휴면포낭.

Hypocone 하부원뿔, 하부원추: 와편모류의 아래쪽 반구. 동의어: hyposome.

Hypotheca 하각: 와편모류의 하부원추를 덮는 껍질 부분.

I

Idiosome 이디오솜, 투명질: 어떤 아메바의 껍질을 형성하는 요소들.

Imperfect fungi 불완전균류: 유성생식이 발견되지 않는 불완전균강(Deuteromycota)에 속하는 곰팡이 이름.

Infraciliature 섬모하구조, 섬모계: 모든 모근체와 그것들의 관련 피막아래 구조.

Ingestion apparatus 섭취구조: 입구조.

Inner membrane complex 내막복합체: 피막포문의 세포막 아래에 있는 평평한 포상 복합체(첨복포자충류의 피막포 구조).

Interkinetal fission 모근열간 분열: 섬모열이나 편모열(모근열)에 평행한 면의 분열, 오팔린충에서 일어남.

Involute 안으로감기 방배열: 나선형으로 감긴 유공충에서, 감긴방 내강이 앞의 감긴 방들을 측면으로 덮는 배열을 하는 것.

Isogamy 동형접합: 동일한 형태의 배우자가 결합하는 것.

Isokont 동형편모: 크기와 기능이 동일한 편모.

K

Kappa particles 카파입자: 짚신벌레의 내생공생 박테리아의 한종류.

KDNA K-DNA: 동원질체의 DNA.

Karyomastigont system 핵편모체계: 핵으로 연합되는 편모체계. 고아메바에서 핵이 기저체에서 생긴 미세소관 소근이나 추가적 미세소관에 의해 둘러싸이는 체계.

Kinete 운동성 접합자: 첨복포자충류의 운동성 접합자.

Kinetid 모근계: 적어도 한 모근체와 한 작은뿌리(단일모근계)와 두 작은뿌리(쌍모근계) 또는 많은 모근체로 구성된 섬모와 편모의 기저 기구. 체모근계와 입모근계는 그들의 위치에 따라 분리될 수 있다.

Kinetocyst 동원포, 운동포낭: 방출체의 한 형태.

Kinetodesmal fiber 운동근섬유: 섬모충 모근계의 한 부분으로 모근체에서 기원하여 오른쪽으로 그리고 대부분 앞방향으로 향하여 교차하여 평행으로 달리는 작은 뿌리 섬유.

Kinetodesma 운동근섬유다발: 운동근섬유의 다발.

Kinetoplast 동원질체: 운동핵 편모충류에서 kDNA를 가진 하나의 미토콘드리아가 있는 변화된 부위. 보통 두개의 모근체 가까이 위치한다.

Kinetosome 모근체: 섬모와 편모의 기저말단부. 직경 0.25μm, 길이 1.5-4μm, 3개로 된 미세소관 다발이 둘러서 9개가 있어 9×3+0 배열로 구성된 원주모양의 세포소기관. 두개의 안쪽 미세소관(A-B관)은 편모축으로 연장된다. 피층의 미세소관 소근들에 미세소관 형성 중심(MTOC)이 된다. 동의어: Basal Body(기저체).

Kinety 체섬모열, 모근열: 체모근계의 세로로 배열된 열(단일모근계, 쌍모근계).

Km fiber 후향미세소관다발: 일부 이형섬모충류에서 발견되는 후향섬모미세소관 리본의 다발로 구성된 구조. 동의어: Post ciliodesmos.

L

Lamellipodium 박막위족, 층상위족: 아메바세포의 평평한 엽상형 위족 돌기.

Lamina corticalis 피질층: 여러 섬모충류의 피막아래 농밀한 섬유질 또는 사상체 층. 내외원형질 경계를 표시. 동의어: Tela Corticalis.

Leishmaniasis 리슈만 편모충증: 척추동물의 대식세포를 파괴하는 *Leishmania*종에 의해 감염되는 병.

Leucoplast 백색체: 색소가 없는, 녹말저장 색소체.

Leucosin 루코신: 조류 다당류의 저장산물로 D-글루코오스 잔기가 β-1, 수 결합한 분자당 1-6개의 글리코시드 결합이다. 엽록체의 바깥 소포체에 축적한다. 동의어: Chrysolaminarin.

Lieberkühn's organelle 리버쿤 소포: 일부 섬모충의 구강 왼쪽 근접 피막아래에서 발견되는 렌즈모양의 굴절 구조.

Lithosome 석질소체: 일부 섬모충과 방사극충류에서 발견되는 막결합 세포질 주머니. 동심층에 유기물에 무기물이 싸여 구성된다.

Lobopodium 엽상위족: 아메바세포의 엽상 또는 손가락 형태의 위족.

Longitudinal fission 종분열: 모근열 사이에 종으로 일어나는 분열.

Lorica 피각, 피갑: 세포밖에 껍질, 외피, 케이스, 주머니로 형성되는 한쪽 끝이 열려 있는 싸게, 또는 보호 덮개.

Lysosome 리소좀, 용해포: 가수분해효소를 가지고 있는 소포.

M

Macrogamete 대형배우자: 대형 암 배우자, 암생식세포.

Macronucleus 대핵: (섬모충, 유공충) 두 형태의 핵을 가진 원생생물의 대형 체핵.

Macrostome 대형세포입: *Tetrahymena*와 다른 섬모충류에서 큰 입기구를 가진 세포.

Mastigoneme 편모털: 편모축의 털모양 돌기. 흔히 세분지 되어 있다. 동의어: filmmer.

Mastigont system 편모계: 편모 분류군에서 축간 같은 미세소관 세포소기관과 관련된 모근계. 핵이 이런 시스템의 일부일 때 핵편모계로 부름.

Mating type 교배형: 유성생식과정에서, 동종 개체들이 서로 결합하지 않고 보완적인 교배형 하고만 결합하는 것. 보완적 교배형은 한 생물종(syngen: 동계)을 이름.

Maupas' body 모파체: 은편모류의 소포구조로 자가소화포 기능을 하는 것으로 예상.

Megalospheric test 대형구형껍질: 초기의 큰 방울 가진 유공충 껍질.

Meiospore 감수포자: 감수분열에 의해 생성된 포자.

Membranelle 겹섬모열, 섬모막: 섬모충의 입기구와 관련된 무수히 많은 섬모로 이루어진 복합구조.

Merogony 난편발생, 분열생식: 첨복포자충문의 생활사에서 다핵체의 다분열(분열생식)에 의해 분열소체를 형성하는 과정.

Meront 분열생식포자, 분열체: 난할이나 분열생식에 의하여 생성되는 단위. 동의어: schizont.

Merozoite 분열소체: 분열생식포자의 다분열 산물. 생활사에서 분열소체는 생식세포의 전구체.

Mesokaryon 중핵: 대부분 와편모류의 핵종류로, 원핵생물과 진핵생물 사이의 추정상의 위치를 반영하는 와편모류 핵의 원래형. 이것은 원시 특징이 아니라 비공유 파생형 특징으로 보인다.

Metaboly 변형현상: 유글레노이드의 운동세포의 일부가 팽창하여 팽창한 부위가 세포의 긴축에 맞추어 앞뒤로 이동하는 운동.

Metachronal waves 진행파, 섬모파, Metachrony 계시성: 편모나 섬모의 운동에 의해 동시에 발생하는 파. 해당 모근열 사이의 형상 변화에 의해 형성되고, 스스로 발생하지 않고 수리역학적 결합의 결과이다. 계시성은 정렬된 여러 개의 운동성 소기관이 주기를 반복하여 운동할 때 인접한 소기관 사이에 일정한 위상차를 유지하면서 운동하는 성질.

Metacyclic form 변환형: 척추동물 숙주에 감염하는 무척추동물 매개체에 있는 기생충의 생활사 단계.

Metrocyte 메트로사이트: 첨복포자충류 *Sarcocystis*와 *Frenkelia* 속의 분열생식포자의 마지막 세대에 발견되는 크고 둥근 증식세포.

Microgamete 소형배우자: 작은 숫 배우자.

Microgamont 소형생식세포: 소형 배우자의 전구체로서의 생식세포.

Micronemes 미사: 첨복포자충류의 정복합체에서 곤봉체와 연결되고 숙주의 세포로 침투하는데 관계되는 고도로 분지된 관 시스템.

Micronucleus 소핵: 두형의 핵을 가진 원생생물(섬모충)에서 생식핵.

Microphagous 미소식성: 극미소-미소크기(0.2-20μm)의 입자먹이를 섭취하는 것.

Micropore 미소공: 첨복포자충류, 퍼킨스충류, 콜포다충류의 세포막의 측면 함입부. 세포내 섭취 장소.

Micropyle 난공: 첨복포자충류의 접합자낭(Oocyst)에 있는 구멍.

Microspheric test 소구형 껍질: 초기 방을 가진 다실성 유공충류의 생활사 시기의 작은 방을 둘러싼 껍질.

Microstome 소구: *Tetrahymena*와 그 연관 종들에서 나타나는 작고 불분명한 입을 가진 소형세포입.

Mitospore 영양포자: 유사분열 후 만들어지는 포자.

Mixotrophy 혼합영양성: 광합성이나 종속영양으로 살수 있거나 또는 두 가지 영양방식을 동시에 할 수 있는 방식.

Monadal, Monadoid 편모기: 원생생물의 생활사에서 편모를 가진 시기.

Monokinetid 단일모근계: 섬모충류의 단일 개별 모근계로 형성되는 것.

Monopodial 단일위족: 단 하나의 위족을 가진 것.

Monothalamic 단방껍질: 단방으로만 된 유공충 껍질.

Morphogenesis 형태형성: 섬모충에서 성장과 분화를 동반하는 형태변화. 세포 건축학적 구조의 배열구조 유지를 위한 변화.

MTOC 미세소관 형성 중심: 모근체, 중심립, 구조적으로 덜 조직화 된 부위 등, 미세소관이 나오는 미세소관 형성 중심.

Muciferous body 점액질체: 유글레나와 같은 일부 조류의 세포 소기관으로 점액질을 방출한다.

Mucocyst 점액질체: 방출체의 일종.

Müller's body 뮬러체: 여러 원시핵섬모충류(핵잔모섬모충류)에서 기술된, 미소 응결물질을 가진 소포.

Mycelium 균사체: 가지형, 실모양 균사 덩이로 된 곰팡이의 영양체 부분.

Myonemes 미사근: 섬모충류에서 세포내 근섬유로 된 다발로 수축 성질이 있다. 모근체에서 유래한 피층의 한 부분.

Myophrisks 근섬유: 방사극충류의 골침에 있는 미사근.

Myxamoeba 점액아메바: 점균류, 또는 세포성 점균류의 포자가 발아 후에 아메바형의 단세포 생활상을 나타내는 것.

N

Nasse 바구니형인두: 동의어: Cyrtos.

Nemadesmata, Nematodesmata 인두미세소관다발: 이웃 모근체의 말단에서 나오는 간상형 미세소관 다발로 흔히 육모꼴로 교차 연결된다.

Nematocyst 자포: 고리형태 방출관으로 특징되는 와편모류, 섬모충류, 점액포자충류의 비상동 방출체. 동의어: cnidocyst.

Nuclear dualism 2핵형: 영양세포의 기능을 조절하는 대핵과 유전자의 수평수직이동을 책임지는 생식 소핵이 동시에 출현하는 것. 섬모충에서는 영구적으로 출현하고, 유공충에서는 발생기 동안 일시적으로 출현한다.

Nucleomorph 핵소체: 은편모류에서 발견되는 내생진핵 공생자의 잔류핵.

O

Ocellus 틈눈: 일부 와편모류에서 발견되는, 광감지 소기관을 구조적으로 닮은 엽록체의 변형부위.

Offspring 딸세포, 자손: 동의어:progeny.

Omnivory 잡식성: 식물성과 동물성 먹이를 함께 먹음.

Oocyst 접합자낭, 난포낭: 첨복포자충류에서 난모세포와 포자포낭을 포함하는 바깥 낭포성 껍질. 접합자가 만들어진 후 그 주위에 만들어지는 포낭 또는 그 내용물.

Oogamy 난접합: 비운동성 대형 암배우자와 운동성 소형 배우자가 수정하는 것.

Oogonium 난원세포, 장란기: 난균류에서 암배우자를 만들어 내는 단핵성 또는 다핵성 세포.

Ookinete 오키네트: 첨복포자충류의 반포자충류의 운동성 접합자.

Operculum 뚜껑: 포낭과 포자의 구멍을 덮는 덮개.

Opisthe 후편분열체: 분열중인 섬모충의 뒤쪽반, 세포항문을 가짐.

Oral apparatus 입구조, 입기구: 편모류와 섬모충류에서, 입구멍을 형성하는 모근계와 섬모구조를 포함하는 전체 복합체. 여기에 인두강, 근섬유 시스템, 목구멍과 세포입까지 포함한다.

Oral kinetid 입모근계: 입기구의 섬모구조와 섬모하 구조를 형성하는 모근계.

Oral primordium 입원기, 구부원기: 동의어: Anarchic field.

Oral region 구부: 세포의 안쪽(배쪽) 입기구가 위치한 부위.

Oral trapeze 입저작기: 일부 섬모충에서 발견되는 먹이의 세포벽을 깨서 열고 그 내용물을 섭취하는데 사용하는 세포소기관.

Osmotrophy 삼투식성: 음작용이나 막간 수송에 의해 용존물질이 생물체에 흡수되는 영양 방식.

P

Pagial 바다얼음 서식처: 바다 얼음 소생활권.

Palintomy 반복교차분열, 연속분열: 섬모충이나 와편모류의 포낭안에서 일어나는 빠른 2분열에 의해 무수히 작은 딸세포들이 생기는 것.

Pallium 섭취연막: 동의어: feeding veil, velum.

Palmella stage 팔멜라기: 운동성이 없는 광합성 단세포가 점액질의 기질 속에 매몰되어 있는 휴지기 상태. 녹조류의 *Chlamydomonas* 등이 무성생식에 의하여 불어난 개체가 자유롭게 밖으로 헤엄쳐 나가지 않고 젤라틴화 된 모세포의 막내에 머물러서 수천개의 세포를 포함하는 군체로 된 상태. 동의어: Palmelloid phase.

Panmixis 난교배: 무작위 교배.

Pansporoblast 포자분화세포: 점액포자충류, 미포자충류, 첨복포자충류의 생활사에서 포자의 분화가 시작되는 초기 다핵기.

Parabasal apparatus 부기체부 기구: 부기체충류의 털편모류와 초편모류에서 편모에 인접하여 나온 부기체부 사상체에 부착한 딕티오솜성 집합체. 흔히 세포 뒤쪽으로 향한다.

Parabasal filaments 부기체 사상체: 부기체충류에서 딕티오솜과 연관된 주기적으로 평행하는 쌍으로된 실모양 사상체.

Paraflagellar body 부편모체: 편모류의 광감지기. 동의어: flagellar swelling.

Paraflagellar rod 부편모봉: 동의어: paraxial rod(축주간상체).

Paramylon 파라밀론: β-1, 3글루코오스로 만든 녹말 같은 다당류. 유글레나의 저장산물.

Parasitophorous vacuole 기생포: 세포내 기생자를 정착시키는 소포.

Parasomal sac 부체낭: 섬모충류에서 섬모 바로 옆 원형질막의 함입부. 첨복포자충류의 미공(micropore)과 상동 관계를 가짐. 첨복포자충류에서 보듯이, 함입부는 피막포에서 원형질로 들어가는 사이에 있으며 세포내 섭취와 세포외 배출 기능을 하는 것 같다.

Paraxial rod 축주간상체: 운동핵 편모충류와 유글레나류의 편모축의 축사에 평행하게 있는 사상체 다발. 이로 인하여 편모가 비교적 두껍게 나타난다.

Paroral 구측, 입측면: 입기구 측면.

Paroral membrane 구측막, 입측면막: 섬모충의 입주변 오른쪽에 배열된 하나 또는 여러 열의 섬모(막).

Pedicel 부착포: 흡착 소기관.

Pedogamy 자절생식: 같은 핵의 감수분열에서 유래한 딸 핵의 유성결합. 일부 태양충류에서 일반적인 자가 수정의 일종.

Peduncle 자루, 병: 생물의 부착 도구로서 또는 자루로서 사용되는 세포질 확장 물질.

Pellicle 피막: 원형질막과 아래 사상체구조에 의해 형성되는 기능적, 형태적 단위. 피막포와 상피.

Pelta 펠타: 털편모충류와 첨예편모충류의 축간의 앞부분과 관련된 초승달 모양의 미세소관 구조.

Peniculus 좌섬모막: 짚신벌레 같은 섬모충의 입 왼쪽에 위치한 섬모막.

Perialgal vacuole 조류둘레포, 조류소포: 공생조류를 둘러싸는 소포.

Pericyte 주위세포: 다른 세포를 둘러싸는 세포. 내생눈내기.

Perikinetal fission 섬모열 직각 분열: 섬모충류에서 발견되는 체섬모열의 방향에 직각면으로 일어나는 분열.

Perilemma 상피막: 일부 섬모충(빈모류, 하모류)의 원형질막 표면에 있는 유기질로 된 세포외 삼겹막 막층.

Periplast 주변세포질: 은편모류에서, 다소 단단한 골격을 형성하는 단백질 판으로된 세포질 주변층.

Peristome 위구부: 입언저리. 구강.

Phaeodium 갈색립: 갈색 방산충류에서, 중낭공 주위에 쌓인 색소 퇴적물(대부분 노폐물).

Phagocytosis 식세포작용: 입자성 물질의 섭취.

Pharyngeal basket 인두바구니: 동의어: cyrtos.

Phoresy 편승자: 운반하는 숙주로부터 이득을 끌어내는 생물.

Phoront 외부생활기, 영양전체: 하구섬모충류와 퇴구섬모충류의 숙주의 표면에 사는 생활사기.

Photoautotrophy 광의존 독립영양성: 광에너지에 의존하는 독립영양성.

Photoauxotrophy 광영양요구성: 광독립영양성이나 비타민을 필요로 하는 것.

Phycobiliproteins 색소단백질: 남세균, 회색조류, 홍조류, 은편모류에서 발견되는 색소 단백(홍조, 남색의 용존성 색소) 복합체.

Phyllae 엽상미세소관: 일부 섬모충류의 입부분에서 발견되는 미세소관 리본.

Pinocytosis 음작용, 음세포작용: 유체나 점액질을 섭취하는 과정.

Plasmodium 변형체, 열원충: 다핵세포. 다핵성 합포체와 대조적으로 다핵화가 세포질 분열에 따르지 않고 무수한 핵분열에 의해서 생긴다.

Plasmogamy 원형질융합: 핵결합 없는 세포들의 결합.

Plasmotomy 다핵분열: 다핵체 원생생물의 무성분열타입. 핵분열과 필수적으로 연결된 것은 아니다.

Plastid endoplasmic reticulum 색소체 소포체: 엽록체 소포체.

Pleuronematic flagellum 털편모, 깃꼴편모: 편모털 열이 하나 또는 그 이상 있는 편모.

Polar cap 극관: 미포자충류의 앞쪽 끝에 있는 색소친화성 소기관.

Polar filament 극사, 극사상체: 점액포자충류에서, 숙주세포 표면에 포자를 부착시키기 위하여 사용하는 방출 사상체 구조.

Polar ring 극환: 첨복포자충류, 분열소체와 포자소체의 정부에 있는 링모양 구조.

Polar tube 극관, 극성관: 미포자충류에서 감염된 포자질이 숙주세포안으로 들어가기 위한 통로로 배출에 의하여 형성하는 관구조.

Polarplast 극질체: 극사상체를 형성하는 과정에 포함되는 미포자충류의 포자의 박판형 구조.

Polyenergid: 몇 개의 동일한 핵과 DNA 해당량으로 이루어지는 것

Polykinetid 다모근계: 극모나 섬모막을 형성하는 모근계.

Polysporous 다분포자의: 미포자충류와 점액포자충류에서 수개에서 많은 포자들이 포자분화 세포내에서 생성되는 것. 이분포자는 두 포자에 해당, 단포자는 한 포자 생성.

Polythalam 다실각: 유공충에서 여러 개의 방을 가진 껍질.

Polytomy 복분열적: 빠른 분열을 통하여 무수한 자손을 만드는 것.

Postciliary (microtubular) ribbons 후향미세소관리본: 섬모충의 피층에서 모근체에서 나온 미세소관리본이 세포의 뒤쪽으로 향하여 있는 것.

Postciliodesmata 후향미세소관 다발: 미세소관다발로 이루어진 후향미세소관리본.

Posterosome 후포체, 포자후소포: 미포자충류의 포자의 뒤쪽반에 극사상체의 방출기작과 관련된 소포구성체.

Preaxostyle 전축간: 첨예편모충류에서, 기저체의 쌍과 연결되는 미세소관과 사상체 층으로 구성된 구조.

Primite 시발세포: 족포자충류의 연접연합체의 앞 생식세포.

Primordium 원기: 동의어: Anlage.

Proboscis 부리돌기, 주둥이돌기: 일부 편모류와 섬모충류의 앞쪽끝 부리 모양 돌기.

Procyclic stage 전주기: 무척추 동물 숙주에서 시작하는 파동편모충류의 생활사기.

Promastigote 전방편모체, 앞편모체: 파동편모충류에서 앞쪽으로 향한 편모를 가진 세포.

Propagule 번식체: 생존하고 좀 더 번식할 수 있는 단세포 또는 다세포 기의 생물.

Proter 앞 딸세포: 섬모충류의 정규적인 이 분열에서 앞쪽의 딸세포.

Protomerite 전체절: 첨복포자충류의 족포자충류에서, 부속으로 선절을 갖는 핵이 없는 첫 체절.

Pseudoplasmodium 위변형체: 점균류에서 한 단위로 행동하는 점액아메바가 모여서 형성하는 변형체 모양의 다세포체. 동의어: slug.

Pseudopodium 위족, 헛다리: 운동과 먹이를 취하기 위하여 일시적으로 내놓는 세포돌기. 아메바형 구조 세포에서 유축위족, 사상위족, 엽상위족, 박막형위족등 여러형이 있다.

Pseudostome 위구: 위족이 나올 수 있는 유각아메바의 피각이나 껍질의 구성.

Psychrophilic 저온성: 낮은 온도에서 잘 자라는.

Pusule 수낭: 담수와 해양 와편모류에서 삼투조절과 관련된 것을 보이는 원형질막 아래 액포계로 원형질 소막의 함입에 의해 생성.

Pyrenoid 피레노이드: 일부 엽록체의 안쪽에 녹말 축적을 위한 단백질 중심.

Q

Quaderulus 사분막: 짚신벌레에서 특별히 알려진 4개 모근체를 가진 섬모하구조로 된 인두 섬모 기구.

R

Radiolarite 방산석: 화석유공충의 미세 수정 결정체; 방산충 골격의 산물.

Raphe 배선: 우상 규조류에서, 미끄럼 운동을 용이하게 하는 각면의 갈라진 부분. 홈.

R-body R체: 짚신벌레와 관련된 속의 카파 입자(박테리아).

Recurrent flagellum 후향편모: 편모가 삽입된 위치에서 뒤쪽으로 구부러져 몸 뒤쪽으로 향한 편모.

Red tide 적조: 와편모류나 다른 원생생물이 대량발생하여 바다의 물 색깔을 붉은 색으로 만든 것.

Replication (reorganization) band 복제대: 핵의 중앙에서 끝으로 이동한 대핵의 엷게 염색된 교차 띠. 이 부분이 DNA 복제와 히스톤 합성에 관련한다.

Reservoir 저장포: 유글레나의 앞쪽 함입부, 인두기구; 꼭 식세포작용에 관련된 것은 아니다. 동의어: 편모주머니.

Resting cyst 휴면포낭: 원생생물의 생활사에서 동결과 건조로부터 견디기 위하여 농축된 원형질과 두꺼운 층을 가진 포낭.

Reticulopodium 망상위족: 사상위족의 유합으로 그물같이 이루어진 위족.

Rhabdos 직관인두: 섬모충류에서 인두미세소관다발과 횡미세소관들로 이루어진 곧은 관형 목구멍 섭취 기구.

Rhizoplast 근형질: 모근체에서 핵이나 다른 세포구성 성분으로 뻗힌 교차띠 구조.

Rhoptry 곤봉체, 봉상체: 첨복포자충류의 포자소체와 분열소체에서, 두 개(8개까지)의 곤봉모양 세포 소기관이 정단부에서 나와 세포의 중앙까지 뻗은 것. 숙주의 세포막에 침투하기 위하여 사용하는 용균효소를 포함하고 있다.

Rohr 로르관: 변형체강에서 침투기구의 관구조.

Rootlet 소근: 모근체에서 유래한 모근계의 작은 뿌리 부분.

Rosette 화문체: 퇴구 섬모충류에서 나타나는 미세구조 복합체. 기능을 모르는 격막구조.

Rostellum 작은부리: 작은 주둥이.

Rostrum 부리, 주둥이: 원생생물세포에서 부리모양의 형태를 갖는 정단부 끝. 또는 일부 종류의 뚜렷한 돌기.

S

Sagenogen, Sagenogenetosome 흡구체: 방출체의 일종, 동의어: Bothrosome.

Sapropel 부니처: 부식유기물이 매우 풍부하고 산소가 부족한 곳.

Satellite 위성세포: 족포자충류의 연접 연합체의 뒤쪽 생식세포.

Scale 비늘, 인편: 세포 몸체나 편모의 원형질막에 축적된 무기유기물질의 조그만 판.

Schizogony 분열생식기: 첨복포자충류의 생활사에서 나타나는 무성의 다분열기.

Schizont 분열체, 분열생식포자: 분열소체의 전구체인 다핵세포. 동의어: meront.

Scintillons 섬광소낭: 발광 와편모류 안쪽에 있는 발광입자.

Sclerotium 균핵: 탈수에 반응하여 형성된 비세포성 변형균류의 건조에 견딜 수 있는 휴면기.

Scopula 부착체: 둘레섬모충류의 입반대쪽 흡착판에 있는 자루와 부착 소기관이 있는 복합체.

Septum 격벽: 유공충 껍질의 두 반 내강을 나누는 벽 또는 곰팡이류의 균사나 포자의 인접세포.

Shuttle streaming **왕복흐름**: 큰점균강(Myxogastrea)의 원형질 흐름에 있어 약 2분의 간격으로 흐름 방향으로 바꾸는 양상.

Siphon **관상흡입기**: 유글레나에서 튜브형의 먹이 섭취 기구.

Somatic ciliature **체섬모구조**: 입섬모 구조와 대조적으로 운동목적으로 사용되는 세포 몸체의 섬모 구조.

Somatonemes **관형털**: 원편모류의 세포 표면에 부착한 튜브형 외부털. 이형편모류의 편모털과 상동.

Sorocarp **누적 자실체**: *Sorogena* 같은 섬모충의 생활사에서 형성하는 (몇 개의 말단 포낭을 가진 자루로 된) 비상동 과실체.

Spasmoneme **자루미사근**: 둘레섬모충류의 자루에서 발견되는 특별한 종류의 미사근(myoneme).

Spicules **골편, 침골**: 몸의 외부에 놓인 뾰족한 구조. 침.

Spindle trichocyst **방추모포**: 방출체의 일종.

Spines **가시, 극조**: 뾰족한 구조. 세포의 한 부분이거나 세포에 의해 분비한 구조.

Spongiome **분비관**: 수축포 복합체의 인근에 있는 분비관 시스템.

Sporangium **포자낭**: 포자를 형성하는 생식기관. 번식체가 만들어지는 작은 자루구조 또는 부착구조.

Spore **포자**: 건조 저항 번식체. 기생원생생물의 생활사에서 감염을 유도하는 기.

Sporoblast **포자모세포**: 포자를 형성하는 전구세포(대부분 접합체).

Sporocyst **포자포낭**: 첨복포자충류의 접합포낭안에 형성되는 포낭. 그 안에 분열 소체를 가진다.

Sporoduct **포자관**: 첨복포자충류의 족포자충류에서 성숙한 접합 포낭이 탈출할 수 있게 구형의 배우자 모세포낭의 관형벽이 팽창하는 것. 동의어: ooduct(난관).

Sporogony **포자생식**: 첨복포자충류의 생활사에서 포자소체를 만들기 위한 체세포 분열기.

Sporont **배우자 모체**: 구포자충류에서 포자포낭을 만들기 위한 난포낭에서 유래한 생활사 기. 다핵체 반포자체 배우자 모체는 포자가 형성되는 포자 포낭이 된다.

Sporoplasm **포자원형질**: 포자충류의 포자의 아메바형 감염내용물 또는 미포자충류의 포자원형질(amoebala).

Sporozoite **포자소체**: 첨복포자충류의 포자에서 나온 운동성 감염체.

Stachel **가시체**: 변형체강에서 숙주세포벽으로 침투하기 위하여 사용하는 가시형 소기관.

Stalk **자루**: 부착 소기관.

Stephanokont **환상편모 관편모성**: 환상 또는 관상 형태의 편모들.

Stigma **안점**: 광감기 기능을 가진 붉은 카로틴-지방 알맹이가 색소체 내외에 축적된 것. 동의어: eyespot.

Stomatocyst **규산질포낭**: 규산질의 벽과 단 하나의 마개가 있는 구멍을 가진 포낭.

Stomatogenesis **입발생과정**: 분열중인 섬모충에서 새로운 입기구의 형성 과정.

Subkinetal microtubules **모근체하 미세소관리본**: 일부 섬모충의 모근체 인접 끝 아래 있는 하나 또는 그 이상의 미세소관 리본.

Sucking disc **부착판**: 동의어: Adhesive disc.

Sulcus **종구**: 유각와편모류의 후편아래에 있는 세로 홈. 여기에서 뒤쪽 종편모가 나와 아래쪽으로 향한다.

Suture **봉합선, 연접부**: 인접한 세포 사이의 고랑 또는 경계선. 섬모충에서 섬모열이 없는 작은 선. 유공충에서 먼저 형성된 껍질에 방벽이 접합하는 선.

Swarmer **유주자**: 원생생물 생활사의 편모 또는 비편모의 운동기.

Symphoriont **숙주표피착생체**: 동물 숙주의 표면에 부착하는 세포. 그 결과 수동적으로 이동함.

Syncilium **합섬모**: 특별한 타래를 형성하는 밀접하게 뭉친 섬모들의 그룹.

Syncytium **다핵체**: 다핵체의 대형 또는 거대 세포. 변형체와 대조적으로 다핵체는 앞선 세포들의 결합에 의해 형성.

Syngamy **배우자접합**: 동의어: Gametogamy.

Syngen **동계**: 둘 또는 그 이상의 유성적으로 양립하는 교배형의 복합체. 예: *Paramecium* 또는 *Tetrahymena*의 동계

Systole **수축기, 수축**: 수축포가 수축하는 것 또는 시기.

Syzygy **연접체**: 족포자충류에서, 암수 생식세포의 측면 또는 사슬형으로 연접 된 생식전 결합체.

T

Tachyzoite **자양체**: *Toxoplasma*나 관련 구포자충류의 빠르게 발생하는 분열소체.

Taeniobolocyst: 방출체의 한 형태.

Taxis **주성**: 자극체로부터 멀어지거나 가까이 향하는 생물의 움직임.

Tectin **텍틴**: 일부 껍질에 나타나는 단백질과 점액질 다당류의 복합체.

Telotroch **단부섬모환**: 둘레섬모충류의 섬모가 없는 쪽에 있는 섬모로 된 둥근 환대.

Tentacle **촉수**: 세포의 긴 돌기로 미세소관 다발에 의해 대부분 단단하다(흡관충류의 인두미세소관 다발). 야광충(*Noctilulca*)의 경우는 비상동 구조임.

Test **껍질, 각**: 껍질(shell) 또는 피각(lorica)의 일반적인 용어.

Thallus **엽상체**: 편평하고 잎처럼 생긴 고등식물 조류, 곰팡이의 몸체로, 뿌리와 잎 같은 관상 조직 특성이 없다.

Theca **각, 막**: Shell, test, value, frustules 등의 세포 내외의 모든 덮개형을 가리키는 일반 명칭.

Theront 비섭식영양체기: 일부 섬모충류의 생활사에서 섭식을 하지 않으나 빠르게 이동하는 시기.

Tinsel 편모털: 동의어: Mastigoneme.

Tomite 유영기: 하구섬모충류와 퇴구섬모충류와 같은 조직섭식 섬모충류의 생활사에서 자유생활을 하나 섭식을 하지 않는 시기.

Tomont 분열전체: 하구섬모충류와 퇴구섬모충류의 분열시기 직전 또는 분열기 개체.

Toxicyst 독포: 방출체의 한 형태.

Transition zone 전이부: 모근체와 편모기저 사이 부위.

Transitional helix 전이 헬릭스: 이형편모류에서, 편모축의 전이부에 나타나는 리보핵단백질로 만들어진 것 같은 나선(체) 구조.

Transverse fission 횡분열: 동의어: perikinetal fission.

Transverse microtubules 횡편모 미세소관리본: 섬모충류에서 모근체 왼쪽 앞에서 올라오는 3-5개의 미세소관리본. 길게 연장된 것은 직관인두(rhabdos)로 불리는 일부 목구멍 구조의 형성에 관계된다.

Trichite 모침: 동의어: Nematodesmos.

Trichocyst 섬모포, 자사포: 방출체의 한 형태. 동의어: akontobolocyst.

Trophont 영양체: 일부 퇴구섬모충과 하구섬모충류의 생활사에서 분열 전체에 연속되어 생기는 성체 영양 성장기.

Trophozoite 영양형 영양체: 먹이 섭취를 특징으로하는 발생기 세포의 일반적인 명칭.

U

Undulating membrane 파동막: 섬모충류에서 개별 섬모로 만들어진 입주변 섬모막; 편모세포에서 편모와 측면 세포 표면사이에 있는 박막 같은 돌기.

Undulipodium 파동위족: 위족과 편모의 공동 조상으로 추정한 Bütschli의 용어.

Unikaryotic 단핵체: 한 개의 핵만을 가진 세포.

Uniserial 단열방: 유공충에서 모든 방들이 한 열로 되어 있는 껍질.

Uroid 아메바미부: 이동하는 아메바 세포의 접히거나 주름잡힌 뒷부분; 영구 음세포 작용 부위.

V

Valve 뚜껑, 각편: 껍질이나 각의 대부분 또는 반쪽, 점액포자충류에서 성숙포자의 외각덮개.

Valvogenic cells 판막형성세포: 점액포자충류에서 껍질을 만드는 다핵체의 포자 세포. 성체 포자들의 껍질 뚜껑.

Velum 연막: 특히 종속영양 와편모류에서, 기저부 연접 이동을 하거나 먹이를 섭취하기 위하여 분비하는 평평한 세포질 돌기(위족). 동의어: Pallium feeding(연막섭취, 박막섭취).

Vestibulum 전정: 세포표면의 복부 또는 정단부 함입(구강)부를 가리킴. 일부 섬모충류에서 세포입, 목구멍 복합 구조로 됨.

W

Wall-forming bodies 세포벽형성체: 첨복포자충류의 대형 생식세포에서, 수정 후 난포낭벽 물질을 만들어 내는 소포체.

Watchglass organelle 시계접시모양 소기관: 동의어: Lieberkühn's organelle.

X

Xenosomes 이형질체: (유공충, 유각아메바, 이모섬모충류 등의) 껍질 또는 피각의 형성에 사용되는 모래알이나 규조껍질 같은 외래 물질.

Xylophagous 목질식성: 섬유질 특히 목질을 섭취하는 것.

Z

Zoochlorellae 공생녹조류, 녹색공생조류: 원생생물 또는 후생동물의 세포내 공생자로 사는 *Chlorella* 속 또는 다른 녹조류들을 지칭.

Zoogloea 동물성점착질: 박테리아에 의해 생산된 점액질.

Zoospore 유주자, 동포자: 유주자낭 안에서 무성생식에 의해 만들어진, 편모가 있는 유주자.

Zoosporic fungi 유주자성 균류: 항아리균류와 난균류의 생활사에서 유주자와 균사를 형성하는 곰팡이류의 옛 명칭.

Zooxanthellae 황록공생조류: 무수한 종속영양생물(방사극충류, 다포방산충류, 유공충, 자포동물 등)의 세포내 공생자로 사는 와편모류, 황갈색편모류, 은편모류, 규조류등에 주로 사용되는 용어.

Zygospore 접합포자: 조류와 균류에서 유사한 배우자들의 결합에 의해 형성되는 대형 다핵체 포자.

부록2 원생생물학 용어

A

Abiogenesis	자연발생(설)
Abiotic factors	무생물적요인
Abundance of protists	원생생물의 개체수(수도)
Abyssal sediments	심해퇴적물
Acanthamoeba	가시아메바
castellanii	카스텔란가시아메바
culbertsoni	쿨버트손가시아메바
Acanthamoebic	가시아메바의
keratitis	가시아메바각막염
uveitis	가시아메바포도막염
Acantharea	방사극충아강, 방사극충류
Acantharean myophrisks	방사극충류 근섬유
Acanthocystidae	아칸토시스티과
Acarpomyxea	무과점충강
Acellular slime molds	다핵성점균류, 비세포성점균류
Acid phosphatase	산성인산가수분해효소
Acidocalcisomes	액시도칼시좀
Acidosomes	산성소포
Acineta, metamorphosis	아시네타 탈바꿈
Aconchulina	무각사상근족충 상강, 무각사상충
Aconchulinida	무각사상근족충 목
Aconoidasida	무원추체목
Acquired deficiency of immune system	후천성 면역시스템 결핍
Acquisition of food	먹이취득
Acrasea	무유주자균강
Acrasines	cAMP유기복합물
Acrita	아크리타계
Actin	액틴
Binding proteins	액틴결합단백질
Filaments	액틴 필라멘트, 미세섬유
Genes	액틴 유전자
Like microfilaments	액틴형 미세섬유
Polymerization	액틴 중합
Actinophryid heliozoa	방사상태양충류
Actinophrys	방사상 태양충류
Actinopoda	방사족충문
Actinopods	방사족충, 방사판족류

Actinospore	방선균포자
Actinosporea	방선균포자충강
Action potential	활동전위
Actomyosin	액토미오신
cortex	액토미오신 피층
filaments	액토미오신 섬유들
Adaptation to chemical stimulus	화학적 자극에 대한 반응,화학적자극에 적응
Adeleida	아델구포자충류
Adhesion of prey	먹이부착
Adhesive	부착
Apparatus	접착기,부착기관
Disc	흡착판,부착원반
Adhesorium	부착체
Adoral	구부,입둘레
Membranelles	입둘레 겹섬모열,입둘레섬모막
Zone of membranelles	입둘레겹섬모열구역 ,입둘레섬모막구역
Aedes	숲모기속
Aerophilic eukaryotes	호기성 진핵생물
African east coast fever	아프리카동연안열
African trypanosomes	아프리카파동편모충
Agamococcida	무성구포자충목
Agamont	무성어버이
Multinucleate	다핵 무성어버이
Agar–agar	한천
Agglutination stage	응집시기,교착시기
Aggregate	응집물
Aggregation	응집,집합
Center	응집중심
AIDS	후천성면역결핍증
Air germs	기중미생물
Air transport of protists	공기의 원생생물 운반
Akaryomastigonts	무핵성 편모체
Ak(c)ronematic flageiium (akrokont)	민편모,무모형 편모
Algae	조류
Brown	갈조류
Gold	황조류
Green	녹조류
Marine	해조류
Red	홍조류
Algicidal effects	살조효과
Allogromiida	유각사상근족충류
Allophycocyanins	이질남조소

Alternation of hosts	숙주의 교체,숙주전환
Alveolar	피막포
Membrane, inner, outer	내막포, 외막포
Plates	피막포판
Calcified	석회화된 피막포
Glycoproteinic	글리코단백질피막포
System	피막포시스템,피막포계
Alveolata	피막포문
Alveoli	피막포, 세포, 소포
Alveolocysts	포상포낭
Amastigota	무편모류
Amitochondriate	무미토톤리아
Cells	무미토콘드리아세포
Parasitic protists	무미토콘드리아 기생원생생물
Amitosis	무사분열
Amnesia	건망증,기억상실증
Amnesic shellfish poisoning	기억상실패독
Amoeba	아메바
Chromosome number	염색체수
Nuclear lamina	핵층
Phagocytosis	식균작용, 식세포작용
Amoebae	아메바
Naked	무각아메바
With symbionts	아메바 공생체
Schizopyrenid	아메바 분열체
Testate	유각아메바
Thermophilic	호열성아메바
Vampyrellid	식균성병원충
Amoebiasis	아메바성 이질, 아메바증
Amoebic dysentery	아메바이질
Amoeboid	아메바-
Forms, transformation from	아메바형
Swarmers	유주자
Germ	아메바성병원균
Movement	아메바운동
Amoeboflagellates	변형편모충류
Amoebostomes	아메바 입
Amoebozoa	아메바문
Amoebula	아메바형배아
Amphibians	양서류
Amphiesmal	피각의, 외피의
Plates	피각판

Vesicles	피각포
Amphipods	단각류
Amphitrophic organisms	양영양 생물
Amphizoic	양쪽생활형
Species	양쪽생활종
Way of life	양쪽생활방식
Ampulla	팽대
Anaerobic habitats	혐기성서식처
Anaphase	후기
Anarchic field	구부원기부위,무서열부위
Animal, decaying tissue	동물붕괴조직
Animalcula	미소동물
Animalcula infusoria	섬모충류
Animalia	미소동물
Animalia microscopica	현미경적미소동물
Anisogametes	이형생식세포
Annelids	환형동물
Anopheles	얼룩날개모기
gambiae	감비아얼룩날개모기
Anoplophrya	무구섬모류
Anoxia, deep-water	무산소 심층수
Anoxic-oxic boundry	무산소-산소경계면
Antarctic nearshore	남극해안
Antenna	더듬이, 촉각
Antheridium	정원세포
Antigen variance	항원변이
In trypanosomes	트리파노소마의 항원변이
Antigenic epitopes	항원결정인자, 에피토프
Antimalaria drugs	항말라리아 약제
Apical complex	정단복합체,첨단복합체
Apicomplexa	첨복포자충아문,정복합포자충류
Apicoplast	전정색소체, 정부색소체
Aplanospores	부동포자
Apokinetal stomatogenesis	먼모근형구부형성과정
Apostomatia	퇴구 섬모충아강
Apostomes	퇴구섬모충류
Aquaporin	아쿠아포린단백질
Aquatic biocoenoses	수서생물군집
Aquatic habitats	수서서식처
Archaeascomycota	고자낭균류, 고자낭균강
Archaezoa	원시동물,고동물
Archamoeba	고아메바

Archigregarinida	고족포자충류
Arctic ice	북극빙
Arthracanthida	아트라칸티다
Arthropods	절지동물
Articulates	체절동물
Ascetospora	낭포자충문
Ascidians	해초류
Ascocarp	자낭과
Ascomycota (Ascomycetes)	자낭균상강(자낭균류)
Ascospores	자낭포자
ASP	기억상실패독
Asterias armurensis	아무르불가사리
Astomatia	무구섬모충아강
Astropyle	별모양구멍
Athalamea	무각유공충
Attachment devices	부착기관
Attractants	유인물질, 유인체
A-tubule of axoneme	축사의 A-소관
Australian ruminants	오스트레일리아반추동물
Autogamy	자가수정
Autophagic activity	자가소화작용
Autophagic vacuoles	자가소화액포
Autospores	자생포자
Autotrophic picoplankton	독립영양 극미소플랑크톤
Auxospore	증대포자
Avoidance	회피
Competition	회피경쟁
Reaction	회피반응
Axial granule	축 과립
Axoneme	축사
Axoplast	축삭동원질체
Axopodia	유축위족, 축족
Axostyle	축간
AZM	입둘레겹섬모열구역, 입둘레 섬모막구역

B

Babesia	바베스열원충
bigemina	텍사스바베스열원충
bovis	쇠바베스열원충
divergens	분기바베스열원충
microti	쥐바베스열원충

Bacillaria	규조류
Bacillariophyceae	규조강
Bacteria	박테리아
Attached	부착박테리아
Ectobiotic	외생박테리아
Endobiotic	내생박테리아
Endocytobiotic	세포내생박테리아
Kappa	카파박테리아, 카파입자
Lambda	람다박테리아, 람다입자
Methanogenic	메탄생성세균
Mu	뮤박테리아, 뮤입자
Population dynamics	개체군역학
Sigma	시그마박테리아, 시그마입자
Bacteria–protist–consorita	박테리아–원생생물 공동체
Bacteriostasis	세균 발육저지 작용
Bacterivorous	박테리아 섭식자
Microplankters	박테리아섭식소형동물프랑크톤
Nanoplankters	박테리아섭식미소플랑크톤
Baker's yeast	빵굽는사람의 효모
Balantidium	대장섬모충
Ballast	밸러스트
Tanks	밸러스트 탱크
Water	밸러스트수
Ballasted	밸러스트의
Phototrophic phytoplankton	광합성식물플랑크톤
Sea water	밸러스트해수
Barbels	돌잉어 무리
Barium sulphate	바리움황산염
Bark of trees	나무의 껍질
Basal bodies	기저체, 모근체
Barren	무편모 기저체
Basidiomycota(basidiomycetes)	담자균상강(담자균류)
Basidiospores	담자포자
Basidium	담자기
Bat guano	박쥐의 배설물
Bathypelagial	심해원양성의, 심해의
Beating of cilia/flagella	섬모/편모의 휘젓기
Helicoidal	나선형 휘젓기
Bee dysentery	벌 이질
Beetles	딱정벌레
Aquatic	수서 딱정벌레
Behavior	행동

Behavioral responses	행동반응
Benthos	저서생물
Bicoeca	잔편모류
Bicosoeca	잔편모류
Bicosoecidea	잔편모강
Biliphyta	색소단백문
Binary fission	이분법
Biocoenoses	생물군집
Aquatic	수서생물군집
Terrestrial	육상생물군집
Biocontrol	생물조절
Biodiversity of protists	원생생물의 생물다양성
Bioelectric events	생체전기적 결과
Bioelectric regulation of ciliary motion	섬모운동의 생물전기적 조절
Biogeography of protists	원생생물의 생물지리학
Bioinvaders	생물침입자
Biological sewage treatment plants	생물학적 오페수처리시스템
Bioluminescence	생물발광
Biomass	생물량
Biospecies	생물종
Biotic factors	생물요인, 생물인자
Biotopes	소생활권
Bipolar mating system	양극교배체계
Birds	새, 조류
Black disease	내장리슈만편모충증
Black sea	흑해
Blepharismin	블레파리스마독
Blooms	대증식, 대번식
Noctiluca scientillans	야광충 대증식
termination	대증식 종식
Bodo saltans	보도충류
Bodonea	보도충강
Bothrosome	흡구체
Calcification	석회화
Breaststroke activity	평형운동
Brevetoxin complexes	와편모류 브레브독 복합체
Brine	소금물, 염수
Channels	염수로, 염수통로
Bristle complex	강모복합체
Broad bean necrosis virus	잠두괴저바이러스
Brood pouch	육낭
Brown algae	갈조류

Brown tides	갈조
Bryozoans	태형동물
B-tubule of axoneme	축사의 B-세관
Bubonic disease	가래톳병,(임파)선병,서혜선병
Buccal	입의,구강의
Cavity	구강
Tube	구강관
Buccokinetal stomatogenesis	구강섬모형성과정
Bud	눈,싹
Formation	출아(법)
Scar	눈흔적,싹흔적
Budding	눈내기, 출아(법)
Ciliates	싹섬모
Endogenous	내생적 눈내기
Exogenous	외생적눈내기
Bursaria	버사리아섬모충

C

C- and M-metabolism of *Paramecium bursaria*	짚신벌레C,M,대사
Caecum	맹장
Caenorhabditis	꼬마선충
Calcian struvite	칼시안스트루바이트,조분석
Calcified polysaccharide plates	석회성 다당류판
Calcium carbonate deposits	칼슘탄산퇴적물
Calonymphidae	캘로니털편모목
Cambrian Era	캠브리아기
cAMP	cyclic adenosine monophosphate
Cannibalism	동종포식,공식
Capillaries	모세관
Capsule	낭,피막
Mucoproteinic	점액단백질낭
Capsulogenic cells	낭형성세포
Capture of food organism	먹이생물 포획
Carbohydrate foams	탄수화물 거품
Carbon balance of the biosphere	생물권의 탄소 균형
Carbon particles	탄소입자
Carnivores	육식성
Carotene	카로틴
Castrating agents	거세제
Caterpillers	털벌레, 모충
Celestial bodies	천체
Cell	세포

Contraction	세포수축
Cycle	세포주기
Division	세포분열
clone	세포클론
Multiple	세포다분열
plate	세포판
Penetration	세포천공
Twisting	세포뒤틀림
Volume, mechanisms for regulating	세포체적
Wall, cellulosic	세포벽
Cell-cycle control system	세포주기관리체계
Cellular	세포의
Differentiation	세포분화
Cellulose	섬유소, 섬유질
Degradation	섬유질분해
Digestion	섬유질소화
Centrales	중심규조류, 중심돌말목
Centrin	섬유단백질
Centrioles	중심소체, 중심립
Centrohelida	중심태양충, 중심태양충목
Centroplast	중심질체
Cephalopods	두족류
Cercozoa	아메바성편모충문
Chaetophorales	녹색반점말목
Chagas' disease	샤가스병
Chain formation	사슬형성
Chalk cliffs	석회암 절벽
foraminiferans	유공충
Arborescent	관형가지방
Biserial	두열방
Multilocular	여러개의 방
Planispiral	나선방
Planispiral-involute	나선유일방
Plurilocular	많은방
Quinqueloculine	오방방
Triserial	세열방
Trochospiral	삼면나선방
Tubular	관형단일방
Unilocular	한방, 단실
Uniserial	한줄방
Channels	수로, 통로
Hydrophilic	친수성 통로

Chaperonin genes	보호단백질유전자
Charales	쇠뜨기말목
Chaunacanthida	구멍방사극충목
Chemokinesis	화학적 무방향운동, 화학운동
Chemokinetic random movement	화학운동적 무작위 운동
Chemoresponses	화학 반응
Chemotaxis	화학주성
Chilomastrix	
gallinarum	닭편모충
mesnili	메닐편모충
Chitin	키틴
Cellwalls	키틴질 세포벽
Loricae	키틴질피각, 피갑
Photoshock response	광충격반응
Chlorarachnida	녹사상족류(망상사상족류)
Chlorella	클로렐라
C- and N- metabolism	탄소-질소 대사
Endocytobiotic	세포내생
Bearing species	세포내생자 숙주
Chloride	염화물
Chlorobionta	녹색생물
Chlorococcales	녹색소구체말목
Chlorokybophyceae	클로로키부스강
Chloromonadea	녹조편모류, 녹편모류
Contractile vacuoles	수축포
Chlorophyceae	녹조강
Chlorophyta	녹조문
Chloroplasts	엽록체
Sequestered	압류엽록체
Choanocytes	깃세포, 동정세포
Choanoflagellata	동정편모충상강, 입금편모충상강
Choanomastigota	동정편모충
Choanozoa	동정충아문, 입금충아문
Chonotricha	깔때기 섬모충류, 깔대기 섬모충아강
Choreotrichia	영모아강
Chorioretinitis	맥락망막염
Chromatin	염색질
Chromista	색소문
Chromosomes	염색체
Breakage	염색체손상
Condensed	밀집염색체
Gene-sized fragments	유전자크기조각

Giant	거대염색체
Polytene	다사성염색체
Transport of	운반
Chrysolaminarin	크리솔라미나린
Chrysomonadea	황갈색편모류
Chytridiomycota, Chytridiomycetes (chtrids)	항아리균아문, 항아리균강(항아리균류)
Ciguatera poisoning	시구아 독, 시구아 어독
Cilia	섬모
Activation	운동
Beat	젓기
Movements	섬모운동
Ciliata(Ciliophora)	섬모충(섬모충아문)
Conjugation	섬모충접합
Development, macronuclear	대핵발달
Division	섬모충분열
Ectobiotic peritrichs	외생둘레섬모충
Encysted	포낭화
Filter-feeding	여과식
Free-living	자유생활
Graviresponses	중력반응
Macronucleus	대핵
Micronucieus	소핵
Mitosis type	유사분열
Mycophagous	균식
Sessile peritrich	고착성둘레섬모충
Stomatogenesis	입형성과정
Ciliature, adoral	입둘레 섬모구조
Ciliophryida	실리오태양충목
Ciliospores	섬모포자
Ciliostasis	섬모충 생장저지 작용
Cingulum	환대, 뚜껑띠
Circadian clock	생체주기, 생체시계
Cirri	극섬모, 자모, 총모
Cladocerans	지각류
Cladophora	대마디말속
Classification systems	분류체계
Clathrin	클라스린단백질, 피복단백질
Clavate cilia	곤봉형 섬모
Cleavage, endogenous	내인성분할
Clevelandellida	클레벨란데섬모목
Climacostol	클마코스톨독
Clock, circadian	생체시계

Clones	클론
Cnidarians	자포동물
Cnidocysts	자포세포, 자포
Cnidospora	극낭포자충, 사상포자충아문
Coated pits	피복소공
Coated vesicles	피복소낭
Coccidea	구포자충강
Sporozoites	포자소체, 유주자
Coccidiosis	콕시디아증, 구포자충증
Coccolithophorids	원석조류, 석회비늘편모류, 코콜리소포어류
Coccoliths	석회질 비늘, 원석
Cockroaches	바퀴벌레
Coconut palms	석류야자
Codon usage	코돈용법, 유전자부호용법
Coelenterates	강장동물
Colchicine	콜히친
Coleochaetales	초록방석말목
Collagen	콜라겐
Collar	깃, 동정, 입금
Collared pits	깃형소공
Collecting	채집
Canals, channel	수집관
Pusules	수낭
Collembolans	톡토기목
Colonies	군체
Formation	군체형성
Colpodea	콜포다섬모충강
Colpodellidae	콜포다식충과
Comb jelly	빗해파리류
Commensalism	편리공생, 공생
Commensals	편리공생생물, 공생체, 공생균
Compartmentalization	구역화
Competition for food	먹이경쟁
Congenital deficiency of immune system	선천성면역결핍
Conidia	분생체
Conjugation	접합
Ciliates	섬모충접합
Conjugatophyceae	접합조강
Conoid	원추체, 원추인대
Conoidasida	원추체목
Conosa	미세소관충아문, 고아메바아문
Contractile vacuole	수축포

Contractikity	수축
Diastole	확장기, 이완기
Pore	수축공
Systole	수축기
Contraction	수축
Behavior	수축행동
Cytoplasmic	수축세포질
Fibrils	수축사
Response	수축반응
Ring	수축링
Stalks	수축자루
Contrast zone, ciliary rows	대비구역, 섬모열 대비구역
Convergences	수렴현상
Copepods	요각류
Copulae	각환대
Corals	산호
Bleaching	산호사멸, 백화
Reefs	산호초
Cortex	피층, 피질
Fate map	
Morphogenesis	피층형성과정
Cortical	피층
Ampullae	피층팽대부
Cytoplasm	피층세포질
Fiber system somatic	피층체섬유시스템
Filaments	피층사상체
Granules	피층과립
Layer	피층
Structures	피층구조
Costa	늑조, 주륵
Crayfish	가재
Cresta	융기마루, 능선
Cretaceous period	백악기
Crustaceans	갑각류
Cryptobiosis	가사상태
Cryptococcosis	크립토코쿠스증
Cryptomastigota form	숨은편모형
Cryptomitosis	숨은유사분열
Cryptomonads	은편모류
Cryptosome	미토솜, 미토콘드리아 잔여체
Cryptosporidiosis	와포자충증
Cryptosporidium	와포자충

parvum	작은와포자충
Crystals	결정
Culex	집모기(속)
Culture, clonal	클론배양
Cyanelles	남색공생조류,공생남세균, 수정된 남세균 형태
Cyanobacteria	남세균,남조류
Filaments	남세균사상체
Cyclical changes in Morphology	형태의 주기적 변화
Cyclin	사이클린,통제관련 단백질
Cyclin- dependent protein kinases	사이클론에 의존하는 인산화효소
Cyclosis	세포질 환류
Cyprinoidae	돌잉어류, 잉어과
Cyrtos	바구니형섭식기,곡관인두
Cysts	포낭, 시스트, 낭
Operculum	덮개
Resting	휴면포낭
Wall	포낭벽
Cystomerozoites	낭분열소체
Cytokinesis	세포질분열
Cytopharyngeal basket	세포인두바구니
Cytopharynx	세포인두,세포목구멍
Cytoplasm	세포질
Cytoproct (=cytopyge)	세포항문,배설구
Cytoskeleton	세포골격
Cytostomal lips	세포입술
Cytostome	세포입,세포구

D

Dactylosoma	지형포자충류
Dasycladales	바다삿갓말목
De-differentiation of cortical structures	피층구조의 탈분화
Deep-water anoxia	심해무산소층
Defecation	배설,배변
Vacuole	배설포
Defence against predators	포식자에 대한 방어
Degradation rate of organic material	유기물의 분해율
Depolarization	탈분극
Depolarization-induced ciliary activation	탈분극유도 섬모 활성화
Deposits	퇴적물
Calcareous	석회질퇴적물
Siliceous	규산질퇴적물

Desiccation	건조
Desmids	먼지말
Desmodontidae	흡혈곤충과
Desmos-formations	데스모스 형성, 인대형성
Desmothoracida	부착성유각태양충목, 유각태양충목
Detrital floc	유기쇄설성 덩어리
Detritus	유기쇄설물
Deuteromycetes	불완전균류
Deutomerite	후절
Development of adoral ciliature	입주변 섬모구조의 발생
Dexioplectic metachronism	덱시오플렉틱 진행성
Diarrhea	설사
Diarrhetic shellfish poisoning	설사성패독
Diastole	이완기, 확장기
Diatomeae	규조강
Diatoms	규조류
Centric	중심규조류
Pennate	우상규조류
Diatoxanthin	규조갈색소
Dictyochales	규질편모목
Dictyosomes	딕티오솜, 골지유사체
Dictyostela	망상점균상강
Dorsal brush	등 촉모
Negative gravitaxis	음중력주성
Dientamoeba	이핵아메바
DIF	분화유도요소
Differentiation	분화
Cellular	세포분화
Inducing factor	분화유도요소
Digestion	소화
Cysts	소화낭
Enzymes	소화효소
of celllose material	섬유질 소화
Vacuoles	소화식포
Dikaryomycota	진균하문
Dikaryotism	이핵성
Dikinetids	쌍모근계
Somatic	체세포 쌍모근계
Dimastigote organisms	쌍편모생물
Dimictic lakes	2순환호
DIN	용존무기영양염
Diniferea	와편모강

Dinioflagellata	와편모류
Armored	유각와편모류
Blooms	와편모류대증식
Ectoparasitic	외부기생충
Mitosis	유사분열
Mixotrophic	혼합영양
Peridinin-containing	페르디닌색소
Plastids	색소체
Symbiotic	공생-
Toxic	독성-
Dinokaryon	중핵성, 중핵
Dinophytes	와편모조식물문
Dinozoans	와편모충아문
Diploid nuclei	배수체핵
Diplokarya	복핵
Diplomonad sucker	중복편모충류 흡반
Diplomonadea	중복편모충강
Diplonemida	쌍형편모충상강
Diplozoic forms	중복형
Dipterans	쌍시류
Discicristata	원반형크리스타문
Discobolocysts	반상포
Discoidal vesicle	반상포
Diapersal of organisms	생물의 분산
Diversity	생물다양성
Division	분열
Furrow	세포질함입
of cells	세포분열
Plane	분열면
Rate	분열율
DNA	DNA
Amplification	증폭
Macronuclear	대핵-
Micronuclear	소핵-
Replication	복제
DOC	용존유기탄소
DOM	용존유기물질
Domoic acid	도모익산
Dorsal	등 측모
Bristle complex	강모 복합체
Brush	등측모
Doublets, microtubular	이중체들, 미세소관의

Dourine	두오린병
Downy mildews	노균병
DRIP clade	DRIP 단일계통군
DSP	설사성패독
Duckweed rhizomes	좀개구리밥 뿌리줄기
Drawfs, starvation	왜소증, 기아
Dynein	디네인 운동단백질, 팔모양 단백질구조
Arms	디네인 팔,단백질팔
Crossbridge cycle	디네인 교차결합 주기
dysentery	아메바성이질

E

Earth worms	지렁이
Ecdysone	탈피호르몬, 용화호르몬
Echinoderms	극피동물
Ecological niches	생태적 적소
Ectobiotic living	외부공생
Ecto–endoplasm transformation	외형질–내형질 전환, 외내질변형
Ectoparasitic dinoflafellate	외부기생성 와편모류
Ectoplasm	외형질
Editosome	편집체
Eimeria	구포자충
canadensis	카나다구포자충
maxima	막시마구포자충
stiedai	토끼담도구포자충
Eimeriida	구포자충
Ejectisomes	사출체
Electric fields	전기장, 전장
Electrophoresis, pulse field	팔스장 전기영동
El–Nino	엘니뇨
Embryogenesis	배발생
Embryophyta	유배식물문
Encystment	포낭화, 피낭, 피포
Endemism	토착성,고유성
Endobionts	내생생활자, 내재생물
In termite hindgut	흰개미 후장내
Prokaryotes	원핵생물
Endocytobionts	세포내생성
Endocytosis	세포내섭취
Endodyogeny	내부이분,내부출아법
Endo–ectoplasm transformation	내형질–외형질 전환

Endogenous species	내부생성 종
Endoplasm	내형질
Endoplasmic reticulum	소포체, 세포내그문, 세포질세망
Plastidal	색소소포체
Endoral membrane	구부내 섬모막
Endosymbionts	내부공생자
Endosymbiosis theory	내생공생 이론
Energy metabolism	에너지대사
Entamoeba	기생아메바
histolytica	이질아메바
Enteromonadida	장편모충목
Enteromonas hominis	맹장편모충
Entodiniomorphids	내부공생모구류
Enzymes	효소
Digestive	소화효소
Hydrolytic	가수분해효소
Epicingulam	상부환대, 상환대
Epilimnion	표수층
Epimastigota	중부편모형
Epimerite	선절
Epiplasm	표층세포질
Epiplasmic protein plates	표층세포질판
Epipleura (epicingulum)	상환대
Epitheca	상각
Epivalva	윗뚜껑, 상각면
Epixenosomes	에피제노좀
Erythrocystes	적혈구
Escape response	탈출반응
Espundia	아메리카리슈만편모충증, 에스푼디아
Ethylene	에틸렌, 식물호르몬
Euascomycota	진자낭균강
Eucomonymphidae	진초편모충과
Euglena	유글레나
Euglenida	유글레나
Movement	유글레나 운동
Euglenozoa	유글레나아문
Eugregarinida	진족포자충목
Eukaryota	진핵생물
Cell cycle	세포주기
Evolution	진화
Incertae sedis	불명확한 위치
Eumycota (eumycetes)	진균아문, 진균목

Eumyxa	진점균상강
Euphausiaceans	난바다곤쟁이류,크릴새우류
Eustigmatophyceae	진안점조강
Evolution	진화
Eukaryotic cells	진핵세포 진화
Evolutionary biology	진화생물학
Evolutionary lineages, model	진화계통 모형
Excavates	배쪽 홈 그룹
Exconjugants	접합완료체
Excretion grains	배설입자
Excystment	탈포낭화, 탈낭
Exogenous budding	외인출아
Expulsion	압박방출, 충체배출
Pores	배출공
Extrusion	탈출, 돌출, 압출
Extrusomes	방출체
Eyespot	안점

F

F-actin	F-액틴
Falx	편모열
Fasthold device	부착기
Fate map of cortex	피층의 운명지도
Feeding	영양(법), 영양공급, 급식
Apparatus	섭식기구
Communities	섭식군집
Groove	섭식홈
Pseudopodium	섭식 위족
Veil	섭식연막,섭식원형질막
Velocity	섭식율
Fermentation chamber	발효실
Fertilization	수정
Membrane	수정막
Fever attacks	열발작
Filamentous	실모양-,사상체형
Contractile syteme	섬유성 수축체계
Network	섬유망,사상망
Filopodia	사상위족
Filosea	사상근족충강
Filter-feeders	여과식자
Filtering activity	여과행동

Filtration, selectivity	여과, 선택성
Fimbria	털편모, 선모
Fission	분열
Binary	이분법
Furrow	분열구, 분열고랑
Multiple	다분법
Flagella	편모
Heterokont	부등편모
Mastigonemate	털편모
Flagellar ampulla	편모포, 편모낭
Groove	편모구
Motion, sinusoidal wave	편모운동, 사인파 운동
Plate	편모판
Pocket	편모주머니
Roots	편모근
Cruciform	십자형 편모
Sac	편모주머니
Transformation	변모변형, 편모변형
Flagellates	편모류
Ectobiotic bacteria	편모외생박테리아
Euglenoid	유글레나형 편모류
Heterotrophic	종속영양편모충류
Salt-tolerent	염분 내성편모충류
Volvocal	좁쌀공말편모류
Flagellation	편모돌출
Dinokont	와편모형
Flagellum	편모
Akronematic	민편모
Pleuronematic	깃꼴편모, 털편모
Flimmer	섬모털, 편모털
Floridean starch	홍조녹말, 플로리디안녹말
Foam	거품
Carbohydrate	탄수화물거품
Folic acid	엽산
Folliculinidae	낭피섬모충류, 낭피각과
Food	먹이
Acquisition	먹이획득
Chain	먹이사슬
Competition	먹이경쟁
Selection	먹이선택
Vacuole	식포
Formation	식포형성

Separation	식포분리
Food webs	먹이망
Microbial	미세생물먹이망
Foraminifera	유공충
Photosymbiotic	광공생
Planktonic	부유성유공충
Frontal-zone contraction hypothesis	전면지역 수축 가설
Frost resistant cysts	동결방지포낭
Fruiting bodies	자실체
Frustule	껍질
Siliceous	규산질껍질
Fucoxanthin	갈조소
Fumaroles	화산의 분기공
Fungal	진균-
Hyphae	균사
Spores	진균포자
Fungi	진균
Spores	포자
Zoosporic	동물포자성
Fungi imperfecti	불완전진균
Fungistasis	진균생장저지
Fungus-like organisms	진균양 생명체
Furoviruses	진균류에 전염된 간상형 바이러스
Fusion of haploid gametic nuclei	반수체생식세포 핵의 융합
Fusules	중낭공
Fusulida	방추형석회유공충

G

G1 phase	G1 기
G2 phase	G2 기
Galvanotaxis	주전성
Gametangium	배우자낭
Gametes	배우자, 생식세포
Gametogamy	배우자형성,배우자접합
Gametogony	유성생식, 배우자생식
Gammarids	단각류 감마리다
Gill plates	아가미판
Gammarus	단각류 감마루스
Gamogony	유성생식, 배우자생식
Gamones	수정물질,가몬
Gamontocyst	생식모세포포낭

Gamontogamy	생식모세포접합, 생식모세포생식
Gamonts	생식모세포,생식세포
Multinucleate	다핵생식모세포
Gastropods	복족류
Gastrotrichs	복모동물
Gecko	도마뱀붙이
Gel state of ectoplasm	외형질의 젤상태
Gelatin	젤라틴
Gel–sol transformation	젤–졸 전환, 젤–졸 변형
Gemmation	아구형성(芽球형성)
Gene splicing	유전자이어맞추기
Generations	세대
Alternation	세대교번
Generative nuclei	생식핵
Gene sized DNA	유전자크기의 DNA
Genetic	유전자
Code	유전자코드
Recombination	유전자재조합
Species	유전적 종
Genome	게놈, 유전체
Plastid	색소체게놈
Projects	게놈프로젝트
Structure	게놈구조
Genomics	유전체학
Geobiochemistry	생지화학
Geosphere	지권
German cockroach	바퀴벌레
Germline nucleus	종자계 핵
Giants	대형체
Giardia	
intestinalis	람블편모충
lamblia	람블편모충
Giardosis	편모충증, 람블편모충증
Gigantism	거대증
Gill plate	아가미판
Girdle	환대
Bands	둘레띠
Lamella	환상박막층
Glaucocystophyta	회조아문
Glaucophytes	회조류
Gliding	미끄러짐운동
Global diversity	지구적 다양성

Globigerinan ooze	글로비저리나 뻘, 부유유공충유래 니질
Glycocalyx	당질피질, 다당, 단백질복합체, 당질층
Glycolysis	해당과정, 당분해
Glycoprotein, mating-type specific	교배특이 당단백질
Glycosomes	글리코솜
Glycostyles	당사
Glyoxysomes	글리옥시솜
Gold algae	황금조류
Golgi apparatus	골지자루, 골지체
Gonidia	부동의 무성 생식세포
Gradients, circular	원형구배
Granulomas	육아종
Granulomatous amoebic encephalitis	육아종성 아메바뇌염
Granuloreticulosa	과립망상위족충류, 유공충문
Grasshoppers	메뚜기
Gravikinesis	중력 무방향운동
Negative	음성 중력 무방향 운동
Gravireception	중력수용
Gravireceptors	중력수용기
Graviresponse	중력 반응
Gravitaxis	중력주성
Negative	음성 중력 주성
Neutral	중성 중력 주성
Gravity	중력
Great Irish Potato Famine	아일란드 감자대기근
Green algae	녹조류
Greenplants	녹색식물
Gregarine gametes	족포자충 배우자
Gregarinea	족포자충류
Gromiida	유각 사상근족충목
Ground water	지하수
Growth	성장
Curves at different temperatures	성장곡선
Optima	적정성장
Guanine	구아닌
Gullet	굴렛, 세포식도
Gulpers	탐식섬모충류
Gun cell	총세포
Gut of termites	흰개미 위
Gymnamoebea	짐나아메바, 무각아메바

H

Habitats	서식처
Anaerobic	혐기성
Aquatic	수서
Haematozoea	혈구포자충강
Haemosporida	혈구포자충목
Haploid	반수체
Nuclei	반수체 핵
Protists	반수체 원생생물
Haplospora	단포자충아문
Haplosporosomes	반수포자원형질체, 단포체
Haptocysts	흡착포, 독포낭
Haptomonada	착편모아문(후각편모아문)
Haptonema	부착성편모,착편모
Haptophyta	착편모조류
Haptoria	독포섬모충아강
Hawaiian ruminants	하와이산 반추동물
Hedraiophryidae	헤드라형태양충류
Heliozoans	태양충류
Actinophryid	방사태양충목
Heliozoea	태양충강
Hemiascomycota	반자낭균강
Hemimastigophora	반편모충문
Hemocoel	혈강
Hemoglobin	헬색소, 헤모글로빈
Hepatitis	간염
Hepatopancreas	간이자, 간췌장
Herbivores	초식동물
Heterokaryotic	이핵성, 이종핵체
Heterokonta	부등편모류, 이형편모충, 이형편모아문
Heterokonty	아형편모성
Heterolobosa	이형엽상근족충아문
Heterophasic alternation of generations	이상세대교체
Heterophryidae	헤테로프리 태양충류
Heterotrichea	이모섬모충강
Heterotrophic flagellates	종속영양 편모류
Heterotrophic	종속영양
Phototrophic symbionts	광영양공생자
Microplankton	종속영양소형동물플랑크톤
Nanoflafellates	종속영양미소플랑크톤
Picoplankton	종속영양극미소플랑크톤
Protists	종속영양 원생생물

Higher fungi	고등균류
Histones	히스톤
Histophages	조직섭취
Histozoic parasites	조직기생충
HIV	사람면역결핍바이러스
HNAN	종속영양미소플랑크톤
Holdfast organelles	부착 세포소기관
Holocanthida	홀로방사극충목
Holomastigotidae	전초편모충류
Holotricha	전모류
Homokaryotic	동핵성, 동종핵체
Homophasic alternation of generations	동상세대교체
Honeycomb layer of nuclear lamina	벌집층 모양 핵층
Hormogonia	연쇄체
Hornworts	붕어마름
Host atternation	숙주전환
Hosts	숙주
Hot springs of freshwater	담수온천
HUGO	인간유전체연구계획
Human genome project	인간유전체연구계획
Humus regions	부식토지역
Hydraulic-pressure hypothesis	수압 가설
Hydrocephalus	수두증
Hydrogenase	수소화효소
Hydrogenosomes	수소발생체, 수소발생소포
Hydrolytic enzymes	가수분해효소
Hydrosphere	수권
Hydroxyapatite	수산화인화석
Hydrozoans	히드라충
Hymenoid velum	소막
Hymenostomatia	막구섬모충아강
Hypericin	히페리신독
Hypermastigida	초편모목
flagellates	초편모류
Hyperpolarization	과분극
Hyphae	균사
Hyphochytridiomycetes	이편모 주머니균문
Hypnozoites	수면소체, 휴면소체
Hypnozygotes	휴면포낭
Hypocingulum	하환대,하부환대
Hypodermic needles	하피의 침
Hypolimnion	심수층

Hypopleura	하환대, 하부환대
Hypotheca	하각
Hypotrichia	하모아강
Hypovalve	하각면

I

Ichthyosporea	어포자강
Immune system	면역계
Deficiencies	면역결핍
Immunodeterminants	면역결정인자
Individuals	개체
Gigantic	거대개체
Indonesian ruminants	인도네시아 반추동물
Infection sporidum	감염포자
Infraciliature	섬모내구조, 섬모하구조
Infusoria	원생생물, 섬모충류
Ingestion	섭취
Injection tube	침투관
Inner membrane complex	내막복합체
Insecticide resistant mosquitoes	살충제저항모기
Insects	곤충
Intermediate filaments	중간미세사
Intermittent fever	간헐적인 발열
Interphase	중간기
Interestrial fauna	간극동물상
Intracellular accommodation of viruses	바이러스의 세포내 수용
Intramacronuclear microtubules	대핵내 미세관
Intramacronucleata	내대핵상강
Intramembranous particle	막간입자
Introns	개재서열, 인트론
Self-splicing	스스로 이어 맞추는 인트론
Isogametes	동형생식세포
Isospora	동포자충
Ixodidae	참진드기(과)

J

Jellyfish	해파리
Joenia	대형초편모충
Jurassic Era	쥬라기

K

K bodies	모근체 관련 세포소기관
Kala Azar	내장리슈만편모충증
Kappa particles	카파입자
Karyogamy	핵융합
Karyokinesis	핵분열
Macronuclei	대핵분열
Karyomastigont	핵편모조직, 핵편모
Karyoplasm	핵질
Karyorelictea	핵잔모강(원시핵섬모충강)
kDNA	동원질체DNA
Keratin	케라틴,표면단백질
Keratitis	각막염
Keratoconjunctivitis	각결막염
Kidney	콩팥, 신장
Killer algae	살상조류
Kinesis	무방향운동
Kinesin	운동단백질 키네신
Kinetes	운동성접합자
Kinetids	모근계
Somatic	체모근계
Kineties	체섬모열,모근체열
Oral	입섬모열
Perioral	입주변섬모열
Somatic	체섬모열,체모근열
Kinetochores	동원체
Kinetocyst	동원포, 운동포, 운동포낭
Kinetodesmal fiber	운동근섬유
Kinetofragminophorea	모근편섬모충강
Kinetoplast	동원질체,동원핵체
Kinetoplasta	운동핵편모충류,운동핵편모충상강
Kinetosomes	모근체
Klebsormidiophyceae	클렙소미디오강
Kleptoplastids	절취색소체 , 절취 엽록체
Klinokinesis	방향전환빈도조절
Km-fibers	후향미세소관 다발
Kryptomastigota	전방에서 돌출되지 않은 편모,숨은편모

L

Labyrinthula	그물균충
Labyrinthulea (Labyrinthulomycota)	그물균충강

Lakes, monomictic, dimictic	1순환호, 2순환호
Lambda–particles	람다입자
Lamellipodia	박막위족,층상위족
Lamellipodial protrusion	층상위족의 돌기
Land plants	육상식물
Larval fish	어류유생
Lateral wings, Euplotes	양날개형태
Latex beads	라텍스 조각
Leeches	거머리
Legionnaires' disease	재향군인병,레기오넬라증
Leishmania	리슈만편모충
donovani	내장리슈만편모충
infantum	소아리슈만편모충
mexicana	멕시코리슈만편모충
Form	리슈만편모충형
Leishmaniasis	리슈만편모충증
Cutaneous	피부리슈만편모충증
Mucocutaneous	점막피부리슈만편모충증
Visceral	내장리슈만편모충증
Lepidopterans	인시류(나비,나방)
Lethal meningitis	치명적 수막염
Leucosin	루코신
Licnophorida	요람섬모충목
Lime	석회
Limnic organisms, nutritional relationships	호소 생물
Lipids	지방
Lithosomes	석질소체
Litostomatea	열구섬모충강
Liverworts	우산이끼
LKm fibril	횡미세소관다발
Lobopodia	엽상위족
Lobosa	엽상근족충 아문, 엽상근족충
Locomotion	이동
Substrate–bound	기질 경계면에서의 이동
Lorica	피각의
Chitineous	키틴질 피각
Lower fungi	하등균류
Lucerne	자주개자리 (식)
Lysosmes	용해소체,리소좀

M

M phase	M시기, 핵이 분열하는시기
Macrocysts	대형포자들
Macrogametes	암생식세포
Macrogamonts	암생식모세포
Macrolid antibiotics	마크롤라이드 항생제
Macronuclear	대핵–
Anlage	대핵원기
Macronuclei	대핵
Division	대핵분열
Macrophages	대식세포
Macrophytes	대형식물
Macrostomes	큰입
Macrozooids	큰세포, 거대개충
Magnesium	마그네슘
Malaria	말라리아, 학질
Malaysian ruminants	말레이지아 반추동물
Malpighian tubules	말피기관
Mammals	포유동물
Manubrium	자루
Manure	비료
Maple leaf configuration	단풍잎 윤곽
Marine	해양
Habitats	해양서식처
Interstitial	해양의 모래간극
Marshes	늪
Marshland fever	늪지열
Mastigonemes	소모, 편모털
Mastigont system	편모체계
Mastigonts	편모조직
Mastigophora	편모충
Mastigota	편모류
Mating	교배
Maxicircles	동원질체의 맥시써클
Mechanical	기계의
Sensitivity	물리적 민감도
Mechanisms for regulating the cell volume	세포체적 조절 기작
Mechanoreceptors	물리적자극 수용기
Mechanoresponses	물리적 반응, 물리적 자극
Mediterranean Coast fever	지중해연안열
Megacolon	거대결장
Megalospheric	거대구형

Meiosis	감수분열
Meiosporangium	감수포자낭
Meiospores	감수포자
Meiotic division	감수분열
Melon necrotic spot virus	참외 괴사성 반점 바이러스
Membrane	막
Potential	세포막 전위
Skeleton	막 골격
Membranelles	섬모막, 겹섬모
Adoral zone	입둘레 섬모막 구역
Spiral	나선 섬모막
Meningitis	뇌막염, 수막염
Merogony	분열생식, 난편발생
Diplokaryotic stages	복핵시기
Meronts	분열모세포, 분열체
Merozoites	분열소체
Meso-metazooplankton	중형후생동물플랑크톤
Mesomycetozoa	중형동균상강
Mesostigmatales	중형안점조목
Mesostigmatophyceae	중형안점조강
Metabolic	대사작용
Movement (=Metaboly)	대사운동(=변형현상)
metachronal waves	진행파
Patterns	진행파 패턴
Metachronism types	진행성 종류
Dexioplectic	덱시오플렉틱
Symplectic	심플렉틱, 전략적인 핵분열
Metacyclic form	후주기형
Metagame nuclear divisions	전략적 핵분열
Metamorphosis	변태, 탈바꿈
Metaphase	중기
Metazoan	후생동물
Metazooplankton	후생동물플랑크톤
Metchnikovellidae	메치니코벨리흔적미포자충류
Methanogenic bacteria	메탄생성세균
Methylcellulose	메틸섬유
Micro algae	소형조류
Microaerophilic organisms	미호기성생물
Microbial	미세생물
Food web	미세생물먹이망
Loop	미세생물먹이고리
Microbiota, habitats	미세생물상, 미세서식처

Microbodies	미소체
Microfilaments	미세섬유, 미세잔섬유
Microgametes	숫생식세포, 숫생식자
Microgamonts	숫생식모세포
Microhabitats	미소서식처
Micro metazooplankton	소형후생동물플랑크톤
Micronemes	미세간상체
Micronuclear	소핵
Anlage	원기
Micronuclei	소핵
Microplankton	소형플랑크톤
Bacterivorous	박테리아섭식 소형플랑크톤
Micropores	미포자충, 소포자, 세공
Microspheric generation	미소구 세대
Microspora	미포자충류
Microsurgical experiments	미세수술실험
Microthoracida	소흉섬모충목
Microtubular	미세소관
Aggregates	미세소관집합체
Doublets	미세소관 이중체
Lamellae	미세소관층
Patterns	미세소관양상
Basal(subkinetal)microtubular ribbons	기저미세소관다발
Postciliary	후향섬모미세소관다발
Transverse	횡미세소관다발
Singlets	미세소관 단일체
Triplets	미세소관 삼중체
Microtubule organizing center	미세소관형성중심
Microtubules	미세소관, 미세관
Arrangement	배열
Axopodial	유축위족, 축족미세관
Basal	기저미세소관다발
Central	중앙이세소관
Doublet	쌍미세소관
Longitudinal	종 미세소관
Postciliary	후향미세소관다발
Subkinetal	모근체바로아래 미세소관
Subpellicular	피층바로아래
Transverse	횡미세소관다발
Microtubule-stabilizing drugs	미세소관 안정제
Microvilli	미세융모, 소융모, 융모
Microzooids	미소개충,작은개체

Midges	작은날벌레
Migration, vertical	수직이동
Miliolida	사기질껍질 유공충
Mimosin	독성아미노산, 미모신
Minicircles	동원질체의 미니써클
Minipodia	미세다리
Mites	진드기
Mitochondria	미토콘드리아
In metacyclic trypanosomes	후주기 파동편모충내
Mitochondrial chaperonin genes	미토콘드리아 보호단백질 유전자
Mitosis	유사분열
Closed	폐쇄유사분열
Open	개방유사분열
Semi-open	반개방유사분열
Mitosomes	미토좀, 미토콘드리아 잔여체
Mitospores	영양포자
Mitotic divisions	유사분열
Mixotrophic	혼합영양
Ciliates	혼합영양섬모충
Dinoflagellates	혼합영양와편모류
Organisms	혼합영양생물
Mobilida	이동섬모충목
Molds	점균류,곰팡이,사상균
Molecular	
Biology	분자생물학
Evolution	분자진화
Immune escape of malaria parasites	열원충의 면역회피
Moles	두더지
Mollusks	연체동물,패류
Molting hormone	탈피호르몬
Monadal	편모형의
Monadofilosa	편모사상충아문
Monads	미소형생물
Monas	모나스
Monokinetids	단모근계,단일모근계
Somatic	체섬모 단모근계
Monomictic lakes	1순환호
Monothalamea	단방유각유공충류
Moors	황무지,습지
Morphogenesis	형태형성과정
Cortex	피층형성과정
Mechanistic explanations	형태형성기작설명

Morphogenetic gradient	형태형성경향
Morphogenetic stage, *Paramecium*	형태형성기
Morphological diversity	형태적 다양성
Morphology of protists	원생생물의 형태
Cyclical changes	원생생물의 형태의 주기적 변화
Morphospecies	형태종
Morphotypes	형태형
Mosquitoes	모기
Incecticide resistant	살충제저항모기
Mosses	이끼류, 선류
Motility	운동성
Motions	운동
Flagellar	편모운동
Motor	운동
Proteins	운동 단백질
Responses	운동반응
Stimulus induced	자극 유도 운동
Movement	운동
Amoeboid	아메바운동
Bending	구부림 운동
Ciliary	섬모운동
Euglenoid	유글레나 운동
Flagellar	편모운동
Intracellular	세포내운동
Metabolic	대사운동
Fpseudopodial	위족운동
Twisting	뒤틀기운동
Walking	걷는운동
Winding	감는운동
Moving junction	운동접합점
MPF	M기촉진요인
M-phase promoting factor	M기촉진요인
MRIF	감수분열재개요인
MTOC	미세소관형성중심
Muciferous bodies	점액질체
Mucocysts	점액포
Mucosa	점막
Mucron	꼬리침, 단절
Mucuc	점액
Secretion	점액 분비
Müller's body	뮬러체
Multinucleated	다핵

Protists	다핵원생생물
Stages	다핵시기
Multiple fission	다분법
Multipolar mating system	다극교배체계
Mu-particles	뮤입자
Muscidae	집파리과
Muscle	근육
Contraction	근육수축
Vertebrate skeletal	척추동물 골격근
Mutualism	상리공생
Mycelium	균사체
Mycetozoa	동균하문, 동균목, 동균
Mycolaminarin	미코라미나린
Mycophagous ciliates	균식성 섬모충류
Mycarditis	심근염
Myonemes	미사근
Myophrisks	근섬유
Myosin	미오신
Myositis	근염
Myxamoebae	점액아메바
Myxogastrea	큰점균강
Myxosporea	점액포자충강
Myxosporidia	점액포자충류
Myxozoa	점액포자충 상강
Myzocytosis	흡입섭취

N

Naegleria	자유아메바
australensis	오스트레일리아자유아메바
fowleri	파울러자유아메바
gruberi	그루버자유아메바
Nagana disease	나가나질병
Naked amoebae	무각아메바
Nanoflagellates	미소편모류
Heterotrophic	종속영양미소편모류
Nanoplankton	미소플랑크톤
Bacterivorous	박테리아 식성 미소플랑크톤
Narcomedusa	나르코해파리
Nasal	비의-, 코-
Epithelium	코상피

Mucosa	코점막
Nasse	바구니형 인두
Nasselarida	바구니다포방산충목
Nassophorea	바구니섬모충강
Nassulida	람구섬모충목
Navicula	나비큘라규조
Needles	침
Nemadesmal lamellae	인두근섬유층
Nematocysts	자포, 쐐기세포
Nematodes	선충류
Nematodesmal	인두미세소관근
Fibers	인두근섬유
Microtubules	인두미세소관
Nematodesmata	인두미세소관다발, 인두근섬유
Neogregarinida	신족포자충류
Nephridiophagidae	신관포식균강
Neurofibrillar	신경섬유
Elements	신경섬유요소
Network	신경섬유망
Neuromotorium	신경운동
Neurons, subpellicular	하위세포의 신경세포
Neurotoxins	신경독
Neurotransmitters	신경전달물질
Neusiedl, lake	호주뉴시에달호수
Neuston	수표생물
Newts	영원류
Nexin	넥신
Niche	생태적지위, 생태적적소
Overlap	생태적지위 겹침
Nitrogen metabolism	질소대사
Noctiluca scintillans	야광충
Bloom	야광충 대증식, 야광충적조
Nomenclature	명명법
Nosema apis	꿀벌미립포자충
Nosematosis	미립포자충증, 벌 이
Nuclear	핵-
Dualism (dimorphism)	이중핵, 두종핵
Envelop	핵막
Lamina	핵층
Honeycomb layer	벌집층
Pores	핵공
Nuclei	핵

During cell cycle	세포주기 중
Diploid	이배체–
Diplokaryotic	복핵–
Function	기능
Gamete	생식세포
Haploid	반수체
Migratory	이동–
Polyploidy	다배체
Somatic	체세포–
Structure	핵구조
Nucleoli	인
Nucleomorph	핵소체
Nummulite shell	화폐석 껍질
Nutritional relationships between limnic organisms	호소생물사이의영양관계

O

Oat mosaic virus	귀리모자이크바이러스
Obstacle, mechanical	기계적 장애
Oceans	해양
Ocular conjunctivae	눈의 결막
Odontostomatida	치구섬모충목
Oedogoniales	붓뚜껑말목
Oil exploration	석유탐사
Olfactory system	후각계
Oligochaetes	환형동물빈모류
Oligohymenophorea	소막강
Oligotrichia	빈모섬모충아강
Omicron bacterium	오미크론박테리아
Omnivores	잡식생물, 잡식성
Oocysts	난포낭
Oogamy	이형수정, 이형접합
Oogonia	난원세포, 장란기
Ookinesis	난핵분열
Oomycetes	난균강
Zoospores	동포자
Oomycota	난균문
Oospores	난포자
Oozoa	난충류
Opalinea	오팔린충강
Operculum	덮개, 뚜껑
Opisthe	뒤 딸세포, 분열세포후반부

Opisthokont flagellated taxa	후편모편모충분류군
Opisthokonta	후편모동물, 후방편모문
Opisthomastigote	후방편모
Opportunistic protistan parasites	기회감염 원충
Oral	구강-
Apparatus	입구조,구기
Formation	입구조형성
Development	입구조 발생
polykinetids	입겹모근계,입다모근계
Kineties, differentiation	입모근열,분화
Primordium	입원기
Orders of magnitude	계에 걸친 폭
Ordovician Era	오르도비시안기
Organelle of Lieberkühn	리버쿤세포소기관
Organic material (=matter)	유기물
Degradation rate	유기물 부식률
Destruction	유기물 파괴
Dissolved	용존유기물
Particular	입자성유기물
Oriental sore	피부리슈만편모충증
Orifice	구멍
Orthodromic orientation	정방향
Orthokinesis	속도조절
Orthomitosis	정향유사분열
Osmoregulation	삼투조절
Osmotrophs	삼투영양생물
Osteoclasts	뼈파괴세포, 파골세포
Oxic−anoxic boundary	산소−무산소 경계
Oxygen	
Concentration	산소농도
Critical	임계산소농도
Oxymonadea	첨예편모류, 첨예편모충강

P

Pagial dwelling organisms	바다얼음서식생물
Pair formation of paramecium	짚신벌레 짝형성
Paleocene foraminifers	효신세 유공충
Paleozoic Era	고생대
Palindrome	앞뒤역순상동서열
Palintomy	반복교차분열,반복이분법
Palmella stages	교질기

Paludism	말라리아, 학질
PAME	원발성아메바수막뇌염
Pansporoblasts	다핵포자세포,다포자아세포, 포자분화세포
Pansporocysts	다포자포낭
Parabasal bodies	부기체
Parabasal filaments	부기필라멘트
Parabasalea	부기체충강
Paraflagellar bodies	부편모체
Parakinetal stomatogenesis	측모근형 입구조형성과정
Paralytic shellfish poisoning	마비성패독
Paramecium	짚신벌레(속)
Paramylon	파라마일론
Paramyxa	파라믹사
Paramyxea	부점충강
Parapodia	옆다리
Parapyles	보조구멍들
Parasitemic waves	기생혈증 파도
Parasites	기생충
Histozonic	조직기생충
Human	인체기생충
Opportunistic protistan	기회감염원충
Vaccination	기생충백신
Parasomal sacs	부체낭
Paraxial	축주
Bundles	축주다발
Hem	축주가두리,축주가
Rod	축간,근축 ,축주간상체
Paroral	
Ciliature	입측면 섬모구조
Kinety(PAK)	입측면섬모열(파동막)
Membrane	입주변 막, 입측면 막
PCR	중합연쇄반응,PCR
Peanut clump virus	땅콩덩이바이러스
Peat mosses	토탄 물이끼
Pébrine	미립자병
Pedinellida	페디넬라목
Pedogamy	자절생식
Peduncle	섭취관,섭식자루
Pelagic	원양성
Food chain	먹이사슬
Pellicle	피막,외피
Folds	피막주름

Pellicular	피막
pore	피막공
Plates	피막 판
Strips	피막 줄무늬
Pelobiontida	펠로바이온트 목
Pelta	방패형 구조, 펠타
Penetration	천공
Apparatuses	천공기구
Holes	천공홀
Penguin guano	펜귄분뇨석
Peniculia	좌막섬모충아강
Peniculus	좌섬모막
Pennales	우상규조류, 깃돌말류
Peptidoglycan cell wall	펩티도글리칸세포벽
Perialgal vacuole	조류둘레포
Pericyte	주변세포
Peridinea	유각와편모류
Peridinin	페리디닌 (와편모류)색소
Peridinin-containing dinoflagellates	페리디닌색소 와편모류
Perilemma	상피막
Perioral kineties	입주변섬모열
Periplast	주변세포질
Peristomal wings	세포입둘레날개
Peritricha	둘레섬모충류, 주모류
on phyiiopods	엽각목 부착 둘레섬모충류
Perkinsozoa	퍼킨슨충류
Permian Era	페르미아기
Peroxisomes	페록시솜, 산화효소소기관
Phaeocalpida	패오칼피다 방산충목
Phaeoconchida	패오콘치다방산충목
Phaeocystida	패오시스티다방산충목
Phaeodarea	갈색방산충류, 갈색방산충강
Phaeodendrida	패오덴드리다목
Phaeodium	갈색체, 패오디움
Phaeogromida	패오그로미다목
Phaeogymnocellida	패오짐노셀리다목
Phaeophytata	갈조류문
Phaeosome	남세균형태공생자
Phaeosphaerida	페오스페리다방산충목
Phagoacidosome	식산소포
Phagocytosis	식균작용
Phagosomes	식포

Phagolysosome	식융소포
Phagosome-lysosome system in *Paramecium*	짚신벌레의 식포분해시스템
Phagotrophy	섭식영양
Phase border air water	공기물경계상
Phases of digestion	소화상
Pheromones, sexual	페로몬
Phobic response	거부반응
Phoronts	외부생활기
Phosphorescence	인광
Phosphorous	인
Photic stimulus	광자극
Photoaccumulation	광축적
Photokinesis	광무방향운동
Photolysis	광분해
Photophobic response	광거부반응
Photoreception	광감응
Photoreceptor	광수용기
Rhodopsin-like molecules	로돕신 같은 분자
Photoresponses	광반응
Photosensitizer	광민감기
Photoshock response	광쇼크반응
Photosymbiotic foraminifers	광공생유공충
Photosynthesis	광합성
Photosynthetically active endocytobionts	광합성이 활발한 내생공생자
Phototaxis	주광성
negative	음광성
positive	양광성
phototrophic	광영양
haptomonads	광영양착편모류
nanoplanktonic organisms	광영양미소플랑크톤
plankton	광영양플랑크톤
symbiont,interrelationships with heterotrophic host	공생성
phototrohps	광영양생물
phragmoplast	격막형성체
phycobilisomes	색소단백질체
phycocyanin	남조소
phycoerythrin	홍조소
phyllae	엽상 미세소관
phylloppharyngea	엽상인두섬모충강
phyllopods	엽각류
phylogenetics	계통발생학
phylogeny	계통발생

eukaryotes	진핵생물계통발생
protist	원생생물계통발생
phytomastigophora	식물성편모류
Phytomyxa	식물점균아문
Phytoplankton	식물플랑크톤
Picoplankton	극미소플랑크톤
Pigmentocysts	색소포, 색소낭
Pigments	색소
Pinocytic channels	음세포관
Pinocytosis	음(세포)작용, 포액작용
Pinosomes	음소포
Pioneer species	선구종
Pi-particles	파이입자
Piromyces	이형열원충
Piroplasma	이형열원충
Piroplasmida	이형열원충목
Pit plugs	벽공마개
Placental transmission	태반전염, 태반전파
Plagiopylea	사모섬모충강
Plankton	플랑크톤
Plant	식물
Decaying tissue	식물부식조직
Hormone	식물호르몬
Pathogenic virsus	식물병원성바이러스
Protists	식물성원생생물
Plasma membrane (=plasma-lemma)	원형질막
Plasma thread	세포질사
Plasmodesmata-like structures	세포질연락사(구조)
Plasmodia	변형체
Acellular	비세포성변형체
Multinucleated	다핵성변형체
Network	변형체망
Plasmodiophoreans, cross	다핵성병원충강
Plasmodiophoromycota	기생점균문
Plasmodium	변형체, 열원충
falcipram	열대열원충
malariae	사일열원충
ovale	난형열원충
vivax	삼일열원충
Multinucleated	다핵열원충
Plasmotomy	다핵분열
Plastids	색소체

Genome	색소체유전체
Retention	색소체유치
Plates	판
Calcified	석회질판
Polysaccharide	다당류판
Proteinnaceous	단백질판
Platyhelminths	편형동물
Pleurae	연결둘레띠
Pleuromitosis	측향유사분열
Closed	폐쇄측향유사분열
Pleuronematic flagellum	털편모, 깃꼴편모
Ploidy level	배수단계
PNAN	광영양미소플랑크톤
Pneumocystidales	폐포자충목
Pneumocystis carinii	폐포자충
Pneumonia	폐렴
Polar	극-
Capsule	극낭
Filament	극섬유사, 극사
Sac	극낭, 극주머니
Tube	극관
Polaroplast	극질체, 극성체
Pole ring	극환. 극단고리
Pole ring complex	극단고리복합체
Polychaetes	다모류
Polycistronic transcript	폴리시스트론전사
Polycystinea	다포방산충류, 다포방산충강
Axopodes	유축위족
Polygastric theory	다위이론
Polyhymenophorea	다막구강
Polykinetids	다모근계, 겹모근계
Oral	입겹모근계
Polymastigidae	다편모충과
Polymerase chain reaction	중합연쇄반응, PCR
Polyporphism	다형성
Polyphosphate bodies	폴리인산체
Polyploidy nucleus	다배수체핵
Polysaccharides	다당류
Plates	다당류판
Polyspermy, prevention	다정자수정, 방지
Polytene chromosomes	다사성 염색체
POM	입자성유기물

Pontiac fever	폰티악열병
Pores	구멍, 공
of contractile vacuole	수축포구멍, 수축포공
Nuclear	핵공
Postciliodesmata	후향미세소관다발
Postciliodesmatophora	후향미세소관섬모충상강
Postconjugant cells	접합후세포
Posterior vacuole	후포
Posterosome	후공포, 후포체
Potassium	K,포타시움,칼륨
Potati late blight	감자말기고조병
Potato mop top virus	잠두괴저바이러스
PPICO	광영양극미소플랑크톤
Prasinomonads	담녹조편모류
Prasinophytes	담녹조류
Pre-axostyle	전축간
Preconjugants	전접합
Predator-prey	포식자-먹이
Predators, defence against	포식자
Pregnancy	임신
Presporogenic development	포자생식전 발달
Prezoosporangia	전유주자낭
Primary amoebic meningo Encephalitis (PAME)	원발성아메바수막뇌염
Primates	영장류
Primate	영장류
Primociliata	원시섬모충류
Principle	원리
Of expansion	확장원리
Of resistance	저항원리
Proboscis	주둥이 돌기 ,부리돌기, 주둥이
Proctodeal feeding	장액 섭취
Procyclic form	전주기형
Projectile, harpoon-like	작살형 발사체
Prokaryotes	원핵생물
Endobiotic	생물내생성
Evolution	원핵생물진화
Promastigota	전방편모
Promembranelles	전섬모막
Prometaphase	전중기
Prophase	전기
Prostomatea (Prostome)	전구섬모충강(전구섬모충류)
Proteinaceous plates	단백질판

Proteome	단백질체, 프로테움
Proteomics	프로테오믹스, 단백질체 분석학
Proter	앞딸세포, 분열세포전반부
Proteromonadea	원편모강
Proteromonas	원편모류
Proterozoic Era	원생대
Protists	원생생물
Phylogeny	계통발생, 분류
Dimensions	크기
Morphology	형태
physiology	생리
Size	크기
As targets and vectors of viruses	바이러스의 목표 및 매개체, 바이러스의 목표나 매개체가 되는
Protista	원생생물
Protist-bacteria interrelationships	원생생물-박테리아 관계
Protococcida	원구포자충목
Protoctista	원생생물계
Protoheterotrichida	원이모목
Protomerite	전절
Proton pumps	양성자 전달펌프
Protophytes	원생식물
Protoplasm	원형질
Protoplast	원형질체
Protostelea	원점균충강
Protostomatida	원구모목
Protozoa	원충, 원생동물
Prymnesionmonada	후각편모아문(착편모류)
Pseudociliata	위섬모문
Pseudocyst	세포내낭포, 거짓낭, 가성낭포
Pseudomicrothorax	소흉막류
Pseudoplasmodia	위변형체
Pseudopodia	위족
Feeding	위족포식, 위족섭취
Funnel-like	깔대기형위족
Networks	위족망
Pseudostoma	위구
PSP	마비성패독
Psychodidae	나방파리과
Purines	푸린
Pusules	수낭
Pyrenoids	피레노이드
Pyrrhophytes	황적조식물문, 와편모문

Pyrsonymphidae	소첨편모충목

R

Radial spokes	방사상 디딤대
Radiolarians	방산충류
Radiolarite	방산석
Radiosa-forms	방사상 형
Rainbow trout	무지개송어
Raphe	배선, 종단홈
Raphidomonadea	침편모강,침편모조강
Rat lung	쥐의 폐
R-body	굴절체
Reaction, avoidance	반응, 회피
Receptor potential	광수용기 전위
Receptor-mediated endocytosis	수용체매개 세포내섭취
Recycling of membrane	막의 재활용
Red algae	홍조류
Red blood cell	적혈구
Red tides	적조
Re-differentiation	재분화
Redox potential	산화환원전위
Reductia	해면동물의 오래사는 부분
Reduviidae	반시류
Reef-forming corals	초형성 산호
Refractive body	굴절반사소체
Regeneration	재생
Ciliates	섬모충 재생
Physiological	생리적 재생
Reorganization	재편성
Stomatogenesis	구부형성 재편성
Repellents	화학반발물질, 기피제, 기피물질
Replication	복제
Replication bands	복제밴드
Reproduction	생식-
Sexual	유성생식
Vegetative	무성생식
Reproductive	생식-
Cells	생식세포
Cysts	생식낭,생식포
Reptiles	파충류
Reservoir	병원소, 보유자, 저장소

Residual vacuole	잔류포
Resorption of mouthparts	입부분의 재흡수
Responses	반응
Behavioral	행동반응
Escape	탈출반응, 도피반응
Growth	성장반응
Shock	충격반응
Resting cysts	휴지기 포낭
Resting potential	휴지전위
Reticulofilosa	망상사상충류
Reticulopodia	망상위족
Retortamonadea	후진편모충강
Reversal,directional	방향전환
Rhabdocysts	간상포
Rheological properties of streaming	흐름의 유동학적 특성
Rheotaxis, positive	주류성
Rhizomes of duckweed	좀개구리 밥의 뿌리줄기
Rhizoplast	근형질
Rhizopoda	근족충
Rhodophyta	홍조류
Rhodopsin-like photoreceptor molecules	로돕신과 같은 광수용기 분자
Rhoptries	곤봉체
Rhynchodia	코섬모충아강
Rhytidocystis	리케차(속)
Ribozymes	스스로 이어 맞추는 인트론, 리보자임
Rifampicin	리파마이신
RNA editing	RNA편집
Roach	바퀴
Rodents	설치류
Rohr	관형구조, 로르관
Root structures	뿌리구조
Root-infecting protists	뿌리감염 원생생물
Rosette	퇴구섬모충류의 미세복합체, 로제트
Rosette agent	로제트병원체
Rostellum	작은부리, 부리
Rostrum	부리, 주둥이
Rotifers	윤충류
Rough endoplasmic reticulum	소포체, 조면 소포체
Rudimicrosporia	흔적미포자충아강
Rumen	장관, 혹위
Dwlling ciliates	장관기생섬모충
Ruminantia	반추동물

Ruminants	반추동물
Hawaiian	하와이 반추동물
Rusts 162	녹병

S

S phase	S기
Sac pusules	주머니 수낭
Sagenogenetosome (=sagenogen)	흡구체
Saliva	타액
Salivary gland	타액선
Salmonella	살모넬라(속)
Salt tolerent flagellates	염 내성편모류
Sarcocystis	근육포자충
suihminis	돼지근육포자충
Sarcode doctrine	육질이론
Sarcodina	육질충류
Sarcomastigophora	육질편모충(문)
Sarcomonadea	육질편모충류
Sarcoplasmatic reticulum	근(육)세포질그물, 근(육)세포질세망, 근(육)세망
Satellite	뒤쪽세포
Saxitoxin complexes	신경독 복합체
Scales	비늘, 인편
Schizogony	분열생식
Schizonts	분열체, 분열생식포자
Schizopyrenidea	분열균강
Schizosaccharomycetales	분열자낭균목
Sclerotization	경화작용
Scopula	스코풀라, 바닥섬모, 둘레섬모충류의 자루물질 분비 소기관
Scopuloid	스코풀로이드, 흡관충류의 자루물질 분비 소기관
Scutica	채찍구조
Scuticociliatia	채찍 섬모충아강
Sea anemones	말미잘
Sea floors	해저
Sea grasses	잘피류, 바다수초
Sea urchins	성게
Seastars	불가사리
Seawater, ballasted	발라스트수
Seaweeds	해초
Secration of mucus	점액질 분비
Segregation	
of fluids	액체분비

of water	수분의 분비
Selectivity of filtration	여과의 선택성
Self-recognition hypothesis	자가인식 가설
Self-splicing introns	스스로 이어맞추는 인트론
Semaphoronts	생활사단계
Semolina grain	백점병
Sensitivity, mechanical	물리적민감
Sequence	
Deletion	염기서열 결여
Elimination	염기서열 제거
Sequestration of fluids	액체의 격리
Serotonin	세로토닌,신경전달물질
Sessile	고착성
Ciliates	고착성섬모충류
Sessilida	고착성섬모충목
Settlement of new habitat	새로운 서식처의 정착
Sewage	폐수,오물
Biological purification	생물학적 정화
Sludge	오니,찌꺼기
Treatment plants, biological	생물학적폐수처리
Sexual	성-
Inducer protein	성유도단백질
Pheromones	성적 유인물질, 페로몬
Progeny	자손
Reproduction	유성생식
Shape in life cycle	생활주기형태
Shells	껍질, 패각
Agglutinated	교착물질로된 껍질
Calcareous	석회질 껍질
Petrified	화석패류
Proteinaceous	단백질성 껍질
Stratified	층상껍질
Shock response	충격반응
Shore fringes	해안선
Shuttle streaming	왕복유동
Siamese twins	샴쌍둥이
Sigma-partictes	시그마입자
Signaling molecules	신호 분자
Silica	규산질
Depsitiion vesicle	규산질축적포
Deposits	규산질퇴적물
Needles	규산질 침

Silicoflagellida	규질편모목
Silicolemma	규산질막
Silicon metabolism	실리콘 대사
Silk protein	실크 단백질
Silurian Era	실루리아기
Silver line system	은선계
Silver	은
Impregnation	은 주입
Line system	은선계
Singlets, microtubular	미세소관
Sinusitis	부비동염
Sipunculids	별벌레
Skeletons	골격계
Elements	골격계 요소
Extracellular	세포외골격
Intracellular	세포내골격
of Nasselarida	나셀라리다의 골격
Sleeping sickness	수면병
Slime molds	점균류, 변형균류
Acellular	비세포성 점균류
Cellular	세포성
Plasmodial	변형체형
Slipper animalcule	짚신벌레
Sludge	찌꺼기
Activated	활성오니
Slug	슬러그, 괄태충
Snails	패류, 달팽이
Land	육상달팽이
Water	고동류
Snakes	뱀
Soda model of ancient oceans	고대해양의 소다 모형
Soil protists	토양원생생물
Sol state of endoplasm	내형질의 졸상태
Sol-gel transformation	졸-겔 변형
Somatic	체
dikinetids	체섬모 쌍모근계
Cortical fiber system	체피근섬유구조
Kineties	체섬모열
Nuclei	체핵
Somatonemes	체세포털
Sori	포자낭균
Sorocarps	누적자실체

Spas	온천장
Spasmin	스파스민(수축) 단백질
Spasmoneme (SPA)	수축실근육, 자루미사근
Spatial distribution in aquatic habitats	수서서식처의 공간분포
Species, genetics	종유전학
Spectrin	스펙트린, 운동단백질
Like membrane skeleton	막골격 같은
Sperm cells	정자세포
Spermatheca	정낭
Spermatia	부동정자
Spermatogenesis	정자발생
Sphaerromastigota	압축구형편모
Spherulosome	골지유도체
Spicula	골편
Spikes	스파이크
Spindle apparatus	방추체
Spindle trichocysta	방추상섬모포
Spines	침
Spiral bodies	나선체
Spirochetes	나선균
Spirotricha	나선 섬모류
Spirotrichea	나선섬모충강
Spizellomycetales	항아리균하문의 한 목
Sponges	해면동물, 해면
Spongiomal tubules	분비관
Spongiome	분비관
Sporangia	포자낭
Sporangiophores	포자낭병
Spores	포자
Apicomplexan	첨복포자충포자
Fungal	진균포자
Microsporean	미포자충 포자
Myxogastrean	큰점균류의
Receptacle	포자낭
Triactinomyxean	3방사형 점액포자충 포자
Sporidium, infection	감염포자, 감염소생자
Sporoblast	포자세포, 포자모세포
Sporocysts	포자포낭, 포자낭
Sporogony	포자생식
Sporont	배우자모체, 접합포자
Sporophorous vacuoles	포자소체
Sporoplasm	포자아모세포, 포자원형질

Sporozoa	포자충
Sporozoites	포자소체
Spumellarids	스푸멜라다포방산충
Stachel	가시체,가시형세포기구
Stalks	줄기, 자루
Cells	자루세포
contraction	줄기 수축
extracellular	세포외 자루
starch	녹말
floridean	홍조녹말
starvation	기아
statocysts	평형포
Stentor	나팔벌레
Stichotrichia	열하모충아강
stigma	안점, 징표, 낙인, 반점
stimulus	자극
induced motor response	자극의존 운동반응
phasic	위상자극
photic	광자극
thermic	열자극
tonic	지속자극
stomatogen areas	구부형성구역
stomatogenesis	구부형성, 입형성
apokinetal	먼모근형구부형성
buccokinetal	입모근형구부형성
parakinetal	측모근형구부형성
storage products	저장산물, 저장물질
Stramenopiles	세가닥편모털을 가진 생물, 스트라미노파일
stratification	성층
stratigraphic investigation	층서학 연구
streaming	
bidirectional	양방향 흐름
shuttle	왕복유동
Streptophyta	윤조식물문
stroke	젓기
effective	유효 젓기
helical	나선젓기
recovery	회복젓기
return	복귀젓기
uniplanar	평면 젓기
Stromatolith limes	스트로마트라이트 석회층
strontium sulfate	황화스트론티움

struvite	스트루바이트
Substrates	기질
Succession of protists	원생생물의 천이
Sucker	흡반, 빨판
Sucking process	흡입과정
Suctoria	흡관충아강
Tantacles	촉수
Sulcus	종구, 고랑, 홈, 구, 열구
Opening	종구구멍
Sulfur	황
Summer stratification	여름 성층
Sumpffieber	늪지열병(말라리아)
Sun animalcules	태양 충
Super helix	2중나선구조
Surface coat	표면껍질
Surface properties	표면성질
Surfactant	표면활성제
Surra	슈라질병
Survival strategies	생존전략
Suture	봉합선
Swarmers	유주자
Biflagellated	이편모
Transformation into amoeboid forms	아메바모양으로 변형
Uniflagellated	단편모-
Swarming atage	유주기
Swimming	유영
Symbionts	공생체
Symbiotic dinoflagellates	공생성 와편모류
Symphorionts	체표기생충
Symphorism	동시이동성
Symphyacanthida	심피아칸티다 목
Sympletic metachrony	심플렉틱 진행파
Synaptonemal complex	접합사복합체,시냅시스복합체
Syncytia	다핵질,다핵체
Syndinea	공와편모강
Syngen	동계
Synhymeniida	합막목
Synhymenium	합막
Synkaryon	합핵
System (scheme) of	분류체계
Systole	수축기
Syzygy	연접, 연합

T

Tabanidae	등에과, 말파리류
Tadpole	올챙이
Taxis	주성
Taxokinesis	중력무방향운동
Taxol	택솔
Taxonomy	분류학
Taxopodida	탁소태양충목
Telescope	망원경
Telokinetal stomatogenesis	말단모근형 구부형성
Telomerase	말단소립 분해효소
Telomere repeats	반복 텔로미어
Telomeres	말단소립
Telophase	말기
Telotroch	단부섬모환
Temperature tolerance	온도 내성
Tentacles	촉수, 촉사, 촉모
Adhesive function	부착기능
of suctoria	흡관충 촉수
Termite	흰개미
Hindgut, endobionta	흰개미후장
Paunch	위
Terrestrial	육상
Biocoenoses	육상군집
Habitats	육상서식처
Testacealobosea	유각엽상근족충강
Testaceans(Gromiida)	유각사상근족충류
Testate amoebae	유각아메바
Tests	껍질, 각
Tetramastigota	4편모상문
Texas fever	텍사스열
Textulariida	유공충Textulariida
Thaumatomastigids	종속영양 아메바성편모충류
Thecae	피각, 껍질
Thecagenous granules	피각형성 과립
Thecal	피각의
Plates	피각판
Vesicles	피각포
Thecamoebae	쎄카아메바
Theileria annulata	범안열원충

Theileriosis	범안열원충증
Thermal springs	온천수
Thermal stimulus	열자극
Thermokinesis	열무방향운동
Thermophilic amoebe	호열성 아메바
Thermoreception	열 수용
Thermoresponses	열반응
Theronts	서론트, 미영양체기, 영양전체
Thigmotactic region	감촉부위
Thigmotaxis	접촉 주성
Thraustochytriidae	그물균의 한 과
Thermobospondin-related anonymous protein (TRAP)	표면단백질TRAP
Thylakoids	틸라코이드
Ticks	참진드기
Tidal ponds	조간대 연못
Tintinnina	유종섬모충류
Tissue cysta	조직낭
Toad bladder	두꺼비 방광
Tobacco necrosis virus	담배괴사바이러스
Tomites	유영기
Tomont	토몬트, 토몬트기, 포낭형성분열기, 분열전체
Torsion disease	선회병(旋回病)
Toxic dinoflagellates	유독성 와편모류
Toxicysts	독포
Toxin	독소
Toxoplasma gondii	톡소포자충
Toxoplasmosis	톡소포자충증
Congenital	선천성톡소포자충증
Infant	영어톡소포자충증
Prenatal	출생전톡소포자충증
Tracheophytes	관다발식물문
Transformations	변형
Transitional helices	전이 나선, 전이헬릭스
Transmission, placental	태반전파
Trans-splicing in trypanosomes	파동편모충류의 엇갈린 이어맞추기
TRAP	표면단백질TRAP
Trebouxiopphyceae	공구조강
Trematodes	흡충류
Triactinomyxon spores	트리액티노믹손 포자
Trichits	섬모충의 사출관, 모침
Trichocysts	자사포, 섬모포
Trichodiniasis	차륜충병

Trichogyne	수정모
Trichomonads	털편모충
Trichomonadida	털편모충목
Trichomonas	세포편모충(속)
hominis	장세포편모충
vaginalis	질편모충
Trichomycetes	털균류
Trichonymphidae	초편모류의 측계통그룹
Trichostomatia	모구아강
Triplets, microtubular	미세소관3중체
Trophic	영양형
Interrelationships	영양상호관계
Levels	영양단계
Trophonts	영양체
Trophozoites	영양체, 영양형
Tropism	굴성
Trout	송어
Trypanosome	파동편모충(속)
brucei	브루스파동편모충
gambiense	감비아파동편모충
congolense	콩고 파동편모충
cruzi	크루스파동편모충
Trypanosomatids	파동편모충류
African	아프리카파동편모충류
Antigenic variation	항원변이형성 파동편모충, 항원변동
Trans-splicing	파동편모충류의 엇갈린 이어맞추기
Variant surface glycoproteins	변이표면당단백질
Trypanosomiasis	파동편모충증
African	아프리카파동편모충증
Bovine	쇠파동편모충증
Trypomastigota	파동편모충형 편모
Tsetse fly	체체파리
Tubulin gene superfamily	튜불린 유전자군
Tumbling phase	회전단계
Tunicates	피낭동물, 멍게류
Turbellarians	와충류
Turgor pressure	팽압
Twisting cell contractions	비틀어 구부린 세포의 수축

U

Ubiquitous microbial species	도처에 분포하는 미생물 종

Ulvophyceae	파래강
Undulating membrane	파동막
Undulatory motion	파동막운동
Undulipodia	파동위족
Unicells	단세포
Uninucleated stages	단핵시기
Urceolariids	이동성 둘레섬모충류
Urodeles	도룡뇽
Urogenital infections	비뇨생시기 감염
Uroid	아메바 뒷 부분, 미부
Urthierchen	원생동물
Urthiere	원생동물
UTC-clade	파래,공구조,녹조류 계통

V

Vaccination against protistan parasites	원충에 대한 백신
Vaccine development	백신 발달
Vacuolar membrane	소포막
Vacuoles	공포
Contractile	수축포
Valves	개각
Valvogenic cells	판막형성세포
Vampires	흡혈생물
Vampyrellid	식균성 변형충
Vampyrellidae	식균성변형충과
Variant surface glycoprotein(VSG)	변형표면당단백질
Vascular plants	관다발 식물
V-ATPases	양성자 펌프
Vectors of viruses	바이러스 매개체
Velum-feeding	연막 섭식
Vertebrates	척추동물
Vesicles, discoidal	원반형 소포
Vesicular spongiome	소포형 분비관
Vesiculation process	소포형성과정
Vestibulum	함입부
Vibrio cholerae	콜레라균
Viridiplantae	녹색식물문
Clades	단일계통군
Viruses	바이러스 매개체
Broad bean necrosis	잠두피저바이러스
Intracellular accommodation	바이러스의 세포내 수용

Oat mosaic	귀리모자이크 바이러스
Peanut clump	땅콩덩이 바이러스
Potato mop top	감자자루 바이러스
Protists as targets and vectors	바이러스의 표적생물과 병원균 매개체로서의 원생생물
Rice necrotic mosaic	쌀 괴저 모자이크 바이러스
Voltage dependence of swimming patterens	유영 패턴의 전압 의존성
Volvocal Flagellates	좁쌀공말 편모
Colony	좁쌀공말군체
Volvocida	좁쌀공말목
Volvox	좁쌀공말속
Vorticella	종벌레
Population dynamics	종벌레 개체군역학
Stalk	종벌레 자루
Telotroch formation	종벌레 단부 섬모환
VSG	변하기 쉬운 표면 당단백질, 변형표면당단백질

W

Wadden polychaeta	바덴해 갯지렁이
Warnowiidae	와편모류의 한 과
Watchglass organelle	시계접시모양 세포소기관
Water	물
Accumulation in capillaries	모세관 축적
Column, pelagic	수층, 표영계
Currents	수류
Flea	물벼룩
Molds	물곰팡이
Stratified bodies	성층수괴
Wave	파
Metachronal patterns	섬모파, 진행파
White spot disease	백점병

X

Xanthophyceae	황록조강
Xenophyophorea	이질충강, 이질생강

Y

Yeasts	효모

Z

Zeaxanthin	제아크산틴
Zebra mussel	홍합
Zoochlorellae	녹색공생조류, 공생녹조류
Zoogloea	동물성점착질
Zoomastigophra	동물성편모류
Zoophyta	고착수생동물군
Zoophytes infusoires	고착수생동물군의 섬모충
Zoosporangium	유주자낭
Zoospores	유주자, 동물포자
of oomycetes	난균류의 유주자
Zoosporic fungi	유주자성균류
Zoosporogenesis	유주자형성
Zooxanthellae	황록공생조류
Zosteraceae	거머리말과
Zygnematophyceae	별해캄강
Zygomycota (zygomycetes)	접합균아문(접합균류)
Zygote	접합자, 접합체
Motile	운동성접합자
Wandering	부유접합자
Zygotene	접합기
Zygotocyst	접합낭

부록3 참고문헌 Bibliography

Protozoological Journals and Periodicals

ACTA PROTOZOOLOGICA, founded 1963, published by the Nencki Institute of Experimental Biology, Warsaw, Poland

ARCHIV FÜR PROTISTENKUNDE, founded 1901, published by Gustav Fischer Verlag, Jena, Germany, 1998 renamed PROTIST, published by Urban & Fischer Verlag, Jena, Germany

JOURNAL OF PROTOZOOLOGY, founded 1947, 1993 renamed JOURNAL OF EUKARYOTIC MICROBIOLOGY, published by the Society of Protozoologists, printed by Allen Press, Lawrence, USA

PROTISTOLOGICA, founded 1965, published by CNRS, Paris, France, 1987 renamed EUROPEAN JOURNAL OF PROTISTOLOGY, published by Urban & Fischer Verlag, Jena, Germany

PROTISTOLOGY, founded 1999, published by TESSA, St. Petersburg, Russia

PROGRESS IN PROTOZOOLOGY

PROCEEDINGS OF THE INTERNATIONAL CONGRESS OF PROTOZOOLOGY

I: Prague, Czechoslovakia, 1961

Ludvík, J., J. Lom, J. Vávra (eds), Czechoslovak Academy of Sciences, Prague 1963

II: London, England, 1965

Neal, R. A. (ed), Excerpta Medica Foundation, Amsterdam I 965

III: Leningrad, USSR, 1969

Strelkov, A. A., K. M. Sukhanova, I. B. Raikov (eds), Nauka, Leningrad 1969

IV: Clermont-Ferrand, France, 1973

Puytorac, J. de, J. Grain (eds), Paul Couty, Clermont-Ferrand 1974

V: New York, USA, 1977

Hutner, S. H., L. K. Bleyman (eds), Pace University, New York 1978

VI: Warsaw, Poland, 1981

Dryl, S., S. L. Kazubski, L. Kuznicki, J. Ploszaj (eds), Acta Protozoologica, Special Congress Volume, part I + II, Warsaw 1982 + 1984

VII: Nairobi, Kenya, 1985

Gardiner, P. R., L. H. Otieno (eds), Insect Sci. Applic., Special Congress Volume, Oxford 1986

VIII: Tsukuba, Japan, 1989

Nozawa, Y. (ed), Zoological Science, Supplement, Daigaku Letterpress, Hiroshima 1990

IX: Berlin, Germany, 1993

Hausmann, K., N. Hülsmann (eds), Gustav Fischer Verlag, Stuttgart 1994

History

Bradbury, S.: The microscope. Past and present. Pergamon, Oxford 1968

Corliss, J. O.: A salute to fifty-four great microscopists of the past: a pictorial footnote to the history of protozoology. Trans. Amer. Micros. Soc. 97 (1978) 419; 98 (1979) 26

Corliss, J. O.: Historically important events, discoveries, and works in protozoology from the mid-17th to the mid-20th century. Rev. Soc. Mex. Hist. Nat. 42 (1991) 45

Dobell, C.: Antony van Leeuwenhoek and his "little animals". Bale, Sons & Danielsson, London 1932

Ford, B. J.: The Leeuwenhoek legacy. Biopress, Bristol 1991

Vickerman, K., M. Sleigh, B. Leadbeater, S. McCready: A century of protozoology in Britain. The British Section of the Society of Protozoologists, 2000

Wolf, M., K. Hausmann: Protozoology from the perspective of science theory - History and concept of a biological discipline. Linzer biol. Beitr. 33 (2001) 461

General Textbooks

Anderson, O. R.: Comparative protozoology. Ecology, physiology, life history. Springer Verlag, Berlin 1987

Bütschli, O.: Protozoa. In: Bronn, H. G. (Hrsg): Klassenund Ordnungen des Thierreichs. Winter, Heidelberg 1880-1889

Chen, T. T.: Research in protozoology, vol. I-IV. Pergamon, New York 1967-1972

Coombs, G. H., M. J. North (eds): Biochemical protozoology. Taylor & Francis, New York 1991

Doflein, F., E. Reichenow: Lehrbuch der Protozoen kunde, 6. Aufl. Gustav Fischer Verlag, Jena 1949-1953

Dogiel, V. A. (revised by J.1. Poljanski, E. M. Chejsin): General protozoology, 2nd ed. Clarendon, Oxford 1965

Farmer, J. N.: The protozoa. Introduction to protozoology. Mosby, St. Louis 1980

Grassé, P.-P.: Protozoaires. In: Traité de Zoologie, vol. I, I +2, and vol. II, 1+2. Masson, Paris 1952/ 1953, 1984, 1994

Grell, K. G.: Protozoology, 3rd ed. Springer Verlag, Berlin 1973

Harrison, F. W., J. O. Corliss (eds): Protozoa. In: F. W. Harrison (ed): Microscopic anatomy of invertebrates, vol. 1. Wiley-Liss, New York 1991

Hyman, L. H.: The invertebrates, vol. I: Protozoa through Ctenophora. McGraw Hill, New York 1940

Kidder, G. W.: Protozoa. In: 1. M. Florkin, B. T. Scheer (eds): Chemical zoology, vol. 1. Academic Press, London 1967

Kudo, R. R.: Protozoology, 6th ed. Thomas, Springfield 1971

Levandowsky, M., S. H. Hutner: Biochemistry and physiology of protozoa, vol. I-IV. Academic Press, London 1979-1981

Lipps, J. H. (ed): Fossil prokaryotes and protists. Blackwell Scientific Publications, London 1993
Mackinnon, D. L., R S. J. Hawes: An introduction to the study of protozoa. Clarendon, Oxford 1961
Margulis, L., J. O. Corliss, M. Melkonian, D. J. Chapman (eds): Handbook of protoctista. Jones & Bartlett, Boston 1990
Margulis, L., H. 1. McKhann, L. Olendzenski (eds): Illustrated glossary of protoctista. Jones & Bartlett, Boston 1993
Mehlhorn, H., A. Ruthmann: Allgemeine Protozoologie. Gustav Fischer Verlag, Jena 1992
Puytorac, de P., J. Grain, J.-P. Mignot: Précis de protistologie. Boubée, Paris 1987
Sleigh, M.: Protozoa and other protists, 2nd ed. Arnold, London 1989 (first published as 'The biology of protozoa', 1973)
Wenyon, C. M.: Protozoology. Ballière, Tindall & Cox, London 1926

Monographs Regarding the Principal Organization Types of Protists

Flagellated Protists and Algae

Akatsuka, J.: Biology of economic algae. Academic Publishing, The Hague 1994
Berner, T. (ed): Ultrastructure of microalgae. CRC Press, Boca Raton 1993
Bold, H. C; M. J. Wynne: Introduction to the algae. Structure and reproduction. Prentice-Hall, Englewood Cliffs 1978
Chapman, V. J., D. J. Chapman: The algae, 2nd. ed. Macmillan, London 1973
Bourrelly, P.: Les algues d'eau douce, tome I-III. Boubee, Paris 1966-1970
Cox, E. R. (ed): Phytoflagellates. Elsevier Science Publishers, Amsterdam 1980
Dodge, J. D.: The fine structure of algal cells. Academic Press, London 1973
Fott, B.: Algenkunde, Gustav Fischer Verlag, Jena 1959
Hoek, C. van den, D. G. Mann, H. M. Jahns: Algae. Cambridge University Press, Cambridge 1995
Leadbeater, B. S. C; J. C. Green (eds): The flagellates - Unity, diversity and evolution. Taylor & Francis, London 2000
Moestrup, Ø.: Flagellar structure in algae - A review, with new observations particularly on the Chrysophyceae, Phaeophyceae (Fucophyceae), Euglenophyceae, and *Reckertia*. Phycologia 21 (J 982) 427
Patterson, D. J., J. Larsen: The biology of free-living heterotrophic flagellates. Clarendon Press, Oxford 1991
Pringsheim, E. G.: Farblose Algen - Ein Beitrag zur Evolutionsforschung. Gustav Fischer Verlag, Jena 1963
Round, F. E.: The ecology of algae. Cambridge University, Cambridge 1983
Wiessner, w., D. G. Robinson, R. C. Starr (eds): Algal development - Molecular and cellular aspects. Springer Verlag, Berlin 1987

Amoeboid Protists

Anderson, O. R: Radiolaria. Springer Verlag, Berlin 1983
Boltovsky, E., R Wright: Recent Foraminifera. Junk, The Hague 1976
Gupta, B. K. S.: Modern Foraminifera. K1uwer Academic Publishers, Dordrecht 2002
Hedley, R. H., C. G. Adams: Foraminifera, vol. I + II. Academic Press, London 1974-1978
Hemleben, C. H., M. Spindler, O. R Anderson: Modern planktonic Foraminifera. Springer Verlag, Berlin 1989
Jones, R. W.: The Challenger Foraminifera. Oxford University Press, Oxford 1994
Lee, J. J., O. R Anderson: Biology of Foraminifera. Academic Press, London 1991
Loeblich, A. R., H. Tappan: Foraminiferal genera and their classification, part I + II. Chapman & Hall, New York 1988
Martinez, A. J.: Free-living amebas: natural history, prevention, diagnosis, pathology, and treatment of disease. CRC Press, Boca Raton 1985
Murray, J. W.: Ecology and palaeoecology of benthic Foraminifera. Wiley & Sons, New York 1991
Page, F. c., F. J. Siemensma: Nackte Rhizopoden und Heliozoea. In: D. Matthes (Hrsg): Protozoenfauna, Vol. 2. Gustav Fischer Verlag, Stuttgart 1991
Rondanelli, E. G. (ed): Amphizoic amoebae. Human pathology. Piccin, Padova 1987
Takahashi, K.: Radiolaria: flux, ecology, and taxonomy in the Pacific and Atlantic. Woods Hole Oceanogr. Inst., Ocean Biocoenosis, Series No.3, Woods Hole 1991

Apicomplexans

Davies, S. F. M., L. P. Joyner, S. B. Kendall: Coccidiosis. Oliver & Boyd, London 1963
Dubey, J. P., C. A. Speer, R. Fayer (eds): Sarcocystosis of animals and men. CRC Press, Boca Raton 1989 Garnham, P. C. c.: Malaria parasites and other haemosporidia. Blackwell, Oxford 1966
Hammond, D. M., P. L. Long: Coccidia: *Eimeria*, *Isospora*, *Toxoplasma*, and related genera. University Park, Baltimore 1973
Kreier, J. P.: Malaria, vol. I-III. Academic Press, London 1980
Levine, N. D.: Protozoan parasites of domestic animals and of man, 2nd ed. Burgess, Minneapolis 1973
Levine, N. D.: The protozoan phylum Apicomplexa, vol. I + II. CRC Press, Boca Raton 1988
Long, P. L.: The biology of Coccidia. Arnold, London 1982
Long, P. L.: Coccidiosis of man and domestic animals. CRC Press, Boca Raton 1990
Ristic, M. (ed): Babesiosis of domestic animals and man. CRC Press, Boca Raton 1988
Scholtyseck, E.: Fine structure of parasitic protozoa. Springer Verlag, Berlin 1979
Sherman, I. W. (ed): Malaria: Parasite biology, pathogenesis and protection. Amer. Soc. Microbiol., Washington, DC, 1998

Ciliated Protists

Aescht, E.: Catalogue of the generic names of ciliates (Protozoa, Ciliophora). Denisia I (2001) 1

Berger, H.: Catalogue of ciliate names - 1. Hypotrichs. Verlag Helmut Berger, Salzburg 2001

Corliss, J. O.: The ciliated protozoa - Characterization, classification and guide to the literature, 2nd ed. Pergamon, Oxford 1979

Curds, C. R.: British and other freshwater ciliated pro-tozoa, Part I. Ciliophora: Kinetofragminophora. In: D. M. Kermack, R. S. K. Barnes (eds): Synopsis of the British fauna. Cambridge University, Cambridge 1982

Curds, C. R., M. A. Gates, D. McL. Roberts: British and other freshwater ciliated protozoa, Part II. Ciliophora: Oligohymenophora and Polyhyrnenophora. In: D. M. Kermack, R. S. K. Barnes (eds): Synopsis of the British fauna. Cambridge University, Cambridge 1983

Dragesco, J.: Citiés libres du Cameroun. Ann. Fac. Sci. Yaounde, Yaounde 1970

Dragesco, J., A. Dragesco-Kernéis: Ciliés mesopsam-miques littoraux. Systematique, morphologie, ecologie, Trav, Stat. Biol, Roscoff (N. S.) 12 (1960) 1

Dragesco, J., A. Dragesco-Kernéis: Ciliés libres de I' Afrique intertropicale. Editions de l'ORSTOM, Paris 1986

Fenchel, T., B. J. Finlay: The biology of free-living anaerobic ciliates. Europ, J. Protistol. 26 (1991) 201

Foissner, W., S. Agatha, H. Berger: Soil ciliates (Protozoa, Ciliophora) from Namibia (Southwest Africa), with emphasis on two contrasting environments, the Etosha Region and the Namib Desert. Denisia 5 (2002) 1

Gall, J. G. (ed): The molecular biology of ciliated protozoa. Academic Press, London 1986

Hausmann, K., P. C. Bradbury (eds): Ciliates: cells as organisms. Gustav Fischer Verlag, Stuttgart 1996

Jones, A. R.: The ciliates. Hutchinson, London 1974

Lynn, D. H.: The organization and evolution of microtubular organelles in ciliated protozoa. Biol. Rev. 56 (1981) 243

Lynn, D. H., E. B. Small: A revised classification of the phylum Ciliophora Doflein, 1901. Rev. Soc. Mex, Hist. Nat. 47 (1997) 65

Matthes, D., W. Guhl, G. Haider: Suctoria und Urceolariidae (Peritricha). In: D. Matthes (Hrsg): Protozoen-fauna, vol, 7, 1. Gustav Fischer Verlag, Stuttgart 1988

Petz, W., W. Song, N. Wilbert: Taxonomy and ecology of the ciliate fauna (Protozoa, Ciliophora) in the endopagial and pelagical of the Weddel Sea, Antarctica. Stapfia 40 (1995) I

Monographs on Selected Groups and Species

Acanthamoeba

Byers, T. J.: Growth, reproduction and differentiation in *Acanthamoeba*. Int. Rev. Cytol. 61 (1979) 283

Amoeba

Jeon, K. W.: The biology of *Amoeba*. Academic Press, London 1973

Blepharisma

Giese, A. C.; *Blepharisma* - The biology of a light-sensitive protozoon. Stanford University, Stanford 1973

Chlamydomonas

Harris, E. H.: The *Chlamydomonas* sourcebook - A comprehensive guide to biology and laboratory use. Academic Press, London 1989

Chromists

Green, J. C., B. S. C. Leadbeater, W. L. Diver (eds): The chromophyte algae: problems and perspectives. Clarendon Press, Oxford 1989

Chrysomonads

Duff, K., B. A. Zeeb, J. P. Smol: Atlas of chrysophycean cysts, vol. I. Kluwer Academic Publishers, Dordrecht, 1995

Kristiansen, J., R. A. Andersen (eds.): Chrysophytes: aspects and problems. Cambridge University Press, Cambridge 1986

Kristiansen, J., G. Cronberg (eds): Chrysophytes: progress and new horizons. Nova Hedwigia Beih. 114 (1996) 1

Kristiansen, J., G. Cronberg, U. Geissler (eds): Chrysophytes: developments and perspectives. Nova Hedwigia Beih. 95 (1989) 1

Sandgren, C. D., 1. P. Smol, J. Kristiansen (eds.): Chrysophyte algae: ecology, phylogeny and development. Cambridge University Press, Cambridge 1995

Wilkinson, A. N., B. A. Zeeb, J. P. Smol: Atlas of chrysophycean cysts, vol. II. Kluwer Academic Publishers, Dordrecht, 2001

Coccolithophorids

Tomas, C. R. (ed): Marine phytoplankton: a guide to naked flagellates and coccolithophorids. Academic Press, London 1993

Winter, A., W. G. Siesser (eds): Coccolithophores. Cambridge University Press, Cambridge 1994

Colpodea

Foissner, w.: Class Colpodea (Ciliophora). In: D. Matthes (Hrsg): Protozoenfauna, Vol. 4/1. Gustav Fischer Verlag, Stuttgart 1993

Cryptosporidium

Dubey, J. P., C. A. Speer, R. Fayer: Cryptosporidiosis of man and animals. CRC Press, Boca Raton, Florida 1990.

Fayer, D. (ed): *Cryptosporidium* and cryptosporidiosis. CRC Press, Boca Raton 1997

Tzipori, S., Widmer, G.: The biology of *Cryptosporidium*. Contrib. Microbiol. 6 (2000) 1

Dasycladales

Berger, S., M. J. Kaever: Dasycladales - An illustrated monograph of a fascinating algal order. Thieme Verlag, Stuttgart 1992

Desmids

Brook, A. J.: The biology of desmids. Blackwell, Oxford 1980

Diatoms

Werner, D. (ed): The biology of diatoms. Blackwell, Oxford 1977

Dictyostelids

Kessin, R. H.: *Dictyostelium* - Evolution, cell biology, and the development of multicellularity. Cambridge University Press, Cambridge 2001

Raper, K. B.: The dictyostelids. Princeton University Press, Princeton 1984

Dinoflagellates

Anderson, D. M.,A. W. White, D. G. Baden (eds): Toxic dinoflagellates. Elsevier Science Publisher, Amster-dam 1986

Sarjeant, W. A. S.: Fossil and living dinoflagellates. Academic Press, London 1974

Spector, D. L.: Dinoflagellates. Academic Press, London 1984

Taylor, F J. R. (ed): The biology of dinoflagellates. Blackwell Scientific Publications, Oxford 1987

Entamoeba

Ravdin, J. (ed): Amebiasis - Human infection by *Entamoeba histolytica*. Churchill, Livingstone 1988

Euglena

Buetow, D. E.: The biology of *Euglena*, vol. I-IV. Academic Press, London 1968-1989

Gojdics, M.: The genus *Euglena*. University of Wisconsin, Madison 1953

Leedale, G. F: Euglenoid flagellates. Prentice-Hall, Englewood Cliffs 1967

Leedale, G. F: The euglenoids. Oxford University Press, Oxford 1971

Wolken, 1. J.: *Euglena*. An experimental organism for biochemical and biophysical studies, 2nd ed. Appleton, New York 1967

Folliculinidae

Hadzi, J.: Studien tiber Follikuliniden. Dela Slov. Akad. Znan. Umet. Hist. Nat. Med. 4 (1951) I

Fungi

Ainsworth, G. c., A. S. Sussman: The Fungi, 4 volumes. Academic Press, London 1965-1973

Carlile, M., S. Watkinson, G. Gooday: The Fungi. Academic Press, San Diego 2001

Esser, K., J. W. Bennett (eds): The Mycota. Springer Verlag, Berlin 1994

Frisvad, 1., P. D. Bridge, D. K. Arora: Chemical fungal taxonomy. Marcel Dekker, New York 1998

Hawksworth, D. L., P. M. Kirk, B. C. Sutton, D. N. Pegler: Ainsworth & Biby's dictionary of the Fungi, 8. ed. CAB International, Wallingford 1995

Giardia

Meyer, E. A. (ed): Giardiasis. Elsevier Science Publishers, Amsterdam 1990

Olson, B. E., M. E. Olson (eds): *Giardia*: The cosmopolitan parasite. CABI Publishing, Wallingford 2002

Thompson, R. C. A., 1. A. Reynoldson, A. J. Lymbery (eds): *Giardia*: from molecules to diseases. CAB International, Oxon 1994

Green Algae

Pickett-Heaps, J. D.: Green algae - Structure, reproduction and evolution in selected genera. Sinauer, Sunderland 1975

Kinetoplastida

Lumsden, W. H. R., D. A. Evans: Biology of the Kinetoplastida, vol. I + II. Academic Press, London 1976 + 1979

Mallomonas

Siver, P. A.: The biology of *Mallomonas* - Morphology, taxonomy and ecology. Kluwer Academic Publishers, Dordrecht 1991

Microspora

Becnel, J.: Life cycles and host-parasite relationships of Microsporidia in alliance mosquitoses. Folia Parasitol. 41 (1994) 91

Bulla, L. A., T. C. Cheng: Comparative Pathobiology, vol. I: Biology of the Microsporidia, vol. II: Systematics of the Microsporidia. Plenum, London 1976 + 1977

Canning, E. U., J. Lorn: The Microsporidia of vertebrates. Academic Press, London 1986

Sprague, W.: Systematics of the Microsporidia. Plenum, New York 1977

Weiser, J.: Die Mikrosporidien als Parasiten der Insekten. In: W. Zwölfer (Hrsg): Monographien zur Angewandten Entomologie, Nr. 17. Paul Parey, Hamburg 1961

Myxomycetes

Bonner, T.: The cellular slime molds, 2nd. ed. University Press, Princeton 1967

Gray, W. D., C. J. Alexopoulos: Biology of the rnyxomycetes. Ronald Press, New York 1968

Olive, L. S.: The mycetozoans. Academic Press, London 1975

Stephenson, S. L., H. Stempen: Myxomycetes. Timber, Protland I 994

Myxozoans

Kent, M. L., K. B. Andree, J. L. Bartholomew, M. ElMatbouli, S. S. Desser, R. H. Devlin, S. W. Feist, R. P. Hedrick, R. W. Hoffmann, J. Khaitra, S. L. Hallett, R. J. G. Lester, M. Longshaw, O. Palenzeula, M. E. Siddall, C. Xiao: Recent advances in our knowledge of the Myxozoa. J. Eukaryot. Microbiol. 48 (2001) 395

Lorn, J., 1. Dyková: Myxosporea (Phylum Myxozoa). In: P. T. K. Woo (ed): Fish diseases and disorders, vol. I, Protozoan and metazoan infections. CAB International, Wallingford 1995

Naegleria

de Jonckheere, J. E: A century of research on the amoeboflagellate genus *Naegleria*. Acta Protozool. 41 (2002) 309

John, D. T.: Primary amebic meningoencephalitis and the biology of *Naegleria fowleri*. Ann. Rev. Microbiol, 36 (1982) 101

Opalina

Metcalf, M. M.: The opalinid ciliate infusorians. Smithsonian Institution, Bulletin 120, Washington 1923

Metcalf, M. M.: Further studies on the opalinid ciliate infusorians an their hosts. Proc. US Nat. Mus. 87 (1940) 465

Ophryoglena

Canella, M. E, 1. Rocchi-Canella: Biologie des *Ophryoglena* (Ciliés hymenostornes histophages). Ann. Univ. Ferrara 3 (1976) 1

Oxytrichidae

Berger, H.: Monograph of the Oxytrichidae (Ciliophora, Hypotrichia). Kluwer Academic Publishers, Dordrecht 1999

Paramecium

Ehret, C. E, G. de Haller: Origin, development, and maturation of organelles and organelle systems of the cell surface in *Paramecium*. J. Ultrastruct. Res., Suppl. 6 (1963) 1

Görtz, H.-D.: *Paramecium*. Springer Verlag, Berlin 1988

Janisch, R.: Biomembranes in the life and regeneration of *Paramecium*. Purkyne University, Brno 1987

Jurand, A., G. G. Selman: The anatomy of *Paramecium aurelia*. Macmillan St. Marin's Press, New York 1969

Kalmus, H.: *Paramecium* - Das Pantoffeltierchen. Gustav Fischer Verlag, Jena 1931

Plattner, H.: My favorite cell - *Paramecium*. Bio Essays 24 (2002) 649

van Wagtendonk, W. J.: *Paramecium* - A current survey. Elsevier Science Publishers, Amsterdam 1974

Wichterman, R.: The biology of *Paramecium*, 2nd ed. Plenum Press, New York 1986

Paramyxea

Audemard, c., E Le Roux, A. Barnard, C. Collins, b. Sautour, P.-G. Sauriau, X. de Montaudoin, C. Cousteau, C. Combes, E Berthe: Needle in a haystack. involvement of the copepod *Paracartia grani* in the life cycle of the oyster pathogen Marteilia refringens. Parasitology 124 (2002) 315

Berhte, E C. J., E Le Roux, E. Peyretaillade, P. Peyret, D. Rodriguez, M. Gouy, C. P. Vivarès: Phylogenetic analysis of the small subunit ribosomal RNA of *Marteilia rejringens* validates the existence of phylum Paramyxea (Desportes and Perkins, 1990). J. Eukaryot. Microbiol. 47 (2000) 288

Pneumocystis

Cushion, M. T.: *Pneumocystis carinii*. In: L. Collier, A. Balows, M. Sussmann (eds): Topley and Wilson's microbiology and microbial infections, vol. 4. Oxford University Press, New York 1998

Kaneshiro, E. S.: Is *Pneumocystis* a plant? J. Eukaryot. Microbiol. 49 (2002) 367

Hopkin, J. M.: *Pneumocystis carinii*. Oxford University Press, Oxford 1991

Walzer, P. D.: *Pneumocystis carinii* pneumonia, 2nd ed. Marcel Dekker, New York 1994

Prasinomonads

Sym, S.D., R.N. Pienaar: The class Prasinophyceae. Prog. Phycol. Res. 9 (1993) 281

Prymnesiomonads

Green, J. C; B. S. C. Leadbeater (eds): The haptophyte algae. Oxford University Press, Oxford 1994

Silicoflagellates

Desikachary, T Y., P. Prema: Silicoflagellates (Dictyochophyceae). Bibl. Phycologica 100, Gebr. Born-traeger, Stuttgart 1996

Stentor

Tartar, Y.: The biology of *Stentor*. Pergamon, Oxford 1961

Tetrahymena

Asai, D. J., J. D. Forney (eds): *Tetrahymena thermophilao*. Academic Press, London 2000

Elliott, A.: The biology of *Tetrahymena*. Dowden, Hutchinson & Ross, Stroudsburg 1973

Hill, D. L.: The biochemistry and physiology of *Tetrahymena*. Academic Press, London 1972

Nilsson, J. R.: Physiological and structural studies on *Tetrahymena pyriformis* GL. C. R. Lab. Carlsberg 40 (1976) 215

Toxoplasma

Dubey, J. P., C. P. Beattie: Toxoplasmosis of animals and man. CRC Press, Boca Raton 1988

Trichomonads

Kulda, J., J. Cerkasov (eds): Trichomonads and trichomoniasis. Acta Universitatis Carolinae - Biologica 30 (1986) 177

Trypanosoma

Black, S. J., J. R. Seed (eds): The African trypanosomes. Kluwer Academic Publishers, Boston 2001

Englund, P. T, S. L. Hajduk, J. C. Marini: The molecular biology of trypanosomes. Ann. Rev. Biochem. 51 (1982) 695

Gibson, W.: Sex and evolution in trypanosomes. Int. J. Parasitol. 31 (2001) 643

Hoare, C. A.: The trypanosomes of mammals. Blackwell Scientific Publisher, Oxford 1972

Suza, W. de: Cell biology of *Trypanosoma cruzi*. Int. Rev. Cytol. 86 (1984) 197

Urceolariidae

Haider, G.: Monographie der Familie Urceolariidae (Ciliata, Peritricha, Mobilia) mit besonderer Berücksichtigung der im suddeutschen Raum vorkommenden Arten. Parasitol. Schr. Reihe 17 (1964) 1

General Systematics

Cavalier-Smith, T: Eukaryote kingdoms: seven or nine? BioSystems 14 (1981) 461

Cavalier-Smith, T: Kingdom Protozoa and its 18 phyla. Microbiol. Rev. (1993) 953

Cavalier-Smith, T: A revised six-kingdom system of life. Biol. Rev. 73 (1998) 203

Cavalier-Smith, T: The phagotrophic origin of eukaryotes und phylogenetic classification of Protozoa. Int. J. Syst. Evol. Microbiol. 52 (2002) 297

Corliss, J. O.: An interim utilitarian ('user-friendly') hierarchical classification and characterization ofthe protists. Acta Protozool. 33 (1994) 1

Corliss, J. O.: Biodiversity, classification, and numbers of species of protists. In: P. H. Raven, T Williams (eds): Nature and human society - The quest for a sustainable world. National Academic Press, Washington 2000

Corliss, J. O.: Biodiversity and biocomplexity of the protists and an overview of their significant roles in maintenance of our biosphere. Acta Protozool. 41 (2002) 199.

Grell, K. G.: Unterreich Protozoa, Einzeller oder Urtiere. In: H. E. Gruner (Hrsg): Lehrbuch der Speziellen Zoologie. 5. Aufl. Gustav Fischer Verlag, Stuttgart 1993

Honigberg, B. M., E. C. Bovee, J. O. Corliss, M. Gojdics, R. P. Hall, R. R. Kudo, N. D. Levine, A. R. jr. Loeblich, J. Weiser, H. D. Wenrich: A revised classification of the phylum Protozoa. J. Protozool. 11 (1964) 7

Levine, N. D., J. O. Corliss, F. E. G. Cox, G. Deroux, J. Grain, B. M. Honigberg, G. F. Leedale, A. R. Loeblich III, J. Lom, D. Lynn, E. G. Merinfeld, F. C. Page, G. Poljanski, Y. Sprague, J. Vavra, F. G. Wallace: A newly revised classification of the protozoa. J. Protozool. 27 (1980) 37

Patterson, D. J.: The diversity of eukaryotes. The American Naturalist 65 (1999) S96

Evolution

Baldauf, S. L.: The deep roots of eukaryots. Science 300 (2003) 1703

Coombs, G. H., K. Vickerman, M. A. Sleigh, A. Warren (eds): Evolutionary relationships among protozoa. Kluwer Academic Publishers, Dordrecht 1998

Gibbs, S. R.: The chloroplast endoplasmatic reticulum: structure, function, and evolutionary significance. Int. Rev. Cytol. 72 (1981) 49

Jeon, K. W.: Integration of bacterial endosymbionts in amoebae. Int. Rev. Cytol. (suppl.) 14 (1983) 29

Lee, R. E., P. Kugrens: Relationship between the flagellates and the ciliates. Microbiol. Rev. 56 (1992) 529

Martin, W., M. Muller: The hydrogen hypothesis for the first eukaryote. Nature 392 (1998) 37

Ragan, M. A., D. J. Chapman: A biochemical phylogeny of the protists. Academic Press, London 1978

Schlegel, M.: Protist evolution and phylogeny as discerned from small subunit ribosomal RNA sequence comparisons. Europ. 1. Protisto!. 27 (1991) 207

Schlegel, M.: Phylogeny of eukaryotes recovered with molecular data: highlights and pitfalls. Europ. J. Protistol. 39 (2003) 113

Sitte, P.: Symbiogenetic evolution of complex cells and complex plastids. Europ. J. Protistol. 29 (1993) 131

Sogin, M. L.: Early evolution and the origin of eukaryotes. Curr. Opin. Gen. Develop. I (1991) 457

Sogin, M. L., H. J. Elwood, J. H. Gunderson: Evolutionary diversity of eukaryotic small-subunit rRNA genes. Proc. Natl. Acad. Sci. USA 83 (1986) 1383

Stoebe, B., U.-G. Maier: One, two, three: nature's tool box for building plastids. Protoplasma 219 (2002) 123

Taylor, F. J. R.: On dinoflagellate evolution. BioSysterns 13 (1980) 65

Taylor, F. J. R., D. J. Blackbourn, J. Blackbourn: The redwater ciliate *Mesodinium rubrum* and its 'incomplete symbionts' - A review including new ultrastruc-tural observations. J. Fish. Res. Bd. Canada 28 (1971) 391

Morphology and Physiology Skeletal Structures

Anderson, O. R.: Cytoplasmic origin and surface deposition of siliceous structures in Sarcodina. Protoplas-rna 181 (1994) 61

Bouck, G. B., H. Ngo: Cortical structure and function in euglenoids with references to trypanosomes, ciliates and dinoflagellates. Int. Rev. Cyto!. 169 (1996) 268

Corliss, J. O.: Protozoan cysts and spores. In: The Encyclopedia of Life Sciences. Nature Publishing Group, London 2000

Corliss, J. O., S. C. Esser: Comments on the role of the cyst in the life cycle and survival of free-living protozoa. Trans. Amer. Microsc. Soc. 93 (1974) 578

Grain, J.: The cytoskeleton in protists: nature, structure, and functions. Int. Rev. Cytol. 104 (1986) 153

Gutierrez, J. c., A. Marint Gonzales, T. Matsusaka: Towards a generalized model of encystment (cryptobiosis) in ciliates: a review and a hypothesis. BioSystems 24 (1990) 17

Leadbeater, B. S. c., R. Riding (eds): Biomineralization in lower plants and animals. Clarendon Press, Oxford 1986

Melkonian, M., R. A. Andersen, E. Schnepf: The cytoskeleton of flagellate and ciliate protists. Springer Verlag, Wien 1991

Menzel, D. (ed): Cytoskeleton of algae. CRC Press, Boca Raton 1992

Morrill, L. c., A. R. Loeblich III: Ultrastructure of the dinoflagellate amphiesma. Int. Rev. Cyto!. 82 (1983) 151

Mulisch, M.: Chitin in protistan organisms - Distribution, synthesis, and deposition. Europ. J. Protisto!. 29 (1993) 1

Wetherbee, R., R. A. Anderson, J. D. Pickett-Heaps (eds): The protistan cell surface. Springer Verlag, Wien 1994

HoldFast Organelles

Hovasse, R., J.-P. Mignot, L. Joyon, J. Baudoin: Etude comparée des dispositifs servants à la fixation chez les protistes. Ann. Biol. II (1972) 1

Extrusomes

Haacke-Bell, B., R. Hohenberger-Bregger, H. Plattner: Trichocysts of *Paramecium* - Secretory organelles in search of their function. Europ. J. Protisto!. 25 (1990) 289

Harumoto, T., A. Miyake: Defensive function of extrusomes in ciliates. Protozool. Monographs 3 (2003)

Hausmann, K.: Extrusive organelles in protists. Int. Rev. Cytol. 52 (1978) 197

Hovasse, R.: Trichocystes, corps trichocystoides, cnidocystes et colloblastes. Protoplasmatologia III F (1965)

Hovasse, R., J. -P. Mignot: Trichocystes et organites analogues chez les protistes. Ann. Biol. 14 (1975) 397

Kruger, F.: Die Trichocysten der Ciliaten im Dun-kelfeldbild. Zoologica 91 (1936) 1

Plattner, H., N. Klauke: Calcium in ciliated protozoa: sources, regulation, and calcium-regulated cell functions. Int. Rev. Cytol. 201 (2001) 115

Rosati, G.: Epixenosomes: symbionts of the hypotrich ciliates *Euplotidium itoi*. Symbiosis 26 (1999) 1

Rosati, G., L. Modeo: Extrusomes in ciliates: diversification, distribution, and phylogenetic implications. J. Eukaryot. Microbiol. 50 (2003)

Contractile Vacuoles

Allen, R. D.: The contractile vacuole and its membrane dynamics. Bio Essays 22 (2000) 1035

Allen, R. D., Y. Naitoh: Osmoregulation and contractile vacuoles of protozoa. 1nt. Rev. Cyto!. 215 (2002) 351

Dodge, J. D.: The ultrastructure of the dinoflagellate pusule: a unique osmoregulatory organelle. Protoplasma 75 (1972) 285

Hausmann, K., D. J. Patterson: Contractile vacuole complexes in algae. In: W. Wiessner, D. Robinson, R. C. Starr (eds): Compartments in algal cells and their interaction. Springer Verlag, Berlin 1984

Heuser, J., Q. Zhu, M. Clarke: Proton pumps populate the contractile vacuoles of *Dictyostelium* amoebae. J. Cell Bio!. 121 (1993) 1311

Kitching, J. A.: Contractile vacuoles. BioI. Rev. 3 (1938) 403

Kitching, J. A.: Contractile vacuoles of protozoa. Protoplasmatologia III D (1956)

Patterson, D. J.: Contractile vacuoles and associated structures: their organization and function. BioI. Rev. 55 (1980) 1

Selected Organelles

Blackman, M. J., L. H. Bannister: Apical organelles of Apicomplexa - Biology and isolation by subcellular fractionation. Mol. Biochem. Parasitol. 117 (2001) 11

Dubremetz, J. F., N. Garcia-Reguet, V. Conseil, M. N. Fourmaux: Apical organelles and host-cell invasion by Apicomplexa. lnt. 1. Parasitol. 28 (1998) 1007

Fenchel, T., B. 1. Finlay: The structure and function of Muller vesicles in loxodid ciliates. J. Protozool. 33 (1986) 69

Gleeson, M. T.: The plastid in Apicomplexa: What use is it? lnt. J. Parasitol. 30 (2000) 1053

Hackstein, J. H. P., A. Akhmanova, F. Voncken, A. van Hoek, T. von Alen, B. Boxma, S. Y Moon-van der Staay, G. van der Staay, J. Leunissen, M. Huynen, J. Rosenberg, M. Veenhuis: Hydrogenosomes: convergent adaptations of mitochondria to anaerobic environments. Zoology 104 (2001) 290

Hannert, v., P. A. M. Michels: Structure, function and biogenesis of glycosomes in Kinetoplastida. J. Bioenerg. Biomembr. 26 (1994) 205

Lynn, D. H., S. Frombach, M. S. Ewing, K. M. Kocan: The organelle of Lieberkuhn as a synapomorphy for the Ophryoglenina (Ciliophora: Hymenostomatida). Trans. Am. Microsc. Soc. 110 (1991) 1

Marechal, E., M. F. Cesbron-Delauw: The apicoplast: a new member of the plastid family. TPS 6 (2001) 200

Morris, J. C., M. E. Drew, M. M. Klingbeil, S. A. Motyka, T. T. Saxowsky, Z. Wang, P. T. Englund: Replication of kinetoplast DNA: an update for the new millennium. lnt. J. Parasitol. 31 (2001) 453

Muller, M.: The hydrogenosome. J. Gen. Microbiol. 139 (1993) 2879

Opperdoes, F. R., P. A. M. Michels: The glycosomes of the Kinetoplastida. Biochimie 75 (1993) 231

Pitelka, D. R.: Electron-microscopic structure of protozoa. Pergamon, Oxford 1963

Plattner, H. (ed): Membrane traffic in protozoa, part I + II. JAI Press, Greenwich 1993

Rybicka, K.-K.: Glycosomes - The organelles of glycogen metabolism. Tiss. & Cell 28 (1996) 253

Stuart, K., J. E. Feagin: Mitochondrial DNA of kinetoplastids. lnt. Rev. Cytol. 148 (1992) 65

Motility

Allen, R. D., N. Kamiya (eds): Primitive motile systems in cell biology. Academic Press, London 1964 Amos, W. B., J. G. Duckett (eds): Prokaryotic and eukaryotic flagella. Cambridge University Press, Cambridge 1982

Bloodgood, R. A. (ed): Ciliary and flagellar membranes. Plenum Press, New York 1990

Cachon, J., M. Cachon: Movement by non-actin filament mechanisms. BioSystems 14 (1981) 313

Febvre-Chevalier, c., J. Febvre: Motility mechanisms in the actinopods (Protozoa): A review with particular attention to axopodial contraction/extension, a movement of nonactoin filament systems.

Cell Motil. Cytoskel. 6 (1986) 198

Fukui, Y: Toward a new concept or cell motility: cytoskeletal dynamics in amoeboid movement and cell division. lnt. Rev. Cytol. 144 (1993) 85

Grebecki, A.: Membrane and cytoskeleton flow in motile cells with emphasis on the contribution of free-living amoebae. lnt. Rev. Cytol. 148 (1994) 37

Komnick, H., W. Stockem, K.-E. Wohlfarth-Bettermann: Cell motility: mechanisms in protoplasmic streaming and amoeboid movement. lnt. Rev. Cytol. (1973) 169

Machemer, H.: Electromotor coupling in cilia. In: H. S. Lüttgau (ed): Membrane control of cellular activity. Fortschr. Zool. 33 (1986) 205

Machemer, H.: Motor control of cilia. In: H.-D. Görtz (ed): *Paramecium*. Springer Verlag, Berlin 1988

Machemer, H.: Cilia in cell motility: membrane-controlled rotary enginges. Zool. Sci. 7 (1990) 23

Machemer, H., J. de Peyer: Swimming sensory cells: electrical membrane parameters, receptor properties and motor control in ciliated protozoa. Verh. Dtsch. Zool. Ges. 1977 (1977) 86

Melkonian, M. (ed): Algal cell motility. Current Phycology, vol. III. Chapman and Hall, New York 1992

Parducz, B.: Ciliary movement and coordination in ciliates. lnt. Rev. Cytol. 21 (1967) 91

Preston, T. M., C. A. King: Strategies for cell-substratum dependent motility among protozoa. Acta Protozool. 35 (1996) 3

Preston, T. M., C. A. King, J. S. Hyams: The cytoskeleton and cell motility. Chapman and Hall, New York 1990

Sleigh, M. A.: Cilia and flagella. Academic Press, London 1974

Stockem, W., K. Brix: Analysis of microfilament organization and contractile activities in *Physarum*. lnt. Rev. Cytol. 149 (1994) 145

Stockem, W., W. Klopocka: Ameboid movement and related phenomena. lnt. Rev. Cytol. 112 (1988) 137

Taylor, D. L., J. S. Condeelis: Cytoplasmic structure and contractility in amoeboid cells. lnt. Rev. Cytol. 56 (1979) 57

Ingestion, Digestion, Defecation

Allen, R. D.: Membranes of ciliates: ultrastructure, biochemistry and fusion. In: G. Poste, L. Nicolson (eds): Membrane fusion. Elsevier Science Publishers, Amsterdam 1978

Allen, R. D.: *Paramecium* phagosome membrane: from oral region to cytoproct and back again. J. Protozool. 31 (1984) 1

Allen, R. D., A. K Fok: Membrane trafficking and processing in *Paramecium*. Int. Rev. Cytol. 198 (2000) 277

Chapman-Andresen, c.: Studies on pinocytosis in amoebae. C. R. Lab. Carlsberg 33 (1962) 73

Fok, A. K., R. D. Allen: The phagosome-lysosome membrane system and its regulation in *Paramecium*. Int. Rev. Cytol. 123 (1990) 61

Hall, R. P.: Protozoan Nutrition. Blaisdell Publishing Company, New York 1965

Hausmann, K: Food acquisition, food ingestion and food digestion by protists. Jpn. J. Protozool. 35 (2002) 85

Kitching, J. A.: Food vacuoles. Protoplasmatologia III D (1965)

Mast, S. O.: The food-vacuole in *Paramecium*. Biol. Bull. 92 (1947) 31

Nisbet, B.: Nutrition and feeding strategies in protozoa. Croom Helm, London 1984

Radek, R., K Hausmann: Endocytosis, digestion, and defecation in flagellates. Acta Protozoologica 33 (1994) 127

Schnepf, E., M. Elbrächter: Nutritional strategies in dinoflagellates - A review with emphasis on cell biological aspects. Europ. J. Protistol. 28 (1992) 3

Sikora, J.: Cytoplasmic streaming in *Paramecium*. Protoplasma 109 (1981) 57

Stockem, W., K. E. Wohlfarth-Bottermann: Pinocytosis (endocytosis). In: A. Lima de Faria (ed): Handbook of molecular cytology. Elsevier Science Publishers, Amsterdam 1969

Verni, E, P. Gualtieri: Feeding behaviour in ciliated protists. Micron 28 (1997) 587

Morphogenesis and Reproduction

Adl, S. M., J. D. Berger: Commitment to division in ciliate cell cycles. J. Eukaryot. Microbiol. 43 (1996) 77

Aufderheide, K. J., J. Frankel, N. E. Williams: Formation and positioning of surface-related structures in protozoa. Microbiol. Rev. 44 (1980) 252

Beisson, J., M. Jerka-Dziadosz: Polarities of the centriolar structure: morphogenetic consequences. Biol. Cell 91 (1999) 367

Berger, J. D.: Riding the ciliate cell cycle - A thirtyfive-year prospective. J. Eukaryot. Microbiol. 48 (2001) 505

Frankel, J. (ed): Pattern formation: ciliate studies and models. Oxford University Press, New York 1989

Fulton, c.: Cell differentiation in *Naegleria gruberi*. Ann. Rev. Microbiol. 31 (1977) 597

Grimes, G. W., K. J. Aufderheide: Cellular aspects of pattern formation: the problem of assembly. Monographs in Developmental Biology, vol. 22. Karger, Basel 1991

Grimstone, A. Y.: Fine structure and morphogenesis in protozoa. Biol. Rev. 36 (1961) 97

Jeon, K W., J. E Danielli: Microsurgical studies with large free-living amebas. Int. Rev. Cytol. 56 (1979) 57

Jerka-Dziadosz, M.: Control of pattern formation in ciliated protozoa. In: L. Nover, E Lynen, K Mothes (eds): Cell compartimentation and metabolic channeling, Gustav Fischer Verlag, Jena 1980

Lwoff, A.: Problems of morphogenesis in ciliates. Wiley, New York 1950

Menzel, D.: The role of the cytoskeleton in polarity and morphogenesis of algal cells. Curr. Opin. Cell Biol. 8 (1996) 38

Nanney, D. L.: Experimental ciliatology: an introduction to genetic and developmental analysis in ciliates. Wiley, New York 1980

Nuclei and Sexuality

Ameisen, J. C.; The evolutionary origin and role of programmed cell death in single-celled organisms: a new view of executioners, mitochondria, host-path-ogen interactions, and the role of death in the process of natural selection. In: R. A. Lockshin, Z. Zakeri, J. L. Tilly (eds): When cells die. Wiley-Liss, New York 1998

Beale, G. H.: The genetics of *Paramecium aurelia*. Monographs of experimental biology. Cambridge University Press, Cambridge 1954

Bělař, K: Der Formwechsel der Protistenkerne. Gustav Fischer Verlag, Jena 1926

Bell, G.: Sex and death in protozoa. The history of an obsession. Cambridge University Press, Cambridge 1989

Dini, E, J. O. Corliss: Protozoan sexuality. In: The Encyclopedia of Life Sciences. Nature Publishing Group, London 2001

Dini, E, D. Nyberg: Sex in ciliates. Adv. Microb. Ecol. 13 (1993) 85

Heywood, P., P. T. Magee: Meiosis in protists. Bact. Rev. 40 (1976) 190

Loidl, P., A. Eberharter: Nuclear matrix and the cell cycle. Int. Rev. Cytol. 162 (1995) 377

Luporini, P., A. Vallesi, C. Miceli, R. A. Bradshaw: Chemical signaling in ciliates. J. Eukaryot. MicrobioI. 42 (1995) 208

Luporini, P, A. Vallesi, C. Miceli, R. A. Bradshaw: Ciliate pheromones as early growth factors and cytokines. Ann. NY Acad. Sci. 712 (1994) 195

Miyake, A.: Cell communication, cell union, and initiation of meiosis in ciliate conjugation. Curro Top. Dev. Biol. 12 (1978) 37

Ng, S. F.: Developmental heterochrony in ciliated protozoa: overlap of asexual and sexual cycles during conjugation. Biol. Rev. 65 (1990) 19

Raikov, I. B.: The protozoan nucleus - Morphology and evolution. Springer Verlag, Wien 1982

Raikov, I. B.: The diversity of forms of mitosis in Protozoa: a comparative review. Europ. J. Protistol. 30 (1994) 253

Raikov, I. B.: Meiosis in protozoa: recent advances and persisting problems. Europ. J. Protistol. 31 (1995) 1

Raikov, I. B.: Structure and genetic organization of the polyploid macronucleus of ciliates: a comparative review. Acta Protozoologica 34 (1995) 151

Smith-Sonneborn, J.: Genetics and aging in protozoa. Int. Rev. Cytol. 73 (1981) 319

Takagi, Y.: Clonal life cycle of *Paramecium* in the context of evolution ally acquired mortality. Progr. Mol. Subc. Biology 24 (1999) 81

Tarin, J. J., A. Cano (eds): Fertilization in protozoa and metazoan animals - Cellular and molecular aspects. Springer Verlag, Berlin 2000

Weiss, M. S., D. H. Anderson, S. Raffioni, R. A. Brad-shaw, C. Ortenzi, P. Luporini, D. Eisenberg: A cooperative model for receptor recognition and cell adhesion: evidence from the molecular packing in the 1.6 A crystal structure of the pheromone Er-I from the ciliated protozoan *Euplotes raikovi*. Proc. Natl. Acad. Sci. USA 92 (1995) 10172

Behavior

Carlile, M. J.: Primitive sensory and communication systems. The taxes and tropisms of micro-organisms and cells. Academic Press, London 1975

Colombetti, G.: New trends in photobiology: photomotile responses in ciliated protozoa. J. Photochem. Photobiol. B 15 (1990) 243

Dodge, J. D.: A review of the fine structure of algal eyespots. Brit. phycol. J. 4 (1969) 199

Fenchel, T., B. J. Finlay: Oxygen toxicity, respiration and behavioural responses to oxygen in free-living anaerobic ciliates. J. Gen. Microbiol. 136 (1990) 1953

Grenet, Cl.: Photorecepteurs et phototaxie des flagelles et des stades unicellulaires d'organismes inferieurs. Ann. Biol. 21 (1982) 97

Haupt, W.: Phototaxis in plants. Int. Rev. Cytol. 19 (1966) 267

Houten, J. van.: Chemosensory transduction in eukaryotic micro-organisms. Ann. Rev. Physiol. 54 (1992) 639

Hegemann, P.: Vision in microalgae. Planta 203 (1997) 265

Hegemann, P., M. Fuhrmann, S. Kateriya: Algal sensory photoreceptors. J. Phycol. 37 (200 I) 668

Houten,1. van: Chemosensory transduction in eukaryotic microorganisms. Ann. Rev. Physiol. 54 (1992) 639 Jennings, H. S.: Behaviour of lower organisms. Columbia University Press, ew York 1906

Korohoda, W., M. Mycielska, E. Janda, Z. Madeja: Immediate and long-term galvanotactic responses of *Amoeba proteus* to de electric fields. Cell Motil. Cytoskel. 45 (2000) 10

Kreimer, G.: Cell biology of phototaxis in flagellate algae. Int. Rev. Cytol. 148 (1994) 229

Kung, C., Y. Saimi: The physiological basis of taxes in Paramecium. Ann. Rev. Physiol. 44 (1982) 519

Kusch, J.: Induction of defensive morphological changes in ciliates. Oecologia 94 (1993) 571

Machemer, H.: Galvanotaxis: Grundlagen der elektromechanischen Kopplung und Orientierung bei *Paramecium*. In: G. H. K. Zupanc (Hrsg): Praktische Verhaltensbiologie. Paul Parey, Berlin 1988

Machemer, H.: Unicellular responses to gravity transitions. Space Forum 3 (1998) 3

Machemer, H.: Cellular behaviour modulated by ions: electrophysiological implications. J. Protozool. 36 (1989) 563

Machemer, H.: The swimming cell and its world: structures and mechanisms of orientation in protists. Europ. J. Protistol 37 (2001) 3

Machemer, H., R. Braucker: Gravireception and graviresponse in ciliates. Acta Protozool. 31 (1992) 185

Machemer, H., J. W. Deitmer: From structure to behaviour: *Stylonychia* as a model system for cellular physiology. Progr. Protistol. 2 (1987) 213

Machemer, H., J. de Peyer: Swimming sensory cells: electrical membrane parameters, receptor properties and motor control in ciliated protozoa. Verh. Dtsch. Zool. Ges. 1977 (1977) 86

Melkonian, M., H. Robenek: The eyes pot apparatus of flagellated green algae - A critical review. Progr. Phycol. Res. 3 (1984) 193.

Nakaoka, Y., T. Kurotani, H. Itoh: Ionic mechanism of thermoreception in *Paramecium*. J. Exp. Biol. 127 (I 987) 95

Nultsch, W., D.-P. Häder: Photomovement of motile microorganisms. Photochem. Photobiol. 29 (1979) 423

Ricci, N., F. Erra: The ethology of the ciliated protozoa and their adaptive biology: a reappraisal of the evolution of locomotion. Protozool. Monographs 1 (2000) 102

Song, P.-S., K. L. Poff: Photomovement. In: K. C. Smith (ed): The science of photobiology, 2nd ed. Plenum Press, New York 1989

Song, P.-S., I.-H. Kim, J. S. Rhee, J. W. Huh, S. Flore-II, B. Faure, K. W. Lee, T. Kahsai, N. Tarnai, T. Yamazaki, 1. Yamazaki: Photoreception and photomovements in *Stentor coeruleus*. In: F. Lenci, F. Ghetti, G. Colombetti, D.-P. Hader, P.-S. Song (eds): Biophysics of photoreceptors and photomovements in microorganisms. Plenum Press, New York 1991

Ecology

Free-living Protozoa

Arndt, H.: A critical review of the importance of rhizopods (naked and testate amoebae) and actinopods (heliozoa) in lake plankton. Marine Microbial Food Webs 7 (1993) 3

Baden, D. G.: Marine food-borne dinoflagellate toxins. Int. Rev. Cytol. 82 (1983) 99

Boney, A. D.: Phytoplankton, 2nd ed. Arnold, New York 1989

Capriulo, G. M. (ed): Ecology of marine protozoa. Oxford University Press, New York 1990

Cairns, J.: Freshwater protozoan communities. In: A. T. Bull, J. H. Slater (eds): Microbial interactions and communities, vol. 1. Academic Press, London 1982

Cosper, E. M., V. M. Bricelj, E. J. Carpenter (eds): Novel phytoplankton blooms, causes and impacts of recurrent brown tides and other unusual blooms. Springer Verlag, Berlin 1989

Curds, C. R: The ecology and role of protozoa in aerobic sewage treatment processes. Ann. Rev. Microbiol. 36 (1982) 27

Curds, C. R: Protozoa in the water industry. Cambridge University Press, Cambridge 1992

Fenche1, T.: The ecology of marine microbenthos, I-IV. Ophelia 4 (1967) 121; 5 (1968) 73; 5 (1968) 123; 6 (1969) 1

Fenchel, T.: Ecology of protozoa: the biology of free-living phagotrophic protists. Springer Verlag, Berlin 1987

Fenchel, T., B. J. Finlay: Ecology and evolution in anoxic worlds. In: R M. May, P. Harvey (eds): Oxford series in ecology and evolution. Oxford University Press, Oxford 1995

Finlay, B. J.: Physiological ecology of free-living protozoa. Adv. Microb. Ecol. I I (1990) 1

Fukuyo, Y., H. Takano, M. Chihara, K. Matsuoka: Red tide organisms in Japan. Uchida Rokakuho, Tokyo 1990

Graneli, E., B. Sundstrom, D. M. Anderson: Toxic - marine phytoplankton. Elsevier Science Publishers, Amsterdam 1990

Hallegraeff, G. M.: Aquaculturists' guide to harmful Australian microalgae. CSIRO, Hobart 1991

Hülsmann, N., B. Galil: Protists - A dominant component of the ballast-transported biota. In: E. Leppäkoski, S. Gollasch, S. Olenin (eds): Invasive aquatic species of Europe - Distribution, impact and management. Kluwer Academic Publishers, Dordrecht 2002

Laybourn-Parry, J.: Protozoan plankton ecology. Chapman and Hall, London 1992

Lloyd, D., G. H. Coombs, T. A. Paget (eds): Biochemistry and molecular biology of anaerobic protozoa. Harwood Academic Publishers, London 1988

Nilsson, J. R.: *Tetrahymena* in cytotoxicology: with special reference to effects of heavy metals and selected drugs. Europ. J. Protistol. 25 (1989) 2

Sieburth, J. McN: Sea microbes. Oxford University, New York 1979

Smayda, T. J., Y. Shimizu (eds): Toxic phytoplankton blooms in the sea. Elsevier, Amsterdam 1993

Yasumoto, T., Y. Oshima, Y. Fukuyo (eds): Harmful and toxic algal blooms. IOC UNESCO, Paris 1996

Zimmermann- Timm, H.: Characteristics, dynamics and importance of aggregates in rivers. Int. Rev. Hydrobiol. 87 (2002) 197

Parasites

Aikawa, M., C. R. Sterling: Intracellular parasitic protozoa. Academic Press, London 1974

Baker, J. R.: Parasitic protozoa. Hutchinson, London 1969

Baker, J. R.: Biology of parasitic protozoa. Arnold, London 1982

Baker, J., R. Muller, D. Rollinson (eds): Opportunistic protozoa in humans. Academic Press, London 1998

Bush, A. O., J. C. Fernandez, G. W. Esch, J. R Seed: Parasitism - The diversity and ecology of animal parasites. Cambridge University Press, Cambridge 2001

Dollet, M.: Plant diseases caused by flagellate protozoa (*Phytomonas*). Ann. Rev. Phytopathol. 22 (1984) 115

Gardiner, C. H., R Fayer, J. P. Dubey: An atlas of protozoan parasites and animal tissues. US Dept. of Agriculture, Agriculture Handbook No. 651, Wash-ington 1988

Honigberg, B. M. (ed): Trichomonads parasitic in humans. Springer Verlag, Heidelberg 1990

Kreier, J. P.: Parasitic protozoa, 10 volumes, 2nd ed. Academic Press, London 1991-1995

Kreier, J. P., J. R. Baker: Parasitic protozoa. Allen & Unwin, Winchester 1987

Lom, J., 1. Dyková: Protozoan parasites of fishes. Elsevier Science Publishers, Amsterdam 1992

Marr, J.1., T'W, Nilsen, RW. Komuniecki (eds): Molecular medical parasitology. Academic Press, London, 2003

Martinez, A. J., G. S. Visvesvara: Free-living, amphizoic and opportunistic amebas. Brain Pathol. 7 (1997) 583

Mehlhorn, H. (ed): Encyclopedic reference of parasitology, 2nd ed. Springer Verlag, Berlin 2001 (first published as 'Parasitology in focus', 1988)

Rondanelli, E. G., G. Carosi, G. Filice: Human pathogenic protozoa. Piccin, Padova 1987

Rondanelli, E. G., M. Scaglia: Atlas of human protozoa. Masson, Milano 1993

Symbionts

Breznak, 1. A.: Intestinal microbiota of termites and other xylophagous insects. Ann. Rev. Microbiol. 36 (1982) 323

Finlay, B. J., T. Fenchel: Methanogens and other bacteria as symbionts of free-living anaerobic ciliates. Symbiosis 14 (1992) 375

Görtz, H.-D.: Endonuclear symbionts in ciliates. Int. Rev. Cytol. 14 (suppl.) (1983) 145

Görtz, H.-D., T. Brigge: Intracellular bacteria in protozoa. Naturwiss. 85 (1998) 359

Görtz, H.-D., H.-W. Kuhlmann, M. Möllenbeck, A. Tiedtke, J. Kusch, H.-J. Schmidt, A. Miyake: Intra- and intercellular communication systems in ciliates. Naturwiss. 86 (1999) 422

Heckmann, K.: Endosymbionts of *Euplotes*. Int. Rev. Cytol. 14 (suppl.) (1983) 111

Honigberg, B. M.: Protozoa associated with termites and their role in digestion. In: K. Krishna, F. M. Weesner (eds): Termites, vol. II. Academic Press, London 1970

Jeon, K. W.: The large, free-living amoebae: wonderful cells for biological studies. J. Eukaryot. MicrobioI. 42 (1995) 1

Lee, J. J.: Perspective on algal endosymbionts in larger Foraminifera. Int. Rev. Cytol. 14 (suppl.) (1983) 49 Lee, J. J.: 'Living sands': larger Foraminifera and their endosymbiotic algae. Symbiosis 25 (1998) 71

Ogimoto, K., S. Imai: Atlas of rumen microbiology. Japan Sci. Soc., Tokyo 1981

Ossipov, D., S. A. Karpov, A. V. Smirnov, M. S. Rautian: Peculiarities of the symbiotic systems of protists with diverse patterns of cellular organisation. Acta Protozool. 36 (1997) 3

Preer, J. R., J. L. B. Preer, A. Jurand: Kappa and other endosymbionts in *Paramecium aurelia*. Bact. Rev. 38 (1974) 113

Reisser, W. (ed): Algae and symbioses: plants, animals, fungi, viruses, interactions explored. Biopress, Bristol 1992

Reisser, W.: Enigmatic chlorophycean algae forming symbiotic associations with ciliates. In: J. Seckbach (ed): Evolutionary pathways and enigmatic algae: *Cyanidium caldarium* (Rhodophyta) and related cells. Kluwer Academic Publishers, Dordrecht 1994

Reisser, W., W. Wiessner: Autotrophic eukaryotic freshwater symbionts. Encyclop. Plant Physiol. (New Series) Springer Verlag, Berlin 1984

Soldo, A. T.: The biology of the xenosome, an intracellular symbiont. Int. Rev. Cytol. 14 (suppl.) (1983) 79

Souza, W. de, M. C. Machado-Motta: Endosymbiosis in protozoa of the Trypanosomatidae family, FEMS Microbiol. Lettters 173 (1999) 1

Taylor, D. L.: Chloroplasts as symbiotic organelles. Int. Rev. Cytol. 27 (1970) 29

Williams, A. G., G. S. Coleman: The rumen protozoa. Springer Verlag, Berlin 1992

Identification Keys and Guides

Canter-Lund, H., J. W. G. Lund: Freshwater algae - Their microscopic world explored. Biopress, Bristol 1995

Carey, P. G.: Marine interstitial ciliates - An illustrated key. Chapman & Hall, London 1992

Cash, J., G. H. Wailes: The British freshwater rhizopoda and heliozoa, vol. I-V. Roy. Soc., London 1905-1921

Dillard, G. E.: Common freshwater algae of the United States -An illustrated key to the genera (excluding the diatoms). Gebrüder Borntraeger Verlagsbuch-handlung, Berlin 1999.

Dodge, J. D.: Atlas of dinoflagellates. Ferrand Press, London 1985

Ettl, H., J. Gerloff, H. Heynig, D. Mollenhauer (Hrsg): Süβwasserflora von Mitteleuropa, 20 Bände, Gustav Fischer Verlag, Stuttgart 1978 - im Druck

Foissner, W., H. Berger, J. Schaumburg: Identification and ecology of limnetic plankton ciliates. Informa-tionsberichte des Bayerischen Landesamtes fur Wasserwirtschaft, München 1999

Foissner, W., H. Blatterer, H. Berger, F. Kohmann: Taxonomische und ökologische Revision der Ciliaten des Saprobiensystems.
Band 1: Cyrtophorida, Oligotrichida, Hypotrichida, Colpodea.
Band 2: Peritrichia, Heterotrichida, Odontostomatida.
Band 3: Hymenostomata, Prostomatida, Nassulida.
Band 4: Gymnostomata, Suctoria, *Loxodes*.
Informationsberichte des Bayerischen Landesamtes fur Wasserwirtschaft, München 1991-1995

Hausmann, K., D. 1. Patterson: Taschenatlas der Einzeller. Protisten. Arten und mikroskopische Anatomie, 2. Aufl. Franckh'sche Verlagsbuchhandlung, Stuttgart 1987

Jahn, T. L., E. C. Bovee, F. F. Jahn: How to know the Protozoa, 2nd. ed. WCB / McGraw-Hill, Boston 1978

John, D. M., B. A. Whitton, A. Brook (eds): The freshwater algal flora of the British isles. The Natural History Museum, Cambridge University Press, Camdridge 2002

Kahl, A.: Urtiere, oder Protozoa. I. Wimpertiere oder Ciliata (Infusoria). In: F. Dahl (Hrsg): Die Tierwelt Deutschlands. Gustav Fischer Verlag, Jena 1930-1935

Lee, J. J., S. H. Hutner, E. C. Bovee (eds): Illustrated guide to the protozoa, 1 st ed. Allen Press, Lawrence 1985

Lee, J. J., G. F. Leedale, P. C. Bradbury (eds): Illustrated guide to the protozoa, vol. I + II, 2nd ed: Allen Press, Lawrence 2000

Lepsi, I.: Fauna Republicii Populare Romine, Protozoa, Vol. I, Rhizopoda, Fasc. 2, Euamoebidea. Editura Academiei Republicii Populare Romine, Bucharest 1960.

Murray, J. W.: An atlas of British recent foraminiferids. Heinemann, London 1971

Ogden, C. G., R. H. Hedley: An atlas of freshwater testate amoebae. Oxford University, Oxford 1980

Page, F. C.; An illustrated key to freshwater and soil amoebae with notes on cultivation and ecology. Freshwater Biological Association, Sci. Publ. No. 34. Wilson, Kendal 1976

Page, F. C.: Marine Gymnamoebae. Institute of Terrestrial Ecology, Lavenham Press, Lavenham 1983

Page F. c.: A new key to freshwater and soil gymnamoebae with instructions for culture. Freshwater Biological Association, Ambleside 1988

Patterson, D.: Free-living freshwater protozoa. A color guide. CRC Press, Boca Raton 1992

Streble, H., D. Krauter: Das Leben im Wassertropfen. Mikroflora und Mikrofauna des Süßwassers, 9. Aufl. Franckh' sche Verlagsbuchhandlung, Stuttgart 2002

Tomas, C.R. (ed): Identifying marine phytoplankton. Academic Press, London 1997

Vørs, N.: Heterotrophic amoebae, flagellates and heliozoa from the Tvärminne Area, Gulf of Finland, in 1988-1990. Ophelia 36 (1992) 1

Zhukov, B. F.: Atlas of freshwater heterotrophic flagellates (biology, ecology, taxonomy) (in Russian). Russian Academy of Sciences, Institute of the Biology of Inland Waters, Borok 1993

Zhukov, B. F., S. A. Karpov: Freshwater choanoflagellates (in Russian). Nauka, Leningrad 1985

Cultivation of Protists

Finlay, B. J., A. Rogerson, A. J. Cowling: A beginner's guide to the collection, isolation, cultivation and identification of freshwater protozoa. CCAP, Ambleside 1988

Jensen, J. B. (ed): In vitro cultivation of protozoan parasites. CRC Press, Boca Raton 1983

Lee, J. J., A. T. Soldo: Protocols in protozoology. Society of Protozoologists, Allen Press, Lawrence 1992

Teaching Protozoology

Anderson, O. R., M. Druger (eds): Explore the world using protozoa. National Science Teachers Associations, Arlington 1997

Röttger, R. (Hrsg): Praktikum der Protozoologie. Gustav Fischer Verlag, Stuttgart 1995

부록4 찾아보기 Index
국문

ㄹ

ㅁ

ㅂ

번호

영문

A

B

C

D

J

K

L

M